民机结构分析和设计

第2册

民机结构分析手册

秦福光　主　编

张嘉振　胡震东　副主编

北京航空航天大学出版社

内 容 简 介

本书汇集了国内外经典的民机强度分析方法及流程，囊括了全机有限元建模规范，金属、复合材料结构分析方法及结构强度试验验证方法等内容。全机有限元建模规范包括全机有限元建模及验证两部分内容；金属结构分析方法涉及加筋板、板壳结构、加强件、薄壁腹板梁、耳片、加强孔及螺栓结构分析方法；复合材料相关章节介绍层合板、夹层板及复材连接结构分析方法；典型民机结构强度试验验证章节总结了各种典型结构强度试验方法、试验载荷的确定及试验夹具的设计原则。

本书可供民机结构分析人员参考，也可作为民机结构维护、维修领域相关从业人员的辅助工具书。

图书在版编目(CIP)数据

民机结构分析和设计. 第2册，民机结构分析手册 / 秦福光主编. -- 北京 : 北京航空航天大学出版社，2015.5

ISBN 978-7-5124-1764-9

Ⅰ. ①民… Ⅱ. ①秦… Ⅲ. ①民用飞机—结构分析—技术手册 Ⅳ. ①V271-62

中国版本图书馆 CIP 数据核字(2015)第 082729 号

民机结构分析和设计

第 2 册

民机结构分析手册

秦福光 主 编

张嘉振 胡震东 副主编

责任编辑 张艳学 董 瑞

*

北京航空航天大学出版社出版发行

北京市海淀区学院路 37 号(邮编 100191) http://www.buaapress.com.cn

发行部电话：(010)82317024 传真：(010)82328026

读者信箱：goodtextbook@126.com 邮购电话：(010)82316936

北京宏伟双华印刷有限公司印装 各地书店经销

*

开本：889×1 194 1/16 印张：32.25 字数：1 043 千字

2017 年 3 月第 1 版 2017 年 3 月第 1 次印刷

ISBN 978-7-5124-1764-9 定价：160.00 元

《民机结构分析和设计手册》

编写委员会

主　任　杜善义

副主任　李东升　梁　波　姜丽萍　朱广荣

主　编　秦福光

副主编　张嘉振　胡震东

编　委　周良道　刘建中　董登科　周振功　张博明　汪　海

编写人员

《民机材料和结构性能数据手册》

张金玲　齐　绿　魏绎郦　李　明　王　裕　马立敏　王新林　向敬忠
宋　欣　潘承怡　吴雪峰　戴　野　沙　宇　白士刚　韩建勇　王亚辉
魏　东　王　涛　朱　辉　孔泳力　赵岩成　李振远　沈　阳　陈杨柳
高梦瑾　董登科　张　侃　陈　安　窦秋芳　张海英　刘建中　陈　勃
高倩倩　胡本润

《民机结构分析手册》

冯　娟　刘　倩　王安俊　肖　浩　苏怀忠　邱　菊　杨洪琴　李忠峰
史　前　张继鹏　王　玥　赵　元　王时玉　祖士明　刘海涛　余　音
刘魏光　刘龙权　彭　蒙　于哲峰　陈　艳　宁宝军　唐占文　于雅琳
郭艳丽　祁国成　孟姗姗　甘民可

《民机结构设计手册》

郭红军　包伟英　温顺达　姬杨玲　侯亚峰　黄海龙　许　延　谷　斌
王　裕　聂　磊　汤家力　赵　毅　朱林刚　刘朝妮　刘衰财　汪　洋
李　强　季佳佳　徐东明　刘长玮　方　芳

序

《运输类飞机适航标准》对民用飞机（简称“民机”）的研制提出了通用性原则和基本的安全性要求，对民机结构材料的性能、结构分析和设计方法都有明确的要求。

民用飞机研制需要准确的材料设计许用值与结构设计参数，以规范民机结构设计，保证分析和计算结果的可比性和可靠性。随着飞机设计思想的进步和技术水平的提高，对飞机结构材料性能的要求也越来越高。目前，我国民机研制还没有一部系统的、能够满足适航要求的民机材料和结构性能手册。

随着世界民机市场竞争的不断加剧，现代的民机结构不断朝着轻量化、长寿命和高可靠性方向发展，其结构分析和设计方法也随着设计水平的提高、材料性能的改善而改变。结构分析和设计手册作为民用飞机设计公司的设计基础及依据，直接关系到民机的产品质量和市场竞争力。国外飞机设计公司将多年的设计经验固化在其分析和设计手册中，通过手册进行知识和经验的传承，以满足其不断发展的需要。我国的民机发展战略刚刚确立，迫切需要一套完整、系统的民机结构设计分析方面的手册，为民机在研制过程中提供基础数据和有关设计规范，推进民机研制的顺利开展。在一定意义上，编写民机结构分析和设计手册是我国民机发展方面一项重要的技术和工程建设，能够为我国民机研制、特别是适航取证提供重要技术支撑，推动我国民机研制能力的快速发展，具有重要而深远的意义。

《民机结构分析和设计》编写组通过走访我国航空工业集团和中国商飞公司一线的有关设计和研制人员，充分了解了国内现有手册的优点及不足，在此基础上提出了本手册的编制思路。首先，研究了《运输类飞机适航标准》对民机结构设计的具体要求，用适航的要求对材料、结构、强度和试验等流程的经验进行总结；第二，充分借鉴了中国商飞公司在研的型号 ARJ21 和 C919 的结构分析和设计经验，结合工程实际，针对典型的飞机结构，用大量的设计和分析实例对问题进行深入说明，方便结构分析和设计工程师深入体会和理解各种结构的分析和设计方法；最后，收集和整理了大量的国外文献和资料，引用了包括 MMPDS、MIL - HDBK - 17、ESDU 等大量数据、方法和标准。

编制手册是一项系统工程，需要长期的投入和不断更新，编写组收集和整理了大量的资料，完成了《民机结构分析和设计》的编写。但是，民机的材料、结构设计和分析技术日新月异，随着民机技术的发展，还需要不断对手册内容进行更新，使其更具有参考价值。相信此手册对我国民机的研制和发展定会起到重要的推动作用。

中国工程院院士　杜善义

前　言

民用飞机(简称“民机”)的结构分析工作贯穿飞机设计的整个过程,是直接影响民机结构的安全性、可靠性和先进性的关键工作。随着世界民机市场竞争的不断加剧,现代的民机结构不断朝着轻质量、长寿命和高可靠性方向发展,相应地,需要结构分析方法的与时俱进,以提供全面可靠的结构分析结果。

世界各主要民用飞机制造商都拥有各自较为完备的民机结构分析手册,并且不断地对其进行更新和细化,成为民用飞机设计的坚实基础。国内现有手册的覆盖内容较广,但实用性和针对适航要求方面有待提高。在 ARJ21 和 C919 的研制过程中,中国商用飞机有限责任公司已积累了一些民机结构强度分析方法和适航取证经验。本手册旨在以适航要求为指导,集成世界各主要民机研制公司结构分析经验,为民用飞机的研制和适航取证工作提供技术支持。

本书参考国外先进民机设计公司的结构分析方法,对民机典型结构设计中 12 种主要分析类型开展研究,结合有限元数值分析手段,形成分析流程和分析准则。全书共 12 章,主要内容包括民机金属和复合材料结构的静强度和稳定性分析以及结构强度实验技术。在实际的民机结构设计中,可根据结构的类型和主要的失效情况,通过选用书中相应的分析和实验方法,确定结构是否满足静强度和稳定性要求,并参考裕度值对结构进行优化。

由于复合材料在民用飞机上应用日益广泛,本书的第 9～11 章专讲民机复合材料结构的分析方法,结合复合材料不同于金属材料的特有性能,如可设计性、结构成形与材料成形的同时性、材料性能对环境因素敏感性和破坏模式多样性等,收集和整理国际上先进的复合材料分析方法和设计曲线,为民机复合材料结构的设计分析提供指导。

在本书的编写过程中,始终围绕适航符合性验证要求,严格把控分析方法的收录来源的可靠性,使书中的分析数据和方法能规范、系统、完整地反映国际上最新的研究成果,具备工程应用条件。为提高手册的实用性,精心编排了针对实际典型民机结构的设计分析实例,有助于使用本书的工程师加深理解分析方法的实际应用。

在本书的编制和修改过程中,得到了北京航空航天大学、上海交通大学、哈尔滨工业大学、中国商用飞机有限责任公司上海飞机设计研究院等的大力支持,特别得到了杜善义院士的专门指导和极大帮助,在此一并感谢。

本书可供飞机结构设计、强度专业工程师参考。由于水平和资源的限制,书中错误、疏漏和不合适之处,请使用者指正。

编　者

2016 年 12 月

目　录

第1章　民机全机有限元建模方法研究

第2章　加筋板结构分析方法

第1章　民机全机有限元建模方法研究①

本章所涉及的有限元建模与分析是用 PATRAN 和 NASTRAN 软件完成的。

本章将成为飞机主要零部件以及整机的有限元模型建模的基本手册，适用于所有将来的结构有限元分析建模和相关的项目，目的是为飞机整机和部件模型提供一个完整的有限元模型检查方法，而不需要修改建模的细节，且不须重建有限元结构模型。

建模时还应特别注意：建好的部件模型可装配成一个完整的、不需要进一步处理工作的飞机模型，组装时，作为飞机整体模型的一部分，必须提供正确的加载路径以及满足刚度和变形的完整模型，同时也是考虑了静、动气动弹性因素和强度、刚度优化后完全平衡的细节模型。

这个模型为所有将来的分析工作和所有工程学科研究提供基础，从而避免重复劳动。

本书还确定了共同的验证程序，以确保所有分析工作的有效性。

本书中定量规定根据结构模型的不同可视情况而定，并将其定期审查。

1.1　全局有限元建模准则

1.1.1　有限元模型定义

整机的有限元模型中应包含以下部件：

- 机身；
- 左、右翼，包括对应的小翼和翼尖装置；
- 左、右水平尾翼；
- 垂直尾翼；
- 所有发动机挂架。

在允许的情况下，应该提供以下的部件：

- 起落架；
- 动力学分析中的所有运动面(包括操作机构和附加结构)；
- 动力学分析中的整流装置。

每个结构部件应作为一个独立的 MSC. Nastran 数据文件，附加的数据用于部件测试分析，也作为进一步的电脑计算文件。

1.1.1.1　全局有限元模型的单位制

在模型建立之前，需要确定所采用的单位。NASTRAN 的计算单位为 1，所有的输入数据必须指定一致性的量纲。

表 1-1 所列是全机建模中常用的一致性量纲。

---

① 本书的量和单位以中华人民共和国国家标准为准。考虑到在实际设计工作中，很多资料(尤其是外版资料)大量应用英制单位，为方便读者使用，亦保留部分英制单位。

表1-1 有限元单位制

变量	单位	变量	单位	变量	单位	变量	单位	变量	单位
长度	mm	应力	MPa	力矩	N·mm	惯量	mm^4	厚度	mm
力	N	位移	mm	能量	N·mm	密度	kg/mm^3	温度	℃
转角	rad	杨氏模量	MPa	截面积	mm^2	频率	Hz	热膨胀系数	$mm\cdot mm^{-1}\cdot ℃^{-1}$

1.1.1.2 坐标系的定义

1. 飞机结构坐标系

原点 O 与机身等直段前端面在 X 方向的距离为 10 000 mm，即机身等直段前端面的 X 坐标值为 10 000 mm。全机坐标系原点定义如图1-1所示。

X 轴：机身的纵向轴线，正向是从机头指向机尾；

Y 轴：垂直于 X 轴向上；

Z 轴：按右手法则确定；

OXY 平面定义为飞机对称平面；

OXZ 平面定义为机身基准平面，即过机身典型剖面上圆弧和中圆弧的圆心，垂直于飞机对称平面的平面，见图1-2。

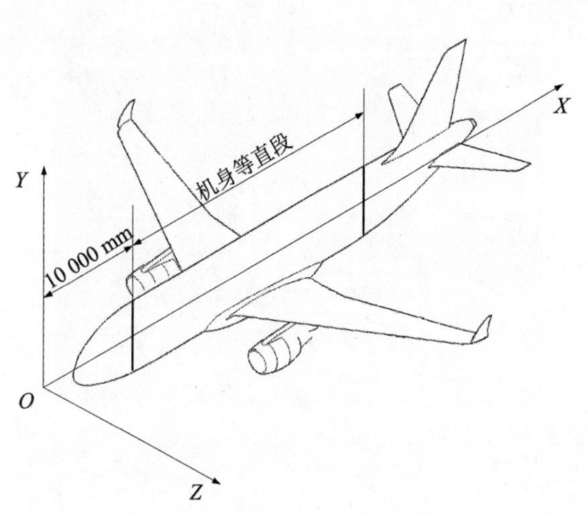

图1-1 全机坐标系原点定义

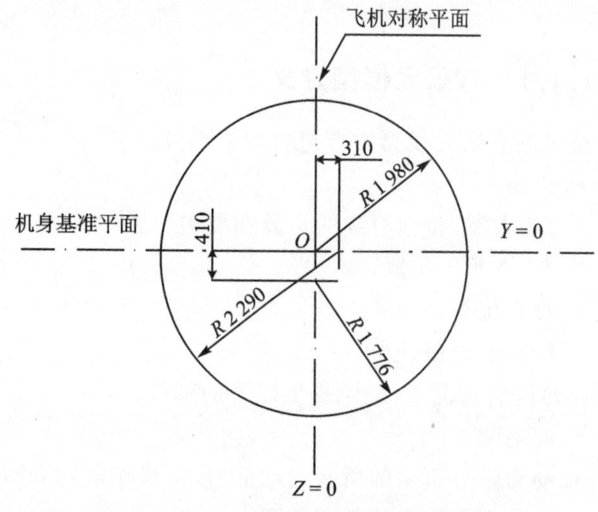

图1-2 飞机对称平面与机身基准平面

2. 模型单元坐标系定义

(1) 机身单元坐标系定义

1) 机身蒙皮等板单元坐标系要求如下：X 轴沿机身轴线指向逆航向，Z 轴垂直于蒙皮指向机身外。

2) 机身纵向杆和梁单元坐标系要求如下：X 轴沿机身轴线指向逆航向。

3) 机身框平面内杆和梁单元坐标系要求如下：Z 轴指向逆航向，Y 轴指向机身内侧。

4) 机身框平面内板单元坐标系要求如下：Z 轴指向逆航向。

(2) 机翼单元坐标系定义

1) 机翼壁板单元坐标系要求如下：X 轴沿长桁指向翼尖，Z 轴指向盒段外。

2) 机翼翼肋腹板单元坐标系要求如下：油箱翼肋腹板法向指向翼尖。X 方向原则上取沿肋方向，从后梁指向前梁为正。0号肋指向左翼尖。

3) 展向方向杆元沿相邻板元的 X 方向。

4）盒段翼梁腹板单元 X 轴沿长桁指向翼尖，Z 轴指向盒段外。

5）高度方向杆元从下翼面指向上翼面。

6）航向件如翼肋缘条，指向航向（基本坐标系 X 轴负向）。

（3）水平尾翼单元坐标系定义

1）平尾壁板单元坐标系要求如下：X 轴沿长桁指向翼尖，Z 轴指向盒段外。

2）平尾翼肋腹板单元坐标系要求如下：翼肋腹板法向指向翼尖，X 方向原则上取沿肋缘条方向，从后梁指向前梁为正。

3）展向方向杆元沿相邻板元的 X 方向。

4）盒段翼梁腹板单元 X 轴沿长桁指向翼尖，Z 轴指向盒段外。

5）高度方向杆元从下翼面指向上翼面。

6）航向件如翼肋缘条，指向航向（基本坐标系 X 轴负向）。

（4）垂直尾翼单元坐标系定义

1）垂尾壁板单元坐标系要求如下：X 轴沿长桁指向翼尖，Z 轴指向盒段外。

2）垂尾翼肋腹板单元坐标系要求如下：翼肋腹板法向指向翼尖，X 方向原则上取沿肋缘条方向，从后梁指向前梁为正。

3）展向方向杆元沿相邻板元的 X 方向。

4）盒段翼梁腹板单元 X 轴沿长桁指向翼尖，Z 轴指向盒段外。

5）高度方向杆元从左翼面指向右翼面。

6）航向件如翼肋缘条，指向航向（基本坐标系 X 轴负向）。

3. 模型的装配坐标系

整体模型的装配坐标系是 NASTRAN 软件的基本坐标系（识别号 o）。在定义每一个飞机部件的装配坐标系后，整个装配模型便会通过相应的定义坐标表示出来，如图 1－3 所示。

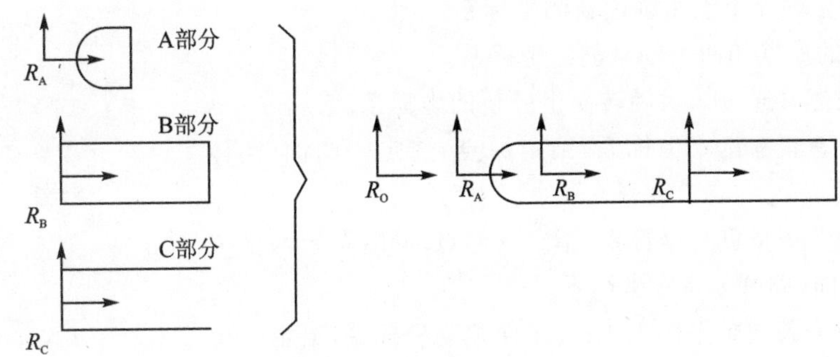

图 1－3　装配坐标系

4. 位移坐标系

定义：该坐标系同样是对轴系的定义，在轴系中可以将模型节点的位移准确地标示出来，例如，节点的自由度和受力情况。

① 推荐使用的位移坐标系为定义坐标系。

② 对于机身部件，推荐使用局部位移坐标系。

但是，在表示边界条件时可以考虑是否用局部位移坐标系（尤其是对吊挂部件）。

当定义节点时，NASTRAN 软件求解器能够定义节点的位移坐标系，其识别号由网格卡片表 1－2 中 7 给出（CD）。

表 1-2 NASTRAN 节点位移坐标系

1	2	3	4	5	6	7	8	9
GRID	ID	CP	X1	X2	X3	CD	PS	SEID

5. *局部位移坐标系的使用*

定义:该坐标系同样是对轴系的定义,在轴系中可以将模型节点的位移准确地标示出来,例如,节点的自由度和受力情况。

局部坐标系(见图 1-4)主要是辅助边界条件的施加。

为使分析结果更容易被提取(单点约束)以及体现适当的自由度,可在某个节点上引入局部坐标系,此时某个自由度将被限制。

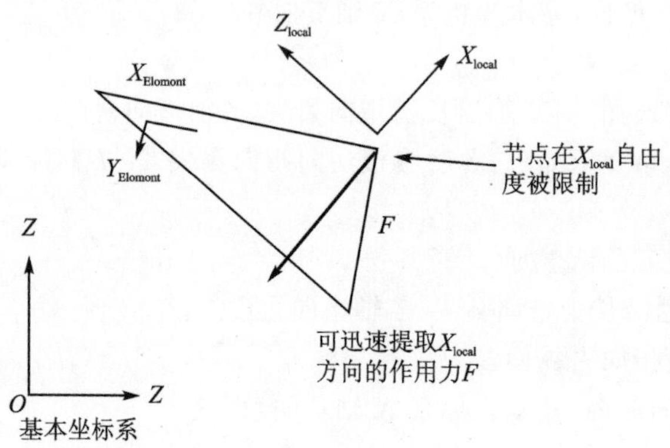

图 1-4 局部坐标系

6. *Patran 中建立局部位移坐标系的方法*

Method:建立坐标系的方法,如图 1-5 所示。

① 3Points:通过给定的 3 个点来创建新的坐标系。

② Axis:根据给定的原点和两个轴来创建坐标系。

③ Euler:将原有坐标系通过 3 次旋转而生成新的坐标系。

④ Normal:以曲面为参考建立坐标系,给定原点,选定一曲面/实体表面,即可创建一坐标系。

⑤ 2Vector:根据两个矢量创建坐标系,指定一原点,同时指定两个矢量作为坐标系的两个轴向,即可创建一坐标系。

⑥ View Vector:以当前视野平面为 1-2 平面建立坐标系,给定一个原点,水平方向为 1 轴方向,垂直向上方向为 2 轴方向,建立坐标系。

Type:建立坐标系的类型,有直角坐标系,圆柱坐标系和球坐标系。

Origin:坐标系原点。

Point on Axis 3:在轴 3 上的一个点。

Point on Plane 1-3:平面 1-3 上的一个点,用于确定坐标平面。

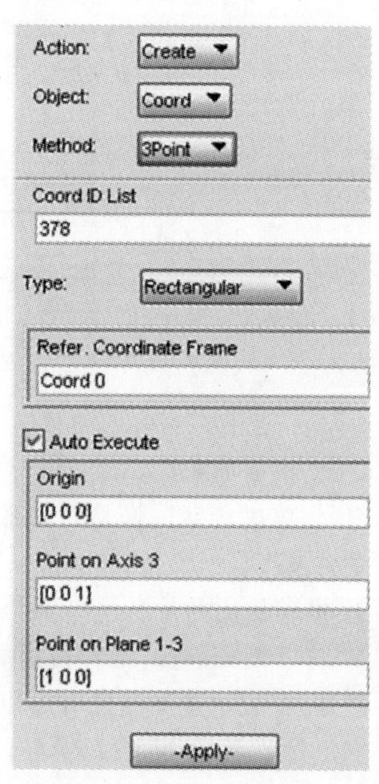

图 1-5 Patran 中局部坐标系建立方法

1.1.1.3 材料定义

1. *整体模型的材料种类*

在建立飞机部件模型时,不需要分配该结构材料的真实属性给各有限元。将使用表 1-3 中所定义的材料,该表给出了与 CADLINK 软件中所包含的相同材料(模型材料库)。

材料要根据杨氏模量来选择，可从材料列表中选择一个与杨氏模量尽可能接近的真实属性。

表 1－3 中给出的五种材料可以满足各向同性金属区建模的需要。对于建模部分的结构调整，将考虑物质组成部分材料真实属性的合理性。

表 1－3　材料列表

	ALU69000	ALU71500	ALU74000	TITANIUM110500	STEEL210000
杨氏模量/Pa	69 000	71 500	74 000	110 500	210 000
泊松比	0.33	0.33	0.33	0.3	0.25
剪切模量/($N \cdot mm^{-2}$)	25 939.85	26 879.7	27 819.55	42 500	84 000

续表 1－3

	ALU69000	ALU71500	ALU74000	TITANIUM110500	STEEL210000
密度/($kg \cdot mm^{-3}$)	2.80×10^{-6}	2.80×10^{-6}	2.80×10^{-6}	4.40×10^{-6}	7.80×10^{-6}
膨胀系数	2.40×10^{-5}	2.40×10^{-5}	2.40×10^{-5}	8.00×10^{-6}	1.20×10^{-5}
参考温度/℃	20	20	20	20	20

2. NASTRAN 中材料卡片的定义

材料属性定义的准确与否，直接关系到计算结果的正确性，是整个有限元最基本的计算参数。下面分别介绍各种材料的定义方法。

(1) 各向同性材料

对于各向同性材料，在不同的方向上描述其受力、变形的参数保持不变，是通过数据卡 MAT1 来定义的。MAT1 定义的材料属性不随温度变化；如果要定义随温度变化的材料，可以用 MATT1 数据卡来定义。

MAT1 数据卡的格式如表 1－4 所列。

表 1－4　MAT1 数据卡

MAT1	MID	E	G	NU	RHO	A	TREF	GE	
	ST	SC	SS	MCSID					

MID：MAT1 数据卡的编号；E：材料的弹性模量；G：材料的剪切模量；NU：泊松比。

注意：给出 E、G 和 NU 两个值就足够了，如果 E、G 和 NU 都给出却又不相符的话，分析计算仍然可以得到结果，只不过操作者会收到系统弹出的说明提醒，但并不影响计算结果的输出。

RHO：材料的密度(当 PARAM WTMASS＝0.001 时使用)，用于动态的模型验证；A：热膨胀系数，仅用于模型的零应力验证和热弹性研究；TREF：用来计算热载荷的参考温度，推荐值为 20℃，仅用于模型的零应力验证和热弹性研究；GE：结构阻尼；ST、SC、SS：受拉/压/剪切时的极限应力，用于安全计算中，对计算结果没有影响；MCSID 是材料坐标系识别号，通常用于各向异性和正交各向异性材料定义中。

MATT1 数据卡的格式如表 1－5 所列。

表 1－5　MATT1 数据卡

MAT1	MID	T(E)	T(G)	T(NU)	T(RHO)	T(A)		T(GE)	
	T(ST)	T(SC)	T(SS)						

MID 是与 MAT1 对应的 MATT1 数据卡的编号，T(E)、T(G)、T(NU)、T(RHO)、T(A)、T(GE)、T(ST)、T(SC)、T(SS)的意义与 MAT1 对应项的意义相同，不过这里都是 TABLEMi 数据卡的编号，即用表来定义材料的属性。

(2) 三维单元正交各向异性材料

可以用 MAT3 数据卡为三维轴对称单元 CTRIAX6 定义正交各向异性材料。MAT3 数据卡的格式如表 1-6 所列。

表 1-6 MAT3 数据卡

MAT3	MID	TEX	ETH	EZ	NUXTH	NUTHZ	NUZX	RHO	
			GZX	AX	ATH	AZ	TREF	GE	

MID:MAT3 数据卡的编号;TEX、ETH、EZ:在 x,θ,z 方向的弹性模量;NUXTH、NUTHZ、NUZX:$x\theta$,θz,zx 方向上的泊松比;RHO 是材料的密度;GZX:材料的剪切模量;AX、ATH 和 AZ:x,θ,z 方向的热膨胀系数;TREF:用来计算热载荷的参考温度。GE:结构阻尼。

同上,MAT3 定义的材料是不随温度变化的;如果要定义随温度变化的材料,可以用 MATT3 数据卡来定义。

(3) 二维单元各向异性材料

可以用 MAT2 数据卡为二维单元定义各向异性材料,MAT2 数据卡的格式如表 1-7 所列。

表 1-7 MAT2 数据卡

MAT2	MID	G11	G12	G13	G22	G23	G33	RHO	
	A1	A2	A3	TREF	GE	ST	SC	SS	
	MCSID								

MID:MAT2 数据卡的编号;G11~G33:材料数据矩阵元素;RHO:材料的密度;A1~A3:热膨胀系数;TREF:参考温度;GE:结构阻尼系数;ST、SC 和 SS:拉伸、压缩和剪切应力极限,这三项是可选的,并不影响计算结果;MCSID:材料坐标系,只使用 PARAM、CURV。

(4) 三维单元各向异性材料

可以用 MAT9 数据卡为三维单元 CHEXA、CPENTA 和 CTETRA 定义各向异性材料。MAT9 的数据卡格式如表 1-8 所列。

表 1-8 MAT9 数据卡

MAT2	MID	G11	G12	G13	G14	G15	G16	G22	
	G23	G24	G25	G26	G33	G34	G35	G36	
	G44	G45	G46	G55	G56	G66	RHO	A1	
	A2	A3	A4	A5	A6	TREF	GE		

MID:MAT2 数据卡的编号;G11~G66 材料数据矩阵元素;RHO:材料的密度;A1~A5:热膨胀系数;TREF:参考温度;GE:结构阻尼系数。

(5) 各向同性热材料

各向同性热材料是指在不同的方向上,材料传递热特性的参数保持不变,各向同性热材料用 MAT4 和 MATT4 数据卡来定义:MAT4 数据卡定义的热材料的热特性参数不随温度变化,MATT4 数据卡定义的热材料的热特性参数是温度的函数。

MAT4 数据卡的格式如表 1-9 所列。

表 1-9　MAT4 数据卡

MAT4	MID	K	CP	RHO	H	μ	HGEN	REFENTH	
	TCH	TDELTA	QLAT						

MID:数据卡的编号;K:热传导率;CP:单位质量的热容性,即比热容;RHO:密度;H:热对流系数;μ:动态黏度;HGEN:热产率,默认值为 1.0;REFENTH:零温度时的参考焓;TCH:低温极限,在该温度下,物体的状态会发生变化;TDELTA:总的温度变化范围,在该温度范围内,物体的状态会发生变化;QLAT:单位质量的溶解热。

(6) 各向异性热材料

各向异性热材料是指在不同的方向上,材料传递热特性的参数不同。各向异性热材料用 MAT5 和 MATT5 数据卡来定义。MAT5 数据卡定义的热材料的热特性参数不随温度变化,MATT5 数据卡定义的热材料的热特性参数是温度的函数。

MAT5 数据卡的格式如表 1-10 所列。

表 1-10　MAT5 数据卡

MAT5	MID	KXX	KXY	KXZ	KYY	KYZ	KZZ	CP	
	RHO	HGEN							

MID:数据卡的编号;KXX~KZZ:不同方向上的热传导率;CP:单位质量的热容性,即比热容;RHO:密度;HGEN:热产率,默认值为 1.0。

(7) 热辐射材料的定义

处于边界上的单元,可以向外辐射热量,也可以从外界吸收热量。热辐射材料用 RADM 和 RADMT 数据卡来定义。RADM 数据卡定义的热材料的热特性参数不随温度变化,RADMT 数据卡定义的热材料的热特性参数是温度的函数。

RADM 数据卡格式如表 1-11 所列。

表 1-11　RADM 数据卡

RADM	MID	ABSORP	EMIS1	EMIS2	EMIS3	EMIS4	EMIS5	EMIS6	
	EMIS7	-etc.-							

RADM:用于 CHBDYE、CHBDYG 和 CHBDYP 面单元;MID:材料数据卡编号;ABSORP:热吸收率,是一个单位为 1 的物理量;EMIS:热辐射率,是一个单位为 1 的物理量,如果指定了多个 EMIS,则必须有 RADBND 数据项,RADBND 指定辐射波的波段和每段波的最长波的波长。RADBND 数据卡的格式如表 1-12 所列。

表 1-12　RADBAND 数据卡

RADBND	NUMBER	PLANCK2	LAMBAD1	LAMBAD2	LAMBAD3	LAMBAD4	LAMBAD5	LAMBAD6	
	LAMBAD7	-etc.-							

NUMBER:波段数;PLANCK2:Plank 第二辐射常数;LAMBAD1~LAMBAD6:每段波的最长波的波长。

(8) 流体材料的定义

流体材料一般用于流体与结构的相互耦合计算中。MAT10 数据卡定义流固耦合计算的流体材料,MFLUID 数据卡定义流体体积。

MAT10 数据卡的格式如表 1-13 所列。

表 1-13 MAT10 数据卡

MAT10	MID	BULK	RHO	C	GE				

MAT10:用于 PSOLID 单元的数据卡中;MID:流体材料的编号;BULK:流体的体积模量;RHO:流体的密度;C:声音在流体中的传播速度,$BULK=C^2 RHO$;GE:流体的阻尼系数。

MFLUID 数据卡的格式如表 1-14 所列。

表 1-14 MFLUID 数据卡

MFLUID	SID	CID	ZFS	RHO	ELIST1	ELIST2	PLANE1	PLAN2	
	RMAX	FMEXACT							

SID:集合编号;CID:直角坐标系的编号,用于确定自由面(垂直于 *X*3 轴)和对称面的方向;ZFS:自由面在 *X*3 轴上的终止位置;RHO:流体的密度;ELIST1:ELIST 的编号,ELIST 包含只有一个面与流体接触的二维单元;ELIST2:ELIST 的编号,ELIST 包含只有两个面与流体接触的二维单元;PLANE1 和 PLANE2:确定 X1X3 面和 X2X3 面是对称面还是反对称面,对称面用 S 表示,反对称面用 A 表示,N 表示既不是对称面,也不是反对称面;RMAX:特征长度,默认值为 1.0×10^{10},如果两个单元之间的距离大于 RMAX,这两个单元的相互作用关系会被忽略;FMEXACT:如果两个单元的距离小于 FMEXACT 乘以两个单元中面积较大单元的面积平方根的积,则使用精细积分提高计算精度,FMEXACT 的默认值是 1.0×10^{15}。

(9) 非线性材料

非线性材料的定义方式有很多种,可以用前面提到的方式来定义非线性材料。例如对于几何非线性,可以用 MAT2 和 MAT9 定义;对于非线性弹性分析和弹塑性分析,可以用 MAT1 数据卡结合 MATS1 和 TABLES1 数据卡定义;对于黏弹性分析,可以用 MATS1 数据卡和 MAT1 数据卡来定义。MATHP 数据卡用来定义超弹性材料。

MATHP 数据卡的格式如表 1-15 所列。

表 1-15 MATHP 数据卡

MFLUID	MID	A10	A01	D1	RHO	AV	TREF	GE	
		NA	ND						
	A20	A11	A02	D2					
	A30	A21	A12	A03	D3				
	A40	A31	A22	A13	A04	D4			
	A50	A41	A32	A23	A14	A05	D5		
	TAB1	TAB2	TAB3	TAB4				TABD	

MID:MATHP 数据卡的编号;A01~A50:与剪切扭转变形有关的常数;D1~D5:与体变形有关的常数;RHO:材料的密度;AV:体积热膨胀系数;TREF:参考温度;GE:阻尼系数;NA:扭转变形应变能多项式的阶次;TAB1、TAB2、TAB3、TAB4 和 TABD:TABLES1 数据卡的编号。

1.1.2 NASTRAN 卡片使用规定

飞机有限元模型允许使用以下 NASTRAN 参数卡片:

PARAM AUTOSPC NO (缺省为 PARAM, AUTOSPC,YES)

PARAM BAILOUT 0 (-1用于模型调试)

```
PARAM    GRDPNT     0
PARAM    WTMASS     1.0（模型单位 N,mm 和质量 T）
PARAM    SNORM          （仅用于系统缺省的值）
```

PARAM 卡片必须注意和所有部分的一致性。

```
PARAM    MAXRATIO       （这个参数用于 MSC.Nastran 缺省值 10E7,大于此值或小于零,则说明刚度矩阵奇异）
PARAM    K6ROT      1.0（这个参数仅与 PARAM、SNORM 联合使用）
```

飞机有限元模型允许使用以下 NASTRAN 数据卡片：

1）GRID CORDxR CORDxC CORDxS

2）CBAR CBEAM CROD CONROD CQUAD4 CTRIA3 CSHEAR

3）PBAR PBEAM PROD PCOMP PSHELL PSHEAR

4）MAT1 MAT2 MAT8 MAT9（MAT4）

5）CONM1 CONM2 CELASx

6）FORCE MOMENT PLOAD PLOADx LOAD

7）RBE1 RBE2 RBE3 RBAR RROD

8）[CPENTA] [CHEXA] [CTETRA] [PSOLID]

9）[GENEL] [DMIG]

10）SPC 只应被用来约束无刚度的转动自由度或完全约束参考节点的自由度。所有平移自由度必须有足够的刚度(除了参考网格)。禁止在网格卡片场 8 中定义的"永久性单点约束"。

请注意:注:① 以上卡片均适用于线性单元；

② 当续行卡是必需时,在默认情况下的 NASTRAN 的延续都不需要连续的标识。

1.1.3　飞机建模通用界面要求

所有飞机零件都应遵守有限元建模的方法。这些统一的方法包括：

1）统一的界面几何；

2）一致的网格标准；

3）一致的网格和单元数据编号；

4）边界处单元类型兼容；

5）统一的位移坐标系；

6）不同零件间的装配协调。

为了使模型装配更为简单,建议在单独的文件中包括各自不同的连接部分。

在模型文件中应体现如下的连接部分：

1）后机身到垂直尾翼；

2）后机身到水平尾翼；

3）后机身到中心机身；

4）中心机身到机翼；

5）中心机身到中置起落架；

6）中心机身到飞机前机身；

7）飞机前机身到前起落架；

8）飞机前机身到驾驶员座舱；

9）机翼到主起落架；

10）机翼到发动机吊挂；

11）机翼到运动面,如襟翼、缝翼、副翼等。

飞机建模都在同一软件版本下建模，模型应提供连续的刚度路径，界面网格点必须在相同的坐标系下，相同的单元类型必须在边界处使用。零件连接处适用连接单元，且连接载荷可在连接处提取。

1.1.4 飞机有限元建模原则

飞机有限元模型主要用于结构内力计算、主要传力通路的内力计算、结构的变形计算。因此对于复合材料外翼有限元模型，主要以杆、梁、板等一维和二维单元为主，保证模型的总体刚度的准确性，模型的规模不宜过大。

以复合材料外翼有限元建模为例，模型主要包括蒙皮、长桁、翼肋、前后梁和主起落架连接结构等。复合材料机翼结构单元选取原则如下。

1.1.4.1 蒙 皮

机翼蒙皮为复合材料，简化为壳单元(CQUAD4，CTRIA3)，厚度取实际厚度或等效厚度。节点1、2位于同一长桁上，并且左翼的节点2位于节点1的外侧，壳单元法线方向指向机翼内侧，如图1-6所示。相邻肋间的蒙皮至少划分四个单元，相邻长桁间的蒙皮划分一个单元即可。

由于提取的几何信息为蒙皮的理论外形面，所以在建立蒙皮单元时，Offset值为零，并且单元的法线方向指向机翼内侧。

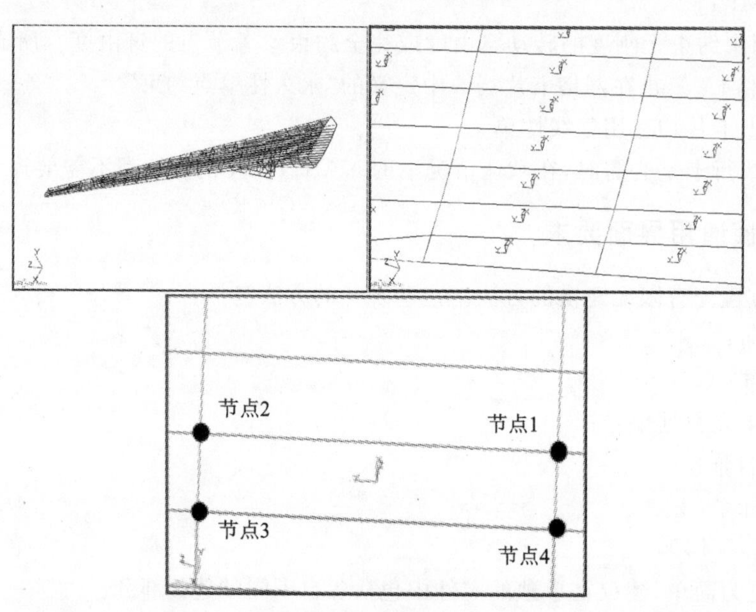

图1-6 蒙皮单元方向

对于机翼蒙皮的开口位置，开口周围简化为壳单元(CQUAD4、CTRIA3)，厚度取实际厚度或等效厚度。壳单元法线方向指向机翼内侧。开口四周梁单元(CBEAM)，梁单元方向依据实际结构而定。开口周边的所有点通过RBE3连接，如图1-7所示。

1.1.4.2 长 桁

机翼长桁为复合材料，简化为杆单元(CROD)，弹性模量计算公式为

$$E_{\text{equiv}} \times A = E_{\text{equiv\_strg}} \times A_{\text{stringer}} + E_{\text{equiv\_pad}} \times W_{\text{p}} \times (t_{\text{p}} - t_{\text{s}}) \tag{1-1}$$

点1、2位于同一长桁上，并且左翼的节点2位于节点1的外侧，如图1-8和图1-9所示。

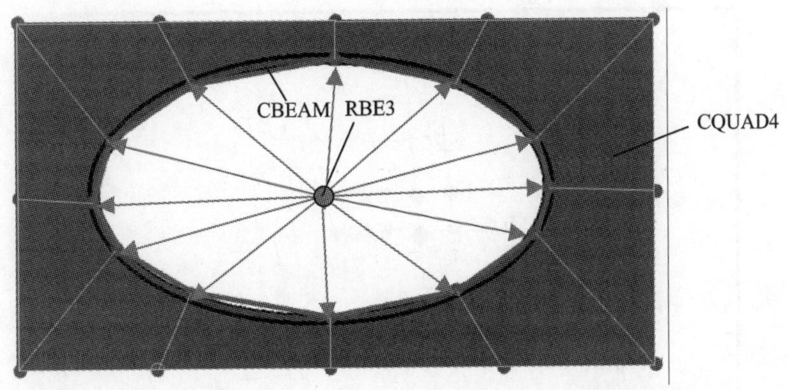

图 1-7　开口简化

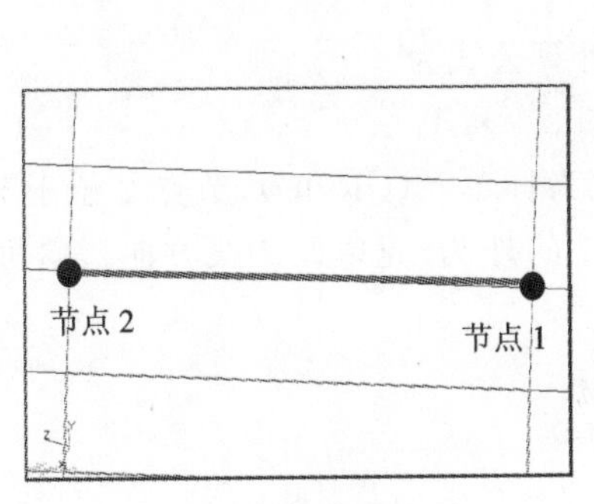

图 1-8　长桁单元方向

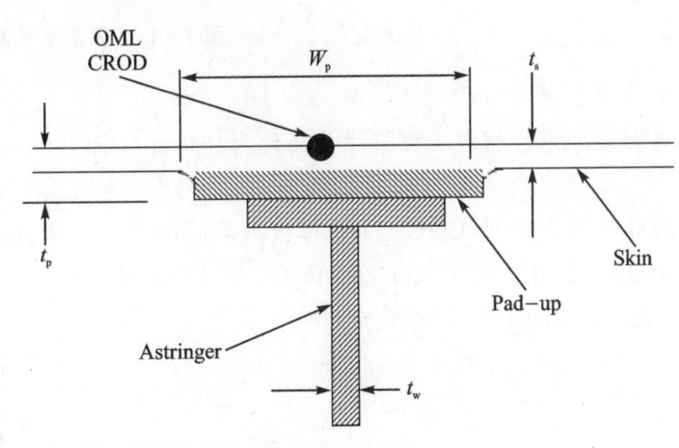

图 1-9　长桁剖面

1.1.4.3　翼　肋

机翼翼肋为金属材料。肋缘条简化为杆单元(CROD)，肋腹板简化为壳单元(CQUAD4)，厚度取实际厚度 t_w，如图 1-10 所示。

肋缘条简化为杆单元(CROD)，节点 2 位于节点 1 的后侧；肋加强筋简化为杆单元(CROD)，节点 2 位于节点 1 的下侧；肋腹板简化为壳单元(CQUAD4)，并且左翼的节点 2 位于节点 1 的后侧，壳单元法线方向指向外侧(outboard)。肋腹板上的开口与蒙皮上的开口简化方法类似，在此不再累述。壳单元法线方向指向外侧(outboard)，如图 1-11 所示。

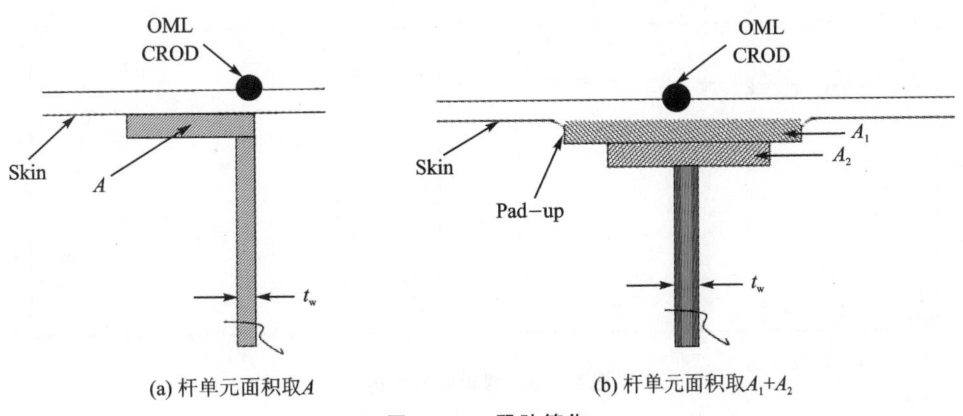

(a) 杆单元面积取A　　(b) 杆单元面积取A_1+A_2

图 1-10　翼肋简化

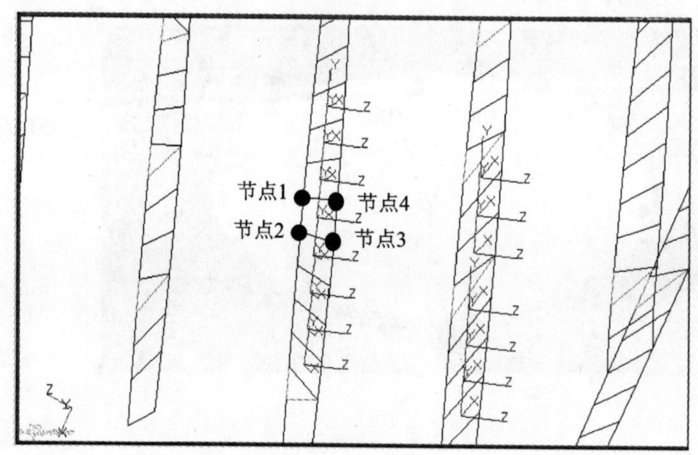

图 1-11 翼肋单元方向

1.1.4.4 翼 梁

机翼翼梁为复合材料。翼梁缘条简化为杆单元(CROD),弹性模量计算公式为

$$E_{\text{equiv}} \times A = E_{\text{equiv\_1}} \times A_1 + E_{\text{equiv\_2}} \times A_2 + E_{\text{equiv\_3}} \times A_3 \tag{1-2}$$

翼梁腹板简化为壳单元(CQUAD4),厚度取实际厚度 t_w。翼梁缘条简化为杆单元(CROD),节点 2 位于节点 1 的外侧;梁腹板简化为壳单元(CQUAD4),并且左翼的节点 2 位于节点 1 的外侧,壳单元法线方向指向机翼内侧,如图 1-12 和图 1-13 所示。

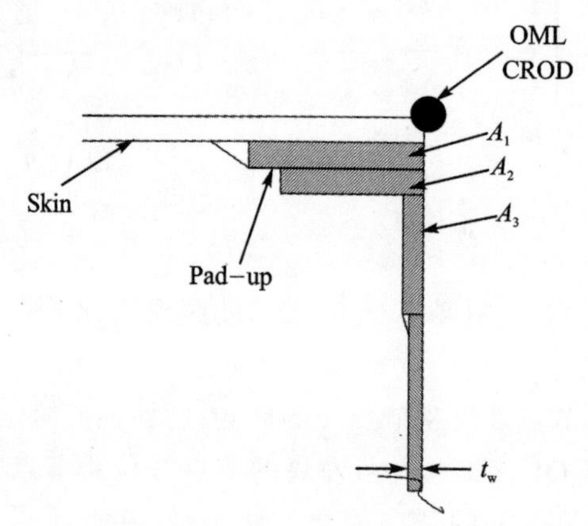

图 1-12 翼梁简化

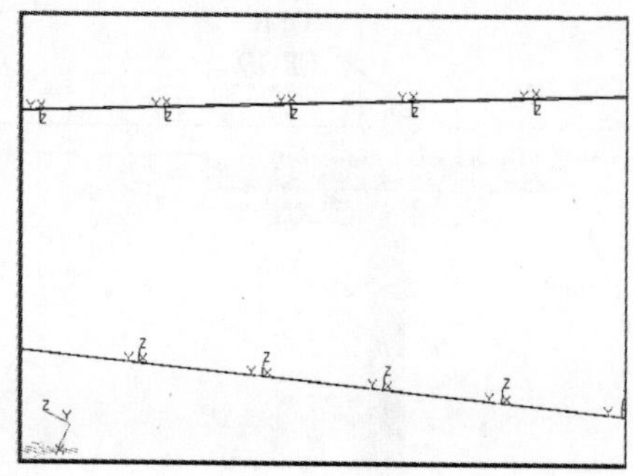

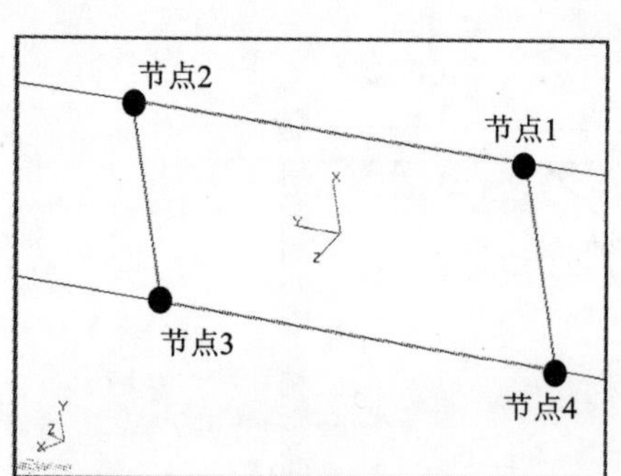

图 1-13 翼梁单元方向

如梁单元材料参数按[0/±45/90]铺层比例为[60%/30%/10%]来进行等效,其材料参数等效方法如下:

$$E_{xx} = \frac{A_{11}A_{22} - A_{12}^2}{A_{22}t} \tag{1-3}$$

$$G_{xy} = \frac{A_{66}}{t} \tag{1-4}$$

$$v_{xy} = \frac{A_{12}}{A_{22}} \tag{1-5}$$

注意：泊松比的范围为 $0 < \nu < 0.5$。

1.1.4.5　主起落架连接结构

主起落架连接结构为金属材料。主起落架连接结构简化为梁单元(CBAR)。

1.1.4.6　连接件

螺栓和铆钉的连接刚度可以通过下面的公式计算和定义。

1) 连接件轴向刚度 K_1

$$K_1 = \frac{EA}{L} \tag{1-6}$$

2) 连接件剪切刚度 $K_2(K_3)$(代表螺栓和孔的挤压变形、螺栓弯曲变形和螺栓剪切变形)单剪公式如下：

$$\frac{1}{K_{2,3}} = \frac{\delta}{P} = \frac{2(t_1+t_2)}{3G_{\mathrm{b}}A_{\mathrm{b}}} + \left[\frac{2(t_1+t_2)}{t_1t_2E_{\mathrm{bbr}}} + \frac{1}{t_1\sqrt{(E_{\mathrm{L}}E_{\mathrm{T}})_1}} + \frac{1}{t_2\sqrt{(E_{\mathrm{L}}E_{\mathrm{T}})_2}}\right](1+3\beta) \tag{1-7}$$

双剪公式如下：

$$\frac{1}{K} = \frac{2t_{\mathrm{s}}+t_{\mathrm{p}}}{3G_{\mathrm{b}}A_{\mathrm{b}}} + \frac{8t_{\mathrm{s}}^3+16t_{\mathrm{s}}^2t_{\mathrm{p}}+8t_{\mathrm{s}}t_{\mathrm{p}}^2+t_{\mathrm{p}}^3)}{192E_{\mathrm{bb}}I_{\mathrm{bb}}} + \frac{2t_{\mathrm{s}}+t_{\mathrm{p}}}{t_{\mathrm{s}}t_{\mathrm{p}}E_{\mathrm{bbr}}} + \frac{1}{t_s(\sqrt{E_{\mathrm{L}}E_{\mathrm{T}}})_{\mathrm{s}}} + \frac{2}{t_{\mathrm{p}}(\sqrt{E_{\mathrm{L}}E_{\mathrm{T}}})_{\mathrm{p}}} \tag{1-8}$$

3) 连接件轴向转动刚度 K_4，通常设置为较大值($K_4 = 1\times10^8$ N/mm)，即假设螺栓不能沿轴向转动。

4) 连接件转动刚度 K_5和 K_6

$$K_5 = \frac{\varphi}{M} = \frac{12}{E_{\mathrm{c}}pt_{\mathrm{p}}^3} + \frac{12}{E_{\mathrm{c}}ft_{\mathrm{p}}^3} \tag{1-9}$$

连接件可通过 Nastran 的 Bush 单元或 Fastener 单元来建立(在结构中不预留孔)，在单元卡片中直接填入 $K_1 \sim K_6$。

1.1.4.7　模型编号规则

飞机全机有限元模型编号以子模型编号作为第一位标识，其中左机翼编号为 7，右机翼编号为 8，以复合材料外翼有限元建模选取左机翼作为研究对象，取第一位数字为 7。飞机左机翼全部的节点、单元、坐标系、材料以及属性的编号都在 7000000～7299999 范围内。

1. 模型节点编号规定

一跨是指起始于一翼肋，包含此起始翼肋、蒙皮、长桁以及直到下一个相邻翼肋的所有结构，但不包括此相邻翼肋。

翼肋编号(RN)规定取翼肋号乘以 10000 加上 7000000。

跨的编号(BN)为两个翼肋编号中较小的编号，即较小翼肋号乘以 10000 加上 7000000。每个跨在机翼展向会划分四个单元，四个单元的编号由内向外逐次递增 100。

编号规定如下：

翼肋编号范围为 RN～RN＋999；
前梁编号范围为 RN＋1000～RN＋1999；
后梁编号范围为 RN＋2000～RN＋2999；
上蒙皮编号范围为 RN＋3000～RN＋3999；
下蒙皮编号范围为 RN＋4000～RN＋4999；
上壁板长桁外缘条编号范围为 RN＋5000～RN＋5499；
上壁板长桁内缘条编号范围为 RN＋5500～RN＋5999；
上壁板长桁腹板编号范围为 RN＋6000～RN＋6999；
下壁板长桁外缘条编号范围为 RN＋7000～RN＋7499；
下壁板长桁内缘条编号范围为 RN＋7500～RN＋7999；
下壁板长桁腹板编号范围为 RN＋8000～RN＋8999；

（以上）沿翼展方向向外的单元，单元编号＋100

详细编号如下。

机翼的编号与长桁的编号相关。一般情况下，节点和单元编号的最后两位数字等于长桁的相对位置号。

（1）翼肋（前后梁之间）

① 从上蒙皮到下蒙皮，内部单元节点号的最后三位数字应等于长桁号＋000，100，200，…

② 从上蒙皮到下蒙皮，内部四边形或三角形单元编号的最后三位数字等于长行的最小号＋000，100，200，…

③ 从上蒙皮到下蒙皮，竖直排列的线性单元编号等于长桁号＋050，150，250，…

④ 从上蒙皮到下蒙皮，弦向排列的线性单元编号等于最小长桁号＋500，600，700，…

图 1－14 给出了 11 号肋的节点单元编号。

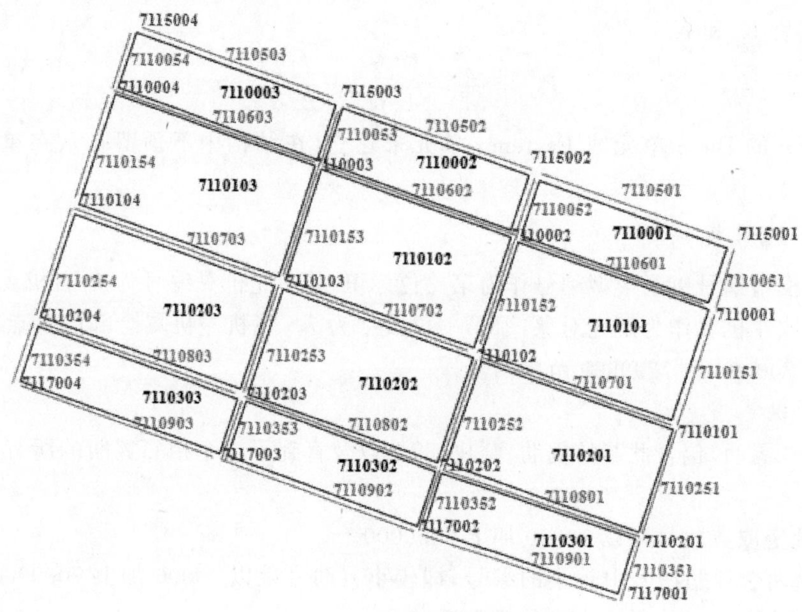

图 1－14　11 号肋节点单元编号

（2）蒙皮（前后梁之间）

① 从最里面的翼肋到与此相邻的外面的翼肋，蒙皮节点号的最后三位数字等于长桁号＋000，100，200，…

② 从最里面的翼肋到与此相邻的外面的翼肋，蒙皮单元编号的最后三位数字等于长行的最小号＋000，100，200，…

③ 将位于翼肋位置的蒙皮节点视为由这个肋和向外相邻的肋组成的跨的一部分。

图 1-15 给出了 19 号肋和 20 号肋之间蒙皮的节点单元编号。

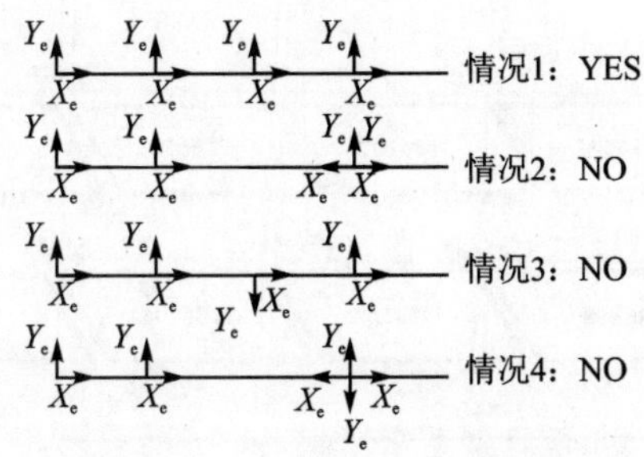

图 1-15　蒙皮的节点单元编号

(3) 翼　梁

① 从上蒙皮到下蒙皮,梁节点和四边形或三角形单元编号后三位为 001,002,003,…从最里面的翼肋到与此相邻的外面的翼肋,梁节点和四边形或三角形单元编号+000,100,200,…

② 沿水平方向的线性单元编号:从上蒙皮到下蒙皮编号后三位为 001,002,003,…从最里面的翼肋到与此相邻的外面的翼肋,单元编号+500,600,700,…

③ 沿竖直方向的线性单元编号:从上蒙皮到下蒙皮编号后三位为 001,002,003,…从最里面的翼肋到与此相邻的外面的翼肋,单元编号+050,150,250,350…

图 1-16 给出了 17 号肋和 18 号肋之间翼梁的节点单元编号。

图 1-16　翼梁的节点单元编号

(4) 长　桁

从最里面的翼肋到与此相邻的外面的翼肋,长桁缘条和腹板的节点及单元编号后两位应该等于长桁号+000,100,200,300,…

图 1-17 给出了 18 号肋和 19 号肋之间长桁的节点单元编号。

(5) 开　口

通过蒙皮编号的转化得到开口的单元编号,内部节点单元编号沿周围节点单元编号递增 50,如图 1-18 所示。

2. 模型单元属性卡编号规定

飞机有限元模型单元性质编号取 7 位编号,与单元编号相同。如果有多个单元共用一个单元属性卡,取其中最小的单元编号。

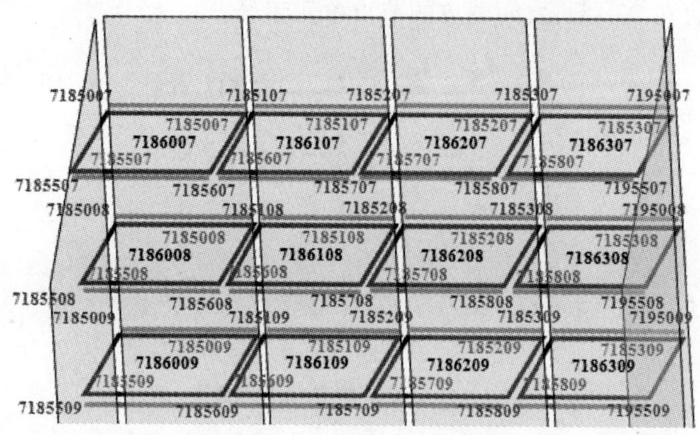

图 1-17　长桁的节点单元编号

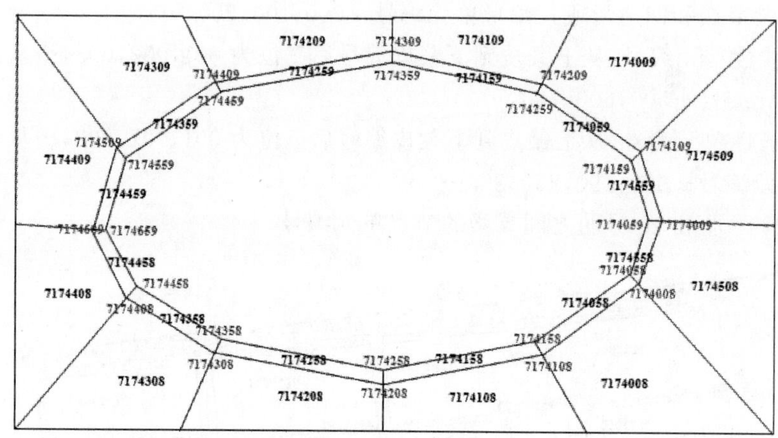

图 1-18　开口单元节点编号

3. 模型材料卡编号规定

飞机有限元模型材料卡编号取5位编号，如下：

7　×　×　×　×

1　2　3　4　5(位)

第1位：7；

第2位：材料类型；

第3、4、5位：序号。

第2位材料类型编号采取统一的规定，规定如下：

1：2000系列铝合金；

2：7000系列铝合金；

3：其他系列铝合金；

4：钢；

5：钛；

6：玻璃纤维；

7：碳纤维；

8：备用；

9：备用；

0：备用。

4．模型局部坐标系编号规定

飞机有限元模型局部坐标系编号取 4 位编号，如下：

×　×　×　×

1　2　3　4(位)

第 1 位：7；

第 2、3、4 位：序号。

1.1.5　典型结构模型简化规定(金属材料结构)

当对真实结构进行建模时，几何体和截面特性必须简化，结构必须进行简化和离散化。在建模过程中，单元形心与真实结构位置稍微不同，有时为了使模型中节点和单元的数量保持在合理的范围内，需要将几个结构部件的属性集中到一块。进行有限元分析时，如何建立一个符合真实受力状态的有限元分析模型是十分重要的。

1．模型节点选取

(1) 机身节点选取规定

1) 在蒙皮上的节点取在蒙皮外表面，即理论外形表面；

2) 长桁和框的交点取长桁理论轴线和框理论轴线的交点。

(2) 翼面节点选取规定

1) 蒙皮与长桁，取在翼肋平面与长桁轴线交点处的蒙皮中面上；

2) 蒙皮与翼梁，取在翼梁平面处蒙皮中面上。

(3) 机身结构模型简化

1) 等效蒙皮宽度。若框与蒙皮连接框简化为梁单元且框节点取在蒙皮外表面，框与蒙皮组合结构需要考虑蒙皮的抗弯能力；若框取偏心梁且蒙皮为膜元，则不考虑等效蒙皮宽度。等效蒙皮宽度取 $80t$，即铆接线单侧选取 $40t$，如图 1-19 所示。若 $80t$ 小于框缘宽度，取框缘等宽；若 $40t$ 大于框间距的 1/2，取框间距的 1/2；若实际结构(如开口区蒙皮)小于 $80t$，只取实际结构宽度。

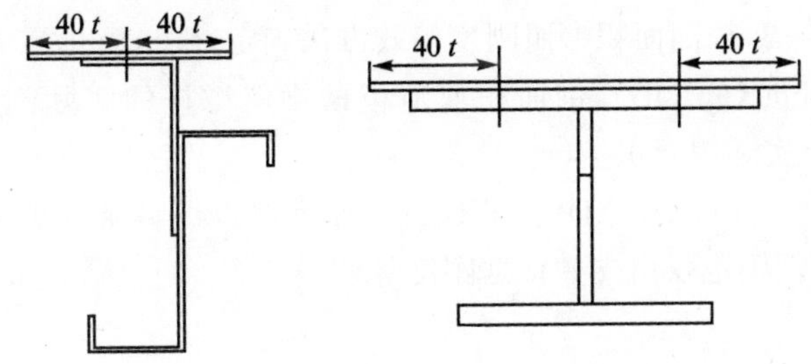

图 1-19　等效蒙皮宽度选取示意图

2) 承弯梁简化为板杆结构，弯曲刚度等效方法见图 1-20，保持截面形心不变。此时腹板简化为剪切板。

$$F_{out} \times Y_{out} - F_{in} \times Y_{in} = 0$$

$$F_{out} \times Y_{out}2 + F_{in} \times Y_{in_2} = I$$

根据上式得

$$F_{out} = I/\ (Y_{out} \times (Y_{out} + Y_{in}))$$

$$F_{in} = I/\ (Y_{in} \times (Y_{out} + Y_{in}))$$

3) 机身蒙皮。简化为膜元(CQUAD4、CTRIA3)，厚度取蒙皮的实际厚度。

4) 机身长桁。

① 普通长桁简化为杆元(CROD)。其剖面积只选取长桁实际面积。若为化铣蒙皮，剖面积选取长桁本身

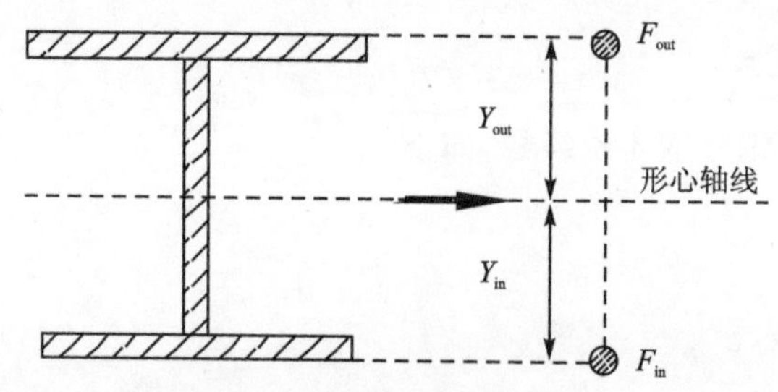

图1-20 刚度等效方法

面积加上化铣蒙皮的凸台面积。

② 加强长桁简化为空间梁元(CBAR)。其剖面积只选取长桁实际面积。若为化铣蒙皮，剖面积选取长桁本身面积加上化铣蒙皮的凸台面积。惯性矩按长桁和等效蒙皮的组合来确定。

5）机身框。

① 普通框可简化为平面梁元(CBAR)。其剖面积选取框实际剖面积和剪切带板连接在框腹板上的部分；惯性矩按框、剪切带板连接在框腹板上的那部分和等效蒙皮的组合来确定；也可考虑简化为板杆结构，框缘条简化为杆单元，腹板简化为膜单元。

② 加强框可根据刚度等效的方法简化为板杆组合结构。其中，外缘简化为垂直于框平面的梁元(CBAR)，剖面积选取 F_{out}，惯性矩按框缘条的实际侧向惯性矩确定；内缘简化与外缘相同，剖面积选取 Fin，惯性矩按框缘条的实际侧向惯性矩确定；腹板简化为剪切板元(CSHEAR)，厚度选取腹板实际厚度；也可考虑简化为板杆结构，框缘条简化为杆单元，腹板简化为膜单元。

③ 气密腹板框。框缘简化方法与普通框简化方法相同。腹板简化为膜单元(CQUAD4、CTRIA3)，厚度选取腹板实际厚度。腹板上的支柱梁单元或板杆结构，其剖面积取支柱剖面积，惯性距也仅由支柱根据刚度等效确定。

④ 非气密腹板框。框缘条简化方法与普通框相同。腹板简化为剪切板。支柱简化为杆单元。

6）地板结构。

① 地板横梁简化为板杆结构，杆剖面积参照刚度等效方法确定，腹板简化为剪切板。

② 地板横梁撑杆简化为杆元(CROD)，剖面积取地板横梁斜撑杆的实际剖面积。座椅滑轨简化为杆元(CROD)，剖面积取座椅滑轨的实际剖面积。

③ 气密地板。腹板简化为膜元(CQUAD4、CTRIA3)，厚度取腹板实际厚度。加强筋简化为梁元或板杆结构，其剖面积取支柱剖面积，惯性距也仅由支柱根据刚度等效确定。

7）龙骨梁

缘条简化为杆元(CROD)，其剖面积取缘条实际剖面积。腹板简化为剪切板元(CSHEAR)，厚度取腹板实际厚度。

8）观察窗

窗框简化为空间梁单元。其剖面积取窗框本身的剖面积，惯性矩也取其本身的惯性矩。

3. 机翼结构模型简化

1）金属机翼结构单元选取原则如下：

① 蒙皮：膜单元；

② 长桁：杆单元；

③ 梁缘条：杆单元；

④ 梁腹板：膜单元；

⑤ 肋缘条：杆单元；

⑥ 肋腹板：膜单元；

⑦ 蜂窝结构：根据具体结构选定，可简化为体元，也可等效处理。

2）金属机翼单元特性确定原则如下：

① 机翼蒙皮。机翼蒙皮简化为膜单元(CQUAD4、CTRIA3)，厚度取蒙皮四个节点厚度的平均值。节点位置取在蒙皮中心线。

② 机翼长桁。机翼长桁及梁缘条简化为杆单元(CROD)，面积根据以下面积等效原则确定(等效原则如图1-21 所示)。

$$F_0 \times Y_0^2 = F_i \times Y_i^2 \tag{1-1}$$

式中：F_0 为等效杆面积，F_i 为长桁面积。

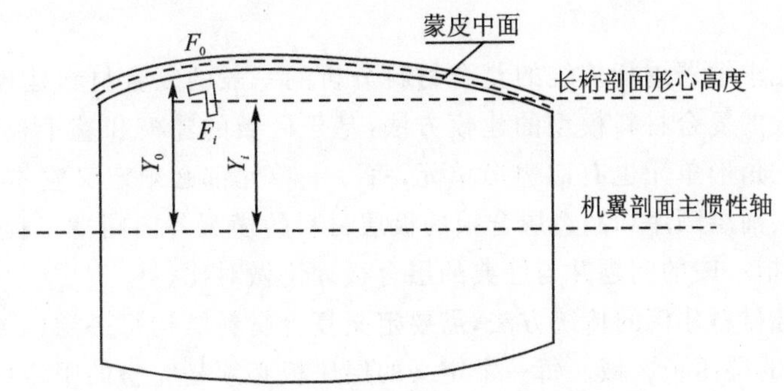

图 1-21　机翼长桁面积等效示意图

③ 机翼翼肋缘条。机翼翼肋缘条简化为杆单元(CROD)，剖面积取缘条本身面积。

④ 机翼翼肋腹板。翼肋腹板简化为膜单元(CQUAD4、CTRIA3)，厚度取腹板本身厚度。

⑤ 机翼翼肋支柱。机翼翼肋支柱简化为杆单元(CROD)，剖面积取支柱本身面积。

⑥ 机翼前、后梁。机翼前、后梁上、下缘条简化为杆单元(CROD)，其剖面积的确定原则与长桁相同，腹板简化为膜单元(CQUAD4、CTRIA3)。

4. 起落架结构模型简化

全机有限元模型中起落架模型简化为梁单元。

1.1.6　典型结构模型简化规定(复合材料结构)

1. 模型节点选取

复合材料结构全机有限元模型节点选取规定与金属材料结构模型节点选取规定相同。

2. 机身结构模型简化

① 机身蒙皮，简化为膜元(CQUAD4、CTRIA3)，厚度取蒙皮的实际厚度。

② 机身长桁简化为杆元(CROD)，需要计算当量模量。

③ 机身框，可简化为平面梁元(CBAR)，也可考虑简化为板杆结构；框缘条简化为杆单元；腹板简化为膜单元。

3. 翼面模型结构简化

复合材料翼面结构单元选取原则如下：

① 复合材料薄蒙皮(厚度小于等于 2 mm)：膜单元；

② 复合材料薄蒙皮(厚度大于 2 mm)：弯曲板单元；

③ 复合材料长桁：梁单元(CBAR)；

④ 梁缘条：梁单元(CBAR)；

⑤ 梁腹板：弯曲板单元；

⑥ 肋缘条：杆单元(CROD)；

⑦ 肋腹板：弯曲板单元；

⑧ 蜂窝结构：根据具体结构选定，可简化为体元，也可简化为复合材料铺层。

复合材料一维单元，按 CBAR 和 CROD 简化时，需计算当量模量。当量模量的计算方法如下（具体可参考牛春云所著的《复合材料结构》中的相关章节）：

$$E_{xx}=\frac{A_{11}A_{22}-A_{12}^2}{A_{22}t} \tag{1-2}$$

$$E_{yy}=\frac{A_{11}A_{22}-A_{12}^2}{A_{11}t} \tag{1-3}$$

$$G_{xy}=\frac{A_{66}}{t} \tag{1-4}$$

4. 复合材料分析

本节展示了用于有限元求解器进行传统的复合材料分析的一般的复合材料建模流程。以层合板为例，展示了用有限元法的两种一般的复合材料模型的建模方法：基于区域的建模和基于板层的建模。本节展示的层合板有限元划分单元既有三角形单元也有四边形单元，每一个单元都必须定义它本身特有的材料坐标系。另外，本节也定义了边界条件、铺层顺序和制造层合板的板层材料的横观各向同性工程常数。边界条件包括力和热的边界条件，这样可以概括一般的问题并与经典的层合板理论做对比。

基于区域的建模是复合材料建模的传统方法，需要定义复合材料结构每一层区域的属性。因此，在厚度下降或增加时，必须定义额外的层压板区域。每一个定义的层压板必须是完整的限定区域内的层压板。因此，穿过多区域的层片必须限定在每一层区域定义的属性上。

基于板层的建模是一种用于复合材料建模的相对新的技术，试图将复合材料建模流程与真实的铺层构造复合材料制造流程匹配起来。基于板层的建模方法，板层被定义为指定厚度和形状的物理实体。板层按照给定顺序进行铺层。用这种方法时，板层只被定义一次。另外，如果每个层片的形状都给定了，那么层板区域就自动生成了。建模的主要优点是通过层板的增减和层板的形状的修正，很容易对复合材料模型进行重新设计，因为这种方法能自动重新计算复合材料模型的层板区域。

两种方法计算得到的结果完全一样，但是基于板层的建模具有明显的优势，后面将会进行描述。

两种方法的建模可以参考附录1和附录2。

(1) 基于区域的建模

1) 生成网格。在 RADIOSS 软件中，通过 GRID、CTRIA3 和 CQUAD4 卡片来对单元进行网格划分。

2) 指定单元法向。单元法向用于定义层合板的铺层方向。铺层顺序按照层板定义的层的顺序进行。典型的层1和层 n 是层板中的第一层和最后一层。层的铺设的方向是从层1到层 n 的单元法向。因此，关键是如何正确定义单元法向，如图1-22(a)所示。建议查询指定求解器文档里面的单元法向规定。RADIOSS 中规定的单元法向按照 CTRIA3 和 CQUAD4 卡片中的节点顺序来定义。图1-22(b)是层合板铺层顺序的示意图。

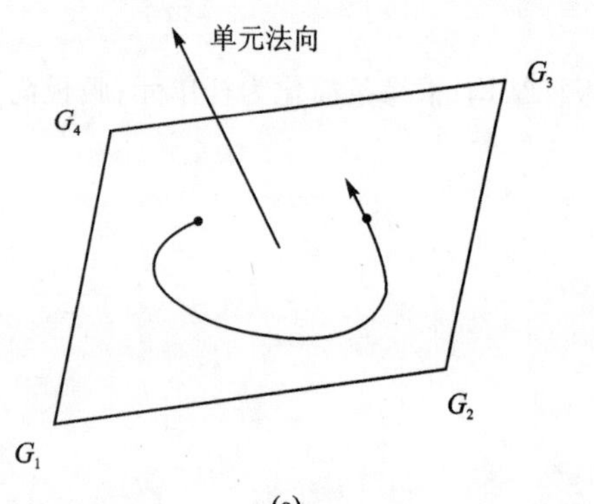

(a)

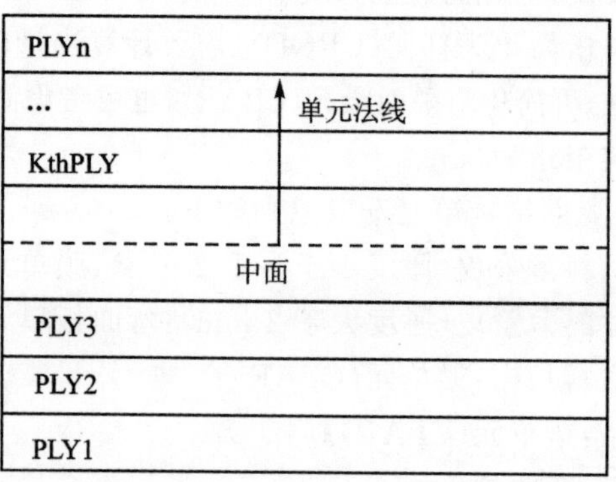

(b)

图1-22 基于区域建模的单元法向和铺层顺序定义

3）指定单元材料坐标系。单元材料坐标系用于定义单元的默认的 0°层的方向。而且，纤维方向角 θ_K 总与单元材料坐标系有关，如图 1-23 所示。对于各种各样的求解器而言，定义单元材料坐标系的方法有很多种。但是大部分求解器定义单元材料坐标系的 X 方向（如默认的 0°层的方向），是与 G_1-G_2 向量成 θ 角度的。建议查询指定求解器文档里面的单元材料坐标系规定。RADIOSS 中规定的单元材料坐标系是按照 CTRIA3 和 CQUAD4 卡片中的 θ 角来定义的。

4）创建均匀的板层材料。对于层板中的每一层都创建均匀的板层材料，最后组成复合材料结构。一般而言，大多数求解器都支持平面应力各向同性，横观各向同性，和正交各向异性板层材料。建议查询指定求解器文档里面的板层材料的定义方法。在 RADIOSS 中可以通过 MAT1、MAT2 和 MAT8 卡片创建均匀的板层材料。

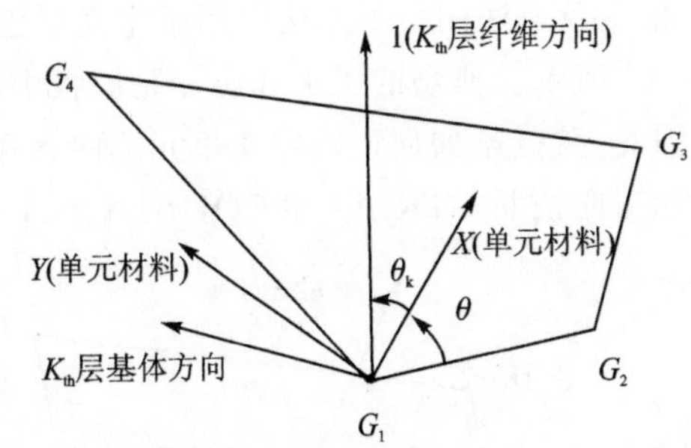

图 1-23　基于区域建模的单元材料系统和板层方向

5）对于复合材料的每一个层压区域创建基于区域的板层特性。当铺层递减或增加时，层压区域的边界是通过板层的边界来限定的，这样对于层压区域而言可以形成一个均匀厚度区域。对于基于区域的建模而言，在大部分有限元求解器中，层压区域定义一定属性。层合板的铺层顺序是按照层压区域中层合板定义的板层顺序进行的。典型的层 1 和层 n 是层板中的第一层和最后一层。层的铺设的方向是从层 1 到层 n 的单元法向。对于层合板中的每一层，需要以下数据：

① 板层材料，材料系统中的平面应力刚度矩阵[Q]。

② 板层厚度，t_k。

③ 板层的纤维方向角，θ_k。板层的纤维方向角总是与图 1-23 定义的单元材料坐标系相关的。

④ 需要定义典型的初始温度（无应力温度）。

建议查询指定求解器文档里面的板层材料的定义方法。在 RADIOSS 中，基于区域层合板属性是通过卡片 PCOMP 和 PCOMPG 定义的。

6）将基于区域的层合板属性分配到层合板区域中的单元。该过程分配刚度矩阵给单元。在 RADIOSS 中通过 CTRIA3 和 CQUAD4 中的 PID 选项将层合板属性分配到单元上。

7）建立施加到复合材料模型的边界条件，用于模拟实际工作环境。

在 RADIOSS 中通过 SPC 卡片定义约束。

在 RADIOSS 中通过 FORCE 和 MOMENT 卡片定义力和力矩。

在 RADIOSS 中通过 TEMP 和 TEMPD 卡片定义温度分布。

8）对于每一种载荷情况创建载荷步。在 RADIOSS 中通过 SUBCASE、ANALYSIS、TITLE、SPC、LOAD 和 TEMPERATURE(LOAD)控制卡片定义载荷步。

9）创建控制卡片，用于定义初始温度，输出结果，输出格式和求解控制。

① 在 RADIOSS 中通过 TEMPERAUURE(INITIAL)子步控制卡片定义初始温度分布。

② 在 RADIOSS 中通过 CSTRAIN i/o 选项卡片定义复合层间应变输出。

③ 在 RADIOSS 中通过 CSTRAIN i/o 选项卡片定义复合层间应力输出。

④ 在 RADIOSS 中通过 PCOMP 卡片中的 SB 和 FT 选项定义复合层间失效输出指数。

⑤ 在 RADIOSS 中通过 DISPLACEMENT i/o 选项卡片定义位移。

⑥ 在 RADIOSS 中通过 OUTPUT i/o 选项卡片定义输出格式。

10）从前处理器中输出表征复合材料分析模型的求解器输入文件，并输入到求解器中进行求解。

11）复合材料分析结果的后处理。复合材料模型最重要的结果是在材料坐标系下的板层机械应变和板层应力。建议查询指定求解器文档里面的从求解器中输出结果的类型。默认的对于大多数求解器，板层结果是在材料坐标系中输出的。但是，大部分求解器仅仅输出总的应变张量。不管有没有使用热环境边界条件，机械应变张量都将用于任何有限的计算中。如果没有施加热边界条件，那么机械应变张量与总的应变张量相同，大部分有限元求解器的默认输出结果可以直接使用。

(2) 基于板层的建模

1) 生成网格。在 RADIOSS 软件中，通过 GRID、CTRIA3 和 CQUAD4 卡片来对单元进行网格划分。

2) 指定单元法向。单元法向用于定义层板的铺层方向。层板的铺层顺序按照层板定义的层的顺序进行，如图 1-24 所示。典型的层 1 和层 n 是层板中的第一层和最后一层。层的铺设的方向是从层 1 到层 n 的单元法向。因此，关键是如何正确定义单元法向。建议查询指定求解器文档里面的单元法向规定。RADIOSS 中规定的单元法向按照 CTRIA3 和 CQUAD4 卡片中的节点顺序来定义。

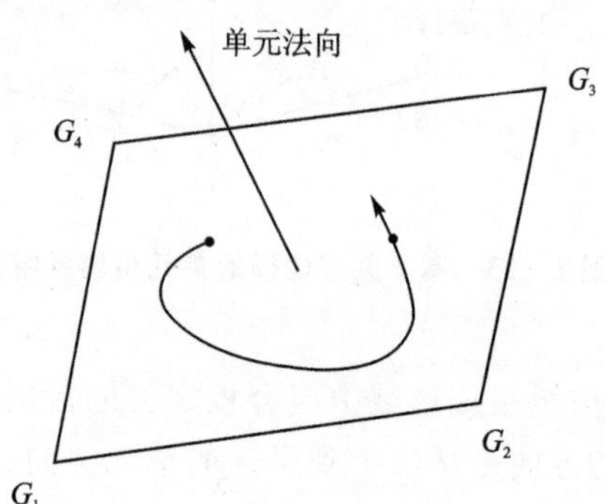

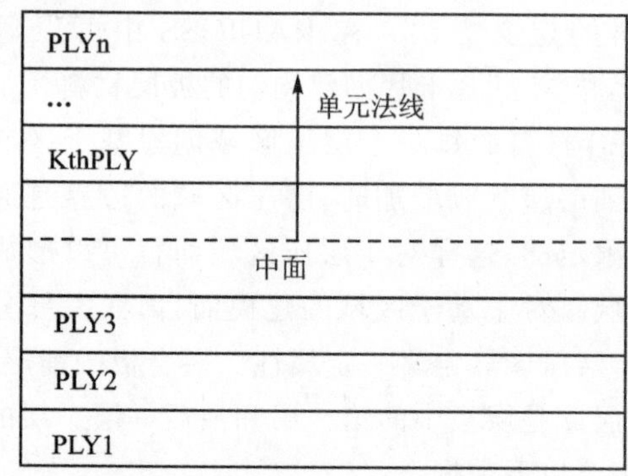

图 1-24 基于板层的单元法向和铺层顺序定义

3) 指定单元材料坐标系。单元材料坐标系用于定义单元的默认的 0°层的方向。而且，对于每一板层的法向纤维方向角 θ_k 总与单元材料坐标系有关。而且对于组成板层形状的每一个单元的真实纤维方向角 θ_i，总是与法向纤维方向有关，限定第 K_{th} 板层的第 i_{th} 个单元的最终纤维方向。对于各种各样的求解器而言，定义单元材料坐标系的方法有很多种。但是大部分求解器定义单元材料坐标系的 X 方向(如默认的 0°层的方向)，是与 G_1-G_2 向量成 θ 角度的。建议查询指定求解器文档里面的单元材料坐标系规定。RADIOSS 中规定的单元材料坐标系是按照 CTRIA3 和 CQUAD4 卡片中的 θ 角来定义的。

4) 创建均匀的板层材料。对于层板中的每一层都创建均匀的板层材料，最后组成复合材料结构。一般而言，大多数求解器都支持平面应力各向同性，横观各向同性，和正交各向异性板层材料。建议查询指定求解器文档里面的板层材料的定义方法。在 RADIOSS 中可以通过 MAT1、MAT2 和 MAT8 卡片创建均匀的板层材料。

5) 创建组成复合材料结构的板层。与基于区域建模定义的板层与板层实体最大的区别是，板层实体额外定义了板层形状和传统的板层数据，如材料、厚度和纤维方向角。板层数据是允许复合材料区域自动计算的关键数据。用这种方式定义板层实体，创建复合材料模型与建造复合材料结构完全类似，板层切削成指定形状然后进行铺层。板层实体所需的最小数据如下：

① 板层材料，材料系统中的平面应力刚度矩阵[Q]。

② 板层厚度，t_k。

③ 板层的法向纤维方向角，θ_k。板层的纤维方向角总是与如图 1-25 定义的单元材料坐标系相关的。

④ 板层形状。板层形状是通过代表实际板层形状的一组单元定义的。

⑤ 板层实际纤维方向角 θ_i。板层实际纤维方向角总是与

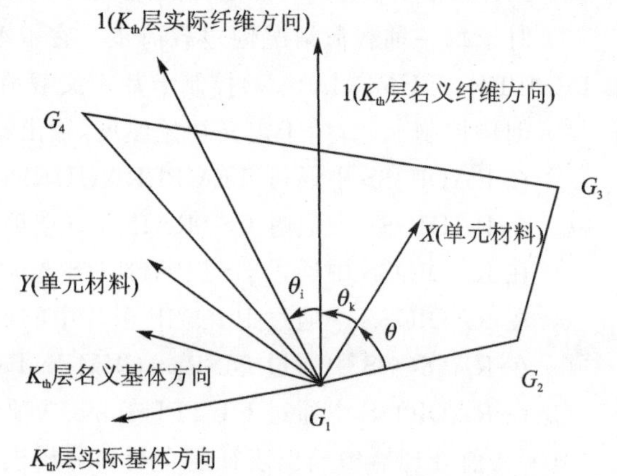

图 1-25 基于板层的单元材料系统和板层方向

板层法向纤维方向相关。典型的板层实际纤维方向角，θ_i用于求解器，可以获得更加准确的实际纤维方向。

建议查询指定求解器文档里面的板层材料的定义方法。在 RADIOSS 中，板层是通过卡片 PPLY 定义的，板层的实际的纤维方向角是通过 DRAPE 卡片来定义的。

6）按照给定的铺层顺序通过堆叠板层创建层合板。建议查询指定求解器文档里面的堆叠顺序方法。在 RADIOSS 中通过 STACK 卡片定义层合板。

7）创建基于板层的属性。在基于区域的复合材料建模中，一个层状的基于区域的属性定义一个层压区。单元刚度矩阵被完全定义。但是，在基于板层的建模中，基于板层的属性仅仅是模板属性，用于限定单元级属性信息，例如单元偏移。因为每一个单元必须要有一个属性，将基于板层的属性赋予到单元上，标志着单元具有基于板层的层合板定义。每一个单元的真实属性通过基于板层的层合板来求解。在 RADIOSS 中，基于板层的属性是通过 PCCOMPP 定义的。

8）将基于板层的层合板属性分配到层合板区域中的单元。该过程标志着单元具有基于板层的层合板定义，是基于板层实体定义和前处理器（或求解器）的铺层顺序求解的。在 RADIOSS 中，基于板层的属性被分配到单元是通过 CTRIA3 或 CQUAD4 中的 PID 项实现的。

9）建立施加到复合材料模型的边界条件，用于模拟实际工作环境。

在 RADIOSS 中通过 SPC 卡片定义约束。

在 RADIOSS 中通过 FORCE 和 MOMENT 卡片定义力和力矩。

在 RADIOSS 中通过 TEMP 和 TEMPD 卡片定义温度分布。

10）对于每一种载荷情况创建载荷步。在 RADIOSS 中通过 SUBCASE、ANALYSIS、TITLE、SPC、LOAD 和 TEMPERATURE(LOAD)控制卡片定义载荷步。

11）创建控制卡片，用于定义初始温度，输出结果，输出格式和求解控制。

① 在 RADIOSS 中通过 TEMPERAUURE(INITIAL)子步控制卡片定义初始温度分布。

② 在 RADIOSS 中通过 CSTRAIN　i/o 选项卡片定义复合层间应变输出。

③ 在 RADIOSS 中通过 CSTRAIN　i/o 选项卡片定义复合层间应力输出。

④ 在 RADIOSS 中通过 PCOMP 卡片中的 SB 和 FT 选项定义复合层间失效输出指数。

⑤ 在 RADIOSS 中通过 DISPLACEMENT　i/o 选项卡片定义位移。

⑥ 在 RADIOSS 中通过 OUTPUT　i/o 选项卡片定义输出格式。

12）从前处理器中输出表征复合材料分析模型的求解器输入文件，并输入到求解器中进行求解。

13）复合材料分析结果的后处理。复合材料模型最重要的结果是在材料坐标系下的板层机械应变和板层应力。建议查询指定求解器文档里面的从求解器中输出结果的类型。默认的对于大多数求解器，输出的板层结果是在材料坐标系中输出的。但是，大部分求解器仅仅输出总的应变张量。不管有没有使用热环境边界条件，机械应变张量都将用于任何有限的计算中。如果没有施加热边界条件，那么机械应变张量与总的应变张量相同，大部分有限元求解器的默认输出结果可以直接使用。

初步看来，基于板层的建模方法相比基于区域的建模方法而言更麻烦，但是在对任何复合材料模型进行更新设计时，基于板层的建模方法会明显的更方便。

两种建模方法的程序参见附录 1 和附录 2。

1.2　全局有限元模型验证

有限元模型主要用于结构内力计算、主要传力通路的内力计算、结构的变形计算。根据飞机结构的特点，机翼有限元模型，主要以杆、梁、板等一维和二维单元为主，保证模型的总体刚度的准确性，以及质量分布的合理性。其重要检查项目参见表 1 - 16。

表1-16 有限元模型检查项目表

检查阶段	检查内容
前处理	检查模型单位制情况
	检查1D、2D、3D单元的材料坐标系
	检查1D、2D单元的坐标系
	检查1D单元的放置位置
	检查2D单元的法向
	检查复合材料丢层区域
	检查复合材料铺层顺序及铺层角度
	检查1D、2D单元的偏置情况
	检查自由边/面
	检查重复单元/节点
	检查单元品质(雅可比、扭曲度等)
	检查连接件情况
	使用模型输出检查
	检查模型的加载及边界条件
	检查使用include文件的正确与否
	检查模型质量(mass)
预分析	线性分析检查
	自由模态分析检查,6个刚体模态,前21阶没有局部奇异模态
	Groundcheck检查
	1g重力检查
	0应力检查,相同的膨胀系数
	强制位移检查
后处理	查看支反力和支反力矩
	查看位移、变形
	查看应力、应变分布
	查看载荷的传递路径及分配比例
	查看钉载分布
	查看局部部件的结果情况
	通过失效形式(失效准则)校核模型的结果
	通过工程方法预估结果,与计算结果比较
	通过参考坐标系(或材料坐标系)查看结果
文件管理	模型多用注释,比如给出建模,修改时间,内容等

1.2.1.1 检查清单示例(以复合材料机翼为例)

1. 前处理

(1) 检查模型单位制情况

模型单位制检查如表1-17所列。

表 1-17　模型单位制检查

有限元分析的模型检查 模型输入/输出单位制	项目:复合材料机翼研制攻关项目
部件/组件:翼身组合模型/全尺寸试验件模型	
分析证实:采用 mm-N-kg(下表中第 2 种)	版本:Patran2012

有限元模型的单位制自封闭系统描述:

系统单位制	输入							输出		
	长度	载荷	弹性模量	质量	输入质量密度	参数	1G	位移	载荷	应力
1	m	N	Pa	kg	kg/m^3	1.0	9.807m/s^2	m	N	Pa
2	mm	N	MPa	t或Mg	t/mm^{3}或Mg/mm^3	1.0	9807mm/s^2	mm	N	MPa
3	ft	lbf	psf	slug	slug/ft^3	1.0	32.17ft/s^2	ft	lbf	psf
4	in	lbf	psi	lbf·s^2/in	lbf·s/in^4	1.0	386.1in/s^2	in	lbf	psi
5	in	lbf	psi	lbf	lbf/in^3	2.59×10^{-3}	386.1in/s^2	in	lbf	psi

模型输入的单位制:

长度——mm;力——N;弹性模量——MPa;质量——T;密度——T/mm^3;重量质量转换系数——1.0;1G——9 807mm/s^2。

模型输出的单位制:位移——mm;力——N;应力——MPa

(2) 检查单元的材料坐标系

材料坐标系检查如表 1-18 所列和图 1-26,1-27 所示。

表 1-18　材料坐标系检查

有限元分析的模型检查 材料坐标系	项目:复合材料机翼研制攻关项目
部件/组件:翼身组合模型/全尺寸试验件模型	
分析证实:符合实际	版本:Patran2012/Hypermesh13.0

有限元模型的总体描述:

左、右翼和机身以及试验假件

翼身组合有限元模型规模:1D 单元——14173;2D 单元——11795;MPC——46;节点——11166

全尺寸试验件有限元模型规模:1D 单元——2143;2D 单元——3830;MPC——6;节点——2903

材料坐标系:

梁元;

平面单元

材料:X850、铝合金、钢、钛

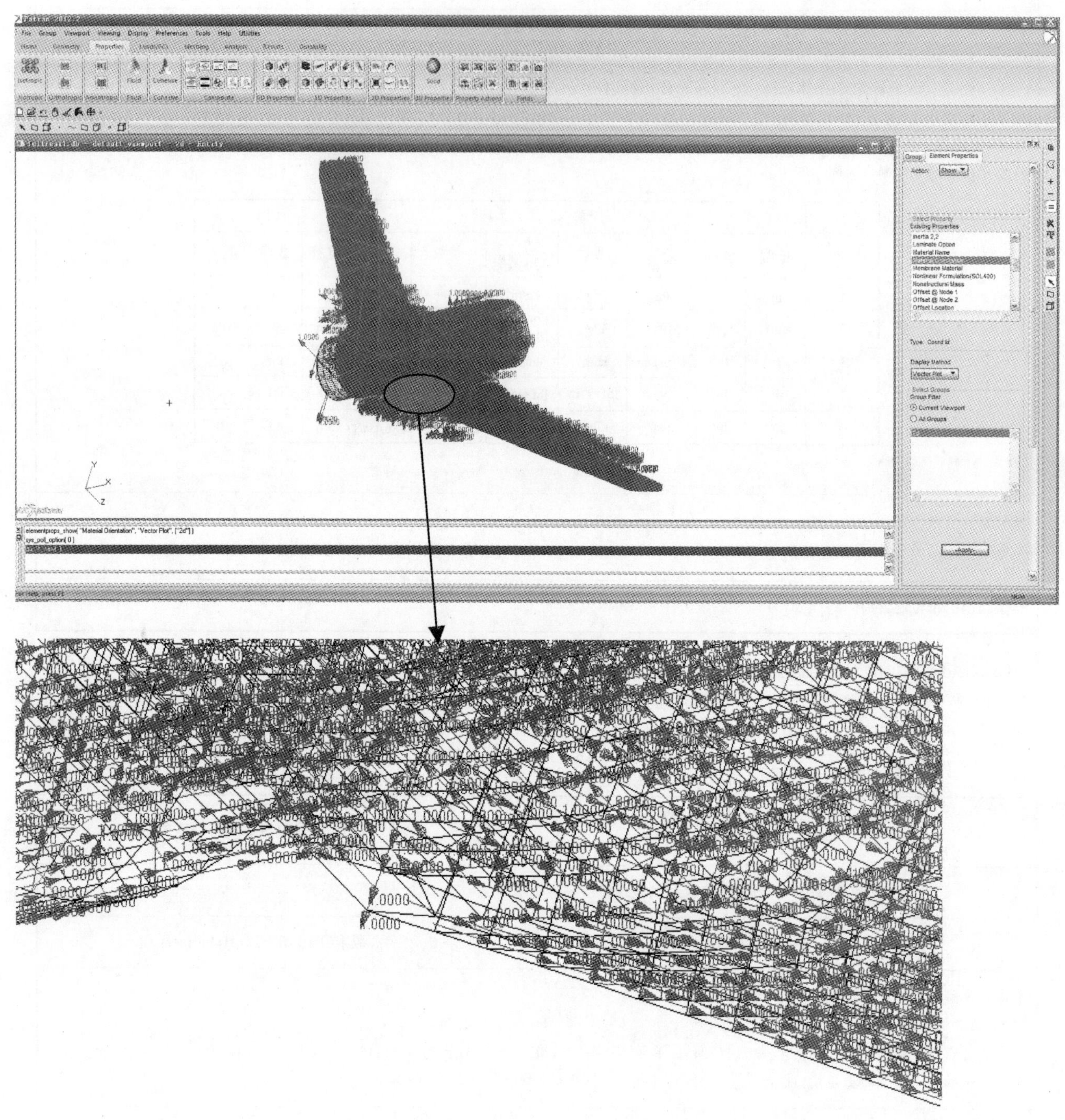

图 1-26 材料坐标系检查(Patran)

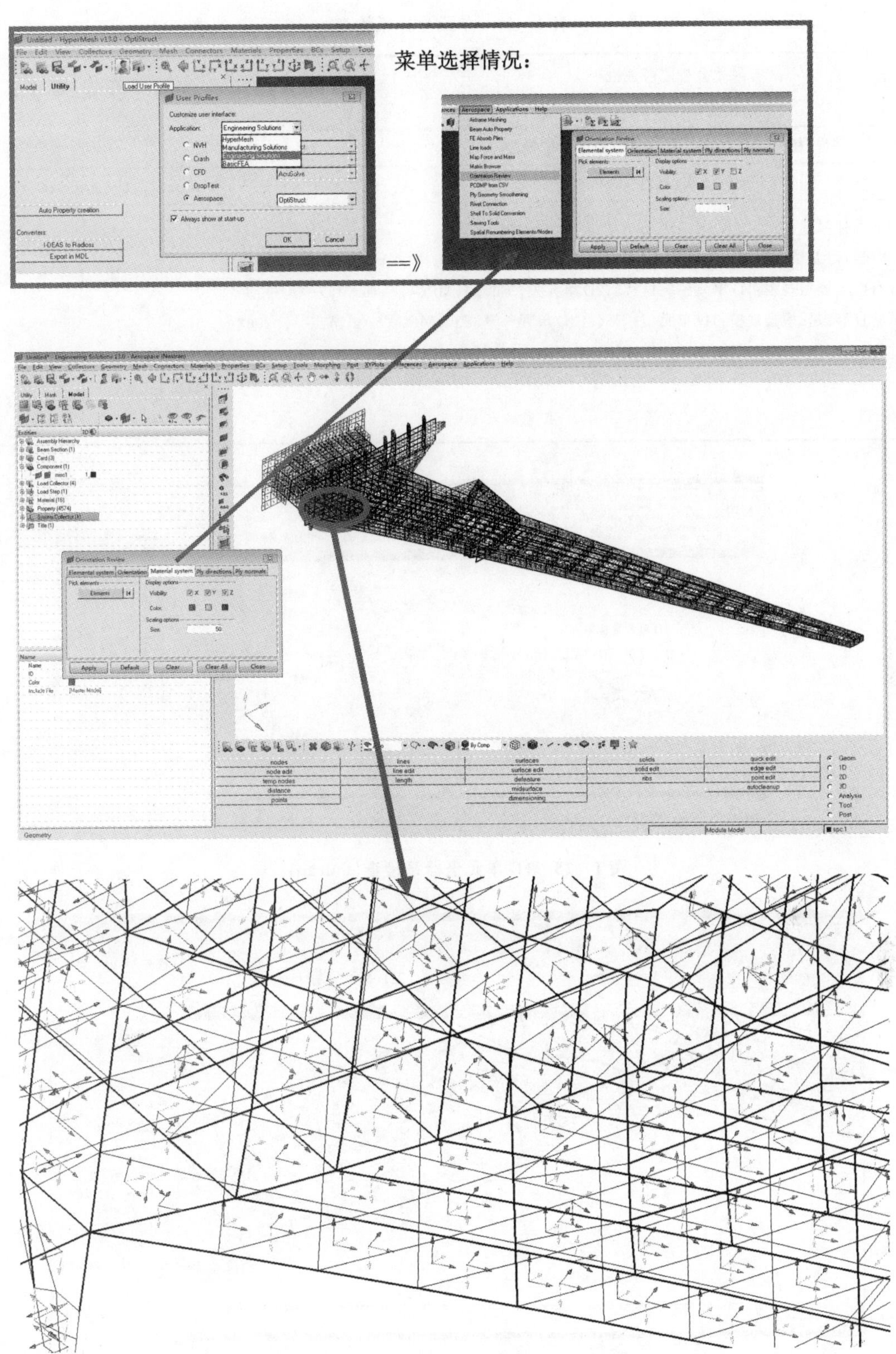

图 1-27　材料坐标系检查(Hypermesh)

(3) 检查单元的坐标系

单元坐标系检查如表 1-19 和图 1-28～图 1-31 所示。

表 1-19　单元坐标系检查

<table>
<tr><td>有限元分析的模型检查
单元坐标系</td><td>项目:复合材料机翼研制攻关项目</td></tr>
<tr><td>部件/组件:翼身组合模型/全尺寸试验件模型</td><td></td></tr>
<tr><td>分析证实:符合实际</td><td>版本:Patran2012/Hypermesh13.0</td></tr>
<tr><td colspan="2">有限元模型的总体描述:
左、右翼和机身以及试验假件
翼身组合有限元模型规模:1D 单元——14173;2D 单元——11795;MPC——46;节点——11166
全尺寸试验件有限元模型规模:1D 单元——2143;2D 单元——3830;MPC——6;节点——2903</td></tr>
<tr><td colspan="2">单元坐标系:
梁元
平面单元</td></tr>
</table>

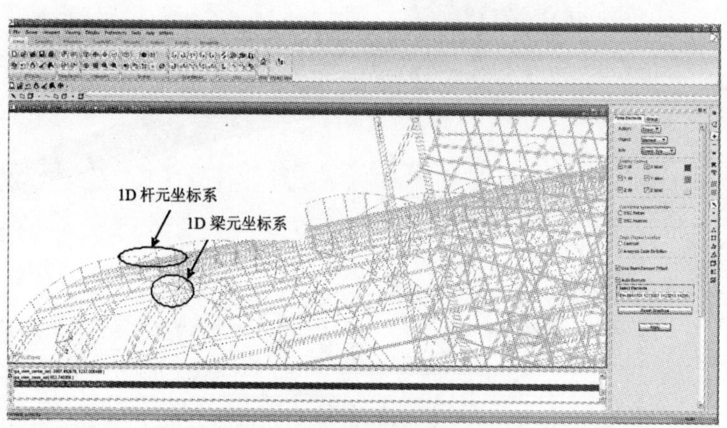

图 1-28　1D 单元坐标系检查(Patran)

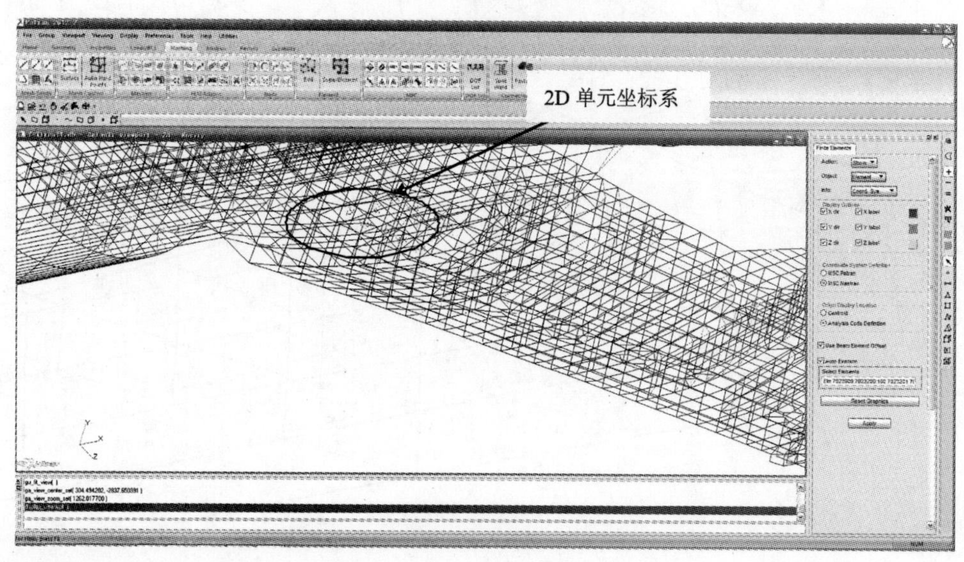

图 1-29　2D 单元坐标系检查(Patran)

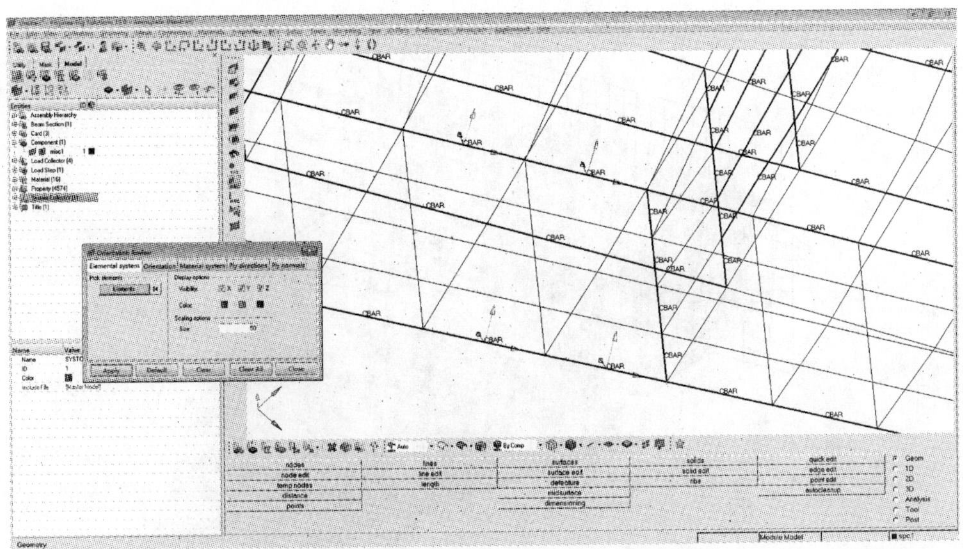

图 1-30　1D 单元坐标系检查(Hypermesh)

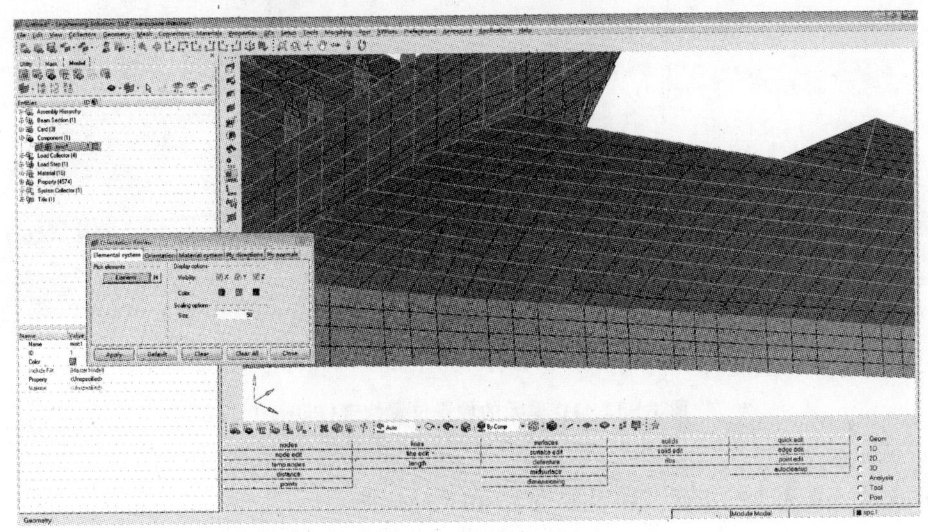

图 1-31　2D 单元坐标系检查(Hypermesh)

(4) 检查 1D 单元的放置位置

1D 单元的放置位置检查如表 1-20 所列和图 1-32～图 1-33 所示。

表 1-20　1D 单元的放置位置检查

<table>
<tr><td>有限元分析的模型检查
梁元放置位置</td><td>项目:复合材料机翼研制攻关项目</td></tr>
<tr><td>部件/组件:全尺寸试验件模型</td><td></td></tr>
<tr><td>分析证实:符合实际</td><td>版本:Patran2012/Hypermesh13.0</td></tr>
<tr><td colspan="2">有限元模型的总体描述:
全尺寸试验件有限元模型规模:1D 单元——2143;2D 单元——3830;MPC——6;节点——2903</td></tr>
<tr><td colspan="2">单元放置位置:
梁元</td></tr>
</table>

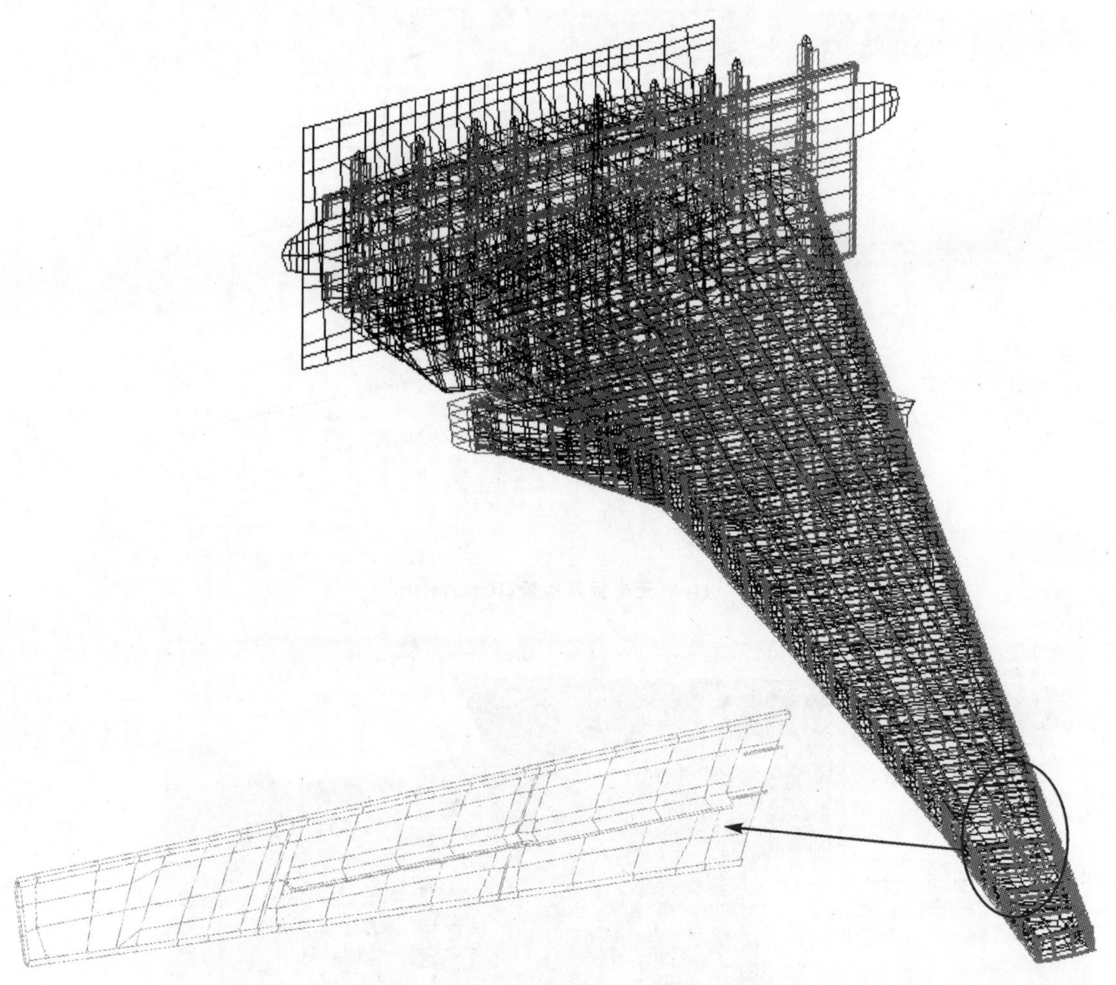

图 1-32　1D 单元的放置位置检查(Patran)

(5) 检查 2D 单元的法向

2D 单元的法向检查如表 1-21 所列和图 1-34～图 1-36 所示。

表 1-21　2D 单元的法向检查

<table>
<tr><td>有限元分析的模型检查
2D 单元的法向</td><td>项目:复合材料机翼研制攻关项目</td></tr>
<tr><td>部件/组件:翼身组合模型/全尺寸试验件模型</td><td></td></tr>
<tr><td>分析证实:符合实际</td><td>版本:Patran2012/Hypermesh13.0</td></tr>
<tr><td colspan="2">有限元模型的总体描述:
左、右翼和机身以及试验件
翼身组合有限元模型规模:1D 单元——14173;2D 单元——11795;MPC——46;节点——11166
全尺寸试验件有限元模型规模:1D 单元——2143;2D 单元——3830;MPC——6;节点——2903</td></tr>
<tr><td colspan="2">单元法向方向:一致
1)对于承受增压载荷的单元,单元法向应指向外侧
2)当有限元模型的建立是基于外形线时,复合材料单元的法向必须指向内侧</td></tr>
</table>

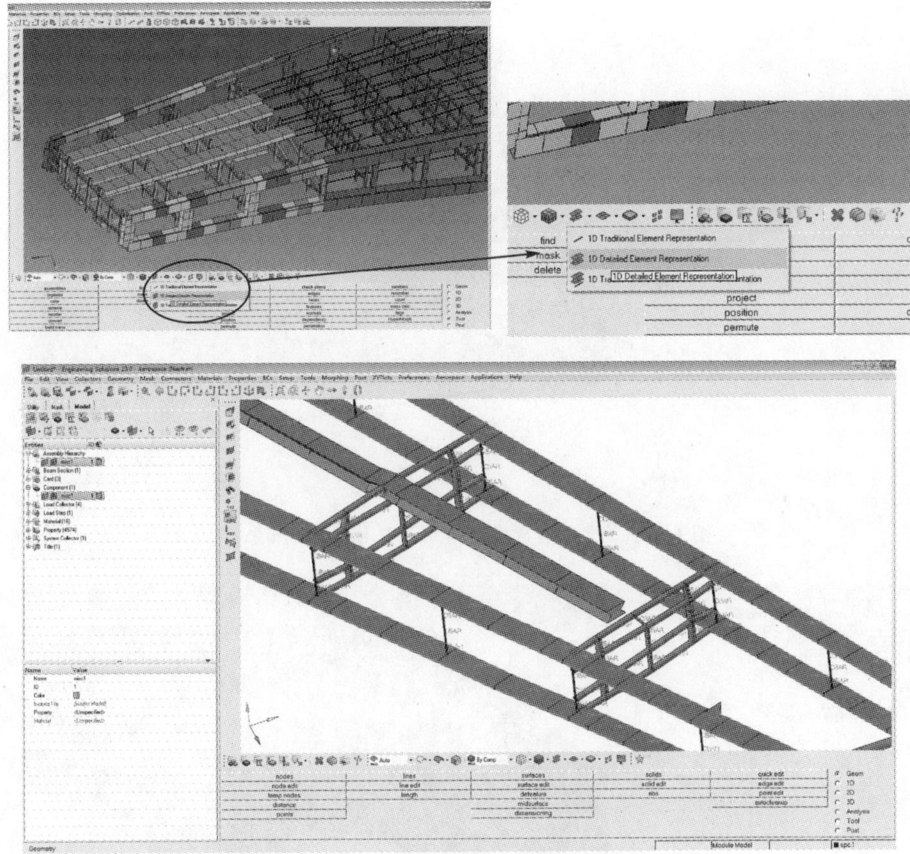

图 1 - 33　1D 单元的放置位置检查(Hypermesh)

图 1 - 34　全尺寸试验件的单元法向检查(Patran)

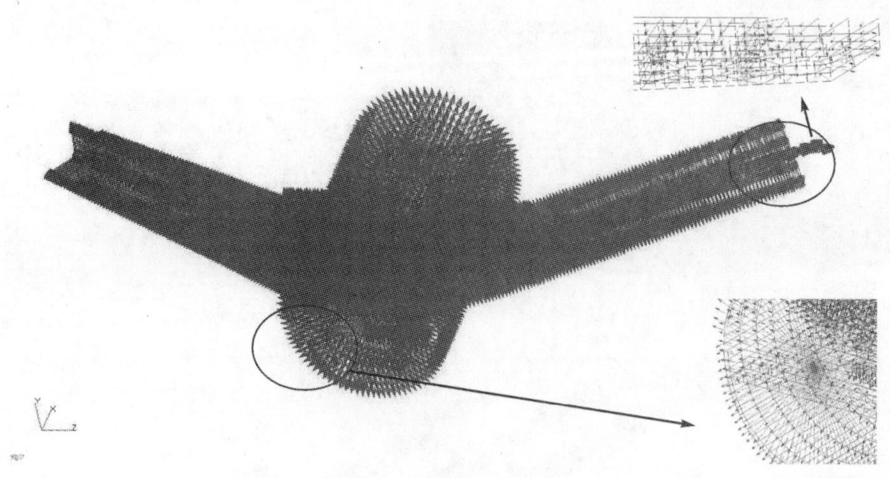

图 1-35 翼身组合模型的单元法线检查(Patran)

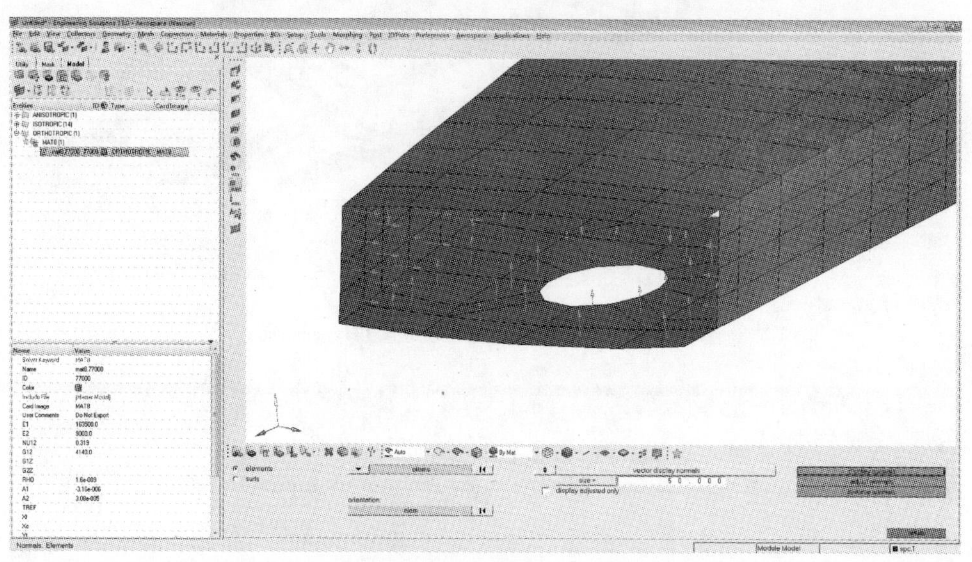

图 1-36 翼身组合模型的单元法线检查(Hypermesh)

(6) 检查复合材料丢层区域

复合材料丢层区域检查如表 1-22 所列和图 1-37～图 1-38 所示。

表 1-22 复合材料丢层区域检查

有限元分析的模型检查 复合材料丢层区域	项目:复合材料机翼研制攻关项目
部件/组件:全尺寸试验件模型	
分析证实:符合实际	版本:Patran2012/Hypermesh13.0
有限元模型的总体描述: 全尺寸试验件有限元模型规模:1D 单元——2143;2D 单元——3830;MPC——6;节点——2903	
厚度梯度: 变化符实	

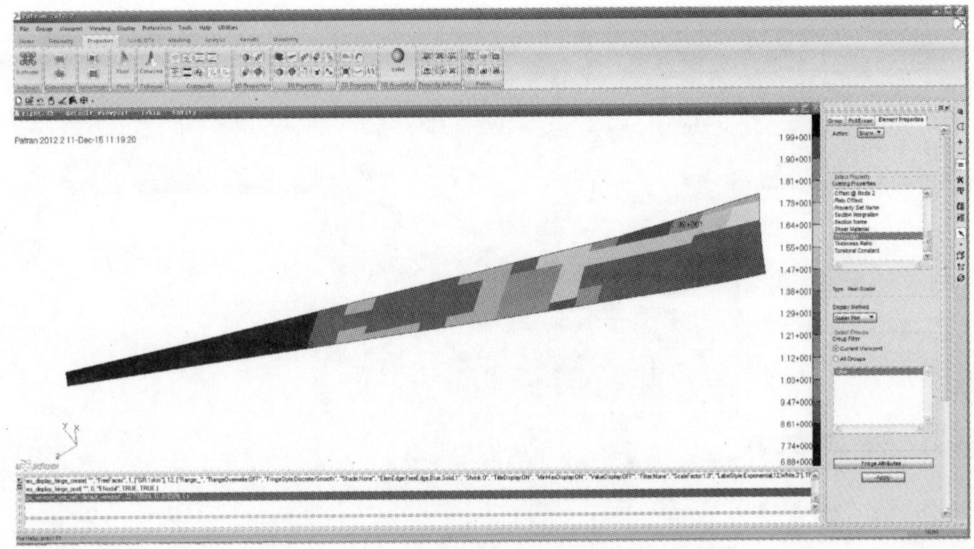

图 1-37　复合材料上蒙皮厚度过渡检查(Patran)

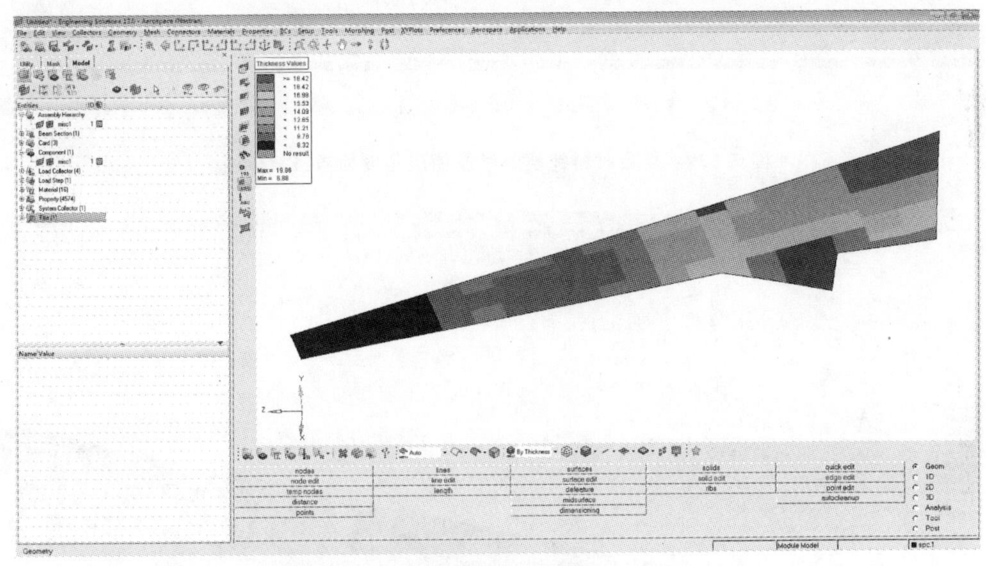

图 1-38　复合材料上蒙皮厚度过渡检查(Hypermesh)

(7) 检查复合材料铺层顺序及铺层角度

复合材料铺层顺序及铺层角度检查如表 1-23 所列和图 1-39～图 1-40 所示。

表 1-23　复合材料铺层顺序及铺层角度检查

<table>
<tr><td>有限元分析的模型检查
复合材料铺层顺序及铺层角度</td><td>项目:复合材料机翼研制攻关项目</td></tr>
<tr><td>部件/组件:全尺寸试验件模型</td><td></td></tr>
<tr><td>分析证实:符合实际</td><td>版本:Patran2012/Hypermesh13.0</td></tr>
<tr><td colspan="2">有限元模型的总体描述:
全尺寸试验件有限元模型规模:1D 单元——2143;2D 单元——3830;MPC——6;节点——2903</td></tr>
<tr><td colspan="2">复合材料铺层顺序及铺层角度:
变化符实</td></tr>
</table>

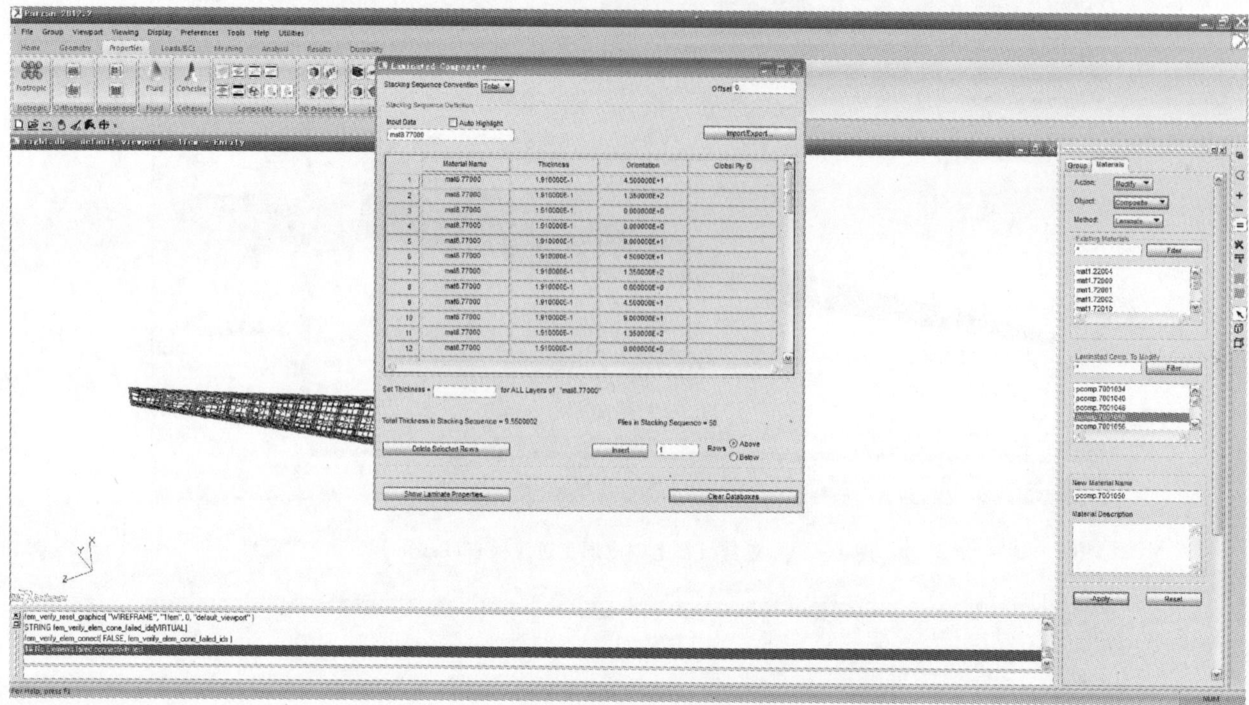

图1-39 复合材料铺层顺序及铺层角度检查(Patran)

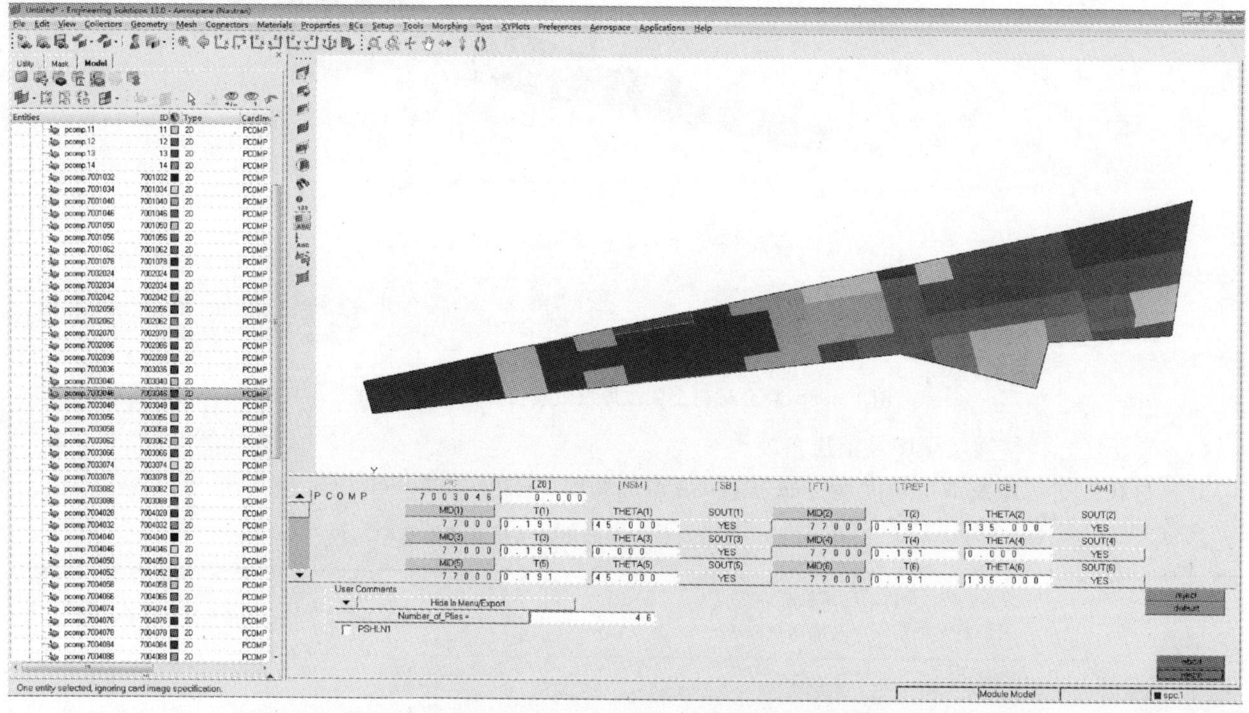

图1-40 复合材料铺层顺序及铺层角度检查(Hypermesh)

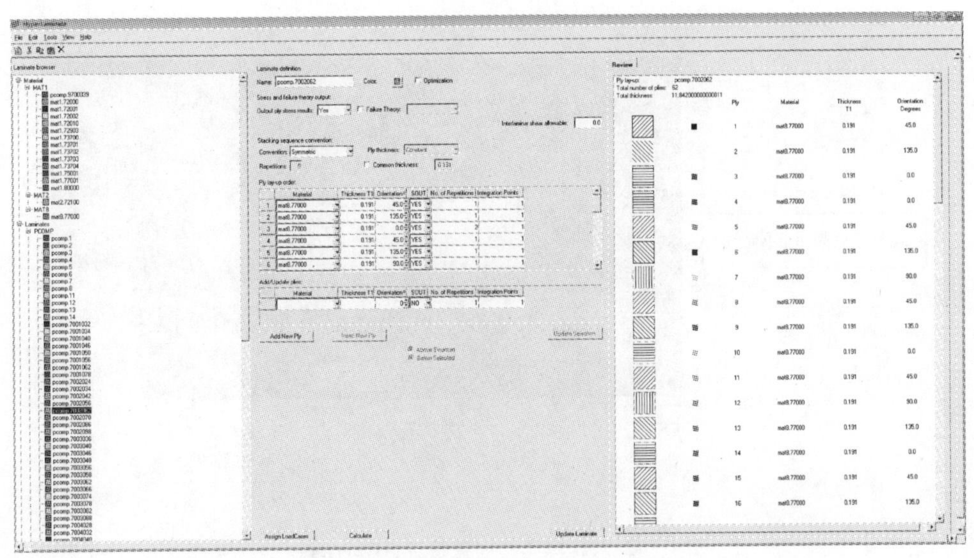

图 1-40　复合材料铺层顺序及铺层角度检查(Hypermesh)(续)

(8) 检查单元的偏置

1D、2D 单元的偏置检查如表 1-24 和图 1-41～图 1-43 所示。

表 1-24　单元的偏置检查

有限元分析的模型检查 1D、2D 单元的偏置	项目:复合材料机翼研制攻关项目
部件/组件:全尺寸试验件模型	
分析证实:符合实际	版本:Hypermesh13.0
有限元模型的总体描述: 全尺寸试验件有限元模型规模:1D 单元——2143;2D 单元——3830;MPC——6;节点——2903	
1D、2D 单元的偏置: 与实际变化相符	

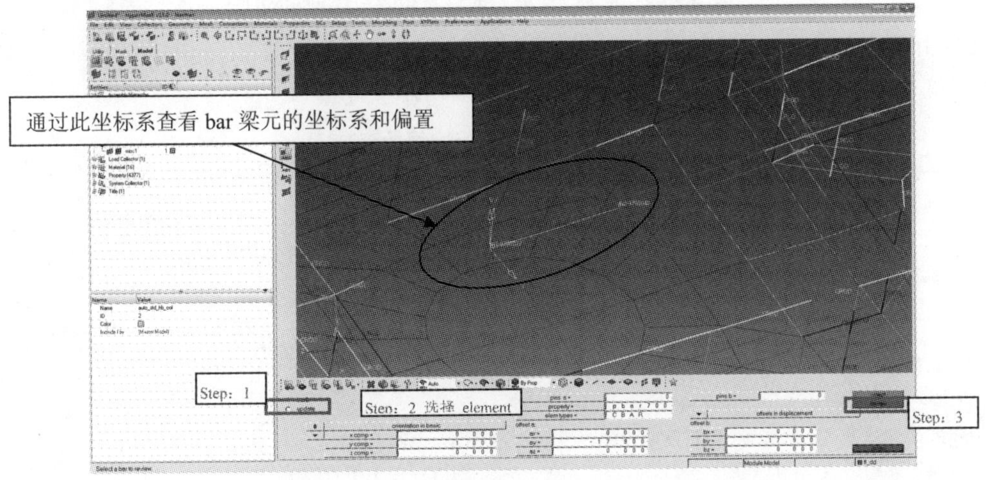

图 1-41　1D 单元的偏置检查(Hypermesh)

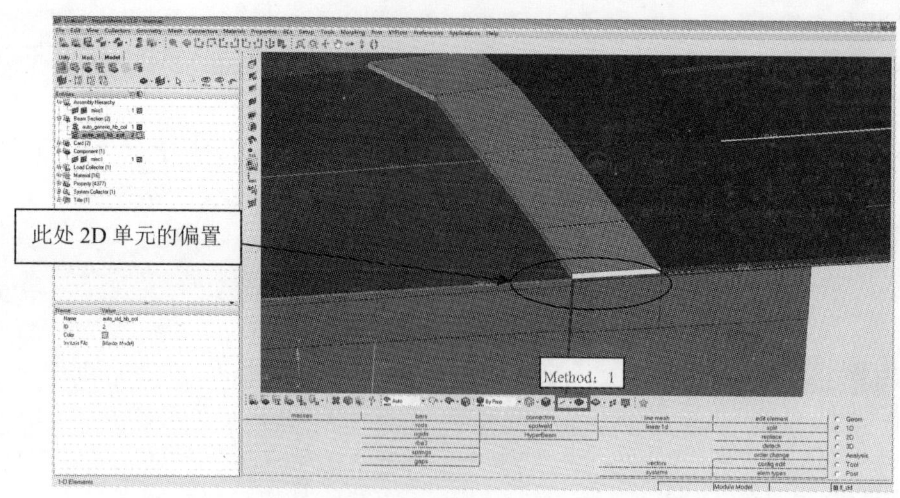

图1-42 2D单元的偏置检查(Hypermesh)

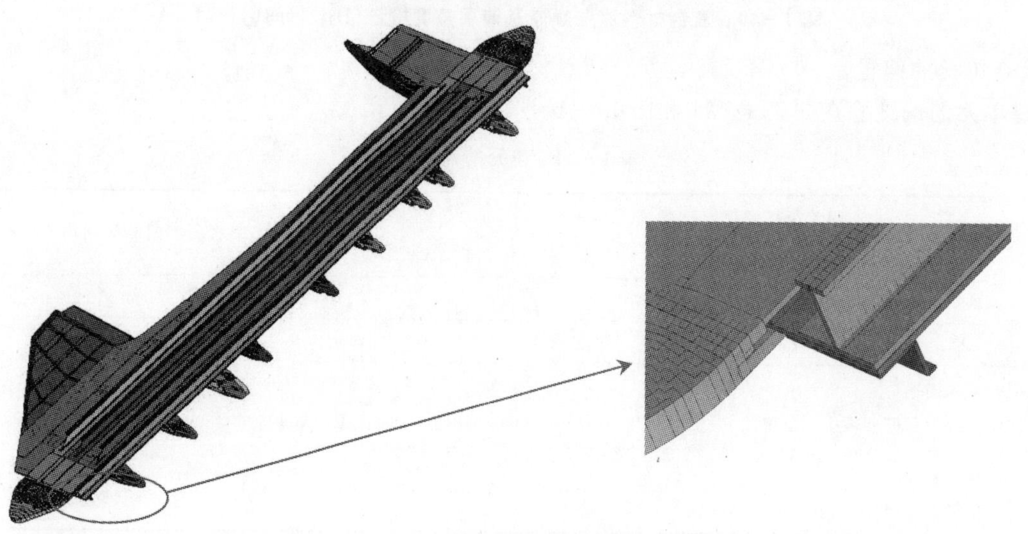

图1-43 假件2D单元的偏置检查(Hypermesh)

(9) 检查自由边/面

自由边/面检查如表1-25所列和图1-44～图1-46所示。

表1-25 自由边/面检查

<table>
<tr><td>有限元分析的模型检查
自由边/面</td><td>项目:复合材料机翼研制攻关项目</td></tr>
<tr><td>部件/组件:翼身组合模型/全尺寸试验件模型</td><td></td></tr>
<tr><td>分析证实:符合实际</td><td>版本:Patran2012/Hypermesh13.0</td></tr>
<tr><td colspan="2">有限元模型的总体描述:
左、右翼和机身以及试验假件
翼身组合有限元模型规模:1D单元——14173;2D单元——11795;MPC——46;节点——11166
全尺寸试验件有限元模型规模:1D单元——2143;2D单元——3830;MPC——6;节点——2903</td></tr>
<tr><td colspan="2">自由边/面:
符合实际情况</td></tr>
</table>

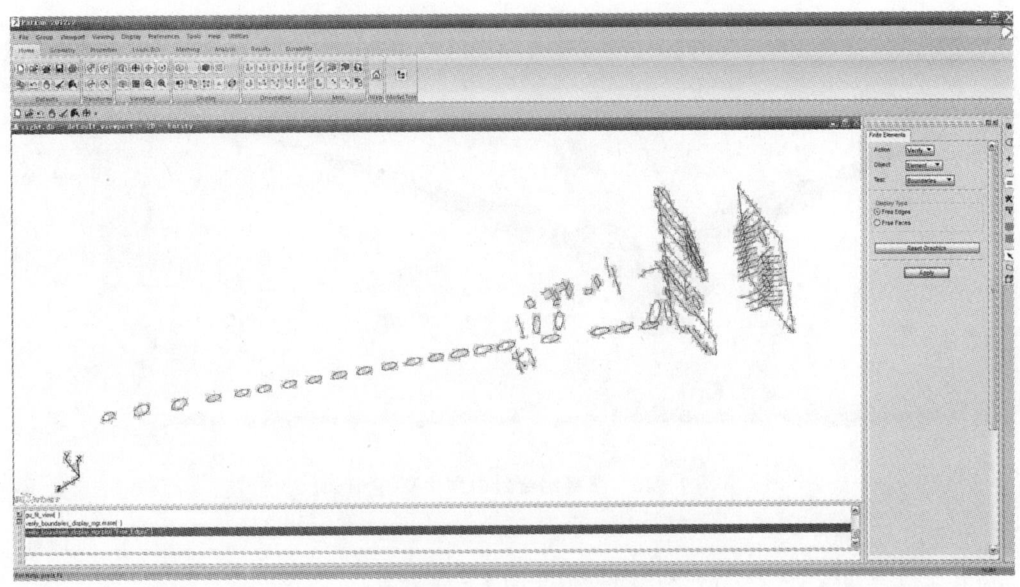

图 1-44　全尺寸试验件自由边检查(Patran)

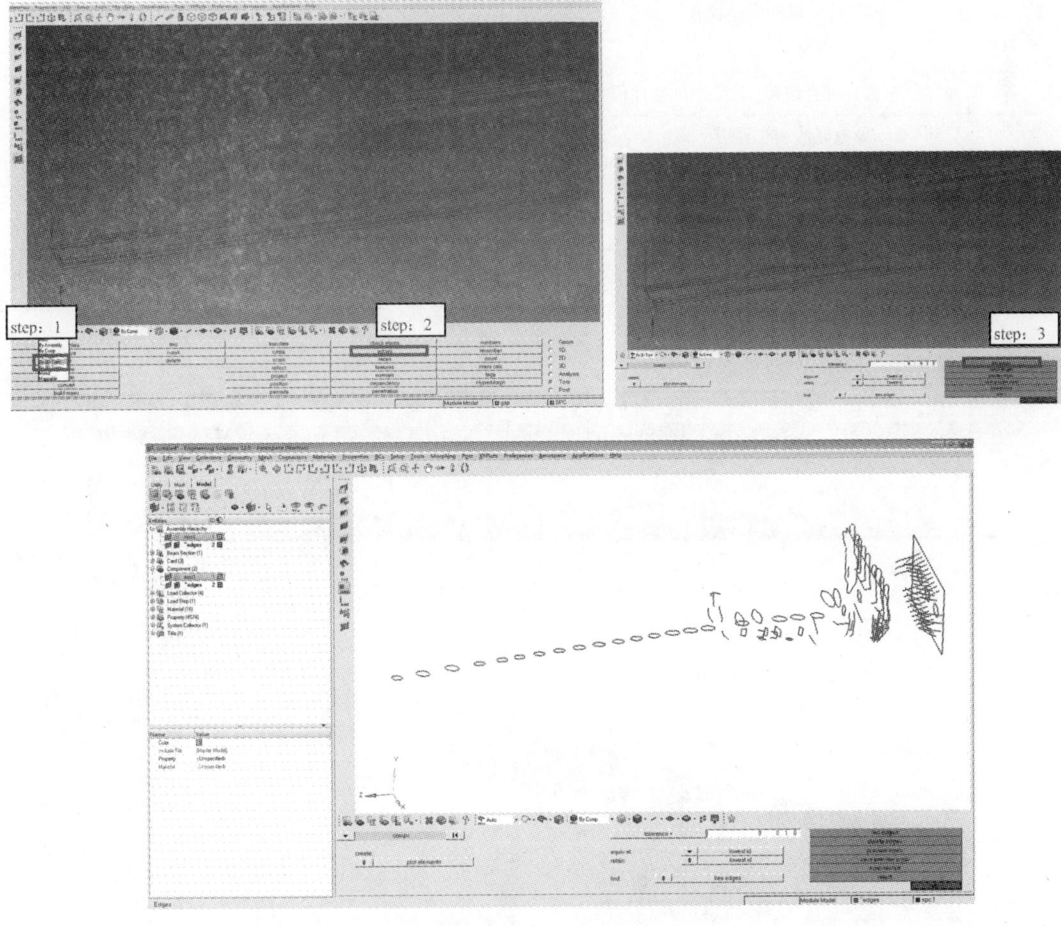

图 1-45　全尺寸试验件自由边检查(Hypermesh)

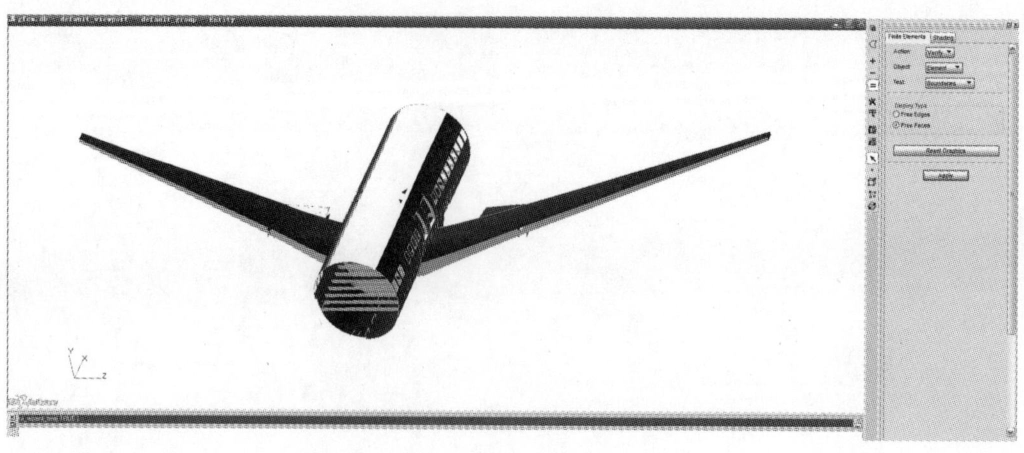

图 1-46 翼身组合自由面检查(Patran)

(10) 检查重复单元/节点

重复单元/节点检查如表 1-26 所列和图 1-47～图 1-50 所示。

表 1-26 重复单元/节点检查

有限元分析的模型检查 重复单元/节点	项目:复合材料机翼研制攻关项目
部件/组件:翼身组合模型/全尺寸试验件模型	
分析证实:符合实际	版本:Patran2012/Hypermesh13.0
有限元模型的总体描述: 左、右翼和机身以及试验假件 翼身组合有限元模型规模:1D 单元——14173;2D 单元——11795;MPC——46;节点——11166 全尺寸试验件有限元模型规模:1D 单元——2143;2D 单元——3830;MPC——6;节点——2903	
重复单元: 没有重复单元(除掉结构本身相叠部分)和节点	

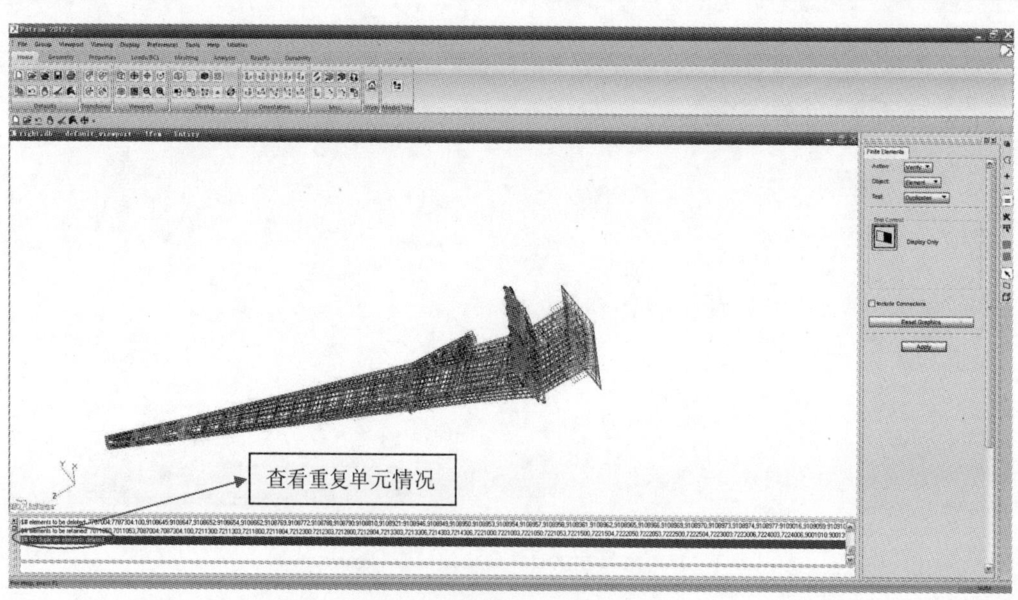

图 1-47 重复单元检查(Patran)

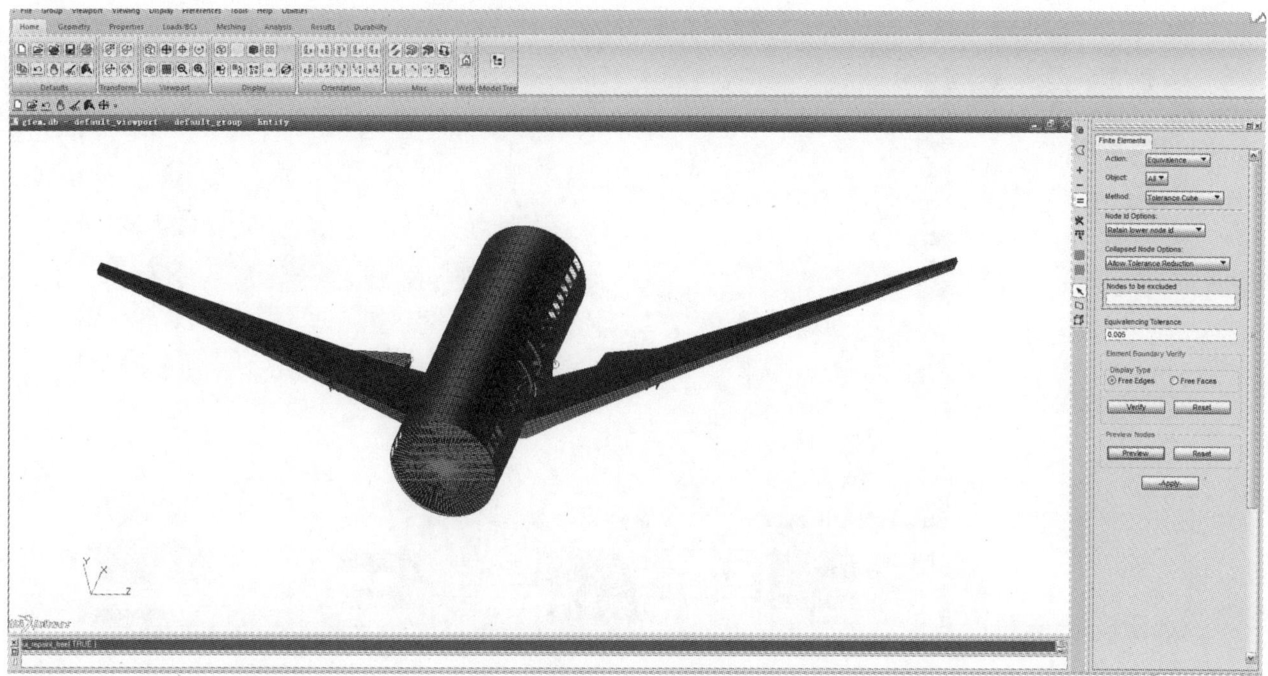

图 1 - 48　重复节点检查(Patran)

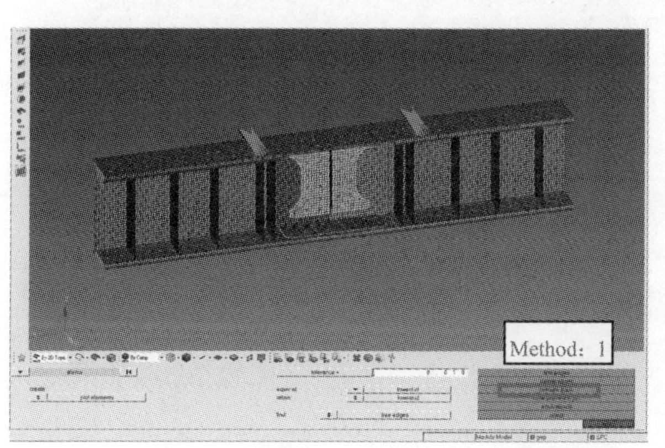

(a) 快捷键：shift+F3

(b) 模型check

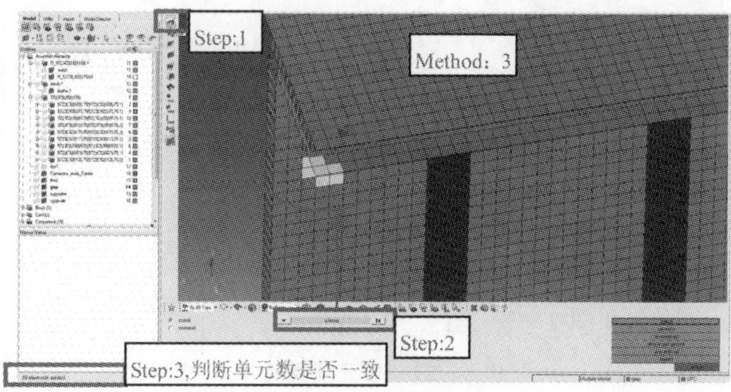

(c) mask 快捷键：F5

图 1 - 49　重复单元检查(Hypermesh)

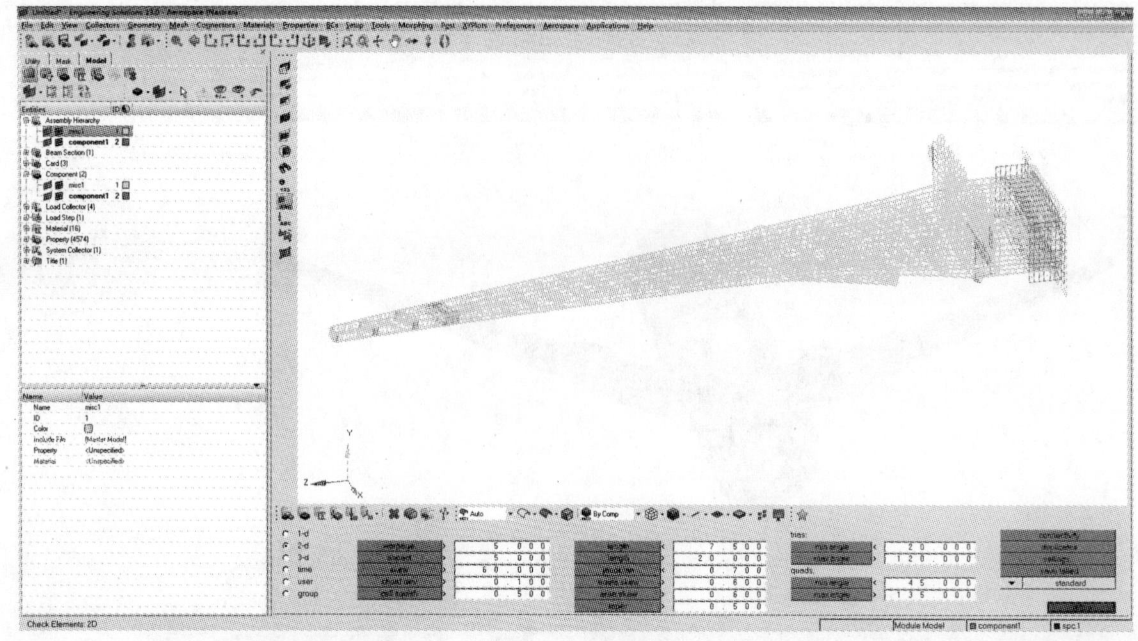

图 1-49 重复单元检查(Hypermesh)(续)

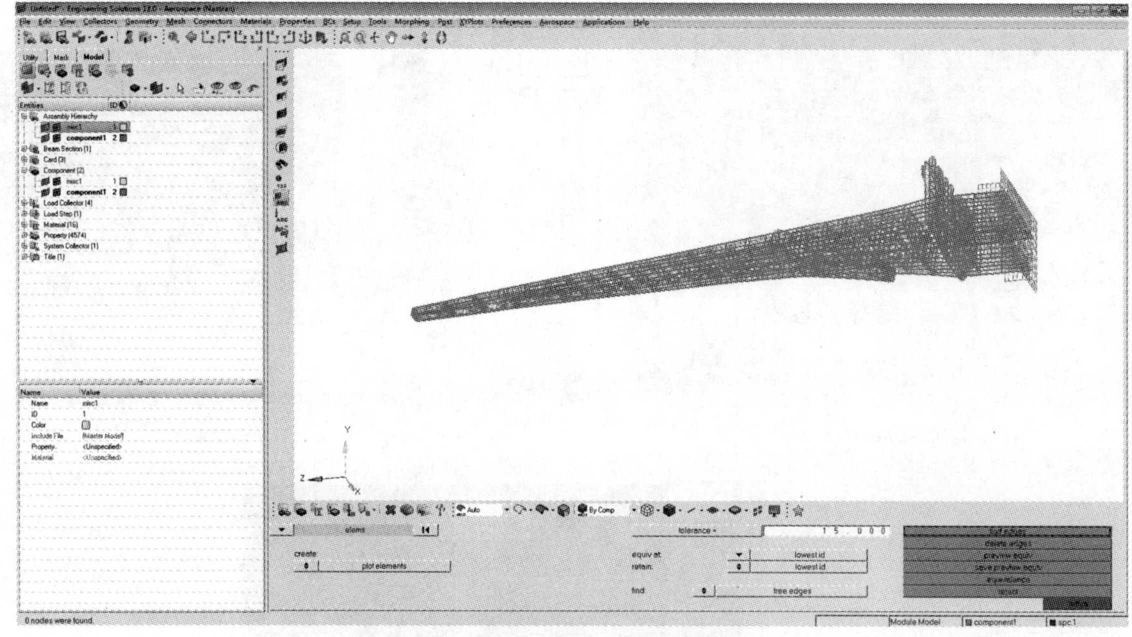

图 1-50 重复节点检查(Hypermesh)

(11) 检查单元质量

单元质量检查如表 1-27 所列和图 1-51、图 1-52 所示。

表 1-27 单元质量检查

有限元分析的模型检查 单元质量	项目:复合材料机翼研制攻关项目
部件/组件:全尺寸试验件模型	

续表 1－27

<table>
<tr><td>分析证实:符合实际</td><td>版本:Patran2012/Hypermesh13.0</td></tr>
<tr><td colspan="2">有限元模型的总体描述:
全尺寸试验件有限元模型规模:1D 单元——2143;2D 单元——3830;MPC——6;节点——2903</td></tr>
<tr><td colspan="2">单元质量:
符合求解要求(雅克比<9)</td></tr>
</table>

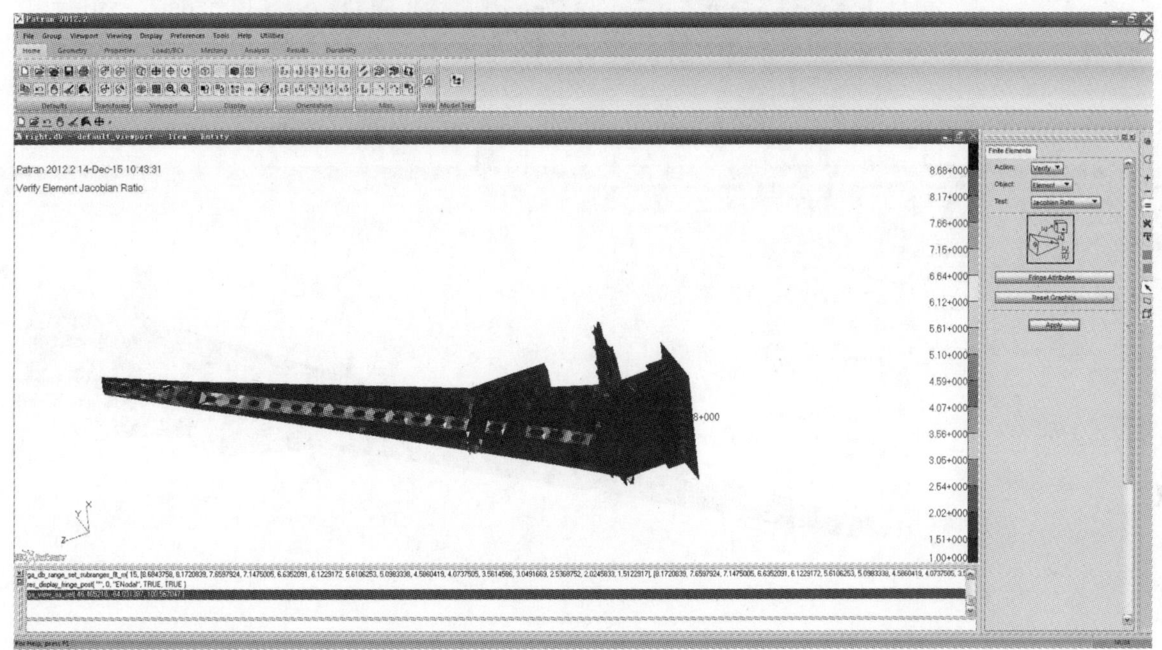

图 1－51　单元质量检查(Patran)

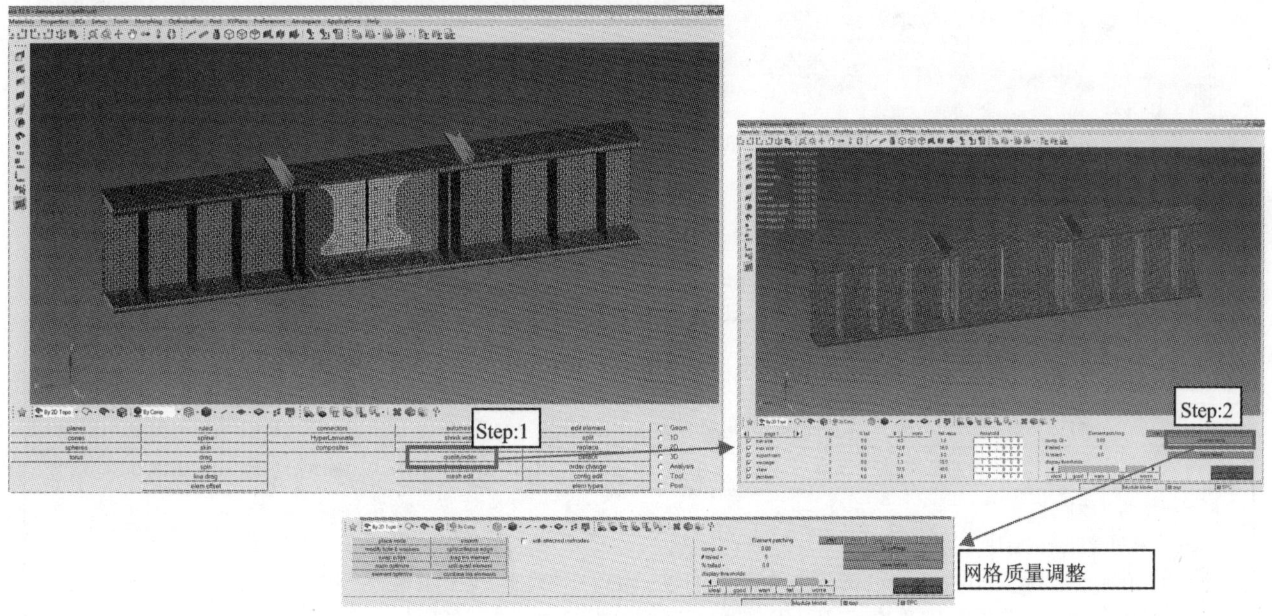

图 1－52　单元质量检查(Hypermesh)

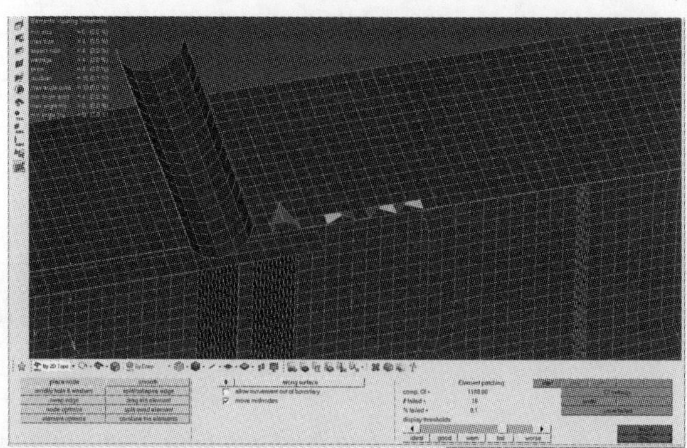

计算机显示中：
红色为错误，不可接受；
黄色为警告，有条件接受

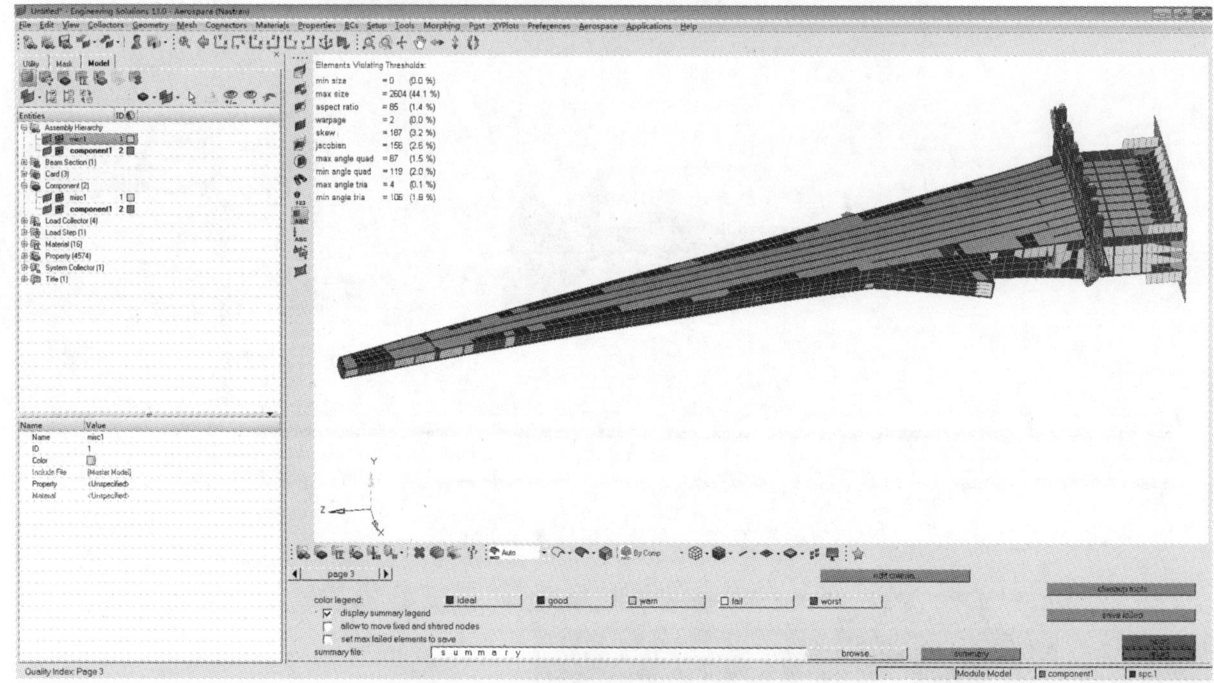

图 1-52 单元质量检查(Hypermesh)(续)

(12) 检查连接情况

连接检查如表 1-28 所列和图 1-53～图 1-55 所示。

表 1-28 连接件情况检查

有限元分析的模型检查 连接件情况	项目:复合材料机翼研制攻关项目
部件/组件:翼身组合模型/全尺寸试验件模型	
分析证实:符合实际	版本:Patran2012/Hypermesh13.0
有限元模型的总体描述: 左、右翼和机身以及试验件 翼身组合有限元模型规模:1D 单元——14173;2D 单元——11795;MPC——46;节点——11166 全尺寸试验件有限元模型规模:1D 单元——2143;D 单元——3830;MPC——6;节点——2903	
连接件: 没有连接问题	

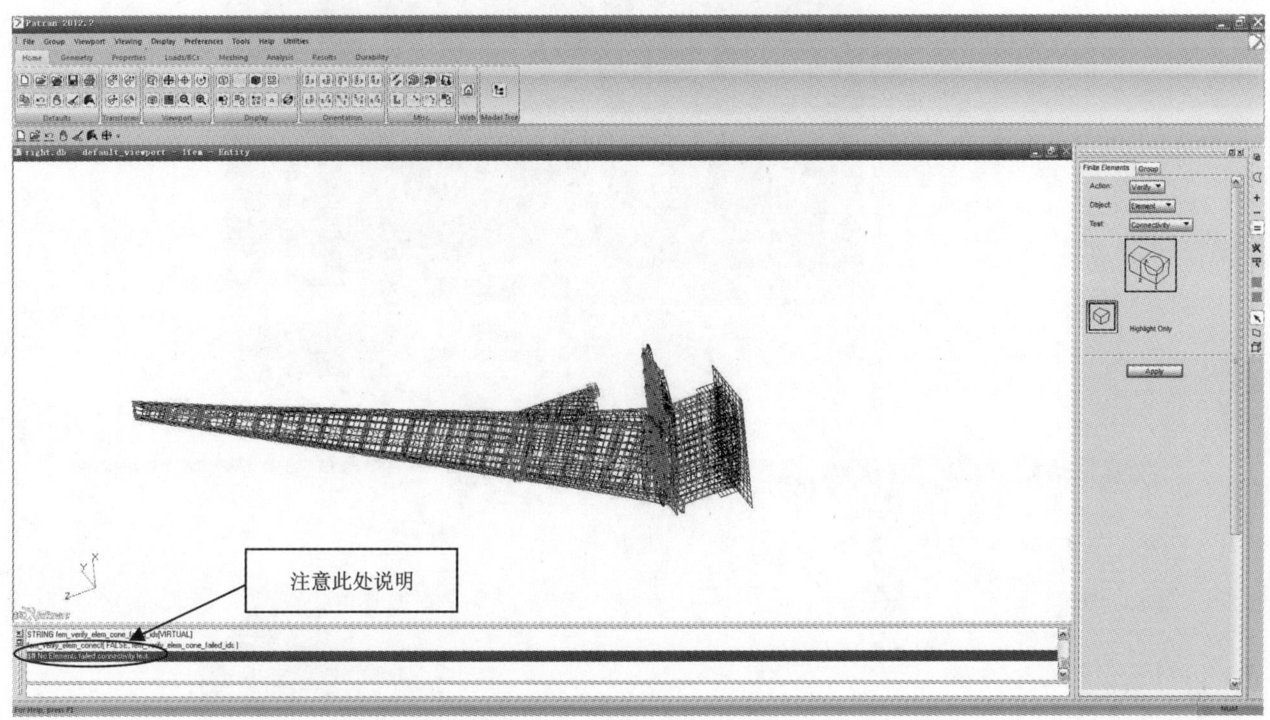

图 1-53　全尺寸试验件连接情况检查(Patran)

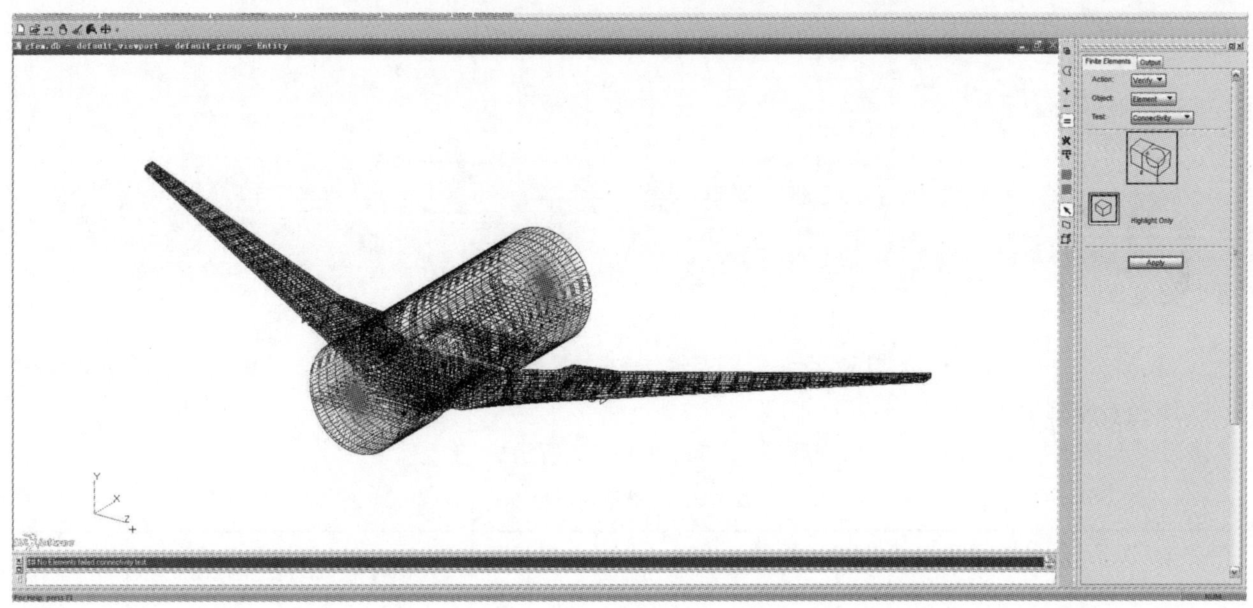

图 1-54　翼身组合模型连接情况检查(Patran)

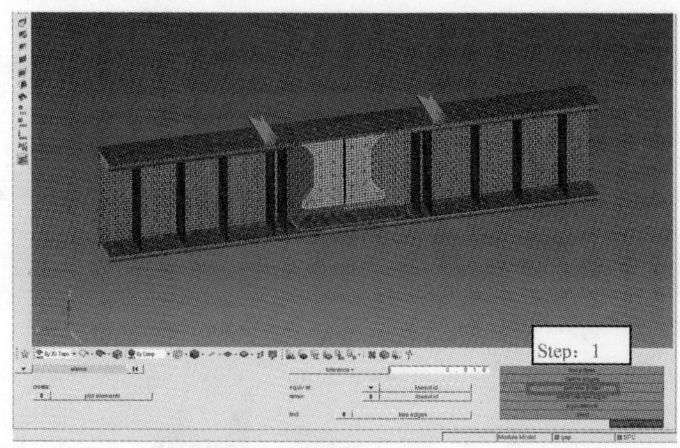

快捷键：shift+F3

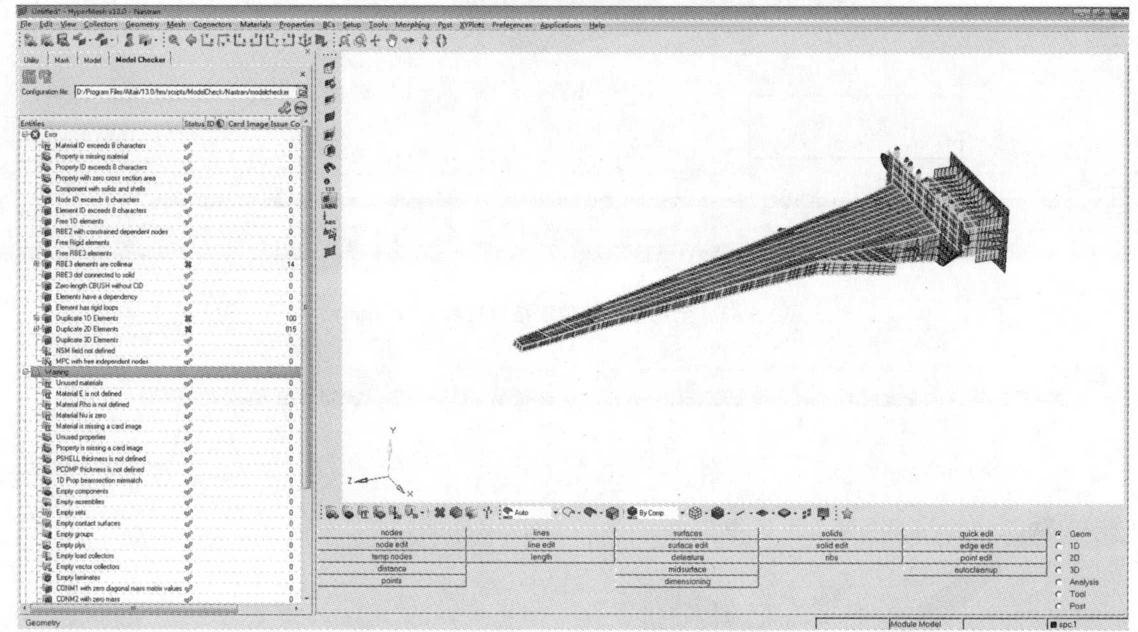

Model checker

图 1-55 全尺寸试验件连接情况检查(Hypermesh)

(13) 检查模型输出情况

使用模型输出检查如表 1-29 所列和图 1-56、图 1-57 所示。

表 1-29 模型输出检查

<table>
<tr><td>有限元分析的模型检查
模型输出</td><td>项目:复合材料机翼研制攻关项目</td></tr>
<tr><td>部件/组件:全尺寸试验件模型</td><td></td></tr>
<tr><td>分析证实:符合实际</td><td>版本:Patran2012/Hypermesh13.0</td></tr>
<tr><td colspan="2">有限元模型的总体描述:
全尺寸试验件有限元模型规模:1D 单元——2143;2D 单元——3830;MPC——6;节点——2903</td></tr>
<tr><td colspan="2">模型输出:
Patran 界面输出时,没有提示有任何警告和错误</td></tr>
</table>

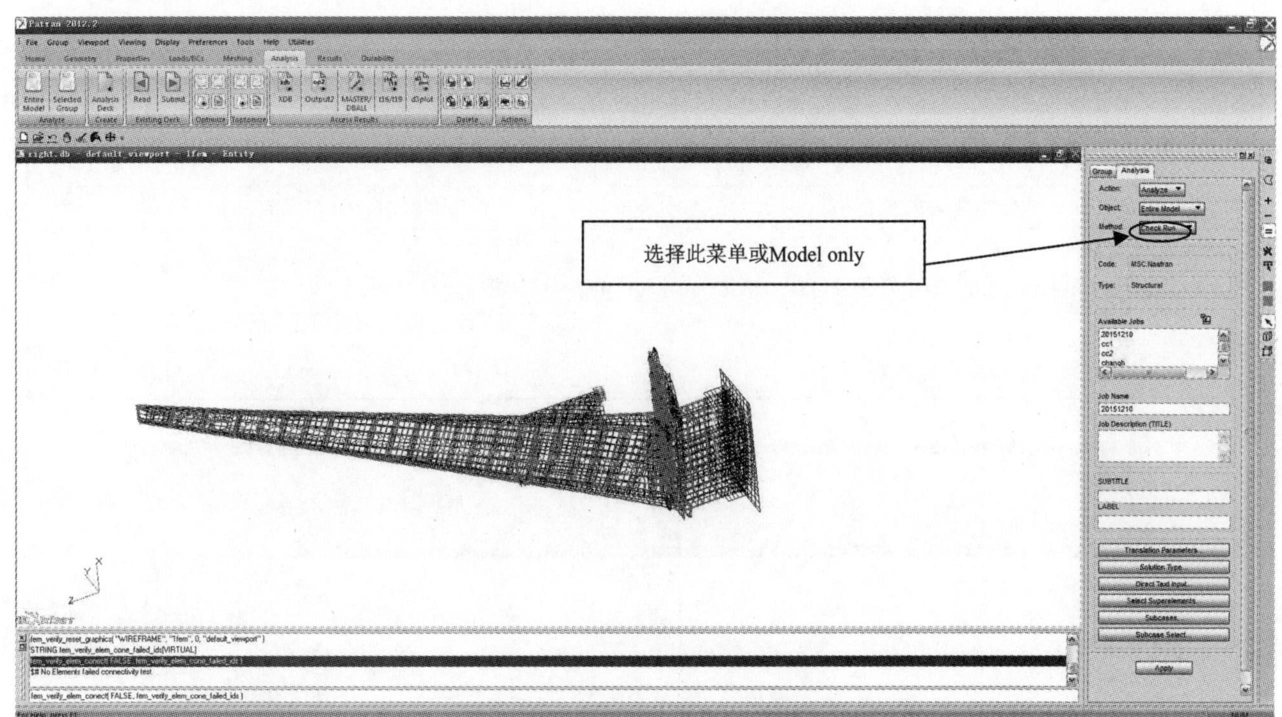

图 1－56　模型输出检查(Patran)

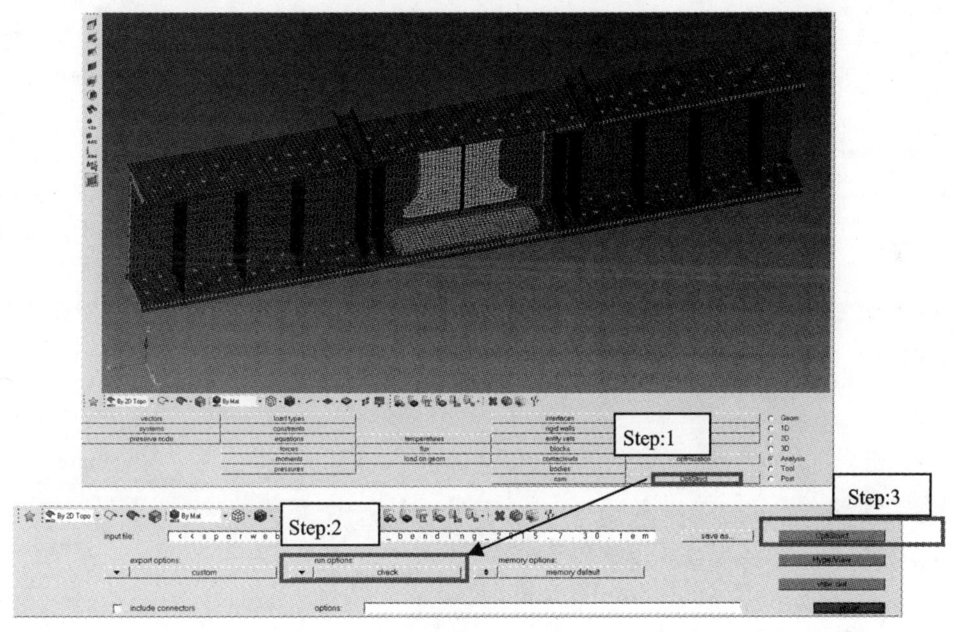

图 1－57　模型输出检查(Hypermesh)

(14) 检查模型的加载及边界条件

模型的加载及边界条件检查如表 1－30 所列和图 1－58、图 1－59 所示。

表 1-30 模型的加载及边界条件检查

<table>
<tr><td>有限元分析的模型检查
模型的加载及边界条件</td><td>项目:复合材料机翼研制攻关项目</td></tr>
<tr><td colspan="2">部件/组件:全尺寸试验件模型</td></tr>
<tr><td>分析证实:符合实际</td><td>版本:Patran2012/Hypermesh13.0</td></tr>
<tr><td colspan="2">有限元模型的总体描述:
全尺寸试验件有限元模型规模:1D单元——2143;2D单元——3830;MPC——6;节点——2903</td></tr>
<tr><td colspan="2">加载及边界条件:
机翼根部固支,机翼稍部加垂直向上载荷</td></tr>
</table>

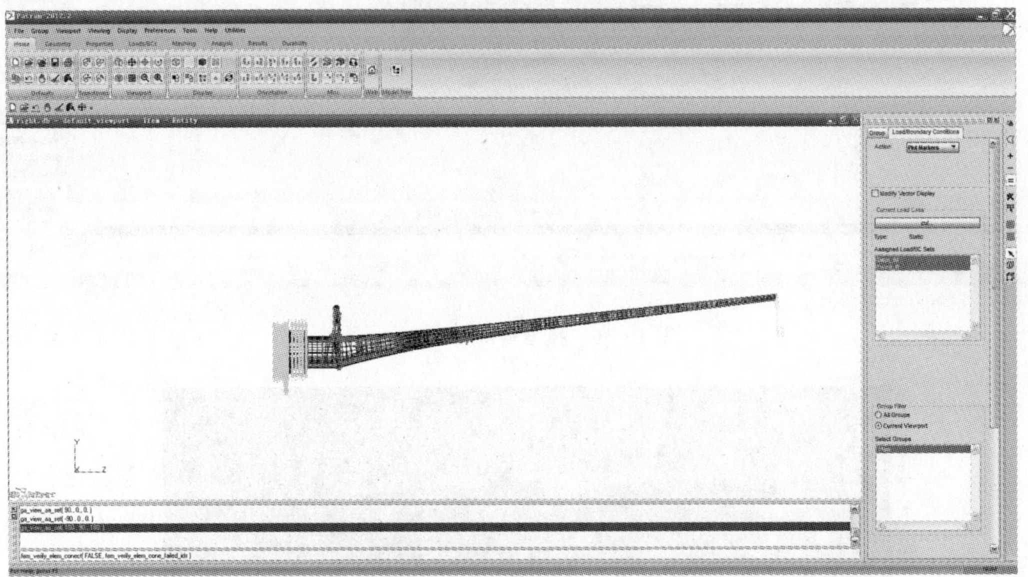

图 1-58 模型的加载及边界条件检查(Patran)

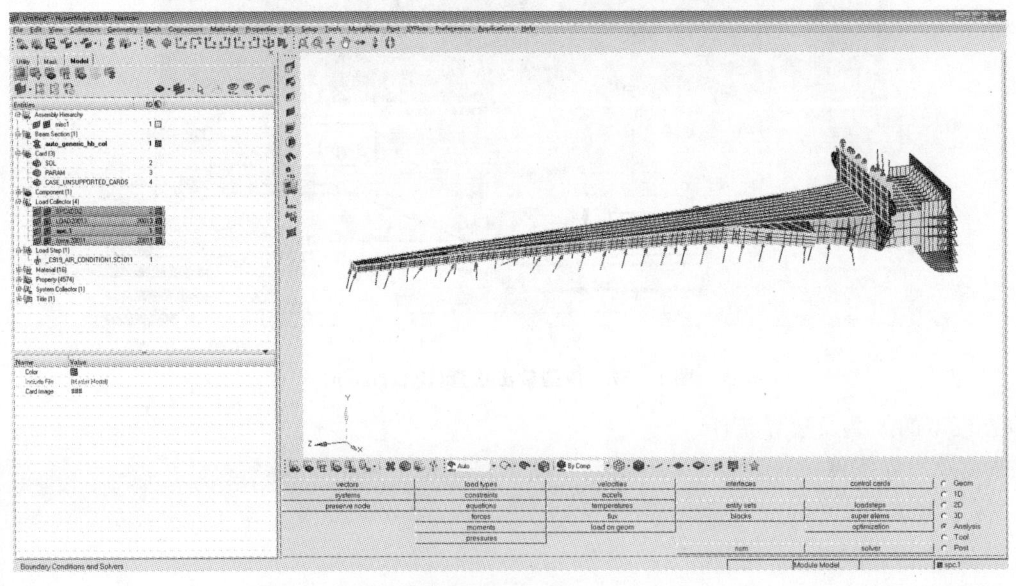

图 1-59 模型的加载及边界条件检查(Hypermesh)

(15) 检查 include 文件

使用 include 文件的正确与否检查如表 1－31 所列。

表 1－31　include 文件检查

有限元分析的模型检查 include 文件检查	项目:复合材料机翼研制攻关项目
部件/组件:翼身组合体模型	
分析证实:符合实际	版本:Nastran2012
有限元模型的总体描述: 加载文件:模型文件——节点文件,单元文件等	
include 文件: INCLUDE 'GFEM. L5V02. Model. ALL. bdf' INCLUDE '2_Loadcases_Control/Load. bdf' INCLUDE '2_Loadcases_Control/Load_dyna_land. bdf' INCLUDE '2_Loadcases_Control/Load_dyna_wing. bdf' INCLUDE '2_Loadcases_Control/Load_main_gear_wing. bdf' INCLUDE '2_Loadcases_Control/LOAD_2P. BDF' INCLUDE 'GFEM. L5V01. Loadfiles. bdf'	

(16) 检查模型质量

模型质量检查如表 1－32 所列和图 1－60、图 1－61 所示。

表 1－32　模型质量检查

有限元分析的模型检查 模型的质量	项目:复合材料机翼研制攻关项目
部件/组件:全尺寸试验件模型	
分析证实:符合实际	版本:Patran2012/Hypermesh13.0
有限元模型的总体描述: 全尺寸试验件有限元模型规模:1D 单元——2143;2D 单元——3830;MPC——6;节点——2903	
模型的质量: 与数模比较,较轻	

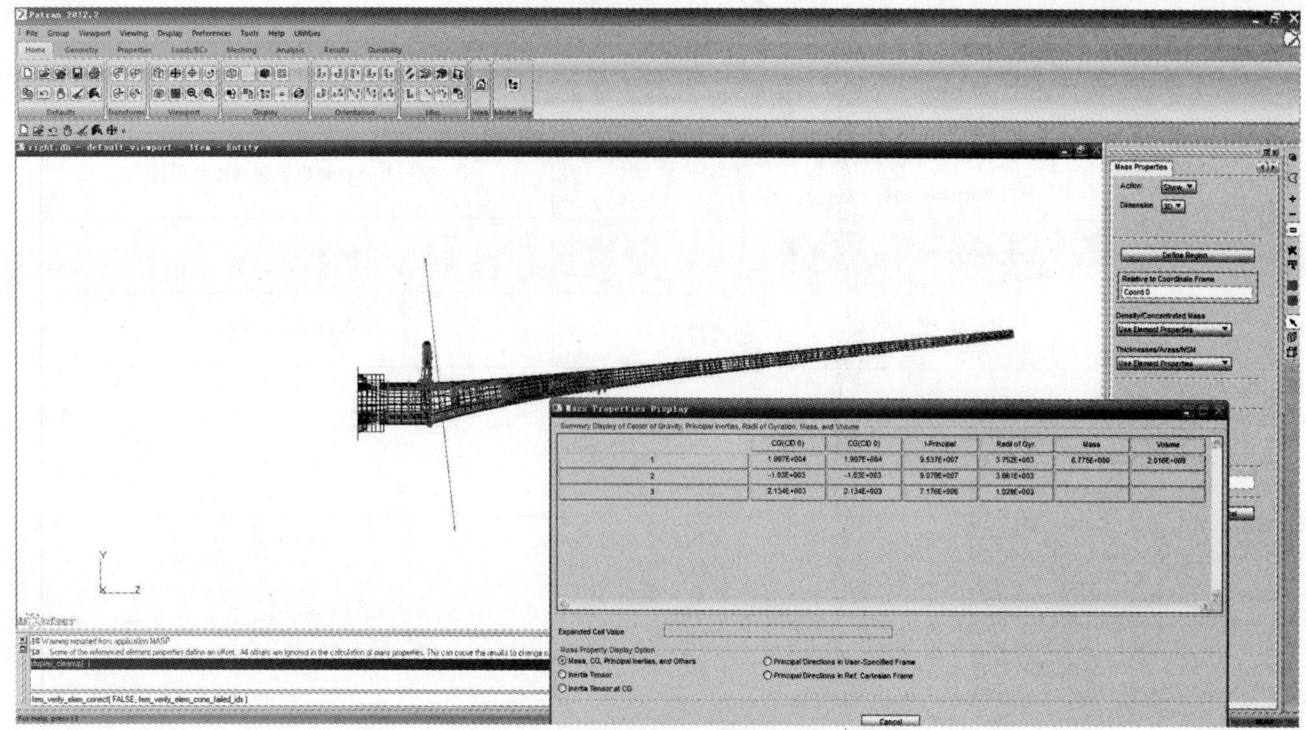

图 1-60 模型质量检查(Patran)

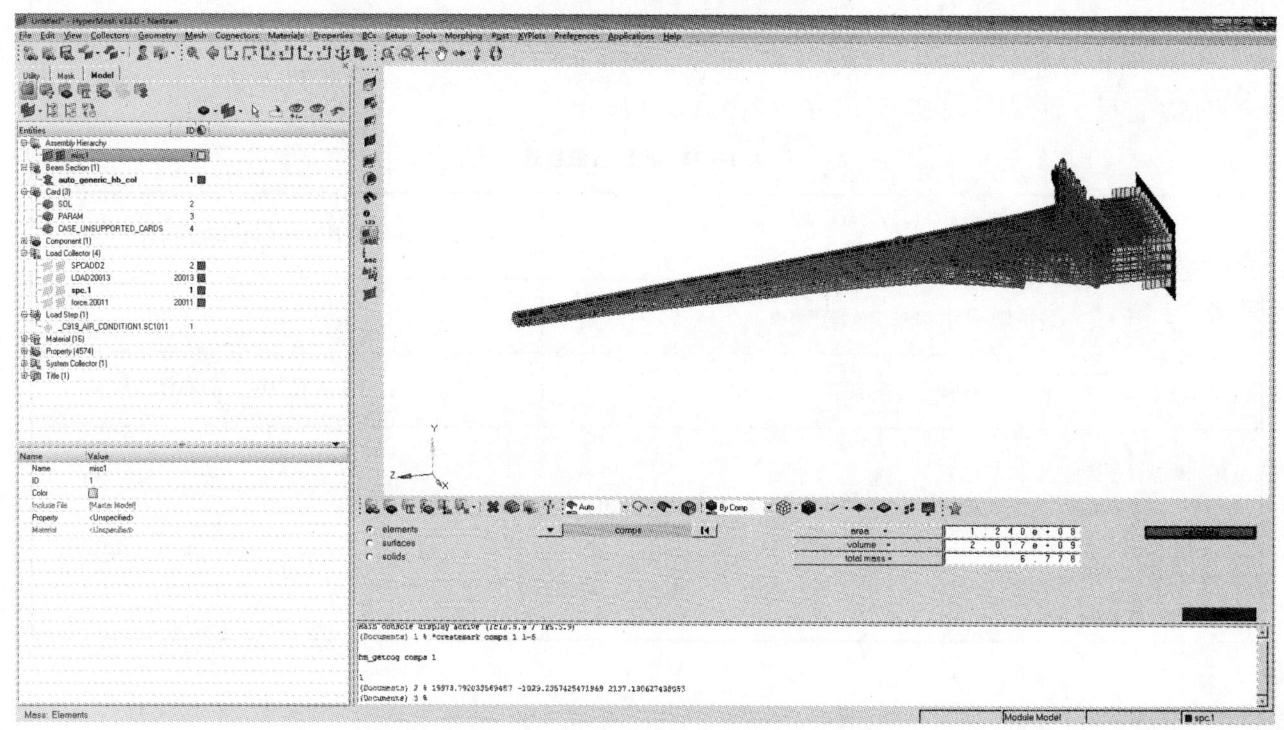

图 1-61 模型质量检查(Hypermesh)

2. 预分析

(1) 线性分析检查

线性分析检查如表 1-33 所列。

表 1-33　线性分析检查

有限元分析的模型检查 线性分析	项目:复合材料机翼研制攻关项目
部件/组件:全尺寸试验件模型	
分析证实:符合实际	版本:Nastran2012
有限元模型的总体描述: 全尺寸试验件有限元模型规模:1D 单元——2143;2D 单元——3830;MPC——6;节点——2903	
线性分析: SOL 101 CEND ECHO = NONE SUBCASE 1 SUBTITLE=cul SPC = 2 LOAD = 2 DISPLACEMENT(SORT1,REAL)=ALL SPCFORCES(SORT1,REAL)=ALL STRESS(SORT1,REAL,VONMISES,BILIN)=ALL BEGIN BULK PARAM　POST　0 PBAR　7015001 73700　1449.69 100.　100. CBAR　7015001 7015001 7015001 7015101 0.　1.　0. 0.　-32.97　0.　0.　-32.97　0. ……	

(2) 自由模态分析检查

自由模态分析检查如表 1-34 所列和图 1-62～图 1-76 所示。

表 1-34　自由模态分析检查

有限元分析的模型检查 自由模态分析	项目:复合材料机翼研制攻关项目
部件/组件:翼身组合模型/全尺寸试验件模型	
分析证实:符合实际(取前 7 阶模态)	版本:Nastran2012/Patran2012/Hypermesh13.0
有限元模型的总体描述: 翼身组合有限元模型规模:1D 单元——14173;2D 单元——11795;MPC——46;节点——11166 全尺寸试验件有限元模型规模:1D 单元——2143;2D 单元——3830;MPC——6;节点——2903	
自由模态分析: SOL 103 CEND ECHO = NONE SUBCASE 1 SUBTITLE=cul SPC = 2 DISPLACEMENT(SORT1,REAL)=ALL STRESS(SORT1,REAL,VONMISES,BILIN)=ALL	

续表 1-34

```
BEGIN BULK
PARAM      POST     0
PBAR       7015001 73700    1449.69 100.        100.
CBAR       7015001 7015001 7015001 7015101 0.        1.          0.
                            0.          -32.97    0.          0.          -32.97    0.
……
```

翼身组合模型非零的前 20 阶模态从 33.537～300.45Hz

全尺寸试验件模型非零的前 20 阶模态从 8.68～250.36Hz

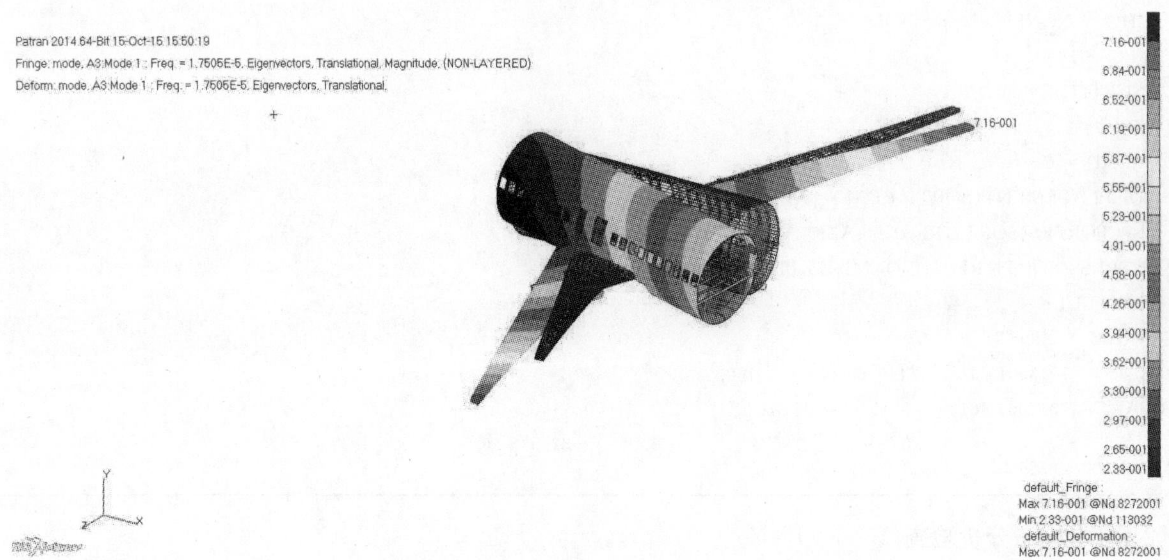

图 1-62　第一阶刚体模态(Patran)

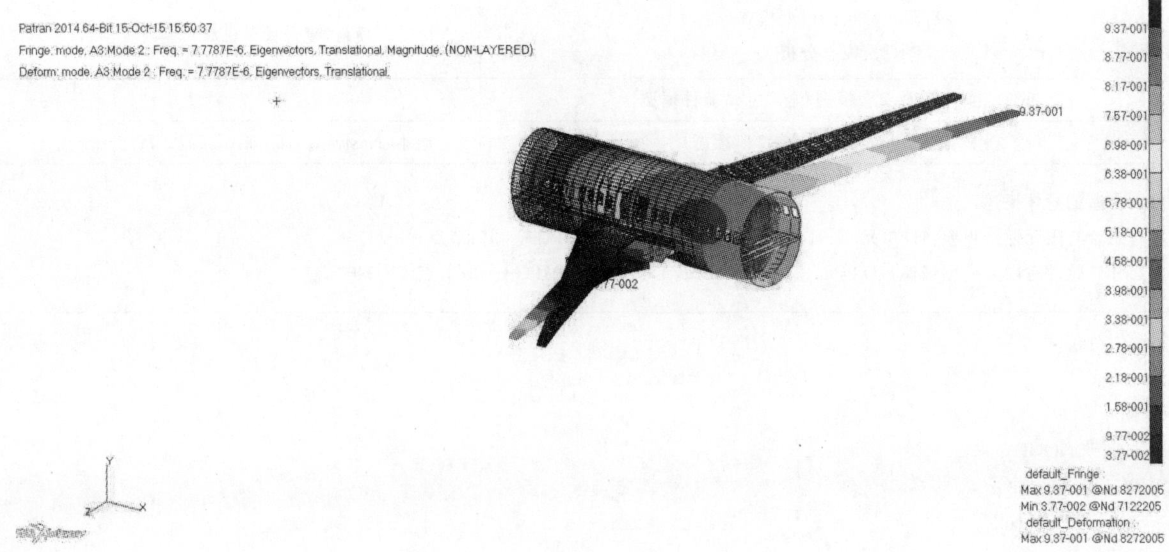

图 1-63　第二阶刚体模态(Patran)

Patran 2014 64-Bit 15-Oct-15 15:50:48
Fringe: mode, A3:Mode 3 : Freq. = 6.7187E-6, Eigenvectors, Translational, Magnitude, (NON-LAYERED)
Deform: mode, A3:Mode 3 : Freq. = 6.7187E-6, Eigenvectors, Translational,

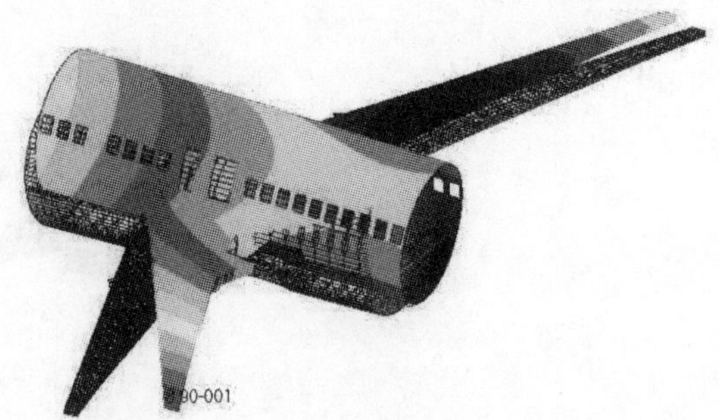

8.90-001
8.41-001
7.92-001
7.43-001
6.95-001
6.46-001
5.97-001
5.48-001
4.99-001
4.50-001
4.01-001
3.52-001
3.03-001
2.54-001
2.06-001
1.57-001

default_Fringe :
Max 8.90-001 @Nd 7271001
Min 1.57-001 @Nd 8122101
default_Deformation :
Max 8.90-001 @Nd 7271001

图 1-64　第三阶刚体模态(Patran)

Patran 2014 64-Bit 15-Oct-15 15:50:58
Fringe: mode, A3:Mode 4 : Freq. = 1.2272E-6, Eigenvectors, Translational, Magnitude, (NON-LAYERED)
Deform: mode, A3:Mode 4 : Freq. = 1.2272E-6, Eigenvectors, Translational,

7.61-001
7.15-001
6.69-001
6.22-001
5.76-001
5.30-001
4.83-001
4.37-001
3.91-001
3.44-001
2.98-001
2.52-001
2.05-001
1.59-001
1.13-001
6.65-002

default_Fringe :
Max 7.61-001 @Nd 113036
Min 6.65-002 @Nd 315104
default_Deformation :
Max 7.61-001 @Nd 113036

图 1-65　第四阶刚体模态(Patran)

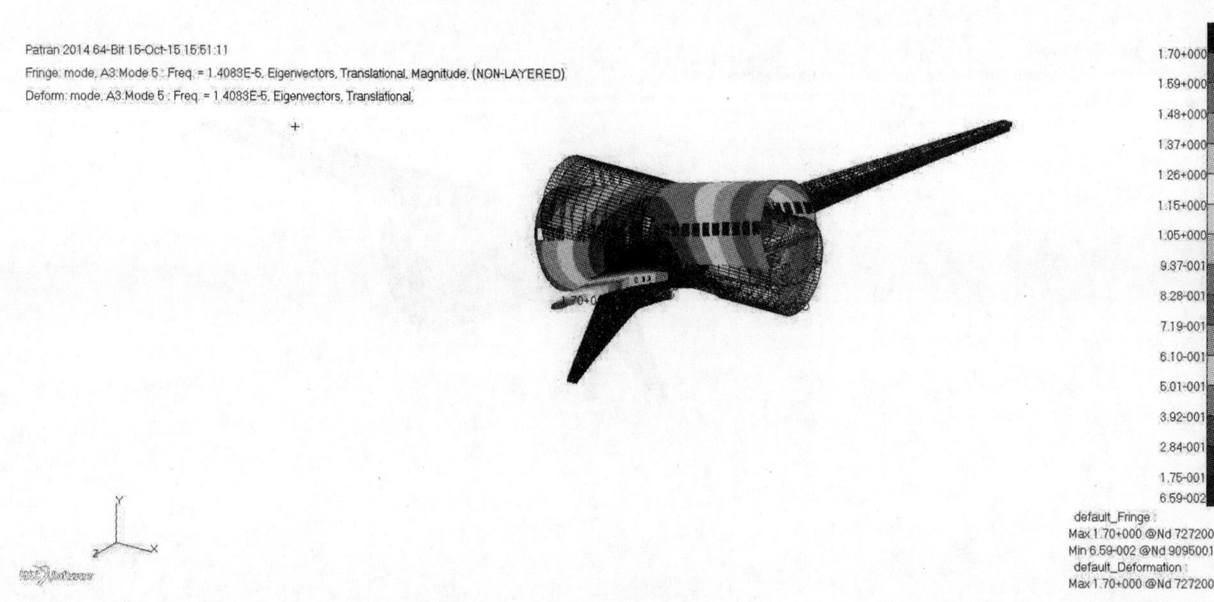

图 1-66　第五阶刚体模态(Patran)

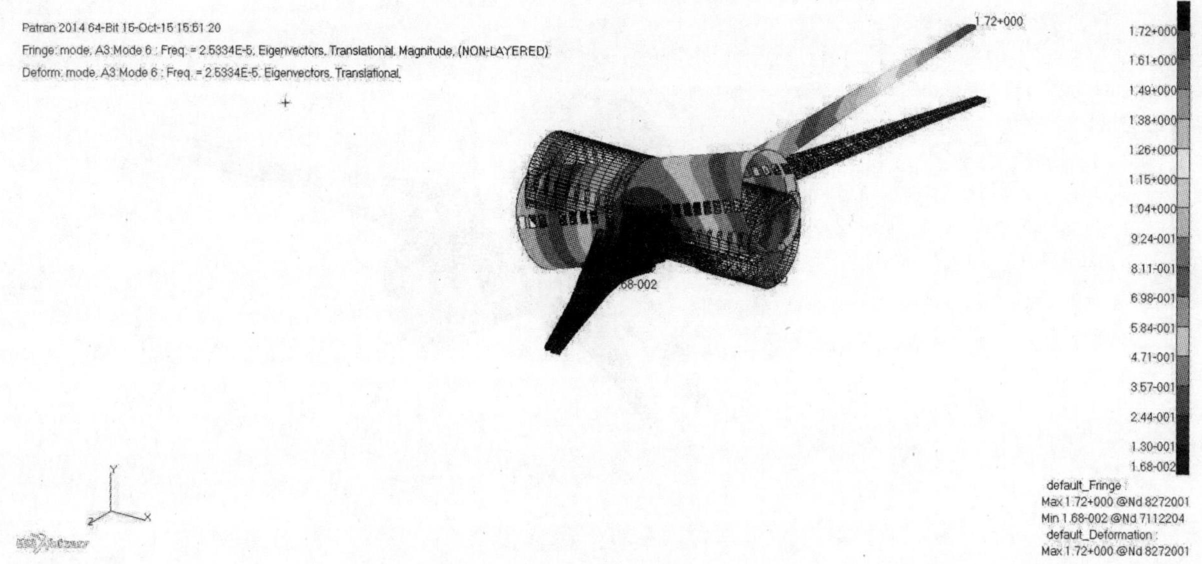

图 1-67　第六阶刚体模态(Patran)

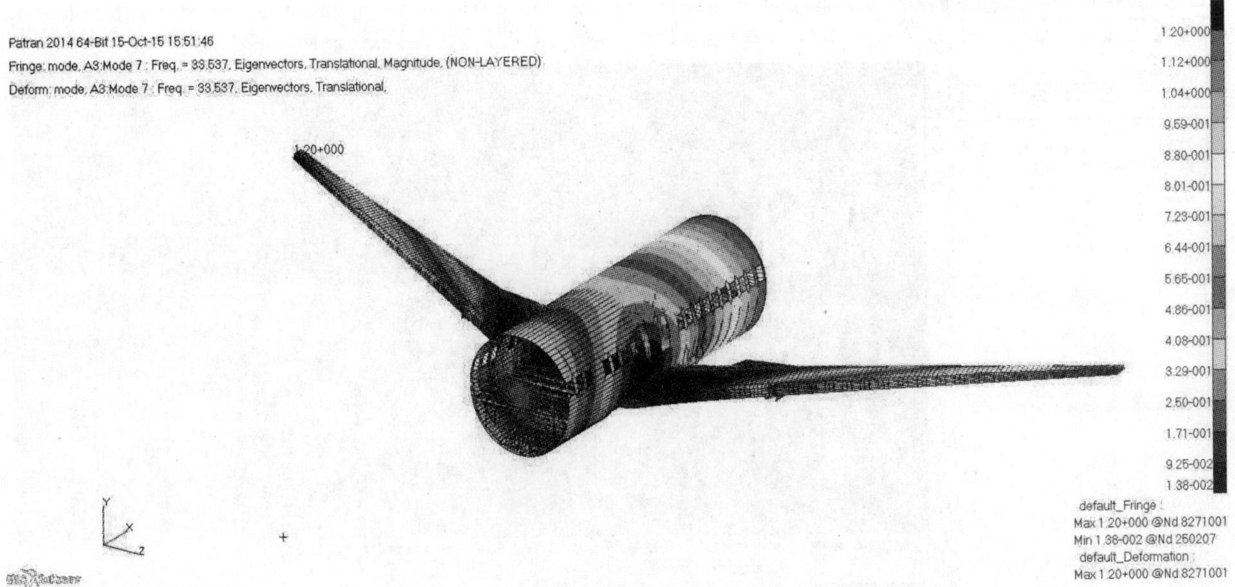

图 1－68　第七阶非刚体模态(Patran)

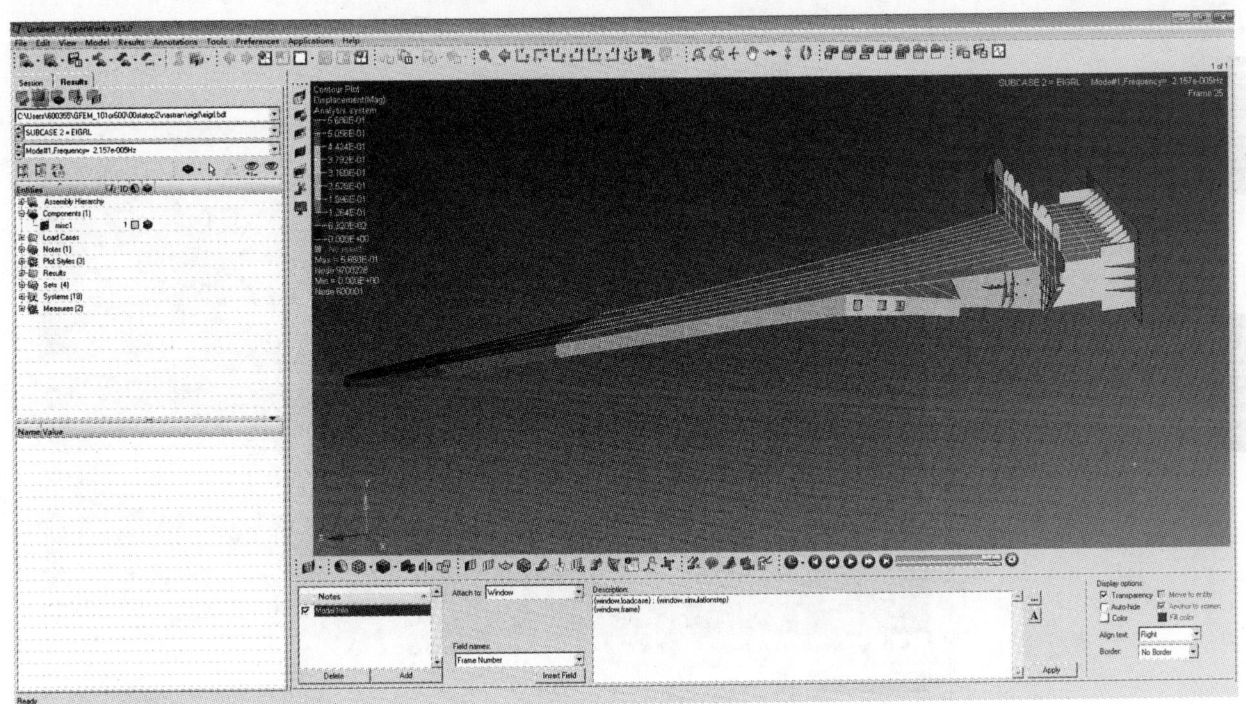

图 1－69　第一阶刚体模态(Hypermesh)

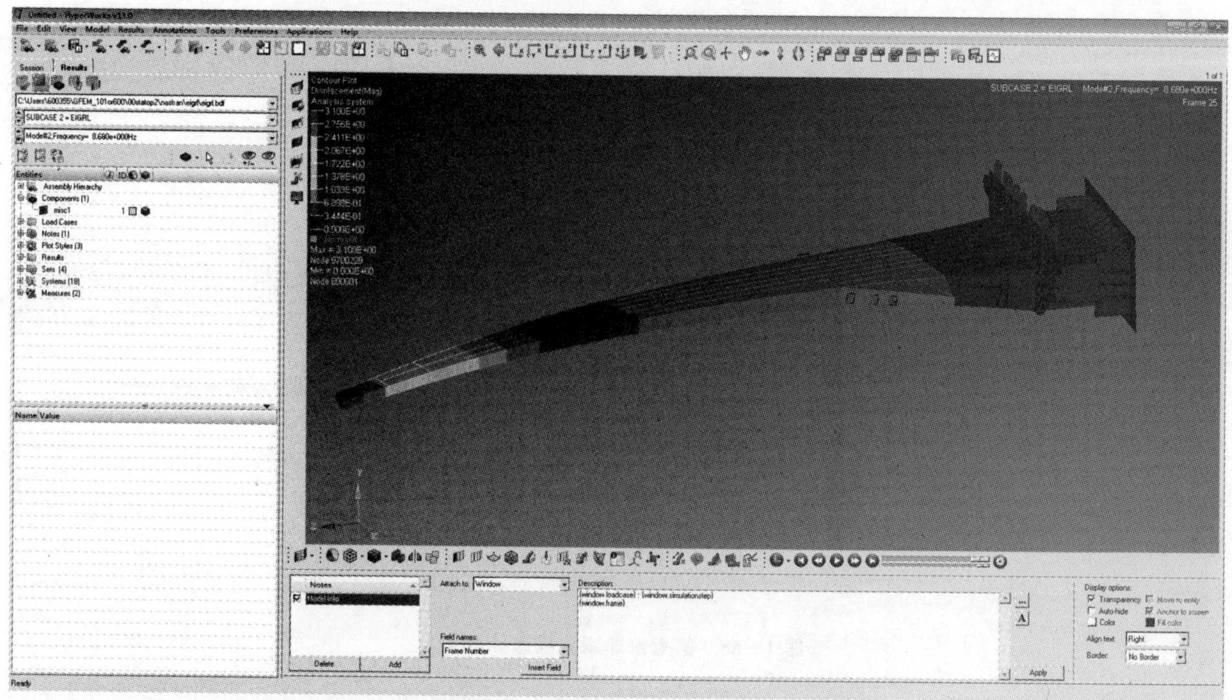

图1-70 弯曲模态(Hypermesh)

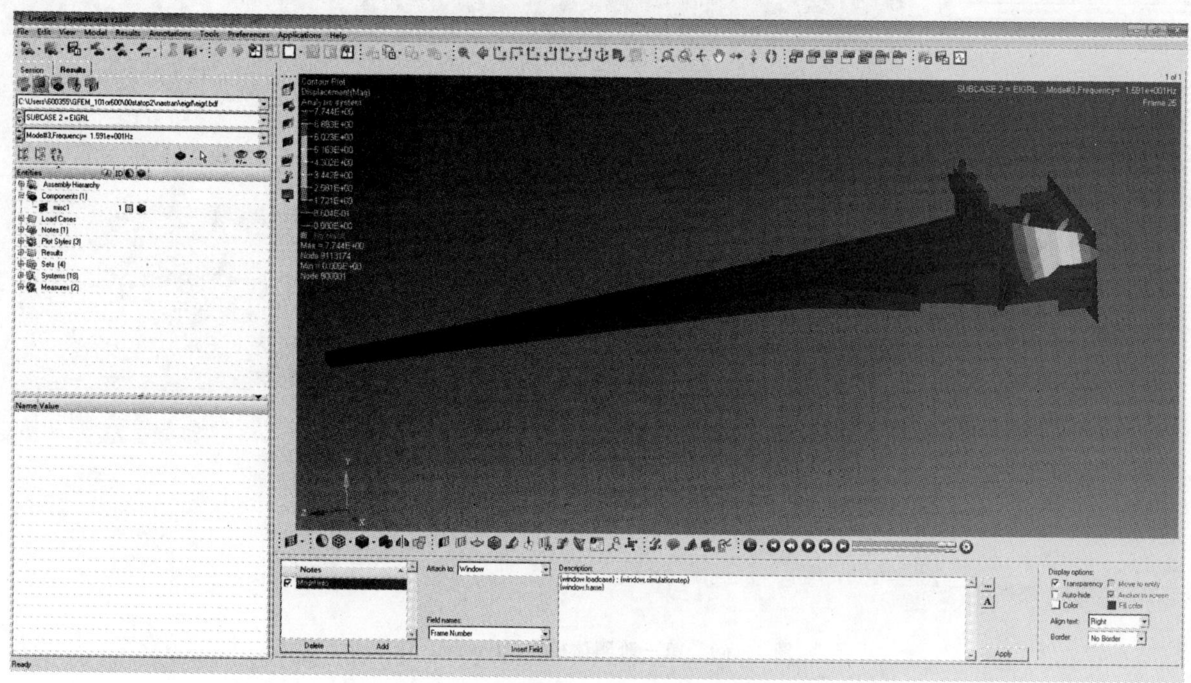

图1-71 试验件局部模态(Hypermesh)

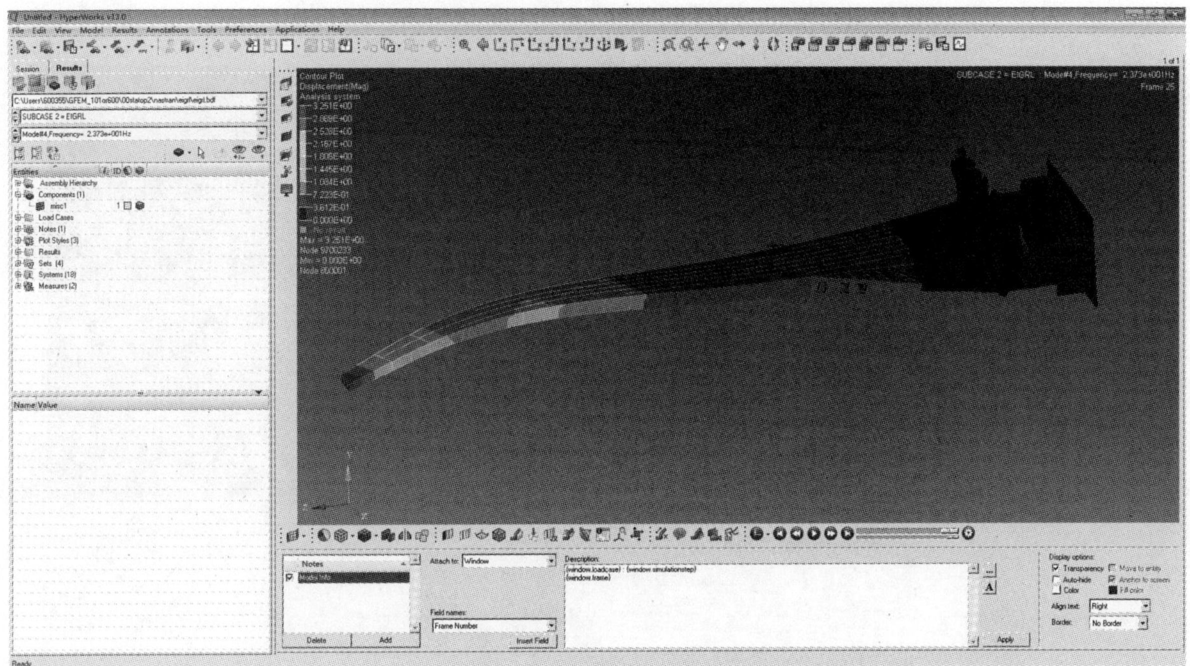

图 1－72　二弯模态(Hypermesh)

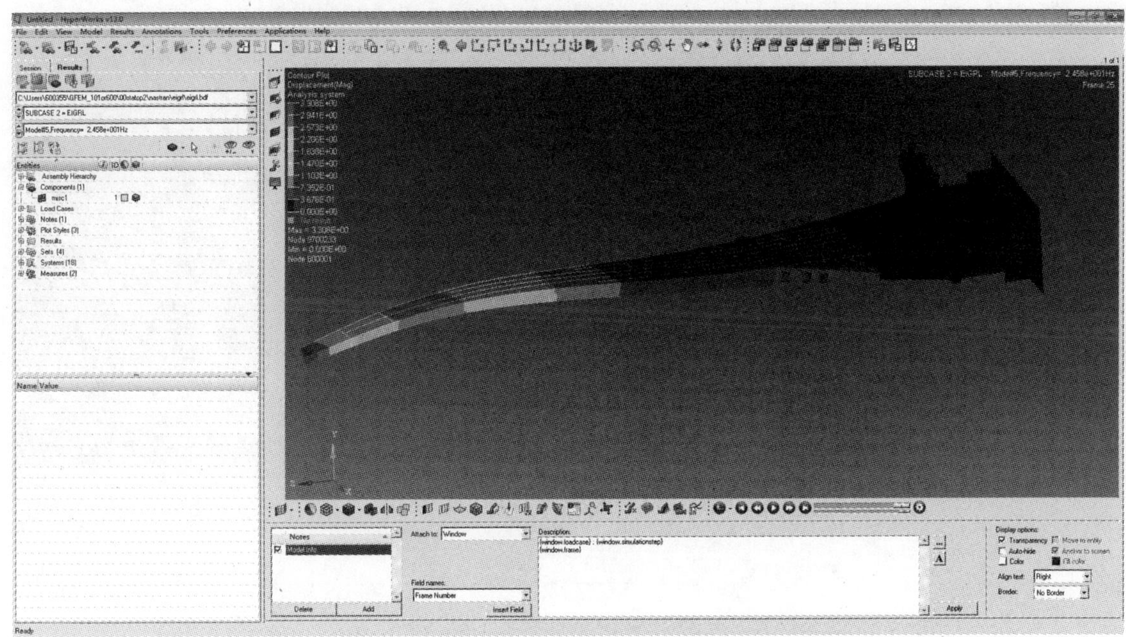

图 1－73　三弯模态(Hypermesh)

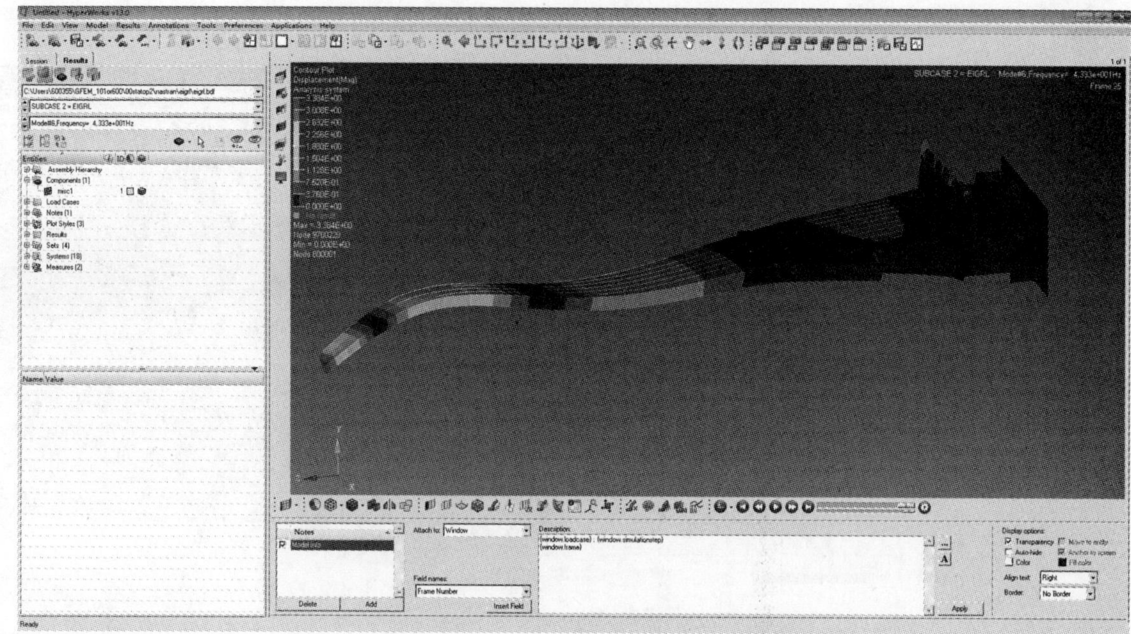

图 1-74 四弯模态(Hypermesh)

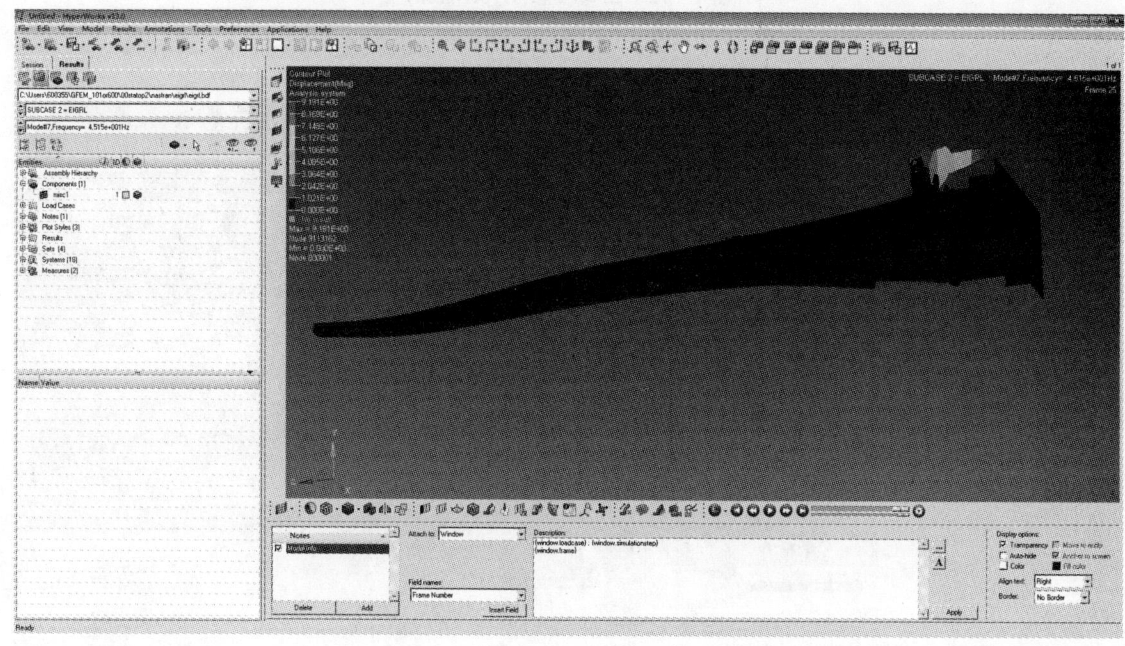

图 1-75 试验件局部模态(Hypermesh)

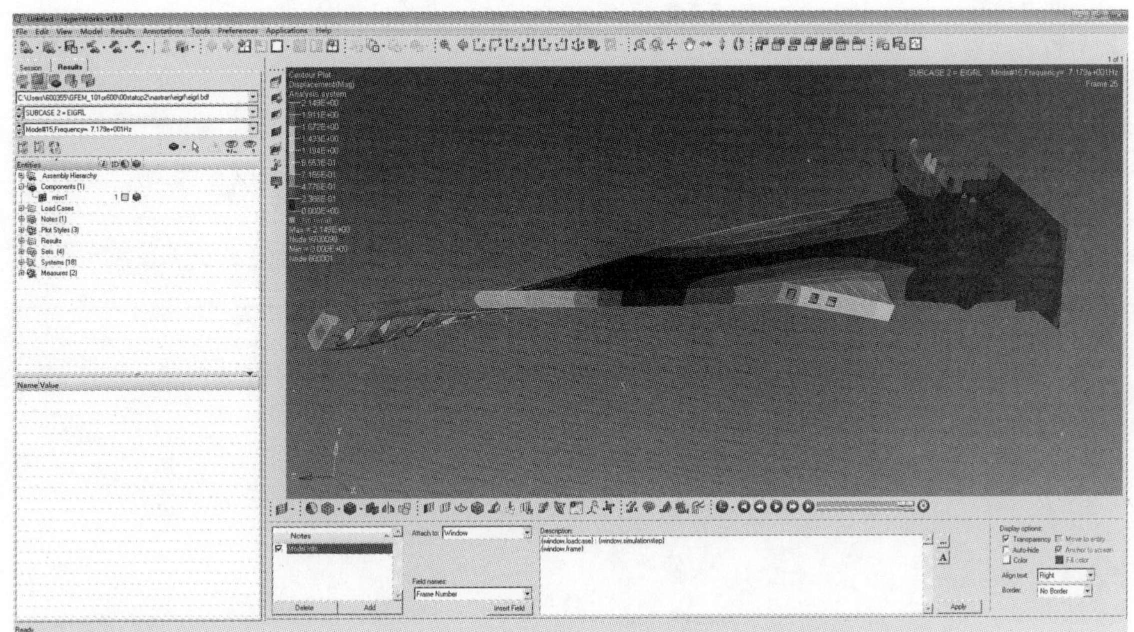

图 1-76　一阶扭转模态(Hypermesh)

(3) Groundcheck 检查

Groundcheck 检查如表 1-35 所列。

表 1-35　Groundcheck 检查

<table>
<tr><td>有限元分析的模型检查
Groundcheck</td><td>项目:复合材料机翼研制攻关项目</td></tr>
<tr><td>部件/组件:全尺寸试验件模型</td><td></td></tr>
<tr><td>分析证实:符合实际</td><td>版本:Nastran2012</td></tr>
<tr><td colspan="2">有限元模型的总体描述:
全尺寸试验件有限元模型规模:1D 单元——2143;2D 单元——3830;MPC——6;节点——2903</td></tr>
<tr><td colspan="2">Groundcheck 检查分析:
SUBCASE 1
SUBTITLE=cul
SPC = 2
DISPLACEMENT(SORT1,REAL)=ALL
STRESS(SORT1,REAL,VONMISES,BILIN)=ALL
GROUNDCHECK=YES
BEGIN BULK
PARAM　　POST　　0
PARAM　　PRTMAXIM YES
PBAR　　7015001 73700　1449.69 100.　　100.
CBAR　　7015001 7015001 7015001 7015101 0.　　1.　　0.
0.　　-32.97　0.　　0.　　-32.97　0.
……</td></tr>
</table>

(4) 1g 重力检查

1g 重力检查如表 1-36 所列。

表 1-36　1g 重力检查

有限元分析的模型检查 1g 重力	项目:复合材料机翼研制攻关项目
部件/组件:全尺寸试验件模型	
分析证实:符合实际	版本:Nastran2012
有限元模型的总体描述: 全尺寸试验件有限元模型规模:1D 单元——2143;2D 单元——3830;MPC——6;节点——2903	
1g 重力分析: SOL 101 CEND ECHO = NONE SUBCASE 1 SUBTITLE=cul SPC = 2 DISPLACEMENT(SORT1,REAL)=ALL STRESS(SORT1,REAL,VONMISES,BILIN)=ALL LOAD = 2 BEGIN BULK PBAR 7015001 73700 1449.69 100. 100. CBAR 7015001 7015001 7015001 7015101 0. 1. 0. 0. -32.97 0. 0. -32.97 0. GRAV 1 09.8 0. 1. 0. ……	

(5) 0 应力检查

0 应力检查如表 1-37 所列。

表 1-37　0 应力检查

有限元分析的模型检查 0 应力	项目:复合材料机翼研制攻关项目
部件/组件:全尺寸试验件模型	
分析证实:符合实际	版本:Nastran2012
有限元模型的总体描述: 全尺寸试验件有限元模型规模:1D 单元——2143;2D 单元——3830;MPC——6;节点——2903	

续表 1-37

```
0 应力分析：
SOL 101
CEND
ECHO = NONE
SUBCASE 1
  SUBTITLE=0stress
  TEMPERATURE(LOAD) = 1
  DISPLACEMENT(SORT1,REAL)=ALL
  SPCFORCES(SORT1,REAL)=ALL
  STRESS(SORT1,REAL,VONMISES,BILIN)=ALL
BEGIN BULK
PBAR      7015001 73700   1449.69 100.     100.
CBAR      7015001 7015001 7015001 7015101 0.      1.      0.
                          0.      -32.97  0.      0.      -32.97  0.
……
```

(6) 强制位移检查

强制位移检查如表 1-38 所列。

表 1-38　强制位移检查

有限元分析的模型检查 强制位移	项目：复合材料机翼研制攻关项目
部件/组件：全尺寸试验件模型	
分析证实：符合实际	版本：Nastran2012
有限元模型的总体描述： 全尺寸试验件有限元模型规模：1D 单元——2143；2D 单元——3830；MPC——6；节点——2903	

```
强制位移分析：
SOL 101
CEND
ECHO = NONE
SUBCASE 1
SUBTITLE=conforce
  SPC = 2
  LOAD = 1
  DISPLACEMENT(SORT1,REAL)=ALL
  SPCFORCES(SORT1,REAL)=ALL
  STRESS(SORT1,REAL,VONMISES,BILIN)=ALL
BEGIN BULK
PBAR      7015001 73700   1449.69 100.     100.
CBAR      7015001 7015001 7015001 7015101 0.      1.      0.
                          0.      -32.97  0.      0.      -32.97  0.
SPCD      1       9700224 3       5.      9700225 3       5.
……
```

3. 后处理

（1）支反力/支反力矩检查

支反力/支反力矩检查如表1-39所列。

表1-39 支反力/支反力矩检查

有限元分析的结果检查 支反力/支反力矩	项目：复合材料机翼研制攻关项目
部件/组件：全尺寸试验件模型	
分析证实：支反力/支反力矩平衡	版本：Nastran2012

有限元模型的总体描述：

全尺寸试验件有限元模型规模：1D单元——2143；2D单元——3830；MPC——6；节点——2903

支反力/支反力矩总结：

```
                                          OLOAD    RESULTANT
SUBCASE/   LOAD
DAREA ID   TYPE       T1            T2            T3            R1            R2            R3
       1     FX   0.000000E+00     ----          ----          ----      0.000000E+00  0.000000E+00
             FY       ----      0.000000E+00     ----      0.000000E+00      ----      0.000000E+00
             FZ       ----          ----     6.000000E+01  3.000000E+01 -1.350000E+02      ----
             MX       ----          ----          ----      0.000000E+00      ----          ----
             MY       ----          ----          ----          ----      0.000000E+00      ----
             MZ       ----          ----          ----          ----          ----      0.000000E+00
           TOTALS 0.000000E+00  0.000000E+00  6.000000E+01  3.000000E+01 -1.350000E+02  0.000000E+00

*** SYSTEM INFORMATION MESSAGE 4159 (DFMSA)
    THE DECOMPOSITION OF KLL      YIELDS A MAXIMUM MATRIX-TO-FACTOR-DIAGONAL RATIO OF     5.914131E+04
    MSC.NASTRAN JOB CREATED ON 17-JUL-15 AT 16:32:18                      JULY  17, 2015  MSC.NASTRAN  7/ 6/12   PAGE     6

                                                                                                SUBCASE 1
*** USER INFORMATION MESSAGE 5293 (SSG3A)
   FOR DATA BLOCK KLL
   LOAD SEQ. NO.             EPSILON              EXTERNAL WORK      EPSILONS LARGER THAN 0.001 ARE FLAGGED WITH ASTERISKS
               1        -1.0278791E-08           4.5750175E+00
    MSC.NASTRAN JOB CREATED ON 17-JUL-15 AT 16:32:18                      JULY  17, 2015  MSC.NASTRAN  7/ 6/12   PAGE     7

*** USER INFORMATION MESSAGE 7310 (VECPRN)
    ORIGIN OF SUPERELEMENT BASIC COORDINATE SYSTEM WILL BE USED AS REFERENCE LOCATION.
    RESULTANTS ABOUT ORIGIN OF SUPERELEMENT BASIC COORDINATE SYSTEM IN SUPERELEMENT BASIC SYSTEM COORDINATES.
                                          SPCFORCE RESULTANT
SUBCASE/   LOAD
DAREA ID   TYPE       T1            T2            T3            R1            R2            R3
       1     FX  -2.864226E-09     ----          ----          ----      1.350000E+02  1.256240E-09
             FY       ----      5.740048E-10     ----     -3.455551E-07      ----      0.000000E+00
             FZ       ----          ----    -6.000000E+01 -3.000000E+01  0.000000E+00      ----
             MX       ----          ----          ----      0.000000E+00      ----          ----
             MY       ----          ----          ----          ----      0.000000E+00      ----
             MZ       ----          ----          ----          ----          ----      0.000000E+00
           TOTALS -2.864226E-09  5.740048E-10 -6.000000E+01 -3.000000E+01  1.350000E+02  1.256240E-09
```

静力分析计算残差epsilon的数值大小：

```
*** USER INFORMATION MESSAGE 5293 (SSG3A)
    FOR DATA BLOCK KLL
    LOAD SEQ. NO.             EPSILON              EXTERNAL WORK      EPSILONS LARGER THAN 0.001 ARE FLAGGED WITH ASTERISKS
                1        -1.0278791E-08           4.5750175E+00
```

（2）位移及变形检查

位移及变形检查如表1-40所列和图1-77、图1-78所示。

表1-40 位移及变形检查

有限元分析的结果检查 位移及变形	项目：复合材料机翼研制攻关项目
部件/组件：翼身组合模型/全尺寸试验件模型	
分析证实：位移及变形协调一致	版本：Patran2012/Hypermesh13.0

续表 1-40

有限元模型的总体描述： 左、右翼和机身以及试验假件 翼身组合有限元模型规模：1D 单元——14173；2D 单元——11795；MPC——46；节点——11166 全尺寸试验件有限元模型规模：1D 单元——2143；2D 单元——3830；MPC——6；节点——2903
位移及变形总结： 左、右翼稍位移最大

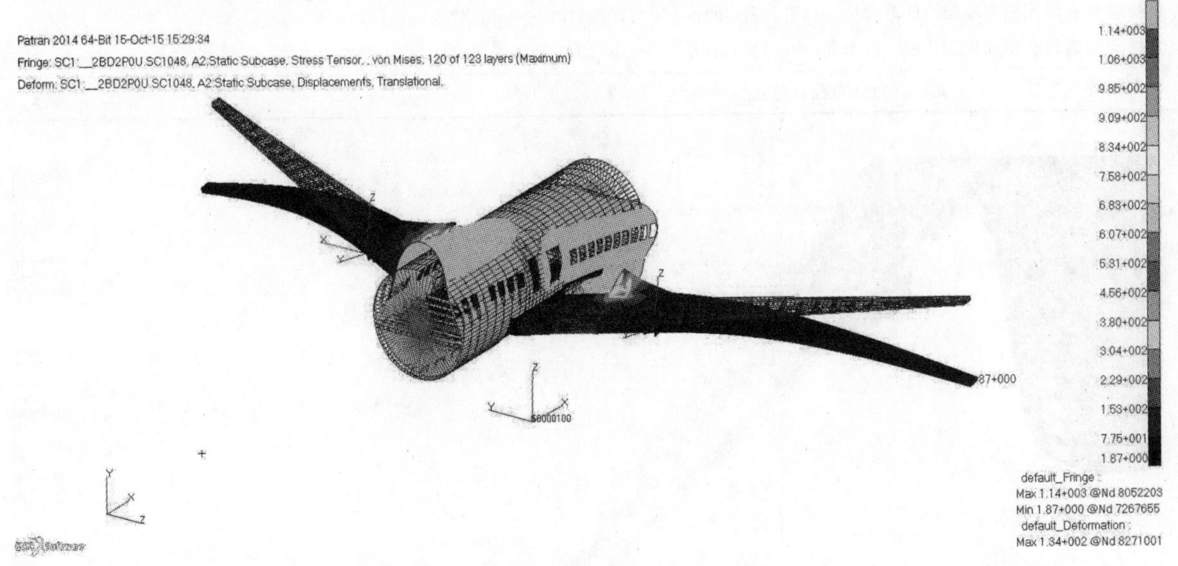

图 1-77　静力分析的变形分布情况(Patran)

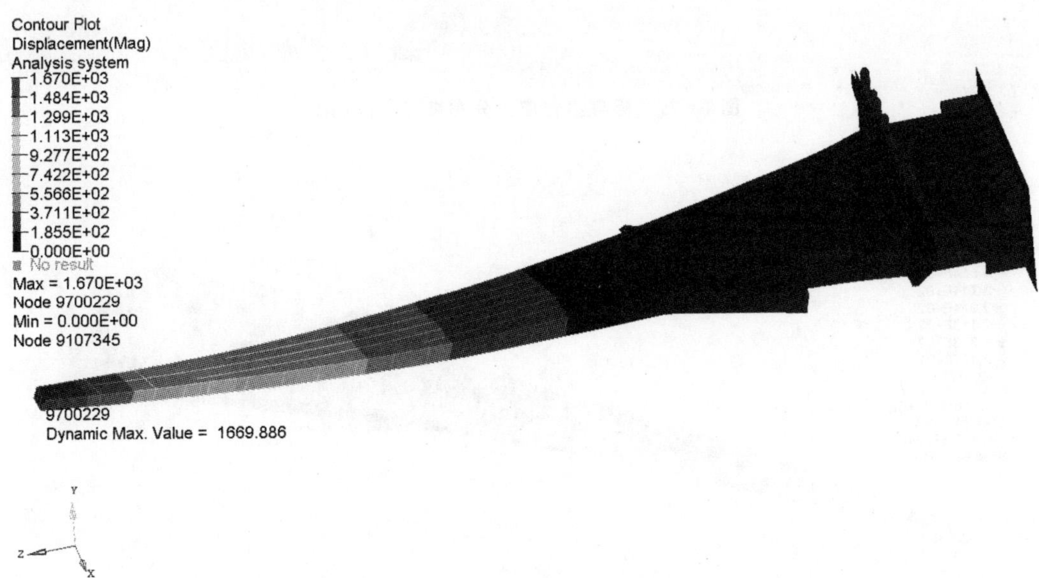

图 1-78　静力分析的变形分布情况(Hypermesh)

(3) 应力及应变检查

应力及应变检查如表1-41所列和图1-79、图1-80所示。

表1-41 应力及应变检查

有限元分析的结果检查 应力及应变	项目:复合材料机翼研制攻关项目
部件/组件:翼身组合模型/全尺寸试验件模型	
分析证实:应力及应变分布合理	版本:Patran2012/Hypermesh13.0
有限元模型的总体描述: 左、右翼和机身以及试验假件 翼身组合有限元模型规模:1D单元——14173;2D单元——11795;MPC——46;节点——11166 全尺寸试验件有限元模型规模:1D单元——2143;2D单元——3830;MPC——6;节点——2903	
应力及应变总结:一个单元的应力分布没有超过5种颜色	

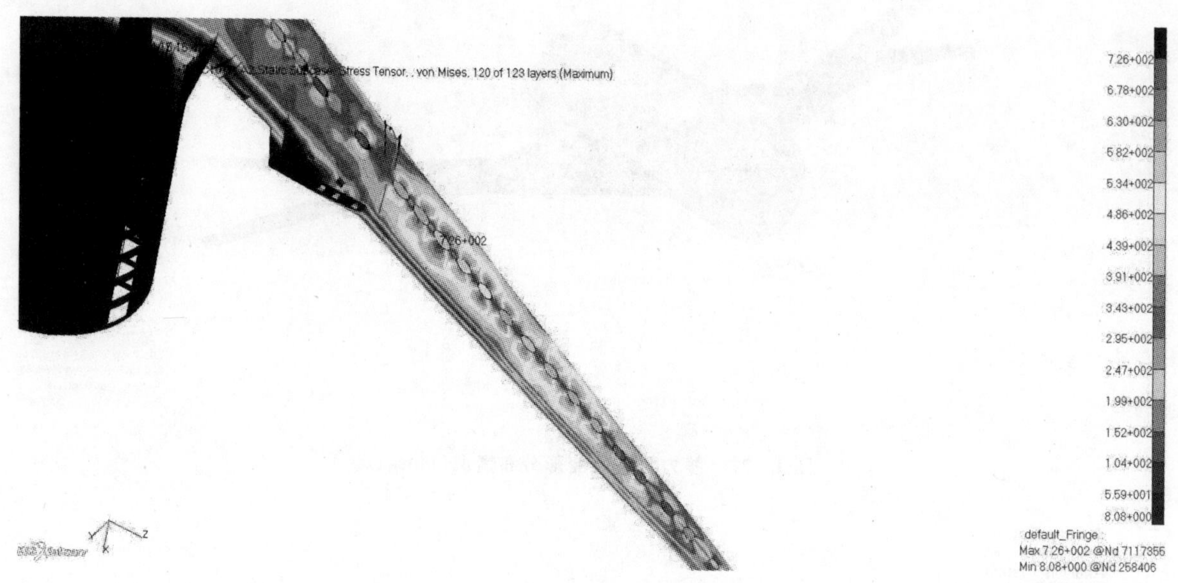

图1-79 翼身组合应力分布情况(Patran)

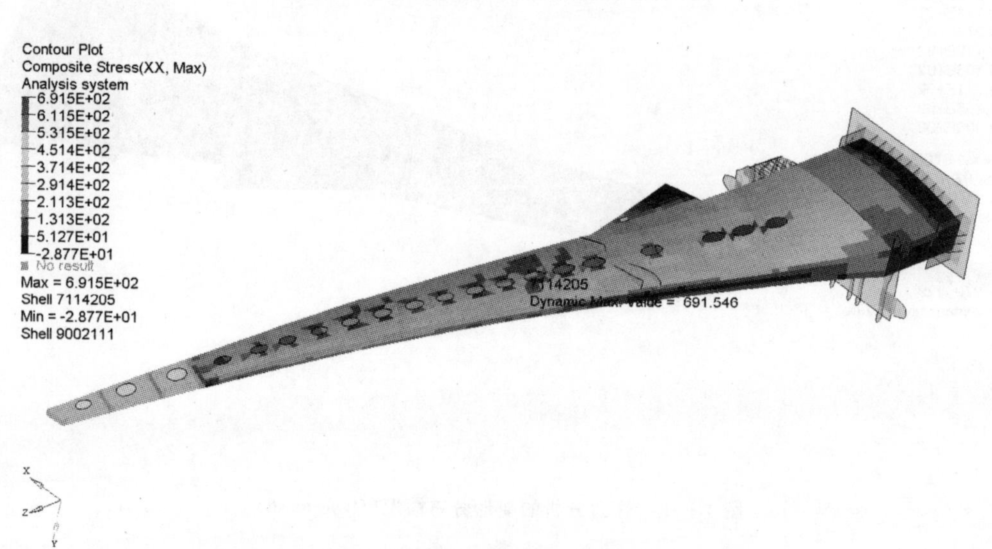

图1-80 全尺寸试验件模型应力分布情况(Hypermesh)

(4) 载荷传递路径检查

载荷传递路径检查如表 1 - 42 所列和图 1 - 81 所示。

表 1 - 42　载荷传递路径检查

有限元分析的结果检查 载荷传递路径	项目:复合材料机翼研制攻关项目
部件/组件:翼身组合体模型	
分析证实:合理	版本:Patran2012
有限元模型的总体描述: 翼身组合有限元模型规模:1D 单元——14173;2D 单元——11795;MPC——46;节点——11166	
传递路径: 传递路径合理	

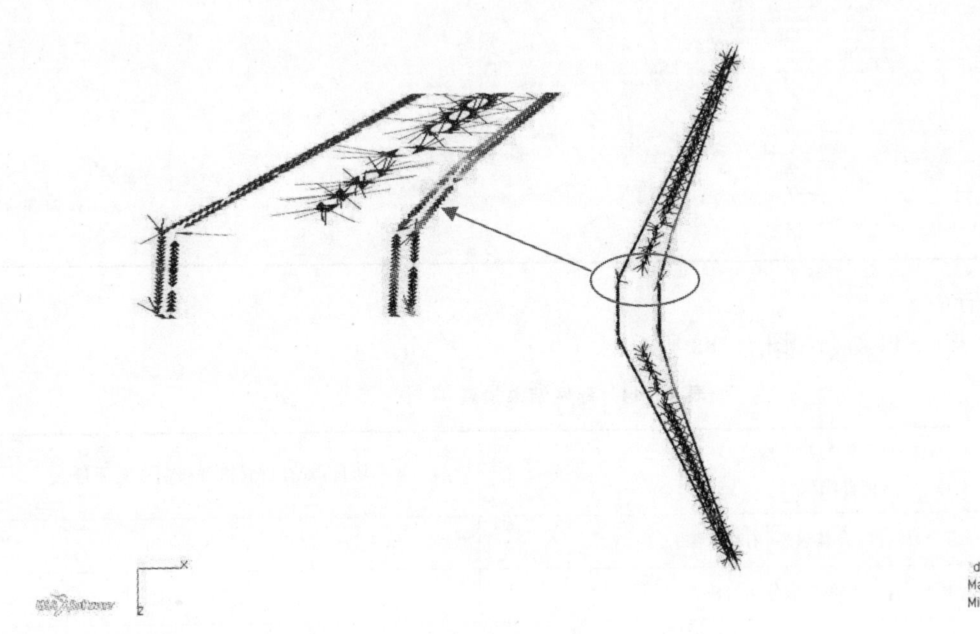

图 1 - 81　载荷传递路径图(Patran)

(5) 钉载分布检查

钉载分布检查如表 1 - 43 所列。

表 1 - 43　钉载分布检查

有限元分析的结果检查 钉载分布	项目:复合材料机翼研制攻关项目
部件/组件:全尺寸试验件模型	
分析证实:合理	版本:Nastran2012
有限元模型的总体描述: 全尺寸试验件有限元模型规模:1D 单元——2143;2D 单元——3830;MPC——6;节点——2903	

续表 1－43

钉载情况：

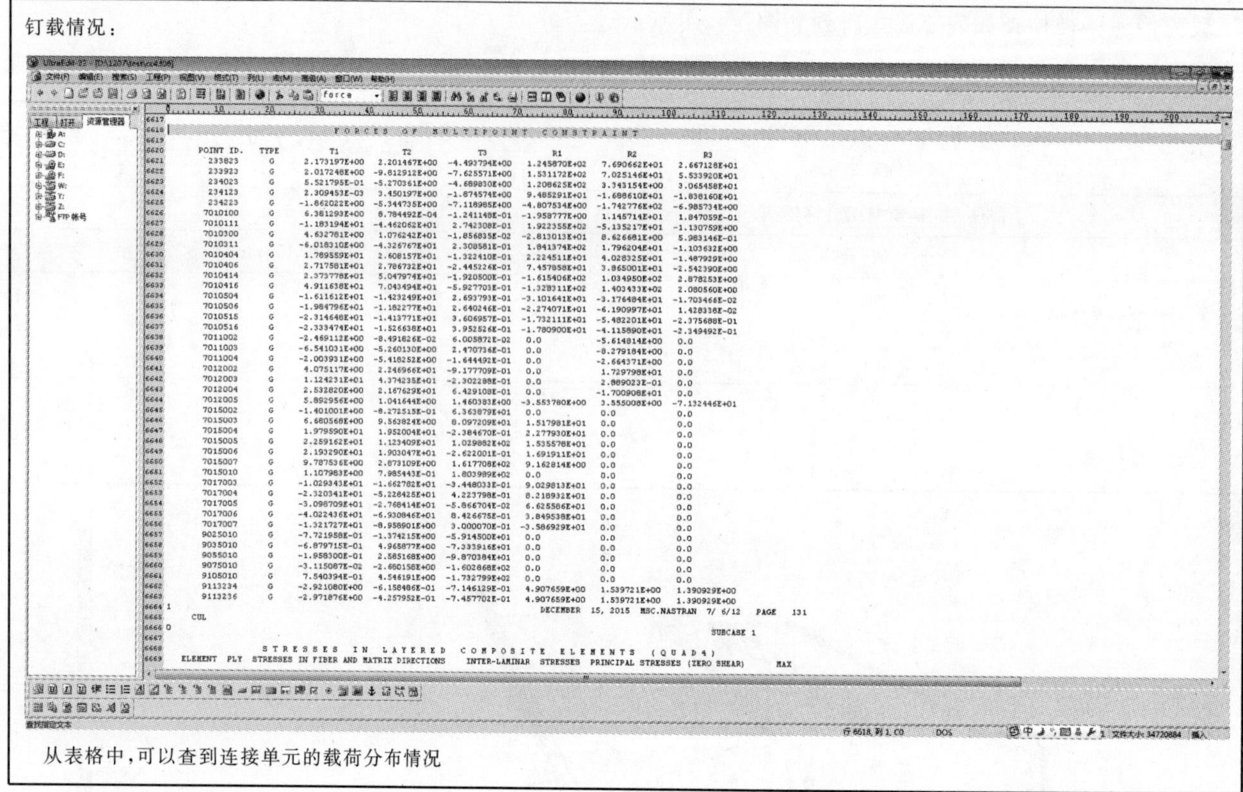

```
                                  F O R C E S   O F   M U L T I P O I N T   C O N S T R A I N T

      POINT ID.   TYPE          T1             T2             T3             R1             R2             R3
       233823      G      2.173197E+00   2.201467E+00  -4.493794E+00   1.245870E+02   7.690662E+01   2.667128E+01
       233923      G      2.017248E+00  -9.812912E+00  -7.625571E+00   1.531172E+02   7.025146E+01   5.533920E+01
       234023      G      5.521795E-01  -5.270361E+00  -4.689830E+00   1.208625E+02   3.343154E+00   3.065458E+01
       234123      G      2.309453E-03   3.450197E+00  -1.874574E+00   9.485291E+01  -1.688610E+01  -1.838160E+01
       234223      G     -1.862022E+00  -5.344735E+00  -7.118985E+00  -4.807534E+00  -1.742776E+02  -6.985734E+00
      7010100      G      6.381293E+00   8.784492E-04  -1.241148E-01  -1.958777E+00   1.145714E+01   1.847059E-01
      7010111      G     -1.183194E+01  -4.462062E+01   2.742308E-01   1.922355E+02  -5.135217E+01  -1.130759E+00
      7010300      G      4.632781E+00   1.076242E+01  -1.856835E-02  -2.813013E+01   8.626681E+00   5.983146E-01
      7010311      G     -6.018310E+00  -4.326767E+01   2.308581E-01   1.841374E+02   1.796204E+01  -1.103632E+00
      7010404      G      1.789559E+01   2.608157E+01  -1.322410E-01   2.224511E+01   4.028325E+01  -1.487929E+00
      7010406      G      2.717581E+01   2.786732E+01  -2.445226E-01   7.457858E+01   3.865001E+01  -2.542390E+00
      7010414      G      2.373778E+01   5.047974E+01  -1.920500E-01  -1.615406E+02   1.034950E+02   2.878253E+00
      7010416      G      4.911638E+01   7.043494E+01  -5.927703E-01  -1.328311E+02   1.403433E+02   2.080560E+00
      7010504      G     -1.611612E+01  -1.423249E+01   2.693793E-01  -3.101641E+01  -3.176484E+01  -1.703466E-02
      7010506      G     -1.984796E+01  -1.182277E+01   2.640246E-01  -2.274071E+01  -6.190997E+01   1.428338E-02
      7010515      G     -2.314648E+01  -1.413771E+01   3.606957E-01  -1.732111E+01  -5.482201E+01  -2.375688E-01
      7010516      G     -2.333474E+01  -1.526638E+01   3.952526E-01  -1.780900E+01  -4.115890E+01  -2.349492E-01
      7011002      G     -2.469112E+00  -8.491826E-02   6.005872E-02   0.0           -5.614814E+00   0.0
      7011003      G     -6.541031E+00  -5.260130E+00   2.470736E-01   0.0           -8.279184E+00   0.0
      7011004      G     -2.003931E+00  -5.418252E+00  -1.644492E-01   0.0           -2.664371E+00   0.0
      7012002      G      4.075117E+00   2.246966E+01  -9.177709E-01   0.0            1.729798E+01   0.0
      7012003      G      1.124231E+01   4.374235E+01  -2.302288E-01   0.0            2.889023E-01   0.0
      7012004      G      2.532820E+00   2.167629E+01   6.429108E-01   0.0           -1.700908E+01   0.0
      7012005      G      5.892956E+00   1.041644E+00   1.460383E+00  -3.553780E+00   3.555008E+00  -7.132446E+01
      7015002      G     -1.401001E+00  -8.272515E-01   6.363879E+01   0.0            0.0            0.0
      7015003      G      6.680568E+00   9.563824E+00   8.097209E+01   1.517981E+01   0.0            0.0
      7015004      G      1.979590E+01   1.952004E+01  -2.384670E-01   2.277930E+01   0.0            0.0
      7015005      G      2.259162E+01   1.123409E+01   1.029882E+02   1.535578E+01   0.0            0.0
      7015006      G      2.193290E+01   1.903047E+01  -2.622001E-01   1.691911E+01   0.0            0.0
      7015007      G      9.787536E+00   2.873109E+00   1.617708E+02   9.162814E+00   0.0            0.0
      7015010      G      1.107983E+00   7.985443E-01   1.803989E+02   0.0            0.0            0.0
      7017003      G     -1.029343E+01  -1.662782E+01  -3.448033E-01   9.029813E+01   0.0            0.0
      7017004      G     -2.320341E+01  -5.228425E+01   4.223798E-01   8.218932E+01   0.0            0.0
      7017005      G     -3.098709E+01  -2.768414E+01  -5.866704E-02   6.625586E+01   0.0            0.0
      7017006      G     -4.022436E+01  -6.930846E+01   8.426675E-01   3.849538E+01   0.0            0.0
      7017007      G     -1.321727E+01  -8.958901E+00   3.000070E-01  -3.586929E+01   0.0            0.0
      9025010      G     -7.721958E-01  -1.374215E+00  -5.914500E+01   0.0            0.0            0.0
      9035010      G     -6.879715E-01   4.965877E+00  -7.333916E+01   0.0            0.0            0.0
      9055010      G     -1.958300E-01   2.585168E+00  -9.870384E+01   0.0            0.0            0.0
      9075010      G     -3.115087E-02  -2.680158E+00  -1.602868E+02   0.0            0.0            0.0
      9105010      G      7.540394E-01   4.546191E+00  -1.732799E+02   0.0            0.0            0.0
      9113234      G     -2.921080E+00  -6.158486E-01  -7.146129E-01   4.907659E+00   1.539721E+00   1.390929E+00
      9113236      G     -2.971876E+00  -4.257952E-01  -7.457702E-01   4.907659E+00   1.539721E+00   1.390929E+00
1                                                                    DECEMBER  15, 2015  MSC.NASTRAN  7/ 6/12   PAGE   131
     CUL
0                                                                                                       SUBCASE 1

                 S T R E S S E S   I N   L A Y E R E D   C O M P O S I T E   E L E M E N T S   ( Q U A D 4 )
   ELEMENT  PLY  STRESSES IN FIBER AND MATRIX DIRECTIONS    INTER-LAMINAR  STRESSES  PRINCIPAL STRESSES (ZERO SHEAR)      MAX
```

从表格中，可以查到连接单元的载荷分布情况

(6) 部件结果检查

部件结果检查如表 1－44 所列和图 1－82 所示。

表 1－44 部件结果检查

有限元分析的结果检查 部件结果	项目：复合材料机翼研制攻关项目
部件/组件：翼身组合体模型/右翼上蒙皮	
分析证实：应力和变形分布合理	版本：Patran2012
有限元模型的总体描述： 翼身组合有限元模型规模：1D 单元——14173；2D 单元——11795；MPC——46；节点——11166	
应力： 翼根部应力最大 变形： 变形协调一致，翼稍部位移最大	

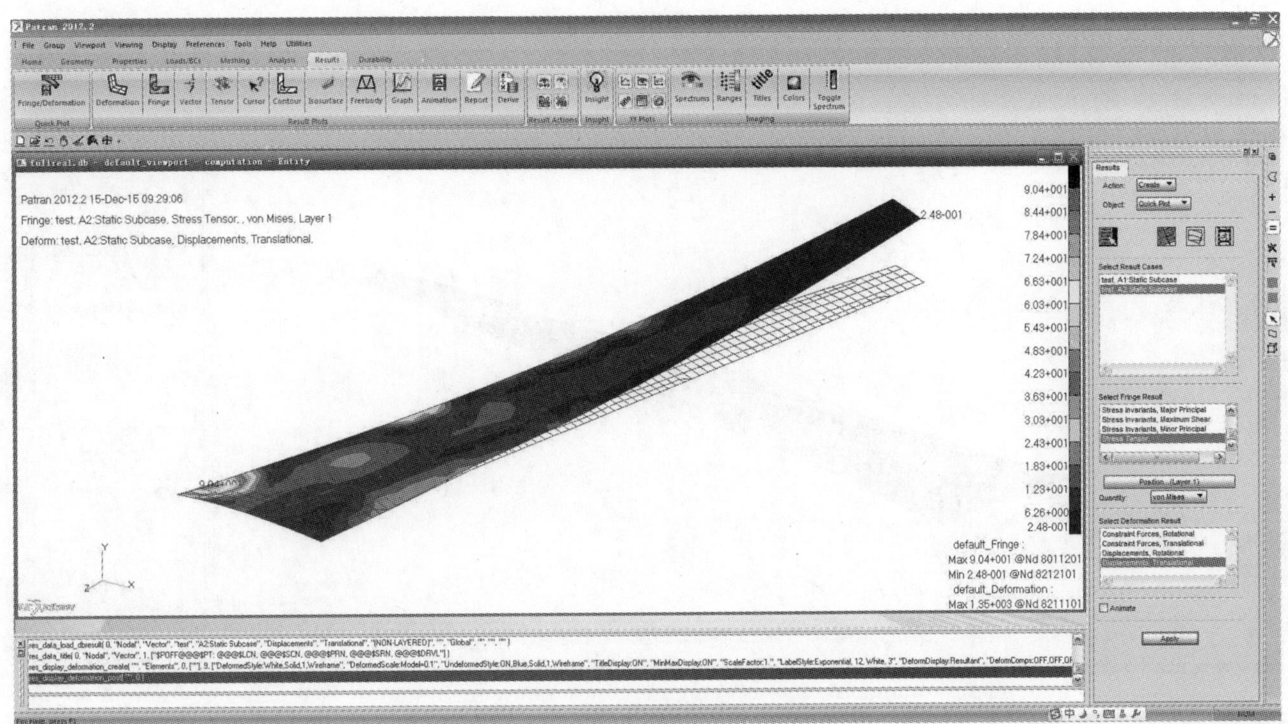

图 1-82　上蒙皮应力和变形云图

(7) 失效准则校核检查

失效准则校核检查如表 1-45 所列和图 1-83、图 1-84 所示。

表 1-45　失效准则校核检查

<table>
<tr><td>有限元分析的结果检查
失效准则校核</td><td>项目:复合材料机翼研制攻关项目</td></tr>
<tr><td>部件/组件:翼身组合体模型/右翼上蒙皮</td><td></td></tr>
<tr><td>分析证实:FI<1.0;M.S.>0</td><td>版本:Patran2012</td></tr>
<tr><td colspan="2">有限元模型的总体描述:
翼身组合有限元模型规模:1D 单元——14173;2D 单元——11795;MPC——46;节点——11166</td></tr>
<tr><td colspan="2">失效指数:
均小于 1.0
安全裕度:
均大于 0</td></tr>
</table>

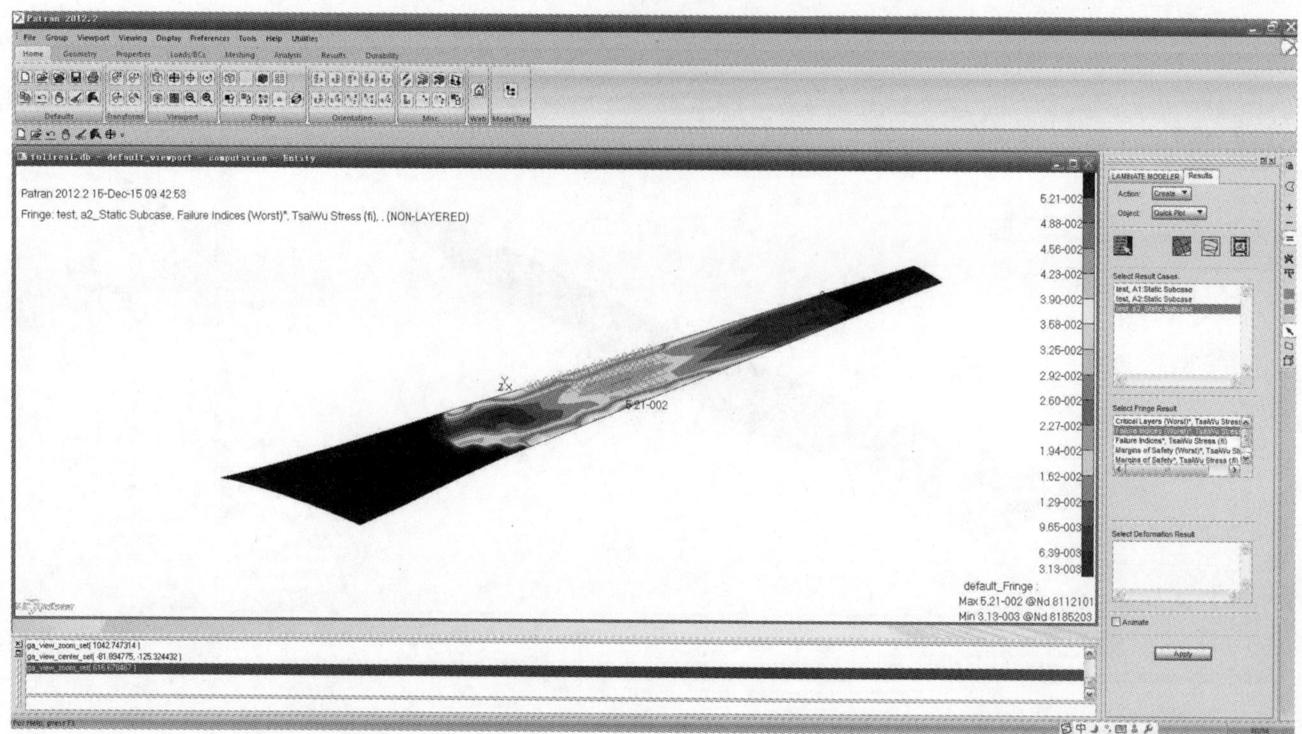

图 1-83 上蒙皮失效指数分布云图

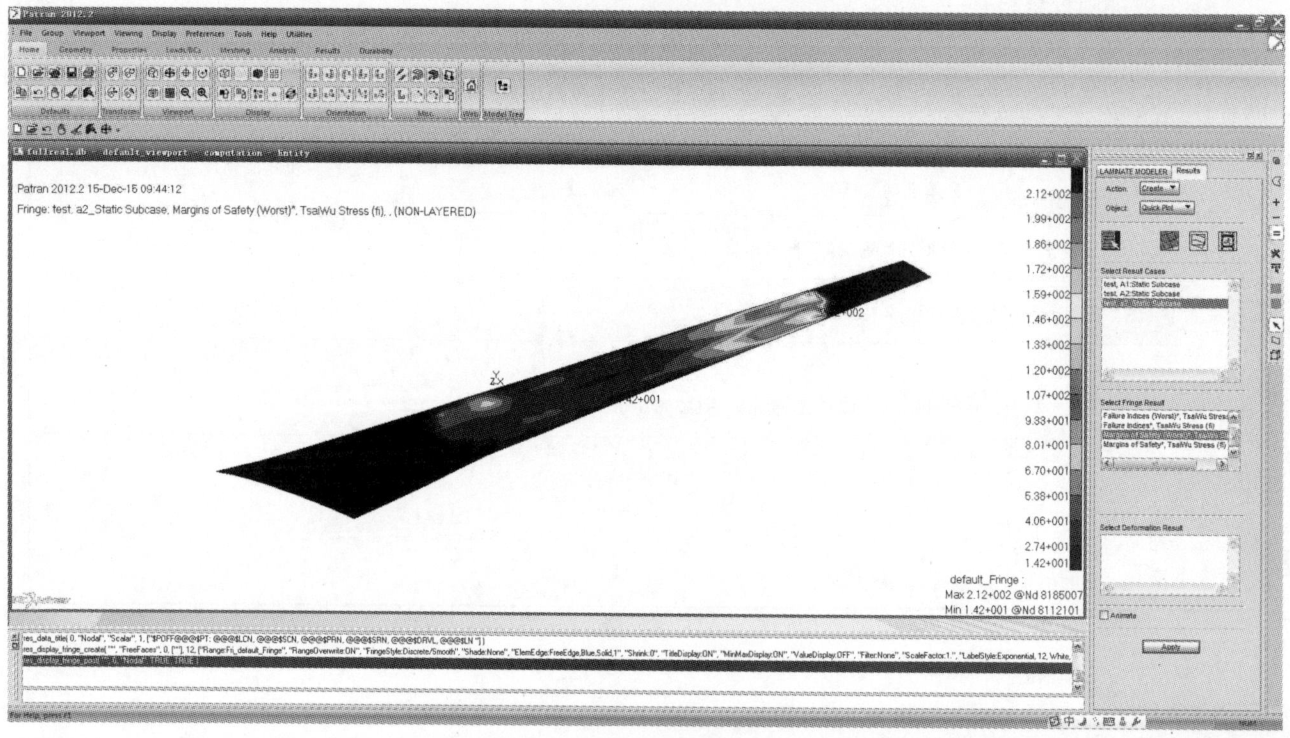

图 1-84 上蒙皮安全裕度分布云图

(8) 工程预估校核检查

工程预估校核检查如表1-46所列。

表1-46　工程预估校核检查

有限元分析的结果检查 工程预估校核	项目:复合材料机翼研制攻关项目
部件/组件:机翼前梁	
分析证实:误差范围内(5%)	版本:Patran2012
有限元模型的总体描述:定义为悬臂梁加载边界条件	
通过材料力学公式校核,翼根部最大应力:$\sigma = M_y/I_z$	

(9) 参考坐标系/材料坐标系下的结果检查

参考坐标系/材料坐标系下的结果检查如表1-47所列和图1-85、图1-86所示。

表1-47　参考坐标系/材料坐标系下的结果检查

有限元分析的结果检查 参考坐标系/材料坐标系下的结果	项目:复合材料机翼研制攻关项目
部件/组件:翼身组合体模型/右翼上蒙皮	
分析证实:符合实际	版本:Patran2012
有限元模型的总体描述: 翼身组合有限元模型规模:1D单元——14173;2D单元——11795;MPC——46;节点——11166	
不同坐标系下,应力各不相同	

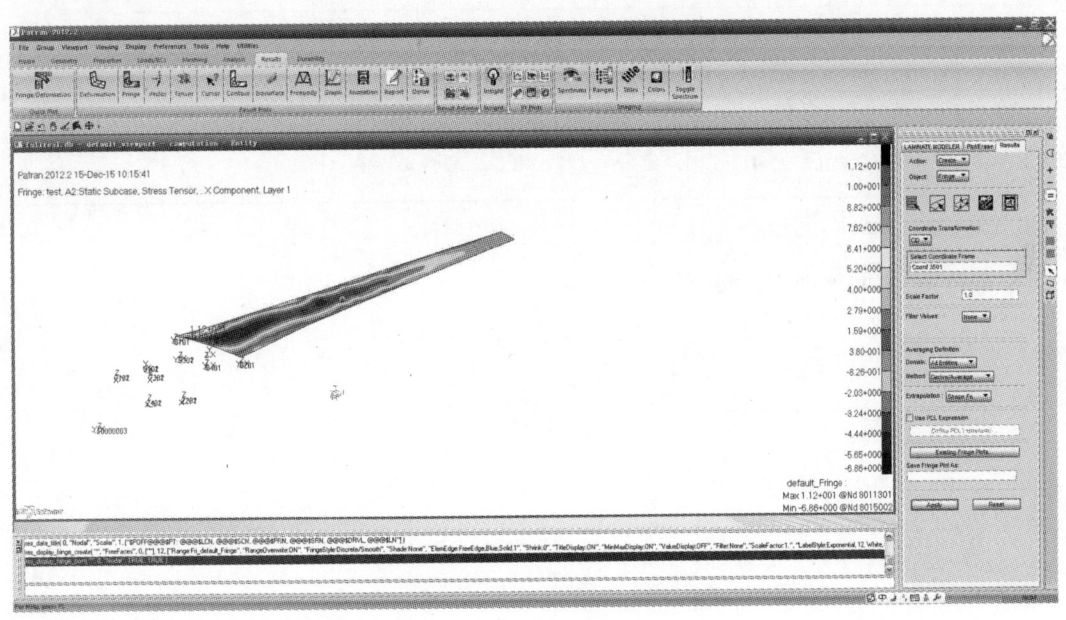

图1-85　参考坐标系(3501)下的应力分布云图

4. 文件管理检查

(1) 模型注释检查

模型注释检查如表1-48所列。

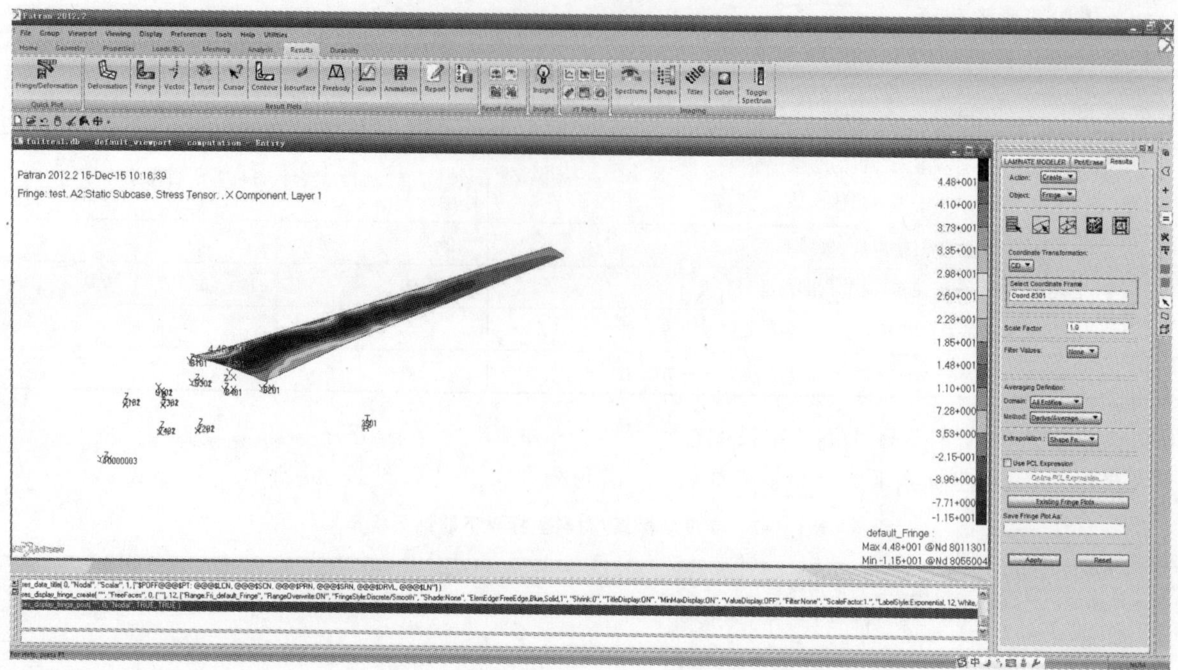

图1-86 材料坐标系(8301)下的应力分布云图

表1-48 模型注释检查

<table>
<tr><td>有限元分析的结果检查
模型注释</td><td>项目:复合材料机翼研制攻关项目</td></tr>
<tr><td>部件/组件:翼身组合体模型</td><td></td></tr>
<tr><td>分析证实:符合实际</td><td>版本:Nastran2012</td></tr>
<tr><td colspan="2">有限元模型的总体描述:
翼身组合有限元模型规模:1D单元——14173;2D单元——11795;MPC——46;节点——11166</td></tr>
<tr><td colspan="2">注释情况:
$ NASTRAN input file created by the Patran 2012.2 input file translator
$ on December 09, 2015 at 16:03:24.
$ Linear Static Analysis, Database
SOL 101
CEND
ECHO = NONE
SUBCASE
SUBTITLE=cul
SPC = 2
$ PULLUP LOAD
LOAD = 2
DISPLACEMENT(SORT1,REAL)=ALL
SPCFORCES(SORT1,REAL)=ALL
STRESS(SORT1,REAL,VONMISES,BILIN)=ALL
mpcforce =all
GROUNDCHECK=YES</td></tr>
</table>

续表 1-48

```
BEGIN BULK

PARAM      POST    0
PARAM    PRTMAXIM YES
$ FUSELAGE
$ Elements and Element Properties for region : pbar.7015001
PBAR       7015001 73700   1449.69 100.      100.
$ Pset: "pbar.7015001" will be imported as: "pbar.7015001"
CBAR       7015001 7015001 7015001 7015101 0.        1.        0.
                           0.      -32.97  0.        0.        -32.97    0.
$ LEFT WING
$ Elements and Element Properties for region : pbar.7015002
PBAR       7015002 73700   1449.69 100.      100.
$ Pset: "pbar.7015002" will be imported as: "pbar.7015002"
CBAR       7015002 7015002 7015002 7015102 0.        1.        0.
                           0.      -32.97  0.        0.        -32.97    0.
$ RIGH WING
$ Elements and Element Properties for region : pbar.7015003
PBAR       7015003 73700   1449.69 100.      100.
$ Pset: "pbar.7015003" will be imported as: "pbar.7015003"
CBAR       7015003 7015003 7015003 7015103 0.        1.        0.
                           0.      -32.97  0.        0.        -32.97    0.
……
```

(2) 模型编号检查

模型编号检查如表 1-49 所列和图 1-87～图 1-89 所示。

表 1-49　模型编号检查

<table>
<tr><td>有限元分析的结果检查
模型编号</td><td>项目：复合材料机翼研制攻关项目</td></tr>
<tr><td>部件/组件：翼身组合体模型/全尺寸试验件模型</td><td></td></tr>
<tr><td>分析证实：与规定相符</td><td>版本：Patran2012</td></tr>
<tr><td colspan="2">有限元模型的总体描述：
左、右翼和机身以及试验假件
翼身组合有限元模型规模：1D 单元——14173；2D 单元——11795；MPC——46；节点——11166
全尺寸试验件有限元模型规模：1D 单元——2143；2D 单元——3830；MPC——6；节点——2903</td></tr>
<tr><td colspan="2">中机身以“2”打头；左翼以“7”打头；右翼以“8”打头</td></tr>
</table>

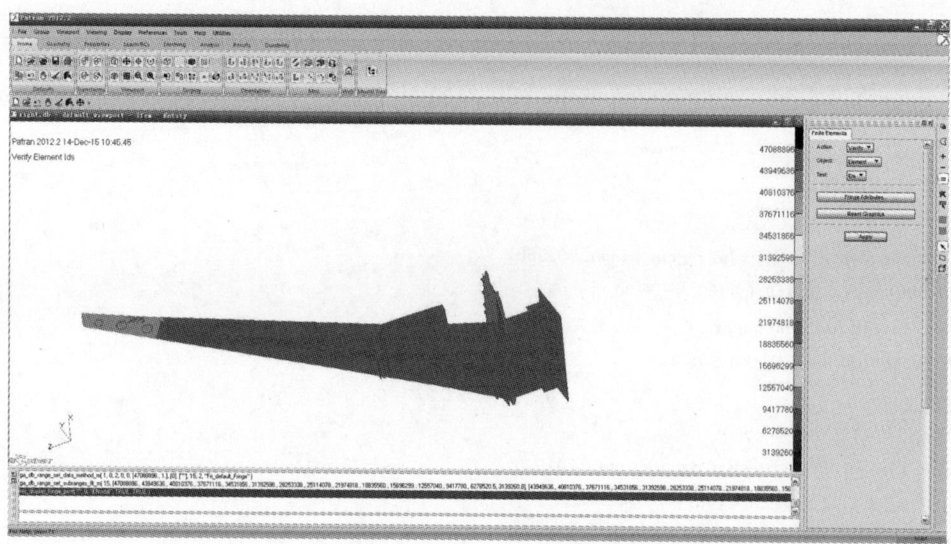

图 1-87　全尺寸试验件单元 ID 编号检查(Patran)

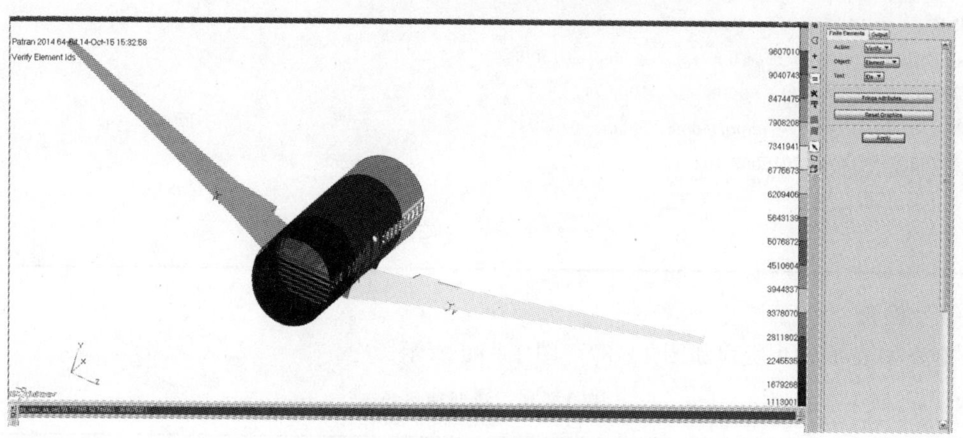

图 1-88　翼身组合模型单元 ID 编号检查(Patran)

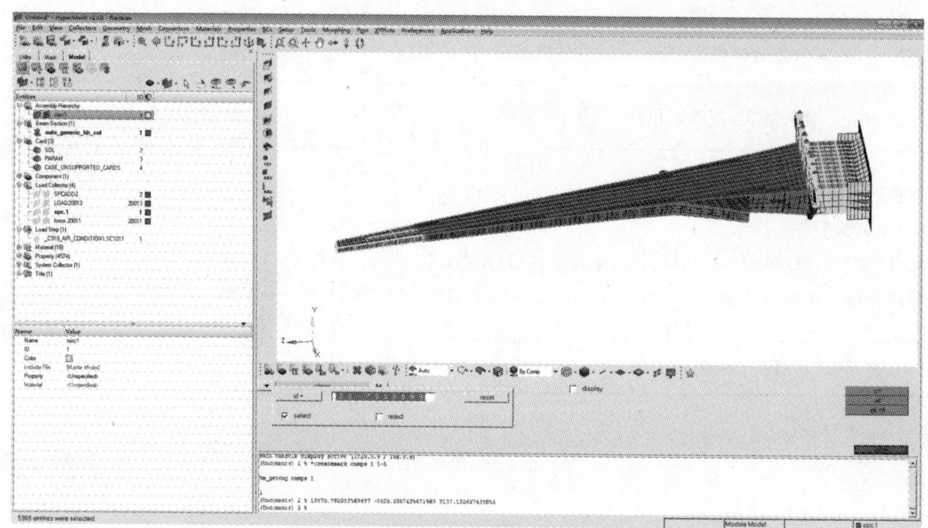

图 1-89　全尺寸试验件单元 ID 编号检查(Hypermesh)

1.3　模型管理

1.3.1　模型命名规定

模型提交文件包括 Nastran 模型文件 *.bdf 文件、Patran 模型文件 *.db 文件、结果文件 *. xdb 以及载荷文件 *.dat。

Nastran 模型文件命名为

CXXX_SXX_RX_DXXXXXX.bdf

其中 CXXX:表示机型信息;

SXX:表示模型信息(左机翼为 70,右机翼为 80);

RX:表示设计轮数 ;

DXXXXXX:表示日期,共 6 位,分别表示年月日。

Patran 模型文件命名形式同 Nastran 模型文件命名: CXXX_SXX_RX_DXXXXXX.db

结果文件命名形式同 Nastran 模型文件命名:CXXX_SXX_RX_DXXXXXX.xdb

载荷文件命名: CXXX_Wing_RX_XXX_DXXXXXX.dat 机翼载荷

其中:RX,DXXXXXX 与 *.bdf 和 *.db 文件命名方式一致 ;XXX 表示载荷类型:Air 表示飞行载荷,Grd 表示地面载荷,Dyn 表示动载荷。

1.3.2　模型提交

模型提交需要包含以下文件:

1) 模型检查报告;

2) 模型建模报告或模型修改报告;

3) 子模型试算报告;

4) 子模型 *.bdf 文件 ;

5) 子模型 *.db 文件。

1.3.3　复合材料外翼有限元模型归档管理

对于阶段性用于工程设计的有限元模型及计算结果,调试计算完成后必须经过评审;评审意见归零后完成下报告归档(以复合材料机翼为例):

1) 复合材料外翼有限元建模报告(分部件编写) ;

2) 复合材料外翼有限元模型节点载荷计算报告;

3) 复合材料外翼有限元模型内力计算报告(模型和计算结果以附件形式包含于报告中) 。

对于各设计阶段中需要对结构设计用有限元模型及计算结果进行局部更改,并且计算结果需要用于工程设计的模型和计算结果,必须完成“复合材料外翼有限元模型修改计算报告”。报告包括以下内容:

1) 修改报告的用途;

2) 说明在哪一份建模报告基础上修改了模型,修改内容;

3) 对载荷的修改;

4) 对边界条件的修改;

5) 计算结果。

1.4 飞机典型结构有限元分析

1.4.1 机身结构的有限元分析

飞机的机身结构是典型的薄壁式结构，是由长桁、蒙皮和隔框构成的主要受力构件。长桁一般左右对称分布，承受机身弯矩引起的轴力。蒙皮除了承受全部剪力和扭矩外，还要不同程度地承受轴力的作用。隔框分为普通框和加强框：普通框的作用是维持机身外形，支持机身长桁和蒙皮；加强框除了具有普通蒙皮的作用外，还需要承受飞机其他部件传递来的载荷。

1. 载荷的选取及施加

飞机在飞行和着陆过程中，机身结构要承受机翼、尾翼、起落架等部件的连接接头传来的集中载荷，同时还要承受机身上各部件即装载的质量力、结构本身的质量力以及座舱增压载荷。

从载荷的类别来看，可分为以下几种情况：

① 气动载荷：机动载荷、突风载荷、操纵面偏转产生的气动载荷。

② 惯性载荷：由于机身结构具有质量，在各种加速运动状态下出现惯性力。

③ 地面载荷：飞机在各种方式的地面滑行、起飞和着陆过程中出现的地面对飞机的反力，如各种起飞、水平着陆、单轮着陆、强迫着陆、起转、回弹、地面操纵、滑行、刹车、颠簸等。

④ 动力装置载荷：推力、扭矩、陀螺力矩、进气道压力等。

⑤ 其他载荷：牵引、顶起、增压、鸟撞、坠撞等。

根据上述的载荷类型，按照飞行剖面及各参数进行全机载荷的平衡求解，计算出机身各框站位上作用的载荷，从而得到作用于机身的各种载荷，及各框站位上的弯矩、扭矩和剪力。

在用有限元进行总体应力分析时，需要将各种情况的外载荷处理到有限元模型的各个节点上，载荷处理的正确与否直接影响着计算结果。对于气动载荷应该按气动力分布规律分到各节点上去，结构惯性载荷则应该按照质量分布规律进行分配；对于集中质量的惯性载荷，则应该根据实际情况作用于集中质量所在的点上，不能一概而论地作用于长桁节点上；对于起落架地面载荷、发动机推力及其他结构部件传来的集中载荷，可以通过以下两种方法处理：

① 用加权系数法处理切面增量载荷；

② 应用刚体单元处理切面等效载荷和集中载荷。

具体的使用方法可参考《航空结构有限元分析指南》的相关章节。

2. 机身外壳体有限元分析

① 典型的结构简介及传力路线分析。机身的纵向元件主要指长桁、纵向大梁和蒙皮，横向元件是指隔框。它们构成机身结构的外壳，长桁和大梁一般都是穿过隔框直通的，由型材或机加锻件构成；蒙皮由钣金件构成；隔框一般由钣弯件制成，受力严重的加强框则是由锻件和机加件构成。从机身结构的总体受力来说，长桁的大梁用来承受弯矩引起的轴力；蒙皮承受全部剪力和扭矩，还要不同程度的承受轴力；隔框除了维持机身外形外，还要承受蒙皮传递的剪流。从局部载荷来说，机身客舱外的蒙皮要承受气密压力；长桁和大梁要承受自相平衡的内部压力引起的轴力，在起落架附近的大梁要承受起落架交点的集中载荷，并通过蒙皮受剪传递给长桁和隔框。

② 网格划分和有限单元选取：在机身有限元应力分析中，把机身这一薄壁加筋结构计算模型的网格尽量取得与真实结构一致，即每个加筋与加筋相交处都取为一个节点，两个节点之间都取模拟加筋的有限单元—杆单元或梁单元，相邻加筋之间取为板单元。

机身长桁一般都用杆单元模拟以承受轴力，略去其本身的抗弯能力以及长桁形心与模型节点之间的偏心。

机身蒙皮简化为承受平面应力的正应力板单元，略去蒙皮本身的抗弯能力以及厚度方向形心与节点之间的偏心。

隔框外圈的缘条用梁单元模拟，并考虑缘条横切面形心与节点之间的偏心。板框内部的加筋一般都取为杆元，板取为膜元，受气密压力的端框上的加筋用梁单元来模拟。

3. 地板结构的分析

一般情况下，地板的有限元分析模型均与机身联合求解，而不单独取出。

对于民用飞机而言，典型的地板结构是客舱地板和货舱地板。地板一般由地板纵梁和横梁构成隔框，其上安装有面板，横梁与机身隔框相连。面板一般有两种类型，一种是金属板，用铆钉等与地板梁相连；另一种是蜂窝夹层壁板，用螺栓固定在地板梁上。客舱地板一般采用蜂窝夹层结构，同时客舱地板中由于要安装座椅，故纵向布置有滑轨梁。

从受力形式来看，部分地板梁参与总体受力，蜂窝夹层结构一般不参与受力。地板在很大程度上参与局部受力，这些局部载荷主要有气密压力，行李货物及人的重力。

模型简化时，计算节点选在地板上，这样有利于计算载荷；地板横梁与机身框连接处，简化为固支或铰支连接；纵梁在每个隔框处与横梁连接，简化为承受纵向弯曲的平面梁元；将蜂窝夹层壁板简化成一层很薄(0.3～0.6 mm)的铝板，只受剪切。

4. 窗户结构的分析

飞机上的窗户是用来观察外界的，有用于驾驶舱的窗户，也有用于旅客舱的窗户。下面以旅客舱的窗户为主进行分析。旅客舱的窗户安排在机身客舱两侧，一般每一到两个框间安排一个观察窗，所有的窗都在气密区内，都要承受机身的增压载荷并能将其传递到窗框上去，玻璃不参与机身的总体受力。

由于旅客窗户在机身结构中相当多，如果在机身总体分析模型中逐个考虑，则将使机身的有限元分析模型的规模成倍增加，而且各个窗户的结构都是一样的，所以没必要全部考虑进去，因此一般将这个复杂的问题分为两步来考虑：第一步是总体计算中只模拟此处的刚度，保证隔框以外应力分析的准确性；第二步是把窗框附近结构从总体模型中切除进行细节分析。

5. 开口有限元分析

由于使用和维护的需求，飞机结构上常设置各种大小不同的开口，同时为了保持飞机外表的完整和流线型，在开口处设置有舱门和口盖。

在有限元建模分析中，对于受力口盖在简化模型时可以认为和蒙皮一样，按蒙皮的简化原则进行，口框也如纵横向加筋一样简化，对于不受力口盖，在总体计算模型中按开口处理。

开口处的圆弧部分简化成三角形单元，圆弧简化成梁元，上、下的开口长桁一般同邻近的长桁组成一盒式梁，可以简化成杆、板单元组成的盒式梁。

1.4.2　机翼、尾翼结构的有限元分析

机翼与尾翼均属于飞机的翼面结构，尤其对于大型飞机而言，其结构元件类同。只是因为在飞机上所处的位置及其功能的差异而有机翼、尾翼之分。在结构有限元分析中，要考虑的问题和单元的选取是相同的，所以这里仅仅以某机种的机翼为例，阐述翼面结构的有限元应力分析过程。

1. 传力路线分析

机翼是飞机的主要升力来源。机翼所承受的载荷主要由两部分组成：气动力和惯性力。气动力和惯性力及油箱载荷的综合作用产生对整个机翼而言的剪力、弯矩和扭矩。对称受载的情况下，弯矩主要由机翼的上、下壁板和梁、墙缘条来承受；非对称受载的情况下，弯矩由机翼与机身相连的两侧框接头承受，扭矩主要由机翼的上、下壁板和前、后梁围成的盒段来承受，剪力主要由梁、墙腹板来承受，最终传递到机身与机翼相连的框上。

油箱的增压载荷主要由中央翼及中外翼前、后梁和各端肋组成的密封盒段来承受。

2. 单元选择及边界条件类型

网格划分的依据是具体结构情况。先要弄清结构各元件承力的特点以及分析的目的，对于细节分析中需

要考虑的问题可以大胆的简化；而在细节分析中，就应将要分析的结构具体的细化，网格视情况要尽量划密。

机翼壁板应该选择正应力板单元，梁、墙、肋的缘条应该选为杆元，梁、墙、肋的腹板应该选为剪力板元，节点坐标系一般是由结构外形点给出。

为了尽可能把机身对机翼的支持模拟真实，该机翼在单独求解时的边界条件是对应载荷情况下的翼身联合求解时计算得到的边界位移值。

边界条件视分析对象而定，在解机翼时，可以不带襟、副翼，而襟、副翼上的载荷要传给机翼，这时就必须把襟、副翼的载荷等效地加到机翼有关的构件上，那么襟、副翼的载荷就成为了机翼模型的力的边界条件。边界条件可以是：载荷、集中力和力矩、分布线载荷、表面压力、一个节点的强迫运动、一个单元的强迫变形和约束。

3. 载荷施加

结构有限元分析中，结构所承受的载荷由负责各种载荷计算的有关人员提供，有限元分析的任务是将这些提供的种种载荷离散化为模型的节点载荷。

计算情况的选取应视任务的性质而定：静强度分析时应根据飞机规范和飞行包线的边界点来选取计算情况；疲劳分析时应根据飞机的飞行任务剖面截取载荷情况；动力响应分析时，应视使用环境和有关规范规定选取载荷情况。

以静强度分析为例，依据所给出的气动力和载荷分布情况，对机翼计算情况的选取原则是：首先考虑机翼各主要承力部位的受载情况，然后在同一部位选取那种总的载荷大以及弯矩和扭矩大的载荷情况，当载荷情况确定之后，应视载荷的分布特点向已经建立好的有限元模型的节点上实施简化。

所施加的载荷总体上必须保证节点力的总和、作用点及方向应同原给出的分布载荷一样，这样才能保证有限元分析结果的准确性。

参考文献

[1] 叶天麒. 航空结构有限元分析指南[M]. 北京：航空工业出版社，1996.

附录 1　基于区域的复合材料建模方法

```
$
$ I/O Options Section
$
TITLE = Laminated Plate Analysis Zone - Based Model
OUTPUT, H3D, FL
CSTRAIN(MECH) = ALL
CSTRESS = ALL
DISPLACEMENT = ALL
STRESS = ALL
$
$ Subcase Information Section
$
TEMPERATURE(INITIAL) = 4
SUBCASE 1
    ANALYSIS = STATICS
    LABEL = Nx only
    SPC = 1
    LOAD = 2
SUBCASE 2
    ANALYSIS = STATICS
    LABEL = Nx only
    SPC = 1
    TEMPERATURE(LOAD) = 3
SUBCASE 3
    ANALYSIS = STATICS
    LABEL = Combined Nx + Nxt
    SPC = 1
    LOAD = 2
    TEMPERATURE(LOAD) = 3
$
$ Bulk Data Section
$
BEGIN BULK
$ --1-- | --2-- | --3-- | --4-- | --5-- | --6-- | --7-- | --8-- | --9-- |
GRID    1       0.0     0.0     0.0
GRID    2       2.0     2.0     0.0
GRID    3       2.0     -2.0    0.0
GRID    4       -2.0    -2.0    0.0
GRID    5       -2.0    2.0     0.0
GRID    6       5.0     5.0     0.0
GRID    7       5.0     -5.0    0.0
GRID    8       -5.0    -5.0    0.0
GRID    9       -5.0    5.0     0.0
```

```
$--1--|--2--|--3--|--4--|--5--|--6--|--7--|--8--|--9--|
CTRIA3      1     1     1     4     3  135.0
CTRIA3      2     1     1     3     2   45.0
CTRIA3      3     1     1     2     5   -45.0
CTRIA3      4     1     1     5     4  -135.0
CTRIA3      5     1     3     4     8     7  180.0
CTRIA3      6     1     2     3     7     6   90.0
CTRIA3      7     1     5     2     6     9    0.0
CTRIA3      8     1     4     5     9     8   -90.0
$--1--|--2--|--3--|--4--|--5--|--6--|--7--|--8--|--9--|
PCOMPG    1             100.0+3  TSAT
            1     1   0.01  -45.0   YES
            2     1   0.01  0.0   YES
            3     1   0.01 45.0   YES
            4     1   0.01 90.0   YES
            5     1   0.01 90.0   YES
            6     1   0.01   45.0   YES
            7     1   0.01  0.0   YES
            8     1   0.01  -45.0   YES
$--1--|--2--|--3--|--4--|--5--|--6--|--7--|--8--|--9--|
MAT8        1 22.0+6  1.3+6     0.3 0.75+6 0.75+6 0.516+6  0.056
+         -0.3-6 18.0+6         170.0+3 170.0+3 6.5+3   28.0+3 10.0+3
+               0.0
$--1--|--2--|--3--|--4--|--5--|--6--|--7--|--8--|--9--|
SPC         1     9    123    0.0
SPC         1     8     13    0.0
SPC         1     6      3    0.0
$--1--|--2--|--3--|--4--|--5--|--6--|--7--|--8--|--9--|
FORCE       2     6      0    1.0 12.0+3    0.0    0.0
FORCE       2     7      0    1.0 12.0+3    0.0    0.0
FORCE       2     8      0    1.0 -12.0+3    0.0    0.0
FORCE       2     9      0    1.0 -12.0+3    0.0    0.0
$--1--|--2--|--3--|--4--|--5--|--6--|--7--|--8--|--9--|
TEMPD       3   75.0
TEMPD       4  175.0
ENDATA
```

附录2　基于板层的建模方法

```
$
$I/O Options Section
$
TITLE = Laminated Plate AnalysisPly-Based Model
OUTPUT, H3D, FL
CSTRAIN(MECH) = ALL
```

```
CSTRESS = ALL
DISPLACEMENT = ALL
STRESS = ALL
$
$ Subcase Information Section
$
TEMPERATURE(INITIAL) = 4
SUBCASE 1
    ANALYSIS = STATICS
    LABEL = Nx only
    SPC = 1
    LOAD = 2
SUBCASE 2
    ANALYSIS = STATICS
    LABEL = Nx only
    SPC = 1
    TEMPERATURE(LOAD) = 3
SUBCASE 3
    ANALYSIS = STATICS
    LABEL = Combined Nx + Nxt
    SPC = 1
    LOAD = 2
    TEMPERATURE(LOAD) = 3
$
$ Bulk Data Section
$
BEGIN BULK
$ --1-- | --2-- | --3-- | --4-- | --5-- | --6-- | --7-- | --8-- | --9-- |
GRID      1        0.0    0.0    0.0
GRID      2        2.0    2.0    0.0
GRID      3        2.0   -2.0    0.0
GRID      4       -2.0   -2.0    0.0
GRID      5       -2.0    2.0    0.0
GRID      6        5.0    5.0    0.0
GRID      7        5.0   -5.0    0.0
GRID      8       -5.0   -5.0    0.0
GRID      9       -5.0    5.0    0.0

$ --1-- | --2-- | --3-- | --4-- | --5-- | --6-- | --7-- | --8-- | --9-- |

CTRIA3    1    1    1    4    3   135.0
CTRIA3    2    1    1    3    2    45.0
CTRIA3    3    1    1    2    5   -45.0
CTRIA3    4    1    1    5    4  -135.0
CTRIA3    5    1    3    4    8    7   180.0
CTRIA3    6    1    2    3    7    6    90.0
```

```
CTRIA3     7    1    5     2     6    9    0.0
CTRIA3     8    1    4     5     9    8   -90.0
$ --1-- | --2-- | --3-- | --4-- | --5-- | --6-- | --7-- | --8-- | --9-- |
SET        1    ELEM  LIST
+           1    THRU      8
SET        2    ELEM  LIST
+           1    THRU      8
SET        3    ELEM  LIST
+           1    THRU      8
SET        4    ELEM  LIST
+           1    THRU      8
SET        5    ELEM  LIST
+           1    THRU      8
SET        6    ELEM  LIST
+           1    THRU      8
SET        7    ELEM  LIST
+           1    THRU      8
SET        8    ELEM  LIST
+           1    THRU      8
$ --1-- | --2-- | --3-- | --4-- | --5-- | --6-- | --7-- | --8-- | --9-- |
MAT8       1 22.0+6  1.3+6    0.3 0.75+6 0.75+6 0.516+6  0.056
+        -0.3-6 18.0+6        170.0+3 170.0+3 6.5+3  28.0+3 10.0+3
+              0.0
$ --1-- | --2-- | --3-- | --4-- | --5-- | --6-- | --7-- | --8-- | --9-- |
PLY        1    1   0.01   -45.0  YES
+           1
PLY        2    1   0.01   0.0  YES
+           1
PLY        3    1   0.01   45.0  YES
+           1
PLY4       1    0.01  90.0  YES
+           1
PLY        5    1   0.01   90.0  YES
+           1
PLY        6    1   0.01   45.0  YES
+           1
PLY7       1    0.01   0.0  YES
+           1
PLY        8    1   0.01   -45.0  YES
+           1
$ --1-- | --2-- | --3-- | --4-- | --5-- | --6-- | --7-- | --8-- | --9-- |
STACK      1         1    2    3    4    5    6
+           7
$ --1-- | --2-- | --3-- | --4-- | --5-- | --6-- | --7-- | --8-- | --9-- |
PCOMPG   1             100.0+3  TSAT
$ --1-- | --2-- | --3-- | --4-- | --5-- | --6-- | --7-- | --8-- | --9-- |
```

```
SPC         1     9    123    0.0
SPC         1     8     13    0.0
SPC         1     6      3    0.0
$ --1-- | --2-- | --3-- | --4-- | --5-- | --6-- | --7-- | --8-- | --9-- |
FORCE       2     6      0    1.0 12.0+3    0.0     0.0
FORCE       2     7      0    1.0 12.0+3    0.0     0.0
FORCE       2     8      0    1.0 -12.0+3    0.0     0.0
FORCE       2     9      0    1.0 -12.0+3    0.0     0.0
$ --1-- | --2-- | --3-- | --4-- | --5-- | --6-- | --7-- | --8-- | --9-- |
TEMPD       3  75.0
TEMPD       4 175.0
ENDDATA
```

第 2 章　加筋板结构分析方法

2.0　符号说明

符号	单位①	物理意义
K		应力集中系数
μ_e		材料的弹性泊松比
E_c	MPa	材料的弹性模量
η_c		塑性减缩系数
σ_{cy}	MPa	材料的屈服应力
t_s	mm	蒙皮厚度
b_s	mm	筋条之间蒙皮的宽度
K_{cw}		起皱破坏系数
η		塑性修正系数
GJ		支持件的扭转刚度
A	mm^2	横截面面积
k_s		剪切失稳系数
n		Ramber-Osgood 方程中的材料性能参数
α	rad	张力场角度
$A_{u,c}$	mm^2	考虑偏心的桁条的有效面积
e	mm	偏心距离

① 本书的量和单位以中华人民共和国国家标准为准。考虑到在实际设计工作中，很多资料（尤其是外版资料）大量应用英制单位，为方便读者使用，亦保留部分英制单位。

2.1 加筋板结构失效形式

加筋板主要用于机身机翼结构，又称壁板。机身结构除主要承受由机翼、尾翼、起落架传递过来的载荷外，还承受气动载荷、货载和客舱气密载荷。机身筒段承受的载荷可以简化为气密载荷，弯矩和扭矩。其中，弯曲载荷使机身上壁板受拉，下壁板受压；气密载荷使壁板双向受拉；扭矩使机身壁板受剪。因此，上壁板主要受拉，侧壁板主要受剪，下壁板主要受压，与机翼、尾翼连接区附近还有较大的剪切载荷，在进行机身壁板结构强度分析时应根据壁板结构所处位置的应力状态进行强度和稳定性校核。

机翼主要受气动载荷作用，载荷直接作用在机翼的主体和各附翼的表面上。在气动载荷作用下，机翼产生弯曲变形和扭转变形，上壁板主要承受压缩载荷及剪切载荷，下壁板承受拉伸载荷及剪切载荷。图 2-1(a)为民用飞机典型外翼上、下壁板；图 2-1(b)为民用飞机典型中央翼下壁板。

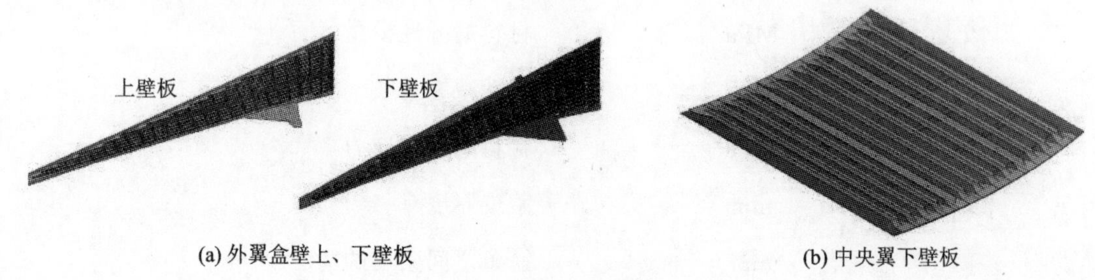

(a) 外翼盒壁上、下壁板　　(b) 中央翼下壁板

图 2-1　机翼壁板

对机翼壁板进行强度分析，应抓住其主要的受力特点，采用相应的方法。如内翼上壁板主要承受压剪复合载荷，因此应采用压剪复合强度分析方法；而外翼上壁板主要承受压缩载荷，因此采用压缩强度分析方法即可。

2.2 壁板的拉伸强度

2.2.1 NASA TN D-1259 方法

组合无孔壁板的理论承载能力为蒙皮与桁条的承载能力之和。试验研究表明，类似铆钉孔的切口会引起材料静强度降低。已有试验数据表明，如果蒙皮材料为 2000 系列，强度减缩系数约为 0.88。如果桁条材料为 7000 系列，强度减缩系数为 0.95。

可以根据壁板材料拉伸极限应力 σ_{tu} 的 B 基准值确定壁板极限拉伸应力 $\sigma_{T壁板}$：

$$\sigma_{T壁板} = \frac{0.88A_{蒙皮净截面积}\sigma_{tu(蒙皮)} + 0.95A_{长桁净截面积}\sigma_{tu(长桁)}}{A_{蒙皮毛面积} + A_{长桁毛面积}} \tag{2-1}$$

利用式(2-1)得到蒙皮桁条组合件许用载荷，然后利用工作载荷计算壁板拉伸安全裕度。

2.2.2 国外某公司工程方法

除了按 2.2.1 节给出的方法整体校核壁板的拉伸强度外，还可分别校核桁条和蒙皮的强度。桁条和蒙皮拉伸强度可按单向和双向应力进行分析。各向同性材料等效应力按 von. Mises 应力计算。分析中考虑钉孔削弱和同时存在的剪应力。

2.2.2.1　桁条的拉伸强度分析

拉伸强度安全裕度为

$$\text{M.S.} = \frac{\sigma_{tu}}{\sigma_{st}}\eta - 1 \tag{2-2}$$

式中：σ_{tu}——桁条的极限拉伸强度；

σ_{st}——桁条的名义应力；

η——钉孔的减缩系数。

对于单排和双排铆钉，η 为

$$\eta = \begin{cases} \dfrac{A_{str} - d \times t_{str}}{A_{str}} & \text{用于单排铆钉} \\ \dfrac{A_{str} - 2d \times t_{str}}{A_{str}} & \text{用于双排铆钉} \end{cases} \tag{2-3}$$

式中：A_{str}——桁条的剖面积；

t_{str}——有钉孔的桁条缘板厚度；

d——钉孔直径。

2.2.2.2　蒙皮的拉伸强度分析

蒙皮的受力简图见图 2-2。

$$\text{M. S.} = \frac{\sigma_{tu}}{\sigma_{sk}} - 1 \tag{2-4}$$

式中：σ_{tu}——蒙皮的极限拉伸强度；

σ_{sk}——蒙皮的等效工作应力。

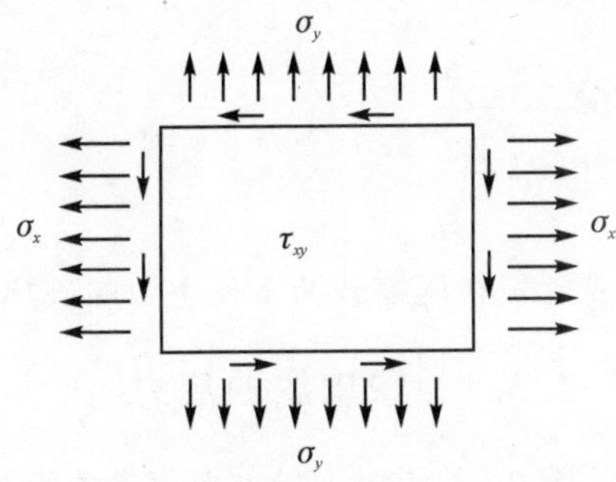

图 2-2　蒙皮受力简图

蒙皮的等效工作应力 σ_{sk} 按 von. Mises 应力来计算，其计算如下。

(a) 蒙皮中心应力

$$\sigma_{sk} = \sqrt{\sigma_x^2 + \sigma_y^2 - \sigma_x \cdot \sigma_y + 3\tau_{xy}^2} \tag{2-5}$$

式中：σ_x、σ_x、τ_{xy} 为结构总体有限元模型单元上名义应力。若上式中 σ_{sk} 小于 σ_x，取 $\sigma_{sk} = \sigma_x$。

(b) 蒙皮边缘应力

蒙皮边缘几何简图见图 2.3、图 2.4。蒙皮边缘应力集中系数为

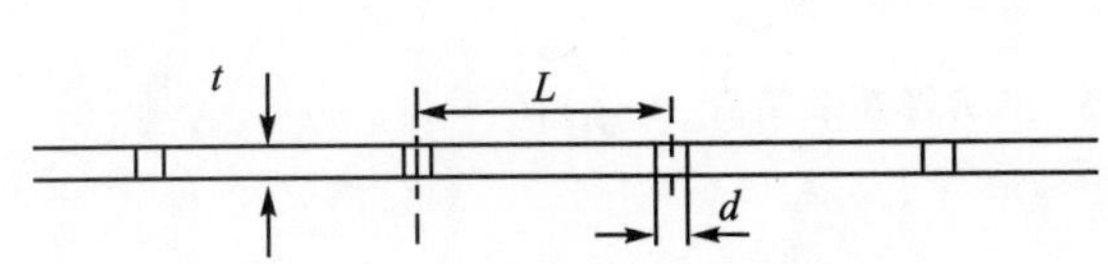

图 2-3　带有铆钉孔的截面

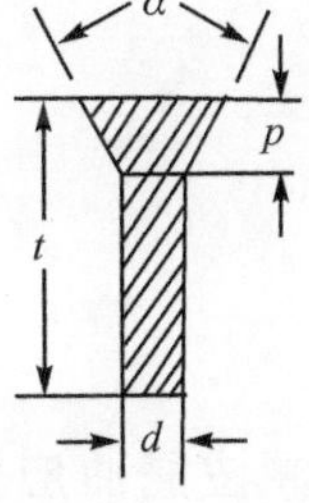

图 2-4　埋头铆钉

$$\sigma_{sk} = K\sqrt{\tilde{\sigma}_x^2 + 3\tilde{\tau}_{xy}^2} \tag{2-6}$$

式中：K——钉孔周围应力集中系数，取 1.05；

$\tilde{\sigma}_x$——正向应力；

$\tilde{\tau}_{xy}$——剪切应力。

$\tilde{\sigma}_x$ 和 $\tilde{\tau}_{xy}$ 计算如下：

$$\tilde{\sigma}_x = \frac{\sigma_x}{\eta_x} \tag{2-7a}$$

$$\tilde{\tau}_{xy} = \frac{\tau_{xy}}{\eta_{xy}} \tag{2-7b}$$

式中：$\eta_{xy}=\min(\eta_x,\eta_y)$；

η_y——横向铆接剖面积的减缩系数；

η_x——纵向铆接剖面积的减缩系数。

η_x 或 η_y 的计算如下：

对普通铆钉

$$\eta_{x(y)}=1-\frac{d}{L} \tag{2-8}$$

对埋头铆钉

$$\eta_{x(y)}=1-\frac{A}{t\cdot L} \tag{2-9}$$

式中，A 为图 2-4 所示阴影部分的面积，可表示为

$$A=d\times t+p^2\tan\frac{\alpha}{2} \tag{2-10}$$

对于整体壁板或胶接情况

$$\eta_{x(y)}=1 \tag{2-11}$$

2.3 壁板压缩强度

壁板在压缩载荷下发生屈曲破坏，因此本小节主要给出屈曲破坏分析方法。

2.3.1 蒙皮屈曲应力

图 2-5 所示为长方形蒙皮的简图。

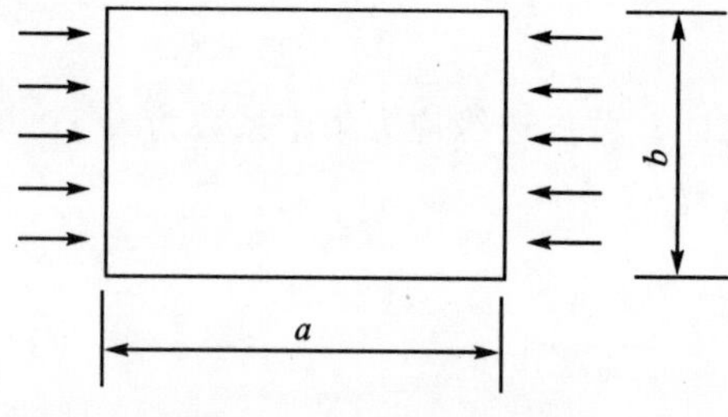

图 2-5 长方形蒙皮简图

2.3.2 长方形蒙皮屈曲应力

长方形蒙皮在面内压缩作用下的初始屈曲应力为

$$\sigma_{c,cr}=\frac{\eta_c k_c \pi^2 E_c}{12(1-\mu_e^2)}\left(\frac{t}{b}\right)^2 \tag{2-12}$$

式中：b—— 加载边的宽度；

t—— 板的厚度；

μ_e—— 材料的弹性泊松比；

E_c—— 材料的弹性模量；

k_c ——压缩临界应力系数，与板的边界支持条件及长宽比(a/b)有关；

η_c——塑性减缩系数。

取 $\mu_e=0.3$，并令 $K_c=\frac{\pi^2}{12(1-\mu_e^2)}k_c=0.904k_c$，则式(2-12)为

$$\sigma_{c,cr}=\eta_c K_c E_c\left(\frac{t}{b}\right)^2 \tag{2-13}$$

式中，K_c 的值见图 2-6 所示。

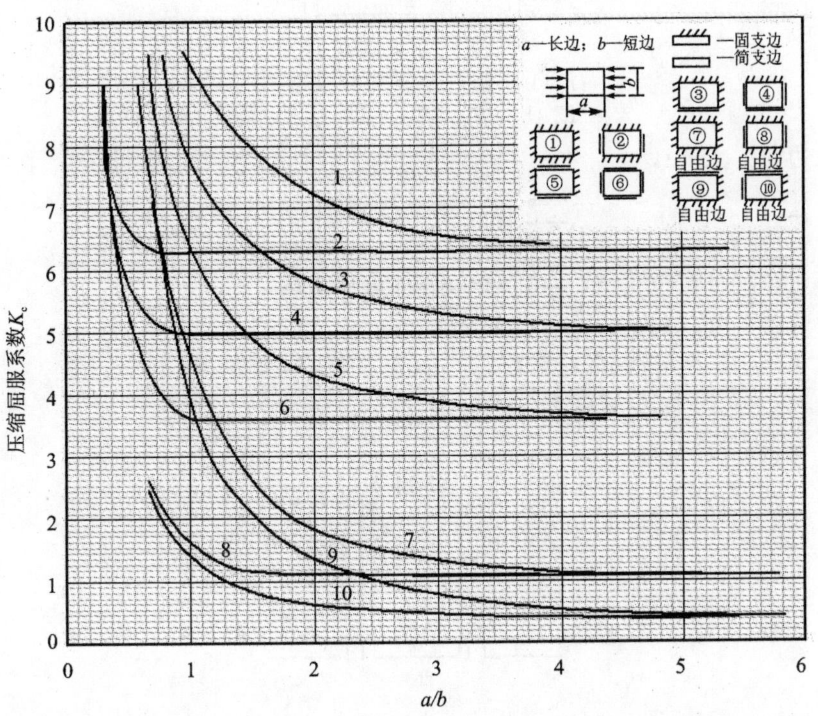

曲线 1 到曲线 6 中的 K_c 值是基于 $\mu_e=0.3$，对于其他 μ_e，压缩屈曲系数 K_c 应乘修正系数 $0.91/(1-\mu^2)$

图 2-6　平板压缩屈曲系数

如果屈曲应力超过比例极限应力，需采用塑性减缩系数进行修正。塑性减缩系数采用下面修正算法：

$$\eta_c=\left[\frac{1}{1+(0.002En/\sigma_{cy})(\sigma_{c,cr}/\sigma_{cy})^{n-1}}\right]^{1/2} \tag{2-14}$$

式中：n——材料的形状参数；

σ_{cy}——材料的屈服应力。

对于塑性减缩系数 η_c，也可以采用下面的计算方法：

① 长板，非加载边一边自由，另一边简支。

自由
b
a

$$\eta_c=\frac{E_s}{E_c}\cdot\frac{1-\mu_e}{1-\mu} \tag{2-15}$$

② 长板，非加载边一边自由，另一边固支。

自由
b
a

$$\eta_c=\frac{E_s}{E_c}\frac{1-\mu_e}{1-\mu}\left(0.33+0.67\sqrt{\frac{1}{4}+\frac{3E_t}{4E_s}}\right) \tag{2-16}$$

③ 长板，非加载边简支。

$$\eta_c = \frac{E_s}{E_c}\frac{1-\mu_e}{1-\mu}\left(0.5+0.5\sqrt{\frac{1}{4}+\frac{3E_t}{4E_s}}\right) \tag{2-17}$$

④ 长板，非加载边固支。

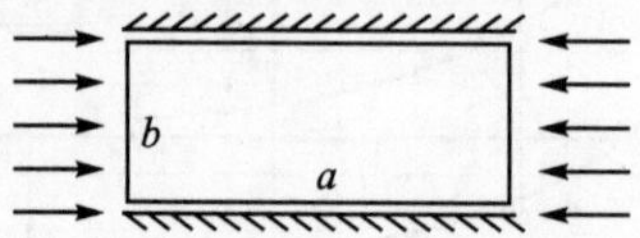

$$\eta_c = \frac{E_s}{E_c}\frac{1-\mu_e}{1-\mu}\left(0.352+0.648\sqrt{\frac{1}{4}+\frac{3E_t}{4E_s}}\right) \tag{2-18}$$

⑤ 短板，加载边简支 $a/b \ll 1$。

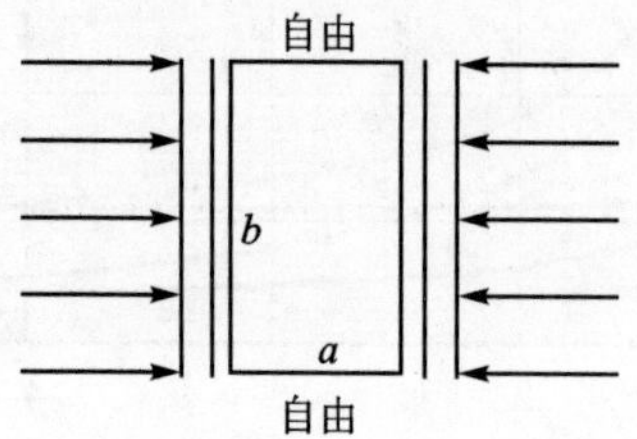

$$\eta_c = \frac{E_s}{E_c}\frac{1-\mu_e}{1-\mu}\left(0.25+0.75\frac{E_t}{E_s}\right) \tag{2-19}$$

⑥ 长板，加载边简支或固支。

自由

自由

$$\eta_c = \frac{E_t}{E_c}\frac{1-\mu_e}{1-\mu} \tag{2-20}$$

式(2-15)～式(2-20)中，E_s、E_t 分别为材料的割线模量和切线模量，可根据三参数方程得到；μ 为非弹性泊松比，E_s、E_t 和 μ 分别采用下式计算：

$$E_s = E_c\left[1+\frac{3}{7}\left(\frac{\sigma}{\sigma_{0.7}}\right)^{n-1}\right]^{-1} \tag{2-21a}$$

$$E_t = E_c\left[1+\frac{3}{7}n\left(\frac{\sigma}{\sigma_{0.7}}\right)^{n-1}\right]^{-1} \tag{2-21b}$$

$$\mu = 0.5-(E_s/E_c)(0.5-\mu_e) \tag{2-21c}$$

式(2-21a)和式(2-21b)中，n 为材料形状参数；$\sigma_{0.7}$ 为割线屈服应力，即斜率为 $0.7E$ 的直线与应力应变曲线交点的应力。

2.3.3 三角形蒙皮压缩屈曲应力

三角形蒙皮均匀受载(见图 2-7)下，压缩屈曲应力计算式为

$$\sigma_{c,cr} = \eta_c K_c E_c\left(\frac{t}{b}\right)^2 \tag{2-22}$$

式中：K_c 从图 2-8 获得。

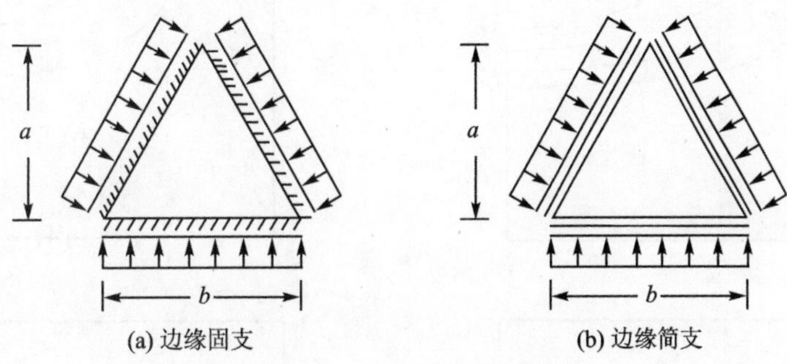

图 2-7 三角形蒙皮受力简图

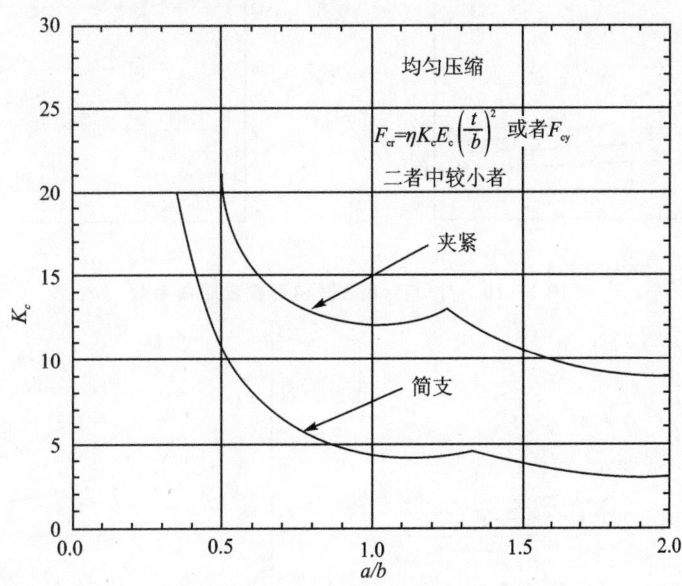

图 2-8 三角形蒙皮屈曲系数

2.3.4 锥形蒙皮屈曲应力

锥形蒙皮在压缩载荷（见图 2-9）下，屈曲应力计算公式为

$$\sigma_{c,cr}=\eta_c K_c E_c\left(\frac{t}{b_2}\right)^2 \tag{2-23}$$

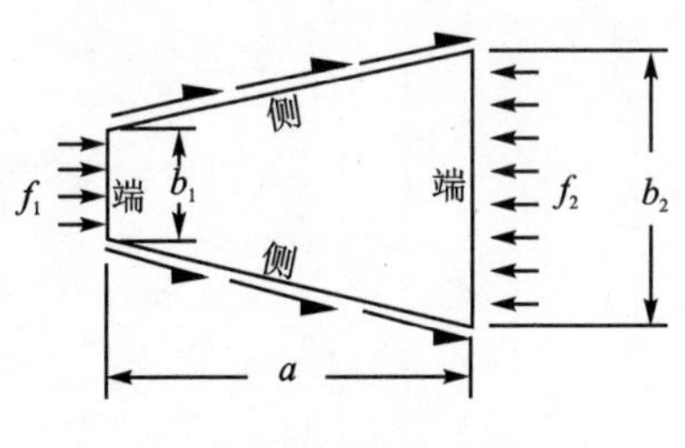

图 2-9 锥形蒙皮简图

式中：K_c 值为

① 当压缩应力比值$\frac{f_1}{f_2}=0.8$，K_c 按图 2-10 取值。

② 当压缩应力比值$\frac{f_1}{f_2}=1.0$，K_c 按图 2-11 取值。

③ 当压缩应力比值$\frac{f_1}{f_2}=1.2$，K_c 按图 2-12 取值。

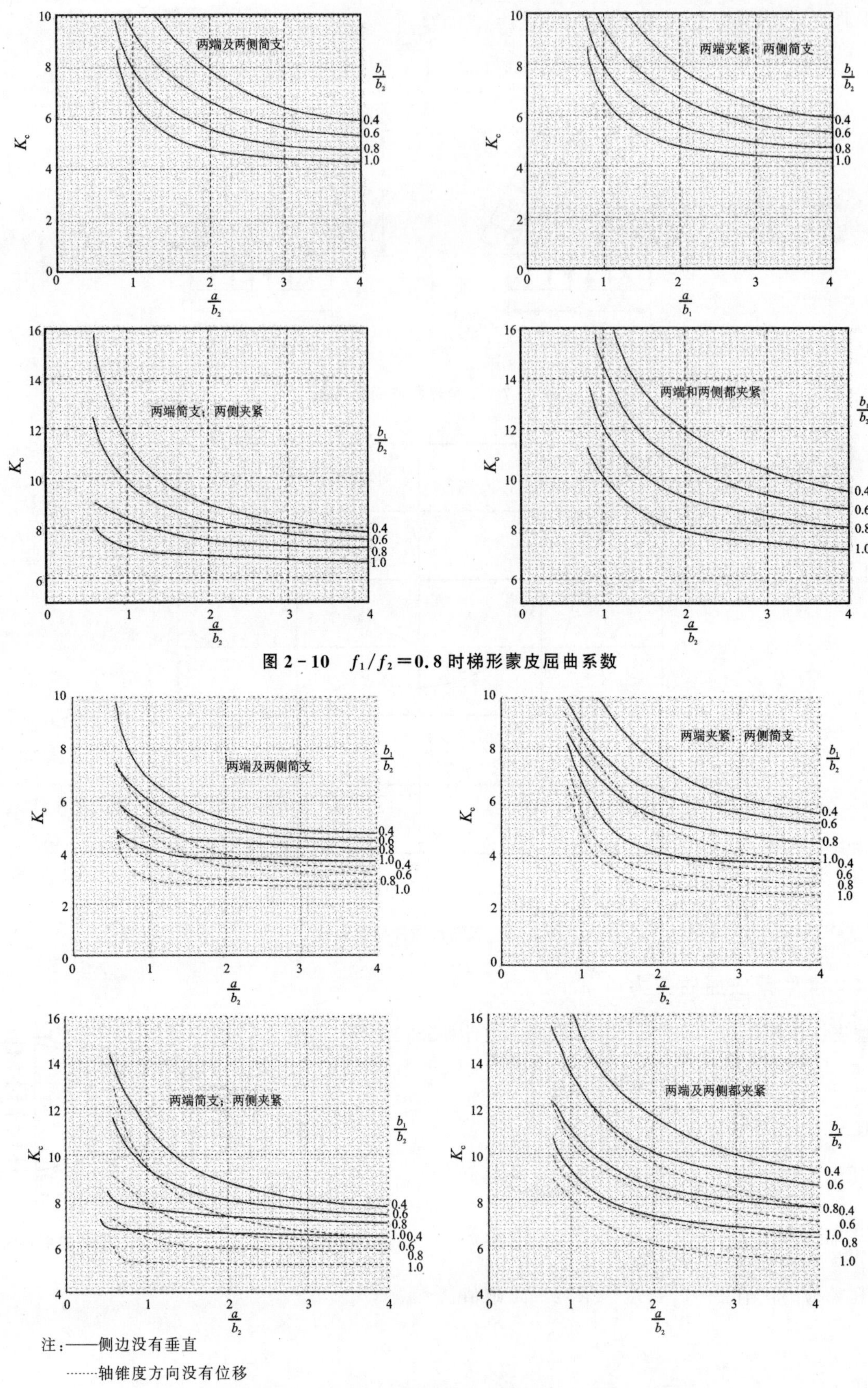

图 2-10 $f_1/f_2=0.8$ 时梯形蒙皮屈曲系数

注：——侧边没有垂直

……轴锥度方向没有位移

图 2-11 $\sigma_1/\sigma_2=1.0$ 时梯形蒙皮屈曲系数

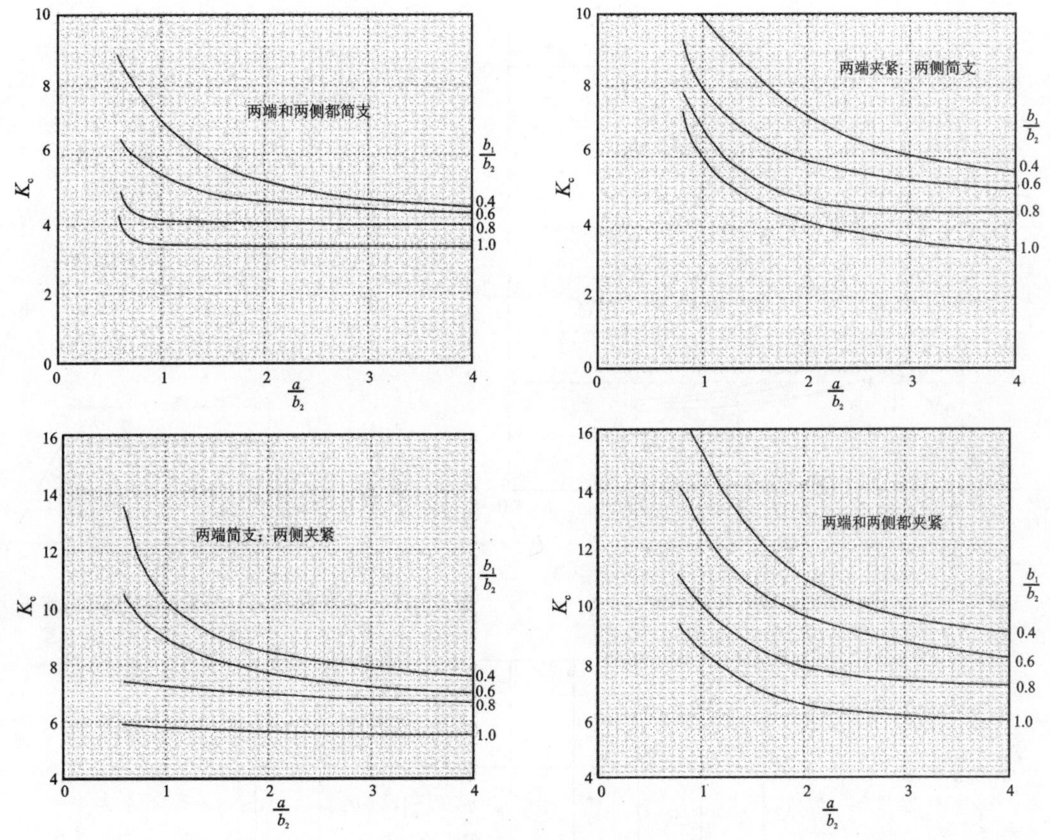

图 2-12　$\sigma_1/\sigma_2=1.2$ 时锥形蒙皮屈曲系数

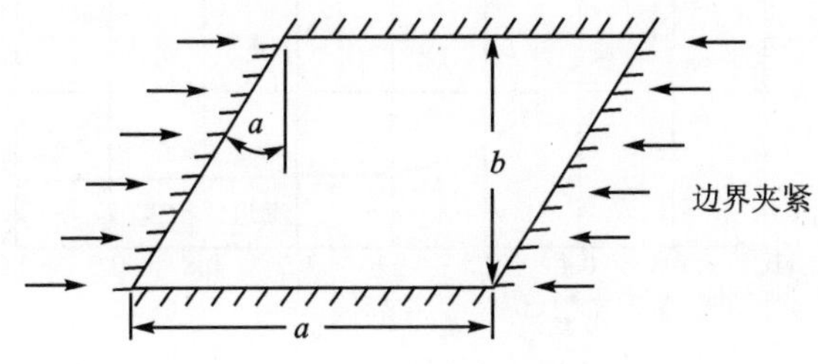

图 2-13　平行四边形蒙皮简图

2.3.5　平行四边形蒙皮屈曲应力

平行四边形蒙皮屈曲应力如图 2-13 所示，其计算方法为

$$\sigma_{c,cr}=\eta_c K_c E_c\left(\frac{t}{b}\right)^2 \qquad (2-24)$$

式中，K_c 是 a/b 的函数，其值按图 2-14 来获得。

2.3.6　长方形蒙皮在线性变化轴力作用下的屈曲应力

长方形蒙皮在线性变化轴力作用下(见图 2-15)，蒙皮屈曲应力计算式为

$$\sigma_{c,cr}=\eta_c K_c E_c\left(\frac{t}{b}\right)^2 \qquad (2-25)$$

式中，K_c 是 a/b 的函数，其值按图 2-16 来获得。

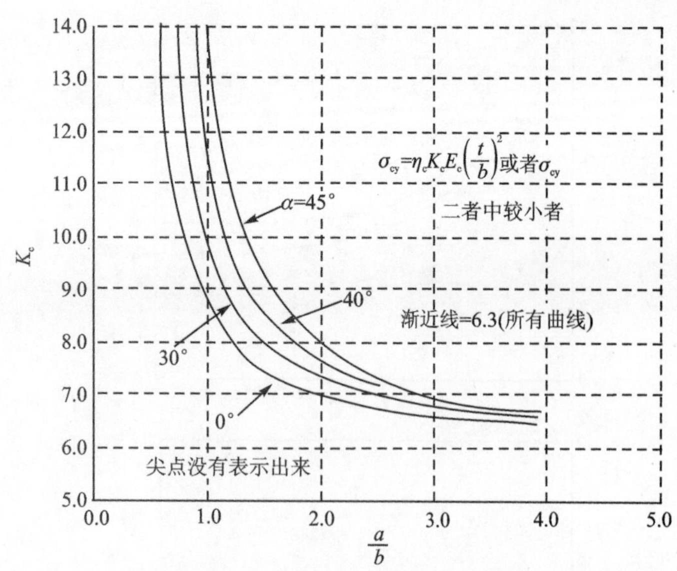

图 2-14 平行四边形蒙皮屈曲系数

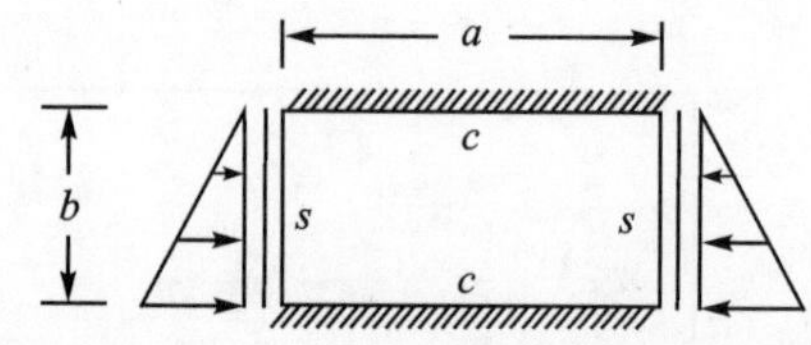

图 2-15 长方形蒙皮在线性变化轴向力作用下的简图

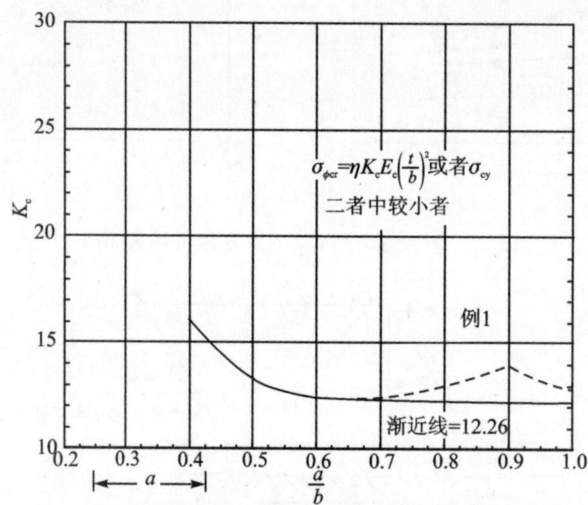

图 2-16 长方形蒙皮在线性变化轴向力作用下屈曲系数

2.3.6.1 蒙皮皱曲

蒙皮起皱破坏时，筋条要变形，屈曲波长大于铆钉间距，且铆钉受拉。铝合金壁板蒙皮皱曲应力为

$$\sigma_{cw}=\eta\frac{K_{cw}\pi^2E}{12(1-\mu_e^2)}\left(\frac{t_s}{b_s}\right)^2 \tag{2-26a}$$

式中：σ_{cw}——蒙皮皱曲应力；

t_s——蒙皮厚度；

μ_e——材料的弹性泊松比；

b_s——筋条之间蒙皮的宽度；

K_{cw}——起皱破坏系数，其值从图 2-17 中得到；

η——塑性修正系数，可采用下式计算：

$$\eta=\left(\frac{E_s}{2E}\right)\{1+0.5[1+(3E_t/E_s)]^{1/2}\}(1-\nu_e^2)/(1-\nu^2)$$

式中，E_s、E_t 分别为割线模量和切线模量。

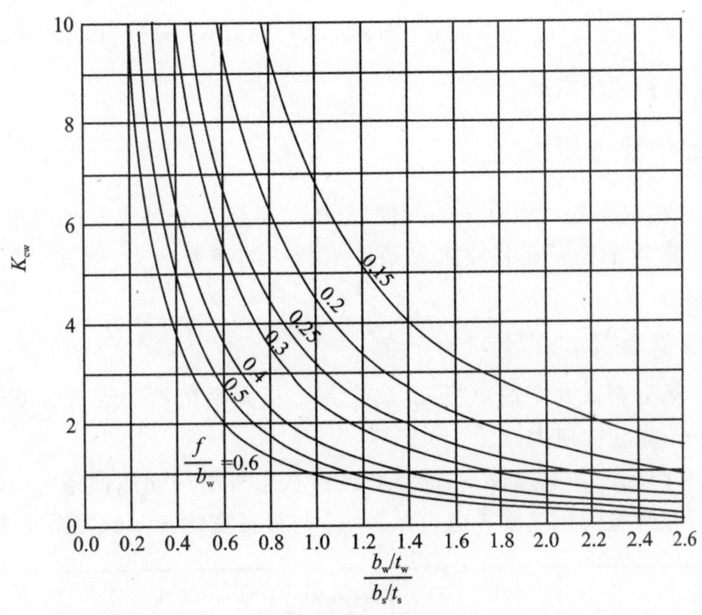

注：图中参数的意义见机身壁板结构强度分析章节。

图 2-17　试验确定的铆接短板起皱系数

2.3.6.2　铆钉间的蒙皮屈曲

铆钉间蒙皮屈曲使蒙皮和加筋条之间分离，见图 2-18。筋条基本上不变形，蒙皮如同宽柱一样发生屈曲。钉间屈曲临界应力可用下式计算：

$$\sigma_i = \frac{K\pi^2 \eta\bar{\eta} E}{12(1-\mu_e^2)}\left(\frac{t_s}{p}\right)^2 \tag{2-26b}$$

式中：σ_i——铆钉间屈曲临界应力。

t_s——蒙皮厚度。

p——铆钉间距。

k——端部支持系数，见表 2-19。

μ_e——蒙皮材料的弹性泊松比。

$\bar{\eta}$——蒙皮包覆层修正系数，$\bar{\eta}=\frac{1}{1+3f}$，$f$ 为包覆层厚度百分数。

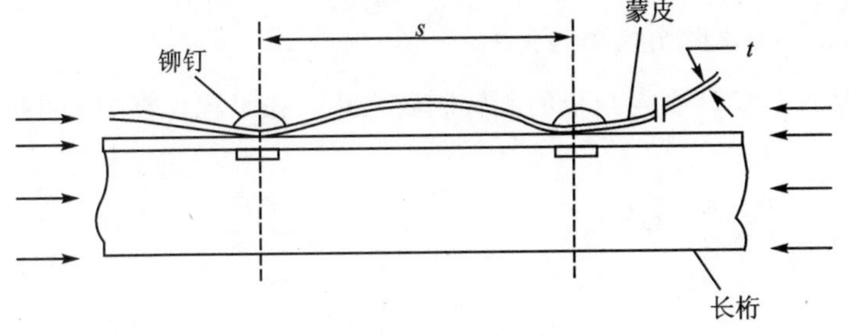

图 2-18　铆钉之间蒙皮屈曲

表 2-1　铆钉间屈曲端部支持系数

紧固件类型	端部支持系数k
平头铆钉	4.0
点焊	3.5
扁圆头铆钉	3.0
埋头铆钉	1.0

η——塑性修正系数，在弹性范围，$\eta=1$；在塑性范围计算式为

$$\eta=\left(\frac{E_s}{2E}\right)\{1+0.5[1+(3E_t/E_s)]^{1/2}\}(1-\nu_e^2)/(1-\nu^2)$$

式中，E_s、E_t 分别为割线模量和切线模量。

2.3.7 桁条的局部失稳分析

由于可将薄壁桁条看成由简单板元组合成的元件，分析时可将其分解成几个简单板元，确定每个板元沿边缘的支持和旋转约束后，计算各个板元在相应边界条件下的压缩屈曲应力，取其中最弱板元的屈曲应力作标准，计算桁条的局部屈曲应力。

2.3.7.1 一般桁条剖面局部屈曲应力计算

对于一般桁条，可将桁条分解成几个简单板元，确定每个板元沿边缘的支持和旋转约束特性，采用平板屈曲公式(2-12)计算板元和凸缘屈曲应力。

图2-19给出了平板和凸缘非加载边铰支、固支和自由状态下的压缩屈曲系数，图2-21和图2-22给出了边缘旋转弹性约束下，板和凸缘的压缩临界应力系数 K_c 与板长宽比 a/b 的关系曲线。

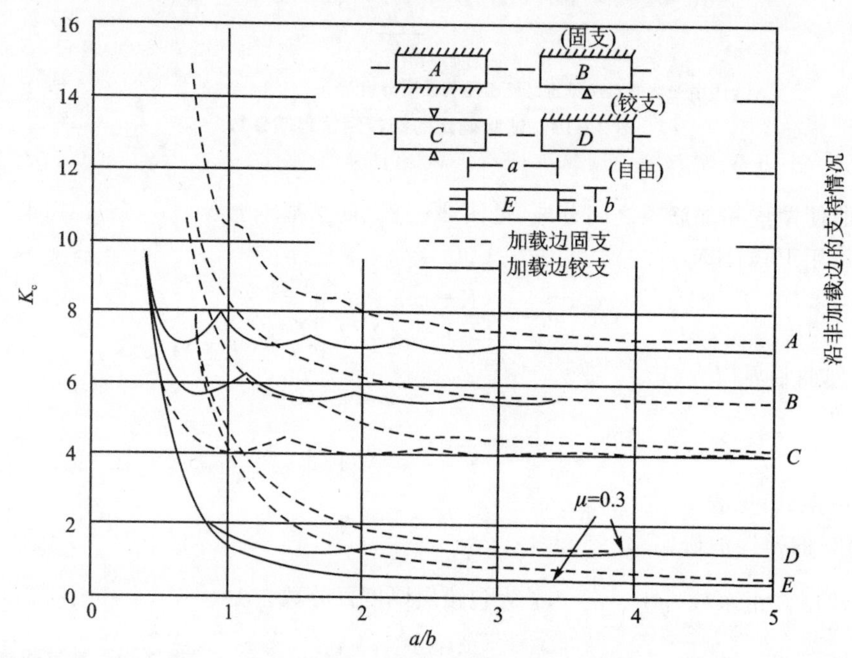

图2-19 矩形平板的压缩屈曲系数

图2-20和图2-21中，ε是板的边界支持件的旋转刚度与板的旋转刚度之比。在工程计算中ε可按下式计算

$$\varepsilon=\frac{\pi^2 b}{\lambda^2 D}GJ \tag{2-27}$$

式中：λ——板的屈曲半波长；

$D=Et^3/[12(1-\mu^2)]$；

t——板的厚度；

b——加载边的宽度；

GJ——支持件的扭转刚度。

利用图2-20和图2-21计算压缩屈曲系数，采取下列步骤：

① 设 $\lambda_1=a/m$（a 为板纵向长度，m 为板失稳时的纵向半波数），由图2-20或图2-21的横坐标 a/b 和 ε=

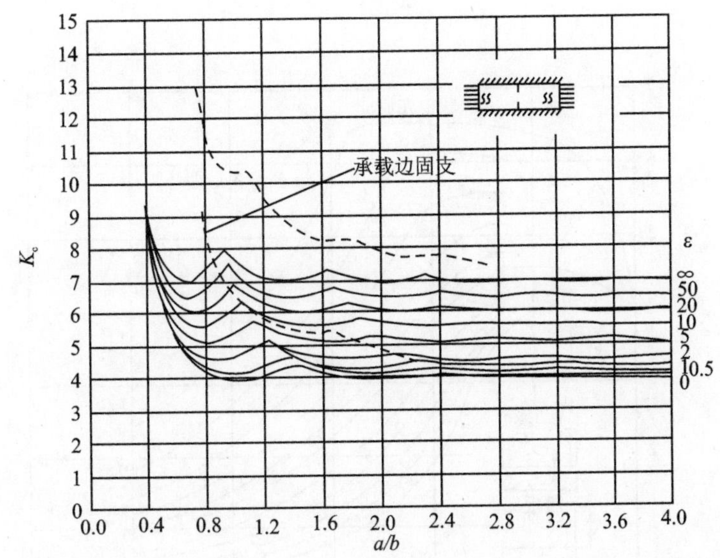

图 2-20　承载边简支，非承载边为旋转弹性约束受压矩形板压缩屈曲系数

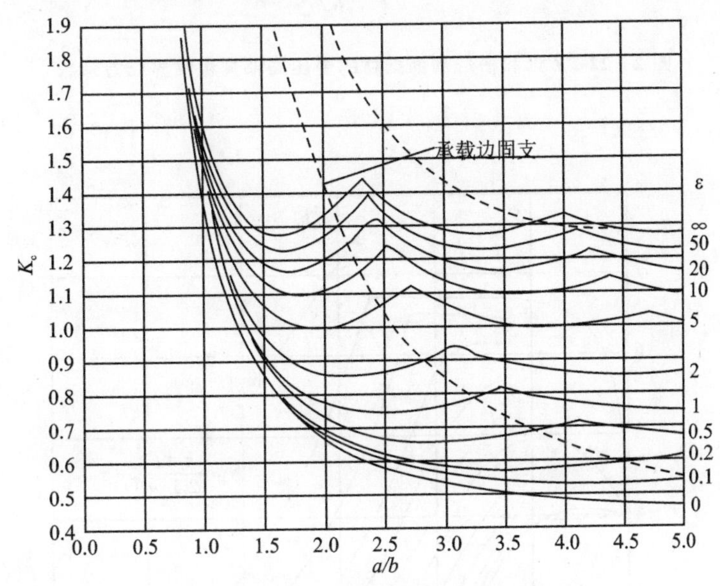

图 2-21　凸缘的压缩屈曲系数

0 曲线所对应的波数作为 m_1，如 $a/b=4$，则 $m_1=4$，求得 $\varepsilon^{(1)}$ 和 $k_c^{(1)}$，如 $\varepsilon^{(1)}$ 曲线与 a/b 对应的波数 $m_2=m_1$，则 $k_c^{(1)}$ 为所求；否则设 $\lambda_2=a/m_2$，重新求 $\varepsilon^{(2)}$ 和 $k_c^{(2)}$，直至相邻两次计算的 λ_i 相等为止。

② 对于板，如果支持边的旋转约束分别为 ε_1 和 ε_2，可分别求出对应的 ε_1 和 ε_2 的压缩临界应力系数 k_c' 和 k_c''，用其几何平均值作为板的临界应力系数，即 $k_c=\sqrt{k_c'\cdot k_c''}$。

2.3.7.2　典型桁条剖面局部屈曲应力计算

Z 形、槽形、H 形、矩形管和槽形剖面受压局部失稳临界应力计算公式与曲线见图 2-22～图 2-25。需要注意的是对弯制型材和挤压型材的桁条，板元宽度的取法略有不同，见图 2-26。

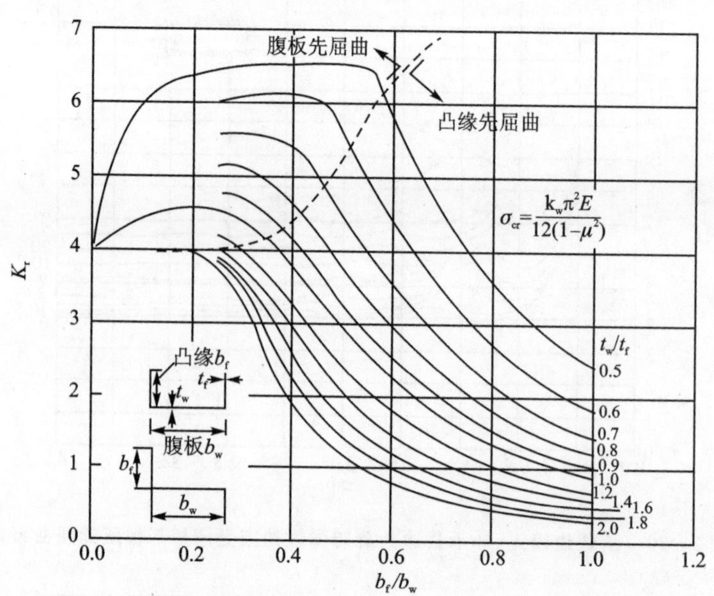

图 2-22 Z形和槽形剖面型材的受压局部失稳临界应力系数

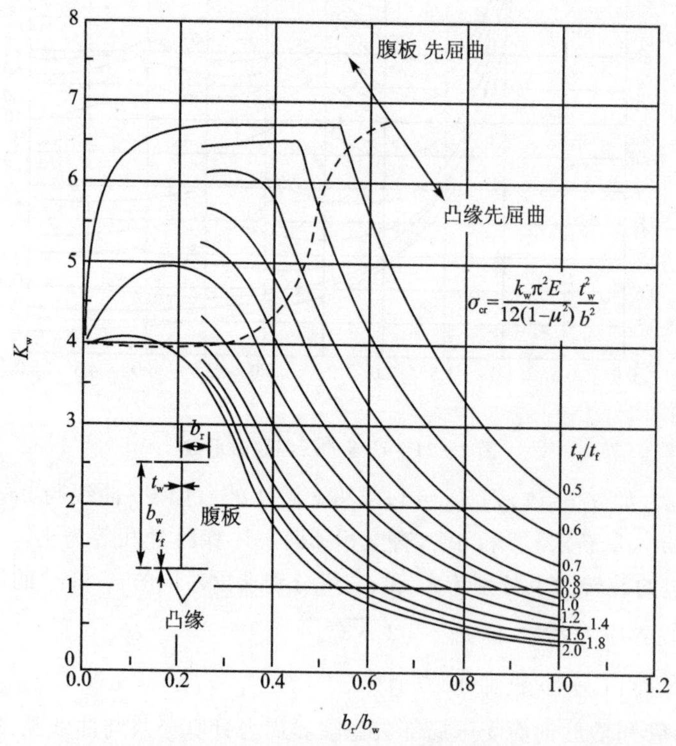

图 2-23 H形剖面型材的受压局部失稳临界应力系数

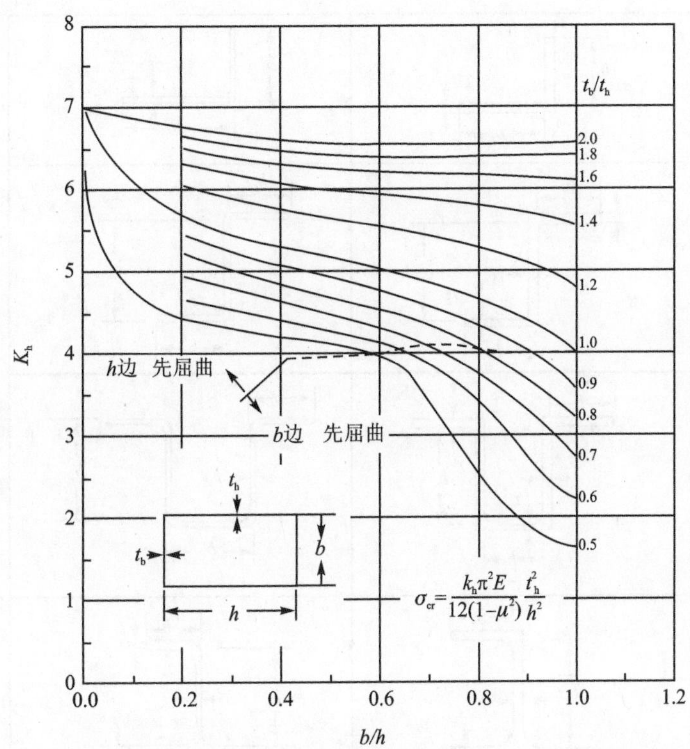

图 2-24　矩形管剖面型材的受压局部失稳临界应力系数

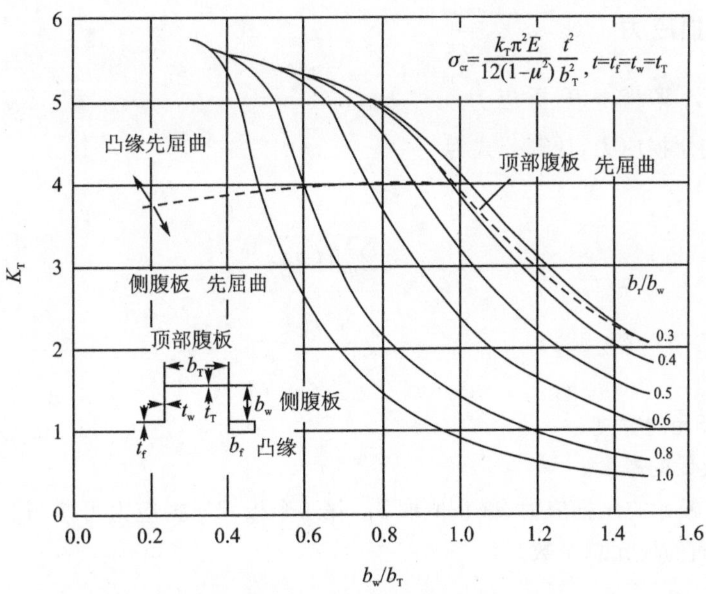

图 2-25　帽形剖面型材的受压局部失稳临界应力系数

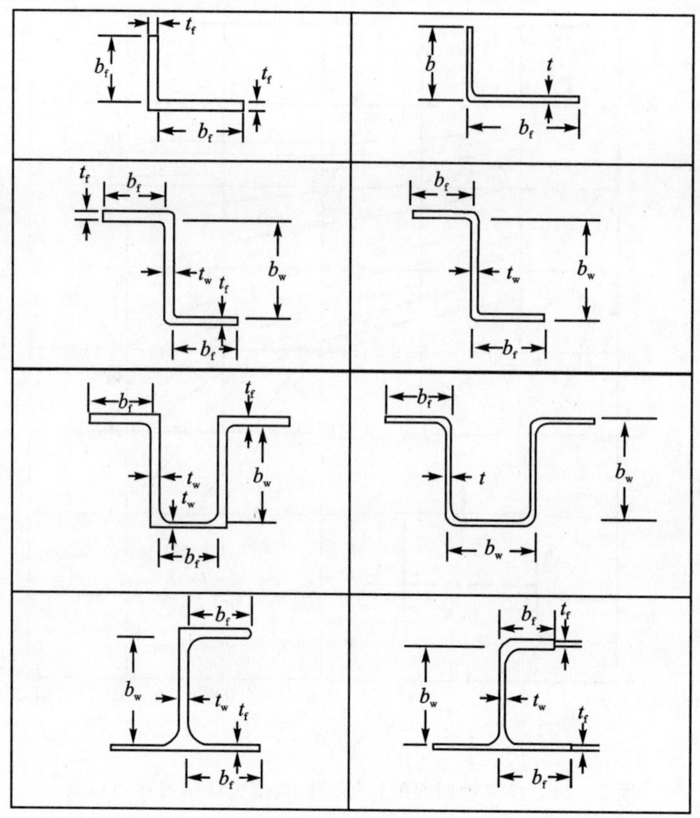

图 2-26　确定局部屈曲时桁条板元宽度的取法

2.3.8　桁条的压损应力

2.3.8.1　板元法计算桁条压损应力

按板元法计算桁条的压损应力,计算公式为

$$\sigma_{cc}=\frac{\sum_{i=1}^{N}b_it_i\sigma_{cc,i}}{\sum_{i=1}^{N}b_it_i} \tag{2-28}$$

式中:b_i——第 i 个板元的宽度;

t_i——第 i 个板元的厚度;

$\sigma_{cc,i}$——第 i 个板元的压损应力,截止值取 σ_{cy},第 i 个板元压损应力可按图 2-27 和图 2-28 计算;

N——组成剖面的板元总个数。

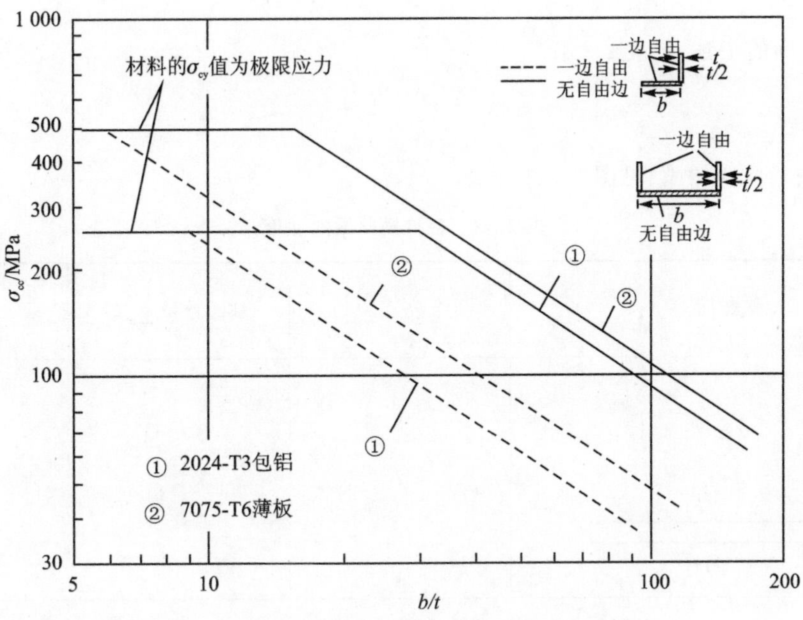

图 2-27　弯制截面的压损应力

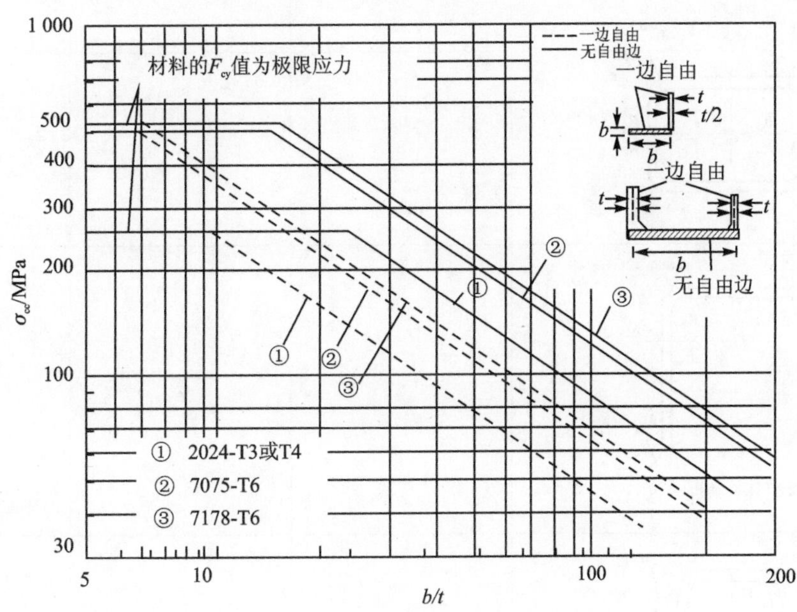

图 2-28　挤压截面的压损应力

2.3.8.2　弯制型材压损应力计算

压损应力计算公式为

$$\sigma_{cc}=\begin{cases}B\left(\dfrac{t^2}{A}\right)^m\sqrt[3]{E^m\sigma_{cy}^{(3-m)}} & \text{Z 形截面及槽形截面}\\ B\left(\dfrac{gt^2}{A}\right)^m\sqrt{E^m\sigma_{cy}^{(2-m)}} & \text{其他截面}\end{cases}\tag{2-29}$$

式中：A——横截面面积；

g——凸缘和剖面的个数，见表 2-2；

t——厚度；

B——常数，见图 2-29；

m——为局部失稳曲线斜率，见图 2-29。

表 2-2 各种横截面的 g 值

横截面	凸缘数量 $\sum F$	割面数量 $\sum C$	$g = F + C$
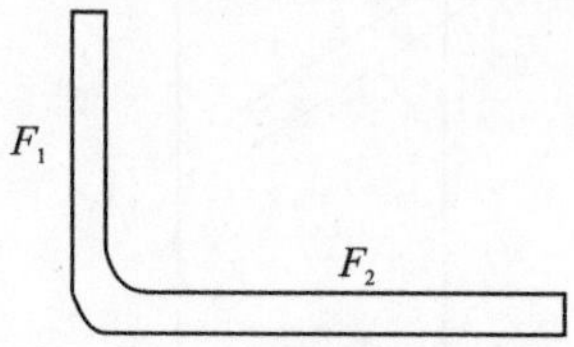 角材	2	0	2
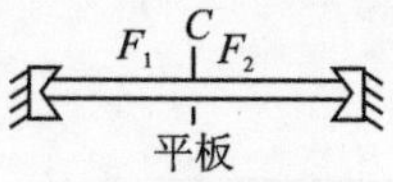 平板	2	1	3
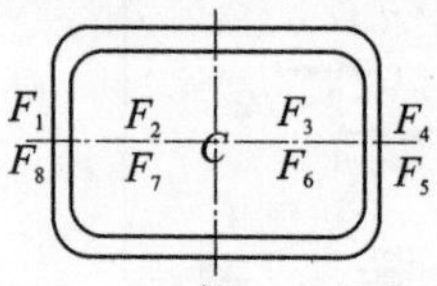 管	8	4	12
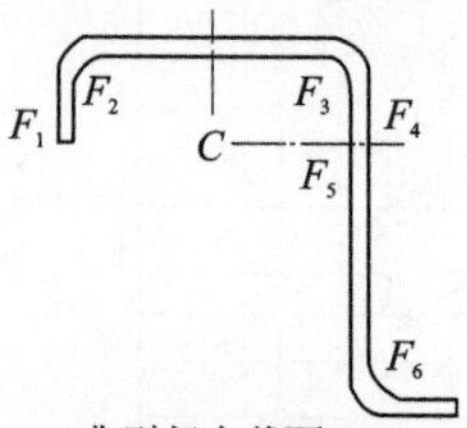 典型复合截面	6	2	8
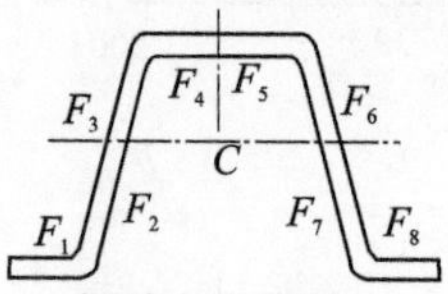 帽型(复合截面)	8	3	11

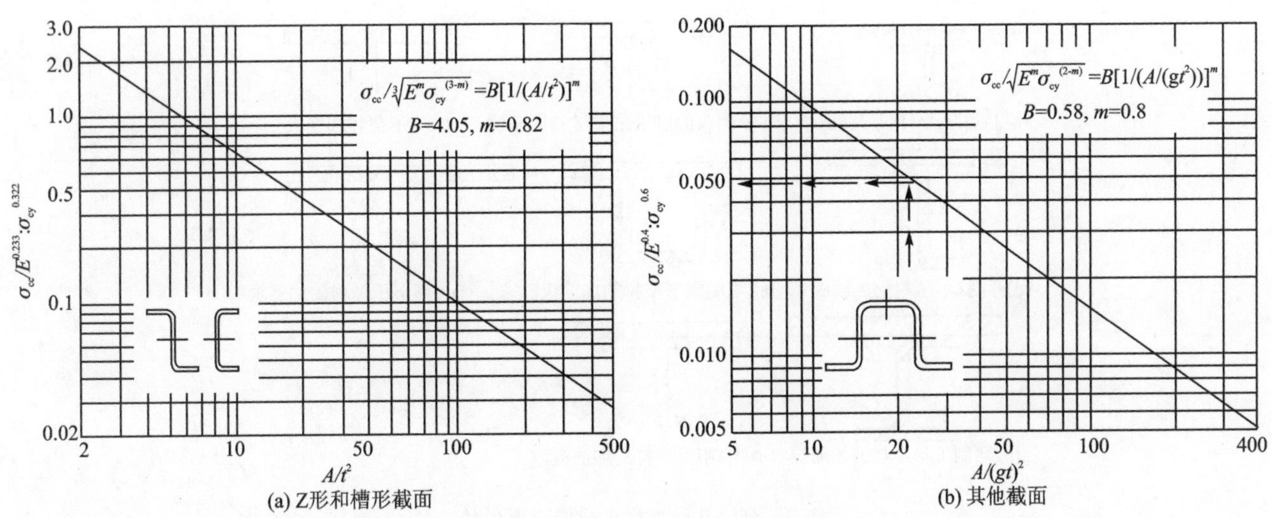

图 2-29　弯制型材的许用压损应力

2.3.8.3　挤压型材压损应力计算

挤压件凸缘厚度不等，不能像弯制型材一样分类。挤压件型材的压损应力通过下面量纲为一曲线给出，见图2-32。

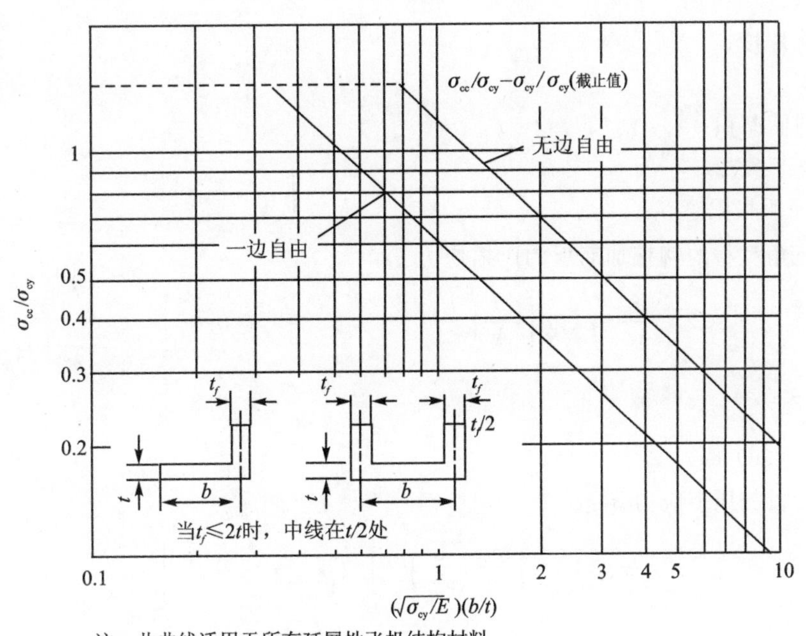

图 2-30　挤压型材量纲—压损应力

2.3.8.4　各种加筋条的加筋板的压损应力公式

图 2-33 中给出了工程中常用的八种类型加筋板的剖面形状。

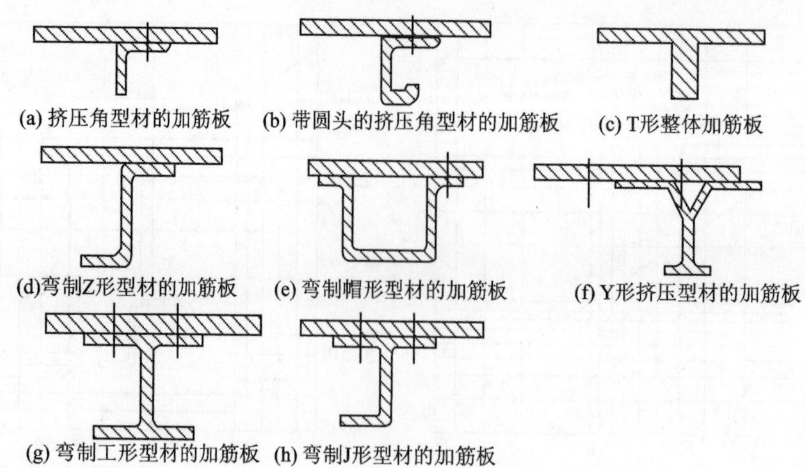

图 2-31 八种加筋平板的剖面形状

① 带挤压角型材的铆接加筋板的压损应力 $\bar{\sigma}_f$:

$$\left.\begin{aligned}&\frac{\bar{\sigma}_f}{\sigma_{cy}} = 3.8\left[\frac{t_w t_s}{A}\left(\frac{\bar{\eta}E}{\sigma_{cy}}\right)^{1/3}\right]^{0.78}, && \frac{\bar{\sigma}_f}{\sigma_{cy}} \leqslant 0.92\\ &\bar{\sigma}_f = \sigma_{cy}, && \frac{\bar{\sigma}_f}{\sigma_{cy}} > 0.92\end{aligned}\right\} \tag{2-30}$$

式中:t_w——型材凸缘厚度;

t_s——蒙皮厚度;

A——型材的剖面面积;

$\bar{\eta}$——包覆层修正系数;

σ_{cy}——材料的屈服极限。

② 带圆头的挤压角型材的铆接加筋板的压损应力 $\bar{\sigma}_f$:

$$\left.\begin{aligned}&\frac{\bar{\sigma}_f}{\sigma_{cy}} = 2.8\left[\frac{t_w t_s}{A}\left(\frac{E}{\sigma_{cy}}\right)^{1/2}\right]^{0.85}, && \frac{\bar{\sigma}_f}{\sigma_{cy}} \leqslant 0.85\\ &\bar{\sigma}_f = \sigma_{cy}, && \frac{\bar{\sigma}_f}{\sigma_{cy}} > 0.85\end{aligned}\right\} \tag{2-31}$$

式中符号说明同式(2-30)。

③ T 型整体加筋板的压损应力 $\bar{\sigma}_f$:

$$\left.\begin{aligned}&\frac{\bar{\sigma}_f}{\sigma_{cy}} = 1.04\left[\frac{t_w t_s}{A}\left(\frac{E}{\sigma_{cy}}\right)^{1/2}\right]^{0.4}, && \frac{\bar{\sigma}_f}{\sigma_{cy}} \leqslant 0.95\\ &\bar{\sigma}_f = \sigma_{cy}, && \frac{\bar{\sigma}_f}{\sigma_{cy}} > 0.95\end{aligned}\right\} \tag{2-32}$$

式中符号说明同式(2-30)。

④ 带弯制 Z 形型材或弯制帽形型材的铆接加筋板的压损应力 $\bar{\sigma}_f$:

$$\frac{\bar{\sigma}_f}{\sigma_{cy}} = \beta_c\left[\frac{C t_w t_s}{A}\left(\frac{\bar{\eta}E}{\sigma_{cy}}\right)^{1/2}\right]^{0.85}, \quad \frac{\bar{\sigma}_f}{\sigma_{cy}} \leqslant 1 \tag{2-33}$$

式中,β_c 为广义压损系数;Z 形型材的加筋板的 β_c 取 1.26,帽形型材的加筋板的 β_c 随型材凸缘厚度与蒙皮厚度比 t_w/t_s 而变,$t_w/t_s=0.39\sim1.25$ 时,$\beta_c=1.16\sim1.42$;C 为角数,Z 形型材加筋板的 $C=3$,帽形型材加筋板的 $C=6$。

⑤ 带 Y 形挤压型材加筋板的压损应力 $\bar{\sigma}_f$：

$$\left.\begin{aligned}&\frac{\bar{\sigma}_f}{\sigma_{cy}}=\beta_g\left[\frac{gt_w t_s}{A}\left(\frac{E}{\sigma_{cy}}\right)^{1/2}\right]^{0.85}, && \frac{\bar{\sigma}_f}{\sigma_{cy}}\leqslant 0.75\\ &\bar{\sigma}_f=\sigma_{cy}, && \frac{\bar{\sigma}_f}{\sigma_{cy}}>0.75\end{aligned}\right\} \tag{2-34}$$

式中，g 为对加筋板进行切割的关联数，如带 6 根加筋条的加筋板的 $g=18.83$。β_g 为挤压系数，随 t_w/t_s 而变，当 $t_w/t_s=1$ 时，β_g 取 0.562；当 $t_w/t_s=0.63$ 时，β_g 取 0.505；当 $t_w/t_s=0.4$ 时，β_g 取 0.478。

⑥ 带弯制角型材的铆接加筋板的压损应力 $\bar{\sigma}_f$：

$$\left.\begin{aligned}&\frac{\bar{\sigma}_f}{\sigma_{cy}}=3.3\left[\frac{t_s t_w}{A}\left(\frac{\eta E}{\sigma_{cy}}\right)^{1/2}\right]^{0.75}, && \frac{\sigma_f}{\sigma_{cy}}\leqslant 0.85\\ &\bar{\sigma}_f=\sigma_{cy}, && \frac{\sigma_f}{\sigma_{cy}}>0.85\end{aligned}\right\} \tag{2-35}$$

式中符号说明同式(2-30)。

2.3.8.5　按切割法计算加筋板的压损应力

图 2-34 中示出了采用按切割法计算加筋板的压损应力时，对加筋板切割的示意图。

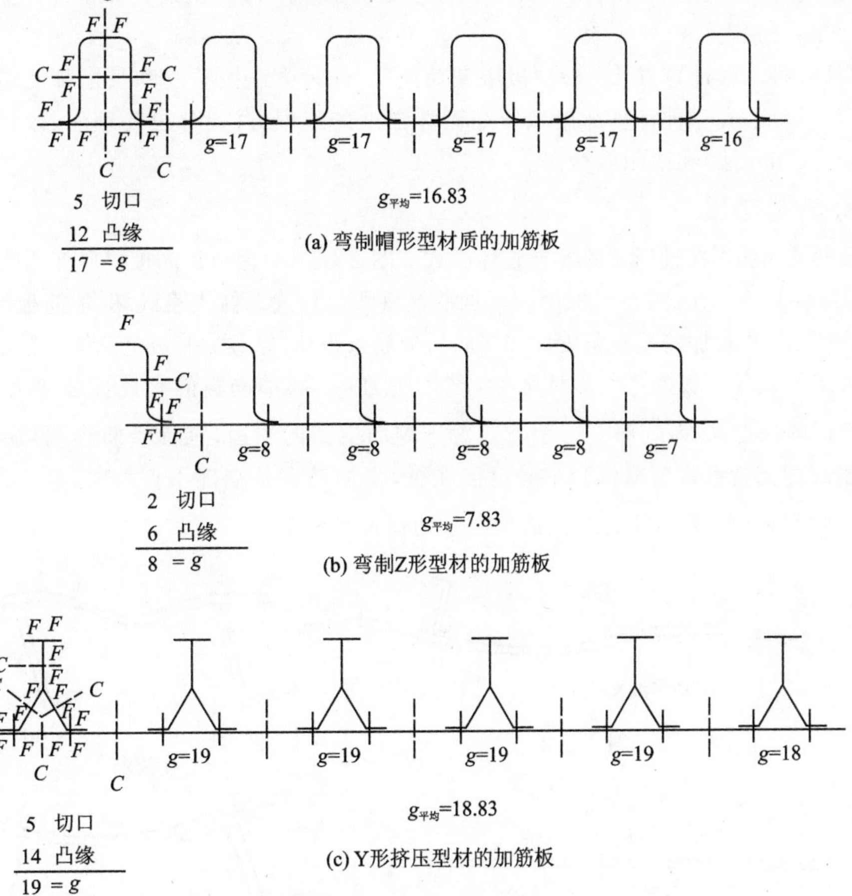

图 2-32　各种型材的加筋板切割关联数 g 的示意图

按图 2-32 确定了 g 后，加筋短板的压损应力 $\bar{\sigma}_f$ 按下式计算：

$$\frac{\bar{\sigma}_f}{\sigma_{cy}}=0.56\left[\left(\frac{gt_w t_s}{A}\right)\left(\frac{E}{\sigma_{cy}}\right)^{1/2}\right]^{0.85} \tag{2-36}$$

如果铆钉间的蒙皮屈曲应力 σ_i 小于加筋桁条的压损破坏应力 σ_{cc}，铆接加筋板的压损应力 $\bar{\sigma}_f$ 则要按下式折算：

$$\bar{\sigma}_f = \frac{\sigma_i b_e t + \sigma_{cc} A_{st}}{b_e t + A_{st}} \tag{2-37}$$

式中：b_e——蒙皮的宽度；

t——蒙皮的厚度；

A_{st}——加筋桁条的剖面积；

σ_i——蒙皮的钉间屈曲应力；

σ_{cc}——加筋桁条的压损破坏应力。

2.3.9 壁板的压缩破坏

工程中对机翼上翼面的加筋板进行屈曲分析时，一般都将它们理想化为纵向加筋平板，忽略了蒙皮的微曲度，加筋桁条简化成尺寸、材料均相同、等间距平行排列、受沿边界均匀分布的面内压缩/剪切载荷作用。对于本节涉及的受压缩载荷的纵向加筋平板，边界条件作了如下简化：当加筋条多于4根时，可忽略加筋板侧边支持的影响；两受压端边（翼肋）支持的影响，由加筋板的有效柱长 L' 考虑，$L'=L/\sqrt{C}$，L 为板的长度（肋间距），C 为加筋板的端部支持系数，按经验或做辅助试验确定。

工程中，普遍采用"分段处理法"，按抛物线公式拟合中长加筋平板的压缩破坏特性。后来，它又被改进，形成了"（Johnson－Eular 法）"。

此外，还有另外一种工程计算方法 ——"极限载荷法"。此种方法按蒙皮和长桁都能达到的极限承载能力计算加筋板的强度。因此，有三种计算加筋板压缩破坏强度的工程方法：分段处理法、改进的分段处理法——约翰逊法（Johnson－Eular 法）和极限载荷法。

2.3.9.1 分段处理法

图2-33中示出了加筋板在轴压下的各种破坏模式。图2-33(a)为短加筋板呈局部屈曲后的压损破坏，加筋条与蒙皮的交线始终保持为直线；图2-33(b)为长加筋板呈欧拉柱式总体失稳破坏，加筋板的剖面一般不会歪扭变形；图2-33(c)～(e)为中长加筋板在蒙皮局部屈曲后加筋条歪扭，导致加筋板呈总体弯扭混合型破坏。

图2-34中示出了加筋平板的平均破坏强度（破坏应力）$\bar{\sigma}_{c0}$ 随加筋板的有效长细比 L'/ρ 的变化曲线。$L'=L/\sqrt{C}$，L 为加筋板的长度，C 为端部支持系数。对于翼肋支持的端边，工程经验表明，端部支持系数 C 可取1.5。多数情况下端部的支持系数依靠试验来确定。注意，当加筋桁条端部不连续时，将会大大降低 C 的取值。$\rho=\sqrt{I/A}$，A 为加筋板剖面的面积，I 为对剖面形心轴的惯性矩。

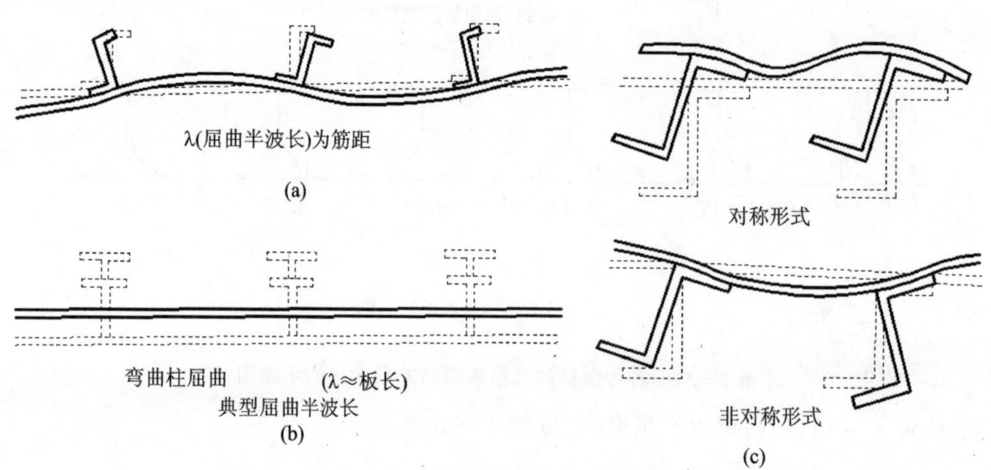

图2-33 加筋平板的各种破坏模式

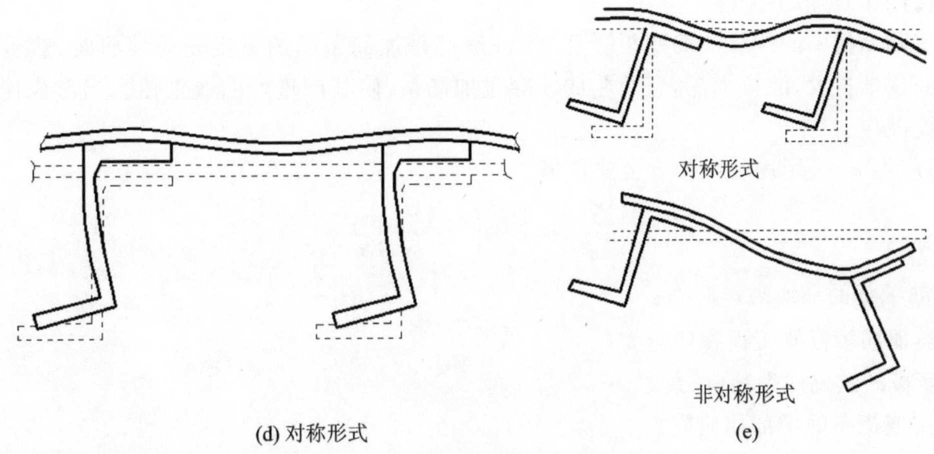

图 2-33　加筋平板的各种破坏模式(续)

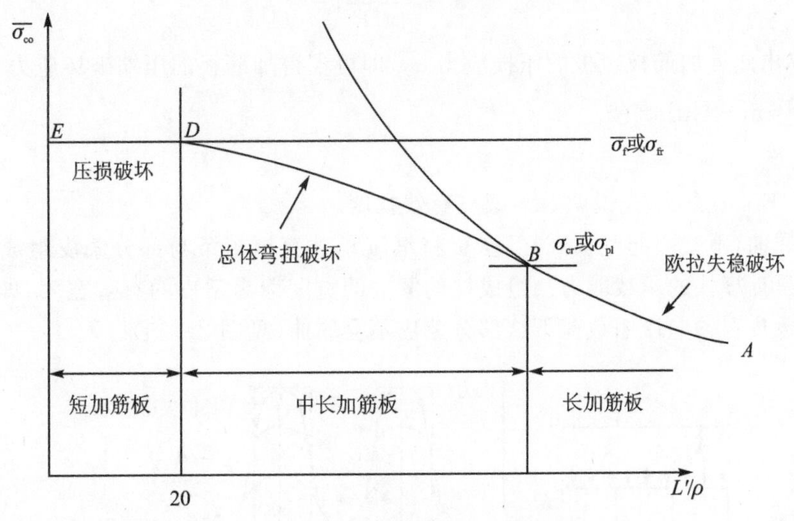

图 2-34　加筋平板压缩破坏的分段曲线

图 2-34 中曲线可分为三个区段:AB、BD、DE。其中,AB 为长板区段,当板很长(长细比 L'/ρ 足够大)时,加筋板将呈欧拉柱式总体失稳破坏,可以按经典的欧拉公式计算加筋板的平均破坏应力;DE 为短板区段,试验研究表明,当板很短($L'/\rho \leqslant 20$)时,加筋板呈压损破坏,其压损破坏应力 $\overline{\sigma}_f$ 在 $L'/\rho=0\sim20$ 范围内基本上不变;BD 为过渡区段,飞机上使用的大多数中长加筋板属于此区段。一般,蒙皮/桁条先局部屈曲,以后,加筋板呈局部屈曲和总体弯扭混合型破坏。

下面分别介绍各区段的加筋板的破坏应力的计算方法。

(1) AB 区段的长加筋板

破坏应力按欧拉柱失稳公式计算:

$$\sigma_e = \frac{\pi^2 E_t}{(L'/\rho)^2} \tag{2-38}$$

式中:E_t——板的切线模量,当 σ_e 在弹性范围内时,取弹性模量 E;

L'/ρ——加筋板的长细比。

(2) DE 区段的短加筋平板

(3) BD 区段的中长加筋平板

试验表明，实际结构中的中长加筋壁板受压时，一般都是加筋条间的蒙皮先局部屈曲，然后随压缩载荷增加，蒙皮的屈曲波逐渐扩大，波幅加深，直至屈曲波穿过加筋条，使其严重弯曲或歪扭。当形成连成一片的大波时，加筋板垮塌而破坏。

其平均破坏应力 $\bar{\sigma}_{co}$ 采用抛物线拟合公式估算：

$$\frac{\bar{\sigma}_{co}}{\bar{\sigma}_f} = 1 - \left(1 - \frac{\sigma_{cr}}{\bar{\sigma}_f}\right)\frac{\sigma_{cr}}{\sigma_e} \tag{2-39}$$

式中：$\bar{\sigma}_{co}$——加筋平板的平均破坏应力；

$\bar{\sigma}_f$——这类加筋短板的压损破坏应力；

σ_e——加筋板的欧拉柱失稳应力；

σ_{cr}——蒙皮或桁条的局部屈曲应力。

飞机设计分析中，常近似地取 $\sigma_{cr}=\bar{\sigma}_f/2$，代入(2-39)得

$$\bar{\sigma}_{co} = \bar{\sigma}_f - \frac{\bar{\sigma}_f^2}{4\pi^2 E_t}\left(\frac{L'}{\rho}\right)^2 \tag{2-40}$$

按此公式，只需求出此类加筋板短板的压损应力 $\bar{\sigma}_f$，即可求得加筋板的压缩破坏应力。

2.3.9.2 Johnson - Eular 法

1. 蒙皮的有效宽度

在介绍 Johnson - Eular 法前，先说明一下蒙皮有效宽度。

如果仅仅是蒙皮屈曲，不会引起壁板破坏，壁板将继续承载直至桁条与部分蒙皮组成的柱失效，因此计算壁板承载能力实际上是计算柱的承载能力。组成柱的蒙皮的宽度称为蒙皮的有效宽度，即指蒙皮-桁条结构中被桁条支持的那部分蒙皮在轴向压缩载荷下这部分蒙皮不会屈曲(见图 2-35)。

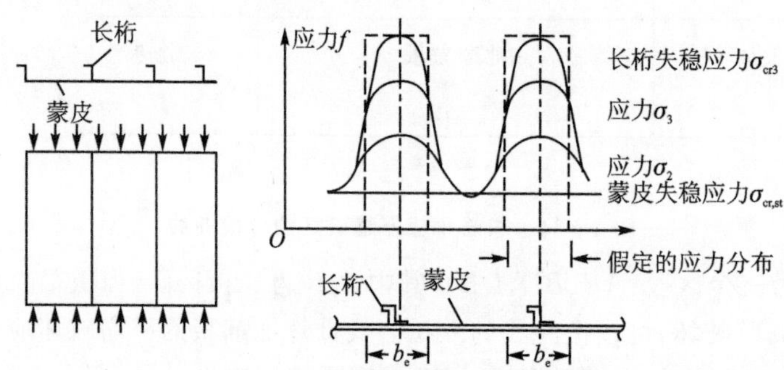

图 2-35 蒙皮-桁条壁板的有效宽度

蒙皮的有效宽度与桁条蒙皮的连接方式有关，下面为几种蒙皮(见图 2-36～图 2-39)的有效宽度计算方法。

(1) Z 和 J 形剖面铆接连接

蒙皮的有效宽度计算式为

$$b_e = 1.90t\sqrt{\frac{E}{\sigma_{st}}}. \tag{2-41a}$$

式中：t——蒙皮厚度；

E——弹性模量；

σ_{st}——桁条应力(对于短板，$\sigma_{st}=\sigma_{cc}$)。

(2) L、I 形剖面铆接连接

桁条每个凸缘用双排铆接线与蒙皮连接在一起。在工程计算中，一般仍按一排铆接线计算，即 b_e 仍用式

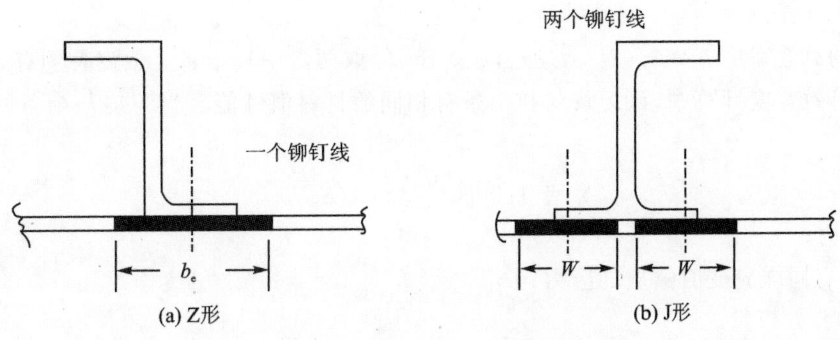

图 2-36　Z 和 J 形剖面

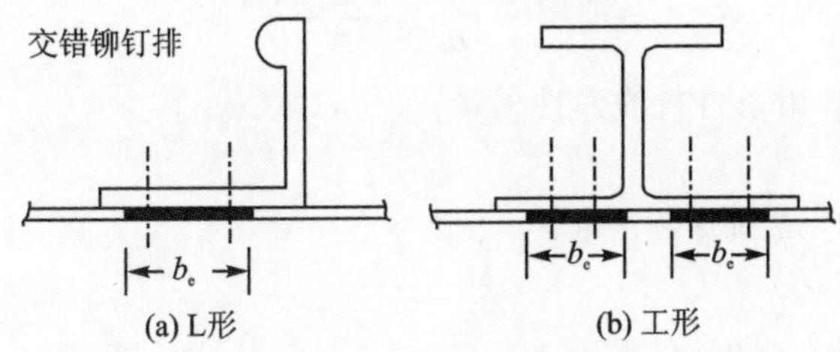

图 2-37　L 和工形剖面

(2-41a)计算。但在计算桁条压损应力时，与蒙皮相连的缘条厚度取缘条厚度与蒙皮板厚度之和的四分之三。

(3) 整体加筋

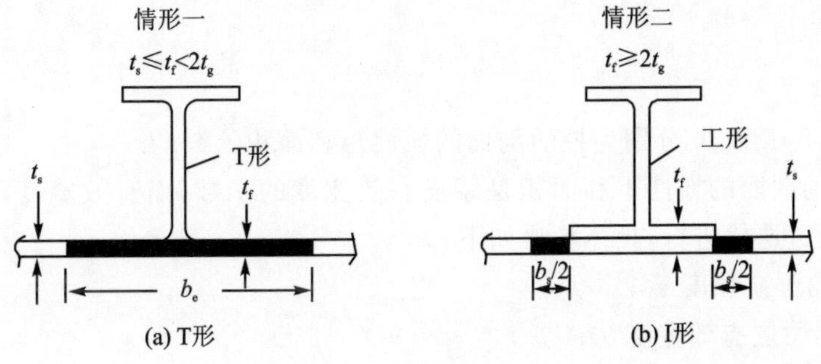

图 2-38　整体加筋

对于情况 1，桁条的压损应力按 T 形截面计算，T 形截面的垂直部分视为两头简支，即 b_e 仍用式(2-41a)计算，但蒙皮厚度取为 $t=(t_s+t_f)/2$。

对于情况 2，桁条压损应力按工形来计算，有效宽度 b_e 仍用式(2-41a)计算。

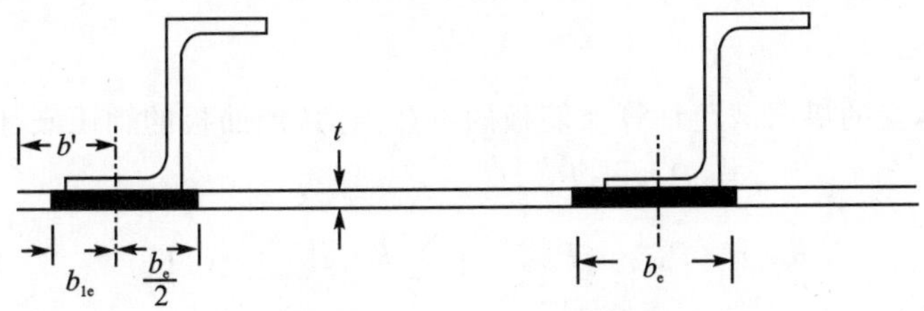

图 2-39　蒙皮一端自由

(4) 蒙皮一端自由

一端自由蒙皮的有效宽度 $b_1=0.62t\sqrt{E/\sigma_{st}}$，或等于 b'，取两者中较小者。蒙皮总的有效宽度为 $b_1+b_e/2$。

在上面蒙皮的有效宽度计算中，认为蒙皮和桁条有相同的材料值性能。当蒙皮与桁条的材料不同时，b_e 可用下式计算：

$$b_e = 1.90t(\sigma_{sh}/\sigma_{st})\sqrt{E_{st}/\sigma_{st}} \tag{2-41b}$$

式中：σ_{st}——桁条应力；

σ_{sh}——与桁条有同样应变时蒙皮的应力；

E_{st}——桁条的弹性模量。

当蒙皮和桁条的材料不同时，式(2-41)中的当量 E 按下式计算：

$$E = \frac{E_{t1}b_e t_s + E_{t2}A_2}{b_e t_s + A_2}$$

式中：E_{t1} 和 E_{t2}——分别为蒙皮和桁条材料的弹性模量；

A_2——桁条剖面积；

t_s 和 b_e——分别为蒙皮的厚度和有效宽度。

2. Johnson - Eular 法

桁条和有效宽度组成柱的破坏强度，可采用 Johnson - Euler 公式计算，即

$$\sigma_c = \sigma_{cc} - \frac{\sigma_{cc}^2\left(\frac{L}{\rho\sqrt{c}}\right)^2}{4\pi^2 E} \tag{2-42}$$

式中：c——柱端约束系数；

σ_{cc}——桁条的压损应力；

L——柱的长度；

$\rho=\sqrt{I/A}$为回转半径，I 和 A 分别为柱的剖面的惯性矩和面积。

实际计算中，由于柱的剖面的惯性矩和面积是蒙皮有效宽度的函数，而有效宽度又与桁条的应力相关，因此计算柱的破坏强度须通过迭代进行，具体步骤如下：

1) 计算单个桁条柱的压损强度 σ_{cc}；

2) 用式(2-41)算出蒙皮有效宽度 b_e；

3) 算出桁条加有效蒙皮剖面的回转半径 ρ；

4) 用式(2-42)计算带有蒙皮有效宽度的桁条柱强度，得出柱的破坏应力 σ_c；

5) 再用式(2-41)算出蒙皮有效宽度 b_e，式中的 σ_{st} 取柱的应力 σ_c；

6) 计算桁条加有效蒙皮剖面的回转半径 ρ，若与前一次得到的回转半径之差满足精度要求，则步骤4)得到的 σ_c 即为所求破坏应力；否则，重复步骤3)至步骤2)直到满足精度要求为止。

2.3.9.3 极限载荷法

按蒙皮和加筋桁条能承受的极限载荷估算加筋板的承载能力，加筋板的轴压破坏载荷为

$$\left.\begin{aligned} P_{ult} &= P_{skin} + P_{long} \\ \bar{\sigma}_{co} &= (P_{skin} + P_{long})\Big/\left(\sum b_s t_s + \sum A_{st}\right) \end{aligned}\right\} \tag{2-43}$$

式中：$\bar{\sigma}_{co}$——加筋板的平均破坏应力，即许用值；

P_{ult}——加筋板所能承受的极限载荷；

P_{skin}——蒙皮所承受的载荷，$P_{skin}=\sum\sigma_s b_s t_s$；

P_{long}——桁条所承受的载荷，$P_{long}=\sum\sigma_{cc}A_{st}$；

t_s——蒙皮的厚度；

b_s——桁条间蒙皮的宽度；

σ_s——蒙皮的平均破坏应力；

σ_{cc}——单个桁条的压损应力；

A_{st}——桁条剖面积。

蒙皮的平均破坏应力 σ_s 应取 σ_f 和 σ_w 中的最小者。σ_w 为蒙皮的皱曲应力，按 2.3.2 节介绍的方法计算。

σ_f 按如下经验公式计算：

$$\sigma_f = 1.42\sigma_e\left[\frac{t_s}{b_s}\left(\frac{E}{\sigma_{cy}}\right)^{1/2}\right]^{0.85}$$

式中：σ_e 为破坏时板边界(桁条处)的应力，取 σ_i 和 σ_{cy} 中较小者，σ_i 为钉间屈曲应力，按 2.3.2 节中公式计算。简化计算时，可取 $\sigma_e=\sigma_{cy}$，$\sigma_s=\sigma_f$，只要铆钉设计合理。σ_{cy} 为蒙皮板的压缩屈服极限，E 为蒙皮材料的弹性模量。

这个方法对于实际中接近于短板区的中长加筋板比较适用。对于接近于长板区的加筋板需要进行如下修正。

若板侧边支持桁条的欧拉失稳应力 $\sigma_e<3\sigma_{cr}$ 时，板的平均破坏应力 σ_s 应按下式计算：

$$\frac{\sigma_s}{\sigma_{cr}} = 1-\beta+\beta\sigma_e/\sigma_{cr} \tag{2-44}$$

式中：σ_{cr}——蒙皮板的局部屈曲应力；

β——经验系数。

若 $\sigma_e<\sigma_{cc}$，桁条的压损应力应取为欧拉失稳应力。

2.3.10 工程实例

几何尺寸：蒙皮厚度 $t=1.0$ mm，肋间距 $h=432$ mm，桁条间距 $d=190$ mm，桁条尺寸见图 2-40。

连接桁条与蒙皮采用单排扁头铝铆钉，铆钉间距 $s=20$ mm。

材料：蒙皮 2024-T4 非包铝薄板，弹性模量 $E=73\ 780$ MPa，泊松比 $\mu_e=0.33$，$\sigma_{cy}=320$ MPa，$\sigma_{tu}=448$ MPa；桁条为 7075-T62 弯制成形，$E=72\ 400$ MPa，泊松比 $\mu_e=0.33$，$\sigma_{cy}=468$ MPa，$\sigma_{tu}=531$ MPa。

肋对桁条的支持系数 $c=1.6$。

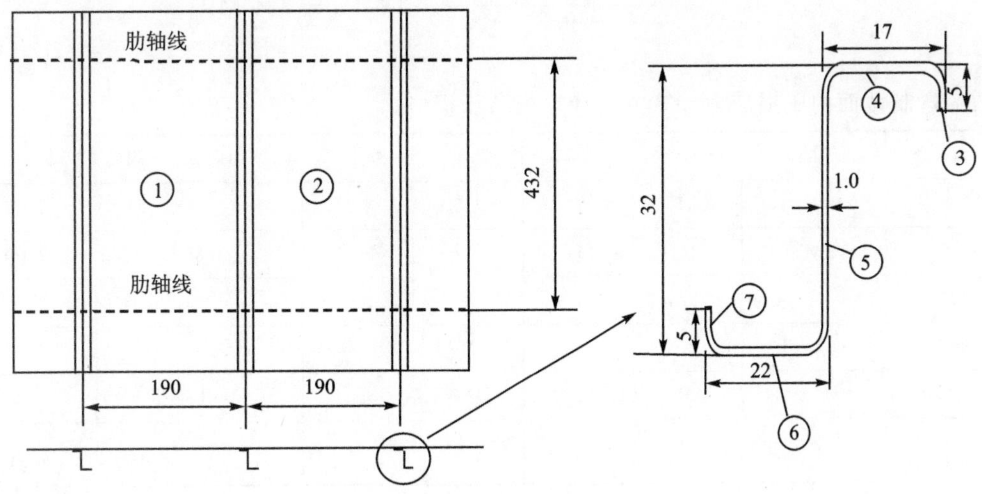

图 2-40　壁板简图

1. 蒙皮的屈曲应力

对于蒙皮①和②，长边 $a=432$ mm，短边 $b=190$ mm，$a/b=2.27$，查图 2-6 四边简支板的屈曲系数 $K_c=3.6$，由式(2-13)可得

$$\sigma_{c,cr}=K_cE\left(\frac{t}{b}\right)^2=3.6\times 73\ 780\times\left(\frac{1}{190}\right)^2\ \text{MPa}=7.35\ \text{MPa}$$

因此蒙皮屈曲应力 $\sigma_{c,cr}=7.35$ MPa。

2. 钉间蒙皮屈曲应力

铆钉为沉头铝铆钉，端部约束系数 $k=1$。由式(2-26b)得

$$\sigma_i=\frac{k\pi^2\bar{\eta}E}{12(1-\mu_e^2)}\left(\frac{t_s}{p}\right)^2=\frac{1.0\times\pi^2\times 73\ 780}{12(1-0.33^2)}\left(\frac{1}{20}\right)^2\ \text{MPa}=170\ \text{MPa}$$

钉间蒙皮屈曲应力为 $\sigma_i=170$ MPa。

3. 桁条的局部屈曲应力

按Z形剖面受压局部失稳临界应力公式计算桁条的局部屈曲应力，由于桁条为弯制型材，$b_w=(23-1)$ mm$=22$ mm，$t_w=1$ mm，$b_t=(17\ \text{mm}-0.5)$ mm$=16.5$ mm，$t_t=1$ mm，因而 $t_w/t_t=1$，$b_t/b_w=0.75$，查图 2-22 可知凸缘先屈曲，且 $k_w=1.5$，桁条的局部屈曲应力为

$$\sigma_{cr}=\frac{k_w\pi^2E}{12(1-\mu_e^2)}\frac{t_w^2}{b_w^2}=\frac{1.5\pi^2\times 73\ 780}{12(1-0.33^2)}\frac{1}{22^2}\ \text{MPa}=211\ \text{MPa}$$

4. 桁条的压损应力

(1) 方法一

桁条认为是Z形剖面加弯边，先按式(2-29)和图 2-29(a)计算桁条压损应力。

由 $B=4.05$，$t=1.0$ mm，$A=(59.3-10)$ mm$^2=49.3$ mm^2（实际面积），$m=0.82$，$\sigma_{cy}=468$ MPa，$E=72\ 400$ MPa 可得

$$\sigma'_{cc}=B\left(\frac{t^2}{A}\right)^m\sqrt[3]{E^m\sigma_{cy}^{(3-m)}}=\left(4.05\left(\frac{1}{49.3}\right)^{0.82}\times\sqrt[3]{72400^{0.82}\times 468^{(3-0.82)}}\right)\ \text{MPa}=307\ \text{MPa}$$

桁条的压损应力应是Z形剖面加弯边：

$$\sigma_{cc}=\left(\frac{307\times 49.3+2\times 468\times 5}{59.3}\right)\ \text{MPa}=334\ \text{MPa}$$

(2) 方法二

按图 2-27 弯制截面的压损应力计算方法计算桁条压损应力。

分段	自由边	b_n	t_n	b_n/t_n	b_nt_n	σ_{ccn}(由图 2-27 得)	$b_nt_n\sigma_{ccn}$
③	1	4.5	1	4.5	4.5	468	2 106
④	0	16	1	16	16	468	7 448
⑤	0	22	1	22	22	379	8 342
⑥	0	21	1	21	21	396	8 325
⑦	1	4.5	1	4.5	4.5	468	2 106
					$\sum=68$		$\sum=28\ 327$

$$\sigma_{cc}=\left(\frac{2\ 106+7\ 448+8\ 342+8\ 325+2\ 106}{4.5+16+22+21+4.5}\right)\ \text{MPa}=416\ \text{MPa}$$

比较方法一和方法二，发现按图 2-27 计算弯制截面的压损应力得到的压损应力高于按Z形剖面和的计算值，因此建议在强度校核中取两者中较小的值。在下面的计算中，桁条的压损应力取 $\sigma_{cc}=334$ MPa。

5. 壁板的承载能力

蒙皮的有效宽度和桁条组成柱的承载能力采用 Johnson - Euler 法计算。首先按式(2 - 41)计算蒙皮的有效宽度。

第一步 σ_{st} 取 σ_{cc}。因此

$$b_e = 1.90t\sqrt{\frac{E}{\sigma_{cc}}} = 1.90\sqrt{\frac{73\ 780}{334}}\ \text{mm} = 28.2\ \text{mm}$$

柱的惯性矩和面积分别为 $I_x = 8\ 299\ \text{mm}^4$，$A = 100.8\ \text{mm}^2$，回转半径 $\rho = \sqrt{I/A} = \sqrt{8\ 299/100.8}\ \text{mm} = 9.07\ \text{mm}$，因而柱的破坏强度为

$$\sigma_c = \sigma_{cc} - \frac{\sigma_{cc}^2\left(\frac{L}{\rho\sqrt{c}}\right)^2}{4\pi^2 E} = \left(334 - \frac{334^2 \times \left(\frac{432}{9.07 \times \sqrt{1.6}}\right)^2}{4\pi^2 \times 72\ 400}\right)\text{MPa} = 278.6\ \text{MPa}$$

以 $\sigma_{cc} = \sigma_c = 278.6\ \text{MPa}$ 代入式(2 - 41)，再计算蒙皮的有效宽度：

$$b_e = 1.9t\sqrt{\frac{E}{\sigma_{cc}}} = 1.9\sqrt{\frac{73\ 780}{278.6}}\ \text{mm} = 30.9\ \text{mm}$$

柱的惯性矩和面积为 $I_x = 8\ 471\ \text{mm}^4$，$A = 104.4\ \text{mm}^2$，因此柱的回转半径为 $\rho' = \sqrt{I/A} = \sqrt{8\ 471/104.4}\ \text{mm} = 9.0\ \text{mm}$。

由于 ρ' 与 ρ 相差无几，因此 $\sigma_c = 278.6\ \text{MPa}$ 应为柱的破坏强度。

6. 壁板的破坏载荷

壁板由三根柱组成，壁板的最大承载能力为

$$P = 3 \times \sigma_c \times A = (3 \times 278.6 \times 100.8)\ \text{kN} = 84.2\ \text{kN}$$

壁板试验的破坏载荷平均值为 80.3 kN，计算相对于试验的误差为 4.8%。

2.4　壁板剪切强度

2.4.1　蒙皮的抗剪强度

按第三强度理论校核蒙皮的抗剪强度。

蒙皮的最大剪应力为

$$\tau_{max} = \sqrt{\left(\frac{\sigma_x - \sigma_y}{2}\right)^2 + \tau_{xy}^2} \tag{2-45}$$

式中：σ_x——蒙皮展向应力；

σ_y——蒙皮弦向应力；

τ_{xy}——蒙皮剪应力。

蒙皮剪切许用应力

$$[\tau] = k\tau_{su} \tag{2-46}$$

式中，系数 k 为壁板开孔减弱系数，根据试验或经验来确定。

蒙皮抗剪的安全裕度：

$$\text{M.S.} = \frac{[\tau]}{\tau_{max}} - 1.0 \tag{2-47}$$

2.4.2 壁板剪切屈曲

2.4.2.1 长方形蒙皮剪切屈曲应力

蒙皮临界屈曲应力下计算式为

$$\tau_{cr} = \frac{k_s \eta_s \pi^2 E}{12(1-\mu_e^2)}\left(\frac{t}{b}\right)^2 \tag{2-48a}$$

式中：t ——蒙皮的厚度；

b——蒙皮短边的长度；

E——蒙皮的弹性模量；

μ_e——泊松比；

η_s——塑性修正系数，当屈曲应力高于比例极限，需要采用 η_s 修正；

k_s——剪切失稳系数。

取 $\mu_e=0.3$，并令 $K_c=\frac{\pi^2}{12(1-\mu_e^2)}k_c=0.904k_c$，则式(2-48a)为

$$\tau_{cr} = K_s \eta_s E\left(\frac{t}{b}\right)^2 \tag{2-48b}$$

式中：K_s 为剪切失稳系数，其值见图2-41。

塑性修正系数 η_s 为

$$\eta_s = \left[\frac{1}{1+(0.002G\cdot n/\sigma_{sy})(\tau_{cr}/\sigma_{sy})^{n-1}}\right]^{1/2} \tag{2-49}$$

式中：$G=\frac{E}{2(1+\mu_e)}$ 剪切模量；

$\sigma_{sy}=0.55\sigma_{cy}$，$\sigma_{cy}$ 为材料屈服应力；

n——Ramber-Osgood 方程中的材料性能参数。

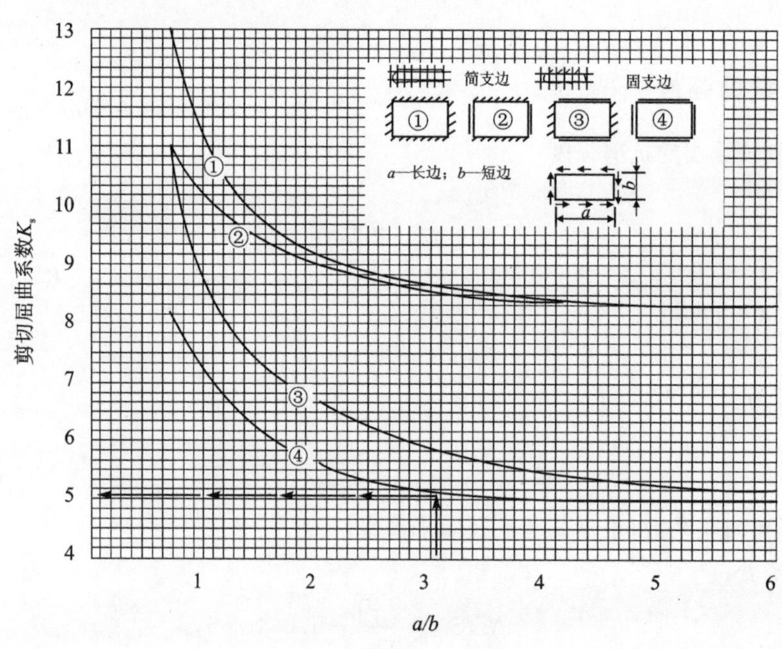

图2-41 剪切屈曲系数 K_s

上面给出蒙皮边缘简支、固支条件下一般计算方法，由于蒙皮的剪切屈曲受桁条的扭转和弯曲刚度的影响，对一些扭转和弯曲刚度较弱的桁条，对蒙皮的支持达不到简支，需给出桁条不同弯曲和扭转刚度下剪切失稳系数。

在图 2-42～图 2-47 中，$\mu=(E_s Ib/E_p a^2 t^3)^{1/2}$，$E_s$、$E_p$ 为桁条和蒙皮的弹性模量，I 为桁条惯性矩，b 为桁条间距(即板的宽度)，a 为板的长度，t 为蒙皮厚度，GJ 为桁条扭转刚度。

b 的有效值依赖于桁条以及桁条与蒙皮的连接方法；对于开剖面桁条，b 的值与桁条铆钉间距有关，对于与蒙皮多排钉连接的开剖面桁条，以及闭合剖面桁条，如帽形型材，b 取相邻桁条铆钉之间最短距离。

对于薄壁开剖面桁条，扭转常数 J 只与桁条有关；对于闭剖面桁条，J 的计算应包括与桁条相连的蒙皮。

对于惯性矩 I，假设形心位于蒙皮中截面上，计算时可考虑蒙皮对其贡献，也可不考虑蒙皮对其贡献，实际上两种情况下剪切应力计算结果差异不大。

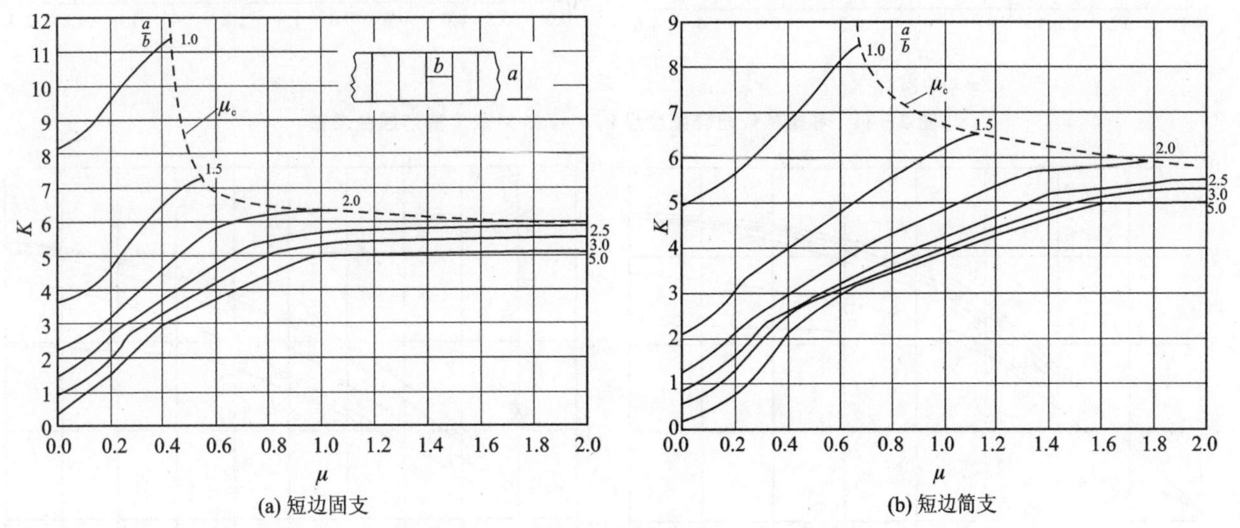

(a) 短边固支　(b) 短边简支

图 2-42　不考虑桁条扭转刚度蒙皮剪切屈曲系数

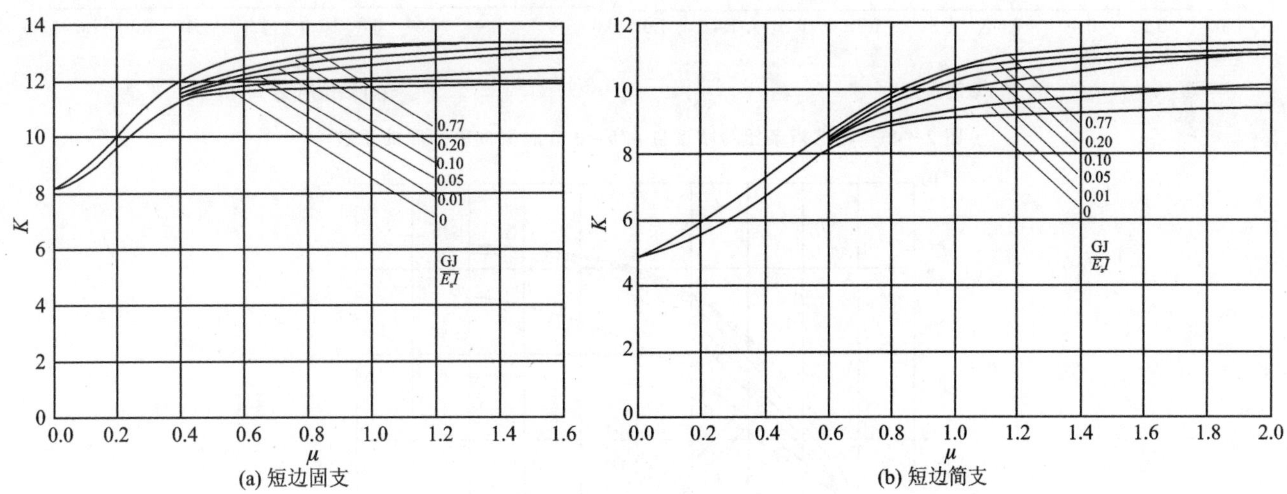

(a) 短边固支　(b) 短边简支

图 2-43　考虑桁条扭转刚度且 $a/b=1$ 时蒙皮剪切屈曲系数

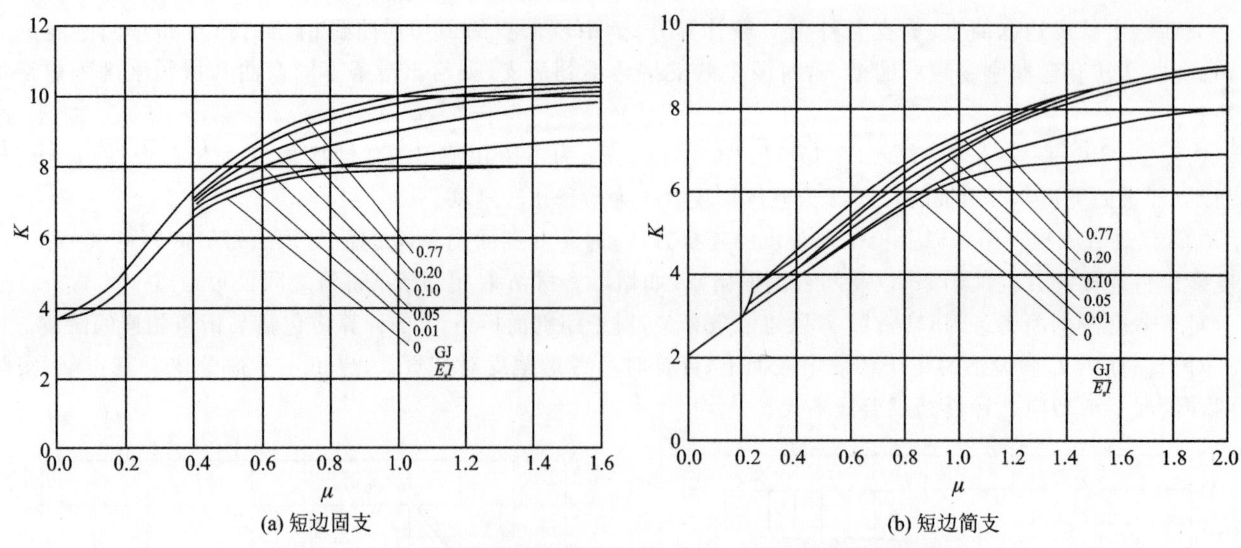

(a) 短边固支 (b) 短边简支

图 2-44 考虑桁条扭转刚度且 $a/b=1.5$ 时蒙皮剪切屈曲系数

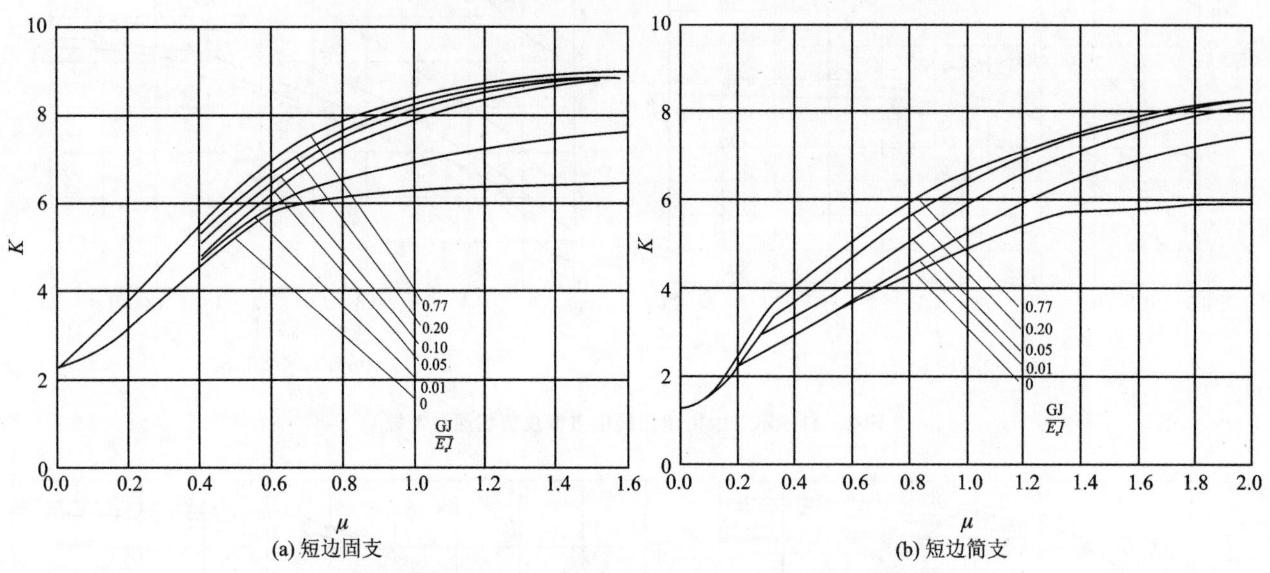

(a) 短边固支 (b) 短边简支

图 2-45 考虑桁条扭转刚度且 $a/b=2.0$ 时蒙皮剪切屈曲系数

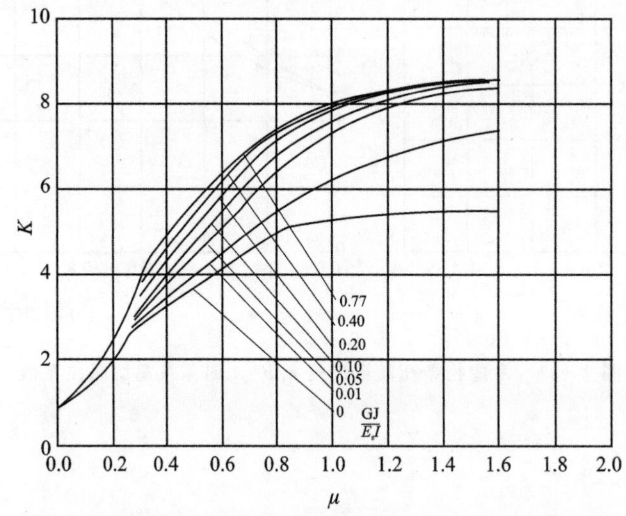

图 2-46 考虑桁条扭转刚度且短边固支 $a/b=3.0$ 时蒙皮剪切屈曲系数

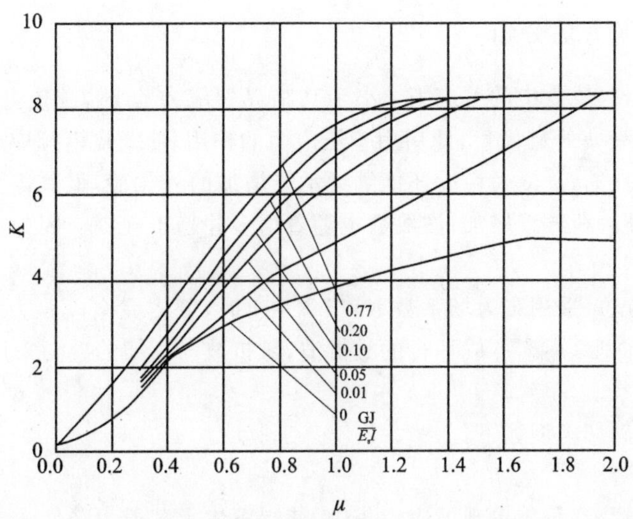

图 2-47　考虑桁条扭转刚度且短边简支 $a/b=5.0$ 时蒙皮剪切屈曲系数

2.4.2.2　三角形蒙皮二边受剪屈曲应力

三角形蒙皮(见图 2-48)二边受剪蒙皮屈曲应力为

$$\tau_{cr} = \eta_s K_s E\left(\frac{t}{b}\right)^2 \tag{2-50}$$

式中:剪切屈曲系数 K_s 见图 2-49。

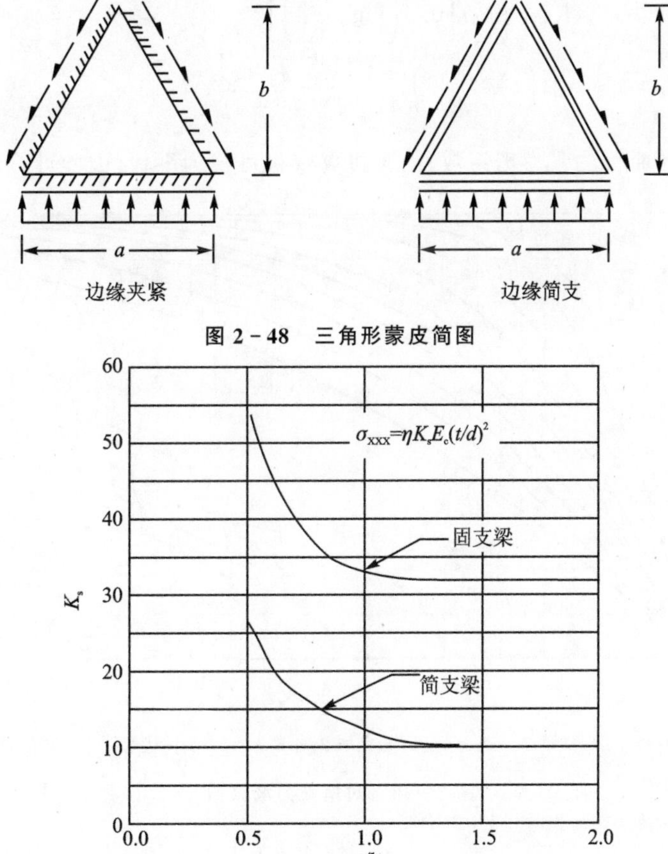

图 2-48　三角形蒙皮简图

图 2-49　三角形蒙皮二边受剪屈曲系数

2.4.3 壁板不完全张力场分析

机翼壁板承受剪切载荷，当蒙皮中的剪应力 τ 小于其临界剪应力 τ_{cr} 时，蒙皮处于纯剪状态，此时即为通常的“剪力场”；当 τ 达到 τ_{cr} 时，蒙皮开始失稳，此后由于压应力的作用，使蒙皮沿拉应力方向形成了大致互相平行的失稳波纹。由于四周有加强筋，蒙皮失稳后还能继续承受增加的外载荷，但其内力发生了重新分配。压应力不再增加，只有拉伸应力随外载荷继续增加，波纹数也随着增多并趋于规则。因为这时蒙皮主要靠拉力（张力）承受外载荷，故称为“张力场”。

描述壁板进入张力场程度可采用张力场系数 K：当 $K=1$ 时，蒙皮完全以张力场的形式承载；当 $K=0$ 时，板处于纯剪状态。受剪板屈曲后，逐渐形成平行的皱折波，皱折波与框架的夹角采用 α 定量，α 随受剪板进入张力场的程度不同而变化。

壁板进入张力场引起的破坏类型如下：

(1) 因剪切引起蒙皮破坏

失稳张力场引起的大变形，在蒙皮出现了应力集中，使得蒙皮承载能力降低。

(2) 桁条的强迫局部失稳

受压载作用的加筋元件（如桁条、支柱）出现由张力场变形引起的强迫局部失稳。

(3) 桁条的柱失稳破坏

柱失稳是由加筋结构中的对角张力所引起的压应力而诱导的。

2.4.3.1 对角张力场系数

对角张力场系数 K 与名义应力 τ 和屈曲应力 τ_{cr} 比值有关，其计算式为

$$K = \tanh\left[0.5\left(\log_{10}\frac{\tau}{\tau_{cr}}\right)\right], \qquad \frac{\tau}{\tau_{cr}} \geqslant 2 \tag{2-51a}$$

$$K = 0.434\left(\phi + \frac{1}{3}\phi^3\right), \qquad \phi = \frac{\tau - \tau_{cr}}{\tau + \tau_{cr}}, \qquad 1 \leqslant \frac{\tau}{\tau_{cr}} < 2 \tag{2-51b}$$

图 2-50 给出了平板和曲板的张力场系数，由于机翼壁板可视为平板，因此计算时取 $300\dfrac{td}{Rh}=0$ 曲线。

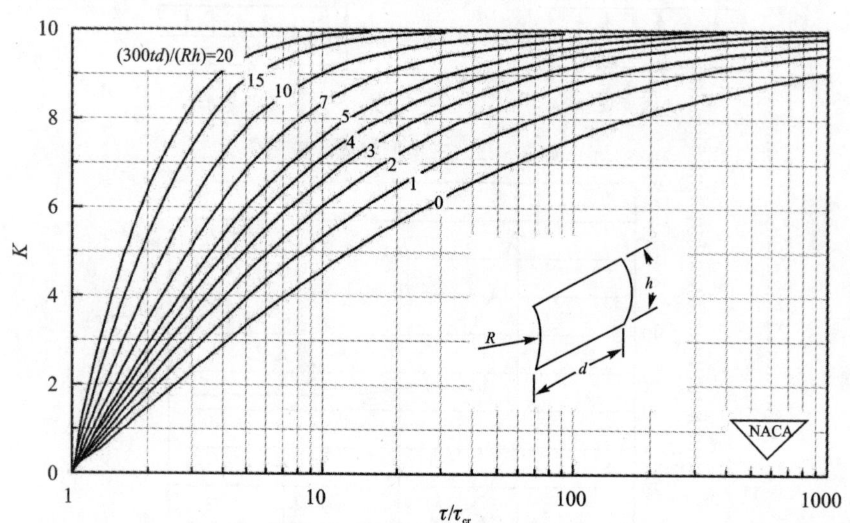

注：如果 $h>d$，用 (th/Rd) 代替 (td/Rh)，如果 d/h 或者 $h/d>2$，则取 2；如果 $h>d$，用 $\dfrac{th}{Rd}$ 代替 $\dfrac{td}{Rh}$，如果 $\dfrac{d}{h}$ 或者 $\dfrac{h}{d}>2$，则取 2。

图 2-50 对角张力场系数

2.4.3.2 桁条的平均应力和最大应力

由张力场引起桁条的应力为

$$\sigma_u=\frac{K\tau\tan\alpha}{\frac{A_{u,c}}{dt}+0.5(1-K)} \tag{2-52}$$

式中：α——张力场角度，如何确定见式(2-55)；

t——蒙皮厚度；

d——桁条间距；

τ——蒙皮剪切应力；

$A_{u,c}$——考虑偏心的桁条的有效面积，可采用下式计算：

$$A_{u,c}=\frac{A_u}{1+\left(\frac{e}{\rho}\right)^2} \tag{2-53}$$

式中：e——偏心距离，即蒙皮中心面到桁条剖面形心的距离；

ρ——桁条剖面对平行于蒙皮中面回转半径；

A_u——桁条的横截面积。

采用式(2-52)计算桁条的平均应力，需要先计算张力场角度。工程中也可通过查图得到桁条的平均应力，如图 2-51 所示。

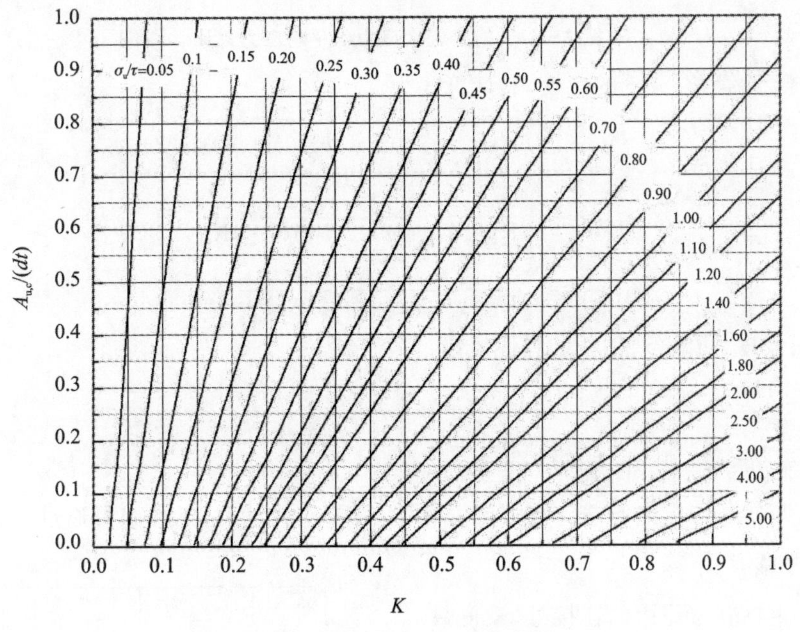

图 2-51　桁条压缩应力与蒙皮剪切应力之比

由蒙皮张力场在柱中引起的应力在支柱中部达到最大值，最大值为

$$\sigma_{u,max}=\sigma_u\left(\frac{\sigma_{u,max}}{\sigma_u}\right) \tag{2-54}$$

式中：$\sigma_{u,max}/\sigma_u$ 由图 2-52 得到。

由式(2-54)给出的值是基于桁条两边蒙皮 τ、K 和 $\tan\alpha$ 相同，如果不同，对每块蒙皮计算柱的 $\sigma_{u,max}$，采用保守的算法取其最大值。

2.4.3.3　对角张力场角度

张力场角 α 计算式为

$$\tan^2\alpha=\frac{\varepsilon_W-\varepsilon_F}{\varepsilon_W-\varepsilon_U} \tag{2-55}$$

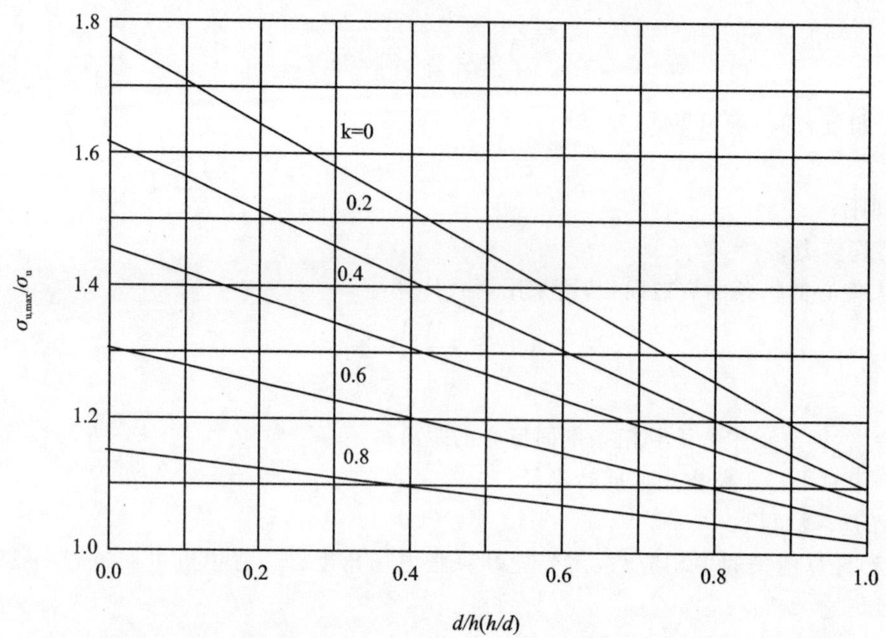

图 2-52 桁条最大应力与平均应力之比

式中，ε_U、ε_F、ε_W 为桁条、肋缘条、蒙皮的应变，其计算式为

$$\varepsilon_W = \frac{\tau}{E_W}[2K/\sin 2\alpha + (1+K)(1+\mu)\sin 2\alpha] \tag{2-56}$$

$$\varepsilon_F = -\frac{\tau}{E_F}\frac{K\cot\alpha}{2A_F/(ht) + 0.5(1-K)} \tag{2-57}$$

$$\varepsilon_U = -\frac{\tau}{E_U}\frac{K\tan\alpha}{A_{u,c}/(dt) + 0.5(1-K)} \tag{2-58}$$

式中：E_W、E_F、E_U——蒙皮、肋缘条、桁条的弹性模量；

μ——蒙皮弹性泊松比；

h——肋间距；

A_F——肋缘条面积。

对角张力场角度与桁条的应力与蒙皮应力比值有关，需要迭代计算，工程中可通过查图获得，见图2-53。

2.4.3.4 蒙皮强度计算

蒙皮破坏通常发生在其与周边的连接处，蒙皮最大名义剪应力为

$$\tau_{max} = \tau(1+K^2C_1)(1+KC_2) \tag{2-59}$$

式中：C_1——考虑张力场角度 $\alpha \neq 45°$ 的修正系数；

C_2——应力修正系数；

τ——蒙皮上名义剪应力。

C_1 和 C_2 由图 2-54 给出。

采用图 2-54 计算角度因子和应力集中系数时，用到肋缘条的柔度系数 ω_d

$$\omega_d = 0.7d\left(\frac{t}{h(I_T + I_c)}\right)^{1/4} \tag{2-60}$$

式中：I_c——受压肋缘条惯性矩；

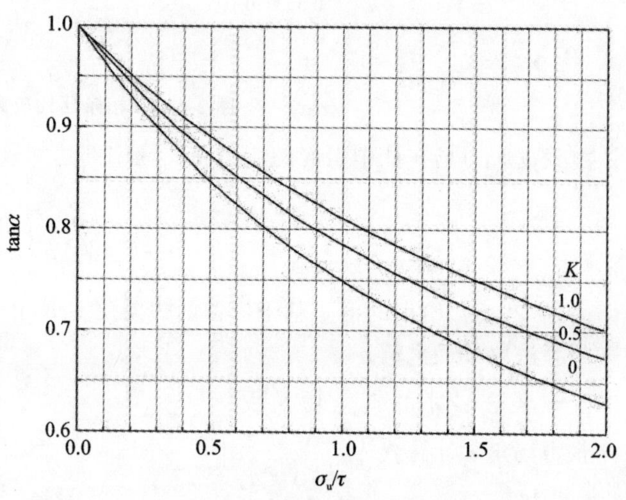

图 2-53 蒙皮对角张力场角度

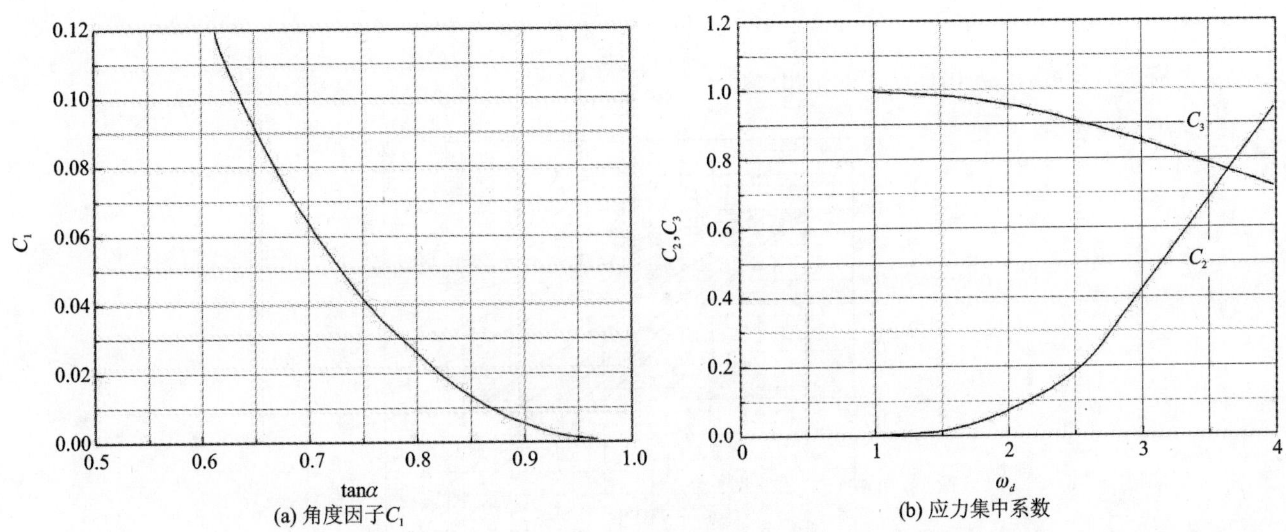

(a) 角度因子 C_1　　(b) 应力集中系数

图 2-54　角度因子和应力集中系数

I_T——受拉肋缘条惯性矩。

蒙皮的许用剪切强度 τ_{all} 与张力场系数和张力场角度有关，一般通过试验获得，图 2-55 给出了材料 2024-T3和 7075-T6 的剪切强度。

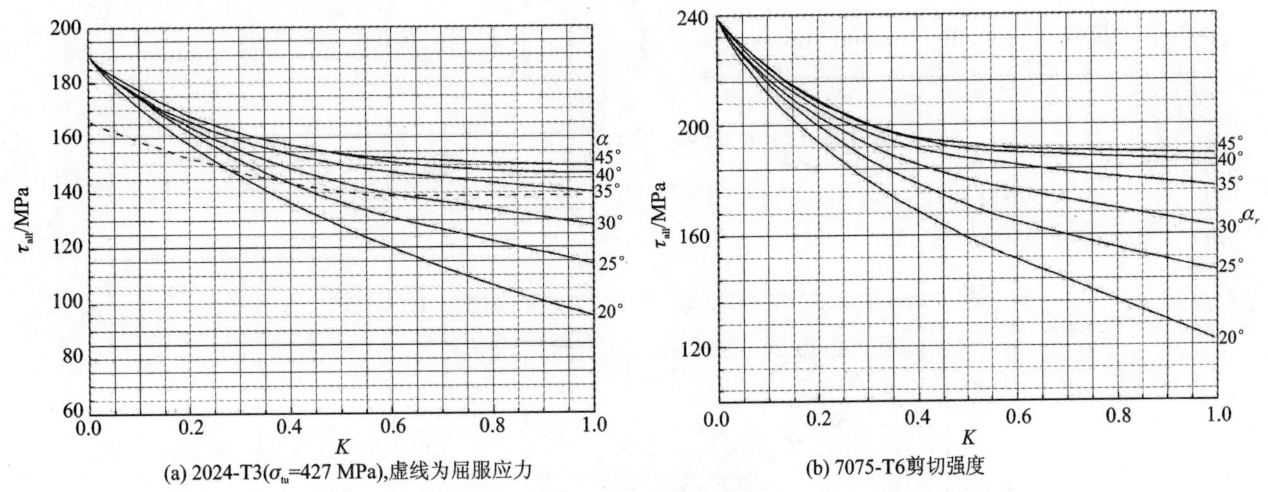

(a) 2024-T3(σ_{tu}=427 MPa),虚线为屈服应力　　(b) 7075-T6剪切强度

图 2-55　蒙皮剪切强度

需要注意的是，图 2-55 给出的蒙皮剪切强度是针对材料 2024-T3 及 7075-T6 的。对于拉伸极限与图中基础材料不相同的新材料，其许用剪应力可以通过该新材料的拉伸极限与图中基础曲线的拉伸极限的比值乘以某张力场系数下的基础材料的许用值求得：

$$\tau_{all} = \frac{\sigma_{tu}}{\sigma_{tu(2024或7075)}} \times \tau_{all(2024或7075)} \tag{2-61}$$

蒙皮进入张力场的安全裕度为

$$\text{M. S.} = \frac{\tau_{all}}{\tau_{max}} - 1 \tag{2-62}$$

2.4.3.5　桁条失稳破坏强度

桁条当量长度为

$$L' = 0.5 \times \left(\frac{L''}{h}\right)h \tag{2-63}$$

式中:h 为桁条的长度,L'/h 由图 2-56 给出。

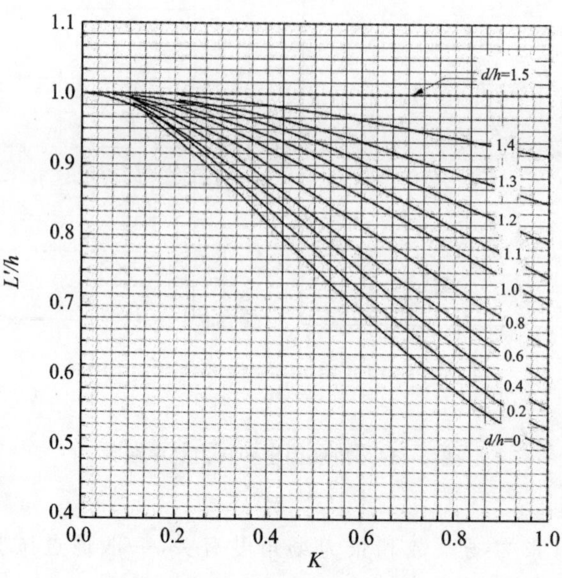

图 2-56 当量铰接支柱长度

获得了当量铰支长度,由 Johnson-Euler 公式或图 2-57 可以得到桁条失稳破坏强度 σ_c:

$$\sigma_c = \sigma_{cc} - \frac{\sigma_{cc}^2 \left(\frac{L'}{\rho\sqrt{c}}\right)^2}{4\pi^2 E} \tag{2-64}$$

式中:c ——杆端约束系数;

σ_{cc}——桁条的压损应力。

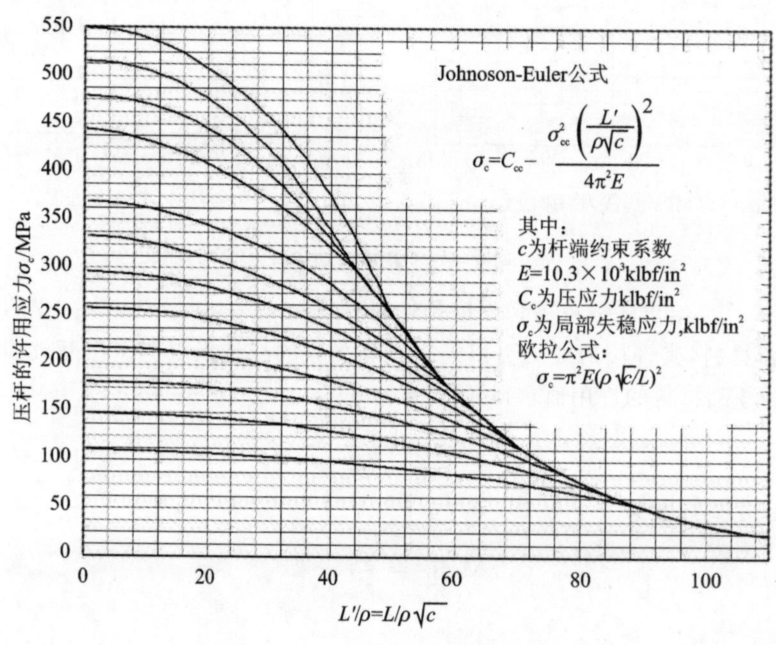

图 2-57 Johnson-Euler 压杆曲线

桁条的平均应力为

$$\bar{\sigma}_u = \left(\frac{A_{u,c}}{A_u}\right)\sigma_u \tag{2-65}$$

式中：$A_{u,c}/A_u$ 由式 2-53 计算或由图 2-58 确定。

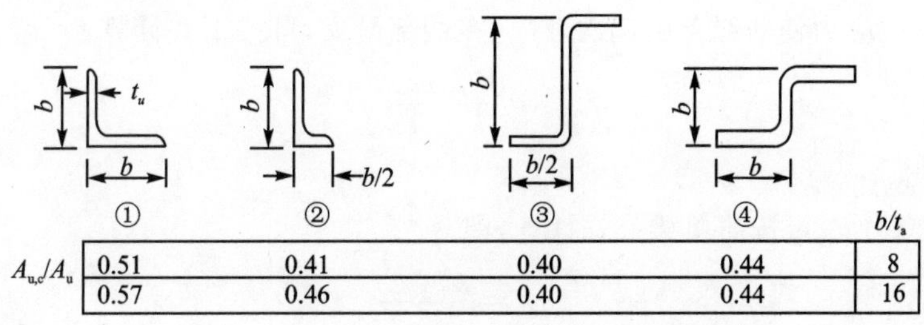

	①	②	③	④	b/t_a
$A_{u,c}/A_u$	0.51	0.41	0.40	0.44	8
	0.57	0.46	0.40	0.44	16

图 2-58　桁条的有效面积与实际面积之比

桁条失稳破坏强度裕度为

$$\text{M. S.} = \frac{\sigma_c}{\bar{\sigma}_u} - 1 \tag{2-66}$$

2.4.3.6　桁条的局部强迫失稳

桁条的局部强迫失稳破坏应力 σ_{fu} 由图 2-59 给出。

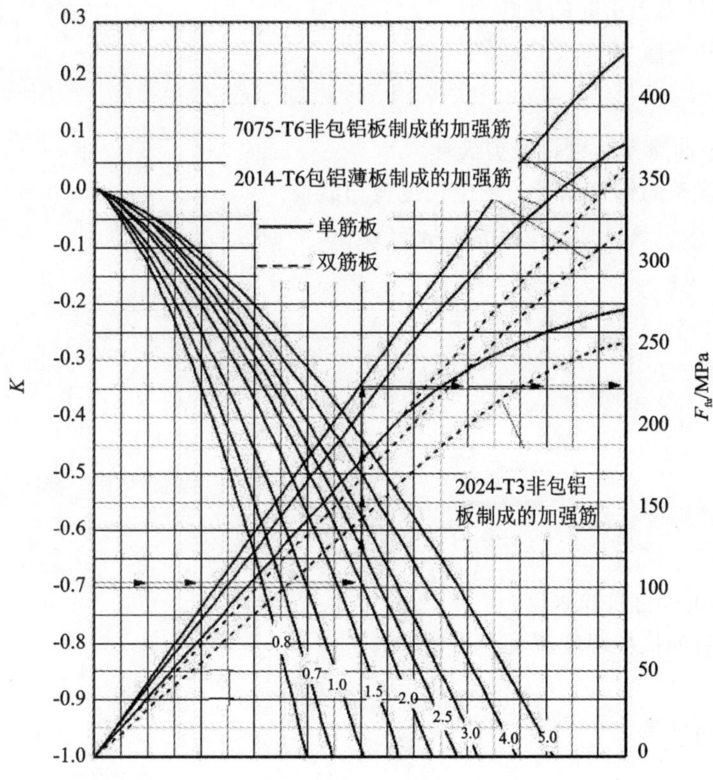

图 2-59　桁条强迫局部失稳破坏强度

桁条局部失稳破坏安全裕度为

$$\text{M. S.} = \frac{\sigma_{fu}}{\sigma_{u,\max}} - 1 \tag{2-67}$$

2.4.3.7 肋缘条强度

蒙皮屈曲后,在肋缘条引起了如下附加压应力:

$$\sigma_F = \frac{K\tau}{[2A_F/(ht) + 0.5(1-K)]\tan\alpha} \tag{2-68}$$

蒙皮屈曲后,其对角拉应力使肋缘条引起次弯矩,在端部最大,可按下式计算:

$$M_{max} = \frac{KC_3\tau t d^2 \tan\alpha}{12} \tag{2-69}$$

式中:C_3 由图2-54给出。

次弯矩引起的弯曲应力 σ_{sb} 可按简单梁公式计算,即

$$\sigma_{sb} = \frac{CM_{max}}{I_F} \tag{2-70}$$

式中:C ——肋缘条横截面外端线到中性轴的距离;

I_F——肋缘条横截面的转动惯量。

肋缘条破坏安全裕度为

$$\mathrm{M.S.} = \frac{1}{\frac{\sigma+\sigma_F}{\sigma_{cc}} + \frac{\sigma_{sb}}{\sigma_{tu}}} - 1 \tag{2-71}$$

式中:σ_{cc}——肋缘条压损应力;

σ——其他载荷在肋缘条上引起的压应力

σ_{tu}——材料的极限拉伸应力

2.4.3.8 铆钉破坏

(1) 连接蒙皮与桁条/肋缘条的铆钉受剪破坏

连接蒙皮与桁条/肋缘条的铆钉承受的单位长度剪切载荷为

$$q_R = \tau t(1+0.414K) \tag{2-72}$$

式中:τ——蒙皮名义剪应力;

t——蒙皮厚度;

K——张力场系数。

铆钉的安全裕度为

$$\mathrm{M.S.} = \frac{P_{s,all}}{q_R \times s} - 1 \tag{2-73}$$

式中:$P_{s,all}$——铆钉的剪切强度;

s——铆钉间距。

(2) 连接蒙皮与桁条的铆钉抗拉强度

对于单桁条,每个铆钉的抗拉强度应大于 P_t:

$$P_t = 0.22ts\sigma_{tu} \tag{2-74}$$

式中:σ_{tu} 为蒙皮的拉伸极限强度。

2.4.4 工程实例

机翼壁板简图见图2-60。

1. 结构参数

几何尺寸:蒙皮厚度 t=2.159 mm,肋间距 h=355.6 mm,桁条间距 d=203.2 mm,桁条尺寸见图2-61。

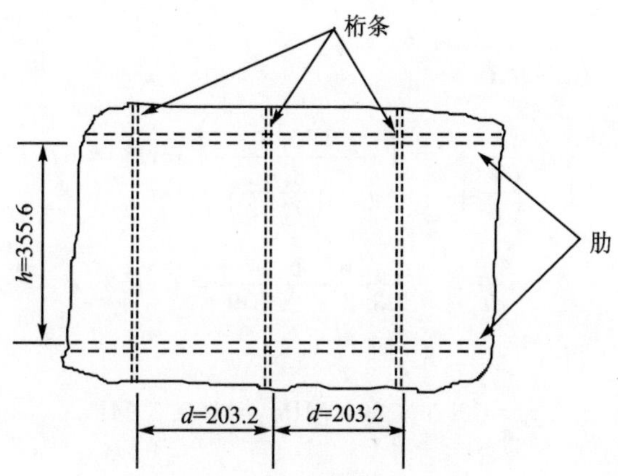

图 2-60　机翼壁板简图

桁条剖面特性：面积 $A_u=150.9\ \text{mm}^2$，关于形心轴惯性矩 $I_x=8\ 740.8\ \text{mm}^4$，偏心距 $e=8.45\ \text{mm}$，回转半径 $\rho=7.57\ \text{mm}$。

肋缘条剖面特性：面积 $A_F=592\ \text{mm}^2$；关于形心轴惯性矩 $I_x=249\ 769.8\ \text{mm}^4$。

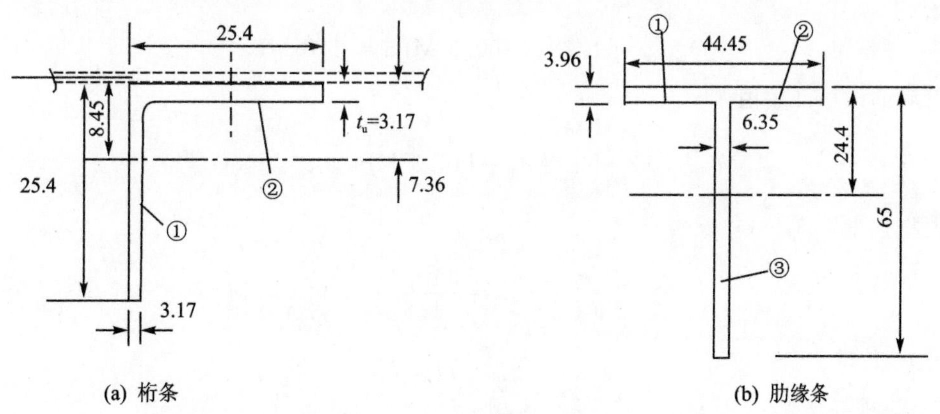

图 2-61　桁条和肋缘条剖面

连接肋缘条与蒙皮采用双排铝铆钉，$D=4.76\ \text{mm}$，铆钉间距 $s=22.86\ \text{mm}$，许用剪切力 $P_{s,all}=5\ 471\text{N}$/钉。连接桁条与蒙皮为单排铆钉，$D=4.76\ \text{mm}$，间距为 $s=22\ \text{mm}$，当蒙皮厚度 $t=2.15\ \text{mm}$ 时，钉的许用拉伸载荷 $P_{t,all}=5\ 515.5\ \text{N}$，许用剪切载荷 $P_{s,all}=5\ 471\ \text{N}$。

材料：蒙皮 7075-T6 非包铝薄板，弹性模量 $E=72\ 397\ \text{MPa}$，$\sigma_{tu}=551.6\ \text{MPa}$，$\sigma_{cy}=489.5\ \text{MPa}$，$\sigma_{br}=1\ 103\ \text{MPa}$。肋缘条和桁条为 7075-T6 挤压成型，$E=72\ 397\ \text{MPa}$，$\sigma_{tu}=565.4\ \text{MPa}$，$\sigma_{cy}=510\ \text{MPa}$，$\sigma_{br}=1\ 020\ \text{MPa}$。

蒙皮工作名义应力 $\tau=201\ \text{MPa}$。

2. 桁条的强迫局部失稳强度

(1) 计算张力场系数

采用式(2-48b)计算蒙皮剪切屈曲应力，由于长宽比 $\dfrac{h}{d}=\dfrac{355.6}{203.2}=1.75$，代入图 2-43(情况④)得到 $K_s=6.4$，由式(2-48b)得

$$\tau_{cr}=K_sE\left(\frac{t}{b}\right)^2=\left(6.4\times 72\ 397\times\left(\frac{2.159}{203.2}\right)^2\right)\ \text{MPa}=52.3\ \text{MPa}$$

由于 $\dfrac{\tau}{\tau_{cr}}=\dfrac{201}{52.3}=3.85$，由图 2-50 可得，张力场系数 $K=0.28$。

(2) 计算桁条应力

由式(2-53)得桁条的有效横截面积：

$$A_{u,c}=\frac{A_u}{1+\left(\frac{e}{\rho}\right)^2}=\left(\frac{150.9}{1+\left(\frac{8.45}{7.57}\right)^2}\right)\ \mathrm{mm}^2=67.1\ \mathrm{mm}^2$$

$$\frac{A_{u,c}}{dt}=\frac{67.1}{203.2\times 2.159}=0.153$$

由于 $K=0.28$，通过图 2-51 得 $\sigma_u/\tau=0.5$，则

$$\sigma_u=0.5\times 201\ \mathrm{MPa}=100.5\ \mathrm{MPa}$$

(3) 计算桁条最大应力

用 $\frac{d}{h}=\frac{203.2}{355.6}=0.57$ 和 $K=0.28$，由图 2-52 得

$$\frac{\sigma_{u,max}}{\sigma_u}=1.28$$

桁条的最大应力为

$$\sigma_{u,max}=1.28\times 100.5\ \mathrm{MPa}=128\ \mathrm{MPa}$$

(4) 桁条的强迫局部失稳许用值

$K=0.28$ 和 $\frac{t_u}{t}=\frac{3.17}{2.159}=1.47$，由图 2-59 得 $\sigma_{fu}=110.3\ \mathrm{MPa}$。

(5) 局部失稳强度裕度

$$\mathrm{M.S.}=\frac{\sigma_{fu}}{\sigma_{u,max}}-1=\frac{110.3}{128}-1=-0.14$$

局部失稳破坏强度不够。

3. 桁条的失稳破坏强度

(1) 桁条的压损应力

桁条的压损力计算参数如表 2-3 所列。

表 2-3 桁条的压损力计算参数

分 段	自由边	b_n	t_n	b_n/t_n	b_nt_n	σ_{ccn}	$b_nt_n\sigma_{ccn}$
①	1	23.8	3.175	7.5	75.5	510	38 505
②	1	23.8	3.175	7.5	75.5	510	38 505

桁条的压损应力为

$$\sigma_{cc}=\frac{\sum b_nt_n\sigma_{ccn}}{\sum b_nt_n}=\left(\frac{38\ 505+38\ 505}{75.5+75.5}\right)\ \mathrm{MPa}=510\ \mathrm{MPa}$$

(2) 计算当量桁条长度

由 $\frac{d}{h}=\frac{203.2}{355.6}=0.57$ 和 $K=0.28$，从图 2-56 得 $\frac{L''}{h}=0.92$

$$L''=0.92h=0.92\times 355.6\ \mathrm{mm}=327\ \mathrm{mm}$$

$$\frac{L'}{\rho\sqrt{c}}=\frac{L''}{2}\cdot\frac{1}{\rho\sqrt{c}}=\frac{327}{2}\cdot\frac{1}{7.57\sqrt{1.0}}=21.6$$

(3) 计算桁条的许用应力

由 Johnson - Euler 公式得：

$$\sigma_c=\sigma_{cc}-\frac{\sigma_{cc}^2\left(\frac{L'}{\rho\sqrt{c}}\right)^2}{4\pi^2E}=\left(510-\frac{510^2\times21.6^2}{4\times\pi^2\times72\,397}\right)\text{MPa}=467.5\ \text{MPa}$$

(4) 计算桁条的平均应力

$\frac{b}{t_u}=\frac{25.4}{3.17}=8$，由图 2 - 60(情况①)得

$$\frac{A_{u,c}}{A_u}=0.51$$

桁条的平均应力为

$$\bar{\sigma}_u=\left(\frac{A_{u,c}}{A_u}\right)\sigma_u=0.51\times100.5\ \text{MPa}=51.3\ \text{MPa}$$

(5) 强度裕度

$$\text{M.S.}=\frac{\sigma_c}{\bar{\sigma}_u}-1=\frac{467.5}{51.3}-1=8.1$$

桁条的失稳破坏强度足够。

4. 蒙皮强度

(1) 计算张力场角度

由$\frac{\sigma_u}{\tau}=\frac{100.5}{201}=0.5$及 $K=0.28$，从图 2 - 53 可得 $\tan\alpha=0.86$，$\alpha=40.7°$。

(2) 计算蒙皮最大剪应力

由 $\tan\alpha=0.86$，从 2 - 56(a) 得 $C_1=0.015$。

$$\omega_d=0.7d\left(\frac{t}{h(I_T+I_c)}\right)^{1/4}=0.7\times203.2\times\left[\frac{2.159}{355.6(249\,769.8+249\,769.8)}\right]^{1/4}=1.49$$

由图 2 - 54(b) 得 $C_2=0.02$。

蒙皮的最大剪应力

$$\tau_{max}=\tau(1+K^2C_1)(1+KC_2)=201\times(1+0.28^2\times0.015)(1+0.28\times0.02)\text{MPa}=240.8\ \text{MPa}$$

(3) 计算蒙皮的最大许用剪应力

由 $K=0.28$ 和 $\alpha=40.7°$，从图 2 - 57(b)得 $\tau_{s,all}=200$ MPa

(4) 蒙皮的安全裕度

$$\text{M.S.}=\frac{\tau_{s,all}}{\tau_{max}}-1=\frac{200}{240.8}-1=-0.17$$

蒙皮强度不够。

5. 缘条强度

(1) 计算肋缘条的压损强度

肋缘条的压损强度计算参数如表 2 - 4 所列。

表 2-4 肋缘条的压损强度计算参数

分段	自由边	b_n	t_n	b_n/t_n	b_nt_n	σ_{ccn}	$b_nt_n\sigma_{ccn}$
①	1	22.2	3.96	5.6	22.17	512	11 351
②	1	22.2	3.96	5.6	22.17	512	11 351
③	1	63.12	6.35	9.94	63.119	400	25 247.6

$$\sigma_{cc}=\frac{\sum b_nt_n\sigma_{ccn}}{\sum b_nt_n}=\frac{47\ 949.6}{107.4}\text{MPa}=446\ \text{MPa}$$

(2) 计算对角张力引起肋缘条的平均压应力：

$$\sigma_F=\frac{K\tau}{[2A_F/(ht)+0.5(1-k)]\tan\alpha}=\left(\frac{0.28\times 201}{[2\times 592/(355.6\times 2.159)+0.5(1-0.28)]\times 0.86}\right)\text{MPa}=30.4\ \text{MPa}$$

(3) 肋缘条次弯矩弯曲应力

对角拉应力使肋缘条引起次弯矩：

$$M_{max}=\frac{KC_3\tau td^2\tan\alpha}{12}=\left(\frac{0.28\times 0.8\times 201\times 2.159\times 203.2^2\times 0.86}{12}\right)\text{N}\cdot\text{mm}=287\ 647.9\ \text{N}\cdot\text{mm}$$

次弯矩引起的弯曲应力 σ_{sb} 为

$$\sigma_{sb}=\frac{CM_{max}}{I_F}=\frac{(65-24.4)\times 287\ 647.9}{249\ 769.8}\text{MPa}=46.7\ \text{MPa}$$

肋缘条破坏安全裕度为

$$\text{M.S.}=\frac{1}{\dfrac{\sigma+\sigma_F}{\sigma_{cc}}+\dfrac{\sigma_{sb}}{\sigma_{tu}}}-1=\frac{1}{\dfrac{0.0+30.4}{446}+\dfrac{46.7}{565.4}}-1=5.6$$

缘条安全。

6. 铆钉强度

(1) 计算连接蒙皮与肋缘条铆钉强度

连接蒙皮与肋缘条的铆钉承受的单位长度剪切载荷为

$$q_R=\tau t(1+0.414K)=201\times 2.159(1+0.414\times 0.28)\ \text{N/m}=484\ \text{N/m}$$

连接蒙皮与肋缘条铆钉的安全裕度为：

$$\text{M.S.}=\frac{P_{s,all}}{q_R\times s}-1=\frac{2\times 5\ 471}{484\times 22.86}-1=-0.01$$

$D=4.76$ mm，铆钉间距 $s=22.86$ mm，许用剪切力 $P_{s,all}=5\ 471$ N/钉。连接桁条与蒙皮为单排铆钉，$D=4.76$ mm，间距为 $s=22$ mm。

(2) 计算连接蒙皮与桁条铆钉剪切强度

连接蒙皮与桁条铆钉的安全裕度为

$$\text{M.S.}=\frac{P_{s,all}}{q_R\times s}-1=\frac{5\ 471}{484\times 22}-1=-0.48$$

连接蒙皮与桁条铆钉强度不够。

2.5　壁板压剪、拉剪屈曲分析

2.5.1　壁板压剪屈曲应力

蒙皮在压缩载荷和剪切载荷作用下，其相关方程为

$$R_c + R_s^2 \leqslant 1 \tag{2-75}$$

式中：$R_c = |\sigma_c/\sigma_{c,cr}|$；

$R_s = |\tau/\tau_{cr}|$；

σ_c——压缩工作应力；

$\sigma_{c,cr}$——蒙皮纯压时临界屈曲许用应力；

τ——剪切工作应力；

τ_{cr}——蒙皮纯剪时剪切临界屈曲许用应力。

压剪复合载荷下，屈曲的稳定性裕度为

$$\text{M. S.} = \frac{2}{R_c + \sqrt{R_c^2 + 4R_s^2}} - 1 \tag{2-76}$$

2.5.2　拉剪屈曲应力

蒙皮在拉伸载荷和剪切载荷作用下，其屈曲应力计算式为

$$R_c + R_s^2 \leqslant 1 \tag{2-77}$$

式中：$R_c = -|\sigma_t/\sigma_{c,cr}|$

$R_s = |\tau/\tau_{cr}|$

σ_t——拉伸工作应力；

$\sigma_{c,cr}$——蒙皮纯压时临界屈曲许用应力；

τ——剪切工作应力；

τ_{cr}——蒙皮纯剪时剪切临界屈曲许用应力。

拉剪复合载荷下，屈曲的稳定性裕度为

$$\text{M. S.} = \frac{2}{R_c + \sqrt{R_c^2 + 4R_s^2}} - 1 \tag{2-78}$$

2.5.3　工程实例

以壁板为例，壁板材料和尺寸见图 2-40。

假设蒙皮①和②承受的工作应力为 $\tau = 10.0$ MPa，$\sigma_c = 5.0$ MPa，计算壁板压剪屈曲强度。

1. 蒙皮纯剪时剪切屈曲应力

蒙皮短边 $b = 190$ mm，长边 $a = 432$ mm，厚度 $t = 1.0$ mm，由于 $a/b = 2.27$，查图 2.41 四边简支板的剪切失稳系数 $K_s = 5.6$，由式(2-48b)有

$$\tau_{cr} = K_s \eta_s E\left(\frac{t}{b}\right)^2 = \left(5.6 \times 73\ 780 \times \left(\frac{1}{190}\right)^2\right) \text{MPa} = 11.44 \text{ MPa}$$

2. 蒙皮纯压时压缩屈曲应力

压缩屈曲应力　　$\sigma_{c,cr} = 7.35$ MPa

3. 蒙皮屈曲强度裕度

由 $R_c = |\sigma_c/\sigma_{c,cr}| = 5/7.53 = 0.664$，$R_s = |\tau/\tau_{cr}| = 10.0/11.44 = 0.874$ 得

$$M.S. = \frac{2}{R_c + \sqrt{R_c^2 + 4R_s^2}} - 1 = \frac{2}{0.644 + \sqrt{0.644^2 + 4 \times 0.874^2}} - 1 = -0.2$$

因此蒙皮发生压剪复合屈曲。

参考文献

[1] 牛春匀.实用飞机结构应力分析及尺寸设计[M],北京:航空工业出版社,2009.

[2] Bruhn E F. Analysis and Design of Flight Vehicle Structures[M]. INC.: Jacobs Publishintg. 1973.

[3] 孙侠生.民用飞机结构强度刚度设计与验证指南[M].北京:航空工业出版社,2012.

[4] 崔德刚.结构稳定性设计手册[M].北京:航空工业出版社,1996.

[5] Handbook of Structural Stability PartI-VII[R]. NACA TN3781~TN3786 TND 162,1957.

第3章 板壳结构屈曲分析方法

3.0 符号说明

符号	单位①	物理意义
a	mm	加载边的长度
b	mm	加载边的宽度
t	mm	板的厚度
R	mm	曲率半径
E_s	MPa	割线模量
E_t	MPa	切线模量
D	$MPa \cdot mm^3$	板的弯曲刚度
μ_e	1	材料的弹性泊松比
μ_p	1	材料的塑性泊松比
η	1	塑性修正系数
m	1	屈曲时的轴向半波数
K	1	张力场系数
Z	1	曲率参数
K_c	1	压缩临界应力系数
K_s	1	剪切临界应力系数
K_b	1	弯曲临界应力系数
K_a	1	过屈曲临界应力系数
K_{c0}	1	圆筒屈曲因子
R_i	1	应力比
$\bar{\sigma}$	MPa	平均应力
σ_{cr}	MPa	临界压应力
τ_{cr}	MPa	临界剪应力

① 本书的量和单位以中华人民共和国国家标准为准。考虑到在实际设计工作中，很多资料(尤其是外版资料)大量应用英制单位，为方便读者使用，亦保留部分英制单位。

符号	单位	物理意义
$\sigma_{b,cr}$	MPa	临界弯曲应力
σ_x	MPa	均布压应力
σ_y	MPa	均布压应力
M. S.	1	裕度系数

3.1　板壳结构典型失效形式分析

飞机结构中广泛采用薄壁结构，通常由横向骨架（机身的隔框、机翼的翼肋）、纵向骨架（机身的桁梁、桁条，机翼的梁、桁条）和金属薄板（蒙皮、腹板）所组成，如图 3-1 所示。有关加筋板壳的稳定性分析详见第 2 章。本章主要针对飞机中横向骨架和纵向骨架之间的各类典型板壳结构进行屈曲分析。

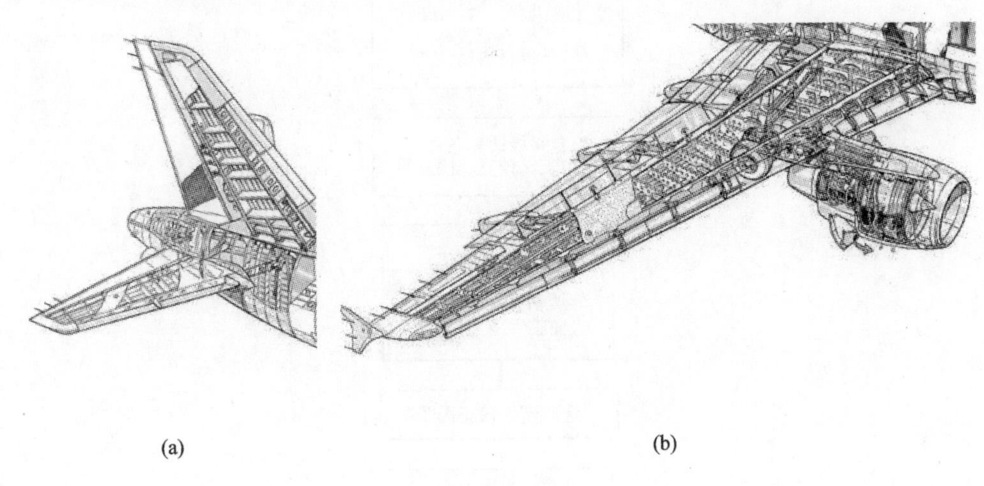

(a)　　(b)

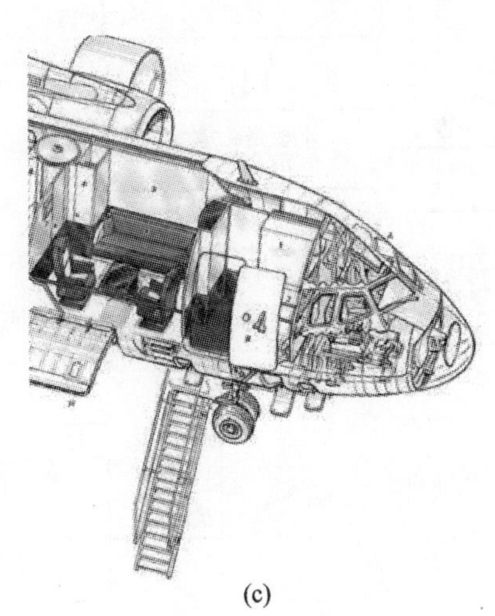

(c)

图 3-1　民机板壳结构示意图

飞机结构中的板壳所受的典型载荷有面内压缩/拉伸载荷、剪切载荷、均布载荷、局部载荷。

在受到压载、剪切载荷，以及各种复合载荷的作用时，板壳结构很容易丧失稳定性从而导致破坏和功能失效。结构从稳定性平衡状态过渡到不稳定平衡状态的转变点称为临界点。载荷超过临界点后，有些结构并不一定破坏，而将进入后屈曲阶段，依然具有继续承载的能力。板壳的失效形式与板壳的几何形式、边界条件、载荷条件密切相关。

本章给出了各种典型几何形式在各类载荷条件和边界条件作用下的屈曲临界载荷分析方法。

3.2 平板结构屈曲分析

3.2.1 矩形平板结构屈曲分析流程

飞机典型结构中矩形平板结构屈曲分析流程如图3-1所示。

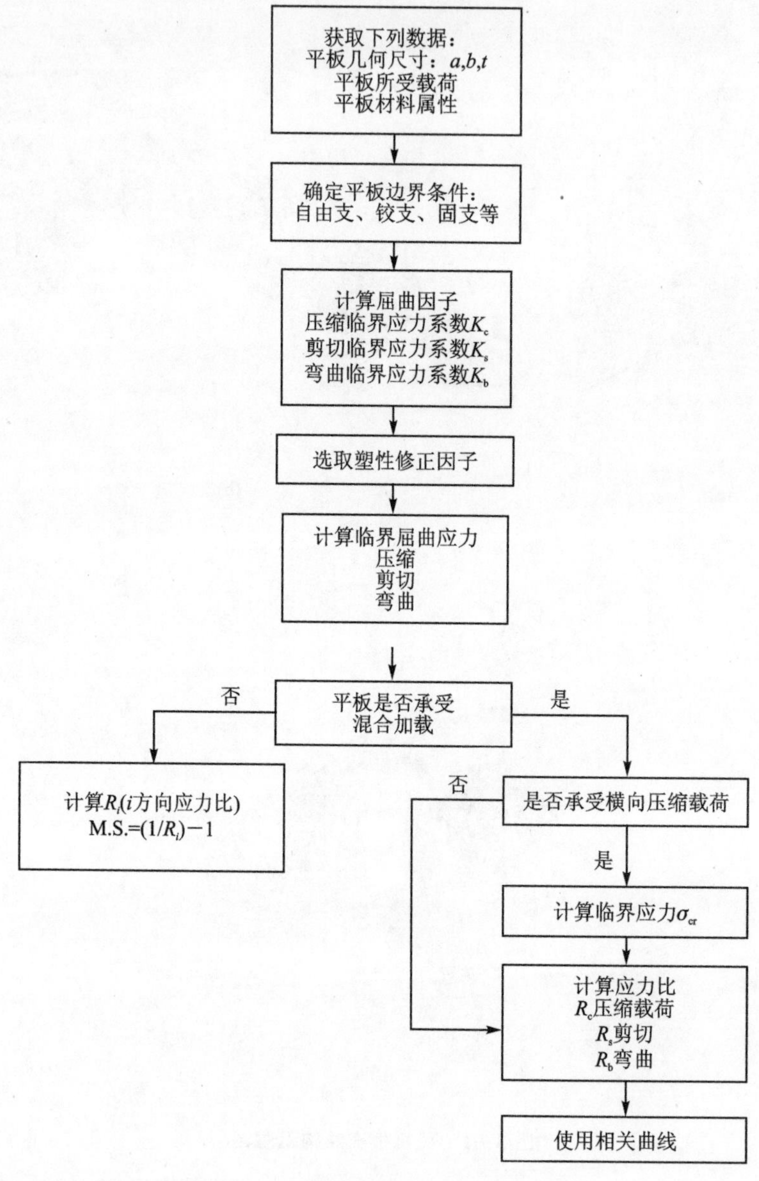

图3-1 矩形平板结构屈曲分析流程图

3.2.2 矩形平板的屈曲分析

3.2.2.1 轴压载荷作用下的屈曲临界应力

1. 各向同性平板轴压载荷作用下的弹性稳定性

(1) 临界应力方程

承受均匀轴向压缩载荷的矩形平板弹性临界应力计算式为。

$$\sigma_{cr} = K_c \frac{\pi^2 E}{12(1-\mu_e^2)}\left(\frac{t}{b}\right)^2 \tag{3-1}$$

式中：b——加载边的宽度；

t——板的厚度；

μ_e——材料的弹性泊松比；

K_c——压缩临界应力系数，与板的边界支持条件及长宽比(a/b)有关；

E——材料的弹性模量。

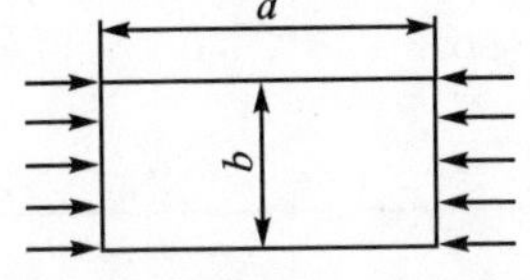

图 3-2　板的参数及受载形式

板的参数及受载形式见图 3-2。

图 3-3 表明非加载边支持条件的改变对板的失稳形式的影响，有板柱形、凸缘和平板形三种形式。

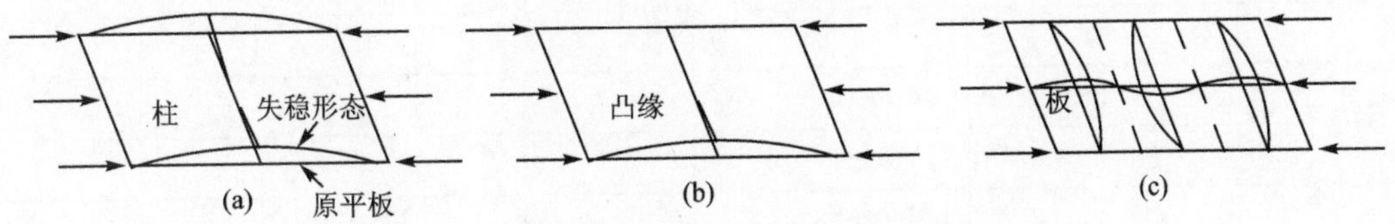

图 3-3　非加载边支持条件不同对板的失稳形式的影响

图 3-4 给出了泊松比 $\mu_e=0.3$ 时在极限边界条件的不同组合下 K_c 与 a/b 的关系曲线。对无限长板，$K_{c\infty}$ 的值列于表 3-1。如 μ_e 不等于 0.3，K_c 需按式

$$K_{c.new} = K_c\left(\frac{0.91}{1-\mu_e^2}\right) \tag{3-2}$$

折算成 $K_{c.new}$，$K_{c.new}$——折算后的压缩临界应力系数。

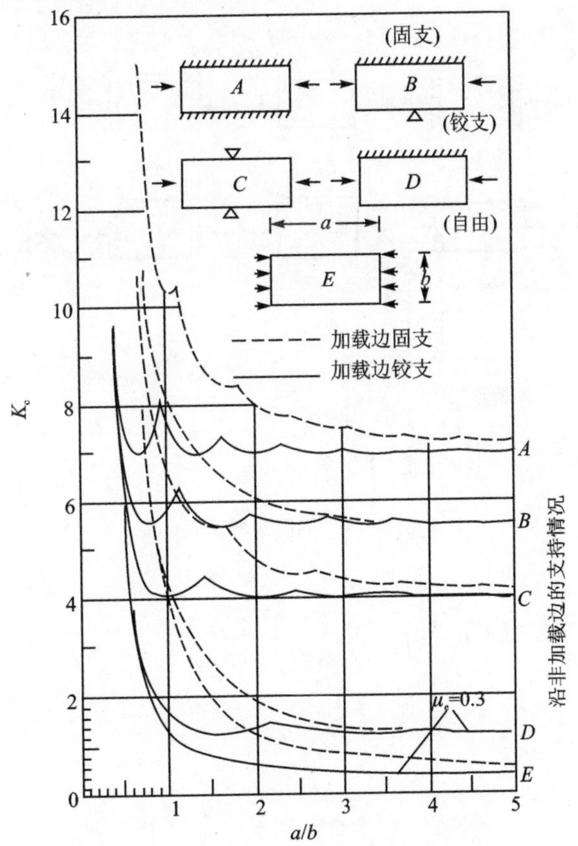

图 3-4　矩形平板的压缩临界应力系数

当泊松比 $\mu_e=0.3$ 时，式(3-1)可简化为

$$\sigma_{cr}=K\frac{E}{\left(\frac{b}{t}\right)^2} \tag{3-3}$$

式中：$K=0.9K_c$，K_c 的值可以从图 3-4 中查取。

表 3-1 C_1、C_2、C_3、Lim 和 $K_{c\infty}$ 系数

	C_1	C_2	C_3	Lim	$K_{c\infty}$
情形 1	0	1	0.43	∞	0.43
情形 2	0	4.143	0.384	9.49	0.43
情形 3	0.136	0.987	0.551	1.64	1.28
情形 4	0.007	3.923	0.94	4.34	1.28
情形 5	1	1	2	1	4
情形 6	0	2.7	4	∞	4
情形 9	4.885	0.965	2.638	0.66	6.98
情形 10	0	2.9	6.98	∞	6.98
情形 11	0	1	0	∞	0
情形 12	0	4	0	∞	0

(2) 压缩临界应力系数

对于凸缘、平板、柱在不同的边界条件，如图 3-5 所示，压缩临界应力系数(情形 1 到 10，情形 7 和 8 除外)为

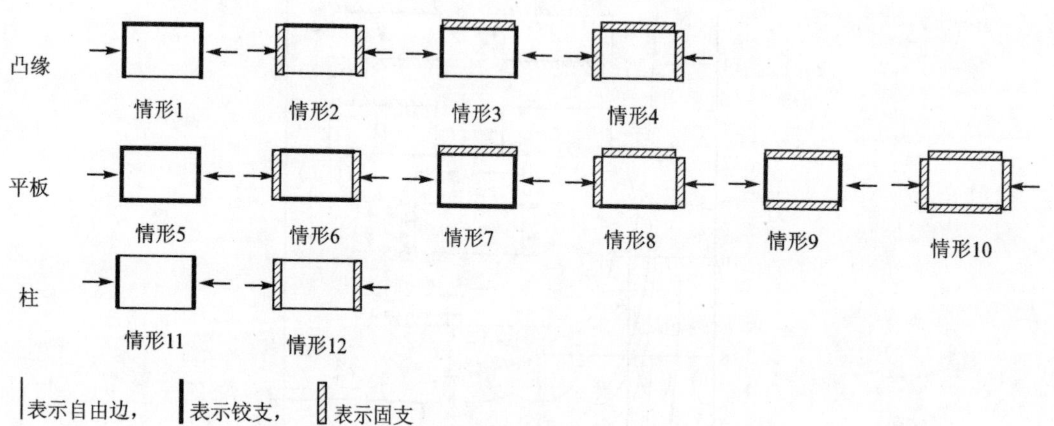

图 3-5 不同边界条件示意

$$K_c=C_1\left(\frac{a}{b}\right)^2+C_2\left(\frac{b}{a}\right)^2+C_3,\quad 0\leqslant\frac{a}{b}\leqslant \text{Lim} \tag{3-4}$$

$$K_c=K_{c\infty},\quad \frac{a}{b}\geqslant \text{Lim} \tag{3-5}$$

其他情形有：

$$K_c=\sqrt{K_{c(\text{非加载边简支})}\cdot K_{c(\text{非加载边固支})}} \tag{3-6}$$

$$K_c = C_2\left(\frac{b}{a}\right)^2 \tag{3-7}$$

式中：渐近值 Lim 的取值详见表 3-1；C_1、C_2、C_3 的值也由表 3-1 查出。

情形 6，当$\frac{a}{b}<0.4$时，用式(3-7)计算；情形 10，当$\frac{a}{b}<0.57$时，用式(3-7)计算；情形 7 和 8 用式(3-6)计算，情形 11 和 12 用式(3-7)计算。

2. 边缘旋转弹性约束矩形平板的稳定性

平板边缘受弹性约束，从而限制了板的屈曲模态。边缘旋转约束即对边缘处的转角加以约束。边缘旋转约束系数为 μ_R。μ_R 是板的边界支持件的旋转刚度与板的旋转刚度之比。在工程计算中 μ_R 计算式为

$$\mu_R = \frac{12\pi^2(1-\mu_e^2)\mathrm{b}}{E\lambda^2 t^3}\cdot \mathrm{GJ} \tag{3-8}$$

式中：b——板加载边的宽度；

λ——板的屈曲半波长；

GJ——非加载边支持件的扭转刚度。

式(3-8)只适用于弹性范围，且支持件在板失稳之前本身不发生局部和扭转失稳。用式(3-8)计算出对应的 μ_R，然后从图 3-6 查出相应的 K_c，计算出临界应力。

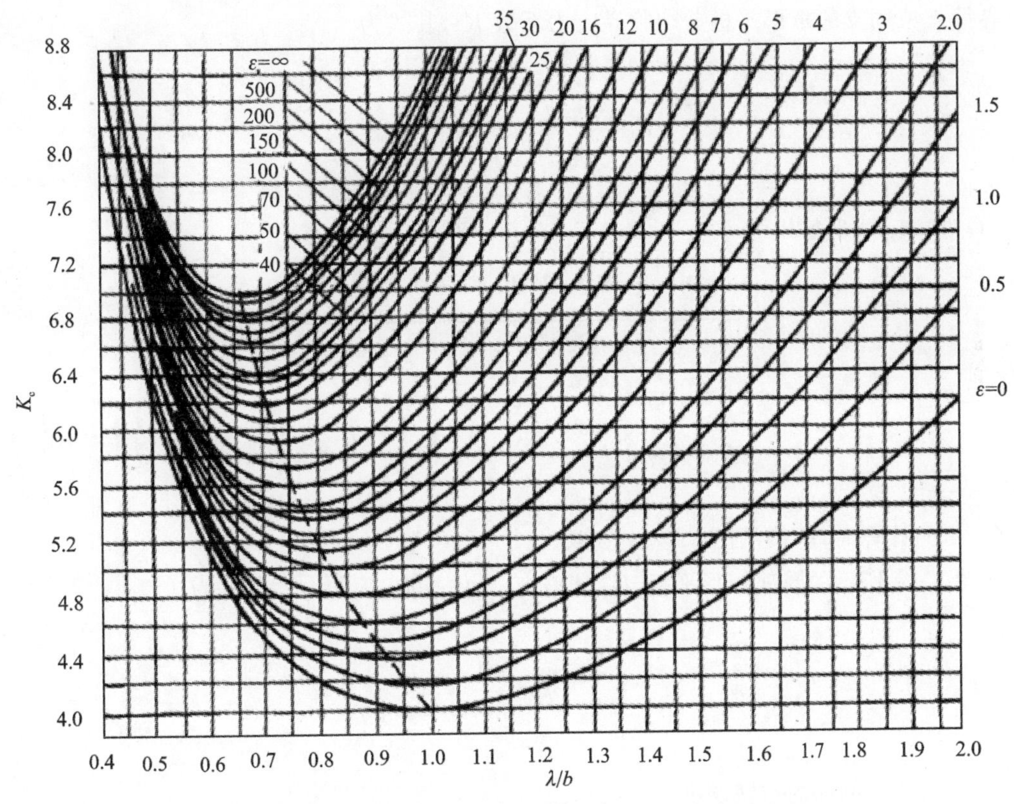

图 3-6　各边缘旋转约束下板的压缩临界应力系数与 λ/b 的关系曲线

3.2.2.2 剪切载荷作用下的屈曲临界应力

1. 剪切载荷作用下的弹性稳定性

(1) 临界应力方程

矩形平板均匀剪切载荷作用下弹性失稳临界应力计算式为

$$\tau_{cr} = \frac{K_s \pi^2 E}{12(1-\mu_e^2)}\left(\frac{t}{b}\right)^2 \tag{3-9}$$

式中：K_s——剪切临界应力系数；

t——板厚；

b——较短的边(即 $b \leqslant a$)；

E——材料的弹性模量；

当 $\mu_e = 0.3$ 时

$$\tau_{cr} = \frac{KE}{\left(\dfrac{b}{t}\right)^2} \tag{3-10}$$

(2) 剪切临界应力系数

1) 对边界简支或固支的矩形平板剪切临界应力系数 K_s，其式为

$$K_s = C_1\left(\frac{a}{b},\frac{b}{a}\right)^2_{\min} + C_2 \tag{3-11}$$

式中：C_1、C_2 由表 3-2 查出。

表 3-2 C_1、C_2 系数

	C_1	$C_2 = K_{s\infty}$
四边简支	3.8	5.35
四边固支	5.53	8.98

2) 按式(3-10)计算时，K 值从图 3-7 中查取。

3) 对于如图 3-8 所示的受剪矩形平板，K_s 从表 3-3 中查取，表中 η 计算式为

$$\eta = \frac{GJ}{bD} \tag{3-12}$$

式中：GJ——支持件剖面的扭转刚度；

$$D = \frac{Et^3}{12(1-\mu_e^2)}$$

bD——板的弯曲刚度；

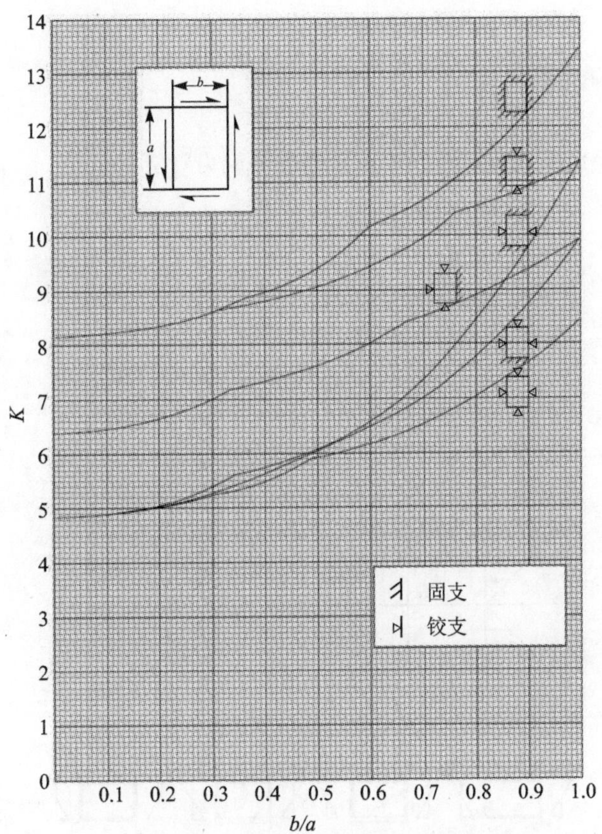

图 3－7　矩形平板剪切临界应力系数

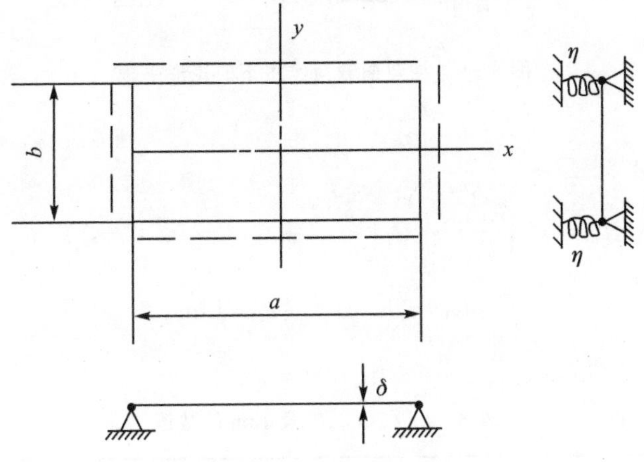

图 3－8　受剪矩形平板

表 3－3　两边铰支,另两边具有相等弹性旋转约束矩形平板的剪切临界系数 K_s

a/b \ η	0.25	0.5	1.0	2.0	5.0	10.2	∞
0.50	6.56	6.58	6.60	6.62	6.63	6.64	6.70
0.66	7.50	7.58	7.63	7.66	7.68	7.68	7.78
1.0	10.80	11.30	11.70	11.80	12.05	12.12	12.28
2.0	7.49	8.05	8.75	9.25	9.72	9.85	10.21

3.2.2.3 纯弯曲载荷作用下的屈曲临界应力

1. 纯弯曲载荷作用下的弹性稳定性

(1) 临界应力方程

在纯弯曲载荷作用下的矩形平板(见图 3-9),弹性临界应力计算公式为

$$\sigma_{b,cr} = K_b \frac{\pi^2 E}{12(1-\mu_e)}\left(\frac{t}{b}\right)^2 \tag{3-13}$$

式中:K_b——弯曲临界应力系数;

μ_e——材料的弹性泊松比;

t——板厚。

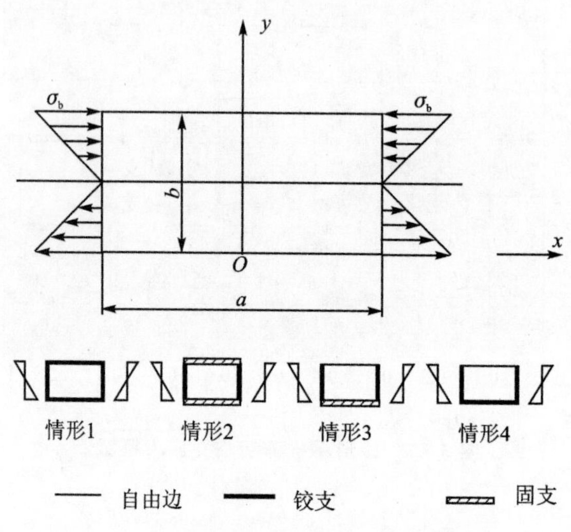

图 3-9 纯弯曲载荷作用下的矩形平板

(2) 弯曲临界应力系数

弯曲临界应力系数计算式为

$$K_b = C_1\left(\frac{a}{b}\right)^2 + C_2\left(\frac{b}{a}\right)^2 + C_3,\quad 0 \leqslant \frac{a}{b} \leqslant \text{Lim} \tag{3-14}$$

$$K_b = K_{b\infty},\quad \frac{a}{b} \geqslant \text{Lim} \tag{3-15}$$

式中:C_1、C_2、C_3、Lim 由表 3-4 查出。

表 3-4 C_1、C_2、C_3及 Lim 的数值

	C_1	C_2	C_3	a/b	Lim	$K_{b\infty}$
情形 1	3.33	1.66	18.1	0.4—0.6	0.6	23.9
情形 2	52.3	2.2	20.4	0.3—0.45	0.45	41.8
情形 3					1.3	1.96
情形 4					1.3	0.85

矩形平板的弯曲临界应力系数 K_b 与 a/b 的函数关系参考图 3-10。

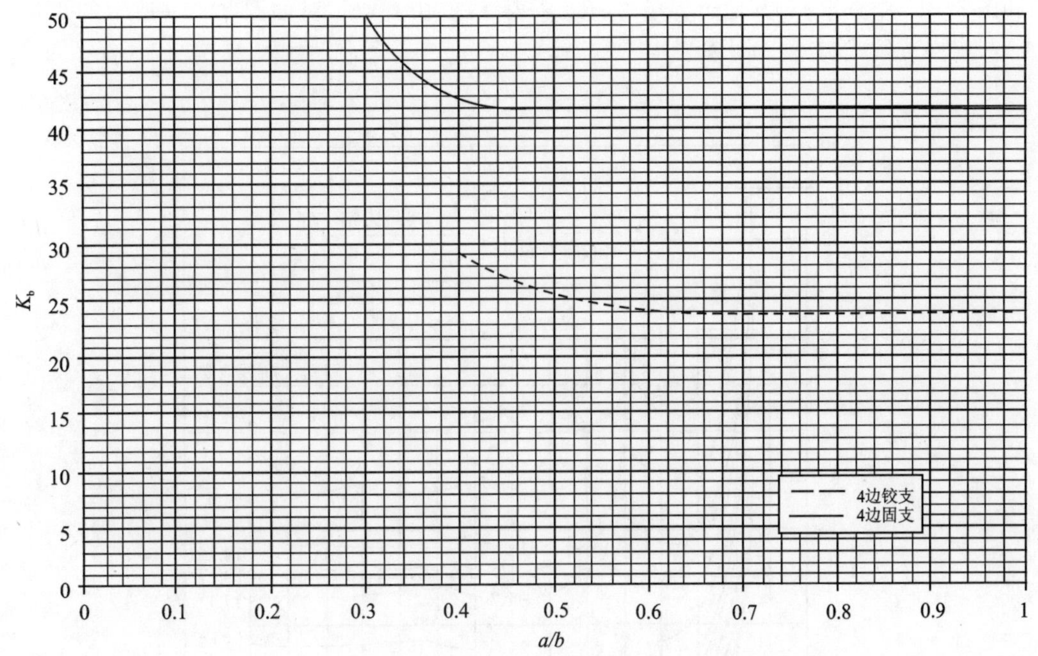

图 3-10　矩形平板的弯曲临界应力系数 K_b 与 a/b 的函数关系

3.2.2.4　复杂载荷作用下的屈曲临界应力

1. 复杂载荷作用下的弹性稳定性

工程上一般由相关方程或相关曲线得到单一载荷作用下的屈曲应力。而复合载荷作用下屈曲应力的理论解，也由求解薄板弹性弯曲微分方程得到。方程的解均对应于一定的屈曲模态，屈曲模态改变，屈曲应力随之改变。而由该方程求解复合载荷作用下的屈曲载荷，必须在统一的、单一的屈曲模态下才能有理论解。其相关方程式为

$$R_i^n + R_j^m = 1 \tag{3-16}$$

式中：R_i、R_j 为应力比。

$R_i^n + R_j^m < 1$ 说明处于亚临界状态，即屈曲；$R_i^n + R_j^m = 1$ 说明处于临界状态；$R_i^n + R_j^m > 1$ 则说明已经超过临界状态，即已屈曲。

相关方程有时候用相关曲线表示，曲线内部代表亚临界状态，曲线外则为超临界状态。

在工程上相关方程、相关曲线大量使用，有的通过理论推导，有的通过试验，可以满足工程精度的要求。

2. 弯曲和压缩载荷作用下的稳定性

如图 3-11 所示，板两加载边作用分布应力，应力分布规律为

$$\sigma_x = \sigma_b\left(1 - \alpha\,\frac{y}{b}\right) \tag{3-17}$$

式中：$\alpha = b/c$，c 表示零应力轴的位置。

弹性临界应力方程为

$$\sigma_{b,cr} = K_b\,\frac{\pi^2 E}{12(1-\mu_e^2)}\left(\frac{t}{b}\right)^2 \tag{3-18}$$

式中：K_b 为临界应力系数，从图 3-12 和图 3-13 中查取。当板的长宽比 a/b 超过一定比值时，K_b 只与 α 有关，可从图 3-14～图 3-17 中查取。当 $\alpha=1$ 时，板承受如图 3-18 所示三角形载荷分布，仍采用式(3-18)计算，K_b

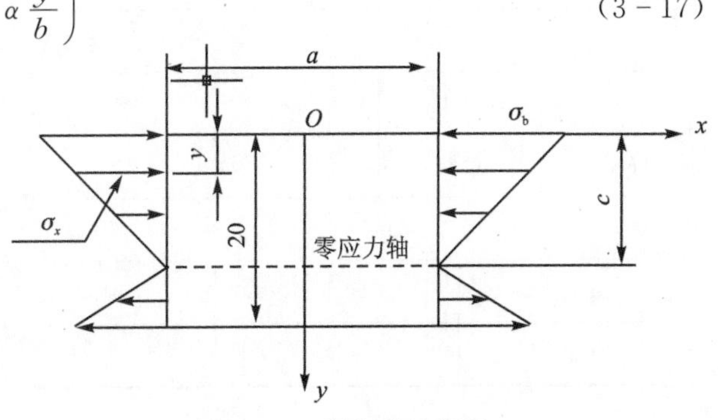

图 3-11　板加载示意图

从图 3-12 和图 3-13 中查取；对其他边界条件，K_b 从表 3-5 中查取。对如图 3-19 所示的矩形平板，K_b 从表 3-6 中查取，表中 η 按式(3-12)计算。

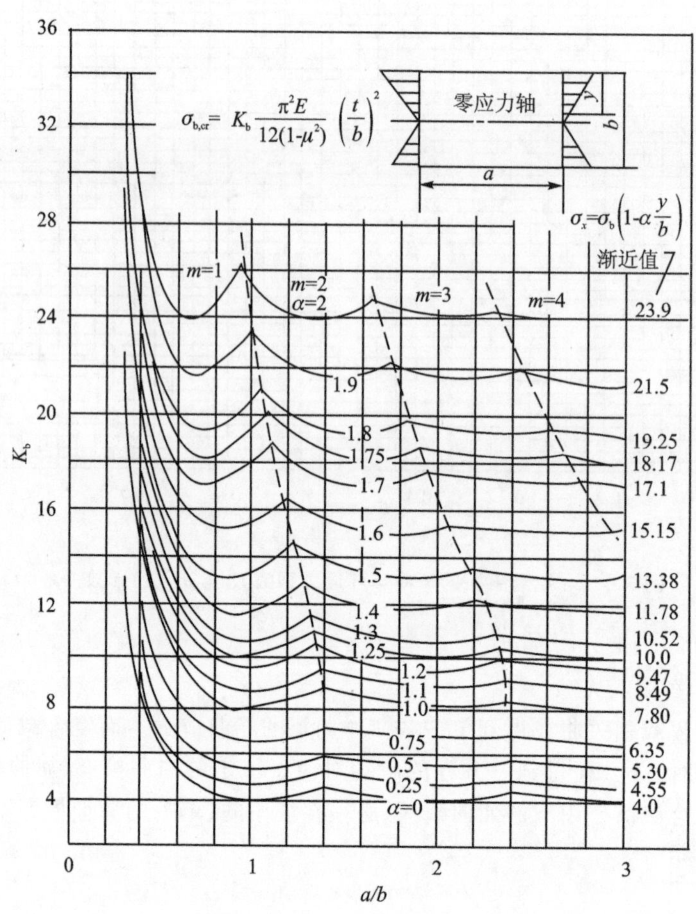

图 3-12 四边铰支矩形平板的弯曲临界应力系数

表 3-5 矩形平板弯曲临界应力系数 K_b ($\alpha=1$)

加载边铰支，非加载边固支

a/b	0.4	0.5	0.6	0.65	0.7	0.8	0.9	1.0	1.2	1.4
K_b	17.7	14.7	13.7	13.6	13.7	14.3	15.4	14.7	13.7	13.7

一非加载边(压缩边)自由，其余边铰支

a/b	0.4	0.5	0.6	0.8	1.0	1.5	2.0	3.0
K_b	9.86	6.58	4.80	3.02	2.18	1.36	1.08	0.86

一非加载边(零应力边)自由，其余边铰支

a/b	0.8	1.0	1.5	2.0	3.0
K_b	6.72	5.02	3.36	2.80	2.40

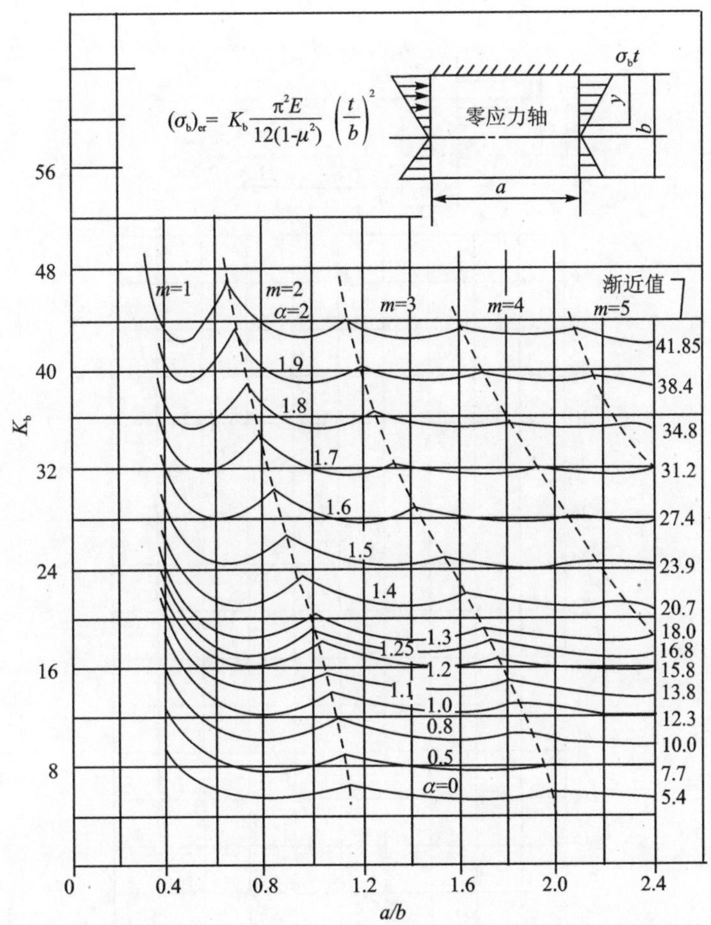

图 3-13　一非加载边(压缩边)固支,其余边铰支矩形平板的弯曲临界应力系数

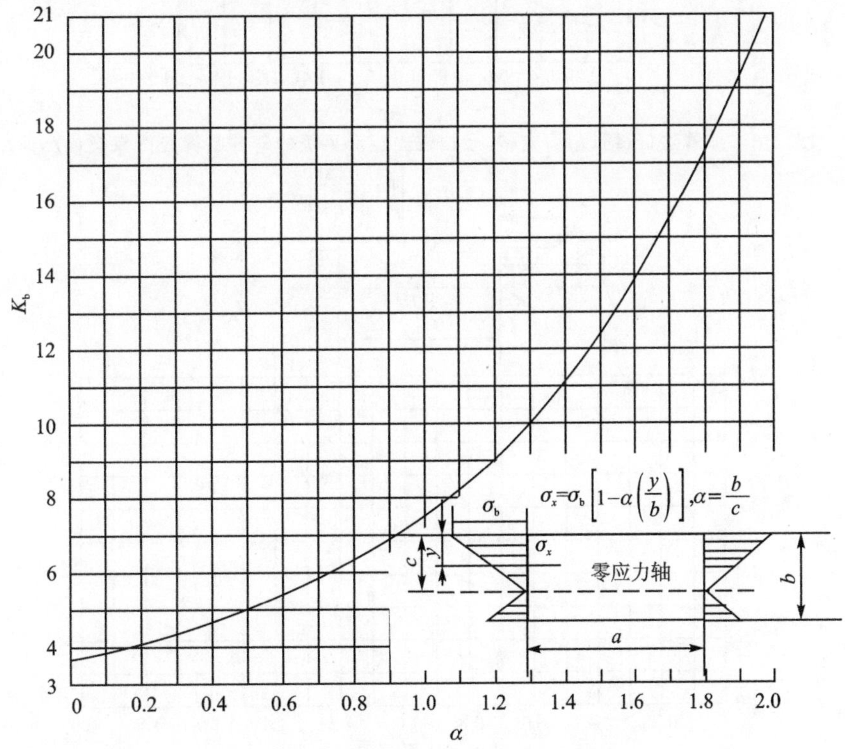

图 3-14　四边铰支矩形平板的弯曲临界应力系数($a/b>3.0$)

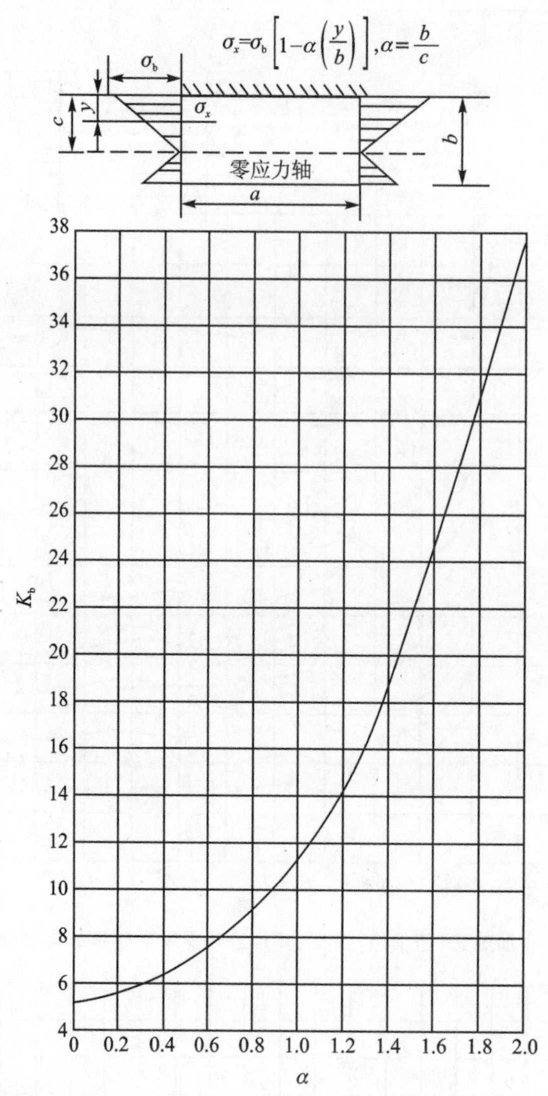

图 3-15 一非加载边(压缩边)固支,其余边铰支矩形平板的弯曲临界应力系数($a/b>2.2$)

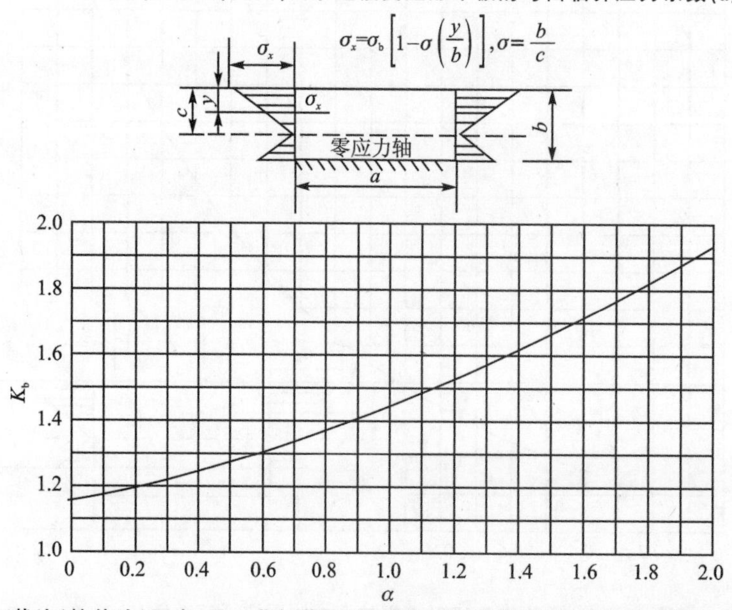

图 3-16 一非加载边(拉伸边)固支,另一非加载边(压缩边)自由矩形平板的弯曲临界应力系数($a/b\geqslant2.0$)

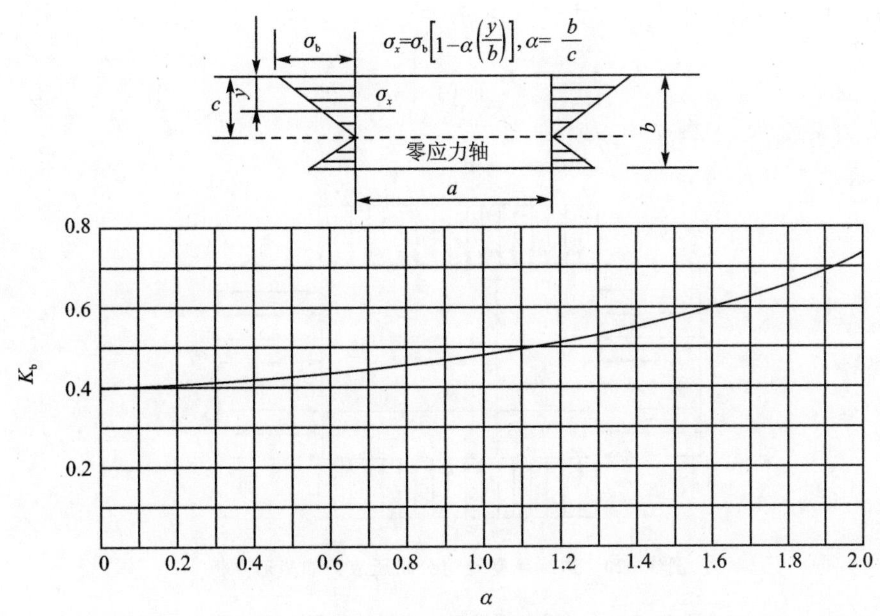

图 3-17　拉伸边铰支，压缩边自由矩形平板的弯曲临界系数（$a/b\geqslant 4.0$）

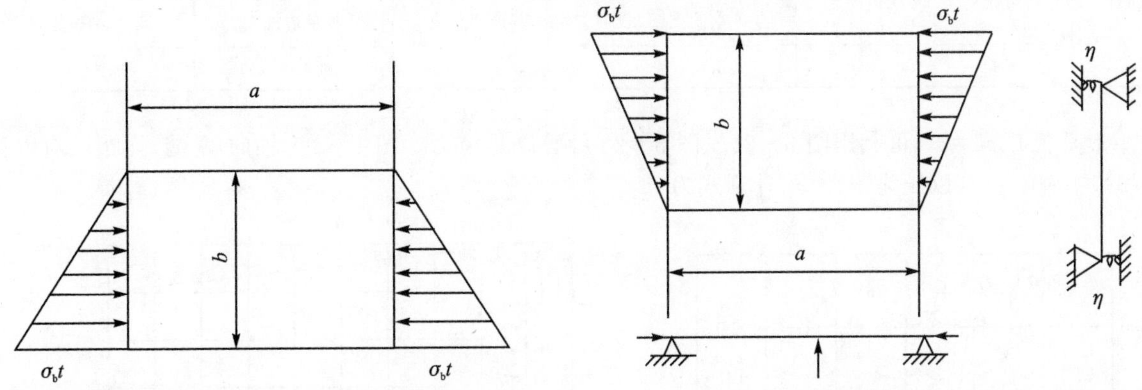

图 3-18　矩形板两边承受三角形载荷分布

图 3-19　加载边铰支，非加载边具有相同弹性支持的矩形平板

表 3-6　加载边铰支，非加载边具有相同弹性支持的矩形平板的弯曲临界应力系数 K_b

a/b \ η	0	0.25	0.50	1.0	2.0	4.0	10.0
0.50	11.63	12.83	13.37	13.86	14.23	14.46	14.62
0.60	9.74	11.03	11.69	12.34	12.87	13.23	13.48
0.65	9.14	10.48	11.20	11.95	12.57	12.99	13.32
0.70	8.70	10.22	10.86	11.72	12.44	12.96	13.35
0.80	8.13	9.60	10.50	11.55	12.53	13.26	13.83
0.90	7.87	9.41	10.42	11.68	12.94	13.93	14.74
1.00	7.81	9.40	10.52	11.99	13.54	14.84	15.86

3. 纵向压缩和横向压缩（或拉伸）载荷作用下的弹性稳定性

边缘承受均匀分布压应力 σ_x 和 σ_y 的矩形平板（如图 3-20）所示，其临界应力方程式如下。

1）对正方形板，并 $\sigma_x=\sigma_y$，临界应力按式(3-19)计算。

$$\sigma_{x,\mathrm{cr}}=K\frac{\pi^2E}{12(1-\mu_e^2)}\left(\frac{t}{b}\right)^2 \tag{3-19}$$

式中：K——临界应力系数，从表3-7中查取。

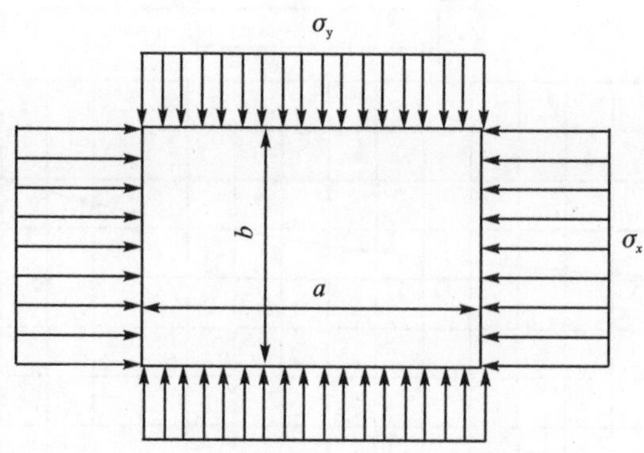

图3-20　边缘承受均匀分布压应力的矩形平板

表3-7　承受双向压缩正方形板的临界应力系数 K

边界条件	四边铰支	四边固支	a端铰支 b端固支	一a端和一b端 固支，其余边铰支	一a端固支， 其余边铰支	一a端铰支， 其余边固支
K	2.0	5.30	3.83	3.23	2.66	4.31

2）对矩形平板并 $\sigma_x\neq\sigma_y$，可利用图3-21～图3-28计算临界应力。图中 σ_x 为轴向（a端）均布压应力；σ_y 为横向（b端）均布压应力（以压为正）。σ_0 计算式为

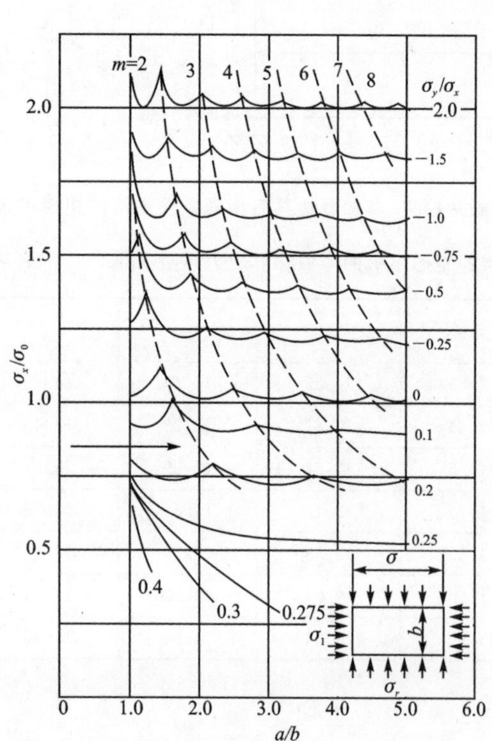

图3-21　承受纵向压缩和横向压缩（或拉伸）四边铰支矩形平板的临界应力（$a/b\geqslant1$）

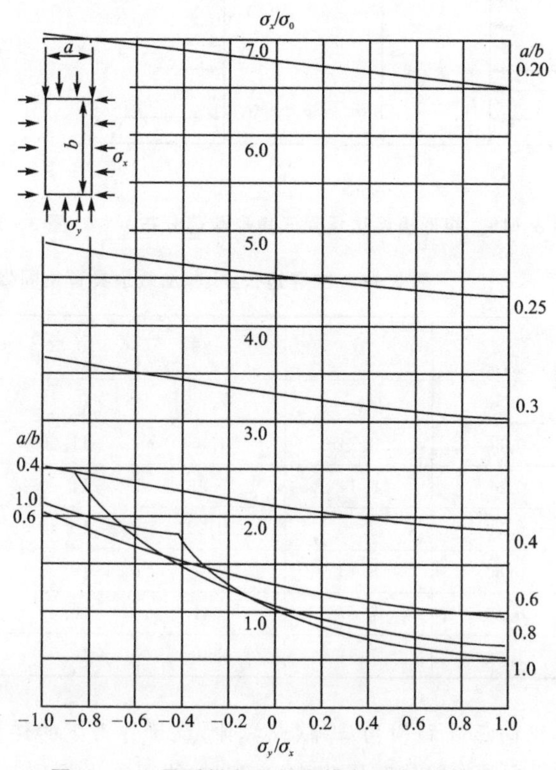

图3-22　承受纵向压缩和横向压缩（或拉伸）四边铰支矩形平板的临界应力（$a/b\leqslant1$）

$$\sigma_0 = \frac{\pi^2 E}{3(1-\mu_e^2)}\left(\frac{t}{b}\right)^2 \tag{3-20}$$

m 为沿板长 a 的屈曲半波数，沿板宽 b 的屈曲半波数为 1。当给定 σ_y 或 σ_x/σ_y 时，根据板的长宽比 a/b 及板边界支持条件，可从曲线求出 σ_x 的临界值。

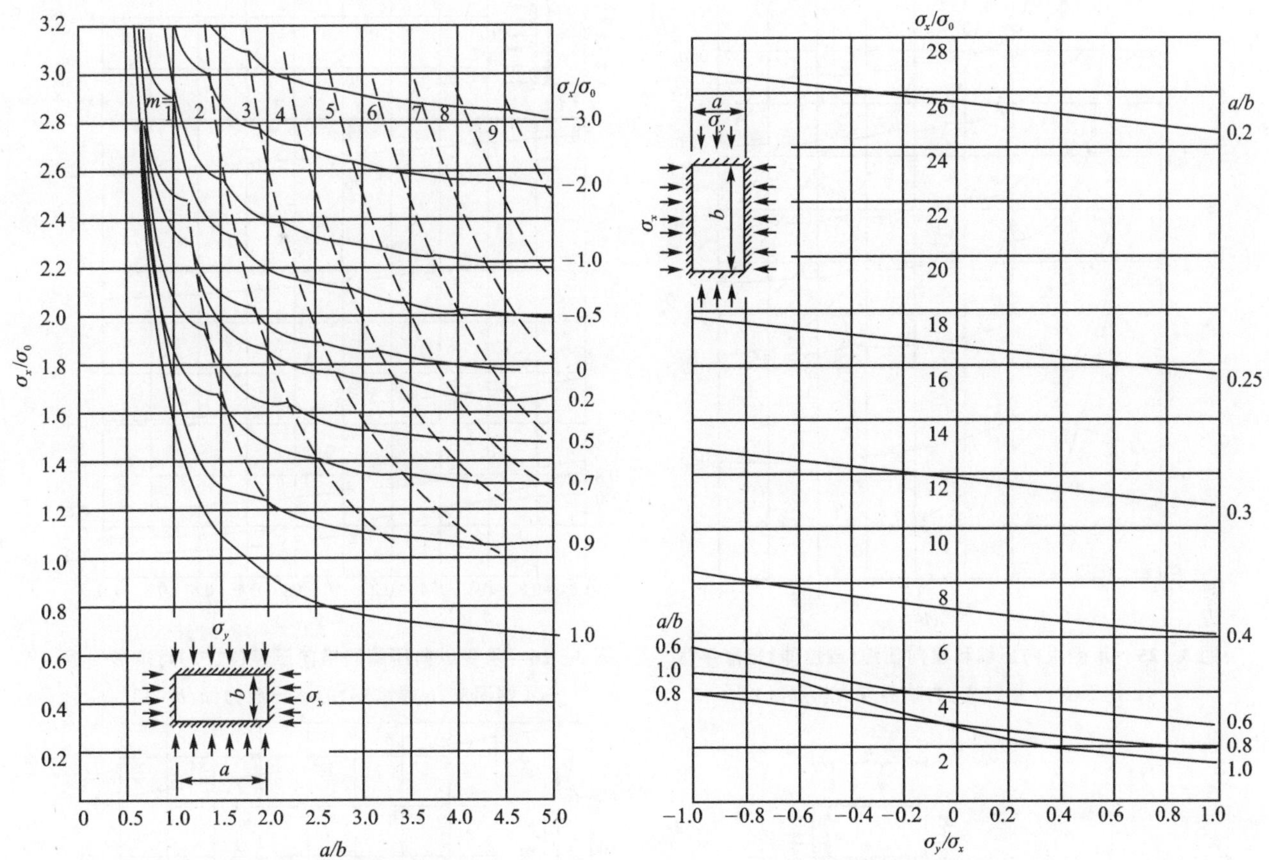

图 3-23　承受纵向压缩和横向压缩(或拉伸)四边固支矩形平板的临界应力($a/b \geqslant 1$)

图 3-24　承受纵向压缩和横向压缩(或拉伸)四边固支矩形平板的临界应力($a/b \leqslant 1$)

4. 剪切和正应力(压缩或拉伸)载荷作用下的弹性稳定性

在均匀轴向压缩和均匀剪切载荷作用下的矩形平板(如图 3-29 所示)，临界应力可由如下相关方程计算

$$R_c + R_s^2 = 1 \tag{3-21}$$

式中：$R_c = \dfrac{\sigma_x}{\sigma_{x,cr}}$；

$R_s = \dfrac{\tau_s}{\tau_{s,cr}}$。

有压缩和剪切载荷作用时，其 M. S. 方程为

$$\text{M.S.} = \frac{2}{R_c + \sqrt{R_c^2 + 4R_s^2}} - 1 \tag{3-22}$$

有压缩和拉伸载荷作用时，将拉伸考虑成负向压缩，其 M. S. 方程为

$$\text{M.S.} = \frac{1}{R_s + 0.5R_c} - 1 \tag{3-23}$$

按式(3-1)或式(3-9)分别计算 $\sigma_{x,cr}$ 与 $\tau_{s,cr}$，然后利用图 3-30 相关曲线计算在给定剪切载荷值(或轴压载荷)情况下的轴压载荷值(或剪切载荷)。

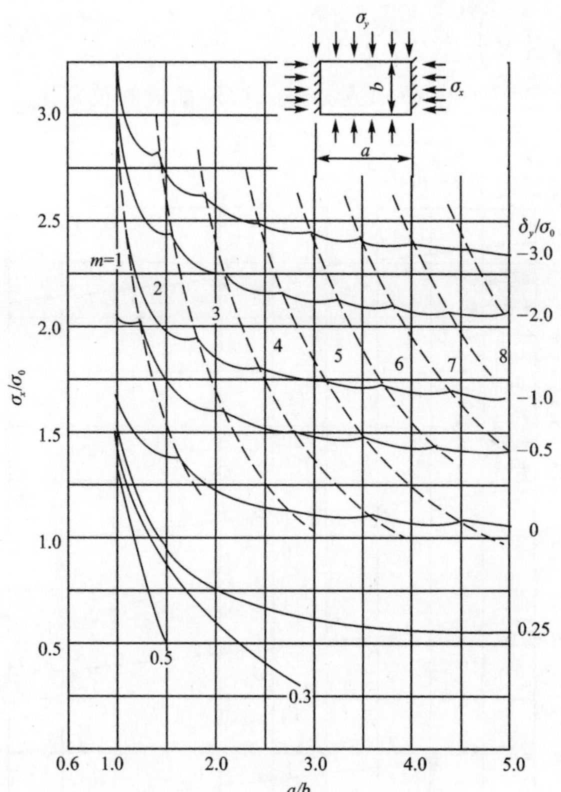

图 3-25 承受纵向压缩和横向压缩(或拉伸)矩形平板(a 端固支,b 端铰支)的临界应力($a/b\geqslant1$)

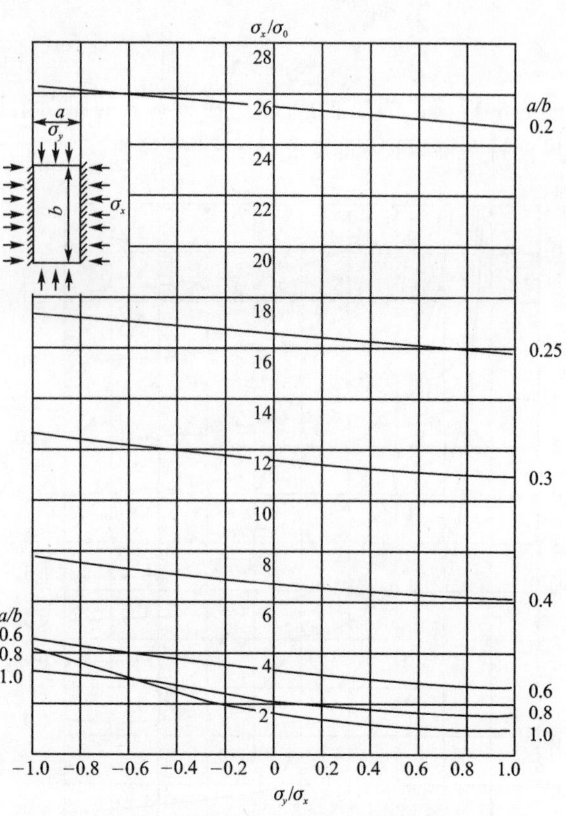

图 3-26 承受纵向压缩和横向压缩(或拉伸)矩形平板(a 端固支,b 端铰支)的临界应力($a/b<1$)

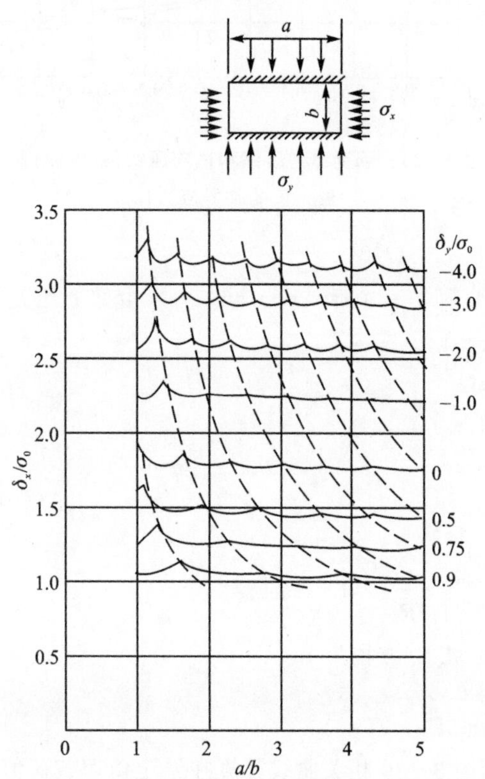

图 3-27 承受纵向压缩和横向压缩(或拉伸)矩形平板(a 端铰支,b 端固支)的临界应力($a/b\geqslant1$)

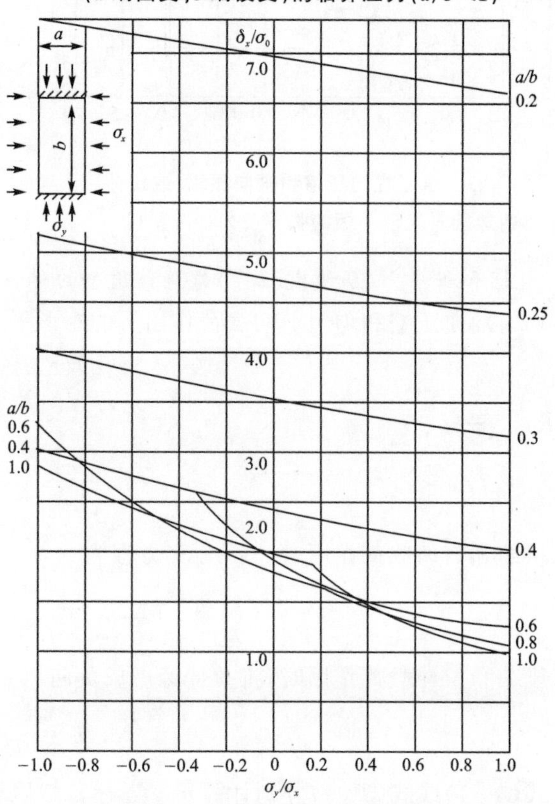

图 3-28 承受纵向压缩和横向压缩(或拉伸)矩形平板(a 端铰支,b 端固支)的临界应力($a/b<1$)

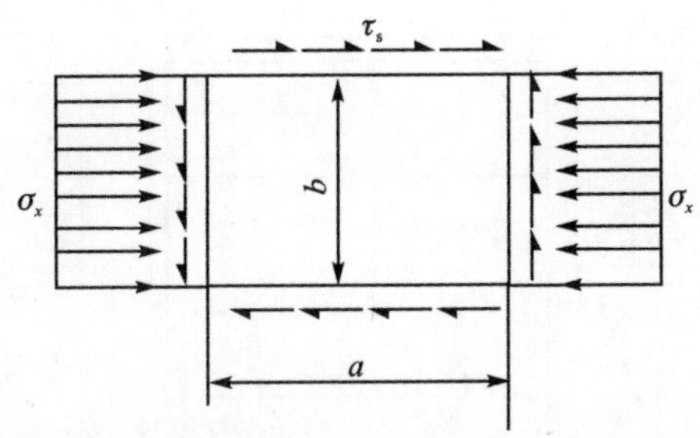

图 3-29　承受均匀轴向压缩和均匀剪切载荷的矩形平板

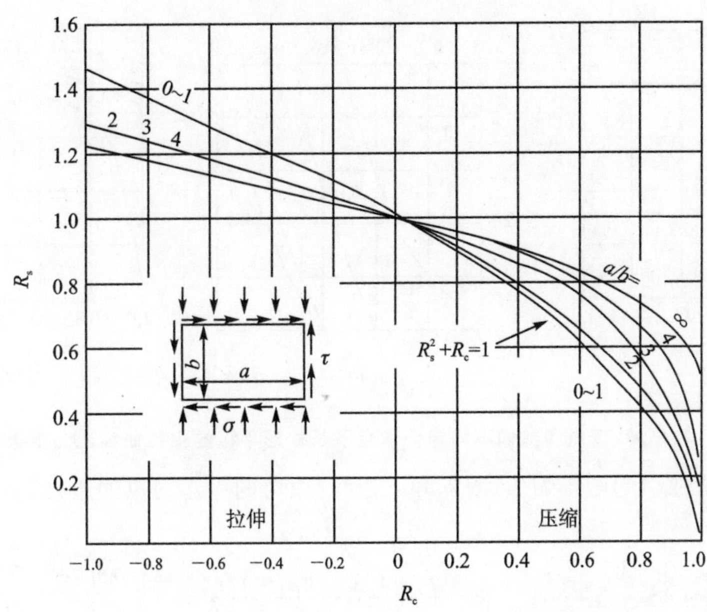

图 3-30　四边铰支矩形平板在剪切和正应力联合作用下的相关曲线

5．纯弯曲和剪切载荷作用下的稳定性

在纯弯曲和剪切载荷作用下四边铰支矩形平板(如图 3-31 所示)的临界应力可按如下方程

$$R_b^2 + R_s^2 = 1 \tag{3-24}$$

计算。

式中：　$R_b = \dfrac{\sigma_b}{\sigma_{b,cr}}$；

$R_s = \dfrac{\tau_s}{\tau_{s,cr}}$。

在弯曲和纯剪载荷作用下时，其 M. S. 方程为

$$\text{M. S.} = \frac{1}{\sqrt{R_s^2 + R_b^2}} - 1 \tag{3-25}$$

对于无限长的矩形平板，令 $R_c = 0$，可利用图 3-32 和图 3-33 的相关曲线计算临界应力。$\sigma_{b,cr}$ 与 $\tau_{s,cr}$ 分别按式(3-13)和式(3-9)计算。

6．横向压缩、纵向弯曲和剪切载荷作用下的稳定性

在横向压缩、纵向弯曲和剪切载荷联合作用下的无限长矩形平板(见图 3-34)的临界载荷按图 3-32 和图 3-33 的相关曲线进行计算。

图 3-32(a)、(b)和(c)中的曲线，是对上、下边缘($y=0,b$)铰支的无限长板作出的；图 3-33(a)、(b)和(c)

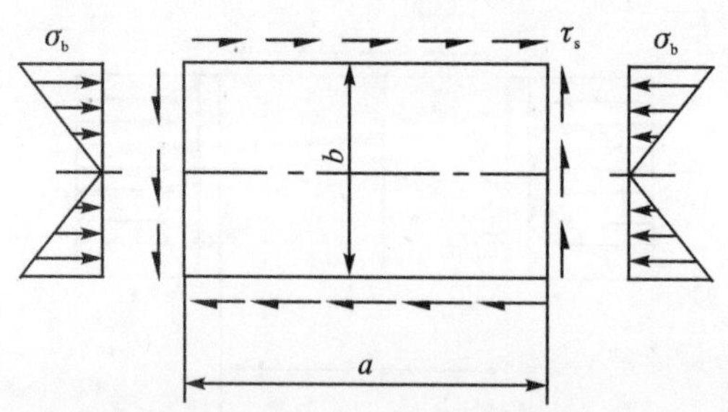

图 3-31　承受纯弯曲和剪切载荷的四边铰支矩形平板

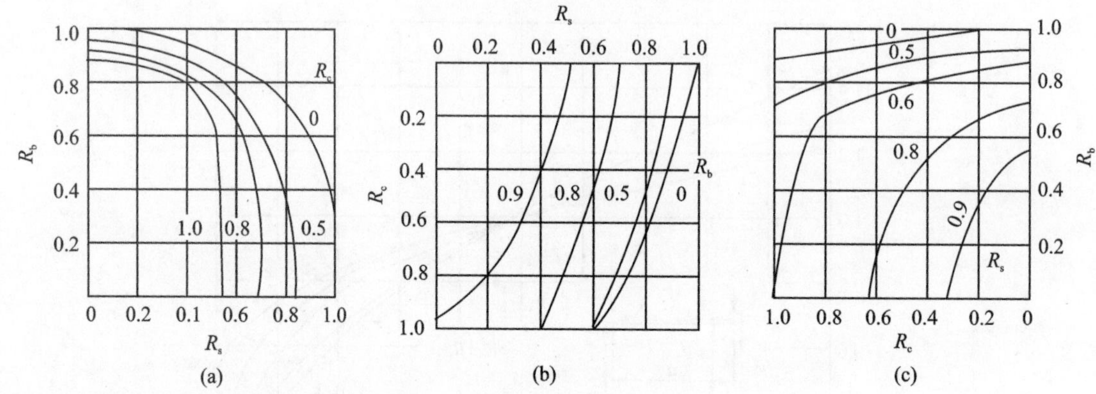

图 3-32　在压缩、弯曲和剪切不同组合作用下长矩形平板的相关曲线(上、下边缘铰支)

中的曲线是对上边缘(由弯曲引起的压缩边)固支和下边缘(由弯曲引起的拉伸边)铰支作出的。

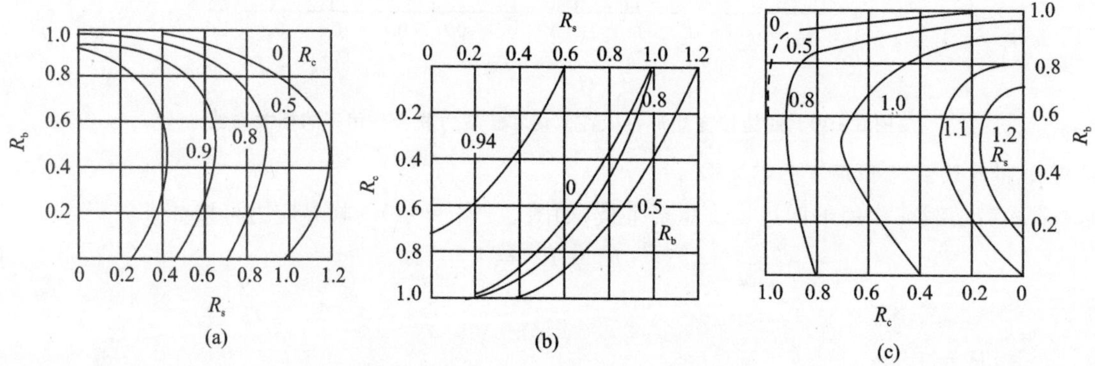

图 3-33　在压缩、弯曲和剪切不同组合作用下长矩形平板的相关曲线(上边缘固支、下边缘铰支)

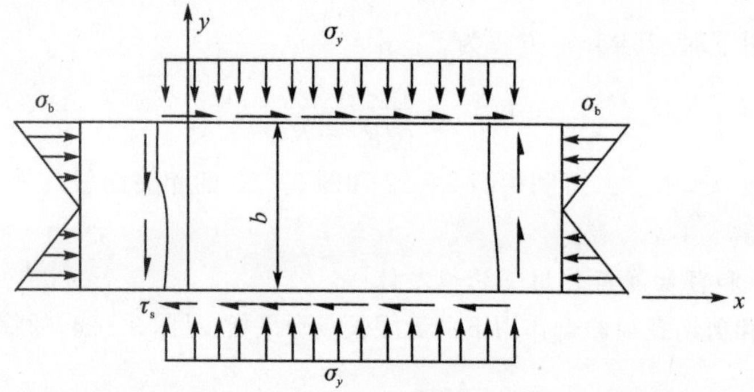

图 3-34　承受纯弯曲和剪切载荷的无限长矩形平板

7. 双轴压缩和纵向弯曲载荷作用下的稳定性

在双轴压缩和纵向弯曲载荷作用下矩形平板(见图 3-35)的临界应力按图 3-36 的相关曲线进行计算。图中 R_x、R_y、R_b 定义如下：

$$
\left.\begin{aligned}
R_x &= \frac{\sigma_x}{\sigma_{x,\mathrm{cr}}} \\
R_y &= \frac{\sigma_y}{\sigma_{y,\mathrm{cr}}} \\
R_b &= \frac{\sigma_b}{\sigma_{b,\mathrm{cr}}}
\end{aligned}\right\} \tag{3-26}
$$

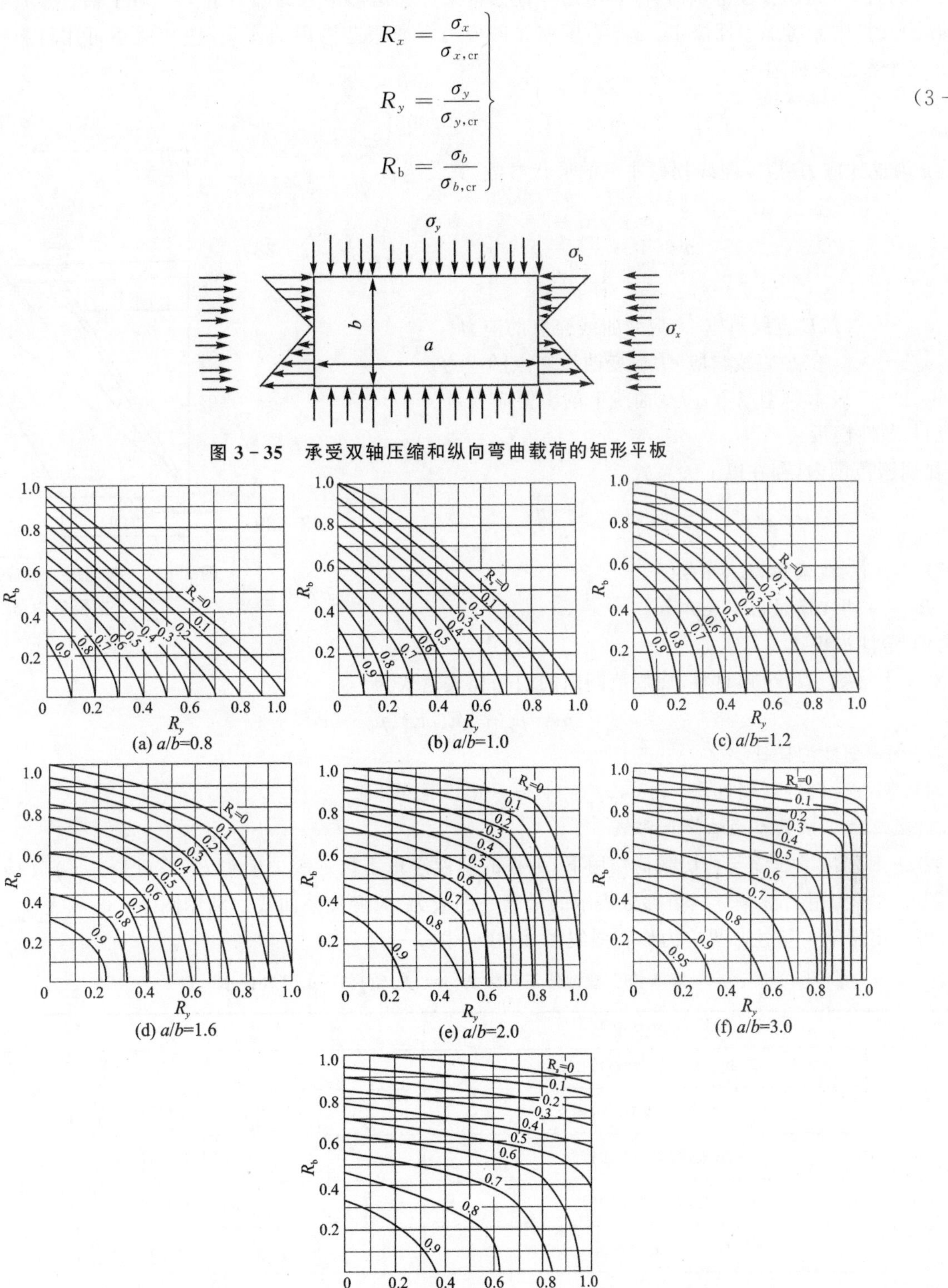

图 3-35　承受双轴压缩和纵向弯曲载荷的矩形平板

图 3-36　双轴压缩和纵向弯曲复合载荷作用下四边铰支矩形平板的相关曲线

3.2.2.5 塑性修正

1. 塑性模量与塑性泊松比

当应力水平超出弹性范围时，需要考虑塑性修正来计算矩形平板的临界应力。对于铝合金，当应力值大于0.5倍$\sigma_{0.2}$时，则需考虑塑性修正。$\sigma_{0.2}$为压缩屈服应力。屈服范围内的应力-应变关系可用材料性能参数E、$\sigma_{0.2}$、n三个参数来描述。

$$\varepsilon=\frac{\sigma}{E}+0.002\left(\frac{\sigma}{\sigma_{0.2}}\right)^{n} \tag{3-27}$$

式中：n为描述应力-应变曲线拐弯曲率的形状参数，其式为

$$n=1+\frac{\ln\frac{17}{7}}{\ln\frac{\sigma_{0.7}}{\sigma_{0.85}}} \tag{3-28}$$

式中：$\sigma_{0.7}$——$0.7E$直线与应-力应变曲线交点的应力；

$\sigma_{0.85}$——$0.85E$直线与应-力应变曲线交点的应力。

图3-37表示典型应力-应变曲线上的主要应力量。

(1) 塑性模量

在屈服范围内，存在以下关系式：

$$\frac{1}{E_t}=\frac{n}{E_s}+\frac{1-n}{E} \tag{3-29}$$

式中：E_s——割线模量，$E_s=\sigma/\varepsilon$；

E_t——切线模量，$E_t=\mathrm{d}\sigma/\mathrm{d}\varepsilon$。

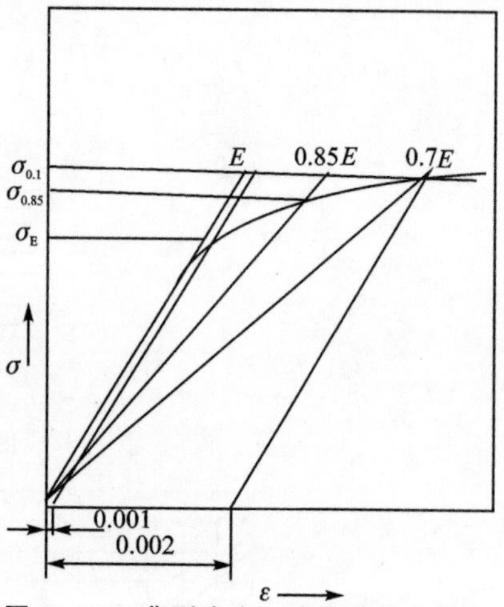

图3-37 典型应力—应变曲线上的主要应力量

(2) 塑性泊松比

对于大多数工程金属材料，屈服范围内的泊松比表达式为

$$\mu=\mu_p-(E_s/E)(\mu_p-\mu_e) \tag{3-30}$$

式中：μ_p——塑性泊松比。

对可塑正交同性材料，$\mu_p=0.5$，μ_e在0.25～0.35之间。

2. 塑性修正系数与塑性修正曲线

表3-8列出了压缩与剪切载荷作用下，平板的塑性修正系数。表中$j=(E_s/E)(1-\mu_e^2)/(1-\mu^2)$。

图3-38为用E、$\sigma_{0.7}$、n三个参数表示的量纲一的应力-应变关系曲线。利用图3-38和表3-8，并取$\mu_p=0.5$，可作出量纲一塑性临界应力修正曲线图3-39～图3-41。

表3-8 塑性修正系数表($j=(E_s/E)(1-\mu_e^2)/(1-\mu^2)$)

载荷情况	结构情况	η/j
压缩	长凸缘，一非加载边铰支	1
	长凸缘，一非加载边固支	$0.330+0.335\left(1+\frac{3E_t}{E_s}\right)^{1/2}$
	长板，两非加载边铰支	$0.500+0.250\left(1+\frac{3E_t}{E_s}\right)^{1/2}$
	长板，两非加载边固支	$0.352+0.324\left(1+\frac{3E_t}{E_s}\right)^{1/2}$
	如同柱一样承载的短板($a/b<1$)	$0.250\left(1+\frac{3E_t}{E_s}\right)$
	如同柱一样承载的正方形板($a/b=1$)	$0.114+0.886\left(\frac{E_t}{E_s}\right)$
	长柱($a/b>1$)	$\frac{E_t}{E_s}$
剪切	矩形板，各种弹性支持	$0.83+0.17\frac{E_t}{E_s}$

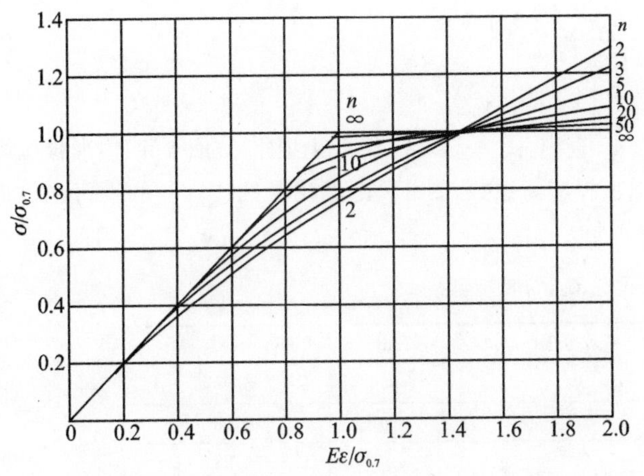

图 3-38　用三参数表示的量纲一应力一应变曲线

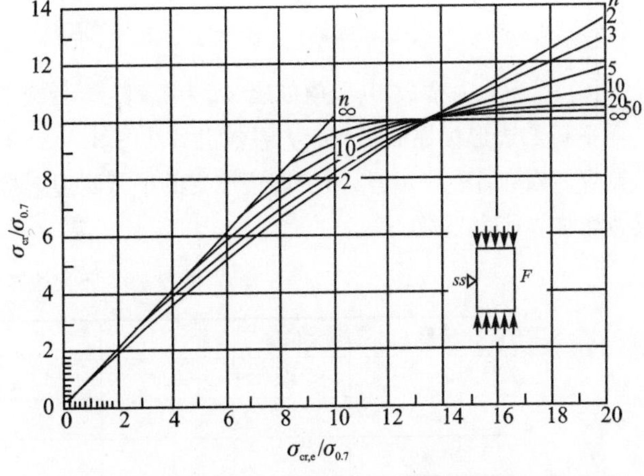

图 3-39　长端铰支凸缘的压缩塑性临界应力曲线

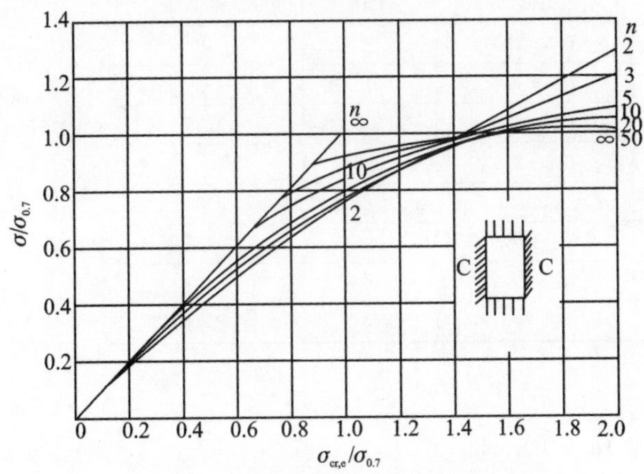

图 3-40　长端固支凸缘及边缘具有各种约束板的压缩塑性临界应力曲线

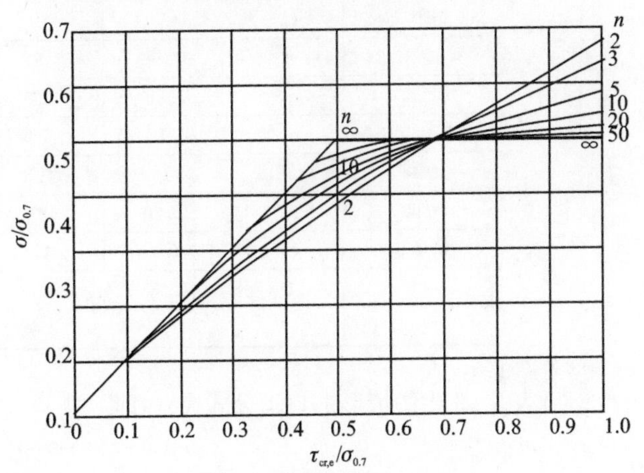

图 3-41　边缘具有各种约束板的剪切塑性临界应力曲线

3.2.3　平行四边形平板的屈曲分析

1. 面内载荷作用下的屈曲临界应力(单向加载)

板的参数及受载形式如图 3-42 所示。

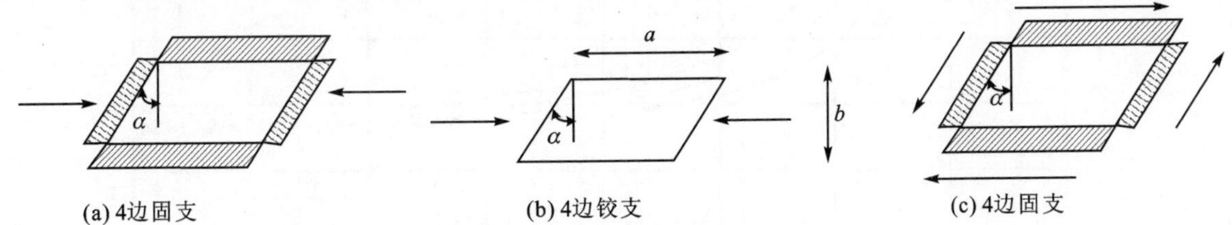

图 3-42　板的参数及受载形式

平行四边形板弹性屈曲临界应力按式(3-1)计算，线弹性范围内，平行四边形板屈曲临界应力系数计算公式为

$$\left.\begin{array}{l}\left(k_{c,s}=C_1\left(\dfrac{a}{b}\right)^2+C_2\left(\dfrac{b}{a}\right)^2+C_3\right)\left(0\leqslant\dfrac{a}{b}\leqslant \mathrm{Lim}\right)\\[2ex](k_{c,s}=k_{c,s\infty})\left(\dfrac{a}{b}\geqslant \mathrm{Lim}\right)\end{array}\right\}\qquad(3-31)$$

$$K_{c,s}=\frac{k_{c,s}\cdot\pi^2}{12(1-\mu_e^2)} \tag{3-32}$$

式中：C_1、C_2、C_3 为常数，其取值如表 3-9 所列。

平行四边形板屈曲临界应力系数也可从图 3-43～图 3-45 查出，图 3-43 给出了四边固支的平行四边形板压缩临界应力系数，图 3-44 给出了四边铰支的平行四边形板压缩临界应力系数，图 3-45 给出了四边固支的平行四边形板剪切临界应力系数。

表 3-9 不同边界条件下 C_1、C_2、C_3 的取值

情形 1	C_1	C_2	C_3	有效范围(a/b)	Lim	$K_{c,s\infty}$(极值)
$\alpha=0°$	0	2.9	6.98	0.8-∞	∞	6.98
$\alpha=30°$	0	4.15	6.98	0.75-∞	∞	6.98
$\alpha=40°$	0	5.53	6.98	0.9-∞	∞	6.98
$\alpha=45°$	0	7.5	6.98	1.0-∞	∞	6.98
情形 2	C_1	C_2	C_3	有效范围(a/b)	Lim	$K_{c,s\infty}$(极值)
$\alpha=0°$	1	1	2	0.3-1.0	1	4
$\alpha=15°$	0.5	1.11	2.8	0.3-1.2	1	4.26
$\alpha=30°$	-0.24	1.12	5.9	0.4-2.6	2.6	4.35
$\alpha=45°$	-0.45	4	7.3	0.5-2.8	2.8	4.7
$\alpha=60°$	0	15.38	4.87	1.0-∞	∞	4.87
情形 3	C_1	C_2	C_3	有效范围(a/b)	Lim	$K_{c,s\infty}$(极值)
$\alpha=0°$	0	5.53	8.98	0.8-∞	∞	8.98
$\alpha=45°$	0	4.65	8.98	0.8-∞	∞	8.98

对于表 3-9 中的情形 1，以下公式成立，即

$$k_c(\alpha=30)=1.43k_c(\alpha=0)-3.00 \tag{3-33}$$

$$k_c(\alpha=40)=1.91k_c(\alpha=0)-6.33 \tag{3-34}$$

$$k_c(\alpha=45)=2.59k_c(\alpha=0)-11.07 \tag{3-35}$$

式中：所有角度的单位为度(°)，当角度 α<15°时，采用矩形板相关曲线图。

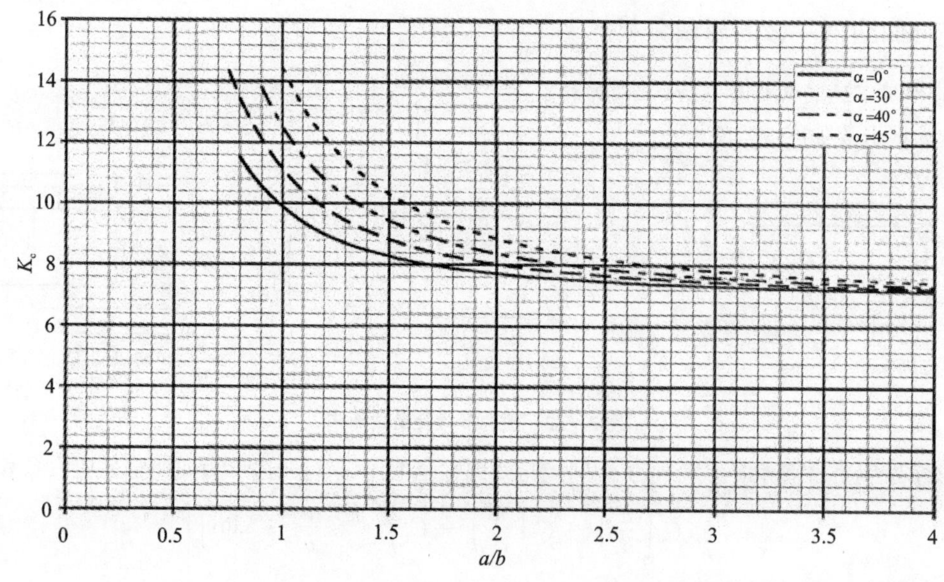

图 3-43 四边固支平行四边形板压缩临界应力系数

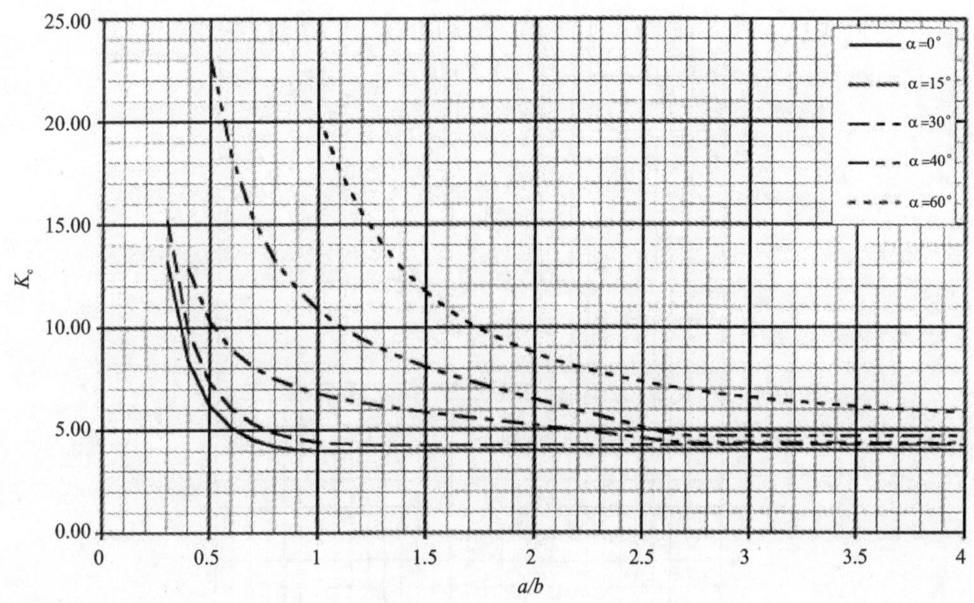

图 3-44　四边铰支平行四边形板压缩临界应力系数

2. 复杂载荷作用下的屈曲临界应力

当平行四边形板同时受到剪应力和压应力时，采用图 3-46 所示相关曲线，其计算公式为

$$\tau_{csr} = \min\left(\eta K_s E_c \left(\frac{t}{b}\right)^2, \tau_{sy}\right) \tag{3-36}$$

式中：E_c——压缩模量；

τ_{sy}——剪切屈服应力。

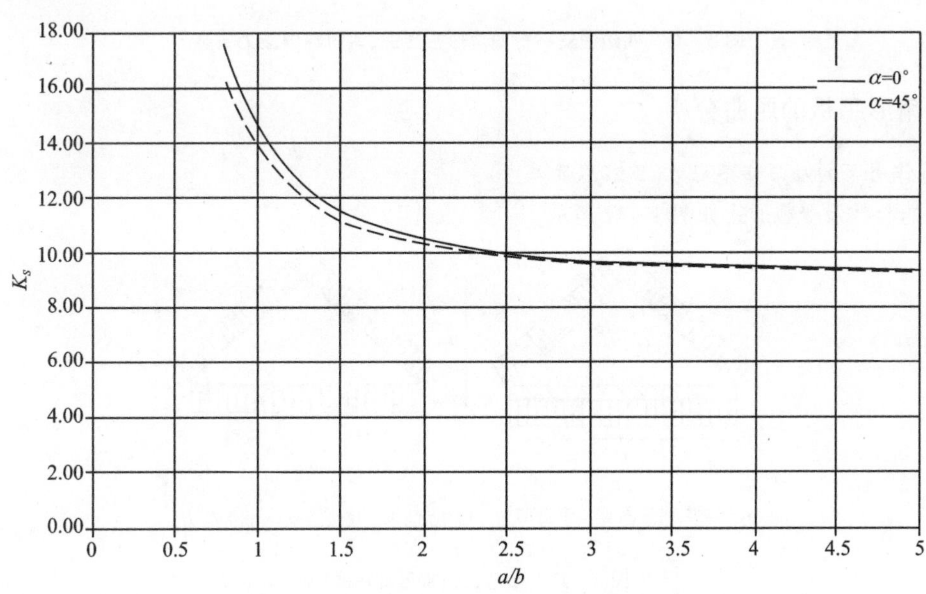

图 3-45　四边固支平行四边形板剪切临界应力系数

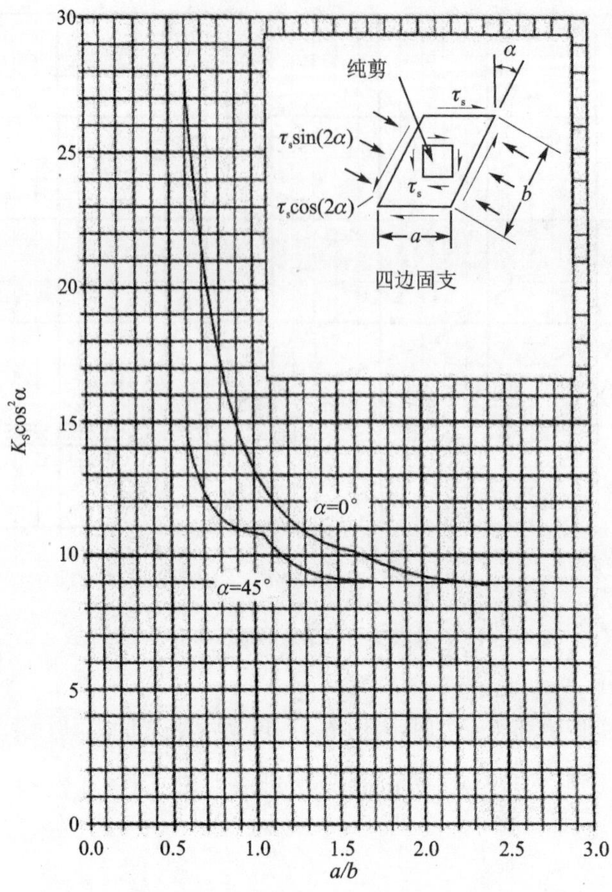

图 3-46 四边固支平行四边形板压缩、剪切临界应力系数

3.2.4 三角形平板的屈曲分析

1. 面内载荷作用下的屈曲临界应力(压缩不带剪力)

三角形平板的参数及受载形式如图 3-47 所示。

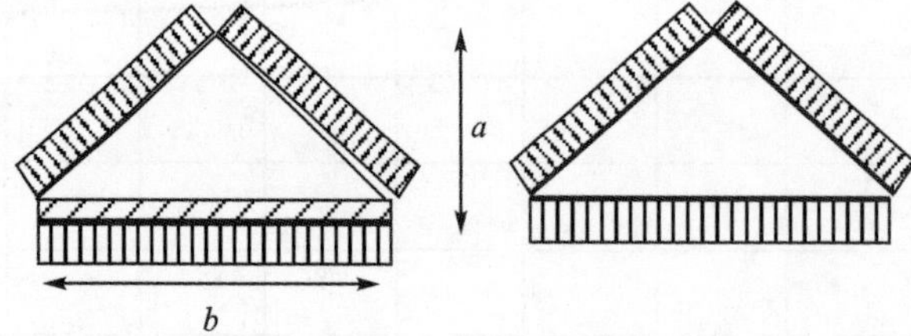

(a) 情形1:底边固支，不带剪力 (b) 情形2:底边铰支，不带剪力

图 3-47 三角板受载形式示意图

三角形板弹性屈曲临界应力按式(3-1)计算,线弹性范围内,三角形板屈曲临界应力系数计算公式为

$$\left(k_{c,s}=C_1\left(\frac{a}{b}\right)^2+C_2\left(\frac{b}{a}\right)^2+C_3\right)\left(0\leqslant\frac{a}{b}\leqslant \mathrm{Lim}\right) \tag{3-37}$$

$$(k_{c,s}=k_{c,s\infty})\left(\frac{a}{b}\geqslant \mathrm{Lim}\right) \tag{3-38}$$

式中：C_1、C_2、C_3 由表 3-10 查出。

三角形板的压缩临界应力系数 K_c 也可由图 3-48 查出。图 3-48 给出了三角形板无剪切的压缩临界应力系数。

表 3-10　不同边界条件下 C_1、C_2、C_3 的取值

	C_1	C_2	C_3	有效范围(a/b)	Lim	$K_{c,s\infty}$(极值)
情形 1	0	2.8	9.2	0.5～2.0	2	9.9
情形 2	0	2.09	2.7	0.4～2.0	2	3.2
情形 3	0	7.73	28.2	0.5～1.03	1.03	35.4
情形 4	0	5.11	8.2	0.5～1.3	1.3	11

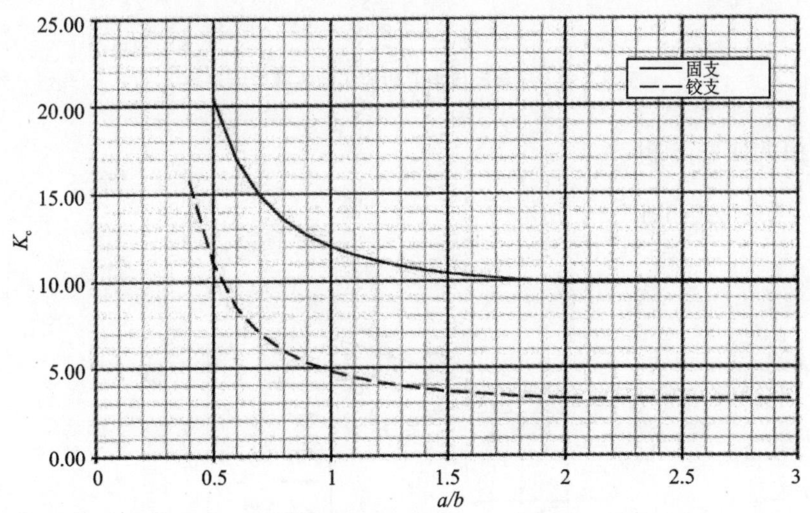

图 3-48　三角形板无剪切的压缩临界应力系数

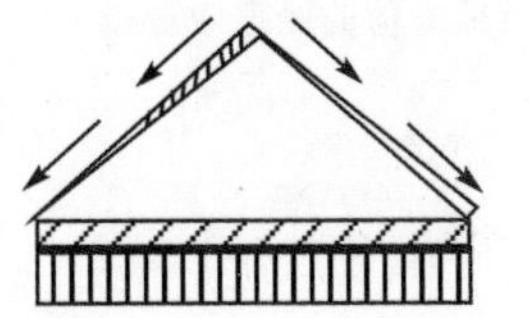

(a) 情形3边:底固支，带剪力

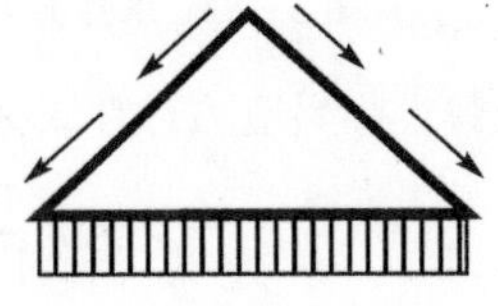

(b) 情形4:底边铰支，带剪力

图 3-49　三角形受载示意图

2. 复杂载荷作用下的屈曲临界应力(压缩带剪力)

屈曲临界应力系数 K_s 由式(3-37)和式(3-38)确定，式中 C_1、C_2、C_3 依然由表 3-10 查出。K_s 可由图 3-50 查出。

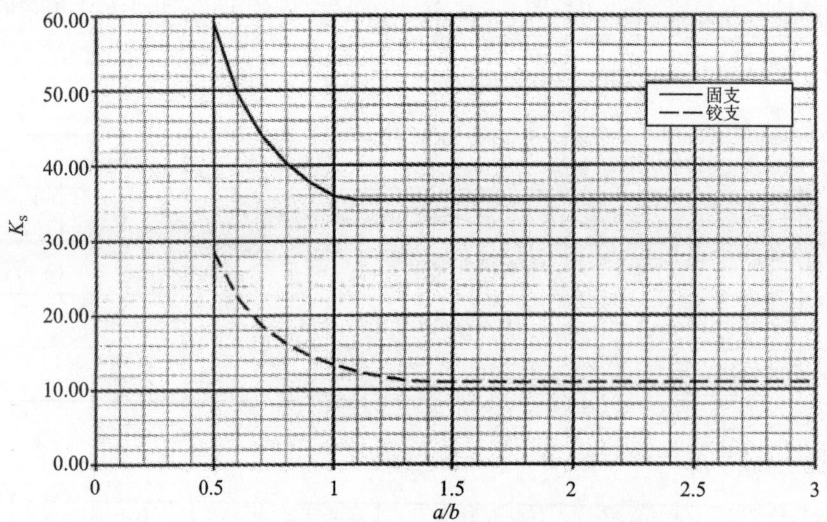

图 3-50　三角形板带剪切的压缩临界应力系数

3.2.5　梯形平板的屈曲分析

梯形平板的参数及受载形式如图 3-51 所示。

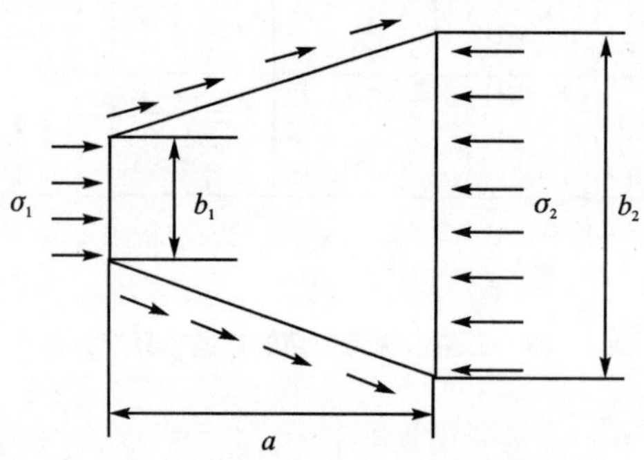

图 3-51　承受剪力和压缩载荷的变宽矩形板

受轴向压缩载荷的梯形平板弹性临界应力计算式为

$$\sigma_{cr} = \eta \frac{0.91}{1-\mu_e^2} K_c E \left(\frac{t}{b_2}\right)^2 \tag{3-38}$$

式中：b_2——加载边的宽度；

t——板的厚度；

μ_e——材料的弹性泊松比；

K_c——压缩临界应力系数，可由图 3-52～图 3-54 查出；

E——材料的弹性模量；

η——塑性修正系数。

图 3-52～图 3-54 给出了不同 σ_1/σ_2 比值下的压缩临界应力系数。

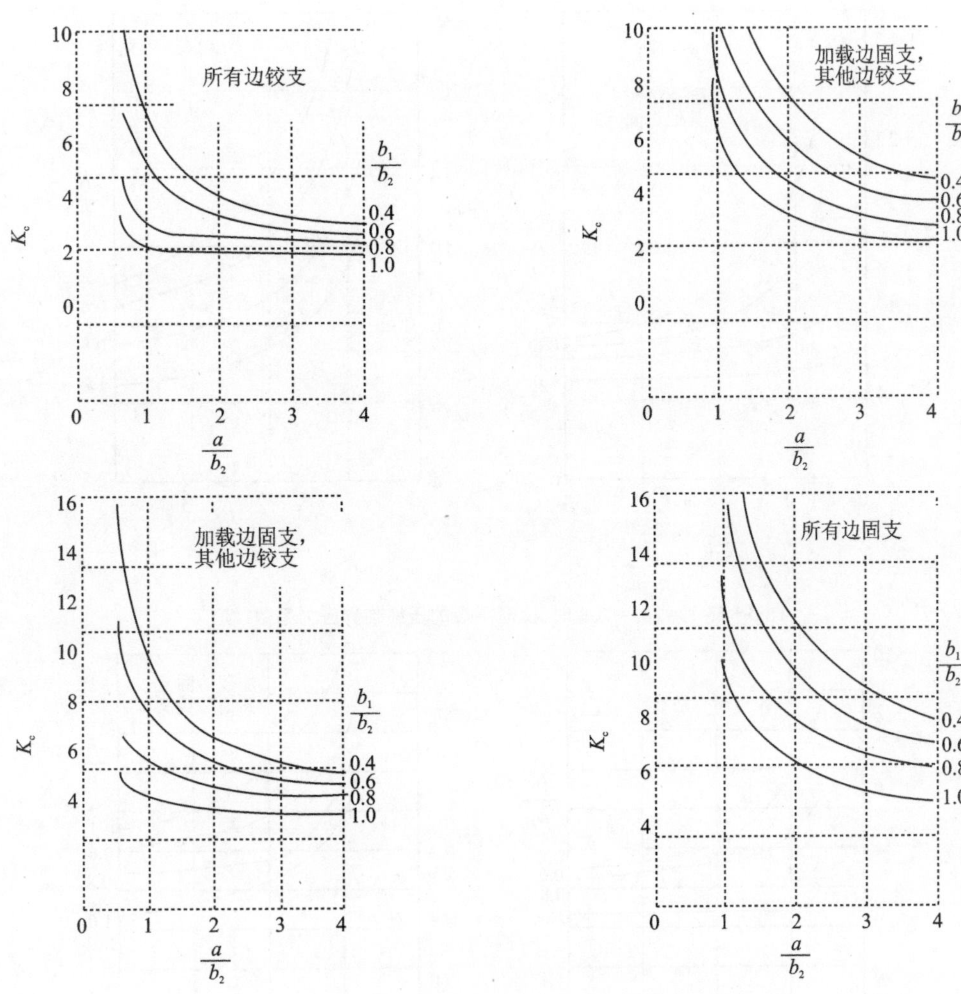

图 3－52　$\sigma_1/\sigma_2=0.8$ 时，梯形平板的压缩临界应力系数

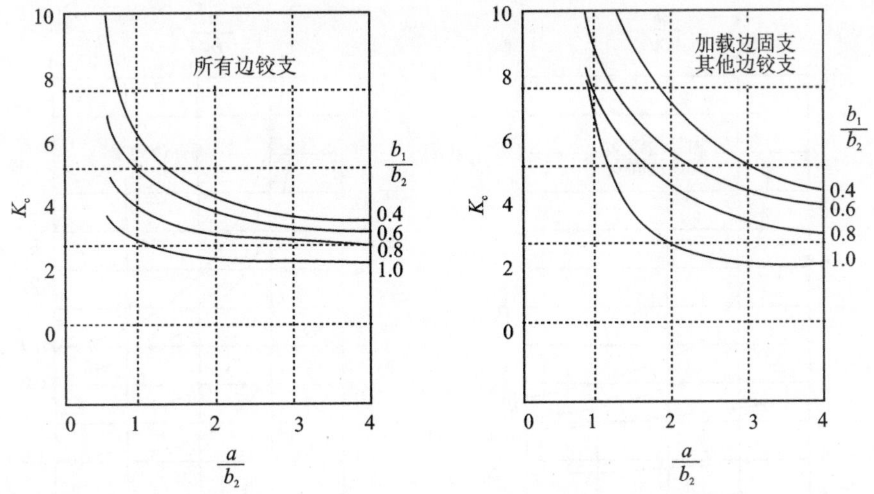

图 3－53　$\sigma_1/\sigma_2=1.0$ 时，梯形平板的压缩临界应力系数

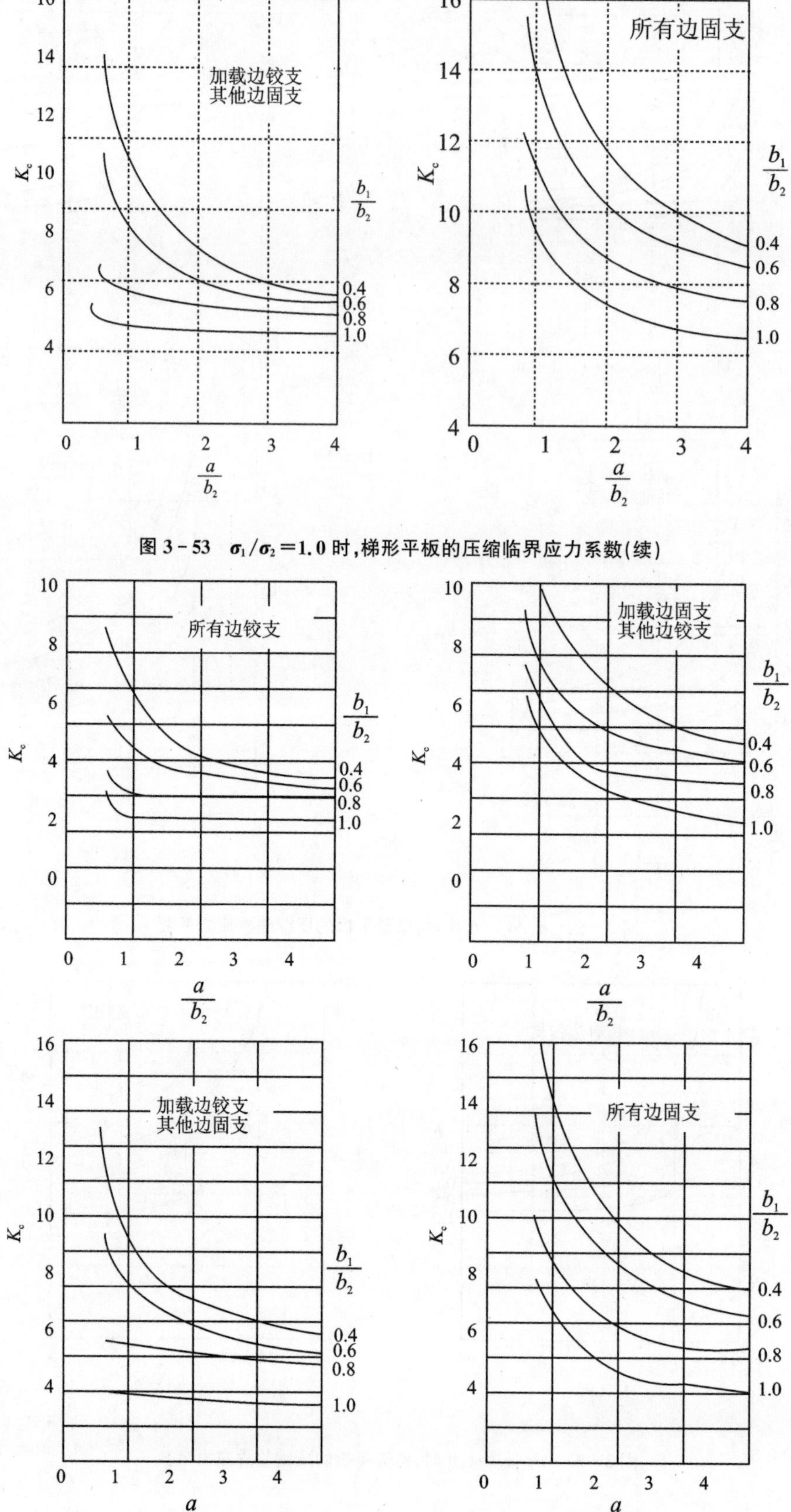

图 3-53 $\sigma_1/\sigma_2=1.0$ 时，梯形平板的压缩临界应力系数(续)

图 3-54 $\sigma_1/\sigma_2=1.2$ 时，梯形平板的压缩临界应力系数

3.2.6 平板结构过屈曲及张力场分析方法

3.2.6.1 平板结构受面内载荷时的张力场分析

一般工程结构将受剪板的屈曲作为结构元件的破坏标志。在航空领域，为了追求质量最小的航空结构，利用对角张力的形式在四周框架的支持下继续承载的能力，把张力场下最大应力作为结构破坏应力。

飞机薄壁结构中承受剪切载荷的板件，当板中的剪应力 τ 小于其临界剪应力 τ_{cr} 时，板处于纯剪状态。此时，为通常的剪力场。

1. 平板张力场

平板张力场在飞机结构设计中可应用于机翼翼梁腹板的设计和机身侧壁板的设计等。

飞机结构中通常采用的是不完全张力场(其设计载荷为临界值的几倍至几十倍)。

2. 腹板临界应力

对于四边弹性支持的矩形平板，采用 5.3.3.1 中方法计算临界剪应力 τ_{cr}。

3. 张力场系数

根据载荷比 $\frac{\tau}{\tau_{cr}}$ 之值，确定张力场系数的经验公式为

$$K = \mathrm{th}\left(0.5\lg\frac{\tau}{\tau_{cr}}\right) \qquad \frac{\tau}{\tau_{cr}} \geqslant 2 \tag{3-39}$$

$$K = 0.434\left(\varphi + \frac{1}{3}\varphi^3\right) \qquad 1 \leqslant \frac{\tau}{\tau_{cr}} < 2 \tag{3-40}$$

式中：$\varphi = \frac{\tau - \tau_{cr}}{\tau + \tau_{cr}}$

对于 $\frac{\tau}{\tau_{cr}} \geqslant 2$ 的情况，可由图 3-55 直接查出 K 值。

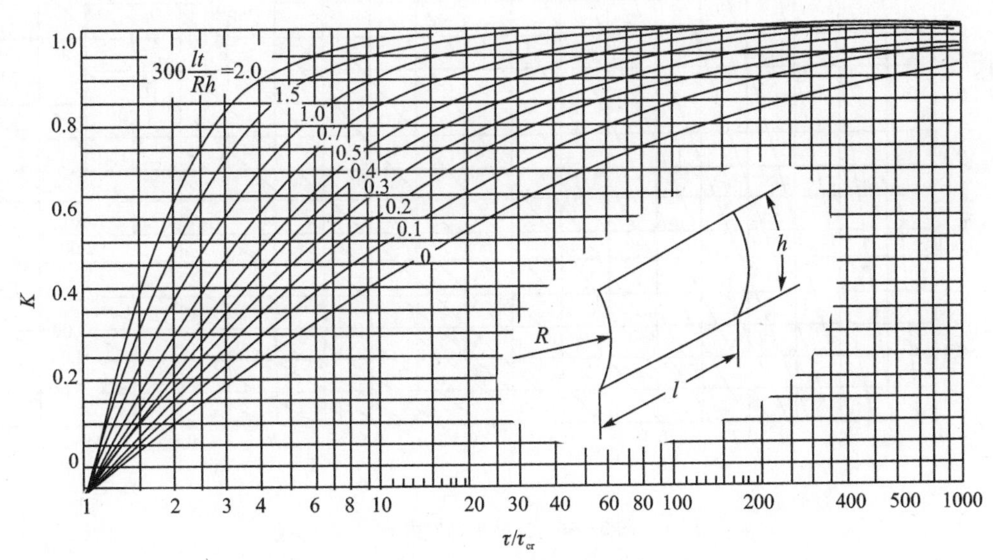

图 3-55　张力场系数 K

4. 内力计算

(1) 腹板的最大名义剪应力公式为

$$\tau_{max} = \tau(1 + K^2C_1)(1 + KC_2) \tag{3-41}$$

式中：τ ——腹板名义剪应力；

C_1——考虑张力场角度 $\alpha \neq 45°$ 的修正系数，$C_1=\dfrac{1}{\sin 2\alpha}-1$；

C_2——缘条柔度引起变形修正系数，由图 3-57 查出，它取决于凸缘柔度参数 ω_d 通常 α 接近 45°值，C_1 值很小，可略去。

ω_d 表达式为

$$\omega_d = 0.7l\sqrt[4]{\frac{t}{(I_c+I_t)h_e}} \tag{3-42}$$

式中：I_c，I_t——分别为受拉和受压凸缘的自身惯性矩。

(2) 支柱应力

1) 支柱沿高度上的平均应力

$$\sigma_u = -\frac{K\tau\tan\alpha}{\dfrac{F_{u,eff}}{lt}+0.5(1-K)} \tag{3-43}$$

式中：$F_{u,eff}$——支柱的有效横截面积。

对于双支柱，σ_u 沿横截面均匀分布；对于单支柱，受偏心压缩，应力从铆缝处向外侧逐渐减小，σ_u 只表示铆接线上的腹板中面处的应力。根据公式制得图 3-56，可直接查用。

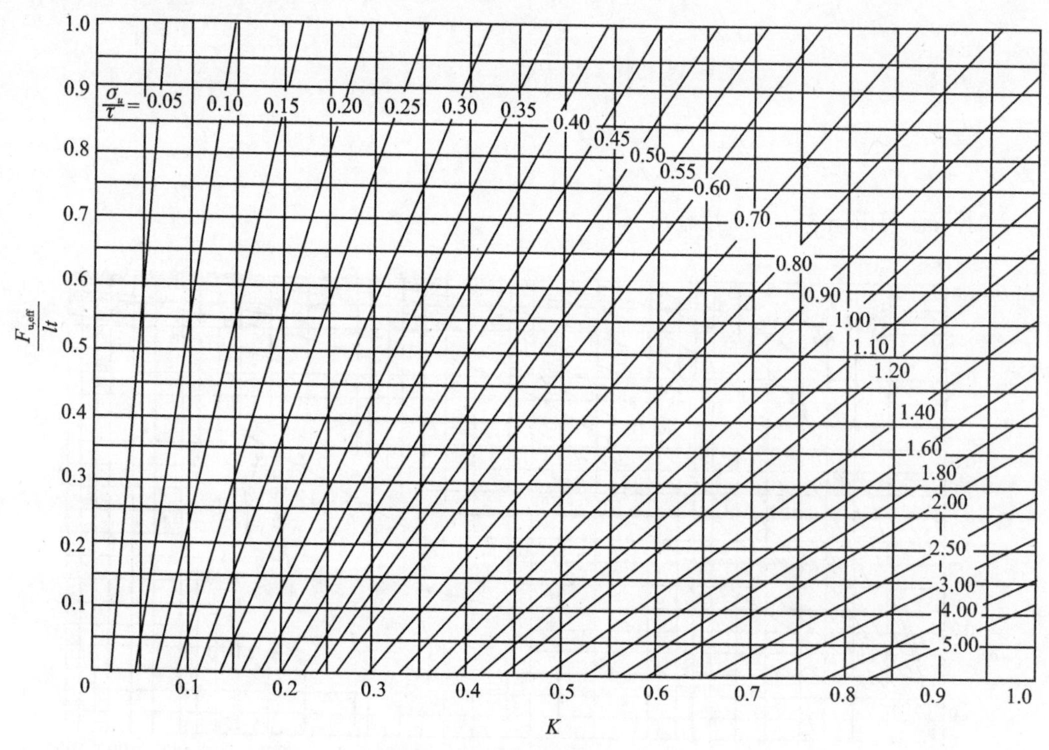

图 3-56 支柱平均应力 σ_u

2) 支柱的最大应力

支柱的应力两端小、中间大，在高度的二分之一处，应力达到最大值 $\sigma_{u,max}$，其式为

$$\sigma_{u,max} = k\,\sigma_u \tag{3-44}$$

式中：k——支柱应力修正系数，其式为

$$k=(1-K)\left(0.775-0.645\frac{h_c}{l_c}\right)+1 \tag{3-45}$$

(3) 凸缘应力

1) 不完全张力场中,凸缘中由张力场引起附加的压应力计算式为

$$\sigma_{fl} = -\frac{K\tau \cot\alpha}{\frac{2F_{fl}}{ht} + 0.5(1-K)} \tag{3-46}$$

2) 凸缘的最大附加弯矩式为

$$M_{max} = \frac{C_3}{12h} KQl^2 \tan\alpha \tag{3-47}$$

式中:C_3——变形修正系数,取决于凸缘柔度参数 ω_d,查图 3-57 可得。

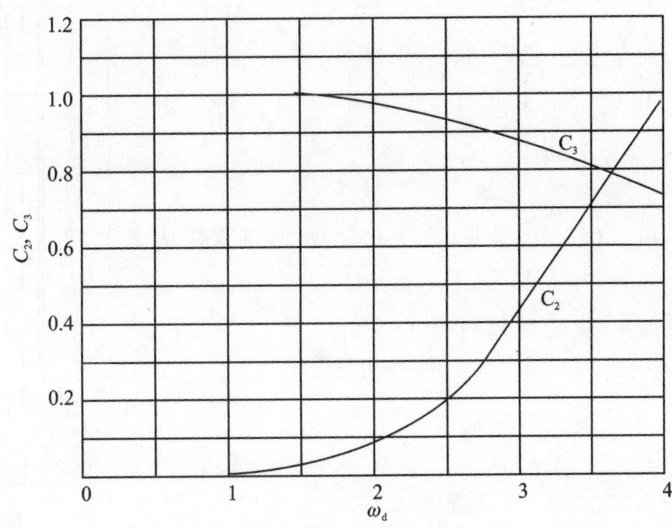

图 3-57　修正系数 C_2,C_3

该值发生在凸缘与支柱的交点处。弯矩使凸缘内侧受压,外侧受拉。次弯矩的第二峰值在两支柱的中点处,等于 $-\frac{1}{2}M_{max}$。

试验表明,凸缘中实际最大局部弯曲应力总是比计算值低。在简化计算中,以上两处的次弯矩值均可按式

$$M'_{max} = \frac{KQl^2}{16h_{ce}} \tag{3-48}$$

计算,但符号相反。式中,h_{ce} 为上、下凸缘与腹板铆接中心线之间的距离。

此外,凸缘还参与梁的整体受力。强度校核时,应将相应的应力进行叠加。

(4) 铆钉力

1) 腹板与凸缘连接铆钉承受沿明缝切向和法向的剪力。铆接线上的合剪流计算式为

$$q = \frac{Q}{h_{ce}}(1 + 0.414K) \tag{3-49}$$

式中:h_{ce}——上、下凸缘与腹板铆接中心线之间的距离。

2) 支柱与凸缘的连接铆钉受剪力。当忽略端部效应时,铆钉力可以偏保守地取为

$$Q = \sigma_u F_{u,eff} \tag{3-50}$$

3) 腹板与支柱连接铆钉

腹板失稳波纹使其与支柱的连接铆钉受拉力;铆接线上单位长度的拉力为

$$P = 0.15t\sigma_b\sqrt{K} \quad (用于双支柱) \tag{3-51}$$

$$P = 0.22t\sigma_b\sqrt{K} \quad (用于单支柱) \tag{3-52}$$

式中：σ_b——腹板材料的拉伸强度极限。

对于双支柱，由于柱弯曲作用使腹板与支柱的链接铆钉受剪力。一侧支柱与腹板铆接线上的平均剪流（铆钉单剪）计算式为

$$\bar{q} = 2\,\frac{\sigma_{-0.2} S_u}{b_u h_{eff}} \tag{3-53}$$

式中：$\sigma_{-0.2}$——支柱材料的压缩屈服极限；

S_u——一侧支柱横截面对腹板中面的静矩；

b_u——支柱外伸边的宽度；

h_{eff}——支柱的有效长度，其计算式为。

$$\left.\begin{aligned} h_{eff} &= \frac{h_u}{\sqrt{1+K^2\left(3-\dfrac{2l}{h_u}\right)}}, \quad l < 1.5h \\ h_{eff} &= h_u, \quad l \geqslant 1.5h \end{aligned}\right\} \tag{3-54}$$

(5) 波纹角

不完全张力场的波纹角由式(5-18)计算，在简化计算中，可直接从图 5-18查出 α 值。

3.2.6.2　平板结构受面内载荷时的过屈曲分析

受剪平板如图 3-58 所示。

临界剪应力的计算式为

$$\tau_a = K_a \sigma_{all} \tag{3-55}$$

式中：K_a——过屈曲临界应力系数，由图 3-59 查出；

σ_{all}——许用拉伸应力。

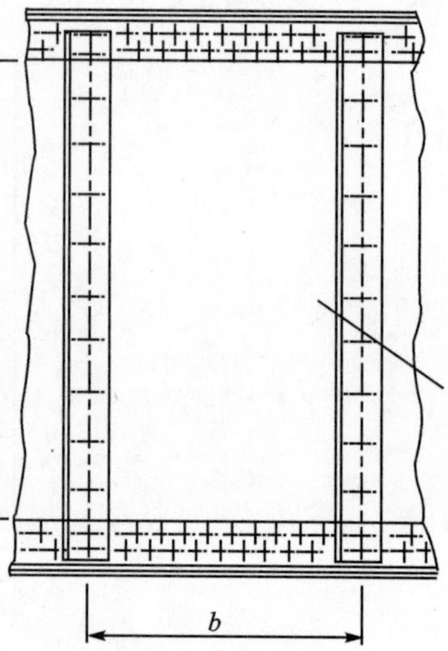

图 3-58　受剪平板

图中，τ 为名义剪应力（$Q/(ht)$），τ_{cr} 为首次屈曲剪切临界应力，由式(3-10)得出，A_s 为支柱横截面积。

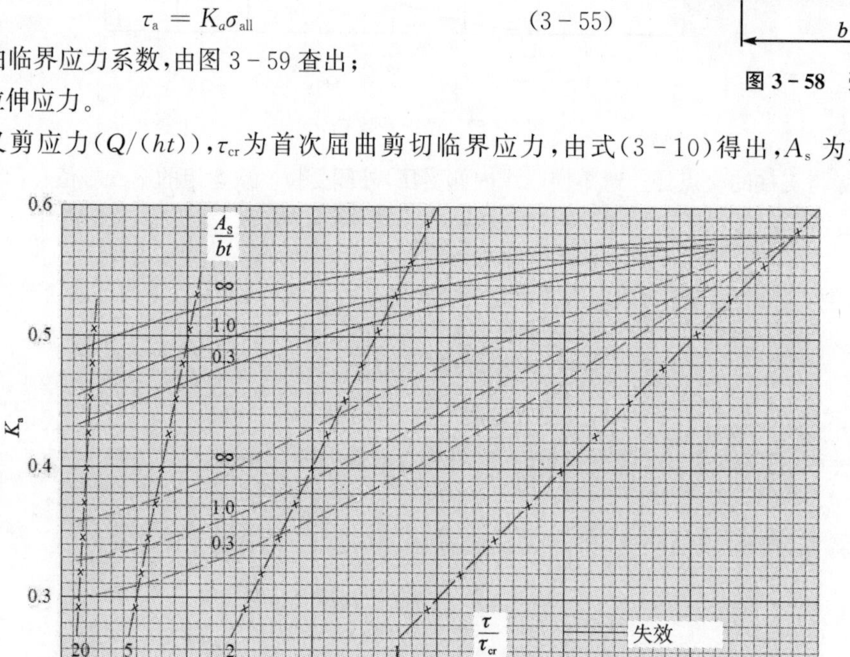

图 3-59　过屈曲临界应力系数

3.2.7　平板的破坏

平板受压破坏与凸缘的破坏机理一样，其破坏应力与平板的屈曲应力 σ_{cr} 和平板支持边的边缘应力密切相关。对非承载边的位移加以约束，将大大提高板的承载能力。如图 3-60 所示，平板的边界通常有 3 种假设。

1) 直的非承载边支持，如图 3-60(a)所示。这种情况的非承载边在板的平面内、外都不翘曲，保持直线，非承载边在平面内的位移 ν 保持常数。这种支持效果最好。此时垂直板平面位移 $\omega=0$，横向收缩位移 $\nu=\text{const}$，因而 $\sigma_y\neq0$。

2) V 型槽支持，如图 3-60(b)所示。这种情况的非承载边在板的平面内可以自由弯曲，而且垂直板平面的位移 $\omega=0$，垂直非承载边方向的应力 $\sigma_y=0$，此时 $\omega=0$，$\nu\neq\text{const}$。

3) 三格板支持，如图 3-60(c)所示。这种情况的非承载边被一系列刃口分成了三格，其支持效果介于上述两种情况之间。

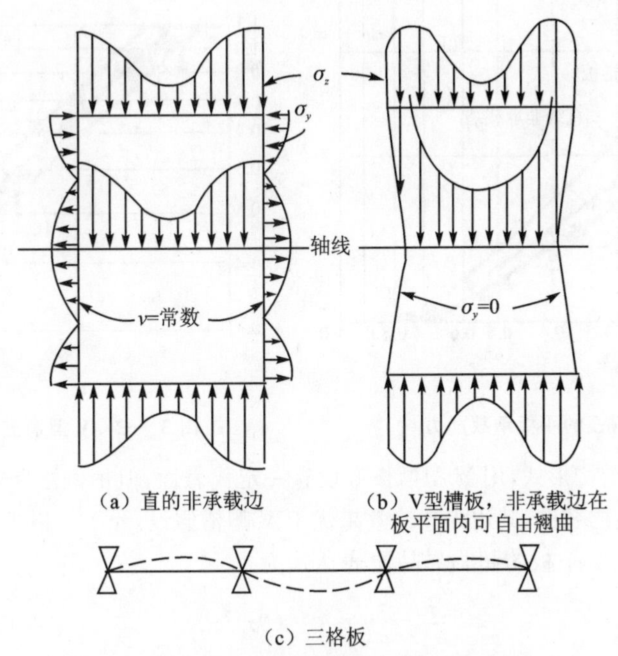

(a) 直的非承载边　(b) V型槽板，非承载边在板平面内可自由翘曲

(c) 三格板

图 3-60　均匀压缩下的平板屈曲应力

针对上述 3 种边界支持情况，通过充分试验，推荐用下列半经验公式

$$\left.\begin{aligned}\frac{\bar{\sigma}_f}{\sigma_{cr}}&=\alpha\left(\frac{\sigma_{cy}}{\sigma_{cr}}\right)^n &\sigma_{cr}\leqslant(\alpha)^{1/n}\sigma_{cy}\\ \bar{\sigma}_f&=\sigma_{cr} &\sigma_{cr}\leqslant(\alpha)^{1/n}\sigma_{cy}\end{aligned}\right\}\tag{3-56}$$

计算平板的破坏强度 $\bar{\sigma}_f$。在实际应用中，方程(3-56)还可以用下列形式表示，即将 $\sigma_{cr}=KE(t/b)^2$ 代入得

$$\frac{\bar{\sigma}_f}{\sigma_{cy}}=\alpha K^{1-n}\left[\frac{t}{b}\left(\frac{E}{\sigma_{cy}}\right)^{1/2}\right]^{2(1-n)}\tag{3-57}$$

令 $\beta=\alpha K^{(1-n)}$，$m=2(1-n)$，则有

$$\frac{\bar{\sigma}_f}{\sigma_{cy}}=\beta\left[\frac{t}{b}\left(\frac{E}{\sigma_{cy}}\right)^{1/2}\right]^m\tag{3-58}$$

式中：K——平板的受压修正屈曲系数，对简支长平板，$K=3.62$；

t——平板厚度；

b——平板宽度；

α,n 如表 3-11 所列。

按照 β 和 m 的计算公式，不难得到非承载边保持直线和三格板边界支持情况下的 $\bar{\sigma}_f/\sigma_{cy}$ 的计算公式。

表 3-11　平板的 α 和 n 值

边界条件	α	n	$\alpha^{1/n}$
非承载边保持直线	0.78	0.80	0.733
V 型槽板试验数据	0.80	0.575	0.678
三格板试验数据	0.80	0.65	0.709

图 3-61 是式(3-56)的图形表示，该图给出了 3 种不同边界支持条件下的平板承载能力。显然。直的非承载边平板的承载能力最强。

图 3-62 为对应 V 型槽支持的平板破坏强度计算公式(3-58)的图形表示。

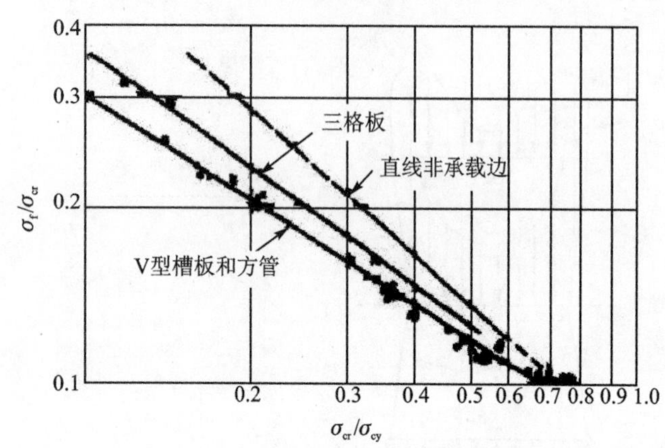

图 3-61　3 种边界假设的平板承载能力

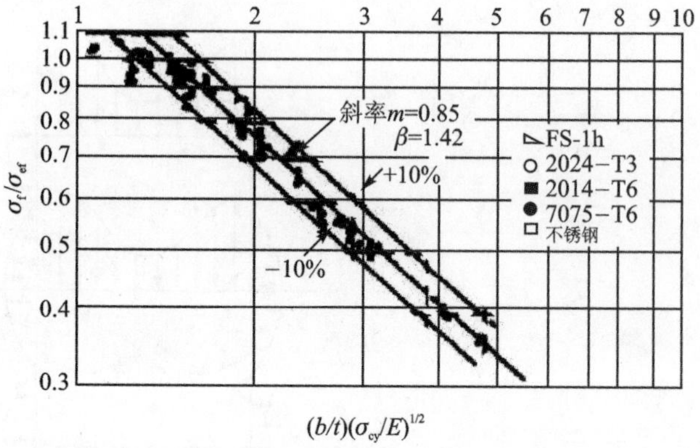

图 3-62　V 型槽支持平板破坏试验数据

试验表明，对于多数机翼结构形式，用 V 型槽板假设有一定代表性，但稍偏于保守。而对多墙结构翼面，相邻板屏的连续性限制了非承载边的翘曲，其边界支持效果优于 V 型槽假设，介于三格板与直的非承载边假设之间。

对于 $\sigma_c/\sigma_{cr}<3$ 的情况，受压平板的超临界品质表达式为

$$\frac{\bar{\sigma}}{\sigma_{cr}}=1-\beta+(\beta\sigma_c/\sigma_{cr}) \tag{3-59}$$

式中：$\bar{\sigma}$——平均应力；

σ_c——板或凸缘的边缘支持应力；

σ_{cr}——屈曲应力；

β 由表 3-12 给出。

表 3-12　简支长平板 β 值

$A_r/(at)$	β 值	
	不承载边保持直线 ν=常数	不承载边在板平面内可自由移动 $\sigma_y=0$
0	0.500	0.408
0.25	0.548	0.458
0.5	0.580	0.494
1.0	0.621	0.540
2.0	0.665	0.590
4.0	0.696	0.613
∞	0.746	0.684

表中:A_r 为边缘支持肋面积;a 为板宽;t 为板厚。

对于 $\sigma_c/\sigma_{cr}>3$ 的情况,屈曲形式发生了重大变化。

对于不承载边保持成直线形且横向可自由移动($A_r/(at)=0$)的简支方板,其式为

$$\frac{\bar{\sigma}}{\sigma_{cr}}=0.19+0.81\left(\frac{\sigma_{cr}}{\sigma}\right)^{1/2} \tag{3-60}$$

对于旋转约束的无承荷边保持成直线形且横向可自由移动($A_r/(at)=0$)的长板,其式为

$$\frac{\bar{\sigma}}{\sigma_{cr}}=1.2\left(\frac{\sigma_{cr}}{\sigma}\right)^{2/5}-0.65\left(\frac{\sigma_{cr}}{\sigma}\right)^{4/5}+0.45\left(\frac{\sigma_{cr}}{\sigma}\right)^{6/5} \tag{3-61}$$

如果板的非承载边由柱支持,而这些柱的破坏应力比板在 V 型槽或三格板试验中所发生的破坏应力值还低,则不能采用图 3-61 所示的数据。在这种情况下板的承载能力可以应用式(3-59)、式(3-60)和式(3-61)来估计,此时方程中的边缘支持应力 σ_c 代表柱的强度。

3.3 曲板结构屈曲分析

3.3.1 曲板结构的分析流程

曲板结构屈曲分析可按照图 3-63 所示的分析流程进行

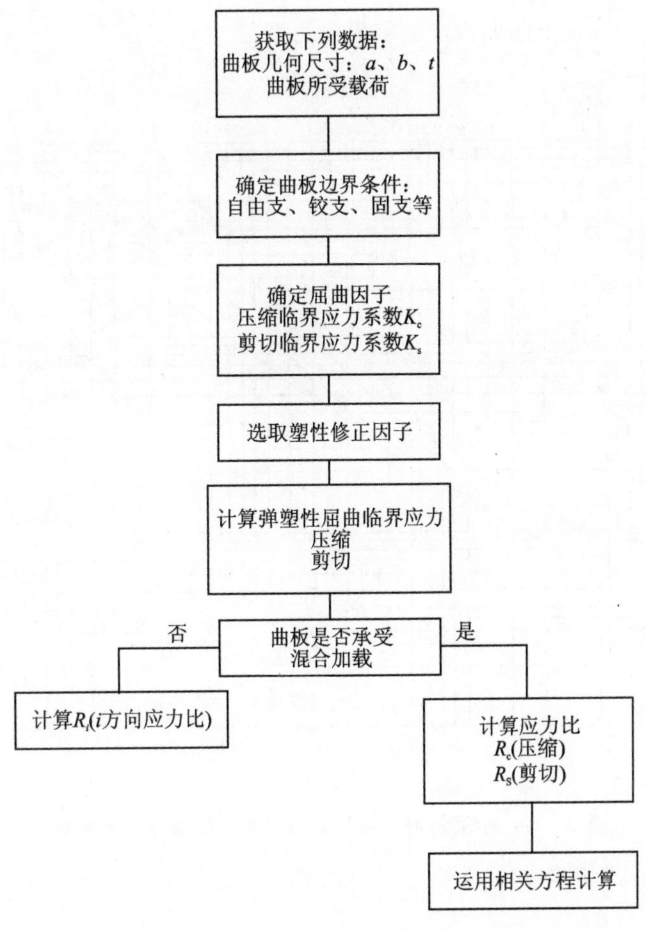

图 3-63 曲板结构屈曲分析流程

3.3.2 矩形曲板的屈曲分析

虽然小变形理论在解决平板屈曲应力时十分有效，但是并不完全适用于曲板。运用小变形理论来解决曲板屈曲应力时，会产生很大的误差。这里引进大变形理论，这将帮助得到更加接近实验数据的结果。不过，大变形理论考虑了曲板的初始缺陷，而这是一个未知量。

3.3.2.1 单向压缩载荷情况下曲板的屈曲分析方法

对于大半径的曲板($b^2/Rt<1$)，临界载荷可利用平板公式进行计算，即

$$\sigma_{cr}=\eta K_c\frac{\pi^2 E}{12(1-\mu_e^2)}\left(\frac{t}{b}\right)^2 \tag{3-62}$$

式中：b——加载边的宽度；

t——板的厚度；

R——曲面的曲率半径；

μ_e——材料的弹性泊松比；

K_c——压缩临界应力系数，K_c 是曲板参数 $Z=\frac{b^2}{Rt}(1-\mu_e^2)^{\frac{1}{2}}$ 的函数，Z 与板的几何和材料有关；

E——材料的弹性模量。

图 3-64 给出了单向压缩载荷下的曲板压缩临界应力系数。

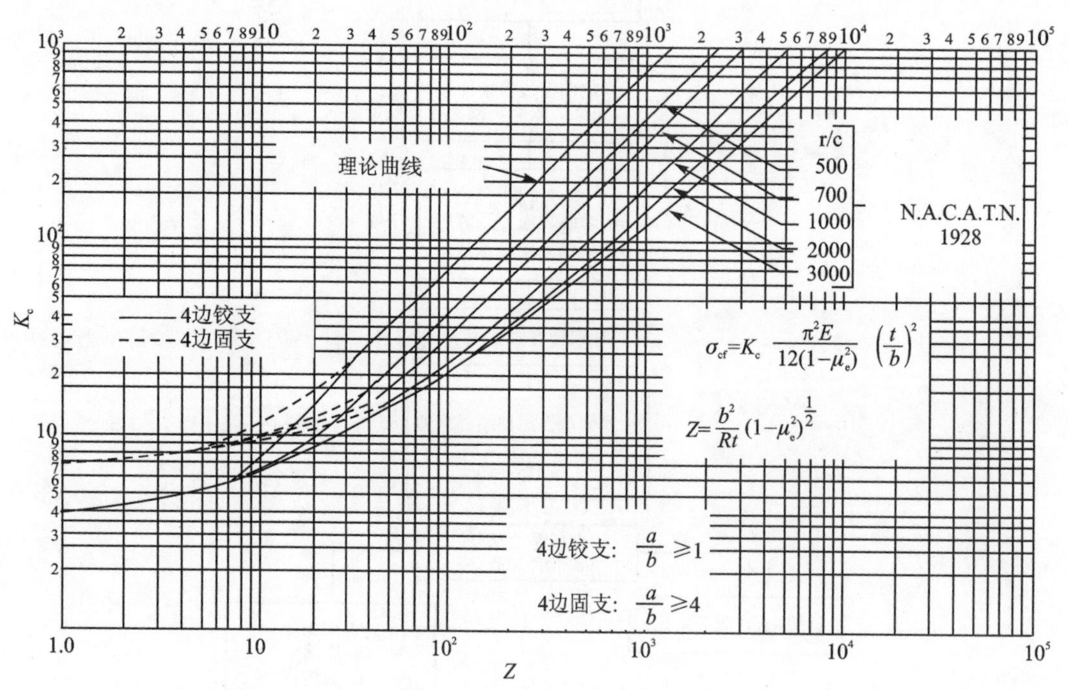

图 3-64 承受单向压缩载荷的曲板压缩临界应力系数

对于过渡长度和过渡宽度范围内的弹性临界应力，也可利用式(3-62)计算，其中 $\eta=1$；而 K_c 从图 3-65(a)中曲线查出。

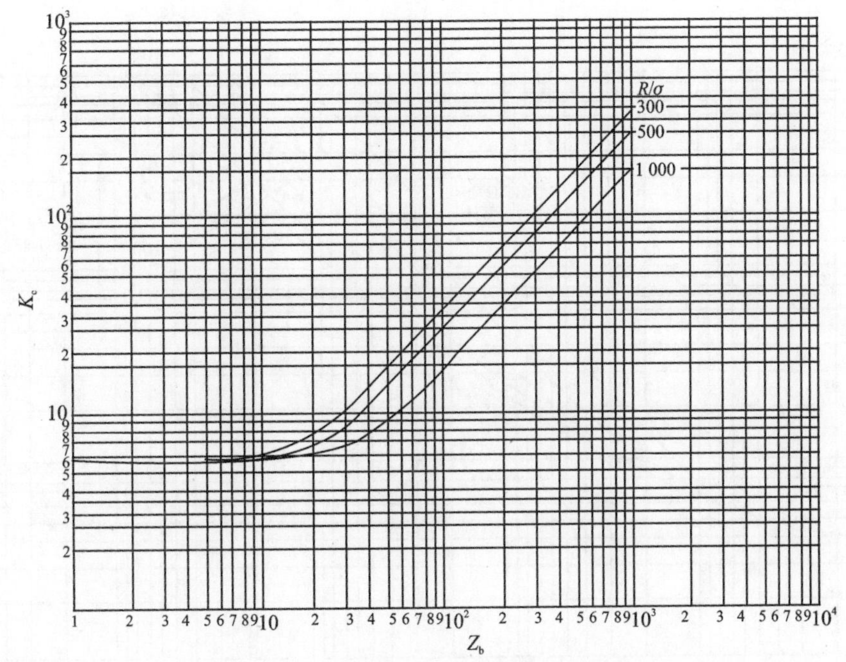

图 3-65(a)　在轴压下过渡曲板的临界应力系数

对于长曲板，可用式(3-62)来计算压缩临界应力，而 K_c 从图 3-65(b)中查出，塑性修正系数 η 的表达式为

$$\eta=\frac{E_s}{E}\left[\frac{E_t}{E_s}\frac{(1-\mu_e^2)}{(1-\mu^2)}\right]^{1/2} \tag{3-63}$$

对于内压的影响，可以运用如下的相关方程

$$R_c^2+R_p=1 \tag{3-64}$$

式中：R_p——作用内压值与相应圆筒(所考虑的曲板是该筒的一部分)临界外压之比，在式(3-64)中 R_p 应取负值；

R_c——作用于曲板的压缩应力与纯轴压作用下的临界应力之比。

3.3.2.2　纯剪切载荷情况下曲板的屈曲分析方法

对于大半径的曲板 $\left(\frac{b^2}{Rt}<1\right)$，可利用受剪平板的公式和图线来计算剪切临界应力。对于未充压的受剪柱形曲板 $\left(\frac{b^2}{Rt}>1\right)$，承受纯剪切载荷情况下曲板弹性临界应力计算式为

$$\tau_{cr,o}=\eta K_s\frac{\pi^2 E}{12(1-\mu_e^2)}\left(\frac{t}{(a,b)_{\min}}\right)^2 \tag{3-65}$$

图 3-66 给出了长固支曲板剪切屈曲系数，图 3-67 给出了宽固支曲板剪切屈曲系数，图 3-68 给出了长简支曲板剪切屈曲系数，图 3-69 给出了宽简支曲板剪切屈曲系数。

对于弹性范围，$\eta=1$；对于塑性范围，按下式计算，即

$$\eta=\frac{E_s}{E}\left(\frac{1-\mu_e^2}{1-\mu^2}\right) \tag{3-66}$$

利用关系式 $\tau=\frac{1}{\sqrt{3}}\sigma$ 将 τ 换算成 σ，然后用式(3-66)进行塑性修正。

对于充压曲板，设计允许剪切临界应力为

$$\tau_{cr''}=(K_s+\Delta K_s)\frac{\pi^2 E}{12(1-\mu_e^2)}\left(\frac{t}{b}\right)^2 \tag{3-67}$$

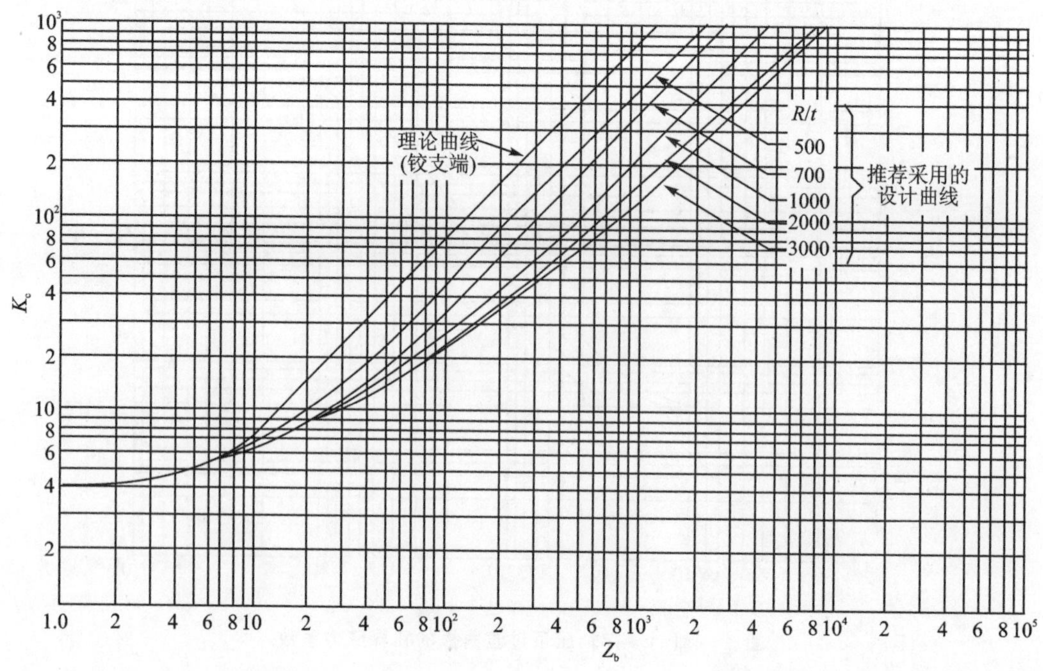

图 3-65(b) 在轴压下长曲板的临界应力系数

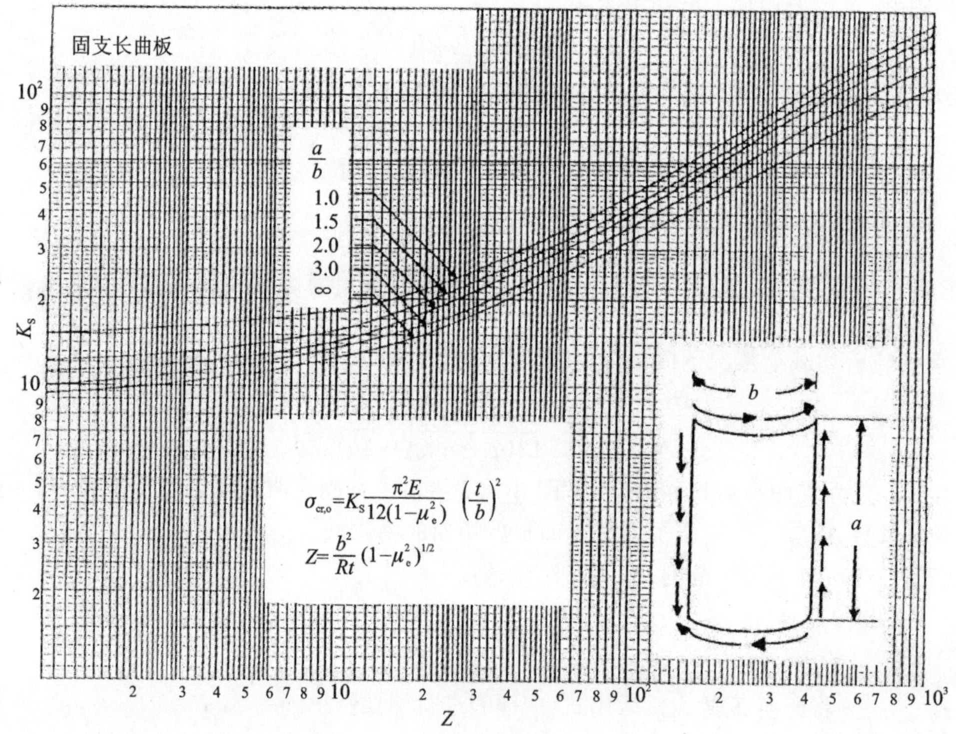

图 3-66 长固支曲板剪切屈曲系数

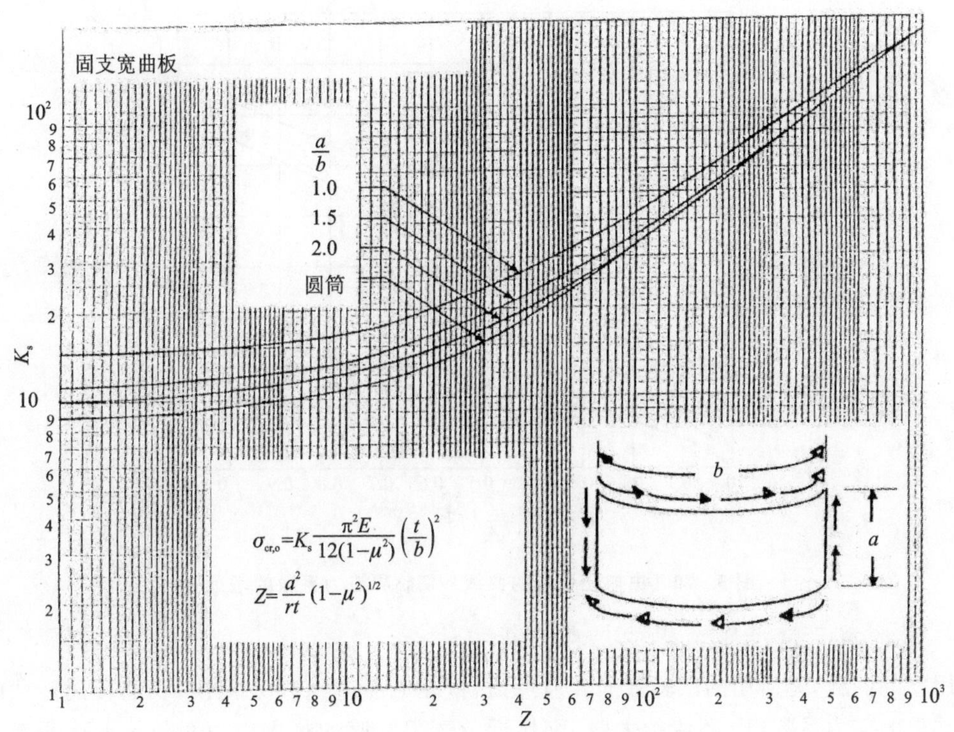

图 3-67　宽固支曲板剪切屈曲系数

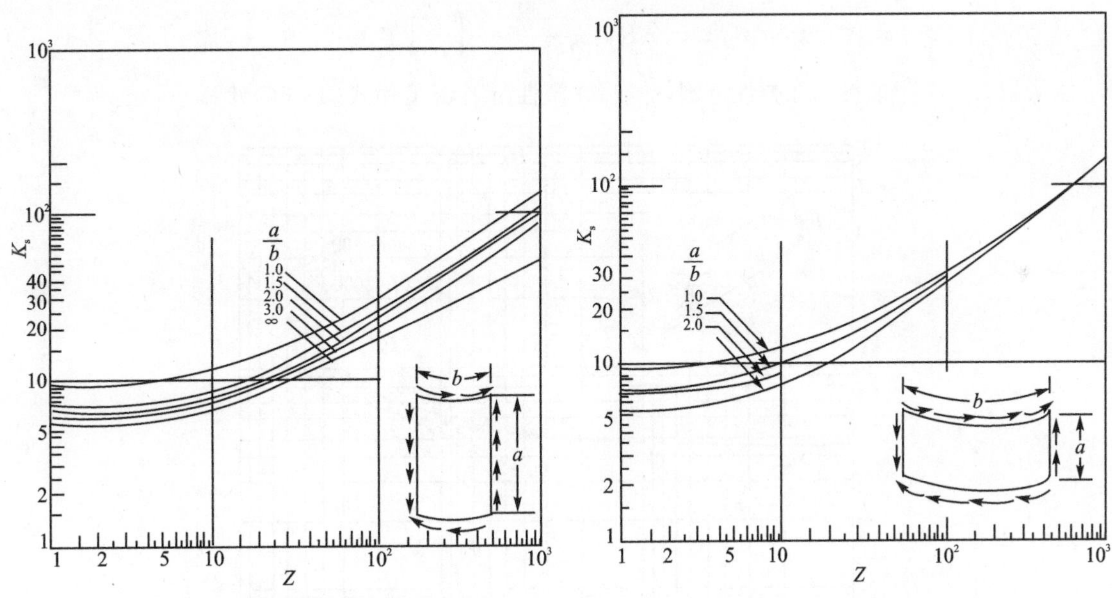

图 3-68　长筒支曲板剪切屈曲系数　　图 3-69　宽筒支曲板剪切屈曲系数

式中，ΔK_s 为由内压引起的剪切临界应力系数的增量，可从图 3-70 求得。图中曲线应用于这样的载荷条件：由内压引起的轴向拉力未被外部轴向载荷所平衡。塑性修正系数同未充压情况。

对于内压的影响，也可利用如下的相关方程

$$R_s^2 + R_p = 1 \tag{3-68}$$

式中：R_s——作用剪应力与曲板临界剪应力之比；

R_p——所充的内压值与相应圆筒（所考虑的曲板是圆筒的一部分）临界外压（径向压力）之比，R_p 应取负值。

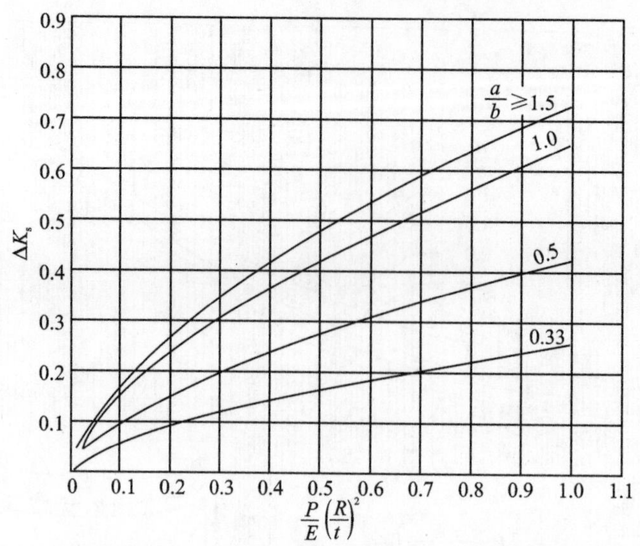

图 3-70 由内压引起的曲板剪切临界应力系数的增量

3.3.2.3 弯曲载荷情况下曲板的屈曲分析方法

在弯曲作用下的曲板，无适用的试验数据。但可预料，在低曲率参数 Z 范围，长曲板的弯曲临界应力系数会接近受弯长平板的应力系数；当 Z 值很大时，则接近承弯长圆筒的临界应力系数。上述两者之间的过渡范围，弯曲临界应力用式

$$\sigma_{cr}=\eta K_b\frac{\pi^2 E}{12(1-\mu_e^2)}\left(\frac{t}{b}\right)^2 \tag{3-69}$$

计算。K_b 值从图 3-71 中求得。在弹性范围，$\eta=1$；在塑性范围，η 值用式(3-66)计算。

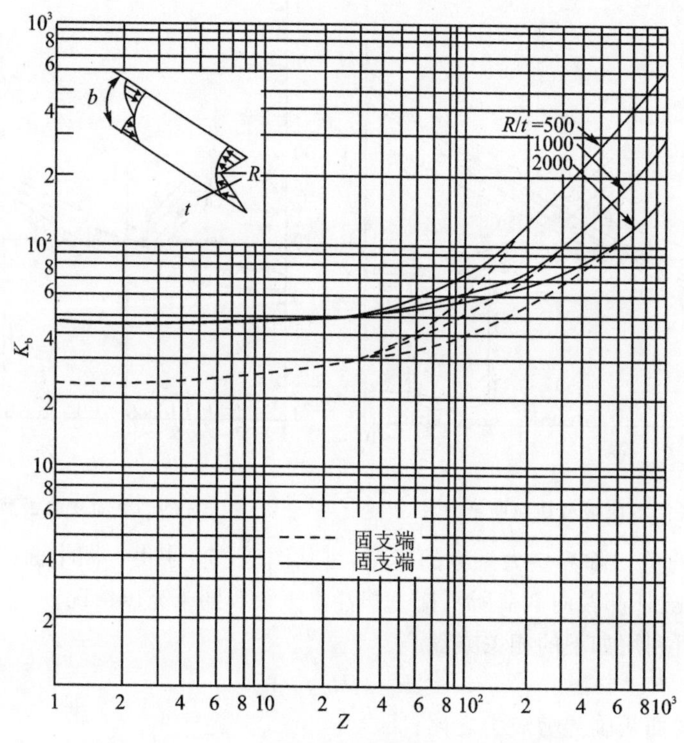

图 3-71 承弯长曲板的临界应力系数

3.3.2.4　外压载荷作用下曲板的屈曲分析方法

对于具有四边支持的圆筒曲板，外压力作用下的临界应力为

$$P_{cr} = \psi P_{cr,cy} \tag{3-70}$$

式中，$P_{cr,cy}$为与曲板具有同样厚度、长度和半径的圆筒的临界外压力。ψ 为考虑圆心角 α 的影响系数，其值从图 3-72 中查到。注意：曲板的直边边界应满足无轴向移动(顶住铰支)的条件。

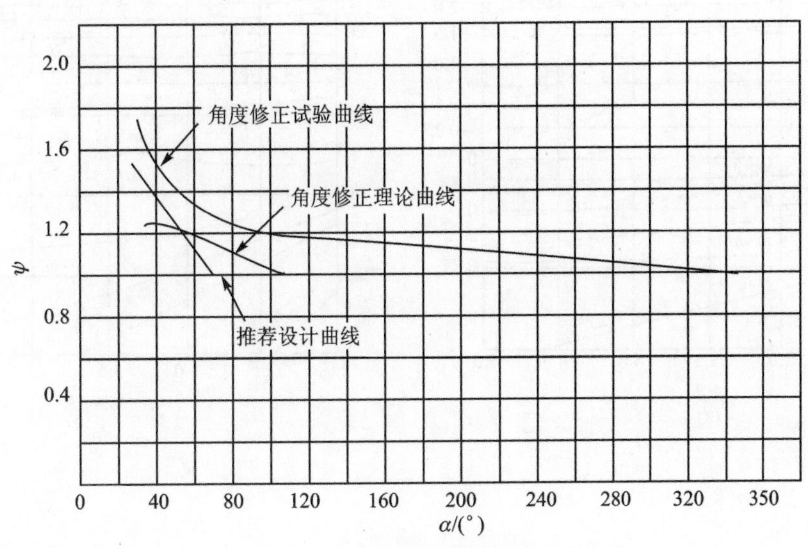

图 3-72　角度修正系数曲线

3.3.2.5　复杂载荷侧压情况下曲板的屈曲分析方法

1. 纵向压缩(拉伸)和剪切作用下的曲板屈曲

在轴向载荷和剪切载荷复合作用下，可得下列相关方程

$$R_s^2 + R_c = 1 \tag{3-71}$$

$$\text{M. S.} = \frac{2}{R_c + \sqrt{R_c^2 + 4R_s^2}} - 1 \tag{3-72}$$

式中：$R_s = \dfrac{\tau}{\tau_{cr,0}}$，$R_c = \dfrac{\sigma}{\sigma_{cr,0}}$

$R_c > 0$ 时为压缩，$R_c < 0$ 时为拉伸。

2. 纵向压缩和侧压作用下的曲板

四边简支曲板在纵向压缩和侧压(外压或内压)作用下，临界应力可用图 3-73 的曲线来计算。图中给出了$\dfrac{\sigma_x}{\sigma_0}$与$\dfrac{a}{b}$的关系曲线。图中，$\sigma_y$ 为内压或外压引起的曲板周向应力，$\sigma_y = PR/\delta$(由内压引起的 σ_y 为负值)；σ_x 为轴压引起的轴向应力，图中，m 为板屈曲时的轴向半波数。

$$\sigma_0 = \frac{\pi^2 E}{3(1-\mu_e^2)}\left(\frac{t}{b}\right)^2 \tag{3-73}$$

图 3-73 的曲线仅适用于弹性范围，而且曲板是无缺陷的。初始缺陷的存在会使屈曲应力降低。

图中：m——板屈曲时的轴向半波数；

a——曲板的长度；

b——曲板的周向宽度；

t——曲板的厚度；

R——曲板的曲率半径。

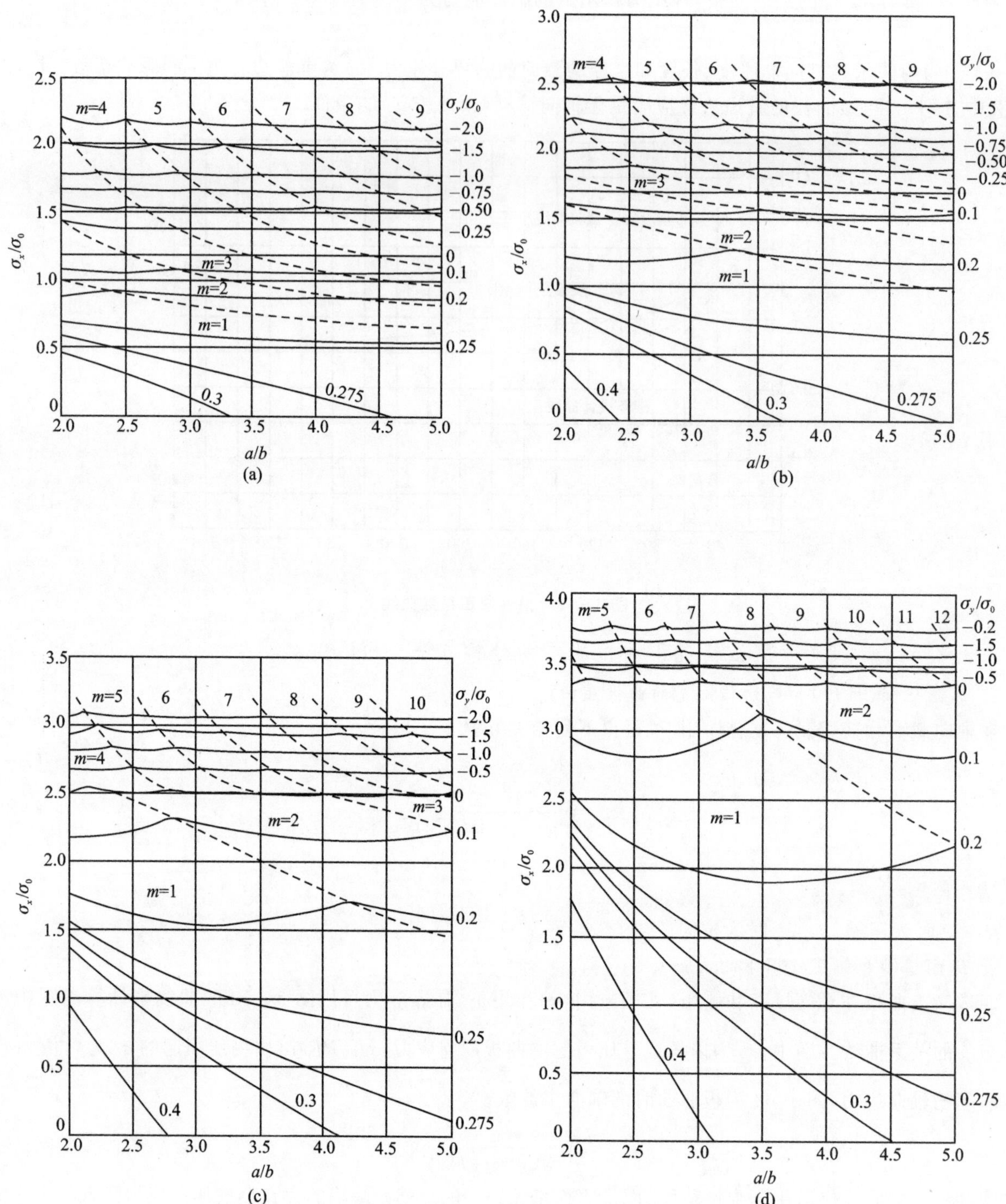

图 3－73　轴压和侧压作用下铰支曲板的屈曲临界应力

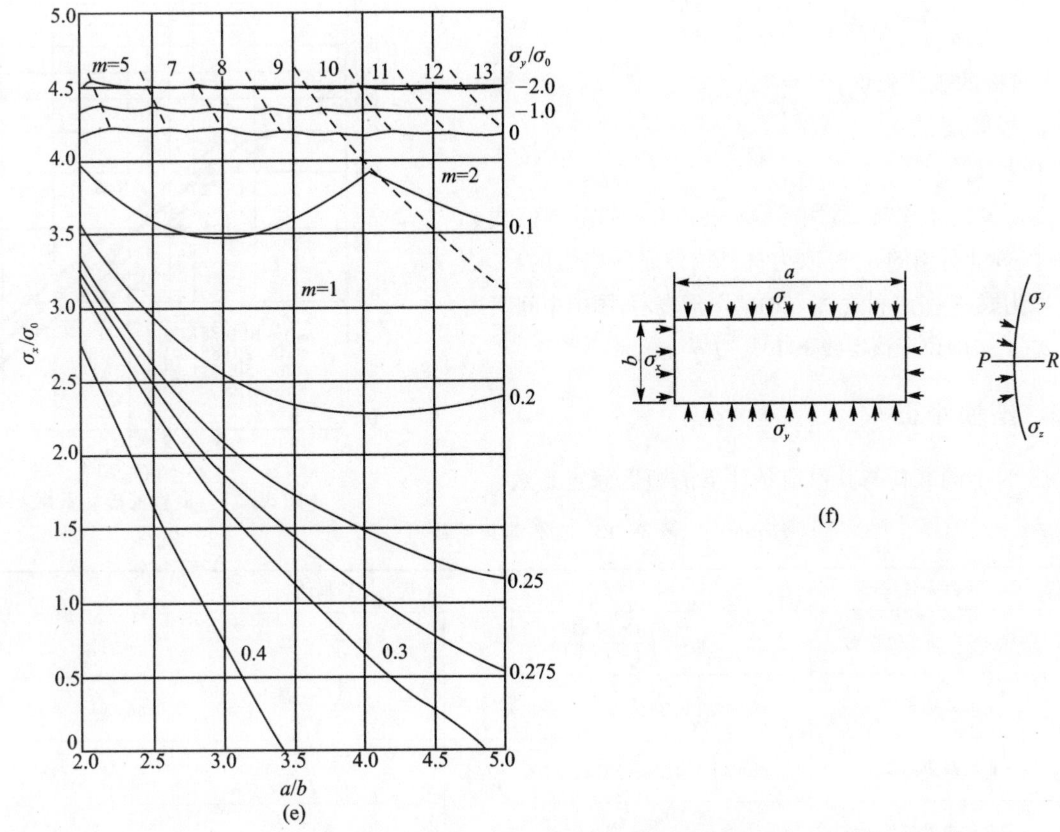

图 3-73　轴压和侧压作用下铰支曲板的屈曲临界应力(续)

3.3.2.6　曲板的破坏

与平板屈曲相比，研究受压曲板的屈曲时还要考虑板的曲率参数的影响

$$Z_b = [b^2/(Rt)](1-\mu^2)^{1/2} \tag{3-74}$$

式中：R——曲率半径；

b——板宽；

t——板厚；

μ——泊松比。

① 当 $Z_b<10$ 时，可直接使用相同边界条件的平板屈曲计算公式；

② 当 Z_b 在 10～1 000 之间，曲板特性由平板向圆筒过渡，加载边及不承载边的边界支持条件对屈曲有明显影响；

③ 当 $Z_b>1\,000$ 以后，曲板特性与长筒特性相似，边界条件的影响已不再重要；

④ 当 $Z_b<1\,000$，在弹性屈曲情况时，仍可用类同于平板破坏强度的计算公式，即

$$\frac{\bar{\sigma}_{\mathrm{f}}}{\sigma_{\mathrm{cy}}} = \alpha K^{1-n}\left[\frac{t}{b}\left(\frac{E}{\sigma_{\mathrm{cy}}}\right)^{1/2}\right]^{2(1-n)} \tag{3-75}$$

式(3-75)与式(3-57)不同的仅为系数 αK^{1-n} 和指数 $2(1-n)$，此处 K 为修正屈曲系数，它是曲率参数 Z_b 的函数，α、n 值均根据试验结果给出。曲板破坏强度计算公式如下：

当 Z_b 在 0～10 的范围内，对不承载边固支柱面曲板有

$$\frac{\bar{\sigma}_{\mathrm{f}}}{\sigma_{\mathrm{cy}}} = 1.79\left[\frac{t}{b}\left(\frac{E}{\sigma_{\mathrm{cy}}}\right)^{1/2}\right]^{0.85} \tag{3-76}$$

当 Z_b 在 0～125 的范围内，对不承载边固支柱面曲板有

$$\frac{\bar{\sigma}_f}{\sigma_{cy}} = 2.01\left[\frac{t}{b}\left(\frac{E}{\sigma_{cy}}\right)^{1/2}\right]^{0.85} \tag{3-77}$$

式中：$\bar{\sigma}_f$——曲板的破坏强度；

t——曲板厚度；

b——曲板宽度。

式(3-75)和式(3-76)适用于 $\bar{\sigma}_f/\sigma_{cy}<3/4$ 的范围。式(3-75)和式(3-76)里所用的 σ_{cy} 应取为材料拉伸屈服应力的 85%。

图 3-74 为式(3-75)和式(3-76)的图形表示，图中中间实线为式(3-75)；式(3-76)位于该实线下 10%边界上。

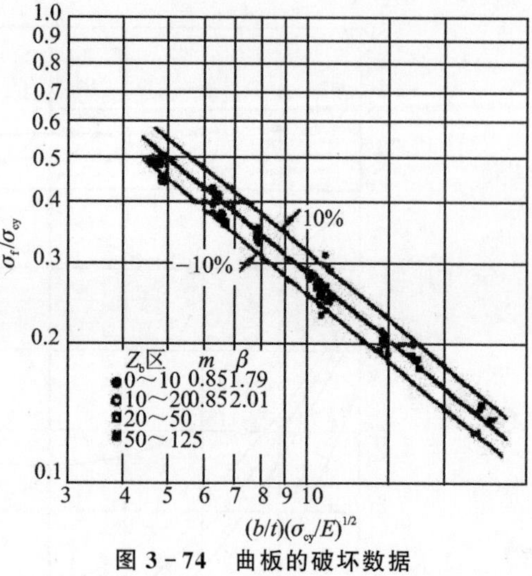

图 3-74 曲板的破坏数据

3.3.3 塑性修正

表 3-13 为不同载荷与其对应条件下的塑性修正系数。

表 3-13 塑性修正系数

载 荷	边界条件	平板圆筒结构曲板		
压缩载荷	凸缘，一非加载边铰支	$\eta_{1p}=\left(\frac{1-\mu_e^2}{1-\mu^2}\right)\frac{E_s}{E}$	$\eta_c=\frac{E_s}{E}\sqrt{\frac{E_t}{E_s}}$	$\eta_1=(1-c)\eta_{1p}+c\eta_c$
	非加载边铰支	$\eta_{3p}=\eta_{1p}\left(0.5+0.25\sqrt{1+3\frac{E_t}{E_s}}\right)$	$\eta_c=\frac{E_s}{E}\sqrt{\frac{E_t}{E_s}}$	$\eta_3=(1-c)\eta_{3p}+c\eta_c$
	非加载边固支	$\eta_{4p}=\eta_{1p}\left(0.325+0.324\sqrt{1+3\frac{E_t}{E_s}}\right)$	$\eta_c=\frac{E_s}{E}\sqrt{\frac{E_t}{E_s}}$	$\eta_4=(1-c)\eta_{4p}+c\eta_c$
剪切载荷	所有边界条件	$\eta=\frac{G_s}{G}$	$\eta=\frac{G_s}{G}$	$\eta=\frac{G_s}{G}$

系数 c 依赖于曲板几何特性：$c=\frac{1}{99}\left(\frac{b^2}{Rt}-1\right)$。

曲板塑性修正系数由平板$\left(几何限制 1>\frac{b^2}{Rt}\right)$和圆筒板$\left(几何限制\frac{b^2}{Rt}>100\right)$的修正系数线性插值得出。

因此，塑性修正系数的几何边界条件如下：

① $\frac{b^2}{Rt}\leqslant 1$ 时 $\eta=\eta_p$（平板）；

② $\frac{b^2}{Rt}\geqslant 100$ 时 $\eta=\eta_c$（圆筒板）；

③ $1<\frac{b^2}{Rt}<100$ 时 $\eta=\eta_i$（曲板）。

在剪切载荷的特定情况，需要用压缩应力-应变曲线。

计算等效正应力：$\sigma_{eq}=\sqrt{3}\tau$；

计算与 σ_{eq} 相对应的 E_s 和 ν：

$$\frac{G_s}{G}=\left(\frac{1+\mu_e}{1+\mu}\right)\frac{E_s}{E}=\frac{1-\mu}{1-\mu_e}\eta_1 \tag{3-78}$$

注意：$\eta_1>\eta_3>\eta_4$，如果无法确定选哪个塑性修正系数，选择相对保守的方案。

1. 应用实例 1

设曲板半径为 R，平板几何尺寸：$a=530$ mm；$b=170$ mm；$t=2$ mm；$R=2800$ mm。平板所受加载：$\sigma_x=18$ MPa。

平板材料的属性：2023PL-T3，$E=70\ 300$ MPa；$\sigma_{0.2}=270$ MPa；$\sigma_R=440$ MPa；$n=7.05$；$\mu=0.33$。平板边

界条件:四边铰支。计算其临界应力。

解:计算屈曲因子如下

$$Z=\frac{b^2}{Rt}(1-\mu^2)^{\frac{1}{2}}=\frac{170^2}{2\,800\times 2}(1-0.33^2)^{\frac{1}{2}}=4.87$$

$$R/t=2\,800/2=1\,400$$

运用图3-63得 $K_c=4.95$,纵向主应力为 $\sigma_{cc,0}=\eta\frac{k_c\pi^2 E}{12(1-\mu^2)}\left(\frac{t}{b}\right)^2=\eta\times 44.5$ MPa,

由于44.5 MPa小于 $0.5\sigma_{0.2}$,不必计算塑性修正因子($\eta=1$),$\sigma_{cc,0}=44.5$ MPa。

2. 应用实例2

模型同应用实例1,板厚变为5 mm,计算其临界应力。

解:(1)计算屈曲因子

$$Z=\frac{b^2}{Rt}(1-\mu^2)^{\frac{1}{2}}=\frac{170^2}{2\,800\times 5}(1-0.33^2)^{\frac{1}{2}}=1.95, R/t=2\,800/5=560$$

运用图3-63得 $K_c=4.19$,根据式(3-61),纵向临界应力为 $\sigma_{cc,0}=\eta\frac{k_c\pi^2 E}{12(1-\mu^2)}\left(\frac{t}{b}\right)^2=\eta\times 235.2$ MPa,

由于235.2 MPa大于 $0.5\sigma_{0.2}$,需要计算塑性修正系数。

(2) 计算塑性修正系数(本例使用两种方法)

1) 迭代方法

在计算的第一步运用Ramberg-Osgood方程,根据式(3-27)有

$$\varepsilon=\frac{\sigma}{E}+0.002\left(\frac{\sigma}{\sigma_{0.2}}\right)^n=\frac{235.2}{70\,300}+0.002\left(\frac{235.2}{270}\right)^{7.05}=0.004\,1$$

$$E_s=\frac{\sigma}{\varepsilon}=\frac{235.2}{0.004\,1}\text{ MPa}=57\,366\text{ MPa}$$

根据式(3-30)有

$$\mu=\frac{E_s}{E}\times 0.33+\left(1-\frac{E_s}{E}\right)\times 0.5=0.361$$

根据式(3-29)有

$$\frac{1}{E_t}=\frac{n}{E_s}+\frac{1-n}{E}=\frac{7.05}{57366}\text{ MPa}+\frac{1-7.05}{70\,300}\text{ MPa}=0.000\,036\,84\text{ MPa}\Rightarrow E_t=271\,48\text{ MPa}$$

塑性修正系数为

$$\eta_3=(1-c)\times\left(\frac{1-\mu_e^2}{1-\mu^2}\right)\times\frac{E_s}{E}\times\left(0.5+0.25\sqrt{1+3\frac{E_t}{E_s}}\right)+c\times\frac{E_s}{E}\times\sqrt{\frac{E_t}{E_s}}$$

其中,

$$c=\frac{1}{99}\left(\frac{b^2}{Rt}-1\right)=0.010\,75$$

$$0.5+0.25\sqrt{1+3\frac{E_t}{E_s}}=0.889$$

$$\frac{E_s}{E}\times\sqrt{\frac{E_t}{E_s}}=\frac{57\,366}{70\,300}\times\sqrt{\frac{27\,148}{57\,366}}=0.561$$

故 $$\eta=(1-0.010\,75)\times\left(\frac{1-0.33^2}{1-0.361^2}\right)\times\frac{57\,366}{70\,300}\times 0.889+0.010\,75\times 0.561=0.74$$

临界应力 $$\sigma_{cc,0}=0.74\times 235.2\text{ MPa}=174\text{ MPa}$$

为了保证收敛,将 $\sigma_{cc,0}$ 与上一步的 $\sigma_{cc,0}$ 均分,然后代入方程迭代。

$$\sigma=(235.2+174)/2\text{ MPa}=204.6\text{ MPa}$$

$\sigma = 204.6\ \text{MPa} \Rightarrow \varepsilon = 0.003\ 19 \Rightarrow E_s = 64\ 070\ \text{MPa} \Rightarrow E_t = 41\ 707\ \text{MPa} \Rightarrow \eta = 0.856 \Rightarrow \sigma_{cc,0} = 201.3\ \text{MPa}$

$\sigma = 203\ \text{MPa} \Rightarrow \varepsilon = 0.003\ 16 \Rightarrow E_s = 64\ 334\ \text{MPa} \Rightarrow E_t = 42\ 509\ \text{MPa} \Rightarrow \eta = 0.861 \Rightarrow \sigma_{cc,0} = 202.5\ \text{MPa}$

经过多次迭代，结果趋于收敛：

$$\eta = 0.862,\quad \sigma_{cc,0} = 202.7\ \text{MPa}$$

2）图解法

设初始值：
$$\sigma_{\text{crcorrected}} = \frac{\sigma_{0.2}}{2} = \frac{270}{2}\ \text{MPa} = 135\ \text{MPa}$$

根据式(3-27)有

$$\varepsilon = \frac{\sigma}{E} + 0.002\left(\frac{\sigma}{\sigma_{0.2}}\right)^n = \frac{135}{70\ 300} + 0.002\left(\frac{135}{270}\right)^{7.05} = 0.001\ 94$$

$$E_s = \frac{\sigma}{\varepsilon} = \frac{135}{0.001\ 94}\ \text{MPa} = 69\ 752\ \text{MPa}$$

根据式(3-29)有 $E_t = \left(\frac{n}{E_s} + \frac{1-n}{E}\right)^{-1} = \left(\frac{7.05}{69\ 752} + \frac{1-7.05}{70\ 300}\right)^{-1}\ \text{MPa} = 66\ 609\ \text{MPa}$

根据式(3-30)有 $\mu = \frac{E_s}{E}\mu_e + \left(1 - \frac{E_s}{E}\right)\mu_p = \frac{69\ 752}{70\ 300} \times 0.33 + \left(1 - \frac{69\ 752}{70\ 300}\right) \times 0.5 = 0.331$

塑性修正系数为

$$\eta = (1-c) \times \left(\frac{1-\mu_e^2}{1-\mu^2}\right) \times \frac{E_s}{E} \times \left(0.5 + 0.25\sqrt{1 + 3\frac{E_t}{E_s}}\right) + c \times \frac{E_s}{E} \times \sqrt{\frac{E_t}{E_s}} = 0.985$$

$$\sigma_{\text{elastic}} = \frac{\sigma}{\eta} = \frac{135}{0.985}\ \text{MPa} = 137.1\ \text{MPa}$$

通过改变 $\sigma_{\text{crcorrected}}$ 的值，可以计算出对应的 σ_{elastic}，据此作出弹性应力与修正应力的关系图。

从图中曲线可以查出 $\sigma = 235.2\ \text{MPa}$，对应修正应力 $\sigma_{\text{corrected}} = 202.5\ \text{MPa}$。

3.4 圆筒结构屈曲分析

3.4.1 圆筒结构屈曲分析概要

一般来说，曲形元件在各种载荷作用下的屈曲试验值较为分散，并且远低于经典理论的计算值。比如承受轴压的圆筒，其最好的实验数据只是经典线性理论计算值的一半。产生这种差别的原因是多方面的，如试验件的初始缺陷对试验影响较大，又如壳体端部支持条件对试验结果的影响。另外使用线性理论无法解释在低于理论值时还存在着有限扰度的平衡状态。因此，必须放弃小扰度假设，引入有限扰度理论。在应变—位移关系中增加关于扰度的非线性项，并在变形后的平衡位置建立新的平衡方程。用大扰度理论和解析能量方法，可以得到较为接近试验值的计算结果。

3.4.2 轴压载荷作用下的圆筒壳的屈曲分析

1. 计算公式

在轴向载荷作用下，圆筒壳的屈曲波形与其几何参数有关。短柱壳的屈曲形态类似于平板的正弦波形态，长柱壳的屈曲形态则具有棱形特性，在过渡范围内的中长柱壳为正弦波的板屈曲和棱形波的柱屈曲相互影响。

圆筒壳的“长”与“短”，由其长度 L、曲率半径 R 和壁厚 t 确定。长度范围按以下方式定义：

短柱壳 $\frac{L^2}{Rt} < 1$，中长柱壳 $1 < \frac{L^2}{Rt} < 100$，长柱壳 $\frac{L^2}{Rt} > 100$。

除非特别说明，本节轴压圆筒壳均按上述定义确定屈曲应力计算公式的使用范围。

压缩临界应力公式为

$$\sigma_{x,\mathrm{cr}} = K_c \frac{\pi^2 E}{12(1-\mu_e^2)}\left(\frac{t}{L}\right)^2 \tag{3-79}$$

屈曲因子 K_c 随曲率参数 Z 变化，轴压下圆筒形曲板的临界应力系数如图 3-75 所示。Z 由下式定义：

$$Z = \frac{L^2}{Rt}\sqrt{1-\mu_e^2} \tag{3-80}$$

① 对于短柱壳和过渡范围中长柱壳，K_c 由下式得到：

$$K_c = K_{c0} + \frac{(0.581CZ)^2}{K_{c0}} \tag{3-81}$$

式中：K_{c0}——圆筒屈曲因子，固支 $K_{c0}=4$，简支 $K_{c0}=1$。

② 对于长柱壳，K_c 由下式得到：

$$K_c = 1.16CZ \tag{3-82}$$

屈曲应力按下式计算：

$$\sigma_{\mathrm{cc},0} = \eta CE\left(\frac{t}{R}\right) \tag{3-83}$$

系数 C 由下式决定：

$$C = 0.6\ln\left(3.748\left(\frac{R}{t}\right)^{-0.15}\right) \qquad 8.52 < \frac{R}{t} < 3000, C \leqslant 0.6 \tag{3-84}$$

如果$\frac{R}{t}<8.52$，C 取值 0.6。

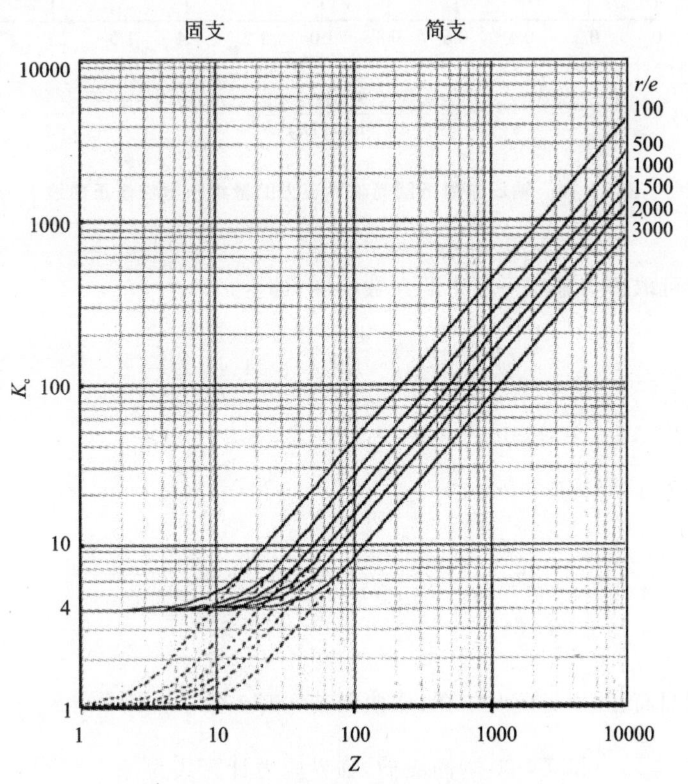

图 3-75　轴压下圆筒形曲板的临界应力系数

2. 塑性修正

(1) 长筒($L^2/Rt>100$)

长筒的塑性修正系数为

η 可表为 $$\eta = \frac{E_s}{E_t}\left[\frac{E_t}{E_s}\frac{(1-\mu_e^2)}{(1-\mu^2)}\right]^{1/2} \tag{3-85}$$

式中：E_s——割线模量；

E_t——切线模量；

μ_e——弹性泊松比；

μ——塑性泊松比。

图 3-76 给出了式(3-85)的量纲一的图线。

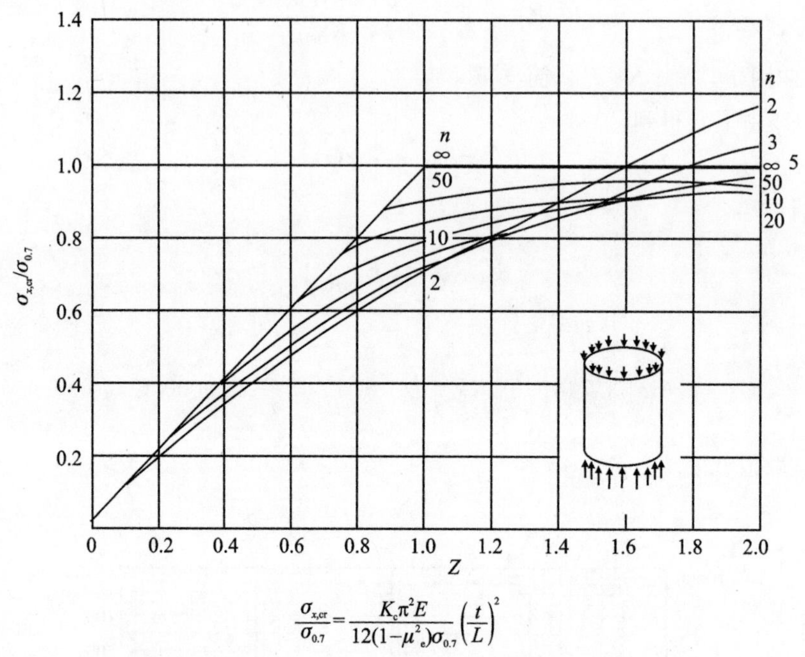

图 3-76 轴压作用下圆筒临界应力的量纲一塑性修正曲线

(2) 短筒($L^2/Rt<1$)

短筒的塑性修正系数可取得与轴压平板中的系数相同，即

$$\eta = \frac{1-\mu_e^2}{1-\mu^2}\frac{E_s}{E}\left(\frac{1}{4}+\frac{3}{4}\frac{E_t}{E_s}\right) \tag{3-86}$$

当筒极短时 $\eta = \frac{E_t}{E}$ (3-87)。

(3) 过渡长度范围的筒($1<L^2/Rt<100$)

修正系数为

$$\eta = \frac{(E_t E_s)^{1/2}}{E} \tag{3-88}$$

3. 内压的影响

在轴压作用下的充压圆筒、同未充压时一样，屈曲和破坏时一致。

对中长铰支圆筒$\left(\gamma Z>\frac{\sqrt{3}}{6}\pi^2\right)$和 $Z>80$ 的固支筒，临界应力计算式为

$$\sigma_{cr} = \eta\left(\frac{\gamma}{\sqrt{3(1-\mu_e^2)}}+\Delta\gamma\right)\frac{Et}{R} \tag{3-89}$$

式中，$\Delta\gamma$ 由图 3－77 得到；η 值与未充压筒相同。

充压筒的临界载荷按下式计算：

$$P_{cr}=2\pi R\sigma_{cr}t+\pi R^2p=2\pi Et^2\eta\left(\frac{\gamma}{\sqrt{3(1-\mu_e^2)}}+\Delta\gamma\right)+\pi R^2p \tag{3-90}$$

式中：p——内压值。

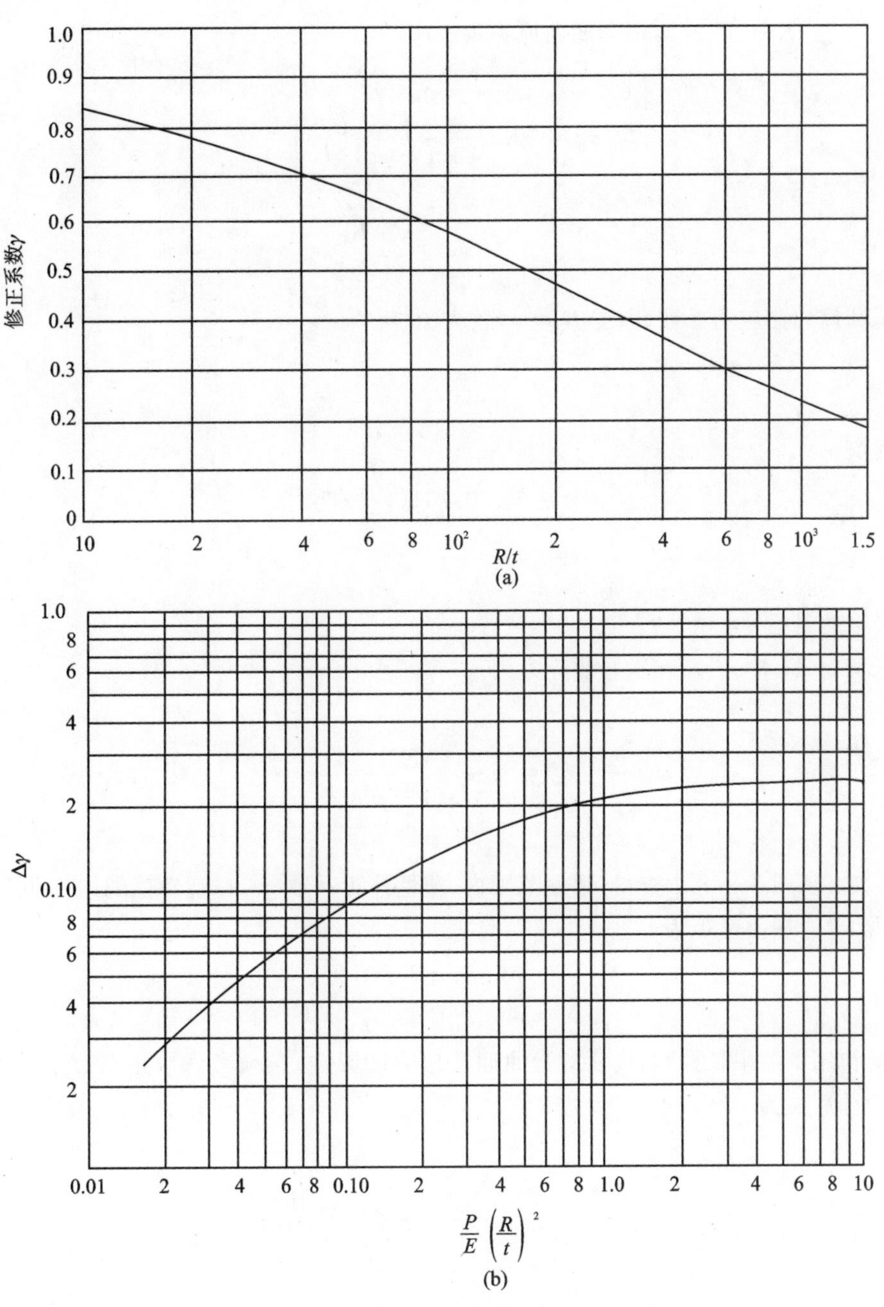

图 3－77　由内压引起的圆筒轴压修正系数增量

3.4.3 纯弯曲载荷作用下的圆筒壳的屈曲分析

1. 计算公式

对于承受弯曲作用的未充压各向同性圆筒壳，失稳与破坏一致。圆筒壳的弯曲屈曲应力与柱的长度有关。

(1) 对短柱壳($\gamma Z < K_0 \pi^2 \sqrt{3}/6$)，弯曲屈曲应力为

$$\sigma_{cr} = \eta K_b \frac{\pi^2 E}{12(1-\mu_e^2)} \left(\frac{t}{L}\right)^2 \tag{3-91}$$

$$K_b = K_0 + \frac{12}{\pi^4} \frac{\gamma^2 Z^2}{K_0} \tag{3-92}$$

式中：K_0——轴压圆筒屈曲应力系数，固支 $K_0=4$，铰支 $K_0=1$；

曲率参数 $Z=[L^2/(Rt)](1-\mu_e^2)^{1/2}$；

γ——修正系数。

γ 的计算公式为

$$\gamma = 1 - 0.731(1 - e^{-\phi}) \tag{3-93}$$

式中：$\phi = \frac{1}{16}\sqrt{R/t}$。

γ 也可由图 3-78 查出。

(2) 对于中长筒($\gamma Z > K_0 \pi^2 \sqrt{3}/6$)，屈曲应力为

$$\sigma_{cr} = \eta \frac{\gamma E}{\sqrt{3(1-\mu_e^2)}} \frac{t}{R} \tag{3-94}$$

式中，修正系数 γ 从图 3-78 中查得；弹性范围内，塑性修正系数 $\eta=1$；塑性范围内，η 同压轴情况。

在弹性范围内，弯曲屈曲弯矩为

$$M_{cr} = \pi R^2 \sigma_{cr} t \tag{3-95}$$

2. 内压影响

对于弯曲载荷作用下的中长柱壳，内压对弯曲屈曲应力的影响，只须考虑修正系数 γ 的增量 $\Delta\gamma$ 即可。设计允许临界应力的计算式为

$$\sigma_{cr} = \eta\left(\frac{\gamma}{\sqrt{3(1-\mu_e^2)}} + \Delta\gamma\right)\frac{Et}{R} \tag{3-96}$$

式中，γ 由图 3-78 得到；$\Delta\gamma$ 由图 3-79 得到。

若采用无轴压载荷($p=0$)，则弯曲屈曲弯矩为

$$M_{cr} = \pi R^2 (\sigma_{cr} t + \frac{pR}{2}) \tag{3-97}$$

式中：p——内压。

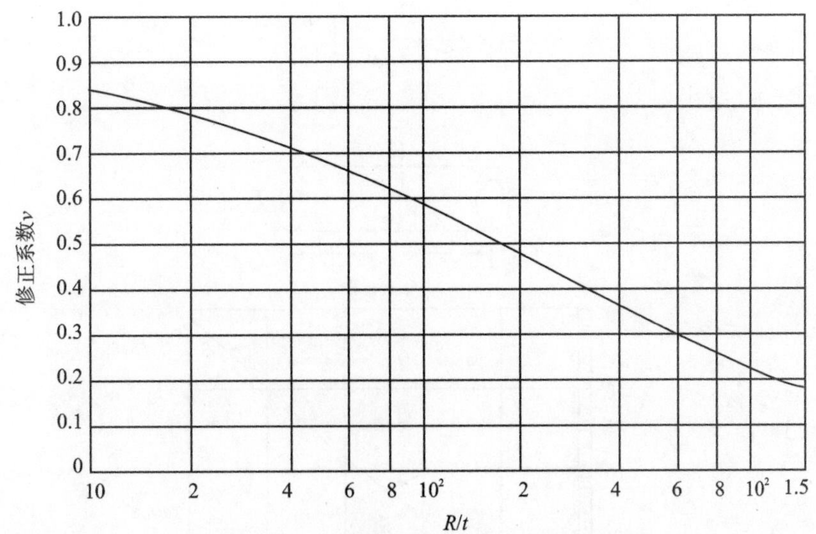

图 3－78　弯曲圆筒壳屈曲修正系数曲线

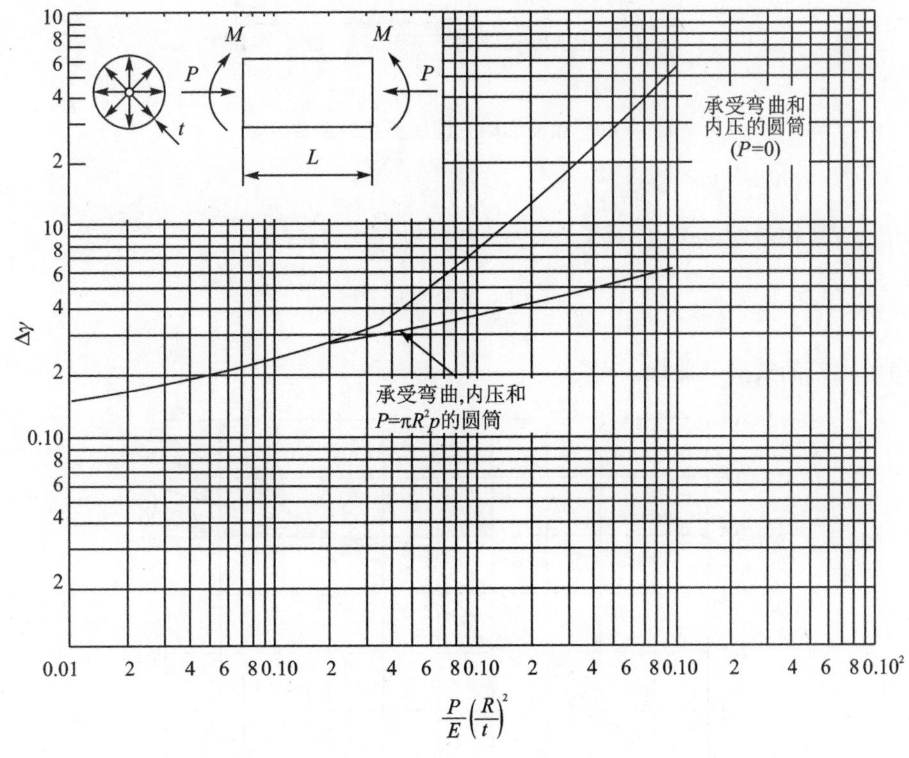

图 3－79　内压引起的长柱壳弯曲屈曲应力增量

3.4.4　纯扭载荷作用下的圆筒壳的屈曲分析

受扭薄壁圆筒壳的试验数据与线性理论较为吻合。在弹性范围内，受扭转薄壁圆筒壳并不立即破坏。受载屈曲后的扭转圆筒壳的品质有些像柱，随着载荷逐渐增大，壳壁出现小的侧向扰度，在接近屈曲载荷时，载荷的微小变化将产生大的侧向扰度直到破坏。对理想的圆筒壳，其破坏应力不会比屈曲应力大很多。

1. 计算公式

圆筒壳扭转屈曲剪应力为

$$\tau_{cr}=\eta\frac{k\pi^2E}{12(1-\mu_e^2)}\left(\frac{t}{L}\right)^2 \tag{3-98}$$

屈曲系数 k 由图 3-80 给出。

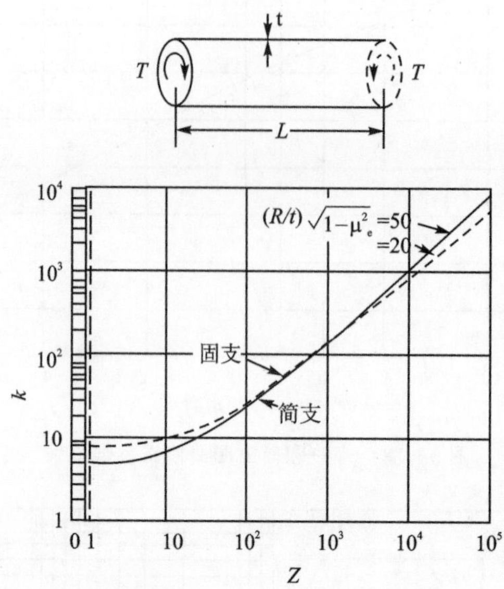

图 3-80　铰支和固支圆筒壳扭转屈曲系数

2. 塑性修正

在弹性范围内，$\eta=1$；在塑性范围内，对于长柱壳$\left(\frac{L}{R}>3\left(\frac{R}{t}\right)^{1/2}\right)$有

$$\eta=\left(\frac{E_s}{E}\right)\left(\frac{1-\mu_e^2}{1-\mu^2}\right)^{3/4} \tag{3-99}$$

图 3-81 给出了上式的量纲一曲线。

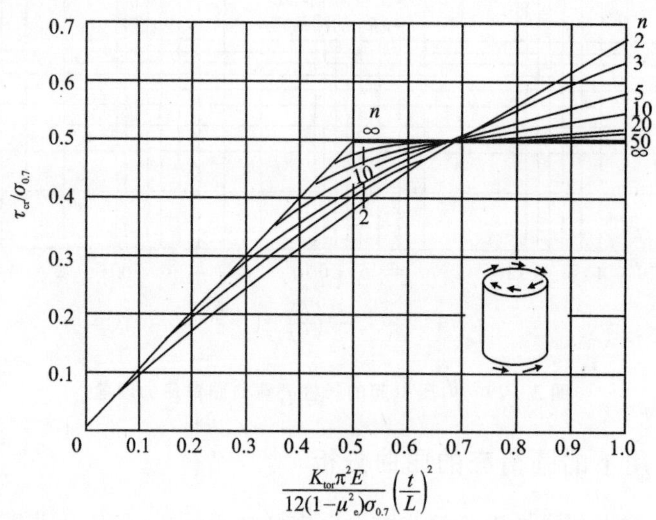

图 3-81　承扭长柱壳量纲一临界应力曲线

对于 $10\left(\frac{t}{R}\right)^{1/2}<\frac{L}{R}<3\left(\frac{R}{t}\right)^{1/2}$ 的圆筒壳，可近似采用式(3-98)进行塑性修正。

对于 $\sqrt{50}\left(\frac{t}{R}\right)^{1/2}<\frac{L}{R}<\sqrt{10}\left(\frac{R}{t}\right)^{1/2}$ 的中等长度圆筒，塑性修正系数的计算公式为

$$\eta = \left(\frac{E_s}{E}\right)\left(\frac{1-\mu_e^2}{1-\mu^2}\right)^{5/8} \tag{3-100}$$

3. 内压的影响

在内压与扭转同时作用时，内压将增加圆筒壳的扭转失稳临界应力，其相关方程为

$$R_{tor}^2 + R_p = 1 \tag{3-101}$$

式中：R_{tor}——扭转剪应力与纯扭临界剪应力之比；

R_p——作用内压值与外部流体静压临界压力之比。注意上式中 R_p 取负值。

3.4.5　横向剪切载荷作用下的圆筒壳的屈曲分析

1. 横向剪切作用下的临界应力计算

在横向载荷下临界剪应力的计算可采用计算纯扭转临界应力的公式：

$$\tau_{cr} = \eta \frac{K_{tor}\pi^2 E}{12(1-\mu_e^2)}\left(\frac{t}{L}\right)^2 \tag{3-102}$$

但是 K_{tor} 值需要 k 乘以系数 1.25，k 值由图 3-80 查取。

2. 横向剪切和内压作用下的临界应力计算

相关方程为

$$R_{ts} + R_p = 1 \tag{3-103}$$

式中：R_{ts}——横向剪应力与剪切临界应力之比；

R_p——内压值与外部静压临界应力之比。

3.4.6　外压载荷作用下的圆筒壳的屈曲分析

1. 临界应力公式

在侧压载荷作用下的短筒壳和过渡长度圆筒壳（$L^2/Rt<100$），筒壁内的周向压应力为 $\sigma_y = pR/t$，其临界屈曲应力为

$$\sigma_{cr} = \frac{K_y \pi^2 E}{12(1-\mu_e^2)}\left(\frac{t}{L}\right)^2 \tag{3-104}$$

式中，K_y 可从图 3-82 中查得。

对于长筒壳$\left(100\left(\frac{t}{R}\right)<\left(\frac{L}{R}\right)^2<5\left(\frac{R}{t}\right)\right)$，$K_y$ 值落在图 3-82 曲线的直线部分，$K_y=1.04Z^{1/2}$，故

$$\sigma_{cr} = 0.855\frac{E\gamma^{1/2}}{12(1-\mu_e^2)^{3/4}}\left(\frac{t}{R}\right)^{3/2}\left(\frac{R}{L}\right) \tag{3-105}$$

取 $\mu_e=0.3$，则

$$\sigma_{cr} = 0.926E\gamma^{1/2}\left(\frac{t}{R}\right)^{3/2}\left(\frac{R}{L}\right) \tag{3-106}$$

式中，γ 为修正系数，建议取 $\gamma^{1/2}=0.75$。

对于很长的圆筒壳$\left(\left(\frac{L}{R}\right)^2>5\left(\frac{R}{t}\right)\right)$

$$\sigma_{cr} = \frac{0.25E}{(1-\mu_e^2)}\left(\frac{t}{R}\right)^2 \tag{3-107}$$

在静水压作用下，对短筒壳和过渡长度圆筒壳，筒壁内的周向压应力为 $\sigma_y = pR/t$，轴向压应力为 $\sigma_x = pR/(2t)$，其临界屈曲应力为

$$\sigma_{cr}=\frac{K_p\pi^2E}{12(1-\mu_e^2)}\left(\frac{t}{L}\right)^2 \tag{3-108}$$

式中，K_p 可从图 3-83 中查得。

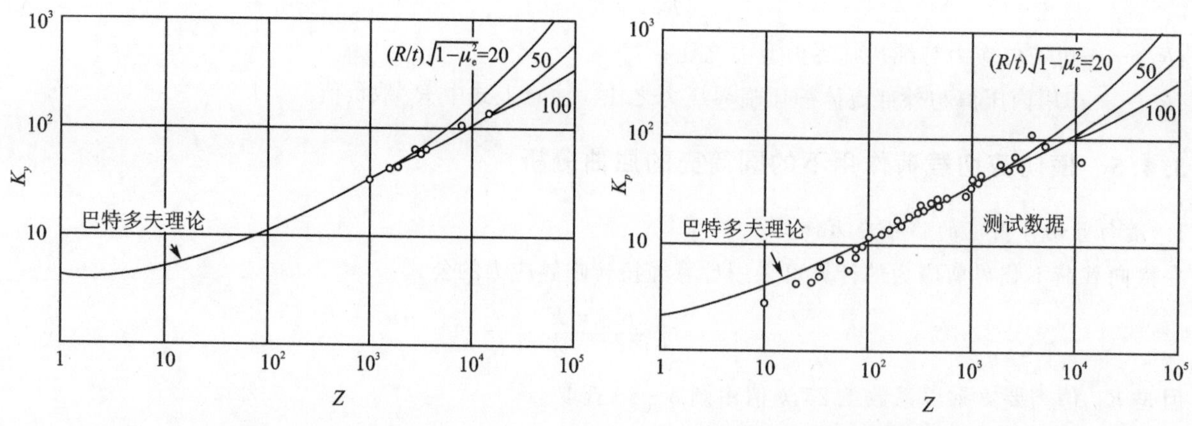

图 3-82 在径向外压力下的临界应力

图 3-83 在流体静压下的临界应力

对于长筒和很长的圆筒，侧压力和静水压作用的特性一致，用静水压公式计算即可。

2. 塑性修正

表 3-14 列出不同长度筒壳的塑性修正。

表 3-14 塑性修正

	Z	η
短筒壳	$Z<5$	$\eta=\frac{E_s}{E}\left(\frac{1}{2}+\frac{1}{2}\sqrt{\frac{1}{4}+\frac{3}{4}\frac{E_t}{E_s}}\right)$
中长筒壳	$100<Z<11.8\left(\frac{R}{t}\right)^2$	$\eta=\frac{E_s}{E}\sqrt{\left(\frac{E_t}{E_s}\right)^{1/2}\left(\frac{1}{4}+\frac{3}{4}\frac{E_t}{E_s}\right)}$
长筒壳	$Z>11.8\left(\frac{R}{t}\right)^2$	$\eta=\frac{E_s}{E}\left(\frac{1}{4}+\frac{3}{4}\frac{E_t}{E_s}\right)$

Z 的定义：

$$Z=\frac{L^2}{Rt}\sqrt{1-\mu_e^2} \tag{3-109}$$

对于过度长度的圆筒壳（$5<Z<100$），无适用的塑性修正系数表达式，可用短筒壳和长筒壳的塑性修正系数值按 Z 值作线性插值。

对于静水压作用下的圆筒壳，无适用的塑性修正系数公式，可试用侧压失稳塑性修正系数公式。

3.4.7 复杂载荷作用下的圆筒壳的屈曲分析

在复合载荷作用下的圆筒壳的临界应力，采用相关方程和相关曲线来计算。

表 3-15 列出了多重载荷复合情况下的相关方程。图 3-84～图 3-86 给出了几种载荷复合情况下的相关曲线。

表 3-15　多重载荷复合情况下的相关方程

载荷形式	相关方程	说　明
纵向压缩和纯弯曲	$R_c+R_b=1$	$R_c=\dfrac{\text{复合载荷作用下失稳时的压缩应力}}{\text{纯压缩作用下的压缩临界应力}}$ $R_b=\dfrac{\text{复合载荷作用下失稳时的弯曲应力}}{\text{纯弯曲作用下的弯曲临界应力}}$
纵向压缩和扭转	$R_c+R_{tor}^2=1$	$R_{tor}=\dfrac{\text{复合载荷作用下失稳时的剪应力}}{\text{纯扭作用下的临界剪应力}}$
纵向拉伸和扭转	$R_{tor}^3-R_t=1$	$R_t=\dfrac{\text{复合载荷作用下失稳时的拉应力}}{\text{纯轴压作用下的压缩临界应力}}$
纯弯曲和扭转	$R_b+R_{tor}^2=1$	
纯弯曲和横向剪切	$R_b^3+R_{ts}^3=1$	$R_{ts}=\dfrac{\text{复合载荷作用下失稳时的横向剪应力}}{\text{横向剪切作用下的临界剪应力}}$
纵向压缩、纯弯和横向剪切	$R_c+(R_{ts}^3+R_b^3)^{1/3}=1$	
纵向压缩、纯弯和扭转	$R_c+R_b+R_{tor}^2=1$	
纵向压缩、纯弯、横向剪切和扭转	$R_c+R_{tor}^2+(R_{ts}^3+R_b^3)^{1/3}=1$	
纵向压缩和外压	$R_c+R_p=1$	$R_p=\dfrac{\text{复合载荷作用下失稳时的外部压力}}{\text{外压单独作用下的临界压力}}$

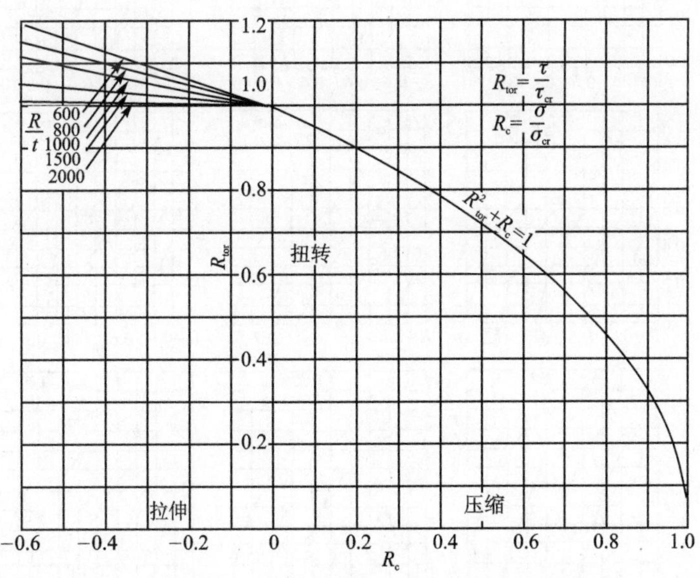

图 3-84　在轴压和扭转载荷联合作用下各向同性圆筒的临界应力相关曲线

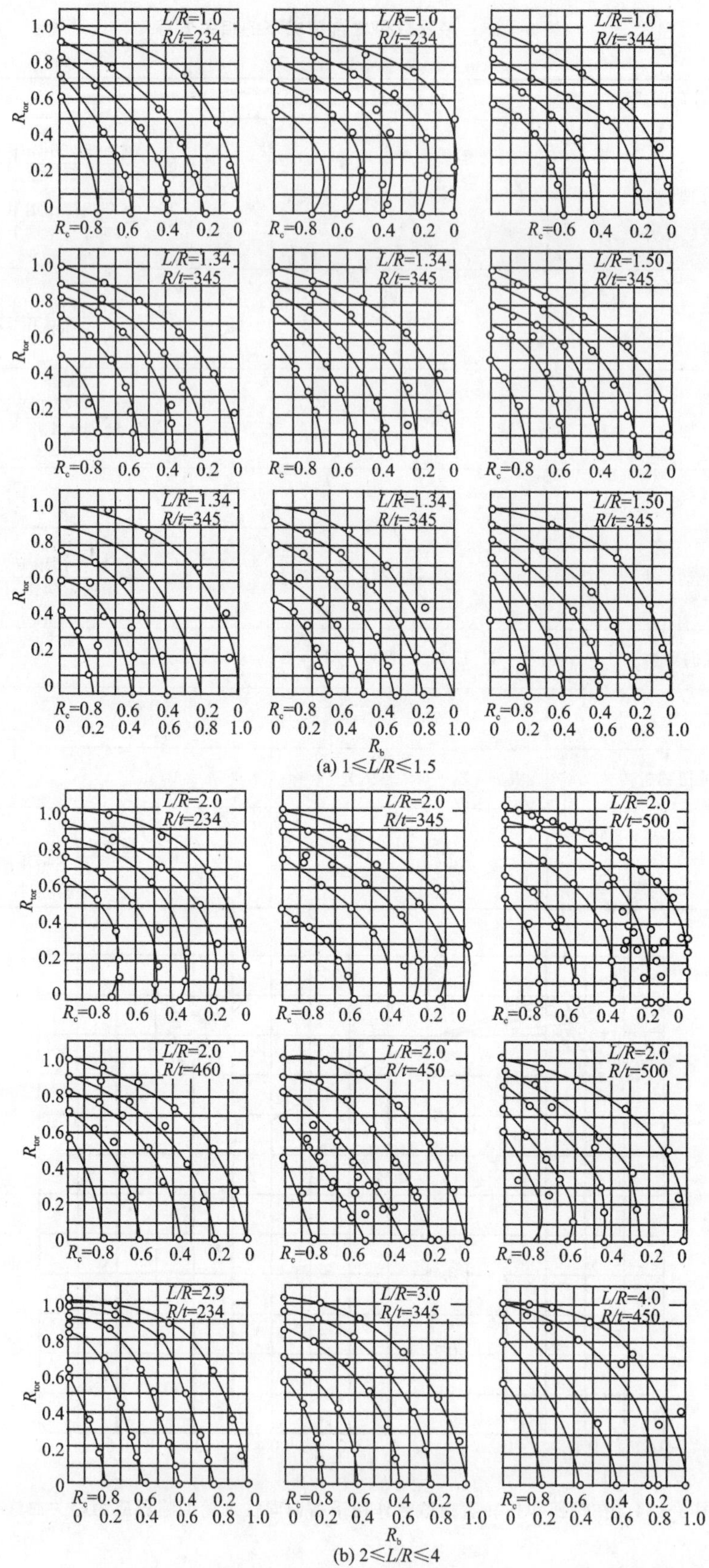

图 3－85　不同尺寸比值的圆筒在压缩、弯曲和扭转复合作用下的相关曲线

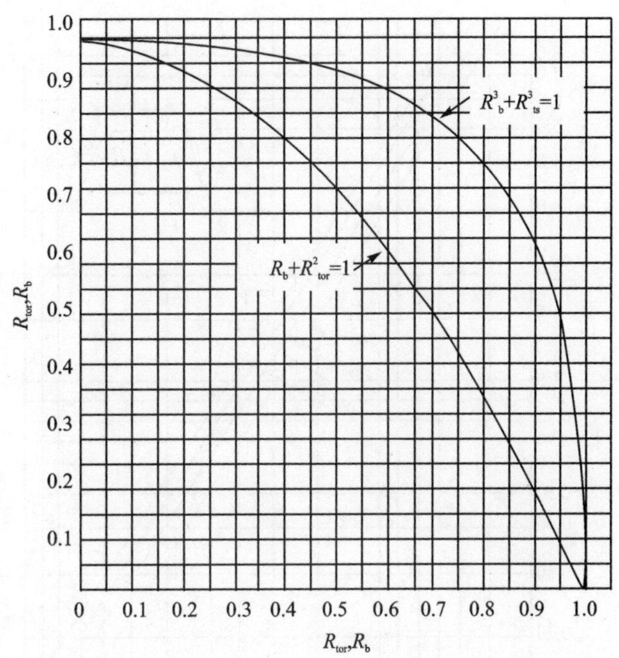

图 3-86　在纯弯和扭转以及纯弯和横向剪切作用下圆筒的相关曲线

3.4.8　薄壁锥壳和截锥壳的屈曲分析

1. 轴压

在轴压载荷下的未充压薄壁锥壳失稳与破坏一致。临界应力用等效圆筒法计算。公式如下：

$$\sigma_{cr} = \eta \frac{\gamma E}{\sqrt{3(1-\mu_e^2)}} \frac{t}{\rho_1} \tag{3-110}$$

式中：$\rho_1 = R_1/\cos\alpha$；

α ——锥壳的半顶角；

R_1——截锥壳小端圆的半径；

σ_{cr}——截锥壳小端沿母线方向的临界应力。

对于 $Z>25$ 的铰支锥壳和 $Z>80$ 的固支锥壳，系数 γ 可从图 3-78 中查到，半顶角 $\alpha<75°$。Z 表达式为

$$Z = \frac{L^2}{\rho_1 t}\sqrt{1-\mu_e^2} \tag{3-111}$$

对于弹性范围，$\eta=1$；对于塑性范围，按下式计算：

$$\eta = \frac{\sqrt{E_s E_t}}{E} \tag{3-112}$$

设计允许的总压缩载荷为

$$P_{cr} = 2\pi\rho_1\sigma_{cr}t\cos^2\alpha \tag{3-113}$$

对于 $5°<\alpha<11°$ 的截锥壳，建议采用图 3-87 中的设计曲线来计算弹性临界应力和临界载荷。

在轴压作用下的充压锥壳，设计允许临界应力式为

$$\sigma_{cr} = \eta\left(\frac{\gamma}{\sqrt{3(1-\mu_e^2)}} + \Delta\gamma\right)\frac{Et}{\rho_1} \tag{3-114}$$

式中，γ 从图 3-75 中查到，$\Delta\gamma$ 从图 3-77 中查到，只须将 ρ_1 代替 R 即可。

充压锥壳的总压缩载荷为

$$P_{cr} = 2\pi\rho_1\sigma_{cr}\cos^2\alpha + \pi\rho_1^2 p\cos^2\alpha \tag{3-115}$$

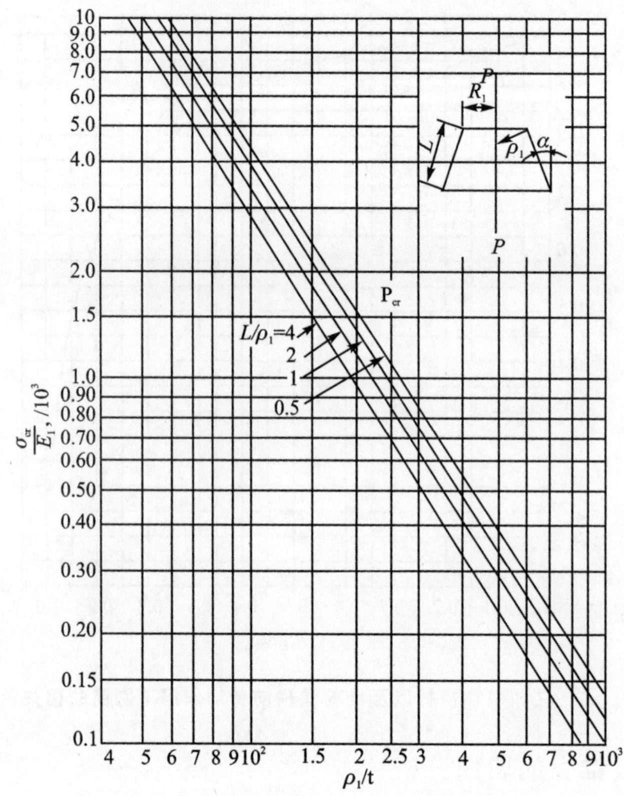

图 3-87　薄壁截锥壳的允许压缩临界应力

式中，σ_{cr}用式(3-114)计算，p为内压值。

塑性修正系数同未充压情况。

2. 弯曲

屈曲与破坏同时出现，这种受载形式无理论解可用，只有一些试验结果可供参考。

对于$Z>20$的铰支锥壳和$Z>80$的固支锥壳，设计允许临界应力可采用下述公式计算：

$$\sigma_{cr}=\eta\frac{\gamma E}{\sqrt{3(1-\mu_e^2)}}\frac{t}{R} \tag{3-116}$$

σ_{cr}用式(3-116)计算，其值为弯曲引起的锥小端外部纤维最大压应力。

对于$5°<\alpha<11°$的未充压承弯截锥壳，建议采用图3-88中的曲线来计算弹性临界应力和允许弯矩。

对于承弯的充压截锥壳，$Z>20$的铰支壳和$Z>80$的固支壳，$\alpha<60°$，设计允许临界应力用式(3-96)和图3-78、图3-79计算，只要将R用ρ_1代替即可。

当应力水平处于弹性，且无外部轴向载荷作用时，则允许弯矩按下式计算：

$$M_{cr}=\pi R_1^2 t\sigma_{cr}\cos\alpha+\frac{1}{2}\pi R_1^3 p \tag{3-117}$$

式中：σ_{cr}按式(3-96)计算；

p——内压值；

R_1——锥壳小端圆半径。

3. 扭转

设计允许临界应力用下式计算：

$$\frac{\tau_{cr}}{\eta}=\frac{R_{eq}^2}{R_1^2}C_{tor}\frac{Et}{R_{eq}Z^{1/4}} \tag{3-118}$$

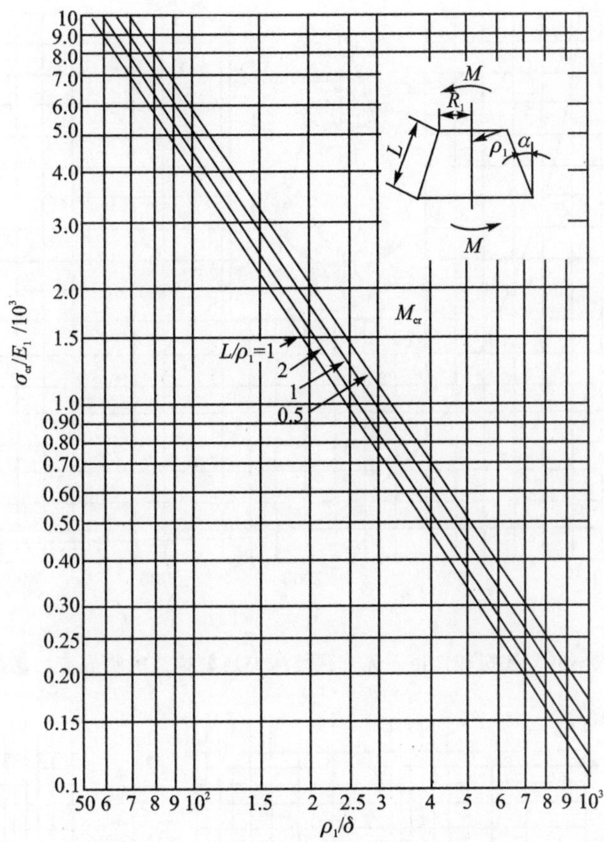

图 3－88　未充压薄壁截锥壳的弯曲临界应力

式中：

$$R_{eq}=\left\{1+\left(\frac{1+R_2/R_1}{2}\right)^{1/2}-\left(\frac{1+R_2/R_1}{2}\right)^{-1/2}\right\}R_1\cos\alpha$$

$$Z=\frac{L_{eq}^2}{R_{eq}t}\sqrt{1-\mu_e^2}$$

τ_{cr}——锥壳小端的临界剪应力；

几何参数见图 3－89，临界应力系数 C_{tor} 由图 3－89 查出。

对于弹性失稳，$\eta=1$；对于非弹性失稳，由式(3－99)计算。

设计允许扭矩用下式计算：

$$T_{cr}=2\pi R_1^2 t\tau_{cr} \tag{3-119}$$

式中，τ_{cr} 用式(3－118)计算。

对于 $5°<\alpha<11°$ 的受扭薄壁截锥壳，可采用图 3－90 中给出的设计曲线来计算临界扭矩，图中曲线适用于弹性范围。

4．外压

(1) 在侧压和轴向压力作用下的薄壁截锥壳

计算公式如下：

$$\sigma_{cr}=\eta K_p\frac{\pi^2 E}{12(1-\mu_e^2)}\left(\frac{t}{L_{eq}}\right)^2\frac{R^2}{\rho\cos\alpha} \tag{3-120}$$

式中：σ_{cr}——外压 p_{cr} 引起的截锥壳大端的周向薄膜应力；

临界应力系数 K_p 和壳的几何参数见图 3－91，该图中曲线适用于铰支截锥壳，应用于固支截锥壳是保守的。

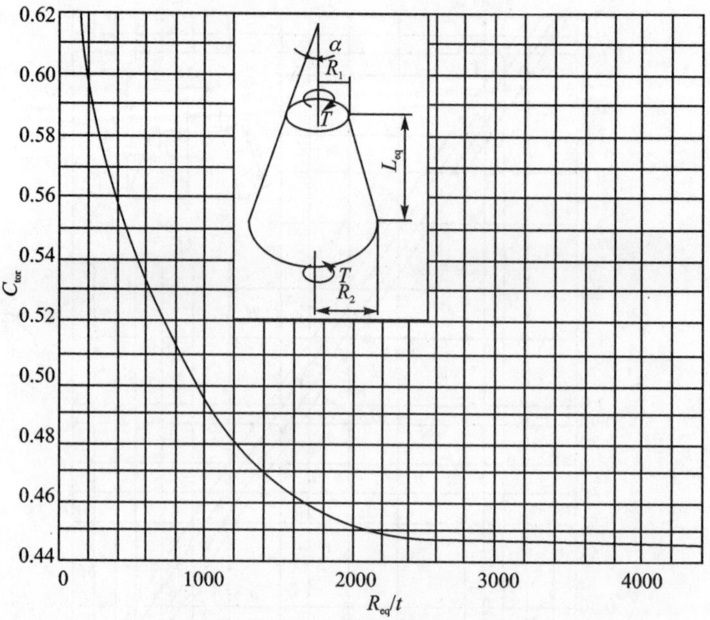

图 3 - 89　在扭转作用下无加强筋未充压截锥壳的临界应力系数

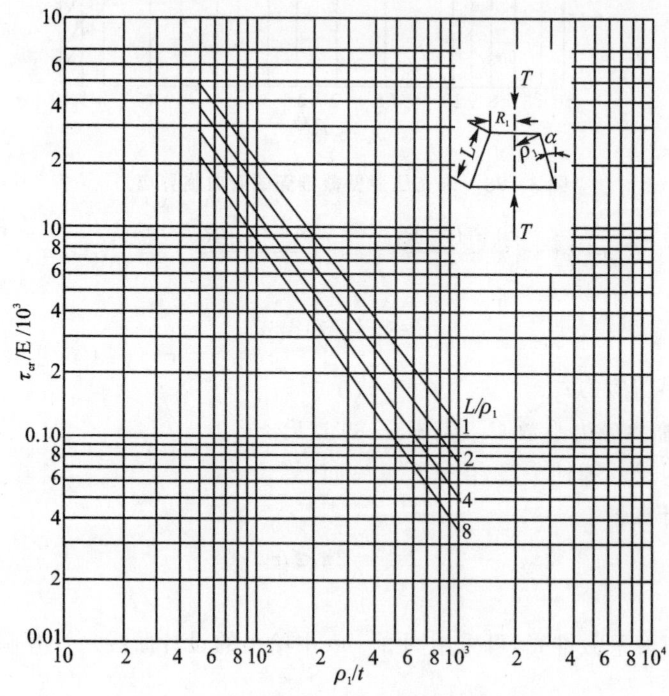

图 3 - 90　薄壁截锥壳的允许扭转临界应力

设计允许外压力为

$$p_{cr} = \frac{\sigma_{cr} t \cos\alpha}{R_2} \tag{3-121}$$

式中：p_{cr}是指壳完全失稳的设计允许压力，σ_{cr}按方程(3 - 120)计算。

(2) 在侧压作用下截锥壳

弹性临界侧压力可用下式计算：

$$p_{cr} = \frac{K_e \pi^2 E t^3}{12\bar{\rho} L^2 (1-\mu_e^2)} \tag{3-122}$$

式中：$\bar{\rho}$——截锥壳平均曲率半径；

K_e——弹性临界应力系数，图 3-92 给出了 K_e-Z 的关系曲线。

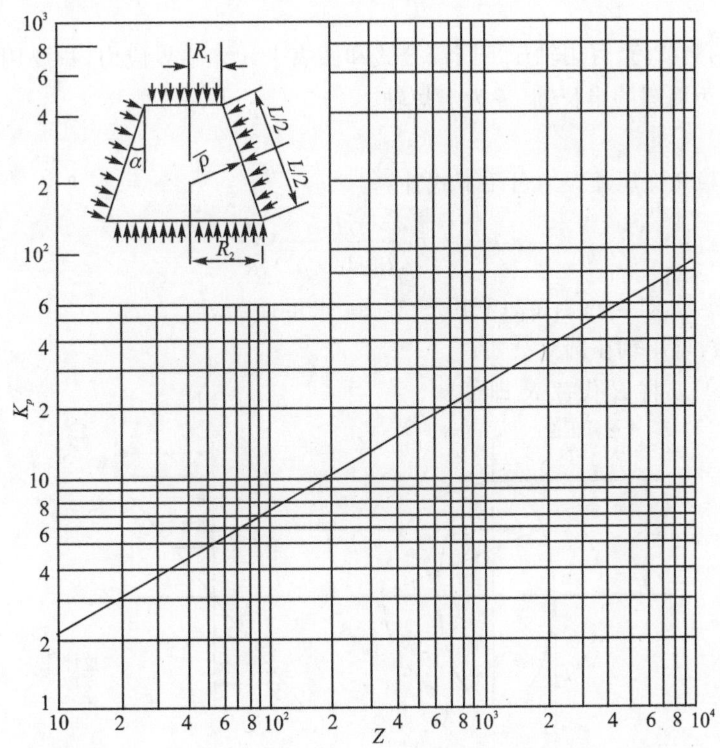

图 3-91　承受外部径向和轴向压力的截锥壳的临界应力系数

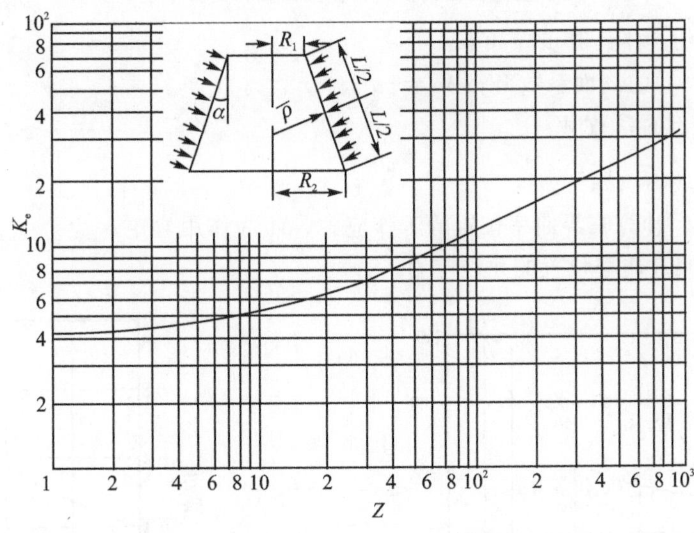

图 3-92　在外部径向压力作用下薄壁截锥壳的临界应力系数

(3) 外压下截锥壳

也可采用等效圆筒法，利用 3.4.6 节中的公式与图线，只要将 R 用 R_{eq} 代替，L 用 L_{eq} 代替即可。

$$R_{eq} = \frac{R_2}{\cos\alpha} \tag{3-123}$$

$$L_{eq}=0.66L \tag{3-124}$$

适用于 $\alpha<75°$。

3.4.9 椭圆筒壳的屈曲分析

1. 轴压

对于在轴压作用下的椭圆筒，可用轴压下圆筒公式和图表来计算临界应力，只要用当量曲率半径 $R_{eq}=a^2/b$ 代替筒半径 R 即可，α 为椭圆的半长轴，b 为半短轴。

2. 弯曲

对长椭圆筒，弯曲失稳允许压缩应力可用下式计算：

$$\sigma_{cr}=\eta\frac{\gamma E}{\sqrt{3(1-\mu_e^2)}}\frac{t}{\bar{R}} \tag{3-125}$$

式中：$\bar{R}$——临界曲率半径，见图 3-93，$\bar{R}$ 可利用图 3-94 求得；

η——塑性修正系数，可用轴压圆筒公式；

γ 由图 3-78 求得，只要将 $\bar{R}$ 代替 R 即可。

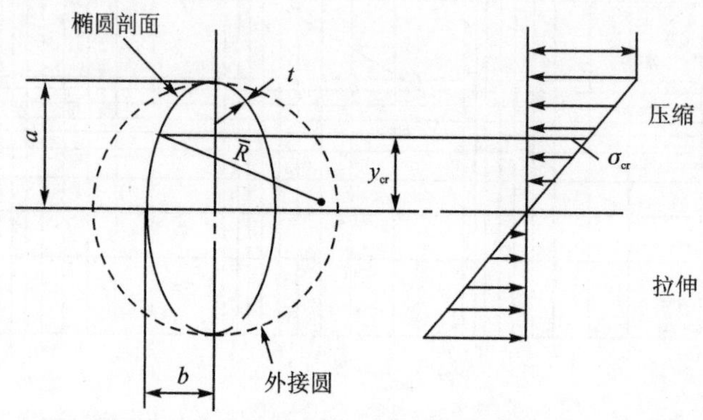

图 3-93 在弯曲载荷作用下椭圆筒临界曲率半径的位置

工作应力与许用应力的具体计算步骤如下：

计算外接圆(见图 3-93)的剖面系数 W_1，$W_1=\pi a^2 t$；

由图 3-95，求椭圆筒剖面系数 W_2；

由图 3-94，求 $(y/a)_{cr}$ 和 $\bar{R}/a$；

由 $\sigma_{y,cr}=M(y/a)_{cr}/W_2$ 计算临界曲率位置的工作应力，M 为作用弯矩；

由方程(3-125)求出临界曲率位置的允许应力。

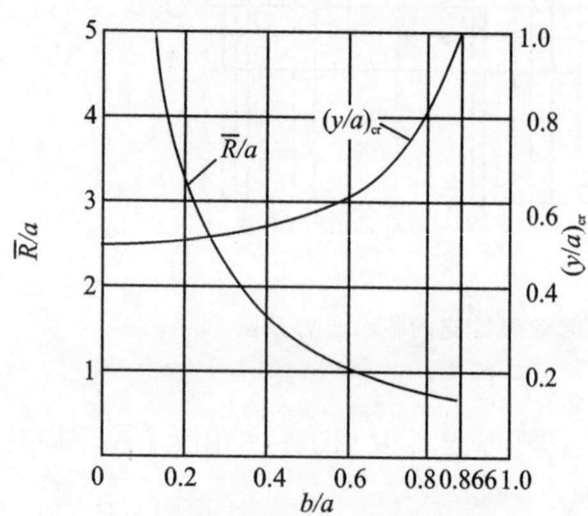

图 3-94 椭圆筒临界半径的数值与位置

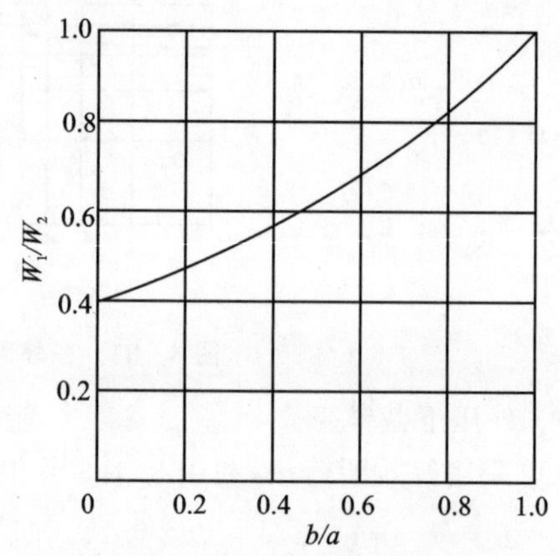

图 3-95 椭圆筒的剖面系数

3. 扭转

在扭转作用下的椭圆筒和D形管，临界剪应力可用受扭圆筒的数据与公式，只要将椭圆筒剖面的长半轴 a 代替圆筒的半径 R，于是

$$Z = L^2 (1-\mu_e^2)^{1/2}/(at) \tag{3-126}$$

3.4.10　球面曲板的屈曲分析

对于在均匀外压 p 作用下的球面曲板，见图 3-96，弹性临界应力可用下式计算：

$$\sigma_{cr} = \frac{K_p \pi^2 E}{12(1-\mu_e^2)}\left(\frac{t}{d}\right)^2 \tag{3-127}$$

式中：K_p 从图 3-97 中求得；

d——球面曲板底圆直径；

R——球半径。

屈曲压力计算公式为

$$p_{cr} = \sigma_{cr} \frac{2t}{R} \tag{3-128}$$

根据对已有试验数据的统计分析，计算承受外压的固支球面曲板的弹性临界应力表达式为

$$\frac{p_{cr}}{p_{cr,t}} = 0.14 + \frac{3.2}{\lambda^2} \qquad (\lambda > 2) \tag{3-129}$$

式中：$p_{cr,t}$——理论临界应力，其式为

$$p_{cr,t} = \frac{2}{[3(1-\mu_e^2)]^{1/2}} E\left(\frac{t}{R}\right)^2 \tag{3-130}$$

式中：R——球面曲板的半径；

t——曲板的壁厚；

α——曲板圆心角的一半。

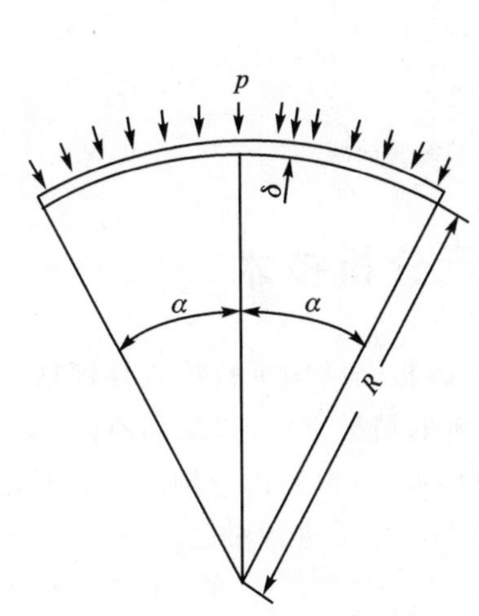

图 3-96　均压下的球面曲板

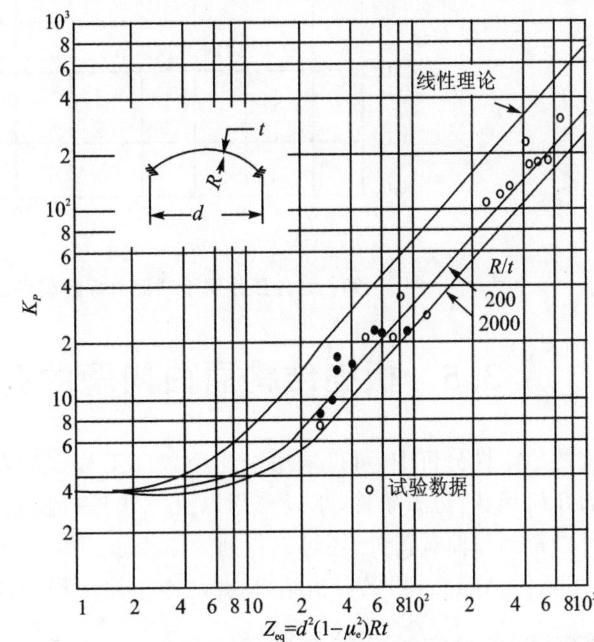

图 3-97　在外压作用下球面曲板的试验数据与理论数据的比较

$$\lambda = \left[12(1-\mu_e^2)^{1/4}\right]\left(\frac{R}{t}\right)^{1/2} 2\sin\frac{\alpha}{2} \tag{3-131}$$

图 3－98 中曲线可应用于浅壳和深壳。

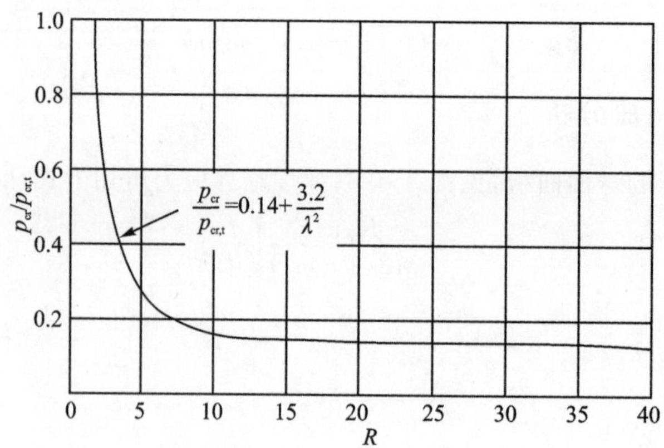

图 3－98　承受均匀外压的球面曲板的临界应力

对于$\frac{d^2}{Rt}>100$的情形，外压下临界应力公式

$$\sigma_{cr} = \eta C_p E \frac{t}{R} \tag{3-132}$$

式中，系数 C_p 可由图 3－99 求得。在弹性范围内，$\eta=1$；在塑性范围内，η 可用式(3－86)计算，也可用图 3－76 中曲线进行塑性修正。

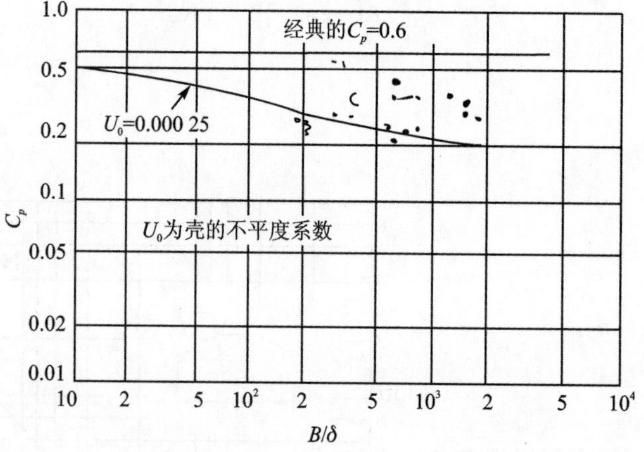

图 3－99　在外压作用下球面曲板的临界应力系数经验曲线

3.5　板壳结构屈曲问题的有限元分析技术

在板壳结构的稳定性分析中，可以采用上述经典的工程方法对典型的板壳结构进行稳定性评估。但对于一些极为复杂的几何形状、边界条件，难以采用以上方法进行稳定性分析的情况下，可以采用有限元方法。有限元方法除了可以得到屈曲载荷外，还可以得到屈曲模态。本章节用矩形板、三角形板为例进行有限元方法的说明，给出在通用软件 Abaqus 中的分析结果，并与本手册工程公式法得到的结果进行对比。

3.5.1　矩形平板稳定性分析有限元方法

1. 网格的划分

对于稳定性分析，有限元模型的网格划分形式极为重要，网格的划分方式和划分密度会影响有限元计算结果。对于一个半波长度至少要取 5 个节点。

2. 边界条件设置

矩形平板稳定性分析中的各种边界条件模拟需要保证既能够施加上应加的载荷而不影响应力分析的正确性,同时又能够合理的表征边界支持。

(1) 四边简支

对于承受轴压载荷的四边简支平板(见图 3-100),其边界条件的约束可采用以下两种方法:

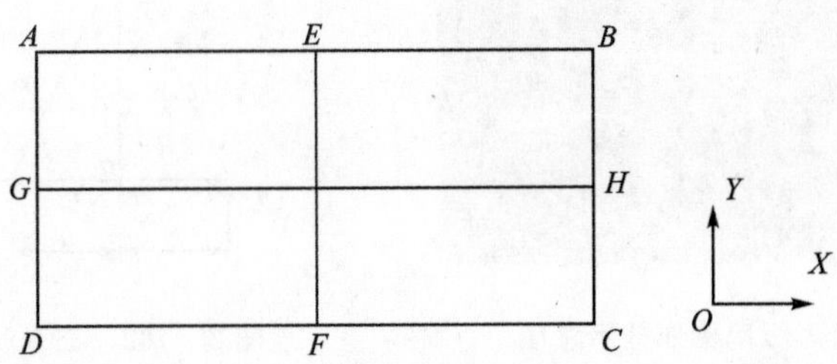

图 3-100　建模边界示意图

1) 对于承受均布轴向压缩载荷的平板见图 3-100,所有边界上各点 Z 方向的位移约束为 0,角点 $x_A=y_A=0$,$x_D=0$(压轴载荷施加在 BC 边上)或者角点 $x_A=y_A=0$,$y_B=0$(压轴载荷施加在 DC 边上),如图 3-100 所示。

2) 第二种方法不仅适用于承受均布轴向压缩载荷的平板,也适用于承受纵向压缩和横向压缩(或拉伸)载荷作用下的平板。对所用边界上各点 Z 方向的位移约束为 0,对 GH 所在线上的点约束 Y 方向($y_{GH}=0$),对 EF 所在线上的点约束 X 方向($x_{EF}=0$)。这种简化四边简支的方法有效地保证了板壳在收压时其中轴线不偏离初始位置,合理的表征了简支的边界条件。

对于承受纵向压缩和剪力或者只承受纯剪载荷作用下的四边简支平板:

所有边界上各点 Z 方向的位移约束为 0,对 G 点约束 Y 方向位移 $y_G=0$,对 AD 边上的点 $x_i=0$,$\theta_{xi}=\theta_{zi}=0$;对 BC 边 $x_i=0$,$\theta_{xi}=\theta_{zi}=0$;对 AB 和 CD 边约束绕 Y、Z 轴的转动 $\theta_{yi}=\theta_{zi}=0$。这种约束方式加上了一个中点(选取 G 点)和其对边(BC 边)的 X 方向约束,从而从一定程度上防止了板中间部分偏离。这种方法的优势在于其对中间点的约束较弱,因而该约束同样适用于剪切加载和组合加载方式。

(2) 四边固支

所有边界上各点 Z 方向的位移为 0,角点 $x_A=y_A=0$,$x_D=0$(或者 $y_B=0$)。

所有边界各点:$\theta_{xi}=\theta_{yi}=0$

(3) 其他边界条件

其他边界条件(如边界不同时为固支)类似处理。

3.5.2　三角形平板屈曲分析有限元方法

1. 网格的划分

对于对称的结构,网格划分需要尽可能的对称,如图 3-101 所示。

2. 边界条件设置

对于承受压轴载荷的三边简支三角形板,其边界条件的约束可采用以下方法:

如图 3-102 所示 AB 边约束 z 向和 y 向位移,约束 AB 边的中点 O 的 x 向位移 $x_O=0$,AC 和 BC 边约束 z 向位移。

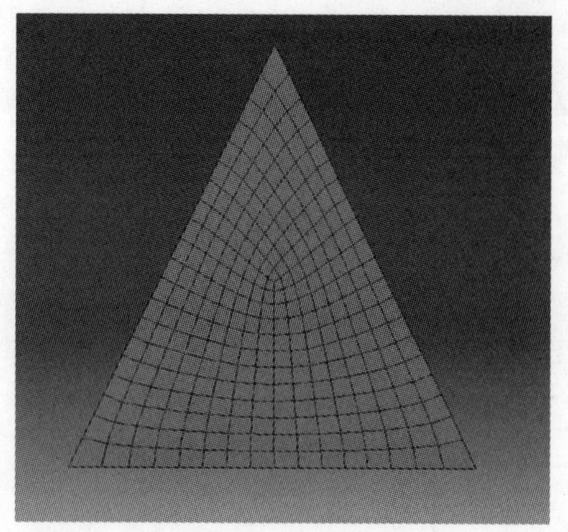

图 3-101 三角形板网格划分示意图

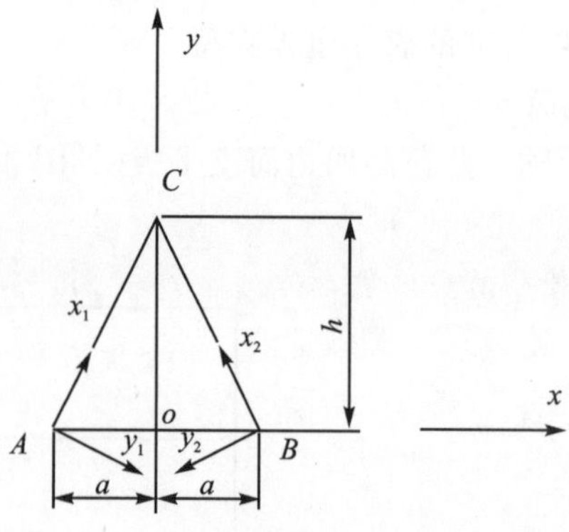

图 3-102 三角形板约束边界示意图

需要对 AC 和 BC 边建立局部坐标系，局部坐标系中分别以 AC 边和 BC 边为各自 x 轴，约束绕 y 轴转角：$\theta_{yi}=0$。

所有边界点：$\theta_{zi}=0$。

实例：简支三角形板参数：$h=254$ mm，$t=2.50$ mm，$2a=254$ mm，铝合金材质，其参数为 $E=68\ 900$ N/mm²，$\mu=0.30$，求三角形平板的屈曲应力。

解：$h/a=2$ 查图 3-48 得 $K_c=4.17$

$$f_{c,cr}=K_cE\left(\frac{t}{2a}\right)^2\ \text{N/mm}^2=4.17\times 68\ 900\times\left(\frac{2.50}{254}\right)^2\ \text{N/mm}^2=27.83\ \text{N/mm}^2$$

有限元计算结果为 28.253 N/mm²。

如图 3-103 和图 3-104 所示屈曲载荷的有限元分析结果与本手册公式方法结果相比，误差为 1.5%。

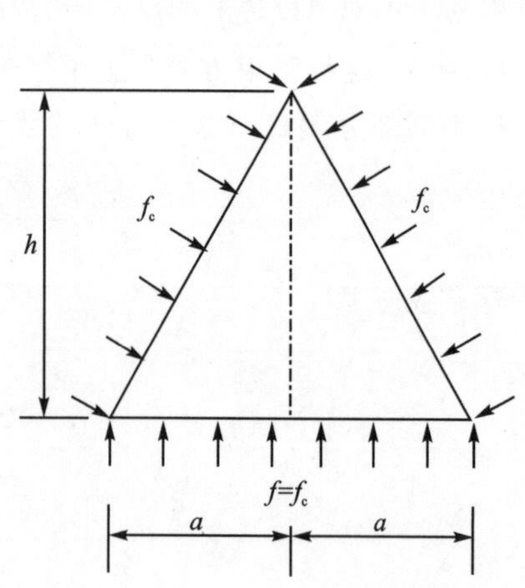

图 3-103 计算实例受力示意图

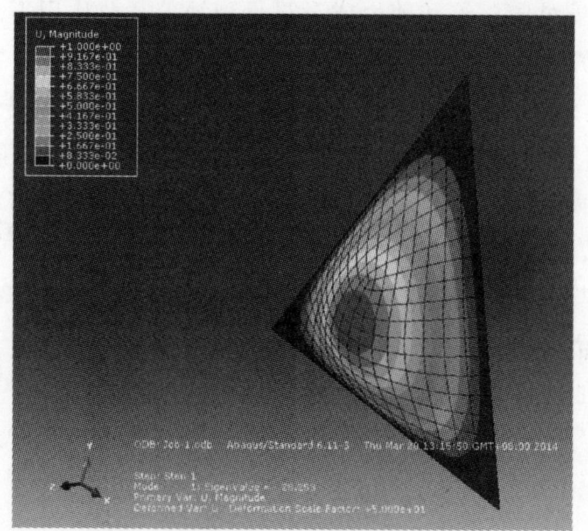

图 3-104 计算实例有限元模拟结果

3.5.3 曲板的屈曲分析有限元方法

在用有限元软件分析曲板屈曲问题时，对于圆筒曲板，首先需要建立柱坐标系，在柱坐标系下使用壳单元建立模型并定义边界条件。

分析步定义时，主要分为以下几类：

1. 线性屈曲分析

主要用于估计最大临界载荷和屈曲模态，无法查看屈曲后状态。可用作引入缺陷之前的计算分析步，需要加载荷；屈曲特征值与载荷相乘就是屈曲载荷。主要用于缺陷不敏感结构。

2. 非线性屈曲分析

利用弧长法在结构响应不稳定阶段获得静态平衡，主要用于计算最大临界载荷和屈曲以后的后屈曲响应，可以查看后屈曲状态。载荷比例因子与载荷相乘就是屈曲载荷。可以用于缺陷敏感结构，如果结构存在接触，容易出现收敛问题。

载荷增量因子、初始弧长增量和最大的迭代步数是弧长法的主要控制参数。

载荷增量因子确定加载速度，它也是计算终止的条件之一，即使结果没有达到定义的终止位移条件，若载荷增量因子大于定义的初始值，计算也会终止，这样的计算结果是失败的。

弧长增量确保计算的收敛性，它的选取对弧长算法的计算精度和收敛速度至关重要。在结构非线性跟踪分析中，弧长通常根据结构的受力性能变化而变化，当结构非线性程度较低时，可适当增大增量弧长，以加速求解过程，通常视结构求解规模和复杂程度而定。

最大迭代步数视结构求解规模和复杂程度而定，规模越大越复杂，最大迭代步数应设置的越大。

3. 通用静力分析

用于计算结构刚度不变或结构刚度增大的结构，如果结构出现屈曲或者垮塌，很容易出现不收敛问题，无法计算后屈曲状态。若在分析步中加入阻尼稳定后，有助于收敛，但注意阻尼不能加得过大。

4. 隐式动力分析

将屈曲问题作为隐式动力问题来处理，适合接触脱开的问题；但是假如结构接触对较多，很容易出现收敛问题。这种分析类型使用的是隐式积分方法。

5. 显式动力分析

将屈曲问题作为显式动力问题来处理，适合接触脱开的问题，能够适应复杂的模型，复杂的接触对，收敛效果较好。但是计算量较大，计算时间较长，计算完以后需要评估计算结果是否可靠。这种分析类型使用的是显式积分方法。

曲板是一种缺陷敏感结构，缺陷的形式及大小对屈曲载荷有较大影响，目前引入缺陷的方法主要有以下几种：

1）将线性屈曲分析的模态组合，作为结构的初始几何缺陷。因为组合的形式很多，可进行参数化分析。

2）在屈曲分析起始时，添加初始位移扰动，扰动位移不宜过大，可取厚度的 1%，作用位置为曲板中部。

3）可取曲板结构常见的制造缺陷，或实测几何缺陷，作为结构的初始几何缺陷。

参考文献

[1] 解思适. 飞机设计手册第 9 册：载荷、强度和刚度[M]. 北京：航空工业出版社，2001.

[2] 崔德刚，结构稳定性设计手册[M]. 北京：航空工业出版社，1996.

[3] MTS004_C-plates & shells, Buckling of Thin Plates and Shells [M]，1998.

[4] 陈业标飞机复合材料结构强度分析[M]，2010.

[5] EF Bruhn，RJH BollardAnalysis and design of flight vehicle structure(Bruhn).

[6] Initial buckling of flat isosceles triangular plates under compression reacted by compression and or shear ESDU 09013.

[7] 石亦平. ABQUS 有限元分析实例详解[M]. 北京：机械工业出版社，2006.

[8] Buckling of flat isotropic plates underuniaxial and biaxial loading, ESDU 72019.

第4章 加筋件结构分析方法

4.0 符号说明

符号	单位①	物理意义
σ	MPa	应力
σ_p	MPa	材料的比例极限
$\sigma_{c0.2}$	MPa	材料的屈服强度
σ_{cr}	MPa	临界屈曲应力
$\sigma_{t,cr}$	MPa	杆件的扭转临界屈曲应力
$\tilde{\sigma}_{cr}$	MPa	弹性临界屈曲应力
σ_{ir}	MPa	钉间失稳临界应力
f_{be}	MPa	弹性范围内的局部屈曲应力
f_n	MPa	$E_t=\frac{1}{2}E$ 时的应力
f_b	MPa	弹塑性范围内的局部屈曲应力
E	MPa	材料的弹性模量
E_c	MPa	材料的压缩弹性模量
E_t	MPa	材料的切线模量
E_s	MPa	材料的割线模量
G	MPa	材料的剪切模量
C	1	杆件端部支撑系数
C_x	1	杆件 x 向的端部支持系数
C_y	1	杆件 y 向的端部支持系数
C_w	1	加筋件的翘曲系数
C_e	1	加筋件的转动系数
Q	1	钉间失稳的边界条件系数
μ_e	1	材料弹性范围内的泊松比
μ	1	材料弹塑性范围内的泊松比
A	mm^2	杆件剖面面积
L	mm	杆件的实际长度
I_x	mm^4	杆件剖面对 x 轴的惯性矩
I_y	mm^4	杆件剖面对 y 轴的惯性矩
ρ_{eq}	mm	当量回转半径

① 本书的量和单位以中华人民共和国国家标准为准。考虑到在实际设计工作中，很多资料(尤其是外版资料)大量应用英制单位，为方便读者使用，亦保留部分英制单位。

符号	单位	物理意义
K	1	局部屈曲因子
η	1	塑性修正系数
m	1	结构的材料特征(取值参考 ESDU 76016)
λ	mm	屈曲半波长

4.1　加筋件结构典型失效形式分析

民机结构设计中大量采用加筋件结构来提高结构的承载能力，加筋件可用于提高板的刚度，在航空结构中，它们往往被布置在主承力结构中。加筋件通常由挤压、铣切和弯制的型材构成。其典型结构形式如图 4-1 所示。

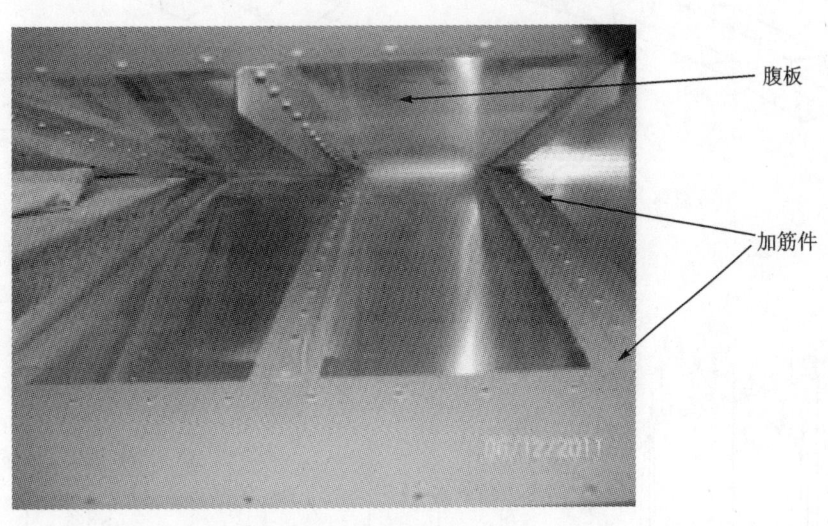

图 4-1　加筋件及其安装方式

一般情况下，加筋件的长度尺寸比它的截面尺寸大，其剖面类型多样。在航空结构中，加筋件的剖面形状类型有 T 型、L 型、I 型、J 型、Z 型、帽型、C 型以及槽形等，具体形式如图 4-2 所示。

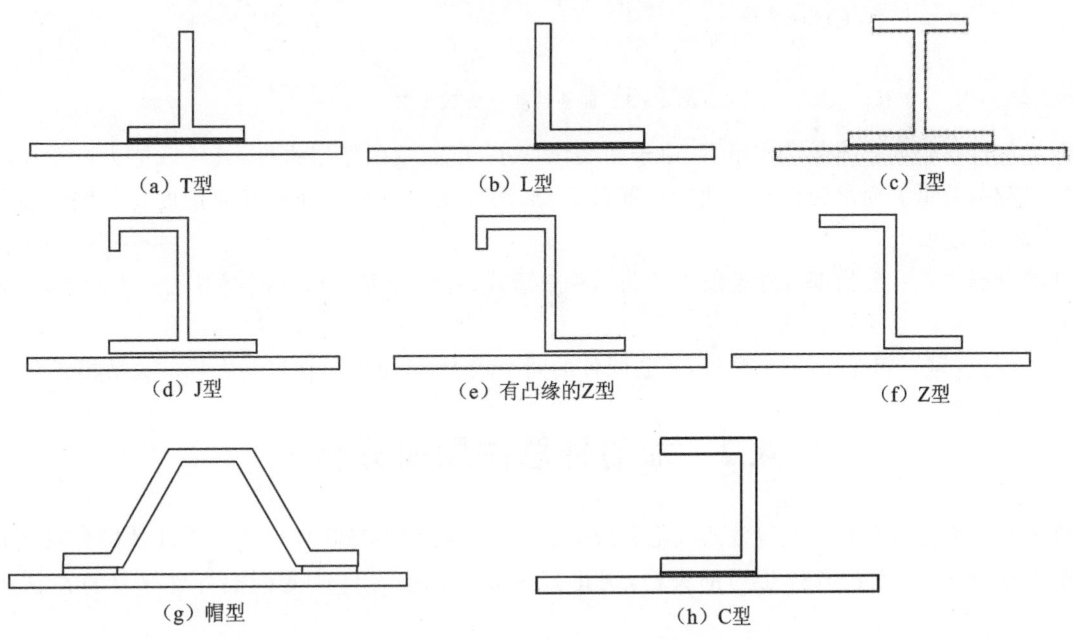

图 4-2　加筋件剖面类型

加筋件最常见的受力形式是受轴向压缩载荷作用，其次是受横向弯曲载荷的作用。并根据实际情况有受偏心轴向力作用的情况。

当加筋件承受轴向压缩载荷时可能发生总体失稳、局部失稳、扭转失稳以及钉间失稳等失效模式，均可导致加筋件的整体结构破坏，各失效形式如图 4 - 3 所示。

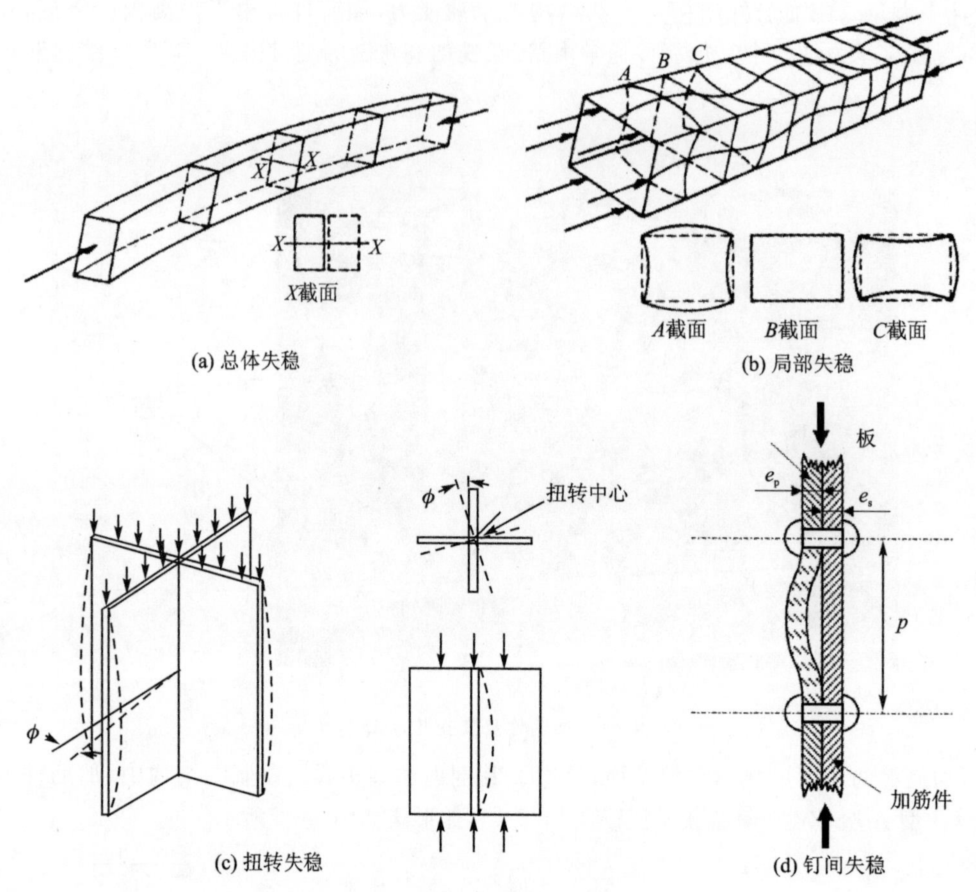

图 4 - 3 加筋件典型失效形式

开剖面加筋件在轴向压缩载荷作用下，由于扭转刚度小，可能发生弯扭失稳，其承载能力可能比欧拉方程计算出的临界载荷要低。而承受横向弯曲的加筋件，当加筋件垂直弯曲平面的弯曲刚度比其侧向弯曲刚度大时，可能产生侧向失稳。

加筋件的局部失稳主要指部分缘条发生屈曲的失效形式，此时加筋件部分剖面形状发生改变，但杆件轴线仍保持直线。

对于有紧固件（铆钉和螺栓）的加筋件，当紧固件的间距较大时，可能存在钉间失稳的失效模式。

4.2 加筋件总体屈曲分析

加筋件的总体稳定性分析可按等效法或临界应变法来计算总体失稳临界应力。等效法即为对受轴向压缩载荷作用的加筋件，若剖面没有发生局部失稳，则将其等效成标准杆件或变剖面杆件来计算总体失稳临界应力。

4.2.1 临界应力方程

等剖面直杆在中心轴向压缩载荷作用下的临界应力方程（欧拉方程）：

$$\sigma_{cr} = \pi^2 E/(L'/\rho)^2 \quad (\sigma_{cr} \leqslant \sigma_p) \tag{4-1}$$

$$\sigma_{cr} = \pi^2 E_t/(L'/\rho)^2 \quad (\sigma_{cr} > \sigma_p) \tag{4-2}$$

临界载荷

$$P_{cr} = \sigma_{cr} A \tag{4-3}$$

式中：$\rho = \sqrt{I_{min}/A}$——杆件剖面的回转半径，其中 I_{min} 为剖面的最小弯曲惯性矩；

$L' = L/\sqrt{C}$——杆件的有效长度。

图 4.4 表示某材料临界应力 σ_{cr} 与杆件长细比 L'/ρ 的关系曲线。图中 FC 部分杆件属于长柱范围，为弹性弯曲失稳破坏，采用式(4-1)计算临界应力；EF 部分杆件属于中长柱(L'/ρ 为 20～60)范围，为塑性失稳破坏，采用式(4-2)计算临界应力；AB 部分杆件属于短柱($L'/\rho \leqslant 20$)范围，以塑性压缩破坏为主，其破坏应力可达杆件材料的压缩强度极限 σ_{-b}，但一般取屈服极限 $\sigma_{0.2}$ 作为许用应力的截止值。

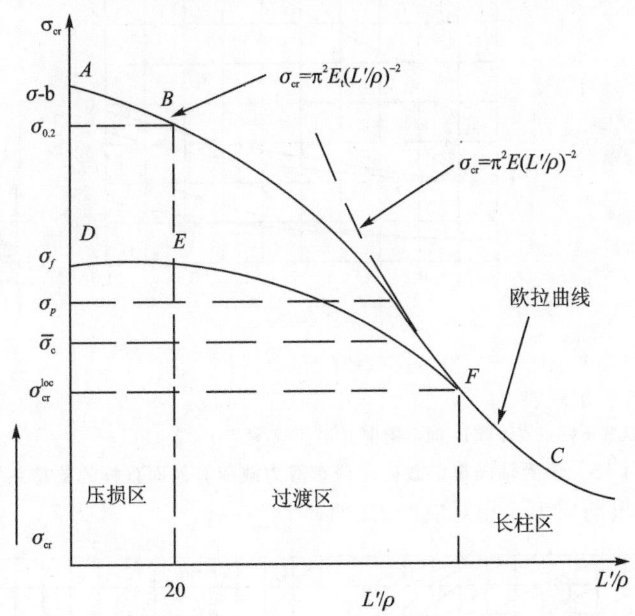

图 4-4　材料临界应力 σ_{cr} 与杆件长细比 L'/ρ 的关系曲线

4.2.2　端部支持系数

表 4-1 给出了杆件不同的端部支持条件和加载方式下的支持系数 C 和 $1/\sqrt{C}$。图 4-5 给出了承受轴向集中载荷和分布剪力载荷等剖面直杆的支持系数。

4.2.3　切线模量 E_t

采用式(4-2)计算临界应力时，必须知道杆件的切线模量 E_t。E_t 利用描述材料屈服范围内的应力—应变关系的方程式获得，即

$$\frac{E_t}{E} = \frac{1}{1 + \frac{3}{7} n \left(\frac{\sigma}{\sigma_{0.7}}\right)^{n-1}} \tag{4-4}$$

式中：n——形状参数，表达式为

$$n = 1 + \frac{\ln \frac{17}{7}}{\ln \frac{\sigma_{0.7}}{\sigma_{0.85}}} \tag{4-5}$$

式中 $\sigma_{0.7}$ 为与 $0.7E$ 割线相对应点的应力。式(4-4)的曲线如图 4-6 所示。对任意给定材料的性能系数 E、n

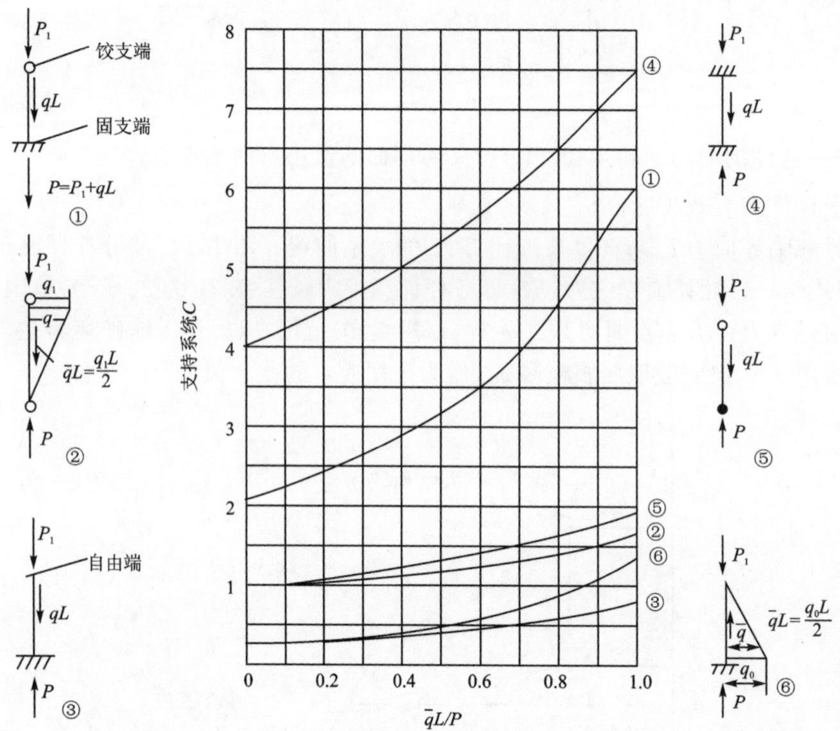

注：① 杆件为均匀直杆；

② $\bar{q}$ 为平均分布剪力；

③ 用这些支持系数计算 P_{cr} 时对图中 P 端，而不是用 P_1 端。

图 4-5 承受轴向集中载荷和分布剪力载荷等剖面直杆的支持系数

和 $\sigma_{0.7}$，利用图中曲线可以求出与应力 σ 相对应的 E_t 值。

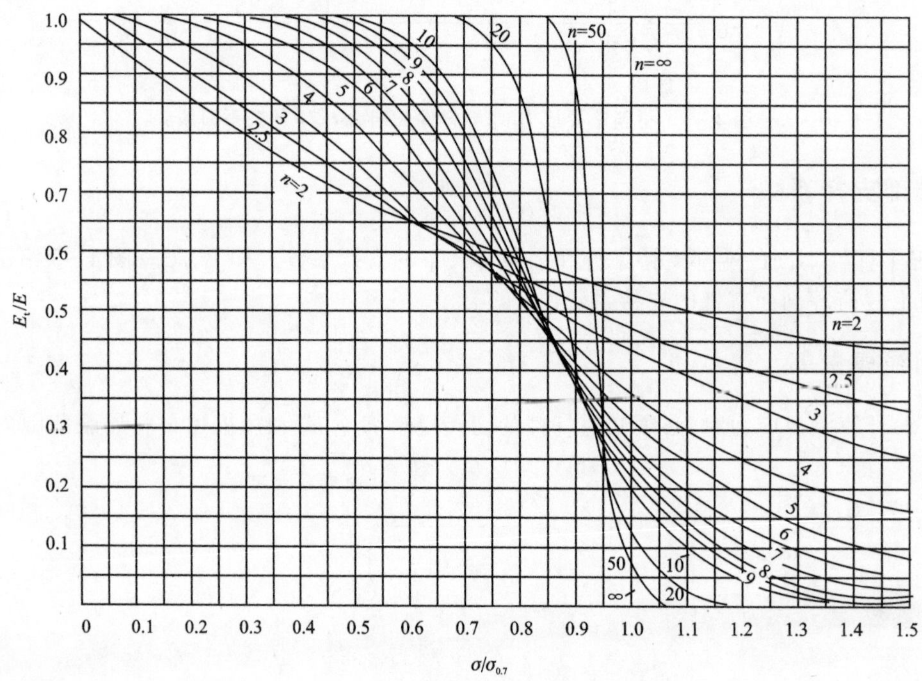

图 4-6 量纲一切线模量

表 4-1　不同支持条件杆的端部支持系数

在端部轴向载荷作用下的均匀直杆	端部支持系数	在匀布轴力 q 作用下的均匀直杆	端部支持系数
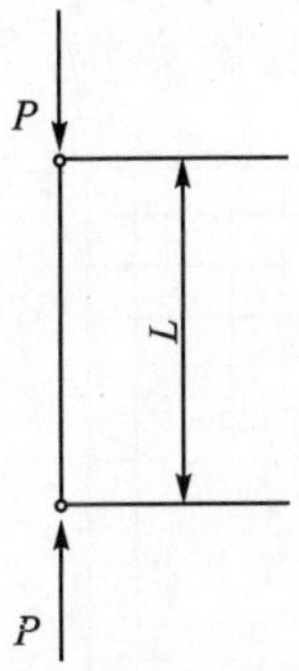 两端铰支	$C=1$ $\frac{1}{\sqrt{C}}=1$	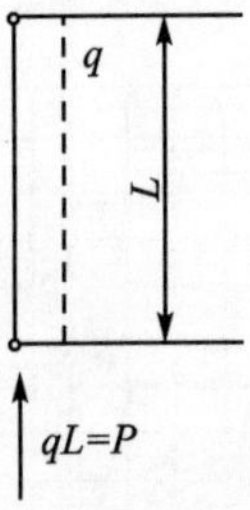 两端铰支	$C=1.87$ $\frac{1}{\sqrt{C}}=0.732$
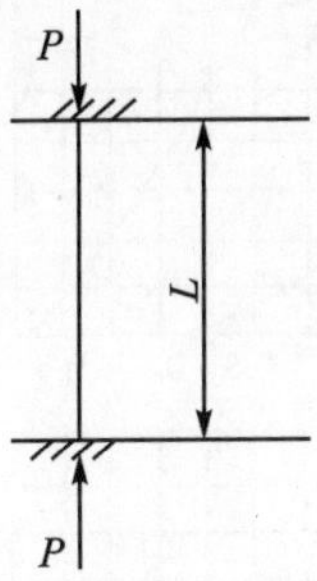 两端固支	$C=4$ $\frac{1}{\sqrt{C}}=0.5$	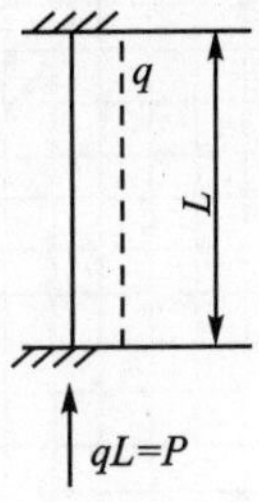 两端固支	$C=7.5$ $\frac{1}{\sqrt{C}}=0.365$
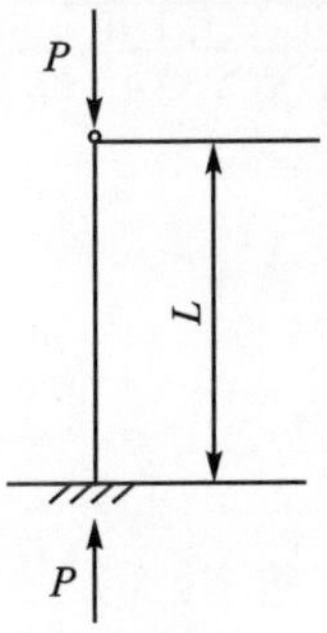 上端铰支 下端固支	$C=2.02$ $\frac{1}{\sqrt{C}}=0.70$	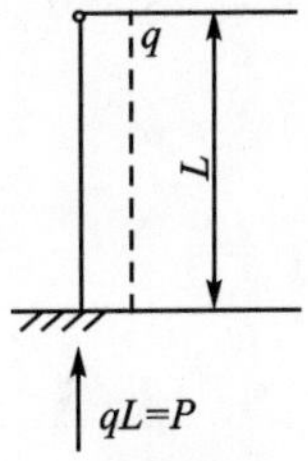 上端铰支 下端固支	$C=6.08$ $\frac{1}{\sqrt{C}}=0.406$
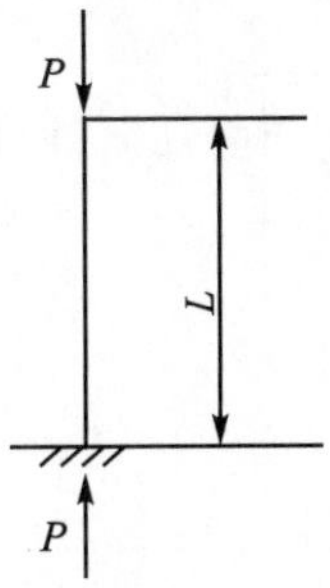 上端自由 下端固支	$C=0.25$ $\frac{1}{\sqrt{C}}=2$	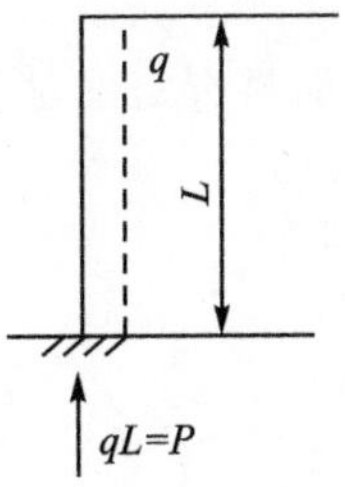 上端自由 下端固支	$C=0.794$ $\frac{1}{\sqrt{C}}=1.12$
$P_{cr}=\frac{C\pi^2 EI_{min}}{L^2}$		$P_{cr}=qL=\frac{C\pi^2 EI_{min}}{L^2}$	

4.2.4 设计曲线

利用已知柱的材料压缩试验曲线和式(4-1)以及式(4-2)可以做出柱的 $\sigma_{cr}-L'/\rho$ 的关系曲线，如图4-7所示。在已知柱的剖面尺寸及柱的材料性能参数 E、$\sigma_{0.7}$ 和 n 后，便可以利用图中曲线计算临界应力。

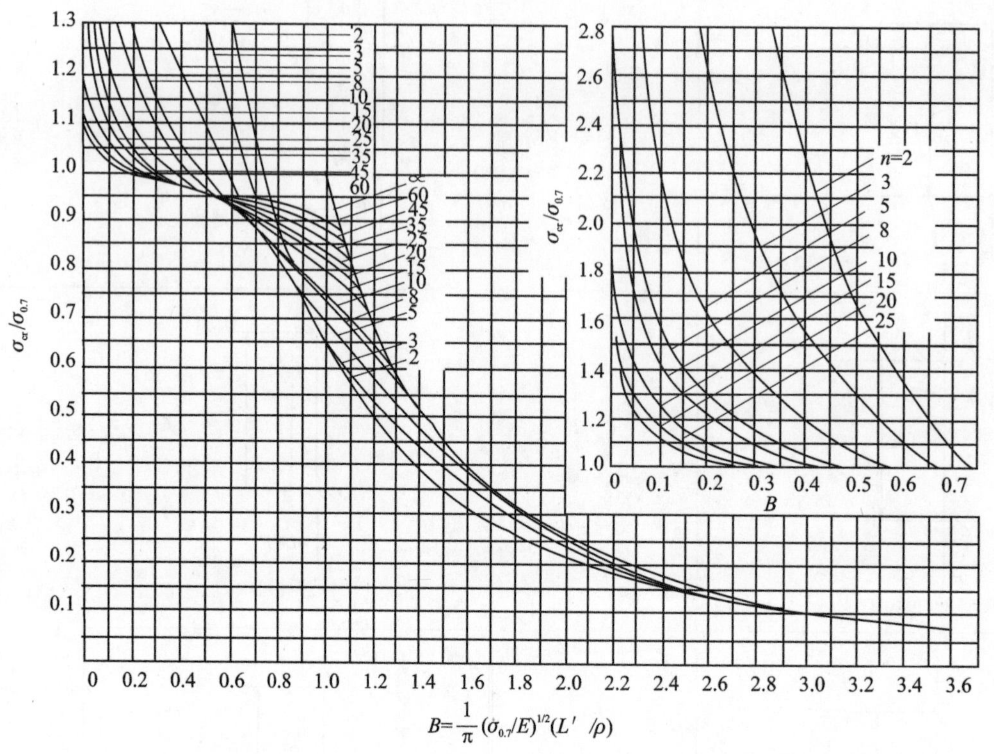

图4-7 量纲—柱曲线

4.3 加筋件的扭转失稳

开剖面加筋件在轴向压缩载荷作用下，由于扭转刚度小，其承载能力可能比欧拉方程计算出的临界载荷要低，加筋件发生扭转失稳。

4.3.1 加筋件具有两根对称轴线剖面的扭转稳定性

如图4-8所示，加筋件剖面具有两根对称轴线，其剪心和剖面形心相重合，这种剖面加筋件可能发生扭转失稳，临界应力计算公式为

$$\sigma_{t,cr}=\frac{\pi^2 E_t}{(L/\rho_e)^2} \tag{4-6}$$

式中：$\rho_e=\sqrt{\frac{C_w\Gamma}{I_o}+\frac{C_e L^2 GJ}{\pi^2 E_t I_0}}$；

$I_0=I_x+I_y+A(x_0{}^2+y_0{}^2)$，$x_0$、$y_0$ 分别为剖面剪心到形心的坐标分量；

$J=\frac{1}{3}\sum b_i\delta_i^3$—— 剖面扭转常数；

Γ——弯扭常数，也称扇性惯性矩，mm^6。

通常假定翘曲与转动系数 C_w 及 C_e 为1，在弹性范围，$E_t=E$，$G/E_t=\frac{1}{2(1+\mu)}$，μ 为泊松比。

4.3.2　加筋件具有一根对称轴线剖面的扭转稳定性

如图 4-9 所示，加筋件剖面具有一根对称轴线，这种剖面加筋件的扭转失稳临界应力表达式为

$$\sigma_{t,\mathrm{cr}} = \frac{C_x \pi^2 E_t}{(L/\rho_{\mathrm{eq}})^2} \tag{4-7}$$

式中：ρ_{eq}——当量回转半径，取式：

$$\rho_{\mathrm{eq}} = \sqrt{\frac{\rho_{yy}^2+\rho_{\mathrm{e}}^2}{2\left(1-\dfrac{Ay_0^2}{I_0}\right)}\left[1\pm\sqrt{1-4\left(1-\frac{Ay_0^2}{I_0}\right)\left(\frac{\rho_{yy}\rho_{\mathrm{e}}}{\rho_{yy}^2+\rho_{\mathrm{e}}^2}\right)^2}\right]} \tag{4-8}$$

的最小正根。其他符号定义同 4.3.1。

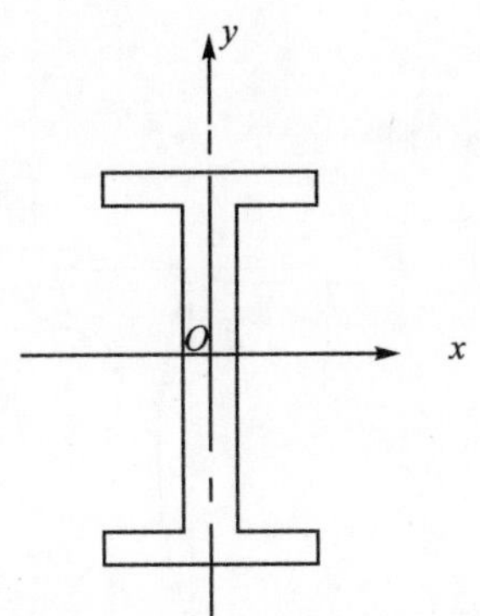

图 4-8　I 型加筋剖面图

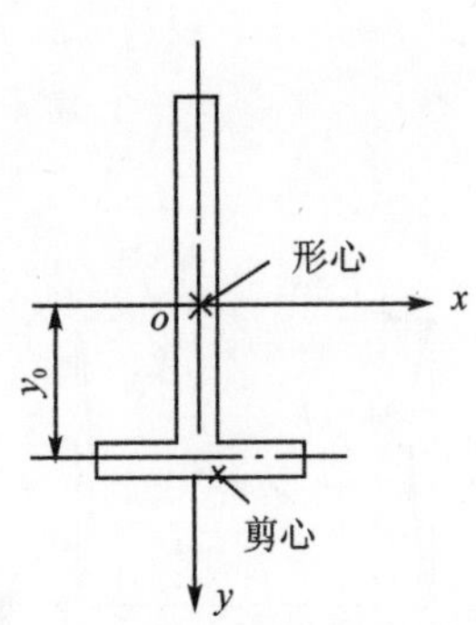

图 4-9　T 型加筋件剖面图

4.3.3　加筋件具有非对称剖面的扭转稳定性

加筋件具有非对称剖面的扭转稳定性，其式为

$$\sigma_{t,\mathrm{cr}} = \frac{\pi^2 E_t}{(L'/\rho_{\mathrm{eq}})^2} \tag{4-9}$$

式中，ρ_{eq}是下式

$$(\rho_{\mathrm{eq}}^2)^3+\frac{I_0}{I_{\mathrm{p}}}\left[\frac{A}{I_0}(\rho_{xx}^2y_0^2+\rho_{yy}^2x_0^2)-(\rho_{xx}^2+\rho_{yy}^2+\rho_\theta^2)\right](\rho_{\mathrm{eq}}^2)^2+\frac{I_0}{I_p}(\rho_{xx}^2\rho_{yy}^2+\rho_{xx}^2\rho_{\mathrm{e}}^2+\rho_{yy}^2\rho_{\mathrm{e}}^2)\rho_{\mathrm{eq}}^2-\frac{I_0}{I_p}(\rho_{xx}^2\rho_{yy}^2\rho_{\mathrm{e}}^2)=0 \tag{4-10}$$

的最小根。式(4-10)中：$\rho_{\mathrm{e}}=\sqrt{\dfrac{C_w\Gamma}{I_0}+\dfrac{C_{\mathrm{e}}L^2GJ}{\pi^2E_{\mathrm{t}}I_0}}$；

$$\rho_{\mathrm{xx}}=\sqrt{\frac{I_{\mathrm{x}}}{A}};$$

$$\rho_{\mathrm{xx}}=\sqrt{\frac{I_{\mathrm{y}}}{A}};$$

其他符号定义同 4.3.1。

4.4　加筋件局部屈曲分析

由于薄平板的临界屈曲应力很低，故能够承受的压缩载荷很小。然而，但是这种缺陷却能够通过将薄板制成诸如 L 型、槽形、Z 型等复杂剖面形状而得以改善。这类结构加筋件的最主要破坏形式就是局部屈曲，因此

计算这部分的临界屈曲应力十分必要。加筋件的局部屈曲失效形式如图 4-10 及图 4-11 所示。

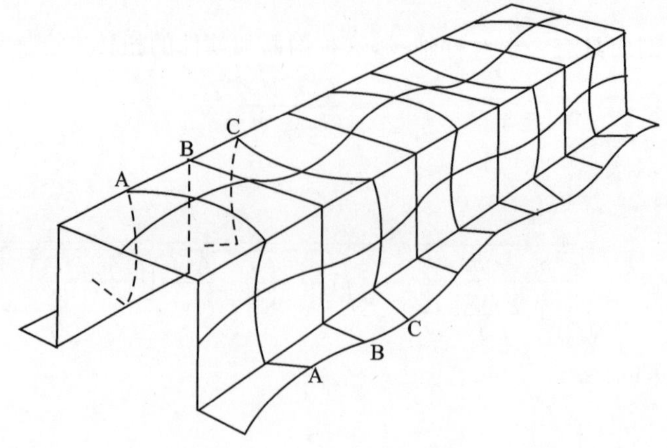

图 4-10 加筋件局部屈曲

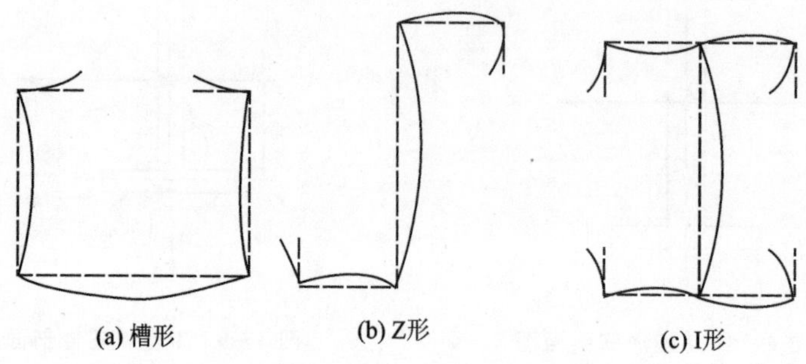

图 4-11 加筋件局部屈曲剖面变化

4.4.1 板元法

可通过将加筋件划分为若干个板元，分别计算各板元的局部屈曲应力，来获得加筋件的局部屈曲应力。可按图 4-12 所示，将加筋件按以下形式进行结构分解。

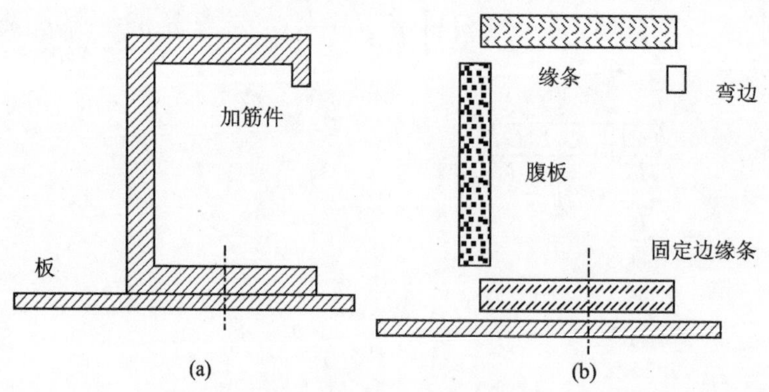

图 4-12 加筋件板元结构

如果加筋件的缘条先发生局部屈曲，其缘条局部屈曲失效形式如图 4-13 所示。由于加筋件可能存在的如平缘条和曲缘条等多种结构形式，将分别讨论不同类型缘条的局部屈曲分析方法。加筋件的结构参数以及含意如图 4-14 所示。

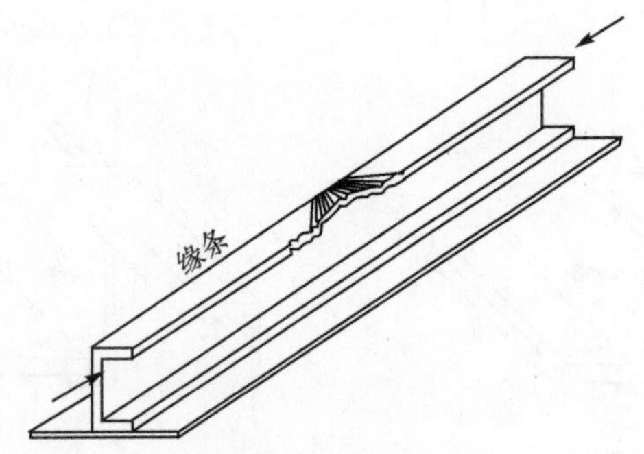

图 4-13　缘条局部屈曲

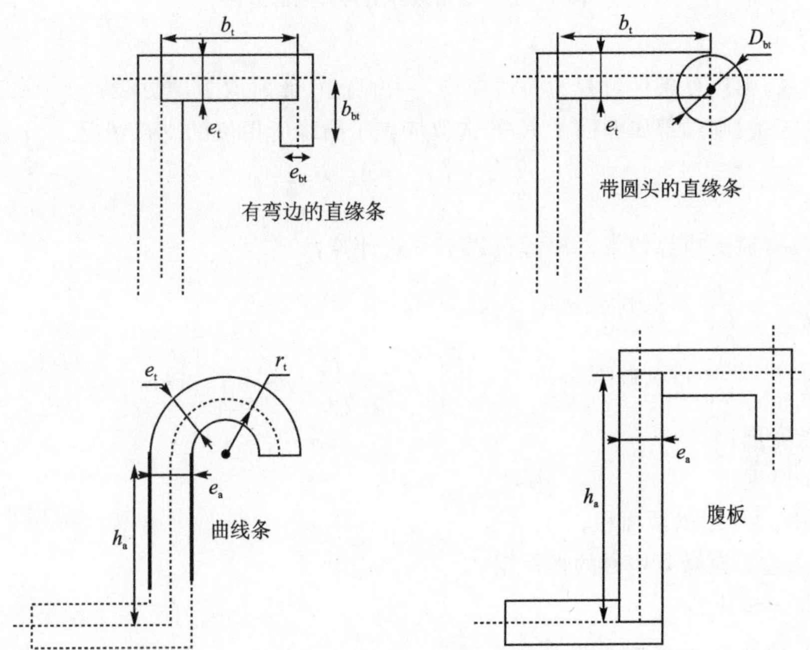

图 4-14　加筋件结构参数

4.4.1.1　平缘条的局部屈曲分析

1. 缘条的边界条件选择

缘条的边界条件由以下两个方面确定:

① 缘条与腹板之间的连接刚度;

② 是否有凸缘以及它所提供的支持方式。

一般情况下,认为缘条与腹板之间是简支关系。同时缘条边缘的边界条件也取决于其是否有凸缘。如果有,考虑它所提供的支持条件;如果没有,则是自由边界。

2. 临界局部屈曲应力

对于图 4-15 所示的两种支持方式(是否有凸缘),平缘条的临界屈曲应力均可表为公式:

$$\sigma_{cr} = K\frac{\eta E_c \pi^2}{12(1-\mu_e{}^2)}\left(\frac{e_t}{b_t}\right)^2 \tag{4-11}$$

式中:b_t——缘条宽度;

e_t——缘条厚度。

为了计算这个临界应力,需首先确定局部屈曲因子 K 以及塑性修正系数 η。

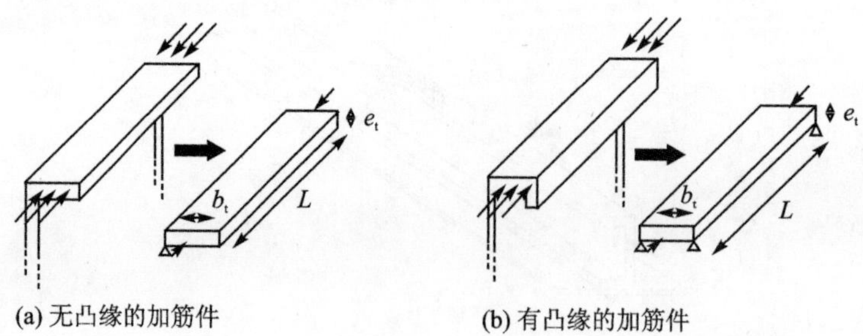

(a) 无凸缘的加筋件　　(b) 有凸缘的加筋件

图4-15　缘条边界支持方式的选择

3. *局部屈曲因子 K*

如果缘条没有凸缘，则边界条件可视为一边简支，一边自由，此时取 $K=0.43$；

如果缘条有凸缘连接，则局部屈曲因子 K 的选取依赖于凸缘所提供的支持情况。当满足以下条件

$$2.73\frac{I_{bt}}{b_t e_t^{\ 3}}-\frac{A_{bt}}{b_t e_t}\geqslant 5 \tag{4-12}$$

时，可认为缘条具有简支边界约束。K 通过以下方式计算：

有凸缘且 $2.73\frac{I_{bt}}{b_t e_t^{\ 3}}-\frac{A_{bt}}{b_t e_t}\geqslant 5$，则 $K=K_\infty=4$；

有凸缘且 $2.73\frac{I_{bt}}{b_t e_t^{\ 3}}-\frac{A_{bt}}{b_t e_t}<5$，则 $K=4+0.714\left[\left(2.73\frac{I_{bt}}{b_t e_t^{\ 3}}-\frac{A_{bt}}{b_t e_t}\right)-5\right]$；

式中：b_t——缘条宽度；

e_t——缘条厚度；

A_{bt}——缘条边界的横截面积；

I_{bt}——缘条边界至缘条中心的惯性矩。

4. *塑性修正系数 η 的计算*

以上临界应力值 $\tilde{\sigma}_{cr}$ 通过 $\eta=1$ 计算而得。

如果 $\tilde{\sigma}_{cr}\geqslant 0.5\sigma_{c0.2}$，则 $\sigma_{cr}=\eta\cdot\tilde{\sigma}_{cr}$；再通过反复迭代使得 $\frac{\sigma_{cr}}{\eta}\to\tilde{\sigma}_{cr}$。

对于无凸缘的缘条，$\eta_1=\left(\frac{1-\mu_e^{\ 2}}{1-\mu^2}\right)\frac{E_s}{E_c}$；

对于有凸缘的缘条，$\eta_3=\eta_1\left(0.5+0.25\sqrt{1+3\frac{E_t}{E_s}}\right)$。

4.4.1.2　曲缘条的局部屈曲分析

1. 缘条屈曲应力

对于曲缘条的局部屈曲应力计算，可以把曲缘条比作受压缩载荷的无限长圆柱，如图4-16所示。

对于临界局部屈曲应力计算，可通过公式(4-3)获得

$$\sigma_{cr}=K\eta E_c\left(\frac{e_t}{r_t}\right) \tag{4-13}$$

式中：r_t——缘条半径；

e_t——缘条厚度。

计算以上屈曲应力需要首先确定局部屈曲因子 K 以及塑性修正系数 η。

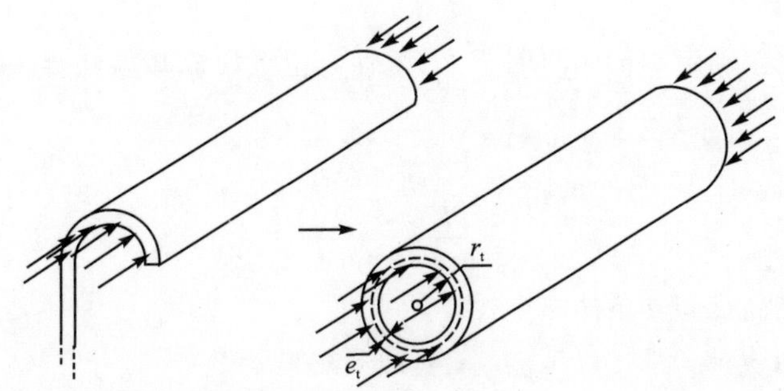

图 4-16　曲缘条局部屈曲

2. 局部屈曲因子 K

如果 $8.52\leqslant\frac{r_t}{e_t}\leqslant 3000$:则 $K=0.6\times\ln\left(3.748\left(\frac{r_t}{e_t}\right)^{-0.15}\right)$;

如果 $\frac{r_t}{e_t}\leqslant 8.52$,则 $K=0.6$。

3. 塑性修正系数 η

以上临界应力值 $\tilde{\sigma}_{cr}$ 通过 $\eta=1$ 计算而得。

如果 $\tilde{\sigma}_{cr}\geqslant 0.5\sigma_{c0.2}$,则 $\sigma_{cr}=\eta\cdot\tilde{\sigma}_{cr}$;再通过反复迭代使得 $\frac{\sigma_{cr}}{\eta}\to\tilde{\sigma}_{cr}$。

对于受压的长柱体结构,有:$\eta=\frac{E_S}{E_c}\sqrt{\frac{E_t}{E_S}}$。

4.4.1.3　腹板局部屈曲分析

1. 腹板边界条件的选择

腹板局部屈曲如图 4-17 所示,腹板元的边界条件如图 4-18 所示。

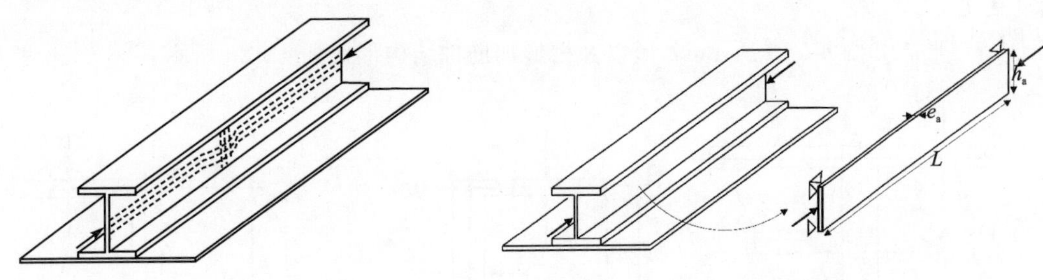

图 4-17　腹板局部屈曲　　图 4-18　腹板边界条件

非加载边的边界条件依赖于上、下缘条与腹板的连接关系。一般来说,腹板与下缘条边的支撑关系为简支;腹板与上缘条的支撑关系取决于上缘条所提供的支撑力度。

如果加筋件结构没有缘条,则可采用无弯边缘条的计算方法来计算临界屈曲应力。

2. 临界应力

可通过以下公式来计算腹板的临界屈曲应力,即

$$\sigma_{cr}=K\frac{\eta E_c\pi^2}{12(1-\mu_e{}^2)}\left(\frac{e_a}{h_a}\right)^2 \tag{4-14}$$

式中:h_a——腹板宽度;

e_a——腹板厚度。

3. 局部屈曲因子 K

为了计算临界应力，首先要确定局部屈曲因子 K，塑性修正系数 η，以及边界条件支撑情况和加筋件的几何特征。

若满足以下式

$$2.73\frac{I_t}{h_a e_a^3}-\frac{A_t}{h_a e_a}\geqslant 5 \tag{4-15}$$

条件，则可认为缘条边缘满足固支条件。

式中：A_t——缘条横截面积；

I_t——缘条到腹板中心线的惯性矩。

如果缘条满足以下条件，则腹板可认为是无加载边界简支的无限长板，此时 K 可通过以下方式计算：

如果 $2.73\frac{I_t}{h_a e_a^3}-\frac{A_t}{h_a e_a}\geqslant 5$，则 $K=K_\infty=4$；如果 $2.73\frac{I_t}{h_a e_a^3}-\frac{A_t}{h_a e_a}<5$，则 $K=4+0.714\left[\left(2.73\frac{I_t}{h_a e_a^3}-\frac{A_t}{h_a e_a}\right)-5\right]$。

4. 塑性修正系数 η

以上临界应力值 $\tilde{\sigma}_{cr}$ 通过 $\eta=1$ 计算而得。

如果 $\tilde{\sigma}_{cr}\geqslant 0.5\sigma_{c0.2}$，则 $\sigma_{cr}=\eta\cdot\tilde{\sigma}_{cr}$；再通过反复迭代使得 $\frac{\sigma_{cr}}{\eta}\rightarrow\tilde{\sigma}_{cr}$。

此时对于缘条式的板（无上缘）有

$$\eta_1=\left(\frac{1-\mu_e^2}{1-\mu^2}\right)\frac{E_s}{E_c} \tag{4-16}$$

对于简支的压缩板有

$$\eta_3=\eta_1\left(0.5+0.25\sqrt{1+3\frac{E_t}{E_s}}\right) \tag{4-17}$$

4.4.2 I形、Z形以及槽形加筋件局部屈曲分析方法

1. 结构参数定义

I型加筋件结构形式如图 4-19 所示，Z形以及槽形加筋件结构形式如 4-20 所示。

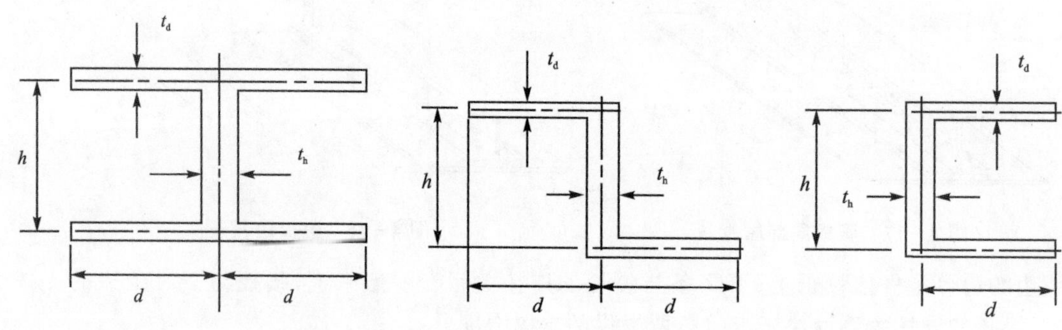

图 4-19 I形结构参数　　**图 4-20 Z形、槽形结构参数**

图中：d——缘条宽度；

t_d——缘条厚度；

t_h——腹板厚度；

h——腹板高度。

2. 临界屈曲应力

I形、Z形以及槽形加筋件在弹性范围内的临界屈曲应力计算公式为

$$f_{be} = KE(t_h/h)^2 \tag{4-18}$$

其中，图 4-21 为I形截面结构的加筋件局部屈曲因子 K 及 t_d/t_h 与 d/h 的关系曲线，图 4-22 为Z形以及槽形截面结构加筋件局部屈曲因子 K 及 t_d/t_h 与 d/h 的关系曲线。对于给定的 t_d/t_h 值，当 d/h 较小时，主要是腹板先发生屈曲，需要缘条的支撑以延缓屈曲，直至载荷增加至整个截面失稳为止。屈曲模态的半波长与腹板高度 h 呈一定关系。当 d/h 较大时，缘条则先发生局部屈曲，屈曲模态的半波长更大。对于特定的加筋结构，其屈曲半波长 λ 的估算可通过图 4-21、图 4-22，使用插值法得到 λ/h 的近似值获得(图中虚线为 λ/h)。

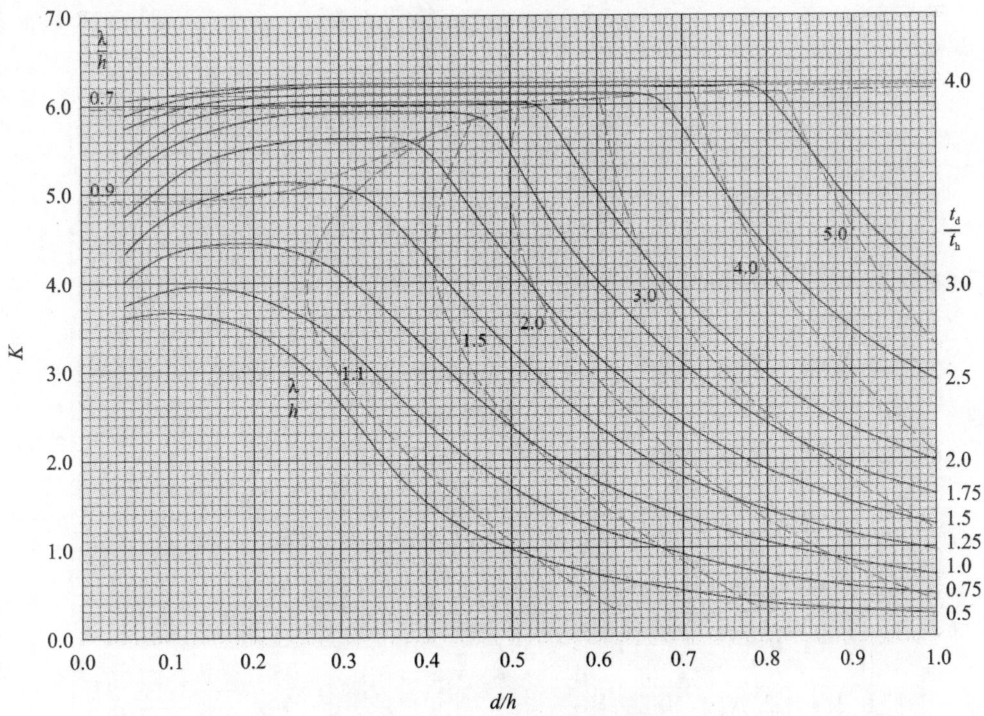

图 4-21　I形加筋件 K 值曲线

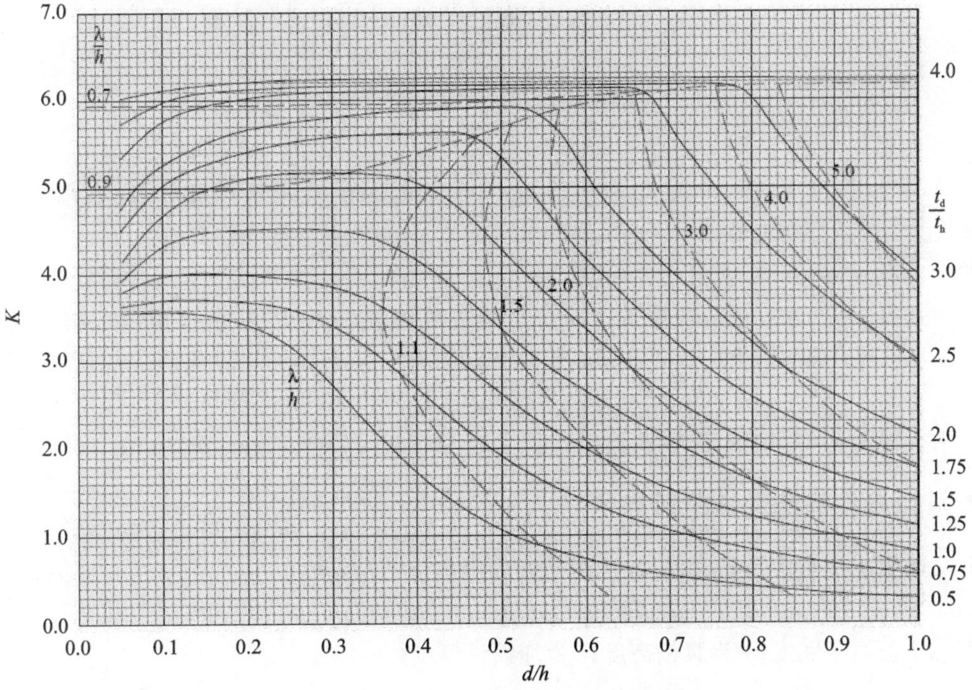

图 4-22　Z形、槽形加筋件 K 值曲线

3. 塑性修正系数

当计算所得的 f_{be} 超过了材料的比例极限 σ_p 时，则需使用 f_n、m 及 f_{be} 三个参数，如图 4-23，查询塑性修正系数 η 的近似值，此时加筋件的临界屈曲应力为

$$f_b = \eta f_{be} \tag{4-19}$$

图 4-23 显示了不同的材料 m 系数下的塑性修正系数 η 与 f_{be}/f_n 的关系曲线。

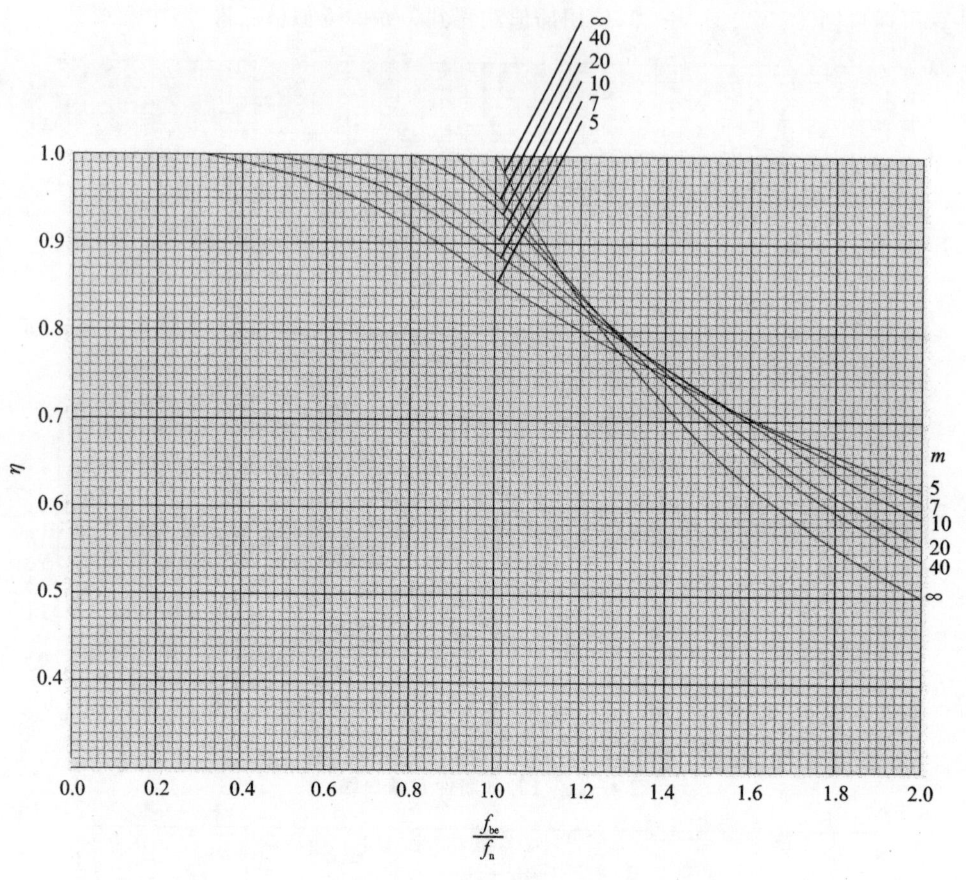

图 4-23 塑性修正系数

4. 实例

对于 I 型结构，腹板高度 $h=50$ mm，缘条宽度 $d=25$ mm，腹板及缘条厚度分别为：$t_h=2.0$ mm，$t_d=2.5$ mm，材料属性为：$E=73\ 800$ MPa，$\sigma_p=310$ MPa，$\mu=0.3$，$m=11.5$，$f_n=264$ MPa。

对于给定的尺寸有 $d/h=0.5$，并且 $t_d/t_h=1.25$。

从图 4-21 中查得 $K=3.23$，于是根据式(4-18)计算，得到 $f_{be}=381$ MPa；根据以上结果，$f_{be}>\sigma_p$，且有 $f_{be}/f_n=381/264=1.44$；从图 4-23 中可查得：当 $m=11.5$ 时，$\eta=0.745$，因此，$f_b=0.745\times381$ MPa $=284$ MPa。

由图 4-21 中查得 $\lambda/h\approx1.7$，因此，屈曲的半波长大约为：$\lambda=1.7\times50$ mm $=85$ mm。

4.4.3 Z 型加筋件局部屈曲分析方法

本节中的方法适用于加筋件缘条、腹板以及弯边均为等厚度的加筋件。

1. 参数定义

c 为凸缘宽度；d 为缘条宽度；h 为腹板高度；t 为加筋件厚度。

2. 无凸缘的 Z 型加筋件临界屈曲应力的计算

无凸缘的 Z 型加筋件在弹性范围内的临界屈曲应力通过图 4－24～图 4－26 查询获得。根据不同的$\frac{c}{d}$、$\frac{d}{h}$大小，计算得到加筋件屈曲的半波长，在相应的曲线上找到对应的$\frac{f_{be}}{E}$值，即可获得弹性范围内局部屈曲应力 f_{be}。

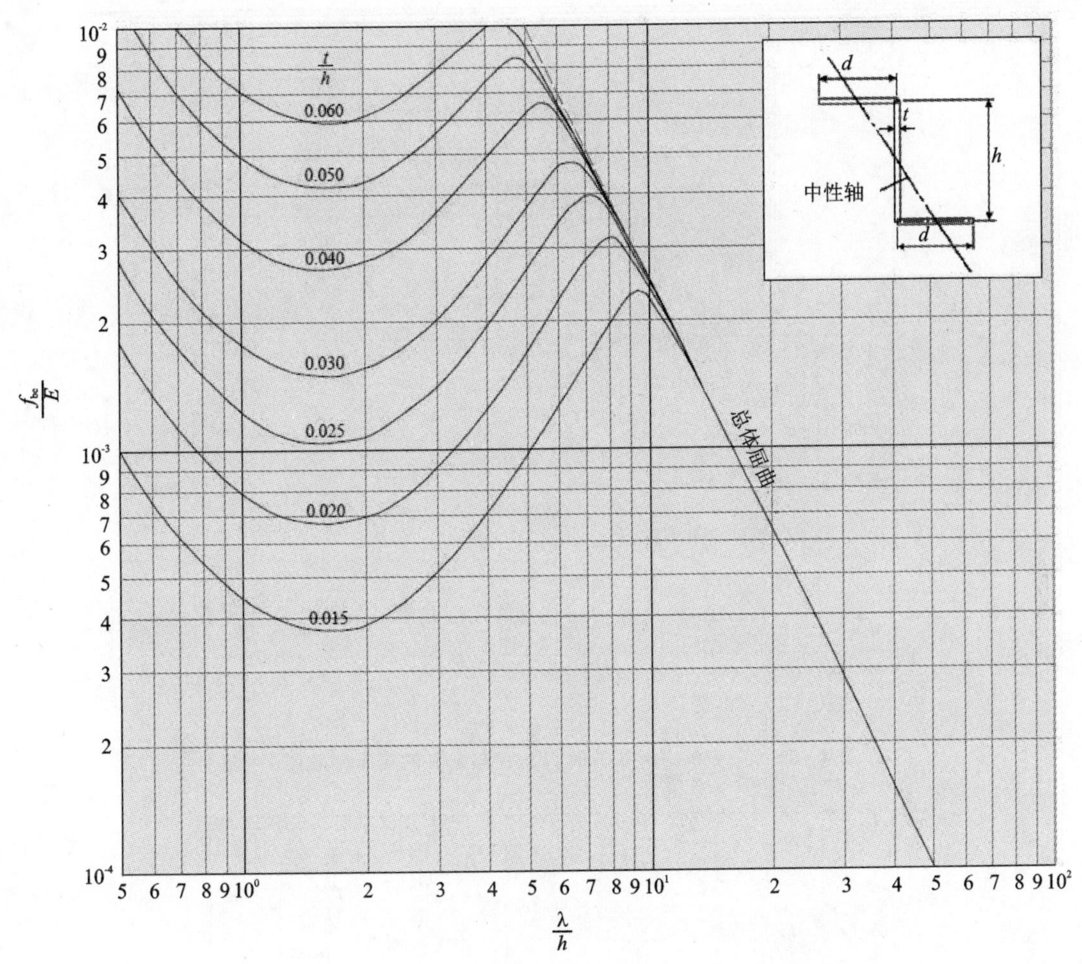

图 4－24 $\frac{c}{d}=0$，$\frac{d}{h}=0.667$ 时，$\frac{f_{be}}{E}$与$\frac{\lambda}{h}$的关系

3. 有凸缘的 Z 型加筋件临界屈曲应力

有凸缘的 Z 型加筋件在弹性范围内的临界屈曲应力通过图 4－27～图 4－32 查询获得。方法与上类似。

4. 塑性修正系数

当以上计算所得的 f_{be}超过了材料的比例极限时，则需通过图 4－33 来查询塑性修正系数 η，此时加筋件的临界屈曲应力采用式(4－19)进行修正得到 f_b。

5. 实例

带凸缘的 Z 型结构：长度为 427 mm，腹板高度为 66 mm，缘条宽度为 34 mm，折边宽度为 13 mm，厚度为 2 mm。材料性能为 $f_n=260$ MPa，$m=14$，$E=72\ 400$ MPa，$\mu=0.3$。

由已知尺寸数据得 $h=64$ mm，$d=32$ mm 并且 $c=12$ mm. 因此 $c/d=0.375$，$d/h=0.5$ 且 $t/h=0.031$。λ 的值最大可能为 427 mm，因此，$\lambda/h=6.67$。

根据图 4－31，获得屈曲应力，通过插值可知：$\frac{f_{be}}{E}=4.4\times10^{-3}$。

于是，$f_{be}=(4.4\times10^{-3}\times72\ 400)$ MPa$=319$ MPa。

根据此处 $\lambda/h=6.67/2=3.34$，进行塑性修正，$\dfrac{f_{\mathrm{be}}}{f_{\mathrm{n}}}=\dfrac{319}{260}=1.23$，同时根据 $m=14$ 查图 4-33 得

$$\eta=\frac{f_b}{f_{\mathrm{be}}}=0.825$$

最终 $f_b=(0.825\times319)\ \mathrm{MPa}=263\ \mathrm{MPa}$。

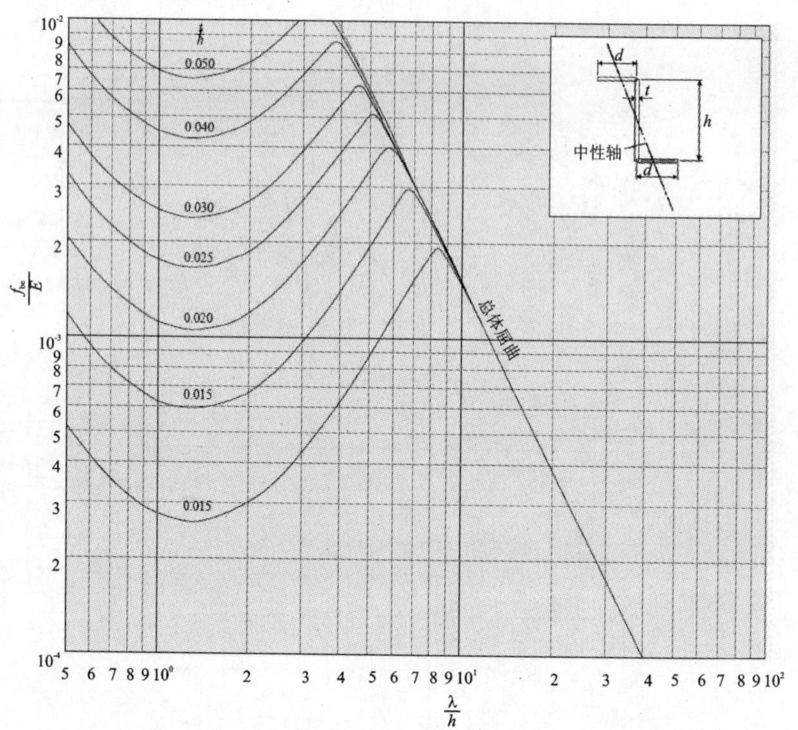

图 4-25　$\dfrac{c}{d}=0,\dfrac{d}{h}=0.5$ 时，f_{be}/E 与 λ/h 的关系曲线图

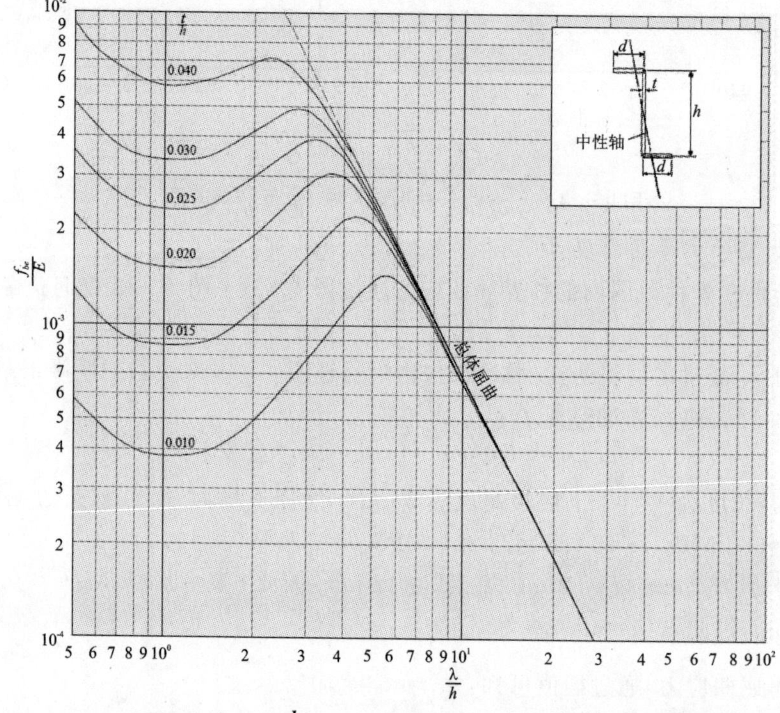

图 4-26　$\dfrac{c}{d}=0,\dfrac{d}{h}=0.333$ 时，f_{be}/E 与 λ/h 的关系曲线图

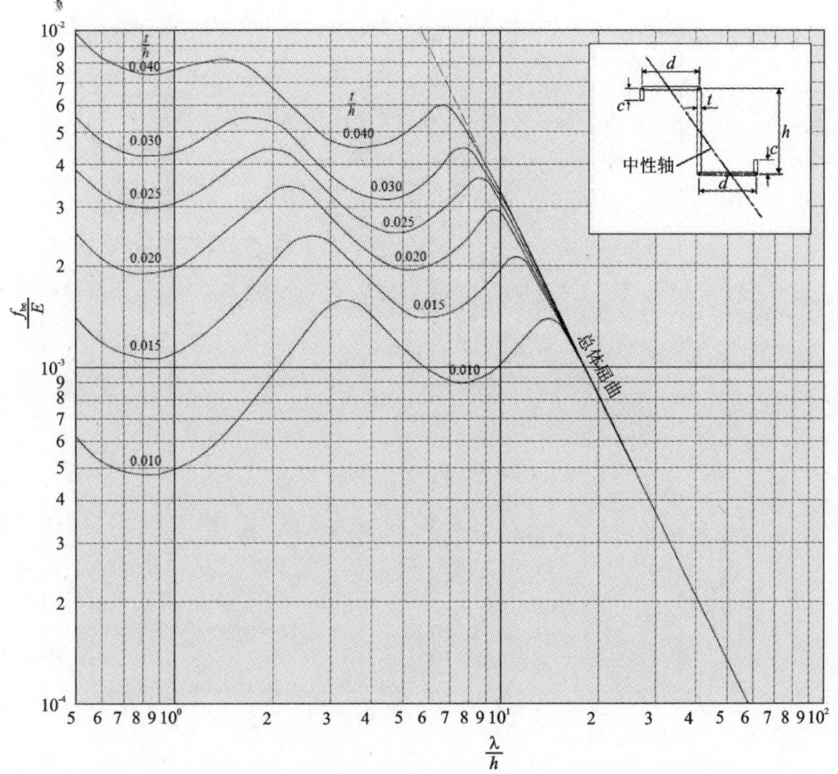

图 4-27 $\frac{c}{d}=0.25$，$\frac{d}{h}=0.667$ 时，f_{be}/E 与 λ/h 的关系曲线图

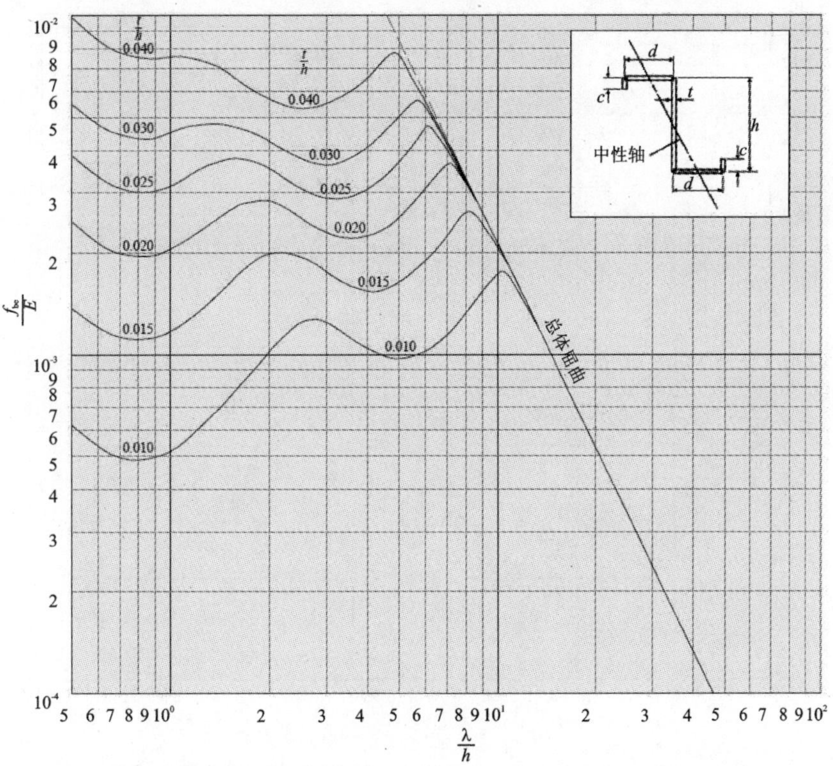

图 4-28 $\frac{c}{d}=0.25$，$\frac{d}{h}=0.5$ 时，f_{be}/E 与 λ/h 的关系曲线图

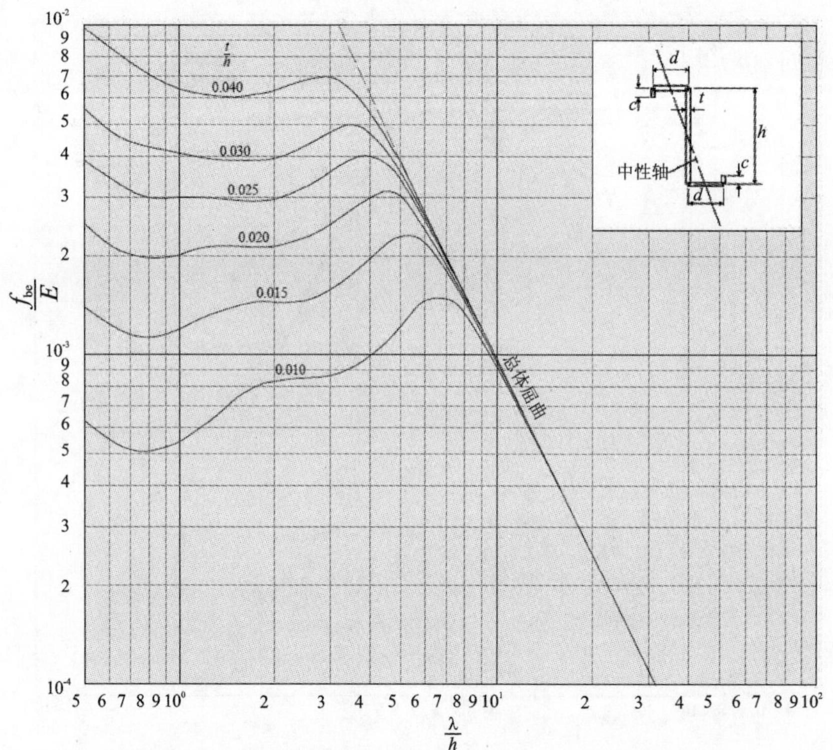

图 4-29 $\frac{c}{d}=0.25$, $\frac{d}{h}=0.333$ 时，f_{be}/E 与 λ/h 的关系曲线图

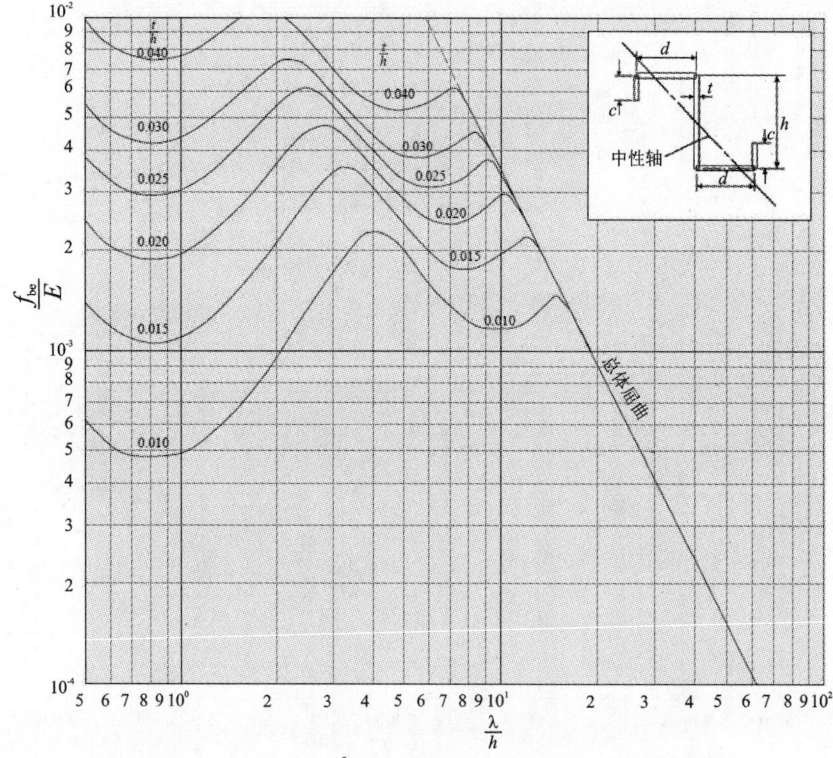

图 4-30 $\frac{c}{d}=0.375$, $\frac{d}{h}=0.667$ 时，f_{be}/E 与 λ/h 的关系曲线图

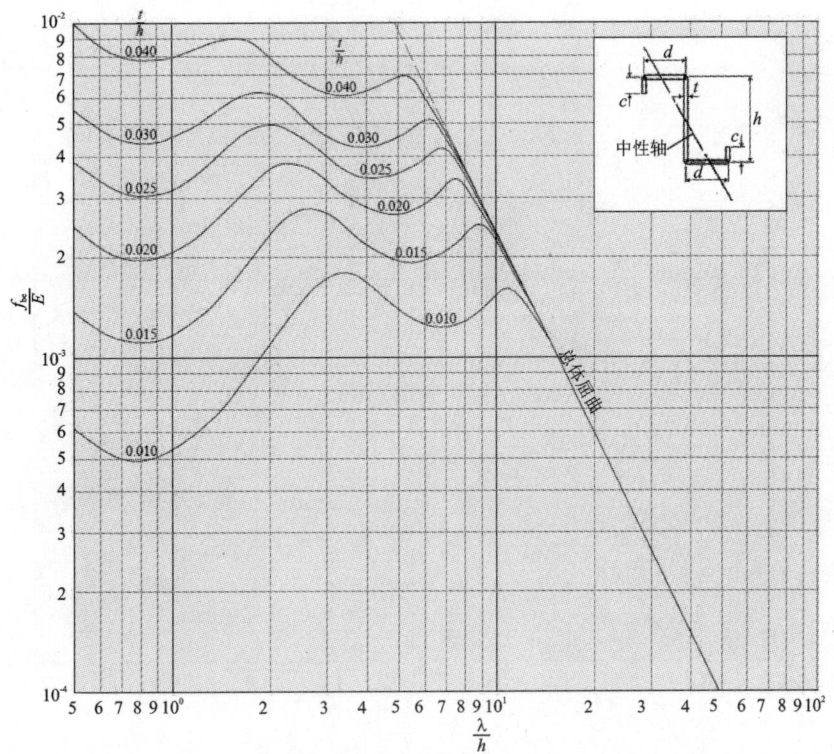

图 4-31　$\frac{c}{d}=0.375,\frac{d}{h}=0.5$ 时，f_{be}/E 与 λ/h 的关系曲线图

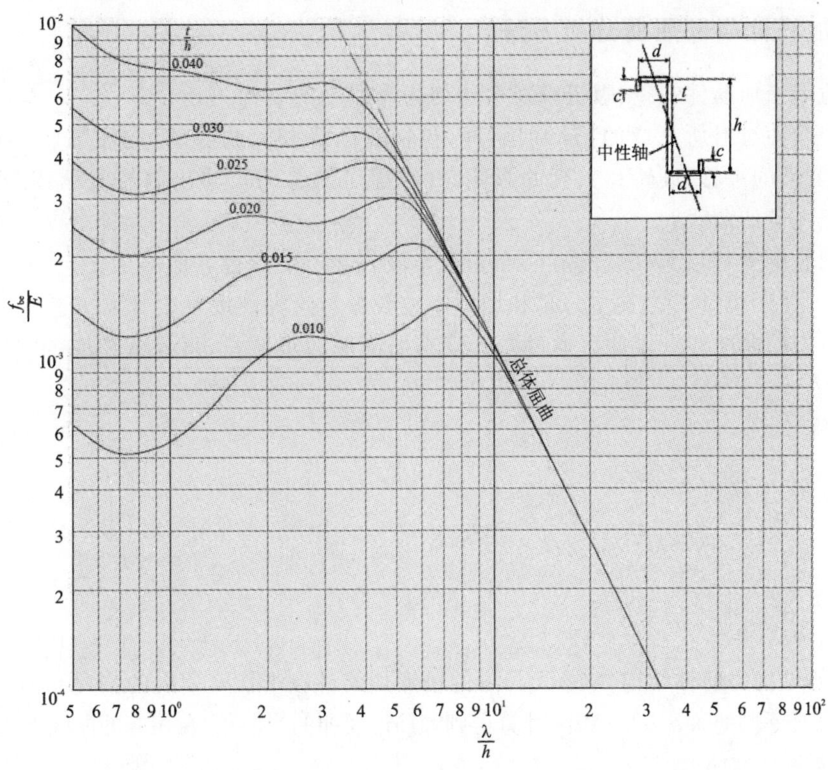

图 4-32　$\frac{c}{d}=0.375,\frac{d}{h}=0.333$ 时，f_{be}/E 与 λ/h 的关系曲线图

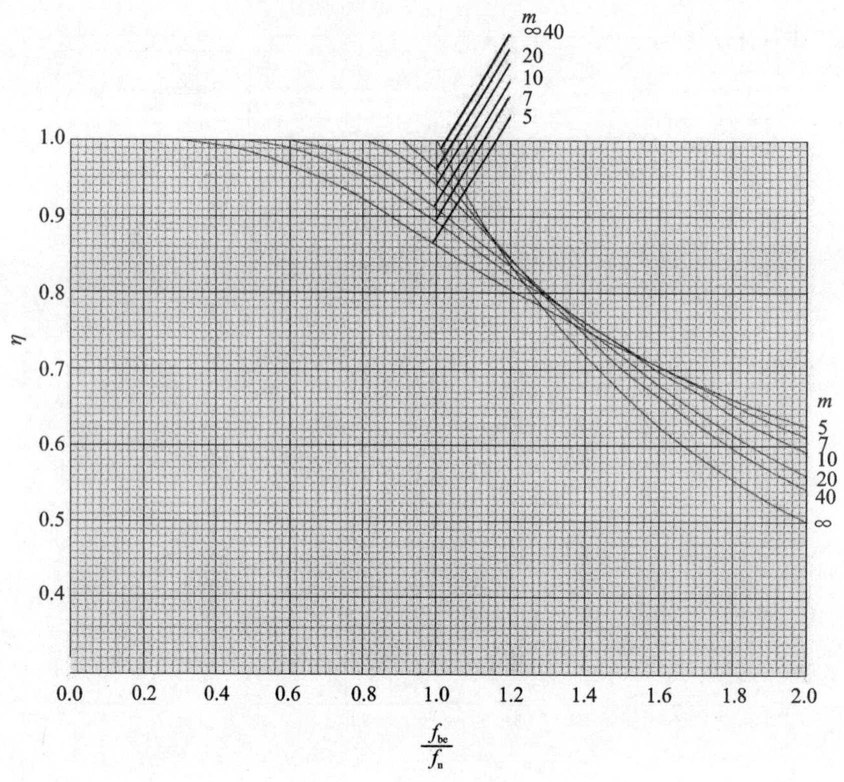

图 4-33 塑性修正系数

4.4.4 槽形加筋件局部屈曲分析方法

本节中的方法适用于加筋件缘条、腹板以及弯边均为等厚度的结构。

本节给出了各向同性材料所制成的槽形加筋件(包括有凸缘和无凸缘的)的压缩临界屈曲应力的计算方法,数据包括支柱横截面的平移、旋转和失真的影响,并覆盖了凸缘的尺寸比例的实际范围和半波长。还提供了赋予材料塑性校正因子的曲线。

图表给出了无限长的支杆沿其长度具有一个正弦半波长 λ 时的弹性屈曲应力 f_{be}。对于槽形加筋件,其局部屈曲临界应力 f_{be} 与弹性模量 E 之比 f_{be}/E 和屈曲半波长 λ 与腹板高度 h 之比 λ/h 呈一定关系,图 4-34 是此类槽形加强件的典型屈曲曲线。由此可通过先计算出局部屈曲半波长,再找到相应的 f_{be}/E 值,进而得到屈曲临界应力。

1. 参数定义

c——弯边宽度;

d——缘条宽度;

h——腹板高度;

t——加筋件厚度;

2. 无凸缘的槽形加筋件临界屈曲应力

图 4-35 给出槽形结构加筋件结构参数,无凸缘的槽形加筋件在弹性范围内的临界屈曲应力通过图 4-36~图 4-40查询获得。根据不同的 c/d、d/h 大小,计算得到加筋件屈曲的半波长,在相应的曲线上找到对应的 f_{be}/E 值,即可获得弹性范围内局部屈曲应力 f_{be}。

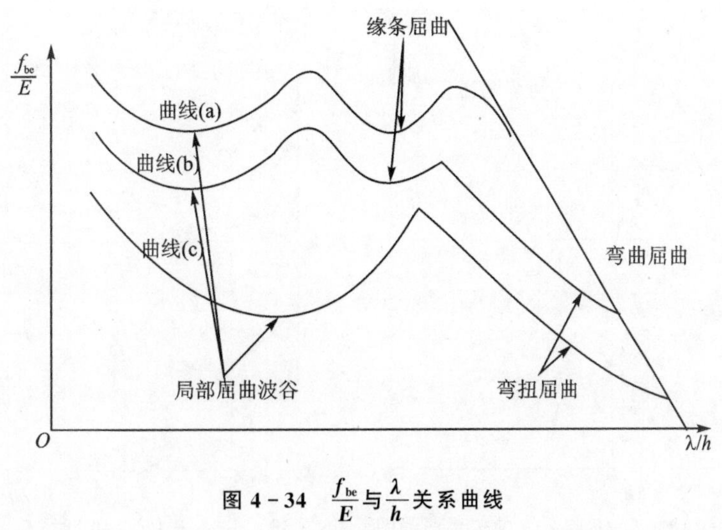

图 4-34　$\frac{f_{be}}{E}$ 与 $\frac{\lambda}{h}$ 关系曲线

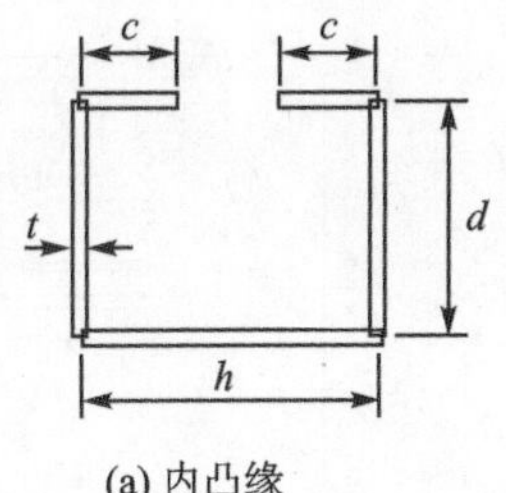

(a) 内凸缘

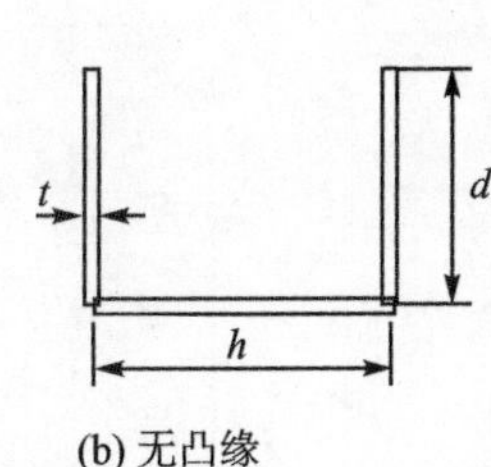

(b) 无凸缘

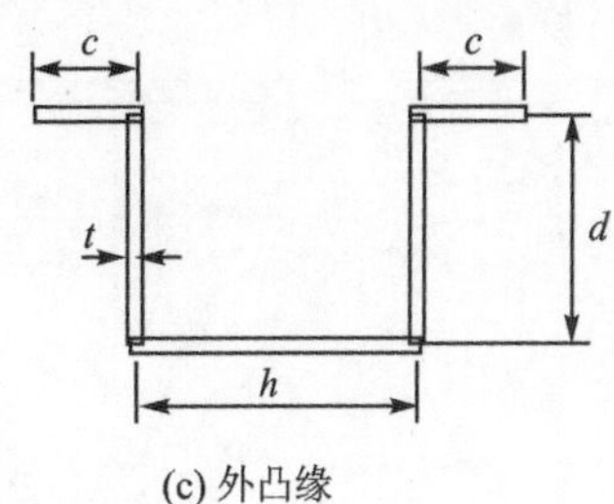

(c) 外凸缘

图 4-35　槽形结构加筋件结构参数

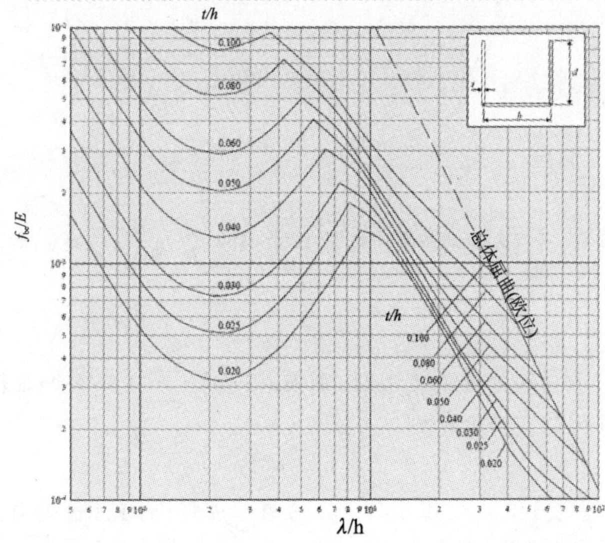

图 4-36　$\frac{d}{h}=1\left(\frac{c}{d}=0\right)$ 时，f_{be}/E 与 λ/h 的关系曲线图

3. 有凸缘的槽形加筋件临界屈曲应力的计算

有凸缘的槽形加筋件在弹性范围内的临界屈曲应力通过图 4-41～图 4-50 查询获得，图中，左边曲线是带内凸缘的加筋件临界屈曲应力曲线关系图，右边则对应带外凸缘的加筋件临界屈曲应力曲线关系图。具体计算方法与以上无凸缘加筋件类似。

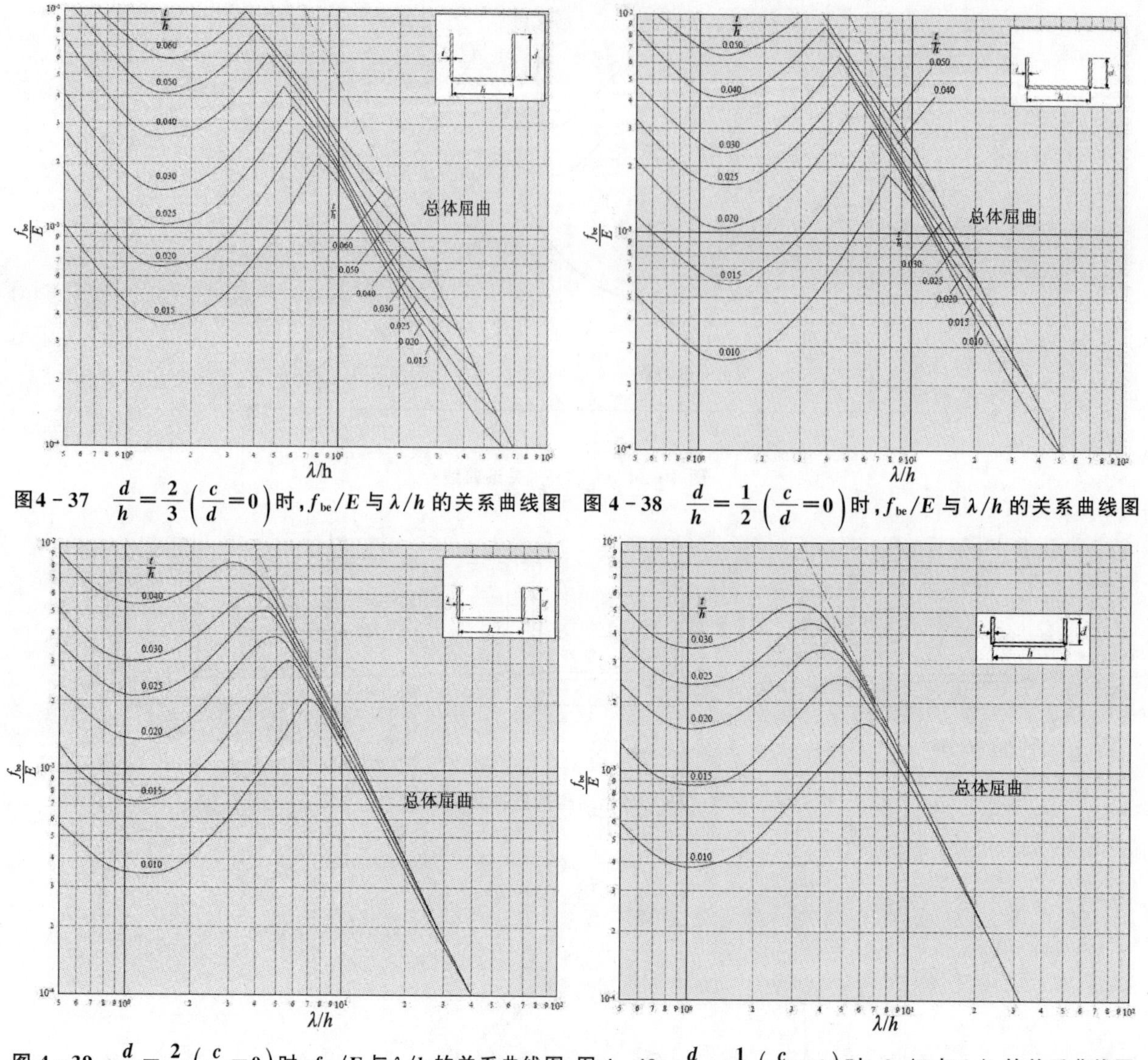

图 4-37 $\frac{d}{h}=\frac{2}{3}\left(\frac{c}{d}=0\right)$时，$f_{be}/E$ 与 λ/h 的关系曲线图

图 4-38 $\frac{d}{h}=\frac{1}{2}\left(\frac{c}{d}=0\right)$时，$f_{be}/E$ 与 λ/h 的关系曲线图

图 4-39 $\frac{d}{h}=\frac{2}{5}\left(\frac{c}{d}=0\right)$时，$f_{be}/E$ 与 λ/h 的关系曲线图

图 4-40 $\frac{d}{h}=\frac{1}{3}\left(\frac{c}{d}=0\right)$时，$f_{be}/E$ 与 λ/h 的关系曲线图

4. 塑性修正系数

当以上计算所得的 f_{be}超过了材料的比例极限时，则需通过图 4-51 来查询塑性修正系数 η，此时加筋件的临界屈曲应力采用式(4-19)进行修正计算得到 f_b。

5. 实例

分别计算如下构型截面长度为 440 mm 和 587 mm 的槽形加强件的屈曲应力。加强件截面尺寸及材料均不变，其中截面如图 4-52 所示。材料性能 $f_n=260$ MPa，$m=14$，$E=72\ 400$ MPa，$\upsilon(\mu)=0.3$。

由图 4-52 给定的截面尺寸可知，$c/d=0.333$，$t/h=0.030$，$d/h=0.5$；

因此可利用图 4-43 及图 4-48，进行插值获取结果，同时图 4-38 也作为可能运用的数据图参与计算。

对于长度为 440 mm 的加强件，可能的最大的半波长 $\lambda=440$ mm，则有

$$\frac{\lambda}{h}=\frac{440}{66}=6.67$$

通过检查适当的曲线的 f_{be}/E 最小值以及 $\lambda/h\leqslant 6.67$ 的可能范围，结果如表 4-2 所列：

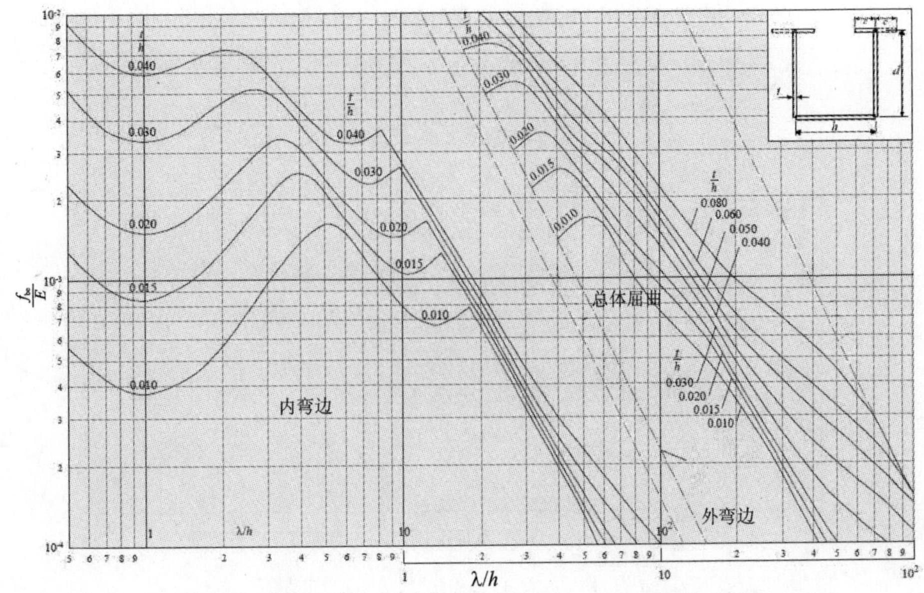

图 4-41　$\frac{d}{h}=1,\frac{c}{d}=\frac{1}{4}$时，$f_{be}/E$ 与 λ/h 的关系曲线图

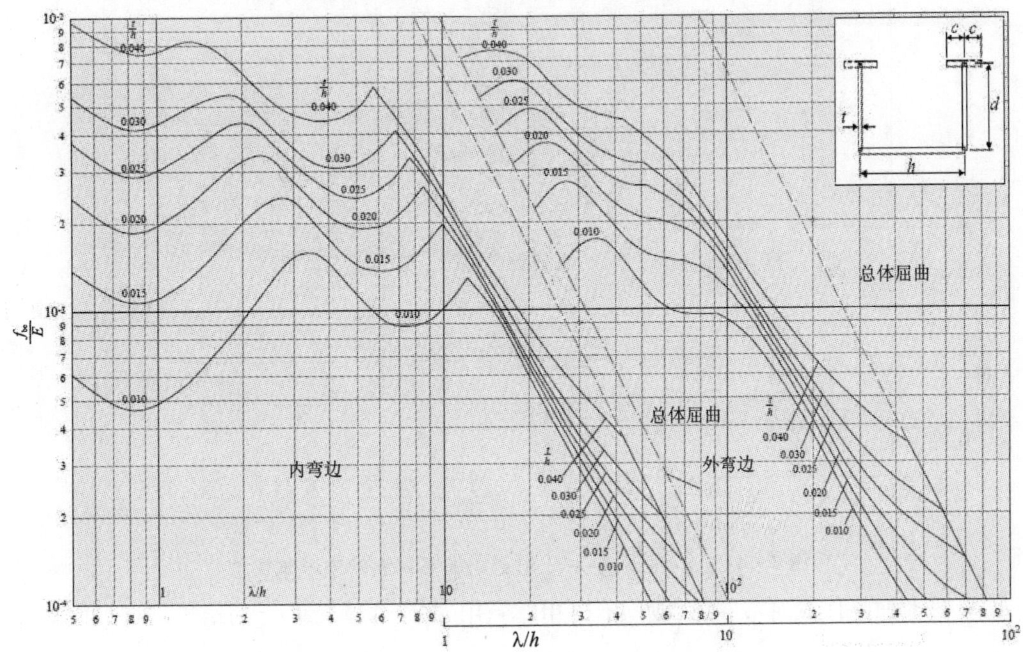

图 4-42　$\frac{d}{h}=\frac{2}{3},\frac{c}{d}=\frac{1}{4}$时，$f_{be}/E$ 与 λ/h 的关系曲线图

表 4-2　长度为 44 mm 的加强件的相关数据查询结果

图　号	c/d	f_{be}/E	λ/h	屈曲模式
4—38	0	2.35×10^{-3}	1.35	局部屈曲
4—43	1/4	3.65×10^{-3}	3.15	缘条屈曲
4—48	1/2	4.33×10^{-3}	5.40	缘条屈曲

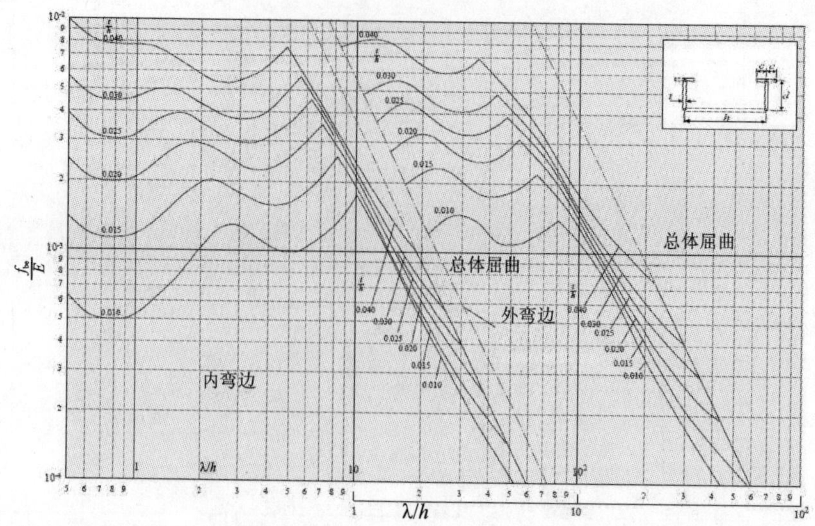

图 4 - 43 $\frac{d}{h}=\frac{1}{2},\frac{c}{d}=\frac{1}{4}$时，$f_{be}/E$ 与 λ/h 的关系曲线图

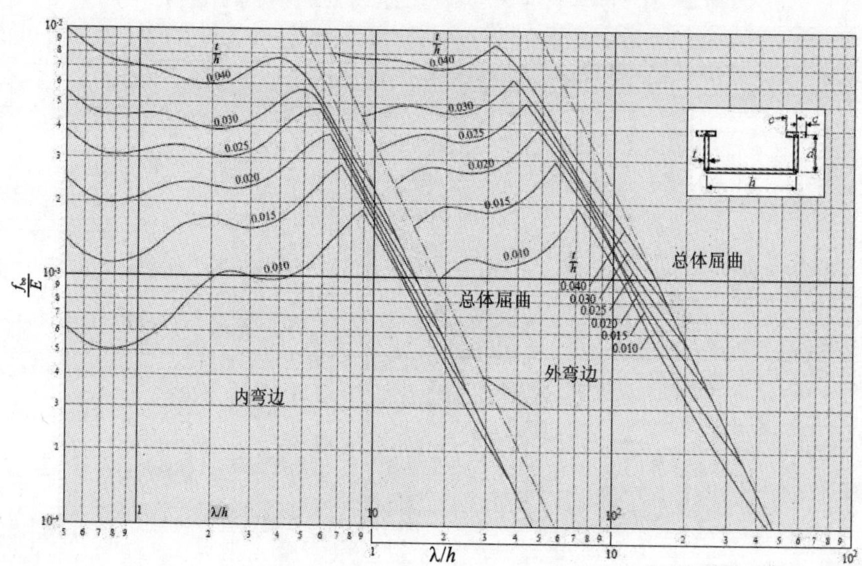

图 4 - 44 $\frac{d}{h}=\frac{2}{5},\frac{c}{d}=\frac{1}{4}$时，$f_{be}/E$ 与 λ/h 的关系曲线图

由于 $c/d=0$ 与本加强件截面不符，故数据不可用。利用 $c/d=1/4$ 及 1/2 的结果进行插值运算，因此，

$$\frac{f_{be}}{E}=\left\{\frac{(4.33-3.65)\times(0.333-0.25)}{(0.5-0.25)}+3.65\right\}\times 10^{-3}=3.88\times 10^{-3}$$

$$f_{be}=(3.88\times 10^{-3}\times 72\,400)\ \text{MPa}=281\ \text{MPa}$$

根据图 4 - 51 进行塑性修正：

$$\frac{f_{be}}{f_n}=\frac{281}{260}=1.08$$

查表得：$\eta=0.89=\frac{f_b}{f_{be}}$，因此 $f_b=0.89\times 281=250$ MPa。

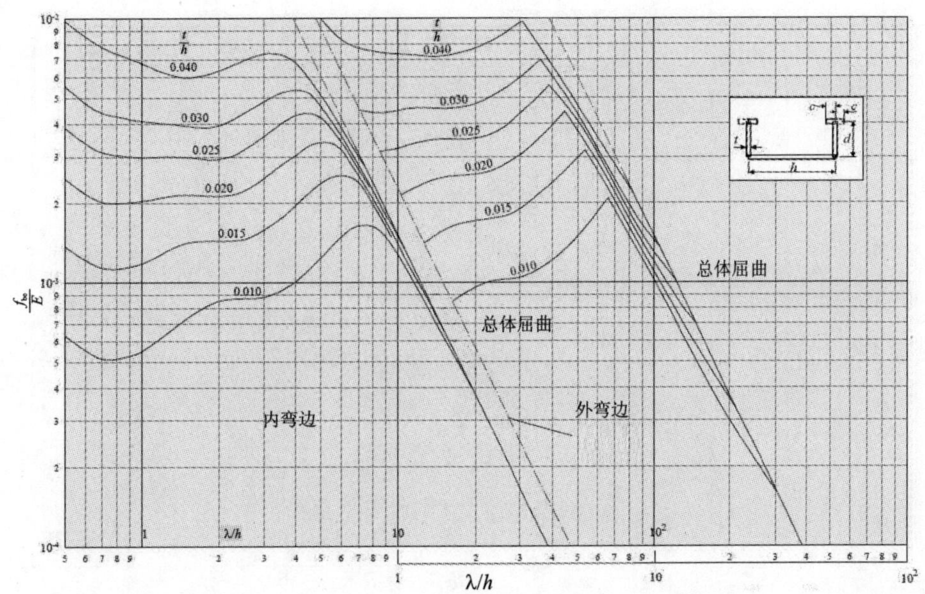

图 4-45　$\dfrac{d}{h}=\dfrac{1}{3}, \dfrac{c}{d}=\dfrac{1}{4}$ 时，f_{be}/E 与 λ/h 的关系曲线图

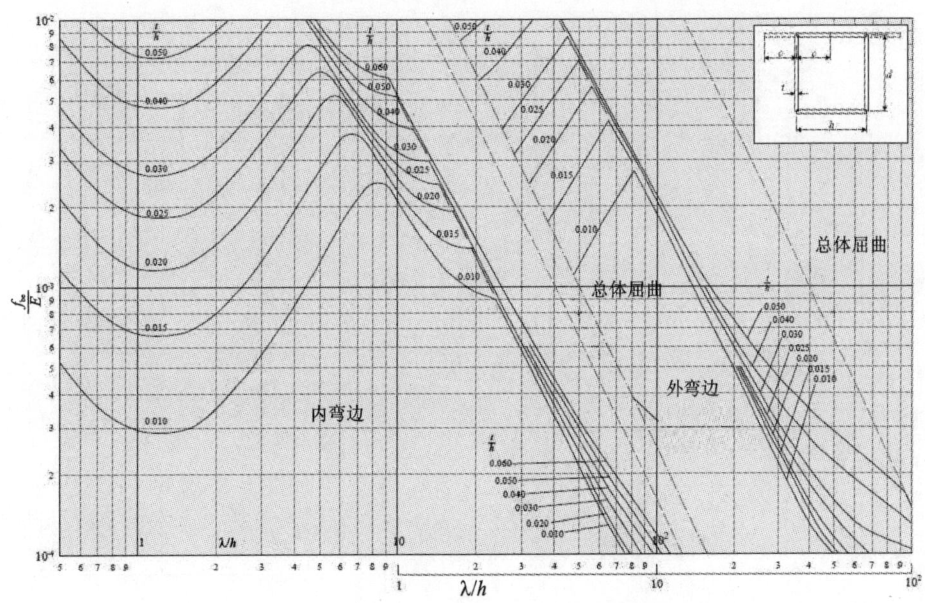

图 4-46　$\dfrac{d}{h}=1, \dfrac{c}{d}=\dfrac{1}{2}$ 时，f_{be}/E 与 λ/h 的关系曲线图

对于长度为 587 mm 的加强件，可能的最大的半波长 $\lambda=587$ mm，则有：$\lambda/h=587/66=8.89$。通过检查适当的曲线的 f_{be}/E 最小值以及 $\lambda/h\leqslant 6.67$ 的可能范围，可能的结果如表 4-3 所列。

表 4-3　长度为 587 mm 的加强件的相关数据查询结果

图号	c/d	f_{be}/E	λ/h	屈曲模式
4-38	0	2.21×10^{-3}	8.89	弯扭屈曲
4-43	1/4	2.73×10^{-3}	8.89	弯扭屈曲
4-48	1/2	3.55×10^{-3}	8.89	弯扭屈曲

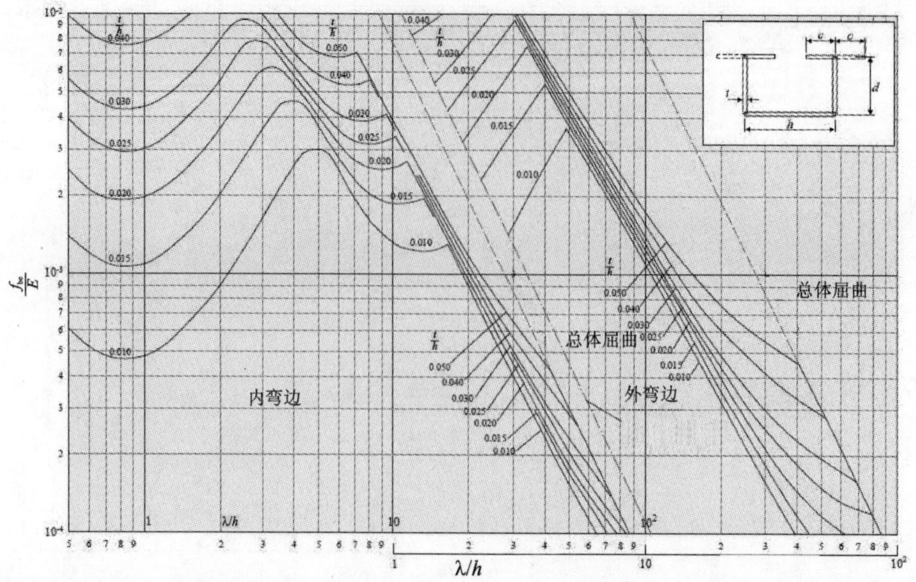

图 4-47 $\frac{d}{h}=\frac{2}{3},\frac{c}{d}=\frac{1}{2}$时，$f_{be}/E$ 与 λ/h 的关系曲线图

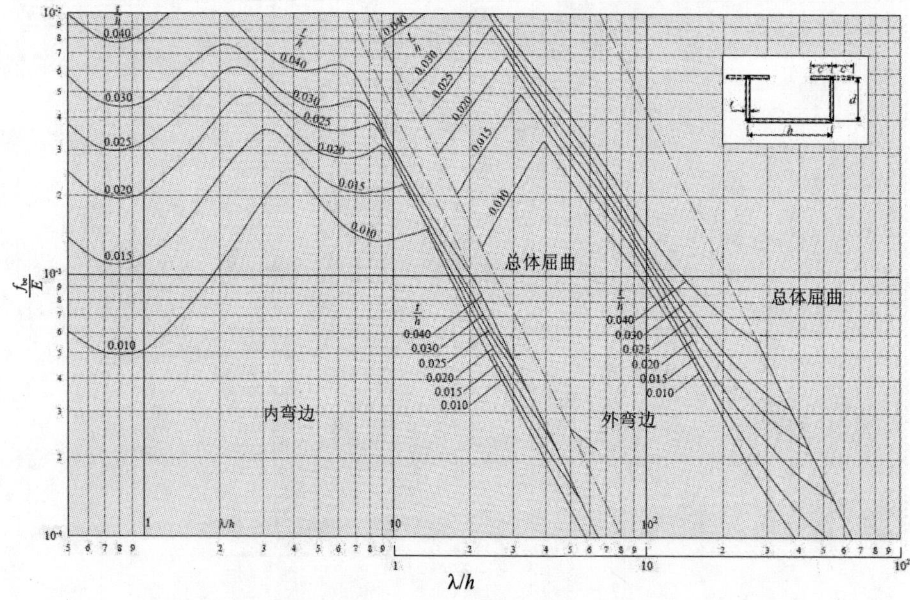

图 4-48 $\frac{d}{h}=\frac{1}{2},\frac{c}{d}=\frac{1}{2}$时，$f_{be}/E$ 与 λ/h 的关系曲线图

以上 f_{be}/E 都对应同一种失效模式，即弯扭屈曲。利用以上结果进行插值计算可得到：$f_{be}/E=2.97\times10^{-3}$。因此，

$$f_{be}=(2.97\times10^{-3}\times72\ 400)\ \text{MPa}=215\ \text{MPa}$$

$$\frac{f_{be}}{f_n}=\frac{215}{260}=0.827$$

进行塑性修正，$\eta=0.982$，得到，$f_b=(0.982\times215)$ MPa$=211$ MPa。

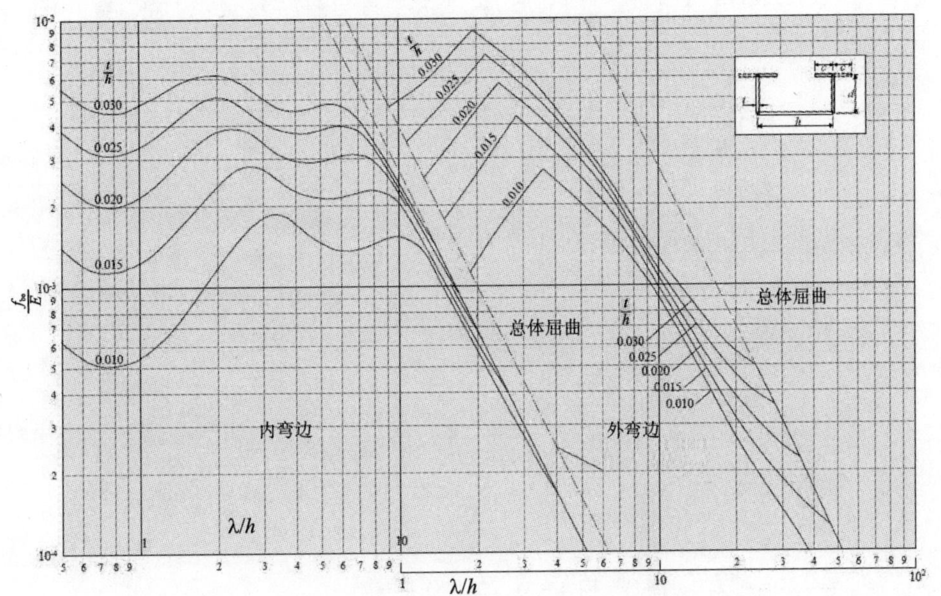

图 4－49　$\frac{d}{h}=\frac{2}{5},\frac{c}{d}=\frac{1}{2}$时，$f_{be}/E$ 与 λ/h 的关系曲线图

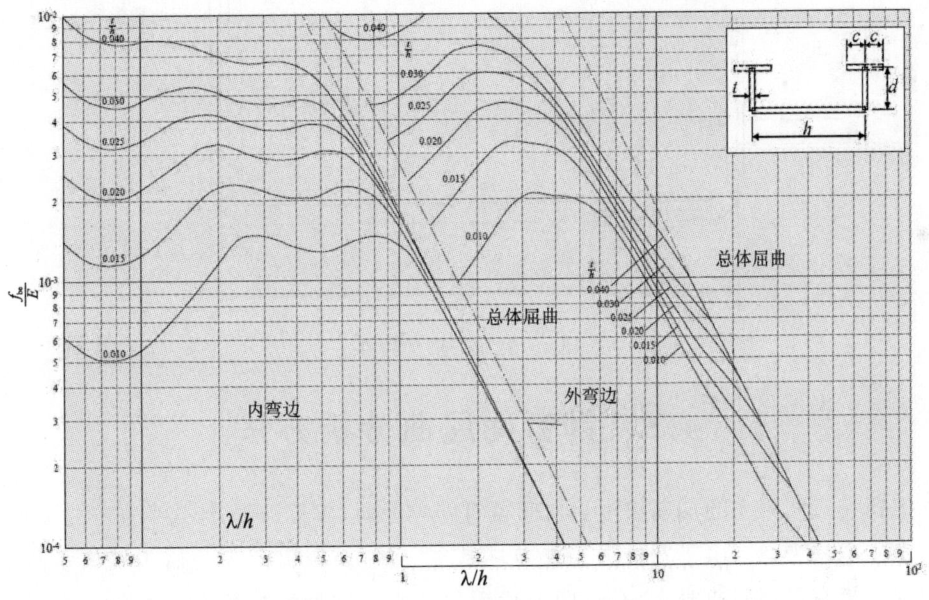

图 4－50　$\frac{d}{h}=\frac{1}{3},\frac{c}{d}=\frac{1}{2}$时，$f_{be}/E$ 与 λ/h 的关系曲线图

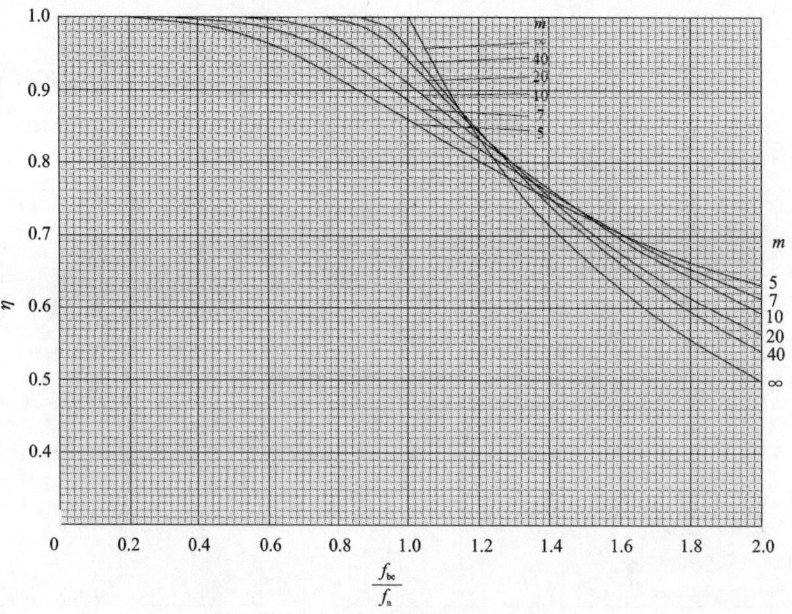

图 4-51 塑性修正系数

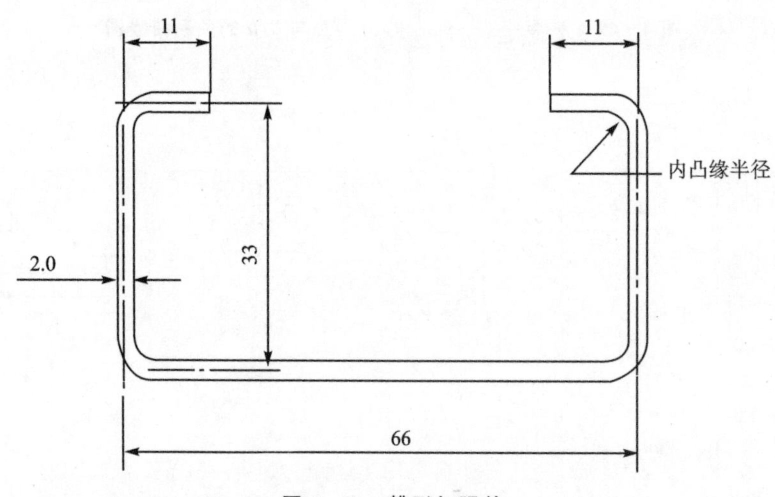

图 4-52 槽形加强件

4.5 铆钉间屈曲分析方法

钉间失稳发生在铆钉间距大的加筋板中。加筋板钉间失稳时,加筋条基本不产生弯曲变形,板在铆钉间长度及整个板宽内发生宽柱失稳。由于宽柱失稳和破坏基本一致,所以钉间失稳后板丧失承载能力。同时当两个相邻的钉之间的平板有局部屈曲时,会有钉间失稳现象产生。这种情况的产生主要是在平板受压缩载荷时产生。为了防止产生钉间失稳,平板的压缩应力必须被限制在钉间失稳的临界应力以内。

典型的钉间失稳如图 4-53 所示。

在图 4-53 所示的几何尺寸下,钉间失稳临界应力表达式为

$$\sigma_{ir} = \eta \frac{\pi^2 E_c}{12}\left(\frac{e}{Qp}\right)^2 \tag{4-20}$$

式中:塑性修正系数 $\eta=\dfrac{E_t}{E_c}$,钉间失稳的边界条件系数 Q 与约束类型有关。

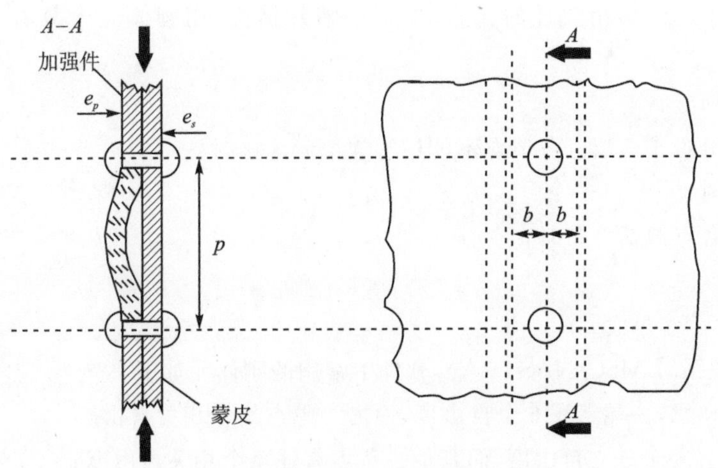

图 4-53　钉间失稳示意图

式中：p——钉间间距；

e——连接区厚度(蒙皮或腹板)。

加强件的边界条件取决于所用的连接形式。边界条件系数的取值范围为 0.5(两边固支)$\leqslant Q \leqslant$1(两边简支)。

对于沉头螺栓(铆钉)取 $Q=0.66$，钉间失稳临界应力为

$$\sigma_{ir} = 1.89\eta E_c \left(\frac{e}{p}\right)^2 \tag{4-21}$$

对于平焊或者平头螺栓连接取 $Q=0.54$，临界应力为

$$\sigma_{ir} = 2.82\eta E_c \left(\frac{e}{p}\right)^2 \tag{4-22}$$

在设计阶段，应当保证临界应力 $\sigma_{ir} \geqslant \sigma_{c0.2}$，以保证 $\sigma_{c0.2}$ 作为允许压缩强度。

4.6　加筋件结构有限元分析

4.6.1　加筋件有限元建模

主要针对 MSC. NASTRAN 软件说明有限元建模中需要注意的几个问题，其基本原则对其他分析软件同样适用。根据结构和受力特点合理选择单元。

(1) 杆(ROD)和梁单元(BAR、BEAM)的选择

梁肋结构的边缘一般离散为杆或梁单元，当翼面高度较高或边缘不太强时，建议用杆单元，否则用梁单元。

(2) 板单元(QUAD4、QUAD8、TRIA3)

QUAD4 是综合性板单元。改动其中参数，可变为平面应力元，弯曲板元或者组合。建议蒙皮及腹板均用此单元。

(3) 体　元

较厚较大的接头多用体元，全高度蜂窝芯子用“特殊体元”(改参数后的体元)。

(4) 弹簧元

弹簧元是应用广泛的标量元素，一般用来模拟钉或模拟弹性支持。

(5) 刚体元

刚体元是表示不同节点位移相关性的元素，在某些特殊情况，用刚体元十分有效。下列情况多采用刚体元：

① 在刚硬的结构断面处；

② 当模型的不同部分难于匹配且各节点不能用常规单元连接时；

③ 当单元偏离网点时；

④ 强迫运动而需求各点载荷分布时；

⑤ 连接不协调的元素时；

⑥ 过渡元，用“刚体元”作过渡元。

不同的点存在线性关系时 MSC. NASTRAN 软件中常用的刚体元如下：

RBAR——刚体 BAR 元，一端点有 6 个自由度，而另一端点 6 个相关自由度；

RBE2——一个端点有 6 个独立自由度，而其他一些点有任意个相关自由度；

RBE3——有 1～6 个相关自由度及任意个独立自由度的插值元素；

Rspline——有任意个独立的自由度和任意个相关自由度的插值元素，它使用建立在独立自由度上的“管”元素的位移模型去得到相关点自由度的位移。

RSSCON——用于连接板元和体元的插值元素。

4.6.2 角材的模拟

如图 4-54(a)所示角材，用板－板模型其解很差(图 4-54(b))；用图 4-54(c)、(d)、(e)在角处添加元素模拟较好。对于图(e)中的 BAR 元特性 $I(I_1$ 和 $I_2)$ 建议用 1/2 板宽模拟其特性[8]。

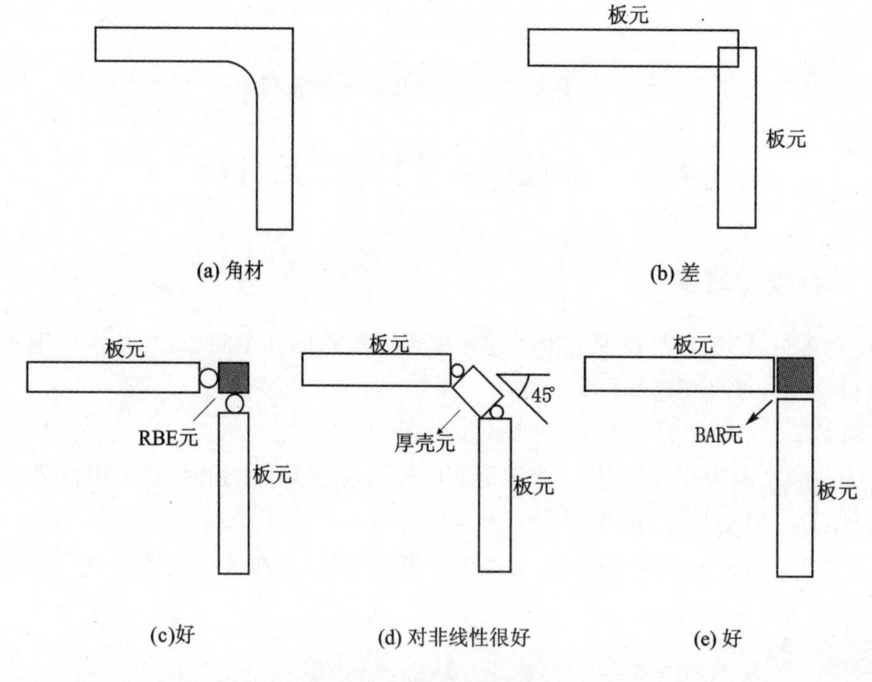

图 4-54 角材模拟

对于弯角处有加强的角材，如图 4-55(a)所示结构，建议用等效一维元(一根杆元)模拟腹板。

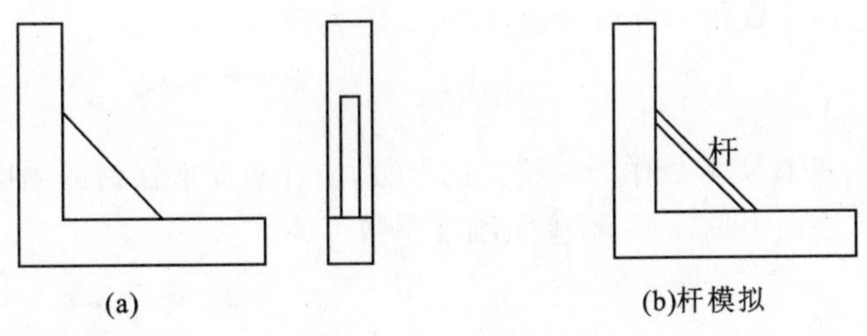

图 4-55　加筋角材

4.6.3　多钉连接有限元模拟

网格分割时，将钉孔浓缩为一个节点，这样模型分三部分。第一部分为第一个被连接件(板)第二部分为第二个或多个被连接件；第三部分为钉元。为减少计算规模，这种模型钉载分配以及离孔远处板元应力是非常真实的，并且可以有效地减少计算规模，如图 4-56 所示。

如图 4-56 中，A、B 板是分开的有限元素，它们通过钉元 $i-l$，$j-m$，$k-n$ 联系在一起。钉元的模拟及参数计算对精度影响较大。这里介绍常用的三种简算方法模拟钉元。这跟被连接件的特性及精度要求有关。

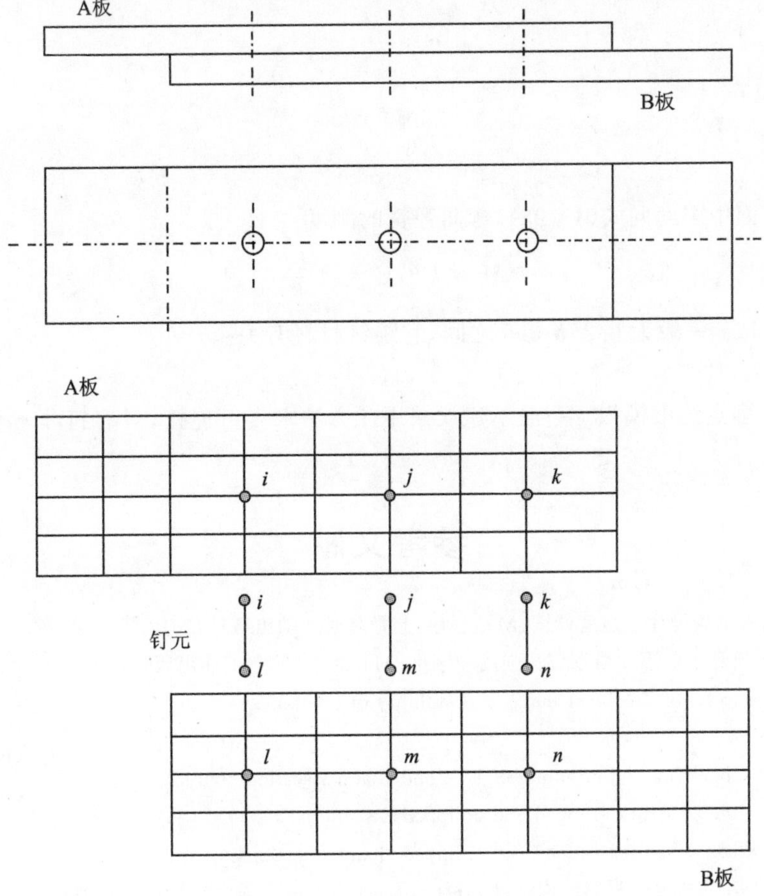

图 4-56　多钉连接有限元模拟

(1) 短梁元

对于厚板需要考虑弯曲效应时，钉取短梁较为合适。由于机械连接中，预先并不知道钉载方向。钉本身是圆柱体，要给定 I_1、J_1；I_2、J_2 等。I_1、I_2 的主平面方向对计算是有影响的，在建模时要特别注意。短梁元的力学

参数选取时，一般取被接板中面位置作为节点位置，短梁长度为

$$l = \frac{1}{2}(t_1 + t_2) \tag{4-23}$$

式中：t_1、t_2 分别为板厚。将钉的真实参数作为短梁元的参数，应注意此取法钉的刚度偏小。

为了保持两板法向联系，法向为拉伸弹簧，弹簧刚度系数可为

$$k = \frac{EF}{L} \tag{4-24}$$

式中：E、F 分别为钉的弹性模量和横截面积。

(2) 弹簧元

力学公式为 $P=k\delta$；这是一维的标量元素，δ 是广义位移(可以是线位移或角位移)。

应注意，一个钉一般要三个弹簧元，面内两个，面外一个。面内两个弹簧元的方向只要互相垂直，计算结果就是正确的。故取基准坐标 x，y 方向。

弹簧元刚度选取分两种情况：

1) 板为薄板时，

$$K = \frac{GF}{l} \tag{4-25}$$

式中：$l=\frac{1}{4}(t_1+t_2)$；

G——钉剪切模量；

F——横截面积；

t_1，t_2——板厚。

2) 板为弯曲元，平面中刚度同式(4-25)，弯曲弹簧的刚度：

$$M = k_\theta \theta, k_\theta = 4\frac{EF}{L'}$$

式中：$L'=c(t_1+t_2)$，系数 c 一般为 0.25～0.5 之间，它跟钉材料有关系。

(3) 刚体元

钉也可用刚体元或多点约束模拟。一般不建议采用此方法求多钉连接，只有钉非常多，且钉载分布并不重要时采用此方法。

参考文献

[1] 汪海，黄季墀. 飞机结构设计与强度计算[M]. 上海：上海交通大学出版社，2012.

[2] 解思适，主编. 飞机设计手册第 9 册：载荷、强度和刚度[M]. 北京：航空工业出版社，2001.

[3] ESDU 78021 Guide to Items on the strength and stability of struts.

[4] MTS004_C-stiffeners.

[5] ESDU 78020. Local buckling and crippling of I, Z and channel section struts.

[6] ESDU 77030. Buckling of struts. Lipped and unlipped Z sections.

[7] ESDU 76023. Buckling of struts. Lipped and unlipped channel sections.

[8] 陈业标，汪海，陈秀华. 飞机复合材料结构强度分析[M]. 上海，上海交通大学出版社，2011.

第5章　薄板梁结构分析方法

5.0　符号说明

符号	单位[①]	物理意义
e	mm	支柱截面形心到腹板中面的距离
E_s	mm	构件缘条厚度
E_{ft}	MPa	梁缘条材料的弹性模量
E_{st}	MPa	加强盘材料的弹性模量
E_u	MPa	支柱材料的弹性模量
E_W	MPa	腹板材料的的弹性模量
F	N	力
A_{eq}	mm^2	长桁等效面积
A_{ft}	mm^2	凸缘的横截面积
A_0	mm^2	实际缘条面积
A_u	mm^2	支柱的横截面积
f_{fl}	N/m	梁缘条单位长度的载荷
f_u	N/m	支柱单位长度的载荷
G	MPa	材料剪切模量
h	mm	梁上、下缘条形心之间的有效距离
I_a	mm^4	纵向缘条惯性矩
I_b	mm^4	横向缘条惯性矩
J	mm^4	极惯性矩
K		考虑筋条弯曲刚度影响的系数;张力场系数
K_b		弯曲临界应力系数
K_s		剪切临界应力系数
K_{ss}		屈曲系数
k		对角拉伸系数

① 本书的量和单位以中华人民共和国国家标准为准。考虑到在实际设计工作中,很多资料(尤其是外版资料)大量应用英制单位,为方便读者使用,亦保留部分英制单位。

符号	单位	物理意义
L_c	mm	支柱间的净距离
N,P	N	缘条轴力
n_x	N/m	单位长度上 x 向载荷
n_y	N/m	单位长度上 y 向载荷
p	mm	铆钉间隔
R_l,R_h		计算腹板临界应力时的边界约束系数
R_S		单剪受载率
A	mm^2	截面尺寸
T	N	梁收到的横向载荷
t	m	板的厚度
t_{fl}	m	梁凸缘的厚度
t_u	mm	支柱的厚度
V_F	N	剪切力
α	rad	波纹角
γ_b		确定加筋薄板临界应力系数的筋条刚度系数
ε_{fl}		梁缘条的应变
ε_u		支柱的应变
ε_w		腹板的应变
λ		细长比
μ,μ_e		泊松比
ρ	mm	支柱截面对平行于腹板中面的形心轴的回转半径
σ_0	MPa	零细长比下降用压缩应力
$\sigma_{0.2}$	MPa	屈服强度
σ_1	MPa	最大主应力
σ_2	MPa	最小主应力
τ_{cr}	MPa	临界剪应力
$\tau_{cr,a}$	MPa	腹板临界应力
ω_d	MPa	梁缘条柔度参数

5.1　薄板梁结构典型失效形式

薄板梁在飞机结构中广泛应用，主要由梁缘条、腹板和横向的支柱组成(见图 5-1)，有些情况下也有纵向的加强筋，各部分通过紧固件或者通过焊接方法组合在一起。其承力特点为：缘条承受拉、压和弯曲载荷；腹板较薄，承担剪切载荷的能力较弱，限制载荷条件下会失稳，进入张力场状态，进而主要承担对角拉伸载荷；支柱主要为缘条和腹板提供支持，并且平衡腹板所产生的对角拉伸载荷。薄板梁与普通梁不同之处在于，腹板在限制载荷下失稳，主要通过张力场承载，并导致缘条和支柱的受载变化。

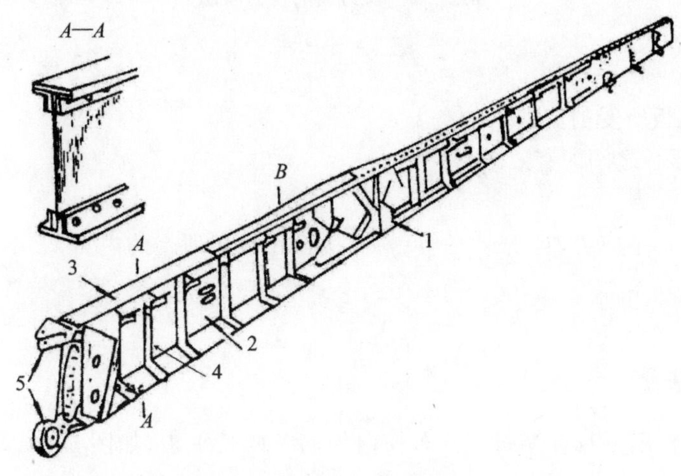

1—下缘条；2—腹板；3—上缘条；4—支柱；5—接头

图 5-1　组合式薄板梁

薄板梁结构主要承担剪切和弯曲载荷，其稳定性和失效类型主要包括如下几类：

(1) 腹板的失稳

梁腹板与受压缘条相连的区域会首先失稳，失去承剪能力，进入张力场状态，其所承担载荷转移到缘条和腹板其他区域；但腹板的失稳不会造成梁结构的失效，所以失稳时的载荷不是整个结构的极限载荷。

(2) 缘条与支柱的失稳

包括支柱的总体失稳、局部失稳和梁缘条压曲。

(3) 腹板的失效

当腹板剪切应力超过其材料的剪切强度时发生腹板的破坏。

(4) 紧固件的失效

紧固件在剪切载荷和腹板对角拉伸载荷共同作用下发生的破坏。

缘条与支柱的失稳分析方法参见第四章中相关内容，本章主要给出腹板失稳、张力场状态、缘条应力和腹板应力的分析方法。

5.2　腹板应力分析

5.2.1　剪力场状态下腹板应力

对于飞机薄壁结构中承受剪切载荷的板件(包括平板和曲板)，当其剪应力 τ 小于其临界剪应力 τ_{cr} 时，板处于纯剪状态，见图 5-2。

腹板名义剪应力为

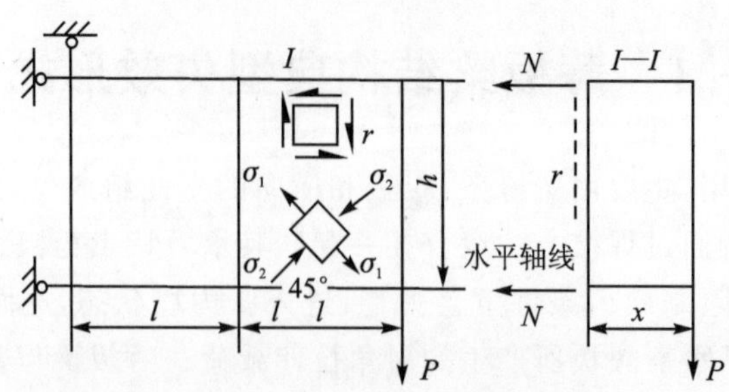

图 5-2 剪力场的内力状态

$$\tau = \frac{P}{ht} \tag{5-1}$$

式中：P——给定截面梁腹板所受的剪力；

h——梁上、下缘条形心之间的有效距离；

t——腹板厚度。

σ_1 和 $-\sigma_2$ 为腹板的两个主应力，且 $\sigma_1=-\sigma_2=\tau$；N 为两个缘条所受的内力，大小等于相应位置处的弯矩除以缘条形心之间的有效距离，即 $N=\pm\frac{Px}{h}$。

5.2.2 腹板剪切失稳

对于在均匀剪切载荷作用下具有等间距分布横向加筋条的长平板，如图 5-3 所示，含筋条的总体失稳临界应力为

$$\tau_{cr} = K_s E(t/d)^2 \qquad (\mu = 0.3) \tag{5-2}$$

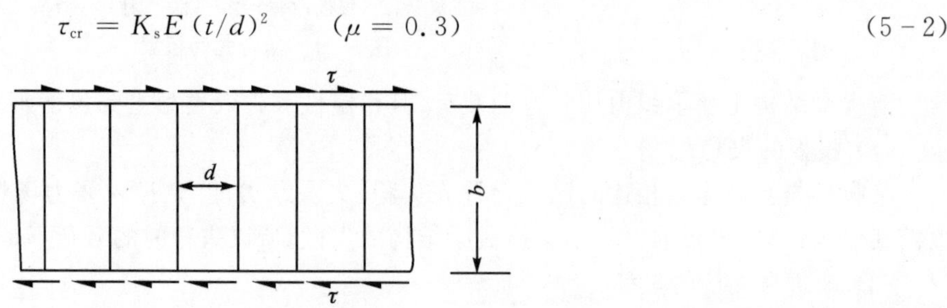

图 5-3 等间距加筋薄板

式中：E——材料的弹性模量；

t——板的厚度；

d——筋条之间板的宽度；

K_s——剪切临界应力系数。

图 5-4 和图 5-5 分别给出了长边固支和长边铰支的横向加筋平板的 $K_s-\gamma_b$ 的关系曲线。设筋条的扭转刚度为 0，即假设极惯性矩 $J=0$。图中 $\gamma_b=[E_{st}Id/(Eb_2t^3)]^{1/3}$，$E_{st}$ 为筋条弹性模量，I 为筋条剖面的有效惯性矩。计算时把筋条与板的重叠部分板考虑在内，取通过筋条与部分板的组合形心且与板平行的轴的惯性矩。

对一定的 b/d 值，当筋条的弯曲刚度增加到一定值，筋条起到隔波作用，即筋条起到提供铰支条件的作用，此时所需刚度定为 $\gamma_{b,min}$；图 5-3 和图 5-4 中的虚线表示 $\gamma_{b,min}$ 值。

图 5-6 和图 5-7 分别示出了考虑筋条扭转刚度的长边铰支、固支的横向加筋平板的 $K_s-\gamma_b$ 的关系曲线。其中，G 为筋条材料剪切模量，GJ 为筋条有效扭转刚度（计入蒙皮影响）。

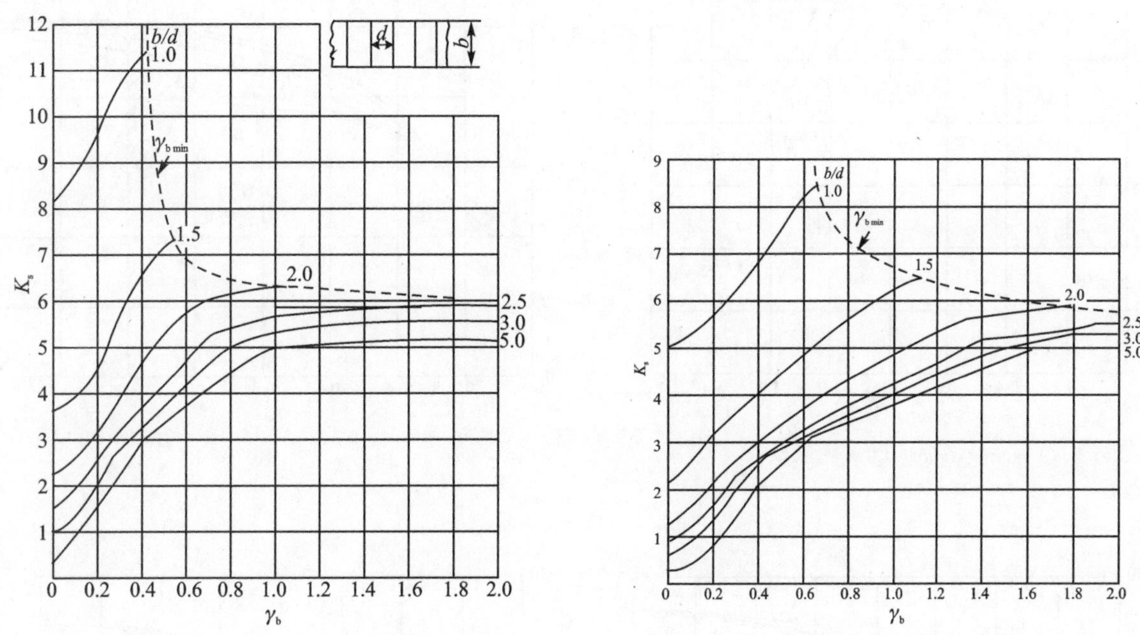

图 5-4　长边固支横向加筋长板剪切临界应力系数($J=0$)　图 5-5　长边铰支横向加筋长板剪切临界应力系数($J=0$)

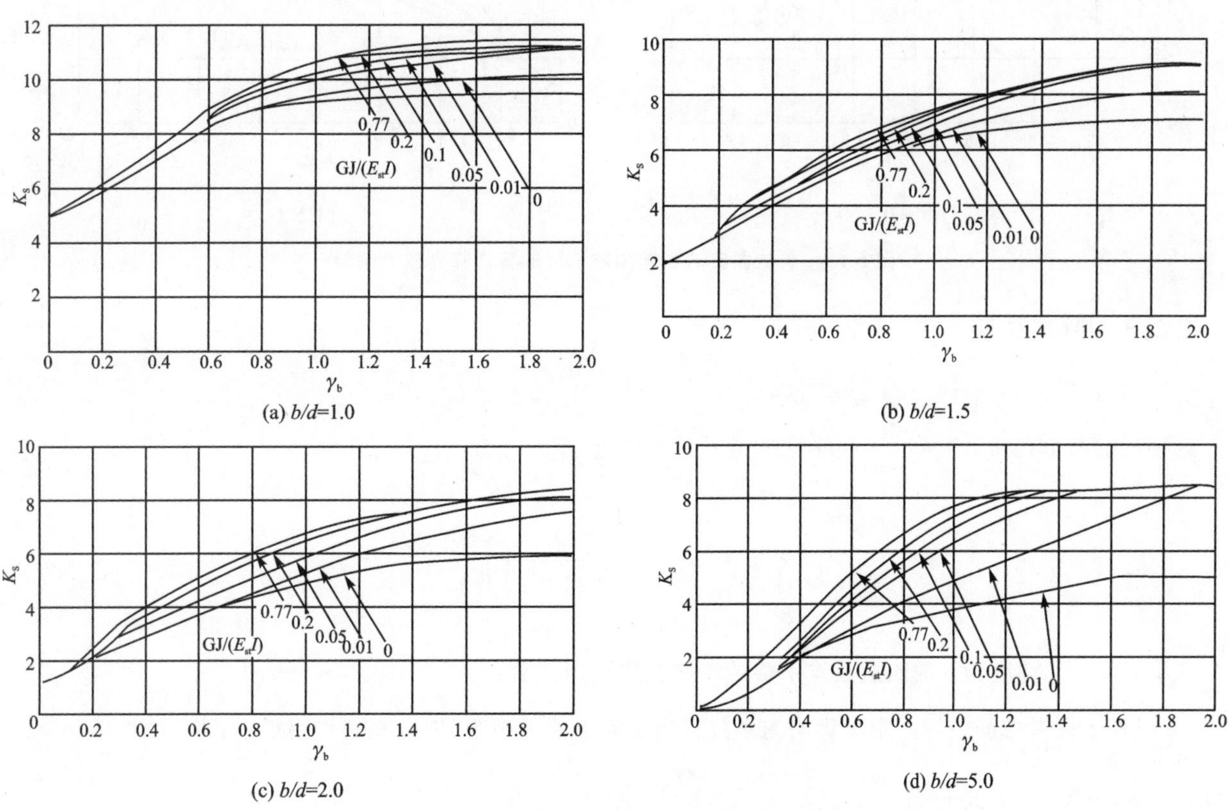

(a) b/d=1.0　(b) b/d=1.5　(c) b/d=2.0　(d) b/d=5.0

图 5-6　长边铰支的横向加筋长板的剪切临界应力系数

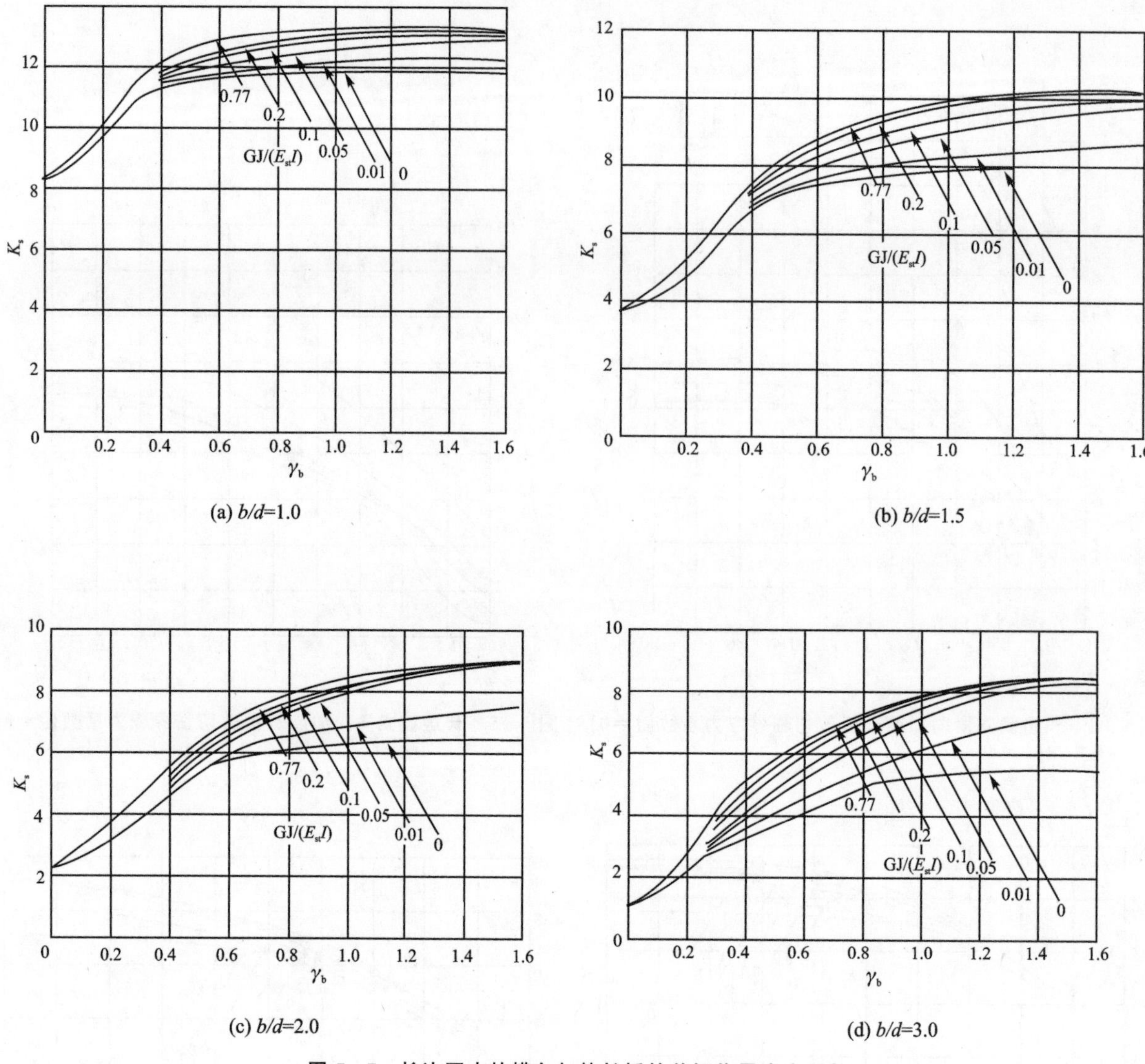

(a) $b/d=1.0$　(b) $b/d=1.5$　(c) $b/d=2.0$　(d) $b/d=3.0$

图 5-7　长边固支的横向加筋长板的剪切临界应力系数

5.2.3　弯曲失稳

5.2.3.1　中心加筋四边铰支矩形板

这种加筋板如图 5-8 所示。在纯弯曲作用下，弹性临界应力为

$$\sigma_{\mathrm{b,cr}} = KK_{\mathrm{b}} \frac{\pi^2 E}{12(1-\mu^2)}\left(\frac{t}{b}\right)^2 \tag{5-3}$$

式中：K_{b}——宽度为 b 的四边铰支平板的弯曲临界应力系数；

K——考虑筋条弯曲刚度影响的系数。当 a/b 之值很小时，中心筋条作用很小；当 $a/b<\dfrac{2}{3}$，$K=1.0$；当 $a/b\geqslant\dfrac{2}{3}$，由表 5-1 查 K 值；

D——板弯刚度，$D=\dfrac{Et^3}{12(1-\mu^2)}$。

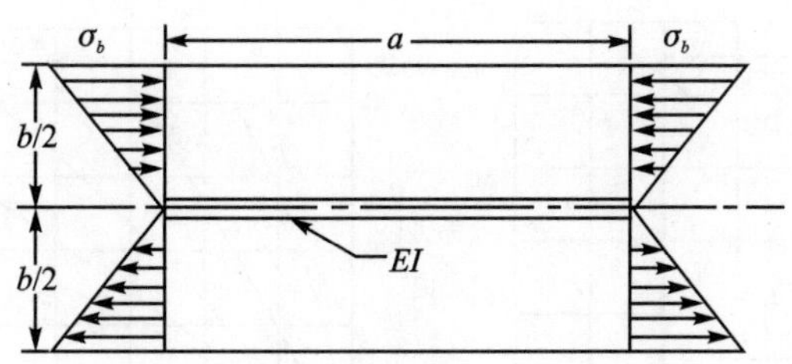

图 5-8　中心加筋的加筋板

表 5-1　系数 K 值($a/b \geqslant 2/3$)

EI/bD	0	1	5	10	∞
K	1.0	1.25	0.46	1.49	1.52

5.2.3.2　距板压缩边$\frac{b}{4}$处加筋四边铰支矩形板

距板压缩边$\frac{b}{4}$处加筋四边铰支矩形板其弹性临界应力为

$$\sigma_{b,cr} = K_b \frac{\pi^2 E}{12(1-\mu^2)}\left(\frac{t}{b}\right)^2 \tag{5-4}$$

K_b 值由图 5-9 中得到，A 和 I 分别为筋条的面积与惯性矩，其中 $\gamma_b = \frac{EI}{bD}$。当 $a/b > 0.4$ 时，K_b 趋近于 101。

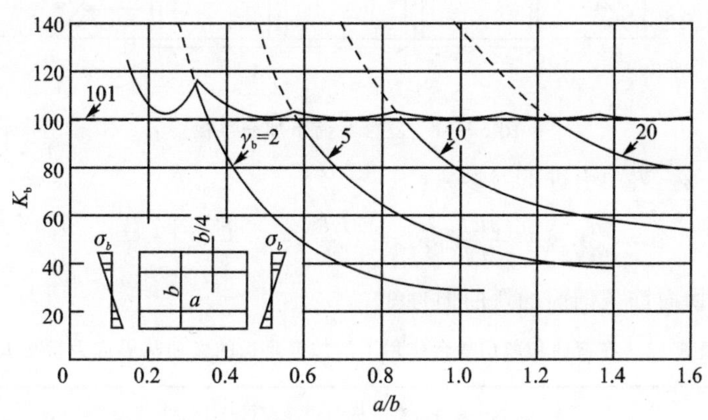

图 5-9　在压缩边和中性轴之间具有一根加筋条的铰支平板的弯曲临界应力系数$\left(\frac{A}{bt}=0.1\right)$

5.2.3.3　距板压缩边$\frac{b}{5}$处加筋四边铰支矩形板

距板压缩边$\frac{b}{5}$处加筋四边铰支矩形板的弹性临界应力计算仍用式(5-4)，但 K_b 值由图 5-10 得到，图中虚线对应于这种加筋板的最大临界应力系数 $K_{b,max} = 129$。

5.2.4　复合载荷作用下的稳定性

对于具有两根等距分布的横向筋条和一根纵向筋条离压缩边之距为$\frac{b}{4}$的铰支平板，如图 5-11 所示。在弯曲和剪切复合载荷作用下，弹性弯曲临界应力为

$$\sigma_{b,cr} = K_b \frac{\pi^2 E}{12(1-\mu^2)}\left(\frac{t}{b}\right)^2 \tag{5-5}$$

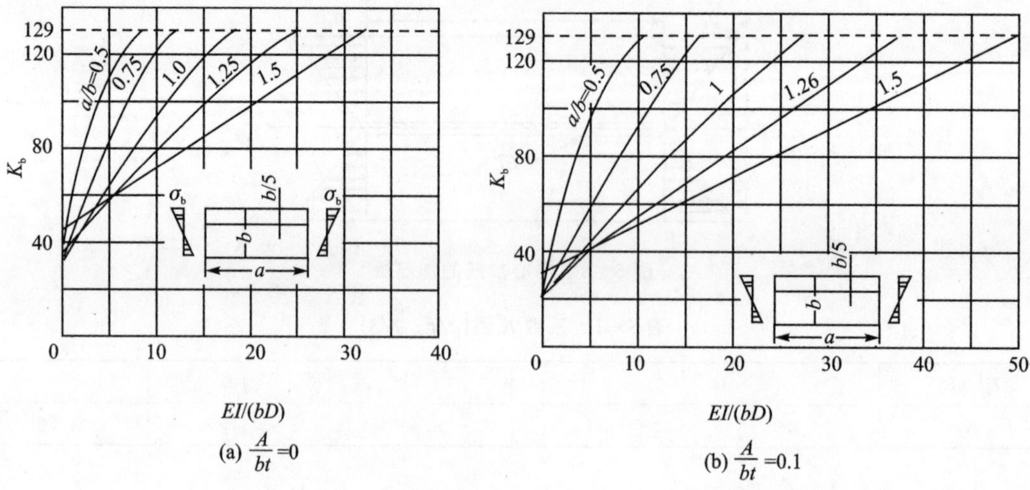

图 5-10 在压缩边和中性轴之间具有一加筋条的铰支板的弯曲临界应力系数

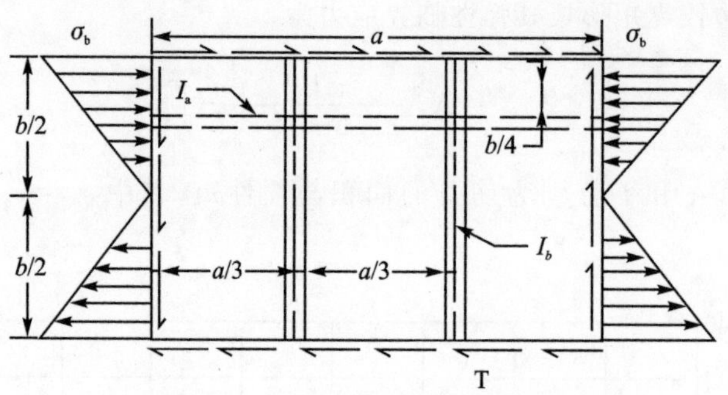

图 5-11 复合载荷下加筋平板

临界应力系数 K_b 见表 5-2。表中引进下列参数：

$$a=\frac{a}{b},\beta_b=\frac{2EI_b}{Db},\beta_a=\frac{2EI_a}{Db},\xi=\frac{\sigma_b}{\tau},\zeta=\frac{\beta_a}{\beta_b}=\frac{I_a}{I_b}$$

式中，I_a、I_b 分别为纵向与横向筋条剖面的弯曲惯性矩。

表 5-2 在弯曲和剪切复合作用下的加筋平板的弯曲临界应力系数 K_b

(a) $\zeta=I_a/I_b=1.0,\xi=\sigma_b/\tau=1.0$								
β	$\alpha=a/b$							
	1.0	1.1	1.2	1.3	1.4	1.5	1.7	2.0
1.0	25	23	22	21	20	19	18	17
2.0	35	33	30	29	28	26	24	23
3.0	45	42	39	36	35	33	30	28
4.0	55	51	47	44	42	39	26	33
5.0	65	60	55	51	49	46	42	39
(b) $\zeta=1.0,\xi=2.0$								
β	$\alpha=a/b$							
	1.0	1.1	1.2	1.3	1.4	1.5	1.7	2.0
1.0	38	37	36	36	35	35	34	33

续表 5-2

(b) $\zeta=1.0, \xi=2.0$

β	$\alpha=a/b$							
	1.0	1.1	1.2	1.3	1.4	1.5	1.7	2.0
2.0	54	52	51	50	50	47	45	43
3.0	70	67	65	63	61	60	57	54
4.0	85	82	79	77	74	72	68	64
5.0	101	97	93	90	87	84	80	75

(c) $\zeta=1.0, \xi=3$

β	$\alpha=a/b$							
	1.0	1.1	1.2	1.3	1.4	1.5	1.7	2.0
1.0	44	44	44	45	45	45	45	46
2.0	62	62	62	62	65	62	61	61
3.0	80	80	80	80	79	78	77	76
4.0	99	98	97	97	96	96	93	914
5.0	117	116	115	114	114	111	109	106

(d) $\zeta=0.5, \xi=1.0$

β	$\alpha=a/b$							
	1.0	1.1	1.2	1.3	1.4	1.5	1.7	2.0
1.0	32	30	28	26	25	24	23	22
2.0	48	44	41	39	37	36	34	32
3.0	63	73	55	52	49	47	44	41
4.0	78	87	69	64	61	58	54	51
5.0	94	146	81	76	73	69	65	60

(e) $\zeta=0.5, \xi=2$

β	$\alpha=a/b$							
	1.0	1.1	1.2	1.3	1.4	1.5	1.7	2.0
1.0	49	58	47	46	45	44	43	42
2.0	75	89	71	69	68	66	63	61
3.0	101	120	95	92	90	87	83	80
4.0	126	150	118	114	112	108	103	98
5.0	151	180	193	137	133	129	123	117

(f) $\zeta=0.5, \xi=3$

β	$\alpha=a/b$							
	1.0	1.1	1.2	1.3	1.4	1.5	1.7	2.0
1.0	57	58	58	59	59	59	59	59
2.0	88	89	89	89	89	88	87	86
3.0	119	120	119	119	119	117	115	113
4.0	150	150	149	149	148	146	143	140
5.0	180	180	179	178	177	174	171	167

5.3 对角拉伸腹板分析

按稳定性设计的薄板梁应能够承受设计载荷而不发生腹板的屈曲，即保证剪切应力不大于屈曲剪切应力，而且加强筋有足够的刚度保证腹板不发生整体屈曲。按屈曲临界载荷设计的薄腹板的比强度很小，因此通常在飞行器结构中应用并不多，例外的情况如内置或整体油箱结构中，为了防止在边界上的铆接处发生泄漏，通常会按屈曲临界载荷设计，从而避免腹板在设计载荷之内发生屈曲或者起皱。

屈曲临界载荷并不是破坏载荷，腹板在破坏之前还会受到更大的力，通常腹板的承载远小于它的极限载荷，腹板设计刚度是预防板的屈曲而非最终破坏。板的剪切和弯曲失稳的临界应力见公式(5-2)和式(5-3)，按破坏载荷设计则是张力场梁问题。由于板的张力场承载极限比剪切失稳临界载荷大得多，因此，在飞机结构设计时，某些对板面变形要求不高的地方(例如翼梁腹板，低速飞机的后机身蒙皮等处)采用张力场承载方法，可以显著地减轻结构重量。

为了实现腹板的张力承载，则必须要求周边的框架(缘条和支柱)能给腹板以斜拉伸状态的力，即周边框架要承受其反作用力。这就要求框架的缘条和支柱都具有抗弯能力。如无抗弯能力，则腹板拉伸状态就不会产生，那么对角方向的张力也就无法形成，这种情况下腹板失稳结构即失效，所以张力是腹板失稳后能继续承载的关键。此外，腹板的张力使框架的缘条和支柱的受力形式也有所改变，腹板的斜拉力会使缘条和支柱产生局部弯曲。

5.3.1 张力场类型

剪力场状态下腹板应力分析如5.2.1所述，当τ达到τ_{cr}时，板开始失稳。此时，由于压应力σ_2的作用，使板沿拉应力σ_1方向形成了大致互相平行的失稳波纹。对于四周有加强筋的结构，板失稳后还能继续承受增加的外载荷，但其内力发生了重新分配。σ_2将大致不再增加，只有σ_1随外载荷继续增加，波纹数也随着增多并趋于规则。因为这时板主要靠拉力(张力)承受外载荷，故称为张力场。

处于张力场的平板和曲板分别称为平面张力场和曲面张力场。

从内力状态来看，无论平板或曲板，又都可以分为完全张力场和不完全张力场。对于$\tau_{cr}=0$的板件(其压应力也为0)，仅有拉应力承受外载荷，称为完全张力场。显然，完全张力场仅仅是一种极限状态。而在实际工程结构中，相当一部分外载荷可以由剪力场承受，其余部分由张力场承受。这种状态称为不完全张力场或半张力场。

在本章5.3.2和5.3.3中分别给出完全张力场和不完全张力场的理论分析以及不完全张力场的半经验工程方法。

本章提供的方法，只是静强度的计算方法，经验表明，即使静强度满足要求，在重复载荷反复进入张力场时，其疲劳强度是有限的。因此，当按张力场设计结构时，对其疲劳强度应给予足够重视，甚至通过全尺寸试验以验证其持久强度。

5.3.2 完全张力场

5.3.2.1 内力公式

如图5-12所示一平面薄板梁，假设按完全张力场承载。腹板中斜向拉应力σ与水平轴线夹角为α。根据力的平衡条件可求得梁诸构件的内力公式。腹板斜向拉应力为

$$\sigma=\frac{2P}{ht\sin 2\alpha}=\frac{2\tau}{\sin 2\alpha} \tag{5-6}$$

在腹板斜向拉力的水平分量的作用下，梁的上、下凸缘受到轴向压力为

$$N_c = -\frac{P}{2}\cot\alpha \tag{5-7}$$

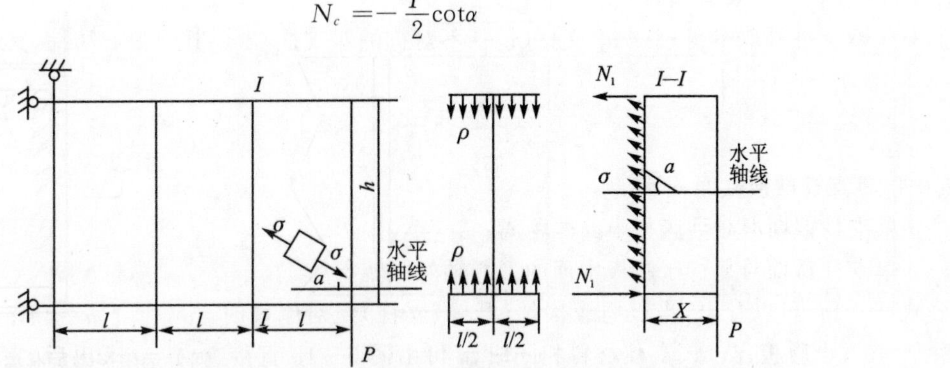

图 5-12　完全张力场的内力状态

上、下凸缘在外力矩作用下引起轴力为

$$N_d = \pm\frac{Px}{h} \tag{5-8}$$

梁上、下凸缘的和轴力为

$$N_u = \frac{Px}{h} - \frac{P}{2}\cot\alpha / N_l = -\frac{Px}{h} - \frac{P}{2}\cot\alpha \tag{5-9}$$

腹板斜向拉力的垂直分量有把上、下凸缘拉向一起的趋势。单位长度上的拉力为

$$p = \frac{P}{h}\tan\alpha \tag{5-10}$$

这些分布力引起上、下凸缘的局部弯曲。把凸缘看作是支持在支柱上的多跨连续梁，最大次弯矩在支点处：

$$M_{max} = \frac{Pl^2}{12h}\tan\alpha \tag{5-11}$$

该弯矩使凸缘内侧受压，外侧受拉。次弯矩的第二峰值在两支柱的中点处，为最大值的一半并且符号相反。

张力场中的支柱处于受压状态。作用在支柱上的压力等于两支柱间腹板斜向拉力的垂直分量：

$$N_v = -\frac{Pl}{h}\tan\alpha \tag{5-12}$$

端支柱上还作用着腹板斜向拉力的水平分量，单位长度上的力为

$$p_h = \frac{P}{h}\tan\alpha \tag{5-13}$$

5.3.2.2　波纹角

完全张力场中的腹板波纹角即为拉应力 σ 与水平轴线的夹角，其式为

$$\tan\alpha = \sqrt[4]{\frac{1+\dfrac{E_w}{E_{fl}}\dfrac{ht}{2A_{fl}}}{1+\dfrac{E_w}{E_u}\dfrac{lt}{A_{u,eff}}}} \tag{5-14}$$

式中：E_w，E_{fl}，E_u——梁腹板、凸缘和支柱材料的弹性模量；

h——梁高，见图 5-12；

l——支柱间距，见图 5-12；

t——腹板厚度；

A_{fl}——凸缘的横截面积；

$A_{\text{u,eff}}$——支柱的有效横截面积。

$A_{\text{u,eff}}$对于双支柱即取本身；对于单支柱(包括不对称的双支柱)由于其受偏心压缩，其计算式为

$$A_{\text{u,eff}} = \frac{A_u}{1+\left(\frac{e}{\rho}\right)^2} \tag{5-15}$$

式中：A_{u}——单支柱的横截面积；

e——单支柱截面形心到腹板中面的距离；

ρ——单支柱截面对平行于腹板中面的形心轴的回转半径。

从公式(5-14)可以看出，当板周缘构件(凸缘、支柱)绝对刚硬时，$\tan\alpha=1$，$\alpha=45°$；对于通常的平面薄壁梁，$\alpha=38°\sim45°$；当腹板、凸缘、支柱材料相同时，α 可由图 5-13 直接查出。α 求出后，完全张力场梁诸构件的应力和内力即可由式(5-6)～式(5-13)得出。

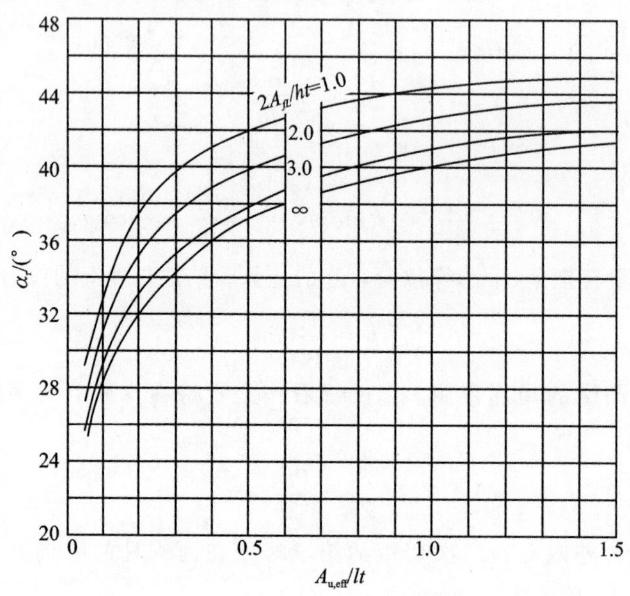

图 5-13 完全张力场的波纹

5.3.3 不完全张力场

飞机结构中通常采用的是不完全张力场(其设计载荷为临界值的几倍至几十倍)。由于理论分析比较复杂，因而普遍使用一种半经验的工程方法进行应力和强度计算。下面给出的公式、图表是在综合了剪力场和完全张力场的理论分析并通过大量试验的基础上得到的。使用时不应超出下列参数范围：

$$\frac{t_{\text{u}}}{t} > 0.6 \ (t_{\text{u}} \text{ 为支柱的厚度})$$

$$0.2 < \frac{l}{h} < 1.0$$

$$200 < \frac{h}{t} < 15\,000$$

5.3.3.1 腹板临界应力

对于四边弹性支持的矩形平板，临界剪应力计算式为

$$\tau_{\text{cr}} = K_{\text{ss}} E\left(\frac{t}{h_{\text{c}}}\right)^2 \left[R_c + \frac{1}{2}(R_{\text{h}} - R_{\text{l}})\left(\frac{h_{\text{c}}}{L_{\text{c}}}\right)^3\right] \quad \text{用于 } h_c > L_c \tag{5-16}$$

式中：K_{ss}——屈曲系数，按图 5-14 选取；

h_c,L_c——分别为凸缘、支柱间的净距离,按图 5-14 中量取;

R_l、R_h——边界约束系数,取自图 5-15;

t、t_u、t_{fl}——分别为腹板、支柱、凸缘的厚度。

若 τ_{cr} 超过材料的比例极限,按图 5-16 修正,计算 τ_{cr};若得到的 τ_{cr} 比不考虑支柱对腹板的支持算得的 τ_{cr} 小,则 τ_{cr} 应取不考虑支柱对腹板的支持计算的值。

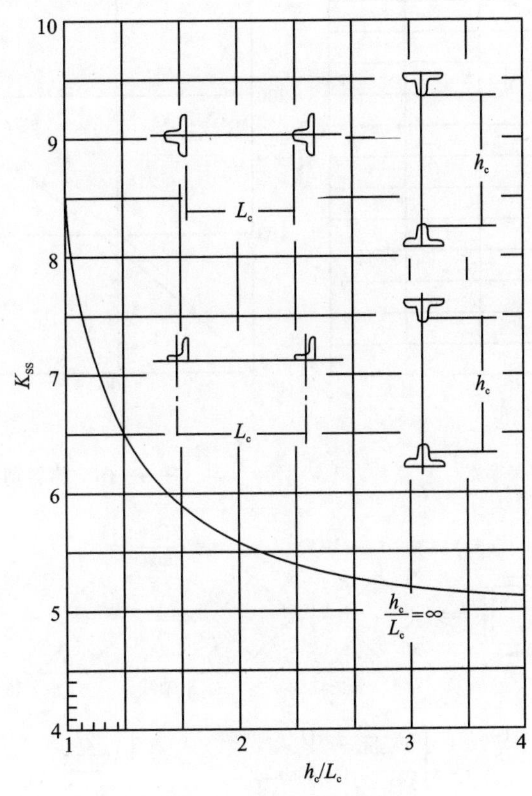

图 5-14　理论屈曲系数

5.3.3.2　张力场系数

在不完全张力场计算的工程方法中,把腹板中的总剪应力 τ 分成两部分:一部分 τ_s 用剪力场承受;其余部分 τ_{dt} 用完全张力场承受,即

$$\tau = \tau_s + \tau_{dt}$$
$$\tau_{dt} = K\tau$$
$$\tau_s = (1-K)\tau$$

式中,K 称为张力场系数,表示该结构在给定载荷下张力场发展的程度。$K=0$ 即为剪力场;$K=1$ 为完全张力场;$0<K<1$ 时为不完全张力场,用前两种应力状态的叠加得出,见图 5-17。

根据载荷比$\dfrac{\tau}{\tau_{cr}}$之值,用下述经验公式确定张力场系数,即

$$K=\begin{cases}\mathrm{th}\left(0.5\lg\dfrac{\tau}{\tau_{cr}}\right) & \left(\dfrac{\tau}{\tau_{cr}}>2\right)\\ 0.434\left(\varphi+\dfrac{1}{3}\varphi^3\right) & \left(1\leqslant\dfrac{\tau}{\tau_{cr}}<2\right)\end{cases} \tag{5-17}$$

式中:$\varphi=\dfrac{\tau-\tau_{cr}}{\tau+\tau_{cr}}$。

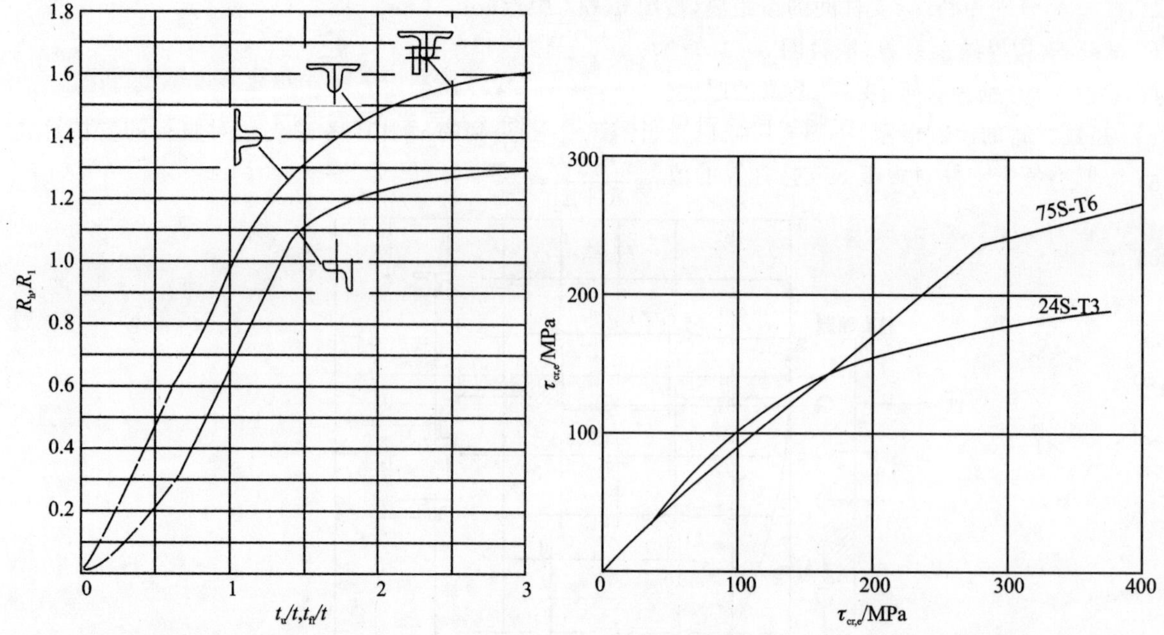

图 5－15　边界约束系数　　　　**图 5－16　临界剪应力的修正曲线**

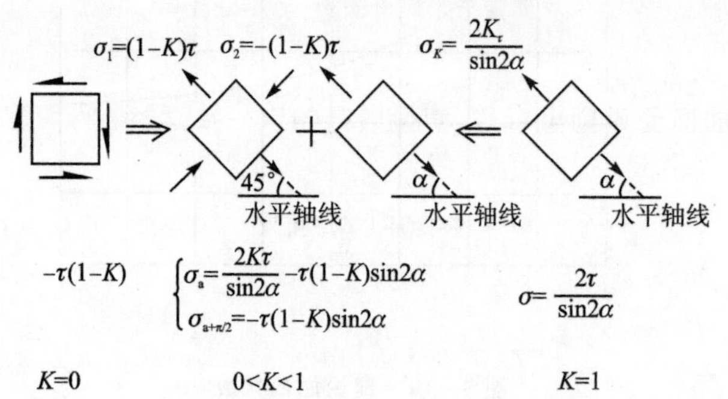

图 5－17　不完全张力场的内力状态

5.3.3.3　波纹角

不完全张力场的波纹角计算式为

$$\tan^2\alpha=\frac{\varepsilon_w-\varepsilon_{fl}}{\varepsilon_w-\varepsilon_u} \tag{5-18}$$

式中：$\varepsilon_w=\frac{1}{E_w}(\sigma_\alpha-\mu\sigma_{\alpha+\frac{\pi}{2}})=\frac{\tau}{E_w}\left[\frac{2K}{\sin 2\alpha}+(1+K)(1+\mu)\sin 2\alpha\right]$；

$\varepsilon_{fl}=\frac{\sigma_{fl}}{E_{fl}}$；

$\varepsilon_u=\frac{\sigma_u}{E_u}$。

通常的工程梁凸缘很强，$\varepsilon_{fl}\ll\varepsilon_w$。由此可以简化计算，并制得图 5－18，可直接查出 α 值。

应指出，在不完全张力场中，由于受到剪力场的影响，α 已不再是真实的波纹方向，而是人为的，只在计算过程中起作用的参考量。

5.3.3.4　腹板最大名义剪应力

腹板的最大名义剪应力计算式为

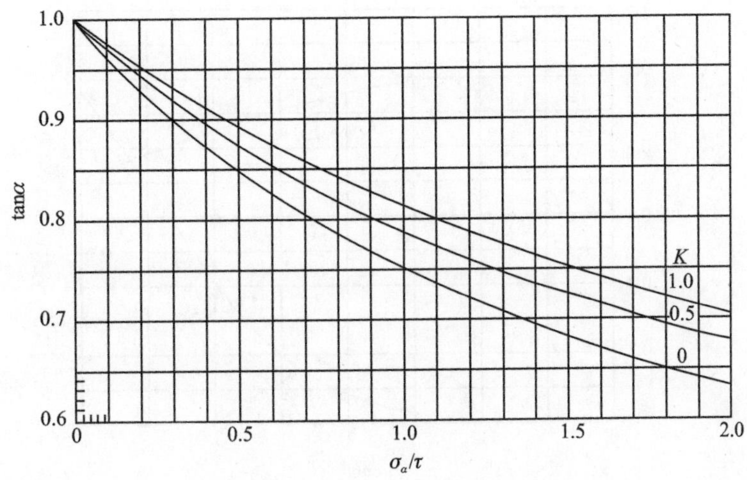

图 5-18　不完全张力场的波纹角

$$\tau_{\max} = \tau(1 + K^2 C_1)(1 + KC_2) \tag{5-19}$$

式中：τ——腹板名义剪应力，见公式(5-16)；

C_1——考虑张力场角度 $\alpha \neq 45°$ 的修正系数，$C_1 = \frac{1}{\sin 2\alpha} - 1$，通常 α 接近 45°值，C_1 值很小，可略去；

C_2——为缘条柔度引起变形修正系数，由图 5-18 查出，它取决于凸缘柔度参数 ω_d，ω_d 值，计算式为

$$\omega_d = 0.7l \sqrt[4]{\frac{t}{(I_c + I_t)h_e}} \tag{5-20}$$

式中：I_t，I_c——受拉和受压凸缘的自身惯性矩。

5.3.4　梁缘条应力

张力场作用下，梁缘条的受载和变形示意图如图 5-19 所示。载荷包括：①外载荷弯矩产生的拉、压力；②张力场腹板的侧向拉力；③张力场载荷引起的弯矩。其中：

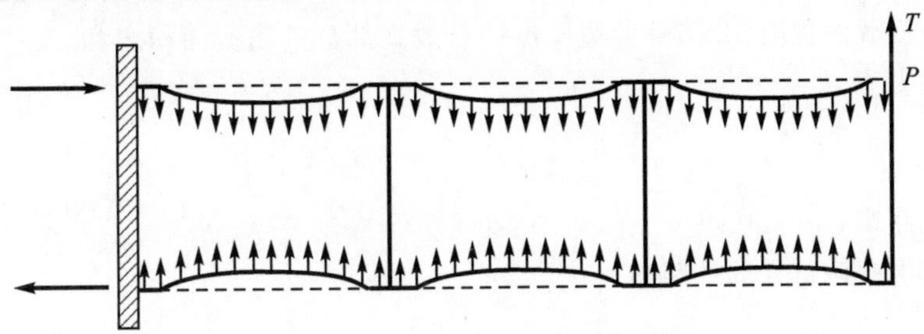

图 5-19　张力场作用下梁缘条受载和变形示意图

不完全张力场中，缘条中由张力场引起附加的压应力计算式为

$$\sigma_{fl} = -\frac{K\tau\cot\alpha}{\frac{2A_{fl}}{ht} + 0.5(1-K)} \tag{5-21}$$

缘条的最大附加弯矩为

$$M_{\max} = \frac{C_3}{12h} KQl^2 \tan\alpha \tag{5-22}$$

式中：C_3——变形修正系数，取决于凸缘柔度参数 ω_d，查图 5-20；

Q——铆钉力。

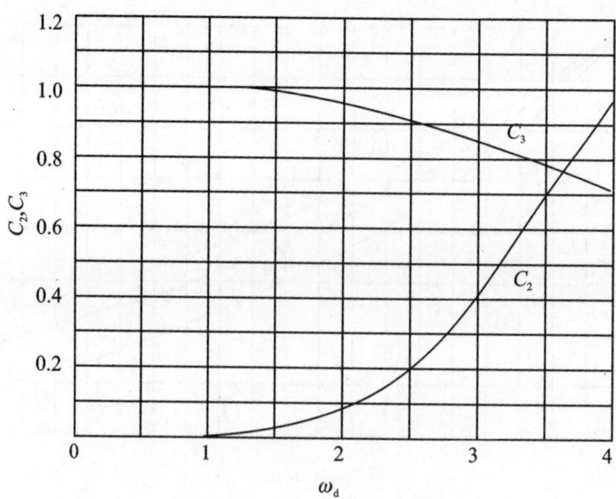

图 5-20　修正系数 C_2，C_3

该值发生在凸缘与支柱的交点处。弯矩使凸缘内侧受压，外侧受拉。次弯矩的第二峰值在两支柱的中点处，等于$-\frac{1}{2}M_{max}$。

5.3.5　支柱应力

支柱沿高度上的平均应力为

$$\sigma_u = -\frac{K\tau\tan\alpha}{\frac{A_{u,eff}}{lt}+0.5(1-K)} \tag{5-23}$$

式中：$A_{u,eff}$为支柱的有效横截面积，见公式(5-15)，当支柱外伸边很宽时(如与翼肋相连的支柱)，$A_{u,eff}$可取支柱与腹板相连边的横截面积与 12 倍外伸边厚度的有效宽部分的横截面积之和。

支柱所受最大压应力为

$$\sigma_{u,min} = (1-K)\left(1.78-0.64\frac{d}{b}\right)\sigma_u \tag{5-24}$$

式中：d——支柱之间的距离；

a——连接支柱与缘条铆钉之间的距离。

5.3.6　端部框与开口框的计算

张力场梁端部框边缘支柱(图 5-21)和开口边缘加强框(图 5-22)是特殊的情况。张力场腹板将边缘的支柱与加强框向内部拉伸，导致二次弯曲。因此，边缘支柱和边缘框必须比普通区域的零件更坚固，或者通过增加补强件的方式，降低由弯曲造成的应力。

由边缘零件中弯矩引起的线性载荷分量，梁缘条单位长度上的载荷为

$$f_{fl} = K\tau t\tan\alpha \tag{5-25}$$

支柱单位长度上的载荷为

$$f_u = K\tau t\cot\alpha \tag{5-26}$$

还有一种带矩形开口的薄板梁，如图 5-23 所示，其受到剪力及顺翼展方向变化的弯矩作用。其缘条应力计算如下：

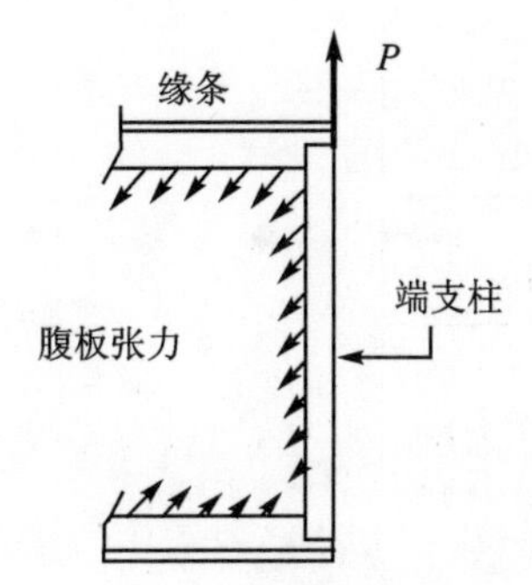

图 5-21　端部补强框受载示意图

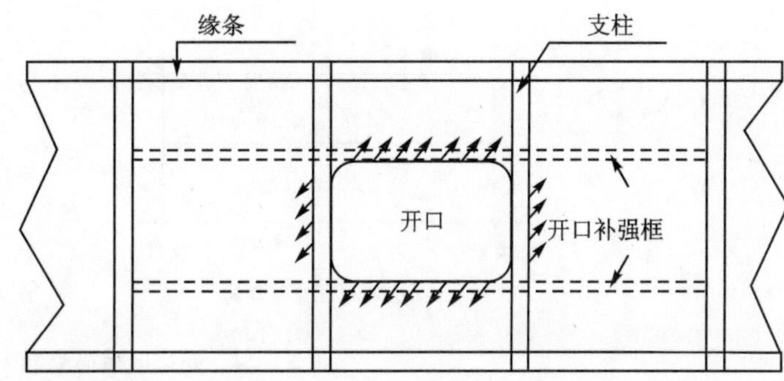

图 5-22　开口补强框受载示意图

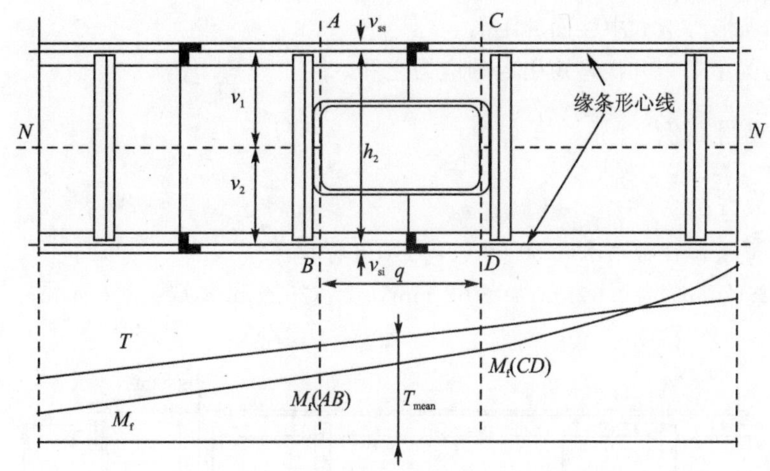

图 5-23　开口框受载示意图

(1) 主弯矩应力

AB 截面处主弯矩引起的上、下缘条应力分别为

$$\sigma_{\mathrm{f1}} = \frac{M_f(\mathrm{AB})\,V_1}{I(\mathrm{AB})} \tag{5-27}$$

$$\sigma_{\mathrm{f1}} = \frac{M_f(\mathrm{AB})V_2}{I(\mathrm{AB})} \tag{5-28}$$

其中，$M_f(AB)$为 AB 段受到的主弯矩。v_1 和 v_2 分别为上、下缘条与中性面的距离。I(AB)为 AB 部分扣除开口部分的惯性矩。

(2) 次弯矩引起的应力

如图 5-24 所示，剪切载荷为了沿开口而过，在缘条上产生了额外的弯矩，其计算方式可等同为长 $q/2$ 的基础梁，一端固定，另一端自由并受到剪切载荷作用，载荷大小等于开口区域的平均剪切载荷。

跨度范围内平均剪切载荷引起的弯矩在上、下缘条上的分配关系为

$$M_{\mathrm{fss}} = \frac{I_{\mathrm{ss}}}{I_{\mathrm{ss}} + I_{\mathrm{si}}} T \frac{q}{2} \tag{5-29}$$

$$M_{\mathrm{fsi}} = \frac{I_{\mathrm{si}}}{I_{\mathrm{ss}} + I_{\mathrm{si}}} T \frac{q}{2} \tag{5-30}$$

上、下缘条的应力分别为

$$\sigma_{\mathrm{fss}} = \frac{TqV_{\mathrm{ss}}}{2(I_{\mathrm{ss}} + I_{\mathrm{si}})} \tag{5-31}$$

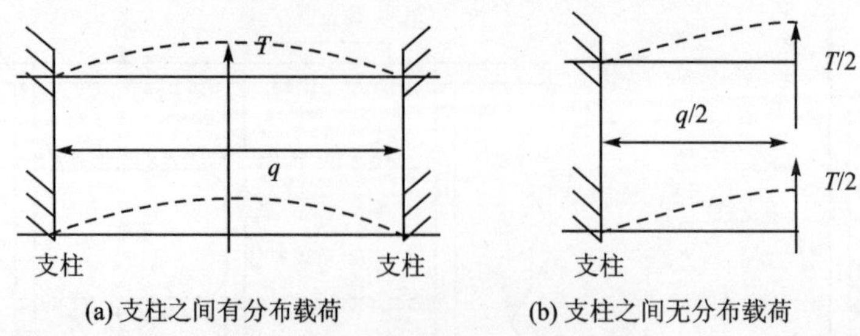

(a) 支柱之间有分布载荷　　(b) 支柱之间无分布载荷

图 5-24　开口区横向受载示意图

$$\sigma_{\mathrm{fsi}}=\frac{TqV_{\mathrm{si}}}{2(I_{\mathrm{ss}}+I_{\mathrm{si}})} \tag{5-32}$$

式中：V_{ss}、V_{si}为上、下缘条形心至和中性面的距离。

最终缘条中的应力为主弯矩和次弯矩引起的应力之和。

5.3.7　张力场应用算例

5.3.7.1　几何及材料参数

1. 图 5-25 中，悬臂梁在自由端承载 60 000 N 的几何特征：

l=1 270 mm，b=290 mm，t=0.6 mm，h=762 mm，h_1=725.4 mm，h_2=746.4 mm。

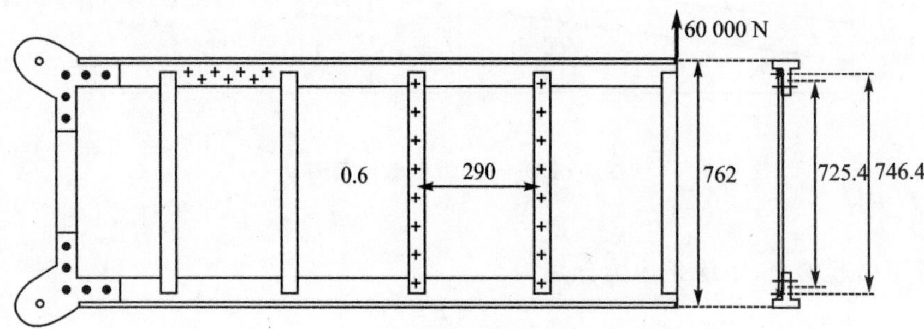

图 5-25　悬臂梁几何特征示意图

2. 图 5-26 中构件的几何特征

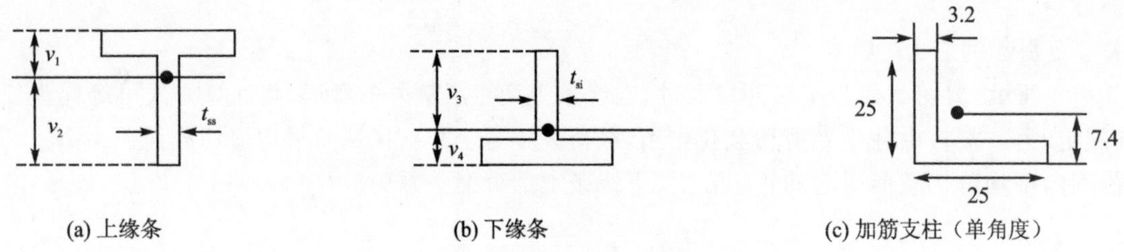

(a) 上缘条　　(b) 下缘条　　(c) 加筋支柱（单角度）

图 5-26　构件几何特征示意图

(1) 上缘条

A_{ss}=430 mm^2；I_{ss}=57 250 mm^4；t_{ss}=4.5 mm；V_1=9.7 mm；V_2=30.3 mm

(2) 下缘条

A_{si}=241 mm^2；I_{si}=14 780 mm^4；t_{si}=2.5 mm；V_3=24.1 mm；V_4=5.9 mm

(3) 加筋支柱(单面)

$A_m = 150\ mm^2$；$I_m = 8\ 654\ mm^4$；$t_m = 3.2\ mm$

3. 2024 PLT3 梁的腹板力学性能

$E_a = 70\ 300\ MPa$；$\sigma_{R_a} = 440\ MPa$；$\sigma_{0.2_a} = 270\ MPa$

4. 7075 T73510 梁的构件(缘条和加筋支柱)力学性能

$E_m = 73\ 800\ MPa$；$\sigma_{R_m} = 495\ MPa$；$\sigma_{0.2_m} = 420\ MPa$

两种材料泊松比相同 $\mu_e = 0.33$

另外,需要进行判断:

$$\frac{t_m}{t} = \frac{3.2}{0.6} = 5.3 > 0.6$$

5. 腹板临界剪应力,临界剪应力,单剪受载率,张力场系数

$\tau_{cr,a} = 1.7\ MPa$；$\tau = 134\ MPa$；$R_s = 79$；$k = 0.74$。

5.3.7.2 加筋支柱特性计算

(1) 受载宽度

$$Lt^{TD} = (1-k)\frac{Lt_0}{2} = (1-0.74)\frac{290}{4}\ mm = 19\ mm$$

(2) 受载截面

$$\Delta A_y^{TD} = (1+k)Lt_0 t = (1+0.74)\times\frac{290}{2}\times 0.6\ mm^2 = 151.2\ mm^2$$

$$A_0 = A_m + 2Lt_0 t = 150 + 290\times 0.6\ mm^2 = 324\ mm^2$$

$$A_y^{TD} = A_0 - \Delta A_y^{TD} = 172.8\ mm^2$$

(3) 腹板特性

$$A_{a0} = b\times t = 290\times 0.6 = 174\ mm^2$$

$$I_{xx_{a0}} = 179\ mm^4$$

$$W_{xx_{a0}} = -174\ mm^3$$

$$d_{a0} = -1\ mm$$

$$W_{xxa}{}^{TD} = W_{xx_{a0}} + \frac{t}{2}\Delta A_y^{TD} = (-174 + 0.3\times 151.2)mm^3 = -128.6\ mm^3$$

$$I_{xxa}{}^{TD} = I_{xx_{a0}} - \left(\frac{t^2}{4}+\frac{t^2}{12}\right)\Delta A_y^{TD} = \left[179 - \left(\frac{0.6^2}{4}+\frac{0.6^2}{12}\right)\times 151.2\right]mm^4 = 161\ mm^4$$

(4) 不同材料下,修正的加筋支柱受载截面特性

$$E_y = \left(\frac{A_a^{TD}}{A_y^{TD}}\right)E_a + \left(\frac{A_m}{A_y^{TD}}\right)E_m = \left(\frac{22.8}{172.8}\times 70\ 300 + \frac{150}{172.8}\times 73\ 800\right)MPa = 73\ 338\ MPa$$

$$W_{xx}^{TD} = \left(\frac{E_a}{E_y}\right)W_{xxa}^{TD} + \left(\frac{E_m}{E_y}\right)W_{xxm} = \left(\frac{70\ 300}{73\ 338}\times(-128.6) + \frac{73\ 800}{73\ 338}\times 111.6\right)mm^3 = 995\ mm^3$$

$$d^{TD} = \frac{W_{xx}^{TD}}{S_y^{TD}} = \frac{995}{172.8}\ mm = 5.76\ mm$$

$$I_{xx}^{TD} = \left(\frac{E_a}{E_y}\right)I_{xxa}^{TD} + \left(\frac{E_m}{E_y}\right)I_{xxm} = \left(\frac{70\ 300}{73\ 338}\times 161 + \frac{73\ 800}{73\ 338}\times 8\ 654\right)mm^4 = 8\ 863\ mm^4$$

$$I^{TD} = I_{xx}^{TD} - A_y^{TD}d^{TD2} = (8\ 863 - 172.8\times 5.76^2)\ mm^4 = 3\ 130\ mm^4$$

(5) 不同材料下,修正的下缘条(刚度更小)受载截面特性

$$\Delta A_x^{TD} = (1+k)\frac{h_1 t}{4} = (1+0.74)\times\frac{725.4\times 0.6}{4}\ mm^2 = 189\ mm^2$$

$$A_x^{TD} = \left(A_{Si} + \frac{h_1 e}{2}\right) - \Delta A_x^{TD} = \left(241 + \frac{725.4 \times 0.6}{2}\right) - 189 = 269.6 \ \text{mm}^2$$

$$A_{xa}^{TD} = A_x^{TD} - A_{Si} = 269.6 - 241 = 28.6 \ \text{mm}^2$$

$$E_X = \frac{A_{xa}^{TD}}{A_x^{TD}} \times E_a + \frac{A_{Si}}{S_x^{TD}} \times E_m = \frac{28.6}{269.6} \times 70\ 300 + \frac{241}{269.6} \times 73\ 800 = 73\ 429 \ \text{MPa}$$

5.3.7.3 加筋支柱应力计算(带腹板)

(1) 腹板定向压缩

$$N_x^{TD} = -\frac{kLt_o t\tau}{\tan\alpha} = -0.74 \times \frac{725.4}{2} \times 0.6 \times 134 \times \cot\alpha = -21\ 579\cot\alpha$$

$$\sigma_x^{TD} = \frac{N_x^{TD}}{A_x^{TD}} = \frac{-21\ 579\cot\alpha}{269.6} = -80\cot\alpha$$

$$\varepsilon_x^{TD} = \frac{\sigma_x^{TD}}{E_x} = \frac{-80\cot\alpha}{73\ 429} = -0.109\%\cot\alpha$$

(2) 加筋支柱定向压缩

$$N_y^{TD} = -kbt\tau\tan\alpha = -0.74 \times 290 \times 0.6 \times 134 \times \tan\alpha = -17\ 254\tan\alpha$$

$$\sigma_y^{TD} = \frac{\sigma_y^{TD}}{A_y^{TD}} = \frac{-17\ 254\tan\alpha}{172.8} = -99.85\tan\alpha$$

$$\varepsilon_y^{TD} = \frac{\sigma_y^{TD}}{E_y} = \frac{-99.85\tan\alpha}{73\ 338} = -0.136\%\tan\alpha$$

(3) 张力场

波纹角接近 45°,认为 $\sin2\alpha=1$。

$$\varepsilon_{TD} \approx [1 + k + \mu_e(1-k)]\frac{\tau}{E_a} = [1 + 0.74 + 0.33(1-0.74))]\frac{134}{70\ 300} = 0.348\%$$

(4) 张力场角度

$$(\alpha_0 = 45^\circ) \rightarrow \left(\tan^2\alpha_1 = \frac{\varepsilon_{TD} - \varepsilon_x^{TD}}{\varepsilon_{TD} - \varepsilon_y^{TD}} = \frac{0.348 + 0.109}{0.348 + 0.136} = 0.944 \rightarrow \tan\alpha_1 = 0.972 \rightarrow \alpha_1 = 44.18^\circ\right)$$

$$(\alpha_1 = 44.18^\circ) \rightarrow \left(\tan^2\alpha_2 = \frac{\varepsilon_{TD} - \varepsilon_x^{TD}}{\varepsilon_{TD} - \varepsilon_y^{TD}} = \frac{0.348 + 0.109/0.972}{0.348 + 0.136 \times 0.972}\right) = 0.958 \rightarrow \tan\alpha_2 = 0.979 \rightarrow \alpha_2 = 44.39^\circ$$

$$(\alpha_2 = 44.39^\circ) \rightarrow \left(\tan^2\alpha_3 = \frac{\varepsilon_{TD} - \varepsilon_x^{TD}}{\varepsilon_{TD} - \varepsilon_y^{TD}} = \frac{0.348 + 0.109/0.979}{0.348 + 0.136 \times 0.979}\right) = 0.955 \rightarrow \tan\alpha_2 = 0.977 \rightarrow \alpha_2 = 44.34^\circ$$

$$(\alpha_2 = 44.34^\circ) \rightarrow \left(\tan^2\alpha_4 = \frac{\varepsilon_{TD} - \varepsilon_x^{TD}}{\varepsilon_{TD} - \varepsilon_y^{TD}} = \frac{0.348 + 0.109/0.977}{0.348 + 0.136 \times 0.977}\right) = 0.956 \rightarrow \tan\alpha_2 = 0.978 \rightarrow \alpha_2 = 44.35^\circ$$

最后,得 $\alpha=44.35^\circ$;$\tan\alpha=0.978$

(5) 加筋支柱的平均及最小压缩应力

$$\sigma_y^{TD} = -99.85\tan\alpha \ \text{MPa} = -99.85 \times 0.978 \ \text{MPa} = -97.7 \ \text{MPa}$$

$$\frac{\sigma_{ymin}^{TD}}{\sigma_y^{TD}} = (1-k)\left(1.78 - 0.64 \times \frac{b}{h_m}\right) + k = (1-0.74)\left(1.78 - 0.64 \times \frac{290}{725.4}\right) + 0.74 = 1.14$$

$$\sigma_{ymin}^{TD} = 1.14 \times \sigma_y^{TD} = -111.4 \ \text{MPa}$$

(6) 备注

加筋支柱方向、缘条方向刚度系数接近。

加筋支柱方向系数$\frac{324-290\times0.6}{324}=0.46$;缘条方向系数$\frac{466-375\times0.6}{466}=0.52$。

估算如下:$\alpha\approx45^\circ\rightarrow\sigma_y^{TD}=-99.9$ MPa;$\sigma_{ymin}^{TD}=1.14\times(-99.85)$ MPa$=-113.9$ MPa。

5.3.7.4　腹板应力与加筋支柱应力单独计算

(1) 腹板剪切

$$\alpha \approx 45^\circ \to \tau_{\max} = \tau = 134\ \text{MPa}$$

(2) 铆钉列位置腹板剪切

$$\tau'_{\max} = \frac{t}{t_t}\tau_{\max} = \tau_{\max} = \tau = 134\ \text{MPa}$$

(3) 加筋支柱定向腹板压缩应力为

$$\sigma_{\text{yamin}}^{\text{TD}} = \sigma_{y\,\min}^{\text{TD}} \times \frac{E_a}{E_y} = -111.4 \times \frac{70\,300}{73\,338}\ \text{MPa} = -106.8\ \text{MPa}$$

(4) 加筋支柱压缩应力

$$\sigma_{\text{m}}^{\text{TD}} = \sigma_y^{\text{TD}} \times \frac{E_{\text{m}}}{E_y} = -97.7 \times \frac{73\,800}{73\,338}\ \text{MPa} = -98.3\ \text{MPa}$$

$$\sigma_{\text{m}\,\min}^{\text{TD}} = \sigma_{y\,\min}^{\text{TD}} \times \frac{E_{\text{m}}}{E_y} = -111.4 \times \frac{73\,800}{73\,338}\ \text{MPa} = -112.1\ \text{MPa}$$

5.3.7.5　许用应力

加筋支柱包含单角度。

(1) 加筋支柱屈曲应力

加筋支柱中没有应力超过材料的弹性应力 420 MPa。

$$\sigma_{0a} = 270\ \text{MPa};\quad \varepsilon_0 = \frac{270}{70\,300} + 0.002 = 0.584\%$$

$$\sigma_{0a} = \frac{\sigma_{0\text{m}}}{E_{\text{m}}} + 0.002 \times \left(\frac{\sigma_{0\text{m}}}{\sigma_{0.2\text{m}}}\right)^{13.83} \to \sigma_{0\text{m}} = 385.6\ \text{MPa}$$

$$\sigma_0 = \frac{A_a^{\text{TD}}}{A_y^{\text{TD}}}\sigma_{0a} + \frac{A_{\text{m}}}{A_y^{TD}}\sigma_{0\text{m}} = \left(\frac{22.8}{172.8} \times 270 + \frac{150}{172.8} \times 385.6\right)\ \text{MPa} = 370\ \text{MPa}$$

因此,零细长比下,平均许用应力为 370 MPa。

$$\rho = \sqrt{\frac{I^{\text{TD}}}{S_y^{\text{TD}}}}\ \text{mm} = \sqrt{\frac{3\,130}{172.8}}\ \text{mm} = 4.3\ \text{mm}\quad \lambda = \frac{h_{\text{m}}}{2\rho} = \frac{725.4}{2 \times 4.3} = 84\quad \sigma_0 \times \frac{100}{E_y} = 370 \times \frac{100}{73\,338} = 0.5$$

$\lambda = 84, \sigma_0 \times \frac{100}{E_y} = 0.5$ 时,得

$$\frac{\sigma_{\text{crit}}}{\sigma_0} = 0.284 \to \sigma_{\text{crit}} = 0.284 \times 370\ \text{MPa} = 105\ \text{MPa}$$

因此,临界柱状屈曲应力为−105 MPa,加筋支柱竖直部分的平均应力为−97.7 MPa,没有超出临界屈曲应力。

(2) 受迫折曲应力

($t_s = 3.2\ \text{mm}; t_a = 0.6\ \text{mm}; \sigma_{0.2\text{m}} = 420\ \text{MPa}; E_{\text{m}} = 73\,800\ \text{MPa}; E_a = 70\,300\ \text{MPa}; k = 0.74$)

$$\sigma_{\text{flf}} = -0.051\ \frac{\sigma_{0.2\text{m}}}{\sqrt{\frac{\sigma_{0.2\text{m}}}{E_{\text{m}}} + 0.002}}\, k^{\frac{2}{3}} \left(\frac{e_{\text{s}}}{e_{\text{a}}}\frac{E_{\text{m}}}{E_{\text{a}}}\right)^{\frac{1}{3}} = -0.051\ \frac{420}{\sqrt{\frac{420}{73\,800} + 0.002}}\, 0.74^{\frac{2}{3}} \left(\frac{3.2}{0.6} \times \frac{73\,800}{70\,300}\right)^{\frac{1}{3}}\ \text{MPa} = -354.8\ \text{MPa}$$

加筋支柱的最小应力未超过受迫曲折应力。

5.4　缘条应力分析

缘条的失稳分析方法参见第四章中相关内容,本节主要给出缘条应力分析方法。

5.4.1 缘条设计许用应力

在弯曲理论的假设下，梁缘条的应力计算并不困难，而何种缘条应力将引起失效则是个理论上的难题，唯一有效的办法是通过测试不同的薄板梁来获取设计许用应力。以下是需要做的相关测试：

1）纯弯曲载荷下的测试；

2）测试在纯弯曲载荷下的短梁，使其破坏发生在腹板而非缘条；

3）测试在纯压缩载荷下的短梁，获得其压曲强度；

4）使用不同的弯曲-压缩载荷比进行弯曲和压缩组合载荷下的测试。

上述试验中，压缩试验所用短梁的长度等于翼肋的间距，即可获得足够多的数据来制定设计许用应力。

在设计任何试验梁之前，结构设计者需要估算各类型梁缘条载荷范围，并选择适合的梁缘条类型，这样可以使测试件和最终结构使用的缘条尽量接近。

5.4.2 设计许用应力载荷下的应力-应变关系

在翼梁结构上，缘条材料极限压缩载荷值根据材料的屈服强度确定。图 5-27 所示为此类型的薄板梁结构，常用的弯曲公式假设应力与应变呈线性关系，其在薄板梁材料的线性范围内成立，然而图 5-27(a)所示薄板梁的极限应力载荷超过了材料的弹性范围，真实的应力分布如图 5-27(b)所示，而非一般理论上的三角形应力分布。因此要获取线弹性范围外的应力，需要考虑应力以及伴随这个应力的应变，此关系可以从材料的应力-应变图线上获取。

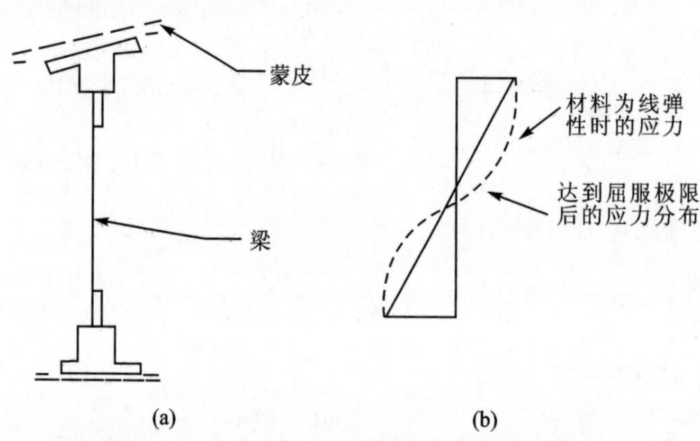

图 5-27 极限载荷超出材料弹性范围的梁结构

对于承弯的薄板梁，一面受到拉力，另一面受到压力。在线弹性范围之外，材料受到拉伸和压缩的应力-应变关系不一样，并且同等的应变将在梁的两面产生不同的应力。通常在大型梁的设计中，梁的上、下缘条采用不同的材料，且蒙皮或腹板上的某些部位可能在极限载荷之前发生屈服。求解极限内力矩要求考虑不同材料的应力-应变曲线，以及组成梁的单元。

5.4.3 缘条强度

在剪力场状态下，梁缘条最大拉应力为 σ_{si} 和 σ_{ss} 分别为

$$\sigma_{si} = \frac{My_1}{I} \tag{5-33}$$

$$\sigma_{ss} = -\frac{My_2}{I} \tag{5-34}$$

式中：M 为当前截面处所受的弯矩，y_1 为中性轴到受拉凸缘外表面的距离，y_2 为中性轴到下凸缘外表面的距离。

梁缘条的受拉强度通过公式(5-33)校核。在压缩下一般要考虑缘条失稳临界应力，薄板梁通常属于闭室结构的一部分，缘条外围连接的蒙皮提供连续的横向支持，防止其横向弯曲行为；另外，梁腹板又阻止了缘条在腹板平面内弯曲，因此，缘条的失效形式通常是局部压曲(参见第 4 章)。在一些梁受载相对较小的情况下，所需缘条截面积较小，也就是截面型材厚度较小，所以局部失效的强度在弹性极限内或者较低。

在一些情况下，例如机身结构上的框，内部缘条不受横向支持，所以缘条的设计必须使其能够承受整体的侧向弯曲载荷。

5.4.4　斜缘条的抗剪能力

在机翼以及尾翼的表面通常大量采用斜缘条结构，倾斜缘条减小了腹板的剪切载荷。图 5-28 为承受载荷 P_1、P_2、…的薄板梁，上缘条倾斜。两缘条的延长线相交于点 O。

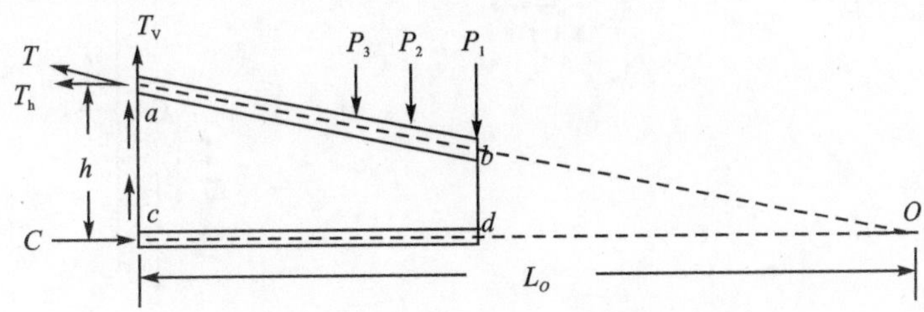

图 5-28　斜缘条受力分析图

梁在 a、c 处受到弯矩 M，则缘条所受的剪切力 V_F 为

$$V_F = \frac{M}{L_O} \tag{5-35}$$

5.5　紧固件受载分析方法

5.5.1　腹板与缘条、腹板与端加筋支柱的连接

(1) 最小剪切强度准则

沿缘条方向，腹板所受应力不为恒值。如图 5-29 所示，加筋支柱受压时，腹板两侧 L_t 长度的部分受到压缩载荷，腹板中间 $L-2L_t$ 长度的部分受到对角拉伸载荷。

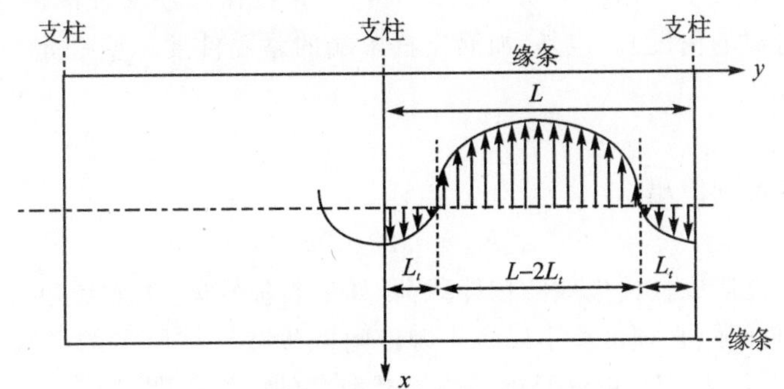

图 5-29　腹板内力沿缘条方向分布示意图

因此，对于连接缘条与腹板的紧固件列，作用其上的 x 和 y 向的单位长度载荷(见图 5-30)分别为

$$\frac{n_x}{\tau t} = \frac{2K}{1+K}\cot\alpha \tag{5-36}$$

$$\frac{t_y}{\tau t} = 1 \tag{5-37}$$

这些载荷由平行于缘条布置的紧固件列承载。

对于连接端支柱与腹板的紧固件，作用其上的 x 和 y 向的单位载荷分别为

$$\frac{n_y}{\tau t} = \frac{2K}{1+K}\tan\alpha \tag{5-38}$$

$$\frac{t_x}{\tau t} = 1 \tag{5-39}$$

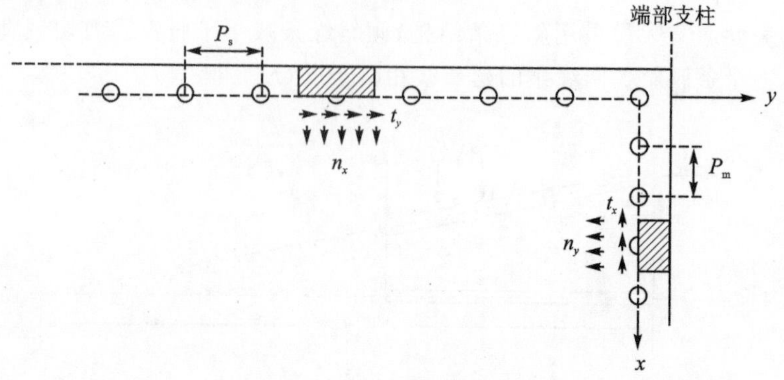

图 5-30 紧固件承载示意图

(2) 拉伸强度

在考虑剪切强度的同时，紧固件必须满足一定的拉伸强度，以防止腹板受屈曲的部分与缘条脱离。对紧固件拉伸强度要求如下：

$$F \geqslant 0.15\sigma_R pt \tag{5-40}$$

式中，σ_R——腹板拉伸破坏应力；

p——铆钉间隔；

t——腹板厚度。

5.5.2 腹板与加筋支柱的单面连接

(1) 剪切强度

目前尚无单面连接情况下关于紧固件剪切强度的准则。腹板在加筋支柱两侧连续性，使得紧固件不受载荷(除非是腹板、加筋支柱分离的情况)。但是，加筋支柱末端的紧固件要承受一定载荷。只采用拉伸强度准则一般就能够保证设计要求。

(2) 拉伸强度

紧固件拉伸强度由试验准则给出：

$$F \geqslant 0.22\,\sigma_R pt \tag{5-41}$$

紧固件的拉伸强度定义为可能造成任何失效的拉伸载荷，如果腹板较薄，失效还包含紧固件豁开腹板的模式。

单面连接情况下，紧固件间隔必须足够小以防止铆钉间壁板在支柱所受的最大压应力 $\sigma_{u,min}$ 作用下产生的局部屈曲。同时，铆钉间隔要低于 $b/4$，以满足确定临界载荷时的支撑边假设。

5.5.3 加筋支柱与腹板的连接

紧固件必须承载来自腹板的载荷，并将其传递到加筋支柱上。载荷如下：

$$P_m = \sigma_u A_{u,eff} \tag{5-42}$$

$A_{u,eff}$ 为支柱的等效截面积，由式(5-15)计算，该式考虑了支柱形心偏离腹板中面的影响，因此对双面和单面连

接的加筋支柱都适用。

5.6　薄板梁有限元分析

结构有限元建模时，对于如梁式支臂、普通框可建为单一的梁元。而薄板梁虽然在承载特性上属于梁结构，但其上、下缘条通常与蒙皮或其他部件相连，因此适合用多种单元的组合来模拟，缘条、加强筋等简化为杆元或者梁元，而腹板则简化为板单元或者壳元，常见的有如下几种元素的组合：

(1) 轴力杆元和受剪板元；

(2) 轴力杆元和平面应力板元；

(3) 梁元与受弯板元；

(4) 梁元与壳元。

其中轴力杆元和受剪板元组合是种保守的方法，也更容易反映出结构传力设计的合理性。

需要注意的是，在建立机翼模型时，节点通常在蒙皮中面上，而代表缘条的杆元素的偏心如果不计，会增大机翼的抗弯刚度，因此要按等刚度原则换算出杆元的等效面积，如图 5-31 所示。

图中杆的等效截面积 A_{eq} 为

$$A_{eq} = A_0(h_0/h_s)^2 \tag{5-43}$$

式中：A_0——实际缘条面积；

h_0——缘条型心至弦平面高度；

h_s——模型节点高度。

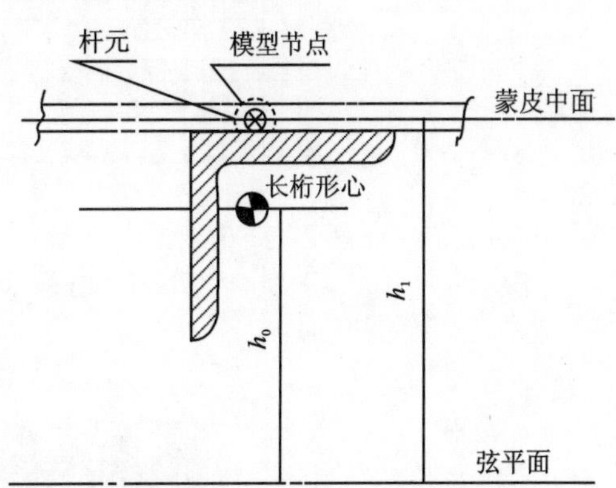

图 5-31　按等刚度换算杆面积

而如果用梁单元模拟缘条，可利用梁单元轴线偏离节点连线的方法来模拟这种偏心，通常的有限元程序(如 NASTRAN)会提供这样的处理方法。

图 5-32 所示为一加筋薄壁梁结构，使用轴力杆与受剪板单元建模所得的模型如图 5-33 所示，杆和板的各个节点必须相连，图中显示了各个单元和节点的编号。这个模型得到的腹板剪切应力为 6.44 MPa，与理论值符合。但由于只用一个受剪板元模拟加强筋之间的腹板，所以这个模型无法模拟出腹板的失稳。

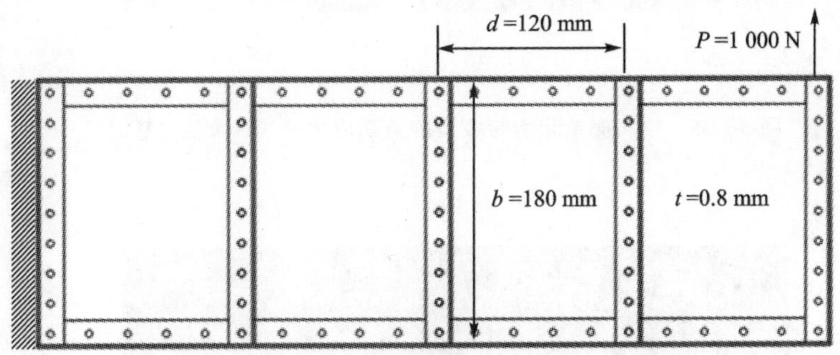

图 5-32　加筋薄板梁结构

若使用梁和壳单元的组合来建模(图 5-34)，模型可以更为细化，可得到各元件内力变化情况如图 5-35 所示。根部腹板所有单元平均应力为 6.99 MPa。剪切失稳形态如图 5-36 所示，失稳因子为 1.92，因此失稳的临界应力为 13.46 MPa。若使用 5.2 节中方法计算，首先计算得到 $\gamma_b=2.2$，查图 5-6 中的 $b/d=1.5$ 曲线，保守地取 $K_s=7.3$，由式(5-2)可得临界应力为 10.10 MPa。

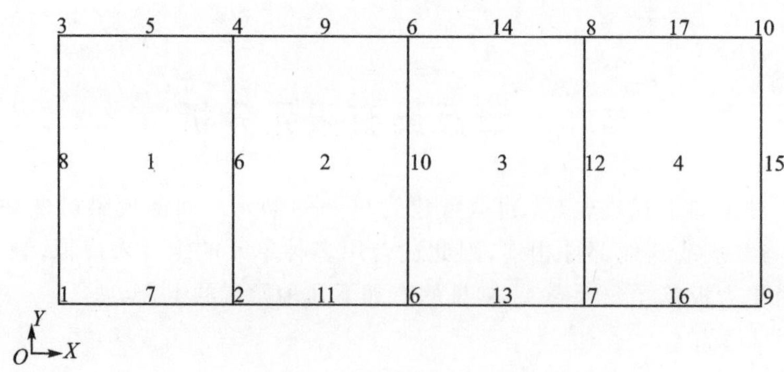

图 5-33 使用轴力杆和受剪切板单元建立的模型

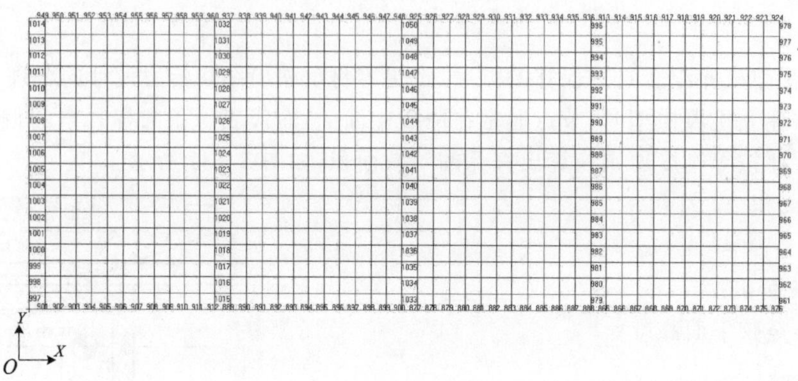

图 5-34 使用梁和壳单元建立的模型

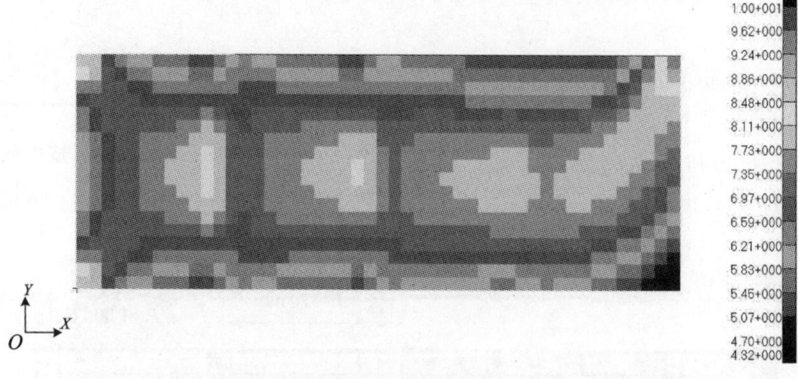

图 5-35 梁和壳单元组合模型的剪切应力分布（单位：MPa）

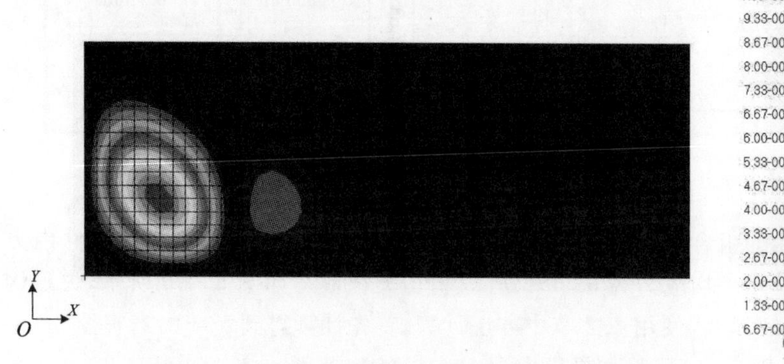

图 5-36 梁和壳单元组合模型的剪切失稳形态

参考文献

[1] MTS004_C －V1－4 Thin web beams.

[2] 解思适,主编. 飞机设计手册第 9 册:载荷、强度和刚度[M]. 北京:航空工业出版社,2001.

[3] Bruhn E F. Analysis and Design of Flight Vehicle Structure[M]. Jacobs Pub，1973，pp. C. 10－C11. 54.

第6章　耳片结构分析方法

6.0　符号说明

符号	单位[①]	物理意义
CG		重心
UL		极限载荷
LL		限制载荷
RF		逆因子
a	mm	中心孔到耳片边界的轴向距离
A	mm^2	环端横截面积
A_{av}	mm^2	横向受载时耳片的加权表面积
A_{br}	mm^2	挤压面投影面积
A_{brb}	mm^2	销钉/衬套/孔界面的最小挤压面积
A_s	mm^2	剪切面积
A_t	mm^2	临界拉伸横截面积
A_1	mm^2	耳片承受与销钉孔轴向呈45°平面内横向应力的横截面积
A_2	mm^2	(1)(环端轴向强度)环中2点处的横截面积 (2)(横向强度,所有耳片)耳片销钉孔处承受横向应力的横截面积
A_3	mm^2	(1)(环端轴向强度)环中3点处的横截面积 (2)(横向强度,所有耳片)最小径向横截面积
A_4	mm^2	耳片横截面积,承受与销钉孔呈45°平面内横向的反向力
b	mm	杠杆臂
C	mm	曲横坐标
d	mm	销钉直径
d_i	mm	销钉内径

① 本书的量和单位以中华人民共和国国家标准为准。考虑到在实际设计工作中,很多资料(尤其是外版资料)大量应用英制单位,为方便读者使用,亦保留部分英制单位。

符号	单位	物理意义
D	mm	孔径
e	%	最小断裂伸长率
E	MPa	耳片弹性模量
E_n	MPa	销钉弹性模量
F	N	极限载荷时所承受的外力
F_a	N	F(U.L.)或 $F/1.5$(L.L)在轴向的投影
F_{bru}	MPa	极限强度时的挤压应力($e/D=2$)
F_{bry}	MPa	常规挤压强度($e/D=2$)
F_{tr}	N	F(U.L.)或 $F/1.5$(L.L)在轴向的投影
F_{tux}	MPa	极限载荷处的许用拉伸极限
F_{tyx}	MPa	极限载荷处的许用拉伸极限
g	mm	凸耳片与凹耳片之间的间隙
I	mm^4	截面关于其自身重心的惯性矩
I_2 ，I_3	mm^4	拉伸时环端2和3处的力矩"I"
k		截面几何系数
K		用于环端计算的量纲一系数
K_{br}		极限载荷时的剪切/挤压系数
K_{brv}		限制载荷时的剪切/挤压系数
K_{tc}		弹性拉伸应力集中系数
K_{tru}		极限载荷处的横向系数
K_{trv}		限制载荷处的横向系数
K_{t}		应力集中系数
K_{f}		真实应变集中系数
K_{C}		真实应力集中系数
L	mm	外轮廓对称轴方向中心孔到耳片边界的距离
M_f	N·mm	销钉弯矩
M_3	daN·mm	拉伸载荷作用下环端③处的弯矩
N_2，N_3	daN	拉伸载荷作用下环端②和③处的法向力
P_{adm}	daN	耳片上的许用斜向载荷
P_{bru}	daN	极限载荷时的许用剪切/挤压载荷

符号	单位	物理意义
P_{brv}	daN	限制载荷时的许用剪切/挤压载荷
P'_{brv}	daN	许用衬套挤压载荷
P_{fu}	daN	极限载荷时许用弯曲载荷
P_{fv}	daN	限制载荷时许用弯曲载荷
P_{su}	daN	极限载荷时销钉剪切载荷
P_{tru}	daN	极限载荷时许用横向载荷
P_{trv}	daN	限制载荷时许用横向载荷
P_{tu}	daN	极限载荷时许用拉伸载荷
P_{tv}	daN	限制载荷时许用拉伸载荷
P_{tu2}	daN	静强度条件下极限载荷时 2 处的许用拉伸载荷
P_{tv2}	daN	静强度条件下限制载荷时 2 处许用拉伸力
P_{tu31}	daN	基于法向应力静强度条件下极限载荷时 3 处的许用拉伸载荷(环端)
P_{tv3}	daN	静强度条件下极限载荷时 3 处的许用拉伸载荷(环端)
P_{tu32}	daN	基于切应力静强度条件下极限载荷时 3 处许用拉伸载荷(环端)
P_u	daN	极限载荷时许用轴向载荷
P_v	daN	限制载荷时许用轴向载荷
r	mm	(1)环端中心环半径 (2) 用于计算 γ 的(峰值)无量纲量
R		耳片端部半径
R_3		F_a/P_u(U. L.)或 F_a/P_v(L. L.)比值
R_{tr}	mm	F_{tr}/P_{tru}(U. L.)或 F_{tr}/P_{trv}(L. L.)比值
t	mm	耳片厚度
t_1'/t_2'	mm	耳片折减有效厚度
T_3	daN	拉伸条件下环端 3 处的剪切载荷
v	mm	截面 CG 与外侧轮廓距离
v_3	mm	拉伸条件下环端 3 处的维度 v
W	mm	耳片宽度

符号	单位	物理意义
β,φ,Ψ	°	轴向载荷作用下环端计算所需角度
γ		峰值系数
ε_{MAX}		相对于σ_{MAX}的最大应变
ε_{cMAX}		最大许用弹性应变
ε_{pMAX}		最大许用塑性应变
ε_{max}		相对于σ_{MAX}的最大应变
ε_{nom}		相对于σ_{nom}的应变
ε_{s}		拉紧起始应变
$\varepsilon_{0.2}$		相对于$\sigma_{0.2}$的应变
θ		轴向和力F施加方向的角度
σ_{app}	daN/mm^2	销钉外侧弯曲应力
σ_{b}	daN/mm^2	弯曲模量
σ_{brg}	daN/mm^2	耳片挤压应力
σ_{bru}	daN/mm^2	许用挤压应力
σ_{brv}	daN/mm^2	0.2%许用挤压强度
σ_{emax}	daN/mm^2	最大弹性拉伸应力
σ_{max}	daN/mm^2	耳片最大真实拉伸应力
σ_{MAX}/σ_{M}	daN/mm^2	销钉最大弯曲应力(中线)
σ_{nom}	daN/mm^2	耳片临界断面上名义拉伸弹性应力
σ_{R}	MPa	极限强度
σ_{0}	MPa	销钉中线处的 Cozzone 虚应力
$\sigma_{0.2}$	MPa	常规拉伸屈服强度
$\sigma c_{0.2}$	MPa	常规压缩屈服强度
σ_2 / σ_3	MPa	拉伸条件下环端2和3处的名义应力
τ	MPa	剪切应力
τ_{adm}	MPa	许用纯剪切应力
τ_3	MPa	拉伸条件下环端3处的切应力
1		装配体中凹部件特征指针
2		装配体中凸部件特征指针

6.1　耳片结构典型失效形式

耳片连接习惯上被用在一些特定的情况中，如：机翼下发动机吊挂的附件，机翼翼盒内部支架，以及地板梁轨道与地板连接处等。

通常，典型的耳片连接包括：一个凸耳片，一个凹耳片，一个销钉，如图 6－1 所示。一般情况下，耳片连接中含有两个凸耳片。另外，凸耳片和凹耳片中的孔可能会配有套筒，以避免与销钉的直接接触。

耳片的使用应允许螺栓产生转动，并且能够传递很高的集中载荷，例如：起落架大接头（包含失效-安全保险装置），发动机吊挂螺栓（包含失效-安全保险装置），操纵面铰链（副翼、升降舵、方向舵以及扰流板等），平尾后梁与后机身连接的转轴接头，战斗机机翼根部安装的可拆卸的接头，舱门铰链等。

由于这些连接通常传递单向力，因此须特别注意其尺寸定义，适航文件强调，须考虑 1.15 倍的接头系数或至少 20％的余量。

对于未经试验证实的接头，必须考虑特殊预防措施，包括耳片的凸片、凹片和销钉。

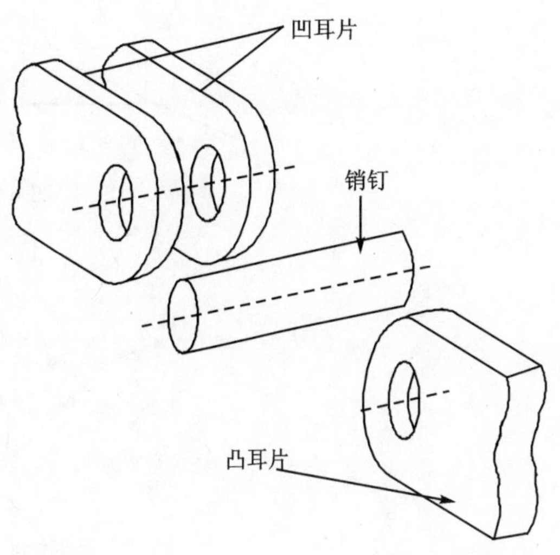

图 6－1　耳片装配实例

必须进行极限载荷和限制载荷下的连接件计算，而当需要保证维修时的连接件可拆卸性时，限制载荷尤为重要。

6.1.1　主方向

在计算这种连接前须定义两个主要的力的方向。在实例中，孔在耳片外轮廓平分线的中心（参考图 6－2）：平分线定义为轴向，轴向方向的垂线定义为横向。

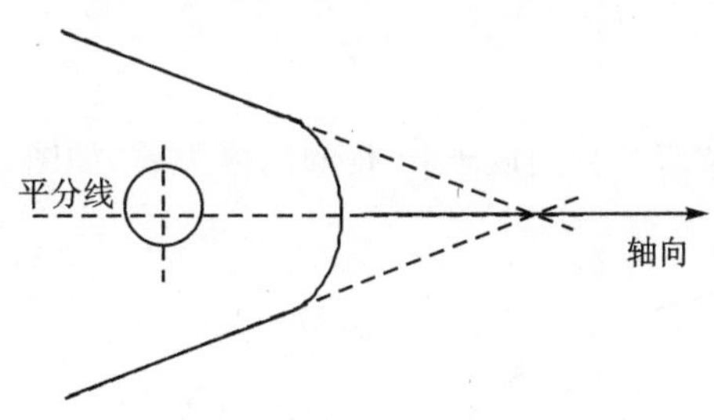

图 6－2　带有中心孔的耳片

某些情况下，孔并不在平分线上，其取决于孔中心到耳片边缘的距离，从而轴向可以标定为平行于平分线的方向或者是孔中心到耳片边缘的最小距离方向（参考图 6－3）。

确定轴向实例：适配器梁末端耳片。

在图 6－4 的实例中，孔位于等分线上，因此，轴向与此等分线方向相同，横向与轴向互相垂直，位于所施加力方向的正交投影方向，向上或向下。

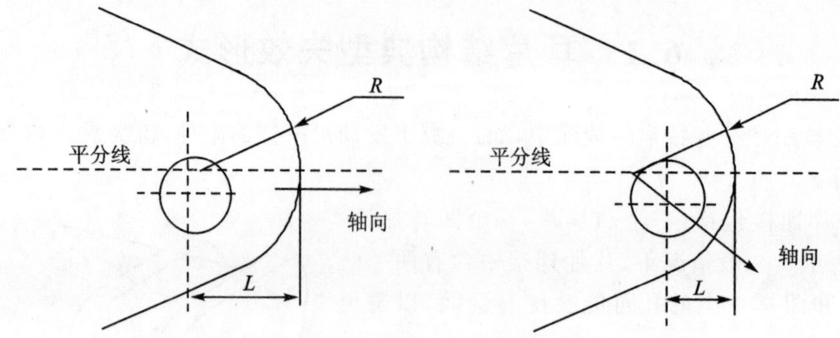

图 6-3 带有非对称孔的耳片

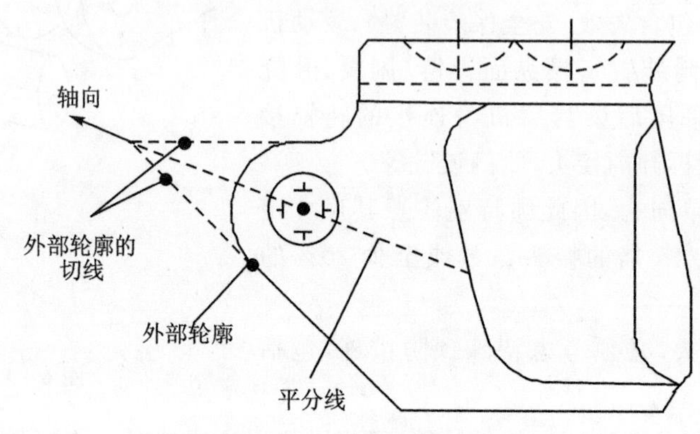

图 6-4 确定轴向实例

6.1.2 失效模式

6.1.2.1 轴向载荷作用下的失效

在轴向力作用下可能出现以下情况：

1. 拉伸失效

拉伸失效为孔边应力集中所引发的在与轴向力几乎垂直并且位于孔任意边的部分的断裂，如图 6-5 所示。

2. 剪切/挤压失效

挤压和剪切应力耦合导致在位于与轴向成±40°角的面内失效，如图 6-6 所示。

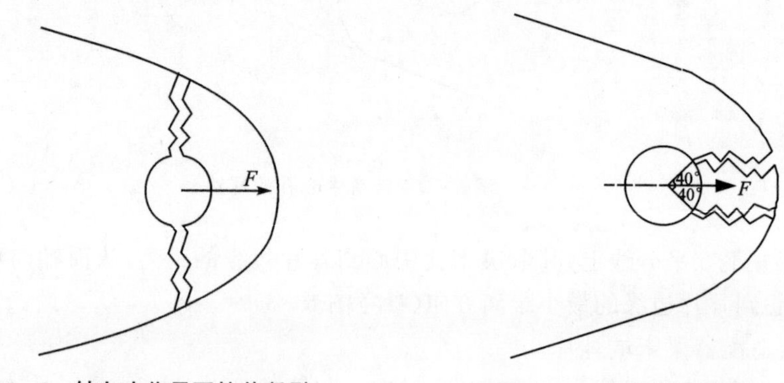

图 6-5 轴向力作用下拉伸断裂

图 6-6 剪切/挤压断裂

3. 环端特殊情况

在环端的特殊情况下，轴向载荷下的破坏通常发生在耳片环端与剩余部分的连接处，如图 6-7 所示。实质上，该破坏由环向拉伸应力引起。

6.1.2.2　横向载荷作用下的失效

横向力作用下的失效模式比较复杂，为若干个模式的结合，包括：孔和耳片受力处外边缘间的材料剪切；材料同一部分的局部弯曲；孔与耳片外边缘间环孔处材料的圆周拉伸。此外，在这些模式中，其中一种模式的弱点将由其他模式补偿，局部载荷路径也会产生变化，“横向失效”即为这些失效模式的结合，如图 6-8 所示。

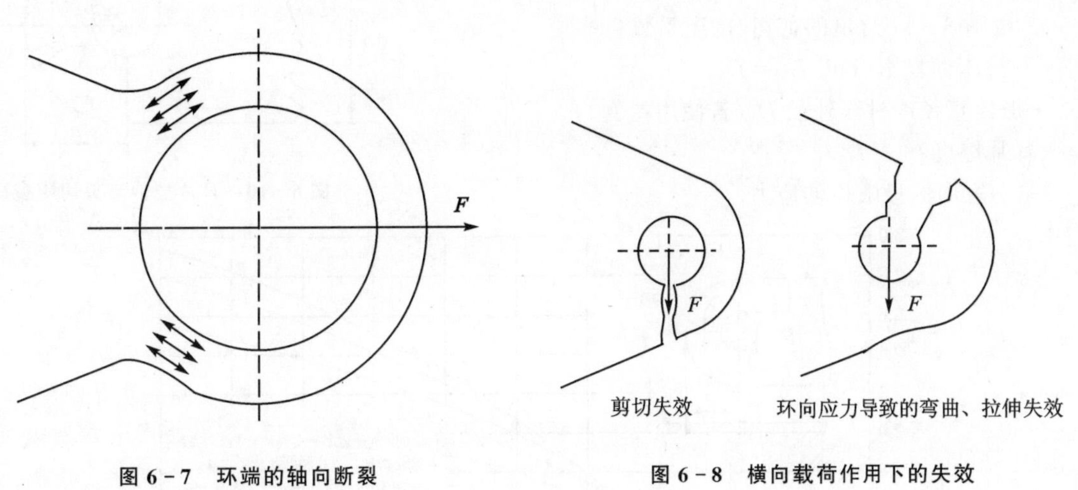

图 6-7　环端的轴向断裂　　图 6-8　横向载荷作用下的失效

6.1.2.3　销钉承载

销钉主要承受剪切和弯曲作用。

销钉弯曲计算过程中考虑到了“峰值”现象，弯曲应变在凹部件的外表面和凸部件的内表面产生了接触压力集中现象，如图 6-9 所示。

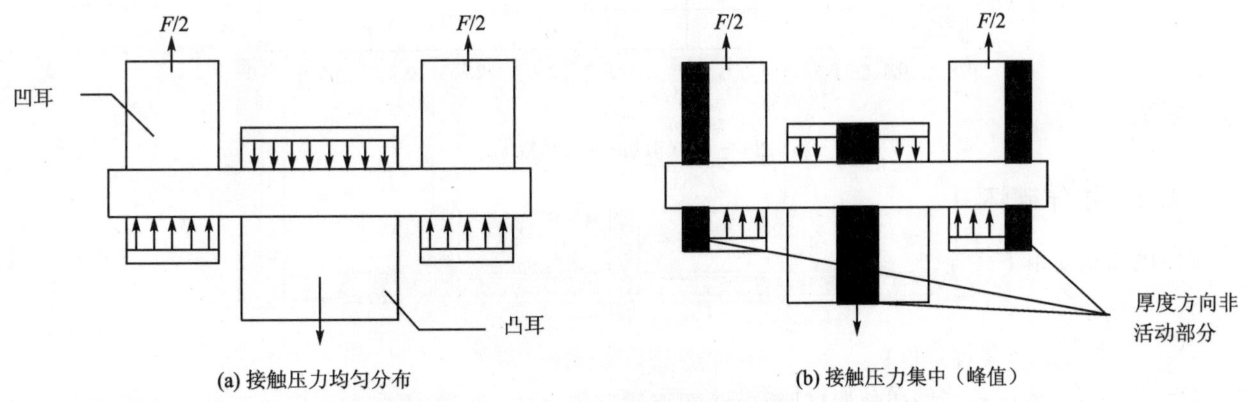

图 6-9　耳片中的接触压力分布

6.2 轴向载荷分析方法

6.2.1 剪切-挤压破坏

这种破坏包括耳片在螺栓两边 40°位置的剪切撕裂(图 6-10)和螺栓对耳片的挤压破坏。这种破坏形式的极限载荷表达式为

$$P_{bru} = k_{br} F_{tux} A_{br} \tag{6-1}$$

式中：P_{bru}——剪切撕裂-挤压破坏极限载荷；

k_{br}——由图 6-11 给出的剪切-挤压系数；

A_{br}——挤压面投影面积，$A_{br}=Dt$；

D——螺栓直径或衬套外径 D_b(若使用衬套)；

t——耳片厚度；

σ_{tux}——x 方向的极限拉伸应力。

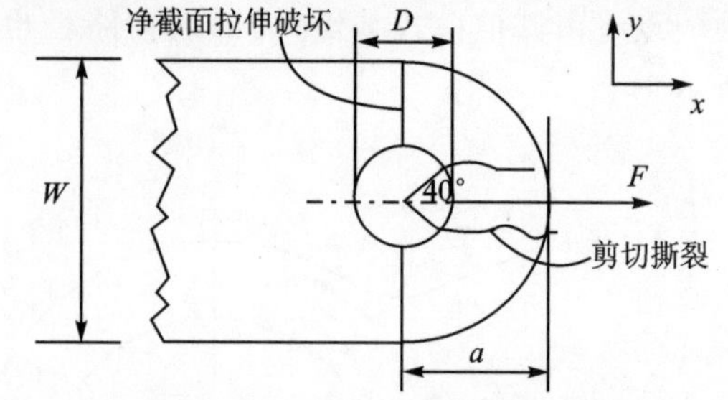

图 6-10 耳片拉伸与剪切撕裂破坏

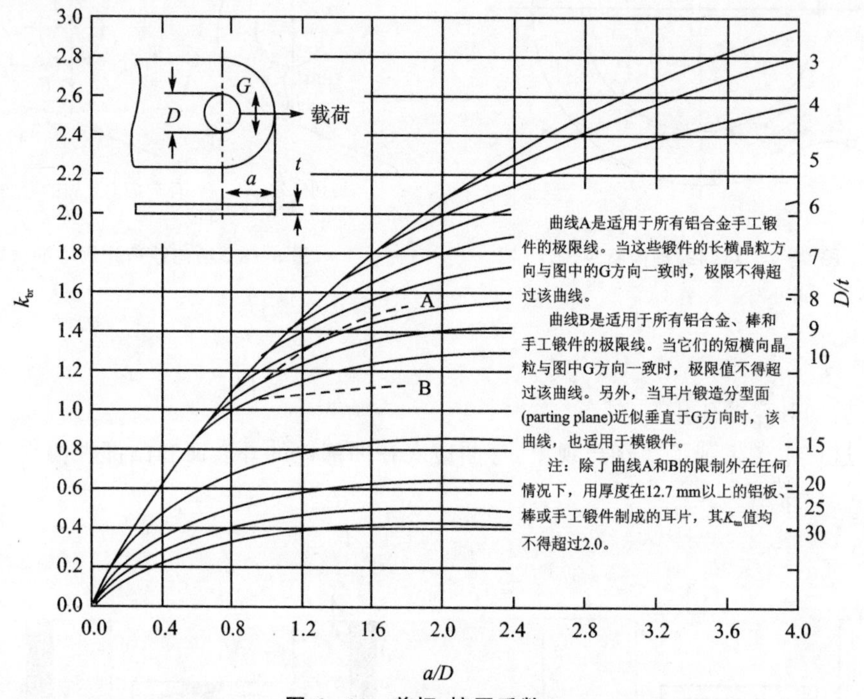

图 6-11 剪切-挤压系数 k_{br}

6.2.2 拉伸破坏

拉伸破坏载荷由下式计算：

$$P_{tu} = k_t F_{tux} A_t \tag{6-2}$$

式中：P_{tu}——拉伸破坏极限载荷；

k_t——由图 6-12 给出的净截面拉伸系数；

F_{tux}——耳片材料 x 方向的极限拉伸应力；

A_t——最小拉伸净截面面积，$A_t=(W-D)t$；

W——耳片宽度。

L、LT 和 ST 表示晶粒方向。

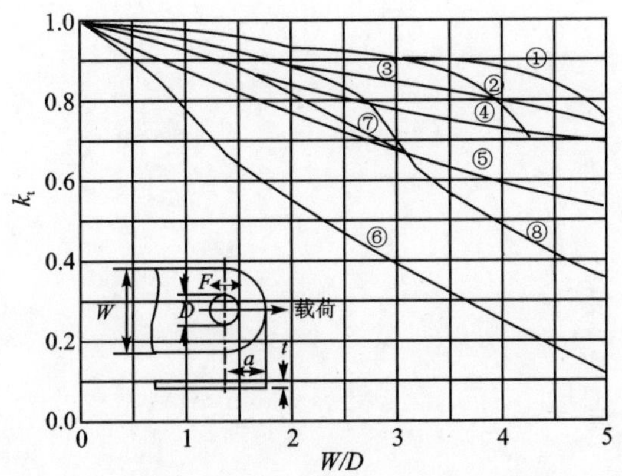

注：对于 1/4、1/2 和 3/4 硬化的不锈钢，在曲线⑦和⑧之间进行插值

图 6-12　耳片拉伸系数 k_t

铝合金牌号：

14S = 2014

24S = 2024

75S = 7075

曲线①

4130 钢

14S-T6 和 75S-T6 板厚度≤12.7 mm (L,LT)

75S-T6 棒材和挤压件(L)

14S-T6 锻件，截面≤929.03 cm^2(L)

14S-T6 和 75S-T6 模锻件(L)

曲线②

14S-T6 和 75S-T6 板厚度>12.7 mm，厚度≤25.4 mm

75S-T6 挤压件(LT,ST)

75S-T6 锻件，截面≤232.28 cm^2(L)

14S-T6 锻件，截面>929.03 cm^2(L)

14S-T6 锻件，截面≤232.28 cm^2(LT)

14S-T6 和 75S-T6 模锻件(LT)

曲线③

24S-T6 板(L,LT)

24S-T4 和 24S-T42 挤压件(L,LT)

曲线④

24S-T4 板(L,LT)

24S-T3 板(L,LT)

14S-T6 和 75S-T6 板>645.16 mm^2(L,LT)

24S-T4 棒材(L,LT)

75S-T6 锻件，截面>232.28 cm^2(L)

75S-T6 锻件，截面≤103.23 cm^2(LT)

曲线⑤

75S-T6 锻件，截面>103.23 cm^2(LT)

14S-T6 锻件，截面>232.28 cm^2(LT)

曲线⑥

铝合金板、棒、手工锻件以及模锻件(ST)

75S－T6 棒材(LT)

曲线⑦

18－8 不锈钢，退火处理

曲线⑧

18－8 不锈钢，全硬化处理。

6.2.3 屈服破坏——耳片

由剪切-挤压引起的耳片屈服载荷为

$$P_y = C\left(\frac{F_{tyx}}{F_{tux}}\right)P_{u,min} \tag{6-3}$$

式中：P_y——屈服载荷；

C——由图 6－13 给出的屈服系数；

F_{tyx}——耳片材料沿载荷方向(x)的拉伸屈服应力；

F_{tux}——耳片材料沿载荷方向(x)的极限拉伸应力；

$P_{u,min}$——P_{bru}(见式(6－1))与 P_{tu}(式(6－2))中的较小值。

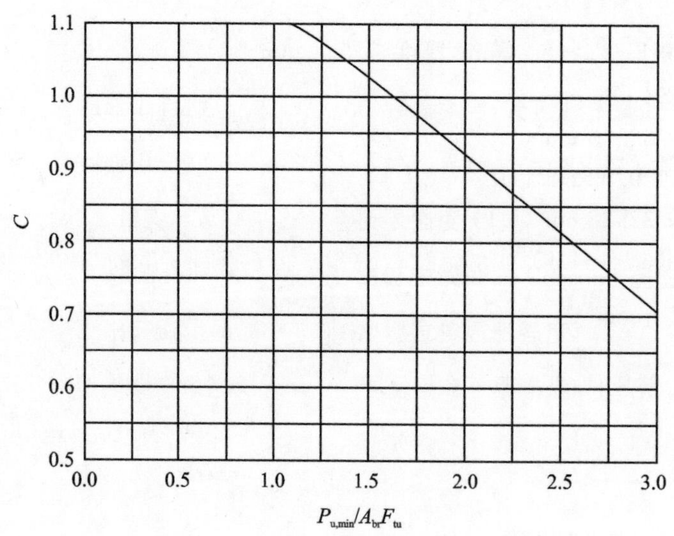

图 6－13　屈服系数 C

6.2.4 耳片轴向许用应力计算流程图

实心耳片轴向作用应力计算流程如图 6－14 所示。

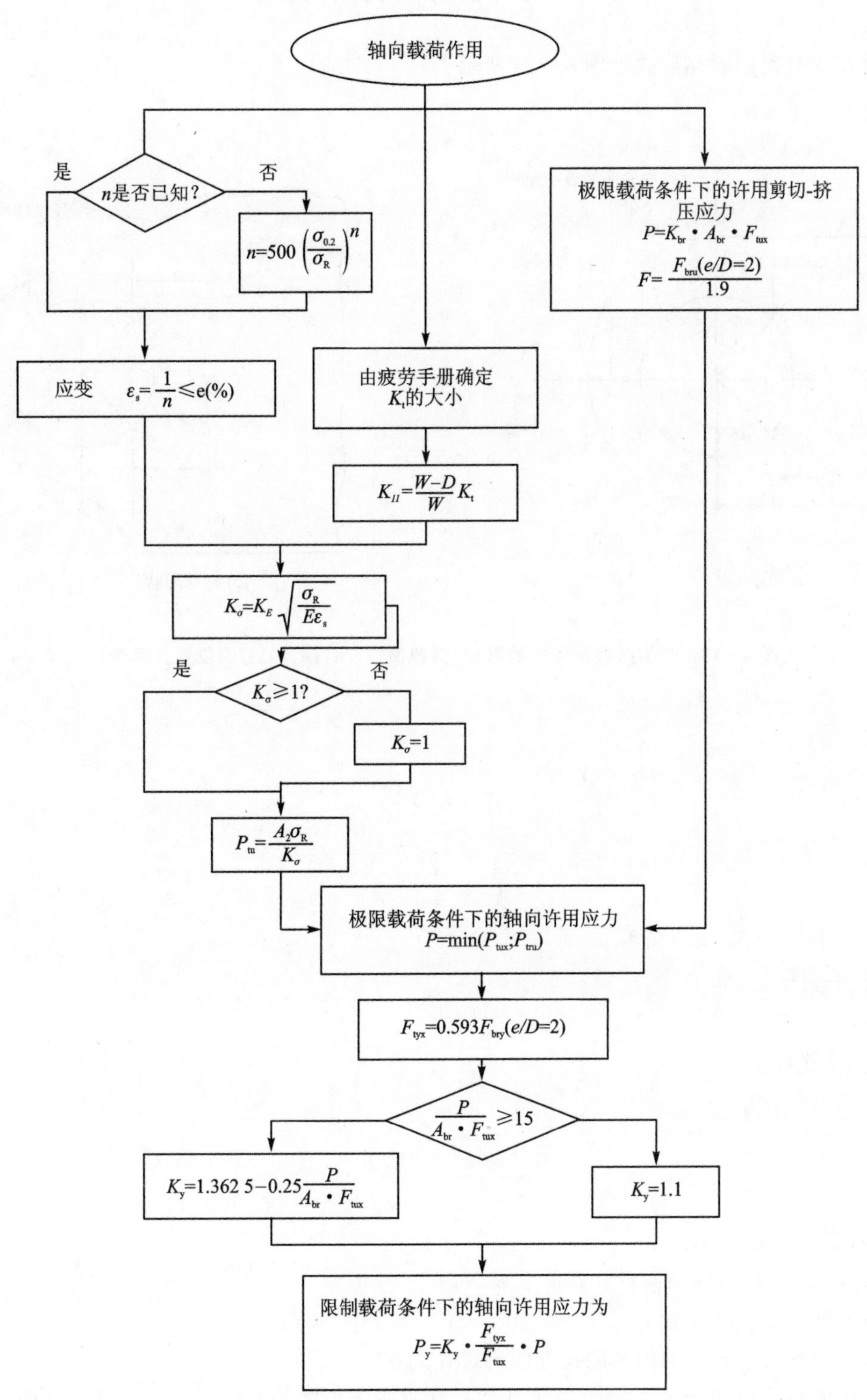

图 6-14　耳片轴向许用应力计算流程

6.3 横向载荷分析方法

受横向载荷作用耳片的破坏形式如图6-15所示。

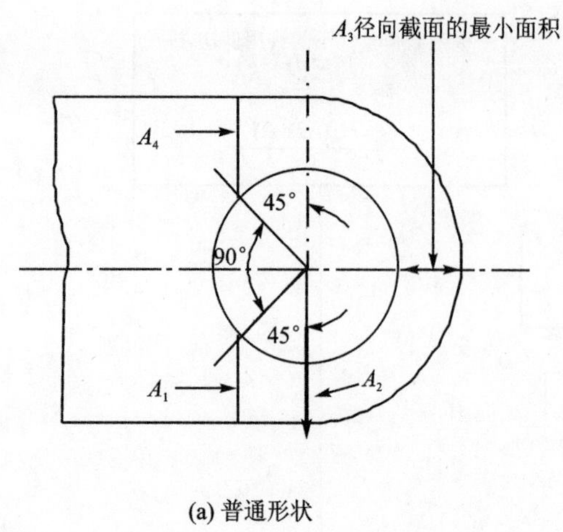

(a) 普通形状

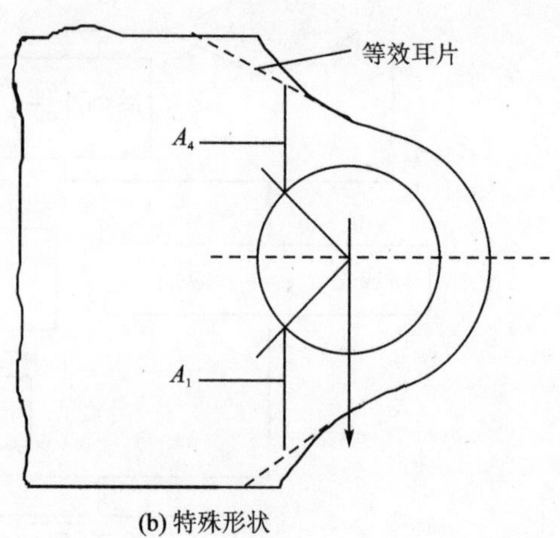

(b) 特殊形状

图6-15 受横向载荷作用的耳片(横截面 A_1,A_2,A_3和 A_4的位置见图示)

计算公式为

$$A_{br} = D \cdot t \tag{6-4}$$

$$A_{av} = \frac{6}{\frac{3}{A_1} + \frac{1}{A_2} + \frac{1}{A_3} + \frac{1}{A_4}} \tag{6-5}$$

并进而计算得到$\frac{A_{av}}{A_{br}}$。

6.3.1 极限载荷

$$P_{tru} = k_{tru} + A_{br} F_{tu,y} \tag{6-6}$$

式中:P_{tru}——横向极限载荷,N;

k_{tru}——由图6-16给出的横向极限载荷系数N;

A_{br}——挤压面投影面积 mm^2;

F_{try}——耳片材料沿 y 轴方向的极限拉伸应力,MPa。

由图6-16中的曲线 A 非常近似地给出了耳片悬臂梁所能承受的载荷。若有效系数在曲线 A 的下方,需要对耳片悬臂梁进行单独计算,如图6-17所示。

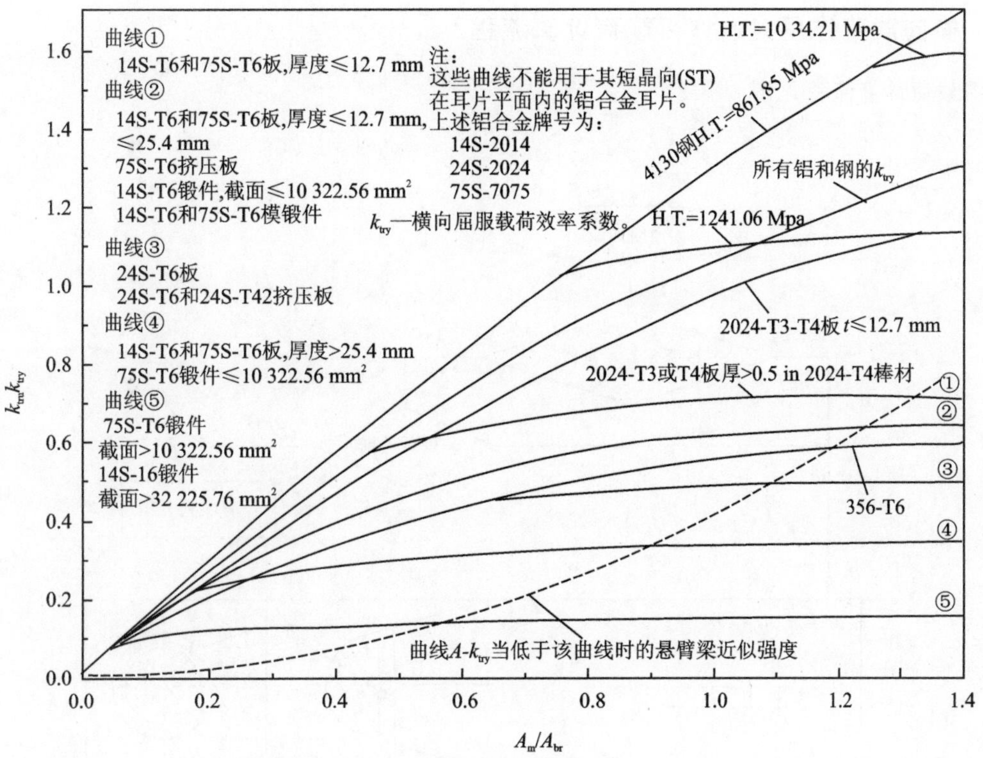

图 6-16　横向载荷效率系数 k_{tru} 和 k_{try}

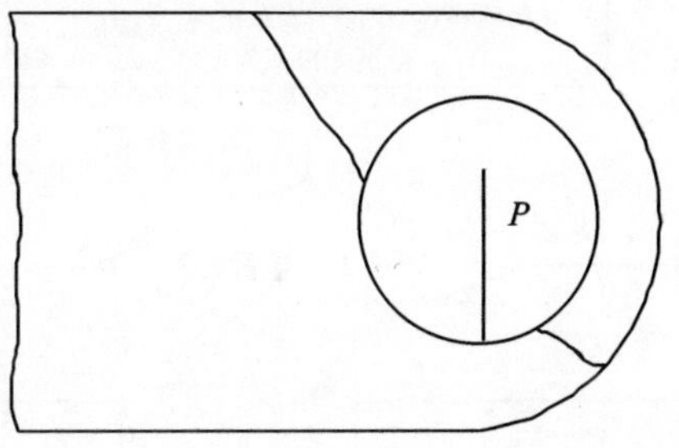

图 6-17　外载荷作用下耳片部分结构为悬臂梁

6.3.2　屈服载荷

$$P_{try} = k_{try} A_{br} F_{try} \tag{6-7}$$

式中：P_{try}——横向屈服载荷；

k_{try}——由图 6-16 给出的横向屈服载荷系数；

A_{br}——挤压面投影面积；

F_{try}——耳片材料沿 y 方向的拉伸屈服应力。

6.3.3　确定屈服载荷

根据式(6-4)和 $P_{bry} = 1.85\ F_{cy} A_{brb}$，可确定屈服载荷。

6.3.4 横向载荷作用时的许用载荷计算流程

横向许用载荷计算流程见图 6-18。

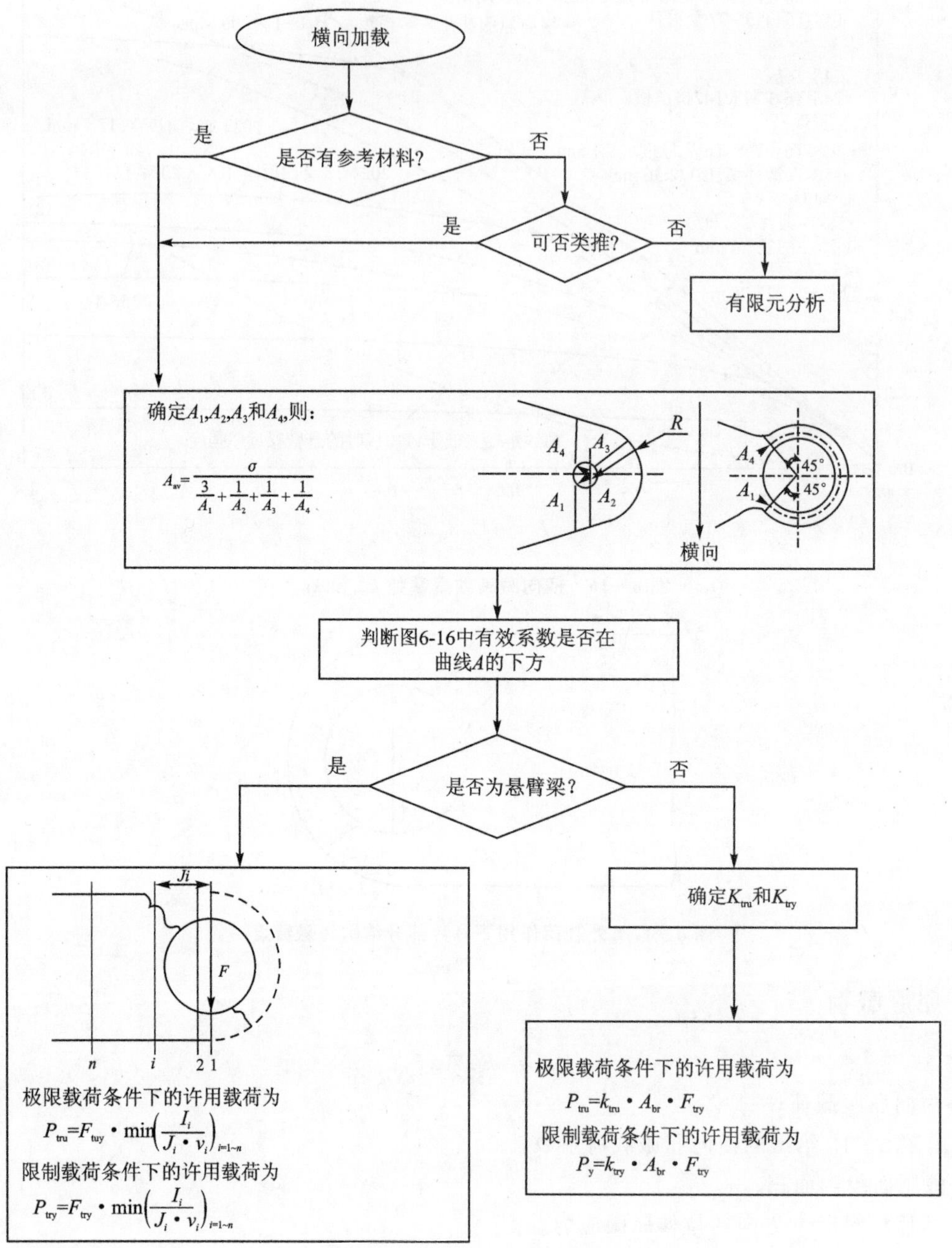

图 6-18 横向许用载荷计算流程图

6.4　斜向载荷分析方法

为考察斜向载荷下耳片的强度，首先须计算该载荷在轴向和横向的投影，如图 6－19 所示。

$F_a = F\cos\theta$ 为载荷在轴向的分量（极限载荷条件下）；$F_{tr} = F\sin\theta$ 为载荷在横向的分量（极限载荷条件下）。

极限载荷除以 1.5 即可得到限制载荷，从而有：$F_a = \dfrac{F}{1.5}\cos\theta$ 为载荷在轴向的分量（限制载荷条件下）；$F_{tr} = \dfrac{F}{1.5}\sin\theta$ 为载荷在横向的分量（限制载荷条件下）。

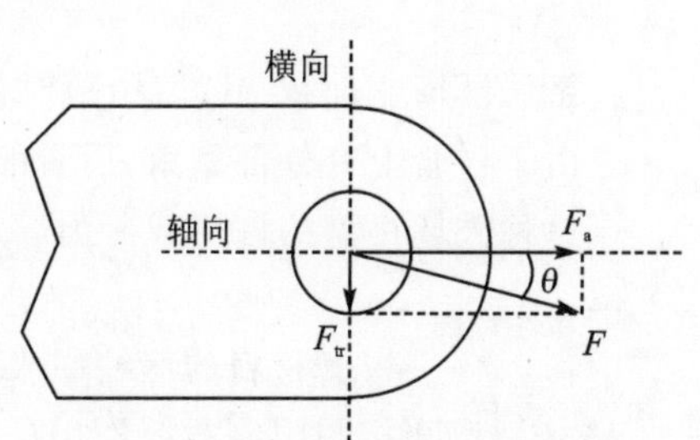

图 6－19　斜向载荷下的耳片

任何情况下，轴向与横向载荷间的相互作用方程为

$$R_a^{1.6} + R_{tr}^{1.6} = 1$$

式中：$R_a = \dfrac{F_a}{P_u}$（极限载荷），$R_a = \dfrac{F_a}{P_{bry}}$（限制载荷）；

$R_{tr} = \dfrac{F_{tr}}{P_{tru}}$（极限载荷），$R_{tr} = \dfrac{F_{tr}}{P_{try}}$（限制载荷）。

斜向载荷分析流程见图 6－20。

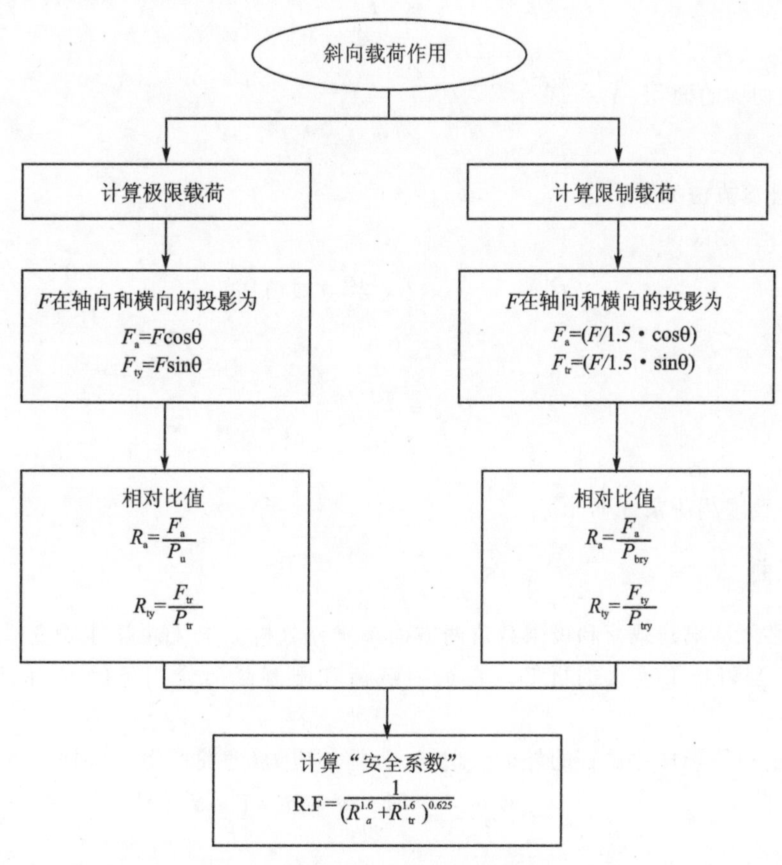

图 6－20　斜向载荷分析流程图

因而，根据相互作用方程可计算出适用于这两种载荷的“安全系数”：

$$\text{R. F} = \frac{1}{(R_a^{1.6} + R_{tr}^{1.6})^{0.625}} \quad (6-8)$$

6.5 挤压载荷分析方法

挤压区横截面积 A_{brb} 取销钉对衬套的挤压区面积和衬套对耳片的挤压区面积两者的最小值。由于衬套上有外部倒角，后者的挤压区面积可能更小。

这种破坏类型的许用载荷为

$$P'_{bry} = 1.85\sigma_{c0.2}A_{brb} \quad (6-9)$$

式中：$\sigma_{c0.2}$——衬套材料的压缩屈服强度；

P'_{bry} 可直接与限制载荷作用条件下的斜向载荷相比。

6.6 销钉分析方法

6.6.1 销钉剪切

销钉中的剪切应力可以表示为

$$\tau = \frac{F}{A_s} \quad (6-10)$$

式中：A_s——销钉中剪切面的面积，$A_s = \frac{\pi d^2}{4}$；

d——销钉直径。

相应的许用载荷计算方法如下：

对于凸耳片和凹耳片的装配

$$P_{su} = \tau_{adm} \times 2 \times \frac{\pi d^2}{4}(\text{双剪切}) \quad (6-11)$$

从而有

$$P_{su} = \frac{\pi d^2 \tau_{adm}}{2}$$

式中：τ_{adm}——许用纯剪切应力。

注：剪切力只能在极限载荷条件下计算。

6.6.2 销钉弯曲

耳片销钉的弯曲必须从限制载荷和极限载荷两方面来研究分析。永久性部件的变形在限制载荷中是不可接受的，因为其妨碍甚至阻止了连接的拆卸。在极限载荷和限制载荷作用下的许用弯曲载荷分别称为 P_{fu} 和 P_{fy}。

最大的弯曲应力集中位于耳片销钉的外侧。记 σ_{app} 为施加应力（弯曲产生），得到：

$$\sigma_{app} = \frac{M_f \cdot \nu}{I} = \frac{M_f \cdot d}{2I} = \frac{b \cdot F \cdot d}{4I} \quad (6-12)$$

6.6.2.1 杠杆力臂 b 的计算

为可靠起见，采用杠杆臂计算弯矩时通常假定销钉和孔之间的接触压力沿销钉长度方向为一常数。事实上，由于弯曲应变，耳片凸耳上所施加的阻力在外表面集中，凹耳上施加的阻力在内表面集中（见图 6-21）。这一现象称为“峰值”，减小了杠杆臂，从而减小了销钉弯矩，但“峰值”现象并不会降低耳片强度。

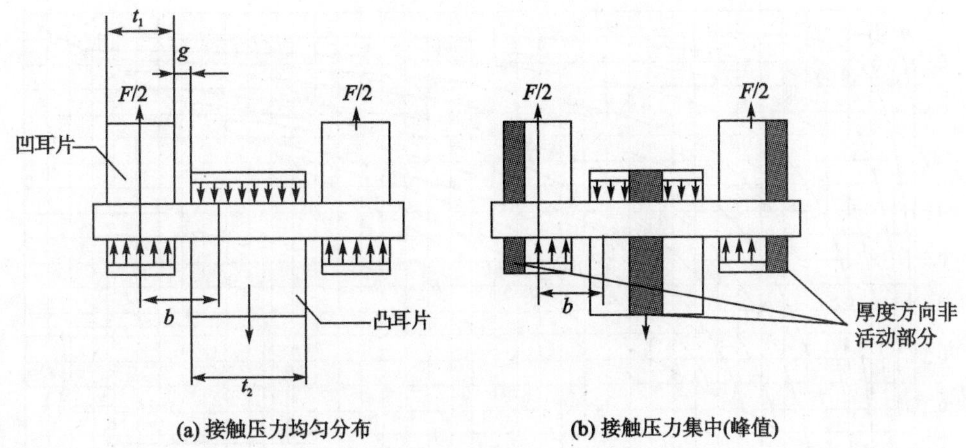

(a) 接触压力均匀分布　　(b) 接触压力集中(峰值)

图 6－21　销钉与孔之间的接触压力分布

对于图 6－21 中的第一种情况，其杠杆臂为

$$b=\frac{t_1}{2}+\frac{t_2}{4}+g \tag{6-13}$$

式中：t_1——耳片中一边凹耳片的厚度；

t_2——耳片中凸耳片的厚度；

g——凸耳片和凹耳片间的间隙。

将"峰值系数"代入，即可得到一个新的表达式

$$b=\gamma\left(\frac{t_1}{2}+\frac{t_2}{4}\right)+g \tag{6-14}$$

对于凸-凹耳片装配结构，杠杆力臂可以表示为

$$b=\frac{t_1}{2}+\frac{t_2}{2}+g \tag{6-15}$$

对于峰值系数 γ，首先，需要确定数值 $r=\left(a-\dfrac{D}{2}\right)\Big/t_2$，然后需要测量作用力方向上的"$a$"(无论作用力是纯轴向、纯横向或者斜向)，同时也需要计算$\dfrac{P_{\mathrm{adm}}}{A_{\mathrm{br}}F_{\mathrm{tux}}}$的值，记为 x，P_{adm}被定义为许用载荷，在斜向载荷情况下有

$$P_{\mathrm{adm}}=\frac{F}{(R_{\mathrm{a}}^{1.6}+R_{\mathrm{tr}}^{1.6})^{0.625}} \tag{6-16}$$

进而通过图 6－22 或者下面的公式

$$\left.\begin{array}{l}\left.\begin{array}{l}x\leqslant 1-\sqrt{1-\dfrac{r}{0.55}}\\[2ex] x\geqslant 1+\sqrt{1-\dfrac{r}{0.55}}\end{array}\right\}\Rightarrow\gamma=\dfrac{x}{2}\\[4ex] \left(1-\sqrt{1-\dfrac{r}{0.55}}\leqslant x\leqslant 1+\sqrt{1-\dfrac{r}{0.55}}\right)\Rightarrow\gamma=1-\dfrac{r}{1.1x}\end{array}\right\} \tag{6-17}$$

得到 γ。

6.6.2.2　弯曲模量的计算

由图 6－23 可知，假设应力沿截面高度方向为线性分布，则受弯曲时可承受的载荷大于计算所得载荷。这是由于外侧的塑性修正导致法向应力剖面发生了改变。因此，外侧的实际应力低于采用简单线性计算所得到的应力。

图 6－23 中，$\sigma_{\max}$是施加于外侧应力。Cozzone 法是基于近似实际应力剖面的算法。图 6－24 将图 6－23 中

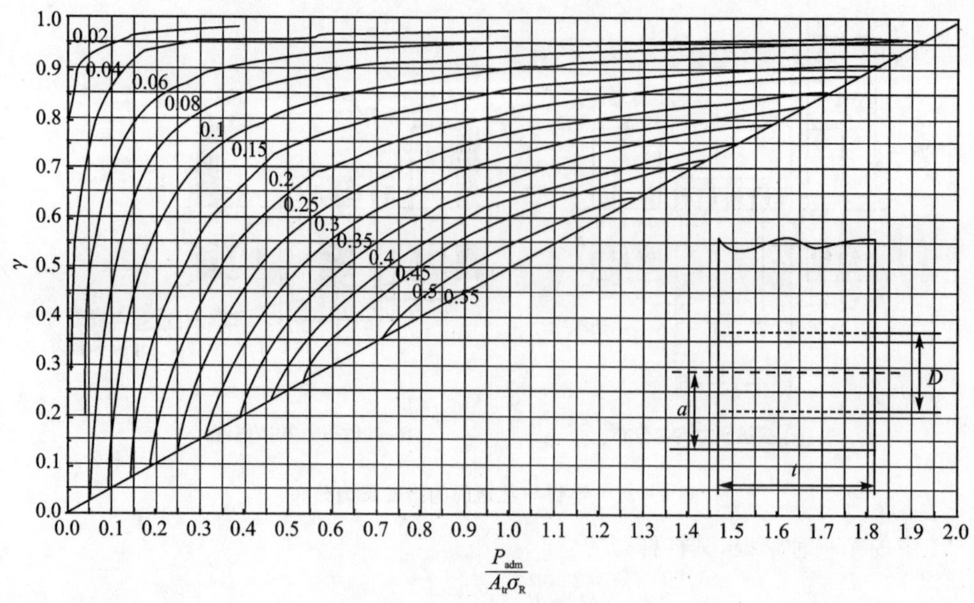

图 6-22　峰值系数 γ

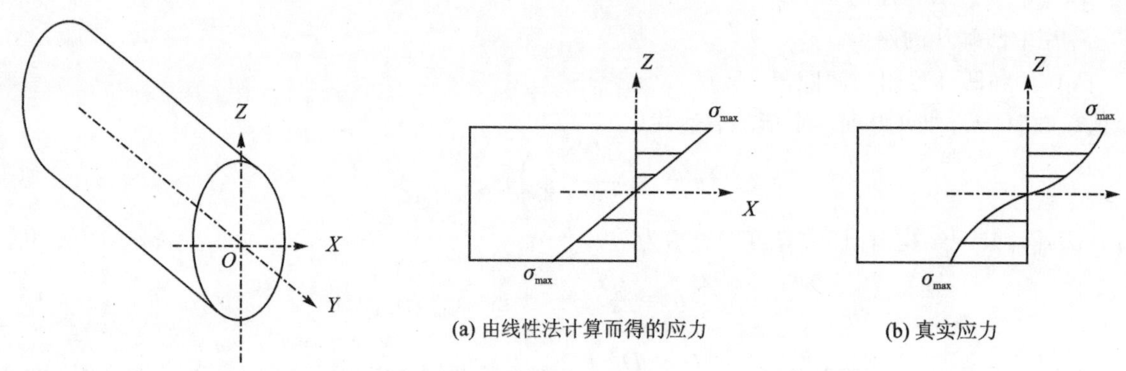

图 6-23　弯曲应力

的实际应力剖面替换为梯形剖面。

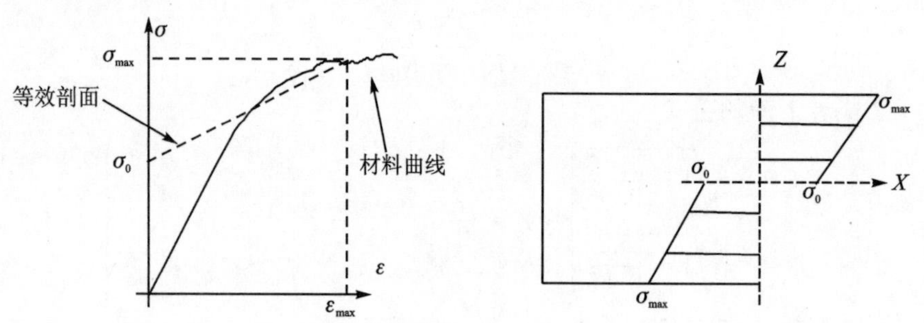

图 6-24　Cozzone 法的等效应力剖面图

σ_0 为假设存在于销钉中线或应变为零处的虚应力。σ_0 在理论上并不取决于截面的形状。通过 Cozzone 法可以计算出许用弯曲虚应力，即"弯曲模量"。这个应力大小可以与由线性方法计算得出的最大应力进行比较。

弯曲应力的通式为

$$\sigma_b = \sigma_{max} + \sigma_0(k-1) \tag{6-18}$$

注：①弯曲模量是基于理想的最大应力水平计算的，利用极限载荷计算时通常为 $\sigma_{max} = \sigma_R$，在利用限制载荷计算

时，应力水平必须保持低于屈服强度。

②弯曲模量同样取决于截面的几何特征 k，k 可以通过图 6－25 或者下面的公式计算，即

$$k=\frac{16}{3\pi}\frac{1-\left(\frac{d_i}{d}\right)^3}{1-\left(\frac{d_i}{d}\right)^4}\tag{6-19}$$

式中：d——销钉的外径；

d_i——销钉的内径。

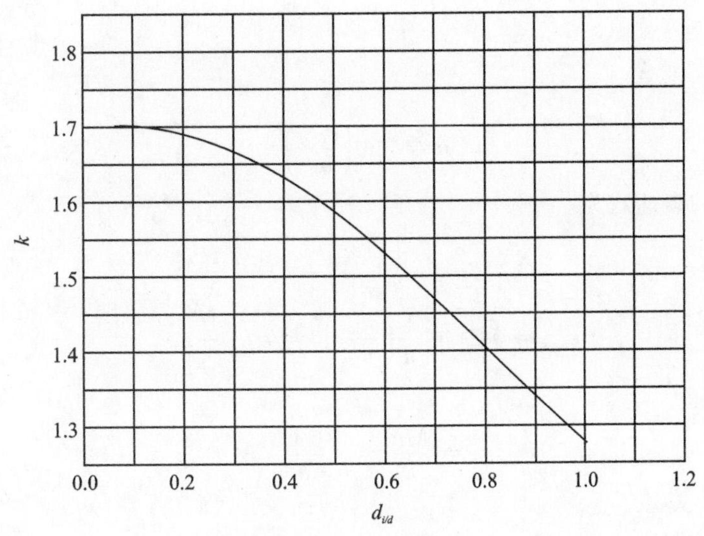

图 6－25　k 的确定

应力 σ_0 通过图 6－27～图 6－41 中曲线来确定，如果没有与使用材料相符的曲线，应力 σ_0 必须通过计算得到，需要知道理论上应力并不取决于截面的形状。此即为该方法不仅对矩形截面有效，并且同样适用于其他截面的原因。

需要计算与 σ_R 相应的 σ_0，这一应力在销钉外侧处获得。考虑此处受纯弯曲载荷作用，材料的拉伸－压缩曲线完全对称，假设中线处的应力为零，从而根据中线和材料曲线中所给出中线间的距离可以得到第二个 x 轴（参考图 6－26）。

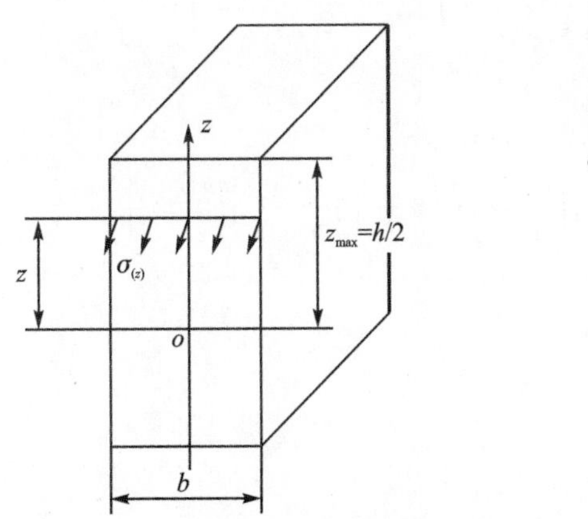

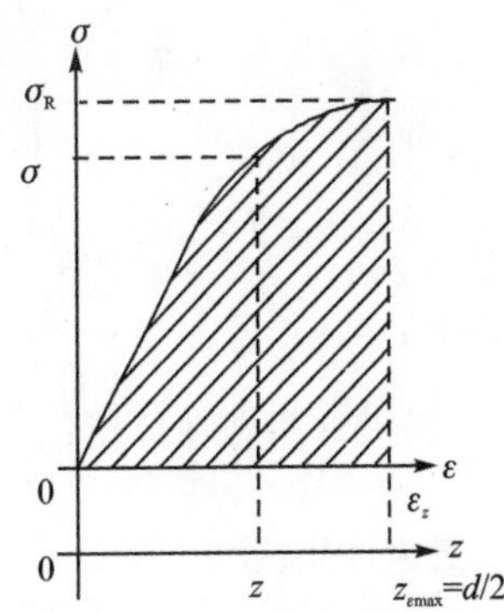

图 6－26　真实压力剖面

通过检验可知：采用如下方法所计算的弯曲模量值与图 6－27～图 6－41 中曲线所给出的结果相同。

从而，弯矩可表示为

$$M = 2b\int_0^{h/2} z\sigma(z)\,\mathrm{d}z \tag{6-20}$$

式中：$z=\frac{h}{2}\times\frac{\varepsilon}{\varepsilon_M}$，$\mathrm{d}z=\frac{h}{2\varepsilon_M}\mathrm{d}\varepsilon$。

平面弯曲：直线部分保持平面，ε 与 z 呈线性关系。

因而，ε 可表式为

$$\varepsilon = \frac{\sigma}{E} + 0.002\left(\frac{\sigma}{\sigma_{0.2}}\right)^n \tag{6-21}$$

式中：

$$n = 500\left(\frac{\sigma_{0.2}}{\sigma_R}\right)^n \tag{6-22}$$

可以推导出 ε 和 ε_{max} 的表达式为

$$\varepsilon = \frac{\sigma}{E} + \frac{1}{n}\left(\frac{\sigma}{\sigma_R}\right)^n = \varepsilon_e + \varepsilon_p \tag{6-23}$$

$$\varepsilon_{max} = \frac{\sigma_{max}}{E} + \frac{1}{n}\left(\frac{\sigma_{max}}{\sigma_R}\right)^n = \varepsilon_{e_{max}} + \varepsilon_{P_{max}} \tag{6-24}$$

然而

$$\sigma_b = \frac{Mv}{I} = \frac{6}{b \cdot h^2}\cdot M \tag{6-25}$$

并且

$$\left.\begin{aligned}\sigma_b &= (k-1)\cdot\sigma_0\cdot\sigma_{max}\\ k &= \frac{h\cdot W}{I} = \frac{3}{2}\end{aligned}\right\}\Rightarrow \frac{\sigma_0}{\sigma_{max}} = 2\left(\frac{\sigma_b}{\sigma_{max}}-1\right) \tag{6-26}$$

经过计算，得到

$$\frac{\sigma_b}{\sigma_{max}} = \frac{2(n-1)}{2n+1}\cdot\left(\frac{\varepsilon_{P_{max}}}{\varepsilon_{max}}\right)^2\cdot\left[\left(\frac{2n+1}{n+2}\right)\left(\frac{\varepsilon_{e_{max}}}{\varepsilon_{P_{max}}}\right)+1\right] \tag{6-27}$$

此表达式也可写为

$$\frac{\sigma_0}{\sigma_{max}} = 2\cdot\left(\frac{(n-1)}{n+2}\right)\left(\frac{\varepsilon_{P_{max}}}{\varepsilon_{max}}\right)\cdot\left(1-\left(\frac{n-1}{2n+1}\right)\left(\frac{\varepsilon_{P_{max}}}{\varepsilon_{P_{max}}}\right)\right) \tag{6-28}$$

式中：σ_{max}——最大许用应力；

$\varepsilon_{P_{max}} = \frac{1}{n}\left(\frac{\sigma_{max}}{\sigma_R}\right)^n$——最大许用塑性应变；

$\varepsilon_{max} = \frac{\sigma_{max}}{E} + \varepsilon_{P_{max}}$——最大许用应变。

特殊情况：

①$(\sigma_{max}=\sigma_R)\Rightarrow\varepsilon_{P_{max}}=\frac{1}{n}$，$\varepsilon_{max}=\frac{\sigma_R}{E}+\frac{1}{n}$；

②$(\sigma_{max}=\sigma_{0.2})\Rightarrow\varepsilon_{P_{max}}=0.2\%$，$\varepsilon_{max}=\frac{\sigma_{0.2}}{E}+0.2\%$。

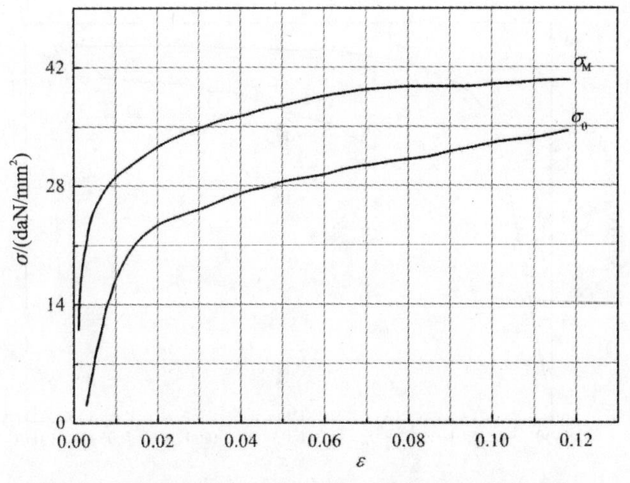

图 6-27　曲线 $\sigma_{max}=f(\varepsilon)$ 和 $\sigma_0=f(\varepsilon)$（2024-T3 包铝板（0.25 mm＜厚度＜1.6 mm））

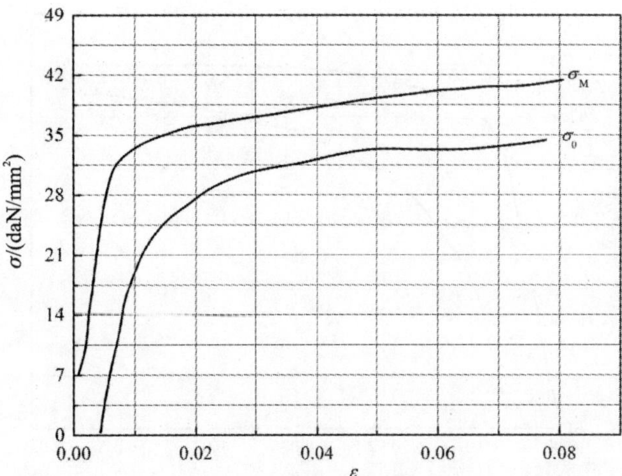

图 6-28　曲线 $\sigma_{max}=f(\varepsilon)$ 和 $\sigma_0=f(\varepsilon)$（2024-T6 包铝板（厚度＜1.6 mm））

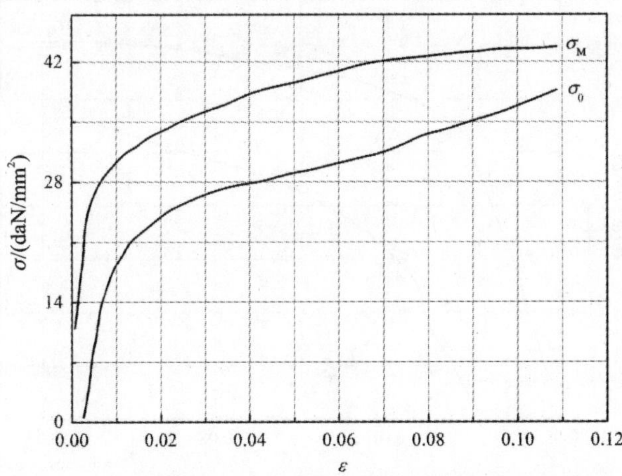

图 6-29　曲线 $\sigma_{max}=f(\varepsilon)$ 和 $\sigma_0=f(\varepsilon)$（2024-T3 包铝板（6.3 mm＜厚度＜12.7 mm））

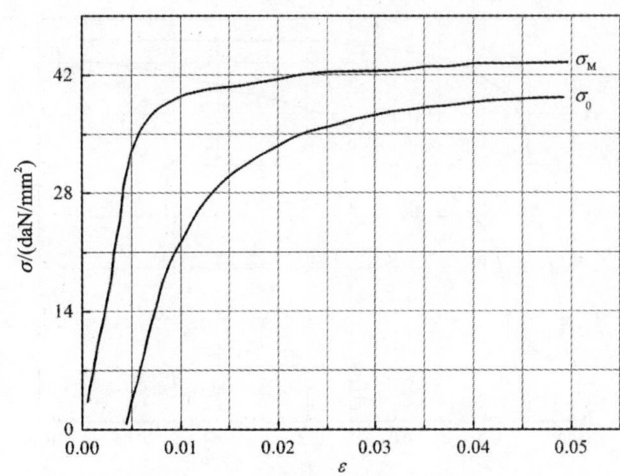

图 6-30　曲线 $\sigma_{max}=f(\varepsilon)$ 和 $\sigma_0=f(\varepsilon)$（2024-T81 包铝板（厚度＜1.6 mm））

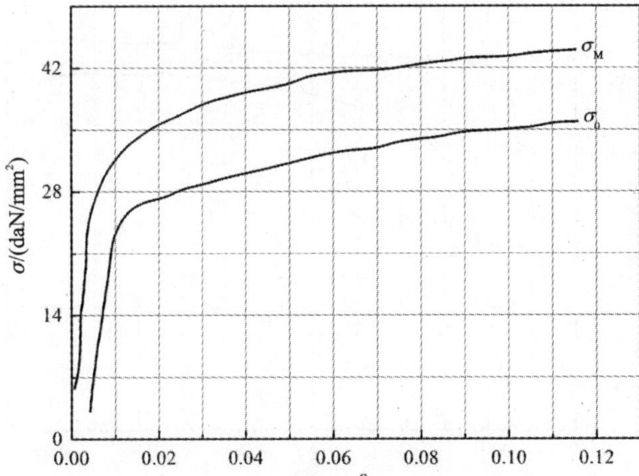

图 6-31　曲线 $\sigma_{max}=f(\varepsilon)$ 和 $\sigma_0=f(\varepsilon)$（2024-T3 厚板和薄板（厚度＜6.35 mm））

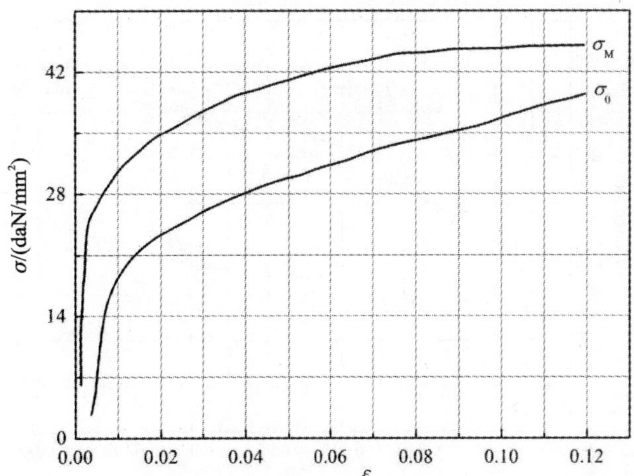

图 6-32　曲线 $\sigma_{max}=f(\varepsilon)$ 和 $\sigma_0=f(\varepsilon)$（2024-T3&-T4 厚板和薄板（厚度＜12.7 mm））

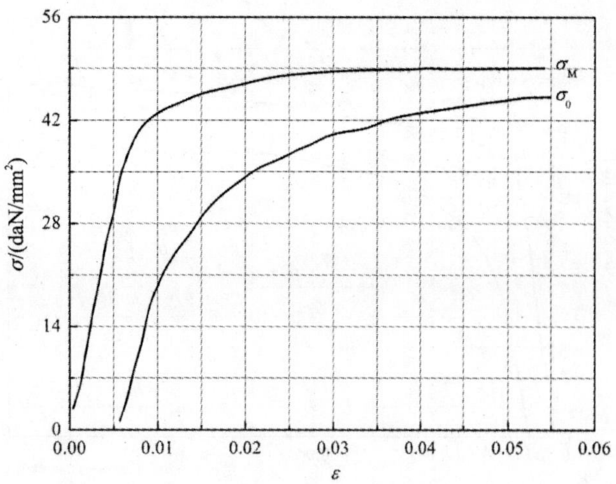

图 6-33 曲线 $\sigma_{max}=f(\varepsilon)$ 和 $\sigma_0=f(\varepsilon)$（7075-T6 包铝薄板（厚度<9.9 mm））

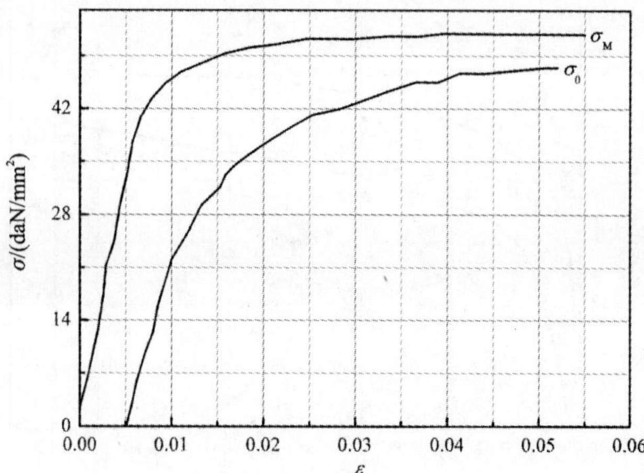

图 6-34 曲线 $\sigma_{max}=f(\varepsilon)$ 和 $\sigma_0=f(\varepsilon)$（7075-T6 薄板（厚度<1 mm））

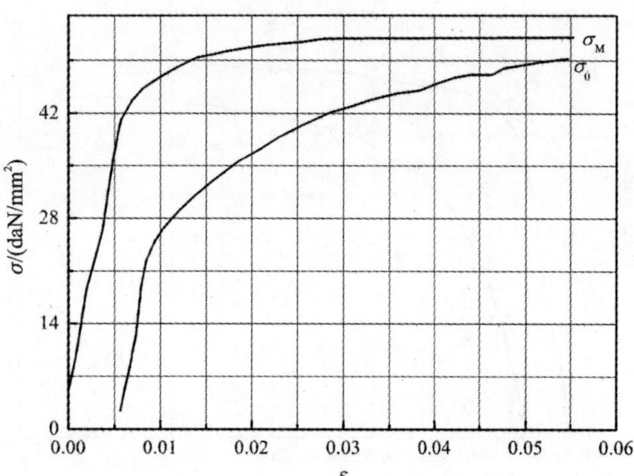

图 6-35 曲线 $\sigma_M=f(\varepsilon)$ 和 $\sigma_0=f(\varepsilon)$（7075-T6 挤出件（厚度<6.35 mm））

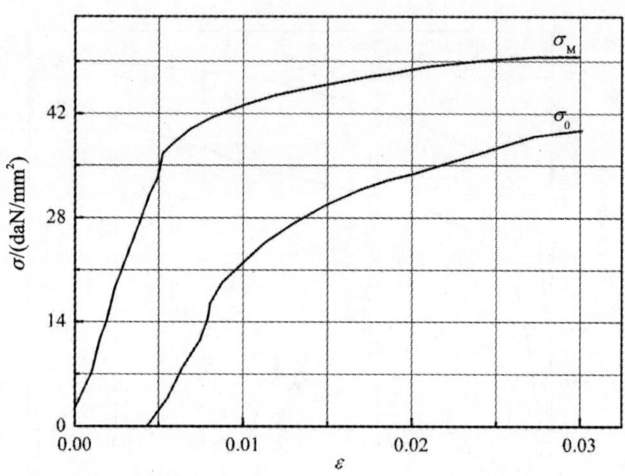

图 6-36 曲线 $\sigma_M=f(\varepsilon)$ 和 $\sigma_0=f(\varepsilon)$（7075-T6 锻件（厚度方向面积<10 322 mm²））

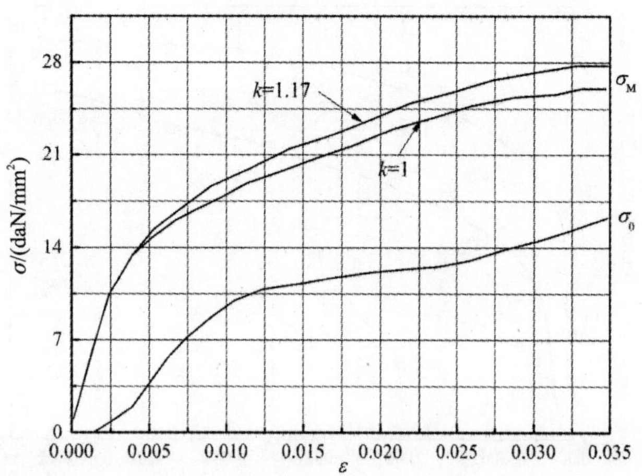

图 6-37 曲线 $\sigma_M=f(\varepsilon)$ 和 $\sigma_0=f(\varepsilon)$（AZ61A 锻造镁合金件（L 向））

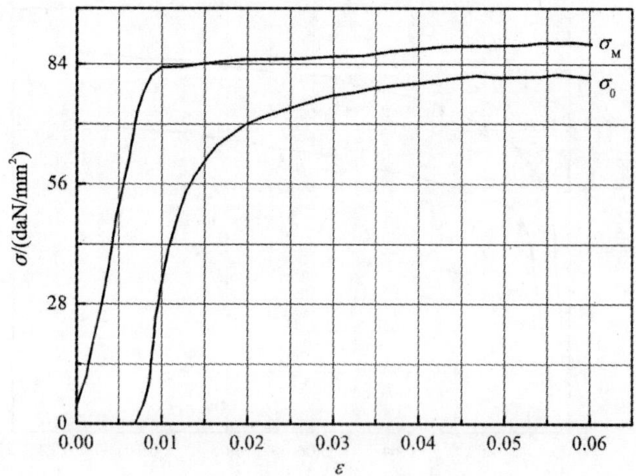

图 6-38 曲线 $\sigma_M=f(\varepsilon)$ 和 $\sigma_0=f(\varepsilon)$（T-A6V）

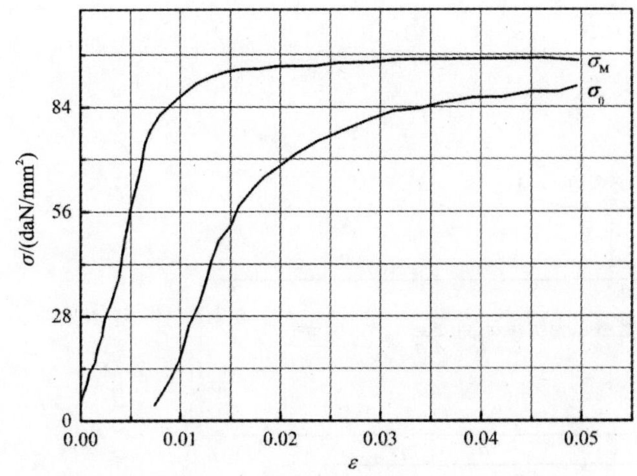

图 6-39　曲线 $\sigma_M=f(\varepsilon)$ 和 $\sigma_0=f(\varepsilon)$ (T-M3A4)

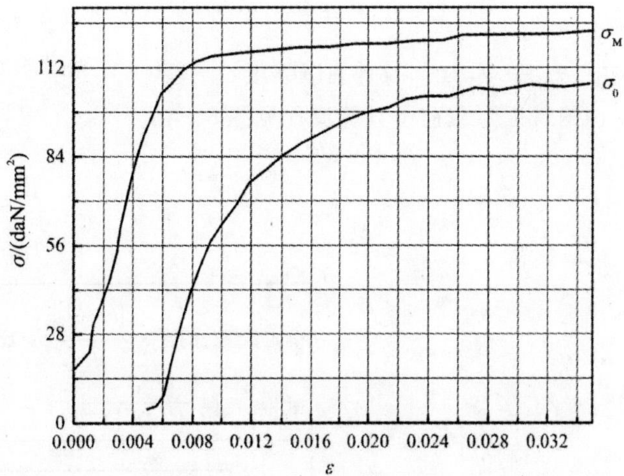

图 6-40　曲线 $\sigma_M=f(\varepsilon)$ 和 $\sigma_0=f(\varepsilon)$ (Z6 CNU17.04 棒材与锻件)

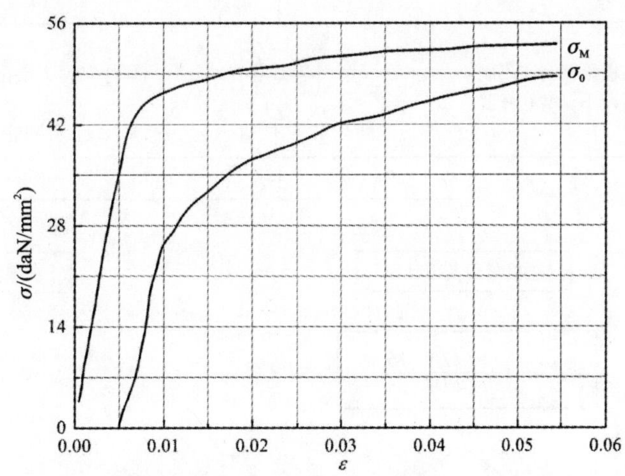

图 6-41　曲线 $\sigma_M=f(\varepsilon)$ 和 $\sigma_0=f(\varepsilon)$ (7079-T6 模锻件(L 向)(厚度≤152.4 mm)

6.6.2.3　许用弯曲载荷

为计算 P_{fu} 和 P_{fy}，令线性弯曲应力表达式等于 Cozzone 表达式。从而有

$$\frac{F \cdot b \cdot d}{4I}=\sigma_{max}+\sigma_0 \cdot (k-1) \tag{6-29}$$

在极限载荷作用下，可得：$\sigma_{max}=\sigma_R$。因此有

$$\frac{P_{fu} \cdot b \cdot d}{4I}=\sigma_R+\sigma_0 \cdot (k-1) \Rightarrow P_{fu}=\frac{4I}{b \cdot d}\mid \sigma_R+\sigma_0 \cdot (k-1)\mid \tag{6-30}$$

式中：I——销钉的惯性矩；

b——弯矩杠杆臂；

d——销钉的直径；

σ_R——极限强度；

σ_0——中线处的 Cozzone 虚应力；

k——σ_0 因子。

在限制载荷条件下，应力水平必须保持在弹性范围内，也就是 $\sigma_0=0$ 和 $\sigma_b=\sigma_{max}=\sigma_{0.2}$。因此，限制载荷下的许用载荷将简化为

$$P_{fy} = \frac{4I \cdot \sigma_{0.2}}{b \cdot d} \tag{6-31}$$

式中：$\sigma_{0.2}$——0.2%拉伸屈服强度。

销钉极限载荷下计算流程见图6-42。

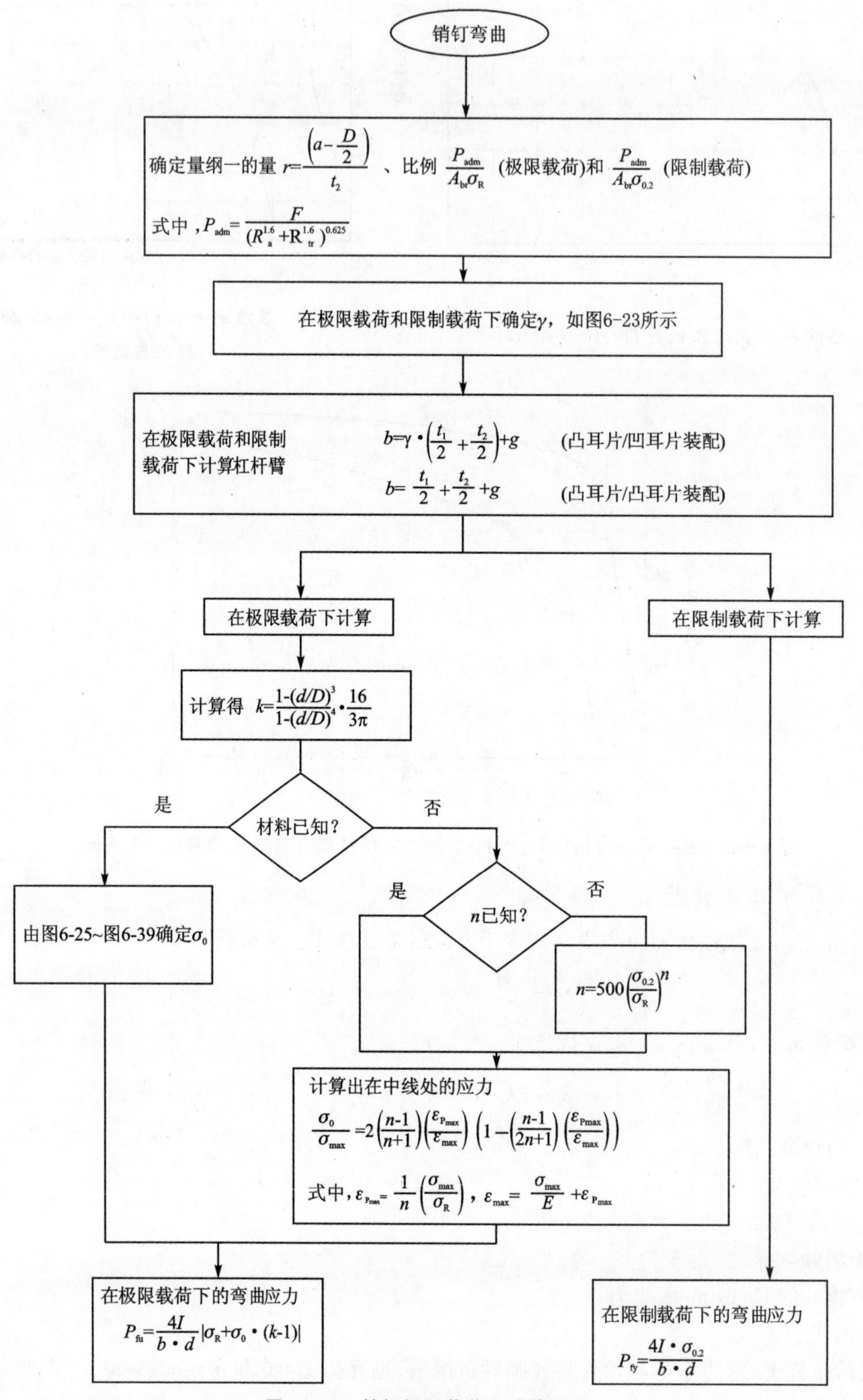

图6-42 销钉极限载荷下计算流程

6.7 实　例

6.7.1 基本参数

耳片几何参数见图 6-43。

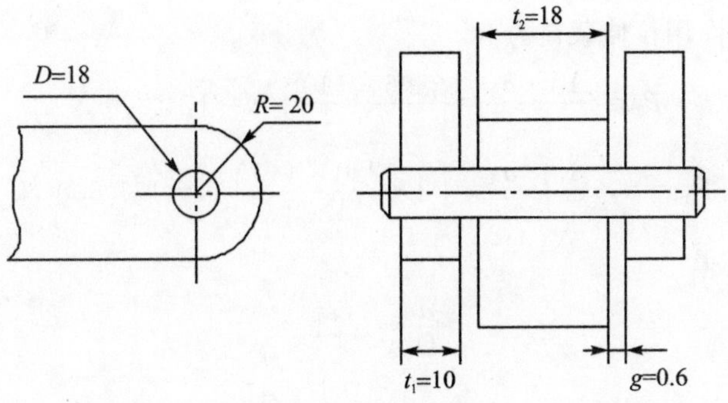

图 6-43　实例图

凸耳片和凹耳片采用 2024-T351 板。其中，$E_1=E_2=73\ 800$ MPa，$\sigma_R=440$ MPa，$\sigma_{0.2}=305$ MPa，$F_{bru}(e/D=2)=820$ MPa，$F_{bry}(e/D=2)=625$ MPa，$n=9$，$e(\%)=6\%$。

螺栓由 Ti6Al4V 制成，其直径为 18 mm。特征为：$E_a=110\ 300$ MPa，$\sigma_R=900$ MPa，$n=40$，$\sigma_{0.2}=870$ MPa，$\tau_{adm}=520$ MPa。

根据以上几何模型有：$W=400$ mm，$L=a=200$ mm，$R=20$ mm，$D=18$ mm，$d=18$ mm，$t_1=10$ mm，$t_2=18$ mm，$g=0.6$ mm。

临界表面区域参数如下：

$$A_{t1}=(W-D)\cdot t_1=(40-18)\times 10\ \text{mm}^2=220\ \text{mm}^2$$

$$A_{br1}=D\cdot t_1=18\times 10\ \text{mm}^2=180\ \text{mm}^2$$

$$A_{t2}=(W-D)\cdot t_2=(40-18)\times 18\ \text{mm}^2=396\ \text{mm}^2$$

$$A_{br1}=D\cdot t_2=18\times 18\ \text{mm}^2=324\ \text{mm}^2$$

施加力：在极限载荷下，斜应力部分转化为 $F_a=70\ 000$ N 和 $F_t=30\ 000$ N，这些力已经将拟合系数包含在内。

6.7.2 耳片受力分析

6.7.2.1 许用轴向载荷计算

1. 许用拉伸载荷计算

所确定的断裂应变为：$\dfrac{1}{n}=\dfrac{1}{9}=0.11>e(\%)\Rightarrow\varepsilon_s=e(\%)=6\%$。

弹性应力集中系数根据航空疲劳手册中图所决定。根据耳片几何尺寸和疲劳手册可得 $K_{tET}=5.25$，$G=1.1$(凸耳片)，$G=1.2$(凹耳片)。

从而对凸耳片有 $K_t=K_{tET}\cdot G=5.25\times 1.1=5.78$，对凹耳片有 $K_t=K_{tET}\cdot G=5.25\times 1.2=6.3$。

疲劳手册中使用的参考面为总截面，而本文中需考虑其有效截面。因此，应力集中系数表述如下：

凸耳片　　$$K_{te}=\frac{W-D}{W}\cdot K_t=\frac{40-18}{40}\cdot 5.78=3.18$$

凹耳片 $$K_{te}=\frac{W-D}{W}\cdot K_t=\frac{40-18}{40}\cdot 6.3=3.47$$

从而应力集中系数 K_σ 为

凸耳片 $$K_\sigma=K_{te}\sqrt{\frac{\sigma_R}{E\times\varepsilon_s}}=3.18\times\sqrt{\frac{440}{73\ 800\times 0.06}}=1$$

凹耳片 $$K_\sigma=K_{te}\sqrt{\frac{\sigma_R}{E\times\varepsilon_s}}=3.47\times\sqrt{\frac{440}{73\ 800\times 0.06}}=1.09$$

因此,极限载荷条件下的许用拉伸载荷为

凸耳片 $$P_{tu}=\frac{A_{t2}\cdot\sigma_R}{K_\sigma}=\left(\frac{396\times 440}{1}\right)\ \mathrm{N}=174\ 200\ \mathrm{N}$$

凹耳片 $$P_{tu}=2\times\frac{A_{t1}\cdot\sigma_R}{K_\sigma}=\left(2\times\frac{220\times 440}{1.09}\right)\ \mathrm{N}=177\ 600\ \mathrm{N}$$

2. 许用剪切/挤压载荷计算

对凸耳和凹耳有 $$\frac{a}{D}=1.11。$$

根据图6-11有:

凸耳片 $$\left.\begin{array}{l}\dfrac{a}{D}=1.11\\[2ex]\dfrac{D}{t_2}=1\end{array}\right\}\Rightarrow K_{br}\approx 0.98,$$

凹耳片 $$\left.\begin{array}{l}\dfrac{a}{D}=1.11\\[2ex]\dfrac{D}{t_1}=1.8\end{array}\right\}\Rightarrow K_{br}\approx 0.98$$

因此,在极限载荷下的许用应力为

凸耳片 $$P_{bru}=K_{br}\times A_{br2}\times F_{tux}=\left(0.98\times 324\times\frac{820}{1.9}\right)\ \mathrm{N}=137\ 000\ \mathrm{N}$$

凹耳片 $$P_{bru}=2\times K_{br}\times A_{br1}\times F_{tux}=\left(2\times 0.98\times 180\times\frac{820}{1.9}\right)\ \mathrm{N}=152\ 200\ \mathrm{N}$$

简言之,在极限载荷下的许用轴向载荷为

凸耳片 $$P_u=(P_{tu};P_{bru})_{min}=(174\ 200;137\ 000)_{min}\ \mathrm{N}=137\ 000\ \mathrm{N}$$

凹耳片 $$P_u=(P_{tu};P_{bru})_{min}=(177\ 600;152\ 000)_{min}\ \mathrm{N}=152\ 000\ \mathrm{N}$$

$$F_{tyx}=0.593\times F_{bry}=(0.593\times 625)\ \mathrm{MPa}=371\ \mathrm{MPa}$$

凸耳片 $$\frac{P_u}{A_{br2}\times F_{tux}}=\frac{137\ 000}{324\times\frac{820}{1.9}}=0.98<1.05\Rightarrow K_y=1.1$$

凹耳片 $$\frac{P_u}{2\times A_{br1}\times F_{tux}}=\frac{152\ 200}{2\times 180\times\frac{820}{1.9}}=0.98<1.05\Rightarrow K_y=1.1$$

综上所述,在限制载荷下许用的轴向力为

凸耳片 $$P_y=K_y\times\frac{F_{tyx}}{F_{tux}}\times P_u=129\ 400\ \mathrm{N}$$

凹耳片 $$P_y=K_y\times\frac{F_{tyx}}{F_{tux}}\times P_u=143\ 800\ \mathrm{N}$$

6.7.2.2 许用横向载荷的计算

耳片几何面积计算如下:

凸耳片　$A_{av}=\frac{6}{\frac{3}{A_1}+\frac{1}{A_2}+\frac{1}{A_3}+\frac{1}{A_4}}=\frac{6}{\frac{3}{13.64}+\frac{1}{11}+\frac{1}{11}+\frac{1}{13.64}}\times 18\ \text{mm}^2=227.3\ \text{mm}^2$

凹耳片　$A_{av}=\frac{6}{\frac{3}{A_1}+\frac{1}{A_2}+\frac{1}{A_3}+\frac{1}{A_4}}=\frac{6}{\frac{3}{13.64}+\frac{1}{11}+\frac{1}{11}+\frac{1}{13.64}}\times 10\ \text{mm}^2=126.3\ \text{mm}^2$

根据图 6-16,对于凸耳片和凹耳片均可以得出如下结果:

$$\frac{A_{ay}}{A_{br2}}=\frac{A_{ay}}{A_{br1}}=0.7\Rightarrow K_{tru}=0.54,K_{try}=0.8$$

因此,在极限载荷下的许用载荷为

凸耳片　$P_{tru}=K_{tru}\times A_{br2}\times\sigma_R=(0.54\times 324\times 440)\ \text{N}=77\ 000\ \text{N}$

凹耳片　$P_{tru}=2\times K_{tru}\times A_{br1}\times\sigma_R=(2\times 0.54\times 180\times 440)\ \text{N}=85\ 500\ \text{N}$

在限制载荷下的许用载荷为

凸耳片　$P_{try}=K_{try}\times A_{br2}\times\sigma_{0.2}=(0.8\times 324\times 305)\ \text{N}=79\ 000\ \text{N}$

凹耳片　$P_{try}=2\times K_{try}\times A_{br1}\times\sigma_{0.2}=(2\times 0.8\times 180\times 305)\ \text{N}=87\ 800\ \text{N}$

综上所述,许用横向载荷为

极限载荷条件下:

凸耳片　$P_{tru}=79\ 000\ \text{N}$

凹耳片　$P_{tru}=87\ 800\ \text{N}$

限制载荷条件下:

凸耳片　$P_{try}=79\ 000\ \text{N}$

凹耳片　$P_{try}=87\ 800\ \text{N}$

6.7.2.3　耳片安全系数计算

在极限载荷条件下的安全系数为

对于凸耳片有

$$\text{R.F.}=\frac{1}{[R_a^{1.6}+R_{tr}^{1.6}]^{0.625}}=\frac{1}{\left[\left(\frac{F_a}{P_u}\right)^{1.6}+\left(\frac{F_{tr}}{P_{tru}}\right)^{1.6}\right]^{0.625}}=\frac{1}{\left[\left(\frac{70\ 000}{137\ 000}\right)^{1.6}+\left(\frac{30\ 000}{79\ 000}\right)^{1.6}\right]^{0.625}}=1.45$$

对于凹耳片有

$$\text{R.F.}=\frac{1}{[R_a^{1.6}+R_{tr}^{1.6}]^{0.625}}=\frac{1}{\left[\left(\frac{F_a}{P_u}\right)^{1.6}+\left(\frac{F_{tr}}{P_{tru}}\right)^{1.6}\right]^{0.625}}=\frac{1}{\left[\left(\frac{70\ 000}{152\ 200}\right)^{1.6}+\left(\frac{30\ 000}{87\ 800}\right)^{1.6}\right]^{0.625}}=1.61$$

令限制载荷=极限载荷/1.5,可以得到如下结果:

$$F_a=46\ 670\ \text{N},F_t=20\ 000\ \text{N}$$

因此,在限制载荷条件下的安全系数为

对于凸耳片有

$$\text{R.F.}=\frac{1}{[R_a^{1.6}+R_{tr}^{1.6}]^{0.625}}=\frac{1}{\left[\left(\frac{F_a}{P_{bry}}\right)^{1.6}+\left(\frac{F_{tr}}{P_{try}}\right)^{1.6}\right]^{0.625}}=\frac{1}{\left[\left(\frac{46\ 670}{129\ 400}\right)^{1.6}+\left(\frac{20\ 000}{79\ 000}\right)^{1.6}\right]^{0.625}}=2.09$$

对于凹耳片有

$$\text{R.F.}=\frac{1}{[R_a^{1.6}+R_{tr}^{1.6}]^{0.625}}=\frac{1}{\left[\left(\frac{F_a}{P_{bry}}\right)^{1.6}+\left(\frac{F_{tr}}{P_{try}}\right)^{1.6}\right]^{0.625}}=\frac{1}{\left[\left(\frac{46\ 670}{143\ 800}\right)^{1.6}+\left(\frac{20\ 000}{87\ 800}\right)^{1.6}\right]^{0.625}}=2.33$$

6.7.3 销钉应力

6.7.3.1 销钉剪切

此处,销钉承受双剪力,因此许用载荷为

$$P_{su}=\frac{\pi\times d^2\times\tau_{adm}}{2}=\frac{\pi\times 18^2\times 520}{2}\text{N}=264\ 650\ \text{N}$$

作用于销钉上的载荷为

$$\text{F}=\sqrt{F_a^2+F_{tr}^2}=\sqrt{70\ 000^2+30\ 000^2}\ \text{N}=76\ 160\ \text{N}$$

因此承受剪销钉的安全系数为

$$\text{R. F}=\frac{P_{su}}{F}=\frac{264\ 650}{76\ 160}=3.47$$

6.7.3.2 销钉弯曲

1. 极限载荷条件下

极限载荷条件下的许用斜向载荷 P_{adm} 为

$$P_{adm}=\frac{F}{[R_a^{1.6}+R_{tr}^{1.6}]^{0.625}}=\frac{76\ 160}{\left[\left(\frac{70\ 000}{137\ 000}\right)^{1.6}+\frac{30\ 000}{79\ 000}^{1.6}\right]^{0.625}}\text{N}=110\ 170\ \text{N}$$

峰值参数由图 6-20 定义,则

$$\left.\begin{aligned} r&=\frac{\left[a-\frac{D}{2}\right]}{t_2}=\frac{\left[20-\frac{18}{2}\right]}{18}=0.61\\ \frac{P_{adm}}{A_{br}\times\sigma_R}&=\frac{110\ 170}{324\times 440}=0.77\end{aligned}\right\}\Rightarrow\gamma=0.38$$

因此,在极限载荷下的杠杆臂为

$$b=\gamma\times\left(\frac{t_1}{2}+\frac{t_2}{4}\right)+g=\left[0.38\times\left(\frac{10}{2}+\frac{18}{4}\right)+0.6\right]\text{mm}=4.21\ \text{mm}$$

对于实心圆形销钉,经 Cozzone 法计算得

$$k=\frac{16}{3\pi}\approx 1.7$$

通常在极限载荷下,销钉中线处的应力不超过极限强度,即

$$\sigma_M=\sigma_R=900\ \text{MPa}$$

从而可以推断弯曲模量 σ_0 为

$$\frac{\sigma_0}{\sigma_{max}}=2\left(\frac{n-1}{n+2}\right)\times\left(\frac{\varepsilon_{P_{max}}}{\varepsilon_{max}}\right)\times\left(1-\left(\frac{n-1}{2n+1}\right)\times\left(\frac{\varepsilon_{P_{max}}}{\varepsilon_{max}}\right)\right)$$

式中:$\sigma_{P_{max}}=\frac{1}{n}$;

$\sigma_{max}=\frac{\sigma_R}{E}+\frac{1}{n}=\frac{900}{110\ 300}+\frac{1}{40}=0.033$;

$\sigma_0=803$ MPa。

因此,在极限弯曲载荷下的许用载荷为

$$P_{fu}=\frac{4I}{b\times d}[\sigma_R+\sigma_o\times(k-1)]=\frac{4\times\frac{\pi\times 18^4}{64}}{4.21\times 18}\times[900+803\times(1.7-1)]\ \text{N}=397\ 690\ \text{N}$$

从而,相应的弯曲安全系数为

$$\text{R. F.} = \frac{P_{\text{fu}}}{F} = \frac{397\ 690}{76\ 160} \Rightarrow \text{R. F.} = 5.22$$

2. 限制载荷条件下

限制载荷条件下的许用斜向载荷 P_{adm} 为

$$P_{\text{adm}} = \frac{F}{[R_{\text{a}}^{1.6} + R_{\text{tr}}^{1.6}]^{0.625}} = \frac{76\ 160/1.5}{\left[\left(\dfrac{46\ 670}{129\ 400}\right)^{1.6} + \left(\dfrac{20\ 000}{79\ 000}\right)^{1.6}\right]^{0.625}}\ \text{N} = 106\ 300\ \text{N}$$

峰值参数由图 6-20 定义，有

$$\left.\begin{aligned} r &= \frac{\left[a - \dfrac{D}{2}\right]}{t_2} = \frac{\left[20 - \dfrac{18}{2}\right]}{18} = 0.61 \\ \frac{P_{\text{adm}}}{A_{\text{br}} \times \sigma_{\text{R}}} &= \frac{106\ 300}{324 \times 305} = 1.08 \end{aligned}\right\} \Rightarrow \gamma = 0.53$$

因此，在极限载荷下的杠杆臂为

$$b = \gamma \times \left(\frac{t_1}{2} + \frac{t_2}{4}\right) + g = \left(0.53 \times \left(\frac{10}{2} + \frac{18}{4}\right) + 0.6\right)\ \text{mm} = 5.64\ \text{mm}$$

因此，在极限弯曲载荷下的许用载荷为

$$P_{\text{fy}} = \frac{4I\sigma_{0.2}}{b \times d} = \left(\frac{4\ \dfrac{\pi \times 18^4}{64} \times 870}{5.64 \times 18}\right)\ \text{N} = 176\ 640\ \text{N}$$

从而，相应的弯曲安全系数为

$$\text{R. F.} = \frac{\text{P}_{\text{fu}}}{\text{F}} = \frac{176\ 640}{76\ 160/1.5} \Rightarrow \text{R. F.} = 3.48$$

参考文献

[1] 牛春匀.实用飞机结构应力分析及尺寸设计[M]，北京：航空工业出版社，2009.

[2] Lugs and Shear Pins. M A ，Hoblet，F. M. in Product Engineering，1953.

[3] Walter D. Pilkey. Formulas for Stress，Strain and Structural Matrices[M]，Hoboken，NJ：John Wiley&Sons Inc，2005.

[4] Bruhn E. F. Analysis and Design of Flight Vehicle Structures[M]. INC. ：Jacobs publishintg. 1973.

第7章 加强孔结构分析方法

7.0 符号说明

符号	单位[①]	物理意义
K_{tmax}		最大应力集中系数
d		加强孔直径
D		圆形加强件直径
t_{r}		加强件宽度
h_{r}		加强件高度
t		板厚度
$b_{\mathrm{r}}, a_{\mathrm{r}}$		椭圆、方形和三角形孔的尺寸
r_{a}		三角形孔的角半径
r_{r}		方形孔的角半径
c		孔边距
K_{t}		应力集中系数
σ_{max}		最大应力
σ_{equi}		等效应力(Von Mises)
$\overline{A}$		等效截面
A_r		加强件的径截面
A_p		被加强板的径截面
η		加强件的几何有效系数
l_{∞}		关于通过板重心且与平板中线平行的中线的加强件惯性
l_{xr}		关于平板中线的加强件惯性
E_{p}		板的杨氏模量
E_{r}		加强件杨氏模量
σ_x, σ_y, τ		孔边应力条件
σ_1, σ_2		主应力
K_{tr}		加强件与板圆孔连接处的应力集中系数
K_{tb}		圆孔边界的应力集中系数

① 本书的量和单位以中华人民共和国国家标准为准。考虑到在实际设计工作中，很多资料(尤其是外版资料)大量应用英制单位，为方便读者使用，亦保留部分英制单位。

7.1 概 述

本文提出了一种无限宽板中或接近板自由边的加强孔周围最大应力的计算方法(假设该板稳定)。本章中所涉及的开孔结构均为小的加强孔,例如紧固件安装孔等,而并非舱门等大的开口结构。

7.1.1 术语(定义)

孔被广泛用于飞机结构,它们被用于结构减重、电线或电缆的导管,甚至作为进入飞机内部的通道。

通常采用增厚、紧固加强件或者内衬套来对孔进行加强。其中,增厚通过对含孔板进行机械加工获得;紧固加强件为采用螺栓、铆钉或点焊固定在孔周围的环;孔的衬套采用与板不同的材料加工而成,这种技术的优点是能够加强孔,而无须增厚(更紧凑)。增厚部分或紧固加强件相对于所述板的中线可能是对称的。

7.1.2 行为和失效模式

结构中的孔可以局部地改变该结构的力学行为,尤其会在孔的周围形成一个应力集中状态;此种应力集中可能会超过材料的使用极限,并引起结构的局部失效,因此,该情况下,通常建议对孔进行增强。

采用 Mises - Hencky 准则对增强孔周围的应力状态进行分析。该方法用于计算最大等效应力,其值可以达到所选择的许用极限。

注:在常规结构区域,通常采用理论应力集中系数(相对于总应力)。

$$K_{tmax} = 2.4 \qquad (7-1)$$

7.1.3 方法介绍

为涵盖尽可能多的情况,本研究将考虑不同应力状态下多种形状的孔和加强件。其中,孔的几何形状包括:圆形、椭圆形、矩形(含圆角)和三角形(含圆角);孔增强方法包括:增厚、紧固件增强(例如铆接)和孔内衬套增强(衬套和板的材料不同)。

通常采用两种几何标准对上述参数进行定义:①D/d 为孔的直径和加强件的直径之比,②h_r/t_r 为加强件的高度与宽度之比。孔增强示意图如图 7-1。

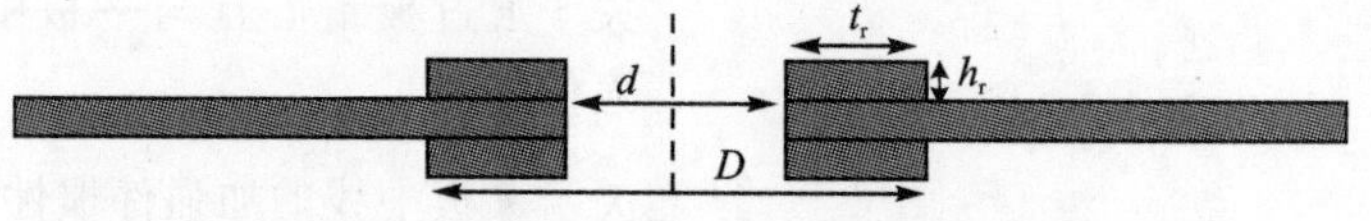

图 7-1 增强孔示意图

若 $D/d>1.05$,则可认为加强件足够宽,从而可以考虑沿加强件径截面变化的应力。该情况下,可以计算出孔边及加强件与板连接处的 K_{tmax}。

若 $D/d<1.05$,则可认为加强件是窄的,意味着沿径截面的应力是均匀的,从而加强件将由其表面区域所表示,而加强件与板的界面将由一条直线所表示,该线被定义为加强件的外径,K_{tmax} 将在此线的某点处进行计算。

在这种情况下,两种子类型的窄加强件是有区别的:若 $h_r/t_r>3$,则加强件被视为是紧凑的;如果 $h_r/t_r<3$,则加强件被视为一个法兰边。

加强件类型
- 宽（$D/d>1.05$）
- 窄（$D/d<1.05$）
  - 紧凑（$h_r/t_r>3$）
  - 法兰边（$h_r/t_r<3$）

通常，孔增强是指对孔周围进行局部加厚，然而为整体尺寸考虑，也可采用其他增强方法，包括在孔中插入与板材料不同的衬套。本章所描述的方法中涵盖了此种增强类型，并考虑了两种材料件杨氏模量和泊松比的差异。此外，紧固件增强（例如铆接）被作为本章所讨论的一般方法的外推法。

采用 Mises - Hencky 法对不同加载情况进行分析，该方法所计算最大应力可以达到所选择的许用极限。其中，所述的基本加载情况包括：单轴拉伸、双轴拉伸和剪切。复合加载情况下的应力为每种基本情况的线性组合。

注：①对于圆孔情况，承受双向拉伸载荷时，最好使用主应力（参见 7.3.1.4）。

② 实际应力总是小于或等于所计算的应力。事实上，每种加载情况下最大应力的出现位置是不同的，从而这些最大应力的组合要大于实际应力。

7.2　数据准备

7.2.1　材料参数

材料参数主要指所使用材料（板和加强件）的杨氏模量 E。

7.2.2　几何参数

本章所讨论的不同类型加强件和不同类型孔所需的几何参数不同。

1）对于宽加强件和圆孔而言，所需几何参数如图 7 - 2 所示。

2）对于窄加强件和圆孔或椭圆孔而言，所需几何参数如图 7 - 3 所示。

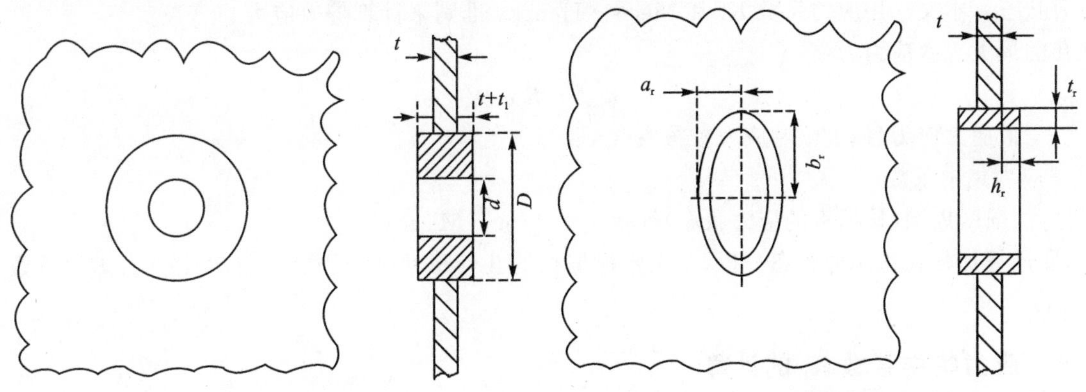

图 7 - 2　宽加强件圆孔参数　　　图 7 - 3　窄加强件椭圆孔参数

3）对于窄加强件和方孔而言，所需几何参数如图 7 - 4 所示。

4）对于窄加强件和三角形孔而言，所需几何参数如图 7 - 5 所示。

5）对于窄加强件和接近边缘的圆孔而言，所需几何参数如图 7 - 6 所示。

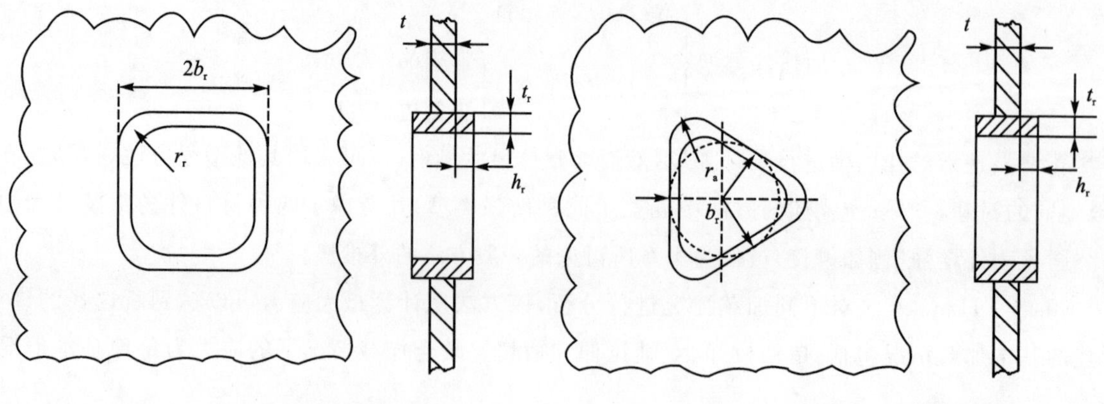

图7-4 窄加强件方孔参数

图7-5 窄加强件三角形孔参数

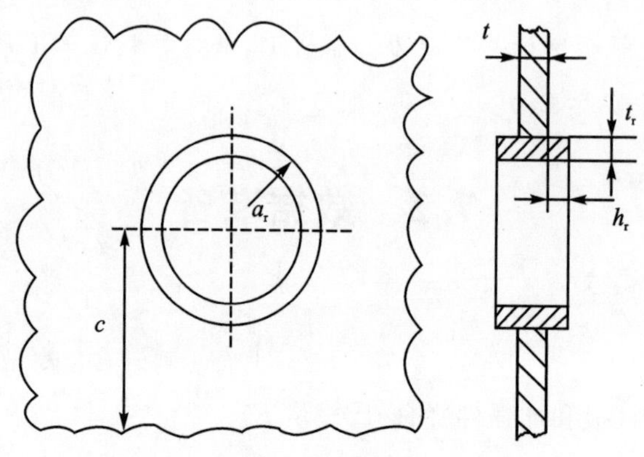

图7-6 窄加强件接近边缘圆孔参数

7.3 一般方法

对于无限宽板中的孔，由于该孔被加强（增厚、衬套、环），其目的就在于计算孔增强区的最大应力及板中孔边处的应力状态。本文采用应力系数 K_t 和 Mises - Hencky 准则来计算等效应力。

加强孔的最大等效应力为

$$\sigma_{\max} = K_t \sigma_{\text{equi}} \tag{7-2}$$

式中：$\sigma_{\max}$——最应大应力（通过限制应力校核）；

K_t——应力集中系数；

σ_{equi}——加强区周围（根据板的应力状态）等效应力（Von - Mises）。

为此，要进行加强孔边应力状态分析，首先要根据板的几何形状和应力状态计算出应力集中系数 K_t 和等效应力 σ_{equi}。

7.3.1 应力集中系数 K_t 的计算

此系数取决于孔的几何形状、加强件的类型以及板中孔边的应力状态。

为了表征孔的几何形状和加强件的类型，定义了该加强件的等效截面。为解决真实情况，此参数记为 $\overline{A}$。该等效截面的公式为

$$\overline{A} = A_p = \eta A_r \tag{7-3}$$

式中：A_p——被增强板的横截面积；

A_r——加强件的横截面积；

η——加强件的几何有效系数。

由于加强件的类型不同，导致所计算的 η 值不同。该系数的计算考虑了中性轴的偏移(若加强件关于板非对称)及板与加强件材料的差异(若为此种情况)。

7.3.1.1　紧凑加强件几何有效系数 η 的计算

对于紧凑加强件($D/d<1.05$ 和 $h_r/t_r<3$)如图 7-7，η 的计算公式为

$$\eta=\frac{I_{00}}{I_{xx}}\frac{E_r}{E_p} \tag{7-4}$$

式中：I_{00}——加强件关于平行于板中心线且穿过其重心的轴的惯性矩；

I_{xx}——加强件关于板中心线的惯性矩；

E_p——板的杨氏模量；

E_r——加强件的杨氏模量；

实例：非对称矩形横截面加强件。

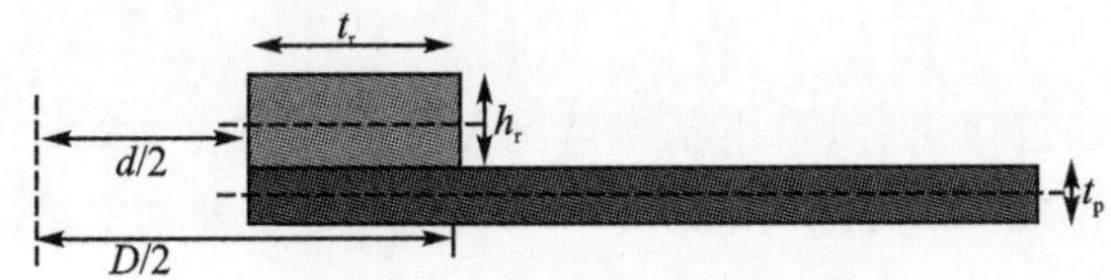

图 7-7　紧凑加强件示意图

此情况下有

$$I_{00}=\frac{t_r h_r^3}{12}\text{，且 } I_{xx}=I_{00}+A_r\left(\frac{h_r+t_p}{2}\right)^2=\frac{t_r h_r^3}{12}+t_r h_r\left(\frac{h_r+t_p}{2}\right)^2$$

$$\eta=\frac{1}{1+3\left(1+\frac{t_p}{h_r}\right)^2}\frac{E_r}{E_p}$$

另外，若不考虑板相对于加强件的厚度，则 $\eta=1/4$。

7.3.1.2　法兰边几何有效系数 η 的计算

本章 7.4.1 节的图表中给出了双轴拉伸时对称和非对称法兰边的 η 值。

所述曲线根据薄板理论进行绘制，而对于本理论没有真正适用的区域，在图中用虚线表示。

这些几何有效系数可以用于任何应力状态下非圆形孔情况的计算。

注：加强件下部的板的横截面积 A_p 参与加强。若加强件的杨氏模量与板的杨氏模量不同，则在进行几何有效系数计算时须将此差异考虑进去。从而需要将从图表中获得的值乘以系数 E_r/E_p。

若板与加强件的材料不同，则

$$\eta_{\text{true}}=\eta_{\text{chart}}\frac{E_r}{E_p} \tag{7-5}$$

式中：E_p——板的杨氏模量；

E_r——加强件的杨氏模量。

7.4.1 节给出的示例为：①对称法兰边情况；②h_r/t_r 值在 3～10 之间的非对称法兰边情况。

7.3.1.3　宽加强件几何有效系数 η 的计算

本章中所提到的关于大加强件的结果无法考虑非对称加强件以及板与加强件材料不一致的情况。对于非对称加强件以及加强件材料与板材料不一致的情况，可以考虑以下两种近似值：

1）认为加强件是窄的：它的优势在于可以考虑非对称以及材料不同情况下 η 的计算（参考 7.3.1.1 节）；其劣势在于需要计算加强件和板之间连接处的应力，并且假定贯穿加强件的该应力为一恒定值。

2）认为加强件是宽的、对称的，并且材料与板的材料一致（参考 7.6.5 节中的示例），其优势在于通过计算孔边以及加强件和板连接处的应力，从而考虑了加强件的应力变化；其劣势在于无法考虑中线的偏移以及材料的不同。

这两种近似值方法同样适用于非圆形宽加强件。本章仅讨论宽的圆形加强件情况。

7.3.1.4 考虑无限应力状态

根据 7.4.2 节中的相应图表进行 K_t 的计算。除等效横截面积 $\overline{A}$ 的计算外，加强件周围的总平均应力状态也是至关重要的。

1）宽加强件（$D/d>1.05$）：计算总平均主应力是很重要的（板中无孔和加强件）。

有如下关系：

$$\sigma_1 = \frac{1}{2}(\sigma_x + \sigma_y) + \sqrt{\frac{1}{4}[(\sigma_x - \sigma_y)^2] + \tau^2} \tag{7-6}$$

$$\sigma_2 = \frac{1}{2}(\sigma_x + \sigma_y) - \sqrt{\frac{1}{4}[(\sigma_x + \sigma_y)^2] + \tau^2} \tag{7-7}$$

从而就需要进行线性组合，通过该组合，采用基本情况可以进行主应力的计算。

例如，对于宽环加强的圆形孔（$D/d>1.05$），如图 7-8 所示，有 5 种基本情况（见表 7-1）需要考虑。

表 7-1 圆形孔的几种总平均应力情况

	σ_1	σ_2
case1	1	1
case2	1	0.5
case3	1	0
case4	1	−0.5
case5	1	−1

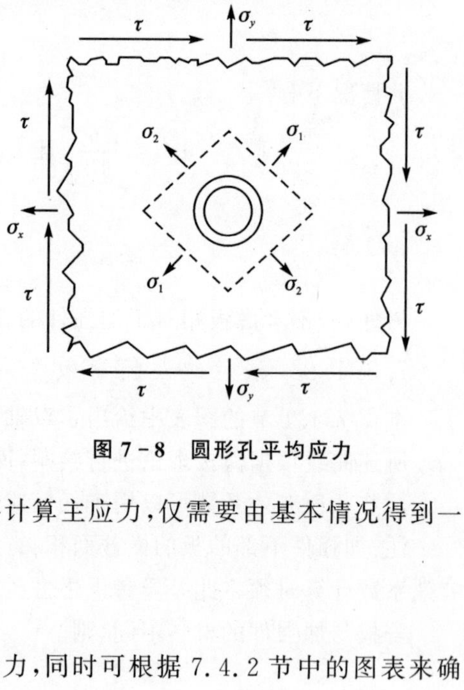

图 7-8 圆形孔平均应力

对于此种情况有 $\frac{\sigma_2}{\sigma_1}=\frac{1}{4}$，

从而有 $K_{t\left(\frac{\sigma_2}{\sigma_1}=\frac{1}{4}\right)}=\frac{K_{t(cas_3)}+K_{t(cas_2)}}{2}$，式中，$K_{t(cas_i)}$ 从表中获得。

2）窄加强件（$D/d<1.05$）：与宽加强件不同的是，窄加强件不需要计算主应力，仅需要由基本情况得到一个线性关系，根据此线性关系计算真实应力。

7.3.1.5 结 论

根据等效横截面积 $\overline{A}$ 和各基本情况间的线性关系，可获得真实应力，同时可根据 7.4.2 节中的图表来确定 K_{tmax}。

7.3.2 等效应力 $\boldsymbol{\sigma}_{\mathrm{equi}}$ 的计算

假设加强孔周围处于任意应力水平。如图 7-9 所示。等效应力（Mises-Hencky 准则）的表达式为

$$\sigma_{\mathrm{equi}} = \sqrt{\sigma_x^2 - \sigma_x\sigma_y + \sigma_y^2 + 3\tau^2} \tag{7-8}$$

由上式得出的等效应力乘以系数 K_t 可求出孔边或加强板周围的最大应力。此最大应力值可以作为修正的使用值。

计算 K_t 所需的基本参数由下面章节给出。

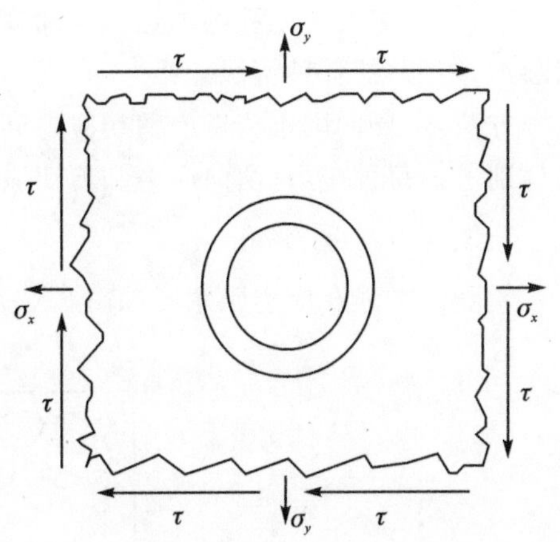

图 7-9　圆形孔等效应力

7.3.3　考虑过渡半径情况

对于加工后的加强件，过渡半径的存在降低了加强件与板连接处的应力集中问题。

以下规则可以用来评定该影响。

(1) 加强件与板连接处 K_{t0} 的计算，没有过渡半径的加强件可根据本章的方法和图表进行计算。

(2) 考虑半径对 K_t 影响的情况，可用如下公式进行计算，即

$$K_t = \beta K_{t0} \tag{7-9}$$

式中：K_{t0}——不考虑过渡半径存在的情况下，加强件与板连接处的应力集中系数。

β 依赖于过渡半径的几何形状修正系数，该系数可由图 7-10 获得。

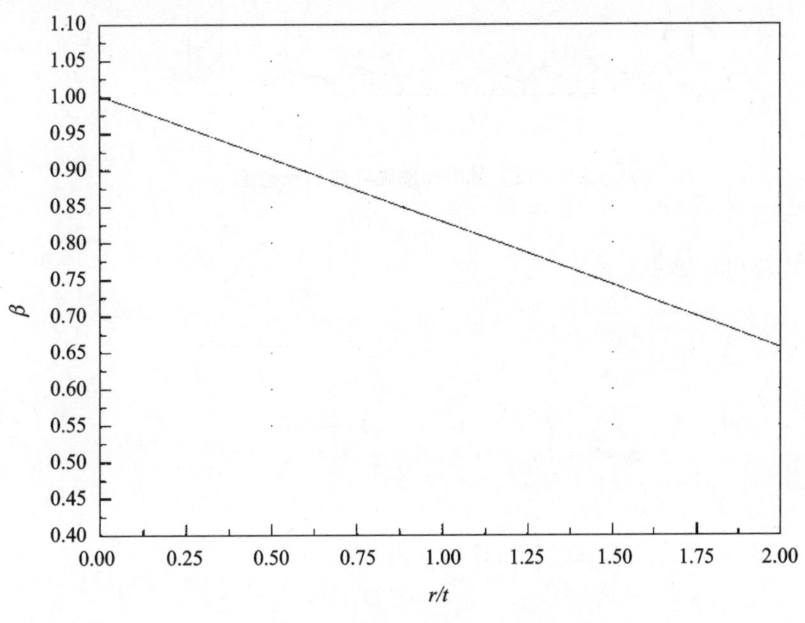

图 7-10　过渡半径的几何形状修正系数

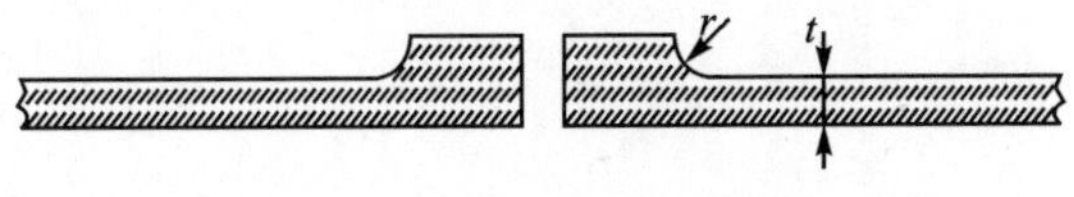

图 7-11　过渡半径示意图

7.3.4　紧固加强件中紧固件的载荷

紧固加强件中紧固件所传递载荷的确定是一个相当复杂的问题。诸如孔的几何形状，加强件类型，紧固件的质量、位置以及类型，加强件周围的应力状态等大量参数均需要考虑。

此处所述的方法为一种近似方法，该方法简单，但是相对保守。这就意味着它将在紧固件中产生非常重要的载荷。所以，有必要采用有限元模型进行数值计算，以更加接近真实情况。

假设:无穷大板中孔的加强。该加强件周围的应力状态可以是任何值。本章中讨论了孔形状不同(圆形、椭圆形,矩形)的各种情况。

方法:主要的困难为考虑剪切应力问题。本章中提出了一个适用于任何几何形状的方法。根据该方法可以分别考虑每种应力(法向应力和剪切应力)的情况。

7.3.4.1　圆形孔

紧固件增强孔应力示意图如图 7-12 所示。

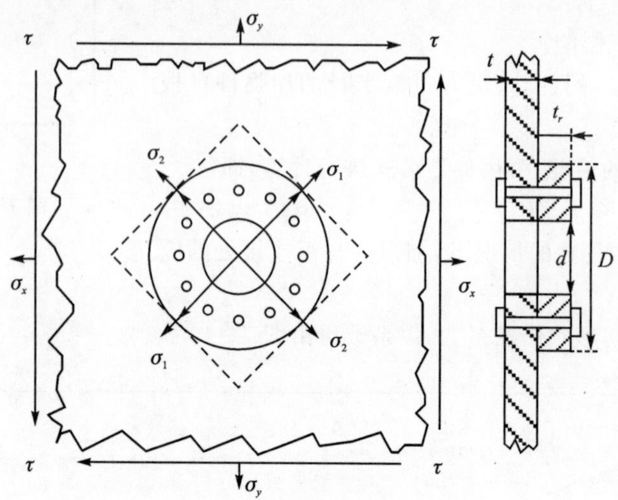

图 7-12　紧固件增强孔应力示意图

方法如下:

1) 根据无限总平均应力计算主应力

$$\sigma_1 = \frac{1}{2}(\sigma_x + \sigma_y) + \sqrt{\frac{1}{4}(\sigma_x - \sigma_y)^2 + \tau^2} \tag{7-10}$$

$$\sigma_2 = \frac{1}{2}(\sigma_x + \sigma_y) - \sqrt{\frac{1}{4}(\sigma_x + \sigma_y)^2 + \tau^2} \tag{7-11}$$

2) 在主方向上,加强件传递的全部总载荷的计算式为

$$F_{\text{tot1}} = \sigma_1(D,t)$$
$$F_{\text{tot2}} = \sigma_2(D,t) \tag{7-12}$$

3) 传递到加强件的载荷计算(与厚度成比例)式为

$$F_{\text{renf1}} = F_{\text{tot1}}\left(\frac{t_r}{t+t_r}\right)$$
$$F_{\text{renf2}} = F_{\text{tot2}}\left(\frac{t_r}{t+t_r}\right) \tag{7-13}$$

4)每个紧固件中载荷的分布:分布发生在相同的挤压以及相同的剪切部件中,对于每一个主方向上的加载区与非加载区都将被考虑。

在该方式下,可以获得每个紧固件的载荷 $F_{/\text{fix1}}$ 和 $F_{/\text{fix2}}$,进而利用下面公式:

$$F_{/\text{fix}} = \sqrt{F^2_{/\text{fix1}} + F^2_{/\text{fix2}}} \tag{7-14}$$

获得每个紧固件的全部载荷,如图 7-13、图 7-14、7-15 所示。

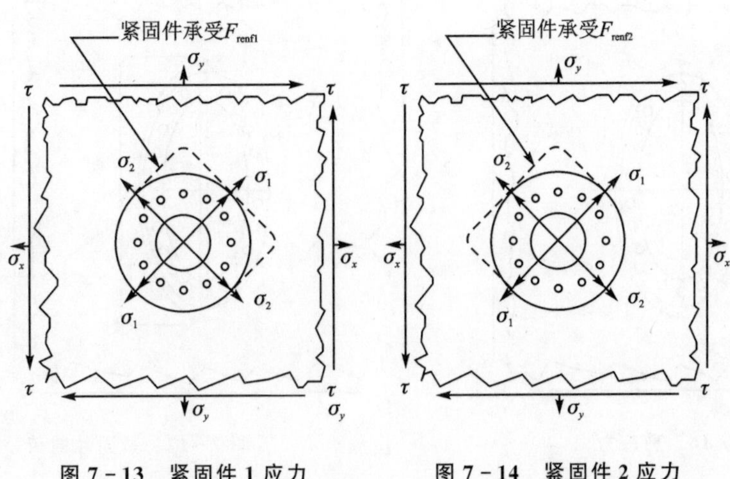

图 7-13　紧固件 1 应力　　　图 7-14　紧固件 2 应力

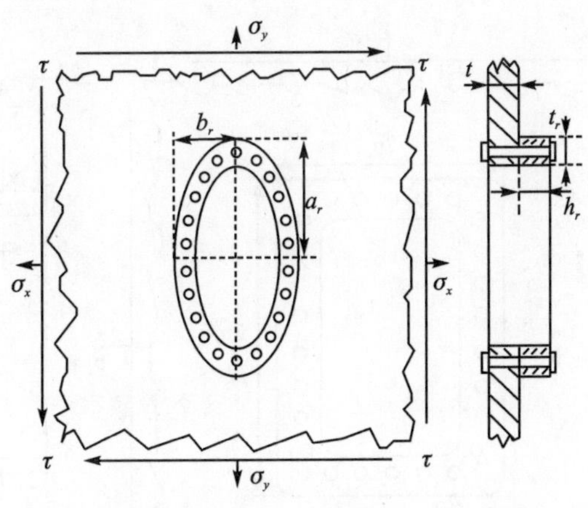

图 7-15　椭圆形紧固件增强孔应力示意图

7.3.4.2　椭圆形孔

主应力无法用于椭圆形孔。

法向应力(σ_x,σ_y)可以按照含主应力的圆孔的方法进行计算(参考 7.3.4.1 节)。

剪切应力(τ)可以使用下面的方法进行计算。

1）加强件上与剪切相关的全部总载荷的计算如图 7-16 所示。

$$F_\tau = \tau(L,t) \tag{7-15}$$

2）板与加强件间的载荷分布与厚度成比例如图 7-17 所示。

$$F_{\tau\mathrm{renf}} = F_\tau\left(\frac{h_\mathrm{r}}{t+h_\mathrm{r}}\right) \tag{7-16}$$

3）$F_{\tau\mathrm{renf}}$(传递到加强件的力)的分布。在每个紧固件中,分布发生在相同的挤压以及相同的剪切部件中。加载区与非加载区都将被考虑。非加载区的载荷将传递给紧固件。

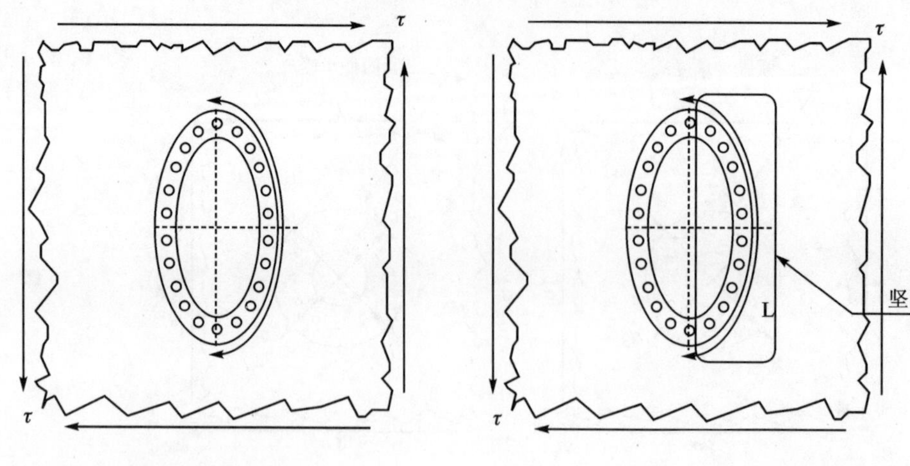

图7-16 剪应力　　图7-17 紧固件载荷

7.3.4.3 矩形孔

矩形孔应力示意图如图7-18所示。

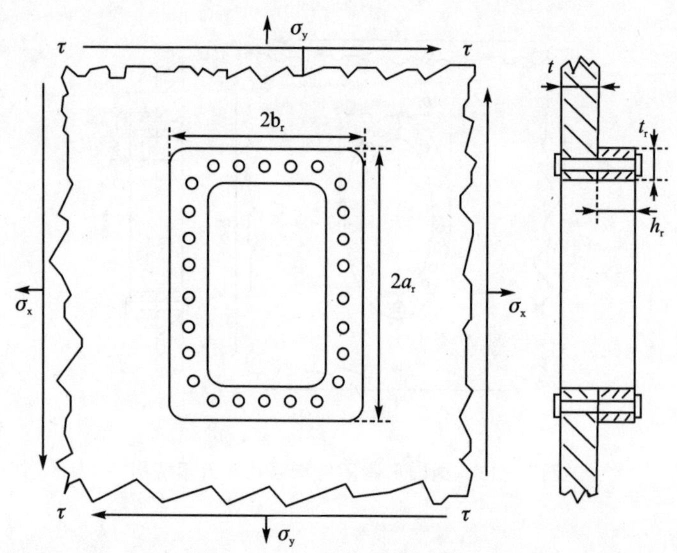

图7-18 矩形孔应力示意图

主应力无法应用于矩形孔。

法向应力(σ_x,σ_y)可以使用下面的方法进行计算。

1) 在σ_x和σ_y方向上,加强件中传递的全部总载荷计算式为

$$F_{totx} = \sigma_x (2a_r . t)$$

$$F_{toty} = \sigma_y (2b_r . t) \tag{7-17}$$

2) 传递到加强件的载荷计算(与厚度成比例)式为

$$F_{renfx} = F_{tot1}\left(\frac{h_r}{t+h_r}\right)$$

$$F_{renfy} = F_{tot2}\left(\frac{h_r}{t+h_r}\right) \tag{7-18}$$

3) 每种载荷的分布:分布发生在相同的挤压以及相同的剪切部件中。对于每个主方向,加载区与非加载区都将被考虑。

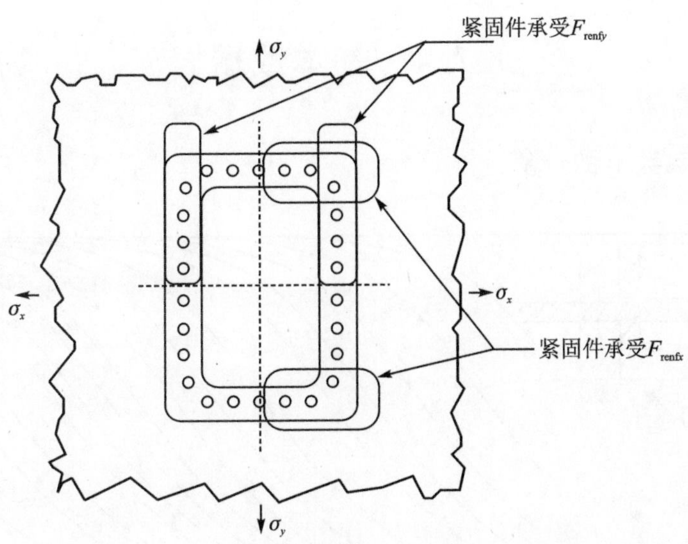

图 7-19　紧固件载荷

注：紧固件同时承受 F_{renfx} 和 F_{renfy} 两个力作用，如图 7-19 所示。

剪切应力 τ 可以使用下面的方法进行计算。

1）加强件中每一边与剪切相关的总载荷计算式为

$$F_{\tau a} = \tau(2a_r . t)$$

$$F_{\tau b} = \tau(2b_r . t) \tag{7-19}$$

2）板与加强件间的载荷分布与厚度成比例，其式为

$$F_{\tau renf\,a} = F_{\tau a}\left(\frac{h_r}{t+h_r}\right)$$

$$F_{\tau renf\,b} = F_{\tau b}\left(\frac{h_r}{t+h_r}\right) \tag{7-20}$$

3）每个紧固件上 $F_{\tau renf\,a}$、$F_{\tau renf\,b}$（传递到加强件上的力）的分布，如图 7-20、图 7-21。分布发生在相同的挤压以及相同的剪切部件中。假设这些载荷分布于紧固件中。

载荷组合：最终，对于每种紧固件，根据不同的应力（σ_x、σ_y、τ）对载荷进行组合。

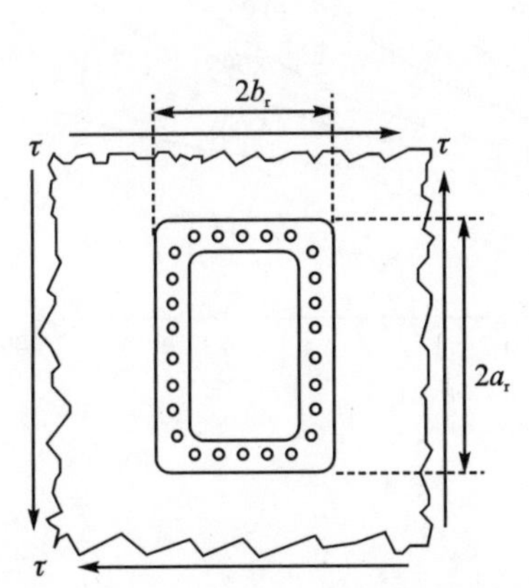

图 7-20　紧固件矩形增强孔几何示意图

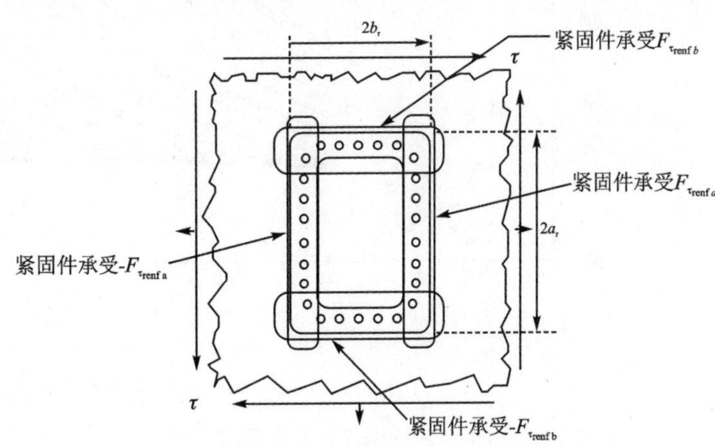

图 7-21　紧固件载荷

7.4 基本数据

7.4.1 几何效率系数 η 的计算

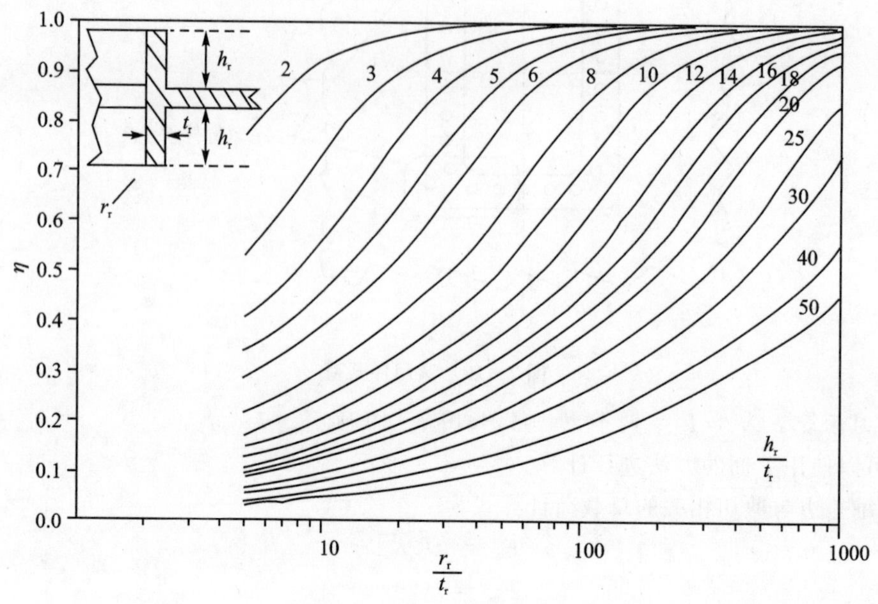

图 7-22 对称法兰边

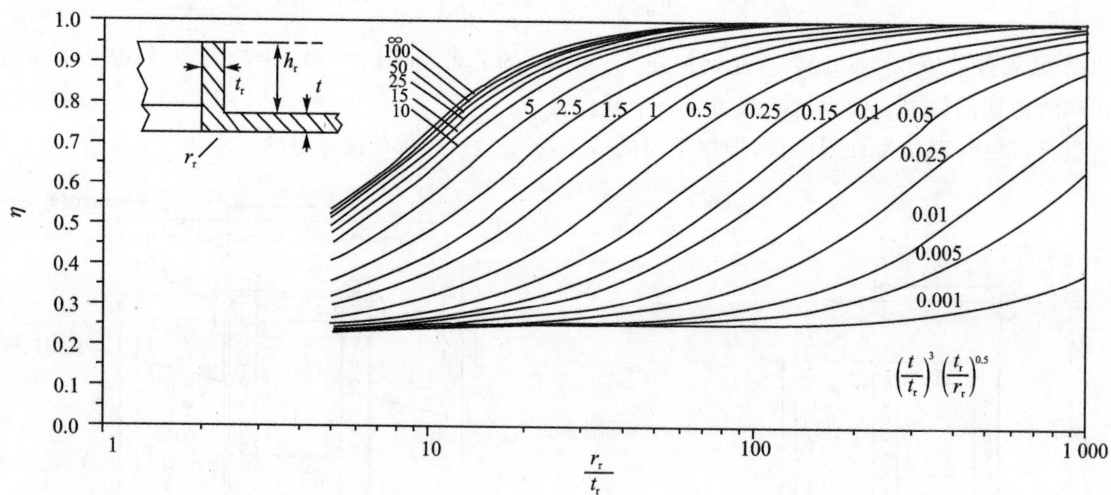

图 7-23 非对称法兰边$\frac{h_r}{t_r}=3$

几何效率系数 η 的计算见图 7-22～图 7-27

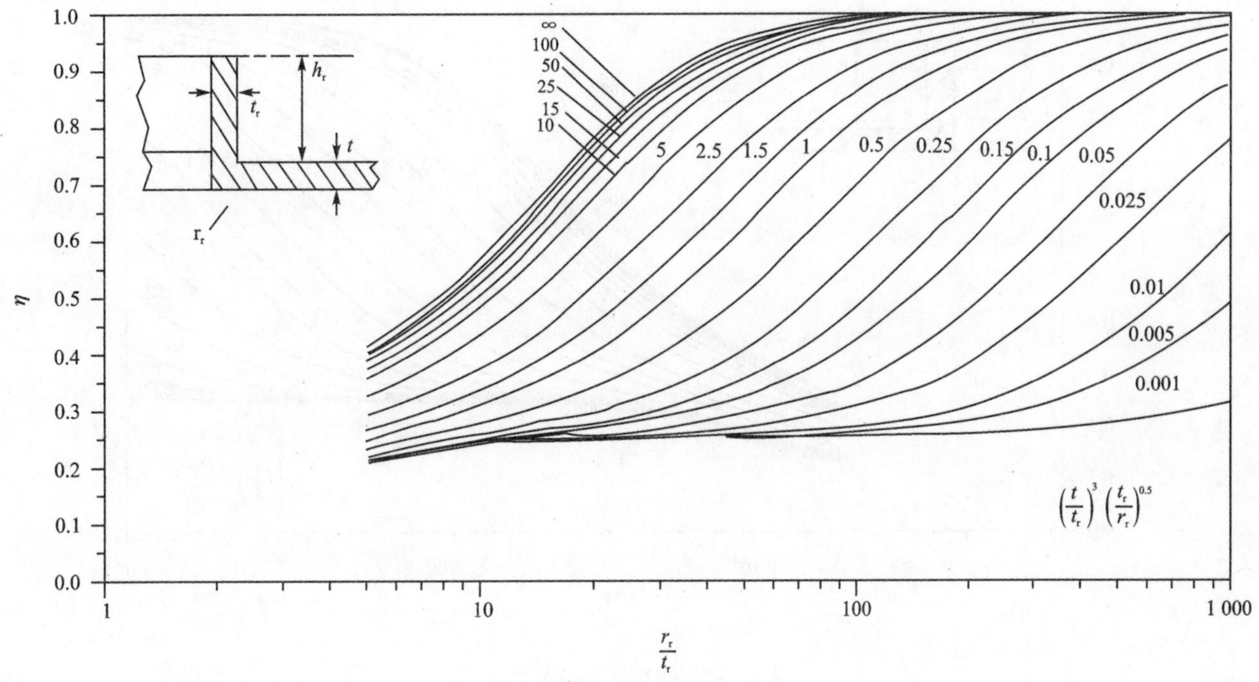

图 7－24 非对称法兰边$\frac{h_r}{t_r}=4$

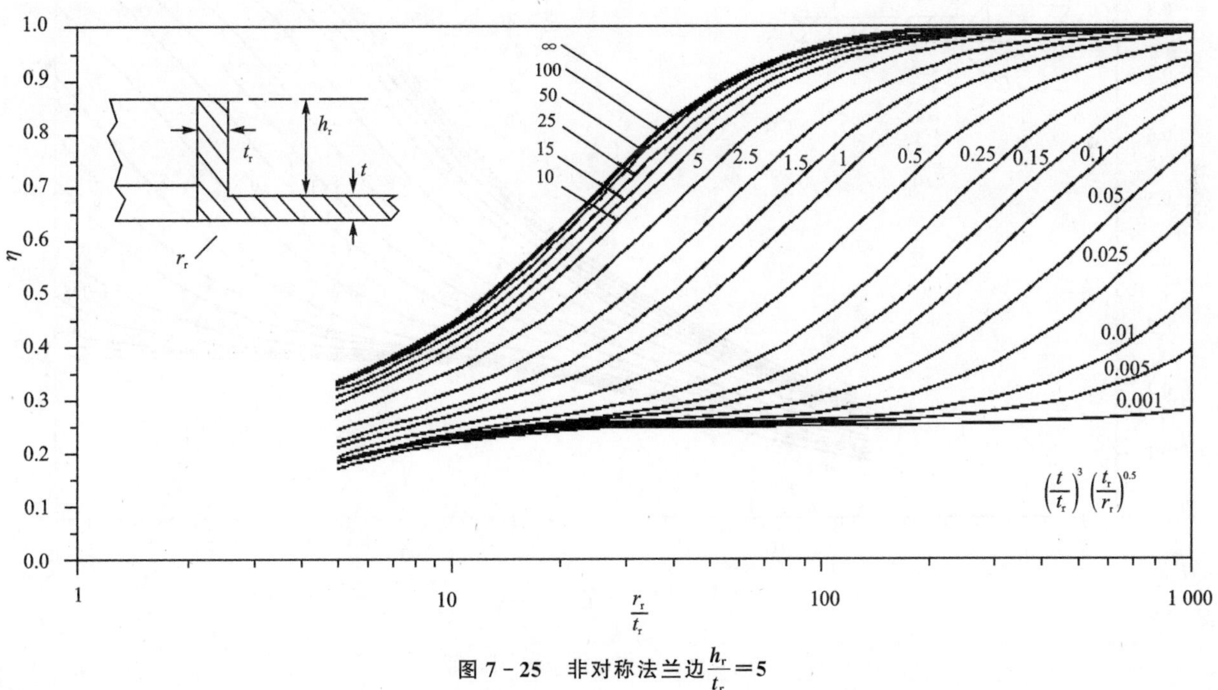

图 7－25 非对称法兰边$\frac{h_r}{t_r}=5$

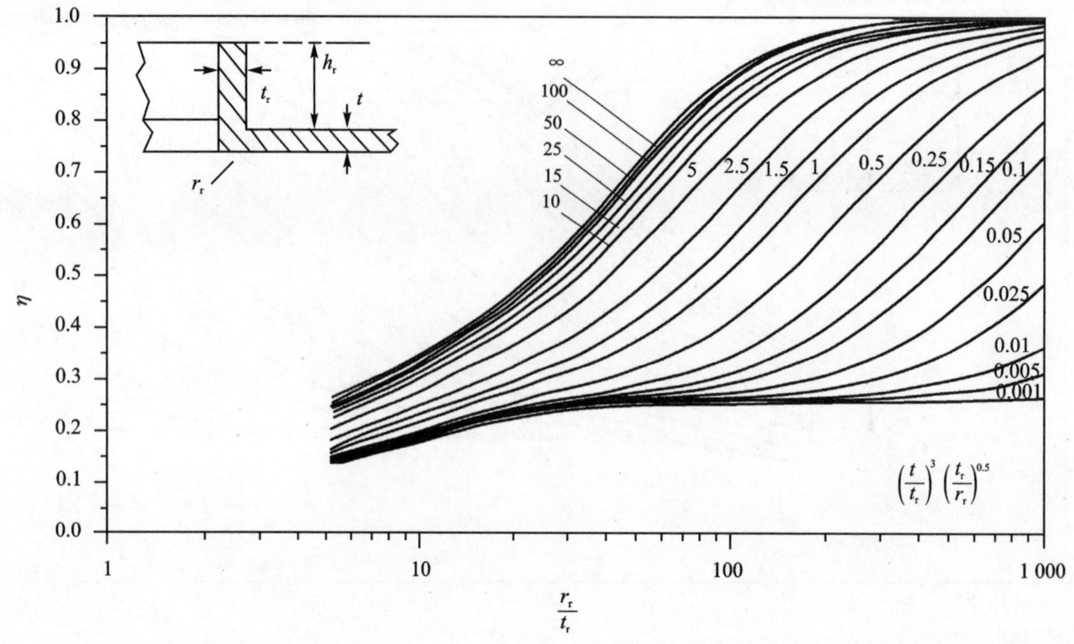

图 7-26 非对称法兰边$\frac{h_r}{t_r}=7$

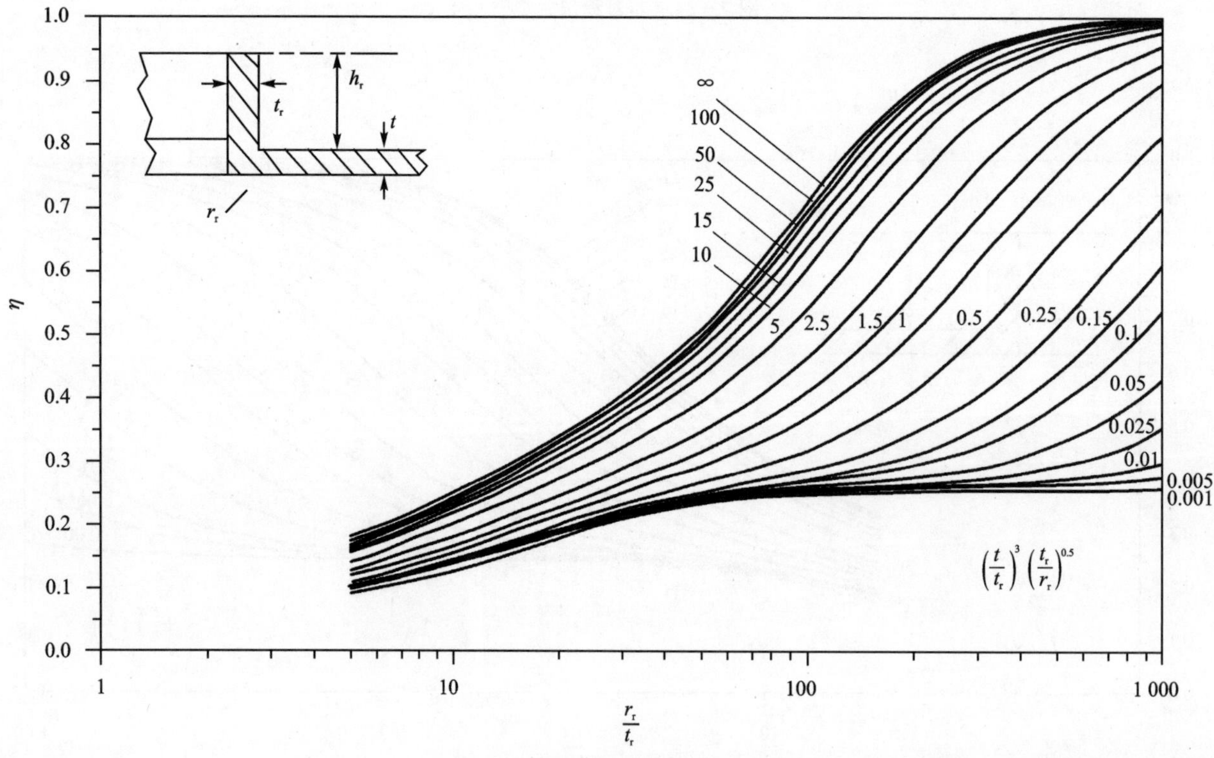

图 7-27 非对称法兰边$\frac{h_r}{t_r}=10$

7.4.2　K_t 的计算

K_t 的计算详见表 7－2。

表 7－2

加强板类型	孔类型	载荷类型	图　号
宽加强板 $D/d>1.05$	圆形	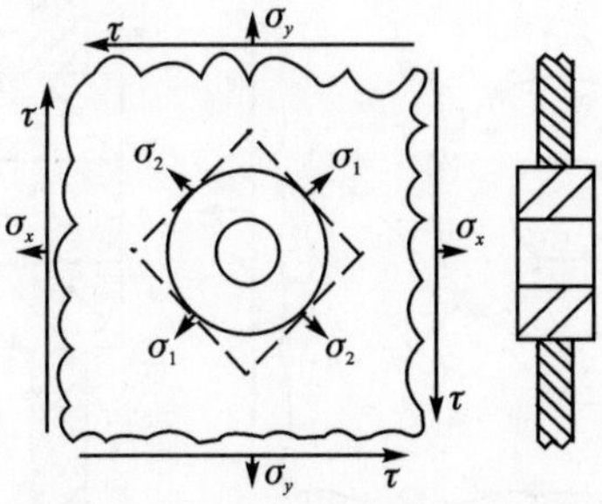 σ_1　σ_2 1　1 1　0.5 1　0 1　−0.5 1　−1	7−7 7−8 7−9 7−10 7−11
窄加强板 $D/d<1.05$	椭圆	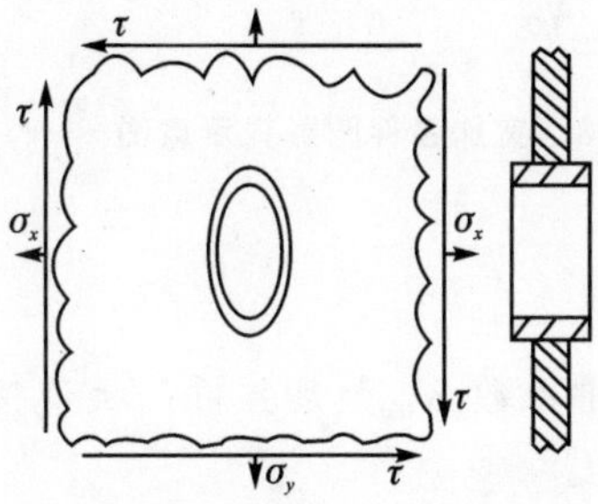 σ_x　σ_y　τ 1　0　0 1　1　0 1　0.5　0 0　0　1	7−12 7−12 7−13 7−13
	方形(圆角)	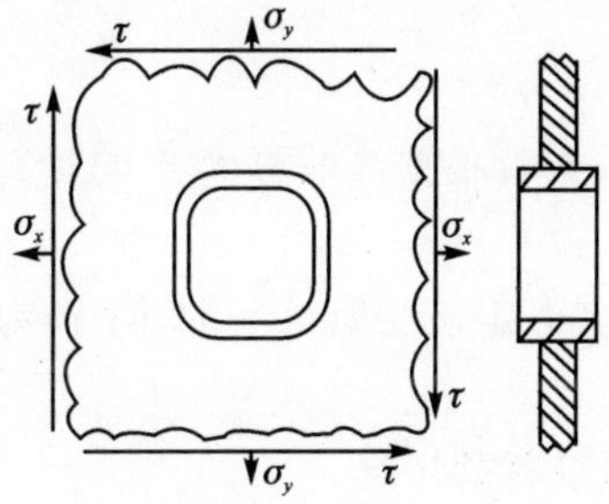 σ_x　σ_y　τ 1　0　0 1　1　0 1　0.5　0 0　0　1	7−14 7−14 7−15 7−15
	三角形(等边圆角)	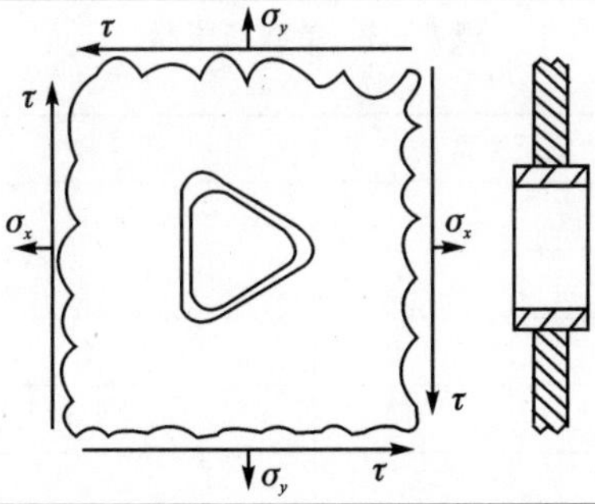 σ_x　σ_y　τ 1　0　0 0　1　0 1　1　0 1　0.5　0 0.5　1　0 0　0　1	7−17 7−18 7−19 7−20 7−21 7−22
	圆形(接近一边)	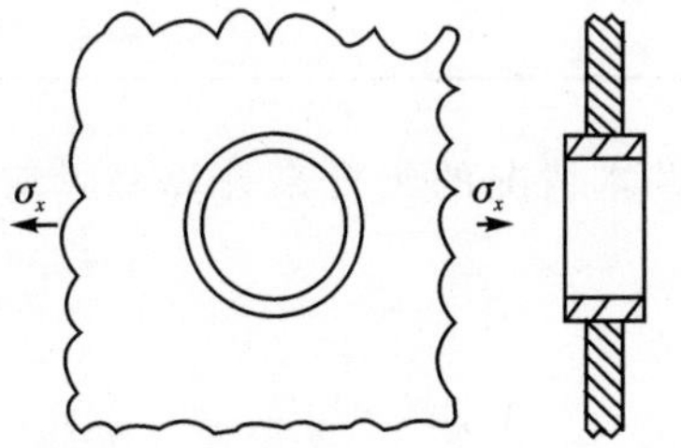 只有 σ_x	7－23

7.4.2.1 宽加强件:圆形孔

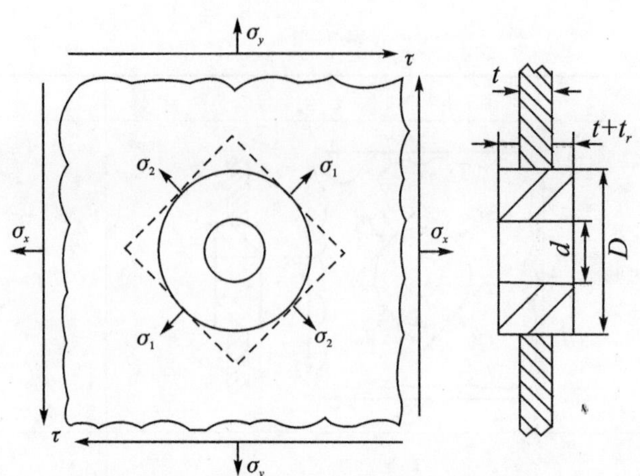

图 7-28 宽加强件圆形孔示意图

1. 几何参数(如图 7-28)

2. 应力集中系数参考图

图 7-29～图 7-33 用于计算孔边应力集中系数 K_{tA} 及加强件与板连接处的应力集中系数 K_{tB},这些系数可根据系数$\frac{t_r}{t}$和$\frac{D}{d}$来确定。

1) 若$\frac{D}{d}<1.05$,则参考 7.4.2.2 节;

2) 若加强板非对称,则参考 7.4.2.2 节,或者根据等效厚度 t_r 的计算,可认为加强板件径截面均匀分布在加强板的任意一边;

3) 若孔为椭圆形,则参考 7.4.2.2 节,或者假定该孔为一个平均半径为 d 的等效圆孔。

3. 单载荷情况

图 7-29～图 7-33 对应于表 7-3 所列单载荷情况。

表 7-3 单载荷类型

载荷类型		图 号
σ_1	σ_2	
1	1	7-29
1	0.5	7-30
1	0	7-31
1	-0.5	7-32
1	-1	7-33

对于其他加载方式,可以根据如上基本情况的组合来计算最大应力(保守计算),7.6.1 节中采用了此方法。

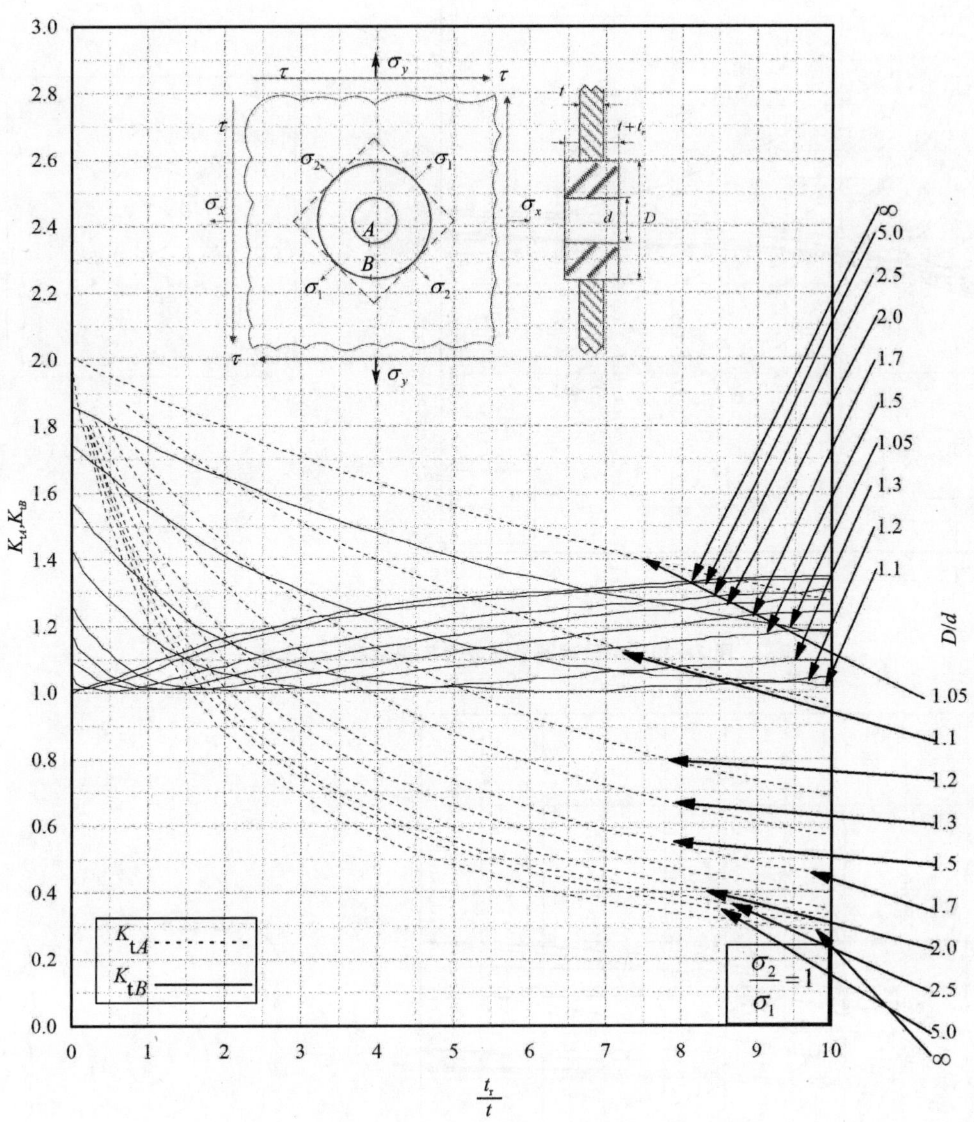

图 7-29　单载荷圆形孔应力集中系数($\sigma_2/\sigma_1=1$)

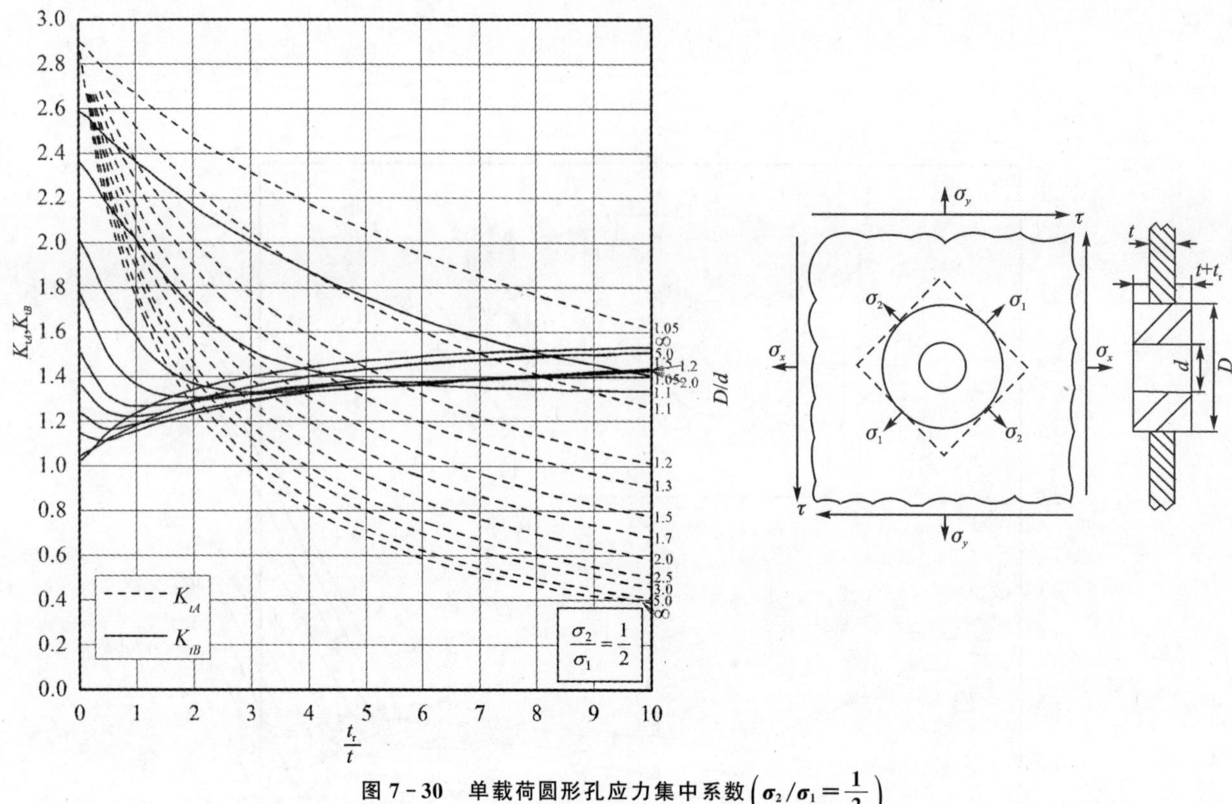

图 7-30　单载荷圆形孔应力集中系数$\left(\sigma_2/\sigma_1=\frac{1}{2}\right)$

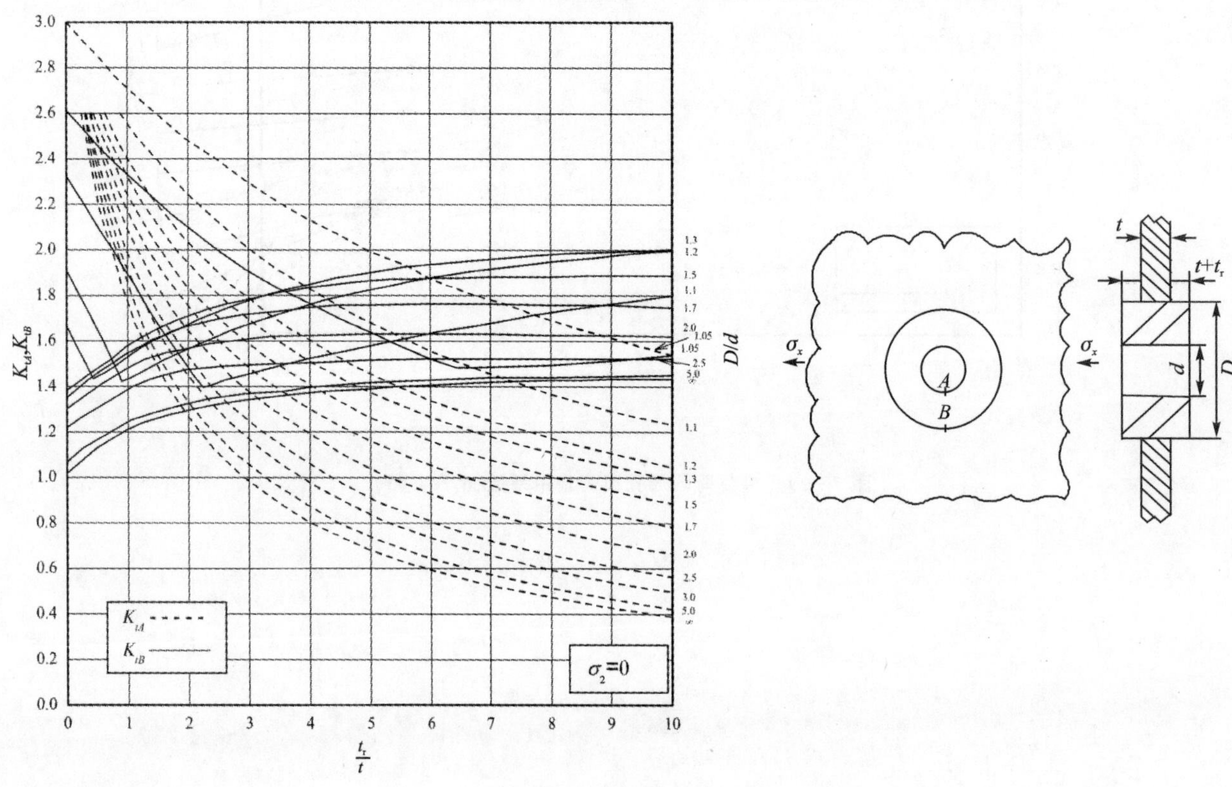

图 7-31　单载荷圆形孔应力集中系数($\sigma_2=0$)

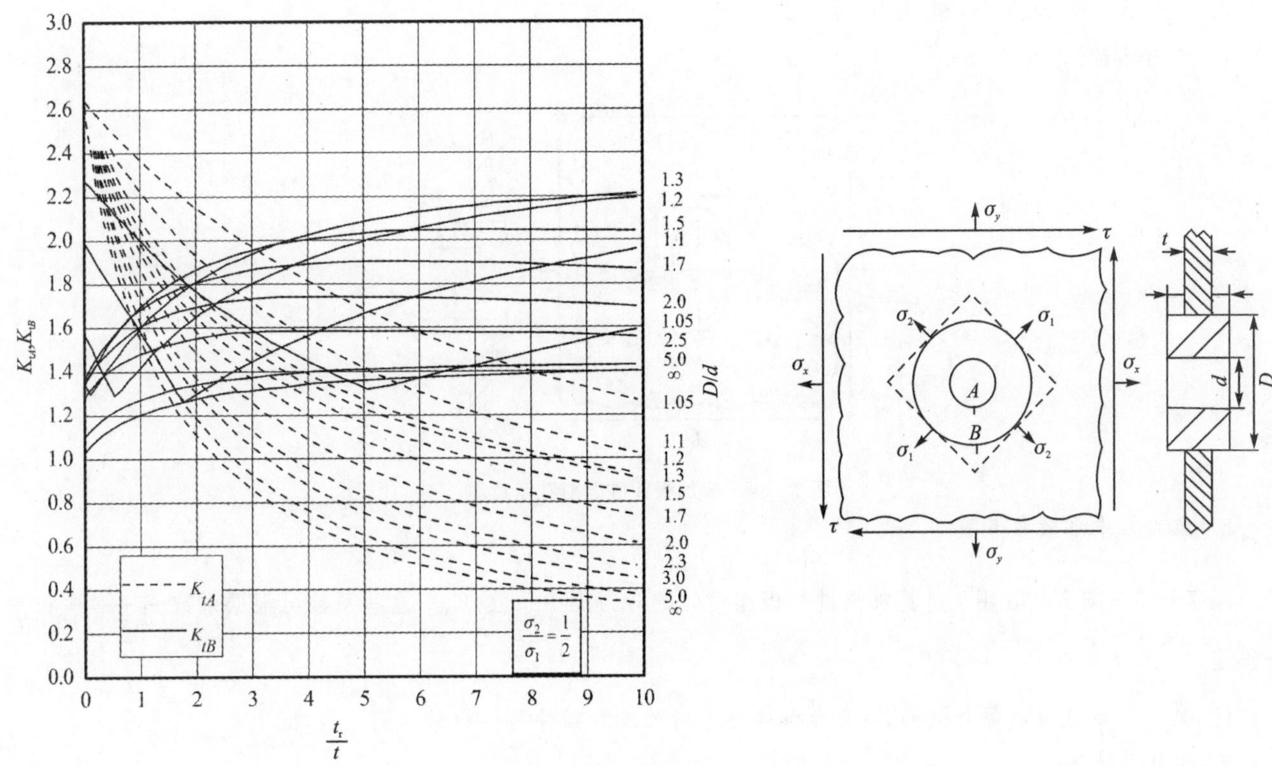

图7-32 单载荷椭圆形孔应力集中系数$\left(\sigma_2/\sigma_1=\frac{1}{2}\right)$

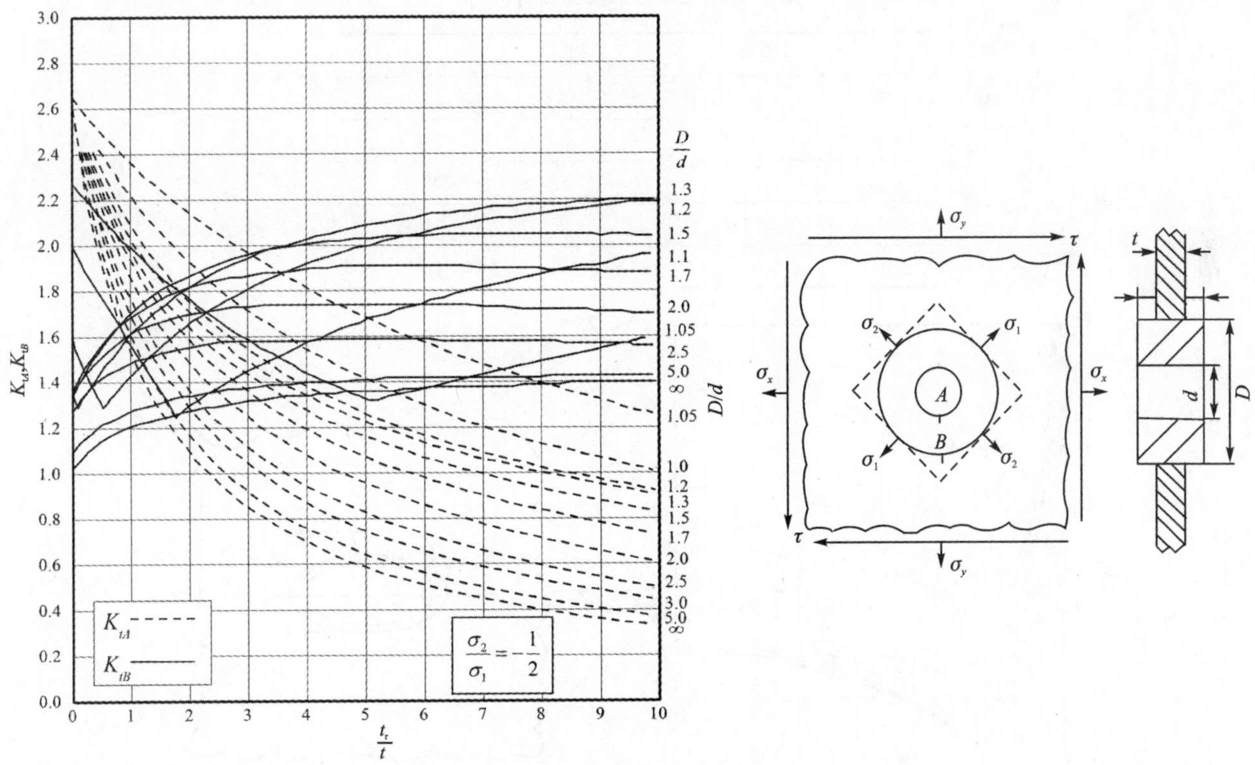

图7-33 单载荷椭圆形孔应力集中系数$\left(\sigma_2/\sigma_1=-\frac{1}{2}\right)$

7.4.2.2 窄加强件：椭圆和圆形孔

1. 几何参数(见图7-34)

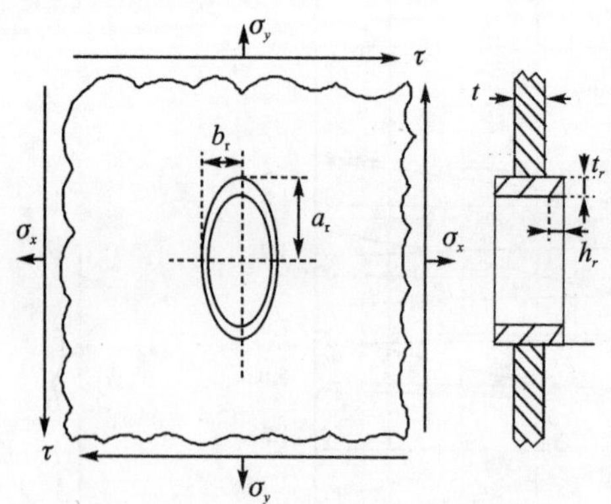

图7-34 窄加强件椭圆形孔示意图

2. 应力集中系数参考图

图7-35～图7-38用于计算加强件与板连接处的应力集中系数(K_t)，这些系数可根据系数$\frac{\overline{A}}{(a_r+b_r)t}$和$\frac{a_r}{b_r}$来确定。

注：$\overline{A}$——加强件的等效截面，适用于加强件非对称或加强件与板材料不同的情况。

3. 单载荷情况

图7-35～图7-38对应于单载荷情况表7-4所列。

表7-4 椭圆形加强孔载荷情况

载荷类型			图 号
σ_x	σ_y	τ	
1	0	0	7-35
1	1	0	7-36
1	0.5	0	7-37
0	0	1	7-38

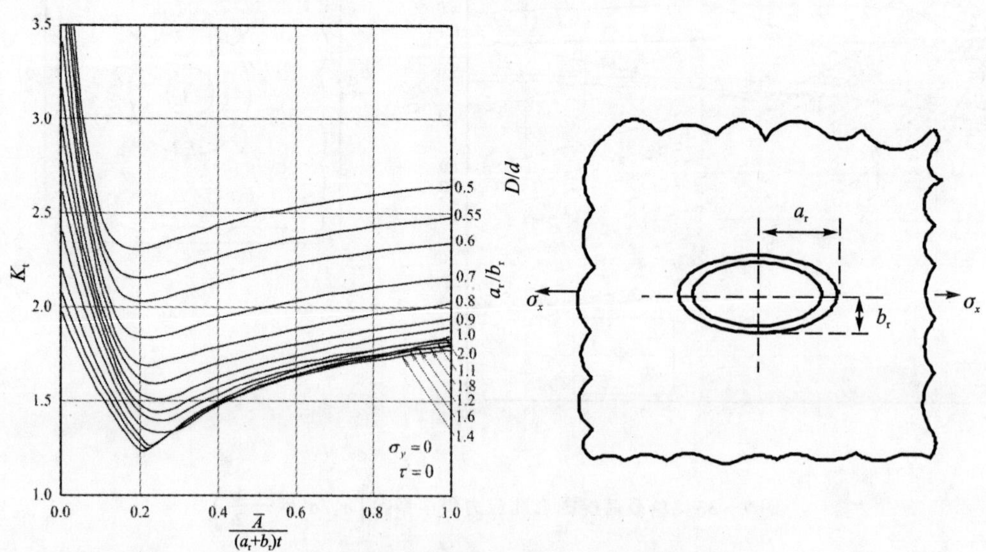

图7-35 单载荷椭圆形孔应力集中系数($\sigma_y=0, \tau=0$)

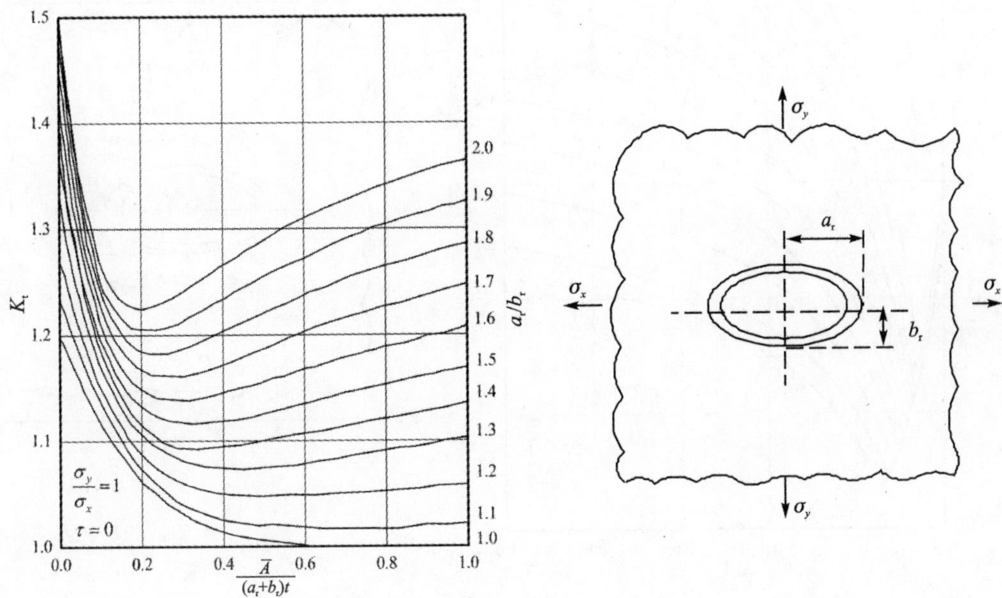

图 7-36　单载荷椭圆形孔应力集中系数$\left(\frac{\sigma_y}{\sigma_x}=1,\tau=0\right)$

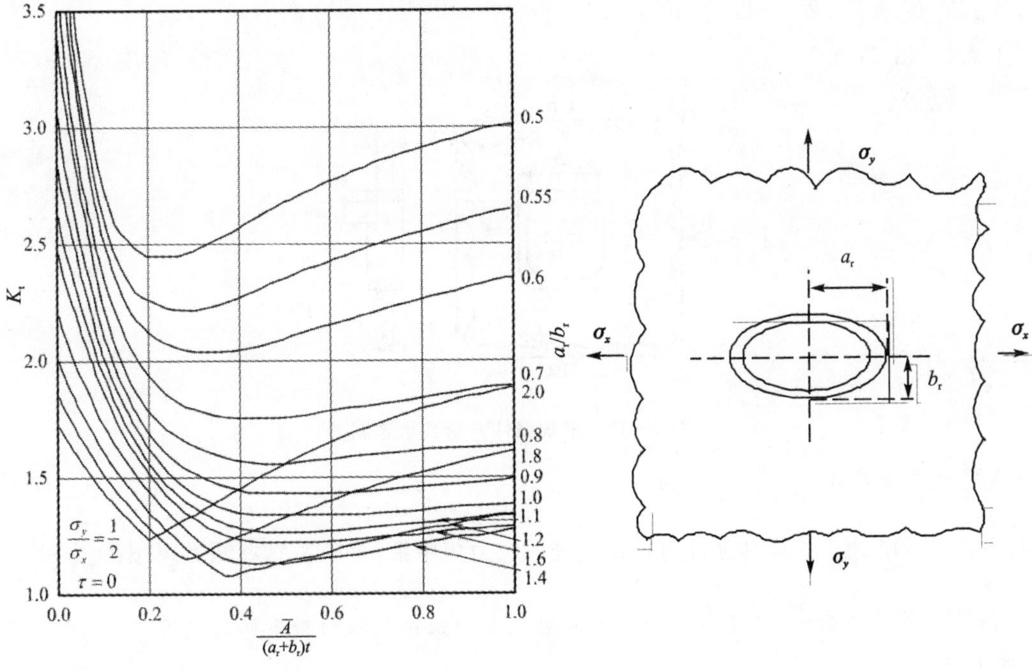

图 7-37　单载荷椭圆形应力集中系数$\left(\frac{\sigma_y}{\sigma_x}=\frac{1}{2},\tau=0\right)$

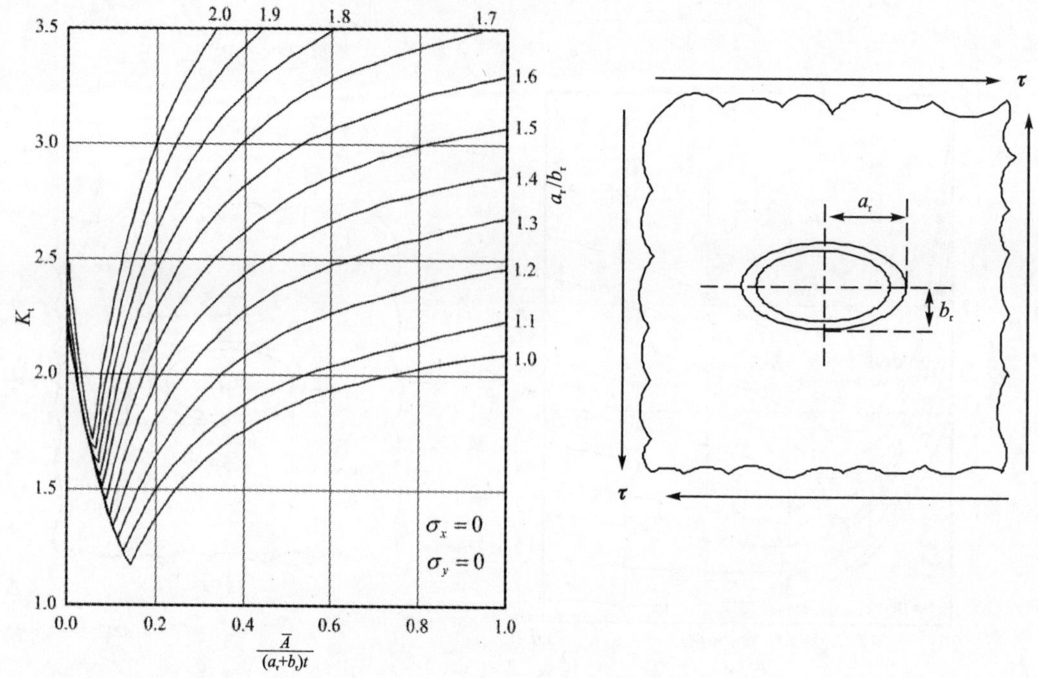

图 7-38 单载荷椭圆形应力集中系数($\sigma_x=0,\sigma_y=0$)

对于其他加载方式,可以根据如上基本情况的组合来计算最大应力(保守计算),7.6.1 节中的例题采用了此方法。

7.4.2.3 窄加强件:方形孔

1. 几何参数(如图 7-39)

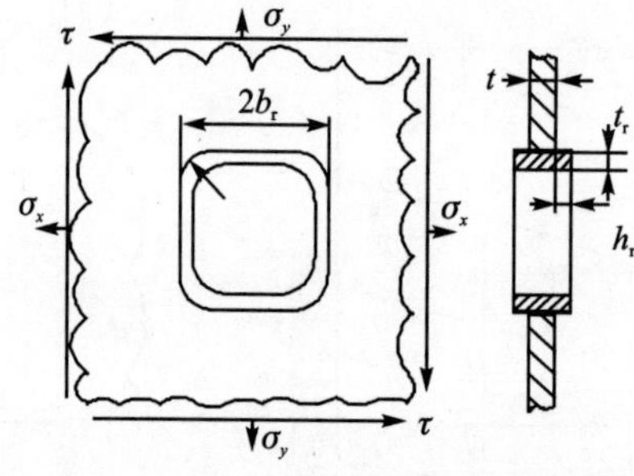

图 7-39 窄加强件方形孔示意图

2. 应力集中系数参考图

图 7-40～图 7-43 用于计算加强件与板连接处的应力集中系数(K_t),这些系数可根据$\frac{\overline{A}}{b_r t}$和$\frac{r_r}{b_r}$来确定。

注:$\overline{A}$ 加强件的等效截面积,其适用于加强件非对称或加强件与板材料不同的情况。

3. 单载荷情况

图 7-40 和图 7-43 对应于表 7-5 所列单载荷情况。

表 7-5　方形加强孔载荷情况

载荷类型			图　号
σ_x	σ_y	τ	
1	0	0	7-40
1	1	0	7-41
1	0.5	0	7-42
0	0	1	7-43

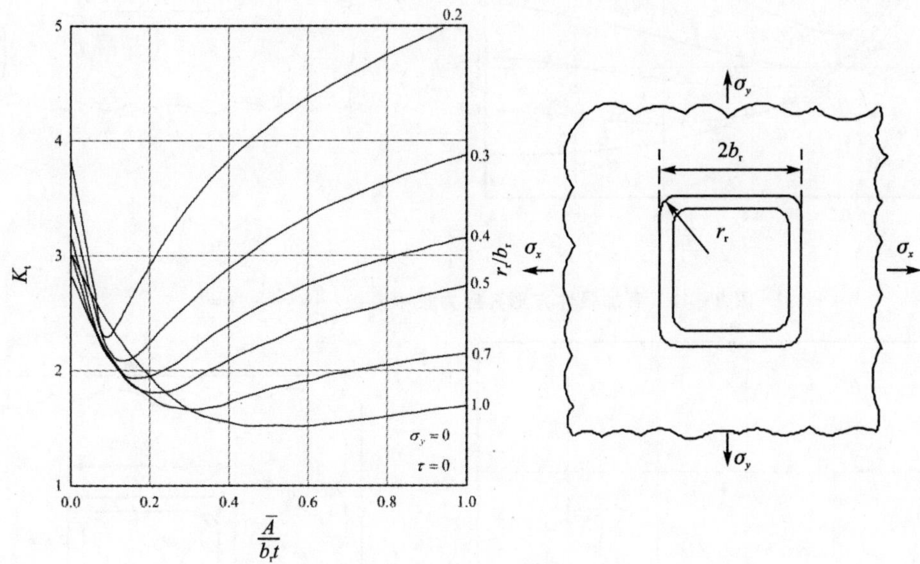

图 7-40　窄加强件方形孔应力集中系数($\sigma_y=0,\tau=0$)

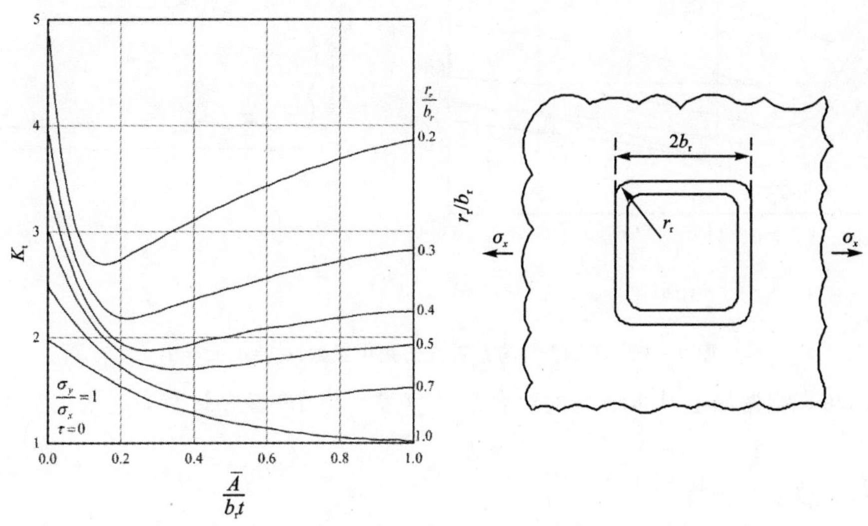

图 7-41　窄加强件方形孔应力集中系数$\left(\frac{\sigma_y}{\sigma_x}=1,\tau=0\right)$

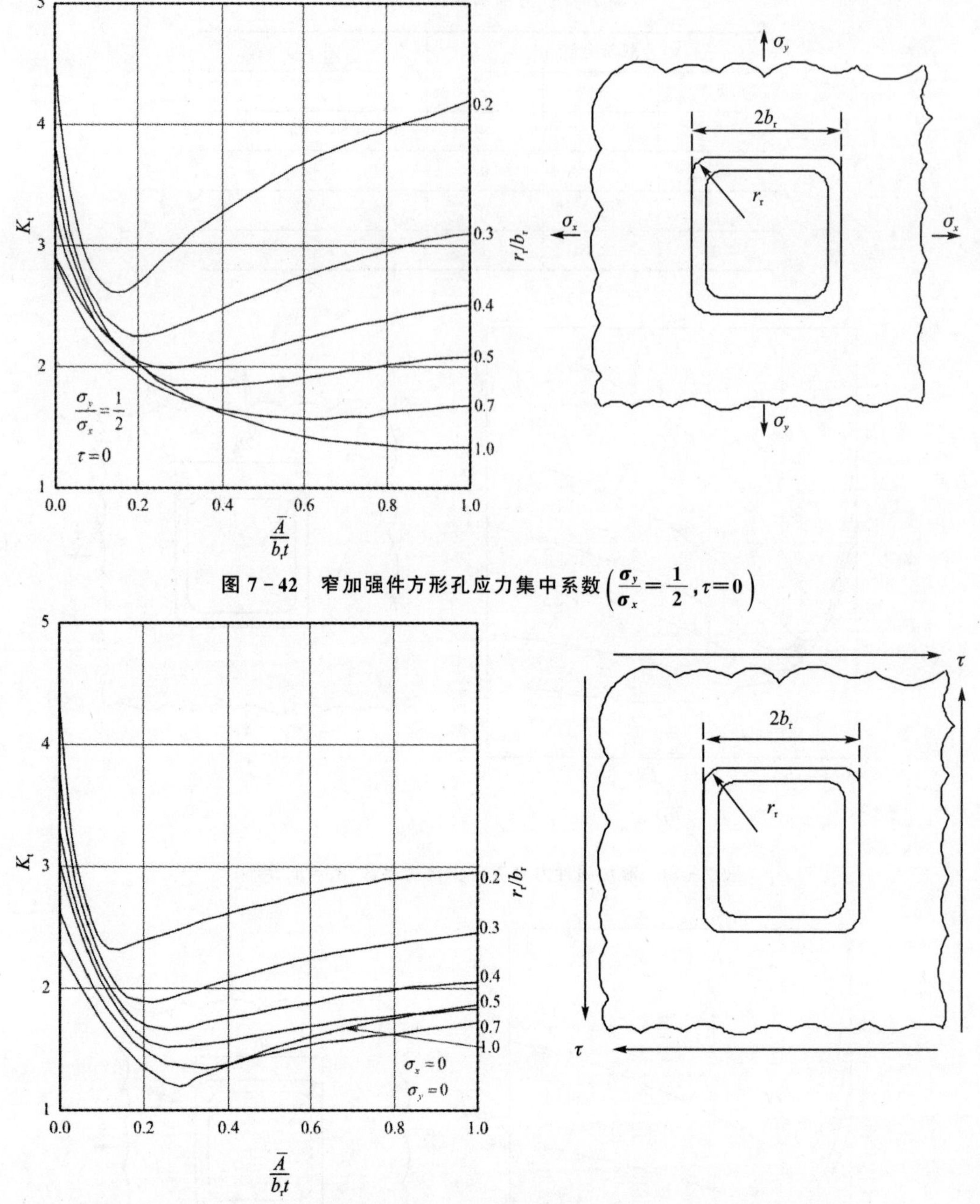

图 7-42　窄加强件方形孔应力集中系数$\left(\frac{\sigma_y}{\sigma_x}=\frac{1}{2},\tau=0\right)$

图 7-43　窄加强件方形孔应力集中系数($\sigma_x=0,\sigma_y=0$)

对于其他加载方式，可以根据如上基本情况的组合来计算最大应力(保守计算)，7.6.1 节中的例题采用了此方法。

7.4.2.4　窄加强件：三角形孔

1. 几何参数

图 7-44 所示为窄加强件三角形孔示意图。

2. 应力集中系数参考图

图 7-45 为应力集中区域示意图。首先，根据系数$\frac{r_a}{b_r}$和图 7-46 中的曲线确定理论系数$\frac{r_t}{b_r}$，从而应力集中

系数可以根据系数$\frac{\overline{A}}{b_r t}$和$\frac{r_t}{b_r}$获得。图 7-47～图 7-52 用于计算加强件和板连接处的应力集中系数 K_t。

注：$\overline{A}$——加强件的等效截面积，其适用于加强件非对称和加强件与板材料不同的情况。

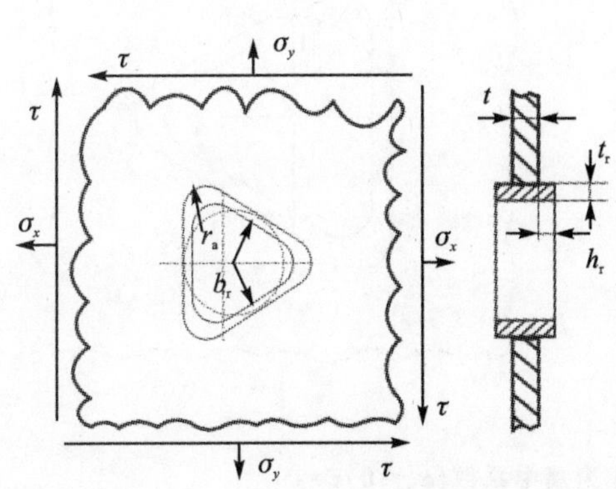

图 7-44　窄加强件三角形孔示意图

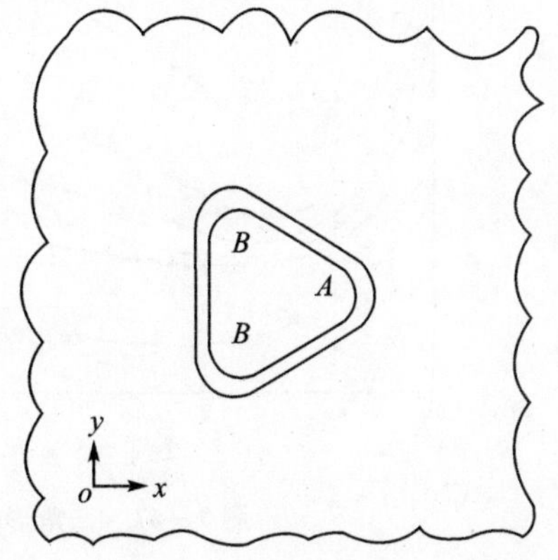

图 7-45　应力集中区域示意图

3. 单载荷情况

图 7-40～图 7-43 应于表 7-6 所列的单载荷情况。

表 7-6　三角形加强孔载荷情况

载荷类型			图　号
σ_x	σ_y	τ	
1	0	0	7-46
0	1	0	7-47
1	1	0	7-48
1	0.5	0	7-49
0.5	1	0	7-50
0	0	1	7-51

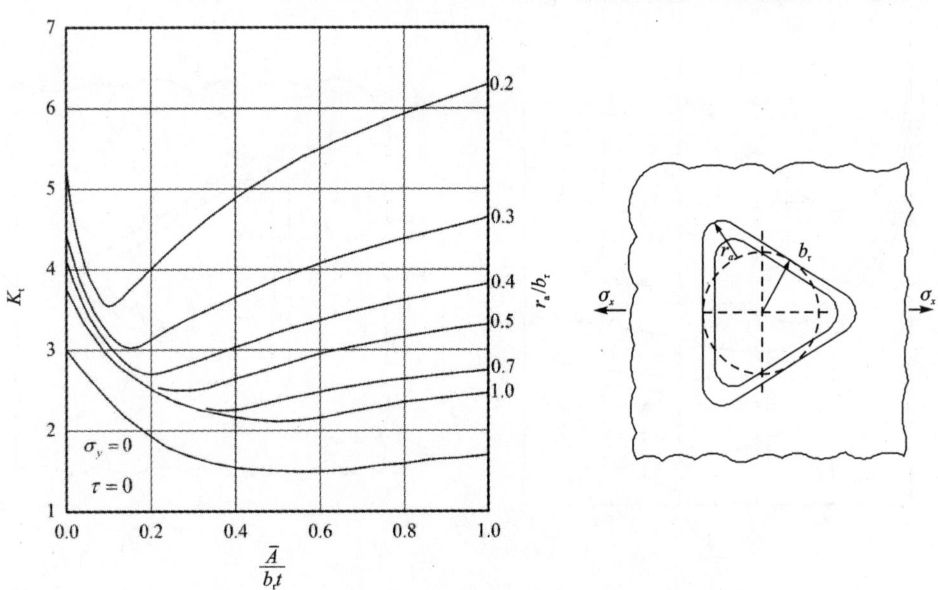

图 7-46　三角形孔加强件应力集中系数($\sigma_y=0,\tau=0$)

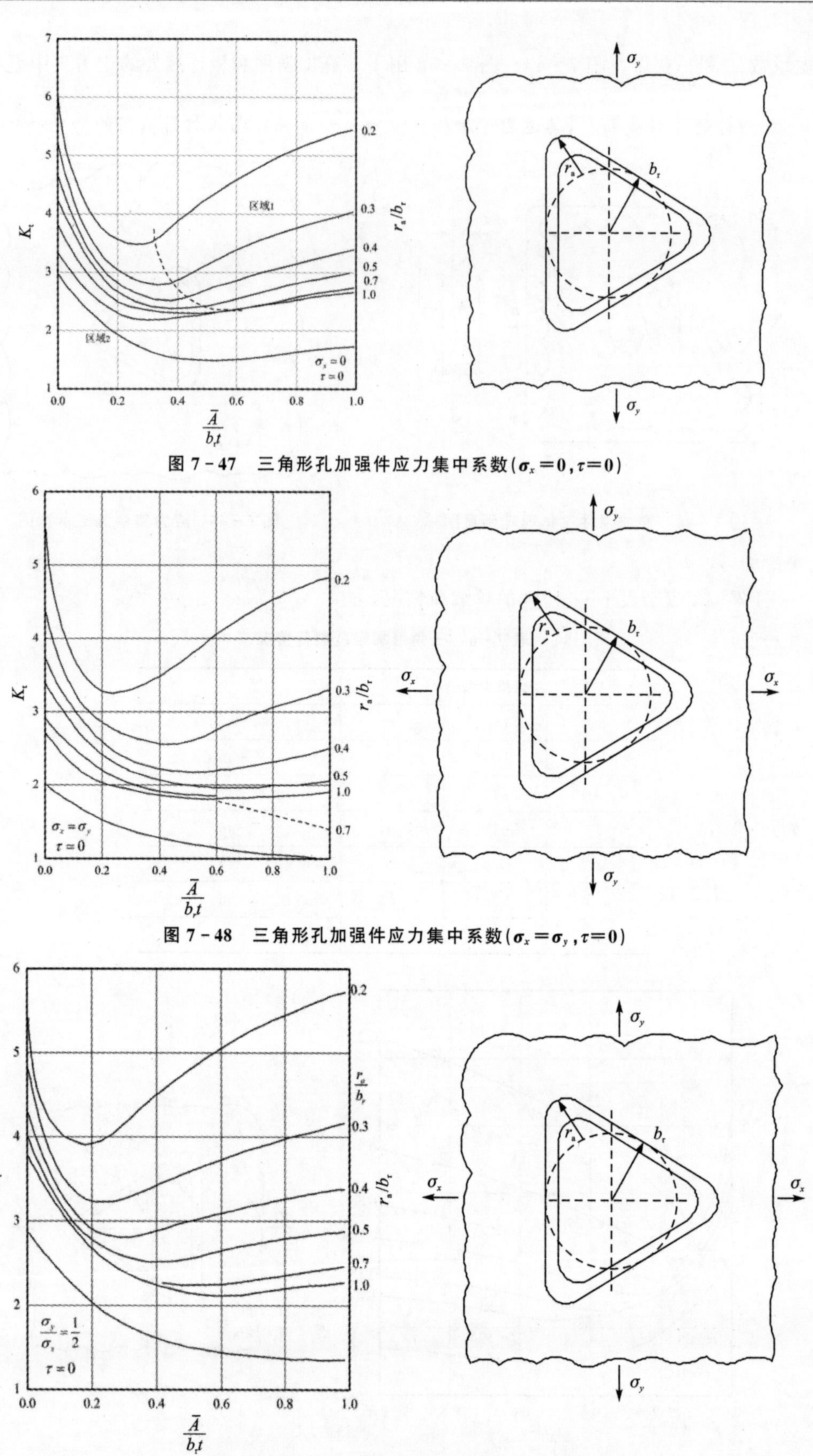

图 7-47　三角形孔加强件应力集中系数($\sigma_x=0,\tau=0$)

图 7-48　三角形孔加强件应力集中系数($\sigma_x=\sigma_y,\tau=0$)

图 7-49　三角形孔加强件应力集中系数$\left(\frac{\sigma_y}{\sigma_x}=\frac{1}{2},\tau=0\right)$

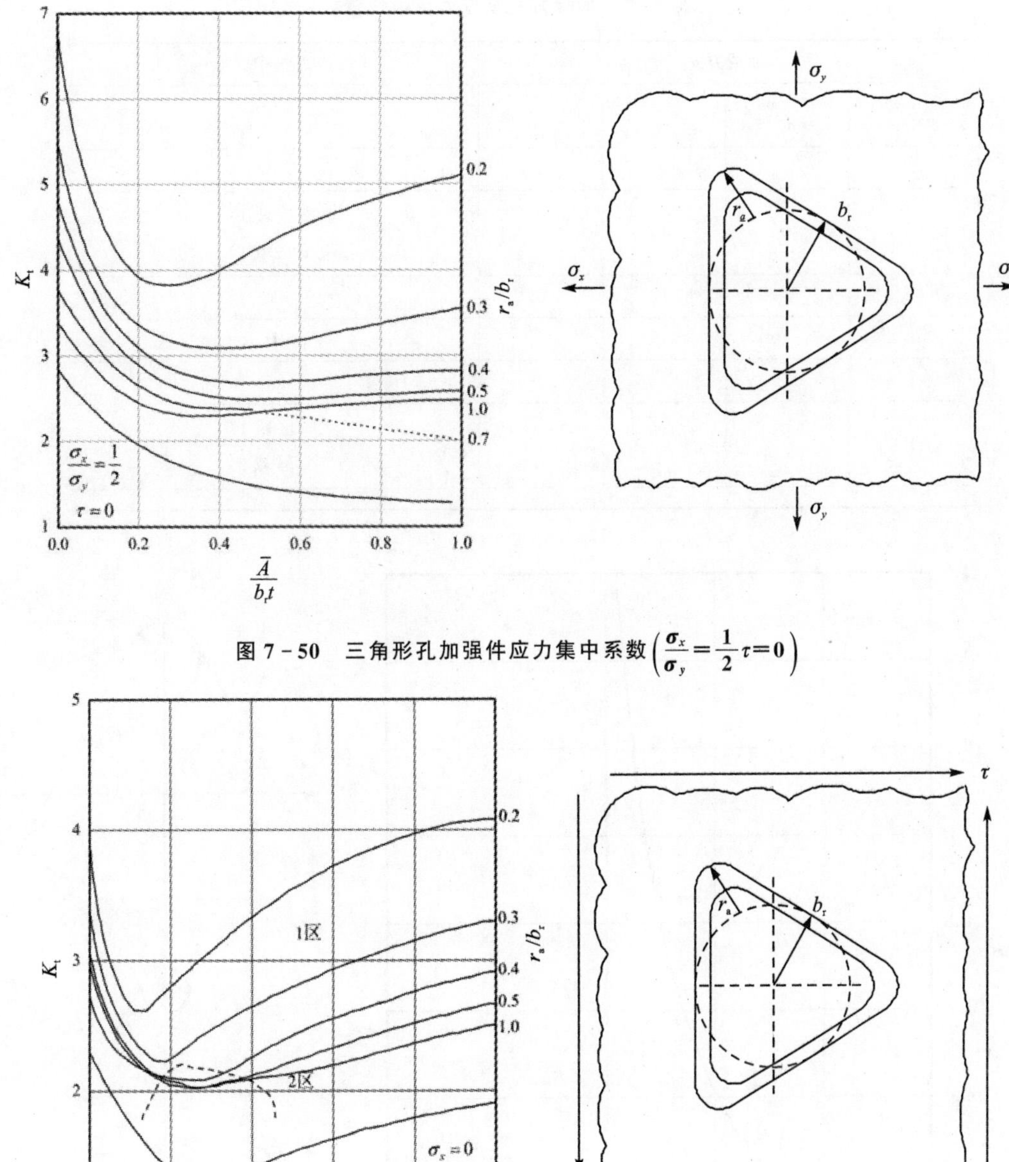

图 7-50　三角形孔加强件应力集中系数$\left(\frac{\sigma_x}{\sigma_y}=\frac{1}{2}\tau=0\right)$

图 7-51　三角形加强件应力集中分布系数($\sigma_x=0,\sigma_y=0$)

对于其他加载方式，可以根据如上基本情况的组合进行最大应力的计算(保守计算)，7.6.1 节中例题采用了此方法。

4. 应力集中位置(见表 7-7)

应力集中位置及加强件与板的连接取决于加强件周围的应力状态。

对于 1、3、4 三种情况(见图 7-45)，应力集中位于角 B 处；对于情况 5，应力集中位于角 A 处；对于 2 和 6 两种情况，该位置取决于三角形的几何比例系数：$\frac{r_a}{b_r}$，$\frac{r_t}{b_r}$和$\frac{\bar{A}}{b_r t}$。为确定应力集中位置，相应图(图 7-47 和图 7-51)已经被划分成不同区域。区域 1 对应于角 B 处的应力集中，区域 2 对应于角 A 处的应力集中。

表 7-7 加载方式及应力集中位置

加载方式				应力集中区域
No.	σ_x	σ_y	τ	
1	1	0	0	B
2	0	1	0	B(区域 1) A(区域 2)
3	1	1	0	B
4	1	0.5	0	B
5	0.5	1	0	A
6	0	0	1	B(区域 1) A(区域 2)

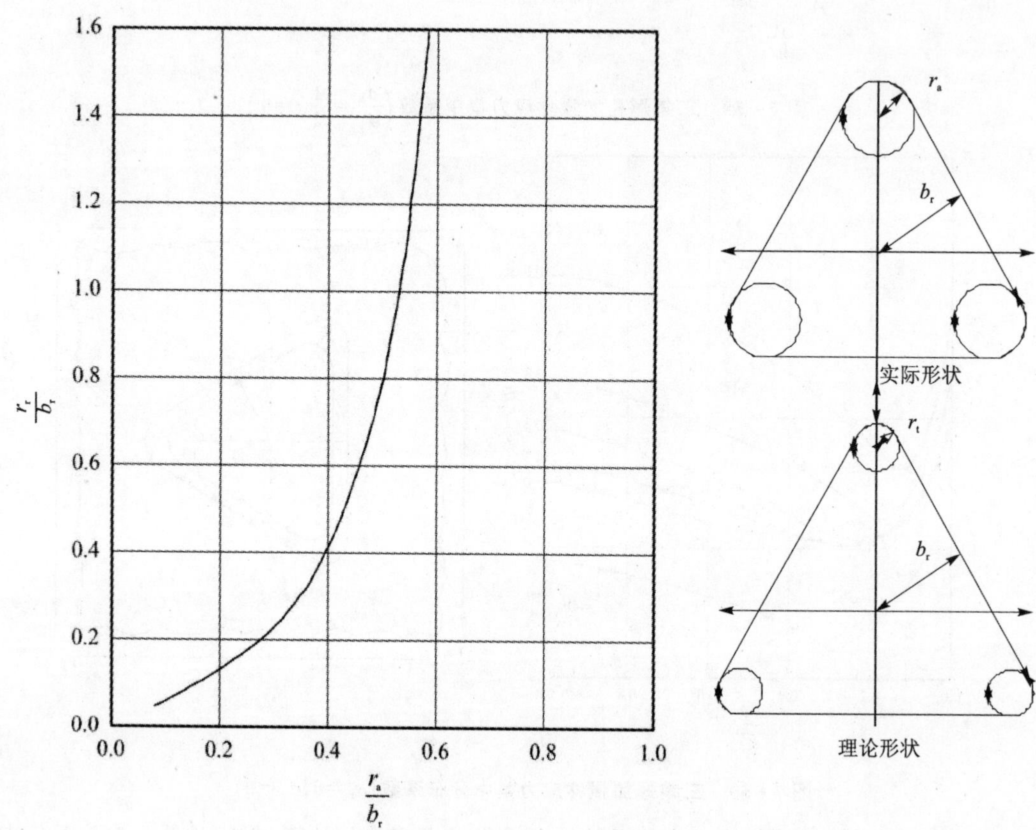

图 7-52 三角形孔的理论系数

7.4.2.5 窄加强件:临边圆形孔

1. 几何参数(见图 7-53)

2. 应力集中系数参考

根据系数$\frac{\overline{A}}{2a_r t}$和$\frac{c}{a_r}$,可以采用图 7-54 计算加强件与板连接处的应力集中系数 K_{tr} 和板边的应力集中系数 K_{tb}。

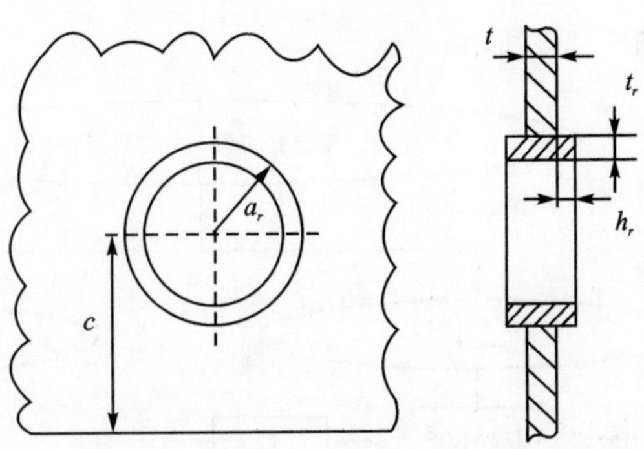

图 7-53　窄加强件临边圆形孔示意图

注：$\overline{A}$——加强件的等效截面积，其适用于加强件非对称及加强件与板材料不同的情况。

3. 单载荷情况

图 7-54 对应于下述单向加载情况（表 7-8）。

表 7-8　窄加强件临边圆形孔载荷情况

载荷类型			图　号
σ_x	σ_y	τ	7-54
1	0	0	

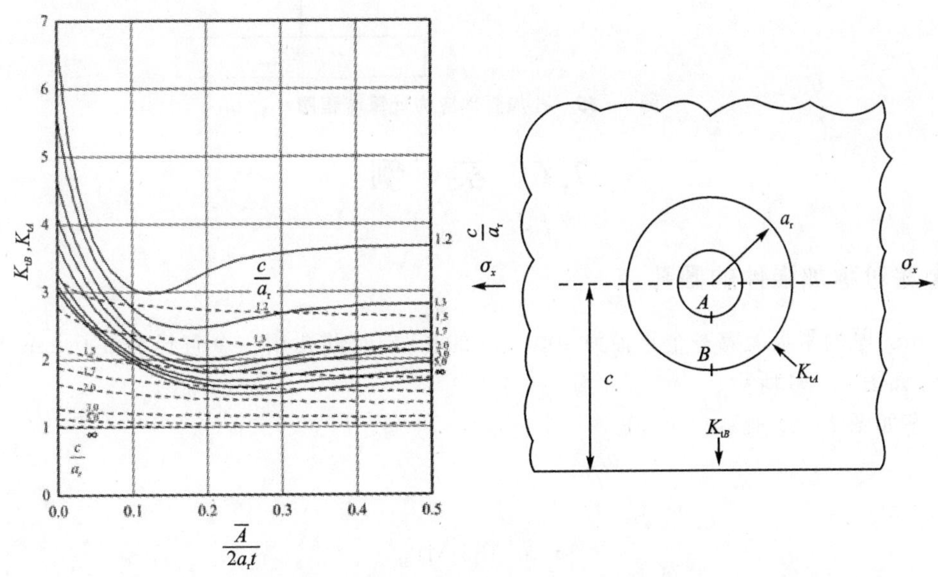

图 7-54　窄加强件临边圆形孔应力集中系数

7.5 流程图

增强孔应力分布计算过程如图7-55所示：

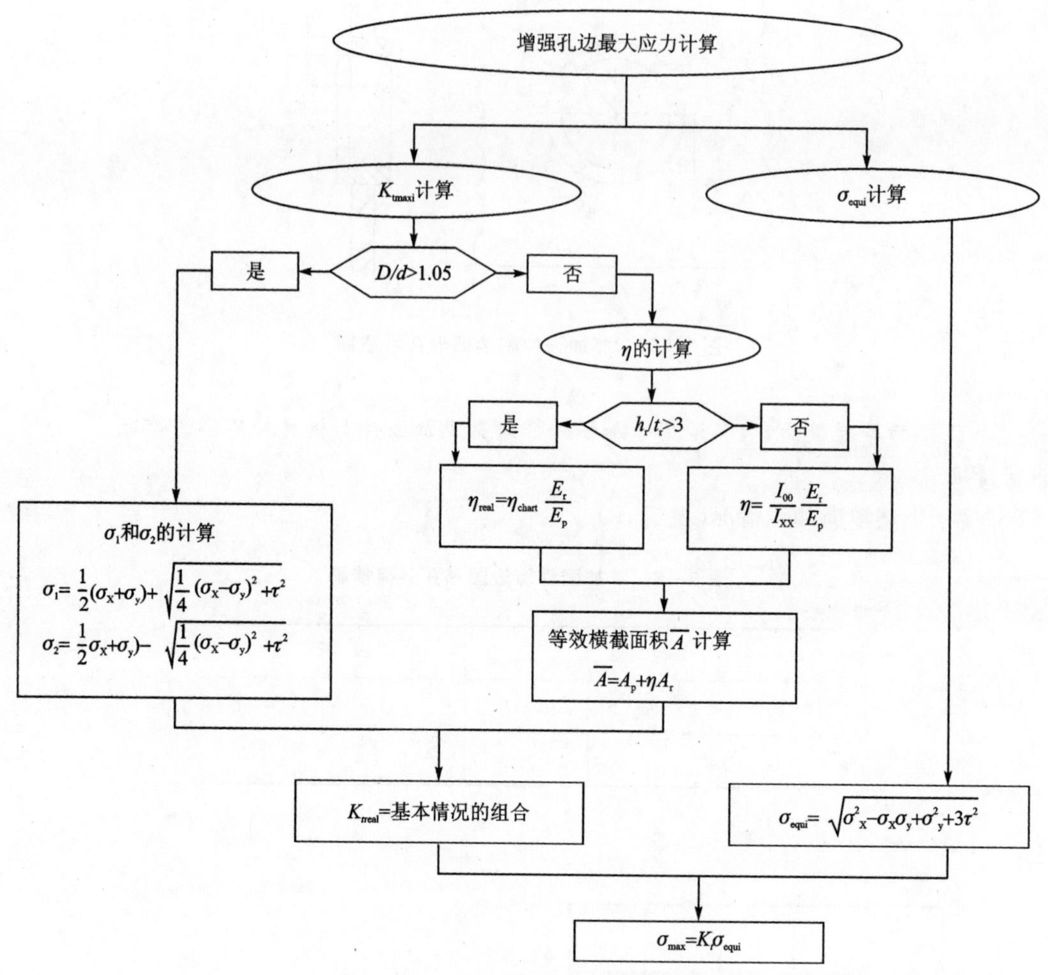

图7-55 孔加强件应力计算流程图

7.6 实 例

7.6.1 含宽对称加强件的圆孔

假设一个5 mm厚的平板上有一个直径为100 mm的孔，同时此孔用一个直径为200 mm、厚度为10 mm的对称增厚加强，如图7-56所示。

孔周围的应力状态如图7-57所示。

图中：

$$\sigma_x = 185 \text{ MPa}$$
$$\sigma_y = 65 \text{ MPa}$$
$$\tau = 45 \text{ MPa}$$

且$\frac{D}{d}=\frac{200}{100}=2>1.05$，因此为宽加强件。

在这种情况下，需考虑加强件的宽度(在 A 和 B 之间)方向的应力变化。

为确定孔边(A)和加强件与平板连接处(B)的应力集中，可根据 7.4.2.1 的图计算孔周围的主应力。

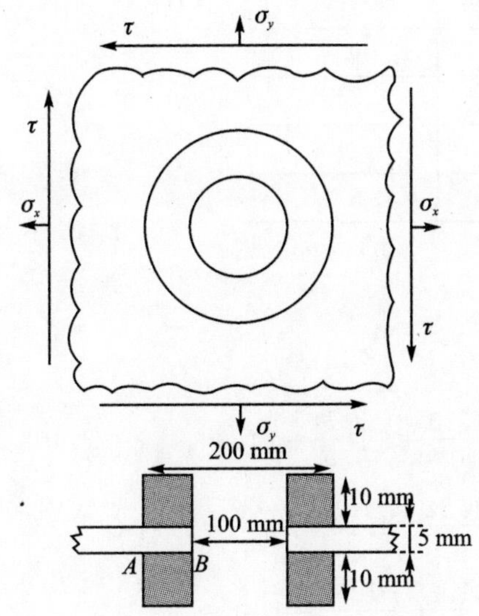

图 7-56　圆形加强孔几何参数

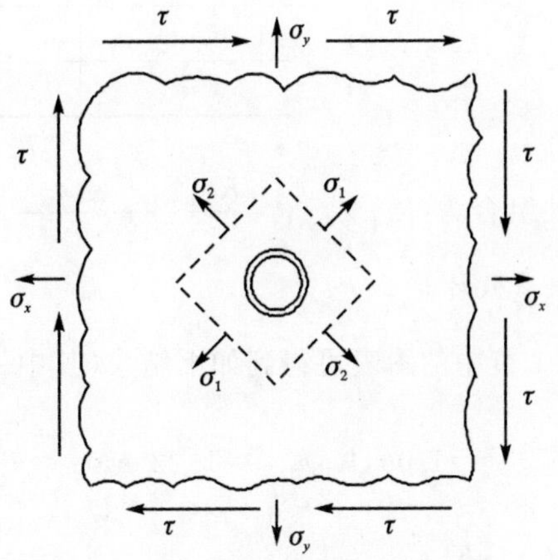

图 7-57　圆形加强孔载荷参数

1. 主应力和等效应力计算

$$\sigma_1 = \frac{1}{2}(\sigma_x + \sigma_y) + \sqrt{\frac{1}{4}[\sigma_x - \sigma_y] + \tau^2}$$

$$\sigma_2 = \frac{1}{2}(\sigma_x + \sigma_y) - \sqrt{\frac{1}{4}[\sigma_x - \sigma_y] + \tau^2}$$

代入数据有

$$\sigma_1 = \left\{\frac{1}{2}(185 + 65) + \sqrt{\frac{1}{4}[185 - 65] + 45^2}\right\}\text{MPa} = 200\ \text{MPa}$$

$$\sigma_2 = \left\{\frac{1}{2}(185 + 65) - \sqrt{\frac{1}{4}[185 - 65] + 45^2}\right\}\text{MPa} = 50\ \text{MPa}$$

$$\sigma_1 = 200\ \text{MPa}$$
$$\sigma_2 = 50\ \text{MPa}$$

同样等效应力为

$$\sigma_{\text{equi}} = \sqrt{\sigma_1^2 - \sigma_2\sigma_2 + \sigma_2^2} = \sqrt{200^2 - 200 \times 50 + 50^2}\ \text{MPa} = 180\ \text{MPa}$$

2. 线性组合确定

由 $\sigma_1 = 200$ MPa，$\sigma_2 = 50$ MPa，可得$\frac{\sigma_2}{\sigma_1} = \frac{1}{4}$。

此中加载情况无响应的宽加强件图与之对应，因此，需根据各基本情况线性组合来得到$\frac{\sigma_2}{\sigma_1} = \frac{1}{4}$。

所述基本情况如表 7-9 所列。

表 7-9 应力分布情况

	σ_1	σ_2
Case1	1	1
Case2	1	0.5
Case3	1	0
Case4	1	−0.5
Case5	1	−1

从而，该线性组合为：$K_{t\left(\frac{\sigma_2}{\sigma_1}=\frac{1}{4}\right)}=\dfrac{K_{t(cas3)}+K_{t(cas2)}}{2}$。

3. 应力集中系数计算

根据 7.3.2.1 节中的图表可得到如下结果(其中$\dfrac{t_r}{t_p}=\dfrac{2\times 10}{5}=4$ 且$\dfrac{D}{d}=2$)：

孔边(B)：$K_{tB(cas2)}=1.06, K_{tB(cas3)}=1.22 \Rightarrow K_{tB}=\dfrac{1.06+1.22}{2}=1.14$

加强件边缘(A)：$K_{tA(cas3)}=1.63, K_{tA(cas2)}=1.28 \Rightarrow K_{tA}=\dfrac{1.28+1.63}{2}=1.45$

4. 孔边和加强件边缘最大应力计算

根据等效应力和应力集中系数，可推导出孔边和加强件边缘的最大应力：

孔边(B)：　$\sigma_{maxB}=K_{tB}\times\sigma_{equi}=1.14\times 180\ \text{MPa}=205\ \text{MPa}$

加强件边缘(A)：　$\sigma_{maxA}=K_{tA}\times\sigma_{equi}=1.45\times 180\ \text{MPa}=261\ \text{MPa}$

7.6.2 含紧凑非对称窄加强件的椭圆孔

图 7-58 中，$\tau=70$ MPa。

此种情况下有$\dfrac{D}{d}=\dfrac{83}{80}=1.037<1.05$，$\dfrac{h_r}{t_r}=\dfrac{6}{3}=2<3$，因此为紧凑窄加强件。

由于该加强件非对称，因此计算时需要考虑几何有效系数 η。

1. 几何有效系数 η 的计算

加强件关于通过其重心且平行于板中线的轴的惯性矩：$I_{00}=\dfrac{t_r h_r^2}{12}=\dfrac{3.6^3}{12}\ \text{mm}^4=54\ \text{mm}^4$。

加强件关于板中线的惯性矩

$$I_{xx}=I_{00}+S_r\times d_{\bar{x}}^2=(54+18\times 4.5^2)\ \text{mm}^4=418.5\ \text{mm}^4$$

式中：S_r——加强件表面积；

$d_{\bar{x}}$——加强件重心到板中线的距离。

加强件的几何有效系数：$\eta=\dfrac{I_{00}}{I_{xx}}=\dfrac{54}{418.5}=0.13$。

2. 等效横截面积 $\overline{A}$ 的计算

$$\overline{A}=A_p+\eta A_r=(3\times 3)\ \text{mm}^2+0.13\times(3\times 6)\text{mm}^2=11.34\ \text{mm}^2$$

$$\frac{\overline{A}}{(a_r+b_r)t_p}=\frac{11.34\ \text{mm}^2}{(160+80)\times 3\ \text{mm}^2}=0.015$$

根据此系数可以采用 7.4.2.2 节中图表对纯剪切作用下椭圆孔中加强件的应力集中系数 K_t 进行计算，有 $K_t=2.2$。

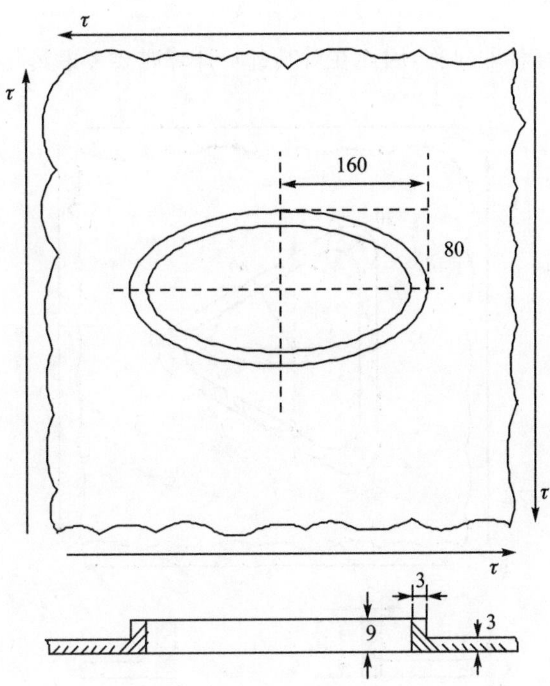

图 7－58　椭圆加强孔几何参数

从而可以假定加强件与板连接处的应力集中为

$$\sigma_{\max}=K_t\sigma_{\text{equi}}=2.2\times(70\sqrt{3})\ \text{MPa}=266\ \text{MPa}$$

7.6.3　含衬套加强件的圆孔

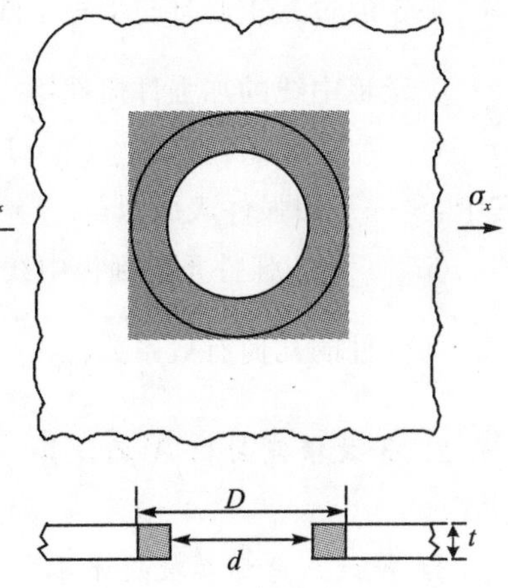

图 7－59　衬套加强孔几何参数

图 7－59 中：$D=160$ mm，$d=150$ mm，$t=5$ mm，$\sigma_x=120$ MPa。

板和衬套采用不同材料制成：平板由 7175 T7351 制成（$E_p=71\ 000$ MPa）；衬套由 2024 T3511 制成（$E_b=74\ 500$ MPa）。

此情况下有：$\frac{D}{d}=\frac{160}{150}=1.06>1.05$，因此为宽加强件。

考虑到衬套和板在材料上的区别，加强件需按窄加强件处理。从而可计算几何有效系数 η，并根据 7.4.2.2 节中图表进行 K_t 的计算。

1. 几何有效系数 η 的计算

$\eta=\frac{I_{00}}{I_{xx}}\frac{E_r}{E_p}=\frac{E_r}{E_p}$，由于此情况下 $I_{00}=I_{xx}$，从而有 $\eta=\frac{74\ 500}{71\ 000}=1.05$。

2. 等效横截面积 $\overline{A}$ 的计算

$\overline{A}=A_p+\eta A_r=0\ \text{mm}^2+1.05\times(10\times5)\ \text{mm}^2=52.5\ \text{mm}^2$，从而有

$$\frac{\overline{A}}{(a_r+b_r)\times t_p}=\frac{52.5\ \text{mm}^2}{(80+80)\times5\ \text{mm}^2}=0.065。$$

根据此系数可采用 7.4.2.2 节中图表对单向应力状态下窄加强件边缘的应力集中系数 K_t 进行计算，有 $K_t=2.2$（无加强件时 $K_t=3$）。

从而，孔边的应力集中为：　$\sigma_{\max}=K_t\sigma_{\text{equi}}=2.2\times120\ \text{MPa}=264\ \text{MPa}$。

7.6.4 三角形孔的加强件

如图 7-60 所示，由于该加强件非对称，因此在对其进行计算时要考虑其几何有效系数 η。

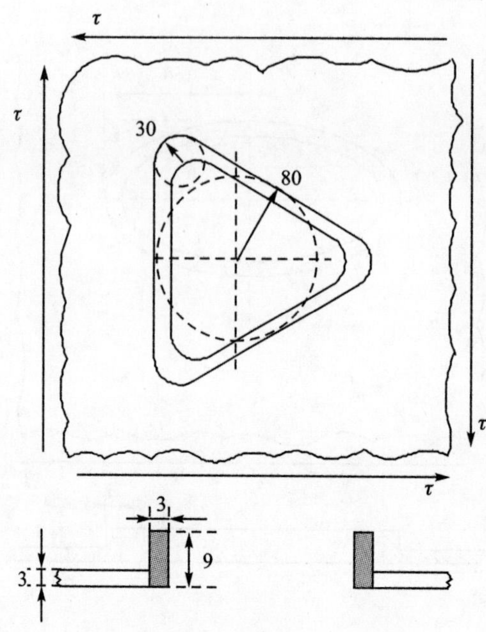

图 7-60 三角形加强孔几何参数

1. 系数 η 的计算

关于通过其重心且与平板中线平行的轴的惯性矩：$I_{00}=\frac{t_r h_r^3}{12}=\left(\frac{3.6^3}{12}\right)\ \mathrm{mm}^4=54\ \mathrm{mm}^4$。

关于板中线的加强件惯性矩

$$I_{xx}=I_{00}+S_r\times d_{\bar{x}}^2=(54+18\times4.5^2)\ \mathrm{mm}^4=418.5\ \mathrm{mm}^4$$

其中：S_r——加强件表面积；

$d_{\bar{x}}$——加强件重心到板中线的距离。

加强件的几何有效系数：$\eta=\frac{I_{00}}{I_{xx}}=\frac{54\ \mathrm{mm}^4}{418.5\ \mathrm{mm}^4}=0.13$。

2. 等效横截面积 $\overline{A}$ 的计算

$$\overline{A}=A_p+\eta A_r=(3\times3)\ \mathrm{mm}^2+0.13\times(3\times6)\ \mathrm{mm}^2=11.34\ \mathrm{mm}^2$$

3. 等效三角形参数的计算

$r_a=15\ \mathrm{mm}$，$b_r=15\ \mathrm{mm}$，从而有：$\frac{r_a}{b_r}=\frac{30\ \mathrm{mm}}{80\ \mathrm{mm}}=0.375$。

根据此比值及 7.4.2.4 节中图可以得到$\frac{r_a}{b_r}=\frac{30}{80}=0.375$。

4. 加强件边缘应力集中系数的计算

在纯剪切情况下，根据 7.4.2.4 节中图表计算 K_t，其中$\frac{\overline{A}}{b_r t}=\frac{11.34}{80\times3}=0.05$，$\frac{r_t}{b_r}=0.2$，有 $K_t=3$（无加强件时 $K_t=4$）。

从而，加强件的净截面区域 t' 计算如下：

$$(2\times t'+3)=207\ \mathrm{mm}^2 \Rightarrow t'=\frac{1}{2}\left(\frac{207}{25}-3\right)\mathrm{mm}=2.64\ \mathrm{mm}$$

$$r'=\frac{a_r+b_r}{2}=\frac{160+143}{2}\mathrm{mm}=151.5\ \mathrm{mm}$$

从而有：$\frac{2\times t'}{t}=\frac{2\times 2.64}{3}=1.76$ 且 $\frac{D}{d}=\frac{2\times(151.5+25)}{2\times 151.5}=1.16$。

在纯剪切情况下由这些比值及 7.4.2.1 中关于宽加强件的表格可得到以下结果：

① 加强件边缘与板连接处：$K_t=1.46$，从而 $\sigma_{max}=177$ MPa。

② 孔边：$K_t=1.63$，从而 $\sigma_{max}=198$ MPa。

注：当认为加强为窄的且非对称时，加强件边缘的应力集中等效于假设加强件为宽且对称加强件所获得的应力集中。

然而，宽加强件的假设考虑到了沿加强件径截面的应力变化。在此，该现象不可忽略，因为孔边的应力要比加强件边缘的应力高出 10%。

7.6.5　渐变厚度加强件

图 7-61 中：$D=143$ mm$+25$ mm$=168$，$d=143$ mm。

从而有 $\frac{D}{d}=\frac{168}{143}=1.17>1.05$，为宽加强件，但加强件为非对称，因此要考虑板与窄加强件中线偏移的问题。

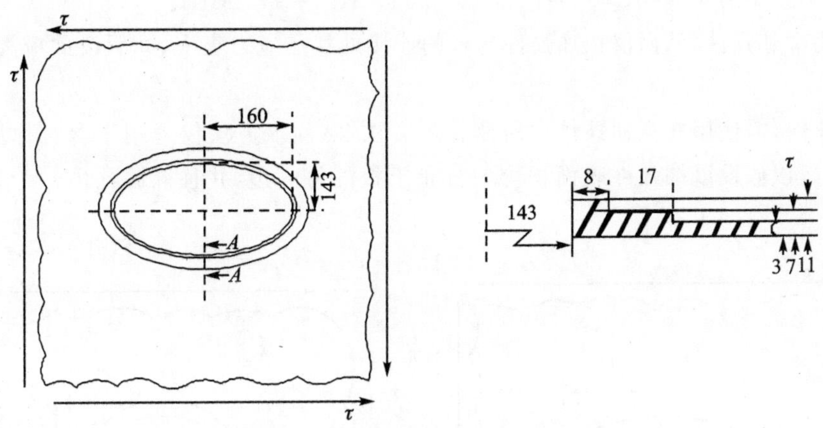

图 7-61　渐变厚度加强件几何参数

1. 几何有效系数 η 的计算

关于通过其重心且与平板中线平行的加强件惯性矩（如图 7-62）由

$I_{001}=\frac{8\times 8^3}{12}\ \mathrm{mm}^4=341.33\ \mathrm{mm}^4$，$S_1=64\ \mathrm{mm}^2$

$I_{002}=\frac{17\times 4^3}{12}\ \mathrm{mm}^4=90.66\ \mathrm{mm}^4$，$S_2=68\ \mathrm{mm}^2$

从而有

$$I_{00}=((341.33+64.1^2)+(90.66+68.1^2))\ \mathrm{mm}^4=563.9\ \mathrm{mm}^4$$

关于板中线的加强件惯性矩：

$$I_{xx}=I_{00}+S_r\times d_{\bar{x}}^2=(563.9+132\times 4.47^2)\ \mathrm{mm}^4=3\,201\ \mathrm{mm}^4$$

式中：S_r——加强件表面积；

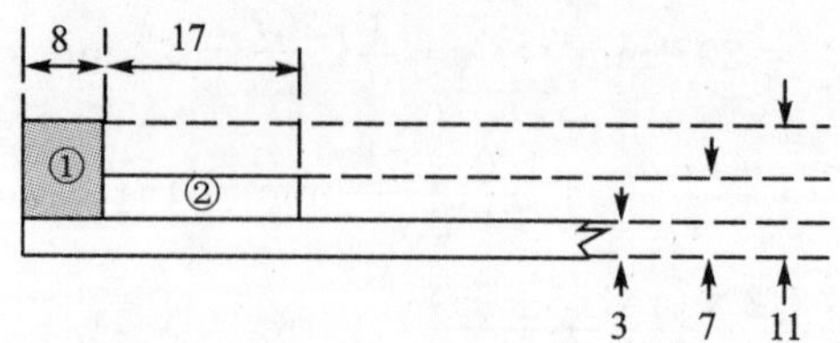

图 7-62

$d_{\bar{x}}$——加强件重心到平板中线的距离。

加强件的几何有效系数为

$$\eta = \frac{I_{00}}{I_{xx}} = \frac{563.9}{3\,201} = 0.176。$$

2. 等效横截面积 $\overline{A}$ 的计算

$$\overline{A} = A_{\mathrm{p}} + \eta A_{\mathrm{r}} = [(3 \times 25) + 0.176 \times (64 + 68)]\mathrm{mm}^2 = 98.2\ \mathrm{mm}^2$$

从而有

$$\frac{\overline{A}}{(a_{\mathrm{r}} + b_{\mathrm{r}}) \times t_p} = \frac{98.2}{(185 + 168) \times 3} = 0.092\,7$$

根据此系数可采用 7.4.2.2 节中图对纯剪切应力状态下窄加强件边缘的应力集中系数 K_{t}进行计算，有$K_{\mathrm{t}}=1.41$(无加强件时 $K_{\mathrm{t}}=2.2$)。

从而，孔边的应力集中为$\sigma_{\max}=K_{\mathrm{t}}\sigma_{\mathrm{equi}}=1.41\times(70\sqrt{3})$ MPa=171 MPa。

由于该加强件为窄加强件，从而仅在加强件与板的连接处存在应力集中，并假设此应力沿加强件宽度到孔边为一恒定值。

当考虑应力变化时，需使用在宽加强件中所阐述的方法，然而该方法仅适用于含对称加强件的圆孔，而并不适用于当前情况，所以假设该加强件表面积均匀分布于板的每一边，并且椭圆孔由一个等效圆形孔所替代，如图 7-63 所示。

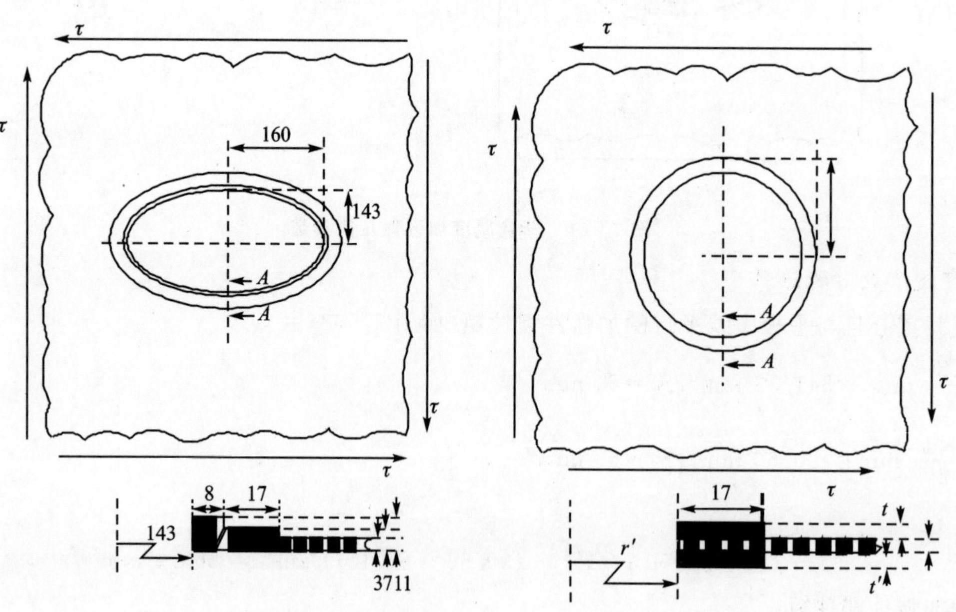

图 7-63 等效圆孔示意图

参考文献

[1] Elastic stress - concentration factors, Single reinforced and unreinforced holes in infinite plate of isotropic materials[R]. ESDU Data Item 80027,1995.

[2] Walter D Pilkey, Deborah F. Pilkey. Peterson's stress concentration factors[M]. 3rd Edition. Hoboken,NewJersey: U. S. A. & Canada: JohnWiley&Sons,Inc. 2007.

第8章 螺栓和铆钉连接分析方法

8.0 符号说明

符号	单位①	物理意义
β	rad	交错角
$C_{e/D}$		由边距影响的折减系数
CSK		沉头紧固件
φ, D	mm	紧固件名义直径
δ		施加拉伸载荷时连接件的延伸率
e	mm	边距
E		杨氏模量
F_{bry}	MPa	屈服挤压强度
F_{bru}	MPa	极限挤压强度
$F_{\mathrm{bry\_ref}}$	MPa	参考试验薄板材料的屈服挤压强度
$F_{\mathrm{bru\_ref}}$	MPa	参考试验材料的极限挤压强度
F_{ext}	N	外部拉伸载荷
F_{sep}	N	分离载荷
F_{tu}	MPa	薄板材料的极限拉伸强度
F_{T}	MPa	紧固件的极限拉伸强度
$\mathrm{FT}_{\mathrm{max}}$	MPa	实心铆钉的全挤压强度
$\mathrm{FT}_{\mathrm{pt}}$	MPa	拉脱强度
$F_{\mathrm{shear\_out}}$	MPa	极限剪断强度
F_{SU}	MPa	极限剪切强度
H	mm	螺栓凸头高度
$H_{\mathrm{n/c}}$	mm	螺母/垫圈高度
K		载荷分配系数
K_{b}		螺栓轴向刚度

① 本书的量和单位以中华人民共和国国家标准为准。考虑到在实际设计工作中，很多资料(尤其是外版资料)大量应用英制单位，为方便读者使用，亦保留部分英制单位。

符号	单位	物理意义
L_E	mm	有效长度
L_G	mm	螺栓杆长度
n		承载面系数
p	N·mm	螺距
PLD	N	最初施加到螺栓上的预紧力
P_f	N	法兰载荷
$P_{b.}$	N	螺栓杆载荷
P_U	N	极限载荷(失效载荷)
RF		安全系数
R_S		施加剪切载荷和许用剪切应力比值
R_T		施加拉伸载荷和许用拉伸应力比值
σ	MPa	应力
t	mm	薄板厚度
t_t	mm	总厚度
t_i	mm	第 i 块板的厚度
α,γ		基于紧固件头类型和薄板材料的系数
a,b		基于紧固件和其材料的系数
SS,SLS		单剪连接件
DS,DLS		双剪连接件
σ_R	MPa	极限强度
σ_0	MPa	销钉中线处的 Cozzone 虚应力
$\sigma_{0.2}$	MPa	常规拉伸屈服强度
$\sigma_{c0.2}$	MPa	常规压缩屈服强度
σ_2,σ_3	MPa	拉伸条件下环端 2 和 3 处的名义应力
τ	MPa	剪切应力
τ_{adm}	MPa	许用纯剪切应力
τ_3	MPa	拉伸条件下环端 3 处的切应力
1		装配体中凹部件特征指针
2		装配体中凸部件特征指针

8.1　螺栓和铆钉典型连接及失效形式

结构连接件是结构组成的一个特殊部分，其主要作用是将载荷从一个或多个结构件传递到其相邻的结构件中。该结构件通常使用一个或多个紧固件进行连接。连接件的作用主要是将载荷从一个结构单元传递到另一个结构单元。

结构连接件主要根据疲劳加载条件进行设计，而在静态加载条件下，某些连接件的特性常起到关键性作用，而其性能要通过与之相对应的失效模式检验。表 8－1 所列为金属紧固定件连接件的失效模式。

通常进行连接设计时要综合考虑静载和疲劳两种加载，本书仅对螺栓和铆钉连接在静载条件下的行为进行了介绍，而并未涉及疲劳载荷情况。

表 8－1　金属紧固件连接件的失效模式

连接件载荷	失效模式		对应章节
剪切	净截面		8.2.1.2 节
	挤压/过渡	螺栓失效	8.2.1.1 节
		挤压	8.2.2 节
		螺栓失效(相互作用)	8.2.2.1 节
拉伸	螺栓失效		8.3.1.1 节
	拉脱		8.3.1.2 节
剪切/拉伸	螺栓失效		8.4 节

8.2　剪切载荷分析方法

本章将对金属螺栓连接件在剪切载荷作用下的典型失效模式进行介绍，图 8－1 为剪切载荷作用下螺栓连接件的实例图。

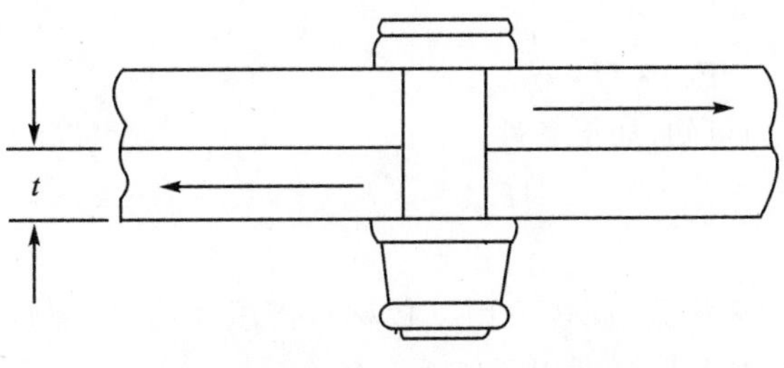

图 8－1　剪切载荷作用下螺栓连接件实例

8.2.1 金属板破坏

如图 8－2 所示为剪断至板边的情况。

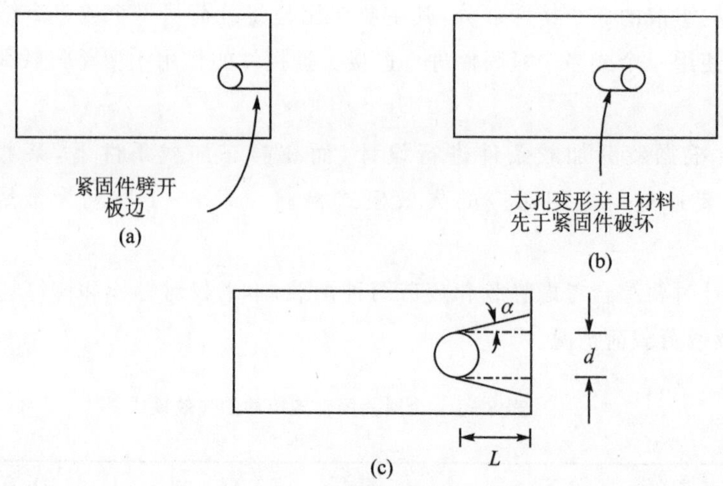

图 8－2 剪断至板边

8.2.1.1 剪 断

板实际的挤压破坏取决于以下几个参数:如板厚度、螺栓直径以及边距。两种可能的破坏模式分别为剪断(紧固件劈开板的尾部)以及孔的大变形(如图 8－3 所示)。

在很多试验件中,剪断通常是一种次要的破坏模式。它的出现往往与紧固件孔大变形所导致的边距减小有关。当连接件的设计符合标准($e/D>2.0$)且针对标准合金时,剪断将不再是主要的失效模式。然而,当采用缩减边距或者不常用的合金时,有必要检查连接件是否为临界剪断情况。

如果边距为 $2D$,则破坏面的剪切应力如下:

$$\tau_{\text{shearOut}} = \frac{F_{\text{shearOut}}}{2} \cdot \frac{1}{2D \cdot t} \quad (8-1)$$

其中:F_{shearOut}——施加在板边紧固件的剪切载荷。

当剪切应力等于板材料的剪切许用值时,将达到板的最大剪切能力。

$$\tau_{\text{shearOut}} = F_{\text{su}} \quad (8-2)$$

根据公式(8－1)和(8－2)可得剪断破坏模式下的载荷为

$$F_{\text{shearOut}} = F_{\text{su}} \cdot 4D \cdot t \quad (8-3)$$

此外,最大挤压载荷为

$$F_{\text{bearing}} = F_{\text{bru}} \cdot D \cdot t \quad (8-4)$$

由公式(8－3)和公式(8－4)可知,如下条件

$$F_{\text{bearing}} \leqslant F_{\text{shearout}} \Leftrightarrow F_{\text{bru}} \leqslant 4F_{\text{su}} \quad (8-5)$$

成立时,将发生挤压破坏。

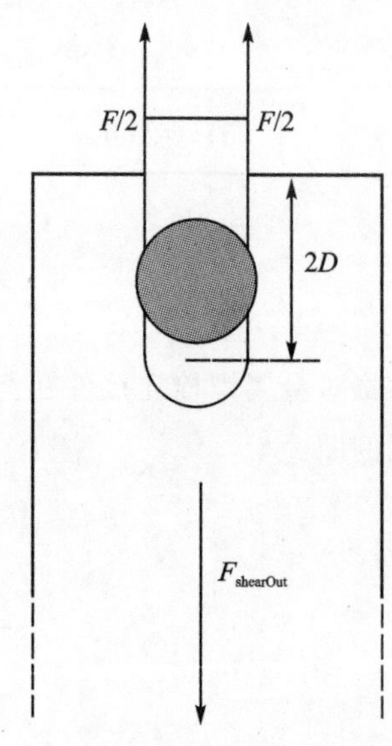

图 8－3 剪断失效模式下的载荷再分配

上述条件(剪断为非主要破坏模式)同样适用于板材料挤压许用值小于 4 倍的剪切强度的情况,并且同样适用于普通合金。

综上所述,对于金属螺栓连接件,除连接件的设计边距小于 $2D$ 情况外,剪断并不是一种主要的破坏模式。

8.2.1.2 净截面强度校核

金属连接件的净截面强度是指连接件中含孔板不破坏情况下的极限承载能力。无论连接件在任何时候承

受拉伸(剪切)载荷,都应该验证净截面强度。事实上,填充孔金属板的静压缩强度与无孔板的静压缩强度几乎相同。

影响净截面强度的主要参数为孔的排列形式:①对于矩形排列(如图 8-4 所示),破坏主要发生在图 8-5 中的 $A-A$ 截面;②对于交错排列(如图 8-5 所示),破坏的位置不容易预测。它可能发生在 $A-A$ 截面或者 $B-B$ 截面中的任意一处,且仅能发生在这两个破坏路径上。实际破坏模式主要取决于交错的数量以及紧固件间距。

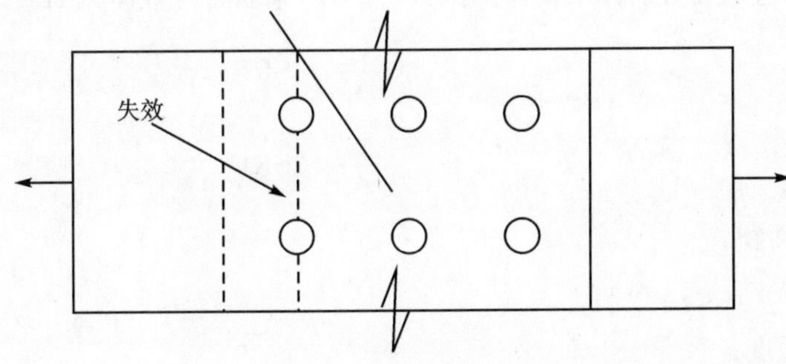

图 8-4　矩形排列孔

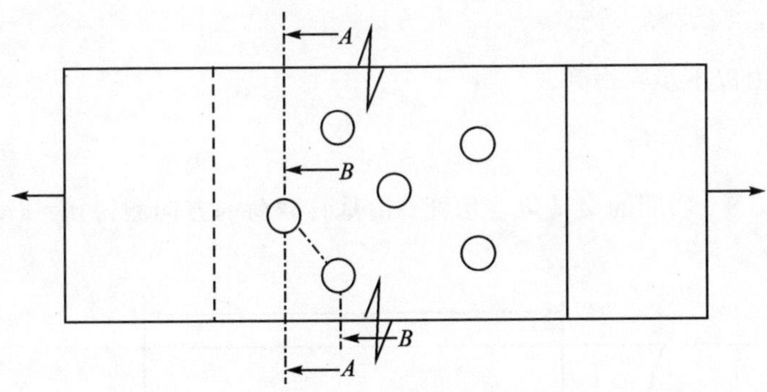

图 8-5　交错排列孔

此处描述的方法主要是解释如何计算交错排列孔的净截面面积(如图 8-6 所示的 $A-A$ 截面)。

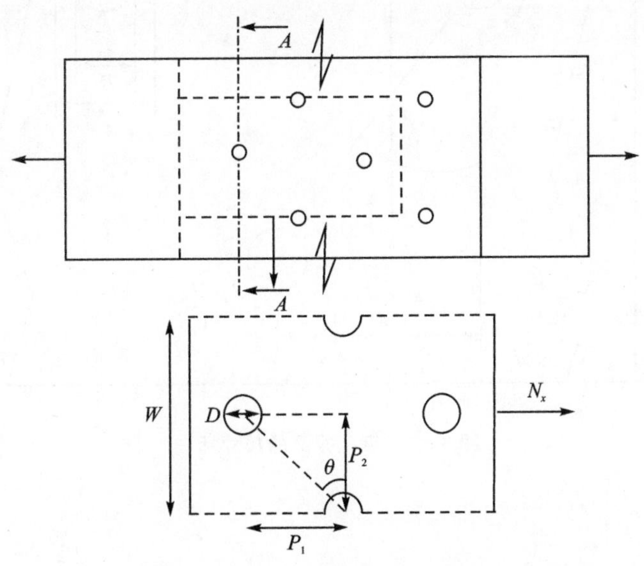

图 8-6　普通连接件交错排列孔的带状理想化

如图 8-6 所示，普通连接件的净截面静强度计算可以简化为几个带状来进行分析。

交错排列孔对净截面强度的影响可以通过减少依赖于交错图案参数（紧固件间距 P_2 和交错 P_1），且在第一排紧固件处计算的净截面（图 8-6 中 $A-A$ 截面）而重新开始。因此，这两种可能性，$A-A$ 截面的孔或者交错排列的孔，可以视为用于净截面计算的下部和上部的边界。

在计算净截面时，可以通过板材的许用拉伸/剪切（F_{tu}/F_{su}）来获得等效净截面应力许用值。

$$F_{tu_{net}} = F_{tu} \times \frac{A_{net}}{A_g} \times \mathrm{SRF} \tag{8-6}$$

$$F_{su_{net}} = F_{su} \times \frac{A_{net}}{A_g} \times \mathrm{SRF} \tag{8-7}$$

式中：A_{net}——有效净截面面积；

A_g——总面积（$A_g = tW$：$t\cdots$，$w\cdots$）；

F_{tu}——板材料拉伸强度；

F_{su}——板材料剪切强度。

8.2.1.3 净截面计算方法实例

连接件净截面的计算由以下步骤得到。

(1) 有效净截面计算

1）计算紧固件孔（见图 8-7）间的交错角。角度 θ 由垂直载荷的方向测得，$\theta = \arctan\left(\dfrac{h}{p}\right)$。

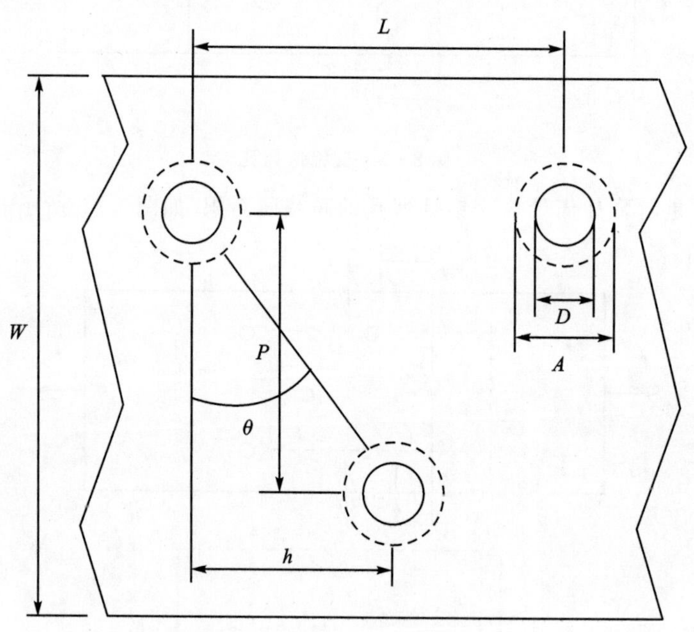

图 8-7 带孔截面的尺寸标注

2）得到孔系数 F（图 8-8）。

3）计算有效净截面

$$A_{net} = tW - (1 + F)(tD + A_{csk}) \tag{8-8}$$

$$A_{\mathrm{csk}} = \frac{(A-D)^2}{2\tan(\theta_{\mathrm{csk}}/2)} \tag{8-9}$$

式中：D——孔的直径；

A——紧固件头直径；

θ_{csk}——沉头角（金属材料 $\theta_{\mathrm{csk}}=100°$）。

表 8－2 给出了 EN6114Hi－Lite 紧固件的直径 D 值和 A 值。

表 8－2　EN6114 Hi－Lite 紧固件直径 D 值和 A 值

D	4.14	4.8	5.53	6.32	7.9	11.1	12.67	14.25
A	7.18	8.32	9.57	10.88	13.62	16.29	18.86	21.39

（2）连接件 F_{tunet} 和 F_{sunet} 的计算

等效净拉伸和剪切强度可由方程（8－6）和（8－7）得出：

$$F_{\mathrm{tunet}} = F_{\mathrm{tu}} \times \frac{A_{\mathrm{net}}}{A_g} \times \mathrm{SRF} \tag{8-10}$$

$$F_{\mathrm{sunet}} = F_{\mathrm{su}} \times \frac{A_{\mathrm{net}}}{A_g} \times \mathrm{SRF} \tag{8-11}$$

SRF 是指由于紧固件垂直于载荷方向的间距引起的应力集中系数。对大多数的铝合金（2000 和 7000 系列）来说，此应力集中系数为 1.0，只有铝锂合金的应力集中系数小于 1.0（可保守地采用 0.92）。

（3）安全系数计算

由净截面强度计算的安全系数可由方程（8－10）得到，即

$$\mathrm{RF} = \frac{1}{\sqrt{\left(\frac{F_{\mathrm{t}}}{F_{\mathrm{tu_{net}}}}\right)^2 + 3\cdot\left(\frac{F_{\mathrm{s}}}{F_{\mathrm{su_{net}}}}\right)^2}} \tag{8-12}$$

式中：F_{t} 和 F_{s} 分别是施加在无孔板上（总截面）的拉伸和剪切应力。

（4）孔系数

试验证明孔系数 F 由板材料决定。铝合金 2×××和 7×××的两个孔系数曲线如图 8－8 所示。保守曲线用于其他铝合金。

7×××系列：

当 $0\leqslant\theta\leqslant 90°$ 时，

$$F = 2.790\times10^{-6}\theta - 3.819\times10^{-4}\theta^2 + 6.287\times10^{-4}\theta + 1$$

2×××系列：

当 $0\leqslant\theta\leqslant 90°$ 时，

$$F = 1.026\times10^{-9}\theta^5 - 1.608\times10^{-7}\theta^4 + 7.336\times10^{-6}\theta^{-3} - 2.358\times10^{-4}\theta^2 + 6.457\times10^{-4}\theta + 1$$

其他铝合金：

当 $0\leqslant\theta\leqslant 45°$ 时，$F=1$；

当 $45°<\theta\leqslant 90°$ 时，$F=-(1/45)\theta+2$。

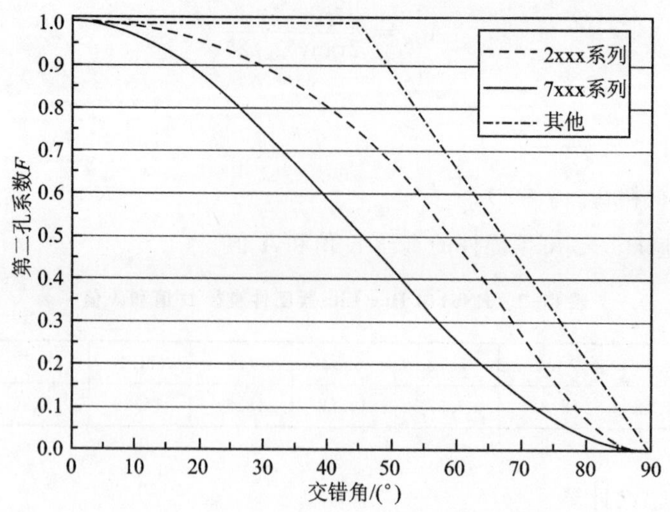

图 8-8 孔系数 F 随紧固件交错角的变化图

8.2.2 剪切/挤压/过渡破坏

8.2.2.1 连接件的破坏模式(极限载荷)

图 8-9 给出了描述单搭剪切连接件极限载荷的一般方法。图中的 3 个不同区域分别对应不同的破坏模式。

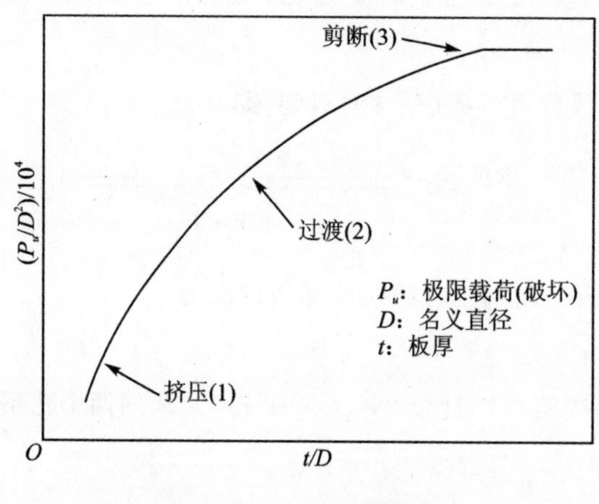

图 8-9 三区域破坏图

1. 剪切区域(3)

此区域中(t/D 值较高),破坏发生在紧固件的螺杆处(剪断)。当超过某一 t/D 值时,无论板的强度有多少,连接件的强度都由紧固件的"纯"单剪切强度决定。在这种情况下,连接件的静强度不再由板的厚度所决定,而是由紧固件自身的固有特性所决定。

然而,在一些特殊情况下,紧固件纯剪切强度从来没有达到过或至少对于实际 t/D 值没有达到过。

在图中剪断直线部分反映了连接件的单剪切强度。

实心铆钉的剪切强度必须在驱动条件下计算。

2. 挤压区域(1)

此区域中(t/D 值较低),板处于临界状态,且破坏主要发生于板受挤压情况。

3. 过渡区域(2)

过渡区域(t/D 值为中间水平)指的是除剪断和挤压破坏外的其他破坏模式区域。过渡区域通常的破坏模式包括：紧固件头破坏（尤其是沉头或凸头紧固件）；螺母/垫圈破坏（紧固件销钉在第一受载螺纹/凹槽处的破坏）或螺母/垫圈劈裂；拉脱破坏。

含凸短头的紧固件（剪切/中型）或沉头紧固件易在图 8-10 所示模式下发生破坏。

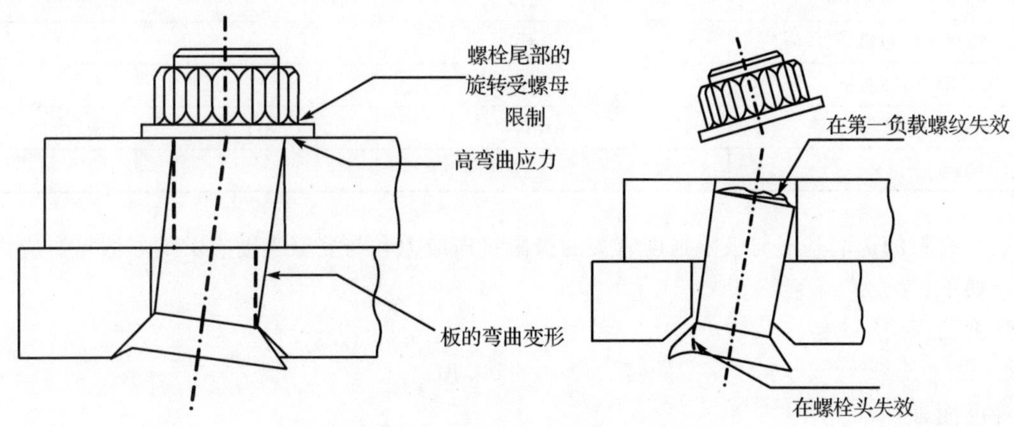

图 8-10　过渡区域：头或螺母/垫圈破坏

8.2.2.2　静强度设计值（极限强度）

当金属连接件的静强度为材料的极限挤压强度和紧固件的抗剪断强度两者之间的最小值时，则认为紧固件提高了材料的挤压强度。

针对一些紧固件系统，往往在紧固件达到板材料的总挤压强度之前发生破坏（图 8-11）。这些紧固件系统的连接许用值必须通过实际搭接的连接件试验及（紧固件/螺母组合和板材料）给出的由两个相同材料和厚度的板组成的单剪切连接件的极限静强度所决定。

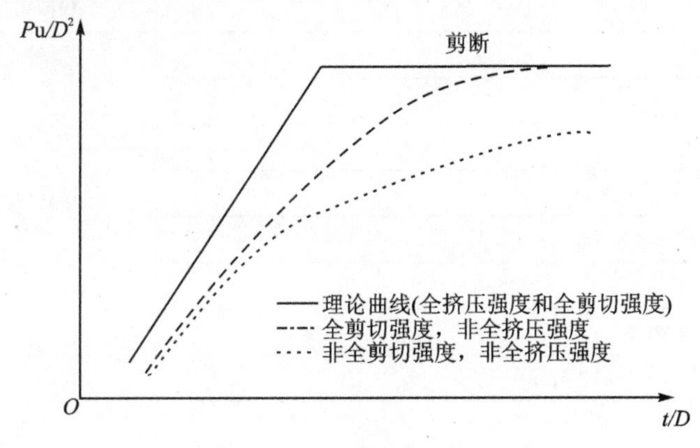

图 8-11　失效曲线的比较

8.2.2.3　静强度设计值（屈服强度）

金属紧固连接件的屈服强度定义为：连接件的永久变形达到杆直径 0.4%时的载荷值。

大多数的紧固件/螺母组合和板参考材料的屈服强度值可由相关文献查阅得到，当文献中找不到该参考值时，可假定连接件的屈服强度高于极限静强度的 2/3。

8.2.2.4　板材料的影响

在飞机工业中，由于需要大量的试验以确保涵盖所有的铝合金和金属热处理材料，因此通常螺栓连接件的静强度设计值是以少量可广泛使用的材料的试验数据为依据的。

若螺栓连接的实际材料与表 8-3 中的任一种铝合金都不相符，则其设计值可使用最相近的试验材料的数据。

表 8－3 参考挤压应力

MPa

试验材料	F_{bru_ref}	F_{bry_ref}
6056 T78 薄板	675	485
2024 T42 包铝	810	420
2024 T3/T351 包铝	875	605
7075 T6 包铝	1 035	785
Ti 6Al－4V	1 750	1 450

最相近试验材料的选取基于与极限强度有关的极限挤压应力和与屈服强度有关的屈服挤压应力。

选取标准如下：

对极限强度而言

$$F_{bru} > 0.95 \times F_{bru\_ref}$$

对屈服强度而言

$$F_{bry} > 0.95 \times F_{bry\_ref}$$

其中：F_{bru}，F_{bry}——实际板材料的极限和屈服挤压应力（$e/D=2$）；

F_{bru_ref}，F_{bry_ref}——参考材料的极限和屈服挤压应力（见表 8－3）。

表 8－4 为常用金属的“最相近试验材料”。用户可参照此表，并根据需要选择与实际板材料相关的“最相近试验材料”。

表 8－4 最相近试验材料的确定

<table>
<tr><th rowspan="2">用户材料</th><th colspan="2">相近的试验材料</th></tr>
<tr><th>极限强度</th><th>屈服强度</th></tr>
<tr><td>6056 T78 非包铝薄板</td><td rowspan="7">6056 T78 薄板</td><td rowspan="7">6056 T78 薄板</td></tr>
<tr><td>6056 T78511 挤压成型</td></tr>
<tr><td>6013 HDT T62 包铝薄板</td></tr>
<tr><td>6110A T6511 挤压成型</td></tr>
<tr><td>2219 T62 非包铝薄板</td></tr>
<tr><td>2219 T62 包铝薄板</td></tr>
<tr><td>2024 T3510/T3511 挤压棒材/挤压成型</td></tr>
<tr><td>2024 T42 包铝薄板或厚板</td><td rowspan="12">2024 T42 包铝薄板或厚板</td><td rowspan="4">2024 T42 包铝薄板或厚板</td></tr>
<tr><td>2024 T42 包铝薄板或厚板</td></tr>
<tr><td>2024 T42 挤压成型</td></tr>
<tr><td>2524 包铝 T351 薄板（AMS tbd）（0.8<t<1.6 mm）</td></tr>
<tr><td>2024 T42 高强挤压成型</td><td rowspan="8">6056 T78 薄板</td></tr>
<tr><td>2024 T4 HF 包铝薄板</td></tr>
<tr><td>2524 T42 包铝薄板和厚板</td></tr>
<tr><td>6013 T6 包铝或非包铝薄板</td></tr>
<tr><td>6013 T62 包铝薄板</td></tr>
<tr><td>6056 T62 包铝薄板</td></tr>
<tr><td>2099 T8x 挤压成型 03－05－038（12<t<1.6 mm）</td></tr>
<tr><td>2524 包铝 T42 薄板（AMS tbd）（0.8<t<1.6 mm）</td></tr>
</table>

续表 8-4

<table>
<tr><th rowspan="2">用户材料</th><th colspan="2">相近的试验材料</th></tr>
<tr><th>极限强度</th><th>屈服强度</th></tr>
<tr><td>2024 T3/T351 包铝薄板或厚板</td><td rowspan="23">2024 T3/T351 非包铝薄板或厚板或 2041A T6 非包铝薄板</td><td rowspan="21">2024 T3/T351 非包铝薄板或厚板或 2041A T6 非包铝薄板</td></tr>
<tr><td>2024 T3/T351 非包铝薄板或厚板</td></tr>
<tr><td>2024A T3/T351 包铝薄板和厚板</td></tr>
<tr><td>2124 T351 非包铝厚板</td></tr>
<tr><td>7010/7050 T7451 非包铝厚板 $t>75$ mm</td></tr>
<tr><td>7040/7050 HT T7451 非包铝厚板 $t>125$ mm</td></tr>
<tr><td>7075 T76510/T76511/T73/T73510/T73511 挤压棒材和挤压成型</td></tr>
<tr><td>7175 T76510/T76511/T73/T73510/T73511 挤压棒材和挤压成型</td></tr>
<tr><td>7175 T73 闭式模锻</td></tr>
<tr><td>7175 T7352 闭式模锻</td></tr>
<tr><td>7175 T7351 非包铝厚板</td></tr>
<tr><td>7475 T761/T7651 包铝薄板和厚板</td></tr>
<tr><td>7475 T7351/T7651 SPF 非包铝厚板</td></tr>
<tr><td>7475 T762 非包铝薄板</td></tr>
<tr><td>C460/2196 T8511/2099 T8511 挤压成型</td></tr>
<tr><td>2050 T8 厚板 $t=<50$ and $t>60$ (*)</td></tr>
<tr><td>2198 T8</td></tr>
<tr><td>2050 T84 厚板 03-02-036($125<t<165$ mm)</td></tr>
<tr><td>2099 T8511 挤压成型 03-05-032($1.2<t<25$ mm)</td></tr>
<tr><td>2196 T8511 挤压成型 03-05-032($1.2<t<25$ mm)</td></tr>
<tr><td>2198 T851 薄板 03-04-053($3.2<t<8$ mm)</td></tr>
<tr><td>2024 HDT T3/T351 非包铝薄板</td><td rowspan="2">6056 T78 薄板</td></tr>
<tr><td>2524 T3/T351 非包铝薄板和厚板</td></tr>
<tr><td>7010 T6/T651/T7651 非包铝薄板和厚板</td><td rowspan="22">7075 T6/T651/T62 包铝薄板和厚板或 7150 T651</td><td rowspan="18">7075 T6/T651/T62 包铝薄板和厚板或 7150 T651</td></tr>
<tr><td>7010 T6510/T651 挤压成型</td></tr>
<tr><td>7040/7050 HT T7451 厚板 $75< t\leqslant125$ mm</td></tr>
<tr><td>7050 T7651 非包铝厚板</td></tr>
<tr><td>7150 T6151/T7751 非包铝厚板</td></tr>
<tr><td>7150 T61511/T77511 挤压成型</td></tr>
<tr><td>7055 T77511 挤压成型</td></tr>
<tr><td>7075 T6/T651/T62 包铝薄板和厚板</td></tr>
<tr><td>7075 T651/T62 非包铝厚板</td></tr>
<tr><td>7075 T6510/T6511/T62 挤压成型</td></tr>
<tr><td>7175 T79511 挤压成型</td></tr>
<tr><td>7349/7055 T762 挤压成型</td></tr>
<tr><td>7349 T6511/T76511 挤压成型</td></tr>
<tr><td>7449 T651/T7651/T7951 非包铝厚板</td></tr>
<tr><td>2050 T8 厚板 $50< t\leqslant60$(*)</td></tr>
<tr><td>2050 T84 厚板 03-02-036 ($12.7< t<25$ mm)</td></tr>
<tr><td>2050 T84 厚板 03-02-036 ($25< t<50$ mm)</td></tr>
<tr><td>Ti6Al 4V 退火锻造 IGC04-40-110 ($0< t\leqslant100$ mm)</td></tr>
<tr><td>7010/7050 T7451 非包铝厚板 $50< t<75$ mm</td><td rowspan="4">2024 T3/T351 包铝薄板或厚板或 2014A T6 包铝厚板</td></tr>
<tr><td>2050 T84 厚板 03-02-036 ($50< t<125$ mm)</td></tr>
<tr><td>2198 T851 薄板 03-04-CRR ($1.6<t<3.2$ mm)</td></tr>
<tr><td>2050 T852 锻造 ($12.5< t<75$ mm)</td></tr>
</table>

续表 8-4

用户材料	相近的试验材料	
	极限强度	屈服强度
2050 T851（*）	2050 T851	2050 T851
2050 T8 plate $t \leqslant 50$ and $t > 60$（*）		
2050 T8 厚板 $50 < t \leqslant 60$（*）		
Ti6Al 4V 退火薄板 004 AIMS 03－18－004（$0.3 < t \leqslant 6$ mm）	Ti6Al－4V	Ti6Al－4V
Ti6Al 4V 退火薄板 003 AIMS 03－18－003（$0.3 < t \leqslant 6$ mm）		
Ti6Al 4V 退火薄板 003 焊后 AIMS 03－18－003（$0.3 < t \leqslant 6$ mm）		
Ti6Al 4V 退火薄板 003 post SFP AIMS 03－18－004（$0.3 < t \leqslant 6$ mm）		
Ti6Al 4V 退火薄板 003 焊后和 SFP AIMS 03－18－003（$0.3 < t \leqslant 6$ mm）		
Ti6Al 4V 退火厚板 001 AIMS 03－18－001（$6 < t \leqslant 100$ mm）		
Ti6Al 4V 退火厚板 006 AIMS 03－18－006（$6 < t \leqslant 100$ mm）		
Ti6Al 4V 退火厚板 001 AIMS 03－18－004（$6 < t \leqslant 100$ mm）		
Ti6Al 4V β－退火厚板 AIMS 03－20－007（$0 < t \leqslant 100$ mm）		
Ti6Al 4V β－退火锻造 AIMS 03－20－001（$0 < t \leqslant 100$ mm）		
Ti6Al 4V β－退火锻造 AIMS 03－20－001（$0 < t \leqslant 180$ mm）		

注：2050 T851 试验结果仅适用于六角螺栓。

8.2.2.5 边距影响(e/D)

通常不建议在边距较小的情况下设计螺栓连接件。然而，为了便于修理和维护，边距为 1.5D 的连接件强度可以满足要求。使用折减系数($C_{e/D}$)可减少边距。

$$C_{e/D} = 1 \qquad (e/D \geqslant 2.0) \tag{8-13}$$

$$C_{e/D} = \frac{F_{\mathrm{bru}}(1.5D)}{F_{\mathrm{bru}}(2D)} \qquad (1.5 \leqslant e/D \leqslant 2.0) \tag{8-14}$$

其中：$F_{\mathrm{bru}}(1.5D)$——边距为 1.5D 时板材料的极限挤压应力；

$F_{\mathrm{bru}}(2D)$——边距为 2D 时板材料的极限挤压应力。

边距小于 1.5D 时，不能使用外推法。

如果连接件的 t/D 值为连接件的剪切临界值(区域 3 的失效示意图参考 8.2.1.1 节)，连接件的强度必须按图 8-12 所示的曲线进行外推。

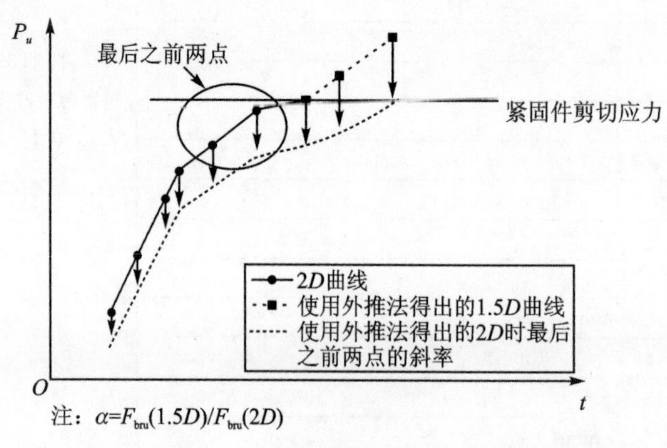

图 8-12 减少 e/D 时连接件强度的外推法示意图

8.2.3　用于修补的加大紧固件

如果用作修补，可使用加大紧固件(称为“*R*1”和“*R*2”)。为了能与螺栓头和螺纹精确匹配，加大紧固件的杆需更长(原始+0.4 mm 或+0.8 mm)。

如果紧固件的初始边距大于等于 $2D$，则低边距引起的连接强度的降低可通过增大的挤压面积(更大的直径)来补偿。

对于含有加大紧固件的连接结构来说，如果初始 $e/D \geqslant 2$，则不能应用折减系数。

8.2.4　螺栓-螺母组合和锁紧螺栓-垫圈组合

常用紧固件/螺母(或垫圈) 组合的静强度设计值可由相关文献获得，螺母/垫圈的选择对连接件拉伸强度有直接的影响

同时，由于可能会发生失效模式演变(特别是螺母劈裂)，螺母/垫圈的选择也会对连接件剪切强度有直接的影响。因此，当设计螺栓连接件时，须特别注意选择与真实的组合紧固件/螺母(垫圈)相吻合的设计值。

8.2.5　预紧力的影响

对于承受剪切载荷且按建议扭矩和夹紧要求安装的紧固连接件来说，预紧力对连接件的静剪切强度影响不大，在进行裕度计算时不须考虑预紧力的影响。

8.2.6　周围结构的影响

根据周围结构提供的支持水平，单剪切搭接连接件可假定为有支持或无支持结构。有支持条件的典型结构可以假定为翼梁—蒙皮连接。

8.2.7　一般剪切连接件静强度的确定

1. 单搭接剪切连接件(有支持或无支持)

当含有凸头紧固件的单搭接剪切连接件由两个不同的板(材料或厚度)组成，每块板的许用值必须遵循相关要求，两块板的最小值决定了连接件的强度。

如果是沉头紧固件，则含有非沉头孔板的强度必须遵循与如图 8-13 所示的含凸头紧固件(安装相同的螺母/垫圈)连接件相关的要求。

计算 1:单剪切连接件的强度(有支持或无支持由支持条件决定)须考虑板的厚度 t_1、实际紧固件类型和相应的螺母/垫圈及所施加的载荷 F。

计算 2:单剪切连接件的强度(有支持或无支持由支持条件决定)须考虑板的厚度 t_2、凸头紧固件和相应的螺母/垫圈及所施加的载荷 F。

2. 双剪切连接件计算方法(见图 8-14)

除了中间板假定为可以提供全挤压强度的情况外，双剪切连接件的失效模式与单剪切一致，双剪切连接件的强度可以保守地通过单剪切连接件推导。

计算 1:单剪切连接件的强度(有支持或无支持由支持条件决定)须考虑薄板的厚度 t_1、实际紧固件类型和相应的螺母/垫圈及所施加的载荷 F_1。

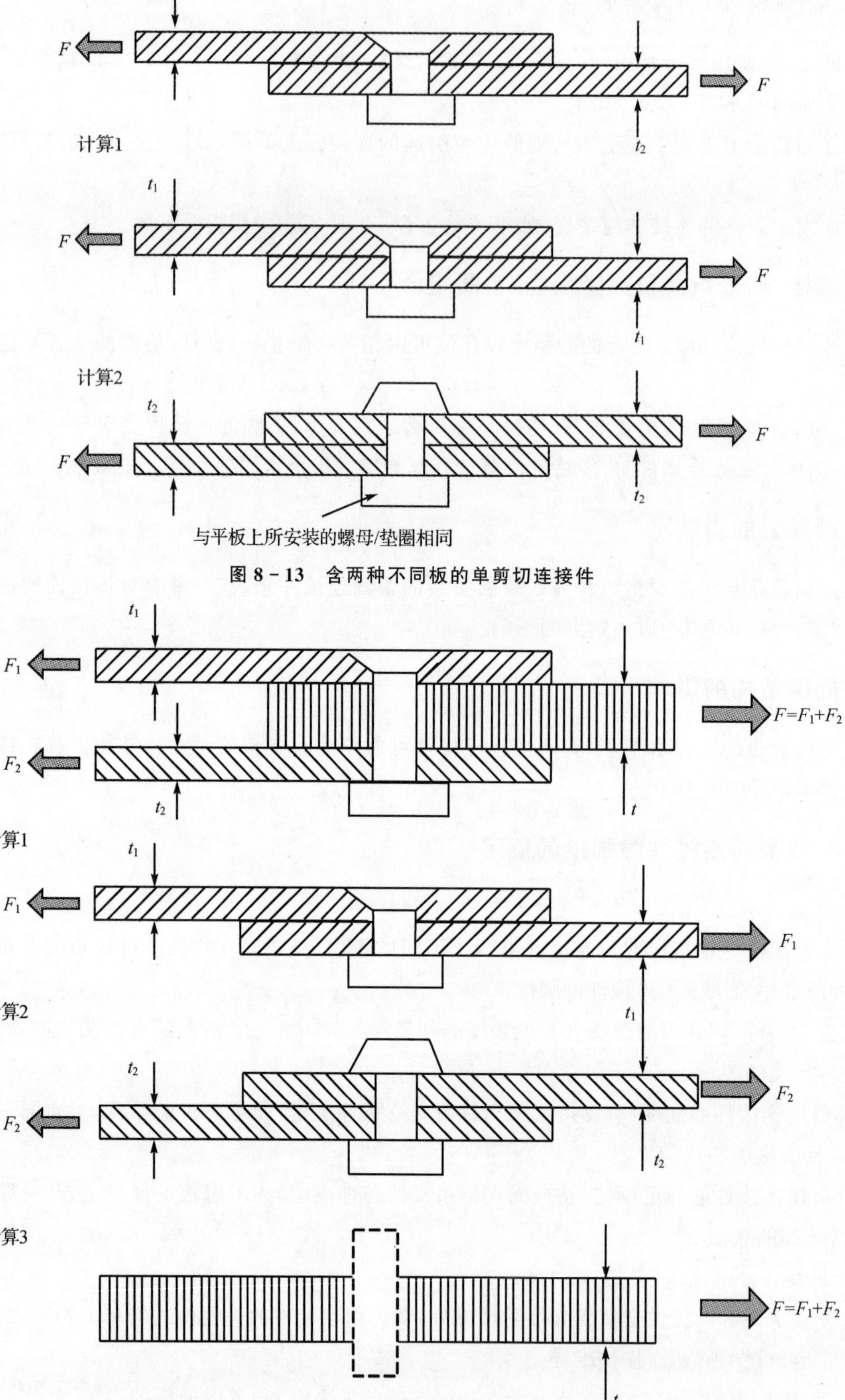

图 8-13 含两种不同板的单剪切连接件

图 8-14 双剪切连接件计算

计算 2:单剪切连接件的强度(有支持或无支持由支持条件决定)须考虑薄板的厚度 t_2、凸头紧固件类型和实际安装的螺母/垫圈及所施加的载荷 F_2。

计算 3:施加载荷 F 时中间板的挤压强度。

这个计算过程会存在 3 个裕度(每个板各一个)。

计算中间板的挤压强度时,对板的挤压能力有下述假定:

$$F_b = F_{bru} \cdot t \cdot D \tag{8-13}$$

式中:F_{bru}——边距为 $2D$ 时板材料的极限挤压应力(通常基于 B 基础值);

t——板厚;

D——紧固件的名义直径。

应用相同的方法可以计算满足屈服强度准则条件的使用载荷。在这种情况下,只要把上述的极限挤压载荷 F_{bru} 替换为屈服挤压载荷 F_{bry} 即可。

注:针对更复杂的结构(含有不止一个中间板),必须检验、确保每个紧固件剪切区的转移剪切载荷小于销钉的许用剪切强度。

复杂结构的计算方法见图 8-15。

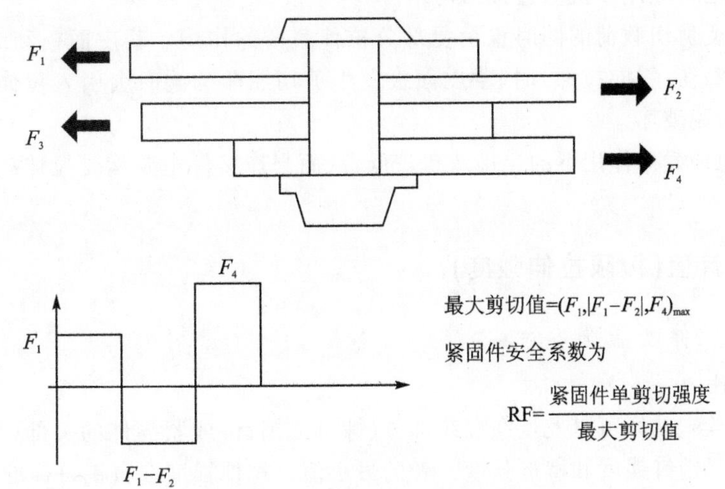

图 8-15　复杂结构的计算方法

8.3　拉伸载荷分析方法研究

本节主要讲述在拉伸载荷作用下,金属螺栓连接件的典型失效模式。其中,并未考虑偏心载荷作用(偏心载荷作用要考虑具体方法和缩减系数)。

8.3.1　失效模式(极限载荷)

连接件拉伸强度(在极限载荷下)可由包含两个区域的失效图表示,如图 8-16 所示。

8.3.1.1　紧固件拉伸破坏(区域 1)

当设计承受拉伸载荷作用的螺栓连接件时,其失效模式通常为紧固件拉伸破坏。

8.3.1.2　拉脱破坏(区域 2)

拉脱区域对应于 t/D 值较小的连接件失效,其中连接件的板是至关重要的。在这种情况下,不会深入研究紧固件系统的拉伸强度以及板是否会提前发生拉脱破坏。

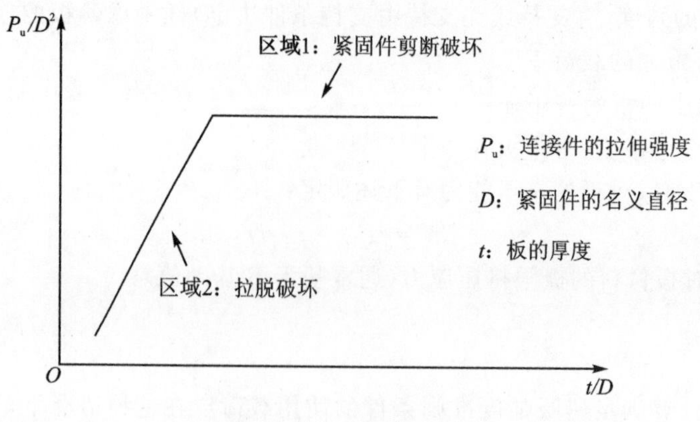

图 8-16 拉伸破坏图

由于拉脱破坏的强度由很多因素决定，如紧固件自身的强度、螺头或螺母/垫圈的形状、是否存在垫圈以及板的强度等，因此拉脱强度很难预测。所以，许用拉脱强度只能通过试验数据来确定。

含有实心铆钉、短头(剪切型)或沉头紧固件的结构容易发生拉脱破坏。因此，这些紧固件不适用于承受拉伸载荷的连接结构，它们通常应用于抗剪连接结构中。

然而，连接件主要承受剪切载荷的同时也承受部分拉伸载荷的作用。蒙皮面板和纵梁之间的连接件就是典型的例子，当达到极限载荷(斜向拉伸)时，蒙皮面板发生剪切屈曲的同时会引入拉伸载荷。在这种情况下，必须检查连接是否发生拉脱破坏。

由于这些连接件在拉伸载荷作用下的连接效率较低，从而当连接件主要承受拉伸载荷时，不应设计为拉脱破坏临界状态。

8.3.2 静强度设计值(极限拉伸强度)

8.3.2.1 紧固件拉伸断裂强度

1. 螺纹和螺母紧固件

对于螺纹紧固件(螺栓)，破坏可以发生在螺纹部分(螺母或销钉)或紧固件的头部(平头)。因此，该系统的紧固件拉伸强度(FT_{max})是销钉强度和螺母强度二者的最小值。拉伸强度取自销钉标准和相应的螺母标准。

对于锁紧螺栓紧固件，垫圈被视为紧固件的一部分，同时紧固件的拉伸强度由整个系统所决定。在这种情况下，紧固件的拉伸强度可由紧固件标准得到。这种方法同样适用于盲紧固件。

2. 实心铆钉

实心铆钉的拉伸强度(F_{tmax})计算用图如图 8-17 所示，其计算式为

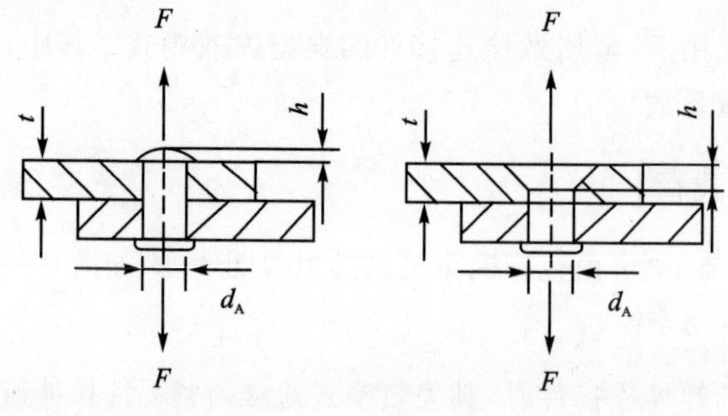

h——铆钉头高度；d_A——紧固件的名义直径；t——板的厚度

图 8-17 实心铆钉全拉伸强度的计算用图

$$F_{tmax} = \pi \cdot d_A \cdot h \cdot F_{su} \cdot Cf \tag{8-14}$$

式中：F_{su}——铆钉材料的极限剪切强度。

表 8-5 和表 8-6 分别列出了最常见的铆钉材料的极限剪切强度及修正系数(Cf)。

表 8-5　铆钉修正系数(Cf)

类　型	图　片	Cf
通用凸头实心铆钉		0.6
100°沉头实心铆钉		0.6
100°缩减中型沉头实心铆钉		0.54

表 8-6　实心铆钉材料的极限剪切强度

铆钉材料	F_{su}/MPa	材料代码
2117 T4	206	AD
2017A T4	262	D
7050 T73	296	KE 或 E
Monel	358	M
Ti-45Cb	365	T

8.3.2.2　金属连接件的拉脱强度

1. 螺纹和钉套

由表 8-7 可见，对含钛合金(F_{su}=655 MPa)永久剪切螺栓的连接件(螺纹和钉套系统)，可由一个经验公式来计算(设计)最小板厚以免受到拉脱破坏。此公式适用于头部的板厚和以下头部类型：凸拉头、凸剪头、中型凸头、可使用与凸剪头相同的系数，100°中型平头。该经验分式为

$$t_{min} = \frac{1}{\alpha}\left[\frac{F_{tmax}}{D} - \gamma \cdot D\right] \tag{8-15}$$

式中：t_{min}——最小板厚，mm；

D——名义直径，mm；

F_{tmax}——紧固件系统的极限拉伸强度，N；

α，γ——基于紧固件头部类型和板材料的系数(见表 8-8)。

表 8-7 含钛合金($F_{su}=655$ MPa)永久剪切螺栓/环槽钉的拉伸连接件:防止拉脱破坏的最小板厚的计算

紧固件类型	薄板材料			
	2024 T3		7075 T6	
	σ/MPa	γ	σ/MPa	γ
凸拉头	590	60	940	10
剪切/中型凸头	290	150	150	270
100°中型平头	410	40	660	7

为了方便起见,表 8-8 给出了以下几个常用结构的最小板厚。

表 8-8 避免拉脱的最小板厚

紧固件头	螺母/垫圈	板材料	α	γ	D/mm	F_T/N	t_{min}/mm
凸头拉伸	钢	7075T6	940	10	4.8	12 400	2.7
	钢	7075T6	940	10	6.35	23 500	3.9
	钢	7075T6	940	10	7.9	36 000	4.8
	钢	7075T6	940	10	9.52	58 000	6.4
	钢	2024T3	590	60	4.8	12 400	3.9
	钢	2024T3	590	60	6.35	23 500	5.6
	钢	2024T3	590	60	7.9	36 000	6.9
	钢	2024T3	590	60	9.52	58 000	9.4
	铝合金	7075T6	940	10	4.8	7 120	1.5
	铝合金	7075T6	940	10	6.35	13 350	2.2
	铝合金	7075T6	940	10	7.9	22 250	2.9
	铝合金	7075T6	940	10	9.52	31 150	3.4
	铝合金	2024T3	590	60	4.8	7 120	2.0
	铝合金	2024T3	590	60	6.35	13 350	2.9
	铝合金	2024T3	590	60	7.9	22 250	4.0
	铝合金	2024T3	590	60	9.52	31 150	4.6
凸头剪切/中型	铝合金	7075T6	150	270	4.8	7 120	1.2
	铝合金	7075T6	150	270	6.35	13 350	2.6
	铝合金	7075T6	150	270	7.9	22 250	4.6
	铝合金	7075T6	150	270	9.52	31 150	4.7
	铝合金	2024T3	290	150	4.8	7 120	2.6
	铝合金	2024T3	290	150	6.35	13 350	4.0
	铝合金	2024T3	290	150	7.9	22 250	5.6
	铝合金	2024T3	290	150	9.52	31 150	6.4

续表 8－8

紧固件头	螺母/垫圈	板材料	α	γ	D/mm	F_T/N	$t_{\min}$/mm
中型平头	钢	7075T6	660	7	4.8	13 700	3.3
	钢	7075T6	660	7	6.35	20 000	4.7
	钢	7075T6	660	7	7.9	30 450	5.8
	钢	7075T6	660	7	9.52	45 350	7.1
	钢	2024T3	410	40	4.8	10 700	5.0
	钢	2024T3	410	40	6.35	20 000	7.1
	钢	2024T3	410	40	7.9	30 450	8.6
	钢	2024T3	410	40	9.52	45 350	10.7
	铝合金	7075T6	660	7	4.8	7 120	2.2
	铝合金	7075T6	660	7	6.35	13 350	3.1
	铝合金	7075T6	660	7	7.9	22 250	4.2
	铝合金	7075T6	660	7	9.52	31 150	4.9
	铝合金	2024T3	410	40	4.8	7 120	3.1
	铝合金	2024T3	410	40	6.35	13 350	4.5
	铝合金	2024T3	410	40	7.9	22 250	6.1
	铝合金	2024T3	410	40	9.52	31 150	7.1

2. 实心铆钉

对于实心铆钉，拉脱强度公式为

$$\frac{FT_{\mathrm{pt}}}{D^2}=\alpha\cdot\frac{t}{D}+\gamma \tag{8-16}$$

其中：t——板厚，mm；

D——杆名义直径，mm；

α,γ——取决于板材料和紧固件类型的经验系数。

此公式也适用于更结实的铆钉材料。表 8－9 给出了经验系数。

表 8－9　实心铆钉连接件拉伸强度经验系数

头部类型	铆钉材料	板材料	
		2024 T3/T42	
		α	γ
万向凸头	2017A T4	440(*)	−24(*)
	2117 T4	360(*)	−40(*)
缩减凸头	2017A T4	350(*)	−19(*)
	2117 T4	350(*)	−19(*)
平拉头	2017A T4	237(**)	42(**)
中型平头	2017A T4	190(**)	33(**)

注：①应用于 $t/D>0.2$ 情况；

②应用于 $t/D>0.38$ 情况。

注：①当使用拉脱许用值时，如果拉伸载荷不是均匀施加(非均匀拉脱)的，则使用强度降低系数(建议 0.6)。

②对于含拉伸螺栓的连接件，不能使用表 8－7 的最小板厚，这类螺栓通常用于承受主要或疲劳拉伸载

荷作用下的连接件。在这种情况下，垫圈明显提高了拉脱模式下板的强度。

8.3.3 静强度设计值(屈服拉伸强度)

对于可拆卸的紧固件，在使用载荷下，需检验拉伸载荷确保没有达到其屈服强度。

螺栓在没有破坏工具的条件下拆卸时，需按此准则强制执行，不能超过螺栓的屈服强度，还要对安全系数值进行检验。

紧固件的许用屈服拉伸强度 F_Y 可按如下公式计算，即

$$F_Y = F_T \times \frac{F_{ty}}{F_{tu}} \tag{8-17}$$

其中：F_T——紧固件系统的极限拉伸强度(螺栓-螺母组合)；

F_{ty}——主要元件材料的屈服拉伸应力(螺栓或螺母)；

F_{tu}——主要元件材料的极限拉伸应力(螺栓或螺母)。

表 8-10 给出了主要的 F_{ty}/F_{tu} 比值。

表 8-10 主要元件材料的 F_{ty}/F_{tu} 比值

螺栓或螺母材料	F_{ty}/F_{tu} 比值
钛合金(Ta6V)	当 $D<15.9$ mm 时为 0.91
	当 $D>15.9$ mm 时为 0.93
钢(NCRS)	0.84
不锈钢(CRES)	0.55
铝合金	0.85
镍合金 718	0.94

8.3.4 预紧力的影响

除实心铆钉外大多数紧固件均受拉伸预紧力，通过转矩扳手对螺栓进行预紧，但安装环槽钉时要通过一个特殊的拉伸装置对其进行预紧。

定义建议转矩值是为了确保预紧力在一个较高的水平，同时避免紧固件屈服，根据紧固件材料得到的达到紧固件的最大应力水平如表 8-11 所示。

表 8-11 由预紧力引起的紧固件最大应力水平

紧固件材料	螺丝钉所受最大应力占材料 0.2%屈服强度的百分比/(%)	最大拉力占最小轴向极限强度的百分比/(%)
铝合金	不适用	80
钛 钢 R≤1 300 MPa 1 240 MPa 铬镍铁合金	75~80	65~70
不锈钢		50~55
钢 R>1 300 MPa 1 510 MPa 铬镍铁合金	60(*)	50(*)

实际上，转矩和预紧力的关系取决于许多参数且受分散性影响。普遍认为，由摩擦进一步转化成的拉紧而产生的不确定性导致预紧力在±25%或者甚至±30%间变化。

根据拇指规则，应力工程师应该设置一个平均预紧力，不能超过紧固件/螺母组合(FTmax)拉伸强度的 50%，以保留合理余量防止紧固件超载。当需要特别高且精确的预紧力时，使用“PLI”(预紧力指示)垫圈可将预紧力不确定性降低到±10%。

8.3.4.1　预紧连接件的一般行为(图 8-18)

此部分介绍了外拉伸载荷作用(剥离载荷)的预紧连接件的普遍行为，不适用于偏心加载情况，偏心情况要用考虑撬剔作用的特殊方法处理(如在拉伸装配中的应用)。

拉伸载荷作用预紧连接件的行为是明显的非线性，当没有外加载荷时，只有两配合面间的接触压力使螺栓预紧。只要连接件的法兰保持接触，施加的拉伸载荷将减少法兰间的接触压力，并且紧固件只承受部分外加载荷。然而，一旦法兰分开，紧固件承受所有外加载荷。

紧固件从外加载荷获得的载荷的比率称为“载荷-分配系数”，对于普通的航空连接件，载荷分配系数通常远小于 1，此即拉伸连接件要施加预紧力的主要原因。

当对一个承受拉伸载荷的连接件施加动态载荷时，载荷实际上被螺栓振动所消耗(其振幅在预紧值附近，并且非常小)。由紧固件决定且与外部循环载荷有关的比值 R 在符号上为正并非常接近于 1，因此大大提高了连接件的疲劳强度。

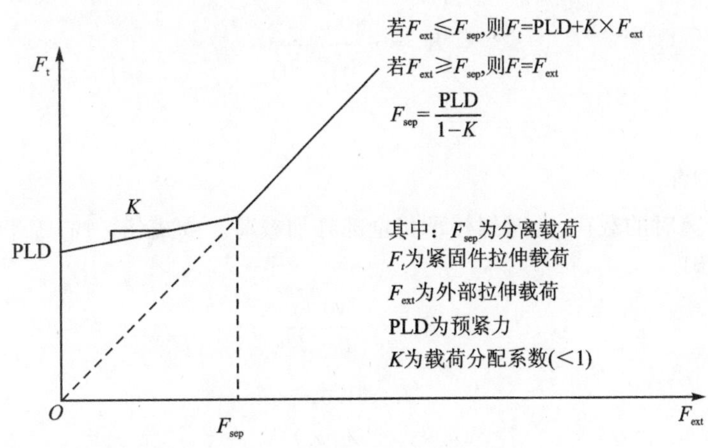

图 8-18　预紧连接件的一般行为

1. 载荷分配系数计算

连接件拉伸时的载荷分配系数的计算可以参照图 8-19 进行。

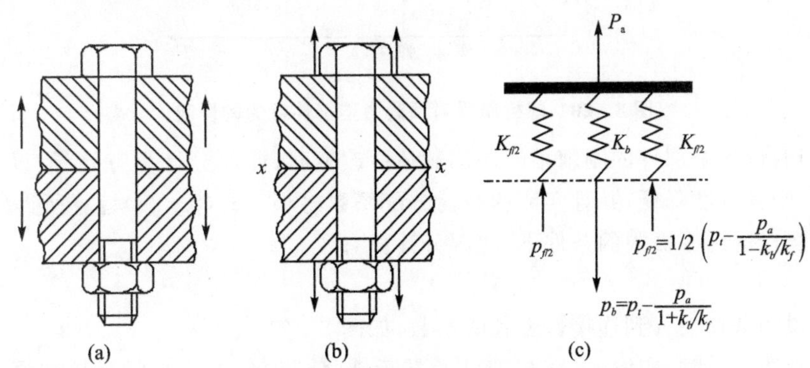

图 8-19　理想化的连接

图中，外部弹簧代表法兰，内部弹簧代表螺栓。另外，假设法兰只有压缩刚度，而螺栓只有拉伸刚度。

无外加载荷时，螺栓中的预紧力来自于法兰界面的接触压力。假设承受拉伸载荷(分离力)时连接件的伸

长率为 $\delta(>0)$，则螺栓杆和法兰界面中的载荷可分别由式计算，即

$$P_b = \text{PLD} + k_b\delta \tag{8-18}$$

$$P_f = \text{PLD} - k_f\delta \tag{8-19}$$

式中：PLD——螺栓中所施加的初始预紧力。

符号定义如下：若法兰载荷(P_f)方向与所施加力方向一致，则法兰载荷为正；然而，当螺栓杆载荷(P_b)方向与所施加力方向相反时，螺栓杆载荷为正。图8-20所示为螺栓屈服对预紧力连接件行为的影响。

根据法兰平衡有如下公式：

$$P_a + P_f - P_b = P_a + k_f\delta - k_b\delta = 0 \tag{8-20}$$

伸长率 δ 的值可由所施加载荷(P_a)获得，如公式

$$\delta = \frac{P_a}{k_b + k_f} \tag{8-21}$$

将上式代入公式(8-18)，则螺栓中载荷公式为

$$P_b = \text{PLD} + \frac{k_b}{k_b + k_f}P_a \tag{8-22}$$

因此，载荷分配系数表达式为

$$K = n\frac{k_b}{k_b + k_f} \tag{8-23}$$

式中：n——加载面系数；

k_b——螺栓刚度；

k_f——"堆叠"压缩刚度。

分离载荷为使法兰分离时的载荷，此时螺栓承担全部外加载荷。令式(8-19)等于0(法兰间无接触压力)，可计算出分离载荷，其式为

$$P_{\text{sep}} = \frac{\text{PLD}}{1-K} \tag{8-24}$$

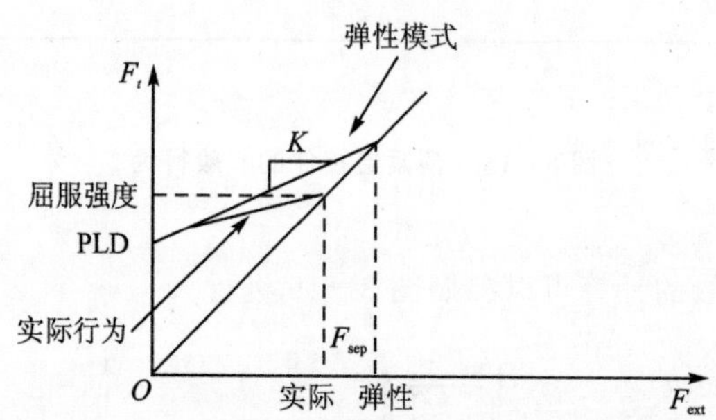

图8-20 螺栓屈服对预紧力连接件行为的影响

需要强调的是：当假设每个部件的刚度不随外加载荷而改变时，此部分计算有效(假设为弹性)。若螺栓被拉伸超过其弹性极限，则其刚度降低，并且实际的载荷分配系数将小于式(8-23)计算所得值。

在分离载荷小于螺栓的屈服极限的条件下，此部分计算有效。

2. 加载面系数

加载面系数 n 是说明载荷引入到连接件方式的参数，如图8-21所示。

当拉伸载荷传递到法兰上时，应取 $n=0.5$；当法兰载荷转移到尖角处或当紧固件被深嵌到法兰内时，应取 $n=1$(例如给定拉伸装配体)。需要注意的是，当 $n=1$ 时，设计准则为使用载荷作用下的分离(可能不保守)。图8-22阐述了两种理论上的极端情况($n=0$、$n=1$)。

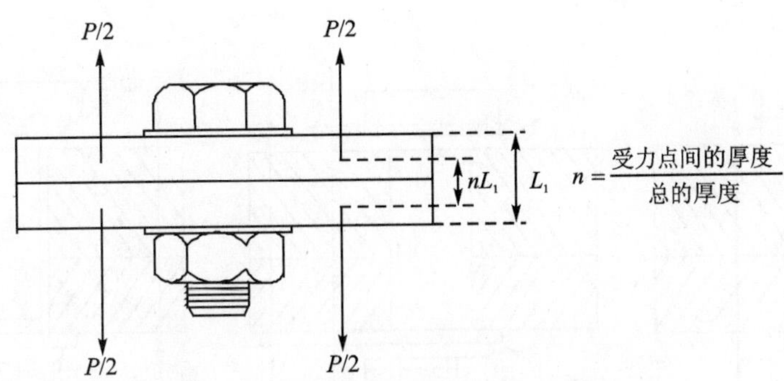

图 8-21　加载面系数

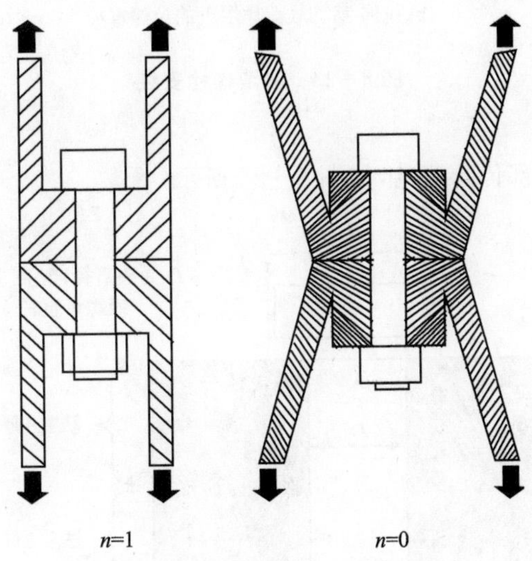

图 8-22　拉伸载荷分布示意图

如果对特殊的几何构型有疑问，建议对该区域进行详细的有限元分析，从而获得载荷路径并确定正确的加载面系数(n)。

保守地讲，$n=0.5$ 可以用于使用载荷情况下分离准则的计算。

3. 螺栓刚度(k_b)计算

紧固销钉被理想化为完整名义直径为 D 的圆截面梁。假设销钉两端的夹持长度分别为凸头高度和螺母/垫圈高度的 1/3，则梁的有效长度为

$$L_E = L_G + 0.33 \cdot H_{\text{head}} + 0.33 \cdot H_{n/c} \tag{8-25}$$

式中：L_G——夹持长度(凸头与螺母/垫圈之间)；

H_{head}，$H_{n/c}$——凸头高度和螺母/垫圈高度。

在承受拉伸和剪切的连接件中，典型的螺栓安装构型如图 8-23 中(a)、(b)所示。只有紧固件的杆与挤压面接触。

对于仅承受拉伸载荷的紧固件，紧固长度包含部分螺纹区域(构型(c))，并且在螺栓刚度计算时要包含螺纹内径。但是，实际上与整个夹持长度相比，此部分螺纹区域可以忽略不计。因此，螺栓(或环槽钉)刚度 K_b 计算公式为

$$k_b = \frac{E_b \pi D^2}{4L_E} \tag{8-26}$$

式中：E_b——螺栓材料杨氏模量；

D——紧固件的名义直径(等于杆直径)；

L_E——有效长度。

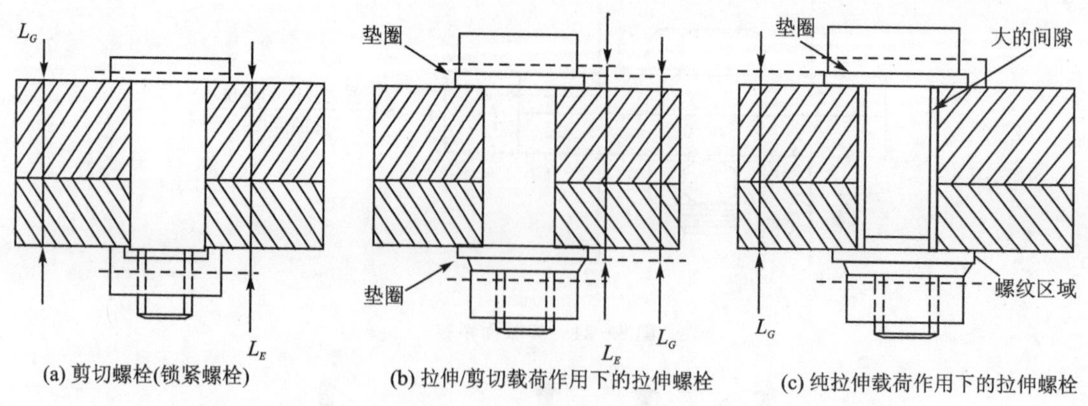

图 8-23 典型螺栓安装

4. "堆叠"压缩刚度(k_f)计算

假设预紧力以 30°半锥角从外部传入法兰,如图 8-24 所示。

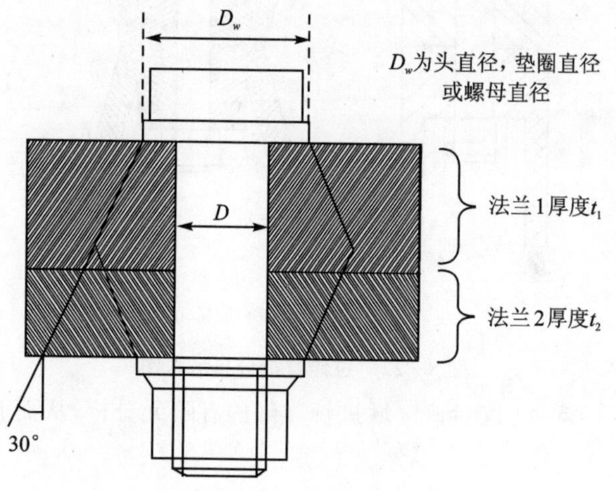

图 8-24 预紧力传出的 30°半锥角

每一个法兰的压缩刚度必须根据圆锥的有效宽度分别进行计算。除非两个法兰的厚度相同,下锥体(源自螺母)和上锥体(源自凸头)的交叉点不会位于两个法兰的接触位置(如图 8-24 所示)。

因此,较厚法兰必须分为如图 8-25 所述的相同材料的两个法兰。

然后,每一个圆锥体的压缩刚度必须根据平均截面进行计算,如图 8-26 所示。

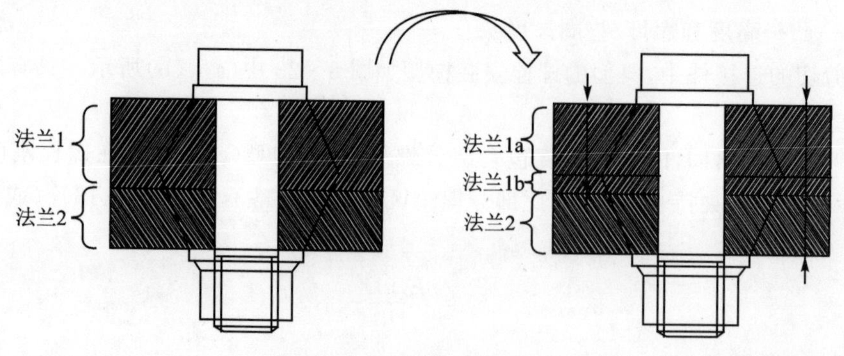

图 8-25 较厚法兰细分图

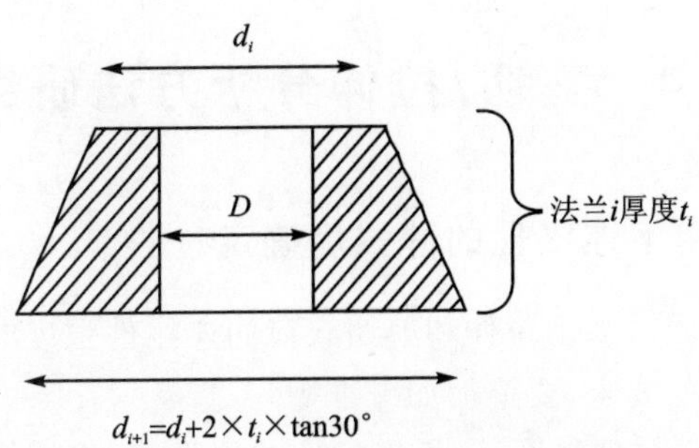

图 8－26　每个圆锥体的刚度计算

平均截面

$$A_i=\pi\frac{(d_i+t_i\cdot\tan30°)^2-D^2}{4} \tag{8-27}$$

法兰 i 的平均刚度

$$K_i=\frac{E_i\cdot A_i}{t_i} \tag{8-28}$$

式中：E_i——法兰 i 的杨氏模量。

堆叠压缩刚度的计算过程可以拓展应用于任何数量的法兰。每一个法兰被看作刚度为 K_i 的弹簧，则堆叠刚度为所有弹簧的“串联”装配。

另外，若含有垫圈，则其刚度 K_w 为

$$K_w=\frac{E_w\pi(D_w^2-D^2)}{4t_w} \tag{8-29}$$

式中：E_w——垫圈的杨氏模量；

D_w和 D——垫圈外径和紧固件的名义直径；

t_w——垫圈厚度。

最后，“堆叠“压缩刚度(k_f)可以分为如下几个部分

$$k_f=\frac{1}{K_w}+\sum_i\frac{1}{K_i} \tag{8-30}$$

注：①避免多余的密封胶，由于密封胶会降低堆叠的刚度，从而增加载荷分配系数 K。此时，螺栓承受大部分外加载荷。

②此处的计算方法不能直接用于平头紧固件。

8.3.4.2　分离准则

即使在认证文件中也没有关于“分离安全系数”的任何表述，在使用载荷作用下，最好在分离前检查连接件。

螺栓的分离载荷依赖于最小许用预紧力(考虑不确定性)和连接件的载荷分配系数，但是，不能超过紧固件的屈服强度。

$$P_{\text{sep,min}}=\frac{\text{PLD}}{1-K} \tag{8-31}$$

其中：$\text{PLD}_{\min}$——最小许用预紧力；

K——连接件载荷分配系数。

检验过程中的分离准则为最大拉伸载荷小于连接件的分离载荷。最大拉伸载荷可认为是使用载荷。此外，分离准则可以代表常规的操作条件，即所使用载荷情况不能导致失效或者崩溃。

8.4 剪切/拉伸分析方法研究

8.4.1 剪切/拉伸载荷作用下连接件的静强度确定

此部分可为强度工程师在计算同时承受拉伸和剪切载荷的连接件强度时提供指导。要确保此类连接件能同时满足剪切连接件和拉伸连接件的要求，要遵循如下准则：

1) 极限载荷情况下满足：紧固件拉伸强度；薄板连接件拉伸强度（包括拉脱）（参照 8.3.1.2 节）；极限剪切连接强度（参照 8.2.2.2 节）。

2) 限制载荷情况下满足：可拆紧固件的屈服（拉伸）强度（参照 8.3.3 节）；分离准则（可选择的）（参照 8.3.4.2 节）；连接件剪切屈服强度（可选择的）（参照 8.2.2.3 节）。

另外，极限载荷条件下特定的相互作用准则和剪切/拉伸相互作用安全系数需要分别证实和计算。相互作用安全系数的计算方法在前面章节中有详细阐述，同时给出了每一对销钉/螺母组合的特定相互作用曲线。

当施加的拉伸载荷较小（纯拉伸中 RF>5），紧固件强度仅依赖于其剪切强度。从而，没必要对相互作用曲线进行完全计算。

需要特别强调的是，此处所给出的相互作用准则仅适用于当连接件中板的厚度足够大以至于剪断强度和拉伸强度对连接件而言是关键的（分别施加剪切和拉伸载荷）。换言之，若施加剪切载荷，则连接件失效模式位于剪切区，并且若施加拉伸载荷，则不会出现拉脱情况。

8.4.2 预紧力对剪切/拉伸相互作用准则的影响

经验证明，预拉伸对任何剪切/拉伸组合作用下的极限螺栓强度并没有明显的影响。正如所预料的一样，对于预紧力可导致强度降低的拉伸/剪切比率（无法兰分离的载荷水平），测试结果与未施加预拉伸情况相比更一致。

实际上，当螺栓拉伸超过屈服极限时，预紧力降为零。失效前所产生的塑性变形（即便当与剪切相比拉伸可以忽略时）可以覆盖安装过程中由于法兰夹紧而产生的紧固件的微小伸长。因此，使用预拉伸螺栓的连接件的极限状态与其他使用未经预拉伸螺栓的相同连接件的状态相同。图 8－27 所示为预紧力对 *EN*6115 的影响。

8.4.3 剪切/拉伸相互作用安全系数计算

剪切和拉伸共同作用下，连接件的计算基于如下相互作用方程（见图 8－28）：

$$R_t^a + R_s^b = 1 \tag{8-32}$$

式中：R_s，R_t——耦合加载的载荷比；

R_s——剪切载荷比$=\dfrac{F_{s-cr}}{F_{s-cr0}}$，$F_{s-cr0}$为紧固件的极限剪切强度，$F_{s-cr}$为耦合加载时的临界剪切载荷；

R_t——拉伸载荷比$=\dfrac{F_{t-cr}}{F_{t-cr0}}$，$F_{t-cr0}$为紧固件的极限拉伸载荷，$F_{t-cr}$为耦合加载时的临界拉伸载荷。

a，b——取决于紧固件类型和材料的参数；

当连接件同时承受较高的剪切载荷和较低的拉伸载荷时，两种应力的结合导致了杆的失效。而对于同时承受高剪切载荷和高拉伸载荷的连接件，失效会在杆、头部或是螺母/垫圈处产生。而施加在单剪切螺栓上的剪切载荷会在紧固件头部和螺母/垫圈处产生二次弯曲/拉伸载荷。这种二次加载会增大外加的拉伸载荷，并且会导致头部或螺栓/垫圈处的失效。当连接件承受高拉伸载荷和相对较低的剪切载荷时，紧固件会在头部或螺母/垫圈处发生失效。

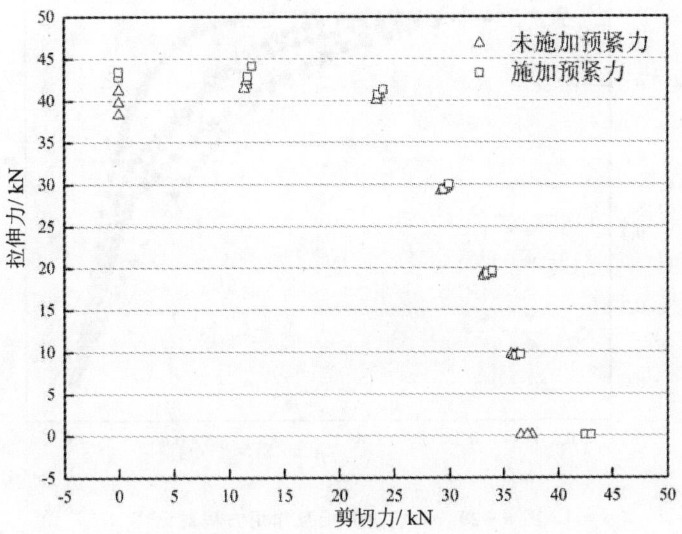

图 8-27　预紧力对 EN6115 的影响

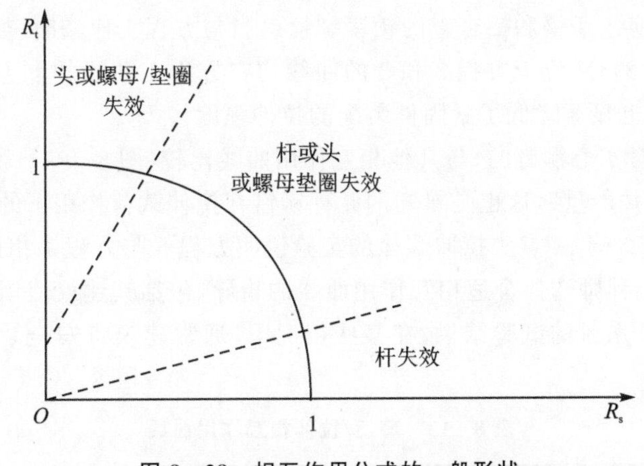

图 8-28　相互作用公式的一般形状

这种相互作用方程适用于紧固件系统(螺栓-螺母)本身,而这种相互作用方程的计算并不考虑挤压或拉脱情况(板失效)。

一些相互作用方程的有效性已在文献中得到证实,同时极少数的相互作用方程与目前飞机中的紧固件相对应。表 8-13 对这类方程进行了总结,并在图 8-29 中进行了绘制。

表 8-12　有效相互作用方程

编　号	方　程	主要用途
1	$R_t^2+R_s^3=1$	钢六角头螺栓、钛合金高抗剪钉、高锁螺栓
2	$R_t+R_s^{10}=1$	钢环槽钉
3	$R_t+R_s^5=1$	铝合金环槽钉
4	$R_t^2+R_s^2=1$	实心铆钉
5	$R_t+R_s^3=1$	钢 12 点拉伸螺栓

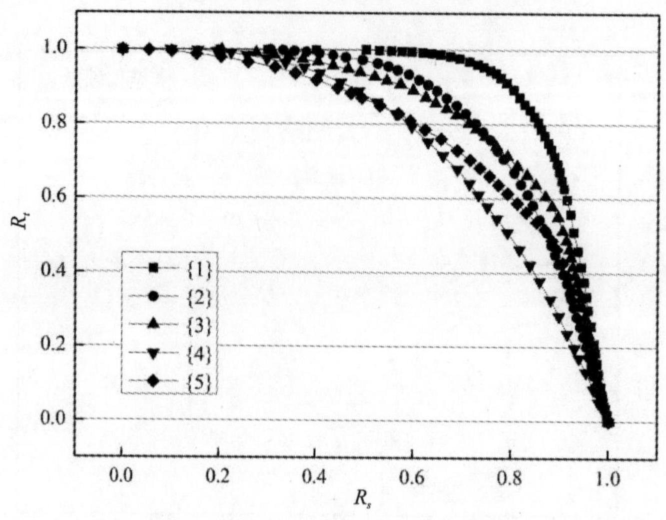

图 8-29 剪切拉伸相互作用方程对比

表 8-12 中方程说明：

方程 1：最早、可能也是应用最广泛的相互作用方程。

方程 2、3：这些方程已经应用于钢和铝合金的锁紧螺栓。当与方程 1 比较时，如图 8-29 所示，除剪切载荷比率较高的情况外（只有方程 3），对应于方程 2 和 3 的曲线均在方程 1 曲线的上方。同时，平坦的曲线是由于型锻垫圈失效产生，而此垫圈也显著降低了紧固件装配的拉伸强度。

方程 4：此方程是专门针对实心铆钉的，与其他相互作用曲线比较（图 8-29），说明这种实心铆钉的剪切/拉伸相互作用比其他紧固件更为“严重”，这也是熟知的此种铆钉在拉伸载荷作用下的缺点。

方程 5：有关 NASM 21250 钢 12 点头拉伸螺栓的实验说明方程 5 与方程 1 相比更接近试验结果。

表 8-13 可以作为强度工程师选择合适相互作用曲线的指导，包括其建议使用范围。

由于缺少一些特殊紧固件系统的试验结果，在某些情况下，通常建议将安全系数除以一个修正系数（参照表 8-13）。

表 8-13 剪切/拉伸相互作用曲线

紧固件类型	螺母/垫圈	建议表(8-13)中方程	修正系数
钢 12-点头拉伸螺栓	钢	5	1.0
铬镍铁合金 12-点头拉伸螺栓	铬镍铁合金	1	1.15
钛合金拉伸头高抗剪钉/高锁螺栓	钢/CRES	1	1.0
钢/CRES 拉伸头高抗剪钉/高锁螺栓	钢/钛合金	1	1.15
铬镍铁合金拉伸头高抗剪钉/高锁螺栓	钢/CRES	1	1.15
钛合金/钢/铬镍铁合金拉伸头高抗剪钉/高锁螺栓	Alu	2	1.0
钢拉伸头环槽钉	钢	2	1.0
铝合金拉伸头环槽钉	铝合金	3	1.0
钛合金/CRES 拉伸头环槽钉	钛合金/镍铜合金	1	1.15
钛合金/CRES 拉伸头环槽钉	铝合金	2	1.0
镍铜合金-剪切头紧固件	铝合金	2	1.0
实心铆钉	NA	4	1.0

8.4.3.1　计算方法

剪切和拉伸比率计算公式如下：

$$R_t = \frac{F_{ext}}{F_{t-cr0}} \tag{8-33}$$

$$R_s = \frac{F_s}{F_{s-cr0}} \tag{8-34}$$

其中：F_{ext}——拉伸载荷；

F_s——剪切载荷；

F_{s-cr0}——紧固件剪切强度；

F_{t-cr0}——螺栓-螺母联合拉伸强度。

安全系数(系数 a 和 b 取决于适当的相互作用法则，如 8.4.3 节所述)计算方程为

$$(\text{RF} \cdot R_t)^a + (\text{RF} \cdot R_s)^b = 1 \tag{8-35}$$

8.4.3.2　实　例

此方法可用于计算含钢螺母 ASNA2351 的拉伸型剪切钛合金螺栓 EN6115(ϕ15.9mm)的安全系数。该连接件被施加如下的外力

$$F_{ext} = 60\ 000\ \text{N}$$
$$F_s = 70\ 000\ \text{N}$$

每个部件的厚度为 16 mm。

钛合金 prEN6115(D=15.9 mm)的极限单剪切强度为 F_{s-cr0}=129 665 N

对于厚度为 16 mm 且承受单一剪切载荷的连接件来说，其紧固件为危险构件，而并不是挤压(7075 - T6 的极限挤压应力为 1 035 MPa)。因此，可采用 8.4.3 节所述的方法。

螺栓-螺母组合的极限拉伸强度由螺母拉伸强度给出(螺母关键)：F_{t-cr0}=142 340 N。

钛合金拉伸型螺栓的建议相互作用曲线为{1}，安全系数可通过如下方程获得

$$(\text{RF} \cdot R_t)^2 + (RF \cdot R_s)^2 = 1$$

$$\left(\text{RF} \cdot \frac{60\ 000}{142\ 340}\right)^2 + \left(RF \cdot \frac{70\ 000}{129\ 665}\right)^3 = 1 \tag{8-36}$$

$$\text{RF} = 1.54$$

给带有 NSA5057 钢螺母的 NASM21250 钢拉伸螺栓施加一个相同的外载荷。

极限单剪切强度为 F_{s-cr0}=147 460 N。

螺栓-螺母组合的极限拉伸强度为(螺母和螺栓有相同的极限拉伸强度)F_{t-cr0}=217 960 N。

对于钢拉伸螺栓，其建议的相互作用曲线为{5}，其式为

$$\left(\text{RF} \cdot \frac{60\ 000}{217\ 960}\right) + \left(\text{RF} \cdot \frac{70\ 000}{147\ 460}\right)^3 = 1$$

$$\text{RF} = 1.7$$

8.4.3.3　实心铆钉的剪切/拉伸相互作用

实心铆钉的剪切/拉伸相互作用式为

$$R_t^2 + R_s^2 = 1 \tag{8-37}$$

从而，耦合合载荷作用下的安全系数可按如下公式计算，即

$$\text{RF} = \frac{1}{\sqrt{R_{t0}^2 + R_{s0}^2}} \tag{8-38}$$

式中：$R_{s0} = \dfrac{F_s}{F_{s-cr0}}$；

$R_{t0}=\dfrac{F_{ext}}{F_{t-cr0}}$；

F_{s-cr0}——铆钉极限剪切强度；

F_{t-cr0}——铆钉极限拉伸强度；

F_s——剪切载荷；

F_{ext}——外加拉伸载荷。

8.5 带预紧力螺钉接触的有限元分析实例

8.5.1 问题描述

底座和盖板通过螺钉连接在一起(只在底座上有螺纹,盖板上没有螺纹),底座固定。螺钉本身有 15 000 N 的预紧力,盖板的端面受到斜向的面载荷 PG−10 MPa。各部件的材料特性为弹性模量 E=210 000 MPa,泊松比为 0.3。各接触面之间的摩擦因数为 0.15。要求准确模拟螺钉的预紧力,并确定盖板端面(斜向拉力的作用面)顶部的位移。

8.5.2 分析步骤

1. 创建部件

1) 螺钉的 CAD 模型文件如图 8-30 所示;该模型中用内圆孔代替了螺钉头部实际的内六角孔,以便更容易划分六面体网格。

2) 底座部件如图 8-31 所示。

3) 盖板部件如图 8-32 所示。

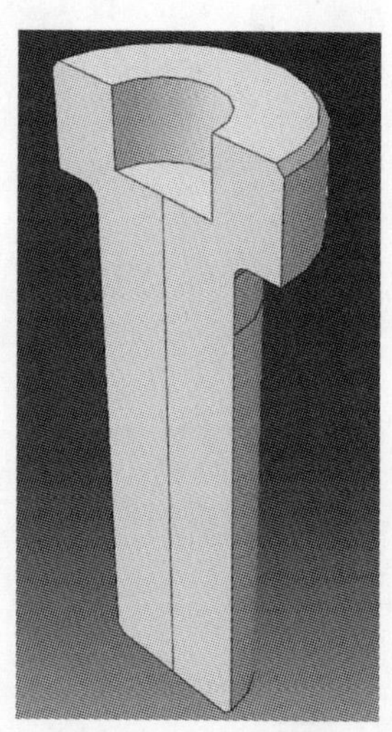

图 8-30 螺钉 CAD 模型文件

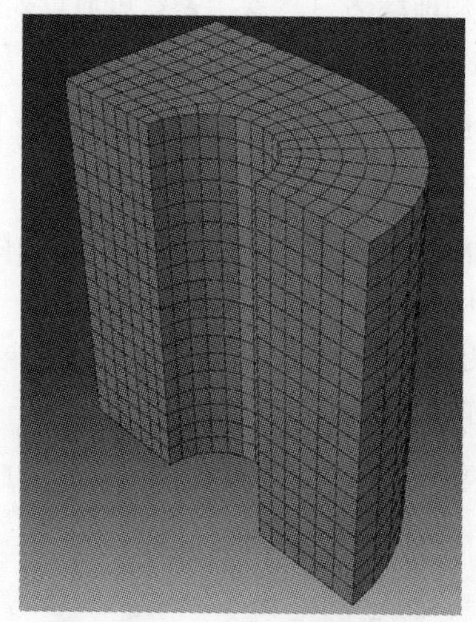

图 8-31 底座部件

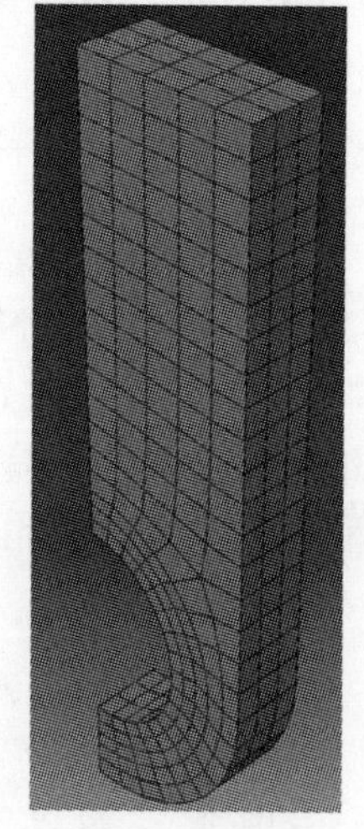

图 8-32 盖板部件

2. 创建材料和界面属性

根据所给材料属性在 ABAQUS 软件的 Property 功能模块中创建材料,并为相应部件赋予界面属性。

3. 定义装配件

(1) 添加实体

进入 Assembly 功能模块，点击 Instance Part 选项选中全部部件，然后点击 OK 创建装配件，如图 8-33 所示。在当前的装配件中，螺钉和底座的位置是正确的，而盖板需要重新定位，这需要首先在 Part 功能模块中为盖板添加一个局部基准柱坐标系(datum CSYS)，其 Z 轴是盖板圆孔的中心轴。

(2) 为盖板添加局部基准柱坐标系

(3) 使盖板的顶面与螺钉头部的底面相接触

通过主菜单 Constraint 中 Face to Face 功能实现，所得模型如图 8-34 所示。

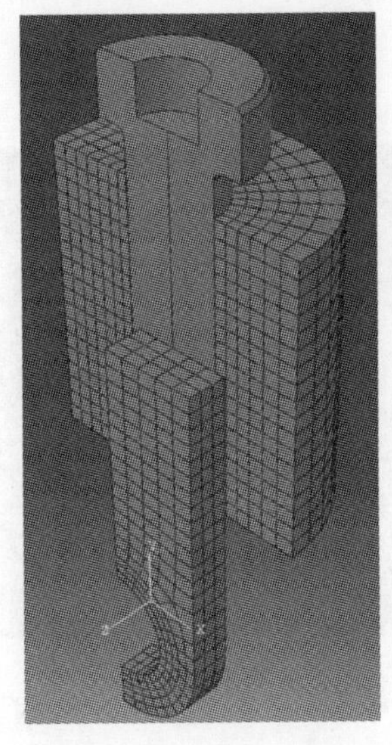

图 8-33 初始装配件

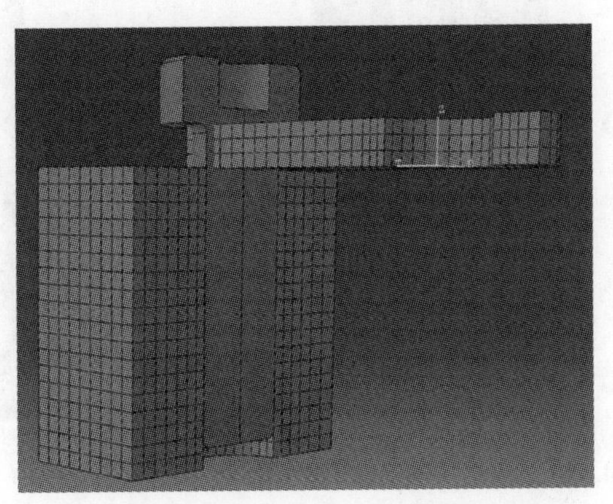

图 8-34 添加 Face to Face 约束后的模型

(4) 使盖板的边与底座的边平行

通过主菜单中 Constraint 中 Parallel Edge 功能实现，所得模型如图 8-35 所示。

(5) 使盖板局部基准坐标系的 Z 轴与螺钉的中轴重合

通过主菜单中 Constraint 中 Parallel Edge 功能实现，所得模型如图 8-36 所示。

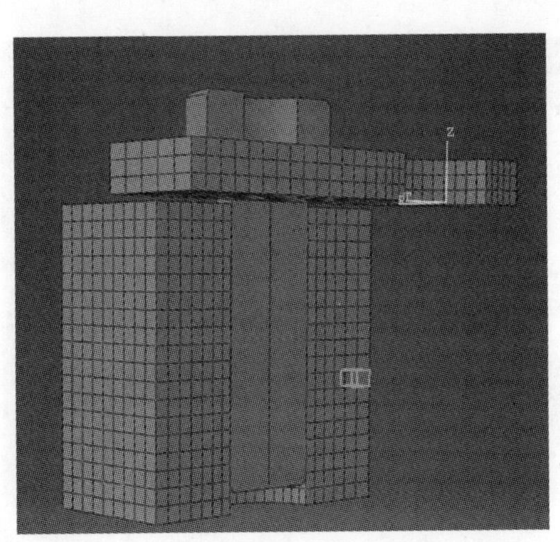

图 8-35 添加 Parallel Edge 约束后的模型

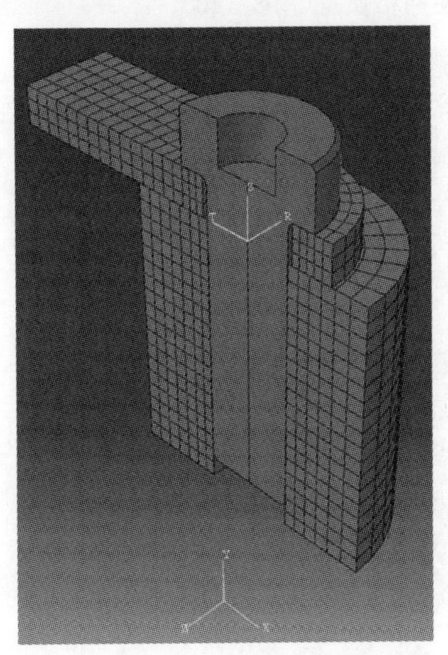

图 8-36 添加 Edge to Edge 约束后的模型

(6) 将定位约束转换为绝对位置

4. 为螺钉划分网格

由图 8-37 可见,在 Mesh 功能模块中,螺钉显示为橙色,表明无法使用默认的网格划分技术来生成网格,需要首先把它分割为对称的两半,然后生成扫掠网格。

(1) 创建基准面

(2) 利用基准面分割部件

(3) 继续分割部件

经上述分割后,已经可以在螺钉上生成扫掠网格。但为了在后面的操作中定义螺栓载荷,需要继续分割螺钉,从而得到一个能够施加预紧力的面,如图 8-38 所示。

图 8-37 Mesh 功能模块中螺钉显示

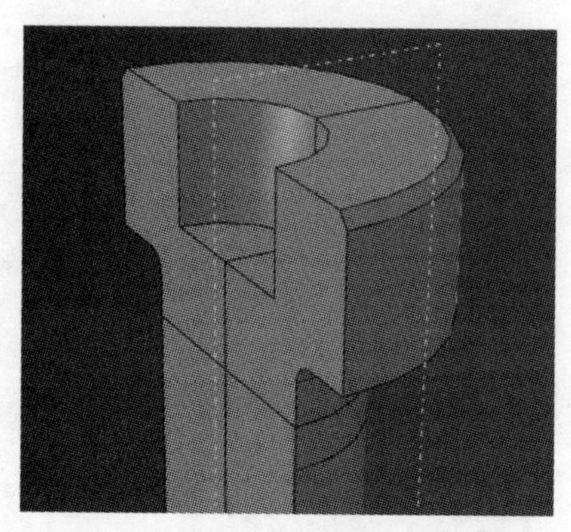

图 8-38 分割螺钉,以得到施加预紧力的面

(4) 设置全局种子

(5) 增大螺钉与盖板接触面上的种子密度

(6) 设置网格参数

(7) 为螺钉设置单元类型为 C3D8I

(8) 划分网格(图 8-39)

(9) 检验网格质量(图 8-40)

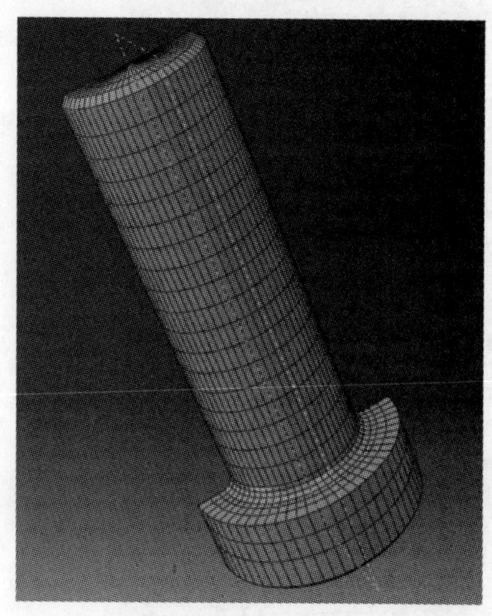

图 8-39 螺钉的网格

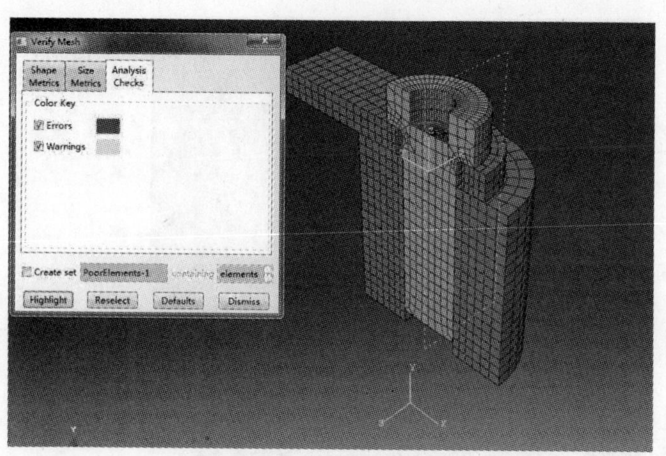

图 8-40 网格质量检查

5. 定义接触和绑定约束(tie)

下面将在盖板和螺钉之间以及盖板和底座之间定义接触，在螺钉和底座的螺纹处建立绑定约束。

(1) 定义接触和绑定约束所要用到的各个面

螺钉：与盖板相接触的面和施加绑定约束的面；底座：与盖板相接触的面和施加绑定约束的面；盖板：受力端面，与螺钉相接触的面以及与底座相接触的面。

(2) 在螺纹处定义绑定约束(见图 8－41)

(3) 定义带库伦摩擦的接触属性(摩擦因数为 0.15)

(4) 定义盖板和螺钉之间的接触(见图 8－42)

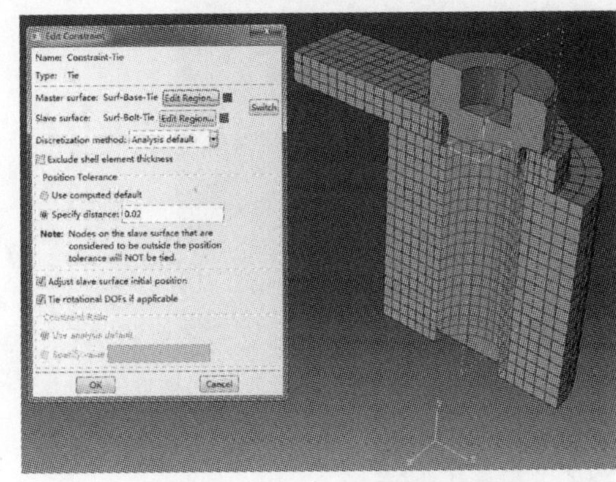

图 8－41　螺纹处的绑定约束

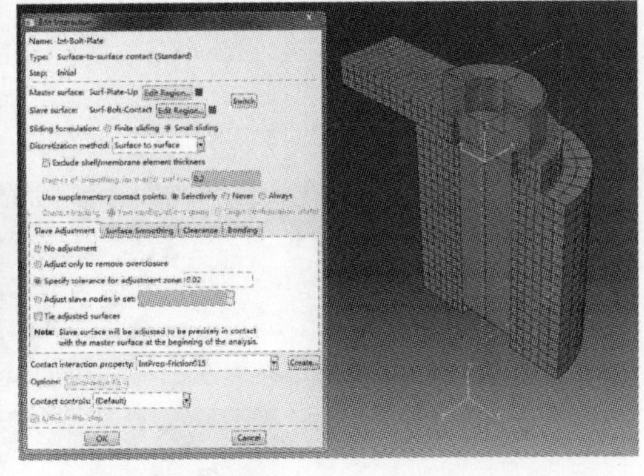

图 8－42　盖板和螺钉之间的接触参数

(5) 定义盖板和底座之间的接触(见图 8－43，图 8－44)

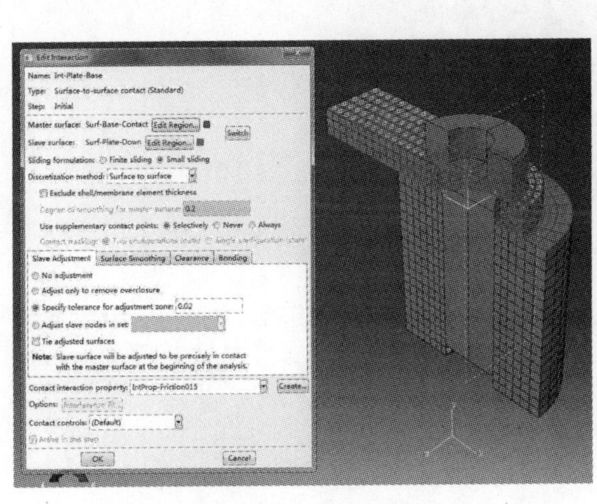

图 8－43　盖板和底座之间的接触

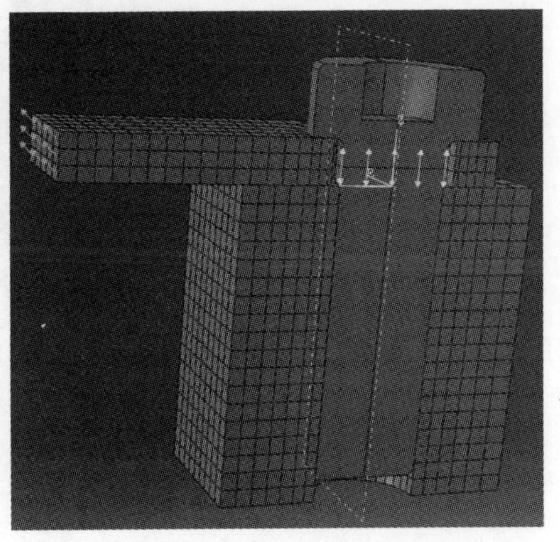

图 8－44　施加载荷后的模型

6. 定义分析步

7. 施加载荷

1) 在第一个分析步中，在螺钉上施加很小的预紧力(10 N)。

2) 在第三个分析步中，将螺钉预紧力增加到 7 500 N。

3) 在第四个分析步中，将螺钉预紧力改为 Fix at current length(保持螺钉当前长度)。

4) 在第五个分析步中，定义盖板端面上的拉力 P_G。

8. 定义边界条件

1) 为定义边界条件的区域创建集合。

2）定义固支和对称边界条件。

9. 将接触力写入 DTA 文件

10. 提交分析作业

11. 结　果

（1）盖板端面顶部位移

由图 8-46 可见盖板端面的顶部位移最大值为 0.169。

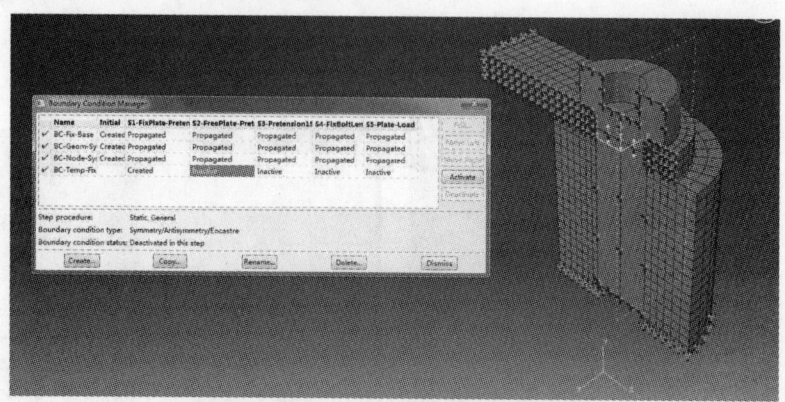

图 8-45　完成对边界条件定义后，Boundary Condition Manager 对话框中显示的信息

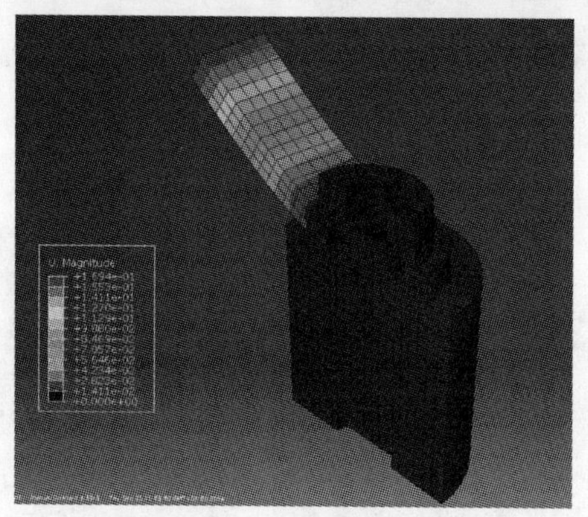

图 8-46　盖板端面顶部位移

（2）接触力

使用 Ultra Edit 软件打开结果文件 Bolt-C3D8I 可见第三个分析步中的接触力如下所示：

CONTACT　OUTPUT

（螺钉和盖板之间的接触力）

```
CONTACT OUTPUT FOR SLAVE SURFACE ASSEMBLY_SURF-BOLT-CONTACT AND MASTER SURFACE
ASSEMBLY_SURF-PLATE-UP

 FOOT-   CFNM          CFN1          CFN2          CFN3
 NOTE

7500.       1.1713E-11    -7500.       8.3300E-12
```

（底座和盖板之间的接触力）

```
CONTACT OUTPUT FOR SLAVE SURFACE ASSEMBLY_SURF-PLATE-DOWN AND MASTER SURFACE
ASSEMBLY_SURF-BASE-CONTACT

 FOOT-   CFNM          CFN1          CFN2          CFN3
```

```
NOTE

7500.        -6.7306E-05   -7500.        -6.3632E-05
```

其中,CFNM 是接触面所有节点在各个方向上的接触力的合力,CNF1、CNF2、CNF3 分别是接触面所有节点在 X 方向、Y 方向和 Z 方向上接触力的合力。可以看到,第三个分析步中的 CFN2 为 7 500 N,与螺钉的预紧力相吻合。

参考文献

[1]牛春匀.实用飞机结构应力分析及尺寸设计[M],北京:航空工业出版社,2009.

[2]Bruhn E F . Analysis and Design of Flight Vehicle Structures [M]. INC. : Jacobs Publishing,1973.

第 9 章 复合材料层合板结构分析方法

9.0 符号说明

符号	单位[①]	物理意义
x,y,z	mm	层合板坐标
1,2,3	mm	简单层板坐标
ψ	rad	铺层角度
E_1	MPa	纤维方向上的模量
E_2	MPa	层内垂直纤维方向上的模量
E_3	MPa	厚度方向上纤维模量
E_2^*	MPa	层内垂直纤维方向和厚度方向上等效替代模量
$E_{11}(\theta)$	MPa	以 θ 转换坐标系条件下纤维沿纤维方向的模量
$E_{22}(\theta)$	MPa	以 θ 转换坐标系条件下纤维层面内垂直纤维方向模量
$E_{33}(\theta)$	MPa	以 θ 转换坐标系条件下厚度方向的模量
$E_{12}(\theta),E_{21}(\theta)$	MPa	以 θ 转换坐标系条件下纤维 12 和 21 方向的模量
$E_{13}(\theta),E_{31}(\theta)$	MPa	以 θ 转换坐标系条件下纤维 13 和 31 方向上的模量
$E_{23}(\theta),E_{32}(\theta)$	MPa	以 θ 转换坐标系条件下纤维 23 和 32 方向上的模量
G_{12}	MPa	层内平面上的剪切模量
ν_{12}		层内泊松比
ν_{23}		厚度平面上的泊松比
σ_{11}	MPa	纤维方向上所受应力
σ_{22}	MPa	层内垂直纤维方向上所受应力
σ_{33}	MPa	厚度方向上所受应力
σ_{23}	MPa	23 方向上所受剪切力
σ_{13}	MPa	13 方向所受剪切力
σ_{12}	MPa	层内所受剪切力
σ_{xx}	MPa	转换到指定坐标系下沿 x 方向上的应力分量

① 本书的量和单位以中华人民共和国国家标准为准。考虑到在实际设计工作中，很多资料(尤其是外版资料)大量应用英制单位，为方便读者使用，亦保留部分英制单位。

符号	单位	物理意义
σ_{yy}	MPa	转换到指定坐标系下沿 y 方向上的应力分量
σ_{xy}	MPa	转换到指定坐标系下沿 x 剪切方向方向上的应力分量
σ_p^F	MPa	等效应力
ε_{11}		纤维方向上的应变
ε_{22}		层内垂直纤维方向应变
ε_{33}		厚度方向的应变
ε_{23}		23 方向上的剪切应变
ε_{13}		13 方向的剪切应变
ε_{12}		12 方向上的剪切应变
ε_{xx}		转换到指定坐标系下沿 x 方向上的应变分量
ε_{yy}		转换到指定坐标系下 y 方向上的应变分量
ε_{xy}		转换到指定坐标系下沿 x,y 方向上的应变分量
$\varepsilon_{x,y}$		层合板整体坐标系下的应变
ε_x		层合板坐标系下沿 x 方向上的分应变
ε_y		层合板坐标系下沿 y 方向上的分应变
ε_{X_t}		纤维方向上许用应变
ε_{Y_t}		垂直于纤维方向的许用应变(面内)
γ_{xy}		层合板坐标系下沿各个方向上的分应变
τ_{xz_k}	MPa	层间剪切应力
N	N	载荷
N_x	N	转换到指定坐标系下沿 x 方向上的合应力
N_y	N	转换到指定坐标系下沿 y 方向上的合应力
N_{xy}	N	转换到指定坐标系下切方向上的合应力
$N_{x\mathrm{cr}}$	N	无限长板的屈曲载荷
$N_{xy\mathrm{cr}}$	N	剪切屈曲载荷的计算公式
M_x	N·m	转换到指定坐标系下沿 x 方向上的合应力矩
M_y	N·m	转换到指定坐标下沿 y 方向上的和力矩
M_{xy}	N·m	转换到指定坐标下沿切方向上的和力矩
A_{ij}	N·m^{-1}	拉伸和剪切刚度
B_{ij}	N·m^{-1}	拉弯耦合刚度

符号	单位	物理意义
D_{ij}	$N \cdot m^{-1}$	弯扭耦合刚度
k		曲率
K_x		沿 x 方向上的曲率/板的屈曲载荷系数
K_y		沿 y 方向上的曲率
K_{xy}		沿 xy 方向上的曲率
K_s		剪切屈曲系数
$Q_{x,y,\theta}$		单层整体坐标系下的刚度矩阵常数
$R_{x,y}$	MPa	整体刚度矩阵
T_{xz}	N	xz 方向上施加的载荷
X_t	MPa	纤维方向上的许用应力
Y_t	MPa	垂直于纤维方向的许用应力(面内)
$D11, D12, D22, D66$		板的弯曲刚度系数
W	mm	屈曲板的法向位移

9.1 复合材料层合板失效准则

复合材料层合板的失效准则基于其中的每一层简单层板来进行判断。首先定义简单层板与多向铺层层合板的材料方向。简单层板的方向定义如图9-1所示,通常1轴代表纤维方向,2轴代表简单层板的横向(垂直于纤维方向),3轴代表厚度方向。层合板的方向定义如图9-2所示,x轴代表纵向,y轴代表横向(垂直于纵向),z轴代表厚度方向。

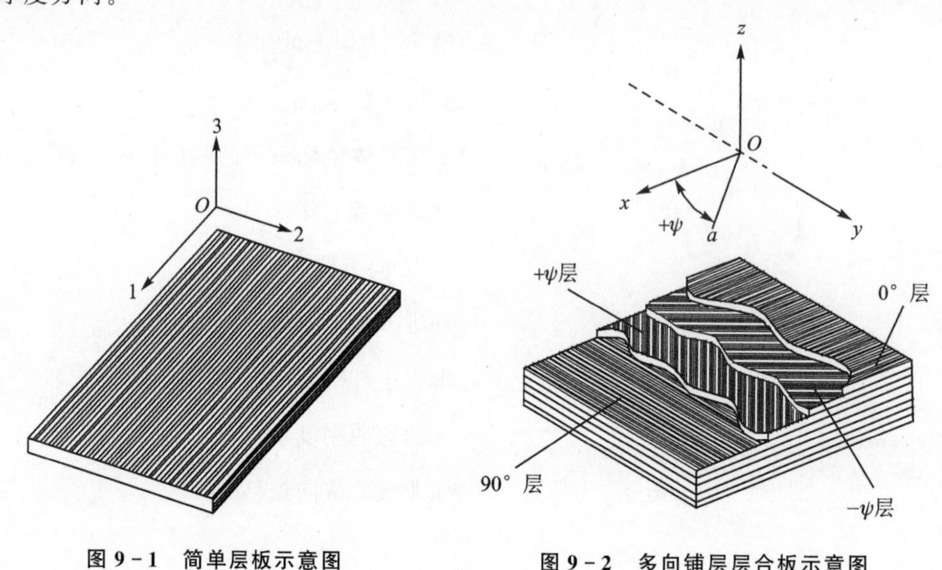

图9-1 简单层板示意图　　图9-2 多向铺层层合板示意图

9.1.1 复合材料层合板失效分析方法介绍

纤维增强复合材料简单层板通常是由弹性模量较高的纤维增强相和弹性模量较低基体相混合而成的,在载荷作用下,其中的应力分布更为复杂,并且纤维的取向通常沿着层合板厚度方向会发生改变。因此,相比传统的金属材料而言,复合材料层合板的失效模式更加多样化。一般可以通过以下两个方面来分析层合板的失效(失效模式):①基于简单层板,以及考虑简单层板之间的相互作用;②基于整个层合板。手册中的失效模式研究主要针对第一种情况。

层合板单层中的纤维虽然可以传递横向剪切载荷,但是其最主要的功能还是用来传递纵向的载荷。而基体树脂则起到了保持纤维位置固定和传递纤维之间载荷的重要作用,使载荷均匀分布在纤维上,并保证层合板上传递剪切载荷的连续性。典型的层合板是由许多的简单层板,如图9-1所示构成的。层合板在承受载荷下,通常每一层简单层板的载荷是以面内载荷为主,所以通过研究简单载荷下的简单层板的失效模式,然后将每个简单层板的失效相互结合,分析整体层合板失效模式。值得注意的是,层合板的强度受到基体树脂的影响非常大。如果应力超过一定极限,将导致基体过早开裂损伤。

实际加工过程中的很多因素都会对层合板造成影响,例如空隙,这将影响到层合板中的局部应力状态;除此以外,环境条件的效应,尤其是温度和湿度,也将对基体性能产生很大的影响。所以,层合板的失效模式很大程度上严重依赖于基体的性能。

9.1.2 层合板单层内的失效模式

1. 纵向拉伸失效模式

当单向板承受纵向拉伸载荷的时候,主要是由纤维来分担纵向的拉伸载荷。随着载荷的逐渐增加,纤维接近拉伸强度的临界值,部分纤维首先发生断裂。断裂纤维失去承载的能力,这时候断裂纤维的临近基体开始将载荷通过剪切力传递给相邻的完好纤维。对于脆性纤维的单向板一般会出现如图9-3所示的纵向拉伸断裂模式，断口比较整齐；而对于韧性纤维的单向板一般会出现如图 9-4 所示的纵向拉伸断裂模式，断口不规则。

图 9-3　单向板拉伸失效(脆性纤维)

图 9-4　单向板拉伸失效(韧性纤维)

2. 纵向压缩失效模式

当单向板承受纵向压缩载荷的时候，更普遍发生的首先是纤维屈曲，出现了局部不稳定现象，亦即微屈曲(见图 9-5)；但最终的失效模式多是单向板整体的剪切破坏，形成了一条剪切带(见图 9-6)。

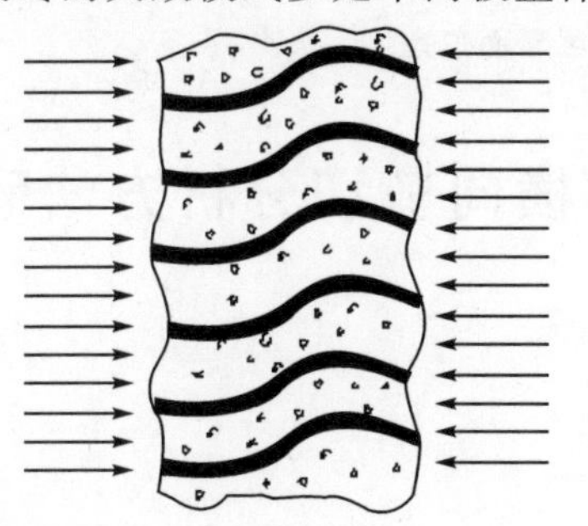

图 9-5　压缩载荷作用下单向板的纤维局部“微屈曲”

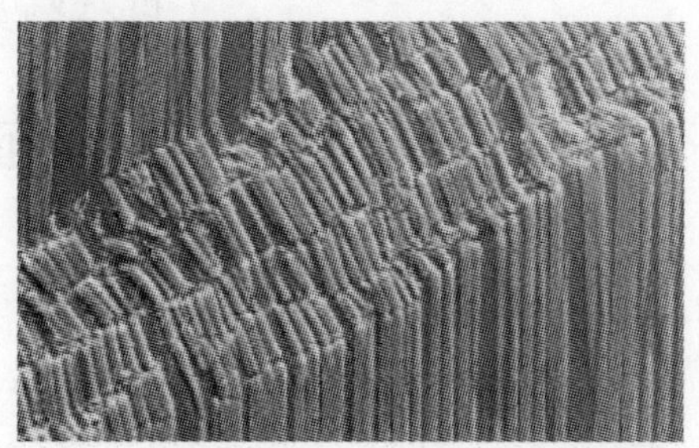

图 9-6　压缩载荷作用下单向板的“剪切带”

3. 横向拉伸和压缩失效模式

单向板在承受横向拉伸/压缩载荷的时候，主要是由基体承载，所以强度主要是由基体决定的。在横向拉伸载荷情况下，基体应力集中和局部基体-纤维脱粘将导致裂纹沿着与纤维平行的方向扩展，直至裂纹贯穿整个单向板，引起最终失效。在横向压缩载荷作用下，最终发生基体剪切破坏，裂纹贯穿整个单向板，引起最终失效。破坏模式如图 9-7 所示。

4. 基体剪切失效模式

单向板在承受面内剪切载荷时候，主要是由基体承载，所以强度主要是由基体决定的。当剪切应力超过基体的剪切强度的时候会发生沿着纤维方向的基体剪切破坏，如图 9-8 所示。

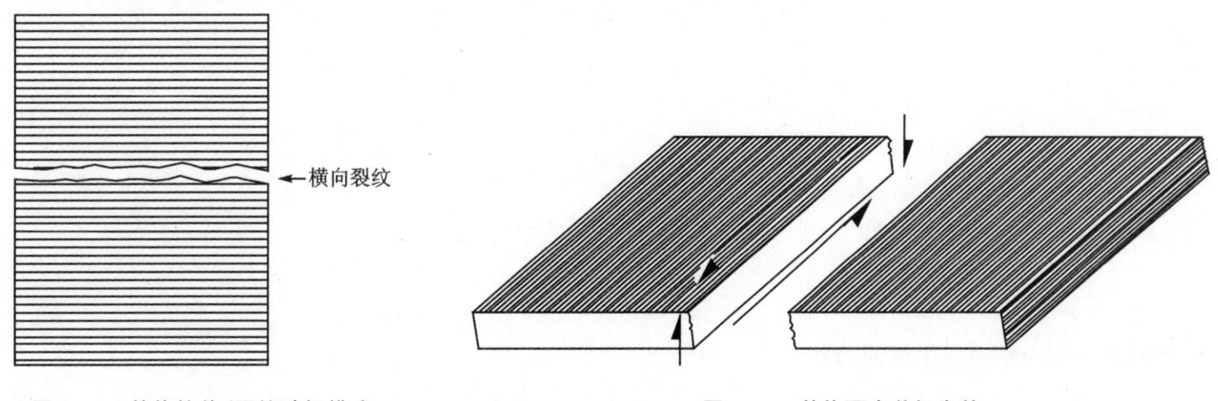

图 9-7　基体拉伸/压缩破坏模式

图 9-8　基体面内剪切失效

9.1.3 层合板层间失效模式

层间的裂纹扩展(即分层)是复合材料损伤中最常见的。层间富含树脂,因而其开裂的断裂能比穿过纤维的层外开裂的断裂能要低几个数量级。分层会引起层合板强度和刚度的变化,通常这种变化呈下降趋势,当分层达到一定程度时,将导致实际使用性能的丧失。层间分层损伤及分层断面形态如图 9-9 所示。

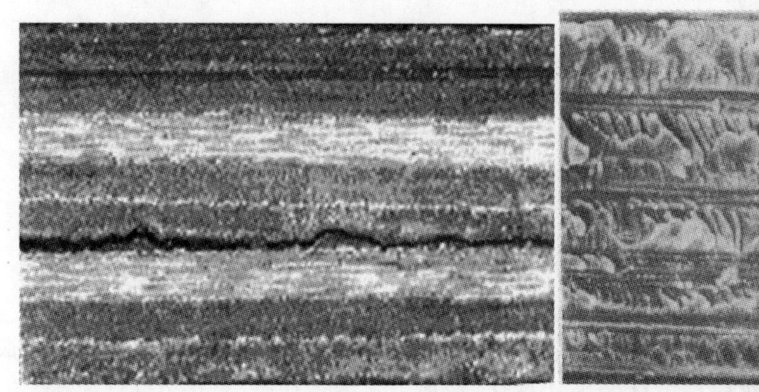

图 9-9 层间分层损伤及分层断面形态

9.2 复合材料层合板面内/弯曲/横向剪切分析方法研究

9.2.1 复合材料层合板应力分析

9.2.1.1 单层内应力-应变关系

层合板由单向纤维增强单层所组成。单层的坐标定义为:沿纤维方向为 1,沿单层面内纤维的横向为 2 向,垂直于单层平面方向为 3 向,参考图 9-1。将单层处理为等效均匀的横观各向同性材料,其弹性常数可以表示如下形式:

$$\left.\begin{aligned} E_1 &= E_1^* & \nu_{12} &= \nu_{12}^* \\ E_2 &= E_3 = E_2^* & \nu_{23} &= \nu_{23}^* \\ G_{12} &= G_1^* & G_{23} &= G_2^* \end{aligned}\right\} \tag{9-1}$$

对于横观各向同性材料,单层内的应力-应变的关系可以表示成如下形式:

$$\begin{bmatrix} \varepsilon_{11} \\ \varepsilon_{22} \\ \varepsilon_{33} \\ 2\varepsilon_{23} \\ 2\varepsilon_{13} \\ 2\varepsilon_{12} \end{bmatrix} = \begin{bmatrix} \dfrac{1}{E_1} & \dfrac{-\nu_{12}}{E_2} & \dfrac{-\nu_{12}}{E_2} & 0 & 0 & 0 \\ \dfrac{-\nu_{12}}{E_1} & \dfrac{1}{E_2} & \dfrac{-\nu_{23}}{E_2} & 0 & 0 & 0 \\ \dfrac{-\nu_{12}}{E_1} & \dfrac{-\nu_{23}}{E_2} & \dfrac{1}{E_2} & 0 & 0 & 0 \\ 0 & 0 & 0 & \dfrac{1}{G_{23}} & 0 & 0 \\ 0 & 0 & 0 & 0 & \dfrac{1}{G_{12}} & 0 \\ 0 & 0 & 0 & 0 & 0 & \dfrac{1}{G_{12}} \end{bmatrix} \begin{bmatrix} \sigma_{11} \\ \sigma_{22} \\ \sigma_{33} \\ \sigma_{23} \\ \sigma_{13} \\ \sigma_{12} \end{bmatrix} \tag{9-2}$$

单层内的应力状态是平面应力状态

$$\sigma_{13} = \sigma_{23} = \sigma_{33} = 0 \tag{9-3}$$

在平面应力状态下，公式(9-2)可以简化成如下形式：

$$\begin{bmatrix}\varepsilon_{11}\\ \varepsilon_{22}\\ 2\varepsilon_{12}\end{bmatrix}=\begin{bmatrix}\dfrac{1}{E_1} & \dfrac{-\nu_{12}}{E_1} & 0\\ \dfrac{-\nu_{12}}{E_2} & \dfrac{1}{E_2} & 0\\ 0 & 0 & \dfrac{1}{G_{12}}\end{bmatrix}\begin{bmatrix}\sigma_{11}\\ \sigma_{22}\\ \sigma_{12}\end{bmatrix} \tag{9-4}$$

上式给出了三个面内应变分量与面内应力分量间的关系。对于平面应力状态，可以利用公式

$$\begin{aligned}&\varepsilon_{23}=\varepsilon_{13}=0\\ &\varepsilon_{33}=-\sigma_{11}\frac{\nu_{13}}{E_2}-\sigma_{22}\frac{\nu_{23}}{E_2}\end{aligned} \tag{9-5}$$

求得另外三个应变分量，这样就确定了单层的全部应力和应变。

如果考虑单层内的铺层角度，来确定给定坐标下的应力-应变关系(材料坐标系如图 9-10 所示)，这时候需要进行相应的坐标变换。1-2 坐标系对应于单层材料的主方向，而 $x-y$ 坐标系是任选的，通过绕垂直图示平面的轴转一角度与 1-2 坐标相关。由任意的 $x-y$ 坐标系转至 1-2 材料坐标系的转角定义为角 θ。应力从 1-2 坐标系转换到 $x-y$ 坐标系遵守张量分量的转换规则如下：

$$\begin{bmatrix}\sigma_{xx}\\ \sigma_{yy}\\ \sigma_{xy}\end{bmatrix}=\begin{bmatrix}m^2 & n^2 & -2mn\\ n^2 & m^2 & 2mn\\ mn & -mn & m^2-n^2\end{bmatrix}\begin{bmatrix}\sigma_{11}\\ \sigma_{22}\\ \sigma_{12}\end{bmatrix} \tag{9-6}$$

式中：$m=\cos\theta$，$n=\sin\theta$。

对于应变的张量分量也可用相同的转换矩阵：

$$\begin{bmatrix}\varepsilon_{xx}\\ \varepsilon_{yy}\\ 2\varepsilon_{xy}\end{bmatrix}=\begin{bmatrix}m^2 & n^2 & -mn\\ n^2 & m^2 & mn\\ 2mn & -2mn & m^2-n^2\end{bmatrix}\begin{bmatrix}\varepsilon_{11}\\ \varepsilon_{22}\\ 2\varepsilon_{12}\end{bmatrix} \tag{9-7}$$

给定应力和应变向任意坐标系转换后，应力和应变在层合板坐标系里的关系则可确定为

$$[\sigma_x]=[\overline{Q}][\varepsilon_x] \tag{9-8}$$

式中：$[\overline{Q}]$的各分量定义为

$$\left.\begin{aligned}\overline{Q}_{11}&=Q_{11}m^4+Q_{22}n^4+2m^2n^2(Q_{12}+2Q_{66})\\ \overline{Q}_{12}&=m^2n^2(Q_{11}+Q_{22}-4Q_{66})+(m^4+n^4)Q_{12}\\ \overline{Q}_{16}&=[Q_{11}m^2-Q_{22}n^2-(Q_{12}+2Q_{66})(m^2-n^2)]mn\\ \overline{Q}_{22}&=Q_{11}n^4+Q_{22}m^4+2m^2n^2(Q_{12}+2Q_{66})\\ \overline{Q}_{26}&=[Q_{11}n^2-Q_{22}m^2+(Q_{12}+2Q_{66})(m^2-n^2)]mn\\ \overline{Q}_{66}&=(Q_{11}+Q_{22}-2Q_{12})m^2n^2+Q_{66}(m^2-n^2)^2\\ \overline{Q}_{21}&=\overline{Q}_{12},\overline{Q}_{61}=\overline{Q}_{16},\overline{Q}_{62}=\overline{Q}_{26}\end{aligned}\right\} \tag{9-9}$$

9.2.1.2　经典层板理论

层合板单层的厚度值通常在 0.13～0.25 mm 的范围内，因此，常用 8～50 层的层合板一般仍为薄板，故可按通常的薄板理论作简化分析。层合板内单层的坐标定义如图 9-11 所示。

经典层板理论的应用假设：

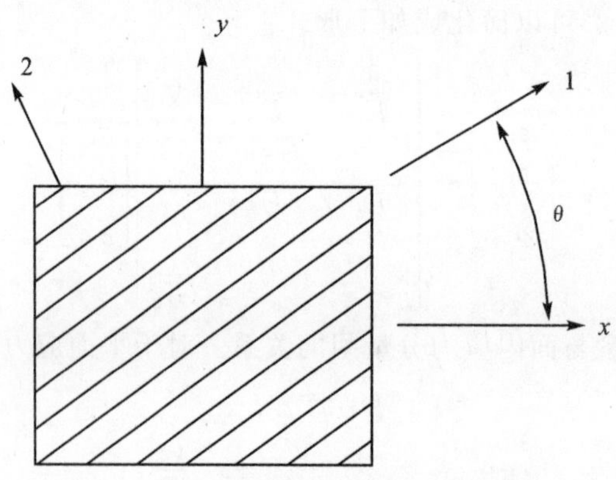

图 9－10　考虑铺层角度的材料坐标系

1）板的厚度比板的平面尺寸小得多；

2）不计板表面形状的改变；

3）垂直于未变形板面的法线，仍垂直于变形后的板面；

4）板的法向挠度沿板厚不变；

5）忽略垂直于板面方向的应力(面外应力)。

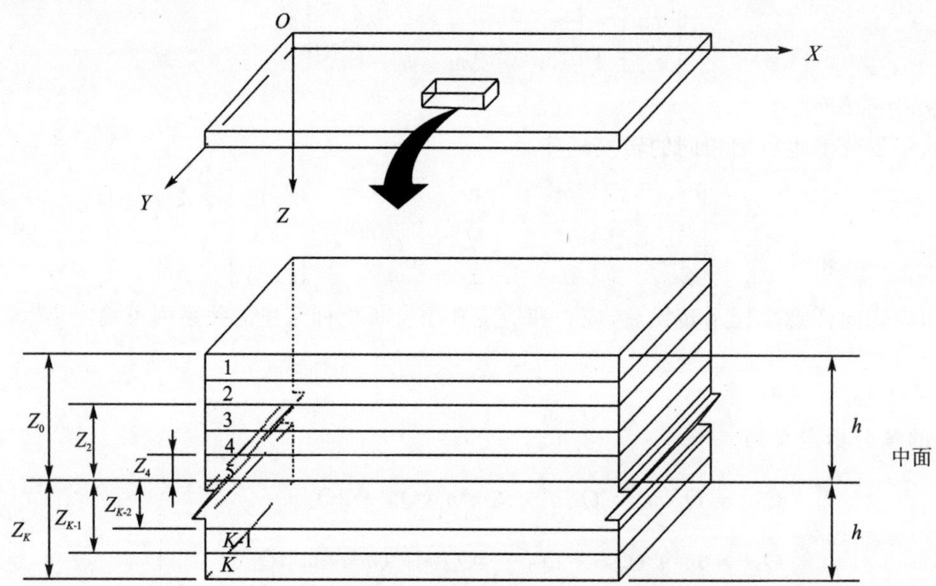

图 9－11　层合板内单层的坐标定义

合应力和合力矩(见图 9－12)与中面应变和曲率间的关系可写成：

$$\{N\} = \int_{-h}^{h} \{\sigma_x\} \mathrm{d}z$$

$$\{M\} = \int_{-h}^{h} \{\sigma_x\} z \mathrm{d}z \tag{9-10}$$

式中，刚度矩阵由如下 3×3 阶的矩阵组成，即

$$[A] = \sum_{i=1}^{N} [\overline{Q}]^i (z_i - z_{i-1})$$

$$[B] = \frac{1}{2} \sum_{i=1}^{N} [\overline{Q}]^i (z_i^2 - z_{i-1}^2)$$

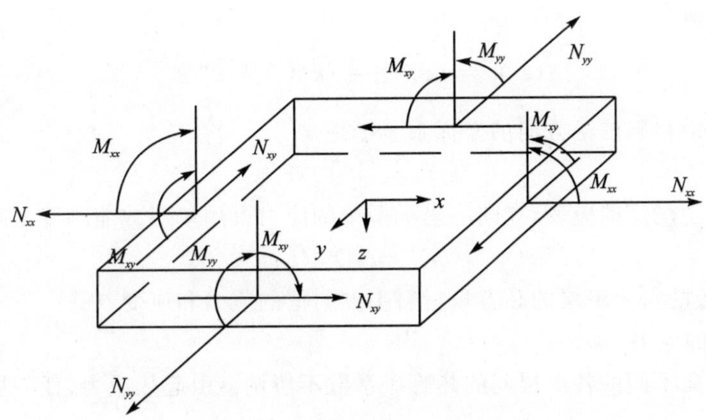

图 9-12　合应力和合力矩

$$[D]=\frac{1}{3}\sum_{i=1}^{N}[\overline{Q}]^{i}(z_i^3-z_{i-1}^3)$$

式中，N 为总层数，Z_i 按图 9-11 确定，上标 i 指第 i 层。

经典层合板理论中的本构定律将拉伸、剪切、弯扭载荷与面内应变和弯曲应变联系起来。各种载荷和力矩对层合板的组合影响，可由 **A**、**B**、**D** 矩阵来描述，其组合形式为：

$$\begin{bmatrix} N_x \\ N_y \\ N_{xy} \\ M_x \\ M_y \\ M_{xy} \end{bmatrix}=\begin{bmatrix} A_{11} & A_{12} & A_{16} & B_{11} & B_{12} & B_{16} \\ A_{12} & A_{22} & A_{26} & B_{12} & B_{22} & B_{26} \\ A_{16} & A_{26} & A_{66} & B_{16} & B_{26} & B_{66} \\ B_{11} & B_{12} & B_{16} & D_{11} & D_{12} & D_{16} \\ B_{12} & B_{22} & B_{26} & D_{12} & D_{22} & D_{26} \\ B_{16} & B_{26} & B_{66} & D_{16} & D_{26} & D_{66} \end{bmatrix}\begin{bmatrix} \varepsilon_x \\ \varepsilon_y \\ \varepsilon_{xy} \\ \kappa_x \\ \kappa_y \\ \kappa_{xy} \end{bmatrix} \tag{9-11}$$

式中，N 为载荷；M 为力矩；ε 为中面应变；κ 为弯曲应变。

A、**B**、**D** 矩阵的定义如下：

$\boldsymbol{A}_{ij}$——拉伸和剪切刚度矩阵

$\boldsymbol{B}_{ij}$——拉伸/弯曲耦合刚度矩阵

$\boldsymbol{D}_{ij}$——弯扭刚度矩阵

9.2.1.3　层合板应力分析

结构分析中，把层合板表示成等效的横观各向同性薄板。分析的结果是确定板表面上任一点的合应力和合力矩。

(1) 机械载荷引起的应力

为了确定各单层中的应力，要用到层合板的中面应变和中面曲率矢量。层合板的本构关系可写成

$$\begin{bmatrix} N \\ M \end{bmatrix}=\begin{bmatrix} A & B \\ B & D \end{bmatrix}\begin{bmatrix} \varepsilon^0 \\ \kappa \end{bmatrix} \tag{9-12}$$

经简单转换可得出关于(ε^0) 和(κ)的关系式：

$$\begin{bmatrix} \varepsilon^0 \\ \kappa \end{bmatrix}=\begin{bmatrix} A & B \\ B & D \end{bmatrix}^{-1}\begin{bmatrix} N \\ M \end{bmatrix} \tag{9-13}$$

当给定中面应变和弯曲应变矢量时，层合板的总应变可写成为

$$(\varepsilon_x)^i=(\varepsilon^0)+z(\kappa) \tag{9-14}$$

层合板的厚度上任一点的应变现在已由板的中面应变和中面弯曲应变乘以该点到中面的距离之和给出。

层合板第 i 层中心的应变场为

$$(\varepsilon_x)^i = (\varepsilon^0) + \frac{1}{2}(\kappa)(z^i + z^{i-1}) \tag{9-15}$$

将单层的应变转化到沿材料的主方向的坐标系。于是

$$(\varepsilon_l)^i = [\theta^i]^{-1}(\varepsilon_x)^i \tag{9-16}$$

由材料主方向坐标系中确定的应变，在同一坐标系中的应力可用单层减缩刚度矩阵表示为

$$(\sigma_l)^i = [Q^i](\varepsilon_l)^i \tag{9-17}$$

这样，就得到了层合板的每一单层的在各自材料主方向下的应力和应变。

(2) 温度和湿度引起的应力

因为层合板中铺设方向不同的各单层间的热膨胀系数不协调会引起热应力，任一层中的应变场可写成为

$$(\varepsilon_x)^i = (\varepsilon^0) + \frac{1}{2}(z^i + z^{i-1})(\kappa) \tag{9-18}$$

如果层合板处于均匀温度场中，其耦合刚度矩阵[B]和热力矩矢量$\{\boldsymbol{M}^{\mathrm{T}}\}$变为零，则

$$(\varepsilon^0) = (\alpha_x)\Delta T, (\kappa) = 0 \tag{9-19}$$

各单层在层合板坐标系中的应变相同，其值为

$$(\varepsilon_x)^i = (\varepsilon^0) = (\alpha_x)\Delta T \tag{9-20}$$

各单层在层合板坐标系中的应力为

$$(\sigma_x)^i = (\overline{Q}^i)((\alpha) - (\alpha_x)^i)\Delta T \tag{9-21}$$

可以看出，对于层合板经受温度均匀变化这类情况，在材料主方向坐标系中，每一个单层的应力都相同，应力矢量为

$$(\sigma_l) = \frac{E_{11}(\alpha_{22} - \alpha_{11})\Delta T}{1 + 2\nu_{12} + \dfrac{E_{11}}{E_{22}}}\begin{pmatrix} 1 \\ -1 \\ 0 \end{pmatrix} \tag{9-22}$$

关于吸湿引起的应力，可以作相似的推导，当用湿膨胀系数(β)代替热膨胀系数(α)时，可采用本节所有的结果。

9.2.1.4 对称铺层层合板面内载荷下的面内应力分析

步骤1：

单层材料主方向坐标系下的应力-应变关系：

$$(\sigma_{l,t}) = (Q_{l,t}) \times (\varepsilon_{l,t})$$

$$\begin{pmatrix} \sigma_l \\ \sigma_t \\ \tau_{lt} \end{pmatrix} = \begin{pmatrix} \dfrac{E_l}{1-\nu_{lt}\nu_{tl}} & \dfrac{\nu_{tl}E_l}{1-\nu_{lt}\nu_{tl}} & 0 \\ \dfrac{\nu_{lt}E_t}{1-\nu_{lt}\nu_{tl}} & \dfrac{E_t}{1-\nu_{lt}\nu_{tl}} & 0 \\ 0 & 0 & G_{lt} \end{pmatrix}\begin{pmatrix} \varepsilon_l \\ \varepsilon_t \\ \gamma_{lt} \end{pmatrix} \tag{9-23}$$

下标l表示纵向，t表示横向。

步骤2：

单层整体参考坐标系下的应力-应变关系，x和y表示整体坐标平面的两个方向，其式为

$$(Q_{x,y,\theta}) = (T_\theta) \times (Q_{l,t}) \times (T'_\theta)^{-1} \tag{9-24}$$

$$\left.\begin{aligned}(T_\theta)&=\begin{pmatrix}\cos^2\theta & \sin^2\theta & -2\times\sin\theta\times\cos\theta\\ \sin^2\theta & \cos^2\theta & 2\times\sin\theta\times\cos\theta\\ \sin\theta\times\cos\theta & -\sin\theta\times\cos\theta & \cos^2\theta-\sin^2\theta\end{pmatrix}\\ (T'_\theta)&=\begin{pmatrix}\cos^2\theta & \sin^2\theta & -\sin\theta\times\cos\theta\\ \sin^2\theta & \cos^2\theta & \sin\theta\times\cos\theta\\ 2\times\sin\theta\times\cos\theta & -2\times\sin\theta\times\cos\theta & \cos^2\theta-\sin^2\theta\end{pmatrix}\end{aligned}\right\} \tag{9-25}$$

式中：(T_θ)——应力转换矩阵；

(T'_θ)——应变转换矩阵。

可以得到如下本构方程：

$$(\sigma_{x,y})=(Q_{x,y,\theta})\times(\varepsilon_{x,y}),\quad (\varepsilon_{x,y})=(Q_{x,y,\theta})^{-1}\times(\sigma_{x,y})$$

$$\begin{pmatrix}\varepsilon_x\\ \varepsilon_y\\ \gamma_{xy}\end{pmatrix}=\begin{pmatrix}\dfrac{1}{E_x(\theta)} & -\dfrac{\nu_{yx}(\theta)}{E_y(\theta)} & \dfrac{\eta_{yx}(\theta)}{G_{xy}(\theta)}\\ -\dfrac{\nu_{xy}(\theta)}{E_x(\theta)} & \dfrac{1}{E_y(\theta)} & \dfrac{\mu_{yx}}{G_{xy}(\theta)}\\ \dfrac{\eta_x(\theta)}{E_x(\theta)} & \dfrac{\mu_y(\theta)}{E_y(\theta)} & \dfrac{1}{G_{xy}(\theta)}\end{pmatrix}\begin{pmatrix}\sigma_x\\ \sigma_y\\ \tau_{xy}\end{pmatrix} \tag{9-26}$$

式中：

$$E_x(\theta)=\frac{1}{\dfrac{c^4}{E_l}+\dfrac{s^4}{E_t}+c^2s^2\left(\dfrac{1}{G_{lt}}-2\dfrac{\nu_{tl}}{E_t}\right)}$$

$$E_y(\theta)=\frac{1}{\dfrac{s^4}{E_l}+\dfrac{c^4}{E_t}+c^2s^2\left(\dfrac{1}{G_{lt}}-2\dfrac{\nu_{tl}}{E_t}\right)}$$

$$G_{xy}(\theta)=\frac{1}{4c^2s^2\left(\dfrac{1}{E_l}+\dfrac{1}{E_t}+2\dfrac{\nu_{tl}}{E_t}\right)+\dfrac{(c^2-s^2)^2}{G_{lt}}}$$

$$\frac{\nu_{xy}(\theta)}{E_x(\theta)}=\frac{\nu_{tl}}{E_t}(c^4+s^4)-c^2s^2\left(\frac{1}{E_l}+\frac{1}{E_t}-\frac{1}{G_{lt}}\right)$$

$$\nu_{xy}(\theta)=\nu_{yx}(\theta)\frac{E_x(\theta)}{E_y(\theta)}$$

$$c=\cos\theta,\quad s=\sin\theta$$

步骤 3：

利用混合定律合成整体刚度矩阵$(R_{x,y})$：

$$(R_{x,y})=\frac{\sum_{k=1}^{n}(Q_{x,y,\theta_k})}{n}\ \text{或}\ (R_{x,y})=\frac{\sum_{k=1}^{n}ep(Q_{x,y,\theta_k})}{e} \tag{9-27}$$

步骤 4：

确定层合板整体参考坐标系下的应变：

$$(\varepsilon_{x,y})=\frac{1}{e}\times(R_{x,y})^{-1}\times(N_{x,y})$$

$$\begin{pmatrix}\varepsilon_x\\ \varepsilon_y\\ \gamma_{xy}\end{pmatrix}=\frac{1}{e}(R_{x,y})^{-1}\begin{pmatrix}N_x\\ N_y\\ N_{xy}\end{pmatrix}\quad\text{或}\quad\begin{pmatrix}N_x\\ N_y\\ N_{xy}\end{pmatrix}=(A)\begin{pmatrix}\varepsilon_x\\ \varepsilon_y\\ \gamma_{xy}\end{pmatrix} \tag{9-28}$$

这里，$(A)=e\times(R_{x,y})$，进一步推导得

$$A_{ij}=\sum_{k=1}^{n}(E_{ij}^{k}(z_k-z_{k-1}))$$

式中：

$$E_{11}(\theta)=c^4E_l+s^4E_t+2c^2s^2(\nu_{tl}E_l+2G_{lt})$$
$$E_{22}(\theta)=s^4E_l+c^4E_t+2c^2s^2(\nu_{tl}E_l+2G_{lt})$$
$$E_{33}(\theta)=c^2s^2(E_l+E_t-2\nu_{tl}E_l)+(c^2-s^2)^2G_{lt}$$
$$E_{12}(\theta)=E_{21}(\theta)=c^2s^2(E_l+E_t-4G_{lt})+(c^4+s^4)\nu_{tl}E_l$$
$$E_{13}(\theta)=E_{31}(\theta)=cs\{c^2E_l-s^2E_t-(c^2-s^2)(\nu_{tl}E_l+2G_{lt})\}$$
$$E_{23}(\theta)=E_{32}(\theta)=cs\{s^2E_l-c^2E_t+(c^2-s^2)(\nu_{tl}E_l+2G_{lt})\}$$
$$c=\cos(\theta),\quad s=\sin(\theta)$$
$$E_l=\frac{E_l}{1-\nu_{tl}\nu_{lt}},\quad E_t=\frac{E_t}{1-\nu_{tl}\nu_{lt}}$$

步骤5：

确定每一个单层在材料主方向坐标系下的应变：

$$(\varepsilon_{l,t,\theta})=(T'-\theta)\times(\varepsilon_{x,y})$$

$$\begin{pmatrix}\varepsilon_{l_\theta}\\ \varepsilon_{t_\theta}\\ \gamma_{lt_\theta}\end{pmatrix}=\begin{pmatrix}\cos^2\theta & \sin^2\theta & \sin\theta\times\cos\theta\\ \sin^2\theta & \cos^2\theta & -\sin\theta\times\cos\theta\\ -2\times\sin\theta\times\cos\theta & 2\times\sin\theta\times\cos\theta & \cos^2\theta-\sin^2\theta\end{pmatrix}\begin{pmatrix}\varepsilon_x\\ \varepsilon_y\\ \gamma_{xy}\end{pmatrix}\tag{9-29}$$

步骤6：

确定每一个单层在材料主方向坐标系下的应力：

$$(\sigma_{l,t,\theta})=(Q_{l,t})\times(\varepsilon_{l,t,\theta})$$

$$\begin{pmatrix}\sigma_{l_\theta}\\ \sigma_{t_\theta}\\ \tau_{lt_\theta}\end{pmatrix}=(Q_{l,t})\begin{pmatrix}\varepsilon_{l_\theta}\\ \varepsilon_{t_\theta}\\ \gamma_{lt_\theta}\end{pmatrix}\tag{9-30}$$

9.2.1.5 对称铺层层合板纯弯曲载荷下的弯应力分析

本节分析方法的使用范围：对称铺层层合板，承受纯弯曲载荷。

弯曲载荷张量 $\boldsymbol{M}$ 和旋转张量 $\boldsymbol{\chi}$ 的关系式如下：

$$\boldsymbol{M}=\boldsymbol{C}\times\boldsymbol{\chi}\tag{9-31}$$

式中：

$$C_{ij}=\sum\nolimits_{k=1}^{n}\left(E_{ij}^k\,\frac{z_k^3-z_{k-1}^3}{3}\right)$$
$$E_{11}(\theta)=c^4E_l+s^4E_t+2c^2s^2(\nu_{tl}E_l+2G_{lt})$$
$$E_{22}(\theta)=s^4E_l+c^4E_t+2c^2s^2(\nu_{tl}E_l+2G_{lt})$$
$$E_{33}(\theta)=c^2s^2(E_l+E_t-2\nu_{tl}E_l)+(c^2-s^2)^2G_{lt}$$
$$E_{12}(\theta)=E_{21}(\theta)=c^2s^2(E_l+E_t-4G_{lt})+(c^4+s^4)\nu_{tl}E_l$$
$$E_{13}(\theta)=E_{31}(\theta)=cs\{c^2E_l-s^2E_t-(c^2-s^2)(\nu_{tl}E_l+2G_{lt})\}$$
$$E_{23}(\theta)=E_{32}(\theta)=cs\{s^2E_l-c^2E_t+(c^2-s^2)(\nu_{tl}E_l+2G_{lt})\}$$
$$c=\cos(\theta),s=\sin(\theta)$$
$$E_l=\frac{E_l}{1-\nu_{tl}\nu_{lt}},E_t=\frac{E_t}{1-\nu_{tl}\nu_{lt}}$$

$\boldsymbol{C}$ 的逆矩阵为

$$C^{-1}=\frac{12}{e^3}\begin{bmatrix}\frac{1}{E_{xx_{\text{bending equi}}}} & \times & \times \\ \times & \frac{1}{E_{yy_{\text{bending equi}}}} & \times \\ \times & \times & \frac{1}{G_{xy_{\text{bending equi}}}}\end{bmatrix} \tag{9-32}$$

式中：

$$E_{xx_{\text{bending equi}}}=12\,\frac{C_{11}C_{22}-(C_{12})^2}{e^3C_{22}}$$

$$E_{yy_{\text{bending equi}}}=12\,\frac{C_{11}C_{22}-(C_{12})^2}{e^3C_{11}}$$

$$G_{xy_{\text{bending equi}}}=12\,\frac{C_{66}}{e^3}$$

9.2.1.6　任意铺层层合板面内弯曲耦合应力分析

任意铺层层合板中，面内弯曲耦合矩阵 **B** 不再为零，可以表示为如下形式：

$$B_{ij}=-\sum_{k=1}^{n}\left(E_{ij}^{k}\,\frac{z_k^2-z_{k-1}^2}{2}\right) \tag{9-33}$$

式中：

$$E_{11}(\theta)=c^4E_1+s^4E_t+2c^2s^2(\nu_{tl}E_l+2G_{lt})$$

$$E_{22}(\theta)=s^4E_1+c^4E_t+2c^2s^2(\nu_{tl}E_l+2G_{lt})$$

$$E_{33}(\theta)=c^2s^2(E_l+E_t-2\nu_{tl}E_l)+(c^2-s^2)^2G_{lt}$$

$$E_{12}(\theta)=E_{21}(\theta)=c^2s^2(E_l+E_t-4G_{lt})+(c^4+s^4)\nu_{tl}E_l$$

$$E_{13}(\theta)=E_{31}(\theta)=cs(c^2E_l-s^2E_t-(c^2-s^2)(\nu_{tl}E_l+2G_{lt}))$$

$$E_{23}(\theta)=E_{32}(\theta)=cs(s^2E_l-c^2E_t+(c^2-s^2)(\nu_{tl}E_l+2G_{lt}))$$

$$c=\cos\theta,s=\sin\theta$$

$$E_l=\frac{E_l}{1-\nu_{tl}\nu_{lt}},E_t=\frac{E_t}{1-\nu_{tl}\nu_{lt}}$$

9.2.1.7　任意铺层层合板横向剪切载荷下应力分析

本节方法用来确定层合板在承受横向剪切载荷作用下的剪切应力分析，层合板的铺层构造与载荷作用如图 9－13 所示。

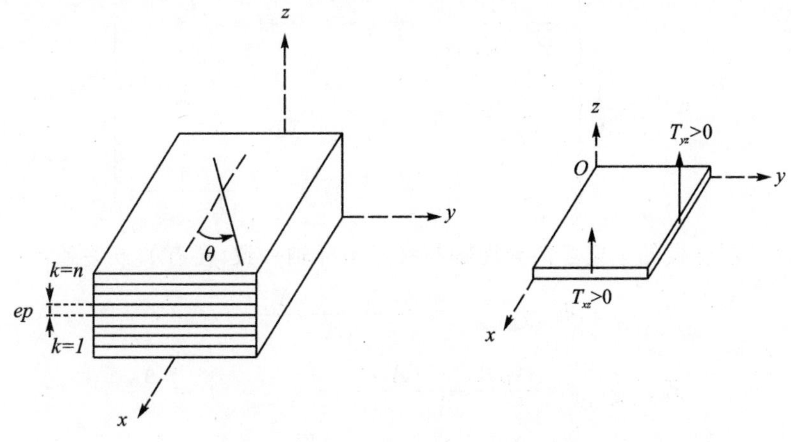

图 9－13　层合板的铺层构造与载荷

第 k 个单层在整体坐标系下的纵向弹性模量为

$$E_k = \frac{1}{\dfrac{c^4}{E_l} + \dfrac{s^4}{E_t} + c^2 s^2 \left(\dfrac{1}{G_{lt}} - 2\dfrac{\nu_{tl}}{E_t}\right)} \tag{9-34}$$

$$c = \cos\theta$$

$$s = \sin\theta$$

步骤1：

确定层合板中性轴的位置，这里以层合板的下表面为参考坐标原点，其式为

$$z_g = \frac{\sum_{k=1}^{n} E_k (z_k^2 - z_{k-1}^2)}{2\sum_{k=1}^{n} E_k (z_k - z_{k-1})} \tag{9-35}$$

步骤2：

确定相对于中性轴的弯曲刚度

$$E_l = \sum_{k=1}^{n} E_k \frac{(z_k - z_{k-1})^3}{12} + \sum_{k=1}^{n} E_k (z_k - z_{k-1}) \left(\frac{z_k - z_{k-1}}{2} - z_g\right)^2 \tag{9-36}$$

步骤3：

(1) 计算静力矩

情况1：位置在相邻层的界面上，有

$$EW_k = \sum_{i=k}^{n} E_i (z_i - z_{i-1}) \left(\frac{z_i + z_{i-1}}{2} - z_g\right) \tag{9-37}$$

情况2：位置在单层中间，有

$$EW_k = \sum_{i=k}^{n} E_i (z_i - z_{i-1}) \left(\frac{z_i + z_{i-1}}{2} - z_g\right) - E_k \left(\frac{z_k + z_{k-1}}{2} - z_{k-1}\right) \left(\frac{z_k + z_{k-1}}{4} + \frac{z_{k-1}}{2} - z_g\right) \tag{9-38}$$

步骤4：

(2) 计算层间剪切应力：

$$\tau_{xz_k} = \frac{T_{xz} \cdot EW_k}{E_l} \tag{9-39}$$

这里 T_{xz} 是施加的载荷。通常，剪切应力的最大值出现在静力矩最大的位置上。

9.2.1.8 等效弹性常数

层合板在细观上是不均质的。有时需要计算其等效面内刚度特性以求出其承受的载荷和相应的变形。等效面内杨氏模量可直接由层合板刚度矩阵 **A** 推出：

$$\mathbf{A}^{-1} = \frac{1}{e} \begin{pmatrix} \dfrac{1}{E_{xx_{\text{memb. equi.}}}} & -\dfrac{\nu_{yx_{\text{memb. equi.}}}}{E_{yy_{\text{memb. equi.}}}} & \times \\ -\dfrac{\nu_{xy_{\text{memb. equi.}}}}{E_{xx_{\text{memb. equi.}}}} & \dfrac{1}{E_{yy_{\text{memb. equi.}}}} & \times \\ \times & \times & \dfrac{1}{G_{xy_{\text{memb. equi.}}}} \end{pmatrix} \tag{9-40}$$

本方法应用的前提是层合板的正交各向异性轴与参考坐标轴一致，便有如下关系：

$$E_{xx_{\text{memb. equi.}}} = \frac{A_{11}A_{22} - (A_{12})^2}{eA_{22}}$$

$$E_{yy_{\text{memb. equi.}}} = \frac{A_{11}A_{22} - (A_{12})^2}{eA_{11}}, \quad \nu_{xy_{\text{memb. equi.}}} = \frac{A_{12}}{A_{22}}$$

$$G_{xy_{\text{memb. equi.}}} = \frac{A_{66}}{e}, \quad \nu_{yx_{\text{memb. equi.}}} = \frac{A_{21}}{A_{11}}$$

9.2.2 复合材料层合板失效准则

对于复杂载荷下各向异性层合板的强度评估，目前，已经发展了许多不同的失效准则。每个失效准则在一定程度上都需要实验数据的支持，并且这些准则的普适性和可信度并不完美。这是由于纤维和基体的组合搭配及结构布局的变化范围很大，造成了内部的应力相互作用十分复杂。通常基于已有或易得的强度实验数据来选择失效准则。

本节列出一些常用的单向纤维增强复合材料简单层板在面内载荷作用下的失效准则。也给出了准则应用时的注意事项、局限性和测试条件。这里考虑的强度准则是基于单层中的平均应力或应变的宏观强度准则。这些失效准则依靠标准的强度数据，估算在复杂面内载荷作用下单层的损伤失效，其中利用到的标准强度数据，需要针对特定的材料通过标准实验来获得。这里考虑的简单层板的失效准则可以纳入到整个层合板的逐步分析中，因此，一旦获得所需的强度数据，便可以进行层合板的布局设计。如果将失效准则应用到层合板上，则通常需要另外提供铺层信息。

下面列举了一些失效准则，用于估算单层纤维增强复合材料层合板面内载荷下的强度，平面应力假设情况如表 9-1 所示。选择的标准以下列基准为依据：

① 失效准则的代表性；

② 失效准则的采用频率(受欢迎的程度)；

③ 失效准则的预测精度。

在单纤维增强复合材料层合板面内载荷下的失效准则已按上述基准选定。失效准则通常可以分成三种类型：

① 完全独立作用类型；

② 独立作用与相互作用相结合类型；

③ 完全相互作用类型。

示意图 9-14 和图 9-15 给出了失效准则应用的坐标系统。示意图 9-16 表示一个三维椭球包括面(强度包络面)，该包络面表示一种失效准则，它是 σ_1、σ_2、和 σ_6 的函数，其中的应力分量参考图 9-16 是面内应力下正交各向异性层破坏面的形式。

表 9-1　简单层合板失效准则

类　型	准　则	失效判据
相互独立型	(a)最大应力	$\sigma_1=X_t(-X_c)$；$\sigma_2=Y_t(-Y_c)$；$\lvert\sigma_6\rvert=Q$
	(b)最大应变	$\varepsilon_1=\varepsilon_{X_t}(-\varepsilon_{X_c})$；$\varepsilon_2=\varepsilon_{Y_t}(-\varepsilon_{Y_c})$；$\lvert\varepsilon_6\rvert=\varepsilon_Q$
部分关联型	(a)Grant-Sanders	$\sigma_1=X_t(-X_c)$；$\varepsilon_{m_1}(\varepsilon_{m_2})=\varepsilon_{m_c}$；$\lvert\sigma_6\rvert=Q_f(Q_m)$
	(b)Puck	$\sigma_1=X_t(-X_c)$；$\left(\frac{\sigma_2}{Y}\right)^2+\left(\frac{\sigma_6}{Q}\right)^2=1$
	(c)Puck modified	$\sigma_1=X_t(-X_c)$； $\frac{\sigma_2^2}{Y_tY_c}+\sigma_2\left(\frac{1}{Y_t}-\frac{1}{Y_c}\right)+\left(\frac{\sigma_6}{Q}\right)^2=1$
完全关联型	(a)Tsai-Hill	$\left(\frac{\sigma_1}{X}\right)^2-\frac{\sigma_1\sigma_2}{X^2}+\left(\frac{\sigma_2}{Y}\right)^2+\left(\frac{\sigma_6}{Q}\right)^2=1$
	(b)Tsai-Wu	$A_{11}\sigma_1^2+2A_{12}\sigma_1\sigma_2+A_{22}\sigma_2^2+A_{66}\sigma_6^2+B_1\sigma_1+B_2\sigma_2=1$
	(c)Puppo-Evensen	$\left(\frac{\sigma_1}{X}\right)^2-\phi\frac{X}{Y}\frac{\sigma_1}{X}\frac{\sigma_2}{Y}+\phi\left(\frac{\sigma_2}{Y}\right)^2+\left(\frac{\sigma_6}{Q}\right)^2=1$； $\phi\left(\frac{\sigma_1}{X}\right)^2-\phi\frac{Y}{X}\frac{\sigma_1}{X}\frac{\sigma_2}{Y}+\left(\frac{\sigma_2}{Y}\right)^2+\left(\frac{\sigma_6}{Q}\right)^2=1$

(1) 最大应力准则

该失效准则中，当应力 σ_1、σ_2 和 σ_6 中任何一个达到许用强度值时便发生破坏，其式为

$$\left.\begin{aligned} \sigma_1 &= X_t \text{或} -X_c \\ \sigma_2 &= Y_t \text{或} -Y_c \\ |\sigma_6| &= Q \end{aligned}\right\} \tag{9-41}$$

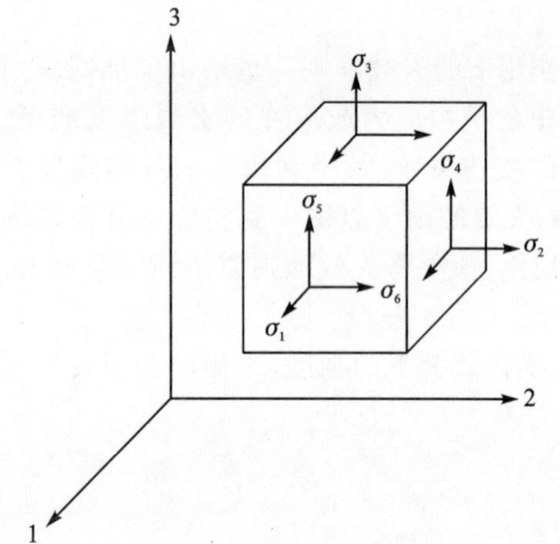

图 9-14 坐标系统

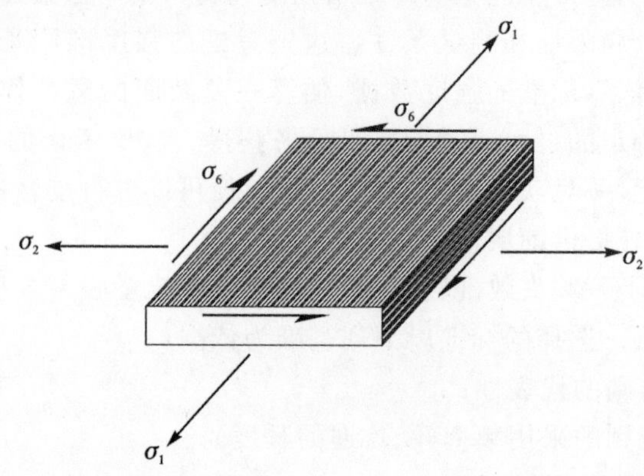

图 9-15 同正交各向异性材料主轴(纤维)方向一致的简单层合板面内应力

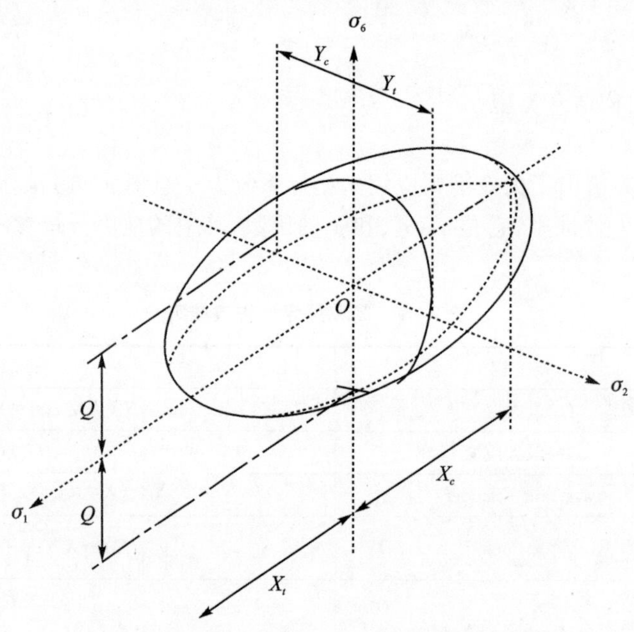

图 9-16 面内应力下正交各向异性层破坏面的形式

图 9-17 说明了在 1-轴以偏轴角 θ 施加应力 $\sigma_{\theta 1}$ 的效果，并同测试结果进行比较。可以看出，所施加应力的角度不同，临界应力也不同。曲线中出现不连续性是因为没有考虑应力之间的相互作用。

(2) 最大应变准则(图 9-18)

同最大应力准则一样，当应变 ε_1、ε_2 和 ε_6 中任何一个达到容许值时便发生破坏，其式为

$$\left.\begin{aligned} \varepsilon_1 &= \varepsilon_{X_t} \text{或} -\varepsilon_{X_c} \\ \varepsilon_2 &= \varepsilon_{Y_t} \text{或} -\varepsilon_{Y_c} \\ |\varepsilon_6| &= \varepsilon_Q \end{aligned}\right\} \tag{9-42}$$

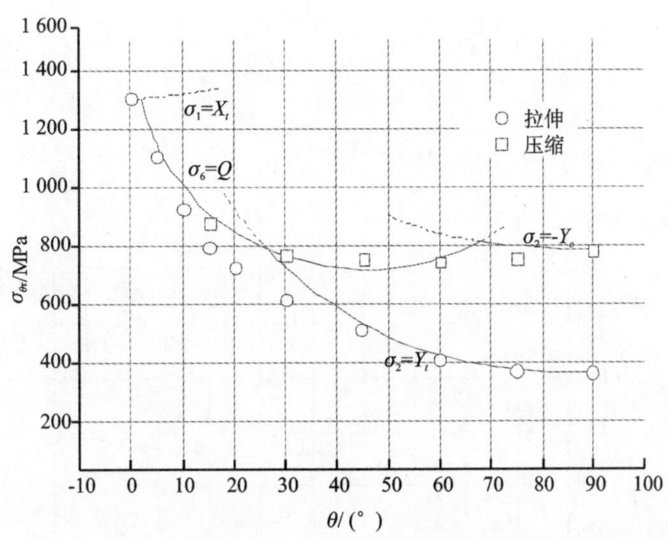

图 9-17　对比最大应力准则与玻纤增强复合材料试样的实验结果

当在双轴应力载荷作用下，可以用应力形式来表达，得到最大应变准则，可表为

$$\left.\begin{aligned} \sigma_1 - \nu_1\sigma_2 &= X_t\text{或} - X_c \\ \sigma_2 - \nu_2\sigma_1 &= Y_t\text{或} - Y_c \\ |\ \sigma_6\ | &= Q \end{aligned}\right\} \tag{9-43}$$

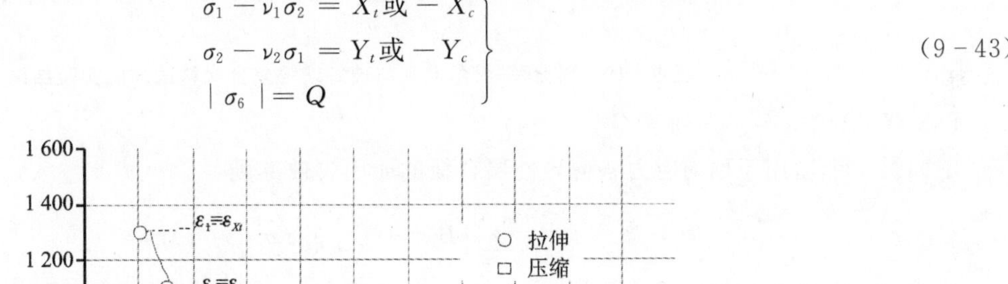

图 9-18　对比最大应变准则与玻纤增强复合材料试样的实验结果

(3) 蔡-希尔(Tsai-Hill)准则(图 9-19)

该准则是从更加通用的针对各向异性材料的希尔屈服准则(Hill Yield Criterion)演变而来。对于均匀的各向异性单层板施加面内应力时，该准则可以表达为

$$\left(\frac{\sigma_1}{X}\right)^2 - \frac{\sigma_1\sigma_2}{X^2} + \left(\frac{\sigma_2}{Y}\right)^2 + \left(\frac{\sigma_6}{Q}\right)^2 = 1 \tag{9-44}$$

针对具体的 σ_1 和 σ_2，这里的 X 要做相应的调整，替换成 X_t 或 X_c，Y 要替换成 Y_t 或 Y_c。

不同于以往的准则，该准则只需要一个表达式，就可以生成一个三维的椭球曲面。对于二维情况下，$\sigma_1-\sigma_2$ 平面中的强度包络线就是一个椭圆，见图 9-16。该准则进行量纲一化，以强度比(X/Y)为变量，重新整理方程(9-44)得到如下形式：

$$\left(\frac{\sigma_1}{X}\right)^2 - \frac{\sigma_1\sigma_2}{X^2} + \left(\frac{\sigma_2}{Y}\right)^2 = K^2 \tag{9-45}$$

式中：

$$K^2 = 1 - \left(\frac{\sigma_6}{Q}\right)^2$$

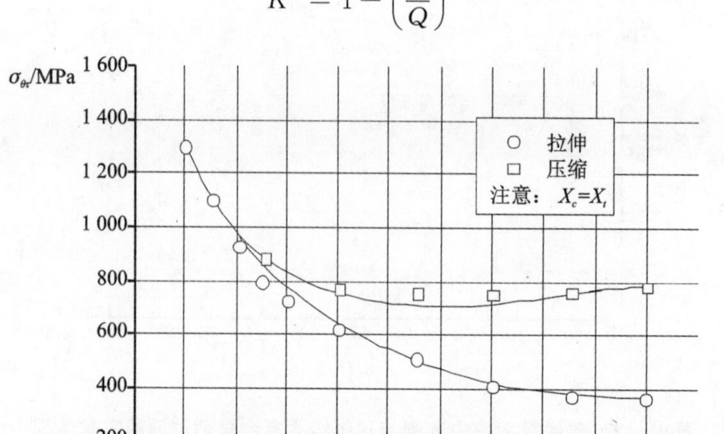

图 9-19 对比蔡-希尔准则与玻纤增强复合材料试样的实验结果

(4) 蔡-胡(Tsai-Wu)准则(图9-20)

下面是一个适用于面内应力各向异性层合板的通用失效准则：

$$\sum_{i=1}^{6}\left[B_i\sigma_i + \sum_{j=1}^{6}A_{ij}\sigma_i\sigma_j\right] = 1 \tag{9-46}$$

式中：A_{ij} 和 B_i 是材料的相关常量。

该准则的上述一般形式可应用到一个整体的层合板，但因为提供所有的材料相关常数比较困难，所以它更常应用于平面应力状态下正交各向异性的单层板上，此时只需要考虑 σ_1，σ_2 和 σ_6 三个平面内应力。针对平面应力状态下(考虑偏轴载荷)正交各项异性的单层板，该准则可以表达成如下形式：

$$A_{11}\sigma_1^2 + 2A_{12}\sigma_1\sigma_2 + A_{22}\sigma_2^2 + A_{66}\sigma_6^2 + B_1\sigma_1 + B_2\sigma_2 = 1 \tag{9-47}$$

由于剪切应力的方向并不影响那些含有线性或一阶剪切应力的项，所以这些项被删掉了。

将上式中的各个应力分别用各自方向上的许用强度来替代，(其中 $\sigma_1 = X_t$ 或 $-X_c$，$\sigma_2 = Y_t$ 或 $-Y_c$ 和 $\sigma_6 = Q$)，上式中的系数便可以表示如下：

$$\left.\begin{aligned} A_{11} &= \frac{1}{X_tX_c}, B_1 = \frac{1}{X_t} - \frac{1}{X_c} \\ A_{22} &= \frac{1}{Y_tY_c}, B_2 = \frac{1}{Y_t} - \frac{1}{Y_c} \\ A_{66} &= \frac{1}{Q^2} \end{aligned}\right\} \tag{9-48}$$

余下的相互作用因子 A_{12} 需要由双轴试验测试得出。如果无法进行试验，下面也给出了一种无须测试数据，得到 A_{12} 的值的方法，即

$$x^2 + 2A_{12}^*xy + y^2 + z^2 + B_1^*x + B_2^*y = 1 \tag{9-49}$$

式中：

$$x = \sigma_1(A_{11})^{1/2},\quad y = \sigma_2(A_{22})^{1/2},\quad z = \sigma_6(A_{66})^{1/2},$$

$$B_1^* = \frac{X_c - X_t}{(X_tX_c)^{1/2}},\quad B_2^* = \frac{Y_c - Y_t}{(Y_tY_c)^{1/2}} \text{ 和 } A_{12}^* = \frac{A_{12}}{(A_{11}A_{22})^{1/2}}$$

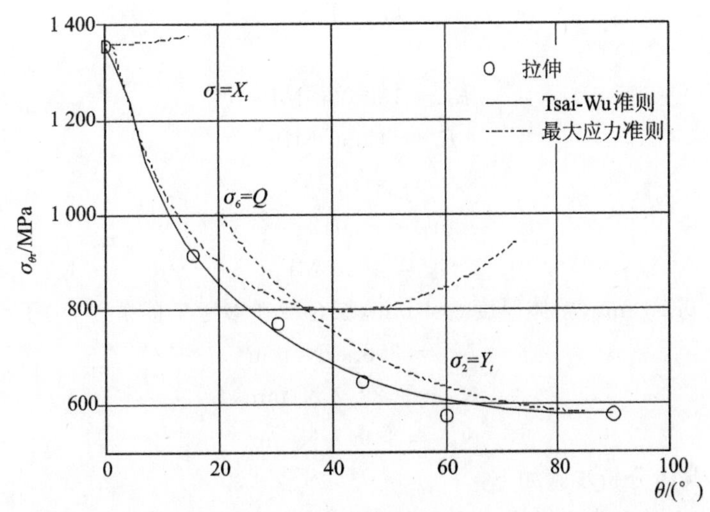

图 9－20　对比蔡-胡准则与玻纤增强复合材料试样的实验结果

9.2.3　复合材料层合板失效分析

1. *单层损伤刚度退化分析*

随着载荷的增加，层合板将发生损伤。然而，当某些情况下层合板内某一层发生损伤后，层合板依然还有可能继续承受载荷，这时候未必会直接导致整个层合板的失效。同样，损伤的单层依然有可能对整体层合板的刚度和强度有贡献。失效单层的刚度退化的评估，可以参考如下方法：

1）当层合板内某一单层发生平行于纤维方向的裂纹，则该损伤的单层依然有可能承受平行于纤维方向的载荷，所以只需要将其横向/剪切刚度和强度降低，轴向弹性模量和强度保持不变较合理。

2）当层合板内某一单层发生失效纤维及横向基体的损伤，这时候需要将整个单层的所有方向的刚度和强度接近于零的值。

3）当层合板内某一单层发生基体剪切损伤，通常将剪切刚度和拉-剪耦合的刚度退化至近于零的值。

2. *层合板逐层损伤失效分析*

层合板的失效可以分为两个重要的阶段：首层失效和末层失效。下面给出随着载荷的逐步增加，判断层合板渐进失效的方法：

1）指定机械载荷，各个方向的载荷按照一定比例逐步递增地施加，有必要的话，也需要将湿热载荷考虑进去。

2）应用经典层合板理论计算层合板内每一个单层内的中面应变与曲率。

3）计算出指定载荷下的每一个单层内的局部应力/应变。

4）应用失效判据，逐层进行失效判断，直至发生首层破坏，这时候的载荷称作首层失效强度。

5）对发生破坏的单层进行刚度退化处理（参考上面的刚度退化的方法进行部分或是完全的刚度退化），然后保持载荷不变施加在损伤后的层合板上，返回步骤 2），重新计算应力/应变，直至没有其他单层再发生破坏。

6）继续增加载荷，重复以上步骤，直至最后一层发生失效，这时候的载荷称作末层（最终）失效强度。

9.2.4　算例分析

假设 T300/BS914 层合板有如下铺层：

0°：6 层

45°：4 层

135°：4 层

90°:6 层

单向板力学性能如下：

$$E_l = 130\ 000\ \text{MPa}$$

$$E_t = 4\ 650\ \text{MPa}$$

$$\nu_{lt} = 0.35$$

$$\nu_{tl} = 0.012\ 5$$

$$G_{lt} = 4650\ \text{MPa}$$

已知层合板单层厚度 0.13 mm，整体厚度 2.6 mm，层合板在参考坐标系(x,y)下受到以下三个载荷：

$$N_x = 308.3\ \text{N/mm}$$

$$N_y = -22.2\ \text{N/mm}$$

$$N_{xy} = 449.2\ \text{N/mm}$$

求每个铺层的应力。具体分析步骤如下：

第一步：确定单向板相在其自身坐标系(l,t)下的刚度矩阵$(Q_{l,t})$

$$(Q_{l,t}) = \begin{pmatrix} \dfrac{130\ 000}{1-0.35\times 0.012\ 5} & \dfrac{130\ 000\times 0.012\ 5}{1-0.35\times 0.012\ 5} & 0 \\ \dfrac{4\ 650\times 0.35}{1-0.35\times 0.012\ 5} & \dfrac{4\ 650}{1-0.35\times 0.012\ 5} & 0 \\ 0 & 0 & 465\ 0 \end{pmatrix}$$

$$(Q_{l,t}) = \begin{pmatrix} 130\ 570 & 1\ 630 & 0 \\ 1\ 630 & 4\ 670 & 0 \\ 0 & 0 & 4\ 650 \end{pmatrix}$$

所有的值单位为 MPa 或 N/mm^2。

第二步：确定具有不同铺层角的各铺层在参考坐标系(x,y)下的刚度矩阵：

$$(Q_{x,y,0^\circ}) = \begin{pmatrix} 1 & 0 & 0 \\ 0 & 1 & 0 \\ 0 & 0 & 1 \end{pmatrix}\begin{pmatrix} 130\ 570 & 1\ 630 & 0 \\ 1\ 630 & 4\ 670 & 0 \\ 0 & 0 & 4\ 650 \end{pmatrix}\begin{pmatrix} 1 & 0 & 0 \\ 0 & 1 & 0 \\ 0 & 0 & 1 \end{pmatrix}^{-1}$$

$$(Q_{x,y,45^\circ}) = \begin{pmatrix} 0.5 & 0.5 & -1 \\ 0.5 & 0.5 & 1 \\ 0.5 & -0.5 & 0 \end{pmatrix}\begin{pmatrix} 130\ 570 & 1\ 630 & 0 \\ 1\ 630 & 4\ 670 & 0 \\ 0 & 0 & 4\ 650 \end{pmatrix}\begin{pmatrix} 0.5 & 0.5 & -0.5 \\ 0.5 & 0.5 & 0.5 \\ 1 & -1 & 0 \end{pmatrix}^{-1}$$

$$(Q_{x,y,135^\circ}) = \begin{pmatrix} 0.5 & 0.5 & 1 \\ 0.5 & 0.5 & -1 \\ -0.5 & 0.5 & 0 \end{pmatrix}\begin{pmatrix} 130\ 570 & 1\ 630 & 0 \\ 1\ 630 & 4\ 670 & 0 \\ 0 & 0 & 4\ 650 \end{pmatrix}\begin{pmatrix} 0.5 & 0.5 & 0.5 \\ 0.5 & 0.5 & -0.5 \\ -1 & 1 & 0 \end{pmatrix}^{-1}$$

$$(Q_{x,y,90^\circ}) = \begin{pmatrix} 0 & 1 & 0 \\ 1 & 0 & 0 \\ 0 & 0 & -1 \end{pmatrix}\begin{pmatrix} 130\ 570 & 1\ 630 & 0 \\ 1\ 630 & 4\ 670 & 0 \\ 0 & 0 & 4\ 650 \end{pmatrix}\begin{pmatrix} 0 & 1 & 0 \\ 1 & 0 & 0 \\ 0 & 0 & -1 \end{pmatrix}^{-1}$$

从而

$$(Q_{x,y,0^\circ}) = \begin{pmatrix} 130\ 570 & 1\ 630 & 0 \\ 1\ 630 & 4\ 670 & 0 \\ 0 & 0 & 4\ 650 \end{pmatrix}$$

$$(Q_{x,y,45^\circ}) = \begin{pmatrix} 39\ 280 & 29\ 980 & 31\ 480 \\ 29\ 980 & 39\ 280 & 31\ 480 \\ 31\ 480 & 31\ 480 & 32\ 990 \end{pmatrix}$$

$$(Q_{x,y,135^\circ})=\begin{pmatrix}39\,280 & 29\,980 & -31\,480\\ 29\,980 & 39\,280 & -31\,480\\ -31\,480 & -31\,480 & 32\,990\end{pmatrix}$$

$$(Q_{x,y,90^\circ})=\begin{pmatrix}4\,670 & 1\,630 & 0\\ 1\,630 & 130\,570 & 0\\ 0 & 0 & 4\,650\end{pmatrix}$$

所有的值单位为 MPa 或 N/mm^2。

第三步：应用混合法则，层合板的刚度矩阵$(R_{x,y})$如下式：

$$(R_{x,y})=\frac{1}{20}X$$

$$\begin{pmatrix}6\times130\,570+8\times39\,280+6\times4\,670 & 12\times1\,630+8\times29\,980 & 4\times31\,480-4\times31\,480\\ 12\times1\,630+8\times29\,980 & 6\times130\,570+8\times39\,280+6\times4\,670 & 4\times31\,480-4\times31\,480\\ 4\times31\,480-4\times31\,480 & 4\times31\,480-4\times31\,480 & 4\,650\end{pmatrix}$$

$$(R_{x,y})=\begin{pmatrix}56\,280 & 12\,970 & 0\\ 12\,970 & 56\,280 & 0\\ 0 & 0 & 15\,980\end{pmatrix}$$

$$(R_{x,y})^{-1}=\begin{pmatrix}1.88E-5 & -4.32E-6 & 0\\ -4.32E-6 & 1.88E-5 & 0\\ 0 & 0 & 6.25\times E-5\end{pmatrix}$$

第四步：确定层合板在参考坐标系(x,y)下的应变张量：

$$\begin{pmatrix}\varepsilon_x\\ \varepsilon_x\\ \gamma_{xy}\end{pmatrix}=\frac{1}{2.6}\begin{pmatrix}1.88E-5 & -4.32E-6 & 0\\ -4.32E-6 & 1.88E-5 & 0\\ 0 & 0 & 6.25E-5\end{pmatrix}\begin{pmatrix}308.3\\ -22.2\\ 449.2\end{pmatrix}=\begin{pmatrix}2\,262E-6\\ -673E-6\\ 10\,807E-6\end{pmatrix}$$

第五步：确定各个铺层纤维方向的应变张量：

$$(\varepsilon_{l,t,0^\circ})=\begin{pmatrix}1 & 0 & 0\\ 0 & 1 & 0\\ 0 & 0 & 1\end{pmatrix}\begin{pmatrix}2\,262 & E-6\\ -673 & E-6\\ 10\,807 & E-6\end{pmatrix}=\begin{pmatrix}2\,262 & E-6\\ -673 & E-6\\ 10\,807 & E-6\end{pmatrix}$$

$$(\varepsilon_{l,t,45^\circ})=\begin{pmatrix}0.5 & 0.5 & 0.5\\ 0.5 & 0.5 & -0.5\\ -1 & 1 & 0\end{pmatrix}\begin{pmatrix}2\,262 & E-6\\ -673 & E-6\\ 10\,807 & E-6\end{pmatrix}=\begin{pmatrix}6\,198 & E-6\\ -4\,609 & E-6\\ -2\,935 & E-6\end{pmatrix}$$

$$(\varepsilon_{l,t,135^\circ})=\begin{pmatrix}0.5 & 0.5 & 1\\ 0.5 & 0.5 & -1\\ -0.5 & 0.5 & 0\end{pmatrix}\begin{pmatrix}2\,262 & E-6\\ -673 & E-6\\ 10\,807 & E-6\end{pmatrix}=\begin{pmatrix}-4\,609 & E-6\\ 6\,198 & E-6\\ 2\,935 & E-6\end{pmatrix}$$

$$(\varepsilon_{l,t,90^\circ})=\begin{pmatrix}0 & 1 & 0\\ 1 & 0 & 0\\ 0 & 0 & -1\end{pmatrix}\begin{pmatrix}2\,262 & E-6\\ -673 & E-6\\ 10\,807 & E-6\end{pmatrix}=\begin{vmatrix}-673 & E-6\\ 2\,262 & E-6\\ -10\,807 & E-6\end{vmatrix}$$

第六步：根据前面的结果确定每个铺层的应力：

$$(\sigma_{l,t,0^\circ})=\begin{pmatrix}130\,570 & 1\,630 & 0\\ 1\,630 & 4\,670 & 0\\ 0 & 0 & 4\,650\end{pmatrix}\begin{pmatrix}2\,262 & E-6\\ -673 & E-6\\ 10\,807 & E-6\end{pmatrix}=\begin{pmatrix}294.2\\ 0.6\\ 50.3\end{pmatrix}$$

$$(\sigma_{l,t,45^\circ})=\begin{pmatrix}130\,570 & 1\,630 & 0\\ 1\,630 & 4\,670 & 0\\ 0 & 0 & 4\,650\end{pmatrix}\begin{pmatrix}6\,198 & E-6\\ -4\,609 & E-6\\ -2\,935 & E-6\end{pmatrix}=\begin{pmatrix}801.7\\ -11.4\\ -13.6\end{pmatrix}$$

$$(\varepsilon_{l,t,135^\circ}) = \begin{pmatrix} 130\ 570 & 1\ 630 & 0 \\ 1\ 630 & 4\ 670 & 0 \\ 0 & 0 & 4650 \end{pmatrix} \begin{pmatrix} -4\ 609 & E-6 \\ 6\ 198 & E-6 \\ 2\ 935 & E-6 \end{pmatrix} = \begin{pmatrix} -591.7 \\ 21.4 \\ 13.6 \end{pmatrix}$$

$$(\varepsilon_{l,t,90^\circ}) = \begin{pmatrix} 130\ 570 & 1\ 630 & 0 \\ 1\ 630 & 4\ 670 & 0 \\ 0 & 0 & 4\ 650 \end{pmatrix} \begin{pmatrix} -673 & E-6 \\ 2\ 262 & E-6 \\ -10\ 807 & E-6 \end{pmatrix} = \begin{pmatrix} -84.2 \\ 9.5 \\ -50.3 \end{pmatrix}$$

9.3 复合材料层合板屈曲分析方法

9.3.1 层合板屈曲分析方法介绍

飞机上的板壳结构，如机翼、尾翼上的翼面壁板、梁腹板和机身上的面板、隔框等，当其受压缩、剪切、弯曲和扭转等载荷作用时，最常见的失效模式为屈曲。为保证结构的使用安全，须对相关结构进行稳定性分析和强度校核。

对结构进行稳定性分析，涉及较复杂的弹塑性理论和数学运算，要通过求解高阶偏微分方程组，才能求解屈曲临界载荷，而且仅有十分简单的矩形平板才能求得精确的解析解。因此，只能采用能量法、数值方法和有限元方法等近似的分析方法进行分析。为满足飞机设计的需要，工程上常采用与理论分析相比拟的简化方法，并根据大量的典型构件的试验数据，总结、归纳出简便的计算公式、设计曲线和经验修正系数，供设计人员使用。

对于工程中经常采用的铺层组数较多的均衡对称层合板，因不产生拉-剪-弯-扭的耦合效应，采用正交各向异性板理论求解屈曲载荷可以达到足够的精度。而且，层合板的刚度系数中，拉弯、拉剪、弯扭耦合项，对结构的稳定性会产生不利影响，采取均衡对称铺层和增多层数的方法可消除这些影响。

具有正交各向异性的层合板，其 D_{16} 和 D_{26} 为零，或可近似认为等于零。在面内均匀分布的载荷作用下，正交各向异性矩形平板（图 9-21）的屈曲控制方程为

$$D_{11}\frac{\partial^4 \omega}{\partial x^4} + 2(D_{12} + 2D_{66})\frac{\partial^4 \omega}{\partial x^2 \partial y^2} + D_{22}\frac{\partial^4 \omega}{\partial y^4} + N_x\frac{\partial^2 \omega}{\partial x^2} - 2N_{xy}\frac{\partial^2 \omega}{\partial x \partial y} + N_y\frac{\partial^2 \omega}{\partial y^2} = 0 \qquad (9-50)$$

式中：D_{11}、D_{12}、D_{22}、D_{66}——板的弯曲刚度系数；

N_x、N_y、N_{xy}——作用在板周边的单位长度上的载荷；

ω——屈曲时板的法向（沿 z 方向）位移。

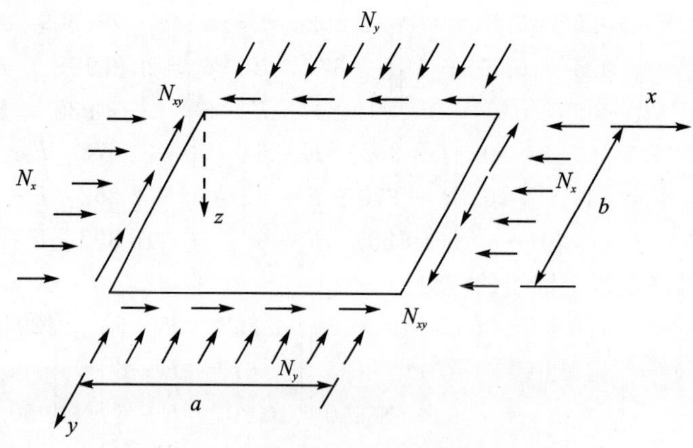

图 9-21 面内载荷作用下的矩形平板

9.3.2 正交各向异性矩形层合板在单轴压缩载荷的屈曲分析

1. 四边简支

四边简支正交各向异性矩形层合板(图 9-22)的轴压屈曲分析其屈曲载荷的计算公式为

$$N_x = \frac{\pi^2 D_{22}}{b^2}\left[\frac{D_{11}}{D_{22}}\left(\frac{b}{a}\right)^2 m^2 + 2\left(\frac{D_{12}+2D_{66}}{D_{22}}\right) + \left(\frac{a}{b}\right)^2 \frac{1}{m^2}\right] \tag{9-51}$$

式中:N_x——单位长度上轴压屈曲载荷;

m——沿板的二方向屈曲半波数。

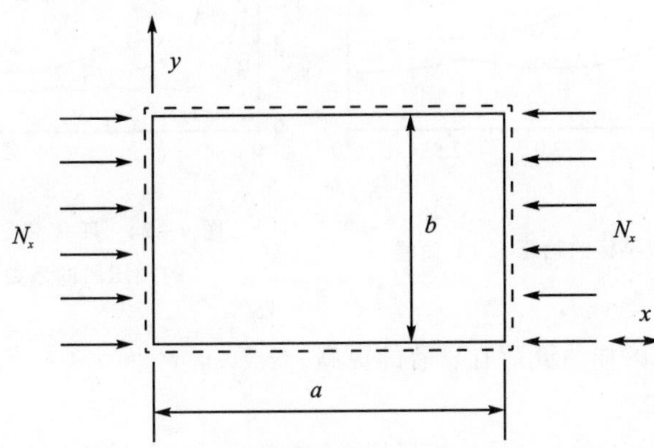

图 9-22 轴压作用下四边简支矩形平板

计算时,可取 $m=1, 2, 3, \cdots$,计算相应的一组 N_x,其中最小的 N_x 即为板的屈曲载荷 N_{xcr}。当板的长宽比为 $a/b=m\sqrt[4]{D_{11}/D_{22}}$,时($m=1, 2, 3, \cdots$),板的屈曲载荷可直接按式(6-52)

$$N_{xcr} = \frac{2\pi^2 D_{22}}{b^2}\left[\sqrt{\frac{D_{11}}{D_{22}}} + \frac{(D_{12}+2D_{66})}{D_{22}}\right] \tag{9-52}$$

计算。上式也是无限长板(a/b 趋于无穷)的屈曲载荷计算公式。一般,当 $a/b \geqslant 4$ 时,即可近似地按上式计算。还可用下面的公式结合查曲线的方法计算四边简支矩形层合板的轴压屈曲载荷,即

$$N_{xcr} = \frac{\pi^2\sqrt{D_{11}D_{22}}}{b^2}\left[K - 2\left(1 - \frac{D_{12}+2D_{66}}{\sqrt{D_{11}D_{22}}}\right)\right] \tag{9-53}$$

式中:K 由图 9-23 中曲线(a)查找,

$$\lambda = (a/b)(D_{22}/D_{11})^{1/4} \tag{9-54}$$

屈曲载荷与板的长宽比和板的刚度有关,图 9-24 给出了在 $D_{11}/D_{22}=0.1, 1, 10$;$(D_{12}+2D_{66})/D_{22}=1$ 的情况下,板的屈曲载荷系数 K_x 随着长宽比 a/b 的变化曲线,其中 $K_x=N_x(b^2/D_{22})$。

2. 四边固支

四边固支正交各向异性矩形层合板(图 9-25)的轴压屈曲分析其屈曲载荷式为

$$N_{xcr} = \frac{\pi^2\sqrt{D_{11}D_{22}}}{b^2}\left[K - 2.46\left(1 - \frac{D_{12}+2D_{66}}{\sqrt{D_{11}D_{22}}}\right)\right] \tag{9-55}$$

式中:K 按图 9-23 正交各向异性矩形平板的轴压 K-λ 曲线中曲线(d)查找,

$$\lambda = (a/b)(D_{22}/D_{11})^{1/4} \tag{9-56}$$

对于 $a/b \geqslant 4$ 的长板,屈曲载荷的计算公式为

$$N_{xcr} = \frac{2\pi^2 D_{22}}{b^2}\left[2.26\sqrt{\frac{D_{11}}{D_{22}}} + 1.225\left(\frac{D_{12}+2D_{66}}{D_{22}}\right)\right] \tag{9-57}$$

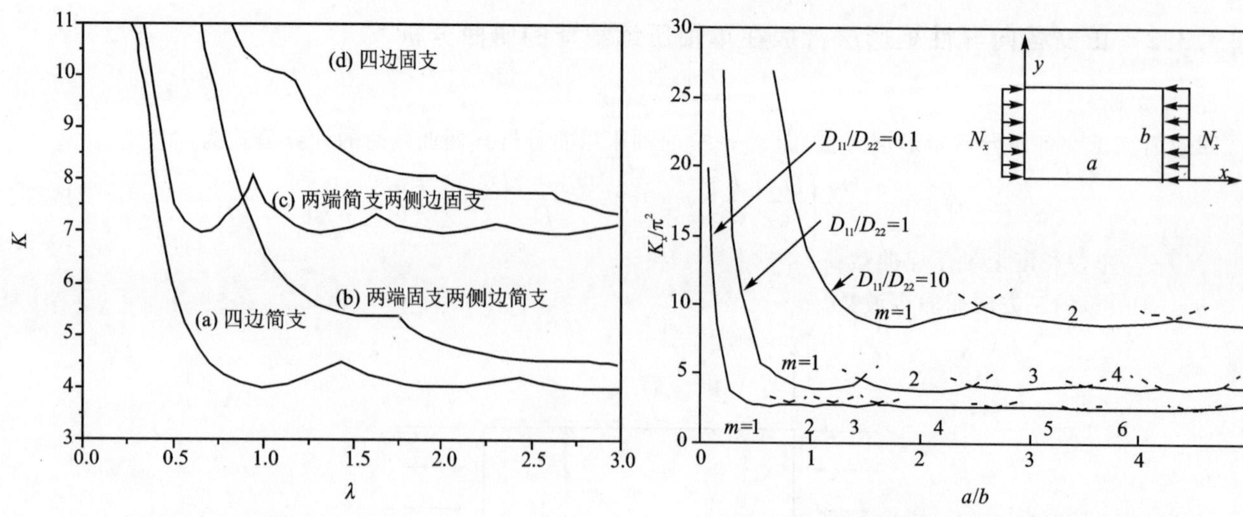

图 9-23 正交各向异性矩形平板的轴压 K-λ 曲线

图 9-24 四边简支正交各向异性矩形平板的轴压屈曲系数 $(D_{12}+2D_{66})/D_{22}=1$

与简支相比，四边固支情况的屈曲载荷有显著的提高。

3. 两加载边简支、两侧边固支

两加载边简支、两侧边固支的正交各向异性矩形层合板(图 9-26)的轴压屈曲分析其屈曲载荷计算式为

$$N_{x\mathrm{cr}}=\frac{\pi^2\sqrt{D_{11}D_{22}}}{b^2}\left[K-2.4\left(1-\frac{D_{12}+2D_{66}}{\sqrt{D_{11}D_{22}}}\right)\right] \tag{9-58}$$

式中：K 由图 9-23 中曲线(c)查找，

$$\lambda=(a/b)(D_{22}/D_{11})^{1/4} \tag{9-59}$$

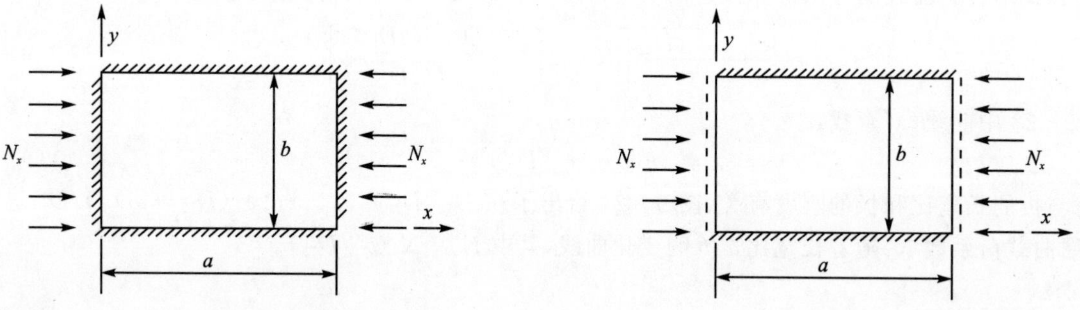

图 9-25 轴压作用下四边固支矩形平板

图 9-26 轴压作用下，两加载边简支、两侧边固支的矩形平板

4. 两加载边固支、两侧边简支

两加载边固支、两侧边简支的正交各向异性矩形层合板(图 9-27)的轴压屈曲分析其屈曲载荷计算式为

$$N_{x\mathrm{cr}}=\frac{\pi^2\sqrt{D_{11}D_{22}}}{b^2}\left[K-2.0\left(1-\frac{D_{12}+2D_{66}}{\sqrt{D_{11}D_{22}}}\right)\right] \tag{9-60}$$

式中：K 由图 9-23 中曲线(b)查找，

$$\lambda=(a/b)(D_{22}/D_{11})^{1/4} \tag{9-61}$$

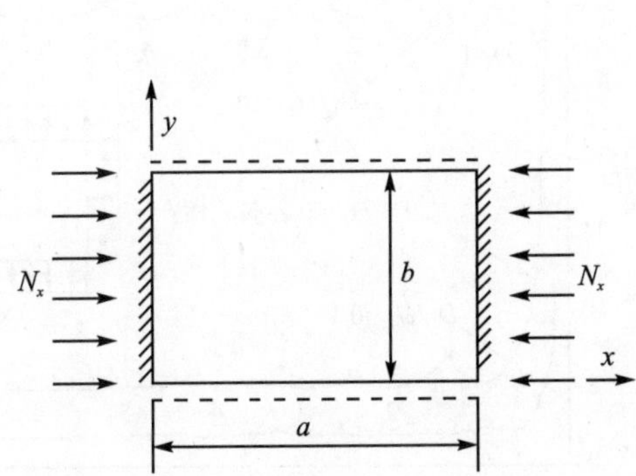

图 9－27　轴压作用下，两加载边固支、两侧边简支的矩形平板

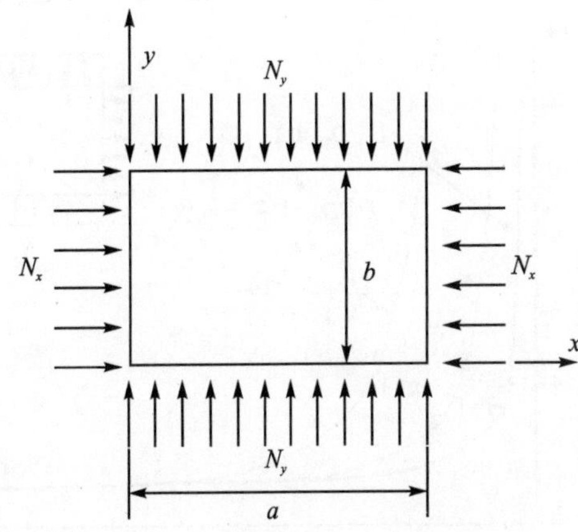

图 9－28　双轴压作用下矩形平板

9.3.3　正交各向异性矩形平板在双轴压缩载荷的屈曲分析

1. 四边简支

四边简支正交各向异性矩形平板在双轴压下的屈曲分析一般分以下两个方面分析。

1)在 N_x 和 N_y 作用下，保持 N_y/N_x 比值不变时，可用下式计算屈曲载荷：

$$N_x = \frac{\pi^2 D_{22}}{b^2}\left[\frac{(D_{11}/D_{22})(b/a)^2 m^2 + 2n^2(D_{12}+2D_{66})/D_{22} + (a/b)^2 n^4/m^2}{1+(N_y/N_x)(a/b)^2\ (n/m)^2}\right] \tag{9-62}$$

计算时，对比已知的比值 N_y/N_x，可取 $m=1,\ 2,\ 3,\cdots$，由上式计算一系列的 N_x，其中最小的 N_x 即为板的屈曲载荷 N_{xcr}。

图(9－29)和图(9－30)，分别为 $(D_{12}+2D_{66})/D_{22}=1$，$N_y/N_x=1$ 和 $N_y/N_x=-1$ 的四边简支矩形平板的 $K_x/\pi^2-a/b$ 曲线，其中 $K_x=N_x(b^2/D_{22})$。

2)在 N_x 和 N_y 作用下，保持 N_y 不变时，屈曲载荷计算式为

$$N_x = \frac{\pi^2 D_{22}}{b^2}[(D_{11}/D_{22})(b/a)^2 m^2 + 2n^2(D_{11}+2D_{66})/D_{22} + (a/b)^2 n^4/m^2 - (a^2/\pi^2 D_{22})(n/m)^2 N_y] \tag{9-63}$$

取 $m=1,\ 2,\ 3,\cdots$，由上式计算一系列的 N_x，其中最小的 N_x 即为板的屈曲载荷 N_{xcr}。

上式可以分成如下几种情况来分析，并且公式也有相应的简化。

① 当 $N_y<2\pi^2[D_{22}/b^2+(D_{12}+2D_{66})/a^2]$ 时，可以取 $n=1$；

② 当 $\pi^2 D_{22}/b^2<N_y<2\pi^2[D_{22}/b^2+(D_{12}+2D_{66})/a^2]$ 时，可以 $m=1,n=1$；

③ 当 $N_y<\pi^2 D_{22}/b^2$ 时，(包括 N_y 为负值，即 y 轴受拉的情况)时，公式为

$$N_x = \frac{\pi^2\sqrt{D_{11}D_{22}}}{b^2}\left[(K-2)\left(1-\frac{b^2 N_y}{\pi^2 D_{22}}\right)^{1/2} + 2\,\frac{(D_{12}+2D_{66})}{\sqrt{D_{11}D_{22}}}\right] \tag{9-64}$$

式中：K 由图 9－23 中曲线(a)查找，但是需要注意 λ 的表达式有所不同，即

$$\lambda = \frac{a}{b}\left[\frac{D_{22}}{D_{11}}\left(1-\frac{b^2 N_y}{\pi^2 D_{22}}\right)\right]^{1/4} \tag{9-65}$$

对于 y 方向受拉，x 方向受压的无限长板(a/b 趋于无穷)，其屈曲载荷计算式为

$$N_x = 2\,\frac{\pi^2\sqrt{D_{11}D_{22}}}{b^2}\left[\sqrt{1-\frac{b^2 N_y}{\pi^2 D_{22}}} + \frac{D_{12}+2D_{66}}{\sqrt{D_{11}D_{22}}}\right] \tag{9-66}$$

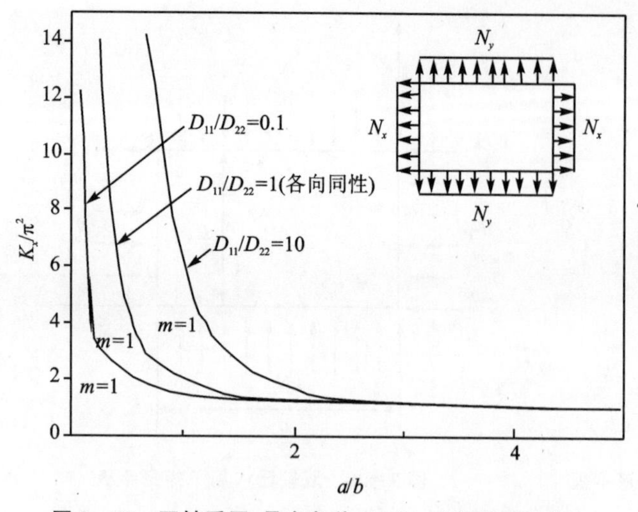

图 9-29 双轴受压，具有各种 D_{11}/D_{22} 比值的四边简支矩形平板的屈曲系数（$N_y/N_x=1$，$(D_{11}+2D_{66})/D_{22}=1$）

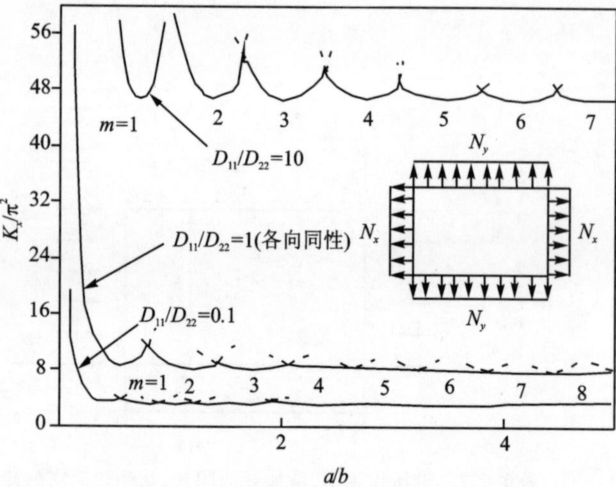

图 9-30 x 轴受压，y 轴受拉，不同 D_{11}/D_{22} 比值的四边简支矩形平板的屈曲系数（$N_y/N_x=-1$，$(D_{11}+2D_{66})/D_{22}=1$）

2. N_x加载边固支、N_y加载边简支

N_x加载边固支、N_y加载边简支的正交各向异性矩形平板在双轴压下的屈曲分析，当 $N_y<\pi^2D_{22}/b^2$ 时，按如下公式计算：

$$N_x=\frac{\pi^2\sqrt{D_{11}D_{22}}}{b^2}\left[(K-2)\left(1-\frac{b^2N_y}{\pi^2D_{22}}\right)^{1/2}+2\frac{(D_{12}+2D_{66})}{\sqrt{D_{11}D_{22}}}\right] \tag{9-67}$$

式中：K 按 λ 由图 9-23 中曲线(b)查找，

$$\lambda=\frac{a}{b}\left[\frac{D_{22}}{D_{11}}\left(1-\frac{b^2N_y}{\pi^2D_{22}}\right)\right]^{1/4} \tag{9-68}$$

9.3.4 正交各向异性矩形层合板的剪切屈曲分析

受载情况如图 9-31 所示，四边简支和四边固支情况下，剪切屈曲载荷的计算公式均为

$$N_{xycr}=K_s\frac{\pi^2\sqrt[4]{D_{11}D_{22}^3}}{b^2} \tag{9-69}$$

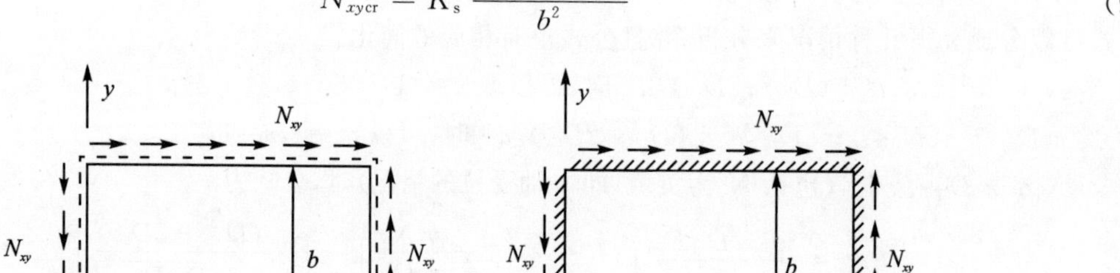
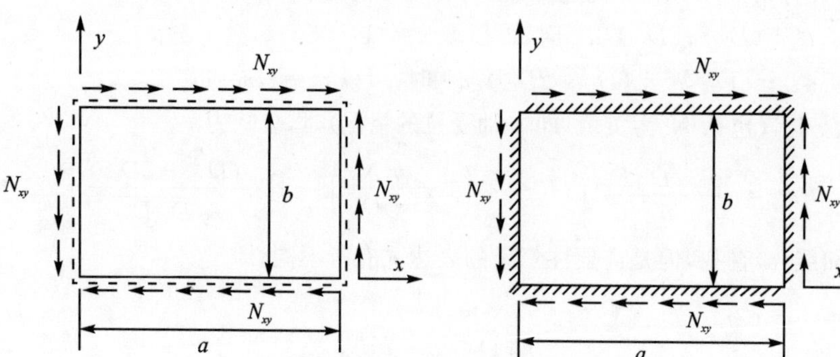

图 9-31 四边简支与四边固支受剪矩形平板

但其中剪切屈曲系数 K_s在简支与固支情况下是不同的，可按量纲一的参数 α、β 分别从图(9-32)和图(9-33)查取，图中查取，$\alpha=\sqrt{D_{11}D_{22}}/D_{33}$，$\beta=(b/a)\sqrt[4]{D_{11}D_{22}}$，其中 $D_{33}=D_{12}+2D_{66}$。

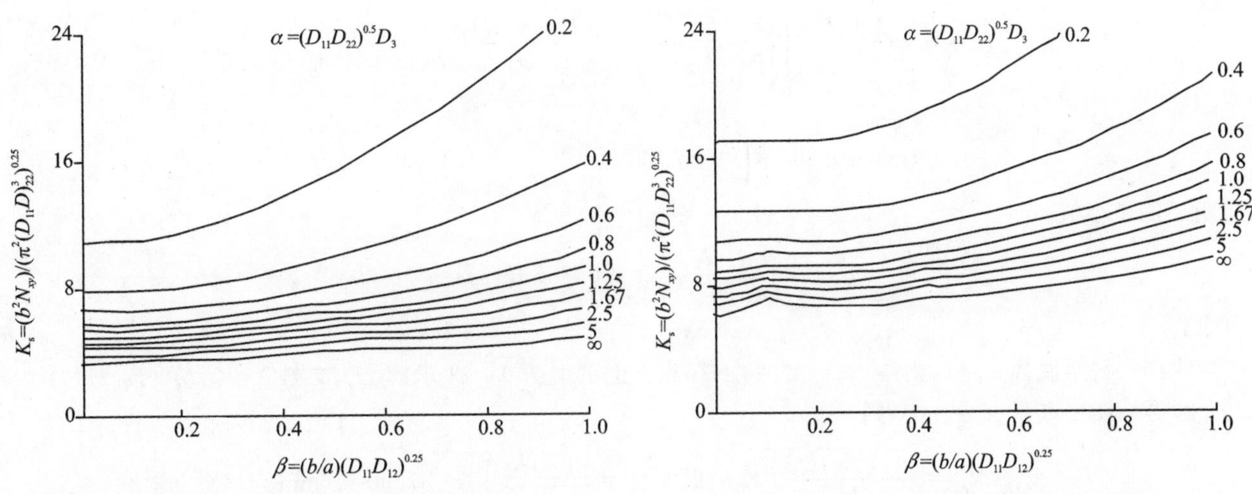

图 9-32　四边简支板的剪切屈曲系数　　　图 9-33　四边固支板的剪切屈曲系数

9.3.5　正交各向异性矩形层合板在压缩-剪切耦合载荷的屈曲分析

受载情况如图 9-34 所示。其屈曲载荷可按如下相关公式计算，即

$$R_x + R_{xy}^2 = 1 \tag{9-70}$$

式中：

$$R_x = N_x / N_{x\text{cr}}^0$$
$$R_{xy} = N_{xy} / N_{xy\text{cr}}^0$$

$N_{x\text{cr}}^0$、$N_{xy\text{cr}}^0$ 为单轴压缩/纯剪切下的屈曲载荷。

由式(9-70)构成了一条曲线，见图 9-35 中的曲线，当作用载荷点在图 9-35 中相关曲线与坐标轴所围区域之内时(即公式的左端之和小于 1 时)，则不发生屈曲。当作用载荷 N_x、N_{xy} 给定，便会在图中确定一点 M，连接 OM 可以与公式(9-70)确定的曲线相交在 N 点，则屈曲安全裕度可以定义为 M. S. $=(ON/OM)-1$。

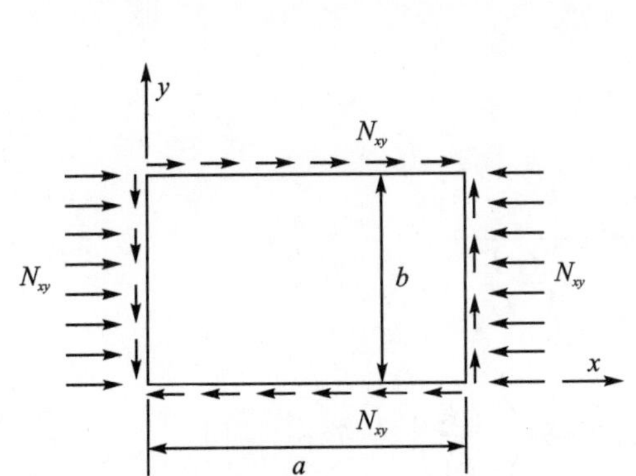

图 9-34　压剪复合载荷作用下矩形平板

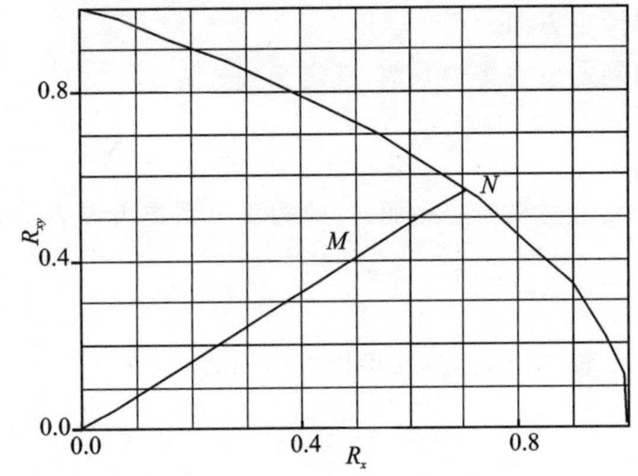

图 9-35　压剪屈曲相关曲线

9.3.6　算例分析

已知长 $a=330$ mm，宽 $b=165$ mm 的四边简支正交各向异性铺层矩形层合板，其刚度系数 $D_{11}=43\ 670$ N·mm，$D_{22}=28\ 160$ N·mm，$D_{12}=4\ 913$ N·mm，$D_{66}=5\ 568$ N·mm。求轴压屈曲载荷。

由四边简支正交各向异性铺层矩形层合板屈曲公式得

$$N_x = \frac{\pi^2 \sqrt{D_{11}D_{22}}}{b^2}\left[\frac{D_{11}}{D_{22}}\left(\frac{b^2}{a}\right)m^2 + 2\left(\frac{D_{12}+2D_{66}}{D_{22}}\right)+\left(\frac{a}{b}\right)^2\frac{1}{m^2}\right]_{\min}$$

得

$$N_x = 10.2086\left[0.387695\,m^2 + \frac{4}{m^2} + 1.13984\right]_{\min}$$

求前两项的最小值：

$$y = 0.387695m^2 + \frac{4}{m^2}, \frac{d_y}{d_m} = 2\times 0.387695\,m - 4\times 2m^{-3} = 0$$

则可求得 $m=1.79$。

取纵向失稳半波数 $m=2$，则得 $N_x=37.68$ N/mm。也可由图 9-23 求解 N_x，参数 $\lambda=(a/b)(D_{22}/D_{11})^{1/4}=1.7922$，再从图中查得 $K=4.05$，则

$$N_x = \frac{\pi^2 \sqrt{D_{11}D_{22}}}{b^2}\left[K - 2\left(1-\frac{D_{12}+2D_{66}}{\sqrt{D_{11}D_{22}}}\right)\right] = 37.90\ \text{N/mm}$$

若用无限长板公式计算，则

$$N_x = \frac{2\pi^2 D_{22}}{b^2}\left[\sqrt{\frac{D_{11}}{D_{22}}} + \frac{(D_{12}+2D_{66})}{D_{22}}\right] = 37.06\ \text{N/mm}$$

9.4 复合材料层合板开口结构分析方法

9.4.1 层合板开口结构分析方法介绍

本节中介绍的方法用于分析开圆孔层合板在承受单轴面内载荷作用下，孔周围的应力分布，且该方法可以用来对开孔层合板的损伤进行预测。

1. *方法* 1(Withney and Nuismer)

需要说明的是，该方法只适用于正交各向异性的材料上，并且要求载荷方向是材料的弹性主轴(材料主轴)。所谓正交各向异性材料是指通过这种材料的任意一点都存在三个相互垂直的对称面，垂直于对称面的方向称为弹性主方向。

首先确定应力集中系数，其定义公式为

$$K_T^{\infty} = \frac{\sigma_x(y=R)}{\sigma_x^{\infty}} \tag{9-71}$$

对于复合材料层合板而言，应力集中系数可以表示如式：

$$K_T^{\infty} = 1 + \sqrt{2\left(\sqrt{\frac{E_x}{E_y}} - \nu_{xy}\right) + \frac{E_x}{G_{xy}}} \tag{9-72}$$

沿着 y 轴的应力 $\sigma_x(y)$ 可以表示如式：

$$\sigma_x(y) = \frac{\sigma_x^{\infty}}{2}\left(2+\left(\frac{R}{y}\right)^2 + 3\left(\frac{R}{y}\right)^4 - (K_T^{\infty}-3)\left(5\left(\frac{R}{y}\right)^6 - 7\left(\frac{R}{y}\right)^8\right)\right) \tag{9-73}$$

如果层合板是有限大(有限长度)的情况，长度为 L，则上述表达式需要进行修正，其式为

$$\sigma_x(y) = \beta\frac{\sigma_x^{\infty}}{2}\left(2+\left(\frac{R}{y}\right)^2 + 3\left(\frac{R}{y}\right)^4 - (K_T^{\infty}-3)\left(5\left(\frac{R}{y}\right)^6 - 7\left(\frac{R}{y}\right)^8\right)\right) \tag{9-74}$$

式中：

$$\beta = \frac{2+\left(1-\frac{\phi}{L}\right)^3}{3\left(1-\frac{\phi}{L}\right)} \quad 或 \quad \frac{1}{\beta} = \frac{3\left(1-\frac{\phi}{L}\right)}{2+\left(1-\frac{\phi}{L}\right)^3} + \frac{1}{2}\left(\frac{\phi M}{L}\right)^6 (K_T^{\infty}-3)\left(1-\left(\frac{\phi M}{L}\right)^2\right)$$

$$M^2=\frac{\sqrt{1-8\left(\dfrac{3\left(1-\dfrac{\phi}{L}\right)}{2+\left(1-\dfrac{\phi}{L}\right)^3}-1\right)}-1}{2\left(\dfrac{\phi}{L}\right)^2}$$

2. 方法 2(NASA)

该方法应用的前提是:单轴载荷,无限大的平板,载荷及结构示意图如图 9-36 所示。

应力强度因子的定义如下,这里的 σ_t 是角度 α 的函数,E_α 是 α 角度方向上的刚度,不同于方法 1:

$$K_T^\infty=\frac{\sigma_t(\alpha)}{\sigma_x^\infty}=\frac{E_\alpha}{E_1}\Big\{(-\cos^2\phi+(k+n)\sin^2\phi)k\cos^2\alpha+$$

$$[(1+n)\cos^2\phi-k\sin^2\phi]\sin^2\alpha-n(1+k+n)\sin\phi\cos\phi\sin\alpha\cos\alpha\Big\} \tag{9-75}$$

式中:

$$k=\sqrt{\frac{E_1}{E_2}}$$

$$\frac{E_\alpha}{E_1}=\frac{1}{\sin^4\alpha+\dfrac{E_1}{E_2}\cos^4\alpha+\dfrac{1}{4}\left(\dfrac{E_1}{G_{12}}-2\nu_{12}\right)\sin^2 2\alpha}$$

$$n=\sqrt{2\left(\frac{E_1}{E_2}-\nu_{12}\right)+\frac{E_1}{G_{12}}}$$

如果层合板是均衡铺层,那么上述公式可以进一步简化为

$$K_T^\infty=\frac{\sigma_t(\alpha)}{\sigma_x^\infty}=\frac{E_\alpha}{E_1}\{-k\cos^2\alpha+(1+n)\sin^2\alpha\} \tag{9-76}$$

如果层合板中的单层是近似各向同性,那么上述公式可以简化为

$$K_T^\infty=\frac{\sigma_t(\alpha)}{\sigma_x^\infty}=-\cos^2\alpha+3\sin^2\alpha \tag{9-77}$$

3. 方法 3(各向同性板理论)

该方法应用的前提是:单轴载荷,各向同性材料,无限大的平板。载荷及结构示意图如图 9-37 所示。

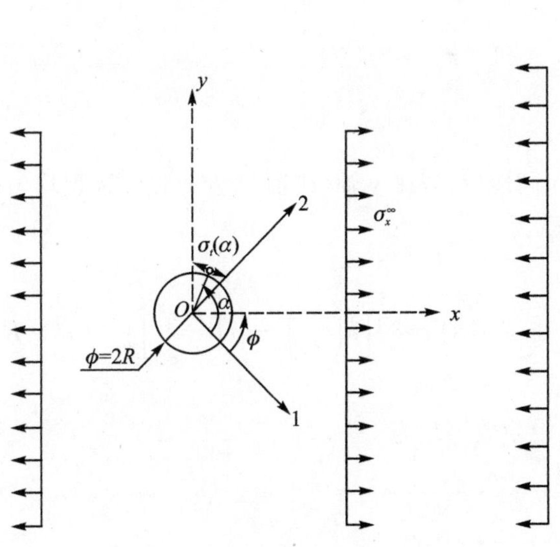

图9-36　无限大平板承受轴向载荷的示意图

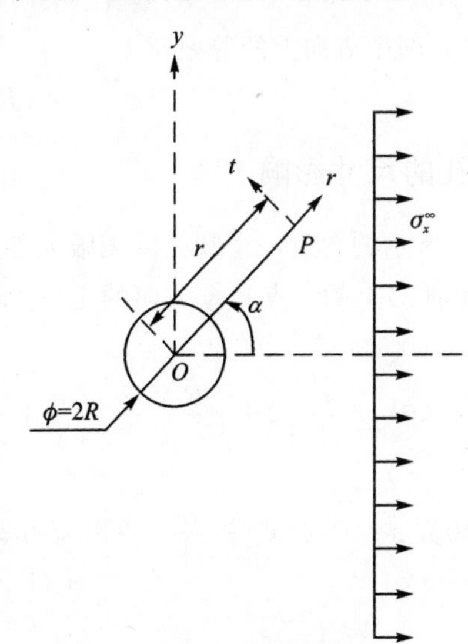

图 9-37　各向同性材料无限大平板承受轴向载荷的示意图

在上述前提下,该法能够给出整个平板的应力场,各个分力的表达式为

$$\sigma_r = \frac{\sigma_x^\infty}{2}\left(1-\frac{R^2}{r^2}\right)+\frac{\sigma_x^\infty}{2}\left(1+\frac{3R^4}{r^4}-4\frac{R^2}{r^2}\right)\cos 2\alpha$$

$$\sigma_t = \frac{\sigma_x^\infty}{2}\left(1+\frac{R^2}{r^2}\right)-\frac{\sigma_x^\infty}{2}\left(1+\frac{3R^4}{r^4}\right)\cos 2\alpha$$

$$\tau_{rt} = -\frac{\sigma_x^\infty}{2}\left(1-\frac{3R^4}{r^4}+\frac{2R^2}{r^2}\right)\sin 2\alpha \tag{9-78}$$

4. 方法 4(经验公式)

该方法应用简单,并且可以考虑复杂载荷共同作用,但是计算结果偏于保守。载荷及尺寸说明见图 9-38。

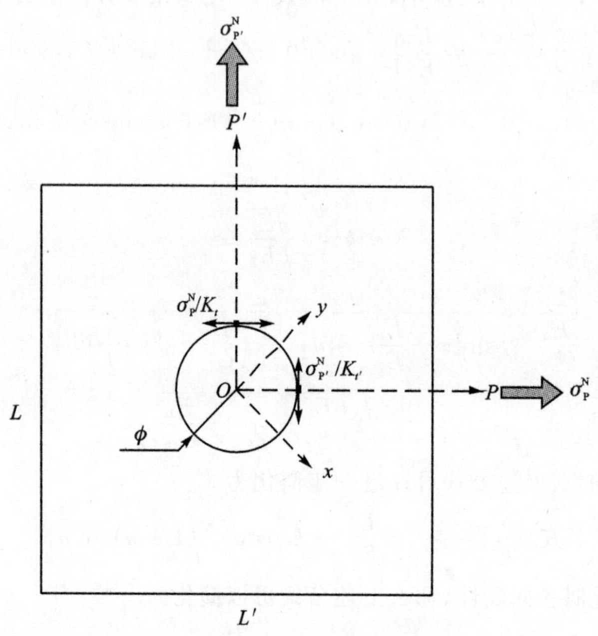

图 9-38 有限长平板承受轴向载荷的示意图

第一步:计算两个方向上的净截面系数:

$$K_t = L/(L-\phi) \quad 和 \quad K_t' = L'/(L'-\phi) \tag{9-79}$$

第二步:计算两个方向上的等效应力

$$\sigma_P^F = \sigma_P^N/K_t \quad 和 \quad \sigma_P^F{}' = \sigma_P^N{}'/K_t' \tag{9-80}$$

9.4.2 孔的尺寸影响

如图 9-39 所示的含有一个圆孔的无限大各向同性板,若在 y 轴(或轴 1)方向施加远程均匀应力 σ_∞,那么在孔前方 x 轴(轴 2)上的一点其 y 方向的正应力σ_y 为

$$\sigma_y(x,0) = \frac{\sigma_\infty}{2}\left\{2+\left(\frac{R}{x}\right)^2+3\left(\frac{R}{x}\right)^4-[(1+n)-3]\left[5\left(\frac{R}{x}\right)^6-7\left(\frac{R}{x}\right)^8\right]\right\} \quad (x>R) \tag{9-81}$$

在孔边界 $x=R$,公式(9-81)给出应力集中系数 $K_{\pi/2}$ 为

$$K_{\pi/2} = \frac{\sigma_y(R,0)}{\sigma_\infty} = \frac{\sigma_\alpha\big|_{\alpha=\pi/2,\varphi=0}}{\sigma_\infty} = 1+n \tag{9-82}$$

公式(9-82)给出相同材料不考虑孔隙尺寸的 $K_{\pi/2}$ 的常数值。伴随孔径降低，应力集中系数降低，最终达到单一值(无孔的平板对应值)。对于复合材料，当孔直径低于 3.048 cm(1.2 in)时，孔隙尺寸对于应力集中系数的影响很显著。开圆孔平板应力集中随半径变化的影响见图 9-39，其中 a 对应平均应力准则中的特征距离，d 对应点应力准则中的特征距离。

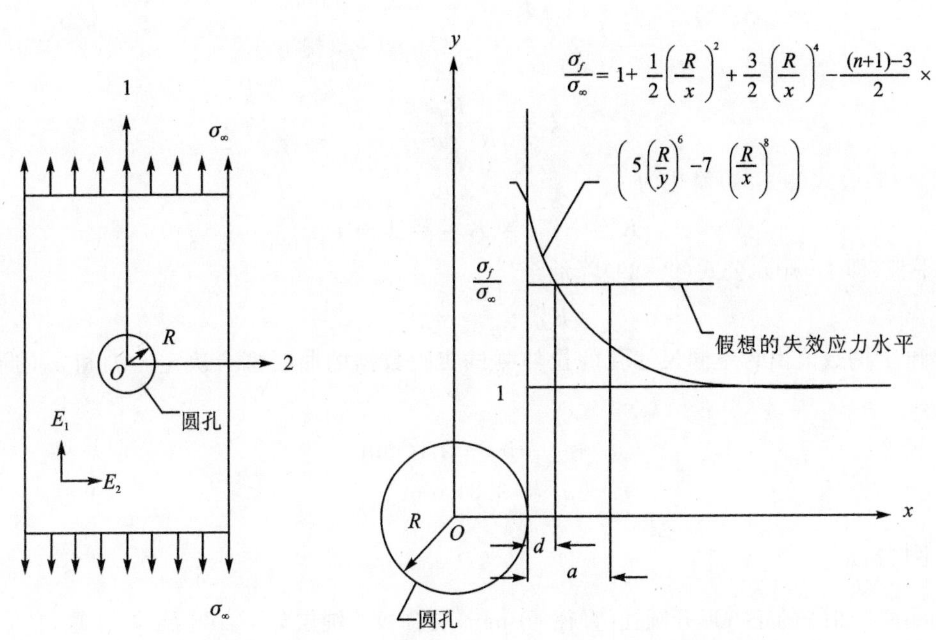

图 9-39　开圆孔平板应力集中随半径变化的影响

9.4.3　失效准则

1. 点应力准则

点应力准则是假设失效在孔边界前方很小的固定距离 d_0 处应力 $\sigma_y(x,0)$ 第一次达到材料拉伸强度 σ_f(或平板无孔的拉伸强度)时发生，即

$$\sigma_y(x,0)\mid_{x=R+d_0}=\sigma_f \tag{9-83}$$

采用此准则和公式(9-81)，应力集中系数 $K_{\pi/2}^{(1)}$ 表达式可写成为

$$K_{\pi/2}^{(1)}=1+\frac{1}{2}\xi_l^2+\frac{3}{2}\xi_1^4-\frac{(1+n)-3}{2}(5\xi_1^6-7\xi_1^8) \tag{9-84}$$

式中：

$$\xi_1\equiv\frac{R}{R+d_0} \tag{9-85}$$

针对大孔($\xi_1\to 1$)，公式(9-84)给出

$$K_{\pi/2}^{(1)}\mid_{\xi_1\to 1}=K_{\pi/2}=1+n \tag{9-86}$$

随孔尺寸降低(即 $\xi_1\to 0$)，公式(9-84)降低至

$$K_{\pi/2}^{(1)}\mid_{\xi_1\to 0}=1 \tag{9-87}$$

这与无孔的例子相关。

2. 平均应力准则

平均应力准则是假设失效在孔边界前方很小的固定距离 a_0 处平均应力 $\sigma_y(x,0)$ 第一次达到材料拉伸强度

σ_f(或平板无孔的拉伸强度)时发生,即

$$\frac{1}{a_0}\int_R^{R+a_0}\sigma_y(x,0)dx=\sigma_f \tag{9-88}$$

采用公式(9-79)和(9-88),应力集中系数 $K_{\pi/2}^{(2)}$ 如下:

$$K_{\pi/2}^{(2)}=\frac{1}{2(1-\xi_2)}\{2-\xi_2^2-\xi_2^4+[(1+n)-3](\xi_2^6-\xi_2^8)\}=$$

$$\frac{(1+\xi_2)}{2}\{2+\xi_2^2+[(1+n)-3]\xi_2^6\} \tag{9-89}$$

$$\xi_2\equiv\frac{R}{R+a_0} \tag{9-90}$$

针对大孔($\xi_2\to1$),公式(9-89)简化为

$$K_{\pi/2}^{(2)}|_{\xi_2\to1}=K_{\pi/2}=1+n \tag{9-91}$$

对于无孔的平板(即 $\xi_2\to0$),公式(9-89)降低至

$$K_{\pi/2}^{(2)}|_{\xi_2\to0}=1 \tag{9-92}$$

特征距离 d_0 和 a_0 的数值由含不同尺寸孔的拉伸测试实验数据的曲线拟合决定。d_0 和 a_0 的值在下面范围内,即

$$d_0\approx0.76\sim1.27\ \text{mm}$$

$$a_0\approx3.81\ \text{mm}$$

9.4.4 算例分析

材料体系 T300/BSL914 的正方形开圆孔(直径 40 mm)层合板。铺层如下:0°6 层,45°4 层,135°4 层,90°2 层。承受载荷如图 9-40 所示(请参考坐标系 xoy),$N_x=10$ N/mm。请计算沿着 y 轴方向上的应力 $N_x(y)$。

首先计算层合板宏观材料力学性能:

$$E_x=6\,256\ \text{N/mm}^2(6\,256\ \text{MPa})$$

$$E_y=3\,410\ \text{N/mm}^2(3\,410\ \text{MPa})$$

$$G_{xy}=1\,882\ \text{N/mm}^2(1\,882\ \text{MPa})$$

$$\nu_{xy}=0.419\,1$$

$$\nu_{yx}=0.228\,5$$

然后计算应力集中系数 K_T:

$$K_T=1+\sqrt{2\left(\sqrt{\frac{6\,256}{3\,410}}-0.419\,1\right)+\frac{6\,256}{1\,882}}=3.28$$

对于本例,平板是有限大的,所以需要加入修正系数 β:

$$\beta=\frac{2+\left(1-\frac{40}{120}\right)^3}{3\left(1-\frac{40}{120}\right)}=1.148$$

然后计算沿着 y 轴方向上的正应力:

$$N_x(y)=1.148\frac{10}{2}\left(2+\left(\frac{20}{y}\right)^2+3\left(\frac{20}{y}\right)^4-(3.28-3)\left(5\left(\frac{20}{y}\right)^6-7\left(\frac{20}{y}\right)^8\right)\right)$$

下面将 N_x 随 y 变化的趋势绘制在图 9-43 中,从图中可以看出随着接近圆孔上边缘处应力会有明显的集中现象,当 $y=20$ mm 的时候(圆孔的上边缘),$N_x=37.65$ N/mm,当 $y=60$ mm(板的上边缘)的时候,$N_x=12.32$ N/mm。

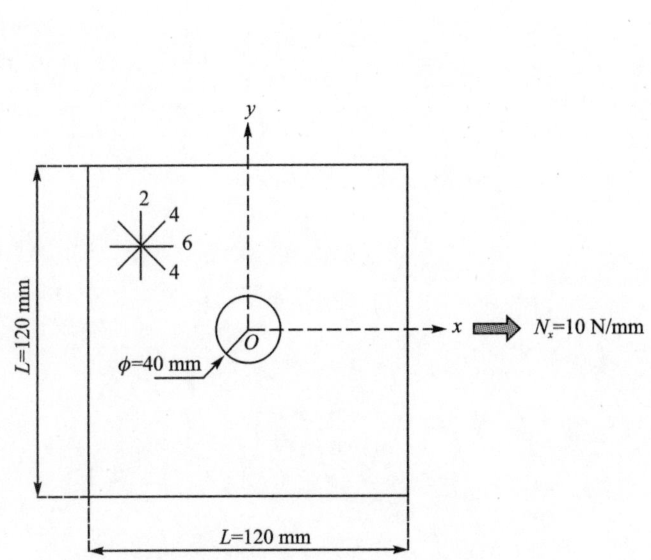

图 9-40 层合板载荷示意图

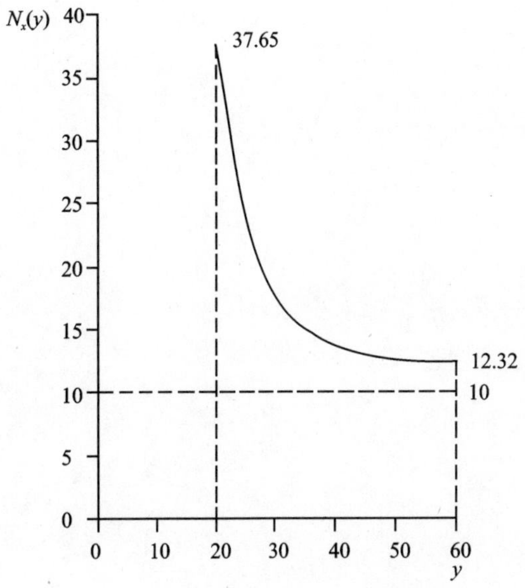

图 9-41 N_x 随 y 变化的趋势图

如果 0°方向单向板的强度为 120 MPa 的话，安全裕度为

$$\text{M. S.} = \left(\frac{120}{37.65} - 1\right) = 2.19$$

参考文献

[1] Composite materials handbook. Polymer Matrix Composites Materials Usage, Design and Analysis [M]. MIL-HDBK-17-3F, 2002.

[2] 益小苏，杜善义，张立同. 复合材料手册[M]. 北京：化学工业出版社，2009.

[3] Failure modes of fibre reinforced laminates, ESDU 82025.

[4] Composite stress manual, AEROSPATIALE, Technical Manual MTS 006 Iss . B, 1999.

[5] 中国航空研究院. 复合材料结构设计手册[M]. 北京：航空工业出版社，2001.

[6] Failure analysis of fibre reinforced composite laminates, ESDU 84018.

[7] Failure criteria for an individual layer of a fibre reinforced composite laminate under in-plane loading, ESDU 83014.

[8] Stress analysis of laminated flat plates, ESDU 94004.

[9] Buckling of rectangular specially orthotropic plates, ESDU 80023.

[10] Elastic buckling of long, flat, symmetrically-laminated (AsBoDf), composite stiffened panel, ESDU 03001.

[11] Estimation of the local buckling stress under biaxial compression of an isotropic skin with fibre reinforced integral unflanged stiffeners, ESDU 73015.

[12] Buckling of flat rectangular plates (isotropic, orthotropic and laminated composite plates, ESDU 81047.

[13] Transverse (through-the-thickness) shear stiffnesses of fibre reinforced composite laminate, ESDU 89013.

[14] Stiffnesses of laminated flat plates, ESDU 94003.

[15] Stress analysis of laminated flat plates, ESDU 94004.

[16] Buckling of flat rectangular orthotropic plates, ESDU 94005.

[17] Elastic buckling of unbalanced laminated fibre reinforced composite plates, ESDU 94006.

[18] Elastic buckling of cylindrically curved laminated fibre reinforced composite panels with a, ESDU 94007.

第10章　复合材料夹层板结构分析方法

10.0　符号说明

符号	单位[①]	物理意义
σ_i	MPa	下面板的应力
σ_c	MPa	芯子的应力
σ_s	MPa	面板的最大正应力
σ_c	MPa	芯子的最大正应力
σ_{jcr}	MPa	面板单层临界屈曲应力
σ_{cc}	MPa	蜂窝夹芯压缩强度；
σ_{bt}	MPa	夹芯面板的胶接强度
τ_{z_g}	MPa	芯体的最大应力
τ_A	MPa	芯体剪切应力
τ_B	MPa	面板之间胶接界面上的剪切应力
τ_{z_g}	MPa	中轴处(蜂窝中)的剪应力
F_i	N	上面板的载荷
F_s	N	下面板的载荷
f_1	mm	弯矩引起的变形
f_2	mm	剪切引起的变形
T_x	N	剪切载荷
M_x	N·mm	弯矩载荷
e_s	mm	上面板(碳布)厚度
e_c	mm	蜂窝芯子厚度
E_s	MPa	纵向模量
E_c	MPa	纵向弹性模量
$\varepsilon_i, \varepsilon_s$	1	最大应变
G_z	MPa	复合材料面板层间剪切模量

① 本书的量和单位以中华人民共和国国家标准为准。考虑到在实际设计工作中，很多资料(尤其是外版资料)大量应用英制单位，为方便读者使用，亦保留部分英制单位。

符号	单位	物理意义
E_x	MPa	复合材料面板法向拉伸模量
E_{cx}	MPa	蜂窝法向弹性模量
E_f	MPa	纤维杨氏模量
E_{1f}, E_{2f}	MPa	复合材料面板正交轴的弹性模量
EW_{Z_g}	N·mm	中轴线以上材料关于中轴线的静力矩
EW_A	N·mm	上面板关于中轴线的静力矩
EW_B	N·mm	与下面板关于中轴线的静力矩反号
N_{xcr}	N	单位宽度上的屈曲轴压力
N_{xycr}^0	N	蜂皮夹层平板在剪力 N_{xy} 单独作用下的剪切屈曲载荷
SPL0	1	0°方向纤维百分比
SPL90	1	90°方向纤维百分比
SPL45	1	45°方向纤维百分比
DD_{11}, DD_{22}	1	复合材料面板的折算弯曲刚度系数
t'	mm	平均单层厚度
t_f	mm	面板厚度
N	1	有效铺层数量
B	mm	板宽
t_c	mm	蜂窝夹芯厚度
ξ_j	1	刚度比参数
B_j	$N \cdot m^{-1}$	基础刚度
D	$N \cdot m^{-1}$	弯曲刚度
S_j	$N \cdot m^{-1}$	剪切刚度
d_t	mm	纤维直径
W_f	mm	纤维间距
D_j	$N \cdot m^{-1}$	复合材料面板弯曲刚度
S_j	$N \cdot m^{-1}$	剪切刚度
t_f	mm	面板厚度
S_c	mm	蜂窝芯格尺寸
K	1	屈曲系数
R_y	1	载荷比

10.1　夹层板结构失效准则

10.1.1　夹层板结构分析方法介绍

复合材料夹层结构有高的抗弯刚度，最小的结构重量，具有良好的吸声、隔声和隔热性能，因此在飞机结构中得到了广泛应用。对于结构高度大、稳定性要求高的翼面结构，如机翼壁板、襟翼面板、副翼面板等，采用夹层结构取代加筋板结构能明显减轻重量。对于结构高度小的翼面结构，如升降舵、方向舵等操纵面，采用全高度夹层结构能带来明显的减重效果。另外，高度较小的夹层曲板可做机身壳体。翼面结构一般承受的是由气动载荷产生的弯矩和扭矩，主要载荷形式是面内拉压载荷、面内剪切载荷、垂直于面板的分布载荷等。

夹层结构是一种三层结构，由芯体和两层薄而刚硬的面板组成，面板和芯层用胶接剂组合在一起。面板多用密度大、强度高的材料，如钛合金、不锈钢、超级合金和复合材料等。芯体通常是低弹性模量的蜂窝或者泡沫，如铝蜂窝、NOMEX 纸质蜂窝和硬质泡沫等。将高强度复合材料层置于离中性轴尽可能远的地方，有利于增大剖面惯性矩，减少面板平面内因弯曲引起的拉压轴向力。

面板由于得到芯层的连续支撑，因此面板的稳定性大为提高。夹层结构中的胶层必须能在面板与芯层之间传递剪切载荷，使结构成为一个整体。当夹层板承受垂直于面板的分布载荷时，芯层用来抵抗剪切载荷，面板承受弯曲所引起拉伸或压缩载荷。当夹层板像柱一样承受平面内的拉压分布载荷时，两块面板承担轴向载荷，芯层则起稳定面板的作用。当夹层板承受面内剪切载荷时，面板抵抗剪切载荷，芯子稳定面板防止皱损。夹层结构设计时，要通过夹层结构的应力、损伤容限、稳定性分析，合理设计结构形式，充分发挥夹层结构的优点。

10.1.2　基本参数

夹层结构由一对薄面板，芯子及板芯胶组成，如图 10－1 所示。芯子有纵向(L)，横向(W)之分，芯子本身在 LW 平面内刚度无穷小，即 G_{LW}、E_L、$E_W=0$。E_T 及 G_{LT}，G_{WT} 有确定的值。

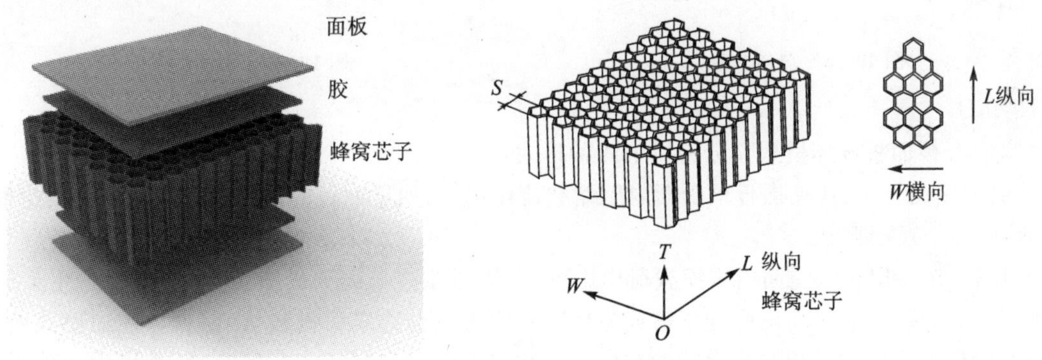

图 10－1　蜂窝夹层板的组成

夹层结构受力情况通常如图 10－2 所示，x 与 y 轴在 LW 平面内，面板承受平面内拉、压、剪。芯子对面板提供连续支持。

10.1.3　夹层板结构失效模式

夹层结构在复杂载荷作用下有多种破坏模式，如总体失稳、芯子剪切皱褶、面板皱损、面板拉断、蜂窝隔间面板失稳、芯子局部压损以及面板与芯子分离等，大致可以归为以下四类；但是实际结构可能有几种破坏形式同时存在，设计时要对各种可能破坏模式进行强度计算。

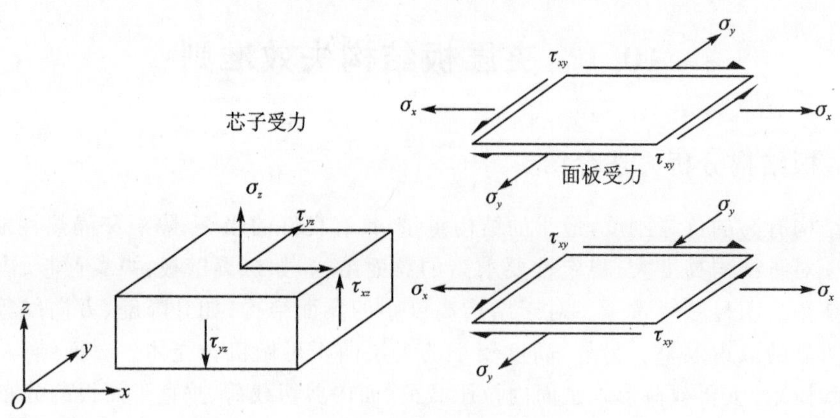

图 10－2　夹层结构受力情况

1. 总体失效

当夹层板结构承受面内压缩载荷作用的时候，由于夹层板结构面板厚度或芯子剪切刚度低，容易造成总体的失稳失效，失效模式如图 10－3 所示。

当夹层板结构承受面外弯曲载荷作用的时候，由于夹层板结构面板的强度不够，容易造成总体的面板拉裂破坏，失效模式如图 10－4 所示。

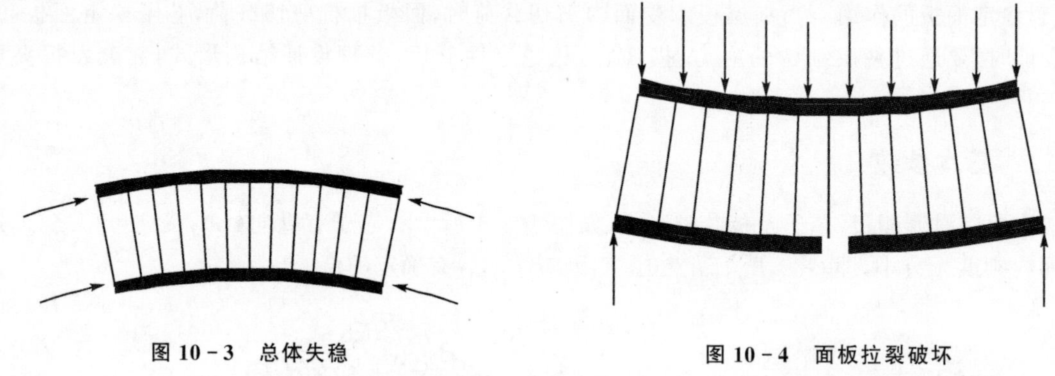

图 10－3　总体失稳　　　　**图 10－4　面板拉裂破坏**

2. 面板失效

复合材料层合板面板破坏模式又分为以下四种形式：

1）各单层的屈曲分层：在夹层板承受面内压缩载荷作用下，如果面板的层间强度较弱则会发生面板的屈曲分层失效，如图 10－5(a)所示。

2）面板起皱：在夹层板承受面内压缩载荷作用下，一般屈曲波长大于蜂窝孔尺寸，可能产生夹层中面的对称和反对称起皱；面板薄，芯子压缩强度不够或原始不平度大也会造成面板起皱；面板可能向里或向外屈曲，这取决于蜂窝芯的压缩强度和面板与蜂窝芯的胶接强度相对强弱。当面板向外屈曲时，这里归为面板失效，如图 10－5(b)所示；当面板向内屈曲时，则会产生芯子的压塌（见芯子失效）。

3）面板屈服/折断：在夹层板承受面内压缩载荷作用下，由于面板材料偏于脆性，当其达到面内压缩屈服强度的时候便容易在外表面产生面板屈服/折断失效，如图 10－5(c)所示。

4）面板蜂窝格间屈曲：在夹层板承受面内压缩载荷作用下，由于面板太薄，蜂窝孔太大，容易导致面板起皱，如图 10－5(d)所示。

3. 芯子失效

芯子破坏模式又分为以下四种形式：

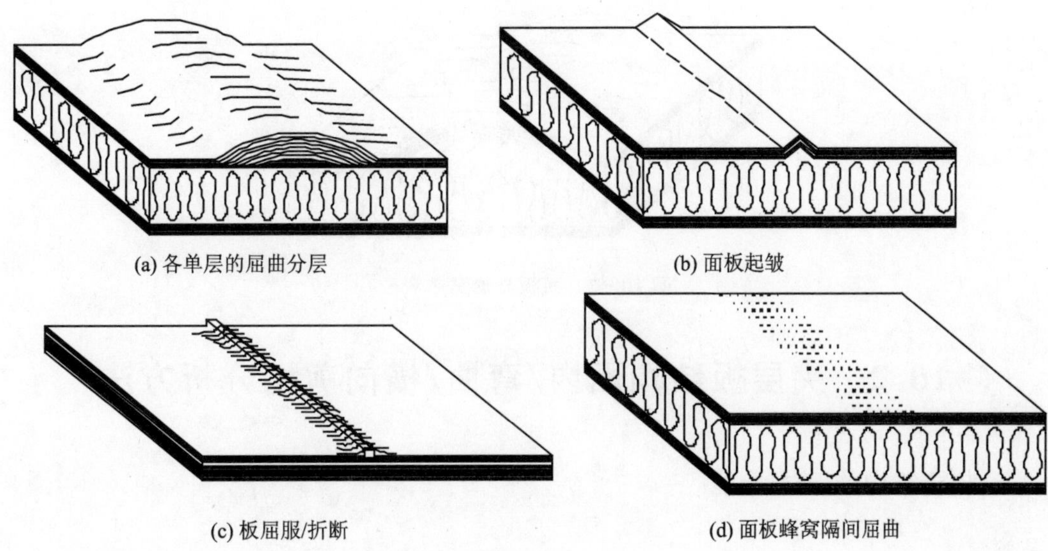

图 10－5　复合材料面板失效

1）芯子拉伸破坏：在夹层板承受面内拉伸载荷作用下，如果芯子拉伸强度不够则会发生芯子拉伸破坏失效，如图 10－6(a)所示。

2）芯子压塌：在夹层板承受面内压缩载荷作用下，如果芯子压缩强度不够则会发生芯子压塌失效，如图 10－6(b)所示。

3）芯子局部压塌：在夹层板承受面外冲击载荷作用下，通常会在局部造成芯子的局部压塌失效，如图 10－6(c)所示。

4）芯子剪切失效：在夹层板承受面外剪切载荷作用下，如果芯子剪切模量过小，胶粘剂强度过低，通常会造成芯子的剪切破坏，有时候总体失稳也会引起这种失效模式，如图 10－6(d)所示。

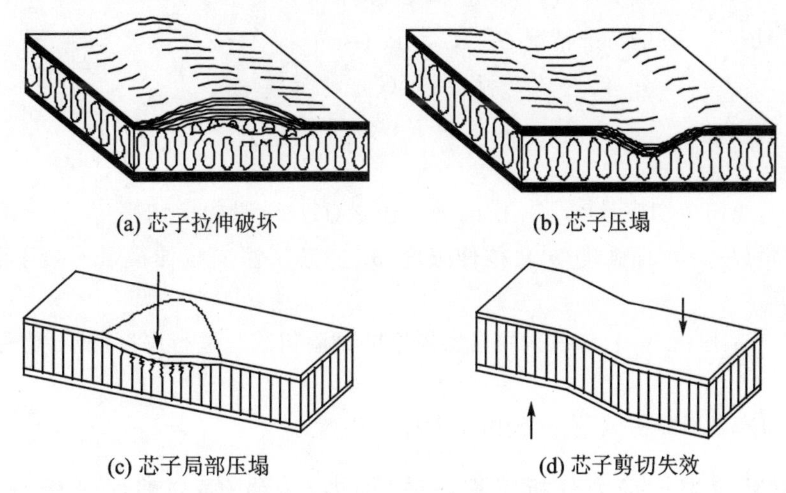

图 10－6　芯子失效

4. 界面失效

在夹层板承受面内压缩载荷作用下，由于胶结剂的拉伸强度不够，容易造成面板与芯子之间的脱粘，如图10－7 所示。

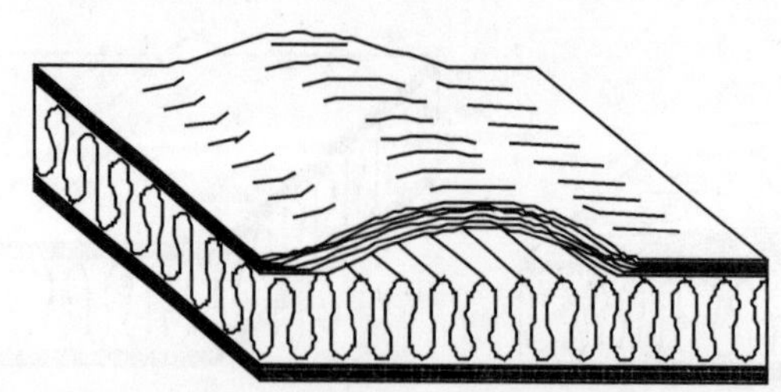

图 10-7 面板与蜂窝芯脱胶

10.2 夹层板结构面内/弯曲/横向剪切分析方法

10.2.1 夹层结构的基本性能

1. 夹层板刚度

夹层板在 x 或 y 方向单位宽度上的弯曲刚度：

$$D=\frac{E_{xs}e_sE_{xi}e_ih^2}{(E_{xs}e_s+E_{xi}e_i)\lambda}+\frac{1}{12\lambda}(E_{xs}e_s^3+E_{xi}e_i^3) \tag{10-1}$$

$$D=\frac{E_{ys}e_sE_{yi}e_ih^2}{(E_{ys}e_s+E_{yi}e_i)\lambda}+\frac{1}{12\lambda}(E_{ys}e_s^3+E_{yi}e_i^3) \tag{10-2}$$

式中：E 表示刚度 $\lambda=(1-\nu_{xy}\nu_{yx})$，$\nu_{xy}$，$\nu_{yx}$ 为面板材料泊松比，下注 s、i、c 分别表示上、下面板和芯子，e 表示厚度，其中 $h=e_c+(e_s+e_i)/2$。

2. 夹层板剪切刚度

夹层板横向剪切刚度 U(单位：N/mm)

$$U=h^2G_c/e_c \tag{10-3}$$

式中：G_c 为芯子剪切模量，它的特殊情况 $G_c=G_{TL}$(或 G_{TW})

$$U=h^2G_{TL}/e_c \tag{10-4}$$

$$U=h^2G_{TW}/e_c \tag{10-5}$$

3. 芯子的力学性能

芯子力学性能包括：纵向剪切模量(G_{TL})、横向剪切模量(G_{TW})、纵向剪切强度(τ_{TL})、横向剪切强度(τ_{TW})、压缩模量(E_c)、拉伸模量(E_T)、压缩强度(σ_c)、拉伸强度(σ_t)。芯子法向拉伸模量一般不测，用压缩模量代之。使用中需要注意的几点：

1) τ_{TL} 和 τ_{TW}，与芯子的厚度有关，应该采用真实厚度的试验值或是进行厚度修正，为保守起见，建议采用修正因子为 0.7。

2) 芯子的法向拉伸模量不容易测量，一般由压缩模量代替。

10.2.2 复合材料夹层板应力分析工程方法(面内/弯曲/横向剪切分析方法)

夹层结构通常由模量较低的芯子与刚度较高的面板构成(见图 10-8)，夹层结构具有较高弯曲刚度。这里介绍一种夹层板的快捷分析理论。该方法不考虑横向载荷、横向效应(即“泊松”效应)以及拉压弯曲耦合。在复杂加载条件下，这种简化可能导致结果有约 10%的误差。

1. 夹层板等效弹性常数

从整体变形角度看，夹层板遵守经典弹性理论。下面两个公式描述等厚度夹层板的刚度等效关系式。假设夹层板的面板较薄且只承受面内载荷，在考虑面板厚度和弯曲刚度情况下可以推导出整个夹层板的理论关系式。

中性轴按公式：

$$Z_g = \frac{E_{m_i}\frac{e_i^2}{2} + E_{m_c} e_c\left(e_i + \frac{e_c}{2}\right) + E_{m_s} e_s\left(e_i + e_c + \frac{e_s}{2}\right)}{E_{m_i} e_i + E_{m_c} e_c + E_{m_s} e_s} \tag{10-6}$$

求解。对于夹层板结构上面式(10-6)可以简化为

$$Z_g = \frac{E_{m_i}\frac{e_i^2}{2} + E_{m_s} e_s\left(e_i + e_c + \frac{e_s}{2}\right)}{E_{m_i} e_i + E_{m_s} e_s} \tag{10-7}$$

假设一个夹层板的构成如图 10-9 所示，其中面板与芯子的几何及材料参数定义如下：

1）上面板厚度为 e_s，弹性模量为 E_{m_s}，等效弯曲弹性模量为 E_{f_s}，剪切模量为 G_s。

2）芯子厚度为 e_c，弹性模量为 E_{m_c}，等效弯曲弹性模量为 E_{f_c}，剪切模量为 G_c。

3）下面板厚度为 e_i，弹性模量为 E_{m_i}，等效弯曲弹性模量为 E_{f_i}，剪切模量为 G_i。

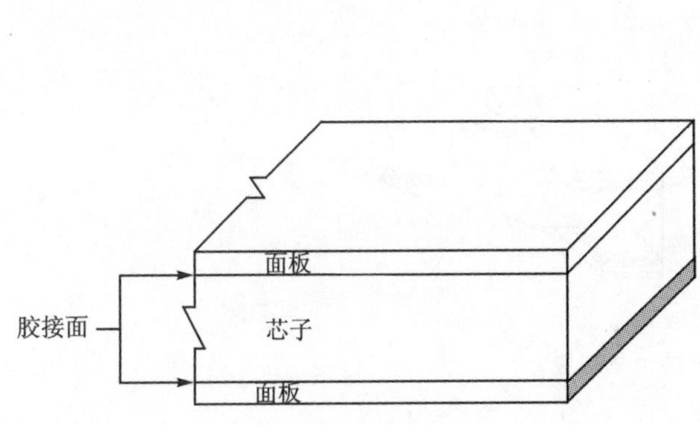

图 10-8　夹层板构成

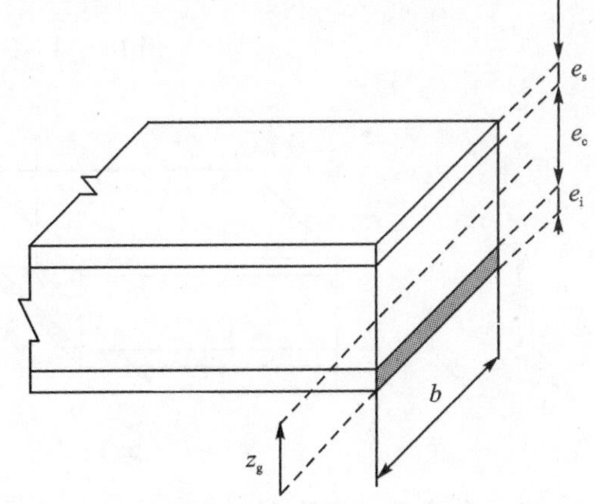

图 10-9　夹层结构的尺寸与不同部位的材料属性定义

这里假设夹层结构的全部载荷是作用在中性轴上的，如图 10-10 所示。下面逐一研究不同载荷下夹层结构的力学响应。T 为剪切力载荷、N 为正向力载荷、M 弯矩载荷。

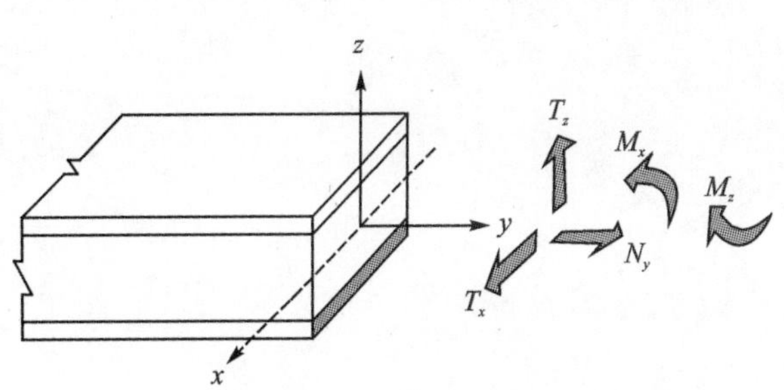

图 10-10　夹层结构的载荷施加方式

2. N_y 正应力载荷下的力学响应

应用假设：所有层都是在纯拉伸/压缩状态下，正向载荷施加在 y 轴上，且作用在夹层结构的中性轴上（见图 10-11）。该载荷作用下夹层结构的截面变形公式为

$$\varepsilon = \frac{N_y}{b(E_{m_i} e_i + E_{m_c} e_c + E_{m_s} e_s)} \tag{10-8}$$

利用截面变形可以推导出面板和芯子的应力场，如下各公式：

1）下面板的应力：$\sigma_i = E_{m_i}\varepsilon$。

2）芯子的应力：$\sigma_c = E_{m_c}\varepsilon$。

3）上面板的应力：$\sigma_s = E_{m_s}\varepsilon$。

如果是夹层板结构，可以认为 y 向载荷都是由上、下两个面板承受（见图 10-12），上述公式可以简化成

$$\varepsilon = \frac{N_y}{b(E_{m_i} e_i + E_{m_s} e_s)} \tag{10-9}$$

上、下两个面板的载荷可以表示如下：

$$
\left.\begin{aligned}
F_s &\approx N_y \frac{E_{m_s} e_s}{E_{m_i} e_i + E_{m_s} e_s} \\
F_i &\approx N_y \frac{E_{m_i} e_i}{E_{m_i} e_i + E_{m_s} e_s}
\end{aligned}\right\} \tag{10-10}
$$

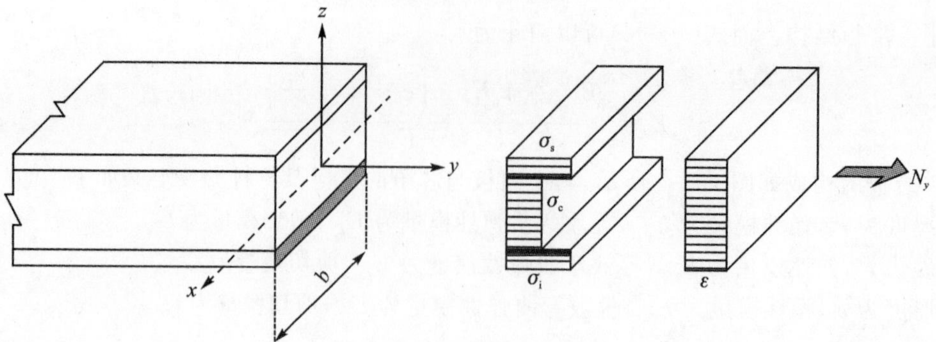

图 10-11 夹层结构的载荷施加方式

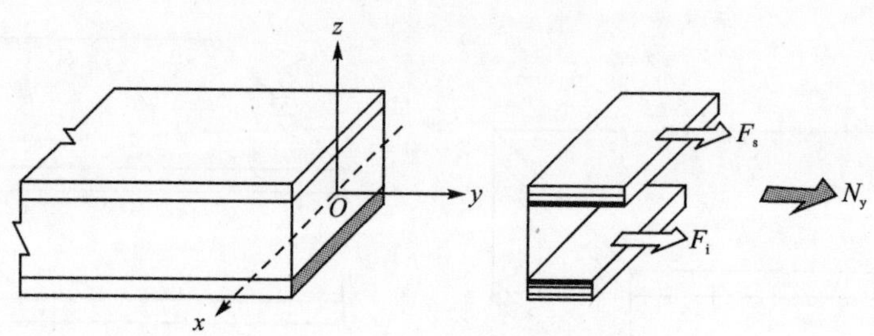

图 10-12 N_y 载荷下的力学响应

3. T_x 剪切载荷下的力学响应

按照剪切刚度比例，可将剪切载荷 T_x 分配到上、下面板和芯子材料中。面板与芯子的最大剪切应力公式为

$$
\left.\begin{aligned}
\tau_s &= \frac{3}{2}\frac{T_x}{be_s}\frac{G_s e_s}{G_s e_s + G_c e_c + G_i e_i} \\
\tau_c &= \frac{3}{2}\frac{T_x}{be_c}\frac{G_c e_c}{G_s e_s + G_c e_c + G_i e_i} \\
\tau_i &= \frac{3}{2}\frac{T_x}{be_i}\frac{G_i e_i}{G_s e_s + G_c e_c + G_i e_i}
\end{aligned}\right\} \tag{10-11}
$$

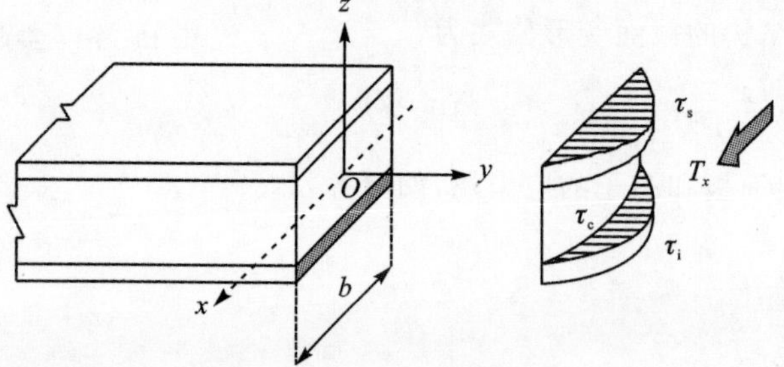

图 10-13 夹层结构在 T_x 剪切载荷作用下的应力分布

4. T_z 剪切载荷下的力学响应

通常来说，材料的剪切应力可以表示成如下形式(Bredt 方程)：

$$\tau=\frac{T_zEW}{b\sum EI} \tag{10-12}$$

式中：$\sum EI$ 是整体弹性模量加权惯性矩，其式为

$$\begin{aligned}\sum EI=&\frac{bEf_se_s^3}{12}+bE_{m_s}e_s\left(e_i+e_c+\frac{e_s}{2}-Z_g\right)^2+\frac{bEf_ce_c^3}{12}+\\&bE_{m_c}e_c\left(e_i+\frac{e_c}{2}-Z_g\right)^2+\frac{bEf_ie_i^3}{12}+bE_{m_i}e_i\left(\frac{e_i}{2}-Z_g\right)^2\end{aligned} \tag{10-13}$$

EW 是弹性模量加权静力矩，模量考虑三个临界点 A，B 和 Z_g，这些点上的模量加权的静力矩等于

$$\left.\begin{aligned}EW_A&=bE_{m_s}e_s\left(e_i+e_c+\frac{e_s}{2}-Z_g\right)\\EW_{Z_g}&=bE_{m_s}e_s\left(e_i+e_c+\frac{e_s}{2}-Z_g\right)+bE_{m_c}\left(\frac{e_i}{2}+\frac{e_c}{2}+\frac{Z_g}{2}\right)^2\\EW_B&=bE_{m_i}e_i\left(Z_g-\frac{e_i}{2}\right)\end{aligned}\right\} \tag{10-14}$$

这些点上的剪切应力等于

$$\left.\begin{aligned}\tau_A&=\frac{T_zEW_A}{b\sum EI}\\\tau_{Z_g}&=\frac{T_zEW_{Z_g}}{b\sum EI}\\\tau_B&=\frac{T_zEW_B}{b\sum EI}\end{aligned}\right\} \tag{10-15}$$

应力 τ_{Z_g} 对应于芯子的最大应力。如图 10－14，对于蜂窝夹芯材料，这个应力就是蜂窝夹芯的最大剪切应力。应力 τ_A 和 τ_B 分别对应于芯子和面板之间胶接界面上的剪切应力。

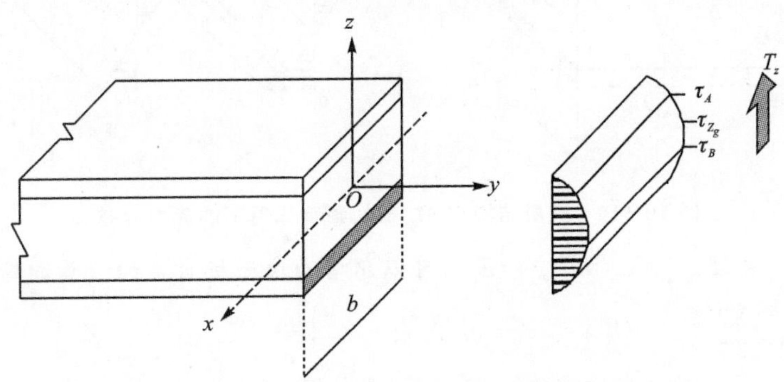

图 10－14　夹层结构在 T_Z 剪切载荷作用下的应力分布

① 若夹层板中 $E_{m_c}e_c$ 远小于 $E_{m_i}e_i$ 且 $E_{m_c}e_c$ 远小于 $E_{m_s}e_s$，如图 10－15 所列，τ_A 和 τ_B 可以用如下简化公式计算，即

$$\tau_A\approx\tau_{Z_g}\approx\tau_B\approx\frac{T_z}{b\left(\frac{e_i}{2}+e_c+\frac{e_s}{2}\right)} \tag{10-16}$$

② 需要注意的是薄面板的夹层板的等效剪切模量和蜂窝芯体的剪切模量在一个数量级，是非常低的。在计算蜂窝夹层板在弯曲载荷作用下的挠度时，必须考虑该效应影响。

5. M_x 弯矩载荷下的力学响应

弯矩载荷作用下，沿着截面的应变呈线性分布，如图 10－16 所示，计算公式为

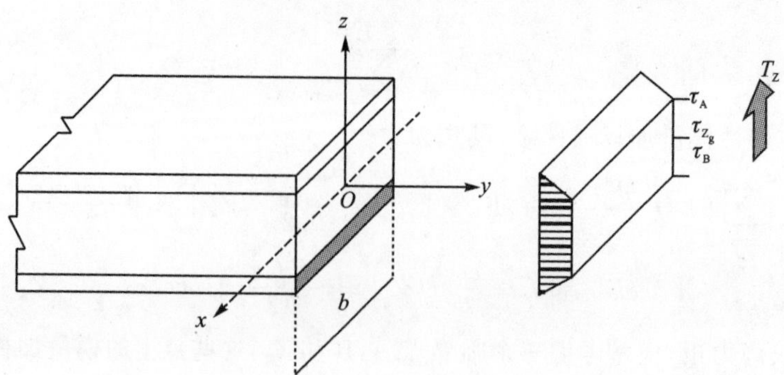

图 10-15　夹层板剪切载荷 T_Z 作用下剪应力简化分布

$$\left.\begin{aligned}\varepsilon_s &= \frac{M_x\nu_s}{\sum EI} = \frac{-M_x(e_i + e_c + e_s - Z_g)}{\sum EI} \\ \varepsilon_i &= \frac{M_x\nu_i}{\sum EI} = \frac{M_x z_g}{\sum EI}\end{aligned}\right\} \tag{10-17}$$

式中：

$$\sum EI = \frac{bEf_s e_s^3}{12} + bE_{m_s}e_s\left(e_i + e_c + \frac{e_s}{2} - Z_g\right)^2 + \frac{bEf_c e_c^3}{12} + bE_{m_c}e_c\left(e_i + \frac{e_s}{2} - Z_g\right)^2 + \frac{bEf_i e_i^3}{12} + bE_{m_i}e_i\left(\frac{e_s}{2} - Z_g\right)^2 \tag{10-18}$$

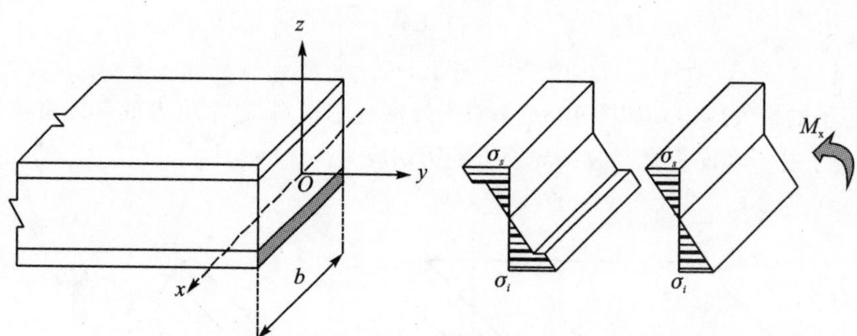

图 10-16　夹层结构在 M_x 剪切载荷作用下的应力分布

注：若夹层板有 $e_i = e_c, e_s = e_c, E_{m_c} = E_{m_i}$ 且 $E_{m_c} = E_{m_s}$，可以忽略两块面板自身的惯量和蜂窝的刚度，则

$$\sum EI \approx bE_{m_s}e_s\left(e_i + e_c + \frac{e_s}{2} - Z_g\right)^2 + bE_{m_i}e_i\left(\frac{e_i}{2} - Z_g\right)^2 \tag{10-19}$$

假设弯矩 M_x 完全由上、下面板上的面内载荷（F_i'和 F_s'）来承担，两个载荷大小相同，方向相反，如图 10-17，值为

$$F_i' \approx -F_s' \approx \frac{M_x}{\left(\frac{e_i}{2} + e_c + \frac{e_s}{2}\right)} \tag{10-20}$$

6. M_z 弯矩载荷下的力学响应

面板和芯子的最大正应力可以通过下面公式求得：

$$\begin{aligned}\sigma_s &= \pm\frac{6M_z}{b^2 e_s}\frac{E_{m_s}e_s}{E_{m_s}e_s + E_{m_c}e_c + E_{m_i}e_i} \\ \sigma_c &= \pm\frac{6M_z}{b^2 e_c}\frac{E_{m_c}e_c}{E_{m_s}e_s + E_{m_c}e_c + E_{m_i}e_i} \\ \sigma_i &= \pm\frac{6M_z}{b^2 e_i}\frac{E_{m_i}e_i}{E_{m_s}e_s + E_{m_c}e_c + E_{m_i}e_i}\end{aligned} \tag{10-21}$$

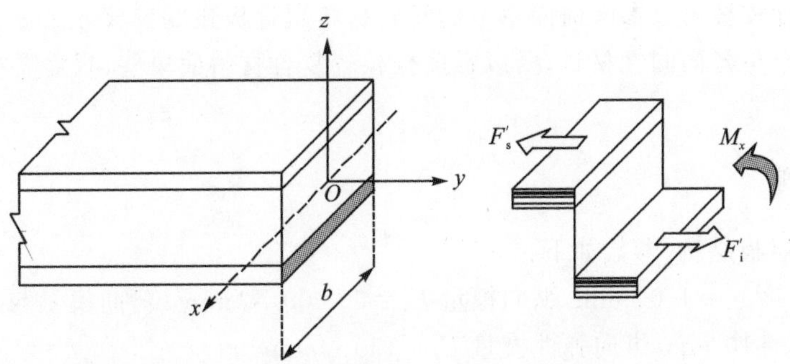

图 10-17　夹层板弯曲载荷 M_x 作用下载荷简化分布

关于 Oz 轴的等效弯曲模量计算方法与关于 Oy 轴的等效面内模量计算方法相同，如图 10-18 所示，见式(10-22)和(10-23)

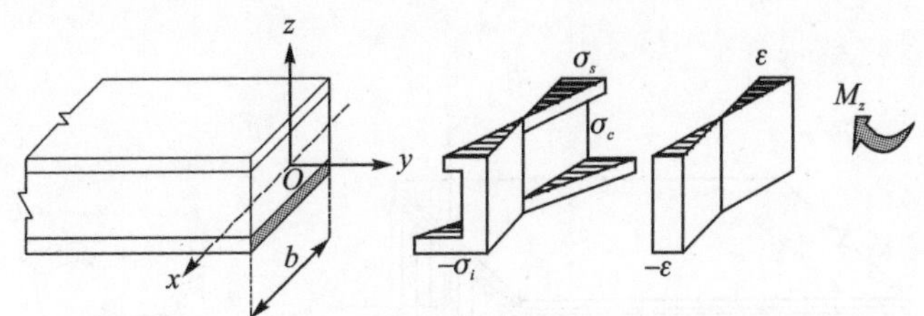

图 10-18　夹层结构在 M_z 弯曲载荷作用下的应力分布

7. 变形和等效力学性能

夹层结构在细观上是非均匀的。有时为了确定传递的载荷及其导致的变形需要计算夹层结构的等效刚度。对于夹层板结构，对应不同载荷形式(见图 10-19)的等效弹性模量的计算公式为

$$E_{\text{等效正应力载荷}} = \frac{\sum_{k=1}^{3} E_k e_k}{\sum_{k=1}^{3} e_k} \tag{10-22}$$

$$E_{\text{等效弯矩}} = \frac{\sum_{k=1}^{3} E_k e_k}{\sum_{k=1}^{3} e_k} \tag{10-23}$$

$$\frac{1}{G_{\text{等效剪切载荷}}} = \frac{\sum_{k=1}^{3} \left(\frac{e_k}{G_k}\right)}{\sum_{k=1}^{3} e_k} \tag{10-24}$$

$$E_{\text{等效弯矩}} = \frac{\sum_{k=1}^{3} E_k I_k}{\sum_{k=1}^{3} I_k} \tag{10-25}$$

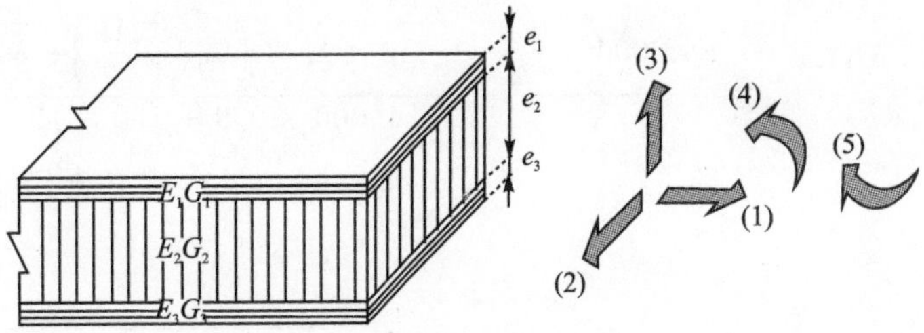

图 10-19　夹层结构的载荷施加方式

$$E_{\text{等效剪切载荷}} = \frac{\sum_{k=1}^{3} G_k e_k}{\sum_{k=1}^{3} e_k} \tag{10-26}$$

式中：I_k = 转动惯量 + $(e_3/12 + ed^2)$

8. 强度校核

本节中的工程方法主要是用来分析复合材料夹层板在承受复杂外载荷的作用下，夹层板的面板材料所分担的载荷情况(即应力分布)。在得到面板材料的应力分布之后，可以通过相应的强度值对其进行强度判断，通常夹层板的面板材料分为复合材料与金属两大类，下面分别对这两类面板材料的强度校核方法做简单描述。

1）复合材料面板强度校核可以参考前面章节的复合材料层合板强度校核方法进行。

2）金属材料面板由于是各向同性材料，所以强度校核较复合材料简单些，只需要按传统金属的屈服强度校核即可。

10.2.3　方法算例

一个 10 mm 宽的夹层板结构，参数如下：

① 上面板（碳布）：厚度 $e_s=1.04$ mm，纵向模量 $E_s=60\ 000\ \text{N/mm}^2$（弯曲模量与之相等）；

② 蜂窝芯子：厚度 $e_c=10$ mm，纵向弹性模量 $E_c=150\ \text{N/mm}^2$；

③ 下面板（碳布）：厚度 $e_s=0.9$ mm，纵向模量 $E_s=45\ 000\ \text{N/mm}^2$（弯曲模量与之相等）。

假设夹层板承受下列两个力和弯矩载荷如图 10－20 所示。

① $N_y=8\ 000$ N；

② $M_x=20\ 000$ N·mm；

③ $T_z=2\ 500$ N。

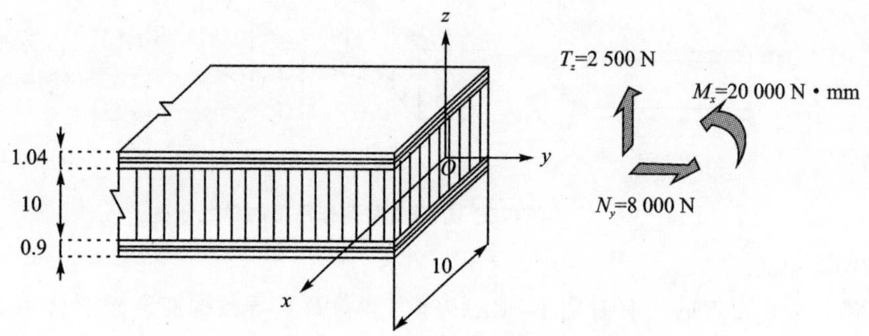

图 10－20　承受拉伸、剪切和弯曲复合载荷的夹层板

计算的第一部分是确定夹层板在载荷 N_y 和弯矩 M_x 作用下内外面板的应变。

第一步：以内面板为参考系，根据公式（10－6）确定中性轴的位置（见图 10－21），即

$$Z_g=\frac{45\ 000\times\dfrac{0.9^2}{2}+150\times10\times\left(0.9+\dfrac{10}{2}\right)+60\ 000\times1.04\times\left(0.9+10+\dfrac{1.04}{2}\right)}{45000\times0.9+150\times10+60\ 000\times1.04}\ \text{mm}$$

$$Z_g=7.09\ \text{mm}$$

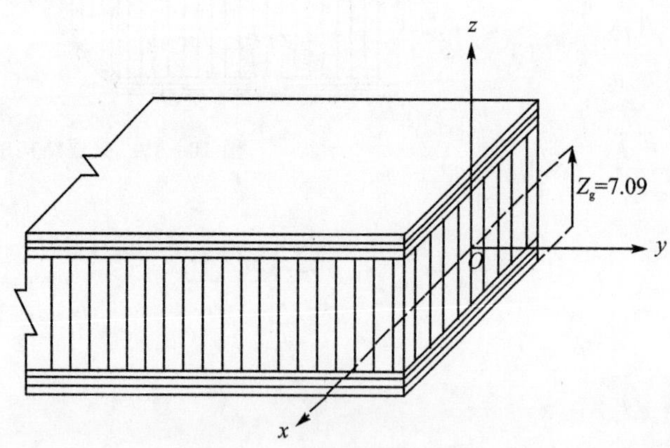

图 10－21　夹层板中性轴位置

第二步：计算载荷 N_y 作用下的应变（见图 10－22）。

根据公式（10－8）有

$$\varepsilon = \frac{8\ 000}{10(45\ 000 \times 0.9 + 150 \times 10 + 60\ 000 \times 1.04)} = 7\ 612\ \mu\varepsilon$$

注意，如果利用简化公式(10-9)，有

$$\varepsilon = \frac{8\ 000}{10(45\ 000 \times 0.9 + 60\ 000 \times 1.04)} = 7\ 774\ \mu\varepsilon$$

误差是 2%。

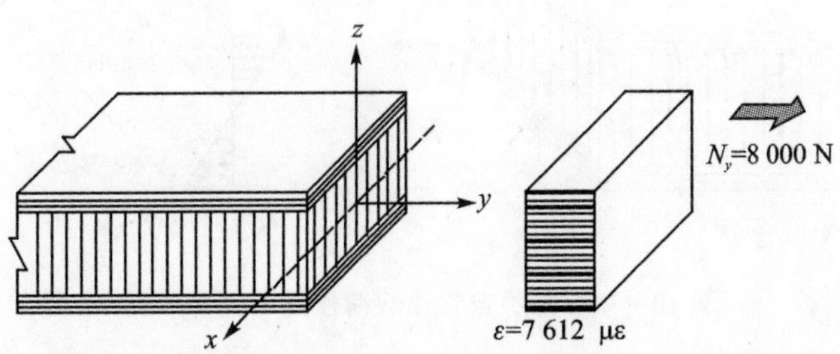

图 10-22　夹层板轴向力作用下应变

第三步：计算力矩 M_x 导致的最大应变 ε_i 和 ε_s。

根据公式(10-17)

$$\varepsilon_s = \frac{-20\ 000 \times (0.9 + 10 + 1.04 - 7.09)}{\sum EI}$$

$$\varepsilon_i = \frac{20\ 000 \times 7.09}{\sum EI}$$

有公式(10-13)

$$\sum EI = \left\{ \frac{10 \times 60\ 000 \times 1.04^3}{12} + 10 \times 60\ 000 \times 1.04 \times \left(0.9 + 10 + \frac{1.04}{2} - 7.09\right)^2 + \frac{10 \times 15 \times 10^3}{12} + 10 \times 150 \times 10 \times \left(0.9 + \frac{10}{2} - 7.09\right)^2 + \frac{10 \times 45\ 000 \times 0.9^3}{12} + 10 \times 45\ 000 \times 0.9 \times \left(\frac{0.9}{2} - 7.09\right)^2 \right\} N \cdot \mathrm{mm}^2$$

$$\sum EI = (5\ 624 + 11\ 699\ 310 + 125\ 000 + 21\ 240 + 27\ 330 + 17\ 856\ 290)\mathrm{N \cdot mm^2} = 29\ 785\ 410\ \mathrm{N \cdot mm^2}$$

得到最大应变(见图 10-23)：

$$\varepsilon_s = -3\ 256\ \mu\varepsilon$$

$$\varepsilon_i = 4\ 761\ \mu\varepsilon$$

计算面板中面上的应变(和应力)值：

$$\varepsilon_s = -3\ 256 \times \frac{4.33}{4.85} = -2\ 906\ \mu\varepsilon$$

$$\varepsilon_i = 4\ 761 \times \frac{6.64}{7.09} = 4\ 459\ \mu\varepsilon$$

利用简化关系式(10-20)，有

$$F'_i = -F'_s \approx \frac{20\ 000}{\frac{0.9}{2} + 10 + \frac{1.04}{2}}\ \mathrm{N} = 1\ 823\ \mathrm{N}$$

对应于上、下面板的平均应变有：

$$\varepsilon_s \approx \frac{-1\ 823}{101.01 \times 60\ 000} \approx -2\ 921\ \mu\varepsilon \quad 误差 = 0.5\%$$

$$\varepsilon_i \approx \frac{1\ 823}{100.9 \times 45\ 000} \approx 4\ 501\ \mu\varepsilon, \quad 误差 = 0.9\%$$

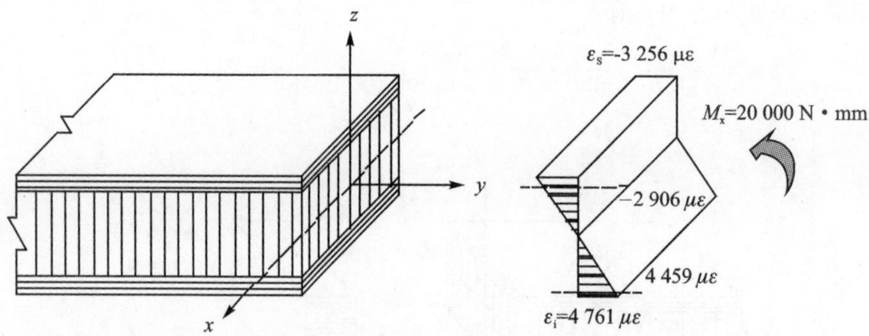

图 10-23 夹层板弯曲载荷作用下轴向应变

第四步:基于上述计算结果,有

在下面板处应变为(图 10-24)

$$\varepsilon_i = (7\ 621 + 4\ 761)\mu\varepsilon = 12\ 373\ \mu\varepsilon$$

在上面板处应变为(图 10-24)

$$\varepsilon_s = (7\ 621 - 3\ 256)\mu\varepsilon = 4\ 356\ \mu\varepsilon$$

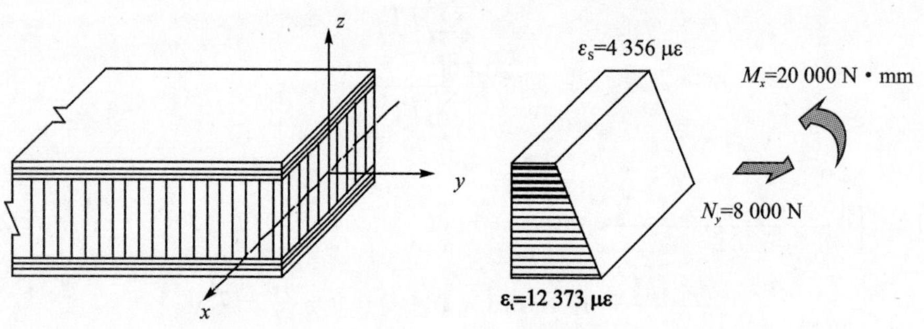

图 10-24 夹层板轴向载荷、弯曲载荷作用下轴向应变

算例的第二部分主要计算在剪切载荷 T_z 作用下,中轴处的剪应力,以及 A 点(上面板/蜂窝界面)和 B 点(下面板/蜂窝界面)的剪应力。

第一步:计算模量加权的夹层板惯量

$$\sum EI = 29\ 785\ 410\ \text{N} \cdot \text{mm}^2$$

如果应用夹层板的简化关系式,可以得到:

$$\sum EI \approx \left\{10 \times 60\ 000 \times 1.04 \times \left(0.9 + 10 + \frac{1.04}{2} - 7.09\right)^2 + 10 \times 45\ 000 \times 0.9 \times \left(\frac{0.9}{2} - 7.09\right)^2\right\} \text{MPa}$$

$$\sum EI \approx 29\ 555\ 600\ \text{N} \cdot \text{mm}^2$$

这里的误差是 1%。

第二步:计算在弹性模量加权的静力矩 EW_{Z_g}(中轴线以上材料关于中轴线的静力矩)

$$EW_{Z_g} = \left\{10 \times 60\ 000 \times 1.04 \times \left(0.9 + 10 + \frac{1.04}{2} - 7.09\right) + 10 \times 150 \times \left(\frac{0.9}{2} + \frac{10}{2} + \frac{1.04}{2}\right)^2\right\} \text{N} \cdot \text{mm}$$

$$EW_{Z_g} = 2\ 755\ 380\ \text{N} \cdot \text{mm}$$

计算弹性模量加权的静力矩 EW_A(上面板关于中轴线的静力矩)

$$EW_A = 10 \times 60\ 000 \times 1.04 \times \left(0.9 + 10 + \frac{1.04}{2} - 7.09\right)\ \text{N} \cdot \text{mm}$$

$$EW_A = 2\ 701\ 920\ \text{N} \cdot \text{mm}$$

计算弹性模量加权的静力矩 EW_B(与下面板关于中轴线的静力矩反号)：

$$EW_B = 10 \times 45\ 000 \times 0.9 \times \left(-\frac{0.9}{2} + 7.09\right)\ \text{N} \cdot \text{mm}$$

$$EW_B = 2\ 689\ 200\ \text{N} \cdot \text{mm}$$

第三步：确定在中轴处(蜂窝中)的剪应力，以及 A 点和 B 点上的剪应力(见图 10-25)

$$\tau_{Z_g} = \frac{2\ 500 \times 2\ 755\ 380}{10 \times 29\ 785\ 410}\ \text{MPa} = 23.1\ \text{MPa}$$

$$\tau_A = \frac{2\ 500 \times 2\ 701\ 920}{10 \times 29\ 785\ 410}\ \text{MPa} = 22.6\ \text{MPa}$$

$$\tau_B = \frac{2\ 500 \times 2\ 689\ 200}{10 \times 29\ 785\ 410}\ \text{MPa} = 22.5\ \text{MPa}$$

需要注意的是，在 A 点和 B 点之间的剪应力几乎是常量。如果蜂窝芯子的弹性模量为 0，则剪应力就是常量(可以这样考虑)。

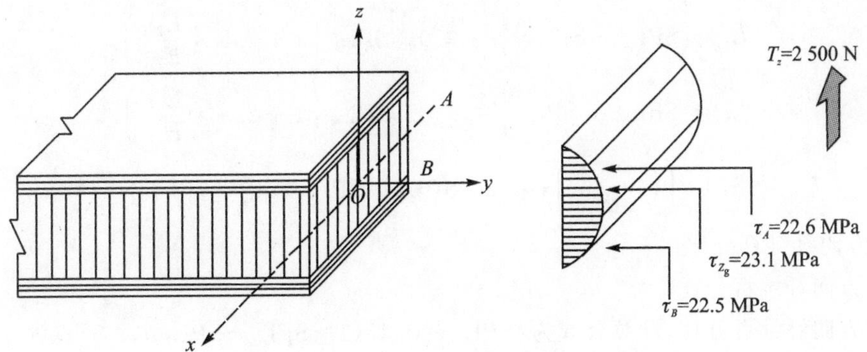

图 10-25　夹层板剪切载荷作用下剪应力分布

应用简化公式(10-16)，可以得到：

$$\tau_A \approx \tau_{Z_g} \approx \tau_B \approx \frac{2\ 500}{10\left(\frac{0.9}{2} + 10 + \frac{1.04}{2}\right)}\ \text{MPa} = 22.8\ \text{MPa}$$

误差是 2%。

10.3　夹层板结构屈曲分析方法

10.3.1　复合材料夹层板局部屈曲分析方法

夹层板局部屈曲分析模型可看作是面板支持在以芯子为弹性基础上的梁，而此弹性基础具有弯曲及剪切刚度。局部屈曲破坏模式分为三类：层合板破坏，芯子破坏，界面破坏。层合板破坏模式分为：各单层失稳，面板皱褶，层合板失稳；芯子破坏分为：压缩破坏，拉伸破坏，剪切破坏；界面破坏就是指板芯脱胶。

1. 各单层失稳

当 $\xi_j < 1$ 时　　$\sigma_{jcr} = G_z \xi_j (2 - \xi_j)$，$j = x, y, xy$　　(10-27)

当 $\xi_j > 1$ 时　　$\sigma_{jcr} = G_x$，$j = x, y, xy$　　(10-28)

式中：σ_{jcr} 为面板单层临界屈曲应力，下标 $j = x, y, xy$，分别表示沿 x、y 方向的压缩屈曲应力及剪切屈曲应力；G_z 为复合材料面板层间剪切模量；ξ_j 为刚度比参数。计算公式为

$$\xi_j = \frac{\sqrt{DB_j}}{S_j}, \quad j = x, y, xy \tag{10-29}$$

B_j为基础刚度，计算公式为

$$B_j = \frac{L_j b E_z}{t'}, \quad j = x, y, xy \tag{10-30}$$

D 为弯曲刚度，计算公式为

$$D = \frac{\pi d_f^4 E_f b}{64 W_f} \tag{10-31}$$

S_j为剪切刚度，计算公式为

$$S_j = \frac{bt' G_z}{L_j}, \quad j = x, y, xy \tag{10-32}$$

对一般碳纤维单向带：d_f 为纤维直径，推荐取 0.007 mm；W_f为纤维间距，推荐取 0.005 842 mm；E_f为纤维杨氏模量，推荐取 255 162 MPa；E_x 为复合材料面板法向拉伸模量，推荐取 $E_x = 0.5 \times (E_{22t} + E_{22c})$；$L_j\,(j = x, y, xy)$为载荷方向铺层有效比例，计算公式为

$$L_x = \mathrm{SPL}_0 + \mathrm{SPL}_{90} \frac{E_{22c}}{E_{11c}} + 0.5\mathrm{SPL}_{45}\left(1 + 2.5 \times \frac{E_{22c}}{E_{11c}}\right) \tag{10-33}$$

$$L_y = \mathrm{SPL}_{90} + \mathrm{SPL}_0 \frac{E_{22c}}{E_{11c}} + 0.5\mathrm{SPL}_{45}\left(1 + 2.5 \times \frac{E_{22c}}{E_{11c}}\right) \tag{10-34}$$

$$L_{xy} = \mathrm{SPL}_{45}\left(1 + \frac{E_{22c}}{E_{11c}}\right) + 0.25(\mathrm{SPL}_0 + \mathrm{SPL}_{90}) \times \left(1 + 2.5 \times \frac{E_{22c}}{E_{11c}}\right) \tag{10-35}$$

式中：SPL_0——0°方向纤维百分比；

SPL_{90}——90°方向纤维百分比；

SPL_{45}——45°方向纤维百分比，计算公式为：$\mathrm{SPL}_{45} = 0.45(1 - \mathrm{SPL}_0 - \mathrm{SPL}_{90})$；

t'——平均单层厚度；

t_f——面板厚度；

N——有效铺层数量；

b——板宽；

t_c——蜂窝夹芯厚度；

E_{cx}——蜂窝法向弹性模量。

2. 面板失稳

面板失稳是面板受面内压（或剪）的局部失稳现象，下述公式对于受反对称载荷为主的夹层结构的受压面的局部失稳同样可适用。

式(10-27)和(10-28)同样适用于面板失稳模式计算，但参数 D,S,和 B 的计算要做相应的更改：

基础刚度 $B = 2E_c / t_c$；

复合材料面板弯曲刚度 $D_j, j = x, y, xy$；

$$D_{ij} = \int_{-0.5t_f}^{0.5t_f} Q_{ij}^{(K)} Z^2 \mathrm{d}z, \quad i, j = 1, 2, 6 \tag{10-36}$$

$$D_x = D_{11}, D_y = D_{22}, D_{xy} = D_{66} = 0.25(D_{11} + D_{22}) + 0.5(D_{12} + 2D_{66}) \tag{10-37}$$

剪切刚度 $S_j, j = x, y, xy$

$$S_x = \frac{D_{11}^2}{\mathrm{DEN1}} \tag{10-38}$$

$$S_y = \frac{D_{22}^2}{\mathrm{DEN2}} \tag{10-39}$$

$$S_{xy} = \frac{D_{66}^2}{\sqrt{DEN1 \times DEN2}} \tag{10-40}$$

式中：

$$DEN1 = \sum_{1}^{N} CA(i) \times t(i)/G_{13}$$

$$DEN2 = \sum_{1}^{N} CB(i) \times t(i)/G_{13}$$

$$\mathrm{CA}(i) = \sum_{1}^{i} Q_{11}(k) \times AB2(k) \times t(k) \quad i_{\max} = N; k = 1,2,\cdots,i$$

$$\mathrm{CB}(i) = \sum_{1}^{i} Q_{22}(k) \times AB2(k) \times t(k) \quad i_{\max} = N; k = 1,2,\cdots,i$$

$$\mathrm{AB2}(k) = 0.5h + \left[t_{\mathrm{f}} - \sum_{1}^{k-1} t(i) - 0.5 \times t(k)\right] \quad k = 1,2,\cdots,N$$

$$Q_{11}(k) = m(k) \times E_L(k)$$

$$Q_{22}(k) = m(k) \times E_T(k)$$

$$m(k) = [1 - \upsilon_{LT}(k) \times \upsilon_{TL}(k)]^{-1}$$

3．面板格间皱折

夹层结构面板蜂窝格间失稳有经验公式

$$\sigma_{cr} = 2\frac{E_{\mathrm{f}}'}{\lambda}\left(\frac{t_{\mathrm{f}}}{S_{\mathrm{c}}}\right)^2 \tag{10-41}$$

式中：$E_{\mathrm{f}}' = \sqrt{E_{1\mathrm{f}} E_{2\mathrm{f}}}$；

$\lambda = 1 - \upsilon_{12}\upsilon_{21}$；

$E_{1\mathrm{f}}, E_{2\mathrm{f}}$——复合材料面板正交轴的弹性模量；

t_{f}——面板厚度；

S_{c}——蜂窝芯格尺寸(蜂窝芯格内切圆直径)。

4．蜂窝夹芯剪切破坏

$$\sigma_{x\mathrm{cr}} = \frac{V_x}{1 + \dfrac{\delta_0 \times B_7 \times \sqrt[4]{B/D_{11}}}{t_{\mathrm{c}} \times \tau_{13b}}} \tag{10-42}$$

$$\sigma_{y\mathrm{cr}} = \frac{V_y}{1 + \dfrac{\delta_0 \times B_8 \times \sqrt[4]{B/D_{22}}}{t_{\mathrm{c}} \times \tau_{23b}}} \tag{10-43}$$

$$\sigma_{xy\mathrm{cr}} = \frac{V_{xy}}{1 + \dfrac{\delta_0 \times \sqrt{B_7 \times B_8} \times \sqrt[4]{B/D_{xy}}}{t_{\mathrm{c}} \times \sqrt{\tau_{13b} \times \tau_{23b}}}} \tag{10-44}$$

$$B_7 = DD_{11}^2/\mathrm{DDEN1}$$

$$B_8 = DD_{22}^2/\mathrm{DDEN2}$$

式中：DD_{11} 和 DD_{22} 为复合材料面板的折算弯曲刚度系数，刚度计算公式为

$$[DD] = [D] - [B][A]^{-1}[B] \tag{10-45}$$

$$B_{ij} = \int_{-0.5t_{\mathrm{f}}}^{0.5t_{\mathrm{f}}} Q_{ij}^{(K)} z\,\mathrm{d}z \quad (i,j = 1,2,6) \tag{10-46}$$

$$A_{ij} = \int_{-0.5t_{\mathrm{f}}}^{0.5t_{\mathrm{f}}} Q_{ij}^{(K)}\,\mathrm{d}z \quad (i,j = 1,2,6) \tag{10-47}$$

$$\mathrm{DDEN1} = 2 \times \mathrm{DEN1} + CA\ (N)^2 \times \frac{t_c}{G_{C13}} \tag{10-48}$$

$$\mathrm{DDEN2} = 2 \times \mathrm{DEN2} + CB\ (N)^2 \times \frac{t_c}{G_{C23}} \tag{10-49}$$

式中：δ_0——面板初始波；

τ_{13b}，τ_{23b}——蜂窝芯法向剪切强度；

V_x——min(面板总体失稳临界应力，面板铺层失稳临界应力，铺层失稳临界应力，面板格间失稳临界应力，取最小值)，x 方向压缩；

V_y——min(面板总体失稳临界应力，面板铺层失稳临界应力，铺层失稳临界应力，面板格间失稳临界应力，取最小值)，y 方向压缩；

V_{xy}——min(面板总体失稳临界应力，面板铺层失稳临界应力，铺层失稳临界应力，面板格间失稳临界应力，取最小值)，剪切。

5. 蜂窝夹芯压塌

$$\sigma_{j\mathrm{cr}} = \frac{V_j}{1 + B\dfrac{\delta_0}{\sigma_{\mathrm{cc}}}},\quad j = x,y,xy \tag{10-50}$$

式中：σ_{cc}——蜂窝夹芯压缩强度；

δ_0——初始面板波；

V_j，$j = x,y,xy$——定义同上。

6. 蜂窝夹芯和面板界面失效

$$\sigma_{j\mathrm{cr}} = \frac{V_j}{1 + B\dfrac{\delta_0}{\sigma_{\mathrm{bt}}}},\quad j = x,y,xy \tag{10-51}$$

式中：σ_{bt}——夹芯面板的胶接强度；

δ_0——初始面板波；

V_j，$j = x,y,xy$——定义同上。

10.3.2 复合材料夹层板总体屈曲分析方法研究

1. 夹层板在轴向压缩载荷作用下的稳定性计算

$$N_{x\mathrm{cr}} = \frac{\pi^2\ (D_{11}D_{22})^{1/2}}{b^2}K \tag{10-52}$$

式中：$N_{x\mathrm{cr}}$——单位宽度上的屈曲轴向压力；

b——板的宽度(加载边)；

D_{11}，D_{22}——复合材料蜂窝夹层板的折算弯曲刚度系数；

K——屈曲系数，是边界条件、刚度及屈曲半波数的函数。计算公式为

$$K(m) = \frac{A_1 + A_2}{1 + A_3 + A_4},\quad m = 1,2,\cdots,N \tag{10-53}$$

2. 夹层板在剪切载荷作用下的稳定性计算：

$$N_{xy\mathrm{cr}} = \frac{4}{b^2}\frac{(D_{11}D_{22}^3)^{1/4}}{1 + 4\left(\dfrac{K'}{K} - 1\right)}K_s \tag{10-54}$$

式中：$N_{xy\mathrm{cr}}$——单位宽度上的屈曲剪力；

K——屈曲系数；

K'用与计算K同样的方法取值，但忽略垂直于面板方向的剪切变形。

K_s 为剪切屈曲系数，由曲线拟合法得到。并满足关系式：

$$\frac{1}{r}=\frac{b}{a}\left(\frac{D_{11}}{D_{12}}\right)^{1/4}\leqslant 1 \tag{10-55}$$

$$B_2=(D_{22}U_{12}+2D_{66})/(D_{11}D_{22})^{1/2}\leqslant 1 \tag{10-56}$$

该方程是参数 B_2 和 r 的函数。

3. 夹层板在压、剪复合载荷作用下的稳定性计算式为

$$\left(\frac{1+R_yC_4}{K''}\right)_{\max}\frac{b^2}{\pi^2(D_{11}D_{22})^{1/2}}=\frac{1}{N_{x\text{cr}}}\left(\frac{R_{xy}}{N_{xy\text{cr}}^0}\right)^2 N_{x\text{cr}} \tag{10-57}$$

式中：R_y 为载荷比，$R_y=N_y/N_x$；R_{xy} 为载荷比，$R_{xy}=N_{xy}/N_x$；$N_{xy\text{cr}}^0$ 为蜂皮夹层平板在剪力 N_{xy} 单独作用下的剪切屈曲载荷。

4. 夹层板总体屈曲有限元分析方法

经过大量计算与实验结果比较，有限元法对夹层结构总体屈曲分析结果良好，它适合于复杂情况。以往手册中给出大量图表由于局限性，实际设计中已很少应用。本手册中不再推荐使用。有限元屈曲分析时，注意以下几点：

(1) 模型网格分割

网格分割粗细应能给出失稳模态，芯子厚度方向取"单层"体元，其余同应力分析无区别。

(2) 载荷与边界条件

1) 四边简支：所有边界 AB，BC，CD，DA 上各点 $WI=0$；角点 $UA=VA=0$，$VB=0$（或 $UA=VA=0$，$UD=0$），如图 10-26 所示。

2) 四边固支：所有边界 AB，BC，CD，DA 上各点 $WI=0$；$UA=VA=0$，$VB=0$（或 $UD=0$）；所有边界点：$\theta_{xi}=\theta_{yi}=0°$。

3) 其他边界条件类似处理：当弹性支持时，对应 W 方向及转角 θ_{xi}，θ_{yi} 给支持弹性刚度；固支边 xi 或 yi 为 0；简支边 $W_i=0$ 或给弹性支持刚度。

(3) 外载施加

如图 10-26 所示，N_x，N_y，N_{xy} 为面内、外载荷，可分到各边的节点上（上、下对应点相同），若各点载荷不等，表示沿各边外载荷是变化的，可很方便模拟各种外载荷，为了边界条件模拟方便，外载荷尽量为平衡力系。

(4) 临界稳定载荷

临界稳定载荷为
$$N_{i\text{cr}}=\lambda(N_i)_{\min}$$

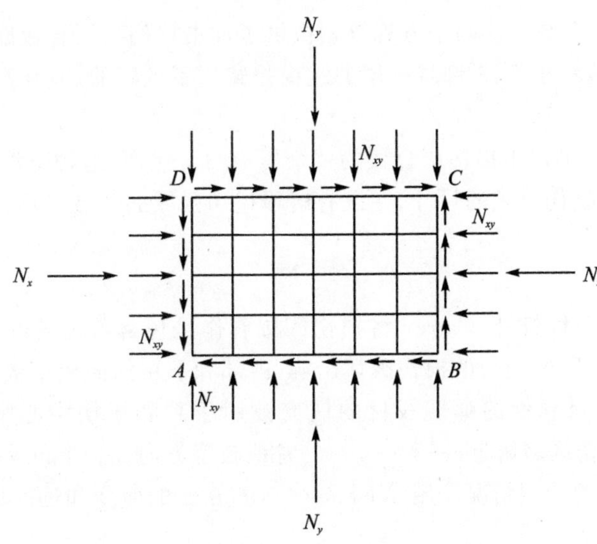

图 10-26　有限元网格

10.3.3 算例夹层板稳定性分析

已知：面板铺层[0°/90°/0°]；单层材料性能为：$E_{11}=142.0$ GPa，$E_{22}=9.8$ GPa，$G_{12}=4.3$ GPa，$\nu_{12}=0.34$；单层厚度 $t=0.125$ mm；蜂窝夹芯厚度 $c=5$ mm；蜂窝格子边长尺寸 $b=3$ mm；求面板的蜂窝芯格间屈曲应力。

计算过程：

1）计算面板有效弹性模量及泊松比，得

$$E_{xf}=98.5\ \text{GPa},E_{yf}=54.2\ \text{GPa},\nu_{xy}=0.034,\nu_{yx}=0.0619$$

2）$E'_f=\sqrt{E_{xf}E_{yf}}=\sqrt{98.5\times 54.2}\,\text{MPa}=73\,066.4$ MPa

3）$\lambda=1-\nu_{xy}\nu_{yx}=1-0.0619\times 0.034=0.9979$

4）蜂窝芯格间屈曲应力

$$S_c=\sqrt{3}b$$

$$\sigma_{cr}=2\frac{E'_f}{\lambda}\left(\frac{t_f}{S_c}\right)^2=2\times\frac{73\,066.4}{0.9979}\times\left(\frac{0.375}{3\times\sqrt{3}}\right)^2\ \text{MPa}=763\ \text{MPa}$$

10.4 夹层板损伤容限分析

10.4.1 Lie 模型

Lie 用经验和分析相结合的方法分析了复合材料层合板冲击损伤的剩余强度。这种方法将损伤的面板视为弹性梁来处理。临界纵向屈曲载荷可以通过完好（未损伤的）层合板的欧拉屈曲分析来获得。未损伤的临界纵向屈曲载荷 P_{cr}，与未损伤的临界屈曲应力 σ_{cr} 和横截面积 A 之间的公式为

$$\sigma_{cr}=P_{cr}/A \tag{10-58}$$

损伤夹层板的屈曲应力是由面板的缺口敏感性决定的，对于缺口不敏感的铺层，临界破坏屈曲应力公式为，其式为

$$\sigma_{cr,dam}=\sigma_{cr,undam}\frac{A_{dam}}{A_{undam}} \tag{10-59}$$

对于缺口敏感的铺层，马林（Mar－Lin）关系（起初用于拉力研究）被用于判断屈曲应力（公式 10－60）。

$$\sigma_{cr}=H_c(d)^{0.28} \tag{10-60}$$

式中：d 是损伤宽度，H_c 是马林系数。这两个方程分别提供了冲击损伤的层合板屈曲载荷的上下边界。

对于面内压缩，试验数据显示出±45°纤维铺层的表皮是缺口不敏感的，而 0°/90°纤维铺层的表皮对缺口是敏感的。

Lie 的这种方法成功地分析了冲击损伤层合板的残余压应力。然而，这种方法不能包括许多重要的压缩失效机制。这种方法仅仅考虑了损伤区域的尺寸，并没有解释损伤区域的扩展机理。

10.4.2 Cairns 模型

为了分析层合板冲击后的压缩性能，Cairns 将损伤区域看作是包含各向异性面板的椭圆形区域。假设冲击导致损伤区域刚度的降低，只研究面板的损伤破坏影响，内部和下层的面板不被考虑在内。

Lekhnitskii 的方法计算各项异性的弹性板材的应变被用于判断损伤中心附近的应变方向。Whitney－Nuismer 的方法用于判断在损伤区域附近（图 10－27）的特征长度方向（a_0）上的平均应变大小。这个特征长度方向依赖于材料的属性和面板的铺层情况。用 Whitney－Nuismer 的应变和远区域应变方程：

$$S.R. = \frac{\varepsilon_x^0}{\frac{\int_0^{a_0} \varepsilon(x, y) \mathrm{d}r}{a_0}} \tag{10-61}$$

来计算应变率 S. R. 。

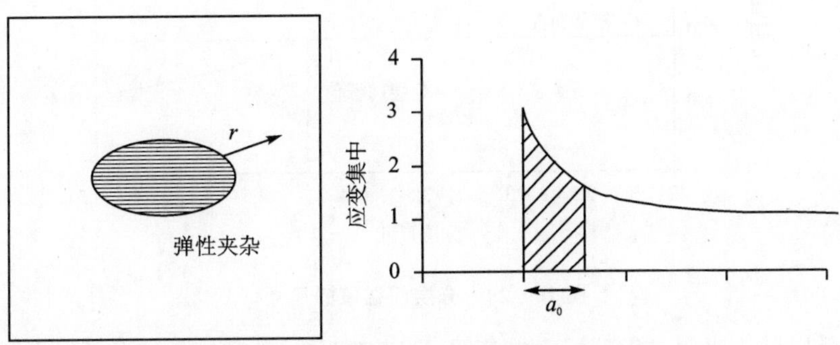

图 10-27 WHITNEY-NUISMER 模型中的应变集中

这个矢量的方向使应变率最低。损坏层合板的极限强度是由这个最低应变率和未破坏层合板的极限强度来决定的,即

$$\sigma_{\text{ult,damage}} = \sigma_{\text{ult,undamage}} \times \text{S. R.} \tag{10-62}$$

Cairns 的这种方法在研究损坏面板的扩展区域的影响时是非常有用的。但是,这种方法仅适用于层合板的拉伸。

10.4.3 Kassapoglou 模型

Kassapoglou 的早期工作认识到夹层板的损伤行为受破坏区域材料性能的改变和破坏区域几何结构的改变的影响。他简化了分析,通过将损伤区域视作是单层等效模型。这个等效层位于靠近芯子的铺层和邻近的最敏感的铺层之间。包含等效分层的模型样本在极限载荷条件下的失效与样本事实上的冲击破坏损伤是等效的(见图 10-28)。这个等效分层大于实际上的冲击分层。

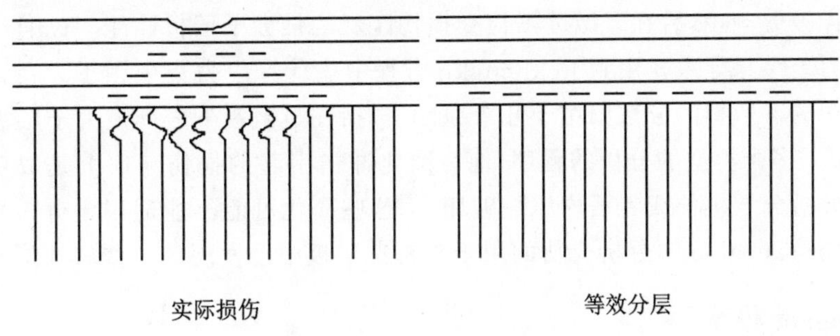

图 10-28 等效分层模型

在这个简化中,特征屈曲分析被用于确定等效分层的屈曲载荷。后屈曲分析被用于计算沿着等效分层边上的点上的剪应力。失效准则是基于内部树脂层的许用剪应力和分层扩展。在层合板中的载荷增长直至内部树脂层有一个点破坏。这个载荷假定是与最终的失效相关的。

Kassapoglou 还讨论了分层门槛值的概念,定义为从宏观柱屈曲到宏观分层屈曲的层合板模型失效的分层尺寸。这个分层门槛值尺寸在没有压缩载荷的层合板宏观行为上,可提供最大分层尺寸。

通过实验,Kassapoglou 论证了对于一个给定的材料和破坏尺寸(可检测门槛值 TOD),相等分层尺寸对于分层门槛值是独立的。可检测的层合板剩余强度是通过实验来确定的。这些剩余强度值跟相等分层的层合板

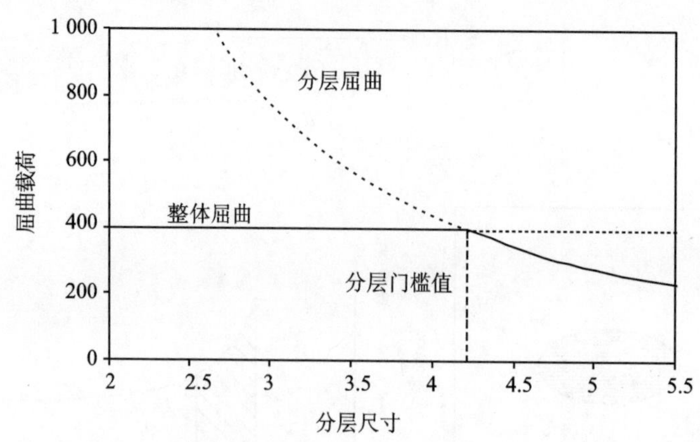

图 10-29 分层门槛值的尺寸

模型是匹配的。相等分层尺寸比例对于分层门槛值尺寸 ET(见图 10-29)计算的平均值为 1.22(7.2%的变化范围)。这些值对于在 E7K8 树脂中的 AS4 纤维具有可检测的门槛值破坏(对于多种铺层)。恒定的 ET 比率对于冲击损伤(BVID)而言,暗示在面内的应力集中(SCF)。Kassapoglou 后来的工作中用它来分析单向板压缩失效而不是分层生长。Kassapoglou 证实应力集中因子与 ET 比例的平方是相等的。他而后试图去证实具体破坏水平(例如冲击损伤)的恒定应力集中因子,其式为

$$\mathrm{SCF} = \frac{\text{破坏的极限强度}}{\text{未破坏的极限强度}} \tag{10-63}$$

应力集中因子的计算是通过利用 Lekhnitskii 研究出来的用于正交各向异性的板子模型方法来实现的。为了计算应力集中因子,需要知道破坏区域的刚度相对于未破坏区域的刚度比例。这个刚度比例确定是通过划分破坏区域的最大子层板的屈曲应力。这是基于假定在破坏区域的应力是线性增长的直到最大子层板屈曲变形,而后破坏区域的应力保持恒定。

$$E_{\mathrm{d}} = \alpha \cdot E_{\mathrm{ud}} \tag{10-64}$$

$$\alpha = \frac{\text{最大子层板的屈曲应力}}{\text{未破坏的极限应力}} \tag{10-65}$$

冲击损伤的试样被分割,然后在显微镜下检查损伤区域的最大子层板性能。Kassapoglou 的方法被用于确定子层板的屈曲应力。结果导致 α 用到 Lekhnitskii 方程中去计算应力集中因子。在计算应力集中因子方面,结果或多或少是成功的。数据的分散归结于几个原因,包括在显微镜下表征最大子层板的困难。

Kassapoglou 用了多个类型的分析的程序,他在简化冲击引起的损伤破坏上是成功的(等效分层尺寸或最大子层板分别对应分析分层生长或者面内压缩破坏)。这些简化可能不能适用于分析别的冲击后压缩行为,例如缺口破坏生长。Kassapoglou 的分析成功的用于分析夹层板中已发现的一些破坏形式的极限载荷。

10.4.4 Minguet 模型

Minguet 注意到低能量冲击损伤对于薄的层合板面板来说,导致表皮区域残余压痕,在冲击损伤区域下方的芯子区域屈曲破坏。他也观测到层合板的压缩行为,显示出了裂纹扩展的失效模型。他选择了在面板中有破坏芯子的起始压痕模型(见图 10-30)。

表皮层用 Von-Karman 的板方程来模型化,同时芯子作为一个正交各向异性的实体被包括进去。破坏区域的核心要求平面外的应力为 0,导致面板没有支撑。除此之外,芯子区的非线性的应力-应变特性也包括在模型中。

层合板的压缩特性是由一系列前后表皮中性轴的位移情况决定的。压缩失效认为是由压痕的不稳定扩展导致的。Minguet 用了一些实验数据证实了他的分析方法的正确性。Minguet 的模型并未成功的捕捉到实验

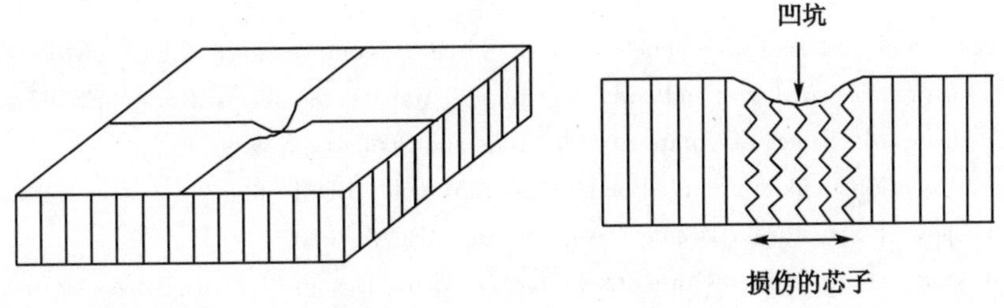

图 10－30　MINGUET 损伤模型

中观测到的侧面压痕扩展。这个模型确实包含了一些破坏性能的重要方面，但是因冲击损伤引起的表皮破坏(分层，基体破裂)并未考虑在内。

10.4.5　Tsang 模型

Tsang 意识到需要一个模型，用来同时分析表皮和芯子冲击损伤的残余强度。在 Tsang 的工作中，表皮和芯子的损伤影响都考虑在内。测试的基体包括未破坏的层合板，由静态压痕引起破坏的层合板，模拟由静态压痕引起的(铺层之前)核心破坏的层合板，模拟由表皮裂缝引起的表皮破坏的层合板。对于破坏的层合板和模拟破坏的芯子，用力作为控制变量进行静力学分析。用三个不同尺寸的压头对试验样品造成损失破坏。从破坏表皮中单独分离出破坏芯子的影响，模拟芯子破坏的层合板静力学复杂程度要高于粘合的表皮，静压痕的层合板被分成几部分，芯子的破坏程度可以被评估。在破坏的层合板中，芯子的回弹能被观测到(由表皮的线性回弹引起的)。

用一个特殊的 3 mm 壁厚的半球固化板来完全固化层合板，得到了结构复杂但未破坏的表皮。模拟表皮破坏在固化之前受表皮上切开的两个裂缝的影响。这些裂缝的尺寸是由观测到的层合板的表皮破坏来确定的。当是压缩载荷时，破坏的层合板出现了垂直载荷方向的裂缝为扩展。扩展最初是稳定的。当扩展迅速沿着层合板边沿的宽度方向进行时产生失效。与复杂的层合板相同，模拟芯子破坏的层合板具有相同的失效机制；然而，破坏扩展载荷与失效载荷要高于只模拟核心破坏的层合板。fracture 不同的失效机制存在于只模拟表皮破坏的的层合板中。在失效之前没有面外的变形。最终失效在宽度方向是破坏性的。

Tsang 用 Minguet 改进的方法来分析冲击损伤层合板的冲击强度。芯子用两个参数(而不是一个正交各向异性的实体)来模型化。因为最终的失效是由破裂导致的，最大应力失效标准用来分析极限强度(而不是不稳定的凹痕扩展)。底部的表皮在分析中没有考虑。Tsang 对于 Minguet 方法的改进在模型化实验中侧面压痕生长方面是成功的。这个方法也有类似的不足，它不能应用在包括表皮材料的冲击损伤实例中。

参考文献

[1] 中国航空研究院. 复合材料结构设计手册[M]. 北京：航空工业出版社，2001.

[2] 益小苏，杜善义，张立同. 复合材料手册[M]. 北京：化学工业出版社，2009.

[3] Composite stress manual，AEROSPATIALE，Technical Manual MTS 006 Iss. B，1999

[4] Achilles Petras. Design of sandwich structures. PhD thesis. 1998

[5] Elastic wrinkling of sandwich columns and beams with unbalanced laminated fibre reinforced，ESDU 88015

[6] Wrinkling of sandwich panel face plates (isotropic face plates on orthotropic cores，in－plane loading or bending)，ESDU 88032a

[7] Elastic wrinkling of sandwich columns and beams with unbalanced laminated fibre reinforced，ESDU 87013

[8] Buckling loads in shear of flat sandwich panels (isotropic face plates and corrugated cores，all edges clamped)，ESDU 68032

[9] Local instability of bonded corrugated－core sandwich panels under longitudinal compression (symmetrical cores with i-

dentical face plates), ESDU 68037

[10] Local instability of truss core sandwich panels under longitudinal compression, ESDU 80010

[11] Sandwich panels with corrugated core and equal face plates, transverse shear stiffness, ESDU 07.03.01

[12] Jean - Marie Berthelot, Mechanics of Composite Materials and Structures, 1999

[13] Inelastic buckling equations and solutions, Boeing Design Manual, BDM - 6050

[14] Introduction to sandwich structures, Boeing Design Manual, BDM - 6700

[15] Flat honeycomb sandwich structures with isotropic faces, Boeing Design Manual, BDM - 6710

[16] Flat honeycomb sandwich structures with similar orthotropic faces, Boeing Design Manual, BDM - 6712

[17] Curved honeycomb sandwich structures with isotropic faces, Boeing Design Manual, BDM - 6714

[18] R Clifton Moody, Anthony J Vizzini. Damage Tolerance of Composite Sandwich Structures. DOT/FAA/AR - 99/91, 2002

[19] Review of Damage Tolerance for Composite Sandwich Airframe Structures. DOT/FAA/AR - 99/49

第 11 章　复合材料连接结构分析方法

11.0　符号说明

符号	单位[①]	物理意义
E_1	MPa	搭接板一模量
E_2	MPa	搭接板二模量
G_c	MPa	胶层剪切模量
E_{xt}	MPa	层合板纵向拉伸弹性模量
σ_t^N	MPa	螺栓孔处的净截面应力
σ_m	MPa	挤压应力
σ_R	MPa	材料许用应力
σ_b	MPa	无缺口层合板拉伸强度
σ_{br}	MPa	被研究受载孔的挤压应力
σ_{net}	MPa	由旁路载荷引起的净载面拉伸应力
σ_{bru}	MPa	挤压破坏强度
σ_{out}	MPa	拉脱破坏载荷
$[\sigma]$	MPa	层合板许用拉伸应力
$[\varepsilon]$	1	层合板拉伸许用应变
τ_m	MPa	胶层平均剪切应力
τ_a	MPa	许用剪切应力
τ_x	MPa	胶层中剪切应力
τ_M	MPa	胶层中最大剪切应力
τ_{a_m}	MPa	胶层的许用平均剪切应力
τ_{a_M}	MPa	胶层的许用最大剪切应力
M	N·mm	次级力矩
N_y^N, N_x^N	N	净截面载荷
F	N	挤压/拉伸载荷

① 本书的量和单位以中华人民共和国国家标准为准。考虑到在实际设计工作中，很多资料(尤其是外版资料)大量应用英制单位，为方便读者使用，亦保留部分英制单位。

符号	单位	物理意义
F_1	N	中心处传递的载荷
F_r	N	失效载荷
ΔF_i	N	每阶传递的载荷
P_{ult}	MPa	拉脱破坏载荷
P_i	N	第 i 个钉的载荷
$P_{i,i+1}^{A}$	N	第 i 和 $i+1$ 个钉之间板 A 的轴向载荷
Δ_i	mm	第 i 个钉的剪切引起的位移
$\Delta_{i,i+1}^{A}$	1	第 i 和 $i+1$ 个钉之间板 A 的长度变化
K_i^s	MPa	第 i 个钉的剪切刚度
$K_{i,i+1}^{A}$	MPa	第 i 和 $i+1$ 个钉之间板 A 的轴向拉伸刚度
E_x^A	MPa	第 i 和 $i+1$ 个钉之间板 A 的轴向拉伸弹性模量
W^A	mm	第 i 和 $i+1$ 个钉之间板 A 的有效宽度
t^A	mm	第 i 和 $i+1$ 个钉之间板 A 的有效厚度
L^A	mm	板 A 第 i 和 $i+1$ 个钉之间的间距
K_{br}	1	受载孔挤压应力集中减缩系数
C	1	应力集中减缓因子
D	mm	螺栓直径
S_f	mm^2	螺栓沉头的面积
e	mm	层合板厚度
P	mm	螺栓间距
D	mm	紧固件直径
t	mm	层合板厚度/搭接元件中线间的距离
h	mm	搭接区宽度
l	mm	搭接区长度
e_c	mm	胶层厚度
e_1	mm	搭接板一厚度
e_2	mm	搭接板二厚度

11.1　复合材料螺栓连接分析

11.1.1　复合材料螺栓连接分析方法介绍

连接设计和分析是结构设计的重要内容之一。复合材料结构连接部位的设计和强度分析具有与金属材料结构连接部位不完全相同的内容和特点，有些方面与金属材料结构有着本质的差别，而且影响复合材料连接强度的因素要复杂得多。这些特点决定了复合材料连接强度问题变得更复杂，解决其静强度和疲劳强度更为困难，必须予以足够的重视。同时这些特点也表明复合材料的连接强度具有较强的可设计性。

复合材料连接主要可分为机械连接、胶接和混合连接三种类型。其中机械连接主要指螺栓连接和铆钉连接，胶接是指通过胶黏剂再次进行胶接固化使它们连接成一个整体制件，混合连接指胶铆或胶螺连接。胶接和机械连接是最常用的两种连接形式。一般来说，胶接适用于传递载荷较小的部位，机械连接用于传递较高载荷或强调可靠性的部位，胶铆（螺）混合连接较少采用。

11.1.2　复合材料螺栓连接分析方法

很难设想一个结构不含有某种类型的连接。连接通常出现在复合材料主要部件与金属部件或零件的过渡区域；在将结构的各个组成部分装配成结构时也要采用胶接或者采用机械连接或者兼而有之；此外，在对损伤结构进行更换修理时也使用了连接。在主承力区以及复合材料与金属连接区，机械连接仍是不可替代的。由于设计、工艺和使用维护等方面的需要或限制，必须安排一定的设计和工艺分离面、维护口盖和多种外挂接口等，这些部位仍然必须采用机械连接。所以机械连接设计在复合材料结构中仍然是必不可少的关键环节。

一般来说，连接是结构设计中最富有挑战性的任务之一。由于复合材料的各向异性、脆性以及非均质性等固有特点，使得复合材料连接部位的失效模式更为复杂，其损伤扩展特点和断裂性能等都与金属材料有着很大的差别。由于孔的存在，复合材料纤维被切断，复合材料元件孔边的应力分布更为复杂，应力集中程度高，导致强度下降严重。因此，与金属结构相比，复合材料的连接部位是更为复杂、也更为薄弱的环节。

在复合材料结构设计中尤其是这样。这是由于：除了某些理想化的胶接连接形式，比如相似材料间的斜面连接之外，连接必然引起结构几何形状的中断，通常是材料的不连续，从而产生局部高应力区。机械连接的应力集中是非常严重的，因为，连接元件间的载荷传递不得不发生在一小部分可利用区域上。在金属结构中，对于机械连接随载荷的增加通常可以依靠局部屈服消除应力峰值的影响。在有机基复合材料中，认为这种应力减少的影响只有很少的程度，而且必须考虑由弹性应力分析预计出现的峰值应力，特别是对于一次性单向加载。

11.1.3　复合材料机械连接的破坏模式

机械连接条件下复合材料构件的破坏模式可以分为基本型和组合型两类，基本型破坏模式包括：层合板钉孔的挤压破坏，钉孔净截面的层合板拉伸破坏，层合板的剪切破坏，层合板的劈裂和层合板拉脱破坏，见图 11－1 机械连接单一型破坏模式。组合型破坏模式包括：层合板的拉伸-剪切（或劈裂）破坏，层合板的挤压-拉伸破坏，层合板的挤压-剪切破坏和层合板的挤压-拉伸-剪切破坏等，见图 11－2。紧固件的破坏模式包括紧固件的弯曲失效、剪断和拉伸破坏等。

在层合板的基本型破坏模式中，前三种与金属材料一样，后两种在复合材料连接中易出现。劈裂和剪切破坏是两种低强度破坏模式，在结构设计中应防止发生。挤压破坏是局部性质的，通常不会引起复合材料结构灾难性破坏，并且承载能力最高是设计预期的可能破坏形式。对于单排钉连接，从既要保证连接的安全性又要提高连接效率出发，应尽可能使机械连接设计产生与挤压型破坏有关的破坏模式。多排钉连接一般为拉伸型破坏。

机械连接的破坏模式主要与其几何参数和纤维铺叠方式有关。如果 W/D(板宽/孔径)过小则发生拉伸破坏,如果 e/D(端距/孔径)过小则发生剪切破坏。特别指出,如果被连接的层合板 0°层含量过多则发生劈裂破坏,增大端距无济于事。当铺层合理,W/D 和 e/D 足够大时发生挤压破坏。当板厚度与钉直径之比较大时,则可能发生紧固件的弯曲失效和剪断破坏。

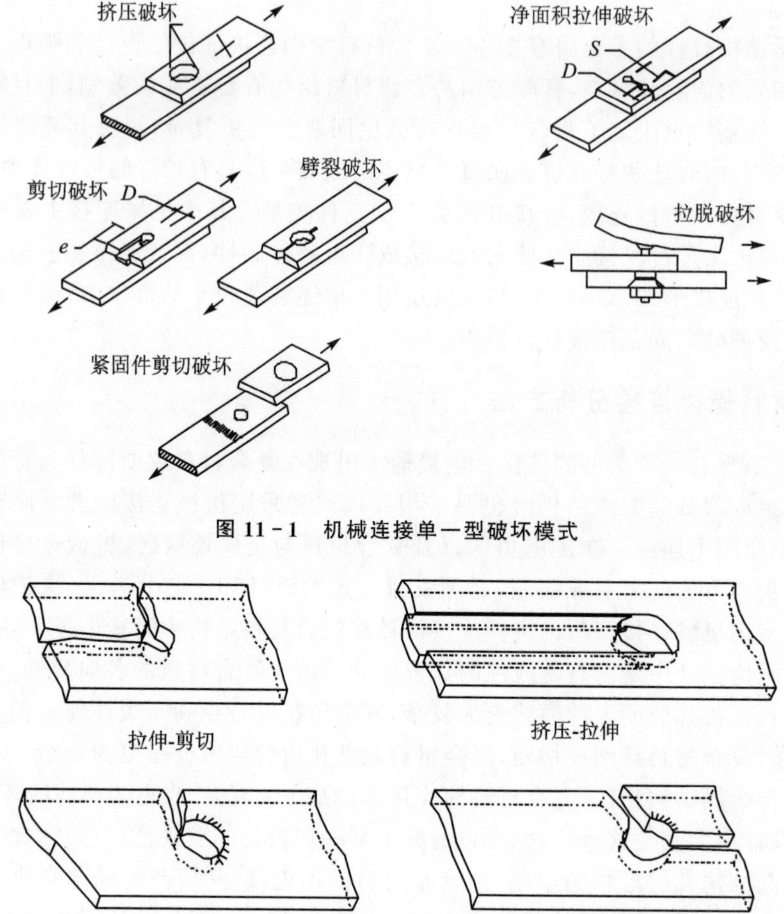

图 11-1 机械连接单一型破坏模式

图 11-2 机械连接组合型破坏模式

11.1.4 单钉连接强度校核方法

为获得所设计的连接区安全裕度,在确定了钉载比例之后,可以选取危险部位的钉孔和受力截面进行强度校核。由于复合材料层合板连接失效模式的多样性,其强度校核应包括各种可能的单一型和混合型失效模式的强度分析。下面根据各种失效模式给出了连接区层合板在面内载荷作用下的强度分析公式。分别为层合板孔边挤压强度、层合板钉孔截面的净截面拉伸强度、受压孔前端的层合板剪切强度、劈裂强度和层合板劈裂-拉伸混合破坏强度。

本节的方法主要用来计算通过螺栓连接的含孔层合板挤压应力及强度,施加载荷的形式为面内载荷。由于复合材料层合板连接失效模式的多样性,其强度校核应包括各种可能的单一型和混合型失效模式的强度分析。下面根据各种失效模式给出了连接区层合板在面内载荷作用下的强度分析公式。分别为层合板孔边挤压强度、层合板钉孔截面的净截面拉伸强度、受压孔前端的层合板剪切强度、劈裂强度和层合板劈裂-拉伸混合破坏强度。

1. 层合板强度校核(挤压强度校核)

当层合板孔边挤压应力达到或超过许用挤压强度时,层合板发生挤压破坏,如图 11-3 所示。挤压强度计算式为

$$\sigma_{br} = \frac{P}{D \cdot t_e} \leqslant [\sigma_{br}] \tag{11-1}$$

式中:σ_{br}——挤压应力;

P——外载;

D——孔径;

t_e——钉孔处板的有效厚度;

$[\sigma_{br}]$——许用挤压强度。

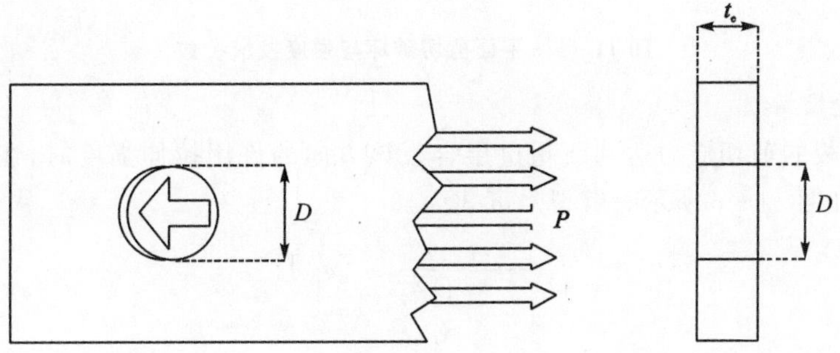

图 11-3　挤压破坏与挤压强度校核参数

2. 净截面拉伸强度校核

当孔中心截面的拉伸应力达到或超过层合板该方向的许用拉伸/压缩强度时,层合板发生垂直于载荷方向的净截面拉伸破坏,如图 11-4 所示。净截面拉伸强度计算式为

$$\frac{P}{(W-D) \cdot t} \leqslant [\sigma_{tx}] \tag{11-2}$$

式中:W——板宽或钉间距;

$[\sigma_{tx}]$——开孔层板 x 方向(承载方向)许用拉伸强度。

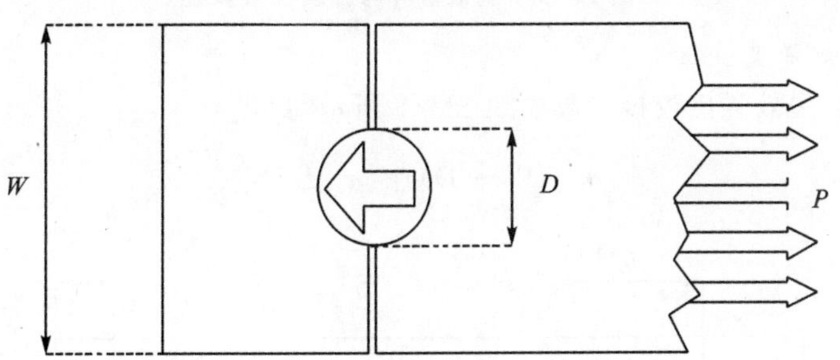

图 11-4　净截面拉伸破坏与强度校核参数

3. 平面剪切强度校核

当受载孔前端层合板的剪切应力达到或超过层合板该方向的许用剪切强度时,在层合板钉孔前方发生沿载荷方向的剪切破坏,如图 11-5 所示。剪切强度表达式如下:

$$\frac{P}{2(L-0.35D)t} \leqslant [\tau_s] \tag{11-3}$$

$$\frac{P}{2Lt} \leqslant [\tau_s] \tag{11-4}$$

式中：L——端距；

$[\tau_s]$——层板许用剪切强度。

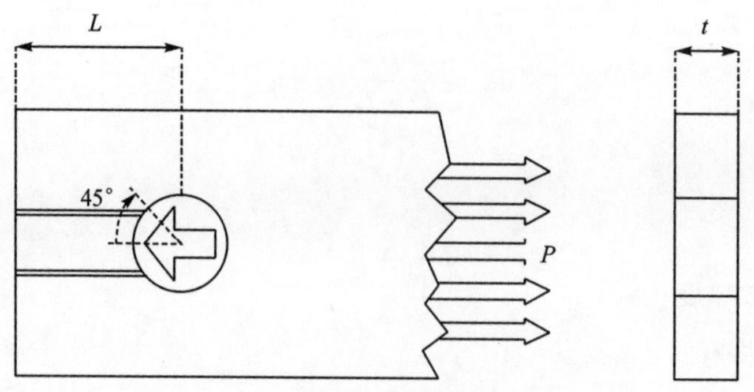

图 11-5　平面剪切破坏与强度校核参数

4. 层合板劈裂强度校核

当受载孔前端层合板的剪切应力达到或超过层合板该方向的许用拉伸强度时，在层合板钉孔前方发生沿载荷方向的劈裂破坏，如图 11-6 所示。劈裂强度式为

$$\frac{P}{\left(L-\dfrac{D}{2}\right)t}\leqslant[\sigma_{ty}] \tag{11-5}$$

式中：$[\sigma_{ty}]$——层板 y 方向许用拉伸强度。

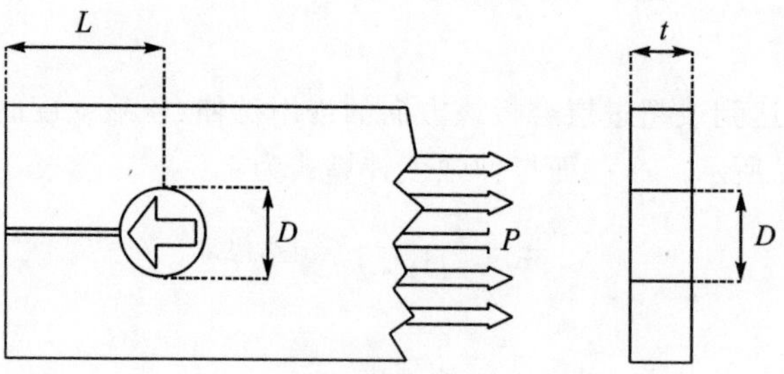

图 11-6　劈裂破坏与强度校核参数

5. 劈裂-拉伸组合失效强度校核

层合板劈裂-拉伸组合失效强度校核参数如图 11-7 所示，其式为

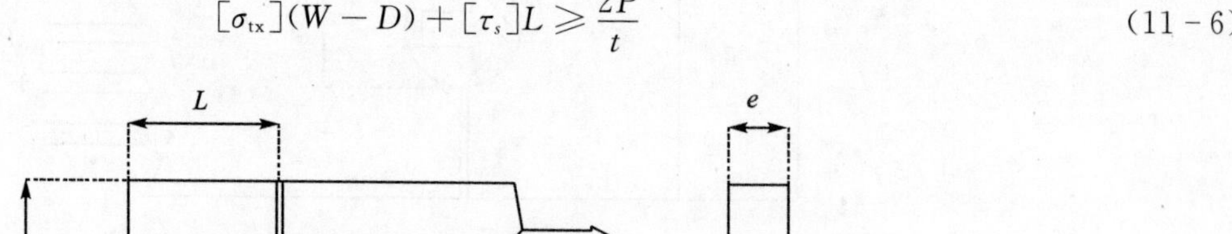

$$[\sigma_{tx}](W-D)+[\tau_s]L\geqslant\frac{2P}{t} \tag{11-6}$$

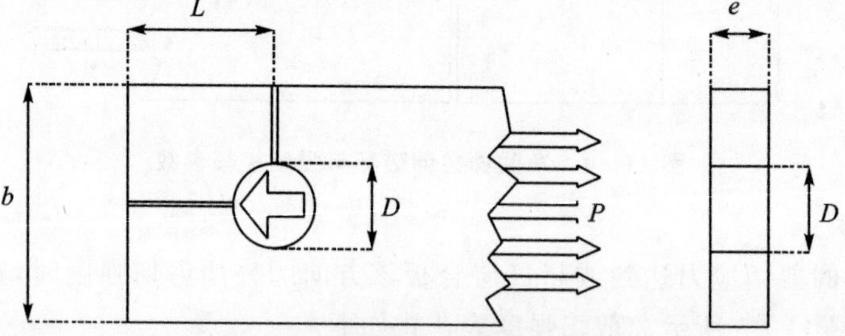

图 11-7　劈裂破坏与强度校核参数

6. 紧固件强度校核

(1) 紧固件剪切失效强度校核参数如图 11-8 所示。

单剪连接紧固件的剪切强度计算式为

$$\frac{4P}{\pi D^2} \leqslant [\tau_f] \tag{11-7}$$

式中：$[\tau_f]$——紧固件许用剪切强度。

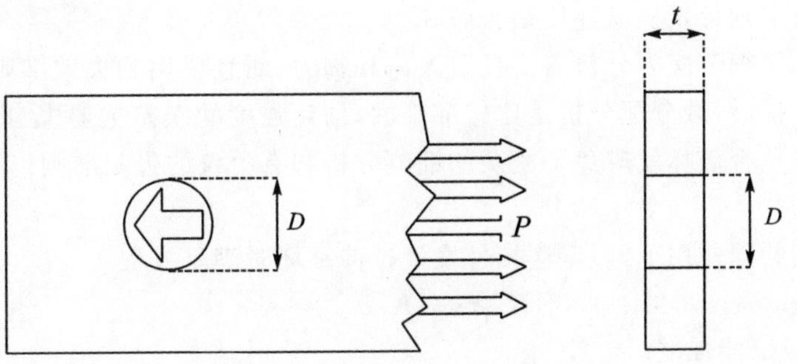

图 11-8　紧固件剪切强度校核参数

(2) 紧固件弯曲失效强度校核

传统的紧固件尺寸设计指南一般基于紧固件的剪切强度和许用的 d/t（钉径/板厚）比值的限制。然而，这种方法有时欠安全，有时过分保守，这与被连接板的相对尺寸和传递载荷的搭接板的材料有关。现介绍更广泛适用的选取紧固件尺寸方法，它考虑了被连接板的挤压强度、紧固件的剪切强度和螺栓弯曲破坏的可能性，见图 11-9。假设弯曲破坏既与面板又与搭接板的 d/t 有关。

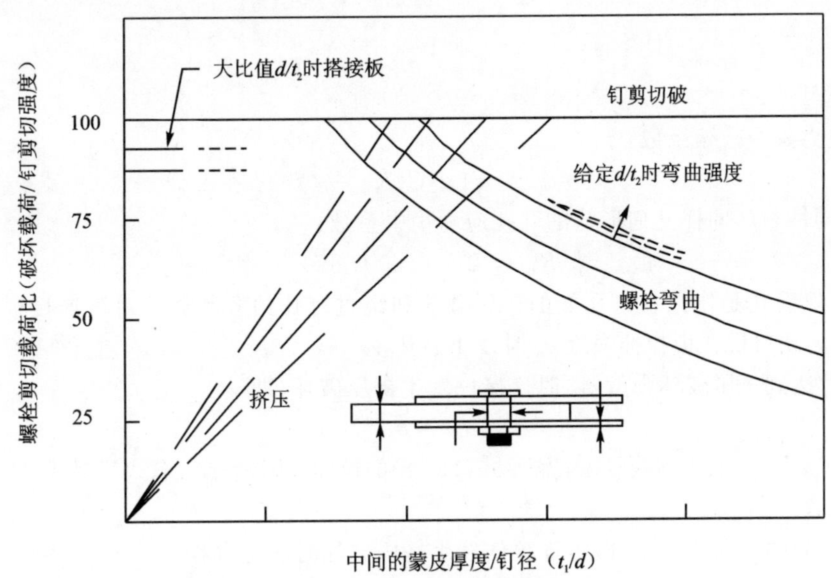

图 11-9　单排连接许用值

图 11-9 的曲线仅针对双剪连接，除了中间面板的挤压许用值以 MPa 单位计量外，其余均是量纲一的。该图表明，对于较小的 d/t_2 值（t_2 是一块搭接板的厚度），d/t_1 值（t_1 是中间面板的厚度）大约为 1.0 时使复合材料连接的挤压许用应力值达到最大。弯曲破坏曲线表明，对于较低的 d/t 值，包括面板和搭接板，螺栓的弯曲破坏可能发生在被连接板的挤压强度与紧固件的剪切强度的比值较低的情况。随着比值 d/t_2 的增大，由于偏心较小，螺栓弯曲破坏的可能性减小，于是紧固件的剪切强度就成为限制因素。最后，当比值 d/t_2 变得很大时，搭接板的挤压强度成为强度截止线，如图 11-9 左上部的虚线所示。还应注意到，图上的螺栓弯曲曲线只是近似

的，当获得更多的试验数据时还需要进行修改。除了必须单独计算的净剖面破坏模式以外，所有其他可能的破坏模式都画在这个图上。

11.1.5 复合材料单钉连接经验分析方法

复合材料结构机械连接传统的静力分析一般方法是，首先用有限元或其他方法确定各个钉孔处的挤压载荷和旁路载荷后，然后选择受载较严重的一些钉孔，逐个进行细节分析，以便得到钉孔区域的应力分布，最后利用破坏假设和材料的失效准则评定机械连接是否破坏。

这种方法的弊端是不仅细节应力分析需要耗费人力和物力，而且要用到失效准则，但至今还没有一种公认有效的失效准则。一般来说，钉载分配分析是比较准确的，估算强度的误差主要来自失效准则。采用由试验得到的破坏包线来判断连接是否破坏就避免了繁杂的细节分析和有争议的失效准则。

1. 拉伸载荷情况

在挤压和旁路载荷的共同作用下，假定连接件发生拉伸破坏时满足方程

$$K_{bc}\sigma_{br} + K_{tc}\sigma_{net} = \sigma_b \tag{11-8}$$

式中：σ_b——无缺口层合板拉伸强度；

σ_{br}——被研究受载孔的挤压应力；

σ_{net}——由旁路载荷引起的净载面拉伸应力；

K_{bc}——受载孔挤压应力集中减缩系数：

$$K_{bc} = \frac{1 + C\left[1 + W/D - 1 - 1.5 \times \dfrac{W/D - 1}{W/D + 1} \times \theta\right]}{W/D - 1} \tag{11-9}$$

W —— 单列多排钉试件板宽，多列多排钉试件的钉间距；

D ——试件孔径；

θ——可取1.0；

C——应力集中减缓因子；

K_{tc}—— 开孔拉伸应力集中减缩系数：

$$K_{tc} = 1 + C(K_{te} - 1) \tag{11-10}$$

式中：K_{te}—— 各向同性材料同样几何形状的开孔应力集中系数：

$$K_{te} = 2 + (1 - D/W)^3 \tag{11-11}$$

式(11-8)的左边可以看作是作用在钉孔处的挤压载荷和绕过钉孔的旁路载荷对被连接板拉伸应力所产生贡献的总和，当其达到无缺口层合板拉伸强度 σ_b 时发生破坏。

另外当挤压应力达到挤压破坏强度 σ_{bru} 时连接件发生挤压破坏，即

$$\sigma_{br} = \sigma_{bru} \tag{11-12}$$

破坏包线如图11-10(a)所示，其中斜线段代表满足式(11-8)的拉伸破坏，平直段代表满足式(11-12)的挤压破坏。

2. 压缩载荷情况

在挤压和旁路载荷的共同作用下，假定连接件发生挤压破坏时满足方程

$$\sigma_{br} + \sigma_{net} = \sigma_{bru} \tag{11-13}$$

连接件发生压缩破坏时满足方程(11-14)

$$K_{tc}\sigma_{net} = \sigma_c \tag{11-14}$$

式中：σ_c——无缺口层合板压缩强度。

当缺乏填充孔的 K_{tc} 值时，可取受拉开孔的 K_{tc} 值和1的平均值。破坏包线如图11-10(b)所示，其中斜线段代表满足式(11-12)的挤压破坏，垂直线段代表满足式(11-13)的压缩破坏。

3. 应力集中减缓因子 C

应力集中减缓因子 C 考虑了复合材料特有的各向异性、不均匀性、非线性和损伤等材料特性，C 值由复合

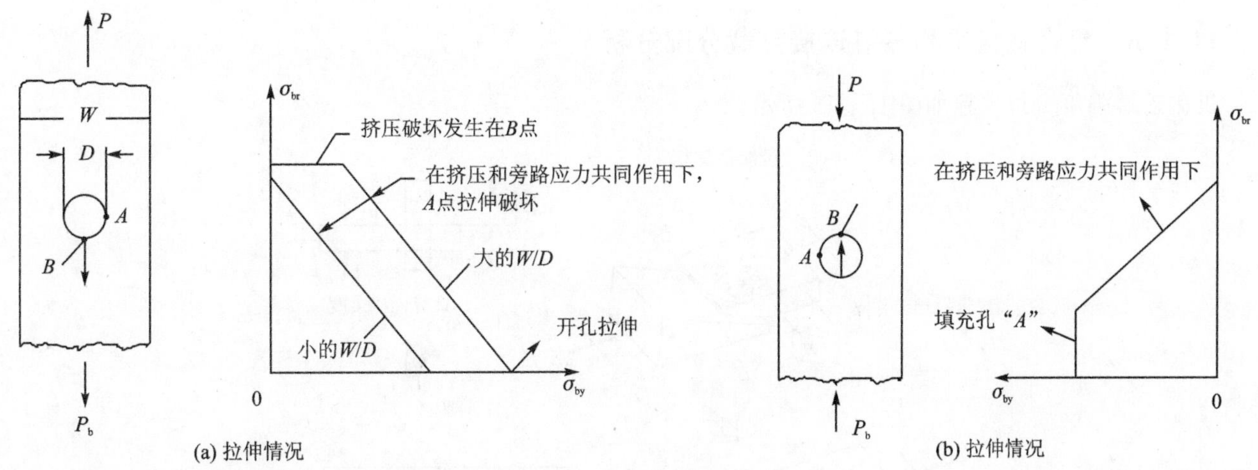

图 11-10　破坏包线

材料试件的实验结果确定。应力集中减缓因子 C 值的取值是应用经验方法的关键。由于各向同性材料开孔和受载孔的应力集中系数是已知的，只要 C 值确定了，通过线性关系就可以求得复合材料应力集中折减系数，从而可以估算连接强度。图 11-11 给出了根据单钉连接大量常温试验结果得到的 C 值随铺层变化的曲线。曲线主要根据 HT3/QY8911 的试验数据，同时也参照了 HT3/5222 和 HT3/4211 的试验结果，图中标注了机械连接的试验参数。

C 值一般在 0～1.0 之间，如果层合板的 0°层比例太大，±45°层比例太少，C 值将大于 1，失去了应力集中减缓因子的意义；但仍可用来预示单钉连接强度。如果缺乏试验数据，对于碳纤维树脂基体复合材料，在推荐的连接区铺层范围内，C 值可以取层合板所含 0°层的百分比。

4. 破坏包线

破坏包线是在得到钉载分布后用经验分析方法估算连接强度的基本依据。破坏包线由单钉连接试件和单（无载）孔试件得到，方法如下：

由无载孔（填充孔）试件拉伸或压缩强度可以得到横座标上的旁路应力点；由挤压破坏的宽板（$W/D=6\sim8$）试件的挤压强度得到挤压强度截止线；由应力集中减缓因子 C 值和连接的几何形状确定代表拉伸破坏的斜线段。HT3/QY8911 的破坏包线如图 11-12 所示，仅供参考。

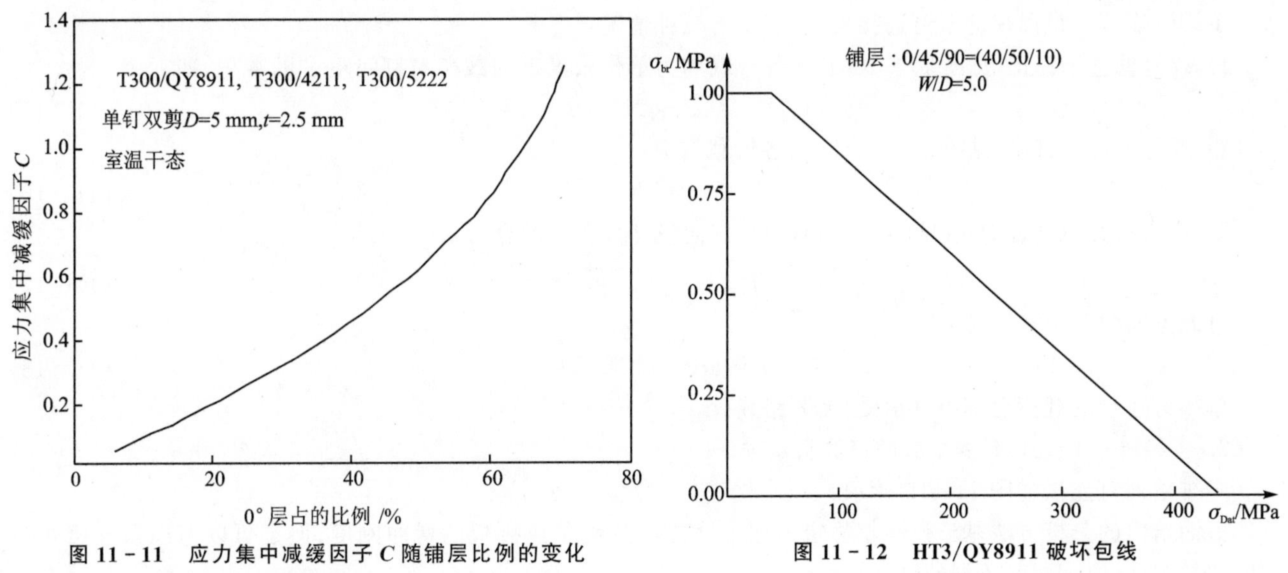

图 11-11　应力集中减缓因子 C 随铺层比例的变化　　**图 11-12　HT3/QY8911 破坏包线**

11.1.6 复合材料结构多钉连接钉载分配分析

机械连接强度分析步骤如图 11-13 所示。

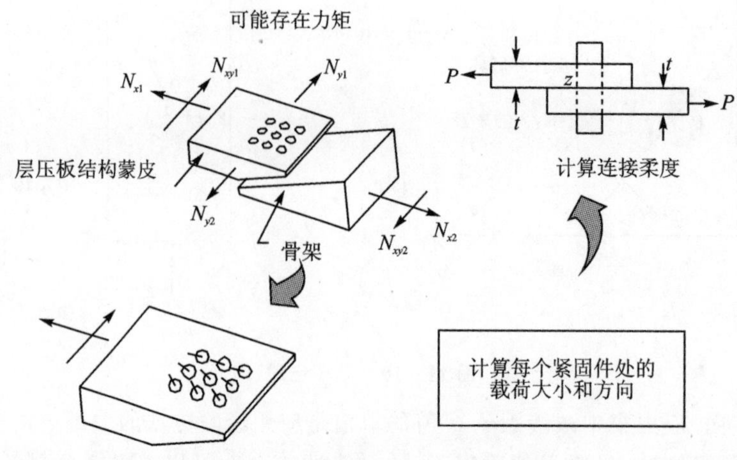

图 11-13 机械连接强度分析步骤

如前节所述，在获得机械连接区所受的外力之后，需要确定复合材料板在各个钉孔周围的面内、面外应力。面内应力的获得需要先确定机械连接中各个紧固件的载荷分配（以下简称钉载分配），然后根据各个紧固件的载荷方向和承载比例计算出复合材料板在每个钉孔周围的挤压应力和垂直于加载方向的拉伸应力。因此，复合材料多钉连接静力分析首先需要解决的就是钉载分配问题。

目前确定复合材料机械连接载荷分配的方法主要有三种：经典的刚度方法、弹性力学方法和有限元方法。经典刚度方法适用于钉排列较为规则的情况，在连接板受载方向的拉伸刚度和钉的剪切刚度等参数已知的条件下求解钉载比例较为简单。弹性力学方法涉及到应力函数和非常复杂的复变函数知识，计算过程复杂。有限元方法既适用于多钉规则排列又适用于多钉非规则排列和复杂形状的连接。

本节首先给出多排钉连接钉载分配分析方法，再给出多排单钉连接应力分析的理论方法和经验方法。这些方法可用于连接的初步设计。需要强调一点：为了证实理论分析的正确性和确保结构的完整性，对于重要的机械连接，除了分析外，还应进行试验验证。

1. 单排钉连接钉载分配的经典刚度方法

单排钉连接是最简单的多钉连接形式，有如下三种情况：

1）载荷垂直于钉排（见图 11-14(a)），各钉载均为单位长度下的载荷与钉间距 S 的乘积，即

$$P_{\mathrm{bm}} = N_y \cdot S \tag{11-15}$$

2）载荷平行于钉排（见图 11-14(b)），各钉载均为

$$P_{\mathrm{brs}} = N_y \cdot S \tag{11-16}$$

3）轴向和剪切复合加载（见图 11-14(c)），按向量计算各钉的合力：

$$P_{\mathrm{br}} = \sqrt{P_{\mathrm{brn}}^2 + P_{\mathrm{brs}}^2} \tag{11-17}$$

钉载方向为

$$\theta = \arctan(P_{\mathrm{brn}} / P_{\mathrm{brs}}) \tag{11-18}$$

单排钉连接的载荷全部由钉承受，无旁路载荷。

2. 多排单列钉连接钉载分配的经典刚度方法

多排单列钉连接如图 11-15 所示。

下面给出的分析方法基于弹性超静定力法。该方法忽略了连接板的弯曲刚度，但是可以考虑被连接板的不同拉伸刚度、钉间距和不同的钉尺寸。

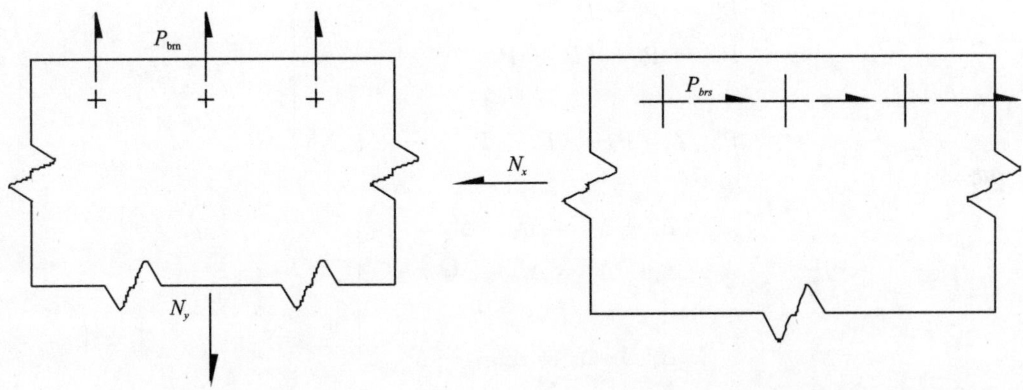

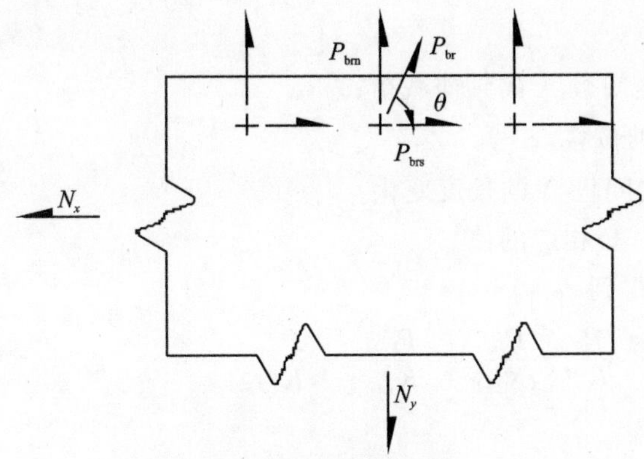

图 11－14　单排钉连接钉载分配示意图

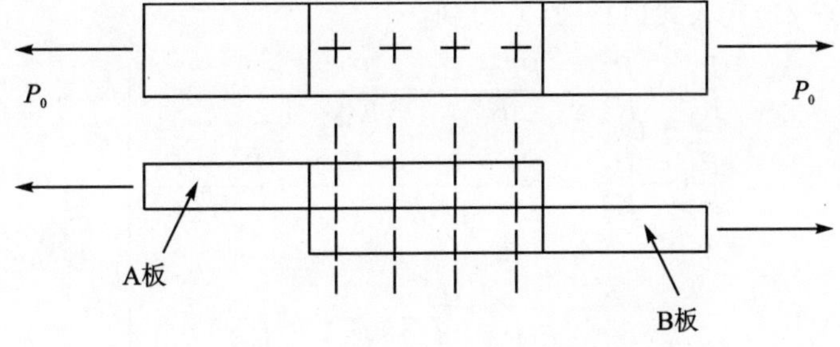

图 11－15　多排单列钉连接情况

平衡条件

$$P_1 + P_2 + \cdots + P_n = P_0 \tag{11-19}$$

元件板 A

$$\left.\begin{aligned} P_{12}^{\mathrm{A}} &= P_0 - P_1 \\ P_{23}^{\mathrm{A}} &= P_0 - (P_1 + P_2) \\ &\vdots \\ P_{n-1,n}^{\mathrm{A}} &= P_0 - (P_1 + P_2 + \cdots P_{n-1}) \end{aligned}\right\} \tag{11-20}$$

元件板 B

$$\left.\begin{aligned} P_{12}^{\mathrm{B}} &= P_0 - P_1 \\ P_{23}^{\mathrm{B}} &= P_0 - (P_1 + P_2) \\ &\vdots \\ P_{n-1,n}^{\mathrm{B}} &= P_0 - (P_1 + P_2 + \cdots + P_{n-1}) \end{aligned}\right\} \tag{11-21}$$

相容性条件

$$\left.\begin{aligned} \Delta_1 - \Delta_2 &= \Delta_{12}^{A} - \Delta_{12}^{B} \\ \Delta_2 - \Delta_3 &= \Delta_{23}^{A} - \Delta_{23}^{B} \\ &\vdots \\ \Delta_{n-1} - \Delta_n &= \Delta_{n-1,n}^{A} - \Delta_{n-1,n}^{B} \end{aligned}\right\} \tag{11-22}$$

载荷-位移关系：

$$\tau_{m3} = \tau_{m1} = 2.66\ \mathrm{MPa} \tag{11-23}$$

式中：P_i——第 i 个钉的载荷；

$P_{i,i+1}^{\mathrm{A}}$——第 i 和 $i+1$ 个钉之间板 A 的轴向载荷；

Δ_i——第 i 个钉的剪切引起的位移；

$\Delta_{i,i+1}^{\mathrm{A}}$——第 i 和 $i+1$ 个钉之间板 A 的长度变化；

在上述公式中将上标改为 B 即为 B 板相应的值。

将方程(11-23)代入式(11-22)，得到

$$\frac{P_i}{K_i^{\mathrm{s}}} - \frac{P_{i+1}}{K_{i+1}^{\mathrm{s}}} = \frac{P_{i,i+1}^{\mathrm{A}}}{K_{i,i+1}^{\mathrm{A}}} - \frac{P_{i,i+1}^{\mathrm{B}}}{K_{i,i+1}^{\mathrm{B}}} \tag{11-24}$$

式中：K_i^{s}——第 i 个钉的剪切刚度；

$K_{i,i+1}^{\mathrm{A}}$——第 i 和 $i+1$ 个钉之间板 A 的轴向拉伸刚度；

t^{A}——第 i 和 $i+1$ 个钉之间板 A 的有效厚度；

L^{A}——板 A 第 i 和 $i+1$ 个钉之间的间距。

将方程(11-19)～(11-21)代入式(11-24)，得到

$$\left.\begin{aligned} &\frac{P_1}{K_1^{\mathrm{s}}} - \frac{P_2}{K_2^{\mathrm{s}}} = \frac{P_0 - P_1}{K_{12}^{\mathrm{A}}} - \frac{P_1}{K_{12}^{\mathrm{B}}} \\ &\frac{P_2}{K_2^{\mathrm{s}}} - \frac{P_3}{K_3^{\mathrm{s}}} = \frac{P_0 - (P_1 + P_2)}{K_{23}^{\mathrm{A}}} - \frac{P_1 + P_2}{K_{23}^{\mathrm{B}}} \\ &\vdots \qquad\qquad \vdots \\ &\frac{P_i}{K_i^{\mathrm{s}}} - \frac{P_{i+1}}{K_{i+1}^{\mathrm{s}}} = \frac{P_0 - \left(\sum_{j=1}^{i} P_j\right)}{K_{i,i+1}^{\mathrm{A}}} - \frac{\left(\sum_{j=1}^{i} P_j\right)}{K_{i,i+1}^{\mathrm{B}}} \\ &\vdots \qquad\qquad \vdots \\ &\frac{P_{n-1}}{K_{n-1}^{\mathrm{s}}} - \frac{P_n}{K_n^{\mathrm{s}}} = \frac{P_0 - \left(\sum_{j=1}^{n-1} P_j\right)}{K_{n-1,n}^{\mathrm{A}}} - \frac{\left(\sum_{j=1}^{n-1} P_j\right)}{K_{n-1,n}^{\mathrm{B}}} \\ &P_n = P_0 - \left(\sum_{j=1}^{n-1} P_j\right) \end{aligned}\right\} \tag{11-25}$$

利用 P_0 解 P_i

$$[B][P_i] = [C] \tag{11-26}$$

或

$$[P_i] = [B]^{-1}[C] \tag{11-27}$$

板 A 中第 i 个钉处的旁路载荷

$$P_{\mathrm{by}i}^{\mathrm{A}} = P_0 - \left(\sum_{j=1}^{i} P_j\right) \tag{11-28}$$

而板 B 中第 i 个钉处的旁路载荷

$$P_{\mathrm{by}i}^{\mathrm{B}} = \sum_{j=1}^{i-1} P_j \tag{11-29}$$

当 $n=3$ 时，即 3 排钉情况，有

$$\begin{gathered} P_1\left(\frac{1}{K_1^{\mathrm{s}}}+\frac{1}{K_{12}^{\mathrm{B}}}+\frac{1}{K_{12}^{\mathrm{A}}}\right)+P_2\left(-\frac{1}{K_2^{\mathrm{s}}}\right)=\frac{P_0}{K_{12}^{\mathrm{A}}} \\ P_1\left(\frac{1}{K_{23}^{\mathrm{A}}}+\frac{1}{K_{23}^{\mathrm{B}}}\right)+P_2\left(\frac{1}{K_2^{\mathrm{s}}}+\frac{1}{K_{23}^{\mathrm{B}}}+\frac{1}{K_{23}^{\mathrm{A}}}\right)+P_3\left(-\frac{1}{K_3^{\mathrm{s}}}\right)=\frac{P_0}{K_{23}^{\mathrm{A}}} \\ P_1(1)+P_2(1)+P_3(1)=P_0 \end{gathered} \tag{11-30}$$

所以

$$[B]=\begin{bmatrix} \dfrac{1}{K_1^{\mathrm{s}}}+\dfrac{1}{K_{12}^{\mathrm{B}}}+\dfrac{1}{K_{12}^{\mathrm{A}}} & -\dfrac{1}{K_2^{\mathrm{s}}} & 0 \\ \dfrac{1}{K_{23}^{\mathrm{A}}}+\dfrac{1}{K_{23}^{\mathrm{B}}} & \dfrac{1}{K_2^{\mathrm{s}}}+\dfrac{1}{K_{23}^{\mathrm{B}}}+\dfrac{1}{K_{23}^{\mathrm{A}}} & -\dfrac{1}{K_3^{\mathrm{s}}} \\ 1 & 1 & 1 \end{bmatrix} \tag{11-31}$$

$$[C]=\begin{bmatrix} \dfrac{P_0}{K_{12}^{\mathrm{A}}} \\ \dfrac{P_0}{K_{23}^{\mathrm{A}}} \\ P_0 \end{bmatrix} \tag{11-32}$$

$$[P_i]=\begin{bmatrix} P_1 \\ P_2 \\ P_3 \end{bmatrix}[B]^{-1}[C] \tag{11-33}$$

旁路载荷计算公式同方程(11－28)和(11－29)。

3. *多排多列钉规则排列连接钉载分配的经典刚度方法*

确定规则排列多排多列钉连接(见图 11－16)的关键是有效宽度。如果确定了有效宽度，就可以按照多排单列钉处理。有效宽度的确定分为两种情况：

(1) 钉规则布置

有效宽度为钉列之间的距离(列距)。

(2) 钉布置比较复杂

除面板外，其他组合件上的连接区有效宽度均可用上面的方法处理。为简单起见，假设有效面板宽度按线性变化，如图 11－17 所示。

4. *等厚度板等直径多钉规则排列连接工程计算方法*

本节介绍一种多钉规则排列、等厚复合材料连接区的承载能力计算方法，侧重于计算复合材料板的拉伸承载能力。本方法解决的是一般工程问题，计算方法属经验公式，方法简单且与试验结果吻合较好，适合复合材料结构设计人员使用。

(1) 假设

① 均匀受力假设。假设连接区钉的材料、直径相同，在承受设计载荷时，各钉所受的载荷也相同。实际上钉载分布是不均匀的，其影响将在修正系数中考虑。

② 几何参数假设。假设钉的端距、排距、列距等分别不小于 $3D$、$4D$、$5D$。

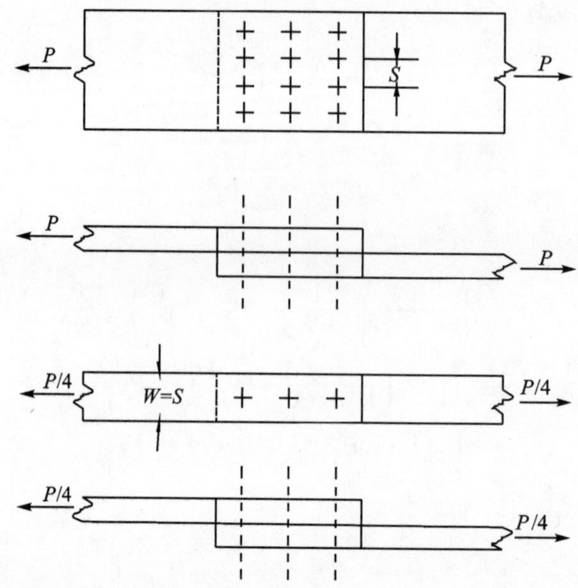

图 11-16 规则布置多钉连接

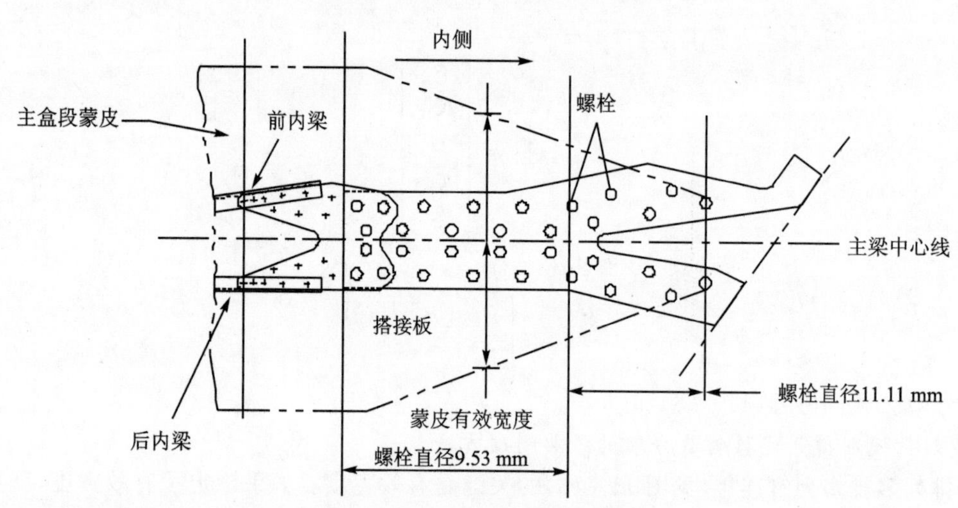

图 11-17 比较复杂的多钉连接

(2) 连接区承载能力计算方法

复合材料连接区的承载能力主要是指复合材料板的拉伸承载能力和挤压承载能力及螺栓的剪切承载能力。

设复合材料连接区安装有 m 排 n 列钉承受集中力 P，结构如图 11-18 所示。列距为 S，复合材料板的厚度为 t。钉的直径为 D，钉单剪承载能力为 P_t。沿 P 向的拉伸强度为 σ_b，许用挤压强度为$[\sigma_{br}]$。另外根据铺层比例可得应力集中减缓因子 C。计算方法如下：

① 计算一列钉宽度复合材料板第一次近似的承载能力。根据均匀性假设，每一列钉所承受的载荷相等，研究其中一列。设钉的数量为无限多，因而钉孔的挤压应力 σ_{br} 趋于零，即 $\sigma_{br}=0$。计算 D/S，由 C、D/S、$\sigma_{br}/\sigma_b=0$ 查图 11-19，得连接效率 λ_1。

计算一列钉宽度复合材料板的承拉能力。

$$P_1 = \lambda_1 \sigma_b S t$$

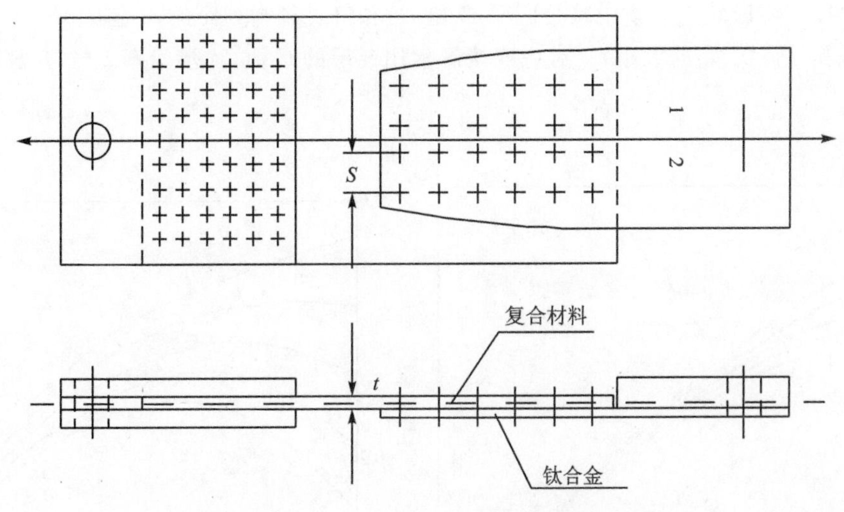

图 11－18　多列钉连接区结构简图

② 计算一列钉宽度复合材料板第二次近似的承载能力。根据均匀性假设，每列中的各个钉所承受的载荷相等，故每个钉的载荷为

$$P_i = P_1/m$$

钉孔的挤压应力为

$$\sigma_{br} = P_i/(Dt)$$

挤压应力 σ_{br} 与拉伸强度 σ_b 的比值为

$$\sigma_{br}/\sigma_b = P_i/(Dt\sigma_b)$$

由 C、D/S、σ_{br}/σ_b 查图 11－19 得连接效率 λ_2。

计算一列钉宽度复合材料板的承拉能力第二次近似值

$$P_2 = \lambda_2\sigma_b St$$

重复②，直至 $\lambda_{i+1}\approx\lambda_i$。一般第二次近似值与第三次近似值已非常接近，可满足工程需要，不须作更多运算。

③ 计算连接区的承载能力 P。复合材料板的拉伸承载能力

$$P_t = nP_{i+1} = n\lambda\sigma_b St \tag{11-34}$$

复合材料板的挤压承载能力

$$P_{br} = mnDt\sigma_{bru}/K \tag{11-35}$$

钉的剪切承载能力

$$P_f = mnP_\tau/K \tag{11-36}$$

式中：K 为钉载不均匀系数，由试验决定。对于连接元件刚度相近的情况，建议取 1.1～1.3。

连接区的承载能力取 P_t、P_{br}、P_f 最小者，即

$$P = (P_t, P_{br}, P_f)_{min} \tag{11-37}$$

在进行方案论证时，由于诸多因素尚未确定，根据经验 P 取

$$P = P_t = 0.5\sigma_b St \tag{11-38}$$

试验结果表明，当 0°层比例较大时，用本节方法计算的结果偏保守；当 45°层比例在 40%～60%之间时，计算结果与试验值符合较好。

(3) 连接效率

连接效率定义为连接区能够承受的载荷与无缺口层合板能够承受的载荷之比。连接效率综合反映了各种因素对复合材料层合板的影响，其中包括净面积减少、孔的应力集中和钉载分布不均匀等因素。其值取决于复

合材料板的材料特性(主要影响应力集中减缓因子 C 和 σ_b)和钉直径与列距的比值 D/S。同时也与钉的数量有一定关系(主要影响挤压应力 σ_{br} 的大小)。对应连接区常用铺层的 C 值,连接效率 λ 与 D/S 的关系在图 11-19 中给出。

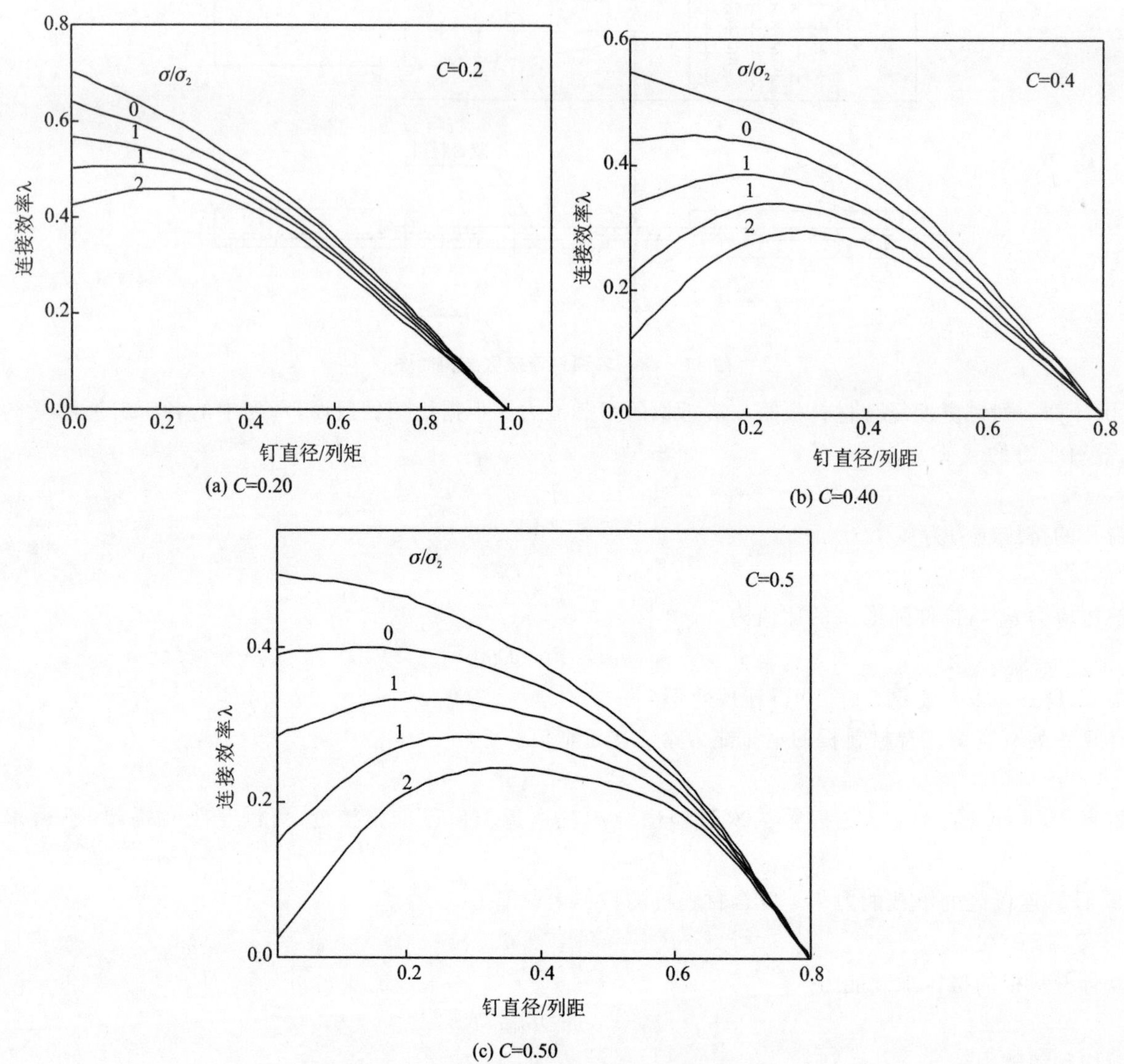

图 11-19 在拉伸载荷作用下的多列钉的连接设计曲线

11.1.7 多钉连接强度校核

1. 受拉伸载荷情况

(1) 挤压强度校核

已知钉载 P_{br} 后,挤压强度校核同单钉连接情况一样,按式(11-35)进行校核。对于均匀板厚且紧固件尺寸相同的情况,只须选择沿载荷方向承载比例最大的钉孔进行挤压强度校核。

(2) 拉伸强度校核

拉伸强度校核其式为

$$K_{bc}\sigma_{br} + K_{tc}\sigma_{net} = [\sigma] \tag{11-39}$$

式中:$[\sigma]$——层合板许用拉伸应力,MPa;

$$[\sigma]=E_{xt}[\varepsilon]$$

式中：E_{xt}——层合板纵向拉伸弹性模量，MPa；

$[\varepsilon]$——层合板拉伸许用应变。

设计许用应变数值基准可为 A 基准或 B 基准。采用何种数值基准应根据具体工程项目的结构设计准则而定。一般来说，对于不进行结构试验的构件或单传力结构要求采用 A 基准值；对于多路传载和破损安全结构采用 B 基准值。

当排距不小于 4 倍孔径和端距不小于 3 倍孔径时，在推荐的连接区铺层范围内不会发生剪切破坏。

2. 受压缩载荷情况

受压缩载荷情况表达式为

$$\sigma_{br}+\sigma_{net}=[\sigma_{br}] \tag{11-40}$$

11.1.8　复合材料拉脱强度分析

复合材料板拉脱强度定义为：被机械紧固件连接在一起的两块板不再能支持载荷的增加，而沿着与板平面垂直方向（离面方向）被拉脱分离时的载荷。复合材料板的离面力学性能原本就较弱，开孔又使孔边纤维被切断，因此，复合材料板的孔周承受面外载荷的能力比金属板更弱，其拉脱性能的确定要比金属材料机械连接更为重要。在复合材料机械连接部位所使用的埋头形式的紧固件都具有较大的钉头和钉尾，以便减小对复合材料层合板的横向压缩应力。在复合材料结构设计和验证中，确定一个具体的复合材料/紧固件连接设计的拉脱强度已成为常规的要求。需要进行拉脱强度分析的情况包括：

① 直接承受面外载荷或面外载荷分量作用的复合材料板钉孔；

② 拉伸载荷下多排钉连接靠近连接板自由端的复合材料板钉孔、单搭接连接产生较大弯曲变形部位的复合材料板钉孔；

③ 压缩载荷下多排钉连接靠近连接板根部的复合材料板钉孔；

④ 承受弯曲载荷的复合材料板钉孔等。

在进行复合材料连接的拉脱强度分析时，可以先通过有限元方法确定复合材料搭接板钉孔周围的面外载荷分量，然后使用层合板三维强度准则推算拉脱强度，或者使用通过试验获得的许用拉脱强度进行拉脱强度校核。拉脱强度计算式为

$$\sigma_{out}=\frac{P_{ult}}{\pi Dt} \tag{11-41}$$

式中：σ_{out}——拉脱破坏应力

P_{ult}——拉脱破坏载荷

D——紧固件直径

t——层合板厚度。

11.1.9　机械连接疲劳

机械连接是复合材料主承力结构的主要连接形式。为满足结构完整性要求，除静强度和刚度外，机械连接还必须满足疲劳、损伤容限和功能要求。机械连接部位较大的应力集中使它成为主承力结构的重要疲劳薄弱环节之一。由于复合材料连接的寿命预估方法尚未成熟，目前工程上确定疲劳强度的主要手段是试验，尤其在复杂环境条件下更是如此。

合理设计的机械连接要考虑 3 个疲劳失效准则，在湿热/温载谱作用下：

1）钉孔拉伸、剪切和挤压破坏；

2）钉孔永久伸长变形超过允许值；

3）连接剩余强度低于设计要求值。

3 个中达到其中任何一个，连接的寿命就终结。一般情况下钉孔永久伸长变形最先达到允许值，所以成为

很重要的失效准则。

钉孔永久伸长变形的允许值取决于其可能损及结构完整性的后果。按照美国军用标准 MIL－A－87221 的规定："航空器在任何允许的使用和维护中，由温度、载荷及其他因素引起的结构不应：

1）妨碍或降低航空器的机械操作或在操纵面与相邻结构之间引起卡死或干扰；

2）影响航空器的气动特性，以致不能达到保证的性能或飞行品质要求；

3）在任一零件、组件或部件上产生有害的变形、有害的失稳或者超出屈服点，以致需要随后的维修；

4）要求修理或更换任一零件、组件或部件。

钉孔变形作为结构变形的一种类型必须遵循上述变形规定。也就是要根据连接接头所在具体结构部位上变形所引起的危害程度来控制变形的具体量值。例如因气动弹性而对刚度有严格要求的结构，则应严格控制钉孔挤压应力，保证寿命期内环境/载荷谱作用下复合材料的刚度降低和钉孔变形间隙及结构弹性变形和永久变形的总和仍在结构刚度要求的范围内。又如可能导致有害振动、噪声效应、运动机构卡死、受阻、表面不贴合、锁不到位和密封结构泄漏等故障的具体部位，也应按具体情况限制钉孔永久伸长变形。而对于钉孔变形并不引起明显不利后果的结构部位，则可以适当放宽限值。

层合板机械连接的工程设计建议如下：

1）层合板机械对称连接在一般机动谱及突风谱作用下，如果使用载荷对应的 K 值小于 0.67，则拉-拉和压-压疲劳并不严重，可按静强度准则设计。

2）复合材料主承力结构机械连接经过 4 倍设计使用寿命期内环境/载荷谱的作用后，钉孔永久伸长变形一般不应超过直径的 4%。直径大于 10 mm 的螺栓连接，限制孔永久伸长变形不大于 0.5 mm。

3）要考虑多钉机械连接在疲劳过程中因钉孔伸长变形的变化而引起的载荷分配的变化。

4）在当前制造工艺条件下一般不推荐使用干涉配合。

5）螺栓连接设计中采用中等拧紧力矩，将有助于提高连接的疲劳寿命。考虑到拧紧力矩产生的有利的孔侧压紧，在使用过程中可能松弛。从安全起见，寿命分析中仍应按零拧紧力矩和小拧紧力矩考虑。不宜使用过大的拧紧力矩，避免垫圈与复合材料间磨损加剧，而对疲劳性能产生不利影响。

6）在分析预估方法尚不成熟的情况下机械连接的寿命主要靠试验研究确定。

在全尺寸结构寿命试验中监控钉孔永久伸长变形较为困难，钉孔变形的细致研究与验证，很大程度上要依靠机械连接元件的试验研究。

7）机械连接疲劳与湿热环境作用后剩余强度不低于原静力强度。疲劳对工艺缺陷、表面与内部分层不敏感，表现出较强的抗损伤扩展能力。疲劳加载下基体及纤维主层合板，在发生急剧破坏前，损伤的宏观标志不明显，为使用中提前检测损伤、防止破坏造成了困难，应加以注意。

11.2 复合材料胶结连接分析方法

11.2.1 胶接连接分析方法

近年来，采用胶接、共固化等工艺的复合材料整体化技术得到了快速发展和应用，诸如长桁与蒙皮等一些部位的连接都采用了这一类整体化技术。所以，胶接是复合材料结构件主要连接方法之一，胶接是由胶黏剂层（胶层）将结构件牢固粘接在一起的不可拆卸的连接形式。

好的胶接连接设计应使其胶接强度不低于连接区外边被胶接件本身的强度；否则，胶接连接将成为薄弱环节，使胶接结构过早破坏。胶接连接设计应充分发挥胶层承受剪切能力很强的优点，根据最大载荷的作用方向，使所设计的胶接连接以剪切的方式传递最大载荷，而其他方向载荷很小，尽量避免胶层受拉力和剥离力。

11.2.2　胶接连接的基本形式

胶接连接主要分为以下四种形式：单搭接、双搭接、楔形搭接和阶梯形搭接，如图 11－20 所示。

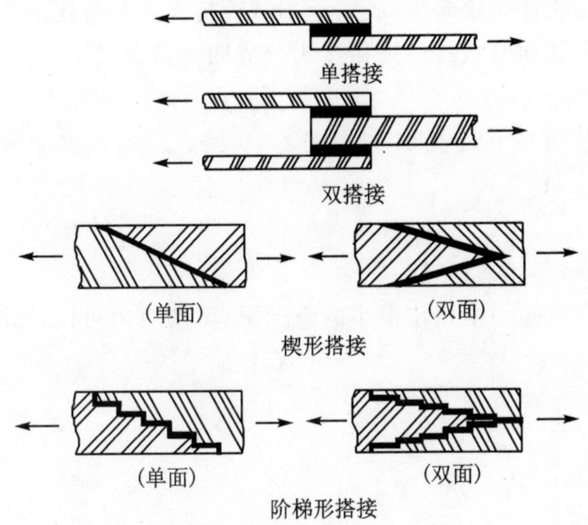

图 11－20　胶接连接的基本形式

11.2.3　胶接连接的基本破坏模式

实验表明，胶接连接在拉伸载荷作用下，有 3 种基本破坏模式(见图 11－21)：

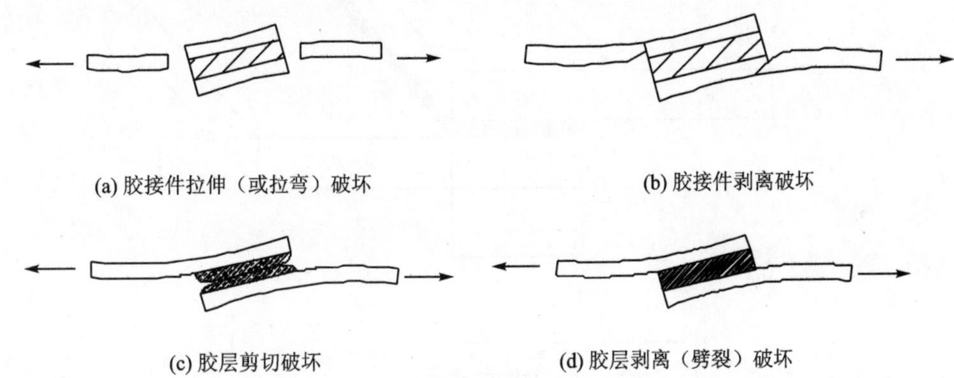

图 11－21　胶接连接的基本破坏模式

1）被胶接件拉伸(或拉弯)破坏，如图 11－21(a)所示；

2）胶层剪切破坏，如图 11－21(b)所示；

3）剥离破坏(包括胶层剥离破坏与被胶接件剥离破坏)，如图 11－21(c)所示。

除这 3 种基本破坏模式外，还会发生组合破坏。胶接连接发生何种模式破坏，与连接形式、连接几何参数、邻近胶层的纤维方向及载荷性质有关。在连接几何参数中，被胶接件厚度也起着极为重要的作用，有以下 3 种情况：

1）当胶接件很薄，连接强度足够时，被胶接件发生拉伸(或拉弯)破坏；

2）当被胶接件较厚，但偏心力矩尚小时，易在胶层发生剪切破坏；

3）当被胶接件厚到一定程度，胶接连接长度不够大时，在偏心力矩作用下，将发生剥离破坏。

对于碳纤维复合材料层合板，由于层间拉伸强度低，剥离破坏通常发生在层间(双搭接亦如此)。剥离破坏将使胶接连接的承载能力显著下降，应力求避免。

11.2.4 单搭接接头应力及强度分析

单搭接接头通过胶接将两个元件连接起来，胶层承担载荷传递。只考虑两个平面的胶接情况。

根据胶层性能和搭接件的刚度和形状将单搭接接头分成四种情况：

1）高度柔性的胶层(相比层合板)；

2）一般情况（不考虑开裂情况)；

3）一般情况（考虑开裂情况)；

4）嵌接接头。

1. 高柔性胶层

在胶层刚度与被连接的层合板的刚度相比很小的情况下，剪切应力可以被认为均匀分布(见图 11-22)，其式为

$$\tau_m = \frac{F}{h \times l} \tag{11-42}$$

式中：τ_m——胶层平均剪切应力；

F——拉伸载荷；

h——搭接区宽度；

l——搭接区长度。

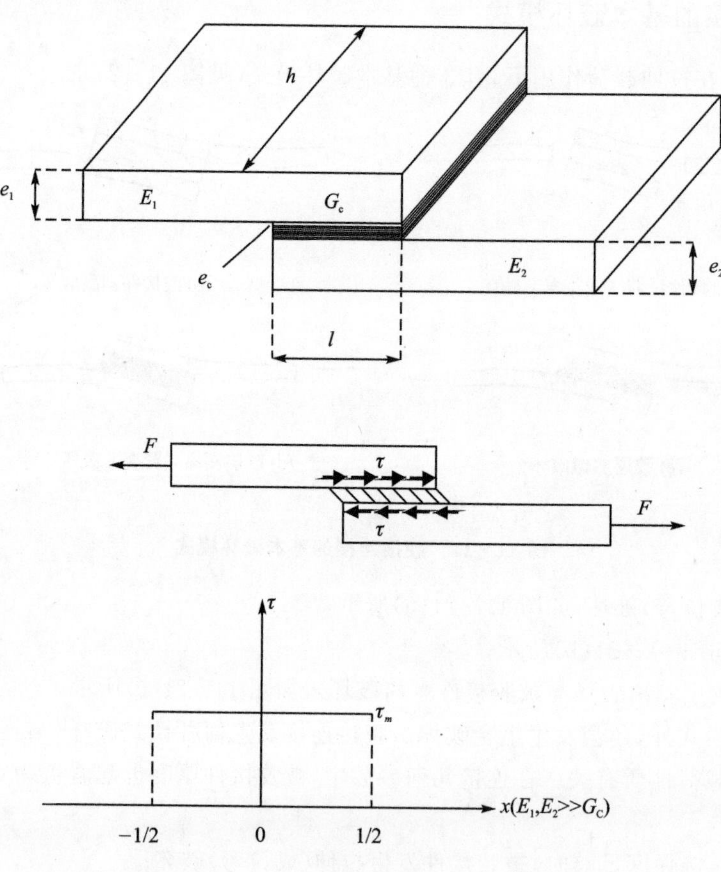

图 11-22 高柔性胶层单搭接接头应力分布

如果 τ_m 为胶层的许用剪切应力，胶接接头所需的最小长度

$$l_m = \frac{F}{h \times \tau_a} \tag{11-43}$$

式中：l_m——搭接区最小长度，$\tau_a = \tau_m$。

失效载荷：

$$F_r = \lambda \times \tau_a \times h \tag{11-44}$$

式中：

$$\lambda = \sqrt{\frac{G_c}{e_c} \times \frac{E_1 \times e_1 + E_2 \times e_2}{E_1 \times e_1 \times E_2 \times e_2}} \tag{11-45}$$

式中：F_r——失效载荷；

τ_a——许用剪切应力；

G_c——胶层剪切模量；

e_c——胶层厚度；

E_1——搭接板一模量；

e_1——搭接板一厚度；

E_2——搭接板二模量；

e_2——搭接板二厚度；

校核时，平均应力(这种情况下，等于最大应力)要求小于或等于 τ_a。

2. 一般情况(无开裂的影响)

如图 11-23 所示，对于任一胶接件($E_1 \times e_1 > E_2 \times e_2$)

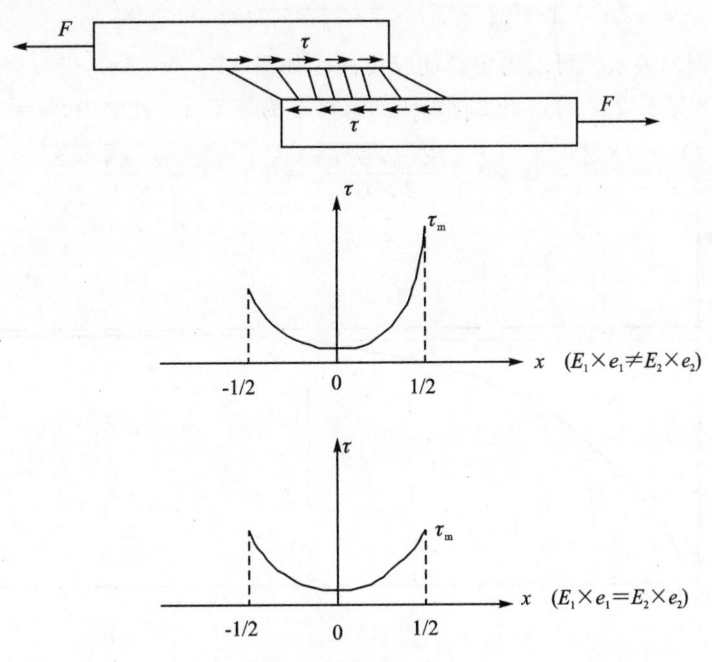

图 11-23　普通胶层单搭接接头应力分布(不开裂)

受拉伸载荷 F，胶层中的剪切应力可以表示如下：

$$\tau_x = \tau_m \frac{\lambda \times l}{2} \times \left(\frac{\cos(\lambda \times x)}{\sin(\lambda \times l/2)} + \frac{\sin(\lambda \times x)}{\cos(\lambda \times l/2)} \right) \times \frac{E_1 \times e_1 - E_2 \times e_2}{E_1 \times e_1 + E_2 \times e_2} \tag{11-46}$$

式中：

$$\tau_m = \frac{F}{h \times l}$$

如果 $E_1 \times e_1 = E_2 \times e_2 = E \times e$，接头被称为平衡接头；如果 $E_1 = E_2 = E$，且 $e_1 = e_2 = e$，接头被称为对称接头。对于平衡接头，最大剪切应力可表示如下：

$$\tau_M = \tau_m \times \frac{\lambda \times l}{2} \times c\tan\left(\frac{\lambda \times l}{2}\right) \tag{11-47}$$

式中：

$$\lambda = \sqrt{\frac{2 \times G}{E \times e_1 \times e_2}} \tag{11-48}$$

且

$$\tau_m = \frac{F}{h \times l} \tag{11-49}$$

式中：τ_M——胶层中最大剪切应力。

如 $\lambda \times l \ll 0$，则 $\tau_M \approx \tau_m$；

如 $\lambda \times l \gg 0$，则 $\tau_M \approx \tau_m \times \frac{\lambda \times l}{2}$。

实际校验时要求 $\tau_M \approx \tau_{a_M}$ 和 $\tau_m \approx \tau_{a_m}$。

如果 τ_a 是胶层的许用剪切应力，胶接接头的最小长度等于

$$l_m = \left(\frac{2}{\lambda} \times \arctan\left(\frac{F \times \lambda}{2\tau_{a \times h}}\right), \frac{F}{\tau_a \times h}\right)_{max} \tag{11-50}$$

失效载荷则等于

$$F_r = \left(\tan\left(\frac{\lambda \times l}{2}\right) \times \frac{2 \times \tau_{a_M} \times h}{\lambda}, l \times \tau_a \times h\right)_{min} \tag{11-51}$$

对于胶接件，采用上面的关系式可以确定最优胶接长度如图 11-24 所示：当 $(\lambda \times l)/2$ 增大时，函数 tan() 渐进趋近于 1，当 $(\lambda \times l)/2$ 等于 2.7 时，$\tan(2.7) = 0.99$，可视为等于 1。此时 $(\lambda \times l = 2 \times 2.7)$，有

$$l = \frac{5.4}{\lambda} = 5.4 \times \sqrt{\frac{E \times e \times e_c}{2 \times G_c}} = 3.82 \times \sqrt{\frac{E \times e \times e_c}{G_c}} \tag{11-52}$$

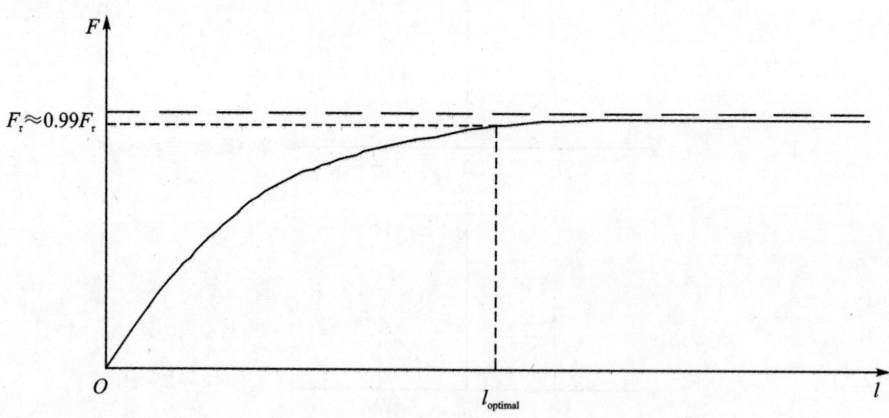

图 11-24 普通胶层单搭接接头最优胶接长度

实际使用时可用式：

$$l_{optimal} = 3.16 \times \sqrt{\frac{E \times e \times e_c}{G_c}} \tag{11-53}$$

3. 一般情况（考虑开裂的影响）

对于对称装配，被装配件中线不对齐将在元件中产生次级力矩：

$$M=\frac{F\times t}{2} \tag{11-54}$$

式中：M——次级力矩；

t——搭接元件中线间的距离。

如图 11-25 所示。这将引起胶层中的剥离应力。

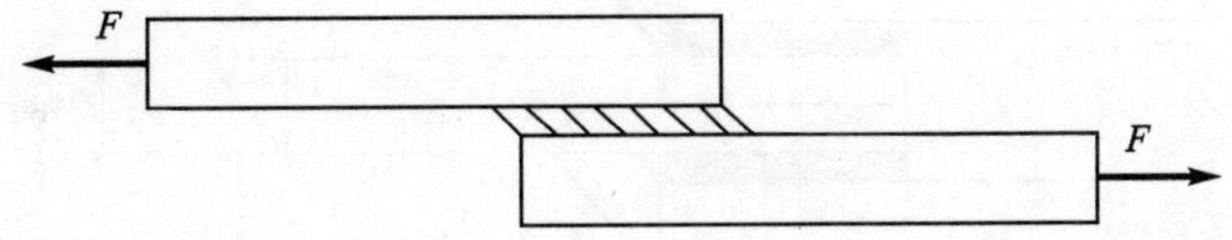

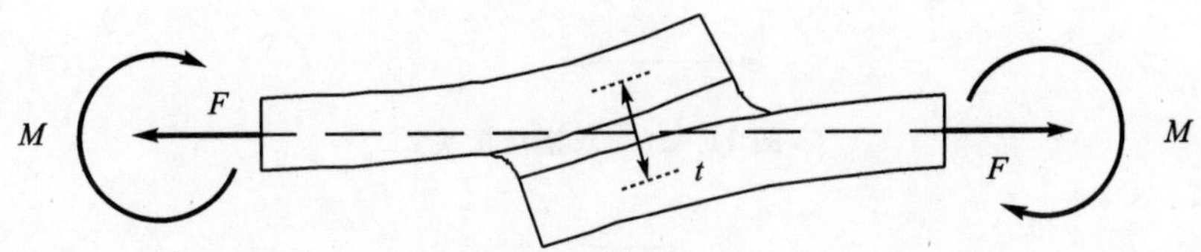

图 11-25　普通胶层单搭接接头应力分布(开裂)

这种情况下，胶层中剪切应力和剥离应力的最大值可表达为

$$\sigma_{\mathrm{M}}=\sigma\times\frac{k}{2}\times\sqrt{6\times\frac{E_{\mathrm{c}}}{E}\times\frac{e}{e_{\mathrm{c}}}}\left(\sigma=\frac{F}{h\times e}\right)$$

式中

$$k=\frac{1}{1+\frac{l\times F}{2\times D}+\frac{l^{2}\times F^{2}}{24\times D^{2}}}$$

且

$$D=\frac{E\times t^{3}}{12\times(1-n^{2})}$$

校核

$$\tau_{\mathrm{M}}\leqslant\tau_{\mathrm{a}}$$

$$\left(\frac{\tau_{\mathrm{M}}}{\tau_{\mathrm{a}}}\right)^{2}+\left(\frac{\sigma_{\mathrm{M}}}{\sigma_{\mathrm{a}}}\right)^{2}\leqslant 1$$

11.2.5　双搭接接头应力及强度分析

对于双搭接接头情况，如图 11-26 所示。胶膜中的剪切应力分布式为

$$\tau_{x}=\tau_{\mathrm{m}}\times\lambda\times l\times\left(\left(\frac{1-\beta}{\tan(\lambda\times l)}+\frac{\beta}{\sin(\lambda\times l)}\right)\cos(\lambda\times x)-(1-\beta)\sin(\lambda\times x)\right)$$

式中：
$$\beta=\left(1+\frac{E_{2}\times e_{2}}{E_{1}\times e_{1}}\right)^{-1}$$

一般情况下，接头端部的最大剪切应力可表示为

$$\tau_{\mathrm{M}}=\tau_{\mathrm{m}}\times\lambda\times l\times\frac{(1-\beta)+\beta\times\cos(\lambda\times l)}{\sin(\lambda\times l)}$$

式中：
$$\beta=(\beta,1-\beta)_{\max}$$

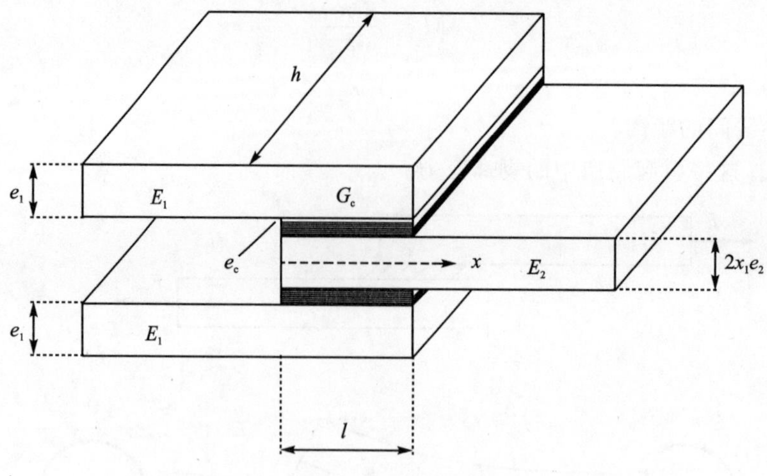

图 11-26 双搭接接头

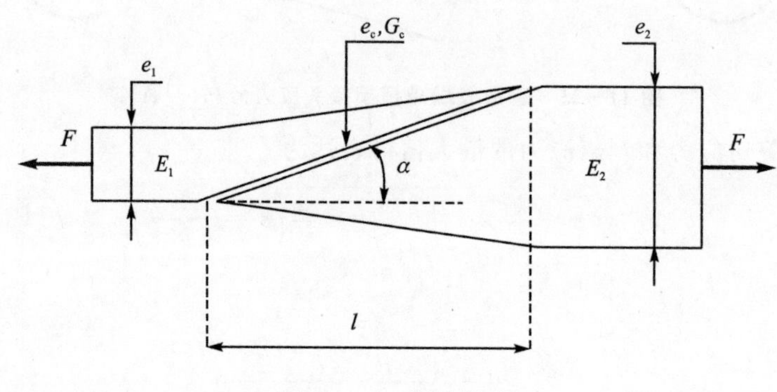

图 11-27 嵌接接头

11.2.6 楔形搭接接头应力及强度分析

角度为 α 时，嵌接接头(见图 11-27)的平均剪切应力为

$$\tau_{\mathrm{m}}=\frac{F\times\cos\alpha}{l\times h}$$

最大剪切应力 τ_{M} 可以由图 11-28 中的曲线进行估计。

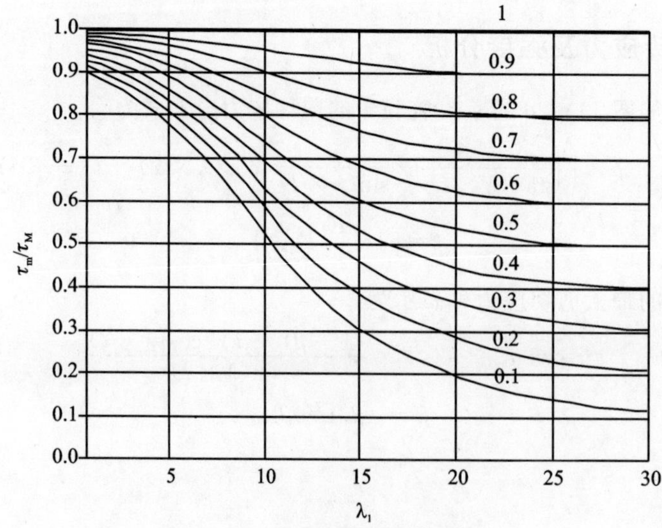

图 11-28 嵌接接头胶层剪切应力

横坐标：$\lambda \times l$ 其中 $$\lambda^2 = \frac{G_c}{e_c} \times \left(\frac{1}{E_1 \times e_1} + \frac{1}{E_2 \times e_2}\right)$$

纵坐标： $$\frac{\tau_m}{\tau_M}$$

每条曲线代表下式的值： $$\frac{E_1 \times e_1}{E_2 \times e_2}$$

胶接接头中的剥离应力可认为是常量，应等于：

$$\sigma_m = \frac{F \times \sin a}{l \times h} \tag{11-66}$$

实际中，校核：$\tau_M \leqslant \tau_{a_M}$ 和 $\tau_m \leqslant \tau_{a_m}$

11.2.7 阶梯式接头应力及强度分析

当被胶接层板太厚或传递的载荷太大，则考虑“阶梯”或嵌接胶接技术是必要的。图 11-29 所示为这种接头的一般几何形状（该图为 $n=3$ 的三阶接头，可以考虑更高的阶数）。设计方法包括确定通过每个胶接接头部分的载荷比例，考虑每阶“i”为基本的。这种所谓的“捷径”方法是一种严格的手册式方法，它给出了每一阶的平均剪切应力的数量级。

假定横向效应并不明显（$\varepsilon_y=0$ 或 $F_y=0$）。同样假定没有次级弯曲（不考虑中心线的未对齐情况）：图 11-29(a)的接头可看作是等效的。

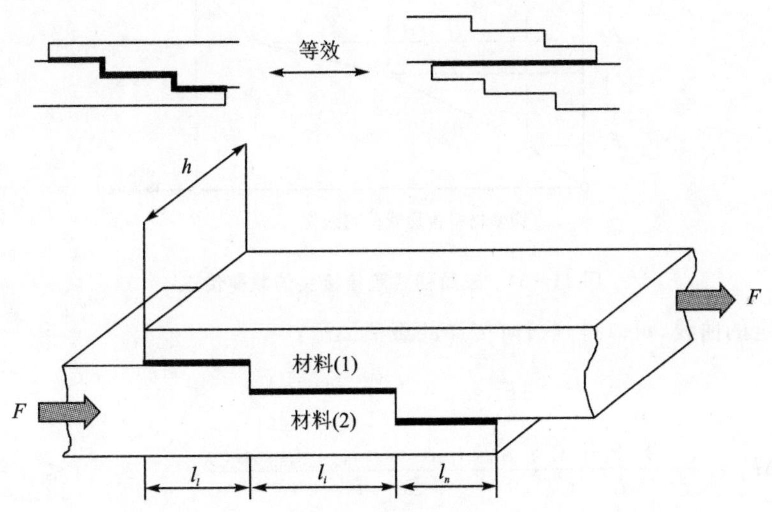

图 11-29 阶梯式胶接接头几何形状

步骤 1：确定两个层板（本体材料“1”和修理材料“2”）的每一阶中心处传递的载荷（F_1 和 F_2）。假定载荷根据每种材料的刚度按比例分配如图 11-30（每一阶中心处）所示。则有

$$F_{1_i} = F \times \frac{F_{1_i} \times e_{1_i}}{F_{1_i} \times e_{1_i} + F_{2_i} \times e_{2_i}} \tag{11-67}$$

$$F_{2_i} = F - F_{1_i} \tag{11-68}$$

假定材料 1 中的载荷演化（因此，同样材料 2 也一样）是分部线性的。这就产生了如图 11-31 所示配置。

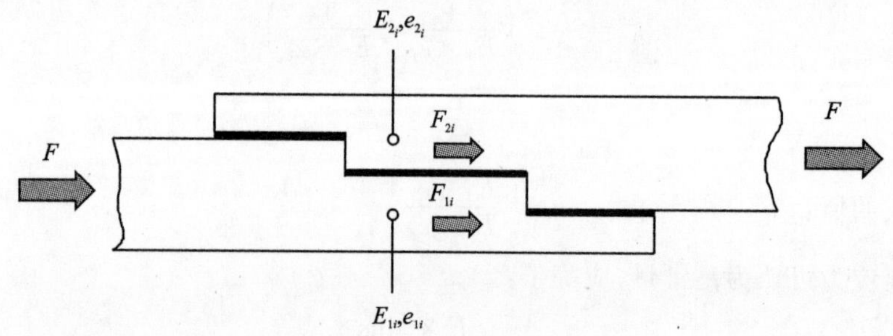

图 11-30 三阶梯式胶接接头

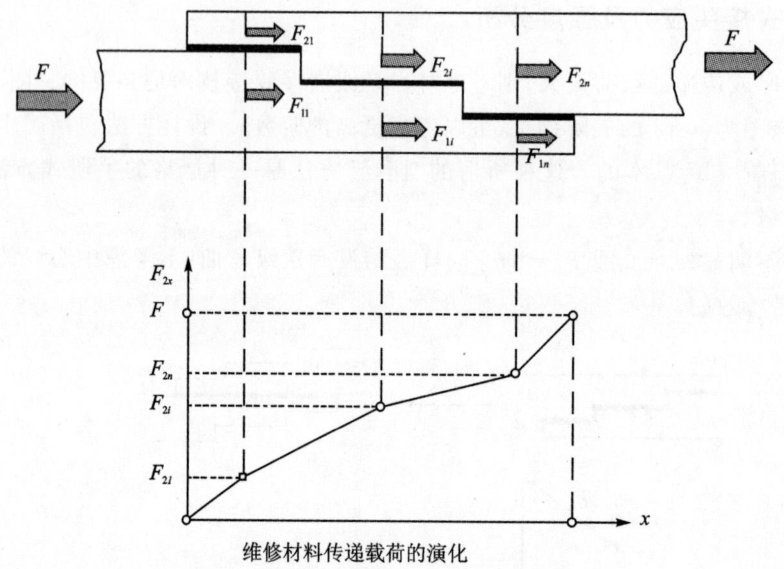

图 11-31 三阶梯式胶接接头的载荷传递

步骤 2:从前面确定的曲线,可以得到每阶传递的载荷 ΔF_i:

$$\Delta F_1 = \frac{l_2 \times F_1 + l_1 \times F_2}{l_1 + l_2} \tag{11-69}$$

$$-\Delta F_i = \frac{l_{i+1} \times F_i + l_i \times F_{i+1}}{l_i + l_{i+1}} - \frac{l_i \times F_{i-1} + l_{i-1} \times F_i}{l_{i-} + l_i}, \qquad 2 \leqslant i \leqslant n-1 \tag{11-70}$$

$$\Delta F_n = F_n \frac{l_n \times F_{n-1} + l_{n-1} \times F_n}{l_{n-1} + l_n} \tag{11-71}$$

$$\sum\nolimits_{i=1}^{n} (\Delta F_i) = F \tag{11-72}$$

步骤 3:估算平均应力 τ_m:

$$\tau_{m_i} = 1.05 \times \frac{\Delta F_i}{h \times l_i} \tag{11-73}$$

式中:1.05 是一个附加的固定系数。

步骤 4:校核下列情况:

对任一阶(i)(如图 11-32 所示),有 $\tau_{m_i} \leqslant \tau_{a_m}$。

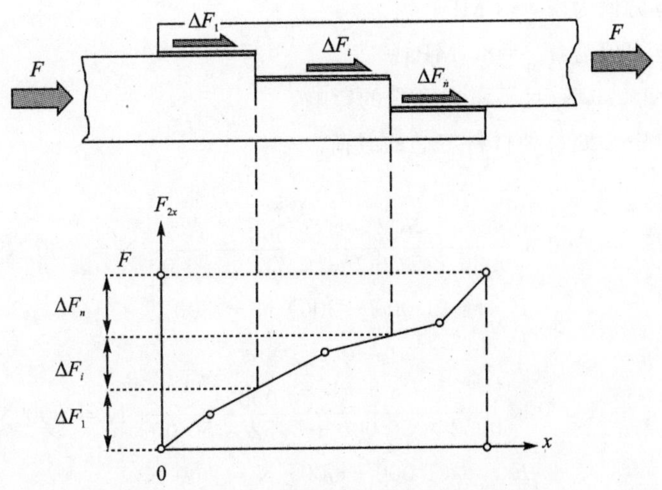

图 11－32　*n* 阶梯式胶接接头的载荷传递

11.2.8　胶接接头分析算例

设三阶接头的几何尺寸和力学性能如图 11－33 所示。

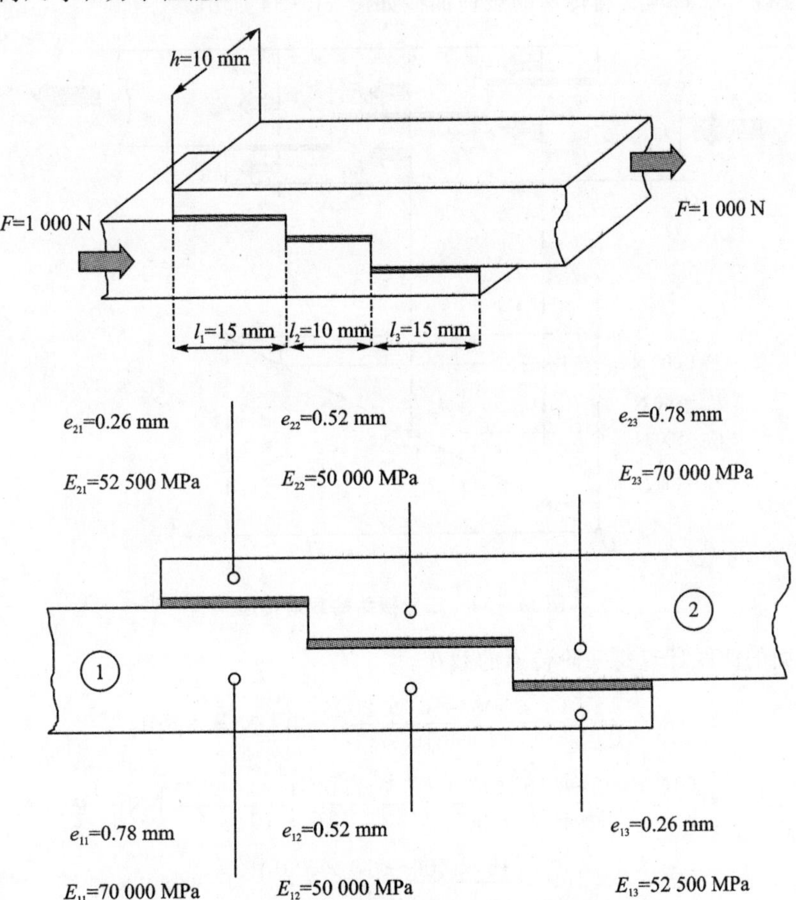

图 11－33　三阶接头的几何形状和材料性能

胶层的许用平均剪切应力值为：$\tau_a = 8$ MPa。

胶层的许用最大剪切应力值为：$\tau_{a_M} = 80$ MPa。

假定接头承受载荷 $F = 1\,000$ N，且不考虑开裂的影响。

第一阶段包括计算每阶中心处每种材料传递的载荷。

考虑第一阶：

$$F_{2_1} = 100 \times \frac{0.26 \times 52\,500}{0.26 \times 52\,500 + 0.78 \times 70\,000}\ \text{N} = 200\ \text{N}$$

$$F_{1_1} = (1\,000 - 200)\ \text{N} = 800\ \text{N}$$

考虑第二阶：

$$F_{2_2} = 1\,000 \times \frac{0.52 \times 50\,000}{0.52 \times 50\,000 + 0.52 \times 50\,000}\ \text{N} = 500\ \text{N}$$

$$F_{1_2} = (1\,000 - 500)\ \text{N} = 500\ \text{N}$$

考虑第三阶：

$$F_{2_3} = 1\,000 \times \frac{0.78 \times 70\,000}{0.26 \times 52\,500 + 0.78 \times 70\,000}\ \text{N} = 800\ \text{N}$$

$$F_{1_3} = (1\,000 - 800)\ \text{N} = 200\ \text{N}$$

这些值确定后，材料 2 或修理材料传递的载荷曲线如图 11-34 所示。

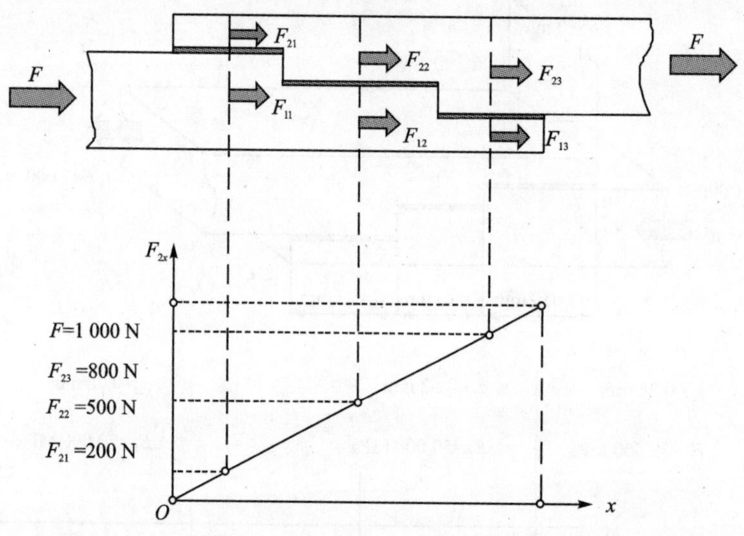

图 11-34 三阶接头的载荷传递

第二阶段要从前面的曲线计算每一阶传递的载荷：

$$\Delta F_1 = \left(\frac{15 \times 500 + 10 \times 200}{15 + 10} - 0\right)\ \text{N} = 380\ \text{N}$$

$$\Delta F_2 = \left(\frac{15 \times 500 + 10 \times 800}{15 + 10} - \frac{15 \times 500 + 10 \times 200}{15 + 10}\right)\ \text{N} = 240\ \text{N}$$

$$\Delta F_3 = \left(100 - \frac{15 \times 500 + 10 \times 800}{15 + 10}\right)\ \text{N} = 380\ \text{N}$$

图 11-35 显示了每阶传递的载荷 ΔF_i。

第三阶段包括基于前面计算的 ΔF_i，确定胶接接头中每阶的平均应力和最大应力。由于对称，一阶和三阶是等效的，只需要考虑前两阶，如图 11-36 所示。

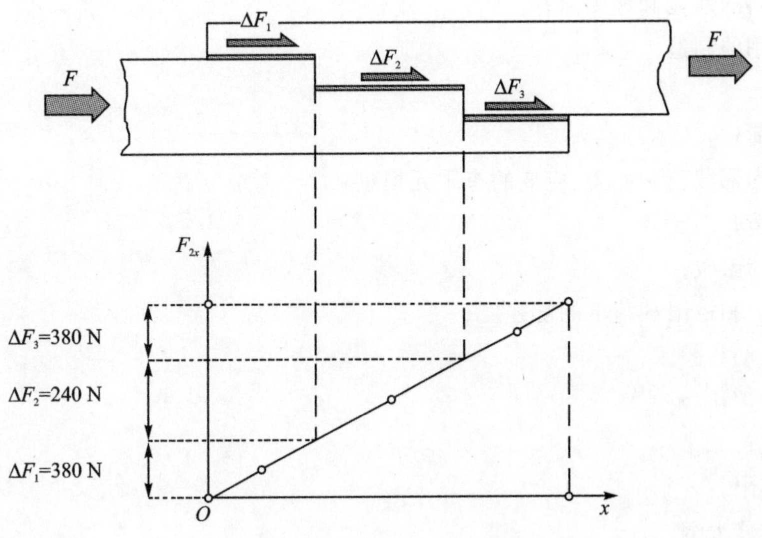

图 11－35　每阶传递的载荷

$$\tau_{m1} = 1.05 \times \frac{380}{10 \times 15} \text{ MPa} = 2.66 \text{ MPa}$$

$$\tau_{m2} = 1.05 \times \frac{240}{10 \times 10} \text{ MPa} = 2.52 \text{ MPa}$$

且

$$\tau_{m3} = \tau_{m1} = 2.66 \text{ MPa}$$

第四阶段要校核：使平均应力小于 τ_a（2.66 MPa＜8 MPa）。只有数值分析或有限元分析可以较精确地确定沿每阶的剪切应力分布。

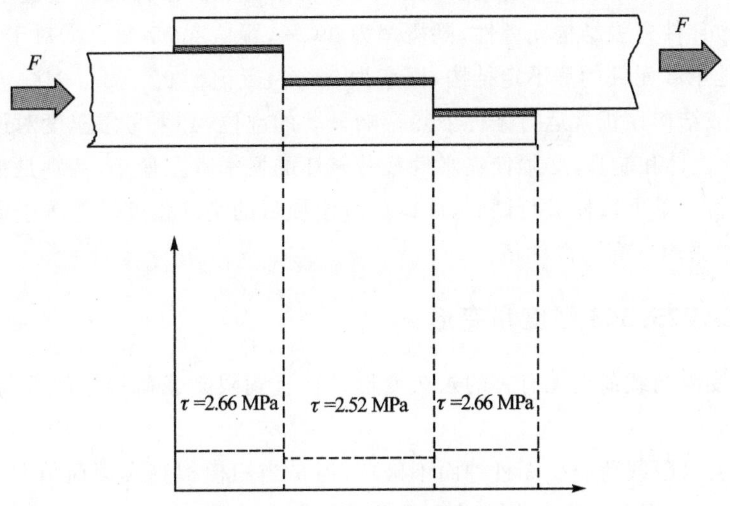

图 11－36　三阶接头剪应力分布

11.3　复合材料结构的相关适航要求

从结构强度专业的角度来看，无论是适航审定中负责航空产品研制的申请人一方、还是适航审定中负责审查航空产品是否符合适航标准的适航当局一方，关心的问题主要包括以下一些内容：

1）结构使用的材料的性能和许用值；

2）形成结构所采用的制造工艺；

3）风洞试验；

4）结构承受的载荷；

5）用于计算结构内部载荷和应力、应变的有限元模型；

6）结构的工作环境；

7）安全系数和载荷系数；

8）结构在限制载荷和极限载荷下的静强度；

9）结构的刚度、振动和颤振；

10）结构的腐蚀防护；

11）失效安全设计；

12）疲劳和损伤容限；

13）有效的结构维修大纲。

尽管复合材料结构相较于传统的金属结构具有一些独特之处，但是遵循适航验证“设定适航标准的要求，明确符合性方法，制订计划，实施分析、计算、试验的验证活动”的审定程序，依然可以从传统的材料、工艺、结构静强度、损伤容限和疲劳评定这些方面来讨论复合材料结构的适航标准及其符合性方法。

11.3.1 条款 CCAR25.613 材料的强度性能和设计值

1）材料的强度性能必须以足够的材料试验为依据（材料应符合经批准的标准），在试验统计的基础上制定设计值。

2）设计值的选择必须使因材料偏差而引起结构破坏的概率降至最小。除本条规定外，必须通过选择确保材料强度具有下述概率的设计值来表明符合本款的要求：①如果所加的载荷最终通过组件内的单个元件传递，因而该元件的破坏会导致部件失去结构完整性，则概率为 99 %，置信度 95 %。②对于单个元件破坏将使施加的载荷安全地分配到其他承载元件的静不定结构，概率为 90 %，置信度 95 %。

3）至关重要的部件或结构在正常运行条件下热影响显著的部位，必须考虑温度对设计许用应力的影响。

4）结构的强度、细节设计和制造，必须使灾难性疲劳破坏的概率减至最小，特别是在应力集中处。

5）如果在使用前对每一单项取样进行试验，确认该特定项目的实际强度性能等于或大于设计使用值，则通过这样“精选”的材料可以采用较高的设计值。

11.3.2 条款 CCAR25.305 强度和变形

1）结构必须能够承受限制载荷而无有害的永久变形。在直到限制载荷的任何载荷作用下，变形不得妨害安全运行。

2）结构必须能够承受极限载荷至少 3 秒钟而不破坏，但是当用模拟真实载荷情况的动力试验来表明强度的符合性时，则此 3 秒钟的限制不适用。进行到极限载荷的静力试验必须包括加载引起的极限变位和极限变形。当采用分析方法来表明符合极限载荷强度要求时，必须表明符合下列三种情况之一：

① 变形的影响是不显著的；

② 在分析中已充分考虑所涉及的变形；

③ 所用的方法和假设足以计及这些变形影响。

3）如果结构的柔度特性使在飞机运行情况中很可能出现的任一加载速率会产生比相应于静载荷的应力大得多的瞬态应力，则必须考虑这种加载速率的影响。

4) 飞机必须设计成能承受在 V_D/M_D 极限值以内的任何可能的运行条件下(包括失速和可能发生的无意中超出抖振包线边界)会发生的任何振动和抖振。这一点必须通过分析、飞行试验,或中国民用航空总局适航部门认为必要的其他试验进行验证。

5) 除经证明为极不可能的情况外,飞机必须设计成能承受因飞行操纵系统的任何故障、失效或不利情况而引起的结构强迫振动。

11.3.3 复合材料结构“积木式”验证方法

应通过采用不同复杂程度试样的一系列试验循序渐进地对复合材料结构进行可靠的验证。这些试样、元件、细节和子部件水平的试验和分析可以用来验证可变性、环境、结构不连续(例如连接、切除或其他压力管)、损伤、制造缺陷和设计或工艺确定细节,工业界称为“积木式方法”。通常随时间的延长,试验从简单试样向复杂元件和细节过渡。这种方法可以收集数据以提供足够的相关性分析并能经济地获得为确定发生在大型结构上变异数。试样级(coupons)和元件级(elements)的试验用于给出材料性能级别的信息。

(1) 试样级试验

1) 材料的选择和规范的制定。

2) 重复载荷和化学降解等影响因素下材料数据的编号。

3) 考虑环境影响的材料性能的统计计算。

4) 用于分析缺口敏感性和连接形式对性能影响的初步设计数据。

5) 制造缺陷、损伤和修理的初步数据。

(2) 元件和结构细节试验

1) 引入在试样级试验中没有考虑到的结构和制造对设计值的影响(例如,复杂的几何外形、连接、损伤等)。

2) 与分析结构相互印证,合理的减少试验量。

(3) 子部件试验

子部件级(sub - components)和部件级(components)的试验用于给出与结构构型和几何特性相关的信息。

1) 使用接近真实的边界条件来评估结构。

2) 与分析结构相互印证,合理地减少试验量。

3) 验证顶期的失效模式和进行完整的静强度验证。

4) 部件。

如图 11 - 37 所示为一个典型的积木式验证方法的实例。

1) 对模型边界条件选取、试验方案的研究和复合材料结构试验结果的充分分析可以得到比积木式试验还多的收获。通过复合材料的结构分析并在试验中测量,评估试验中的边界条件。分析和试验的结果可以用于改进所需的试验支持条件、载荷情况、结构模型。

2) 基于子部件试验中分析与破坏模式相关性,可进一步确定附加的元件和试样级试验。利用大尺寸结构试验件上切下“碎片”进行积木式试验,可以较好地得到细节设计与制造工艺的定量影响。在低层次级别上实施充分的分析与试验的迭代可以减少部件试验中预想不到的破坏,同时扩展了制造和维修活动中有意义的数据库资料。

3) 通过元件、典型细节件和子部件试验研究验证分析方法。

试样级试验:进行材料物理性能与力学性能试验,进行材料的筛选和选材,并对材料相容性进行试验研究,以此选择修理材料。进行材料规范和工艺规范的适航验证试验。

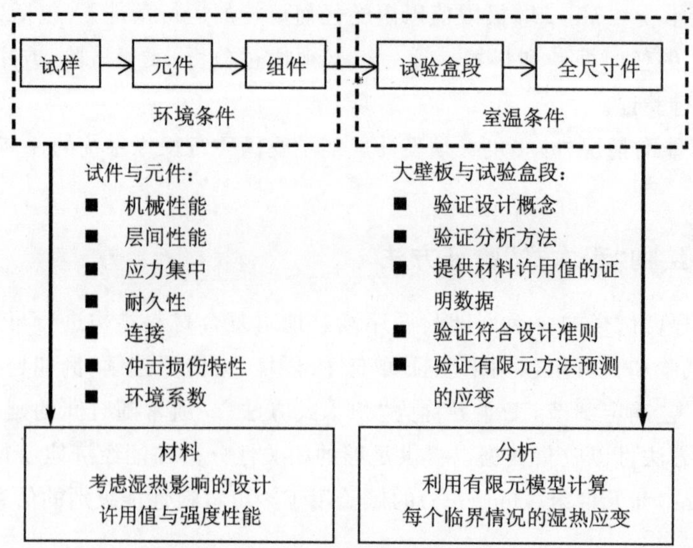

图 11-37 积木式验证方法实例

参考文献

[1] 中国航空研究院复合材料结构设计手册[M]. 北京:航空工业出版社,2001.

[2] Composite stress manual, AEROSPATIALE, Technical Manual MTS 006 Iss. B, 1999.

[3] 益小苏,杜善义,张立同. 复合材料手册[M]. 北京:化学工业出版社, 2009.

[4] 牛春匀. 实用飞机复合材料结构设计与制造[M]. 北京:航空工业出版社,2008.

[5] 牛春匀. 实用飞机结构应力分析及尺寸设计[M]. 北京:航空工业出版社,2008.

[6] Composite Materials Handbook, volume 3. Polymer Matrix Composites Materials Usage, Design and analysis . MIL-HDBK-17-3F, 2002.

[7] Analysis of pretensioned bolted joints subject to tensile (separating) forces, ESDU 85021.

[8] Stress analysis of single lap, ESDU 92041.

[9] Elastic stresses in the adhesive in single step double lap bonded joints, ESDU 80011.

[10] Elastic adhesive stresses in multistep lap joints loaded in tension, ESDU 80039.

[11] Elastic stresses in single lap joints under tension or compression, ESDU 67008.

[12] Shear stresses in the adhesives in bonded joints. single step double lap joints loaded in tension, ESDU 78042.

[13] Inelastic shear stresses and strains in the adhesives bonding lap joints loaded in tension or shear, ESDU 79016.

[14] Analysis of pretensioned bolted joints subject to tensile (separating) forces, ESDU 85021.

第 12 章　典型民机结构强度试验

12.1　材料、元件及细节试验

12.1.1　试验的目的及意义

材料、元件及细节这三个层次的试验在试验规模、实施方法和主要试验内容上是非常接近的，主要目的是通过足够样本量的试验件试验，在对试验数据进行统计分析处理的基础上确定材料、元件、细节在不同受力状态和环境下的失效模式和设计许用值，及时确认结构设计、材料选择、制造工艺、细节设计等方面的合理性，检查和验证结构分析方法，同时为结构细节设计和制造工艺提供必要的背景数据和资料。

12.1.2　试验的主要对象及考核内容

材料、元件及细节级试验根据试验内容的不同其外形及试验环境也各不相同，对于静强度性能而言，下面是主要试验对象及考核内容。

1. 材料试验对象及考核内容

① 材料（包括型材、板材、棒材、管材、线材）有关静力学性能（拉伸、压缩、弯曲、扭转、蠕变等）试验；紧固件、管件等的拉伸、剪切试验；螺杆、拉杆、拉板等拉伸试验，用于验证设计分析中采用的有关标准及手册中数据（曲线）的合理性，或者获取缺少和不足的性能数据，如材料拉伸极限应力 σ_{tu}、拉伸屈服应力 σ_{ty}、压缩屈服应力 σ_{cy}、剪切极限应力 τ_b 及弹性模量 E、泊松比 μ 等。

② 环境对材料静力学性能的影响试验，用于取得考虑材料、元件、结构细节所处环境对静力学性能影响所需的试验数据，如应力腐蚀情形下的拉伸性能及弯、剪、扭性能等。

③ 腐蚀防护系统的腐蚀试验，用于验证腐蚀防护系统是否满足要求。

2. 元件及结构细节试验对象及考核内容

结构细节试验的试验件形式为关键部位细节及不同典型连接（搭接、对接及铆接、焊接、螺接、粘接）。通常要用较多的试验件，以便从统计意义上得到许用值和试验结论，主要包括以下试验。

① 工艺孔、拐角及紧固孔等关键部位工艺评估试验，通过静强度测试（拉、压、弯、剪、扭及复合受载等），考核这些典型加工部位加工质量及典型细节设计形状、尺寸的合理性，用于检验和改进加工工艺及改善设计参数。

② 不同连接形式搭接、对接（铆接、焊接、螺接、粘接）及不同连接形式静力学（拉、压、弯、剪等）性能对比试验；不同制造、成型工艺（挤压件、模压件）的典型细节结构件及耳片不同角度拉伸试验等考核各种典型细节结构形式静强度及变形情况，验证分析结果的符合性，可用于选择连接形式及耳片形状参数、选择典型细节结构成型工艺。

③ 有关环境（温度、湿度、化学腐蚀）因素对结构细节（连接状态、间隙角片、圆角等）的影响，也需要通过相应的试验研究确定其相关的修正系数。

结构细节试验既为研制阶段的结构细节选型、选工艺服务，又服务于结构细节分析和全尺寸结构验证试验。

凡是没有经过应用验证的材料参数、新工艺、新材料及典型元件、结构细节均要进行相应设计的许用值测定试验，在 CCAR－25 部 § 25.613“材料的强度性能和设计值”中就有明确的规定。

这里需要强调指出，试验材料必须符合经批准的材料标准，依据足够材料试验数据，在试验统计的基础上制定设计值;必须采用具有规定概率的设计值进行相应设计,使得因材料偏差而引起结构破坏的概率为最小。

在机体结构设计分析中,必须根据失效模式确定相应的失效判据;其中包括:拉、压、弯、扭、剪载荷单独作用下或不同复合载荷作用下的断裂、屈曲/失稳、压损等失效判据中允许值的上限,以表明每一临界受载情况下均符合强度和变形的要求。

在静载荷作用下,即试验件承受拉伸、压缩、弯曲、扭转、剪切载荷的单独作用或复合作用,当承力结构件的应力/变形超过许用值时,就可能发生静力失效,其主要失效模式包括材料屈服、拉/弯断裂、压/剪失稳、压损和拉/弯/扭有害大变形等。

12.1.3 试验的技术要求及依据

材料、元件及细节级的试验多数情况下已经有成熟的试验标准来规范试验实施,标准通常包含试验件设计、试验要求、实施方案及数据处理等内容,所以此类试验可以完全按照标准的要求来实施。与飞机结构材料、设计相关的国内、外标准有很多,表 12-1 和表 12-2 列出了静强度试验范畴比较有代表性的常用标准。目前国外最有代表性的材料试验标准是美国的 ASTM 标准。

表 12-1 国内标准

标准号	标准名
GB/T 5776—2005	金属和合金的腐蚀 金属和合金在表层海水中暴露和评定的导则
GB/T 5027—2007	金属材料 薄板和薄带 塑性应变比(r 值)的测定
GB/T 5482—2007	金属材料动态撕裂试验方法
GB/T 6400—2007	金属材料 线材和铆钉剪切试验方法
GB/T 10623—2008	金属材料 力学性能试验术语
GB/T 9979—2005	纤维增强塑料高低温力学性能试验准则
GB/T 10128—2007	金属材料 室温扭转试验方法
GB/T 7559—2005	纤维增强塑料层合板 螺栓连接挤压强度试验方法
GB/T 7314—2005	金属材料 室温压缩试验方法
GB/T 12443—2007	金属材料 扭应力疲劳试验方法
GB/T 15970.1—1995	金属和合金的腐蚀 应力腐蚀试验 第 1 部分:试验方法总则
GB/T 15970.6—2007	金属和合金的腐蚀 应力腐蚀试验 第 6 部分:恒载荷或恒位移下
GB/T 16823.1—1997	螺纹紧固件应力截面积和承载面积
GB/T 232—2010	金属材料 弯曲试验方法
GB/T 3250—2007	铝及铝合金铆钉线与铆钉剪切试验方法及铆钉线铆接试验方法
GB/T 1449—2005	纤维增强塑料弯曲性能试验方法
GB/T 1450.1—2005	纤维增强塑料层间剪切强度试验方法
GB/T 3251—2006	铝及铝合金管材压缩试验方法
GB/T 13239—2006	金属材料 低温拉伸试验方法
GB/T 21143—2007	金属材料 准静态断裂韧度的统一试验方法
GB/T 238—2002	金属材料 线材 反复弯曲试验方法
GB/T 229—2007	金属材料 夏比摆锤冲击试验方法
GB/T 2653—2008	焊接接头弯曲试验方法
GB/T 4338—2006	金属材料 高温拉伸试验方法
GB/T 19291—2003	金属和合金的腐蚀 腐蚀试验一般原则
GB/T 8170—2008	数值修约规则与极限数值的表示和判断
GJB 5096—2002	军用飞机结构热强度试验要求
GJB 445—1988	胶粘剂高温拉伸强度试验方法(金属对金属)

续表 12－1

标准号	标准名
GB232－88	金属弯曲试验方法
GB228－87	金属拉伸试验方法
GB234－82	金属型材展平弯曲试验方法
GB235－88	金属反复弯曲试验方法(厚度等于或小于 3mm 薄板及带材)
GB240－82	薄板双层咬合弯曲试验方法
GB244－82	金属管弯曲试验方法
GB1172－74	黑色金属硬度及强度换算值
GB240－82	薄板双层咬合弯曲试验方法
GB2039－80	金属拉伸蠕变试验方法
GB7314－87	金属压缩试验方法
GB10120－88	金属应力松弛试验方法
GB10128－88	金属室温扭转试验方法
GB3076－82	金属薄板(带)拉伸试验方法
GB2651－89	焊接接头拉伸试验方法
GB2653－89	焊接接头弯曲及压扁试验方法
GB2655－89	焊接接头时效敏感性试验方法
GB2650－89	焊接接头冲击试验方法

表 12－2　美国标准

标准号	标　准　名
ASTM B557	Method of Tension Testing Wrought and Cast Aluminum－and Magnesium－Alloy Products (vol. 02.02, 02.03, 03.01) 锻、铸铝和镁合金产品的拉伸试验方法
ASTM B769	Test Method for Shear Testing of Aluminum Alloys (vol. 02.02) 铝合金剪切试验方法
ASTM B831	Standard Test Method for Shear Testing of Thin Aluminum Alloy Products (vol. 02.02) 薄铝合金产品的标准剪切试验方法
ASTM E8	Test Methods of Tension Testing of Metallic Materials (vol. 01.02, 02.01, 02.03, 03.01) 金属材料拉伸试验方法
ASTM E9	Compression Testing of Metallic Materials at Room Temperature (vol. 03.01) 金属材料的室温压缩试验
ASTM E21	Recommended Practice for Elevated Temperature Tension Tests of Metallic Materials (vol. 03.01) 推荐的金属材料高温拉伸试验方法
ASTM E111	Test Method for Young's Modulus, Tangent Modulus, and Chord Modulus (vol. 03.01) 杨氏模量、切线模量、和弦线模量试验方法
ASTM E132	Test Method for Poisson's Ratio at Room Temperature (vol. 03.01) 室温下泊松比试验方法
ASTM E139	Recommended Practice for Conducting Creep, Creep-Rupture, and Stress-Rupture Tests of Metallic Materials (vol. 03.01) 推荐的金属材料蠕变、蠕变破坏和应力破坏试验方法
ASTM E143	Test Method for Shear Modulus at Room Temperature (vol. 03.01) 室温剪切模量试验方法
ASTM E238	Method for Pin-Type Bearing Test of Metallic Materials 金属材料的销型挤压试验方法

12.1.4 试验实施注意事项

材料、元件及细节级试验一般在标准试验机上进行，一般板材、棒材、管材、线材拉伸、扭转、弯曲等性能测试试验不需要进行夹具设计，材料(板材、管材)压缩性能、板材剪切及一些结构细节特殊性能测试试验必须进行夹具设计。

夹具设计需要考虑以下问题：

1) 设计夹具要与试验机夹头尺寸(试验机夹头可夹持深度、宽度、厚度)及试验机行程相匹配；

2) 此类夹具强度必须进行校核，一般要求一定的安全系数。

试验前一般每组试验需要有一定数量试验件粘贴应变片(复合材料试验件每件都需要粘贴应变片)，连接应变测量仪。

在试验前要检查试验设备运行是否正常。在保证试验设备运行正常情况下，需要先安装好夹具，再将试验件安装在试验机上，对试验机、试验件加载中心进行对中；需要测量试验件位移的试验安装位移传感器，连接应变仪，应变仪调零，预试：对试验件加20%～30%预试载荷，测量应变，测量变形，卸载到零—重新加载，检查载荷—变形及载荷—应变测量是否正常。一切正常后，按标准要求的加载速率进行逐级加载，跟踪测量应变、变形，直至试验件破坏或载荷从最大载荷下降了三分之一后即停止试验，取下引伸计，关闭应变仪。需要说明，在材料进入屈服后即可关闭应变仪，屈服后应变测量已经失去意义。对板材压缩试验需要在试验前预试检查防失稳装置，以防止试验件防失稳装置安装松紧程度不合适，引起试验过程试验件过早失稳屈曲使试验数据无效。

结构细节试验件的设计应完全按照飞机机体关键结构细节处的工艺细节情况进行加工(材料性能、工艺方法、结构细节)。选取试验件加工工艺及细节处形状、尺寸大小与全尺寸结构考核部位的完全相同。选取试验件尺寸同时应以一个完整结构细节为单元，并且考虑试验机夹持尺寸及试验机行程等，一般情况设计试验件可以直接夹持在试验机上进行试验或配以适当夹具在试验机上进行试验，要求设计试验件数量较多，一般在10件左右。

结构细节试验中一般考察工艺的试验(漏水孔、R区、拐角等)不需要进行专门夹具设计，对一些非对称试验件，有时为了防止试验时试验件偏心产生弯矩，需要在夹持部分增加一些垫块来调整形心以保证正确的加载力线；典型结构细节连接性能试验必须进行专项夹具设计(多数试验没有标准可做依据)，夹具设计必须依据试验件考核细节处的形状、尺寸而定。

12.1.5 试验结果数据处理

对于试验数据的处理需要按照一定的规范进行，这样的数据才具有使用的价值。为了给出可供设计者直接使用的可靠数据，按照用途的不同，数据的处理方法也不相同。

材料的性能数据按不同的等级(“基准”)给出，说明数据的统计意义。在MMPDS中一般按照以下基准给出相应数据：

1) 按A-，B-，或S-基准值，提供拉伸极限强度和屈服强度的室温设计性能。

2) 用S-基准值给出伸长率和面积缩减率，这也是采购标准的最低要求。

3) 按所给表中列出设计性能值的百分数，用图示方式提供热曝露后的室温强度。

4) 除非另加说明，所有其他性能，如弹性模量、泊松比、蠕变及物理性能，均按典型基准提供。

有关A-基准、B-基准、或S-基准及典型基准值的定义和说明如下：

A-基准：建立在统计基础上材料力学性能的一个限定值，在95%的置信度下，99%的性能数值群的最小值。也就是说，在材料性能试验数据母体中，至少有99%的数值等于或大于该值，其置信度为95%。A基准值应用于关键结构(件)的设计，例如：其破坏会导致组合件或部件失去结构完整性的单路径传力结构件，或在全尺寸静力试验中预计不能达到极限载荷的结构件。

B-基准：建立在统计基础上材料力学性能的一个限定值，在 95%置信度下，90%的性能数值群的最小值。也就是说，在材料性能试验数据母体中，至少有 90%的数值等于或大于该值，其置信度为 95%。*B* 基准值可用于一般结构(件)的设计，例如：单一构件破坏后，载荷会安全地转移到其他承载构件上的超静定/多传力路径结构。

S-基准：通常为有关的政府规范或宇航材料规范中对此材料所规定的最小力学性能值，可能反映某种规定的质量控制要求。其相应的统计保证是未知的，视所取样本数和试验背景数据量确定。在美国，S-基准值由联邦、军方、SAE 宇航材料部或 ASTM 等部门规定、发布。当缺少 A-基准值、B-基准值而有规定的 S-基准值时，结构设计中可采用 S-基准值。

典型基准值——是材料性能的一个算术平均值，此值与统计保证无关。

按其导出方式不同，手册所列的性能数据还可分为“统计计算值”和“比例设计性能值”两类，在使用中应当注意。

统计计算值(也称基准性能)是直接按试验数据经统计处理得出的性能数据，包括 S 值、T99 和 T90 值(如 A 基准和 B 基准值)。S 值是材料标准中保证的最低性能。T99 和 T90 值为局部容差限，按标准的数据要求及统计方法定义并进行定义和计算。确定这种性能需要大量试验数据，一般只给出给定方向的单向拉伸性能统计计算值。

比例设计性能值(也称为导出性能)则是通过较少试验来确定该性能与已知某种性能设计值(通常为给定方向的单向拉伸性能)间的比例关系，再依据这个比例关系来确定的该性能设计值。这种设计性能值可能是沿其他方向的拉伸性能；或者是压缩、剪切、弯曲应力等设计性能值；也可能是不同温度下的设计性能值。

MMPDS 列表给出的最低设计力学性能，是用“直接”或“间接”统计方法算得的。用直接统计方法计算 T99 和 T90 值并进而确定 A 基准和 B 基准设计性能，所需的最小样本规模是 100。这 100 个观察值必须至少包括取自 10 个炉次和批次的数据。T99 值是个统计计算的单侧公差下限值，表示对分布的首个百分位数的 95%置信下限(对应 A 基准值)。相似地，T90 值是个统计计算的单侧公差下限值，表示对分布的第十个百分位数的 95%置信下限(对应 B 基准值)。如果不能用 Pearson 或 Weibull 分布来描述这个样本，则必须用非参数的(无分布)方法来计算 T99 和 T90 值，这时进行这种计算至少要有 299 个观察值。

通常由间接方法确定最低压缩、挤压和剪切强度值。这是为了降低成本，因为这样可以使用 10 个数据点，再结合相应的“配对”直接性能来计算确定这些性能最低设计值。这种间接方法中，通常将压缩、挤压和剪切强度与同一范围产品所确定的拉伸值配对使用，得出该性能值与拉伸值的比值。对这些比值进行统计分析，得出这些主性能与比例性能间比例关系的下界估计值。然后，将这些比值分别乘以手册中相应的σ_{tu}或σ_{ty}值，得到剪切、压缩和挤压的极限和屈服强度值(详见 MMPDS 第 9 章)。

国内目前进行飞机强度分析或校核时用的材料性能参数验证值，基本上是取统计平均值(除以对应系数)，对应 95%的置信度和 50%的可靠度。

也可通过假定样本母体为正态分布，用以下的公式来计算 S 基准值：

$$S_{min} = \overline{X} - s \cdot k_{99} \tag{12-1}$$

式中：$\overline{X}$——样本均值；

s——标准偏差；

k_{99}——单侧容限系数，依据试验件数量，相应于正态分布至少 99%的可靠度和 95%的置信系数(见 MMPDS 表 9.10.1)。

虽然应当依据统计计算的值来确定 S 基准值，但可以根据经验和判断，将 S 基准值取得略低。

对试验过程中记录载荷、应变数据及载荷位移数据进行统计(线性、回归)处理，观察其分散性大小及相关性，对每个系列试验测试的数据，均计算平均值、标准偏差和离散系数，分别描绘出同类试验件载荷—位移曲线及载荷—应变曲线，按所作试验标准要求计算出静强度（如 σ_b、σ_s、E 等）。一般材料许用值测定按S基准测试，因A基准及B基准许用值要求试验数量大，所作的材料、元件、细节级试验一般属于设计性能验证试验，所以一般按典型基准最小值设计测试试验件数量，试验结果处理时也就是取5～10件有效试验件试验结果计算均值（至少5个试样的有效试验结果中得出的算术平均值），计算标准偏差，如果条件允许（试验件数量≥30）也可按公式（12-1）查表计算S基准值。如有特殊要求按A基准或B基准统计方法处理数据。或参照GJB/Z 18A—2005“金属材料力学性能数据处理与表达”处理数据。

对试验过程中记录的载荷、应变数据及载荷、位移数据进行处理，分别描绘出同类试验件载荷—位移曲线及载荷—应变曲线，按所作试验要求计算出静强度（如 σ_{tu}、σ_{ty}、E 等）。对试验数据需要修约的按GB/T 8170—2008《数值修约规则与极限数值的表示和判定》进行修约，对每个系列的测试值，首先按公式：

$$\text{平均值}\ \overline{X}=\frac{1}{n}\sum_{i=1}^{n}X_i \tag{12-2}$$

计算平均值、再按公式：

$$\text{标准偏差}\ S=\sqrt{\frac{1}{n-1}\sum_{i=1}^{n}(x_i-\bar{x})^2} \tag{12-3}$$

$$\text{离散系数}\ \mathrm{CV}=\frac{s}{S}\cdot 100\% \tag{12-4}$$

计算标准偏差和离散系数，观察标准偏差及离散系数的大小，以判定计算性能平均值的有效性。

12.1.6 典型的试验项目及技术简介

金属材料试验如前所述有多种，典型拉伸、压缩、剪切、扭转、冲击及金属材料高温蠕变等试验。一般试验均有试验标准可依，这里就不再做介绍。

结构细节试验如前所述，主要包括工艺孔、拐角及紧固孔等关键部位工艺评估试验及不同连接形式搭接、对接（铆接、焊接、螺接、粘接）及不同连接形式静力学（拉、压、弯、剪等）性能对比试验，典型结构连接细节 $P\sim\delta$ 曲线测试及焊接接头拉伸、剪切试验，下面分别简述。

12.1.6.1 结构连接细节（$P-\delta$ 曲线）的测试简介

1. $P-\delta$ 曲线的原理

对于一个最简单的紧固件连接单元，在外载荷 P 的作用下，一块板通过紧固件将载荷传给另一块板，紧固件所承受的力 R 等于 P，受载时两板同时变形，同时紧固件本身产生弯曲、剪切、挤压变形，板孔亦出现挤压变形。在结构应力分析中，把除过板变形以外的紧固件本身以及孔的综合变形统称为紧固件变形，其式为

$$\delta=(K_w+K_q+K_J+K_{JK})R \tag{12-5}$$

在弹性范围有

$$\delta=KR=\frac{R}{C} \tag{12-6}$$

式中：K_w——对应紧固件弯曲的广义刚度；

K_q——对应紧固件剪切的广义刚度；

K_J——对应紧固件挤压的广义刚度；

K_{JK}——对应孔的挤压的广义刚度；

K——弹性范围的紧固件刚度系数，与外载无关；

C——弹性范围的紧固件柔度系数，与外载无关；

R——紧固件所承受的力，也称钉传载荷。

把紧固件变形与紧固件力之间的函数关系图形称作紧固件载荷—变形曲线，或者简称 $P-\delta$ 曲线，它随相连壁板、紧固件的材料和形式以及装配状况不同而异。

2. 紧固件载荷变形曲线（$P-\delta$ 曲线）的试验测定

（1）试验件形式

$P-\delta$ 曲线的试验件应反映连接件紧固件处的结构细节的实际状态。常用的试验件形式有对称连接、搭接连接、加垫搭接等（见图 12-1）。应用对称连接的 $P-\delta$ 曲线时，中板上作用的载荷为 $2P$，侧板上作用的载荷为 P，所以此时的 $P-\delta$ 曲线类似于中板的一半和侧板搭接时紧固件的载荷变形曲线。

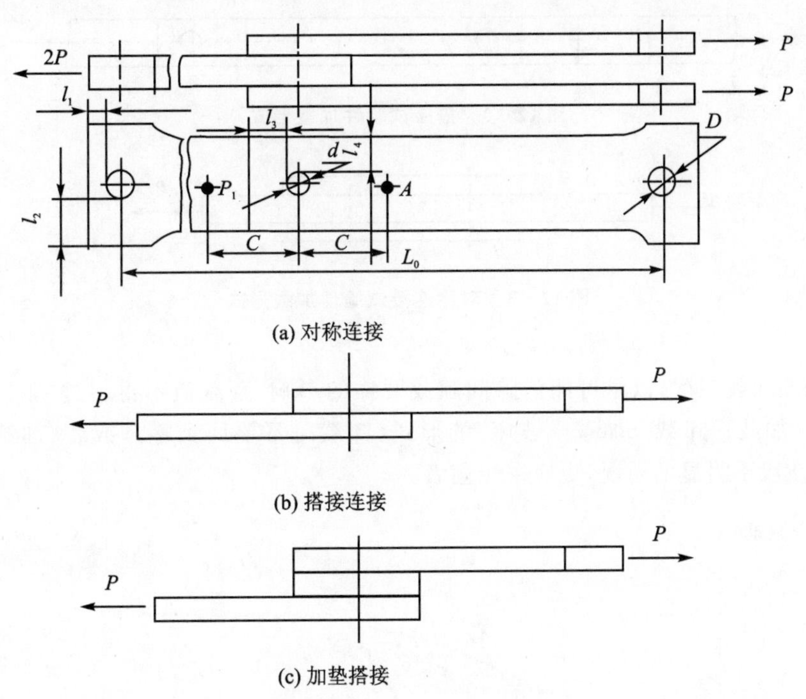

(a) 对称连接

(b) 搭接连接

(c) 加垫搭接

图 12-1　$P-\delta$ 试验件形式

（2）试验件设计要求

紧固件和相配壁板的材料及配合形式应按结构设计要求而定；

1）板宽大于三倍紧固件直径，即

$$W > 3d$$

2）外载作用下，板始终处在弹性状态。

3）拉伸加载时，边距 l_3、l_4 应足够大，在紧固件力作用下，边距部分不会出现大变形或破坏，并且满足边距 $l_1 > l_3$，$l_2 > l_4$。

4）为了保证装配准确，互换性好，试验件制造好后装配孔应配钻，保持 4 级精度。非加载情况下，保证加载孔与紧固件孔在同一直线上。

5）紧固件承载能力比较低时，可采用单排双铆钉，此时，板宽应作相应的改变。

6）试验件数量：试验组合件数最好多于三组。

(3) 试验件加载形式

为了试验时板处在单向受力状态，要防止弯曲效应，搭接和加垫搭接连接形式的试验件组合成背靠背的形式，见图 12-2。对称连接的加载方法见图 12-3。

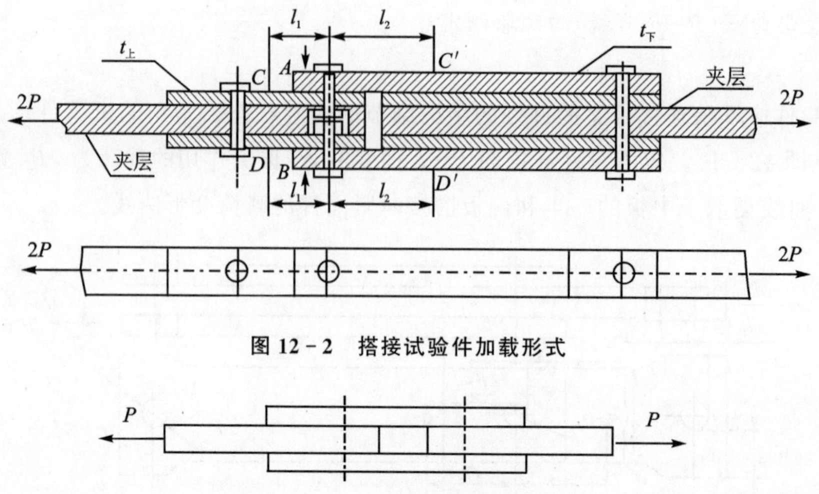

图 12-2 搭接试验件加载形式

图 12-3 对称连接试验件加载形式

(4) 试验过程

试验时要求首先预加载三次，以尽可能消除间隙或摩擦的影响，预载值不得超过“紧固件弹性极限”；加载可采用“加载—卸载—加载—卸载—加载—破坏”的形式（卸载时不要回到零），或者“加载—破坏”的形式（见图 12-4），特别是弹性段不明显的情况，更应采用前者。

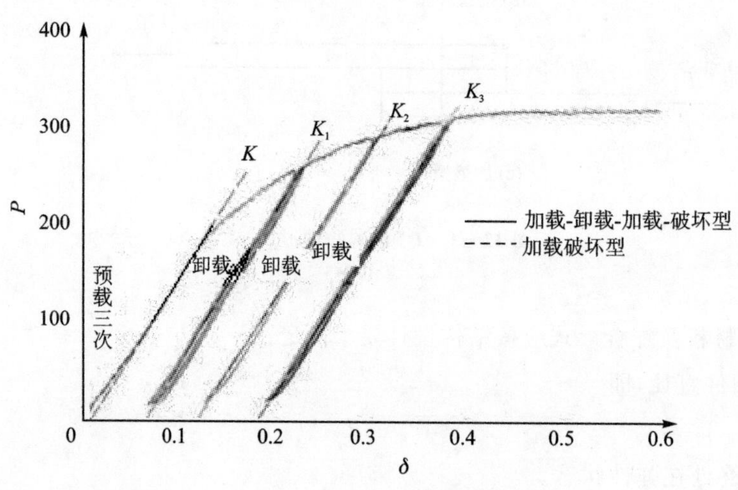

图 12-4 加载历程示意图

(5) 实测载荷-总变形曲线测定

$P-\delta$ 曲线通常分弹性段和弹塑性段，其分界点可通过实测曲线观测到，或者通过下式：

$$\sigma_K = \sigma_{0.2} \tag{12-7}$$

判断。

式中：σ_K——广义应力；对于板，即孔边的最大应力；对于紧固件，即紧固件中的最大应力；

$\sigma_{0.2}$——广义屈服应力。

线性段的斜率为

$$C' = \frac{\sum_{i=1}^{n}(P_i\delta'_{Zi}) - \frac{1}{n}\left(\sum_{i=1}^{n}P_i\right)\left(\sum_{i=1}^{n}\delta'_{Zi}\right)}{\sum_{i=1}^{n}P_i^2 - \frac{1}{n}\left(\sum_{i=1}^{n}P_i\right)^2} \tag{12-8}$$

式中：P_i——第 i 个测量点的载荷；

δ'_{Zi}——第 i 个测量点的实测总变形；

n——测量点数(取掉非正常点)。

线性段截距为

$$\delta_0 = \left(\sum_{i=1}^{n}\delta'_{Zi} - C'\sum_{i=1}^{n}P_i\right)/n \tag{12-9}$$

$P_i - \delta'_{Zi}$ 曲线即为实测载荷-总变形曲线。

考虑到摩擦、间隙和测量点随机误差的影响，各测量点的真实总变形为

$$\delta_{Zi} = \delta'_{Zi} - \delta_0 \tag{12-10}$$

$P - \delta_{Zi}$ 曲线即为真实载荷-总变形曲线。

紧固件载荷-变形曲线(曲线)对应 P_i 的紧固件变形。

$$\delta_i = \delta_{Zi} - \delta_{bi}$$

把(δ_i，P_i)连接的曲线称为紧固件载荷-变形曲线，即 $P-\delta$ 曲线。其斜率即紧固件刚度为

$$K = \frac{P_e}{\delta_e} \tag{12-11}$$

柔度为

$$C = \frac{\delta_e}{P_e} \tag{12-12}$$

式中：P_e——$P-\delta$ 曲线弹性段终止点的载荷；

δ_e——$P-\delta$ 曲线弹性段终止点的位移。

(6) $P-\delta$ 曲线测量图例

图 12－5 中虚线(P，O'，δ'_Z坐标系中)为实测的载荷-总变形曲线；点划线(P，O，δ 坐标系中)为处理后的真实载荷-总变形曲线；细实曲线为减去板变形后的紧固件载荷-变形曲线——$P-\delta$ 曲线。

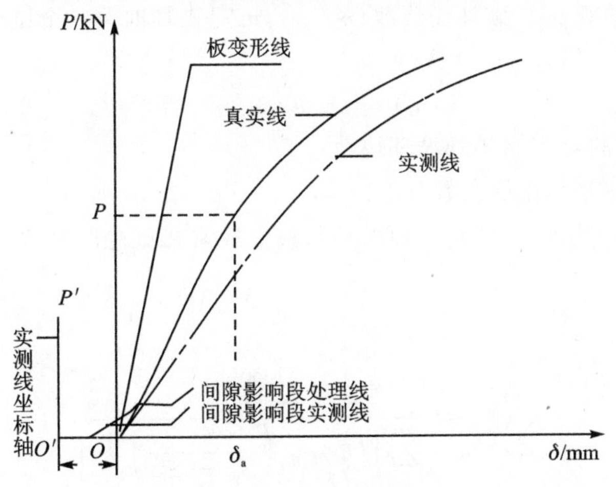

图 12－5　$P-\delta$ 曲线处理方法

试验过程中应注意：位移传感器(引伸计)固定点应处在应力分析均匀的地方。要求每组试验件两面中线上对称装两个位移传感器(引伸计)。预载时，观察两引伸计的测量结果，及时调整引伸计，使两引伸计运行正

常且测量结果较接近，线性较好。当变形量达到引伸计的量程时，要及时取下引伸计，以免损坏。

12.1.6.2 典型结构细节疲劳额定值(DFR)的测试方法

结构细节疲劳特征值定义为：应力比 $R=0.06$ 时，结构能够承受 10^5 次循环(95%的置信度，95%的可靠度)时所对应的最大应力值。它是结构疲劳品质的一种度量方法，用DFR这个符号来表示。它是用于耐久性分析的DFR法中的必不可少的输入数据。

1. 常幅载荷作用下结构DFR值的试验确定

在某一应力水平下做 n 个试验件，按照双参数威布尔分布原理，具有95%置信度和95%可靠度的疲劳寿命计算式为

$$N_{95/95}=\hat{\beta}/(S_C S_R S_T) \tag{12-13}$$

$$\hat{\beta}=\left(\frac{1}{m}\sum_{i=1}^{n}N_i^b\right)^{1/b} \tag{12-14}$$

式中：$\hat{\beta}$——双参数威布尔分布中相应于37%存活率的特征寿命的点估计值；

S_T——尺寸系数；

S_C——置信系数；

S_R——可靠度系数；

n——试件总数目；

m——完全寿命试件数，当试验结果都是完全寿命时，$m=n$；

b——威布尔分布的斜率；

N_i——第 i 个试件的试验寿命。

2. 谱载荷作用下结构DFR值的试验确定

在某载荷谱下做一组(m 个)结构细节的疲劳试验，结构细节处在弹性范围时，按照该组试验结果确定结构细节DFR的步骤如下：

① 按照公式

$$(n_i)_{95/95}=\left(\frac{1}{m}\sum_{j=1}^{m}n_{ij}^b\right)^{1/b}/(S_C S_R S_T) \tag{12-15}$$

可以算出各级应力实际作用的双95%破坏循环数 $(n_i)_{95/95}$，n_{ij} 是破坏时第 j 个试件在第 i 级应力水平下实际作用的循环次数；m 是试件个数。作为近似计算，可取

$$(n_i)_{95/95}=n_i(N_{po})_{95/95} \tag{12-16}$$

式中：$(N_{po})_{95/95}$——试验得到的双95%破坏循环块数；

n_i——每块第 i 级应力水平作用的次数。

② 确定载荷谱中的参考应力水平(或地空地循环)，最好取常幅试验时其双95%寿命最接近于 10^5 次循环的那级应力为参考应力。

③ 根据公式

$$\frac{D_{ck}}{\sum D_i}=\frac{\left(\dfrac{S_{a\cdot ck}}{S_{mo}-S_{m\cdot ck}}\right)^{-B_m}}{\sum\left[(n_i)_{95/95}\left(\dfrac{S_{ai}}{S_{mo}-S_{mi}}\right)^{-B_m}\right]} \tag{12-17}$$

求出参考应力水平施加1次造成的损伤与破坏时总损伤的相对比值。

式中：D_{ck}——参考应力水平施加1次造成的损伤；

$\sum D_i$——谱中各级应力到破坏时造成的损伤；

$S_{a.ck}$——是参考应力水平的幅值；

$S_{m.ck}$——是参考应力水平的平均应力；

B_m——结构所用材料的 $\lg S_a - \lg N$ 曲线的斜率（S_m 为常数）。

④ 按照公式

$$(N_{ck}^D)_{95/95} = 1/\left(D_{ck}/\sum D_i\right) \tag{12-18}$$

把到破坏时谱中各级应力作用的循环数折算成所需的当量参考应力循环数 $(N_{ck}^D)_{95/95}$。

⑤ 按照公式

$$\mathrm{DFR} = \frac{S_{m0}S_{a\cdot ck}}{0.45X(S_{m0} - S_{m\cdot ck}) + 0.55S_{a\cdot ck}} \tag{12-19}$$

和

$$X = \left[\frac{(N_{ck}^D)_{95/95}}{10^5}\right]^{1/B_m} \tag{12-20}$$

求出结构细节的 DFR。

12.1.6.3　紧固件静拉脱强度试验简介

紧固件静拉脱强度试验一般适用于复合材料与金属板连接结构细节，试验按 MIL - STD - 1312 试验方法进行。

1. 试验原理

机械紧固连接试验件主要考察钻孔和紧固件及装配工艺。一是用于紧固件筛选，二是用于建立连接强度设计值。通过上、下两个夹具四个柱头插入试验件孔中，夹具分别对考察板施加相向压载（上、下两块板错开 45°），致使机械紧固件连接在一起的两块板不再能支持载荷的增加，而沿着与板平面垂直方向被拉脱分离出来，此时的载荷，即为紧固件连接的拉脱载荷。

2. 试验件形式

试验件分为上连接板与下连接板（矩形截面方形平板），一般上连接板为复合材料，下连接板为金属材料，中间用钛合金高锁钉连接，试验件周边需要有四个孔与试验夹具配装，一块板与另外一块板安装时相差 45°。试验件形式如图 12 - 6 所示。

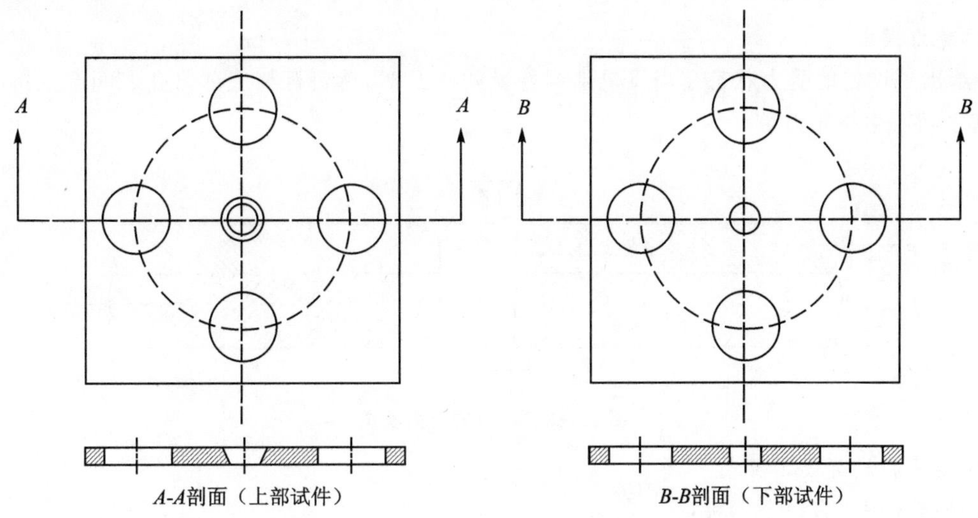

图 12 - 6　紧固件拉脱试验件形式

3. 试验夹具

试验夹具设计如图 12-7 所示。

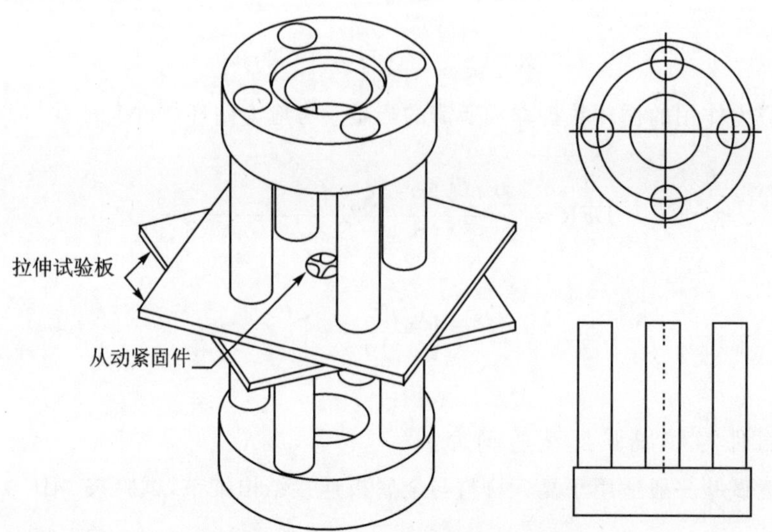

图 12-7 紧固件拉脱试验夹具示意图

4. 试验过程

正常环境试验件按照试验件分组顺序，逐个进行试验。湿热环境试验件和秤重后的伴随稀释件一起放入湿热环境箱，每周测量伴随件的重量，伴随试验件平均稀释量变化小于 0.05% 认为试验件的吸湿状态满足条件，逐个在带环境箱的试验机上进行试验。试验前检查试验设备是否运行正常，在保证试验设备运行正常情况下，将试验件安装在试验机上，先以小于 30% 载荷进行预拉后卸载至零，以消除紧固件和孔之间的连接间隙；然后，以 1 mm/min 的夹头位移速度开始正式试验直至达到最大载荷，当载荷从最大载荷下降 30% 即停止试验，同步记录载荷-位移曲线及试验件初始破坏载荷、最大破坏载荷。

12.1.6.4 铆钉的损伤模式与检查

1. 铆钉的受力模式

图 12-8 给出了铆钉的受力状态。当飞机结构件受载荷 P 时，铆钉杆与上部钉孔之间产生挤压力 P_1，铆钉头与埋头划窝之间产生挤压力 P_2。

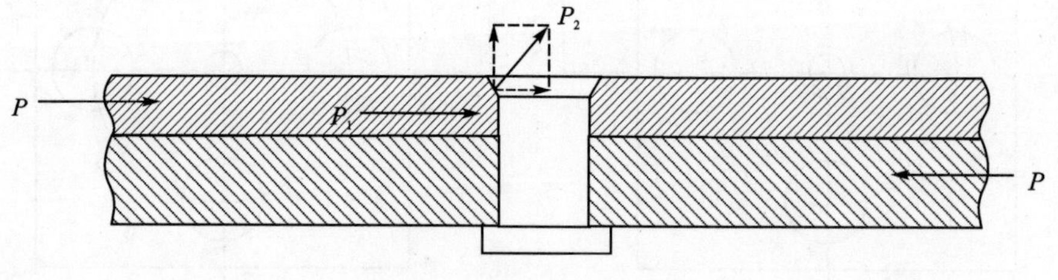

图 12-8 铆钉的受力状态

2. 铆钉连接的静载荷破坏模式

铆钉的静载破坏模式有以下两种：

① 剪切破坏。剪切破坏是常见的铆钉破坏形式，表现为铆钉杆的破坏。这种破坏是由于被连接件的相对滑移引起的。如果铆钉杆的承载超出了材料的屈服极限，并且继续超载，则相邻板之间会产生永久性的滑移，使铆钉杆产生折曲。当相对滑移量足够大时，铆钉杆产生剪切破坏。

② 铆钉头破坏。铆钉头的破坏可能是由于连接处出现复合受载，使铆钉头受拉伸应力引起的。铆钉头和钉杆交界面的剪切会造成铆钉头破坏；对于厚板来说，引起钉头撬动的作用力，也可能破坏铆钉头。当铆钉头脱落或任何明显的铆钉头歪斜时都必须更换铆钉。

3. 铆钉的疲劳损伤和应力腐蚀损伤

在飞机结构振动环境严重或气动力高的部位，铆钉会承受交变应力的作用。因此，在这些部位的铆钉容易产生疲劳破坏。通常，发动机进气口处的蒙皮要求铆接质量高，因为该部位的铆钉不但承受较高的交变应力作用，而且环境条件也不好。该部位多次发现有铆钉断裂掉头现象。

超高强度铝锌合金对应力腐蚀比较敏感，因此，用这种合金制造出来的铆钉在飞机的使用环境下可能会发生应力腐蚀。

4. 损伤铆钉的检查

受损伤铆钉的最明显特征是铆钉在孔中发生松动现象。根据以下特征确认铆钉是否松动：

① 当压铆钉头旁边的蒙皮时，蒙皮离开铆钉头并形成肉眼可见的明显间隙，说明铆钉已松动。

② 铆钉松动后，铆钉头与埋头划窝之间将因摩擦而产生金属粉末，这种粉末与污物附在铆钉头与钉孔之间的缝隙内而呈现黑圈。所以，检查飞机时，如果发现铆钉周围有黑圈，表明铆钉已松动。

③ 在机身密封舱部位上的铆钉，如果铆钉头的背气流的一边形成黑色尾迹，这说明铆钉已松动，同时也表明蒙皮内表面可能产生腐蚀。

④ 铆钉头已突出构件表面，或者发生卷边翘起现象，则说明铆钉的松动已经很严重了。

⑤ 铆钉头周围的油漆层出现碎裂或裂纹，表明铆钉有可能错动或松动。

⑥ 一般情况下，铆钉单一破坏、有时也会成群地出现，此时钉头多半向同一方向倾斜。如果铆钉出现倾斜，但非成群地出现，并且不是向同一方向倾斜，那么这种钉头倾斜可能是由于铆接质量不高造成的。

12.1.6.5　螺栓的损伤模式

当螺栓受剪时，其受力状态与铆钉的受力状态类同；当螺栓受拉时，其受力状态如图 12-9 所示。螺栓或螺钉的静载破坏模式与铆钉的静载破坏模式类似。螺栓或螺钉拧紧后，是靠螺纹之间的摩擦力保持其在拧紧状态的。如果在制造和修理过程中，拧得不够紧，螺纹之间的摩擦力就比较小，构件振动时，螺钉就会逐渐松动，甚至脱落。另外，螺钉松动后，被固定的构件就会翘起，使飞机的空气动力性能变差，连接强度下降，并使雨水、尘土等容易进入机体内部，引起内部构件腐蚀。因此，螺钉必须按规定拧紧。此外，同一部位上各个螺钉的拧紧度必须一致。否则，紧者容易损伤，松者容易脱落，而且蒙皮也会因受力不均匀而翘曲。

飞机结构上的连接螺栓，通常承受较高的交变应力，产生疲劳破坏是很常见的故障。下面介绍螺栓疲劳开裂模式。

1. 受拉螺栓疲劳开裂模式

螺栓连接形式包括螺钉螺母连接和螺桩连接，该连接在轴向疲劳载荷作用下会出现图 12-10 所示破坏形式，当螺栓有斜垫片时，还会有附加弯曲而加速疲劳破坏。图 12-9 给出了受拉螺栓的受力形式和裂纹出现部位。

2. 受剪螺栓疲劳开裂模式

螺栓在受剪状态下有两种破坏形式，一种情况是被连接件配合很好，螺栓处在纯剪状态，由于剪切应力的作用加上微动磨蚀而疲劳开裂，此时的断口平直，且由于断口相对磨擦而光滑。这种受剪螺栓的情况见图 12-10(a)。另一种情况是被连接件配合有间隙或单剪使螺栓弯曲，产生受拉螺栓的断裂形式，其受力情况见图 12-10(b)。

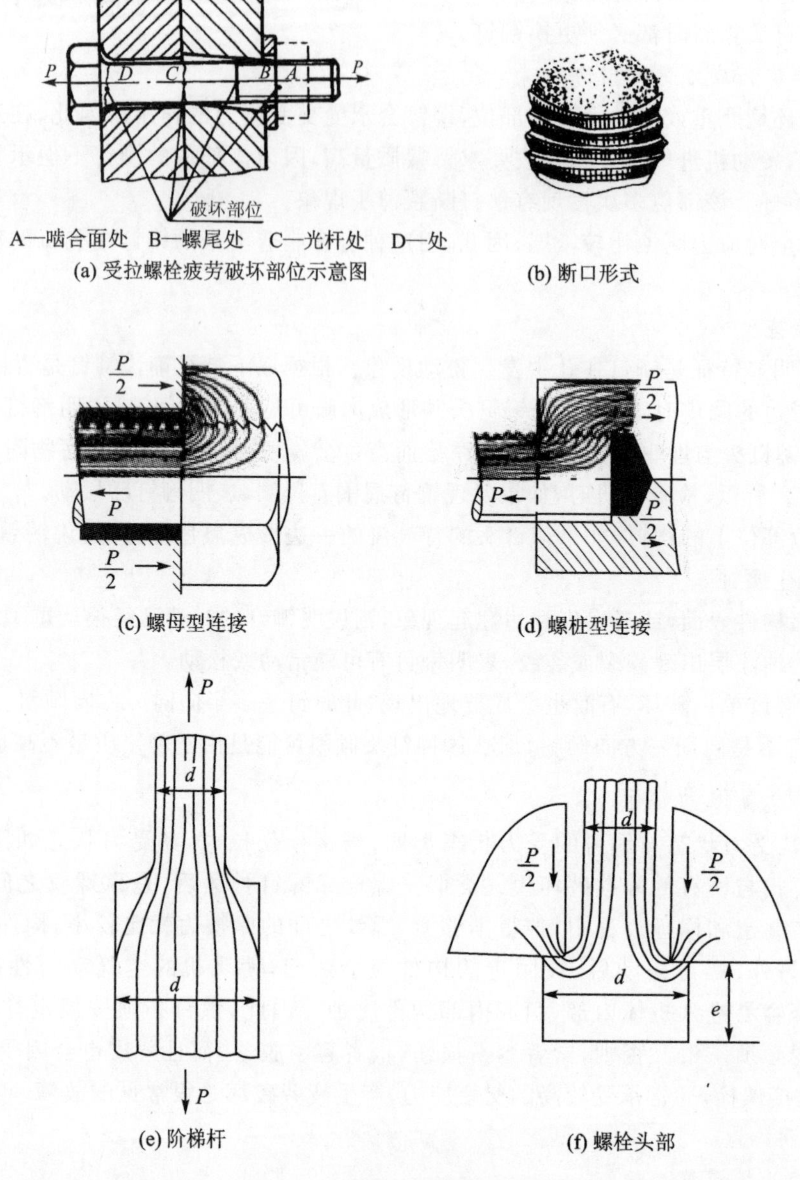

(a) 受拉螺栓疲劳破坏部位示意图　(b) 断口形式

(c) 螺母型连接　(d) 螺桩型连接

(e) 阶梯杆　(f) 螺栓头部

图 12-9　连接形式与应力流线

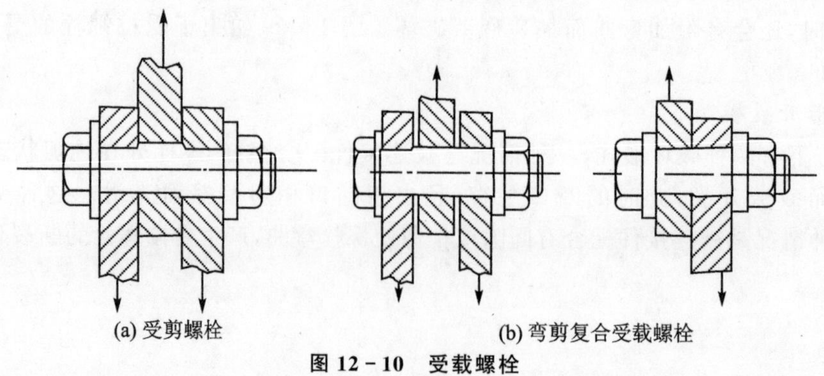

(a) 受剪螺栓　(b) 弯剪复合受载螺栓

图 12-10　受载螺栓

12.1.7　试验中常用的配套设备、仪器以及相关技术

材料、元件及细节试验在标准试验机上进行，一般在试验过程中同步记录试验件的载荷—位移(总位移)曲线；同时用引伸计测量试验有效段伸长量并做同步记录；用应变仪实时测量应变，并对测量数据进行同步记录；记录试验件初始损伤载荷及破坏最大载荷。所用技术为应变测量技术及位移测量技术。

为保证试验的质量与试验件安全，试验前必须由计量中心对系统进行检定/校准合格，并在使用期内，方可进行正式试验。

12.2　结构组件试验

12.2.1　试验目的及意义

结构组件试验是飞机结构设计和积木式试验验证体系中的重要组成部分，为飞机重要结构的选型、定型起着关键作用。通常结构组件的试验目的包括：

① 验证试验分析方法，结构局部屈曲后或进入塑性状态下的非线性分析十分复杂，目前主要采用经验公式来计算结构的承载能力。由于受到经验公式使用范围的限制和诸多因素的影响，还需要通过试验进行验证。

② 确定结构设计许用值，如：机翼和尾翼的典型壁板、机身典型壁板等。其试验数据和曲线可直接为结构设计所采用。

③ 用于结构选型，为设计合理的结构形式提供依据。如：机翼、尾翼和机身上不同加筋形式壁板的稳定性试验研究等。

12.2.2　试验的主要对象及考核内容

飞机的机体结构主要是由各类壁板组成的，所以壁板结构的承载能力试验与优化在飞机研发阶段占有很大比重。为了给机翼和机身壁板选择合理和最佳的结构形式，为了给各类典型加筋板确定设计许用值，以及为了验证重要承力部位的强度，需要进行壁板结构的稳定性试验，包括机翼加筋壁板轴压稳定性试验、加筋平板剪切稳定性试验、机身加筋曲板剪切稳定性试验、薄腹板梁张力场试验和压剪复合稳定性试验等。机翼壁板结构的静强度性能有时需要考虑盒段结构的综合承载能力，针对机翼结构的设计往往也需要进行大量的盒段试验。因此组件级的静强度试验对象主要就是各类壁板以及壁板组成的盒段。典型的试验分类如下：

(1) 机身壁板

试验件形式可规划为：加筋平板、加筋曲板，考核机身壁板在不同设计参数下的压缩载荷、剪切载荷和复合载荷下的稳定性，得到机身壁板许用值和验证试验，为设计选型和定型提供依据。

(2) 机翼/垂尾/平尾

1) 壁板，试验件结构形式可设计成加筋平壁板、大开口加筋壁板，考核机翼壁板的压缩稳定性和剪切稳定性；

2) 工字梁，考核结构的承载能力和失效模式。

(3) 盒段

1) 机翼盒段，包括中央翼盒、中外翼翼盒、外翼翼盒、机翼翼梁盒段。试验用于考核盒段中上下壁板(开口和不开口)、梁腹板等综合受载下的承载能力；

2) 缝翼盒段，用于考核结构曲板的承载能力，验证结构稳定性分析方法；

3) 前襟翼盒段，验证结构承载能力。

12.2.3 试验件的设计、制造

飞机设计单位通常依据规范要求和飞机总体有限元分析结果制定相应的试验计划,设计适合的试验件进行结构选型、试验分析方法和承载能力的试验工作。

试验件制造依据飞机结构对应部位的制造工艺进行加工,选择有资质的厂家进行生产制造。如果是工艺性的验证或研究试验也要严格符合预定的工艺要求。

试验件作为飞机结构强度验证的重要对象,设计过程中除了满足试验件位置和形式的选取外,与试验承试单位试验的接口设计也至关重要。与试验单位的接口协调设计是为了保证试验加载及支持过渡区域的强度或刚度,这样才能保证试验件在考核区域不但受力状态符合要求,而且能够不因过渡区域提前破坏导致试验失败。此外,合理的协调设计还能有利于试验方便实施,提高试验效率。以如下三种典型的组件试验为例:

● 平板和曲板的轴压稳定性试验一般在压力试验机上进行,压缩加筋壁板加载端需平整并经适当加强,便于压缩载荷的均匀传递和试验后期结构失稳前加载端有足够的强度。

● 平板的剪切稳定性试验一般采用对角拉的方法加载,试验件四边与专门夹具相连。剪切壁板试验件设计时,试验件的考核区四周应有过渡段,保证试验件受剪均匀;加载边设计有足够的强度,保证剪切载荷的有效加载和传递;结构选取时明确加载边的加载形式,即单排螺栓或双排螺栓,用于预估和分析结构的许用值。

● 对于盒段试验,为保证盒段的考核区受力真实,盒段设计应在试验件上留出过渡段。过渡段长度一般为其宽度的1.5倍;过渡段应强于试验考核段,不能先于试验件考核区破坏。盒段端部形式设计应与试验委托方协商,保证在载荷传递和连接强度下便于试验加载。

12.2.4 试验载荷

除非任务书给定了确定的试验方案及对应的实施载荷,通常任务书中给出的试验载荷形式不能直接用于试验载荷加载时使用,需进行再处理。经承制方充分论证并经委托方认可,加载情况和载荷可以简化和合并。对试验中非考核结构部位的平衡载荷,可以通过修改作用于结构区域上的载荷分布来完成加载情况的简化。但简化不应导致试验件出现非正常的永久变形或破坏。如果各个不同加载情况的相互作用不影响考核结构任何部位上的受载情况,也可以对结构不同部位同时施加不同的载荷情况。

试验载荷依据:

1) 试验任务书。

2) 载荷分析报告。压缩、剪切壁板载荷,根据结构构形和材料参数,试验前对结构的初始屈曲载荷、破坏载荷进行分析评估,并作为制定试验实施方案的一种参考依据。

3) 盒段试验载荷。给定试验弯矩、扭矩等试验载荷,需要处理成加载力偶进行加载。

12.2.5 试验夹具的设计、制造

由于边界支持条件对试验结果的影响很大,试验件边界条件的模拟和支持夹具设计方案(支持方案)的确定是试验设计中的关键。试验件的边界支持不可能与它在飞机上的连接情况完全一致,一定要尽量模拟。可以凭经验采取工程简化方案实现,或者采用有限元分析的方法对边界支持的模拟状态进行判断。

试验夹具设计注意事项:

1) 夹具设计应保证一定的强度及刚度,要符合传载要求,并且在能够保证承受试验预估的最大破坏载荷的基础上具备一定的安全系数,这个安全系数通常要求大于2.5。

2) 压缩试验。在加筋壁板轴压稳定性试验中,对于多于4根筋条的加筋板,侧边可以不支持(自由边);其两端的支持,可采用端部支持的方法加以考虑。夹具设计时保证夹具与试验件接触面的平面度、夹具支撑面平面度和夹具支撑面与试验件接触面的平行度。

3) 剪切试验。剪切夹具加载孔应设计成长条孔,便于载荷的均匀传递。剪切试验后期,试验件变形较大,

加载夹具设计在满足强度的同时要求有足够的刚度。

12.2.6　试验实施

试验实施包括试验件贴片、试验件安装、位移计安装、控制测量系统调试、试验预试、试验调试和正式试验等内容。试验的每一个环节必须在相应的质量体系规范下实施。

试验实施依据文件有：

① 试验任务书；

② 试验大纲；

③ 相关标准规范；

④ 贴片图；

⑤ 位移图；

⑥ 夹具图；

⑦ 安装图。

通常采用应变和位移测量的方法确定结构强度性能。对于受力严重的关键部位可以采用应变测量的方法了解其应力的分布和大小；蒙皮和壁板的失稳临界值一般采用应变或位移(挠度)测量的方法确定。

采用应变测量方法确定失稳临界值的贴片方案可以是：

1) 对于受轴压的蒙皮，选用单片应变片测量，沿受压方向，一定要在蒙皮两面"背对背"地粘贴应变片；

2) 对于受剪切或压剪的蒙皮，选用 0°- 45°- 90°的应变测量，一定要在蒙皮两面"背对背"地粘贴应变片，而且，45°片应沿受压方向；

3) 对于蒙皮周边的桁条和隔框，可选用单片应变片测量，沿受载方向，在测量部位的两面"背对背"地粘贴应变片，应变片一般应粘贴在桁条和隔框长度中部的敏感位置；

4) 对于受轴压的蒙皮、桁条和隔框，也可以通过测量其法向挠度(位移)的方法确定失稳临界值。

注意，对于沿蒙皮受压方向的应变测量点，应选在蒙皮的屈曲波峰或波谷处，避免选在拐点附近。位移测量点，一般选在蒙皮的中心和桁条的中部挠度(位移)较大的位置。如果蒙皮有几个屈曲波，位移测量点不一定在蒙皮的中心。

12.2.7　试验结果数据分析处理

对试验中测得的数据和结果，需要进行如下几方面的分析与处理，才能用于指导结构设计。

试验结果的有效性确认。对试验的实施方案、试验全过程、试验件、试验的数据和结果等都应进行有效性确认。

试验数据的分析处理。应分析处理的试验数据包括：应变测量数据、位移测量数据、试验件的变形和破坏记录等等。

试验数据的保留和积累。对于不合理和分散性太大的数据应该剔除，但应加以保留和积累，以备以后查用。

对应变测量数据和位移测量数据进行处理是试验结果分析中的重要内容。

对于应变测量数据，可以将其换算成应力，以了解结构的受力情况(应力大小和分布)；由应变和位移测量结果可以确定结构的失稳临界值；对于试验的结果载荷，有的需要经过一定的处理才能提供给设计使用等等。

需要强调的是，设计研制试验必须与理论分析相结合，除了给结构强度及其分析方法提供验证外，还应为探索新的结构设计方案、试验方案和新的分析方法，以及解决相关的疑难问题提供依据。结合试验结果进行的理论分析是设计研制试验中的重要组成部分，是确保试验成功的关键。

12.2.8 典型的试验项目及技术简介

12.2.8.1 加筋壁板压缩稳定性试验

机身、机翼等壁板是由蒙皮、纵向长桁和横向隔框/肋组成的半硬壳结构，可能发生下述三种失稳形式：

1）蒙皮失稳。是指相邻两长桁和框间蒙皮的失稳。

2）壁板失稳。通常指相邻两框之间的蒙皮及长桁失稳。

3）总体失稳破坏。

（1）结构考核段长度建议设计尺寸

① 普通加筋壁板，单肋/框距；

② 机翼开口加筋壁板，2肋距；

③ 中央翼加筋壁板，单/2肋距。

（2）结构考核段宽度建议设计尺寸

① 普通加筋壁板，3～4桁距；

② 机翼开口加筋壁板，2桁距。

（3）边界条件

① 加载端简支；

② 肋/框位简支。

（4）载荷特征

① 纯压载；

② 侧向载荷与压缩载荷同时作用。

试件加载端建议设计形式：加载端设计为树脂/金属填充，保证平行度、平面度、垂直度等加工工艺要求。

夹具设计要求：设计出满足试验任务支持系数要求的夹具，或设计完成加载端支持方式后进行测试，得出加载端的支持系数值；肋位置支持夹具模拟单排/双排铆钉的支持效果。图12-11～图12-14给出了几种典型的试验实例。

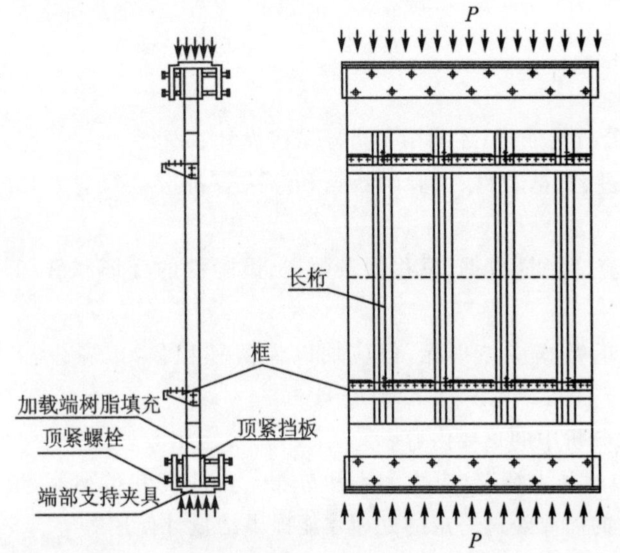

图12-11 纯压缩试验试件、夹具、加载示意图

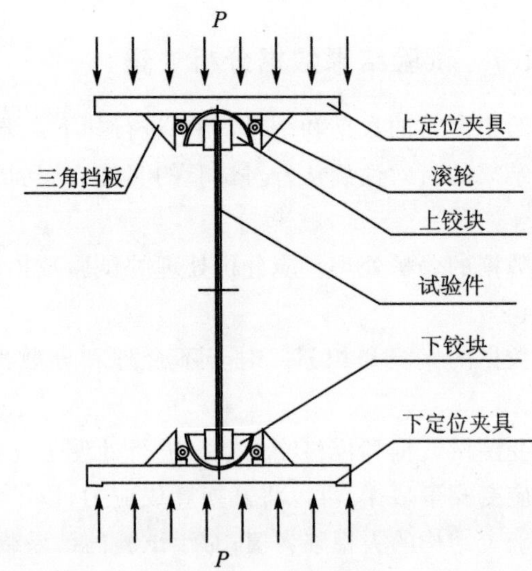

图12-12 满足不同支持系数要求的夹具设计和支持方式示意图

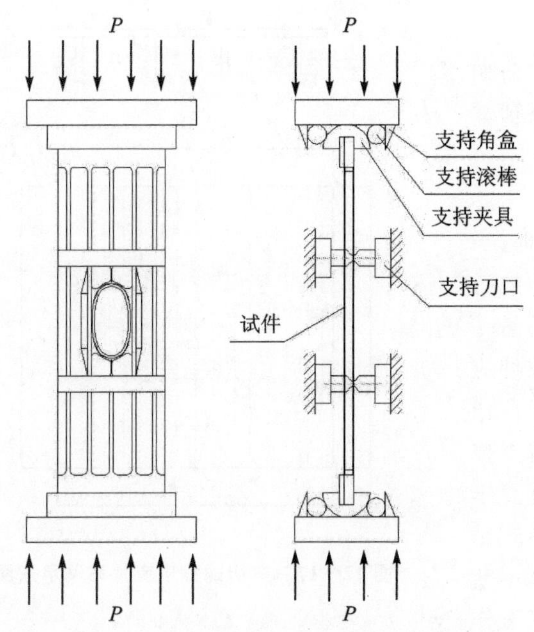

图 12－13　模拟肋支持的试验支持和加载方式

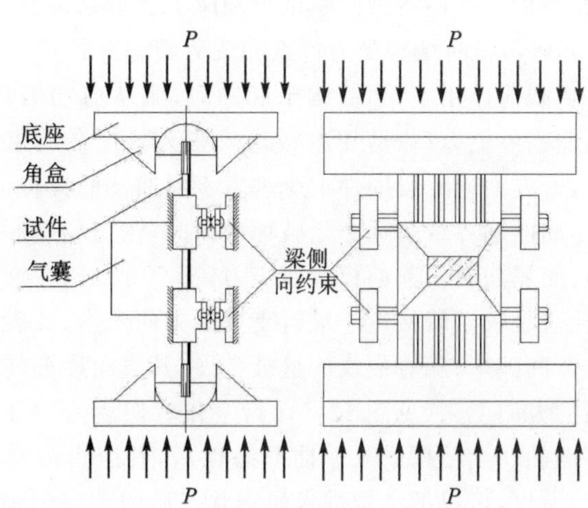

图 12－14　轴压及侧向载荷下的支持和加载方式

12.2.8.2　加筋壁板剪切稳定性试验

(1) 结构考核段建议设计尺寸

① 宽度，单肋/框距；

② 长度，3 或 4 桁距。

(2) 夹具设计

① 加载边界单排螺栓连接；

② 加载边界双排螺栓连接；

③ 刚度要求，夹具设计时保证不随试件变形或破坏而发生塑性变形；

④ 强度要求，保证最大剪切破坏载荷下夹具不破坏。

图 12－15～图 12－17 给出了边界约束不同的试验实例。

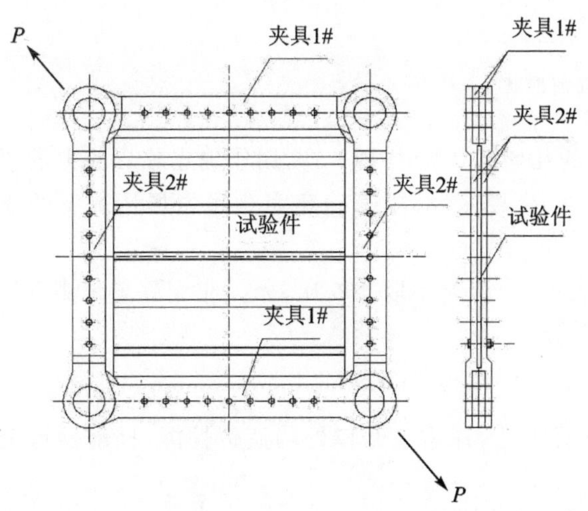

图 12－15　剪切载荷下的单排螺栓支持和加载方式

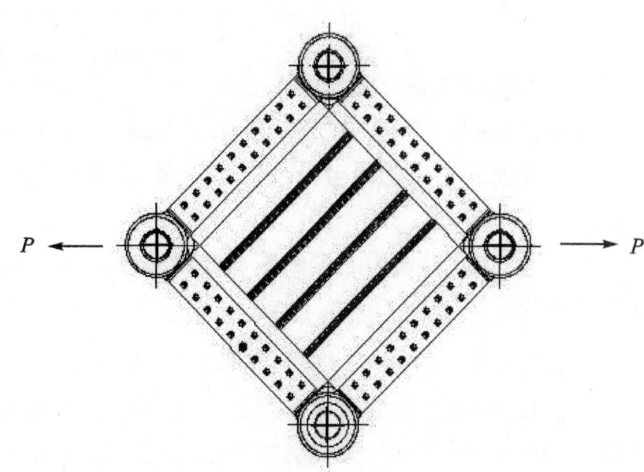

图 12－16　剪切载荷下的双排螺栓支持和加载方式

12.2.8.3 薄壁结构剪切屈曲疲劳分析

本节简要地介绍了剪切屈曲疲劳试验的概况，说明了剪切屈曲疲劳破坏的力学机理、破坏形式、应力测量方法和寿命估算方法，并给出了一些疲劳试验结果和应力测量结果。

(1) 剪切屈曲结构受力特点和疲劳破坏形式

剪切载荷作用下，当结构未屈曲时，服从剪切破坏机理；当超过屈曲临界值以后，剪切腹板进入张力场。在约束部分的钉孔附近，一方面通过紧固件承受垂直于屈曲波的拉伸应力；另一方面，当屈曲临界载荷远小于破坏载荷时，张力场引起的拉伸应力较小，而屈曲波引起的板弯曲应力较大。所以，在疲劳载荷作用下，孔边裂纹沿着接近于平行支撑的方向产生，或者沿着支撑的边沿弯曲破坏；随着裂纹的继续扩展，其方向逐渐转到垂直于屈曲波的方向上来(见图 12－18)，这和剪切疲劳破坏的形式是完全不同的。当结构进入屈曲状态以后，其应力分布规律不断地变化，所以，可以把结构进入屈曲状态后的不完全张力场看作无数个各异的结构。当结构进入过屈曲状态的完全张力场以后，其应力随着外载荷线性增加(见图 12－18)，此时，结构又可以看作单一结构，其细节疲劳特性不变。

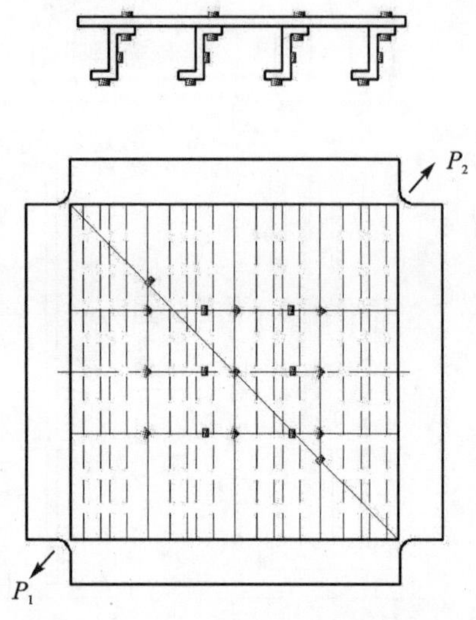

图 12－17 剪切试验应变片粘贴示意图

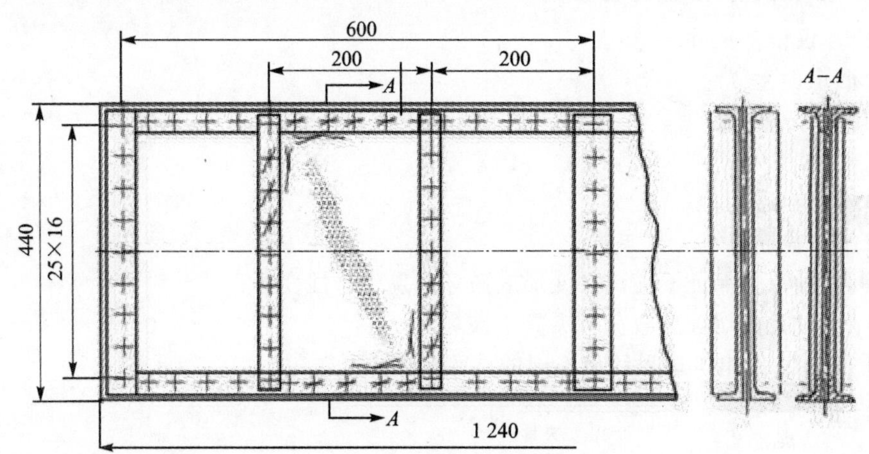

图 12－18 试件几何形状

(2) 薄壁结构剪切屈曲疲劳试验

试件：试件为 LY12－CZ 剪切梁，共分两类，第 I 类试件的几何形状见图 12－19，用作确定临界应力的测量方法和小屈曲状态下的疲劳特性。第 II 类试件的几何形状见图 12－18，用来确定完全张力场情况下的屈曲特性。

试验装置：试验动力装置和载荷控制装置使用 P960 试验机，加载频率取 400 次/分。应变测量采用 YJ－5 静态应变仪。

12.2.8.4 机翼大开口加筋壁板疲劳试验

试验目的：验证机翼下壁板典型大开口处疲劳寿命的计算方法，探索大开口处的疲劳性能，提前预计全尺寸疲劳试验中该部位的破坏模式，降低全尺寸试验的风险。

结构简介：试验件近似模拟了飞机外翼中下整体壁板大开口部位，带开口前后相邻两根长桁，不考虑翼形。试件宽度取 2 个桁距，长度为 2 个肋距，两端留出夹持段。为了满足壁板和长桁同时受力的加载要求，试件设计时已将夹持段上、下表面垫平，中间填实，使壁板和长桁成为一体。

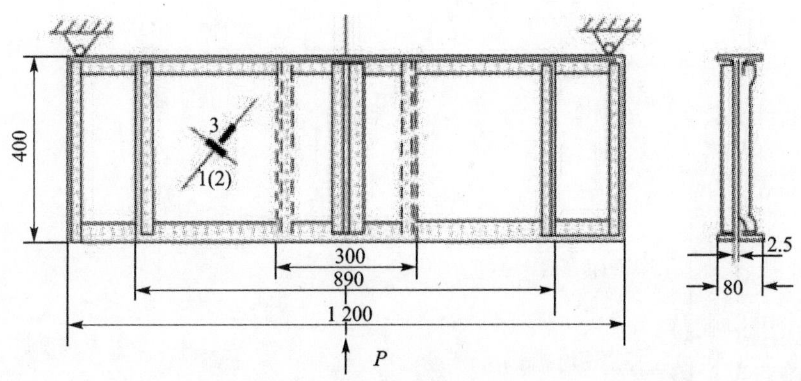

图 12-19　屈曲板几何尺寸、加载方案及贴片((2)为反面)图

试验方案:轴向拉伸载荷下的疲劳试验,设计了加载板,与试件加载段通过螺栓连接(见图 12-20)。

夹具设计:

① 夹具与试件连接的三排孔进行等寿命设计;

② 加载轴线通过试件考核部位形心;

③ 夹具加载板连接后间隙设计为零,减少受拉螺栓的弯曲应力。

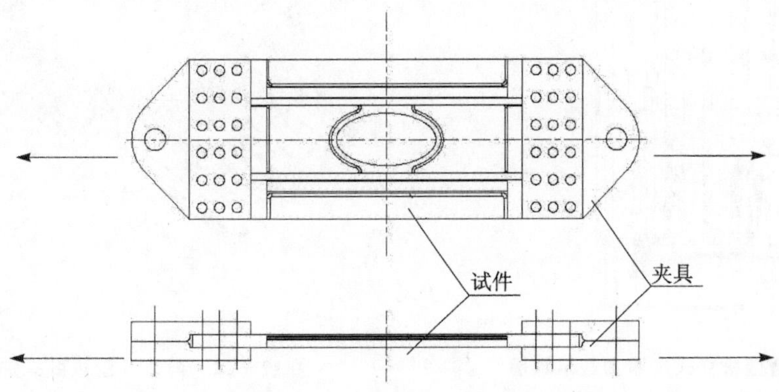

图 12-20　拉-拉疲劳试验

12.2.8.5　机身加筋曲板疲劳试验

试验目的:通过试验,获得飞机机身壁板结构在轴向拉伸载荷、增压载荷、增压与轴向拉伸复合载荷、增压与周向剪切载荷等不同载荷作用下,结构的疲劳特性、结构出现多部位广布疲劳损伤特性、出现初始纵向或环向裂纹后的裂纹扩展特性,并通过剩余强度试验确定机身壁板结构含两跨纵向或环向裂纹时的剩余强度。

结构简介:试验件为蒙皮、长桁和框组成的曲板结构,布置了 7 根长桁、5 个部分框段。如果进行裂纹扩展试验,一般会提前预制裂纹。

试验方案:曲板试验时根据结构受载形式可设计成立式和卧式两类。机身曲板只承受轴向拉伸载荷时,一般选择立式,如图 12-21 所示。机身曲板受增压载荷或增压载荷与其他方向载荷复合加载时,一般选择卧式,如图 12-22 所示。

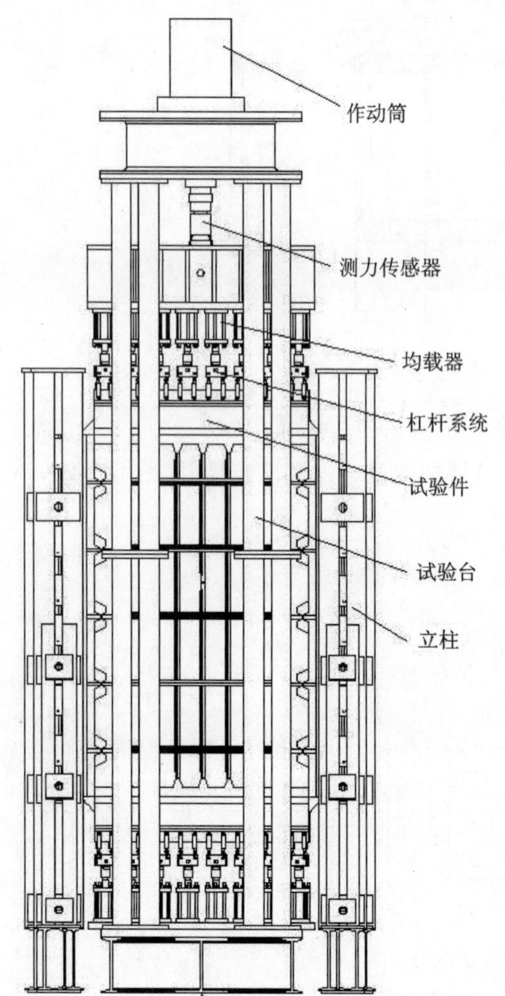

图 12-21 机身壁板立式试验加载示意图

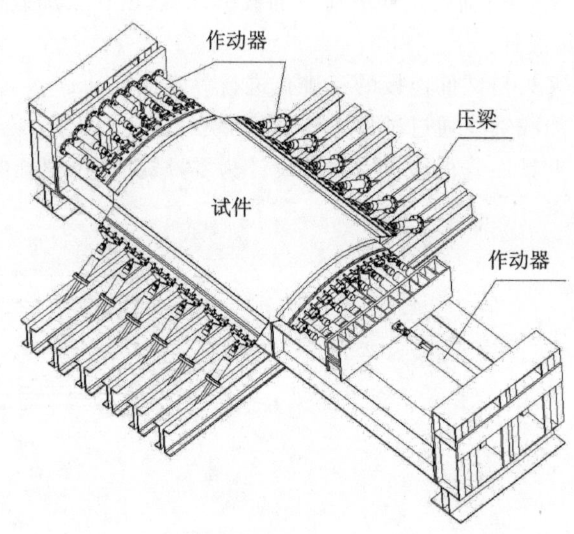

图 12-22 前机身壁板卧式加载示意图

夹具设计:考虑到曲板边界特征,直接使用整体拉板设计,设计和试验实施上都比较困难。可采用分段施加集中载荷进行曲边的加载。曲边选择多点协调加载后,直边也必须选择多段加载来协调变形的不完全同步性,一般设计多级拉板和配备均载器。

12.2.8.6 盒段试验

目前,多采用对典型盒段加弯矩和扭矩的方法,来实现对盒段上的壁板受压或受压剪复合载荷下的稳定性试验,并综合考验机翼主承力盒段的承载能力。

结构设计特征:前过渡段;考核段;后过渡段。

载荷特征:纯弯载荷;纯剪载荷;弯、剪复合载荷;弯、扭复合载荷;弯、剪、扭复合载荷;弯、剪、扭、气密复合载荷。

夹具设计:夹具过渡段设计,保证传力路径正确;支持方式保证边界要求;强度满足刚度、强度要求。试件与加载段设计对接板(角盒)进行连接。

载荷处理及加载。根据已有加载设备、变形估算,对弯矩和扭矩等进行力偶转换,变成作动筒下的集中载荷。载荷处理时,需要考虑夹具的自重,作为扣重载荷消除。扣重方法可参照:加载盒段自重 G,计算重心距加载点 A 间距 L_A;距加载点 B 间距 L_B,如图 12-23 所示。设加载点 A 每个作动筒的扣重载荷为 P_A,加载点 B 每个作动筒的扣重载荷为 P_B,利用杠杆原理可计算得到 P_A、P_B。

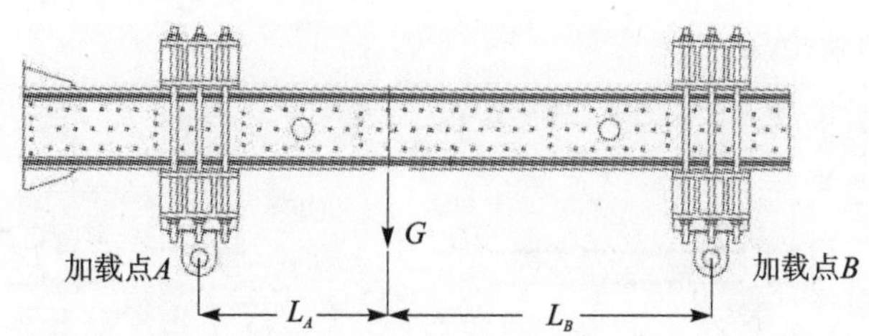

图 12-23　加载盒段重心示意图

试验实施：试验件与夹具通过对接角盒—对接板进行螺接。其中，对接板通过螺栓固定在支持盒段上，支持盒段再与两个承力墙柱连接。加载盒段主要把作动筒上的力转化为弯矩并传到试验件上。底梁的作用是把作动筒上的力分散传递到承力地坪上。不同载荷形式下、不同实施方法如图 12-24～图 12-26 所示。

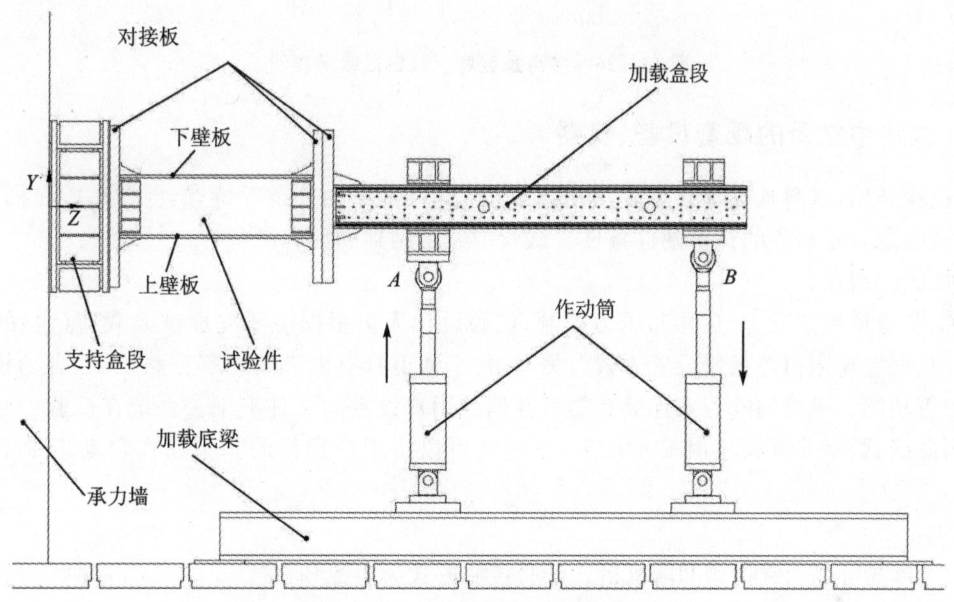

图 12-24　两点加载纯弯、弯剪试验示意图

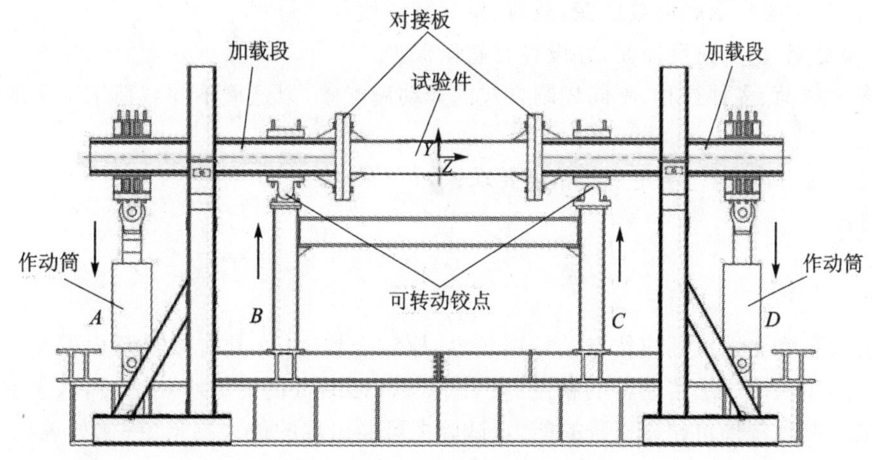

图 12-25　四点加载弯曲试验示意图

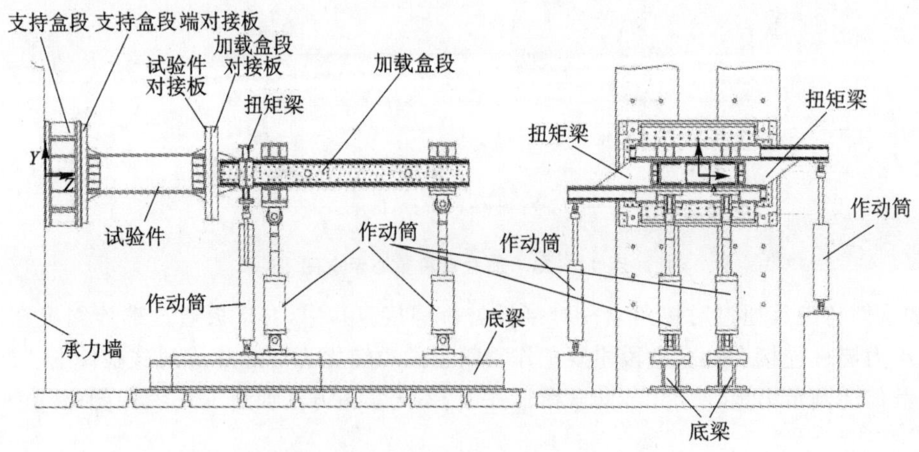

图 12-26 多点加载弯、剪、扭试验示意图

12.2.9 试验中常用的配套设备、仪器

从组件级试验开始，试验具有加载点多、加载工况多、试验件结构复杂等特点，因此不能在标准试验机上进行。所以需要试验室具备相应的试验硬件条件。试验中经常用到的配套设备有：

液压协调加载控制设备。

每个协调加载通道可完成力、位移和压力控制，试验设计人员根据需要完成试验载荷(谱)的配置，设置踏步、最大/最小限、误差超限值等报警处置方式。另外，每个通道具有内部或外部分路校准、自动桥压补充、桥压检测、断线保护等功能。试验的峰谷和连续数据可存储至用户设定的文件夹下。系统在试验中对指令、反馈等多种数据，可用曲线、数字等方式实时显示出来，系统还可以将用户操作的每个动作自动记录下来，形成日志信息。

标准试验机：

① 载荷输入形式可以为常幅谱和随机谱。试验控制方式为力控和位控。

② 数据采集系统。

③ 包括数据采集仪器和数据采集及处理程序。数据采集仪为多通道，可以同时测量应变、载荷和位移。数据处理程序可以多窗口实时显示和回放应变、载荷、位移测量值及其过程。

充/抽压设备：满足充/抽压速度需要，并设置有超压保护。

作动筒：应有多种载荷、多种行程、不同控制方式的作动筒配置，以适应不同载荷工况下的需求。

力传感器：

① 购置多种规格的力传感器，满足采集精度要求；

② 位移传感器；

③ 角度传感器；

④ 压力传感器。

在试验前，试验设备和测试仪器应按有关标准校准/检定合格，并在其有效期限内使用。为了获得更为精确的控制或测量数据，试验时所选传感器的精度、量程应与目标测量值的大小相适应，两者差距不能太大。需要注意的是，为了给控制系统预留超限报警的能力，试验中可能出现的最大测量值(例如载荷、位移、压力等)不建议超过传感器满量程的80%。

12.3　部件试验

12.3.1　试验目的及意义

部件强度试验的目的：

1）验证部件结构的强度是否满足设计要求以及部件强度分析的正确性；

2）验证飞机制造工艺能否满足飞机结构的强度要求，发现设计和制造工艺中的薄弱环节，为结构设计和工艺改进提供依据；

3）暴露结构的疲劳薄弱环节，形成结构的检测和修理方法，确定部件结构的使用寿命、检修周期和检修方案提供试验依据，为制定飞机维修大纲服务；

4）为部件结构损伤容限和疲劳评定提供试验分析依据。

不同的飞机部件，强度试验的目的和意义也不相同，具体部件强度试验的目的和意义通常用试验任务书的形式说明。

12.3.2　试验项目及考核内容

12.3.2.1　部件静强度试验项目及考核内容

飞机部件静强度试验的项目主要包括：

① 机翼(含机翼与机身连接)试验，缝翼、扰流板、安装在机翼上的减速装置试验；

② 机身试验，安装在机身上的减速装置及其支撑结构试验；

③ 座舱(含风挡)试验；

④ 进气道试验；

⑤ 垂尾(含与机身连接)试验，方向舵及调整片和支撑结构试验；

⑥ 水平尾翼/鸭翼(含与机身连接)试验，升降舵及调整片和支撑结构试验；

⑦ 副翼(含与机身连接)试验，副翼及调整片和支撑结构试验；

⑧ 油箱试验；

⑨ 襟翼(含与机身连接)试验，前缘襟翼及支撑结构试验；

⑩ 发动机架及其连接试验；

⑪ 起落架及其连接试验，起落架舱门及锁钩试验；

⑫ 减速伞钩试验；

⑬ 外挂试验；

⑭ 操纵系统试验；

⑮ 腹(背)鳍试验；

⑯ 雷达舱(雷达罩)试验；

⑰ 千斤顶固定座试验，起吊挂钩试验；

⑱ 弹射座椅支撑结构试验；

⑲ 武器移动机构试验；

⑳ 空中受油装置试验；

㉑ 系留装置支撑结构试验。

不同的飞机部件，静强度试验考核的内容也不相同，部分部件静强度试验的考核内容如表 12－3 所列。

表 12-3 部件静强度试验的考核内容

序 号	部 件	考核内容
1	机翼	机翼承力和传力特性及静强度，机翼、机身连接结构的承力和传力特性及静强度
2	襟翼	襟翼承力和传力特性及静强度，襟翼操纵系统的承力特性及静强度
3	副翼	副翼承力和传力特性及静强度，副翼操纵系统的承力特性及静强度
4	前机身	前机身承力和传力特性及静强度
5	后机身	后机身承力和传力特性及静强度
6	翼身组合体	翼身组合体承力和传力特性及静强度
7	垂尾	垂尾承力和传力特性及静强度，垂尾与机身连接结构的承力和传力特性
8	平尾	平尾承力和传力特性及静强度，平尾与机身连接结构的承力和传力特性及静强度（或平尾与垂尾连接结构的承力和传力特性及静强度）
9	发动机架	推力销和推力轴的承力和传力特性及静强度，发动机与机身连接结构的承力和传力特性及静强度
10	起落架	起落架的承力和传力特性及静强度，起落架与机身连接结构的承力和传力特性及静强度
11	油箱	油箱承力和传力特性及静强度

飞机部件结构设计的静强度原则是：在限制载荷作用下，飞机部件结构不应产生永久的有害变形，卸载后不遗留有害的残余变形；在极限载荷的作用下，飞机部件结构不应该破坏。

限制载荷：飞机部件在其服役寿命期内可能出现的最大载荷。

极限载荷：飞机部件限制载荷与合适的不确定系数（安全系数）的乘积，是结构能承受的最大载荷。

按静强度原则，部件静强度试验也相应地分为两种，即：

(1) 限制载荷静力试验

试验时所施加的载荷预计不会使试件产生总体的永久变形。这种试验可使试件反复多次受载，从而进行多次性能测量和周密的分析。

(2) 极限载荷静力试验和破坏试验

通过试验来验证部件结构能否承受极限载荷和确定发生总体破坏时所承受的最大载荷。

部件静强度试验通常包括多种载荷工况。载荷工况不同，载荷分布不同，对部件的考核方式也不同。由于载荷分布不同，压心位置不同，所以，各个载荷工况的加载系统也不同，部件试验按载荷工况施加载荷。一般情况下，各载荷工况按照一定的顺序进行限制载荷静力试验，然后进行极限载荷静力试验，最后，选取一种载荷工况进行破坏试验。

12.3.2.2 部件疲劳强度试验项目及考核内容

民机适航条例没有明确规定部件疲劳试验的项目和考核内容，通常情况下，进行疲劳试验的主要部件有：机翼、襟翼、鸭翼、前机身、后机身、垂尾、平尾、起落架、油箱等，其具体的考核内容如表 12-4 所列。

表 12-4 部件疲劳试验的考核内容

序 号	部 件	考核内容
1	机翼	机翼结构疲劳特性、机翼机身连接结构的疲劳特性
2	襟翼	襟翼结构疲劳特性、襟翼操纵系统结构疲劳特性
3	鸭翼	鸭翼结构疲劳特性
4	前机身	前机身结构疲劳特性

续表 12-4

序　号	部　件	考核内容
5	后机身	后机身结构疲劳特性
6	垂尾	垂尾结构疲劳特性、垂尾与机身连接结构疲劳特性
7	平尾	平尾结构疲劳特性、平尾与机身连接结构疲劳特性(或平尾与垂尾连接结构的疲劳特性)
8	起落架	起落架结构疲劳特性、起落架与机身连接结构疲劳特性
9	油箱	油箱结构在内压载荷作用下的疲劳特性

12.3.3　试验件的设计、制造

部件强度试验承制方应根据试验技术要求编制试验件的配套技术文件。试验件的省略和简化部分以及假件、过渡段等均应在配套文件中予以规定和说明。

试验件上应标划出飞机构造水平线、对称轴线和主要梁、长桁、肋的站位线等。

承制方应向试验单位提供符合配套技术文件要求的试验件。

承制方在试验件移交时,应提供试验件质量合格证明文件及影响试验件强度和刚度的超差及代料文件。

12.3.4　试验件的支持

不同部件结构试验选用不同的支持状态,其支持夹具设计原则是:

① 支持夹具应尽量模拟飞机部件真实使用情况;

② 支持夹具应尽量模拟飞机部件的刚度、位移、载荷的边界条件,必要时设置过渡段,以避免支持区域或考核部位应力分布的失真;

③ 支持夹具不仅要考虑正常试验过程飞机部件约束点的载荷,也应考虑非试验期间和试验件破坏瞬间的意外载荷,防止试验件滚转、俯仰;

④ 支持夹具应能方便地进行飞机部件姿态调整和更换传感器;

⑤ 支持夹具不能限制飞机部件的合理变形,以免使非考核部位出现过度变形和局部破坏;

⑥ 支持夹具与飞机部件的连接应优先选取飞机部件真实结构的连接。

12.3.5　试验载荷处理

12.3.5.1　静强度试验载荷处理

在部件结构静强度试验载荷处理中,试验载荷可按等效原则进行合并、分解等处理,并以书面形式征得试验委托方的同意。载荷处理原则如下:

① 载荷处理不应改变考核部位承受的剪力、弯矩和扭矩;

② 载荷处理前后的载荷的总压心和总大小不变;

③ 载荷处理不影响局部结构强度考核,也不能使非考核部位产生破坏;

④ 载荷处理后对周边结构影响尽可能小;

⑤ 载荷处理应尽量保持原有的载荷分布。

12.3.5.2　疲劳试验载荷处理

载荷谱的编制是部件疲劳试验非常重要的环节。

飞机部件在服役过程中所经受的载荷历程极其复杂。疲劳试验原则上应模拟真实情况,但受试验条件(或试验代价)的限制,载荷谱常常要加以简化。简化后的载荷谱大体有三种:

（1）等幅谱

等幅谱也叫单级谱，是按线性累积损伤理论，把载荷谱简化为等幅的单级载荷，可选取造成疲劳损伤最大的一级载荷加载，如图 12－27 所示。

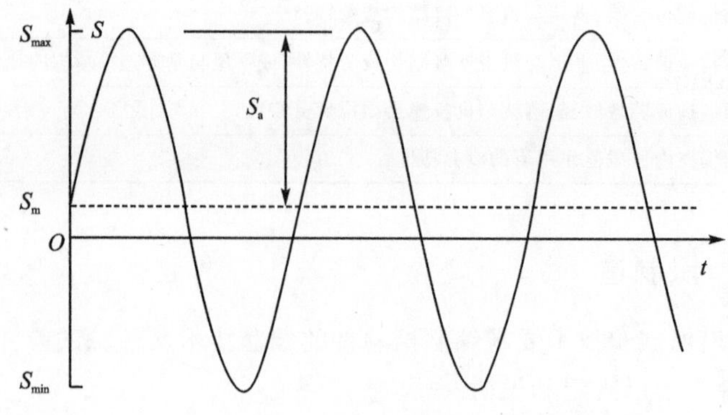

图 12－27　等幅谱

（2）程序谱

程序谱也叫多级谱，是按线性累积损伤理论，把载荷谱简化为造成损伤最严重的几级等幅载荷，按一定次序组成几级载荷的程序块，试验时按程序块加载，如图 12－28 所示。

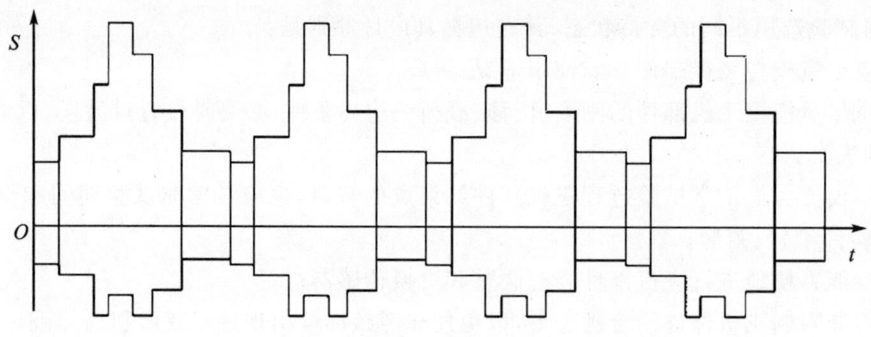

图 12－28　程序谱

（3）随机谱

假定飞机的随机载荷是一种“平稳的”且又是“各态历程”随机过程。因此，可用抽样的载荷记录来代表各次飞行中载荷的作用，其统计特征可归结为所谓的功率谱（可理解为载荷对于各频率分量的平均强度分布），如图 12－29 所示。功率谱相同的随机载荷，则认为引起的疲劳损伤效果相同。随机加载虽然实现时技术上较为困难，但能较真实地模拟疲劳实际情况。

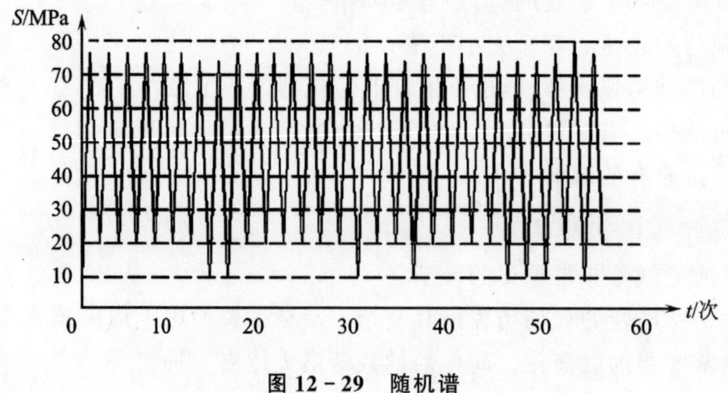

图 12－29　随机谱

根据不同类型部件疲劳试验的特点，可选择不同类型的载荷谱加载。

12.3.6　试验夹具的设计

部件结构强度试验专用承力设备，一般为一次性使用，设计时应综合考虑强度、刚度的因素，并应考虑材料选择、加工成本、运输、装配等方面的因素。

部件结构静强度试验过渡段的设计应该按类飞机结构设计，过渡段的强度应大于试验件本身，过渡段的应力水平应小于飞机部件的应力水平，过渡段外形尺寸应满足圣维南原理，过渡段与试验件的装配连接应采用真实机体的装配连接方式。

部件疲劳试验专用承力设备对疲劳载荷比较敏感的部位，要进行抗疲劳的细节设计，在强度计算时应考虑表面粗糙度及工艺差别的影响，一般情况下应是无限寿命。

12.3.7　试验实施

试验安装、调试完成后，经预试，方可进行限制载荷试验和极限载荷试验。

预试过程中，预试载荷不超过极限载荷的 40%，每级载荷增量不大于极限载荷的 10%。预试主要是消除试验件间隙和检查各加载设备运行是否正常，控制参数是否合理，保护措施是否稳妥可靠，采集设备运行是否正常，并排除预试中检查出的可能影响试验正常进行的问题。一切正常后，卸载到 10%，进行应急卸载，以检查应急卸载装置是否可靠和各加载点卸载是否协调。预试加载和卸载过程中，同步进行应变和位移测量。

限制载荷试验过程中，以极限载荷的 5%为极差，加载至极限载荷的 65%，再以极限载荷的 2%为极差加载至限制载荷，保载 30 秒，逐级退载至零；限制载荷试验加载和卸载过程中，同步进行应变和位移测量。

极限载荷试验过程中，首先加载至限制载荷，一般不保载 30 秒，继续加载至 70%极限载荷；70%～80%极限载荷之间，以 5%极限载荷为一级，80%以后极限载荷，以 1%极限载荷为一级，逐级加载至极限载荷，保载 3 秒；逐级卸载至零载。极限载荷试验加载和卸载过程中，同步进行应变和位移测量。

所有载荷工况限制载荷和极限载荷试验完成后，可进行破坏试验。破坏试验过程中，首先加载至极限载荷，不实施保载操作，连续加载至破坏。加载过程中，同步进行应变和位移测量。

12.3.8　试验数据处理

部件静强度试验数据处理包括应变数据处理和位移数据处理。

应变数据处理按以下要求进行：

① 对原始数据进行消零处理；

② 确定失效测量点并分析其失效原因，剔除失效数据；

③ 将测量数据进行对比分析和对称性分析，以证明测量结果有效、可靠；

④ 对数据进行线性分析，再进行线性或非线性处理，给出测量结果；

⑤ 将应变转化为主应力，确定主应力方向；

⑥ 绘制载荷—应力曲线并进行应力分析；

⑦ 对异常数据进行分析处理，确定结构最大应力测量点、损伤部位、损伤形式。

位移数据处理按以下要求进行：

① 对原始数据进行消零处理；

② 确定失效测量点并分析其失效原因，剔除失效数据；

③ 修正试验件刚体位移对测量数据的影响；

④ 进行线性处理，给出位移测量结果；

⑤ 绘制载荷—位移曲线。

12.3.9 典型部件试验

典型部件强度试验主要以机翼静强度试验和机翼疲劳试验为例来介绍。

12.3.9.1 机翼静强度试验

(1) 试验目的

1) 检验机翼的设计和工艺性；

2) 研究机翼的承载和传载能力；

3) 揭示其强度薄弱环节，为后续机翼设计提供试验依据。

试验件为机翼主翼面右件，试验件安装有固定前缘、前缘机动襟翼，不安装内、外侧副翼及翼尖。

(2) 试验件支持

试验时，机翼通过翼身对接接头安装在机身模拟件上，机身模拟件通过试验模拟件固定在承力墙上；另外机身模拟件还通过九根撑杆与地坪、承力墙、立柱相连。试验件支持见图12-30所示。

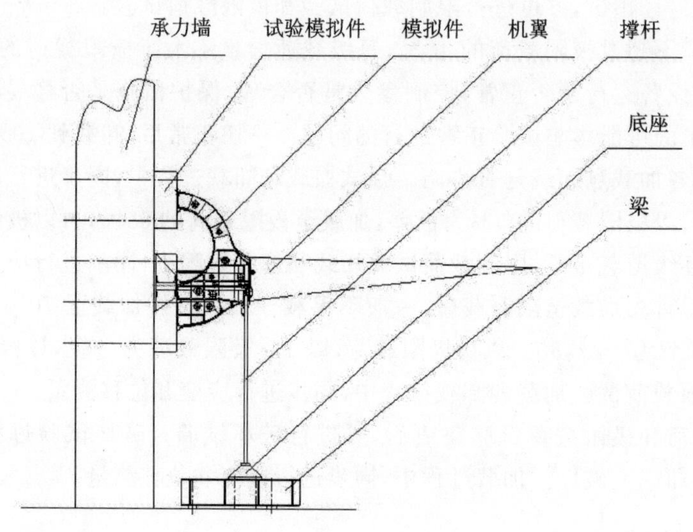

图12-30 机翼试验件支持

(3) 试验加载

1) 根据试验载荷和试验件结构特点设有十五个加载点，其中七个为翼面加载点、八个为接头加载点。

2) 将主翼面载荷划分为六个加载区域，其中五个在上翼面加载，一个在下翼面加载；前缘襟翼为一个加载区域；这七个加载区域的载荷通过胶布带杠杆系统，合成为七个翼面加载点。

3) 由于试验时机翼试验件未安装内、外侧副翼，因此内、外侧副翼的气动载荷以集中力的形式施加到副翼后梁悬挂接头上及助力器支座耳片上，试验件内侧副翼悬挂接头三个，外侧副翼悬挂接头三个，内侧助力器支座一个，外侧助力器支座一个，共计八个接头位置。试验实施时采取对每一接头各方向载荷进行合并，在其合力方向施加单一载荷的办法，试验设有八个接头加载点由作动筒直接施加。

(4) 试验实施

本试验只进行一种工况试验，先进行两次40%试验载荷的试验预试，然后进行67%试验载荷试验，最后进行115%试验载荷试验。

(5) 试验结论

机翼静强度试验，通过了67%试验载荷试验，卸载后试验件目视无可见残余变形，对机翼下壁板可检测部位用超声A扫描进行抽检，未见异常；进行了115%试验载荷试验，加载到115%试验载荷试验件未破坏，机翼静强度试验验证了该机机翼静强度满足设计要求。

12.3.9.2　机翼疲劳试验

(1) 试验目的

1) 确定在飞机使用寿命期内，机翼结构可能发生疲劳破坏的部位，发现设计和制造工艺的薄弱环节；

2) 为确定飞机的使用寿命提供依据；

3) 对飞机的"破损—安全"特性进行必要的研究；

4) 为确定飞机的检修周期和结构检查条例提供试验依据。

(2) 试验件

机翼疲劳试验的试验件为装有假内襟翼、假外襟翼滑轨、假发动机和假主起落架的全翼展试验件，按照与真实飞机相同的连接方式，安装在经过修复并局部加强的原静力试验机的机身上，中央翼 0 至 2 肋件不安装整流包皮，机身为支持夹具，保证了机翼机身连接区机翼的连接刚度和受力真实。

试验件支持：

机翼试验件通过安装在机身 11 框和 27 框上的专用夹具悬挂在龙门架上。试验件支持如图 12－31 所示。

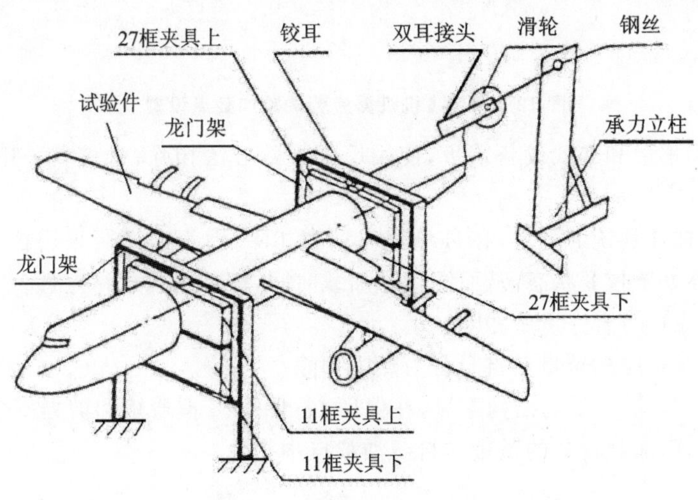

图 12－31　机翼试验件支持

(3) 加载点设置

机翼疲劳试验加载点设置如图 12－32 所示。

根据机翼疲劳试验任务书的要求，机翼疲劳试验应满足航线飞行下滑 1.4g 内力状态的下述 8 个控制切面的弯矩、剪力和扭矩值：0＃、2＃、5＃、7＃、8＃、12＃、15＃、18＃肋。而其余状态只要满足下述 6 个控制切面的弯矩和剪力值：0＃、2＃、5＃、7＃、8＃、12＃肋。经计算确定，每半个机翼设 9 个加载点，可保证下滑 1.4g 各控制面的弯矩、剪力和扭矩要求，而其余 49 个情况下，各控制面的弯矩误差可控制在 2%以内，剪力误差控制在 5%以内。为保证 0＃肋的弯矩、剪力和扭矩的真实性，在 0＃肋附近增加一个加载点，机翼加载点设置为 1＃～18 ＃。另外，外襟翼加载点设置 19＃～26＃，主起假件加载点设置为 27＃～32＃，油箱充压加载点设置为 33＃～34＃，发动机假件和短舱加载点设置为 35＃～38＃，内襟翼加载点设置为 39＃～40＃，机身配平加载点设置为 41＃～45＃。

(4) 试验扣重

对于飞机的扣重，主要采用三种方法：第一是在合力点中直接扣除加载设备及飞机结构重量；第二是把设备重量及飞机的结构重量分配到各个分配点上，然后用杠杆联成一个点用悬挂固定重量配重的方法扣除；第三是把设备重量及飞机重量分配到各分配点上，然后用杠杆连成一个点，用加载作动筒单独扣除。

为了保证试验质量，在本试验中，根据不同的情况，采用了不同的扣重方法。

机翼疲劳试验机翼扣重采用了不同的扣重方法，在保证 12 肋的弯、剪、扭的情况下，外翼采用在加载点直

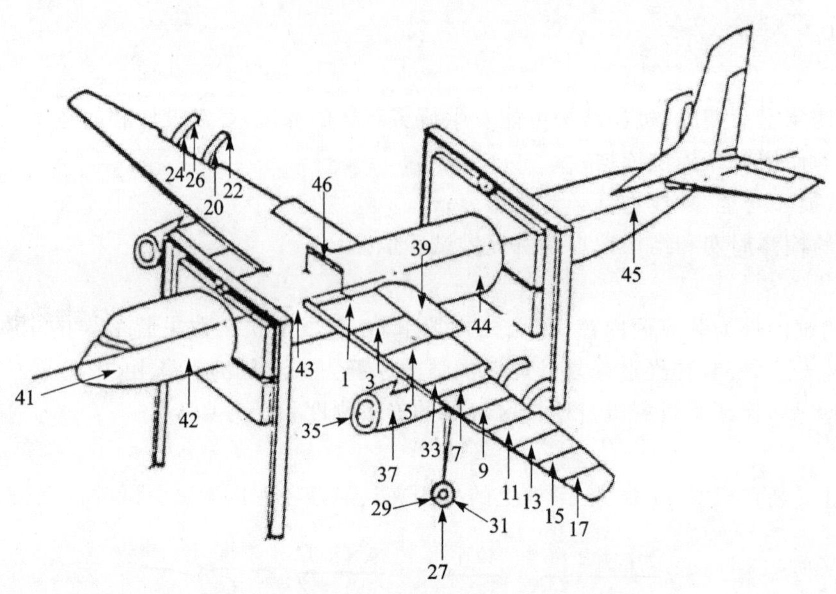

图 12-32 飞机机翼疲劳试验加载点设置

接扣除的方法;中外翼结构重量和加载设备重量,使用反配重的方法扣除;中央翼采用单独施加扣重点的方法扣除。

内襟翼重量及内襟翼杠杆系统的重量,在自身合力点中扣除,因为内襟翼采用杠杆系统加载,使用这种扣重方法,就使加载设备始终处于拉紧状态,从而缩短了加载时间,提高了加载稳定性。

主起落架假件的重量在自身合力点中扣除。

动力装置(假发动机)及短舱的重量在自身合力点中扣除。

机身17框之前与机身20框之后的结构重量,在保证17框和20框弯矩和剪力不变的情况下,分别在前、后机身的四个加载点中扣除,而加载设备的重量在自身加载点中扣除。

试验加载形式:

飞机机翼疲劳试验,机身8框前和35框后加载点的载荷采用胶布带、杠杆系统加载的方式加载,机身10框至34框的载荷施加在机身地板梁上,采用机身下部打孔,杠杆系统连成一体的加载方式。

机翼的载荷采用卡板的方式直接施加在机翼的前、后梁上,如图12-33所示。采用卡板方式加载的优点是:卡板重量轻,结构简单,拆装方便,对机翼的遮盖面小,便于对机翼表面进行检查,可大大减少加载点数。

在航线飞行的爬升、平飞和下滑阶段,中央翼下壁板在机身气密舱的部分,要承受30.401 kPa的均匀压力,这部分气压载荷利用气囊通过充气台施加。

机翼上的燃油分别存放在中央翼软油管和中外翼整体油箱内,中央翼软油管的气密载荷与惯性载荷在相应的部位上分别与气动载荷合并,但在中外翼整体油箱内要充496 kg的水代替燃油。同时在空中载荷下施加7.845 kPa的气密载荷。这部分气压载荷利用充气台直接施加。

(5) 试验件损伤

机翼疲劳试验,在进行到73685次飞行时,由于左翼2肋处后梁下缘条断裂,疲劳试验到此结束。随后进行裂纹扩展试验,共进行9200次飞行,以左翼2肋后梁裂纹达到临界裂纹而告终。

机翼疲劳试验结束后,对机翼及相关机身结构进行全面检查,发现机翼结构的损伤主要集中在机身机翼对接区、中央翼漏水孔、中外翼下壁板8肋附近、7肋至8肋的油泵底座处以及10肋附近的第1、第9长桁的端头处。损伤部位如图12-34所示。主要损伤分类如下:

A区:机身承力侧壁板与机翼下壁板连接螺栓断裂共计25次。

B区:机翼下壁板与翼肋连接螺钉断裂。

C 区:壁板长桁端头蒙皮中心裂纹。

D 区:10 肋处变厚度化铣蒙皮裂纹。

E 区:8 肋处变厚度化铣蒙皮裂纹。

F 区:中外翼下壁板漏水孔孔边裂纹。

G 区:下壁板与后梁下缘条结合处蒙皮边裂纹。

H 区:中外翼下壁板 7 肋至 8 肋间油泵口裂纹。

I 区:机身 34 长桁与机翼 1 肋及后梁腹板对接螺栓和接头。

J 区:机身 31 长桁与机翼 1 肋及后梁腹板对接螺栓和铆钉。

K 区:机翼 2 肋处后梁下缘条和下壁板断裂。

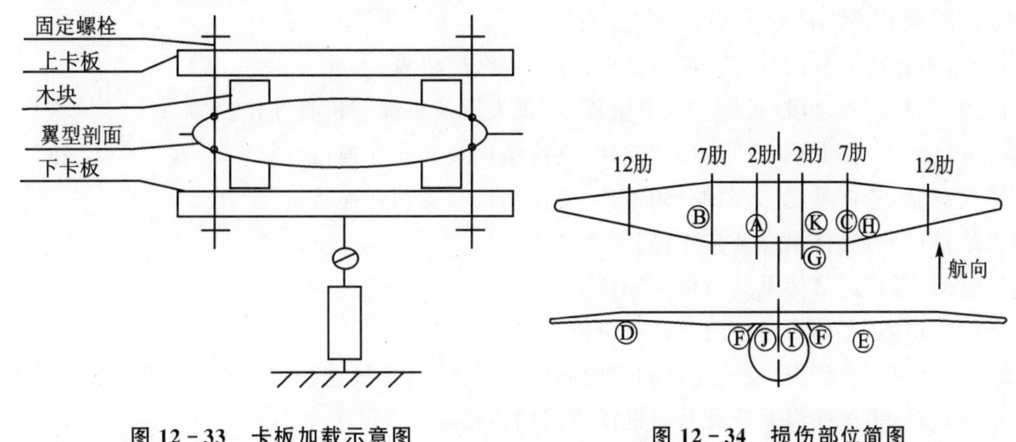

图 12-33　卡板加载示意图　　　图 12-34　损伤部位简图

试验结论:通过机翼疲劳试验,确定了飞机在使用寿命期内,机翼结构可能发生疲劳破坏的部位,发现了设计和制造工艺的薄弱环节。

机翼疲劳试验所出现的疲劳损伤与该机的使用通报及后批飞机的结构更改相当吻合,说明机翼疲劳试验的结果是可靠的,达到了预期的目的;也说明试验方案是合理的,试验技术水平是先进的。

12.3.10　试验中常用的配套设备、仪器

部件疲劳试验中常用的配套设备、仪器与部件静强度试验中常用的配套设备、仪器相同。为保证试验的质量与试件安全,各试验设备和系统,必须在试验前进行检定/校准,取得合格证书,并在使用期内使用。

12.4　全机静强度试验

积木式飞机结构强度验证试验是保证新研飞机结构完整性的重要手段,全机结构静强度试验是积木式强度验证试验的顶层,是飞机研制过程设计、制造、试验、试飞中重要一环。飞机结构仅通过有限的材料、零件、构件、部件试验还不能保证完全、准确验证飞机结构的强度,只有全机结构才能保证其零件、部件受力、传力的真实,也就是说只有通过全机结构静强度验证试验,才能最终确定飞机结构的强度是否满足设计要求。

12.4.1　试验目的

飞机结构静强度验证试验是飞机研制过程中进行飞行试验和设计定型的先决条件之一,其目的是:

① 验证飞机结构静强度是否满足设计要求,验证强度和刚度计算方法的合理性;

② 检验制造工艺;

③ 确定结构的可增潜力(提高承载能力或减轻结构重量);

④ 减轻和预防结构可能发生的维修问题，为结构改型、改进提供数据和资料。

通常全机静强度试验主要考核主要承力结构及其连接强度，如机身、机翼及其连接结构。

12.4.2 试验项目

为通过静强度试验验证结构符合强度要求，必须对所有影响飞行安全的结构进行静强度试验。飞机的各个部件在不同使用状态下有不同的环境效应，会承受不同的气动力或惯性载荷，也就是不同部件有不同的严重受载状态，静强度试验实际上是对全机和每个部件及其连接结构分别进行考核；全机和部件在不同使用状态下载荷的分布不同，使得同一个部件具有不同的应力严重区域，这就须对全机和每一个部件进行多种载荷情况的试验，如机翼就有前压心情况、后压心情况等。

按照适航要求，民用飞机试验主要考核部件有：

① 机身试验：考核前机身（含风档、天窗骨架）、中机身、后机身。

② 机翼试验：考核机翼合段、长桁、上、下壁板，机翼大梁及机翼与机身连接。

③ 水平尾翼试验：考核平尾、升降舵、调整片、支撑结构及其相互连接。

④ 垂直尾翼试验：考核垂尾、方向舵、调整片、支撑结构及其相互连接。

⑤ 发动机吊挂试验：考核吊挂及其连接。

⑥ 起落架试验：考核起落架及其与机体连接。

⑦ 起落架舱门试验：考核机身舱门及其与机体连接。

⑧ 襟翼、副翼、缝翼、扰流板、安装在机翼上的减速装置试验：考核这些结构及其与机翼的相互连接。

⑨ 操纵系统试验：考核操纵系统及其与机体之间的连接。

⑩ 油箱试验。

12.4.3 试验顺序

应慎重考虑全机静力试验顺序，确保一架飞机能够完成全部规划的静力试验。在全机上进行静力试验，一般先进行操纵系统及其活动面功能试验、刚度试验，再进行部件静力试验，然后进行全机静力试验，最后进行全机结构破坏试验。

对一个具体部件静力试验，按受力较轻的情况先试验，受力严重的情况后试验的原则进行。单个情况静力试验程序先进行限制载荷试验，再进行极限载荷试验或破坏试验。破坏试验情况一般不单独进行极限载荷试验，以免影响破坏试验结果。

国内全机静力试验一般分为首飞前和首飞后两个阶段，首飞前完成操纵系统和机构功能验证试验、各项目限制载荷试验和发动机、起落架等高载试验，首飞后完成其他极限载荷试验和所有情况的极限载荷试验，最后根据需要完成破坏试验。

12.4.4 试验件

依据试验目的和试验项目，试验委托方应编制试验件的配套技术要求文件；该文件除明确试验件配套要求外，还要对试验件的省略和简化部分以及假件、过渡段等予以说明。

全尺寸结构静力试验的试验件，应是符合设计要求和生产工艺要求的完整的全尺寸部件或整架飞机。试验件禁止使用不合格的零部件，要尽可能的少使用超差代料件。

试验件从试制批中抽取，国内全机静力试验一般选首批02架。试验件交付前须经订货方或适航当局认可。设计研制试验和预生产构件试验中出现的任何异常导致的结构更改已在该试验件上实施。除下列情况外，所有试验件应与生产飞机相同：

1）不严重影响所试结构的载荷传递、内力和热分布、强度和变形的固定设备以及用于装载和支撑的结构可以从试验结构中略去，如驾驶员及乘客座椅、电缆架、气管、油管、支架等。

2）动力装置、作动器、起落架机轮等功能部件在结构强度试验中一般不考核，可用假件代替，但应保证其传载真实。

3）操纵系统（包括可动部件的操作机构）试验时操纵系统的所有机械部分应完整无缺并可外部操纵，所有液压传动装置可正常运转。其他与操纵系统无关的液压系统可以不装。

4）可不作表面涂层和不影响强度和刚度的表面处理。翼面和机身蒙皮一般要粘贴胶布带，表面可以不喷漆。

5）交付的试验件上应标出飞机构造水平线、对称轴线和主要梁、框、长桁、肋线。

12.4.5　试验设计

试验设计是静强度试验过程中重要环节之一，试验设计主要包括试验策划、试验件支持方案确定、试验载荷处理、胶布带设计、杠杆图设计、安装图设计等环节，试验设计的好坏直接关系到试验能否顺利进行。

12.4.5.1　试验件支持/约束方法

飞机的全机静强度试验通常在全机悬空支持下进行。

全机悬空支持使飞机处于合适的高度，以便有空间使飞机自由变形和安装试验加载设备；全机悬空支持应有足够的强度和刚度，并在试验设备安装、拆卸和试验件检查、修理期间支持试验件及加载设备，保持飞机姿态平稳。

全机悬空支持高度确定一方面要考虑机身向下加载的杠杆系统、作动筒、机身向下变形量等因素。

由于加载控制系统有误差、加载设备安装有误差、结构和加载设备实际重量及重量分布有误差、试验过程中因结构变形使载荷方向发生变化，结构静力试验时实际上并不是一个平衡力系，必须由约束点平衡。由于以上原因产生的力及力矩，原则上全机静力试验的约束应是静定的并装载荷传感器进行约束点载荷监视，是一个空间 6 自由度约束。约束点位置选取以不影响考核结构受力状态为原则，通常将支持点作为垂向约束点（故一般将支持和约束统称为支持）。

静强度试验考核部件多，一种约束最好能考核多个部件或多个试验载荷状态。在全机悬空试验情况下试验件在考核结构载荷、平衡载荷、扣重载荷和约束力共同作用下保持平衡。若将约束点作为平衡载荷点，该点即成为被动加载点。

全机悬空支持/约束有多种方法，因考核部件不同而异。图 12 - 35 所示为起落架支持的悬空支持/约束方法之一。

此状态垂向是将三个起落架通过假轮悬吊于撬杠的一端，撬杠另一端装拉板或带位移控制的作动筒。在前起落架设航向约束，在主起落架设侧向约束，该种支持/约束要注意可能因飞机不平衡（如后机身太重引起飞机抬头，使前起落架产生拉载荷），或起落架施加向下载荷，此时应给起落架挂配重。在该状态下进行尾翼、襟翼、副翼、前缘缝翼、翼梢小翼等试验。

前起落架垂向支持、主起落架垂向支持点平衡垂向载荷、俯仰力矩和滚转力矩误差，前起落架侧向约束、主起落架侧向约束平衡侧向载荷和偏航力矩误差；前起落架航向约束点平衡航向载荷误差。

将三个起落架通过假轮悬吊于撬杠的一端而不是直接用作动筒顶起落架的好处是吊起来在试验中起落架受力是收敛的，飞机姿态稳定；顶起落架的方法在试验中起落架受力是发散的，飞机姿态不稳定。

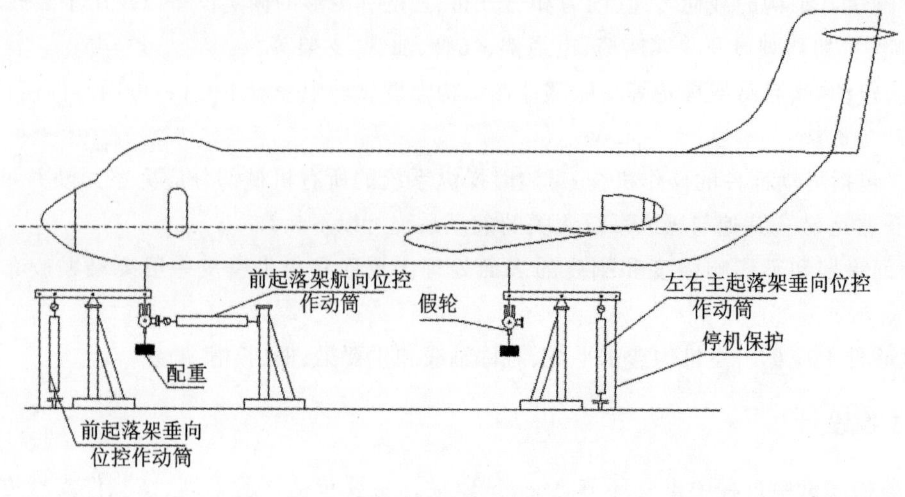

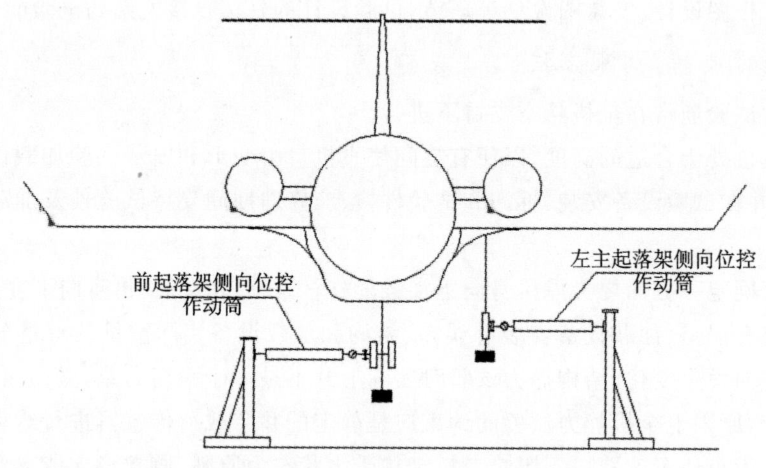

图 12-35 起落架支持的全机悬空状态

12.4.5.2 试验载荷

对考核结构内力有直接贡献的载荷称考核结构载荷。如机翼试验情况，机翼载荷、副翼载荷、襟翼载荷、缝翼载荷和机翼上的发动机载荷、起落架载荷、弹挂架载荷等。

要按照任务书要求，精心设计并通过合适加载方法施加结构载荷，如平尾试验情况，该考核结构载荷—平尾的载荷优化处理、加载点布局须满足考核部位弯、剪、扭的要求；同时通过严格选取载荷传感器、合理扣重及提高加载控制精度等技术途径以保证试验载荷的准确性。

试验时由于考核结构载荷的施加，飞机会产生三个方向的平移和俯仰、滚转、偏航。这就须施加平衡载荷以保持飞机平衡。由于绝大多数情况下平衡载荷施加在非考核结构上，对被考核结构内力没有直接贡献，所以平衡载荷的设置有多种方案。如单个平尾试验情况，为平衡飞机滚转可以在另一个平尾加适当的平衡载荷，剩余的力矩可由机翼或主起落架平衡。平衡载荷施加应靠近试验考核部件，以缩短载荷传递路径，降低附加力矩；平衡载荷最好是受力结构某一载荷状态的部分外载，如起落架的地面载荷、发动机的推力、机翼的升力等。平衡载荷点传感器的选取、平衡载荷加载点的控制误差可以适当放宽，允许对不同的考核结构使用同一个平衡载荷点，这样可以减少安装平衡载荷加载设备的次数，缩短试验周期。

12.4.5.3 试验载荷控制

用约束点载荷误差或绝对值大小来判断整个试验加载系统准确性是可行的，这就要求对上述影响约束点的所有因素进行控制，而有些因素的控制有难度也有工作量，如结构实际重量及重量分布、试验过程中结构变形使载荷方向发生变化。因此对约束点载荷误差或大、小要求可按结构重量、设备重量及以下不同情况区别对待：

1）考核结构是小部件，如襟翼、副翼、缝翼、扰流板、舵面、减速伞钩、外挂架等，这些部件在含前、主起落架约束下进行试验，约束点距离考核结构远，约束点载荷不影响考核结构的内力分布，约束点载荷误差要求可以放宽。

2）考核结构是大部件，如机翼、尾翼、发动机吊挂等，这些部件在含前、主起落架（主起落架在机身上）约束下进行试验，约束点距离考核结构远，约束点载荷不影响考核结构的内力分布，约束点载荷误差要求可以适当放宽。

3）对于含前、主起落架垂向（主起落架在机翼上）约束下及机身在侧向、航向约束下进行的全机静强度试验，约束点在考核结构上，有的为被动加载点，这些约束点载荷影响考核结构的内力分布，约束点载荷误差一般要从严控制，但对于内力影响是小量的加载点也可适当放宽。

12.4.5.4　载荷加载方法

在飞机结构强度试验中，结构主要承受的气动载荷、惯性载荷、发动机推力、扣重载荷等须通过一定的手段将这些载荷施加到飞机结构上，要求与实地载荷分布尽量一致，尤其不能过大，使结构局部破坏。目前，采用载荷加载方法主要有：

① 胶布带-杠杆系统；

② 卡板加载；

③ 作动筒直接加载；

④ 杠杆直接加载；

⑤ 拉压力垫加载；

⑥ 气压加载。

12.4.6　静强度试验程序

12.4.6.1　调试

调试是整个试验中的重要环节。通过调试验证控制系统、液压系统、采集系统、加载的机械系统工作是否正常。通过调试各个加载点的参数以消除系统振动使试验平稳。

① 静强度试验调试，载荷通常不超过极限载荷的 10%；

② 单点调试，其他加载点与油路脱开，只给调试点加载，逐一调好各个加载点的参数，使其系统稳定、加载精度高、保护功能可靠、有效；

③ 全部加载点联调，保证所有加载点加载过程协调、稳定；

④ 充气系统独立、不联接试验件调试，使其充、放气过程稳定、精度高、保护功能可靠、有效；

⑤ 整个外载系统调试正常后与充气系统联调，使加载与充气协调；

⑥ 进行加载控制系统和数据采集系统联调，使其二者通讯正常。

12.4.6.3　预试

预试的最大载荷不超过 40%极限载荷，应按最大预试载荷设置控制系统保护值。

预试过程中检查试验系统是否处于良好状态，把试验件初步拉紧，消除间隙后排除发现的系统振动，检验采集系统运行是否正常；预估的变形量、位移传感器伸长量和作动筒的行程是否合适；排除机械系统（尤其是钢丝绳）的故障和互相干扰。根据情况在 10%～20%载荷时进行应急故障卸载。依据卸载过程的载荷变化规律，检查并调试好作动筒加载模块上的卸载流量阀。对于全机悬空静定支持的约束点进行平衡载荷校验，以决定是否可以进行正式试验。

12.4.6.4 限制载荷试验

限制载荷是飞机在服役期内可能遇到的、预期的最大载荷(气密座舱的增压情况限制载荷是使用中最大座舱压力加安全活门容差再乘以1.33)。限制载荷试验考核结构的强度，特别强调考核结构的刚度。限制载荷试验通过后，新机就可进行首飞，并在80%强度包线内进行飞行试验。军机规范要求结构在等于或小于1.15倍限制载荷下，民机适航规章要求结构在限制载荷下(对复合材料结构应考虑环境影响因子)无有害变形，结构的变形不得妨害安全运行。有害变形和妨害安全运行是指：

1) 由于变形妨碍或降低了飞机的机械操作，在操纵系统中或在操纵面与相邻结构之间引起卡滞或干扰，还可能使操纵系统的活动部分与相邻结构或设备之间的间隙减少到小于安全飞行的最小容许值。

2) 这就要求方向舵、升降舵、襟翼、副翼、缝翼、鸭翼、全动平尾等活动面试验时须在1.15倍限制载荷下(民机在限制载荷下)，检查它们是否产生有害变形及其与周边结构的间隙是否小于安全飞行的最小容许值。最好活动面试验时，相关周边结构要同时加载，活动面还要操作运动。

3) 由于变形影响飞机的气动特性以致不能保证飞行品质的要求。

4) 因变形而导致外载分布和内力传递与分布的变化。有害变形除可能产生以上后果外，也可能因零件的有害失效，超出屈服点，密封油箱漏油导致更换零部件和维修工作量的增加。

每个试验情况的限制载荷(或1.15倍限制载荷)试验完成后，都要对被考核结构进行检查，对结构的强度和变形符合性做出评价。如果从限制载荷试验应变测量数据中发现结构已进入屈服、局部失稳；卸载后又有残余变形，或试验过程中结构发生异常声音，还应对该部分结构进行认真的内部检查。

进行限制载荷试验时，应按最大试验载荷设置控制系统保护值，一般按5%或2%的极限载荷增量逐级加到77%(对民机加载到67%)极限载荷。载荷到达后，依据检查所需的时间进行载荷保持，无特殊情况，一般保持载荷时间为30s。

12.4.6.5 极限载荷试验和破坏试验

极限载荷是限制载荷乘以安全系数，我国对民机极限载荷的设计要求是结构在等于或小于极限载荷下不发生破坏(对复合材料结构应考虑环境影响因子)。对极限载荷的试验要求是结构在极限载荷下保持载荷3s不发生破坏。

FAA对民机没有要求进行完整的极限载荷试验，但要求限制载荷试验足以表明试验与分析的符合性，且强度分析结果表明结构满足极限载荷设计要求。虽无强制性极限载荷试验要求，但制造厂家为了确定可能增大的潜力，尤其用来确定机翼结构的潜力，达到最佳的重量效率值，仍进行极限载荷试验。

极限载荷试验并不是将所有载荷情况都加到100%极限载荷，对于一个具体部件，可能有多种试验载荷情况，但一般只选个别最严重的载荷情况加到100%极限载荷，其他载荷情况加到90%极限载荷。这种作法降低了前面试验可能因发生破坏影响后续试验的风险，也避免了失稳结构在高应力水平下产生屈曲残余变形(降低失稳临界应力)对后续试验结果的影响。

为了得到比较准确的试件破坏载荷，极限载荷试验时，当载荷超过80%极限载荷以后，载荷增量一般为1%~2%极限载荷。载荷加到试验要求载荷百分数后，保持载荷停留时间3s。

民机适航规章都没有强制要求进行破坏试验，但为了确定结构实际承载能力，挖掘结构承载潜力，达到最佳重量效率，一般都要选择一种机翼或机身情况作全机状态下的破坏试验。若结构对极限载荷的试验要求不满足，还要从材料、工艺、设计等方面进行结构破坏原因分析，对结构进行局部设计更改，通过试验或分析评估，证明更改后的结构可以满足强度要求。

完成极限载荷试验后，为了从试件中获取更多的强度信息，最好对结构内部可能发生破坏的部位和关键部位进行分解检查。结合强度分析给出最终的强度结论。

由于全机静力试验的破坏是突然破坏，所以应有适当的保护装置，以防止引发二次破坏并保护试验设备和人身的安全，尤其是极限载荷试验，应有设计与试验双方共同认可的异常情况发生时的应急预案，如加载过程中结构发出大的响声、胶布带脱落、钢丝绳或连接件断裂等。

全机静力试验的破坏预估是非常重要的，但仅凭理论分析也是非常困难的。全机静力分析本身是一种破坏预估。全机静力分析既指出了结构的危险部位，又预估了强度裕度。但是，现行全机结构静力分析，大多是建立在线弹性分析基础上的，而全机试验中结构破坏时，一部份结构已进入塑性，此时会出现载荷的重新分配，试验中局部的破坏也会引起载荷的重新分配；全机的静力分析的结构简化、载荷简化等都会和实际结构有差距；静力分析的破坏判据也可能不准确，由于结构的破坏和材料的破坏不是一回事，结构大多是处在复杂的受力状态下，不能用材料的性能准确地预估结构的破坏。

全机静力试验的破坏预估可以通过分析限制载荷试验获得的结构的载荷-变形曲线和载荷-应变曲线来进行，这样预估有一定的准确度。但是结构的破坏形式可能有差异，比如有的是拉伸破坏，有的是压缩破坏，有的是由于结构局部屈曲引起的破坏，有的是几种破坏的组合，加之各结构本身的差异，造成载荷-变形曲线和载荷-应变曲线的差异，给破坏预估带来困难。但是误差在百分之几内是可以作到的。比如说，为了保存试验件，按照载荷-变形曲线和载荷-应变曲线适时控制，使其不整体破坏是可以做到的。

12.4.7　试验主要设备和基础设施

强度试验使用的主要设备有：协调加载控制系统、数据采集系统、油源泵站系统、试验指挥系统及试验现场监视系统、油源泵站系统、综合承载框架等，如图 12－36 所示。

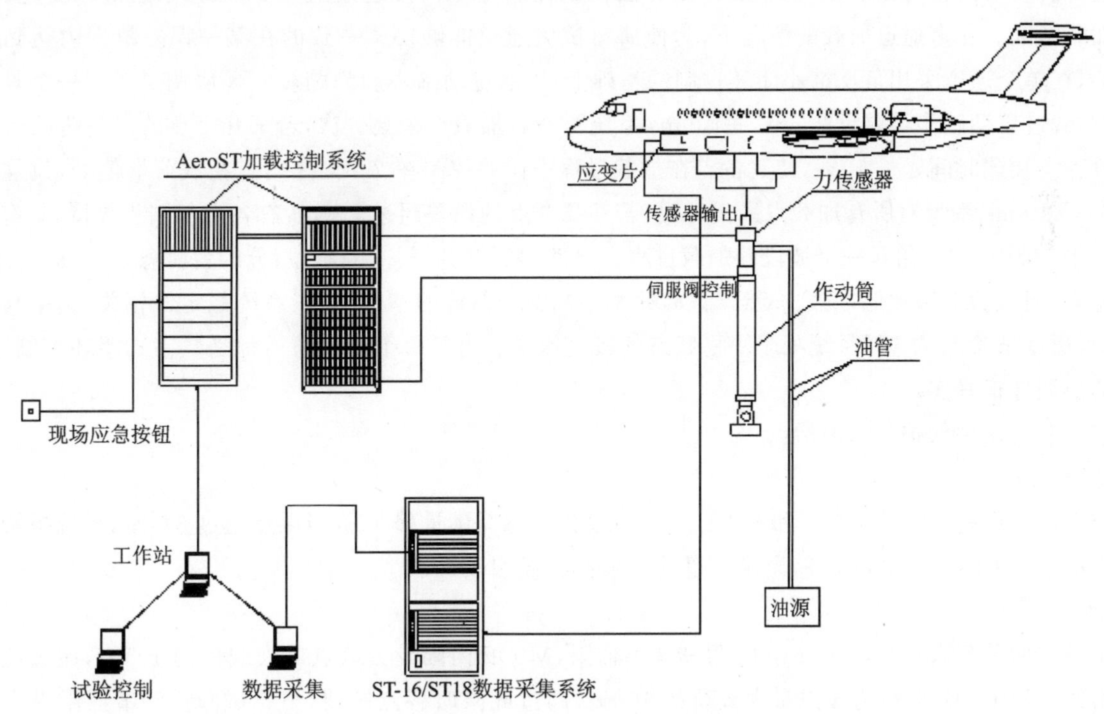

图 12－36　试验件、控制和采集系统的关系

12.4.7.1 试验控制系统

控制系统须具备以下功能：

1）系统可进行一个大型试验，也可独立进行多个小型试验，具有闭环载荷控制、位移控制、充压加载控制和过程监测等功能。

2）系统具有方便的人机对话和试验过程信息贮存、信息自动连续显示、试验文件下载功能。系统便于操作，能够用数字、图形显示加载和反馈的时间历程、误差状态等。

3）具有试验控制通道的资源浏览、参数（比例、积分、微分和前馈）调整、调零校准、试验配置、动和静踏步参数设置、疲劳试验谱构建（定义 Load Conditions、Profile、Test Sequence、Events and Action 等）、极限设定等功能。

4）系统具有载荷信息设定、信息反馈的记忆功能。由于某种原因试验中断，能够存储该停机前、后各一段时间（10～15 s）内的各加载点的指令信息和反馈信息，以便分析停机原因、加载情况等，同时再次启动试验时，系统能够自动地按照载荷谱中断时的顺序继续加载过程。

5）系统出现故障可报警，有调节器限、误差限的保护以及试验控制室应急、试验现场应急、油泵站应急等保护功能。

6）有 I/O 触发、各种配置及参数设定等基本功能。

7）协调加载系统的精度优于1%。

控制系统原理基本相同，单个通道采用负反馈小闭环控制（closed－loop control）以及 PIDF（比例、积分、微分和前馈）控制算法，如图 12－37 所示。负反馈闭环控制系统的特点是系统被控对象的输出（被控制量）反馈回来与命令值进行比较，其差值成为新的控制命令经过阀驱动板加在作动筒的伺服阀上，经过传感器反馈信号返回前端再次参与比较与控制。PIDF 的控制算法使被控制量尽快接近控制命令，最大限度的减少超调量，提高试验加载精度。在多通道加载的情况下，为使所有试验通道能够协调一致的在某一误差范围内达到同步加载之目的，在单个通道采用负反馈小闭环控制的基础上，再通过动踏步和静踏步实现协调。对于一个具体的加载波段，加载过程动踏步误差设 2.5%，每 50 ms 系统对所有加载点采集一次，若某几个点的误差超过 2.5%，此后本波段各点加载时间延长 10%，使其各点在加载过程中误差控制在 2.5%之内。在载荷端值处，设静踏步误差为1%，每 20 ms 系统对所有加载点采集一次，若某几个点的误差超过1%，所有各点都踏步等待，只有各点都进入 1%误差带内，才开始新一个波段的加载过程。显然，采集的时间间隔越短，分的台阶愈多，试验愈平稳，控制精度愈高，但试验速率愈低，反之亦然。试验速率还和整个系统的参数配置、系统稳定性相关，速率高了容易引起振动，通过试验调试选择系统处于平稳状态的较高速率。由于每个加载通道都是数字式闭环控制，因此整个系统的协调性很好实现。

系统具有的软件保护功能包括：

1）超差保护

系统有两个误差限监控，EDⅠ和 EDⅡ。EDⅠ设为传感器满量程 3%，当误差超过 3%时，系统报警并保持载荷；EDⅡ设为传感器满量程 5%，当误差超过 5%时，系统自动卸载。

2）超限保护

系统设有两种超限保护功能：MIOP 限和调节器限，MIOP 内限设为该点最大载荷的 105%，超过此限时系统自动报警。MIOP 外限设为该点最大载荷的 108%，超过此限时各点卸载，终止试验。调节器限设为该点最大载荷的 110%，当载荷达此限时，系统停油压，各点卸载，终止试验。各种保护功能如图 12－38 所示。

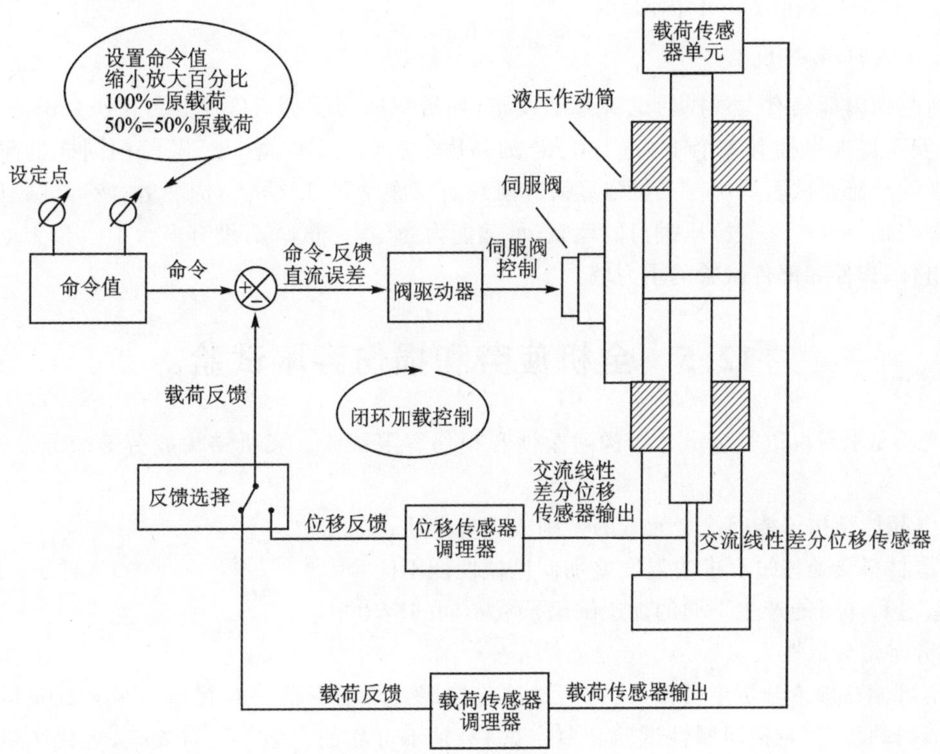

图 12－37　控制系统原理图

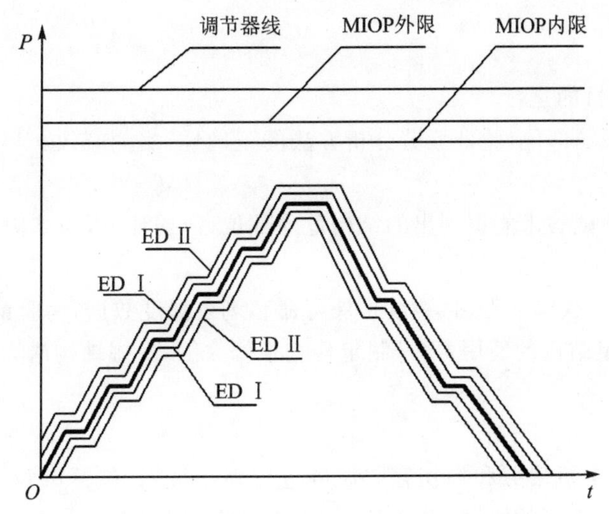

图 12－38　控制系统保护功能示意图

3）人工应急卸载

试验现场设有应急停止试验按钮，在紧急情况下，可进行应急卸载，停油压，终止试验。

对于各种故障卸载，系统都能记录、回收故障卸载前、后共 20 s，400 个端点的命令和反馈数据。这些数据可以帮助试验人员分析故障原因，确定卸载时的飞机受载状态。

4）设干扰门槛

在加载过程中，系统设 2 s 的干扰门槛值，即当某加载点因故引起载荷误差持续时间达到或超过 2 s 时，EDⅡ才起保护作用；否则 EDⅡ不起保护作用。这就避免了一部分因偶然机械干扰或电脉冲对控制造成瞬时波动引载。在2 s内的超载由MIOP内限保护。

12.4.7.2 试验基础设施

国际上的航空强国都建有大规模的试验基础设施，如俄罗斯至少拥有3个100×100 m^2 的飞机强度试验厂房；乌克兰的安东诺夫也拥有1个100×100 m^2 的强度试验厂房；美、德、法、英等国同样也拥有多座大规模的航空结构强度综合研究试验厂房。飞机强度研究所现有三座全尺寸飞机结构静力/疲劳试验厂房，其中一座120×90 m^2。厂房地坪有可承受拉压载荷的地轨，承载能力为10～20 t/m，设有多台10 t以上的吊车。厂房一般还有可进行组件、构件和部件试验的承力墙。

12.5 全机疲劳和损伤容限试验

民机适航规章要求新机进行全尺寸结构耐久性和损伤容限试验。飞机结构疲劳寿命分散性很大，主要原因是：

① 材料微观晶体结构可能因冶金元素的差别或含有杂质；

② 飞机制造材料热处理过程中的温度差别使机械性能不同；

③飞机制造过程中可能产生不同的加工缺陷形成不同的应力集中；

④ 飞机制造质量分散性大。

这些因素不可能在理论分析中模拟，只能通过试验按照要求的存活率与置信水平对试验结果进行统计处理。没有试验依据的评定(包括研制性试验和鉴定试验)是不可靠的。为了飞行安全，现代飞机研制期间都须进行大量的零、部件试验，但这些试验的载荷、试验件构型、试验件支持的边界条件等与真实结构存在差别，因此需要用一件真实结构和接近真实载荷环境进行全机疲劳和损伤容限试验。

12.5.1 试验目的

全机疲劳和损伤容限试验目的是：

1) 为了暴露结构的疲劳薄弱部位，验证疲劳分析方法的正确性；实测裂纹扩展寿命，验证裂纹扩展分析方法的正确性。

2) 暴露早先经分析和研制试验未能识别出的结构危险部位、薄弱环节，为结构改进、工艺改进、飞机改型提供依据。

3) 获得结构的应力分布、裂纹形成寿命、裂纹扩展寿命和剩余强度数据，为验证飞机结构是否满足耐久性/损伤容限设计目标要求，为确定结构的使用寿命，制定检查维修大纲，发掘结构潜力提供试验依据。

12.5.2 试验规划

飞机研制初期就应对飞机全机疲劳和损伤容限试验进行整体规划，包括试验机的构成、试验机制造计划，试验计划与飞机定型、取证交付计划的协调，以确保整个研制过程的顺利进行。

12.5.2.1 试验计划

飞机全机疲劳和损伤容限试验尽可能早的进行。这样做有两大好处：

1) 尽早通过疲劳试验发现和暴露结构存在的疲劳薄弱部位，以便针对产生疲劳损伤的原因在已交付使用和后续生产的飞机结构上采取相应的措施，降低飞机维护成本和安全风险。

2) 适航规章要求在完成验证性疲劳试验以前，“任何在飞飞机的飞行循环数(即起落数)不得超过疲劳试验件上累积试验循环数的一半”，否则就要影响飞机出勤率，造成民航部门的经济损失。

一般情况下，根据静强度试验的结果对结构进行设计更改；更改后的飞机开始进行耐久性试验；耐久性试验完成后，在同一试件上进行损伤容限试验。在此期间，使用中飞机的起落次数(或飞行小时数)不可超过试验起落次数(或飞行小时数)的一半。在决定投产之前,应完成一个寿命期的试验。

12.5.2.2 试验件

对疲劳/损伤容限试验件的要求与静力试验件基本一致。

静力试验结果所要求做出的结构更改已反映在试验件上。由于飞机各个部件的载荷谱复杂、特殊,将这些部件放在一架机体上同时进行疲劳试验,必然导致载荷谱很长,如果一个小部件有问题会使整个试验停止,严重影响主结构机翼和机身的疲劳试验。所以,一般情况下将起落架及其连接试验、机身尾段与尾翼试验、发动机架及其连接试验、活动面及其连接、操纵系统试验单独进行,不在全机中考核。

国内外一般将全尺寸结构疲劳和损伤容限试验放在一架飞机上进行,说明二者有内在的联系。疲劳试验的首要任务是获取结构的安全寿命,损伤容限试验主要获取结构的裂纹扩展寿命。而损伤容限试验主要以先期疲劳试验产生的裂纹为裂纹扩展试验对象,二者是相互关联的。同时,在一架机体上有按安全寿命原则(疲劳)设计的结构,也有按损伤容限原则设计的结构,二者又不能截然分开。

对按疲劳评定的结构,当裂纹达到工程可检裂纹长度时,(工程可检裂纹为一般生产工厂、修理厂和外场的无损检测手段可检测到的最小宏观裂纹)即认为疲劳试验寿命结束。目前,对按疲劳评定的结构国内一般要完成 4 倍使用寿命的疲劳试验,但对按损伤容限评定的结构是允许存在规定初始裂纹的,其中部分裂纹可能在 4 倍疲劳试验期中已扩展,扩展到一定长度后就要不失时机的转入裂纹扩展试验。这期间一架飞机上疲劳试验和损伤容限试验同时进行。

还有一种情况是按损伤容限原则设计的结构,经过一定寿命期的疲劳试验没有产生疲劳裂纹,须制造人工裂纹后进行裂纹扩展试验。这样作,可使按疲劳评定的结构经受 4 倍甚至更长寿命的考核,也使按损伤容限评定的结构有可能经受一定寿命的裂纹扩展考核,所以,用同一架飞机完成疲劳与损伤容限试验是一种尚佳的方案。

12.5.2.3 疲劳载荷谱

对民用飞机,疲劳载荷谱应反映飞机在航线的实际使用历程。由于疲劳试验的周期长,疲劳载荷谱编制应充分考虑技术要求与进度的协调。

为了使疲劳载荷谱较好地模拟飞机在航线的真实使用历程,应对飞机未来的实际使用航线进行调研分析,将整个航线按航程的长短进行分类,例如分为 A、B、C、D、E 5 类,每类为一种飞行剖面。统计分析每个飞行剖面所占比例、飞行时间 、巡航高度、巡航速度、油量变化、载重等。每个任务剖面又分为多个任务段,如地面牵引、转弯、刹车、滑行、加速、爬升、巡航、下滑、着陆撞击、着陆滑行、刹车等,将各种重复载荷分配到各个任务剖面和各个任务段。

12.5.3 试验设计

12.5.3.1 试验件悬空支持/约束

全机疲劳和损伤容限试验试验件悬空支持/约束的目的与静力试验件支持/约束基本一样。特别要求飞机在试验停止时的停机状态接近飞机在机场的停机状态,便于飞机及加载设备的分解、检查和裂纹检测。普遍用于全机疲劳试验的支持/约束方法是采用起落架支持/约束。飞机起落架吊在撬杠的一端,在撬杠的另一端用松紧螺套拉起,起落架离开地面,飞机处于悬空状态。

该种支持方法和约束点设置优点是飞机停机状态真实,与机场飞机停机状态基本一致,便于试验实施;缺点是地面载荷因主起落架垂向为被动加载,误差较大,但因通常主起落架本身不在全机试验中考核且地面载荷值大,相对误差较小。如果精心施工和扣重,主起落架垂向被动载荷误差可控制在 3%～5%之内,主起落架和机翼的连接及机翼都可以得到较好的考核。

12.5.3.2 试验载荷谱处理

现代飞机由于使用情况复杂,导致载荷状态特别多,在全尺寸飞机结构疲劳试验中要完全模拟这些载荷状上是不可能的。因为在疲劳试验中只可能用一套加载装置完成整个疲劳试验过程。

12.5.3.3 试验加载

由于飞机使用状态不同，受载就不同，在全尺寸结构静力试验时，从胶布带位置，杠杆系统到加载作动筒都可能改变，以满足加载要求。但是，结构耐久性/损伤容限是一个连续加载的过程，载荷谱包含了不同飞行情况的载荷的随机组合，其载荷大小和分布（压心位置）都在改变；然而，试验过程中不可能改变胶布带的位置和加载点，所以试验前对加载点的位置和数量的设置，都应进行优化，以保证试验过程中各飞行情况的压心位置和载荷的误差最小。各载荷情况对应的典型部位的损伤是当量的。同时，由于这些误差会引起局部加载点的超差和全机的不平衡，因此应适当地设置被动加载点。

12.5.3.4 试验控制

控制系统除了要保证加载过程的延时协调和加载精度以外，还要设置载荷衔接和载荷追溯程序，当由于某种原因停机时，计算机应适时记录和显示试验进行到载荷谱的什么地方，并保证再次开机时，载荷谱从停止的地方开始运行；停机时应记录该时前一段时间内加载的过程，以备追溯、分析前面试验过程的需要，特别是出现非正常停机情况。

疲劳试验是一个过程，裂纹形成和扩展也是一个过程，及时发现裂纹和其后的检测是保证疲劳试验成功的关键之一。除了任务书要求定期检查外，普遍关心的问题是损伤实时监测。当前用的实时监测方法有：声发射检测、应变和位移检测、断裂丝检测、试验后期的人工放大镜检测等。

12.5.3.5 试验中裂纹容限的控制

剩余强度试验，从试验技术上看，和静力试验是类同的，但是其意义可就不大相同了。剩余强度试验是为了获得含裂纹结构的承载能力，确保在给定裂纹长度（临界裂纹长度）情况下，飞机能安全地返回。同时为确定检修周期提供裂纹容限。剩余强度试验对疲劳试验来说是具有否决权的试验。也就是说，如果剩余强度通过了，疲劳试验所获得的寿命是有效的，否则无效。剩余强度试验时，裂纹长度的确定是非常关键的。希望裂纹是自然生成的，迫不得已，采用人工制造裂纹。在裂纹扩展的后期，裂纹扩展速率很高，裂纹长度对寿命的影响很小，然而裂纹长度对剩余强度的影响却很大。加之剩余强度本身的分散性，剩余强度分析的不可靠性，剩余强度试验时，裂纹还有一个缓慢扩展的过程，所以试验后期要实时监测裂纹，使裂纹长度准确地控制在所估算得临界裂纹长度的80%以内。如果裂纹扩展寿命已满足设计要求，也可以更保守地确定剩余强度试验前结构考察部位的裂纹长度。

12.5.3.6 试验边界条件模拟

试件边界条件对于疲劳试验特别重要。由于疲劳试验时，结构整体处在弹性状态，静不定的边界条件的变化，直接影响试件某个区域（圣维南原理）的应力分布，而应力分布的变化对寿命的影响很大。例如，应力水平变化20%，疲劳寿命就会影响一倍。所以保证结构内的应力分布正确是非常重要的。目前保证试件边界条件的办法是：设置一个过渡段，运用刚度模拟器模拟结构边界处的刚度，辅加作动筒，保证力的边界条件。应该特别注意，在所涉及过渡段连接区，可能增加新的疲劳开裂薄弱部位，要求过渡段连续取得疲劳性能，由于试件的疲劳性能，预防在试验中出现过渡段的疲劳破坏。

12.5.4 试验安全保护

结构疲劳和损伤容限试验时间长、风险大。总结国内外结构疲劳和损伤容限试验中的非正常损伤和破坏原因主要有以下几点：

① 控制不当出现正反馈失控而造成试件结构破坏；

② 控制线断开失控，加载点施加不正常载荷；

③ 输入载荷指令错误，比如输入载荷少了小数点，正、负号错误致使加载点施加不正常载荷导致试件破坏；

④ 作动筒、力传感器不匹配，加载误差造成试件破坏；

⑤ 充气保护失灵，排气口堵塞造成超压，导致试件破坏；

⑥ 连接件破坏，加载作动筒、杠杆掉下来，砸坏试件；

⑦ 卸载不同步，造成附加弯曲致使结构破坏，这种情况出现在对结构整体弯矩有卸载作用的加载点突然快速卸载的情况；

⑧ 悬空试件姿态失控，造成过大的附加载荷；

⑨ 吊装及其他人为因素造成试件损伤。

为了防止试验中由于偶然因素造成控制失灵而超载，造成结构破坏，整个试验设备中除了控制系统软件保护外，还要设置多重保护系统，例如机械保护、电气保护、液压保护等。根据试验的具体实施情况要设计特殊的保护措施。例如，全机悬空试验的姿态保护、不平衡载荷保护、充气试验的压力保护等。

12.5.5　试验主要设备和基础设施

全机疲劳试验中常用的配套设备、仪器与全机静强度试验中常用的配套设备、仪器相同，见 5.7 节。为保证试验的质量与试件安全，各试验设备和系统，必须在试验前进行检定/校准，取得合格证书，并在使用期内使用。

参考文献

[1] MMPDS-04，美国联邦航空局(FAA)，2008.04.

[2] 运输类飞机适航标准[S]. 中国民用航空规章第 25 部(CCAR-25-R4)，2008.

[3] 金属材料低温拉伸试验方法[S]. 中华人民共和国国家标准 GB/13239，2006.

[4] 金属材料力学性能数据处理与表达[S]. GJB/Z18A，2005.

[5] 王海宇. 航空基础概论[M]. 西安：西北工业大学出版社，2009.

[6] 顾松年，尤文洁，诸德培. 结构试验基础[M]. 北京：国防工业出版社，1981.

[7] 王凤山. 飞机结构强度试验实用指南[M]. 北京：中国飞机强度研究所，2007.

[8] 飞机结构静力试验规程[S]. 中国飞机强度研究所企业标准. Q/623S・J・001-2009.

[9] 飞机结构疲劳试验规程[S]. 中国飞机强度研究所企业标准. Q/623S・J・002-2009.

[10] 孙侠生. 民用飞机结构强度刚度设计与验证指南[M]. 北京：航空工业出版社，2012.